ENCYKLOPÄDIE

DER

MATHEMATISCHEN WISSENSCHAFTEN

MIT EINSCHLUSS IHRER ANWENDUNGEN.

HERAUSGEGEBEN
IM AUFTRAGE DER AKADEMIEEN DER WISSENSCHAFTEN
ZU GÖTTINGEN, LEIPZIG, MÜNCHEN UND WIEN,
SOWIE UNTER MITWIRKUNG ZAHLREICHER FACHGENOSSEN.

ERSTER BAND IN ZWEI TEILEN.

ARITHMETIK UND ALGEBRA.

REDIGIERT VON

WILHELM FRANZ MEYER
IN KÖNIGSBERG I. PR.

ZWEITER TEIL.

Springer Fachmedien Wiesbaden GmbH
1900—1904.

ISBN 978-3-663-15448-8 ISBN 978-3-663-16019-9 (eBook)
DOI 10.1007/978-3-663-16019-9

Softcover reprint of the hardcover 1st edition 1904

Inhaltsverzeichnis zu Band I Teil II.

C. Zahlentheorie.

1. Niedere Zahlentheorie. Von P. Bachmann in Weimar.

(Abgeschlossen im März 1900.)

2. Arithmetische Theorie der Formen. Von K. Th. Vahlen in Königsberg i. Pr.

(Abgeschlossen im April 1900.)

3. Analytische Zahlentheorie. Von P. Bachmann in Weimar.

(Abgeschlossen im April 1900.)

4a. Theorie der algebraischen Zahlkörper. Von D. Hilbert in Göttingen.

(Abgeschlossen im April 1900.)

4b. Theorie des Kreiskörpers. Von D. Hilbert in Göttingen.

(Abgeschlossen im April 1900.)

5. Arithmetische Theorie algebraischer Grössen. Von G. Landsberg in Heidelberg. (Siehe: B 1c, p. 284—301.)

6. Komplexe Multiplikation. Von H. Weber in Strassburg.

(Abgeschlossen im Juni 1900.)

D. Wahrscheinlichkeits- und Ausgleichungsrechnung.

1. Wahrscheinlichkeitsrechnung. Von E. Czuber in Wien.

(Abgeschlossen im Aug. 1900.)

2. Ausgleichungsrechnung. Von J. Bauschinger in Berlin.

(Abgeschlossen im Aug. 1900.)

3. Interpolation. Von J. Bauschinger in Berlin.

(Abgeschlossen im Jan. 1901.)

4a. Anwendungen der Wahrscheinlichkeitsrechnung auf Statistik. Von L. von Bortkiewicz in St. Petersburg (jetzt in Berlin).

(Abgeschlossen im April 1901.)

4b. Lebenversicherungs-Mathematik. Von G. Bohlmann in Göttingen (jetzt in Berlin).

(Abgeschlossen im April 1901.)

E. Differenzenrechnung.

1. Differenzenrechnung. Von D. Seliwanoff in St. Petersburg.

(Abgeschlossen im April 1901.)

F. Numerisches Rechnen.

1. Numerisches Rechnen. Von R. Mehmke in Stuttgart.

(Abgeschlossen im Juni 1902.)

G. Ergänzungen zum I. Bande.

1. Mathematische Spiele. Von W. Ahrens in Magdeburg.

(Abgeschlossen im Juni 1902.)

2. Anwendungen der Mathematik auf Nationalökonomie. Von V. Pareto in Lausanne.

(Abgeschlossen im August 1902.)

---

3. Unendliche Prozesse mit komplexen Termen. Von A. Pringsheim in München.

(Abgeschlossen im Juni 1904.)

Inhaltsverzeichnis der einzelnen Hefte zu Band I Teil II mit ihren Ausgabedaten.

2. Teil.

I C 1. NIEDERE ZAHLENTHEORIE

VON

PAUL BACHMANN

IN WEIMAR.

Inhaltsübersicht.

Litteratur.

A. M. Legendre, Théorie des Nombres, 1. éd. (Essai sur la th. d. N.) Paris 1798, 2. éd. 1808, 3. éd. in 2 Teilen 1830, 4. éd. 1899; nach der 3. Ausgabe deutsch von *H. Maser*, 2 Bände, 2. Ausgabe, Leipzig 1893.

K. F. Gauss, Disquisitiones arithmeticae, Lipsiae 1801 = Werke 1; zusammen mit *Gauss*' arithmetischen Abhandlungen 1889, Leipzig, deutsch von *Maser*.

P. G. Lejeune-Dirichlet, Vorlesungen über Zahlentheorie, herausg. und mit Zusätzen versehen von *R. Dedekind*, 1. bis 4. Aufl., Braunschweig 1863, 1871, 1879, 1894.

P. Bachmann, Zahlentheorie, Leipzig. 1. Teil, die Elemente der Zahlentheorie 1892; 2. Teil, die analytische Zahlentheorie 1894; 3. Teil, die Lehre von der Kreisteilung und ihre Beziehungen zur Zahlentheorie 1872; 4. Teil, die Arithmetik der quadratischen Formen, erste Abt. 1898.

P. Tschebyscheff, Theorie der Kongruenzen (Elem. d. Zahlentheorie), aus dem Russischen (1849) übers. von *H. Schapira*, Berlin 1889.

V. A. Lebesgue, Introd. à la Théorie des Nombres, Paris 1862.

G. Wertheim, Elemente der Zahlentheorie, Leipzig 1887.

G. B. Mathews, Theorie of numbers, part I, Cambridge 1892.

Ed. Lucas, Théorie des Nombres t. I (der einzig erschienene) Paris 1891.

P. Bachmann, Vorlesungen über die Natur der Irrationalzahlen, Leipzig 1892.
St. Smith, Report on the Theory of Numbers, Brit. Ass. Rep. 1859, p. 228; 1860, p. 120; 1861, p. 292; 1862, p. 503; 1863, p. 768; 1865, p. 322 = Coll. Math. Papers 1, p. 38, 93, 163, 229, 263, 289.
D. Hilbert, Bericht über die Theorie der algebraischen Zahlkörper, Deutsche Math.-Vereinig. 4, p. 175—546, 1897.
T. S. Stieltjes, Essai sur la Théorie des Nombres, Paris 1895 (= Toul. Ann. 4, 1890, p. 1).
S. auch die bez. Abschnitte in *J. A. Serret,* Algèbre supérieure, Paris, 4. éd. 1877, deutsch v. *G. Wertheim,* Leipzig, 2. Aufl. 1878, sowie in *H. Weber,* Höhere Algebra, Braunschweig 1895/96; 2. Aufl. 1898/99, franz. v. *J. Griess,* Paris 1898.

Die Zahlentheorie behandelt die Eigenschaften der (positiven) *ganzen Zahlen*[1]) 1, 2, 3, 4, ... (*natürliche Zahlenreihe*).

1. Die Teilbarkeit der ganzen Zahlen. Ist eine ganze Zahl $n = t\theta$ ein Produkt zweier andern, so heisst jeder der Faktoren ein *Teiler*, *t und θ komplementäre Teiler* von n, n ein *Vielfaches* jedes derselben. Hat n nur die Teiler $1, n$, so heisst n *Primzahl*, sonst *zusammengesetzt*. Zwei Zahlen, deren grösster gemeinsamer Teiler 1 ist, heissen *relativ prim* (teilerfremd).

Die Menge der Primzahlen ist unbegrenzt[2]).

Ist m gegebene positive ganze Zahl, so kann jede ganze Zahl n in die Form

$$n = q_0 m + r \quad (0 \leqq r < m)$$

gesetzt werden[3]); m heisst *Modulus* (*Gauss*), r der *Rest* von n (mod. m). Bezeichnet $E(x)$ (*Legendre*, Th. d. n., Einl. Nr. 16) oder $[x]$ (*Gauss*, Werke 2, p. 5, 1808) für jedes reelle x die nächst kleinere ganze Zahl, so ist $q_0 = E\left(\frac{n}{m}\right) = \left[\frac{n}{m}\right]$. Es folgt der *Euklidische Algorithmus* des grössten gemeinsamen Teilers von n, m:

$$n = q_0 m + m_1, \quad m = q_1 m_1 + m_2, \ldots \quad (0 \leqq m_{i+1} < m_i),$$

aus ihm die Sätze über Teilbarkeit (*L. Poinsot*, J. de math. 10, 1854, p. 1 und *Dirichlet*, Vorl.). *Euklidischer Fundamentalsatz*: Sind n, m relativ prim, so ist hn durch m teilbar nur, wenn h es ist. *Haupt-*

1) Über diesen Begriff selbst s. VII A.

2) S. Euklid lib. IX, 20 und *E. E. Kummer*'s Beweis mittels der *Euler*'schen Funktion $\varphi(n)$, Berl. Ber. 1878, p. 771. Ein Satz von *Chr. Goldbach* (*L. Euler*, correspondance, St. Pét. 1842, 1, p. 135), den neuere Untersuchungen (*J. J. Sylvester*, Lond. M. S. Proc. 4, 1872, p. 4; *G. Cantor*, Assoc. franç. 23, 1894, p. 117; *P. Stäckel*, Gött. Nachr. 1896, p. 292; *R. Haussner*, Deutsche Math.-Verein. 5 (1897), p. 62; Tafeln dazu: Leop. N. Acta 72, 1897, p. 1) unterstützen, behauptet, dass jede gerade Zahl Summe zweier Primzahlen sei.

3) Dies ist die Grundlage der ganzen Zahlentheorie (*Dirichlet*, Vorl. üb. Zahlenth., 4. Aufl., p. 514).

satz: Jede ganze Zahl n ist auf einzige Art in Potenzen verschiedener Primzahlen zerlegbar,

$$n = \pm p^{\alpha} p'^{\alpha'} p''^{\alpha''} \dots .$$

Der *grösste gemeinsame Teiler* mehrerer Zahlen ist das Produkt der höchsten Primzahlpotenzen, die in ihnen allen aufgehen, ihr *kleinstes gemeinsames Vielfache* das Produkt der höchsten Primzahlpotenzen, die in ihren Zerlegungen überhaupt sich finden.

Die *Anzahl der Teiler* von n ist $t(n) = (a+1)(a'+1)\cdots$, ihre *Summe*[4])

$$\int(n) = \frac{p^{a+1}-1}{p-1} \cdot \frac{p'^{a'+1}-1}{p'-1} \cdots,$$

die Anzahl der Zerlegungen von n in zwei relativ prime Faktoren ist $p(n) = 2^{\varpi(n)}$, wenn $\varpi(n)$ verschiedene Primfaktoren in n aufgehen.

Die *Euler'sche Funktion* $\varphi(n) = n\left(1-\frac{1}{p}\right)\left(1-\frac{1}{p'}\right)\cdots$ giebt die Anzahl der Zahlen $<n$, welche prim zu n sind. Für relativ prime n', n'' ist

$$\varphi(n') \cdot \varphi(n'') = \varphi(n'n''),$$

allgemein ist $\Sigma_t \varphi(t) = n$ (t Teiler von n). $\varphi(n)$ ist einfacher Fall einer von *V. Schemmel* untersuchten Funktion; eine andere Verallgemeinerung von $\varphi(n)$ gab *K. Th. Vahlen*[5]). Nach *St. Smith* (Lond. Proc. Math. Soc. 7, 1876, p. 208 = Coll. Pap. 2, p. 161 ist, wenn d_s^r grösster gemeinsamer Teiler von r, s ist, die Determinante [I A 2]

$$\sum \pm d_1^1 d_2^2 \cdots d_n^n = \varphi(1)\varphi(2)\cdots\varphi(n),$$

ein Satz, welchen *P. Mansion* verallgemeinert hat (Messenger (2) 7, 1877, p. 81).

2. Für jede positive ganze Zahl p kann die positive ganze Zahl n in die Form gesetzt werden:

$$n = ap^{\alpha} + a_1 p^{\alpha-1} + \cdots + a_{\alpha-1}p + a_{\alpha}, \text{[6]}$$
$$(0 \gtreqless a_i < p);$$

$p = 10$ giebt die dekadische Gestalt von n, aus der mittels des Kon-

4) Leider herrscht bez. der Bezeichnung der zahlentheoretischen Funktionen keine Übereinstimmung. Das Zeichen $\int(n)$ oder $\int n$ stammt von *Euler,* Opusc. var. Arg. 2, 1750, p. 23 = Comm. Ar. 1, p. 102; *J. Liouville,* J. de math. (2) 2, 1857, p. 425, bezeichnet mit $\zeta_{\varkappa}(n)$ die Summe der $\varkappa^{\text{ten}}$ Potenzen der Teiler von n.

5) *Euler,* Petr. N. Comm. 8, 1760/61, p. 74 = Comm. Ar. 1, p. 274, das Zeichen $\varphi(n)$ stammt von *Gauss,* Disqu. Ar. art. 38; *Schemmel,* J. f. Math. 70, 1869, p. 191; *L. Goldschmidt,* Zeitschr. Math. Phys. 39, 1894, p. 203; *Vahlen,* ebend. 40, 1895, p. 126.

6) S. hierin einen besondern Fall der *G. Cantor*'schen einfachen Zahlensysteme, Zeitschr. Math. Phys. 14, 1869, p. 121; vgl. *E. Strauss,* Acta math. 11, 1887/8, p. 13; Darstellungen in verschiedenen Zahlensystemen bei *J. Kraus,* Zeitschr. Math. Phys. 37, 1892, p. 321; 39, 1894, p. 11.

gruenzbegriffs (s. u. Nr. 4) die Sätze über Teilbarkeit durch 3, 5, 7, 9, 11 u. a. fliessen[7]). Jede positive ganze Zahl ist eine Summe (ein Aggregat) verschiedener Potenzen der Zwei (Drei). Ist p *Primzahl*, so ist

$$\nu = \left[\frac{n}{p}\right] + \left[\frac{n}{p^2}\right] + \left[\frac{n}{p^3}\right] + \cdots = \frac{n - (a_1 + a_2 + \cdots + a_\alpha)}{p}$$

der Exponent der höchsten Potenz von p, die in $n!$ aufgeht; den Rest von $\frac{n!}{p^\nu}$ (mod. p) giebt *L. Stickelberger* (Math. Ann. 37, 1890, p. 321). Das Produkt von n successiven Zahlen ist teilbar durch das der ersten n; $n!$ kann keine Potenz sein[8]), desgleichen sind, wenn n Primzahl > 5, die Gleichungen

$$(n-1)! + 1 = n^k, \quad \left[\left(\frac{n-1}{2}\right)!\right]^2 + 1 = n^k$$

unmöglich[9]). Aus einem allgemeineren, von *F. G. Teixeira* bewiesenen Satze von *M. Weill* (Par. C. R. 92, 1881, p. 1066; Par. Soc. M. F. Bull. 9, 1881, p. 172) folgt $\frac{(hn)!}{(h!)^n}$ teilbar durch $n!$, nach *D. André* (Par. C. R. 94, 1882, p. 426) sogar durch eine gewisse Potenz $(n!)^\alpha$, welche *C. de Polignac* (Par. C. R. 96, 1883, p. 485) näher bestimmt hat. Nach *E. Catalan*[10]) ist $\frac{(2a)!\,(2b)!}{a!\,(a+b)!\,b!}$ ganze Zahl. Die Kugelzahl in einem Kugelhaufen mit quadratischer (dreieckiger) Basis,

$$\frac{n(n+1)(2n+1)}{6} \quad \left(\text{resp. } \frac{n(n+1)(n+2)}{6}\right),$$

ist eine Quadratzahl nur für $n = 1, 24$ (resp. 1, 2, 48), sie kann kein Kubus noch eine fünfte Potenz sein[11]).

3. Euklidischer Algorithmus. Farey'sche Reihen. Bei relativ primen m, n giebt der Euklidische Algorithmus den gewöhnlichen Kettenbruch für $\frac{n}{m}$:

$$\frac{n}{m} = q_0 + \frac{1}{q_1 + \cdots + \frac{1}{q_i}} = (q_0, q_1, \ldots q_i).$$

7) Man bemerke unter diesen Sätzen die von *O. Kessler*, Zeitschr. Math. Phys. 28, 1883, p. 60.

8) *J. Liouville* im J. de math. (2) 1, 1856, p. 277, sowie *M. C. Moreau*, N. Ann. (2) 11, 1872, p. 172. Der Beweis geschieht mittels des von *Tschebyscheff* (Petr. Ac. Bull. 11, 1853) bewiesenen Postulats von *J. Bertrand*, wonach es für $a > 3$ zwischen a, $2a - 2$ eine Primzahl giebt.

9) *J. Liouville* im J. de math. (2) 1, 1856, p. 351.

10) *Catalan*, N. Ann. (2) 13, 1874, p. 518; vgl. *J. Bourguet*, ebend. (2) 14, 1875, p. 89; *Bachmann*, Zahlentheorie 1, p. 37.

11) N. Ann. (2) 15, 1876, p. 46; 17, 1878, p. 464; 20, 1881, p. 330.

Die Abhängigkeit von n, m von den Teilnennern bezeichnet *Gauss* durch die Symbole $n = [q_0, q_1, \ldots q_i]$, $m = [q_1, q_2, \ldots q_i]$ (*Gauss*'sche *Klammern*); über die Gesetze, die sie befolgen, s. die Theorie der Kettenbrüche [I A 3, Nr. **45** f.].

Ist $\frac{\xi_n}{\eta_n}$ bei dem gewöhnlichen Kettenbruch für einen reellen Wert ω der n^{te} Näherungsbruch, so ist $\frac{\xi_n}{\eta_n} - \frac{\xi_{n-1}}{\eta_{n-1}} = \frac{(-1)^n}{\eta_{n-1}\eta_n}$; ξ_n, η_n sind relativ prim; die Näherungsbrüche ungerader und die gerader Ordnung sind zwei gegen einander konvergierende Wertreihen, ω zwischen ihnen enthalten; $x = \xi_n$, $y = \eta_n$ geben ein *relatives Minimum* von $x - y\omega$, insofern der Ausdruck für $y < \eta_n$ grösser ist (*Lagrange*). Ist in dem Kettenbruch für $\frac{n}{m} > 1$ die Reihe der Teilnenner symmetrisch, so ist $m^2 + 1$ oder $m^2 - 1$ teilbar durch n. Die gewöhnlichen Kettenbrüche für zwei äquivalente Irrationellen ω, ω', für welche nämlich

$$\omega' = \frac{\alpha\omega + \beta}{\gamma\omega + \delta},\quad \alpha,\ \beta,\ \gamma,\ \delta \text{ ganze Zahlen},\quad \alpha\delta - \beta\gamma = \pm 1,$$

haben einen vollständigen Quotienten gemeinsam, und umgekehrt. Über periodische Kettenbrüche vgl. I C 3, Nr. **7**.

Nimmt man bei dem Algorithmus des grössten gemeinsamen Teilers statt positiver Reste negative, oder mischt beide Methoden, so werden die Teilzähler -1 resp. ± 1. Jeder irreduktible Bruch $\frac{n}{m}$ besitzt m solcher Kettenbrüche, keinen kürzern als den, wo nach dem kleinsten Rest dividiert wird; diejenigen nach dem grössten geben die (zwei) längsten[12]). Die Anzahl der erforderlichen Divisionen ist bei der Euklidischen Methode $< 5\mu$, wo μ die Ziffernzahl von $m < n$ (*G. Lamé*, Par. C. R. 19, 1844, p. 867), bei der nach dem kleinsten Reste $< \frac{10}{3} \log m$ (*J. Binet*, J. de math. 6, 1841, p. 449); noch kleinere Grenzen bestimmte *A. Dupré* (ebend. 11, 1846, p. 41).

Die irreduktiblen Brüche, deren Zähler und Nenner $\overline{\gtrless} \nu$, bilden, der Grösse nach geordnet, die *Farey'sche Reihe* ν^{ter} Ordnung. Nach *A. Cauchy* ist für zwei successive Brüche $\frac{a}{b}$, $\frac{c}{d}$ einer solchen $ad - bc = \pm 1$; ferner ist (*Farey*'scher Satz) jeder ihrer Brüche $\frac{a}{b}$ aus den zwei ihm benachbarten $\frac{c}{d}$, $\frac{e}{f}$ *komponiert*[13]): $\frac{a}{b} = \frac{c+e}{d+f}$. Letztern

12) *Vahlen*, J. f. Math. 115, 1895, p. 221.

13) *Cauchy*, Exerc. de math. 1, Par. 1827, p. 114; *J. Farey*, Phil. Mag. (1) 47 (1815), p. 385 (ohne Beweis; durch Beobachtung an den Goodwyn'schen Quotiententafeln); Anonym ib. 48 (1817), p. 204.

Satz gab *A. Hurwitz*[14]) unter anderer Form und zeigte, wie er dann umzukehren ist. Die successiven Glieder $\frac{a}{b}$, $\frac{c}{d}$ der *Farey*'schen Reihe ν^{ter} Ordnung, zwischen denen ein Wert w liegt, heissen Näherungswerte für w (*Hurwitz* und *Vahlen* a. a. O.); für wachsendes ν wird der komponierte Bruch der nächstfolgende Näherungswert. Von $\frac{0}{1}$, $\frac{1}{0}$ aus erhält man alle positiven Brüche, indem man zwischen je zwei successive den komponierten setzt. Komponiert man stets nur die zwei, zwischen denen w liegt, so entstehen alle Näherungswerte für w. Diese, geordnet wie sie durch Komposition hervorgehen, teilen sich in Gruppen mit positivem Fehler ($\varepsilon = +1$) und solche mit negativem ($\eta = -1$); bei den Hauptnäherungswerten wechselt sein Vorzeichen. Die Reihe der Vorzeichen ist die Charakteristik von w,[15]) darstellbar durch $\varepsilon \eta^{\varkappa_1} \varepsilon^{\varkappa_2} \eta^{\varkappa_3} \dots$; ihr entspricht der gewöhnliche Kettenbruch $w = (\varkappa_1 - 1, \varkappa_2, \varkappa_3, \dots)$, seine Näherungsbrüche sind die Hauptnäherungswerte für w.

Ähnlich gelingt die gleichzeitige Annäherung an zwei Werte x, y durch zwei Brüche mit gleichem Nenner geometrisch mittels „*Farey-scher Dreiecksnetze*".

Mit den *Farey*'schen Reihen ist die Reduktion der indefiniten quadratischen binären Formen verknüpft[16]). Desgleichen die *Stern*'sche Entwicklung[17]) (m, n), bei der aus den positiven ganzen teilerfremden Zahlen m, n die Reihen

$$m,\ m+n,\ n$$

$$m,\ 2m+n,\ m+n,\ m+2n,\ n$$

u. s. w. gebildet werden; jede positive ganze Zahl $km + ln$ (k, l teilerfremd) kommt in ihr vor (für $m = 1$, $n = 1$ jede positive ganze Zahl, auch je zwei relativ prime Zahlen a, b als successive Glieder); die Ordnung der Reihe, in der dies geschieht, bestimmt sich durch den gewöhnlichen Kettenbruch für $\frac{a}{b}$.

J. Hermes (Math. Ann. 45, 1894, p. 371) nennt *Farey'sche Zahlen* die Zahlen τ_i, für welche $\tau_1 = 1$ und, falls $h \leqq 2^\varkappa$, $\tau_{2^\varkappa + h} = \tau_h + \tau_{2^\varkappa - h + 1}$ ist. Nach dem Werte von $\varkappa$ zerfallen sie in Abteilungen; diejenigen der

14) *Hurwitz*, Math. Ann. 44, 1894, p. 417.

15) Vgl. hierzu *E. B. Christoffel*, Ann. di mat. (2) 15, 1887, p. 253.

16) *Hurwitz*, Math. Ann. 39, 1891, p. 279 u. 45, 1894, p. 85, sowie Chic. Math. Congr. pap. 1896 (1893), p. 125; s. auch *A. Markoff*, Math. Ann. 15, 1879, p. 381.

17) *M. A. Stern*, J. f. Math. 55, 1858, p. 193; s. dazu *G. Eisenstein*, Berl. Ber. 1850, p. 36.

$\varkappa$ — 1ten sind *Gauss*'sche Klammern, deren Elemente die Zerlegungen von $\varkappa$ in positive Summanden bilden. Heisst eine solche Zerlegung $(1, 2, \ldots r)$-frei, wenn darin die Summanden $1, 2, \ldots r$ fehlen, so ist die Anzahl der $(1, 2, \ldots r)$-freien Zerlegungen von $\varkappa$ (mit Permutationen) gleich dem $\varkappa^{\text{ten}}$ Gliede der *Lamé'schen Reihe* r^{ter} *Ordnung*: $L_{h+1} = L_h + L_{h-r}$, die mit r Nullen und $r+1$ Einsen beginnt.

4. Reste und Kongruenzen. Sätze von Fermat und Wilson. Primitive Wurzeln. Haben n, n' gleiche Reste (mod. m), so heissen sie (mod. m) *kongruent*: $n \equiv n'$ (mod. m), *Gauss*, Disqu. A. art. 1. — Alle (mod. m) kongruenten Zahlen bilden eine *Restklasse*, m inkongruente Zahlen ein *vollständiges*, $\varphi(m)$ inkongruente zu m prime Zahlen ein *reduziertes Restsystem* (mod. m).

Jede ganze Zahl x, für welche eine ganze ganzzahlige Funktion

$$f(x) \equiv 0 \pmod{m}$$

wird, heisst eine *Lösung*, alle kongruenten Lösungen eine *Wurzel* dieser Kongruenz. Ihr *Grad* ist der Exponent h der höchsten Potenz, deren Koeffizient durch m nicht aufgeht. Ist m Primzahl, so ist die Anzahl der Wurzeln $\overline{\gtrless}\, h$.[18])

Jede zu m prime Zahl a *gehört* zu einem (kleinsten) Exponenten t derart, dass $a^t \equiv 1$ (mod. m); t ist Teiler von $\varphi(m)$, also

$$a^{\varphi(m)} \equiv 1 \pmod{m};$$

insbesondere wenn m Primzahl p, so ist (*Fermat'scher Satz*)

$$a^{p-1} \equiv 1 \pmod{p}.$$

Euler bewies letztern (Petr. Comm. nov. 7, 1758/59, p. 49 = Comm. Ar. 1, p. 260) durch Exhaustion (s. Disqu. A. art. 49), den verallgemeinerten Satz ebend. 8, 1760/61, p. 74 = Comm. Ar. 1, p. 274; *J. L. Lagrange*[19]) gab die Kongruenz

$$x^{p-1} - 1 \equiv (x+1)(x+2)\ldots(x+p-1) \pmod{p},$$

aus der neben dem Fermat'schen auch der für Primzahlen charakteristische *Wilson'sche Satz*:

$$1 \cdot 2 \cdot 3 \cdots (p-1) \equiv -1 \pmod{p}$$

hervorgeht[20]). Allgemein ist das Produkt der Zahlen $< m$, welche

18) *Lagrange*, Berl. Ac. Hist. 24. 1770 (année 1768), p. 192 = Oeuvr. 2, p. 655; vorher bezüglich auf $x^n - 1 \equiv 0$ bei *Euler*, Petr. Comm. nov. 18, 1773, p. 93 = Comm. Ar. 1, p. 524.

19) *Lagrange*, Berl. Ac. N. Mém. 2, 1773 (année 1771), p. 125 = Oeuvr. 3, p. 425.

20) *Ed. Waring*, Medit. alg. Cambr. 1770; nach *Lagrange* bewies den Satz *Euler*, Op. anal. Petr. 1783, 1, p. 329 = Comm. Ar. 2, p. 44, s. auch *Gauss* Disqu. A. art. 75—77. Er ist in einem allgemeineren *J. Steiner*'schen über Primzahlen

prim zu m sind, $\equiv -1$, wenn $m = 4$, p^a, $2p^a$ ist, sonst $\equiv +1$ (mod. m)[21]).

Für $p = 4h + 3$ folgt $1 \cdot 2 \cdot 3 \cdots \frac{p-1}{2} \equiv \pm 1$ (mod. p); die von *Lej.-Dirichlet* (J. f. Math. 3, 1828, p. 407 = Werke 1, p. 105) gestellte Frage nach dem Vorzeichen beantwortete *K. G. J. Jacobi* (J. f. Math. 9, 1832, p. 189 = Werke 6, p. 240) dahin, dass es gleich dem von $(-1)^B$ sei, wo B die Anzahl der quadratischen Reste (s. u. Nr. 6) von p, welche $> \frac{p}{2}$; weniger einfache Regeln gaben *L. Kronecker* und *J. Liouville* [J. de math. (2) 5, 1860, p. 127, 267].

Jacobi (J. f. Math. 3, 1828, p. 301 = Werke 6, p. 238) gab zuerst Fälle an, in denen $a^{p-1} - 1$ durch p^2 teilbar. Der Rest von $\frac{a^{p-1}-1}{p}$ (mod. p) bestimmt sich nach einer Regel von *D. Mirimanoff* (J. f. Math. 115, 1895, p. 295), aus welcher auch eine von *Stern* (ebend. 100, 1887, p. 182) richtig gestellte Formel von *Sylvester* (Par. C. R. 52, 1861, p. 161) folgt. Aus *Stern*'s Formeln fliesst u. a. die *Eisenstein*'sche (Berl. Ber. 1850, p. 41)

$$\frac{2^{p-1}-1}{p} \equiv 1 + \frac{1}{3} + \frac{1}{5} + \cdots + \frac{1}{p-2} \text{ (mod. } p).$$

Ist d Teiler von $p - 1$, so gehören $\varphi(d)$ Reste zum Exponenten d (mod. p), also $\varphi(p-1)$ zum Exponenten $p - 1$ (*primitive Wurzeln* g (mod. p)). Ist a prim zu p, so giebt es eine Zahl $\alpha < p - 1$, für welche $a \equiv g^\alpha$ (mod. p); α heisst *Index* von a, „ind. a"; die Indices aller Reste (mod. p) bilden das (auf g bezügliche) Indexsystem. Da

$$\text{ind. } aa' \equiv \text{ind. } a + \text{ind. } a' \text{ (mod. } p - 1),$$

so ist die Rechnung mit Indices und der Übergang von einem System zu einem andern ähnlich wie bei Logarithmen[22]).

Wie eine primitive Wurzel zu finden, zeigt u. a. *Gauss*, Disqu. A. art. 73[23]). Das Produkt der primitiven Wurzeln ist $\equiv 1$ (mod. $p > 3$), ihre Summe $\equiv 0$, wenn $p - 1$ gleiche Faktoren hat, sonst $\equiv \pm 1$,

---

enthalten, vgl. dazu auch *Jacobi* (*Steiner*, J. f. Math. 13, 1835, p. 356 = Werke 2, p. 7 und *Jacobi*, ib. 14, 1835, p. 64 = Werke 6, p. 252).

21) *Gauss*, Disqu. A. art. 78; *Brennecke*, *A. L. Crelle* und *F. Arndt* im J. f. Math. 19, 1839, p. 319; 20, 1840, p. 29 und 31, 1846, p. 329.

22) *Jacobi*'s Canon arithmeticus, Regiom. 1839, giebt für jede Primzahl und eine bezügliche primitive Wurzel die den Resten entsprechenden Indices und umgekehrt. S. dazu *V. A. Lebesgue*, J. de math. 19, 1854, p. 334.

23) S. auch *G. Oltramare*, J. f. Math. 49, 1855, p. 161. Eine Tabelle der kleinsten primitiven Wurzeln aller Primzahlen < 3000 gab *G. Wertheim*, Acta math. 17, 1893, p. 315.

je nachdem die Anzahl der Primfaktoren gerade ist oder nicht (ebend. art. 80, 81; *F. Arndt*, J. f. Math. 31, 1846, p. 326; *F. Hofmann*, Math. Ann. 20, 1882, p. 471).

Auf die Theorie der Indices gründet sich die der binomischen Kongruenz[24])

$$x^n \equiv a \text{ (mod. } p).$$

Ist δ grösster gemeinsamer Teiler von $n, p-1$, so hat diese δ oder 0 Wurzeln, je nachdem ind. $a \equiv 0$ (mod. δ) ist oder nicht; entsprechend heisst a n^{ter} *Potenzrest* oder *-Nichtrest* von p.

Primitive Wurzeln (mod. m), d. i. zum Exponenten $\varphi(m)$ gehörige Reste giebt es nur, wenn $m = p^n$ oder $2 \cdot p^n$ ist (Disqu. A. art. 92). Eine primitive Wurzel g (mod. p) ist es auch (mod. p^2) — und dann auch (mod. p^n) — falls g nicht der kleinste positive Rest von g^p (mod. p^2) ist[25]). Im allgemeinen entspricht a kein Index, wie für $m = p$, nach *Dirichlet*[26]) kann ihm aber ein *Komplex* von soviel Indices zugeordnet werden, als verschiedene Primfaktoren in m aufgehen; anders bestimmt *F. Mertens*[27]) einen solchen Komplex auf Grund eines Kronecker'schen Gruppensatzes.

5. Kongruenzen und unbestimmte Gleichungen ersten Grades. Partialbrüche. Perioden der Dezimalbrüche. Die Kongruenz $nx \equiv c$ (mod. m) hat, wenn d grösster gemeinsamer Teiler von m, n ist, d oder 0 Wurzeln, je nachdem c durch d aufgeht oder nicht. Sie ist gleichbedeutend mit der unbestimmten (*Diophantischen*) Gleichung $nx - my = c$; im erstern Falle folgt aus einer Lösung $x = x_0$, $y = y_0$ die vollständige Lösung

$$x = x_0 + \frac{m}{d} z, \quad y = y_0 + \frac{n}{d} z \quad (z \text{ ganze Zahl}).$$

Für $d = 1$ ist die Gleichung stets auflösbar. Sind dann ξ_0, η_0 Zähler und Nenner des vorletzten Näherungsbruches für $\frac{m}{n}$, so gilt bei passendem Vorzeichen $x_0 = \pm c\,\xi_0$, $y_0 = \pm c\,\eta_0$.

Auf Kongruenzen ersten Grades kommt die Aufgabe zurück, $x \equiv \alpha_1, \alpha_2, \ldots$ (mod. $a_1, a_2, \ldots$) zu machen. Wenn überhaupt möglich, kann sie auf den Fall relativ primer Moduln reduziert werden; mittels Hilfszahlen $r_1, r_2, \ldots$ von der Art, dass $r_i \equiv 1$ (mod. a_i), $\equiv 0 \left(\text{mod. } \frac{a_1 a_2 \cdots}{a_i}\right)$ ist, findet sich dann als allgemeine Lösung

24) S. dazu *Arndt*, J. f. Math. 31, 1846, p. 333.

25) *Lebesgue*, J. de math. 19, 1854, p. 289, 334.

26) *Dirichlet*, Berl. Abh. 1837, p. 45 = Werke 1, p. 313 oder Vorlesungen, Suppl. 5. Vgl. *G. T. Bennett*, Lond. Tr. 184, 1893, p. 189, wo auch Tabellen.

27) *Mertens*, Wien. Ber. 106, 1897, p. 132.

$$x \equiv \alpha_1 r_1 + \alpha_2 r_2 + \cdots \pmod{a_1 a_2 \ldots}.^{28)}$$

Wenn die α_i vollständige (reduzierte) Restsysteme nach den a_i resp. sind, so durchläuft x ein vollständiges (reduziertes) Restsystem (mod. $a_1 a_2 \ldots$).

Zwei Zahlen r, s, für welche $rs \equiv 1$ (mod. m), heissen *socii* (*Gauss*); man setzt dann $\frac{1}{r} \equiv s$ (mod. m). Mit ihrer Hilfe ergeben sich leicht die Sätze von *Fermat* und *Wilson* und über quadratische Reste[29]).

Die ganzzahlige Lösung der allgemeineren Gleichung

$$\alpha_1 x_1 + \alpha_2 x_2 + \cdots + \alpha_n x_n = c$$

kommt auf die der obigen einfachen zurück[30]). Aus einer Lösung ξ_i findet sich die allgemeine in der Form

$$x_i = \xi_i + \sum_{\varkappa=1}^{n-1} \alpha_{\varkappa i} z_\varkappa,$$

wo die $\alpha_{\varkappa i}$ bestimmte, die $z_\varkappa$ unbestimmte ganze Zahlen sind. Die, falls c und die α_i positive ganze Zahlen sind, endliche Anzahl positiver Lösungen drückt *K. Weihrauch* (Zeitschr. f. Math. u. Phys. 20, 1875, p. 97, 112) durch eine Formel aus, welche als Koeffizienten die Bernoulli'schen Zahlen enthält. Für die Gleichung $\alpha_1 x_1 + \alpha_2 x_2 = c$ (α_1, α_2 relativ prim) ist sie $\left[\frac{c}{\alpha_1 \alpha_2}\right] + \gamma$, wo $\gamma = 0$ oder 1.[31]) — Bezüglich der ganzzahligen Lösung eines Systems linearer Gleichungen oder Kongruenzen s. die arithmetische Theorie der linearen Formen[32]) [I C 2, Nr. a].

Hierhin gehört auch der Satz (Disqu. A. art. 309—311): Der irreduktible Bruch $\frac{m}{n}$ ist auf eine einzige Art in Partialbrüche zerlegbar:

$$\frac{m}{n} = \frac{\alpha}{a} + \frac{\beta}{b} + \frac{\gamma}{c} + \cdots \pm \varkappa,$$

wo $n = abc\ldots$ eine Zerlegung in relativ prime Faktoren, $\varkappa$ ganze Zahl, $\alpha, \beta, \ldots$ positive ganze Zahlen $< a, b, \ldots$ resp. sind. Desgleichen

28) Diese Gauss'sche Regel (Disqu. A. art. 36) giebt schon der Chinese *Sun Tsze* in seinem Ta yen (*K. L. Biernatzki* und *L. Matthiessen*, J. f. Math. 52, 1856, p. 59 und 91, 1881, p. 254).

29) *Dirichlet*'s Vorlesungen, p. 80; *E. Schering*, Acta math. 1, 1882/3, p. 153.

30) *Euler*, Op. anal. 2, Petr. 1785, p. 91 = Comm. Ar. 2, p. 99; *Jacobi* gab vier verschiedene Lösungsarten, J. f. Math. 69, 1868, p. 1 = Werke 6, p. 355; vgl. die Vereinfachung und Weiterführung bei *W. Fr. Meyer*, Zürich Congr. Verh. 1898, p. 168.

31) *E. Cesàro*, Liège mém. (2) 10, 1883, p. 275; *E. Catalan*, ib. (2) 12, 13, 15 (1886—1888).

32) S. darüber *St. Smith*, Lond. Trans. 151, 1862 (1861), p. 293; Lond. Math. S. P. 1873, p. 241 = Coll. Pap. 1, p. 367; 2, p. 67; *G. Frobenius*, J. f. Math. 86, 1879, p. 146 u. 88, 1880, p. 96.

die *Periodizität der Dezimalbrüche* für gewöhnliche Brüche (Disqu. A. art. 312–318). Sei a prim zu $2p$, p Primzahl. Die *Mantissen* von $\frac{a}{2^\mu}, \frac{a}{5^\mu}$ sind $5^\mu a, 2^\mu a$; gehört 10 (mod. p^μ) zum Exponenten c, so ist die Mantisse von $\frac{a}{p^\mu}$ periodisch und c die Grösse der Periode. Die Mantisse von $\frac{m}{n}$ findet sich aus denen der Partialbrüche. Ist $n = 2^\alpha 5^\beta \nu$, so ist sie von der $\left.\begin{matrix}\alpha\\ \beta\end{matrix}\right\}$ten Stelle an periodisch, je nachdem $\alpha \gtrless \beta$. Daran sich schliessende Sätze s. u. a. bei *S. Morel* und *E. Pellet*, N. Ann. (2) 10, 1871, p. 39, 93. *J. W. L. Glaisher* in „Henry Goodwyns table of circles", Proc. Cambr. 3, 1879, p. 185; *Kessler*, „Periodenlängen der Dezimalbrüche...", Berlin 1895, geben die Perioden und ihre Grösse bei Brüchen mit Primzahlnenner u. dgl.

6. Quadratische Reste; Reziprozitätsgesetz. Eine zu p prime Zahl n heisst *quadratischer Rest oder Nichtrest* von p, je nachdem $x^2 \equiv n$ (mod. p) auflösbar oder nicht. Ist p ungerade Primzahl, so setzt man resp. (*Legendre'sches Symbol*) $\left(\frac{n}{p}\right) = \pm 1$, für eine in Primfaktoren zerlegte ungerade Zahl $p = p'p''\ldots$ (*Jacobi'sches Symbol*)

$$\left(\frac{n}{\pm p}\right) = \left(\frac{n}{p'}\right)\left(\frac{n}{p''}\right)\cdots$$

Ist p Primzahl, so ist (*Euler'sches Kriterium*)[33] $n^{\frac{p-1}{2}} \equiv \left(\frac{n}{p}\right)$ (mod. p). Damit die Kongruenz $x^2 \equiv n$ (mod. p) bei gegebenem Modulus

$$p = 2^\alpha p_1^{\alpha_1} p_2^{\alpha_2} \ldots p_\varkappa^{\alpha_\varkappa}$$

lösbar sei, sind 1) falls $\alpha = 0, 1$: die Bedingungen $\left(\frac{n}{p_i}\right) = 1$,

2) falls $\alpha = 2$: ausser diesen Bedingungen $n = 4h + 1$,

3) falls $\alpha > 2$: ausser jenen Bedingungen $n = 8h + 1$ notwendig und hinreichend. Sind diese Bedingungen erfüllt, so giebt es resp. $2^\varkappa$, $2^{\varkappa+1}$, $2^{\varkappa+2}$ Wurzeln.

Von welchen ungeraden Zahlen p eine gegebene Zahl quadratischer Rest sei, beantworten die sogenannten *Ergänzungssätze*[34]):

$$\left(\frac{-1}{p}\right) = (-1)^{\frac{p-1}{2}} \ (p > 0), \quad \left(\frac{2}{p}\right) = (-1)^{\frac{p^2-1}{8}}$$

und das (verallgemeinerte) *Reziprozitätsgesetz*:

---

33) *Euler*, Opusc. anal. 1 (1773), p. 242, 268 = Comm. arithm. coll. 2, p. 1, 13.

34) Beide gab *P. Fermat*; *Euler* bewies den ersten (op. anal. 1, p. 64; Petr. Comm. N. 5, 1759, p. 5 und 18, 1774, p. 112 = Comm. Ar. coll. 1, p. 210, 477), s. auch *Gauss*, Disqu. A. art. 108–111; den zweiten *Lagrange*, Berl. Ac. N. Mém. 4, 1775, p. 349, 351 = Oeuvr. 3, p. 771, s. auch *Gauss*, Disqu. A. art. 112–116.

$$\left(\frac{p}{q}\right)\cdot\left(\frac{q}{p}\right)=(-1)^{\frac{p-1}{2}\cdot\frac{q-1}{2}}$$

(p, q nicht zugleich negativ, ungerade, relativ prim). Der Entdecker des auf Primzahlen bezüglichen Legendre'schen Reziprozitätsgesetzes ist *Euler* [35]), *Legendre* gab ihm obige Form und bewies es teilweise. *Gauss* gab sieben Beweise des Satzes (theorema fundamentale). Der 1te (Disqu. A. art. 131—151), von *Dirichlet* vereinfachte, ist ein Induktionsbeweis, der des Satzes bedarf, dass es für eine Primzahl $p=8h+1$ eine kleinere Primzahl giebt, von welcher p quadratischer Nichtrest ist[36]). Der 2te Beweis (Disqu. A. art. 262) ruht auf der Theorie der quadratischen Formen, der 4te und 6te (*Gauss*, Werke 2, p. 9 u. 55) auf der Kreisteilung, der 7te (ebend. p. 234) auf höheren Kongruenzen, der 3te und 5te (ebend. p. 3 und 51) auf dem *Gauss'schen Lemma* [37]). Bei *Gauss* für zwei Primzahlen, nach *E. Schering* (Berl. Ber. 1876, p. 330) für zwei ungerade relativ prime positive p, q giltig, ist $\left(\frac{q}{p}\right)=(-1)^{\mu}$, wenn μ die Anzahl der negativen unter den Resten von $1\cdot q,\ 2\cdot q, \cdots \frac{p-1}{2}\cdot q$ (mod. p) ist, oder

$$\left(\frac{q}{p}\right)=\operatorname{sgn.}\prod_{h=1}^{\frac{p-1}{2}} R\left(\frac{hq}{p}\right)\ ^{38}),$$

wenn $R(x)=x-\left[x+\frac{1}{2}\right]$ der Unterschied zwischen x und der nächsten ganzen Zahl und sgn. x die mit dem Vorzeichen von x genommene Einheit ist (*Kronecker*).

Fast alle übrigen Beweise fallen in dieselben Kategorieen. *O. Baumgart* (über das quadratische Reziprozitätsgesetz, Leipzig 1885) hat die bis dahin bekannten systematisch geordnet. Unter den späteren Beweisen[39]) der letzten Kategorie zeichnen sich die von *H. Schmidt* (J. f.

35) S. darüber *Kronecker*, Berl. Ber. 1875, p. 267.

36) Auf demselben Satze beruht *Kronecker*'s Beweis, Berl. Ber. 22./6. 1876, p. 330 und 7./2. 1884, p. 519, mit dem *Matth. Schaar*, Brux. Bull. (1) 14, 1847, art. 1, p. 79 zu vergleichen ist.

37) Eine Verallgemeinerung desselben s. bei *P. Gazzaniga*, Veneto R. Istituto (6) 4, 1886, p. 1271.

38) Statt dieses algebraischen Ausdrucks benutzte *Eisenstein* (J. f. Math. 29, 1845, p. 177) den transcendenten

$$\left(\frac{q}{p}\right)=\prod_{h}\frac{\sin\frac{2hq\pi}{p}}{\sin\frac{2h\pi}{p}}.$$

39) S. u. a. *A. S. Bang*, N. Tidsskr. f. Math. 5 B, 1894, p. 92; *V. Buniakowsky*, St. Pét. Bull. 14, 1869, p. 432; *F. Franklin*, Mess. (2) 19, 1890, p. 176; *J. C. Fields*, Amer. J. of math. 13, 1890, p. 189; *Lerch*, Teixeira J. 8, 1887, p. 137; *J. Hermes*,

Math. 111, 1893, p. 107) aus, sowie der von *G. Zolotareff* (N. Ann. (2) 11, 1872, p. 354) durch sein Prinzip: für zwei Primzahlen ist $\left(\frac{q}{p}\right) = \pm 1$, je nachdem die Restreihe $1 \cdot q, 2 \cdot q, \ldots (p-1) q$ (mod. p) aus $1, 2, \cdots p-1$ durch eine gerade oder ungerade Anzahl Dérangements entsteht. *M. Lerch* (Bull. international, Prague 1896) hat dasselbe für zusammengesetzte p, q erweitert. Ferner ist für Primzahlen nach *E. Busche*[40]) $\left(\frac{q}{p}\right) = \pm 1$, je nachdem die Anzahl der Zahlen $1 \cdot \frac{q}{2}, 2 \cdot \frac{q}{2}, \ldots \frac{p-1}{2} \cdot \frac{q}{2}$, die zwischen einem ungeraden und dem folgenden geraden Vielfachen von $\frac{p}{2}$ liegen, gerade oder ungerade ist. In wiederholten Arbeiten hat *Kronecker* die natürlichste Herleitung des Reziprozitätsgesetzes aus den Eigenschaften der Funktion $[x]$ gesucht. Aus ihnen folgt

$$\left(\frac{q}{p}\right) = \operatorname{sgn.} \prod_{h,k} \left(\frac{k}{q} - \frac{h}{p}\right), \qquad \begin{array}{l} h = 1, 2, \ldots \frac{p-1}{2}, \\ k = 1, 2, \ldots \frac{q-1}{2}, \end{array}$$

oder auch

$$\left(\frac{q}{p}\right) = \operatorname{sgn.} \prod_{h,k} \left(\frac{h}{p} - \frac{k}{q}\right)\left(\frac{h}{p} + \frac{k}{q} - \frac{1}{2}\right),$$

und aus jeder dieser Formeln das Reziprozitätsgesetz [41]). In seinen späteren Arbeiten stellt er das Verhältnis seiner Forschungen zu denjenigen von *A. Genocchi* und *Schering* fest[42]); die Beweise der letztern, im wesentlichen identisch, sowie der 5te Gauss'sche können als „logarithmische Umgestaltung“ des von *Kronecker* in einfachster Gestalt gegebenen 3ten Gauss'schen gelten. Andererseits hebt *Schering* (Acta Math. 1, 1883, p. 153) hervor, dass alle diese Beweise, sowie der geometrische von *Eisenstein*, auf die Zählung der Lösungen linearer und bilinearer Kongruenzen zurückkommen. Schon *Genocchi* bemerkte die Beziehungen

$$\left[\frac{hq}{p}\right] = \frac{1}{2} \sum_k \left(1 + \operatorname{sgn.}\left(\frac{h}{p} - \frac{k}{q}\right)\right),$$

$$\left[\frac{hq}{p} + \frac{1}{2}\right] = \frac{1}{2} \sum_k \left(1 + \operatorname{sgn.}\left(\frac{h}{p} + \frac{k}{q} - \frac{1}{2}\right)\right),$$

Arch. f. Math. u. Phys. (2) 5, 1887, p. 190; *E. Lucas*, St. Pét. Mélanges math. et astr. 7, 1894, p. 65; Assoc. franç. 19, 1890, p. 147; s. das. auch *A. Matrot*, p. 82.

40) *Busche*, J. f. Math. 103, 1888, p. 118; Hamb. Mitt. 3, 1896, p. 233, wo ein geometrischer Beweis analog dem Eisenstein'schen (J. f. Math. 28, 1844, p. 246). Vgl. noch *Lange*, Leipz. Ber. 48, 1896, p. 629; 49, 1897, p. 607, wo die Beziehungen von zwei Reihen von Teilstrecken p, q zu Grunde liegen.

41) *Kronecker*, Berl. Ber. 7./2. 1884, p. 519.

42) *Kronecker*, ebend. 1885, p. 383 sowie J. f. Math. 104, 1889, p. 348; *Ge-*

aus denen die von *Hacks*[43]) sogleich folgt:

$$\sum_h \left[\frac{hq}{p} + \frac{1}{2}\right] = \sum_k \left[\frac{kp}{q} + \frac{1}{2}\right];$$

Beziehungen ähnlicher Art gab *Stern*, J. f. Math. 106, 1890, p. 337.

Eine durch kein Quadrat teilbare Zahl n kann gleich $\pm 2^\nu \cdot p$ gesetzt werden, wo p positiv und ungerade; sei $\delta = \pm 1$, je nachdem $\pm p \equiv 1, 3 \pmod{4}$, und $\varepsilon = \pm 1$ für $\nu = \begin{cases}0\\1\end{cases}$, so ist für eine zu $2n$ prime positive Zahl m (*Dirichlet*)

$$\left(\frac{n}{m}\right) = \delta^{\frac{m-1}{2}} \cdot \varepsilon^{\frac{m^2-1}{8}} \cdot \left(\frac{m}{p}\right).$$

Alle solche m, für welche $\left(\frac{n}{m}\right) = +1$, sind, wenn $\delta = \varepsilon = +1$, in $\frac{1}{2}\varphi(p)$ arithmetischen Reihen $2nz + a$, sonst in ebenso viel Reihen $4nz + a$, alle dagegen, für welche $\left(\frac{n}{m}\right) = -1$, in ebenso viel Reihen $2nz + b$, $4nz + b$ resp. gegeben (Disqu. A. art. 147—149); die Primzahlen der erstern Art heissen die *Teiler von* $x^2 - n$.

Zur Bestimmung von $\left(\frac{n}{m}\right)$ dienen Regeln, die sich auf Algorithmen wie der Euklidische oder auf Kettenbrüche gründen. Die erste gab *Gauss* (Werke 2, p. 61 u. ff.) auf Grund des Euklidischen Algorithmus und der Eigenschaften seines Ausdrucks $\varphi(m, n)$ (s. I C 3, Nr. 4). *Ch. Zeller*, der sein Verfahren vereinfachte (Gött. Nachr. 1879, p. 197), setzt auch einen Algorithmus mit positiven Resten voraus. *Schering* (Gött. Nachr. 1879, p. 217) giebt mittels seiner Funktion

$$\text{Anz.}\begin{Bmatrix}\text{pos.}\\\text{neg.}\end{Bmatrix} F(\mu, \nu, \ldots)$$

d. i. der Anzahl positiver oder negativer Werte, die F für alle $\mu, \nu, \ldots$ in gewissen Grenzen annimmt, ein von jener Voraussetzung freies, allgemeineres Verfahren. Eine andere Regel gab *Eisenstein*, noch andere, die sich der Kettenbrüche bedienen, *Gegenbauer* und *Kronecker*[44]).

Aus *Dirichlet*'s Formeln [I C 2, Nr. 𝔟] für die Klassenanzahl quadra-

---

nocchi, Belg. Mém. 25, 1853, (1852) chap. 13; auch Par. C. R. 90, 1880, p. 300; *Schering*, Gött. Nachr. 1879, p. 217; s. dazu auch *J. Hacks*, Acta math. 12, 1888, p. 109.

43) *Hacks* a. a. O. S. auch *Busche*, Über eine Beweismethode in der Zahlentheorie, Gött. 1883.

44) *Eisenstein*, J. f. Math. 27, 1844, p. 317; s. dazu *Lebesgue*, J. de math. 12, 1847, p. 497; *L. Gegenbauer*, Wien. Ber. 1880, p. 931 und 1881, p. 1089; *Kronecker*, Berl. Ber. 1884, p. 530. Vgl. auch *G. Heinitz*, Diss. Gött. 1893.

tischer Formen folgen Sätze über die quadratischen Reste und Nichtreste in gewissen Grenzen; z. B. ist für Primzahlen $p = 4h + 3$ zwischen 0, $\frac{p}{2}$ die Anzahl der quadratischen Reste a grösser als die der Nicht-Reste b; zwischen 0, p ist $\sum a < \sum b$. *Stern* fand (J. f. Math. 71, 1870, p. 137) $\sum b < 2 \sum a$ für $p = 8h + 3$ und $< 3 \sum a$ für $p = 8h + 7$. Nach *R. Götting* (ebend. 70, 1869, p. 363; vgl. *Lebesgue*, J. de math. 7, 1842, p. 137) liegen für $p = 8h + 3$ zwischen 0, $\frac{p}{4}$ gleichviel quadratische Reste wie Nichtreste, für $p = 8h + 7$ zwischen $\frac{p}{4}$, $\frac{p}{2}$. *Stern* fügte ähnliche Sätze hinzu, z. B. giebt es für $p = 8h + 1$ zwischen 0, $\frac{p}{2}$ mehr gerade als ungerade quadratische Reste, umgekehrt für $p = 8h + 5$. Neben quadratischen Resten hat *Stern*[45]) die *trigonalen* und *bitrigonalen*, d. i. die Reste der Zahlen $\frac{x(x+1)}{2}$ und $x(x+1)$ (mod. p) untersucht. Eine von $\frac{p^2-1}{8}$ verschiedene Zahl n ist trigonaler Rest oder Nichtrest, je nachdem $8n + 1$ quadratischer Rest oder Nichtrest ist; $\frac{p^2-1}{4}$ hat den gleichen trigonalen wie quadratischen Charakter. U. a. giebt *Stern* Sätze betr. die Summen einerseits der quadratischen, andererseits der trigonalen oder bitrigonalen Reste und Nichtreste, sowie die Anzahl der einen wie der andern in gewissen Grenzen. Es folgt der Eisenstein'sche Satz (J. f. Math. 27, 1844, p. 283): Ist $p = 4h + 1$, g primitive Wurzel von p; a, b, c, d Anzahl der ersten $p - 2$ Trigonal-(Bitrigonal-)Zahlen, deren Indices $\equiv 0, 1, 2, 3$ (mod. 4) sind, so ist $(a-c)^2 + (b-d)^2 = p$.

7. Unbestimmte Gleichungen 2., 3., 4. Grades. Quadratische Kongruenzen. Die ganzzahlige Auflösung der *unbestimmten Gleichungen höheren Grades* erledigt systematisch die Theorie der Formen, z. B. die der allgemeinen quadratischen Gleichung mit zwei Unbestimmten die Theorie der binären quadratischen Formen [I C 2, Nr. **c**]. Hierhin gehört die Pell'sche Gleichung $x^2 - Dy^2 = \pm 1$. Mancherlei unbestimmte Gleichungen oder Systeme solcher haben aber besondere Behandlung erfahren, bei der, meist auf Grund von Identitäten, ihre Unmöglichkeit, oder Formeln für ihre Lösungen, oder mittels einer Lösung wieder eine neue hergeleitet wird.

Beispiele. Quadratische Gleichungen. a) Die Bestimmung der *rationalen, d. i. solcher Dreiecke, deren Seiten und Inhalt rational sind*, kommt auf die der rationalen rechtwinkligen, d. i. auf die der *Pytha-*

45) *Stern* im J. f. Math. 69, 1868, p. 370.

goräischen ganzen Zahlen, für welche $x^2 + y^2 = z^2$ ist, zurück. Schon *Brahmagupta* (etwa 600 n. Chr., seine Algebra ausgebildet von *Bhascara* über 500 J. später) gab die Lösung

$$x = m^2 - n^2, \quad y = 2mn, \quad z = m^2 + n^2 \quad (m, n \text{ ungleichartig}, m^2 > n^2).$$

Speziellere Regeln gaben *Pythagoras* und *Plato*. Eine historische Übersicht der Arbeiten über rationale Dreiecke s. bei *Th. Pepin* (Rom. Acc. P. N. Linc. A. 46, 1893, p. 119), eine systematische Herleitung der Dreiecke bei *H. Rath* (Arch. f. Math. 56, 1874, p. 188). Für die pythagoräischen ist

$$x = d(2n + d), \quad y = 2n(n + d), \quad z = y + d^2 = x + 2n^2,$$

wenn d ungerade; jedem d entspricht ein besonderer Komplex; *Pythagoras'* Regel giebt den ersten Komplex, die des *Plato* die ersten Dreiecke sämtlicher Komplexe. Durch An- und Aufeinanderlegen pythagoräischer finden sich alle schiefwinkligen rationalen Dreiecke. — *R. Hoppe* (Arch. f. Math. 64, 1880, p. 441) giebt die rationalen Dreiecke, deren Seiten drei successive Zahlen. — Eng hiermit verbunden sind die *numeri congrui* n, für welche die beiden Gleichungen $s^2 + n = u^2$, $s^2 - n = v^2$ in rationalen Zahlen möglich sind. In drei von *B. Boncompagni* publizierten Schriften von *Fibonacci* (Leonardo v. Pisa), unter denen das libro de' quadrati, werden sie im Anschluss an zwei arabische Manuskripte behandelt; *M. F. Woepcke*, der diese übersetzte, gab verschiedene Formeln zu ihrer Bestimmung, u. A. hat sie auch *Genocchi* behandelt[46]). *Vierecke* mit rationalen Seiten und Diagonalen zu bilden, lehrte schon *Brahmagupta*, dessen schwer verständliche Sätze *M. Chasles* (Aperçu hist. Par. 1837, deutsch v. *A. Sohncke*, Halle 1839, Note 12) aufgeklärt hat. *Kummer* (J. f. Math. 37, 1848, p. 1), nach dem die Aufgabe auf die Betrachtung rationaler Dreiecke zurückkommt, führt sie allgemeiner auf die Euler'sche zurück: die Quadratwurzel aus einer ganzen Funktion 4. Grades rational (s. u. a. Comm. Arithm. coll. 2, p. 474) zu machen. Für die Auffindung von *Tetraedern*, deren Kanten und Inhalt rational sind, gab *K. Schwering* (J. f. Math. 115, 1895, p. 301) eine gleichfalls hierauf zurückführende Methode.

b) *Pepin*[47]) gab die rationale Auflösung des Gleichungspaares

$$x^2 + y^2 - 1 = z^2, \quad x^2 - y^2 - 1 = u^2.$$

---

46) *Genocchi*, Ann. sci. mat. fis. 6, 1855, p. 273; *F. Woepcke*, Ann. di mat. 3, 1860, p. 206; 4, 1861, p. 247.

47) N. Ann. (2) 14, 1875, p. 63.

Schon *Beha-Eddin* stellte in seinem Khélasat al Hisàb die Aufgabe, das System

$$x^2 + xy + 2y^2 = u^2, \quad x^2 - xy - 2y^2 = v^2$$

zu lösen.

Genocchi[48]) giebt die Lösung $x = 34$, $y = 15$. *Lucas*[49]) führt die Auflösung auf die der Gleichung

$$(r^2 + s^2)^2 + 32rs(r^2 - s^2) = t^2,$$

d. i. auf die Aufgabe zurück: ein rechtwinkliges △ zu finden, für welches das Quadrat der Hypotenuse plus dem 32fachen △ ein Quadrat ist, und lehrt aus einer Lösung stets eine neue finden.

c) Ähnlich behandelt *Lucas*[50]) das System von *Fibonacci:*

$$x^2 - Ay^2 = u^2, \quad x^2 + Ay^2 = v^2;$$

zur Auflösung ist notwendig und hinreichend, dass $ab(a+b)(a-b) = Ac^2$. Die Werte $A = 1, 2, p, 2q, pp', 2qq'$, wo p, p' Primzahlen $8n + 3$; q, q' solche $8n + 5$ sind, sind unzulässig[51]).

d) Das System $y = x^2 + (x+1)^2$, $y^2 = z^2 + (z+1)^2$ behandelte *E. de Jonquières*[52]); $y = 5^1$ ist die einzige zulässige Primzahlpotenz. Ähnliche Sätze gab (nach *Eug. Lionnet*) *M. Moret Blanc*, N. Ann. (3) 1, 1882, p. 357; u. a. ist 13 die einzige Primzahl, die ebenso wie ihr Biquadrat Quadratsumme zweier successiven Zahlen ist.

e) Nach *Fermat* hat das System $x = 2y^2 - 1$, $x^2 = 2z^2 - 1$ die einzige Lösung $x = 7$ [*Lucas* ebend. (2) 18, 1879, p. 74; *Genocchi*, N. Ann. (3) 2, 1883, p. 306].

f) Für die schon von *Euler* (Alg. 2, Petr. 1770 [frz. v. *Lagrange*, Lyon 1794, dtsch. v. *Gruson*, Berl. 1796/97], p. 234) behandelten Gleichungen

$$x^2 + y^2 = p^2, \quad y^2 + z^2 = q^2, \quad z^2 + x^2 = r^2$$

gab *Ch. Chabanel*, N. Ann. (2) 13, 1874, p. 289 unendlich viel Lösungen.

Kubische Gleichungen. Die allgemeine kubische Gleichung $f(x, y, z) = 0$ mit drei Unbestimmten behandelte *Cauchy*, später *Ad. Desboves*[53]). Aus einer Lösung x, y, z findet sich eine zweite als Schnitt

48) *Genocchi,* Sopra tre scritti inediti di Leonardo Pisano, publ. da Boncompagni, Roma 1855.

49) N. Ann. (2) 15, 1876, p. 359.

50) N. Ann. (2) 17, 1878, p. 446; der Fall $A = 6$ (eine Fermat'sche Aufgabe) ebend. 15, 1876, p. 466. Vgl. *S. Roberts,* Lond. M. S. Proc. 11, 1880, p. 35.

51) *Genocchi,* Ann. sci. mat. 6, 1855, p. 299.

52) N. Ann. (2) 17, 1878, p. 219, 241, 289, 374, 419, 433, 514; ebend. (2) 18, 1879, p. 464. Eine Folgerung daraus s. *E. Gérono* ebend. 17, p. 381; ähnliche Gleichungen ebend. p. 521.

53) *Cauchy,* Exerc. de math. cahier 4; *Ad. Desboves,* N. Ann. (2) 18, 1879, p. 265 und 20, 1880, p. 173, sowie (3) 5, 1886, p. 545.

der Tangente in x, y, z mit der Kurve $f(x, y, z) = 0$, z. B. für die Gleichung

$$ax^3 + by^3 + cz^3 + dxyz = 0$$

durch die Formeln $x(by^3 - cz^3)$, $y(cz^3 - ax^3)$, $z(ax^3 - by^3)$; aus zwei Lösungen x, y, z; x', y', z' eine dritte als Schnitt der Sekante dieser Punkte mit der Kurve, im speziellen Falle durch die Formeln

$$x^2y'z' - x'^2yz, \quad y^2x'z' - y'^2xz, \quad z^2x'y' - z'^2xy;$$

ist x', y', z' die erstgefundene zweite Lösung, so ist die dritte im allgemeinen der ersten gleich, falls nicht zwei Unbestimmte symmetrisch auftreten, wie bei $x^3 + y^3 = Az^3$. Damit letztere Gleichung lösbar, ist notwendig und hinreichend [*Lucas*, N. Ann. (2) 17, 1878, p. 425], dass $ab(a+b) = Ac^3$. Nach *Legendre* (Th. d. n. 2, § 1) ist $A = 2^n$ für $n > 1$ unzulässig, gegen seine Aussage $A = 6$ zulässig (Lösung: 17, 37, 21), andere unmögliche Fälle gaben u. a. *Sylvester*, *Lucas*, *Pepin*[54]).

Die Gleichung $x^3 + a = y^2$ ist seit *Fermat* und *Euler* mehrfach behandelt. Für $a = -2, -4$ hat sie *eine* Lösung, desgl. für $a = 1$ (*Gérono*), andere Fälle dieser Art gab *Pepin*, J. de math. (3) 1, 1875, p. 317; für $a = 8$ hat sie mehr als eine Lösung, ist unmöglich für $a = -17$ [*Gérono*, N. Ann. (2) 16, 1877, p. 325] und in allgemeineren, von *de Jonquières* (ebend. 17, 1878, p. 374) angegebenen Fällen; s. auch *S. Réalis*, ebend. (3), 2, 1883, p. 289.

Für die Gleichung $x^3 + y^3 = z^3 + u^3$ gab *Euler* (Petr. N. Comm. 6, 1756/57, p. 155; 8, 1760/61, p. 105 = Comm. Ar. 1, p. 193, 287) Lösungsformeln, die *J. Binet* (Par. C. R. 12, 1841, p. 248) umgestaltete und *Ch. Hermite* aus der Theorie der Flächen 3. Ordnung bestätigte [N. Ann. (2) 11, 1872, p. 5].

Genocchi (Rom. P. N. Linc. A. 1866, s. auch *M. Cantor*, Zeitschr. f. Math. u. Phys. 11, 1866, p. 248) führt die Aufgabe:

$$x^3 + (x+r)^3 + (x+2r)^3 + \cdots + [x + (n-1)r]^3$$

zu einem Kubus zu machen, auf die Lösung der Gleichung

$$ns(s^2 + (n^2 - 1)r^2) = 8y^3$$

zurück und findet aus einer Lösung der letztern stets eine neue; jene Summe zu einem Quadrate zu machen, lehrt (ebend.) — doch unvollständig — *Catalan*.

Biquadratische Gleichungen. Für die Gleichung

$$ax^4 + bx^3y + cx^2y^2 + dxy^3 + ey^4 = z^2$$

lehrte *Fermat* eine unendliche Menge Lösungen finden, falls a oder e

54) N. Ann. (2) 17, 1878, p. 507 u. 19, 1880, p. 89, 206; *Pepin* in J. de math. (2) 15, 1870, p. 217, sowie Rom. P. N. Linc. 34, 1881, p. 73.

Quadratzahl oder schon eine Lösung bekannt ist. Nach Lagrange'schen Gesichtspunkten hat *G. Libri* (J. f. Math. 9, 1832, p. 54) sie und, zum Teil mittels Reihen, viel allgemeinere Gleichungen behandelt; u. a. ist (p. 291) jede positive rationale Zahl als Summe von 4 positiven rationalen Kuben darstellbar. Zur Lösung der spezielleren Gleichung

$$x^4 + ax^2y^2 + by^4 = z^2$$

gab *Lebesgue* Formeln, s. dazu *Legendre*, Th. d. n. 2, p. 126, sowie *Lucas*, N. Ann. (2) 18, 1879, p. 67, der auch für die Gleichung

$$(1) \qquad Ax^4 + By^4 = Cz^2$$

aus einer Lösung zwei andere findet. *Lagrange* löste die Gleichungen $x^4 - 2y^4 = \pm z^2$; $x^4 + 8y^4 = z^2$ (vgl. *Euler*'s Alg. 2, Kap. 13), *Lebesgue* erstreckte (J. de math. 18, 1853, p. 73) die Untersuchung auf die andern: $x^4 \pm 2^m y^4 = z^2$; $2^m x^4 - y^4 = z^2$. Nach *Legendre* sind die Gleichungen $x^4 \pm y^4 = z^2$ und $x^4 + y^4 = 2z^2$ (ausser $x = y = z = 1$) unmöglich; ausgedehnte Klassen von Fällen, in denen (1) unmöglich ist, gab *Th. Pepin* (Par. C. R. 78, 1874, p. 144 u. 91, 1880, p. 100); z. B. ist $px^4 - 14y^4 = z^2$ unmöglich, wenn p eine durch $2u^2 + 7v^2$ darstellbare Primzahl ist. Derselbe giebt [J. de math. (3) 5, 1879, p. 405] eine Methode zur vollständigen Auflösung der Gleichung $7x^4 - 5y^4 = 2z^2$.

Quadratische Kongruenzen. *Lebesgue* (J. de math. 2, 1837, p. 253) hat die Kongruenzen $f(x_1, x_2, \cdots x_n) \equiv 0 \pmod{p}$ für ganze Funktionen f, insbesondere die von der Form

$$a_1 x_1^m + a_2 x_2^m + \cdots + a_\varkappa x_\varkappa^m \equiv a_{\varkappa+1} \ (\text{mod. } p = hm + 1, \text{ Primzahl})$$

behandelt. Für $m = 2$ hatte schon *Libri* (J. f. Math. 9, 1832, p. 182 f.) die Anzahl der Wurzeln für $a_1 x_1^2 + a_2 x_2^2 \equiv a_3 \pmod{p}$ bestimmt. *Lebesgue* gab die allgemeinen Formeln für die Anzahl der Wurzeln der allgemeineren quadratischen Kongruenz, die sich auch finden bei *C. Jordan*, traité des substitutions, Par. 1870, Art. 197—200. Bei *Libri* und *Lebesgue* ergaben sich Anwendungen mancherlei Art auf die Kreisteilung [I C 4 b].

8. Höhere Kongruenzen. Galois'sche Imaginäre. Die allgemeine Theorie der Kongruenzen höheren Grades $F(x) \equiv 0 \pmod{p}$ ist bereits von *Gauss* bearbeitet worden (Werke 2, p. 212), doch rührt die erste sie behandelnde Publikation von *Th. Schönemann* her (J. f. Math. 31, 1846, p. 269 u. 32, 1846, p. 93); *Dedekind* (ebend. 54, 1857, p. 1) gab eine elementare, systematische Darstellung. S. auch *J. A. Serret*'s Höhere Algebra 2, p. 96.

Zwei ganze ganzzahlige Funktionen $f(x)$, $g(x)$ heissen (mod. p, p Primzahl) kongruent: $f(x) \equiv g(x) \pmod{p}$, wenn die Koeffizienten in $f(x) - g(x)$ durch p teilbar sind, $f(x)$ vom Grade n, wenn x^n die höchste Potenz, deren Koeffizient durch p nicht teilbar ist; $f(x)$ heisst primär, wenn der Koeffizient von x^n kongruent 1 ist, irreduktibel oder Primfunktion, wenn die Zerlegung $f(x) \equiv \varphi(x)\,\psi(x)$ (mod. p) unmöglich ist. Jede ganze Funktion $f(x)$ ist auf *eine* Weise einem Produkte primärer Primfunktionen (mod. p) kongruent.

Ist $\varphi(x) - \psi(x)$ (mod. p) teilbar durch $F(x)$, d. h. $\varphi(x) - \psi(x) \equiv F(x) \cdot G(x)$ (mod. p), so heisst

$$\text{(a)} \qquad \varphi(x) \equiv \psi(x) \pmod{p,\ F(x)}.$$

Alle ganzen Funktionen lassen sich in Bezug auf einen solchen doppelten Modulus, wenn μ der Grad von $F(x)$ und $\varrho, \sigma, \tau, \ldots$ die Grade der verschiedenen Primfunktionen sind, aus denen sich $F(x)$ (mod. p) zusammensetzt, in p^μ Klassen einander kongruenter Funktionen verteilen, unter denen

$$P = p^\mu \left(1 - \frac{1}{p^\varrho}\right)\left(1 - \frac{1}{p^\sigma}\right)\left(1 - \frac{1}{p^\tau}\right) \cdots$$

ohne gemeinsamen Teiler mit $F(x)$ (mod. p) sind. Für jede solche relative Primfunktion $f(x)$ zu $F(x)$ ist $f(x)^P \equiv 1$ (mod. p, $F(x)$); insbesondere ist für jede ganze ganzzahlige Funktion $f(x)$, wenn $F(x)$ Primfunktion vom Grade π ist,

$$f(x)^{p^\pi} \equiv f(x) \pmod{p,\ F(x)}.$$

Bei derselben Voraussetzung hat die irreduktible Kongruenz $F(x) \equiv 0$ (mod. p) keine ganzzahlige Lösung, falls $\pi > 1$; man kann aber mit *Ev. Galois* (J. de math. 11, 1846, p. 398) eine „Imaginäre" i einführen der Art, dass für sie $F(i) \equiv 0$ (mod. p) ist. Alsdann ist die Kongruenz (a) völlig gleichbedeutend mit $\varphi(i) \equiv \psi(i)$ (mod. p), $f(i)$ ist dann und nur dann $\equiv 0$ (mod. p), wenn $f(x)$ teilbar durch $F(x)$ (mod. p) ist; andernfalls ist

$$f(i) \equiv a + a_1 i + a_2 i^2 + \cdots + a_{\pi-1} i^{\pi-1} \pmod{p},$$

wo $a, a_1, \ldots$ ganzzahlig, und stets ist $f(i)$ Wurzel von

$$\text{(b)} \qquad x^{p^\pi} \equiv x \pmod{p},$$

sodass diese Kongruenz p^π Wurzeln hat. Eine Kongruenz $\Phi(x) \equiv 0$ (mod. p) kann nicht mehr Wurzeln von der Form $f(i)$ haben, als ihr Grad beträgt; die sämtlichen Wurzeln von $F(x) \equiv 0$ sind $i,\ i^p,\ i^{p^2}, \ldots i^{p^{\pi-1}}$. Ist n die kleinste Zahl, für welche $f(i)^n \equiv 1$, so heisst $f(i)$ zu n *gehörig*; n ist Teiler von $p^\pi - 1$, zu jedem Teiler n gehören $\varphi(n)$ Zahlen $f(i)$; es giebt $\varphi(p^\pi - 1)$ primitive Wurzeln der Kongruenz (b), d. i. inkongruente $f(i)$, welche zu $p^\pi - 1$ gehören.

Jede dieser primitiven Wurzeln ist, wie i selbst, Wurzel einer irreduktibeln Kongruenz vom Grade π und ihre Potenzen liefern alle Wurzeln der Kongruenz (b) oder sämtliche inkongruenten $f(i)$. Z. B. lassen sich die Wurzeln der Kongruenz $x^{7^3} \equiv x$ (mod. 7), da $i^3 \equiv 2$ (mod. 7) irreduktibel ist, alle in der Form $a + a_1 i + a_2 i^2$ (mod. 7) darstellen; als primitive Wurzel findet sich $j = i - i^2$, d. i. eine Wurzel der irreduktibeln Kongruenz $j^3 - j + 2 \equiv 0$ (mod. 7), demnach sind alle Wurzeln der obigen Kongruenz auch von der Form $a + a_1 j + a_2 j^2$ (mod. p).

Ist m die kleinste Zahl, für welche $f(i)^{p^m - 1} \equiv 1$ (mod. p), so heisst $f(i)$ zu m *passend*; m ist Teiler von π, und wenn $a, b, c, \ldots$ die verschiedenen m zusammensetzenden Primzahlen sind, so ist die von Null verschiedene Zahl

$$p^m - \sum p^{\frac{m}{a}} + \sum p^{\frac{m}{ab}} - \sum p^{\frac{m}{abc}} \cdots$$

die Anzahl der zu m passenden inkongruenten $f(i)$. Die Potenzen $f(i), f(i)^p, f(i)^{p^2}, \ldots f(i)^{p^{m-1}}$ sind die Wurzeln einer irreduktibeln Kongruenz $\Phi(x) \equiv 0$ (mod. p) vom Grade m; umgekehrt hat jede ganzzahlige Kongruenz, der $f(i)$ genügt, zugleich jene Potenzen zu Wurzeln.

Die Funktion $x^{p^\pi} - x$ ist (mod. p) kongruent dem Produkte aus allen inkongruenten primären Primfunktionen, deren Grade Teiler von π sind. Sind $\alpha, \beta, \gamma, \ldots$ die verschiedenen, π zusammensetzenden Primzahlen, so ist

$$\prod(x) = \frac{\left(x^{p^\pi} - x\right) \cdot \Pi\left(x^{p^{\frac{\pi}{\alpha\beta}}} - x\right) \cdots}{\Pi\left(x^{p^{\frac{\pi}{\alpha}}} - x\right) \cdot \Pi\left(x^{p^{\frac{\pi}{\alpha\beta\gamma}}} - x\right) \cdots}$$

kongruent dem Produkte aller inkongruenten primären Primfunktionen vom Grade π, also deren Anzahl gleich

$$\frac{1}{\pi} \cdot \left(p^\pi - \sum p^{\frac{\pi}{\alpha}} + \sum p^{\frac{\pi}{\alpha\beta}} - \sum p^{\frac{\pi}{\alpha\beta\gamma}} \cdots\right)$$

und somit von Null verschieden. Nach dem ersten dieser beiden Sätze hat jede irreduktible Kongruenz $\Phi(x) \equiv 0$ (mod. p), deren Grad ein Teiler von π, genau soviel Wurzeln, als ihr Grad beträgt. Ist demnach $\Psi(x) \equiv 0$ (mod. p) eine beliebige ganzzahlige Kongruenz, $f(x), f_1(x), \ldots$ die (gleichen oder verschiedenen) Primfunktionen resp. vom Grade $\mu, \mu_1, \ldots$, aus denen sich $\Psi(x)$ (mod. p) zusammensetzt, und π das kleinste gemeinsame Vielfache von $\mu, \mu_1, \ldots$, so existiert nach dem zweiten der obigen Sätze eine Primfunktion $F(x)$ vom

Grade π; ist i eine ihrer Wurzeln, so hat die Kongruenz $\Psi(x) \equiv 0$ (mod. p) genau soviel Wurzeln, wie ihr Grad beträgt, welche ganze, ganzzahlige Funktionen $f(i)$ von i sind. Dieser Satz vornehmlich zeigt den Nutzen der Einführung der Galois'schen Imaginären; auf Grund desselben haben sie namentlich in der Theorie der Substitutionen (s. darüber *C. Jordan*'s traité des substitutions, Paris 1870) vielfache Verwendung gefunden [I A 6, Anm. 57, 63].

9. Feststellung einer Zahl als Primzahl; Zerlegung grosser Zahlen in Faktoren. Man findet die Primzahlen der Reihe $1, 2, 3, \ldots n$, wenn aus ihr alle Vielfachen der Primzahlen $< \sqrt{n}$ gestrichen werden (cribrum Eratosthenis). Sei $N_\varkappa$ die natürliche Zahlenreihe, nachdem die Vielfachen der ersten $\varkappa$ Primzahlen aus ihr gestrichen sind; zählt man, wieviel Zahlen zwischen je zweien, die noch stehen blieben, fehlen, so erhält man die $\varkappa^{\text{te}}$ *diatomische Reihe* von *C. de Polignac,* der ihre Eigenschaften im J. de math. 19, 1854, p. 305 untersucht hat; mittels jener Reihen findet sich (als suite médiane) die der Zahlen von der Form $2^n - 1$. Zwischen x und x^2 liegt stets eine Primzahl.

Zur Zerlegung grosser Zahlen in ihre Faktoren gab *Gauss* (Disqu. A. art. 329—334) zwei Methoden. Schon früher hatte *Euler*[55]) zu gleichem Zwecke die Darstellungen durch die Form $rx^2 + sy^2$ mit hierfür geeigneter Determinante $D = rs$ (numeri idonei) benutzt. *P. Seelhoff* [Zeitschr. f. Math. u. Phys. 31, 1886, p. 116 und Arch. f. Math. u. Phys. (2) 2, 1885, p. 329, sowie Amer. J. of math. 7, 1885, p. 264; ib. 8, 1885, p. 26, 39] stützt sich auf ähnliche Betrachtungen; vgl. auch *Pepin,* Rom. Acc. P. N. Linc. 43, 1890, p. 163. *Lucas*[56]) benutzte die Ausdrücke

$$U_n = \frac{a^n - b^n}{a - b}, \quad V_n = a^n + b^n,$$

in denen a, b die Wurzeln der ganzzahligen Gleichung $x^2 = Px - Q$ sind. Diese Ausdrücke, welche die grösste Analogie mit Sinus und Cosinus haben, bestimmen sich aus der Beziehung $A_{n+2} = PA_{n+1} - QA_n$,[57]) der sie genügen. Es sind drei Arten: *erstens,* bei welchen a, b ganz; $a = 2$, $b = 1$ geben die *Fermat'sche Zahlenreihe* $2^n - 1$, $2^n + 1$;

55) *Euler,* Berl. N. mém. 5, 1776, p. 337, s. auch Petr. N. Comm. 13, 1768, p. 67 = Comm. Ar. 2, p. 270; 1, p. 379. S. dazu *F. Grube,* Zeitschr. f. Math. u. Phys. 19, 1874, p. 492.

56) *Lucas,* Amer. J. of math. 1, 1878, p. 184, 289. S. dazu *Genocchi,* Par. C. R. 98, 1884, p. 411; Ann. di mat. (2) 2, 1868, p. 256; *D. Seliwanoff,* Moskau Math. Samml. 16, 1892, p. 469.

57) Über solche rekurrente Reihen s. *F. H. Siebeck,* J. f. Math. 33, 1846, p. 71; *D. André,* Ann. éc. norm. (2) 7, 1878, p. 375; (2) 9, 1880, p. 209.

zweitens, bei welchen a, b inkommensurabel; die Gleichung $x^2 = x + 1$ giebt

$$U_n = \frac{(1+\sqrt{5})^n - (1-\sqrt{5})^n}{2^n\sqrt{5}}, \quad V_n = \frac{(1+\sqrt{5})^n + (1-\sqrt{5})^n}{2^n},$$

und die U_n sind die *Zahlen von Fibonacci oder von Lamé* (Par. C. R. 19, 1844, p. 867); für die Gleichung $x^2 = 2x + 1$ nennt Lucas die entstehenden Zahlen *die Pell'schen; drittens*, wenn a, b imaginär. Folgende Sätze sind wichtig. Die U_n ungeraden Ranges sind Teiler von $x^2 - Qy^2$, in der Reihe von *Fibonacci* also von der Form $4q + 1$. Die eigentlichen Primteiler von U_n, d. i. diejenigen, die in keinem U_n geringeren Ranges aufgehen, sind bei der ersten Art von der Form $\varkappa n + 1$, diejenigen von V_n von der Form $2\varkappa n + 1$. Ist $U_{p\mp 1}$, aber kein U_n, dessen n Teiler von $p \mp 1$ resp. ist, durch p teilbar, so ist p Primzahl. Dieser Satz, der die Umkehrung des Fermat'schen in sich enthält, giebt viele besondere, von der Art wie der von *Pepin* (Par. C. R. 85, 1877, p. 329 und 86, 1878, p. 307) gegebene: Ist $p = 4q + 3$ Primzahl, so ist $2p \pm 1$ Primzahl, wenn in der $\left\{\begin{matrix}\textit{Fermat'schen}\\ \textit{Pell'schen}\end{matrix}\right.$ Reihe $U_p \equiv 0 \pmod{2p \pm 1}$ ist, und umgekehrt.

Lucas' Sätze eignen sich besonders zur Zerlegung der Zahlen $2^n \pm 1$. Die Zahl $2^n + 1$ kann nur Primzahl sein, wenn $n = 2^\nu$, $2^n - 1$ nur, wenn n eine Primzahl p ist. Die Primfaktoren von $2^p \pm 1$ haben nach *Fermat* die Form $\varkappa p + 1$ (*Euler*'s Beweis Petr. N. Comm. 1, 1747/48, p. 20 = Comm. Ar. coll. 1, p. 50); über eine Verallgemeinerung hiervon s. *A. Lefébure*, Par. C. R. 98, 1884, p. 293, 413, 567, 613, sowie Ann. éc. norm. (3) 1, 1884, p. 389; 2, 1885, p. 113. *Fermat*'s Behauptung, dass jede Zahl $2^{2^\nu} + 1$ Primzahl, widerlegte *Euler*: für $\nu = 5$ geht sie auf durch 641. Für $\nu = 6$, 12, 23, 36 sind resp.

274177, 114689, 167772161, 2748779069441

Teiler[58]). Eine Tafel der Faktoren von $2^n \pm 1$ für $n = 1$ bis 64 nach *Landry*[59]) findet sich bei *Lucas* a. a. O. p. 230, s. auch *W. Rouse Ball* in Messenger (2) 21, 1891, p. 34, 120.

---

58) *Euler*, Petr. Comm. 6, 1739, p. 103 = Comm. Ar. 1, p. 1; *Beguelin*, Berl. N. mém. 6, 1777, p. 300; *V. Buniakowsky*, St. Pét. Bull. 24 u. 25, 1878; *Fort. Landry*, N. Corr. Math. 6, 1880, p. 417 und *Seelhoff*, Zeitschr. Math. Phys. 31, 1886, p. 380. Letzterer giebt a. a. O. auch die Zerlegung einer Reihe von Zahlen von der Form $\varkappa \cdot 2^n + 1$.

59) *Landry*, Décomposition des nombres $2^n \pm 1$ etc., Paris 1869. *Le Lasseur* benutzte bei bezüglichen Untersuchungen die Identität von *d'Aurifeuille*:

$$2^{4n+2} + 1 = (2^{2n+1} + 2^{n+1} + 1)(2^{2n+1} - 2^{n+1} + 1).$$

Durch Erweiterung der Gauss'schen Zerlegungsmethode findet *Th. Pepin* (Rom. P. N. Linc. 9^1, 1893, p. 47) u. a., dass $\frac{31^7-1}{31-1}$ Primzahl ist.

Tafeln, welche die Teiler der Zahlen ergeben, lieferte *L. Chernac*, Cribrum arithmeticum, Deventer 1811 (bis 1020000); *J. Ch. Burckhardt*, Tables des diviseurs jusqu'à 3036000, Paris 1814—17; *Z. Dase*, Faktorentafeln (7te bis 9te Million), Hamburg 1860, 63, 65; *J. W. L. Glaisher*, Factortables for the 4., 5., 6. Million, London 1870, 80, 83, wo sich auch mancherlei Abzählungen zum Vergleich mit den Formeln von *Gauss*, *Legendre* u. A. für die Primzahlmenge u. a. m. finden. S. auch *C. Tuxen* und *F. Thaarup* in Tidsskr. f. Math. (4) 5, 1881, p. 16, 77.

10. Vollkommene Zahlen. Eine Zahl heisst *vollkommen*, wenn die Summe ihrer aliquoten Teile ihr selbst gleich ist. Eine solche ist nach *Euclid* $2^{p-1}(2^p-1)$, wenn 2^p-1 Primzahl; alle geraden vollkommenen Zahlen haben diese Form [60]). *J. Carvallo*'s Beweis, dass es keine ungeraden gebe [61]), ist ungenügend, doch kennt man keine. Dass es keine von der Form $4x+3$ giebt, zeigte *A. Stern* [62]), den notwendigen Ausdruck derjenigen von der Form $4x+1$ gaben *Euler* und *Stern* a. a. O. Einige Sätze über solche Zahlen, falls sie vorhanden, gaben *Servais*, *Cesàro*, *Sylvester* in Mathesis 7, 1887, p. 228, 245 u. 8, 1888, p. 92, 135, 571. Die bekannten geraden vollkommenen Zahlen entsprechen $p = 2, 3, 5, 7, 13, 17, 19, 31$ (*Euler*), 61 (*Seelhoff*) [63]) — fraglich sind 67, 127, 257 (*Rouse Ball*) — welche Werte *Mersenne*'sche Zahlen heissen, da dieser (cogitata phys. math. Paris 1644) — wohl nach *Fermat*'s Mitteilungen — sie (unvollständig) angegeben.

Vollkommene Zahlen zweiter Art nennt *Eug. Lionnet*, N. Ann. (2) 18, 1879, p. 306 diejenigen, welche dem Produkte ihrer aliquoten Teile gleich sind (die Zahlen p^3 und $p . p'$); $2 . 3$ ist die einzige vollkommene Zahl beider Arten.

Befreundete Zahlen (numeri amicabiles) sind zwei Zahlen, deren jede gleich der Summe der aliquoten Teile der andern ist, z. B. 220, 284. Sie sind noch wenig untersucht. *Euler*, Op. var. 2, 1750, p. 23

---

60) *Euler*, Comm. Ar. coll. 2, p. 514, *Lucas* a. a. O.

61) Par. C. R. 81, 1875, p. 73 sowie in seiner Théorie des nombres parfaits, Barcelone 1883.

62) Mathesis 6, 1886, p. 248. S. das. *Seelhoff* p. 100, 178; *Lucas* p. 145.

63) Zeitschr. Math. Phys. 31, 1886, p. 174; Arch. f. Math. (2) 2, 1885, p. 327, 329; (2) 3, 1886, p. 325; *G. Valentin*, ebenda (2) 4, 1887, p. 100; dasselbe *Pervouchine* (s. darüber *W. Imschenetzky* etc., St. Pét. Bull. 1887) u. *Hudelot*, Mathesis 7, 1887, p. 45, auf Grund eines der Lucas'schen Sätze.

= Comm. Ar. 1, p. 102 gab ihrer 61 Paare, noch andere *P. Seelhoff*, Arch. f. Math. 70, 1883, p. 75; *Lucas*, Th. d. n., p. 381 berichtet von bez. Untersuchungen von *Le Lasseur*.

11. Potenzsummen der ersten m ganzen Zahlen. Setzt man $S_\varkappa(m) = 1^\varkappa + 2^\varkappa + \cdots + m^\varkappa$, so ist

$$S_0(m) = m, \quad S_1(m) = \frac{m(m+1)}{2}, \quad S_2(m) = \frac{m(m+1)(2m+1)}{6}, \ldots$$

(Polynome von *Bernoulli*); den allgemeinen Ausdruck für $S_\varkappa(m)$ gab u. a. *Cauchy*[64]) [Résumés analyt., Turin 1833, p. 70]; *P. Appell* [N. Ann. (3) 6, 1887, p. 312, 547] lehrte sie durch Integration successive finden. *G. Dostor* [N. Ann. (2) 18, 1879, p. 459, 513, oder Arch. f. Math. u. Phys. 63, 1879, p. 435; 64, 1879, p. 310] gab Sätze, wie diesen:

$$\frac{S_4(m) - S_2(m)}{S_3(m) - S_1(m)} = \frac{2}{5}(2m+1),$$

also ganz, wenn $m = 5h + 2$. Vgl. dazu *E. Lucas*, Rech. sur l'anal. indéterm., Moulins 1873. Nach *Eug. Lionnet* ist $S_\varkappa(m)$ teilbar[65]) durch m, wenn m Primzahl $> \varkappa + 1$. Im J. f. Math. 21, 1840, p. 372 giebt *Ch. v. Staudt* mehrere Sätze wie den folgenden: Sind $a, b, \cdots$ relativ prim, so ist

$$\frac{S_\varkappa(ab\cdots)}{ab\cdots} - \frac{S_\varkappa(a)}{a} - \frac{S_\varkappa(b)}{b} - \cdots$$

ganzzahlig. Schon die Inder kannten die Beziehung $S_3(m) = S_1(m)^2$. Nach *M. F. Woepcke* (Ann. di mat. 5, 1863, p. 147) findet sie sich bei *Ibn Albanná* (Zeitgenosse von *Fibonacci*), nach welchem für ungerades $m = \sqrt{\sqrt{8M+1}+1} - 1$

$$1^3 + 3^3 + 5^3 + \cdots + m^3 = M.$$

Jacobi[66]) gab die fernere Formel: $2S_1(m)^4 = S_7(m) + S_5(m)$. Diese, wie die der Inder, ist in zwei von *M. A. Stern* (J. f. Math. 84, 1878, p. 216) gegebenen, und letztere in noch allgemeineren von *E. Lampe* (ebend. p. 270) enthalten. *Liouville*[67]) gewann aus der Formel der Inder die Beziehung:

$$\Sigma_d\, t(d)^3 = [\Sigma_d\, t(d)]^2 \qquad (d \text{ Teiler von } m),$$

---

64) Vgl. *J. L. Raabe*, J. f. Math. 42, 1851, p. 348; *Hermite* ebend. 79, 1879, p. 339; *J. Tannery*, Sur la théorie des fonctions, Par. 1886, p. 150; *F. Siacci*, Ann. di mat. 4, 1861, p. 46.

65) S. *Catalan*, Belg. Mém. 46, 1886, p. 14.

66) Briefwechsel zwischen *Gauss* u. *Schumacher*, herausgeg. v. *F. Peters*, Altona 1863, 5, p. 299.

67) *Liouville* im J. de math. (2) 2, 1857, p. 393. S. dazu Par. C. R. 44, 1857, p. 753.

die eine Deutung auf die Anzahl der Zerlegungen $2m = x^2 + y^2$ zulässt. Ist $\varphi_\varkappa(m)$ Summe der $\varkappa^{\text{ten}}$ Potenzen der Zahlen $< m$, die prim zu m [*A. Thacker* hat (J. f. Math. 40, 1850, p. 89) ihren Ausdruck gegeben], so ist

$$\sum \delta^3 \cdot \varphi_3(d) = (\sum \delta \cdot \varphi_1(d))^2 \qquad (\delta, d \text{ complementäre Teiler von } m).$$

12. Magische Quadrate. Mehr der Theorie der Kombinationen als der Zahlen gehört *die der magischen Quadrate* an. Es gilt, in die n^2 Zellen eines Quadrates die ersten n^2 Zahlen so zu stellen, dass die Summe in jeder Reihe, Kolonne und Diagonale die gleiche ist. Nächst *Moschopulos* (14. Jahrh.) gab zuerst *Bachet de Méziriac* eine Lösung für ungerade, *Bern. Frénicle* für gerade n, *W. H. Thompson* (Quart. J. 10, 1869, p. 186) führte diesen Fall auf jenen zurück, indem er aus einem Quadrate mit n^2 ein solches mit $(pn)^2$ Zellen bildete[68]). *J. Horner*'s Theorie (Quart. J. 11, 1870, p. 57, 123) führt (hauptsächlich für ungerade n) auf sogenannte Nullquadrate und diese auf die Aufgabe hinaus: den Rest eines Ausdrucks $ax + by$ (mod. $2n + 1$) zu bestimmen[69]). *S. M. Drach* (Mess. (2) 2, 1873, p. 169) bestätigt die Regel für ungerade n und führt den Fall eines geraden n auf den Fall $n = 4$ zurück. *Th. Harmuth* (Arch. f. Math. u. Phys. 66, 1881, p. 286, 413; 67, 1882, p. 238 und 69, 1884, p. 90) giebt für ungerade n noch eine neue Regel, behandelt die Fälle $n = 4\varkappa$, $4\varkappa + 2$ sowie die *magischen Rechtecke* (insbesondere bei ungeraden Seitenzahlen) und dehnt seine Untersuchung auch auf magische Parallelepipeda, sogar auf polydimensionale Zahlenfiguren aus. Eine anderweitige Verallgemeinerung der magischen Quadrate gab *A. H. Frost* (Quart. J. 7, 1866, p. 92, und 15, 1877, p. 34, 93) in seinen sogenannten Nasik squares, noch eine andere, indem er nicht die Summe der Zahlen, sondern die ihrer Quadrate konstant setzt, *Lucas*, N. Corr. Math. 2, 1876, p. 97. S. ferner *Euler*, Comm. Ar. 2, p. 302, der auch die verwandte Aufgabe des Rösselsprungs behandelte, Berl. Mém. 1759, p. 310 = Comm. Ar. 1, p. 337; diese eingehend bei *Exner*, Progr. Hirschberg 1876.

---

68) S. über die Geschichte des Problems *S. Günther* im Arch. f. Math. u. Phys. 57, 1875, p. 285, wo die Regel von *Moschopulos* in bequemer Form ausgesprochen und bewiesen ist.

69) Eine systematische Entwicklung auf Grund derselben Kongruenzaufgabe versuchte *H. Scheffler*, Die magischen Figuren, Leipzig 1882. Vgl. noch *M. Frolow*, Le problème d'Euler etc., avec un atlas, Par. 1884; *G. Arnoux*, Arithm. graphique, Par. 1894. *H. v. Pessl*, Progr. Amberg 1873, gewinnt durch Aufwicklung des magischen Quadrates auf einen Kreiscylinder eine besondere Formulierung der Aufgabe.

Nachträge zu I C 1.

Zu Nr. 1. *R. Dedekind,* Braunschw. Festschr. 1897, p. 1, bemerkt, wie aus dem grössten gemeinsamen Teiler d dreier Zahlen a, b, c und den grössten gemeinsamen Teilern a_1, b_1, c_1 je zweier von ihnen sechs Zahlen a', b', c', a'', b'', c'' sich ergeben der Art, dass $a = db'c'a''$, $b = dc'a'b''$, $c = da'b'c''$ wird. Diese Zerlegung dreier Zahlen in ihre „Kerne" dehnt er dann auf beliebig viel Zahlen und noch allgemeiner auf Elemente Abel'scher Gruppen [I A 6, Nr 20] aus.

Erweiterungen der Sätze von *Smith* und *Mansion* durch *E. Cesàro* s. Ann. éc. norm. (3) 2, 1885, p. 425; N. Ann. (3) 5, 1886, p. 44.

Zu Nr. 3 bez. der Farey'schen Reihen und der Stern'schen Entwicklung (m, n) s. noch *G. Halphen,* Par. Bull. Soc. M. 5, 1877, p. 170.

Zu Nr. 4. Der erste Beweis des Fermat'schen Satzes durch *Euler* findet sich Petr. Comm. 8, 1736, p. 141 = Comm. Ar. 1, p. 21 und geschieht mittels der binomischen Entwicklung.

Zu Nr. 5 s. bez. der Qualität der Dezimalbrüche, welche echten gemeinen Brüchen gleich sind, *Th. Schröder,* Progr. Ansbach 1872; *J. Hartmann,* Progr. Rinteln 1872.

Zu Nr. 6 bemerke noch einen *Kronecker*'schen Beweis des quadratischen Reziprozitätsgesetzes auf Grund der Primteiler, für welche Abel'sche Gleichungen als Kongruenzen lösbar sind, Berl. Ber. 1880, p. 404; desgl. einen solchen von *Th. Pepin,* Rom. P. N. Linc. 43, 1890, p. 192 mittels Komposition der Formen. S. auch noch *E. Busche,* J. f. Math. 106, 1890, p. 65 [I C 3, Nr. 4]. *R. Lipschitz* gab Par. C. R. 108, 1889, p. 489 einen Beweis des verallgemeinerten Gauss'schen Lemma, desgl. *M. Mandl,* Quart. J. 25, 1891, p. 227. Vgl. noch *W. Scheibner,* Leipz. Abh. 25, 1900, p. 367.

In Fussnote 42) sind bei *Genocchi* die Belg. Mém. cour. sav. [étr.] 25 gemeint.

Zu Nr. 7. Die Gleichung $x^3 + a = y^2$ behandelte *Euler,* Comm. Ar. 1, p. 33 und 2, p. 474; ebenda 1, p. 207 die Gleichung $x^3 + y^3 = z^2$; ebenda 2, p. 183, 492 die andere: $x^4 + mx^2y^2 + y^4 = z^2$. S. über $x^2 + cy^2 = z^3$ *Th. Pepin,* Rom. P. N. Linc. 8, 1892, p. 41. *Desboves* behandelte die Gleichung $ax^m + by^m = cz^n$, N. Ann. (2) 18, 1879, p. 265, 398, 433, 481. *Buniakowsky* wies St. Pét. Mém. (6) 4, 1841, p. 471 die Unmöglichkeit nach, dass gewisse, irrational aus ganzen Zahlen gebildete Ausdrücke, wie $\sqrt{A} + \sqrt{B}$, $\sqrt{A} + \sqrt{B} + \sqrt{C}$ u. a., rational sein könnten.

Zu Nr. 9, Fussnote 55) bemerke noch *Euler,* Petr. N. A. 12, 1794, p. 22 = Comm. Ar. 2, p. 249; bezüglich der Zerlegung der Zahlen in Faktoren *Buniakowsky,* St. Pét. Mém. (6) 4, 1841, p. 447.

Bezüglich der Angaben über ältere Mathematik ist auf *M. Cantor,* Vorles. üb. Geschichte der Mathematik, Leipzig, 1. Teil 1880 (2. Aufl. 1894), 2. Teil 1892, 3. Teil 1898, zu verweisen; s. über *Pythagoras'* und *Plato*'s Regel [in Nr. 7] das. 1. Teil (2. Aufl.) p. 173, 211; s. ferner über *Fermat*'s Behauptung (Nr. 9), dass jede Zahl $2^{2^\nu} + 1$ Primzahl, 2. Teil, p. 709.

Zu berichtigen: p. 558, Z. 5 im letzten Bruche $p - 1$ statt p.

Die Litteraturangaben von I C 1 hat *W. Fr. Meyer* wesentlich vervollständigt.

I C 2. ARITHMETISCHE THEORIE DER FORMEN

VON

KARL THEODOR VAHLEN

IN KÖNIGSBERG I. PR.

Inhaltsübersicht.

Litteratur.

H. J. St. Smith, Sur la représentation des nombres par des sommes de cinq carrés. Par. Mém. Sav. Ét. (2) 29, Nr. 1, 1887 = Coll. Math. Pap. 2, p. 623.
H. Minkowski, Sur la théorie des formes quadratiques à coefficients entiers. Par. Mém. Sav. Ét. (2) 29, Nr. 2, 1887.
H. Minkowski, Geometrie der Zahlen, Leipzig, 1. Lief. 1896.
P. Muth, Theorie und Anwendung der Elementarteiler, Leipzig 1899 (Bilineare Formen).
Im Übrigen s. unter I C 1 und bes. *P. Bachmann,* Zahlentheorie 4^1, Leipzig 1898.

a. Lineare Formen. 1) Ist r die grösste Zahl, für welche nicht alle Subdeterminanten r^{ter} Ordnung des Koeffizientensystems:

$$(a_{ik}) \qquad \begin{pmatrix} i = 1, \ldots, m \\ k = 1, \ldots, n \end{pmatrix}$$

der m ganzzahligen Linearformen von n Variabeln:

$$y_i = \sum a_{ik} x_k \qquad \begin{pmatrix} i = 1, \ldots, m \\ k = 1, \ldots, n \end{pmatrix}$$

verschwinden, so heisst r der *„Rang"* des Koeffizientensystems oder des Systems der Linearformen [I A 2, Nr. 24].

2) Ist d_k der grösste gemeinsame Teiler aller Subdeterminanten k^{ter} Ordnung des Systems (a_{ik}), $(d_{r+1} = 0,\ d_{r+2} = 0, \ldots)$, so ist $\frac{d_k}{d_{k-1}}$ eine ganze Zahl e_k, der k^{te} *„Elementarteiler"* des Systems [I B 2, Nr. 3]. Wir setzen $e_{r+1} = 0$, $e_{r+2} = 0$, etc.; der Rang ist die An-

zahl der nicht verschwindenden Elementarteiler. Die Zahl $\frac{e_k}{e_{k-1}}$ ist eine ganze Zahl.

3) Geht das System

$$y_i = \sum a_{ik} x_k$$

durch die beiden ganzzahligen Substitutionen

$$x_k = \sum_h \alpha_{kh} x'_h \qquad (k, h = 1, 2, \ldots, n)$$

$$\sum_i \beta_{hi} y_i = y'_h \qquad (h, i = 1, 2, \ldots, m)$$

in das System

$$y'_i = \sum a'_{ik} x'_k$$

über, so heisst das Koeffizientensystem (a'_{ik}) unter dem Koeffizientensysteme (a_{ik}) *„enthalten"*.

4) Sind auch die *„reciproken"* Substitutionen

$$x'_h = \sum_k \alpha'_{hk} x_k \qquad (h, k = 1, 2, \ldots, n)$$

$$\sum_h \beta'_{ih} y'_h = y_i \qquad (i, h = 1, 2, \ldots, m)$$

ganzzahlig, also die *„Substitutions-Determinanten"* oder *„Moduln"* [I B 2, Nr. **1**, **2**]

$$|\alpha_{kh}|, \quad |\beta_{hi}|$$

gleich ± 1, so heissen die Substitutionen *„Einheits-Substitutionen"* oder *„unimodular"*. Alsdann ist von den beiden Systemen (a_{ik}), (a'_{ik}) jedes unter dem andern enthalten, dieselben sind *„äquivalent"*:

$$(a_{ik}) \sim (a'_{ik}).$$

5) Das System (a_{ik}) ist äquivalent dem *„Diagonalsystem"*:

$$\begin{pmatrix} e_1 & 0 & . & . & 0 & 0 & . & . \\ 0 & e_2 & . & . & 0 & 0 & . & . \\ \vdots & \vdots & & & \vdots & \vdots & \vdots \\ 0 & 0 & . & . & e_r & 0 & . & . \\ 0 & 0 & . & . & 0 & 0 & . & . \\ & \vdots & \vdots & \vdots & \vdots & \vdots \end{pmatrix}$$

und wird durch blosse Anwendung der drei Arten von Einheits-Substitutionen:

$$1) \begin{matrix} z_i \,\|\, -z_i \\ z_k \,\|\, -z_k, \end{matrix} \qquad 2) \begin{matrix} z_i \,\|\, z_k \\ z_k \,\|\, -z_i, \end{matrix} \qquad 3) \; z_i \,\|\, z_i \pm z_k$$

auf dasselbe *„reduziert"*[1]).

1) *G. Frobenius*, J. f. Math. 86 (1879), p. 146; *L. Kronecker*, Berl. Ber. 1866, p. 597 = J. f. Math. 68 (1868), p. 273 = Werke 2, p. 143; J. f. Math. 107 (1891), p. 135.

6) Damit also das System (a'_{ik}) unter dem System (a_{ik}) enthalten ist, ist notwendig und hinreichend, dass die Elementarteiler von (a'_{ik}) Multipla (wobei auch 0 als Faktor zulässig) der entsprechenden von (a_{ik}) sind.

Für die Äquivalenz beider Systeme ist die Übereinstimmung entsprechender Elementarteiler notwendig und hinreichend[2]).

7) Eine Subdeterminante k^{ter} Ordnung von (a_{ik}) heisst *„regulär in Bezug auf die Primzahl p“*, wenn sie dieselbe in derselben Potenz wie d_k enthält.

Eine in Bezug auf p reguläre Subdeterminante besitzt eine in Bezug auf p reguläre Subdeterminante und Superdeterminante jeder Ordnung.

Ein System von Subdeterminanten derselben Ordnung heisst *„regulär“*, wenn ihr grösster gemeinsamer Teiler dem grössten gemeinsamen Teiler des vollständigen Subdeterminantensystems derselben Ordnung gleich ist.

Von jeder regulären Subdeterminante ist das vollständige System von Subdeterminanten oder Superdeterminanten jeder Ordnung regulär[3]).

8) Ist $r < m$, so giebt es unter den m Formen $\sum a_{ik} x_k$ Systeme von r (und nicht mehr als r) von einander unabhängigen Formen; die jedesmal übrigen $m - r$ sind linear homogen rational aus diesen r zusammengesetzt.

Soll man also m gegebene ganze Zahlen $a_1, \ldots, a_m$ durch die m Formen vermittelst eines ganzzahligen Wertsystems der x *„darstellen“*, so müssen vor allem zwischen den a dieselben homogenen linearen Relationen wie zwischen den Formen bestehen.

Man kann sich daher auf den Fall $r = m \leqq n$ beschränken [s. auch I B 1 b, Nr. 12].

9) Ist zunächst $m = n$, so ist das System:

$$\sum a_{ik} x_k = a_i \qquad (i, k = 1, \ldots, n)$$

äquivalent einem System:

$$e_k x'_k = a'_k \qquad (k = 1, 2, \ldots, n),$$

also jedenfalls eindeutig lösbar, aber ganzzahlig dann und nur dann lösbar, wenn $d_n = e_1 e_2 \cdots e_n = 1$, d. h. wenn das System (a_{ik}) ein „Primsystem“ ist. Es heisst nämlich ein System

$$(a_{ik}) \qquad \begin{pmatrix} i = 1, \ldots, m & \\ k = 1, \ldots, n & m \leqq n \end{pmatrix}$$

ein *Primsystem*, wenn $d_m = 1$ ist.

2) *Frobenius,* J. f. Math. 86 (1879), p. 146; 88 (1880), p. 96; Berl. Ber. 1894, p. 31; *K. Hensel,* J. f. Math. 114 (1895), p. 109.

3) *K. Hensel,* J. f. Math. 114 (1895), p. 25.

10) Ist zweitens $r = m < n$ und $a_i = 0$ $(i = 1, \ldots, m)$, so giebt es Systeme von $n - r$ und nicht weniger *„Fundamentalauflösungen"*, aus denen alle andern linear homogen ganzzahlig zusammengesetzt sind[4]).

Sind dagegen nicht alle $a_i = 0$, so ist zur Auflösbarkeit der Gleichungen in ganzen Zahlen notwendig und hinreichend, dass der grösste gemeinsame Teiler d der Determinanten m^{ter} Ordnung des Systems (a_{ik}) dem entsprechenden grössten gemeinsamen Teiler des Systems

$$\begin{pmatrix} a_1 & a_{11} & a_{12} & \cdot\cdot \\ a_2 & a_{21} & a_{22} & \cdot\cdot \\ \cdot & \cdot & \cdot & \end{pmatrix}$$

gleich ist[5]).

Die Bedingung bleibt erfüllt, wenn man die a_i um ganze Vielfache von d ändert. Die Anzahl der modulo d inkongruenten [I C 1, Nr. 4] Systeme $a_1, a_2, \ldots, a_m$, welche simultan durch die m Formen $\sum_k a_{ik} x_k$ dargestellt werden können, ist gleich d^{m-1}.[6])

11) Betrachtet man zwei Linearformen als kongruent für das *„Modulsystem"* [I B 1 c, Nr. **12** f.]:

$$f_i = \sum_k a_{ik} x_k, \qquad \begin{pmatrix} i, k = 1, 2, \ldots, n \\ |a_{ik}| \neq 0 \end{pmatrix}$$

wenn ihre Differenz sich als $\sum f_i y_i$ mit ganzzahligen y_i darstellen lässt, so ist die Anzahl der (modd. $f_1, f_2, \ldots f_n$) inkongruenten Linearformen gleich $\| a_{ik} \|$, (*Frobenius*[6a])), denn das System $\sum a_{ik} x_k$ kann nach 4) durch ein äquivalentes $e_i x_i$ ersetzt werden; für ein solches ist der Satz evident.

12) Die Auflösung des Systems

$$\sum_k a_{ik} x_k = a_i \qquad \begin{pmatrix} i = 1, \ldots, m & \\ k = 1, \ldots, n & m < n \end{pmatrix}$$

in ganzen Zahlen wird für $n = 2$ durch den Kettenbruchalgorithmus (I A 3, Nr. **45**—**47**; I C 1, Nr. **3**), für $n > 2$ durch Verallgemeine-

---

4) *T. S. Stieltjes*, Toulouse Ann. 4 (1890), p. 1; vgl. ferner: *K. Weihrauch*, Zeitschr. f. Math. u. Phys. 20 (1875), p. 97, 314; 22 (1877), p. 234; *E. d'Ovidio*, Tor. Atti 12 (1876/77), p. 334; *Faà di Bruno*, Math. Ann. 14 (1879), p. 241; Par. C. R. 86 (1878), p. 1189, 1259; Quart. J. 15 (1878), p. 272; *Ch. Méray*, Par. C. R. 94 (1882), p. 1167; *A. Cayley*, Quart. J. 19 (1883), p. 38 = Papers 12, p. 19.

5) *J. Heger*, Wien. Denkschr. 14² (1858), p. 1; *St. Smith*, Lond. Trans. 151 (1862), p. 293 = Papers 1, p. 367; *G. Frobenius*, J. f. Math. 86 (1879), p. 146.

6) *St. Smith* l. c. 5), p. 325 = Papers 1, p. 405. Über die Anzahl der jedesmaligen Auflösungen s. *J. J. Sylvester*, Lond. Math. Soc. Proc. 28 (1897), p. 33; *G. B. Mathews*, ib. p. 486.

6a) *Frobenius*, J. f. Math. 86 (1879), p. 174.

rungen desselben (I A 3, Nr. **46**; I C 1, Nr. **5**) geliefert[6b]). Die Anwendung dieser Algorithmen ist nicht an die Ganzzahligkeit der Koeffizienten gebunden. Bei nicht ganzzahligen Koeffizienten liefert das Verfahren die näherungsweisen (eventuell die exakten) ganzzahligen Lösungen. Die erste solche Verallgemeinerung findet sich bei *Euler*, der z. B. (vergeblich) eine homogene lineare ganzzahlige Relation zwischen $\pi^2 \lg 2$, $(\lg 2)^3$, $1 - \frac{1}{2^3} + \frac{1}{3^3} - \cdots$ aufsuchte.

Wendet man das Verfahren auf die näherungsweise ganzzahlige Auflösung der Gleichung

$$x_1 \varepsilon^{n-1} + x_2 \varepsilon^{n-2} + \cdots + x_n = 0$$

an, in welcher ε eine algebraische Zahl n^{ter} Ordnung [I B 1 c, Nr. 2; I C 4 a, Nr. 1] ist, so wird dasselbe periodisch. Dieser für $n = 2$ von *Lagrange* bewiesene, für $n > 2$ von *Jacobi* ausgesprochene und für $n = 3$ von ihm durch Induktion bestätigte Satz ist allgemein von *Minkowski* bewiesen worden.

Hermite setzte die simultane Annäherung an Null von $n - 1$ linearen Formen

$$\sum_k a_{ik} x_k \qquad \begin{pmatrix} k = 0, 1, \ldots, n-1 \\ i = 1, \ldots, n-1 \end{pmatrix}$$

von n ganzzahligen Variablen, die man auf die Form bringen kann

$$\sum_k a_{ik} (x_k - w_k x_0), \qquad (i, k = 1, \ldots, n-1)$$

in Beziehung zu der quadratischen Form:

$$\sum (x_k - w_k x_0)^2 + D x_0^2$$

von der Determinante D.

Da sich der Wert derselben $< \lambda_n \sqrt[n]{D}$ machen lässt (**b** 15), folgt

$$| x_i - w_i x_0 | < \sqrt{\lambda_n} \sqrt[2n]{D} < \frac{\mu_n}{\sqrt[n-1]{x_0}},$$

6b) *L. Euler*, Opusc. anal. 2. Petrop. 1785, p. 91 = Comm. Ar. Coll. 2, p. 99; *Gauss*, Disqu. arithm. art. 30 u. 40 = Werke 1, p. 22, 32; *K. G. J. Jacobi*, J. f. Math. 13 (1834), p 55; 39 (1850), p. 290 (= Berl. Ber. 1848, p. 414); 69 (1868), p. 1, 29 = Werke 2, p. 23; 6, p. 318, 355, 385; *Ch. Hermite*, J. d. math. (1) 14 (1849), p. 21; J. f. Math. 40 (1850), p. 261; 41 (1851), p. 191; *Dirichlet*, Berl. Ber. 1842, p. 93 = Werke 1, p. 632, s. auch *B. Riemann*, Werke p. 276 (2. Aufl. p. 294); *Weierstrass*, Berl. Ber. 1876, p. 680 = Werke 2, p. 55; *L. Kronecker*, Par. C. R. 96 (1883), p. 93; 99 (1884), p. 765 = Werke 3[1], p. 1 u. 21; *H. Poincaré*, Par. C. R. 99 (1884), p. 1014; *W. Fr. Meyer*, Königsb. phys.-ök. Ges. 1897, p. 57; Zürich Math.-Congr. Verh. 1898, p. 168; *Minkowski*, Gött. Nachr. 1899, p. 64; Geometrie der Zahlen, p. 108; *Hurwitz*, Math. Ann. 39 (1891), p. 279.

wo λ_n und μ_n von n abhängige Zahlenfaktoren sind. Dass $\mu_n = \frac{n-1}{n}$ genommen werden kann, hat *Minkowski* gezeigt, für μ_2 ist $\frac{1}{\sqrt{5}}$ der *kleinste* zulässige Wert (*Hurwitz*). Ebenso ergiebt sich für $n-k$ Formen $(k > 1)$

$$x_i - w_{i0}x_0 - w_{i1}x_1 - \cdots - w_{i,k-1}x_{k-1} \qquad (i = k, k+1, \ldots, n-1)$$

die obere Grenze $\frac{\mu_{n,k}}{\sqrt[n-k]{|x_h|^k}}$, wenn x_h die grösste der Zahlen $x_0, x_1, \ldots, x_{k-1}$ ist. Dasselbe Resultat hatte durch Anwendung einer berühmten Schlussweise *Dirichlet* gefunden: z. B. von den $2N+1$ Werten

$$-\tfrac{1}{2} \leqq y - ax \leqq \tfrac{1}{2} \qquad (x = 0, \pm 1, \ldots, \pm N)$$

müssen irgend 2 in einem der $2N$ Intervalle

$$\frac{h}{2N} \cdots \frac{h+1}{2N} \qquad (h = -N, -N+1, \ldots, N-1)$$

liegen; deren Differenz ergiebt:

$$|y - ax| \leqq \frac{1}{2N} \leqq \frac{1}{2x}.$$

Hingegen lassen sich n Linearformen $\sum_k a_{ik} x_k \quad (i, k = 1, \ldots, n)$ von nicht verschwindender Determinante $|a_{ik}| = D$ nicht gleichzeitig der Null annähern, sondern nur absolut unter (höchstens an) die Grenze $\sqrt[n]{|D|}$ bringen. Für ganzzahlige und damit für rationale Koeffizienten ergiebt sich dieser (*Minkowski*'sche) Satz mit Hülfe des Dirichlet'schen Schlusses aus dem Frobenius'schen Satze 11). Seine Gültigkeit für rationale Koeffizienten kann durch Exhaustion auf irrationale ausgedehnt werden (*Hurwitz*). Bei *Minkowski* tritt der Satz als unmittelbares Korollar des allgemeineren auf: Ein nirgends „*konkaver*" Körper mit einem Mittelpunkte in einem Punkte des Zahlengitters und vom Volumen 2^n enthält immer noch mindestens 2 weitere Punkte im Innern oder auf der Begrenzung (Geometrie der Zahlen p. 76). Dass in $n-1$ der n Ungleichungen: $\left|\sum_k a_{ik} x_k\right| \leqq \sqrt[n]{|D|}$ stets das Gleichheitszeichen wegfallen kann, hat *Hurwitz* gezeigt [7]).

Über die Annäherung von Formen an von Null verschiedene Grössen hat *Tschebyscheff* den ersten Satz aufgestellt: die ganzen Zahlen x, y lassen sich stets auf unendlich viele Arten so wählen, dass

---

7) *A. Hurwitz,* Gött. Nachr. 1897, p. 139.

$$|y - ax - b| \leqq \frac{1}{2|x|}$$

wird [I C 3, Nr. 7].

Kronecker hat die Kriterien für die näherungsweise ganzzahlige Auflösbarkeit eines Systems:

$$\sum a_{ik} x_k = a_i \qquad \begin{pmatrix} i = 1, \ldots, m \\ k = 1, \ldots, n \end{pmatrix}$$

aufgestellt und die Methode der Auflösung angegeben. Ist $\mathfrak{r}$ die kleinste Zahl, für welche das System

$$(a_{ik})$$

durch lineare Zeilentransformation mit beliebigen Koeffizienten in ein anderes übergeht, in dem alle ausser $\mathfrak{r}$ Zeilen nur ganzzahlige Elemente enthalten, so heisst $\mathfrak{r}$ der *„Rationalitätsrang"* des Systems. Alsdann sind im Falle der näherungsweisen Auflösbarkeit des Gleichungssystems (in ganzen Zahlen) von den Grössen a_i $\mathfrak{r}$ beliebig, $r - \mathfrak{r}$ durch Rationalitätsbeziehungen beschränkt und $n - r$ auch dem Werte nach durch die übrigen bestimmt[8]).

13) Auf der Anwendung solcher Algorithmen beruht die Lösung der Aufgabe: Sämtliche ganzzahligen Wertsysteme für die Elemente des Systems

$$(a_{ik}) \qquad \begin{pmatrix} i = 1, \ldots, m & \\ k = 1, \ldots, n & m \leqq n \end{pmatrix}$$

anzugeben, für welche die Determinanten m^{ter} Ordnung gegebene Werte erhalten. Dieselbe ist von *Gauss* für $m = 2$ und $n = 3$ und 4, von *Stieltjes* für beliebige m und n gelöst worden.

Mit denselben Hülfsmitteln wird die Aufgabe gelöst: Das gegebene System

$$(a_{ik}) \qquad \begin{pmatrix} i = 1, 2, \ldots, m & \\ k = 1, 2, \ldots, n & m < n \end{pmatrix}$$

zu einem quadratischen

$$(a_{ik}) \qquad (i, k = 1, 2, \ldots, n)$$

so zu ergänzen, dass dessen Determinante gleich dem Teiler d_m des ersteren Systems wird[9]).

14) Von der in 4) erläuterten Äquivalenz, welche als Äquivalenz der *Gleichungs*systeme $\sum a_{ik} x_k = 0$, $\sum a'_{ik} x'_k = 0$ aufgefasst werden kann, verschieden ist die Äquivalenz der *Formen*systeme: $\sum a_{ik} x_k$,

8) *P. Tschebyscheff* bei *Hermite,* J. f. Math. 88 (1880), p. 10; *Kronecker,* Berl. Ber. 1884, p. 1071, 1179, 1271 = Werke 3^1, p. 31, 47.

9) *Gauss,* Disqu. arith. art. 279 u. 236 = Werke 1, p. 317 u. 248; *Stieltjes* l. c. 4); *Hermite,* J. de math. (2) 14 (1849), p. 21; *K. Weihrauch,* Zeitschr. Math. Phys. 21 (1876), p. 134; *Eisenstein,* J. f. Math. 28 (1844), p. 327 = Ges. Abh. p. 39.

$\sum a'_{ik} x'_k$. Dieselben heissen *äquivalent*, wenn sie durch eine ganzzahlige Einheits-Substitution:

$$x_i = \sum \alpha_{ik} x'_k \qquad (i, k = 1, 2, \ldots, n)$$

in einander übergehen.

Das System

$$\sum a_{ik} x_k \qquad \begin{pmatrix} i = 1, 2, \ldots, m \\ k = 1, 2, \ldots, n \end{pmatrix}$$

ist einem *„reduzierten"*

$$\sum a'_{ik} x'_k \qquad \begin{pmatrix} i, k = 1, 2, \ldots, m \\ a'_{ik} = 0 \text{ für } i < k \\ 0 \leq a'_{ik} < a'_{ii};\ \prod a'_{ii} = d \end{pmatrix}$$

äquivalent.

Äquivalente reduzierte Systeme sind identisch.

Zwei Systeme sind dann und nur dann äquivalent, wenn sie dasselbe reduzierte System haben.

Alle einander äquivalenten Systeme bilden eine *„Klasse"*; die Anzahl der Klassen ist gleich der Anzahl der reduzierten Systeme. Für ein gegebenes $d = \prod\limits_i p_i^{\nu_i}$ ist diese Klassenanzahl gleich

$$\frac{1}{d} \prod_i \sum_{\lambda_1 + \lambda_2 + \cdots + \lambda_m = \nu_i} p_i^{\lambda_1 + 2\lambda_2 + 3\lambda_3 + \cdots + m\lambda_m};$$

hier sind die p_i die verschiedenen Primfaktoren von d.

15) Die Auflösung der Kongruenzen

$$\sum a_{ik} x_k \equiv a_i \pmod{a} \qquad \begin{pmatrix} i = 1, \ldots, m \\ k = 1, \ldots, n \end{pmatrix}$$

kommt auf die der Gleichungen

$$\sum a_{ik} x_k + a z_i = a_i$$

zurück.

Sind zunächst alle $a_i = 0$, so ist die Anzahl der inkongruenten Lösungen gleich $\prod\limits_{h=1}^{n} (e_h, a)$, wenn mit (e_h, a) der grösste gemeinsame Teiler von e_h und a bezeichnet wird. Natürlich ist $(e_{r+1}, a) = a$ u. s. w.

Eine *„eigentliche"* Lösung, d. h. eine Lösung mit teilerfremden $x_1, \ldots, x_n$ ist vorhanden, wenn und nur wenn $e_n \equiv 0 \pmod{a}$ ist[10]).

10) *Frobenius*, J. f. Math. 86 (1879), p. 192; *K. Hensel*, J. f. Math. 107 (1891), p. 241; vgl. auch *J. Studnicka*, Prag. Böhm. Ber. 1875, p. 114.

Die Gesamtheit der Lösungssysteme stellt einen Modul (*Dedekind*) dar [I C 4 a, Nr. **13**], welcher die Invarianten

$$\frac{a}{(e_h, a)} \qquad (h = 1, \ldots, n)$$

besitzt[10a]).

Die Anzahl inkongruenter Wertsysteme, welche die m Linearformen modulo a annehmen können, beträgt:

$$\prod_{h=1}^{n} \frac{a}{(e_h, a)}.$$

Man kann sich auf den Fall $r = m \leqq n$ beschränken. Ist ϱ die grösste Zahl, für welche d_ϱ teilerfremd zu a ist, so giebt es Systeme von $n - \varrho$ und nicht weniger „*Fundamentallösungen*", aus denen alle andern modulo a linear homogen ganzzahlig zusammensetzbar sind[11]).

Sind nicht alle $a_i = 0$, so sind die Kongruenzen für $m \leqq n$ auflösbar, wenn $\prod_{h=1}^{m}(e_h, a) = \prod_{h=1}^{m}(\varepsilon_h, a)$, und für $m > n$, wenn

$$\prod_{h=1}^{n}(e_h, a) = \prod_{h=1}^{n}(\varepsilon_h, a)$$

und $\varepsilon_{n+1} \equiv 0 \pmod{a}$ ist. Hier sind die e_h die Elementarteiler des Systems:

$$\begin{pmatrix} a_{11}\, a_{12} \ldots a_{1n} & a & 0 & 0 \\ a_{21}\, a_{22} \ldots a_{2n} & 0 & a & 0 \\ \vdots & & & \end{pmatrix},$$

die ε_h die Elementarteiler des Systems:

$$\begin{pmatrix} a_1\, a_{11}\, a_{12} \ldots a_{1n} & a & 0 & 0 \\ a_2\, a_{21}\, a_{22} \ldots a_{2n} & 0 & a & 0 \\ \vdots & & & \end{pmatrix}.$$ [12])

Die Anzahl der inkongruenten Lösungen beträgt auch in diesem Fall $\prod_{h=1}^{n}(e_h, a)$.

10a) *E. Steinitz*, Deutsche Math.-Ver. 5[1] (1896), p. 87.

11) *Frobenius*, J. f. Math. 88 (1880), p. 109.

12) *Smith*, l. c. art. 17 u. 18 = Papers 1, p. 399.

b. Allgemeines über bilineare und quadratische Formen [13]).

1) Geht die „*bilineare Form*“

$$\sum_{i,k} a_{ik} x_i y_k \qquad \binom{i = 1, 2, \ldots, m}{k = 1, 2, \ldots, n},$$

welche man als die Zusammenfassung der linearen Formen $\sum_k a_{ik} y_k$ oder auch der linearen Formen $\sum_i a_{ik} x_i$ auffassen kann, durch die beiden ganzzahligen Einheits-Substitutionen

$$x_i = \sum_{h=1}^{m'} \alpha_{ih} x'_h \qquad y_k = \sum_{h=1}^{n'} \beta_{kh} y'_h \qquad \begin{pmatrix} i = 1, \ldots, m \\ k = 1, \ldots, n \\ m' \leqq m, \; n' \leqq n \end{pmatrix}$$

in die bilineare Form

$$\sum_{i,k} a'_{ik} x'_i y'_k \qquad \binom{i = 1, 2, \ldots, m'}{k = 1, 2, \ldots, n'}$$

über, so heisst diese letztere unter der ersteren „*enthalten*“ oder durch sie „*dargestellt*“.

Die Darstellung heisst eine „*eigentliche*“, wenn die beiden Systeme (α_{ih}) und (β_{kh}) Primsysteme sind; sonst „*uneigentlich*“.

Damit eine Form in einer andern enthalten ist, ist notwendig und hinreichend, dass die Elementarteiler des Koeffizientensystems der enthaltenen Form Multipla der entsprechenden Elementarteiler des Koeffizientensystems der enthaltenden Form sind.

2) Ist von zwei bilinearen Formen jede unter der andern enthalten, so heissen dieselben „*äquivalent*“.

Für die Äquivalenz zweier bilinearen Formen ist die Gleichheit entsprechender Elementarteiler ihrer Koeffizientensysteme notwendig und hinreichend (*Weierstrass*).

3) Von nun ab sei $m = n$.

Jede bilineare Form ist äquivalent einer „*Reduzierten*“:

$$\sum_{i=1}^{r} e_i x_i y_i.$$

---

13) *K. Weierstrass*, Berl. Ber. 1858, p. 207; 1868, p. 310 = Werke 1, p. 233; 2, p. 19; *L. Kronecker*, Berl. Ber. 1868, p. 339; 1874, p. 59, 149, 206, 302, 397; Par. C. R. 78 (1874), p. 1181 = Werke 1, p. 163, 349. Weitere Ausführung Berl. Ber. 1890, p. 1225, 1375; 1891, p. 9, 33; *L. Stickelberger*, J. f. Math. 86 (1879), p. 20; *G. Frobenius*, p. 146; *C. Jordan*, J. d. Math. (2) 19 (1874), p. 35, 397; Par. C. R. 77 (1873), p. 1487; 78 (1874), p. 614, 1763; 92 (1881), p. 1437; 93 (1881), p. 113, 181, 234. Im übrigen vgl. *Muth*, Elementarteiler; *Bachmann*, Quadratische Formen, und I B 2, Nr. 3, bes. Anm. 53.

Rechnet man alle einander äquivalenten Formen in eine „*Klasse*“, so ist die Anzahl der Klassen bilinearer Formen von $2n$ Variabeln mit der „*Determinante*“

$$D = | a_{ik} | \qquad (i, k = 1, 2, \ldots, n)$$

gleich der Anzahl der reduzierten Formen. Diese Anzahl ergiebt sich leicht gleich dem Zähler des Bruches mit dem Nenner D in der Entwickelung des Produktes:

$$\prod_p \frac{1}{\left(1-\frac{1}{p}\right)\cdots\left(1-\frac{1}{p^n}\right)}. \qquad (p = 2, 3, 5, 7, \ldots).$$

4) Der Satz 2) gilt auch noch, wenn die Koeffizienten a_{ik} und die Substitutionskoeffizienten ganze Funktionen eines Parameters λ, die Substitutionsdeterminanten von λ unabhängig sind.

Sind insbesondere die Koeffizienten zweier in diesem Sinne äquivalenten bilinearen Formen lineare Funktionen von λ, so gehen die beiden Formen auch durch zwei von λ *unabhängige* Substitutionen in einander über[14]).

Daher ist für die *Äquivalenz im engeren Sinne* der beiden „*Formenscharen*“:

$$\sum (a_{ik} + \lambda b_{ik})\, x_i y_k, \quad \sum (a'_{ik} + \lambda b'_{ik})\, x'_i y'_k$$

die Übereinstimmung der entsprechenden Elementarteiler der beiden Systeme:

$$(a_{ik} + \lambda b_{ik}), \qquad (a'_{ik} + \lambda b'_{ik})$$

notwendig und hinreichend[15]).

5) Von dieser „*simultanen Transformation*“ zweier Formen $\sum a_{ik} x_i y_k$, $\sum b_{ik} x_i y_k$ in zwei andere ist ein wichtiger Spezialfall die Transformation einer Form durch eine solche Substitution, welche eine andere Form in sich selbst transformiert.

Um alle Transformationen einer Form in sich selbst[16]) zu finden, genügt es, alle Transformationen ihrer Reduzierten $\sum_{i=1}^{n} e_i x_i y_i$ in sich selbst zu finden. Nimmt man die Substitution der x beliebig an:

$$x_i = \sum_k \alpha_{ik} x_k \quad (i, k = 1, 2, \ldots, n),$$

---

14) *Frobenius,* J. f. Math. 86 (1879), p. 205; Berl. Ber. 1896, p. 7.

15) *K. Weierstrass,* Berl. Ber. 1868, p. 310; *Kronecker,* Berl. Ber. 1874, p. 59, 149, 206, 302, 397; *Frobenius,* J. f. Math. 84 (1878), p. 1; *A. Voss,* Münchn. Abh. 17[2] (1891), p. 235.

16) Vgl. z. B. *A. Voss,* Gött. Nachr. 1887, p. 424 und I B 2, Nr. 3.

so ist diejenige der y:

$$y_i = \sum_k \beta_{ik} y'_k \quad (i, k = 1, 2, \ldots, n),$$

wenn $\left(\frac{\beta_{ik}}{e_k}\right)$ das zu dem Systeme $(e_i \alpha_{ik})$ reziproke System ist.

Ist insbesondere $e_1 = e_2 = \cdots = 1$, so heissen die beiden Substitutionen „*kontragredient*"; sie transformieren die Form $\sum_{i=1}^{n} x_i y_i$ in sich [I B 2, Nr. 2].

Ist
$$x'_i = \sum_k \beta_{ki} x_k \quad (i, k = 1, 2, \ldots, n)$$

die reziproke Substitution von $x_i = \sum \alpha_{ik} x'_k$, so ist

$$y_i = \sum_k \beta_{ik} y'_k \quad (i, k = 1, 2, \ldots, n)$$

die kontragrediente. Von den beiden Systemen

$$(\beta_{ik}), \quad (\beta_{ki})$$

heisst jedes das „*transponierte*" des andern [17]). Zwei Variabelnreihen, welche kontragredienten Substitutionen unterworfen werden, heissen *kontragredient*. Variabelnreihen, welche denselben Substitutionen unterworfen werden, heissen „*kogredient*" [I B 2, Nr. 2].

6) Wird die Form $\sum a_{ik} x_i y_k$ durch zwei kontragrediente Substitutionen in die Form $\sum a'_{ik} x_i y_k$ transformiert, so heissen die Systeme (a_{ik}), (a'_{ik}) „*ähnlich*".

Die Gleichung n^{ten} Grades in λ:

$$| a_{ik} - \delta_{ik}\lambda | = 0 \qquad \begin{pmatrix} i, k = 1, 2, \ldots, n \\ \delta_{ii} = 1, \ \delta_{ik} = 0 \end{pmatrix}$$

heisst die „*Fundamentalgleichung*" der Form oder des Systems (a_{ik}). [18])

Ähnliche Systeme haben gleiche Fundamentalgleichungen.

7) Bezeichnet man mit $a_{i_1 i_2 \cdots i_\mu, k_1 k_2 \cdots k_\mu}$ die aus der i_1^{ten}, i_2^{ten}, $\ldots$, i_μ^{ten} Zeile und k_1^{ten}, k_2^{ten}, $\ldots$, k_μ^{ten} Spalte des Systems (a_{ik}) gebildete Subdeterminante, so heisst die Form:

$$f^{(\mu)} = \sum_{\substack{i_1 i_2 \cdots i_\mu \\ k_1 k_2 \cdots k_\mu}} a_{i_1 i_2 \cdots i_\mu, k_1 k_2 \cdots k_\mu} x_{i_1 i_2 \cdots i_\mu} y_{k_1 k_2 \cdots k_\mu} \qquad \begin{pmatrix} i_h, k_h = 1, 2, \ldots, n \\ i_h < i_{h+1} \\ k_h < k_{h+1} \\ h = 1, 2, \ldots, \mu \end{pmatrix}$$

---

17) *Gauss*, Disqu. arithm. art. 268 = Werke 1, p. 304.

18) *L. Fuchs*, J. f. Math. 66 (1866), p. 133; *E. B. Christoffel*, 68 (1868), p. 270; *M. Hamburger*, 76 (1873), p. 115; *J. Rosanes*, 80 (1875), p. 54.

die μ^{te} „*Adjungierte*“, „*Konkomitante*“, „*Begleitform*“ der Form $f = \sum a_{ik} x_i y_k$.[19])

8) Man kann die μ^{te} Adjungierte in die Formen setzen:

$$\begin{vmatrix} a_{11} & \dots a_{1n} & \xi_{11} \dots \xi_{n-\mu,1} \\ \vdots & \vdots & \vdots \quad \vdots \\ a_{n1} & \dots a_{nn} & \xi_{1n} \dots \xi_{n-\mu,n} \\ \eta_{11} & \dots \eta_{1n} & 0 \dots 0 \\ \vdots & \vdots & \vdots \quad \vdots \\ \eta_{n-\mu,1} & \dots \eta_{n-\mu,n} & 0 \dots 0 \end{vmatrix} = \left| \sum_{i,k} a_{ik} \xi_{\varrho i} \eta_{\sigma k} \right| \quad (\varrho, \sigma = 1, \dots, n-\mu),$$

wenn man die durch Fortlassung der $i_1^{\text{ten}}, i_2^{\text{ten}}, \dots, i_\mu^{\text{ten}}$ Spalte aus dem System $\begin{pmatrix} \xi_{11} & \dots \xi_{1n} \\ \vdots & \\ \xi_{n-\mu,1} & \dots \xi_{n-\mu,n} \end{pmatrix}$ gebildete Determinante mit $x_{i_1 i_2 \dots i_\mu}$, und die durch Fortlassung der $k_1^{\text{ten}}, k_2^{\text{ten}}, \dots, k_\mu^{\text{ten}}$ Spalte aus dem System $\begin{pmatrix} \eta_{11} & \dots \eta_{1n} \\ \vdots & \\ \eta_{n-\mu,1} & \dots \eta_{n-\mu,n} \end{pmatrix}$ gebildete Determinante mit $y_{k_1 k_2 \dots k_\mu}$ bezeichnet.

9) Gehen die beiden Formen $\sum a_{ik} x_i y_k$, $\sum a'_{ik} x'_i y'_k$ durch die Substitutionen:

$$x_i = \sum_h \alpha_{ih} x'_h, \quad y_k = \sum_h \beta_{kh} y'_h \qquad (h, i, k = 1, 2, \dots, n)$$

in einander über, so gehen ihre μ^{ten} Begleitformen durch die Substitutionen:

$$x_{i_1 i_2 \dots i_\mu} = \begin{vmatrix} \xi'_{11} & \dots \xi'_{1n} \\ \vdots & \vdots \\ \xi'_{n-\mu,1} & \dots \xi'_{n-\mu,n} \\ \alpha_{i_1,1} & \dots \alpha_{i_1,n} \\ \vdots & \vdots \\ \alpha_{i_\mu,1} & \dots \alpha_{i_\mu,n} \end{vmatrix},$$

19) Für quadr. Formen s. *St. Smith*, Lond. R. S. Proc. 13 (1864), p. 199 = Papers 1, p. 412; Par. sav. [étr.] (2) 29 (1887) = Papers 2, p. 623; *P. Bachmann*, J. f. Math. 76 (1873), p. 331; *G. Darboux*, J. d. math. (2) 19 (1874), p. 347; *G. Morera*, Lomb. Rend. (2) 19 (1886), p. 552; *Ch. Biehler*, Nouv. ann. (3) 11 (1887), p. 79;

$$y_{k_1 k_2 \cdots k_\mu} = \begin{vmatrix} \eta'_{11} & \dots \eta'_{1n} \\ \vdots & \vdots \\ \eta'_{n-\mu,1} & \dots \eta'_{n-\mu,n} \\ \beta_{k_1,1} & \dots \beta_{k_1,n} \\ \vdots & \vdots \\ \beta_{k_\mu,1} & \dots \beta_{k_\mu,n} \end{vmatrix}$$

in einander über.

Äquivalente oder ähnliche Formen haben äquivalente oder ähnliche Begleitformen.

10) Ist $\sum_{i,k} a_{ik} x_i y_k$ eine ganzzahlige Form, so heisst jedes ganze Vielfache derselben aus ihr *„abgeleitet“* (forma *derivata* bei *Gauss*). Eine Form, die aus keiner anderen ganzzahligen abgeleitet ist, heisst *„primitiv“*[20]).

11) Ist

$$a_{ik} = a_{ki}, \qquad (i, k = 1, 2, \dots, n)$$

so heisst die Form $\sum a_{ik} x_i y_k$ *„symmetrisch“*; ist $a_{ik} = -a_{ki}$, so heisst dieselbe *„alternierend“*.

Die Theorie der symmetrischen Form $\sum a_{ik} x_i y_k$ stimmt, wenn man auf die Variabelnreihen x und y nur kogrediente Transformationen anwendet, mit der Theorie der *„quadratischen“* Form $\sum a_{ik} x_i x_k$ im wesentlichen überein.

An die Stelle der Paare von kontragredienten Substitutionen treten die *orthogonalen* Substitutionen, welche die Form $\sum_{i=1}^{n} x_i^2$ in sich selbst transformieren.

Alle orthogonalen Substitutionen gehen aus

$$\sum_{k=1}^{n} c_{ik} x_k = \sum_{k=1}^{n} c_{ki} x'_k \qquad \begin{pmatrix} c_{ik} = -c_{ki} \\ c_{ii} = 1 \end{pmatrix}$$

hervor[21]).

Eigenschaften derjenigen Substitutionen, welche eine beliebige quadratische Form in sich transformieren, sind von *Cayley*, *Rosanes*, *Frobenius* gefunden worden [I B 2, Nr. 3].

G. Rados, Budap. math. u. naturw. Anz. 14 (1896), p. 26; Ungar. Ber. 14 (1898 [1895/96]), p. 85, 116; Zürich Math.-Kongr. Verh. 1898 [1897], p. 163.

20) *Gauss*, Disqu. arithm. art. 226 = Werke 1, p. 226.

21) *A. Cayley*, J. f. Math. 32 (1846), p. 122 = Pap. 1, p. 332; 50 (1855), p. 288, 299, bes. p. 311 = Pap. 2, p. 192, 202; *H. Taber*, Chic. Congr. Pap. (1896 [1893]), p. 395 [I B 2, Nr. 3, Anm. 41—46].

Die Fundamentalgleichung einer solchen Substitution ist reziprok[22]).

Die quadratische Form $\sum a_{ik} x_i x_k$ wird durch die *„antisymmetrische“* Substitution

$$\sum_k a_{ik} x_k = \sum_k a_{ki} x_k \qquad (i, k = 1, 2, \ldots, n)$$

in sich transformiert (*Rosanes*)[22]).

Damit eine Substitution geeignet sei, eine quadratische Form in sich zu transformieren, ist notwendig und hinreichend, dass die Elementarteiler der zugehörigen Fundamentalgleichung paarweise reziproke Wurzeln haben und von gleichem Grade sind, mit Ausnahme derjenigen, die für $\lambda = +1$ oder -1 verschwinden und welche ungerade Exponenten haben[23]).

Die Aufgabe: Alle Transformationen einer gegebenen quadratischen Form von n Variabeln in sich zu finden, ist von *Cayley* und *Hermite* angegriffen, von *Frobenius* und *Muir* erledigt worden[24]).

12) Die Aquivalenz quadratischer Formen wird in eine *„eigentliche“* und eine *„uneigentliche“* unterschieden, je nachdem die Substitutionsdeterminante gleich $+1$ oder gleich -1 ist. Eine sich selbst uneigentlich äquivalente Klasse von Formen heisst *„ambig“* (*„anceps“* bei *Gauss* [Disqu. Ar. art. 163], *„bifide“* bei *Legendre*).

Eine primitive quadratische Form heisst *„eigentlich“* primitiv oder *„erster Art“* oder *„ungerade“*, wenn die Koeffizienten a_{ii} nicht alle gerade sind, sonst *„uneigentlich“* primitiv, *„zweiter Art“*, *„gerade“*.

13) Ergänzt man diejenigen Glieder einer quadratischen Form $\sum a_{ik} x_i x_k$, welche x_1 enthalten, zu einem vollständigen Quadrat einer linearen Form y_1 von $x_1, x_2, \ldots, x_n$, so erhält man

$$\sum a_{ik} x_i x_k = \frac{y_1^2}{a_{11}} + \sum a'_{i'k'} x_{i'} x_{k'}; \qquad \begin{pmatrix} i, k = 1, 2, \ldots, n \\ i', k', = ,2\ 3, \ldots, n \end{pmatrix}$$

verfährt man mit $\sum a'_{i'k'} x_{i'} x_{k'}$ analog u. s. w., so erhält man schliesslich:

$$\sum a_{ik} x_i x_k = \sum_{i=1}^{n} \frac{y_i^2}{D_{i-1} D_i},$$

$$\text{wo } D_i = |a_{gh}|, \qquad (g, h = 1, 2, \ldots, i) \quad D_0 = 1,$$

22) *Cayley*, J. f. Math. 50 (1855), p. 288 = Pap. 2, p. 192; *J. Rosanes*, 80 (1875), p. 62 [I B 2, Nr. 3, Anm. 66, 67].

23) *Frobenius*, J. f. Math. 84 (1878), p. 41.

24) *Cayley*, J. f. Math. 32 (1846), p. 119; 50 (1855), p. 288 = Papers 1, p. 332; 2 p. 192; *Hermite*, J. f. Math. 47 (1854), p. 307; *J. Rosanes* 80 (1875), p. 52; *Frobenius* 84 (1878), p. 1; Par. C. R. 85 (1877), p. 131; *V. Cerruti*, Rom. Linc. A. (2) 2 (1878), p. 48; *Th. Muir*, Edinb. Trans. 39 (1896), p. 209; Amer. J. of math. 20 (1898), p. 215 [I B 2, Nr. 3, Anm. 42—46, 71].

gesetzt ist[25]). Die Form heisst *„ordinär"*, wenn diese Transformation auf ein Aggregat von n Quadraten möglich ist, sonst *„singulär"*[26]). Eine singuläre Form ist in ein Aggregat von weniger als n Quadraten transformierbar. Wie auch eine Form in ein Aggregat $\sum_{i=1}^{n} m_i y_i^2$ (reell) transformiert werden mag, so ist doch stets dieselbe Anzahl der (reellen) Koeffizienten m_i positiv, null, negativ: *Sylvester*'s *Trägheitsgesetz*[27]), das aber, nach einer Bemerkung *K. W. Borchardt*'s, *Jacobi* schon 1847 gekannt hat. Danach zerfallen die Formen in verschiedene *„Spezies"*.

Bei ordinären Formen von n Variabeln heisst die Anzahl τ der negativen Koeffizienten m_i der *„Index"* (*Hermite*) oder *„Trägheitsindex"* der Form, die kleinere der Zahlen τ und $n - \tau$ die *„Charakteristik"* (*Loewy*), $(n - \tau) - \tau$ die *„Signatur"* (*Frobenius*) der Form.

Haben alle Koeffizienten m_i dasselbe Zeichen, so heisst die Form *„definit"*, sonst *„indefinit"*. Die definiten Formen zerfallen nach dem Vorzeichen der durch sie darstellbaren Zahlen in *„positive"* und *„negative"*.

14) Für diejenigen Werte einer positiven Form, welche unter einer bestimmten Grenze liegen, liegen auch die Variabeln unter bestimmten Grenzen. Infolgedessen nimmt eine ganzzahlige positive Form einen bestimmten ganzzahligen Wert nur für eine endliche Anzahl ganzzahliger Wertsysteme der Variabeln an. Hieraus ergiebt sich ferner, dass eine solche Form nur eine endliche Anzahl ganzzahliger Transformationen in sich selbst zulassen kann. Die Anzahl derselben ist gewiss nicht grösser als $(2^{\pi+1} - 2)^n$.[27a])

25) *Jacobi*, J. f. Math. 53 (1857), p. 265 = Werke 3, p. 583; *S. Gundelfinger*, J. f. Math. 91 (1881), p. 221; *Hermite* 47 (1854), p. 322; *D. André*, Par. Soc. math. Bull. 15 (1887), p. 188; *Vahlen*, Zeitschr. Math. Phys. 40 (1895), p. 127; *A. Kneser*, Arch. f. Math. u. Phys. (2) 15 (1897), p. 225 (vgl. ferner I B 2, Anm. 37). Die simultane Transformation zweier Formen auf Quadratssummen s. namentlich bei *G. Darboux*, J. de math. (2) 19 (1874), p. 347. Die Transf. bilinearer Formen in die Form $\sum m_i x_i y_i$ s. *Jacobi* l. c.; *B. E. Beltrami*, Giorn. di mat. 11 (1873), p. 98 [I B 2, Nr. 3, Anm. 56].

26) Über Transf. sing. Formen s. z. B. *Benoît*, Par. C. R. 101 (1885), p. 869; Nouv. Ann. (3) 5 (1885), p. 30; *De Presle*, Par. Soc. math. Bull. 14 (1886), p. 98 [I B 2, Nr. 3, Anm. 37].

27) *Jacobi*, J. f. Math. 53 (1857), p. 275 = Werke 3, p. 591; *Sylvester*, Phil. Mag. (4) 4, 1852², p. 138; Lond. Trans. 143 (1853), p. 481; *Hermite*, J. f. Math. 53 (1857), p. 271; *K. W. Borchardt*, p. 281 = Werke p. 469; *Brioschi*, Nouv. ann. 15 (1856), p. 254; *De Presle*, Par. Soc. math. Bull. 15 (1887), p. 179 [I B 2, Nr. 3, Anm. 38].

27a) *C. Jordan*, J. éc. pol. 29, cah. 48 (1880), p. 133; *Minkowski*, J. f. Math. 101 (1887), p. 196; Geom. der Zahlen, p. 185.

15) Für das Minimum einer positiven Form mit n ganzzahligen Variablen und der Determinante D ist eine obere Grenze: $\left(\frac{4}{3}\right)^{\frac{n-1}{2}} \sqrt[n]{D}$ zuerst von *Hermite* ermittelt worden. Dieser Minimalwert kann bei binären Formen ($n = 2$) und nur bei diesen wirklich erreicht werden. Niedrigere obere Grenzen haben *Korkine* und *Zolotareff* aufgestellt; nämlich für $n = 2m$ die Grenze: $\frac{3^{\frac{m-2}{2}}}{2^{\frac{m-3}{2}}} \sqrt[n]{D}$, und für $n = 2m+1$ die Grenze: $\sqrt[n]{\frac{3^{m(m-1)}}{2^{m(m-2)}} D}$. Diese Grenzen können bei ternären ($n = 3$) und quaternären ($n = 4$) Formen und nur bei diesen wirklich erreicht werden. Das Problem, die *niedrigste* obere Grenze aufzufinden, lösen *Korkine* und *Zolotareff* durch Aufsuchung der „*extremen*“ Formen, d. h. derjenigen Formen, deren Minimum durch Änderung der Koeffizienten bei ungeänderter Determinante verkleinert wird. Ihre Methode liefert für $n = 2, 3, 4, 5$, von konstanten Faktoren abgesehen, nur die extremen Formen:

$$x_1^2 + x_2^2 + x_1x_2, \quad x_1^2 + x_2^2 + x_3^2 + x_1x_2 + x_1x_3 + x_2x_3,$$

$$x_1^2 + x_2^2 + x_3^2 + x_4^2 + x_1x_2 + x_1x_3 + x_1x_4 + x_2x_3 + x_2x_4 + x_3x_4,$$

$$x_1^2 + x_2^2 + x_3^2 + x_4^2 \pm x_1x_4 \pm x_2x_4 \pm x_3x_4,$$

$$x_1^2 + x_2^2 + x_3^2 + x_4^2 + x_5^2 + x_1x_2 + x_1x_3 + x_1x_4 + x_1x_5 + x_2x_3 + x_2x_4 + x_2x_5 \\ + x_3x_4 + x_3x_5 + x_4x_5,$$

$$x_1^2 + x_2^2 + x_3^2 + x_4^2 + x_5^2 - \frac{1}{2}x_1x_2 - \frac{1}{2}x_1x_3 - \frac{1}{2}x_1x_4 - \frac{1}{2}x_1x_5 \\ + \frac{1}{2}x_2x_3 + \frac{1}{2}x_2x_4 + \frac{1}{2}x_3x_4 - x_2x_5 - x_3x_5 - x_4x_5,$$

$$x_1^2 + x_2^2 + x_3^2 + x_4^2 + x_5^2 + x_1x_3 + x_1x_4 + x_1x_5 + x_2x_3 + x_2x_4 + x_2x_5 \\ + x_3x_4 + x_3x_5 + x_4x_5,$$

also bezw. die kleinsten oberen Grenzen:

$$\sqrt[2]{\frac{4}{3}D}, \ \sqrt[3]{2D}, \ \sqrt[4]{4D}, \ \sqrt[5]{8D}.$$

Minkowski sucht, allgemeiner, eine obere Grenze für den Minimalwert der Summe von n p^{ten} Potenzen der absoluten Werte von n Linearformen von n Variablen. Diese Grenze ergiebt sich hauptsächlich auf Grund seines oben p. 587 citierten Satzes über nirgends konkave Körper; für quadratische Formen ($p = 2$) ergiebt sich die Grenze [s. u. Nr. e, 10)]:

$$\left(\frac{2^n \Gamma\left(1+\frac{n}{2}\right)}{\Gamma\left(\frac{1}{2}\right)^n}\right)^2 \sqrt[n]{D}.$$ [28])

16) *Jacobi* hat gezeigt, dass man vermittelst der Verallgemeinerung des Kettenbruchalgorithmus (s. Nr. **a**, 12) eine ganzzahlige quadratische Form von n Variablen durch ganzzahlige Einheitssubstitutionen auf eine Form von $2n-1$ und im allgemeinen nicht weniger Gliedern reduzieren kann. Diese „*Jacobi'schen Reduzierten*" haben die Gestalt: $a_{11}x_1^2 + a_{12}x_1x_2 + a_{22}x_2^2 + a_{23}x_2x_3 + a_{33}x_3^2 + \cdots + a_{n-1,n}x_{n-1}x_n + a_{nn}x_n^2$. [29])

c. Binäre quadratische Formen und bilineare Formen von vier Variablen. 1) Etwas abweichend von den allgemeinen quadratischen Formen nennt man nicht $ac - b^2$, sondern, im Anschluss an *Gauss*, $b^2 - ac = D$ die *Determinante* (bei *Gauss* determinans sc. numerus; „der Determinant" s. z.B. [40])) der quadratischen Form $ax^2 + 2bxy + cy^2$. Die Formen derselben Determinante zerfallen in „*Ordnungen*", indem man diejenigen zusammenfasst, in denen einerseits a, b, c, andererseits a, $2b$, c denselben grössten gemeinsamen Teiler haben. Man beschränkt die Betrachtung auf die Ordnungen der „*primitiven*" Formen, in denen a, b, c den grössten gemeinsamen Teiler 1 haben. Je nachdem a, $2b$, c den grössten gemeinsamen Teiler 1 oder 2 haben, hat man es mit der Ordnung der „*eigentlich*" oder der „*uneigentlich*" primitiven Formen zu thun. Jede der beiden Ordnungen zerfällt in „*Klassen*", indem man die einander eigentlich äquivalenten Formen in eine Klasse zusammenfasst. — Formen mit quadratischer Determinante zerfallen in zwei rationale Linearfaktoren und werden im allgemeinen als „*arithmetisch singulär*" von der Betrachtung ausgeschlossen. Die Null ist durch dieselben darstellbar (*Nullformen*).

2) Die Form $x^2 - Dy^2$ heisst die „*Hauptform*", die Klasse, der sie angehört, die „*Hauptklasse*".

Die Gleichung $x^2 - Dy^2 = 1$ heisst die *Pell'sche* (richtiger Fermat'sche) Gleichung[30]).

28) *Hermite,* J. f. Math. 40 (1850), p. 261; *A. Korkine* u. *G. Zolotareff,* Math. Ann. 5 (1872), p. 581; 6 (1873), p. 366; 11 (1877), p. 242; *H. Minkowski,* Par. C. R. 112 (1891), p. 209; J. f. Math. 107 (1891), p. 278; Chic. Congr. Pap. 1896 [1893], p. 201; Geometrie der Zahlen, Leipzig 1896, p. 123.

29) *Jacobi,* Berl. Ber. 1848, p. 414 = J. f. Math. 39 (1850), p. 290 = Werke 6, p. 318.

30) *Lagrange,* § 8 der Additions zu *Euler,* Élémens d'algèbre, Lyon 1794, deutsch v. *Grüson,* Berl. 1796/97, p. 628 = Oeuvr. 7, p. 3 u. Misc. Taur. 4 (1766) = Oeuvr. 1, p. 669; *Euler,* Éléments d'algèbre 2², Kap. 7; Petr. Nov.

Für $D < -1$ hat dieselbe in ganzen Zahlen nur die beiden Auflösungen: $x = \pm 1$, $y = 0$. Für $D = -1$ hat dieselbe nur die vier Auflösungen: $x = \pm 1$, $y = 0$ und $x = 0$, $y = \pm 1$. Für $D > 0$ hat die Pell'sche Gleichung unendlich viele Auflösungen. Aus je zwei Auflösungen ergiebt sich eine dritte vermöge der Gleichung:

$$(t_1 + u_1\sqrt{D})(t_2 + u_2\sqrt{D}) = (t_1t_2 + Du_1u_2) + (t_1u_2 + t_2u_1)\sqrt{D}.$$

Man kann sich auf die *„positiven"* Auflösungen, für welche $t > 0$ und $u > 0$ ist, beschränken. Ist T, U die Auflösung, für welche T, also auch U am kleinsten ist, so ergeben sich alle positiven Auflösungen aus:

$$t + u\sqrt{D} = (T + U\sqrt{D})^k \text{ für } k = 1, 2, 3, \ldots$$

Die Auflösung t, u *„gehört"* dann zum Exponenten k. Die Auflösung (T, U) heisst *„Fundamentalauflösung"*.

Die Fundamentalauflösung wird gefunden, indem man $\sqrt{D}$ in einen Kettenbruch entwickelt; derselbe wird periodisch und zwar derart, dass

$$\sqrt{D} = p_0 + \cfrac{1}{p_1 + \cfrac{1}{p_2 + \cdots + \cfrac{1}{p_2 + \cfrac{1}{p_1 + \cfrac{1}{p_0 + \sqrt{D}}}}}}$$

wird[31]).

Setzt man

$$p_0 + \cfrac{1}{p_1 + \cdots + \cfrac{1}{p_1}} = \frac{T'}{U'},$$

Comm. 11 (1765), p. 28 = Comm. arithm. 1, p. 316; und an vielen anderen Stellen (vgl. Opusc. arithm.); *Gauss*, Disqu. arithm. art. 163 = Werke 1, p. 163; vgl. ferner: *P. Seeling*, Arch. f. Math. u. Phys. 52 (1871), p. 40; *L. Öttinger* 49 (1869), p. 193; *A. B. Evans, A. Martin, G. Hart, S. Bills*, Educ. Times 16 (1872), p. 34; 23 (1875), p. 98, 109; 28 (1877), p. 29; *C. Moreau*, Nouv. ann. 12 (1873), p. 330; *C. Minnigerode*, Gött. Nachr. 1873, p. 619; *W. Schmidt*, Zeitschr. Math. Phys. 19 (1874), p. 92; *H. J. S. Smith*, Lond. Math. Soc. Proc. 7 (1876), p. 199 = Coll. Math. Pap. 2, p. 148; *S. Roberts* 15 (1884), p. 247; *H. Brocard*, Nouv. Corr. Math. 4 (1878), p. 161, 193, 228, 337; *S. Realis* 6 (1880), p. 306, 342; *W. Durfee*, John Hopk. Circ. 1882[1], p. 178; *A. Meyer*, Zürich Naturf. Ges. 32 (1887), p. 363.

31) *Lagrange*, l. c. 30) u. Traité d. l. rés. des équ. num. Paris 1798 u. 1808, chap. 6 = Oeuvr. 8, p. 73; vgl. ferner z. B. *O. Schlömilch*, Zeitschr. Math. Phys. 17 (1872), p. 70; *A. Stern*, J. f. Math. 53 (1857), p. 1; *A. Boutin*, Mathesis (2) 7 (1897), p. 8; *E. de Jonquières*, Par. C. R. 96 (1883), p. 568, 694, 832, 1020, 1129, 1210, 1297, 1351, 1420, 1490, 1571, 1721; *P. Seeling*, Arch. Math. Phys. 49 (1869), p. 4; *Smith*, Chelini Coll. Math. 1881, p. 117.

so ist $T'^2 - DU'^2 = \pm 1$. Ist $T'^2 - DU'^2 = -1$, so erhält man alle positiven Auflösungen dieser Gleichung aus

$$(T' + U'\sqrt{D})^k$$

für $k = 1, 3, 5, \ldots$ und alle positiven Auflösungen der Pell'schen Gleichung für $k = 2, 4, 6, \ldots$; insbesondere die Fundamentalauflösung für $k = 2$.

Die Frage nach den ganzen algebraischen Zahlen [I C 4a, Nr. 2, 7] der Form $t + u\sqrt{D}$, deren Norm $t^2 - Du^2$ absolut gleich Eins ist, ist die Frage nach den „*Einheiten*" des „*Bereiches*" $\sqrt{D}$. Da auch Zahlen von der Form $\frac{t + u\sqrt{D}}{2}$ „ganze" algebraische Zahlen sein können, hat man für $D \equiv 0$ oder 1 (mod. 4) auch die Gleichungen

$$\frac{t^2 - Du^2}{4} = \pm 1$$

zu betrachten[32]). Man beschränkt sich auf die „*eigentlichen*" Auflösungen, in denen u ungerade ist.

Ist (T'', U'') die kleinste Auflösung dieser Gleichungen, und ist

$$\frac{T''^2 - DU''^2}{4} = +1,$$

so erhält man aus

$$\left(\frac{T'' + U''\sqrt{D}}{2}\right)^k$$

für $k = 1, 2, 4, 5, 7, 8, \ldots$ alle eigentlichen positiven Auflösungen der Gleichung $\frac{t^2 - Du^2}{4} = 1$, und für $k = 3, 6, 9, \ldots$ alle Auflösungen der Gleichung $t^2 - Du^2 = 1$. Ist aber $\frac{T''^2 - DU''^2}{4} = -1$, so erhält man für $k = 1, 5, 7, 11, 13, \ldots$ alle eigentlichen positiven Auflösungen von $\frac{t^2 - Du^2}{4} = -1$, für $k = 2, 4, 8, 10, \ldots$ alle ebensolchen Auflösungen von $\frac{t^2 - Du^2}{4} = +1$, für $k = 3, 9, 15, \ldots$ alle solchen Auflösungen von $t^2 - Du^2 = -1$ und für $k = 6, 12, 18, \ldots$ alle positiven Auflösungen von $t^2 - Du^2 = +1$.

Sind Auflösungen einer der Gleichungen

$$t^2 - Du^2 = -1, \qquad \frac{t^2 - Du^2}{4} = \pm 1$$

vorhanden, so kann die kleinste derselben aus der Fundamentalauf-

32) *Dirichlet,* Berl. Abh. 1834, p. 649 = Werke 1, p. 218; *S. Roberts,* Lond. Math. Soc. Proc. 10 (1879), p. 29; *J. Perott,* J. f. Math. 102 (1888), p. 185; *C. Störmer,* Christ. Vidensk. Skrift. 1897, math.-nat. Kl., Nr. 2.

lösung gefunden werden. Doch liefern auch die Kettenbrüche ihre Auflösung, z. B. ist:

$$\sqrt{13} = 3 + \cfrac{1}{1 + \cfrac{1}{1 + \cfrac{1}{1 + \cdots}}} \qquad 3 + \cfrac{1}{1 + \cfrac{1}{1 + \cfrac{1}{1}}} = \frac{11}{3},$$

$$\frac{11^2 - 13 \cdot 3^2}{4} = +1.$$

Andere Auflösungen als durch die Kettenbrüche werden durch die Kreisteilung (s. I C 4b, Nr. 4) und durch die elliptischen Funktionen (s. I C 6, Nr. 2) geliefert[33]).

Die Fundamentalauflösungen der Pell'schen Gleichung für $D = 2$ bis 1000 hat *Degen* berechnet und zusammengestellt[34]).

3) Alle eigentlichen Transformationen der quadratischen Form $ax^2 + 2bxy + cy^2$ in sich selbst erhält man aus:

$$x = (t - bu)\,x' - cuy',$$
$$y = aux' + (t + bu)\,y',$$

wenn man für t, u alle Lösungen der Pell'schen Gleichung $t^2 - Du^2 = 1$ einsetzt[35]).

4) Aus *einer* Transformation:

$$x = \alpha x' + \beta y'$$
$$y = \gamma x' + \delta y',$$

durch welche die quadratische Form $ax^2 + 2bxy + cy^2$ in eine ihr äquivalente übergeht, erhält man *alle* vermittelst Zusammensetzung mit allen Transformationen der quadratischen Form in sich, also sind in:

$$x = [\alpha t - (b\alpha + c\gamma)u]x' + [\beta t - (b\beta + c\delta)u]y'$$
$$y = [\gamma t + (a\alpha + b\gamma)u]x' + [\delta t + (a\beta + b\delta)u]y'$$

alle diese Transformationen enthalten.

Umgekehrt ergiebt sich aus zwei Transformationen einer quadratischen Form in sich oder eine andere immer eine Auflösung der Pell'schen Gleichung.

Die Anzahl der *„automorphen"* Transformationen einer quadra-

---

33) *Dirichlet*, J. f. Math. 17 (1837), p. 286 = Werke 1, p. 342; *Kronecker*, Berl. Ber. 1863, p. 44.

34) *C. F. Degen*, Canon Pellianus. Hafniae (Kopenhagen) 1817; fortgesetzt von *A. Cayley*, Brit. Ass. Rep. 1893, p. 73 = Papers 13, p. 430.

35) *Gauss*, Disqu. arithm. art. 162 = Werke 1, p. 129; *Dirichlet*, Vorles. § 62; vgl. ferner z. B. *H. W. Lloyd Tanner*, Mess. (2) 24 (1895), p. 180.

tischen Form ist daher endlich für eine definite, unendlich für eine indefinite Form; im letzteren Fall bilden dieselben eine cyklische hyperbolische Gruppe [40a]) [II B 6 c, Nr. 5].

5) Zu einer indefiniten Form giebt es offenbar stets eine äquivalente, in welcher der erste Koeffizient ein vorgeschriebenes Vorzeichen hat.

Soll man also über die Äquivalenz oder Nichtäquivalenz zweier Formen derselben Determinante:

$$ax^2 + 2bxy + cy^2, \qquad mx^2 + 2nxy + ly^2$$

entscheiden, so kann man $\operatorname{sgn} a = \operatorname{sgn} m$ voraussetzen.

Zur Äquivalenz beider Formen ist die Auflösbarkeit der Gleichungen:

$$\begin{aligned} a\alpha^2 + 2b\alpha\gamma + c\gamma^2 &= m \\ a\alpha\beta + b(\alpha\delta + \beta\gamma) + c\gamma\delta &= n \\ a\beta^2 + 2b\beta\delta + c\delta^2 &= l \\ \alpha\delta - \beta\gamma &= 1 \end{aligned}$$

in ganzen Zahlen erforderlich; also muss der erste Koeffizient m (ebenso l) durch die Form $ax^2 + 2bxy + cy^2$ *„darstellbar“* sein.

Dann ist $n^2 - ml = D$, also $n^2 \equiv D \pmod{m}$, d. h. D quadratischer Rest von m [I C 1, Nr. 6]. Diese Bedingung ist für die Darstellbarkeit notwendig, aber nicht hinreichend.

Ersetzt man γ und δ durch andere ganze Zahlen, für welche $\alpha\delta - \beta\gamma = 1$ ist, so bleibt der Kongruenzwert von n (mod. m) unverändert: die Darstellung $m = a\alpha^2 + 2b\alpha\gamma + c\gamma^2$ *„gehört“* zu diesem Kongruenzwert von $\sqrt{D}$ (mod. m). Alle Darstellungen von m, welche zu diesem Werte gehören, bilden eine Klasse; alle diese Darstellungen $m = a\alpha'^2 + 2b\alpha'\gamma' + c\gamma'^2$ ergeben sich aus einer vermittelst der Transformationen der Form $ax^2 + 2bxy + cy^2$ in sich selbst oder auch aus der Gleichung:

$$a\alpha' + (b + \sqrt{D})\gamma' = [a\alpha + (b + \sqrt{D})\gamma](t + u\sqrt{D}),$$

wenn für t, u alle Auflösungen der Pell'schen Gleichung gesetzt werden.

Um *alle* Darstellungen überhaupt zu besitzen, genügt es, aus jeder Klasse von Darstellungen eine *„reduzierte“* herauszuheben. In jeder Klasse ist eine und nur eine solche reduzierte Darstellung vorhanden, für welche:

$$0 \leqq \gamma < U\sqrt{am}, \qquad \frac{T}{U}\gamma < a\alpha + b\gamma < T\sqrt{am} \quad \text{ist.}$$

Die reduzierten Darstellungen sind daher in endlicher Anzahl vorhanden und durch eine endliche Anzahl von Versuchen zu finden.

Gehören die reduzierten Darstellungen zu den Kongruenzwerten $n', n'' \ldots$ von $\sqrt{D}$ (mod. m), so ist die Form $ax^2 + 2bxy + cy^2$ der Form $mx^2 + 2nxy + ly^2$ äquivalent oder nicht, je nachdem die Zahl n einer der Zahlen $n', n'' \ldots$ kongruent (mod. m) ist oder nicht.

Ist im ersteren Falle $m = a\alpha^2 + 2b\,\alpha\gamma + c\gamma^2$ die zugehörige reduzierte Darstellung, so ist

$$x = \alpha x' + \frac{n\alpha - (b\alpha + c\gamma)}{m} y'$$

$$y = \gamma y' + \frac{n\gamma + (a\alpha + b\gamma)}{m} y'$$

eine Transformation der ersten Form in die zweite; alle solchen Transformationen folgen dann aus 4).

Man kann daher zwei Formen als äquivalente definieren, wenn eine Zahl m, die durch die eine, auch durch die andere darstellbar ist, und beide Darstellungen zu demselben Kongruenzwerte von $\sqrt{D}$ (mod. m) gehören[36]).

6) Rechnet man alle diejenigen Darstellungen von m durch *alle* (eigentlich primitiven) quadratischen Formen der Determinante D in eine Klasse, welche sich aus einer Darstellung durch Transformation der Form in sich oder eine andere ergeben, so ist die Anzahl dieser Klassen offenbar gleich der Anzahl der Kongruenzwerte von $\sqrt{D}$ (mod. m).

Hieraus folgen z. B. die Sätze: Jede Primzahl $\equiv 1$ (mod. 4) lässt sich nur einmal als $x^2 + y^2$ darstellen; jede Primzahl $\equiv 1$ oder 3 (mod. 8) lässt sich nur einmal als $x^2 + 2y^2$ darstellen; jede Primzahl $\equiv 1$ oder 7 (mod. 8) lässt sich nur einmal als $x^2 - 2y^2$, jede Primzahl $\equiv 1$ (mod. 6) lässt sich nur einmal als $x^2 + 3y^2$ darstellen[37]). Auf Grund

36) *Dirichlet,* De formarum binariarum sec. gr. comp. Berlin 1851 = Werke 2, p. 105. Ebenso für quadr. Formen von n Variablen: *H. Minkowski,* J. f. Math. 100 (1887), p. 449.

37) Diese Sätze waren z. T. schon *Fermat* (s. Oeuvres 1, p. 293) bekannt; *Euler,* Petrop. Nov. Comm. 5 (1754/55), p. 3; 6 (1756/57), p. 185; 8 (1760/61), p. 105 = Comm. Ar. 1, p. 174, 210, 287; *Lagrange,* Berlin Nouv. Mém. 4 (1773), p. 265; 6 (1775), p. 323 = Oeuvr. 3, p. 693. Über diese, ähnliche und damit zusammenhängende Sätze s. ferner: *Jacobi,* Werke 6, p. 245; 2, p. 145 = J. f. Math. 12 (1834), p. 167; 35 (1847), p. 313 = J. de math. 15 (1850), p. 357; *A. Göpel,* De aequ. sec. gr. indet. Berlin 1835; *Cauchy,* Par. C. R. 9 (1839), p. 473, 519 = Oeuvr. (1) 4, p. 504, 506; Par. C. R. 10 (1840), p. 51, 85, 181, 229 = Oeuvr. (1) 5, p. 52, 64, 85, 95; *St. Smith,* J. f. Math. 50 (1855), p. 91 = Papers 1, p. 33; *Dirichlet,* Berl. Abh. 1833, p. 101 = Werke 1, p. 194; *L. Calzolari,* Giorn. di mat. 8 (1870), p. 28; *G. Cantor,* Zeitschr. Math. Phys. 13 (1868), p. 259; *J. Petersen,* Tidsskr. (3) 1 (1871), p. 76; *L. Lorenz* p. 97; *Vallès,* l'Institut 40 (1872), p. 140; *J. Liouville,*

dieser Sätze ergeben sich auch die *Anzahlen* der Darstellungen einer Zahl durch $x^2 + y^2$, $x^2 \pm 2y^2$, $x^2 + 3y^2$. Insbesondere ist die Anzahl der Darstellungen einer Zahl m durch $x^2 + y^2$ gleich $\sum \left(\frac{-1}{d}\right)$, zu summieren über alle ungeraden Teiler d von m.[37a])

7) Ein anderer Weg als der aus der Darstellung der Zahlen folgende, um über die Äquivalenz oder Nichtäquivalenz zweier Formen derselben Determinante zu entscheiden, besteht darin, jede der beiden Formen durch Einheits-Substitutionen in eine „reduzierte" zu transformieren[38]), und die beiden reduzierten zu vergleichen.

Repräsentiert man die Form $ax^2 + 2bxy + cy^2$ durch diejenige Wurzel der Gleichungen: $aw^2 \pm 2bw + c = 0$, $a \pm 2bw + cw^2 = 0$, deren absoluter Wert grösser als Eins und deren realer Teil (für $D > 0$ die Wurzel selbst) positiv ist, so liefert die Kettenbruchentwicklung desselben:

$$q_0 - \cfrac{1}{q_1 - \cfrac{1}{q_2 - \cdots}}$$

die Einheitssubstitutionen:

$$w = q_0 - w', \qquad w = q_0 - \frac{1}{w'}, \qquad w = q_0 - \frac{1}{q_1 - w'}, \cdots,$$

von welchen für $D < 0$ die letzte die Eigenschaft hat, die gegebene Gleichung in eine solche zu transformieren, für welche $|2b| \leqq |a|$ und $|2b| \leqq |c|$ ist. Eine positive Form ist daher stets einer solchen reduzierten eigentlich äquivalent, in welcher $c \geqq a \geqq 2|b|$ ist. Aus diesen Bedingungen lässt sich die andere $2|b| \leqq a \leqq 2\sqrt{\frac{-D}{3}}$ und daraus die Endlichkeit der Anzahl der reduzierten Formen, also auch der Klassen für eine negative Determinante folgern.

Für eine negative Determinante sind je zwei reduzierte Formen nicht äquivalent; ausgenommen die Formenpaare:

J. de math. (2) 18 (1873), p. 142; *Th. Muir*, Lond. Math. Soc. Proc. 8 (1877), p. 215; *S. Roberts* 9 (1878), p. 187; 10 (1879), p. 29; *G. Oltramare*, Par. C. R. 87 (1878), p. 734; *E. de Jonquières*, p. 399; Nouv. ann. (2) 17 (1878), p. 241, 289, 419, 433; *A. Genocchi*, Nouv. corr. math. 6 (1880), p. 39; *S. Realis* p. 111; *K. Küpper*, Casop. 10 (1881), p. 10; *Th. Harmuth*, Arch. f. Math. u. Phys. 66 (1881), p. 327; 67 (1882), p. 215; *T. S. Stieltjes*, Par. C. R. 97 (1883), p. 889; Amst. Versl. en Meded. (2) 19 (1884), p. 105; Toul. Ann. 11 D (1897), p. 1; *S. Realis*, Nouv. ann. (2) 18 (1879), p. 500; (3) 2 (1883), p. 794; 3 (1884), p. 305; 4 (1885), p. 367; 5 (1886), p. 113; *Bock*, Hamb. Mitt. 5 (1885), p. 101; *Th. Pepin*, Rom. N. Linc. Pont. A. 38 (1885), p. 197; 43 (1890), p. 163; *Vahlen*, J. f. Math. 112 (1893), p. 32; *G. B. Mathews*, Quart. J. 27 (1895), p. 230.

37a) Üb. *mittlere* Anz. v. Darst. s. *Gegenbauer*, Wien. Ber. 92^2 (1886), p. 380.

38) *Lagrange*, Berlin Nouv. Mém. 4 (1773), p. 265.

$$ax^2 + axy + cy^2 \sim ax^2 - axy + cy^2$$
$$ax^2 + 2bxy + ay^2 \sim ax^2 - 2bxy + ay^2.$$

Für eine positive Determinante haben die angegebenen Substitutionen von einer bestimmten an den Erfolg, die gegebene Form in eine solche reduzierte ihr eigentlich äquivalente zu transformieren, in welcher:

$$0 < \sqrt{D} - b < |c| < \sqrt{D} + b$$

ist; hieraus folgt wiederum die Endlichkeit der Anzahl reduzierter Formen. Den Perioden des Kettenbruches $q_0 - \frac{1}{q_1 - \cdot}$ entsprechend ordnen sich diese reduzierten Formen in Perioden von einander äquivalenten Formen:

$$ax^2 + 2bxy + cy^2 \sim cx^2 + 2b'xy + a'y^2 \sim a'x^2 + 2b''xy + c'y^2$$
$$\sim c'x^2 + \cdots \sim ax^2 + 2bxy + cy^2,$$

von denen jede in die folgende durch eine Substitution $w = q - \frac{1}{w'}$ übergeht. Von zwei solchen heisst die erste der zweiten „links", die zweite der ersten „rechts *benachbart*".

Zwei Formen verschiedener Perioden sind nicht äquivalent; die Anzahl der Klassen ist gleich der Anzahl der Perioden[39]).

8) Von andern Arten, reduzierte Formen zu definieren, ist die folgende hervorzuheben.

Für positive Formen definieren zwei Systeme von Parallelen, welche die ganze Ebene in Parallelogramme mit den Seiten $\sqrt{a}$ und $\sqrt{c}$ und den Winkeln arc cos $\frac{b}{\pm\sqrt{ac}}$ zerlegen, ein „*Punktgitter*", in welchem das Abstandsquadrat je zweier Punkte in der Form $ax^2 \pm 2bxy + cy^2$ erscheint. Die Parallelensysteme „*repräsentieren*" daher diese beiden „*entgegengesetzten*" Formen. Man kann die Punkte des Gitters noch auf unendlich viele andere Arten als Eckpunkte von Parallelogrammen des Inhalts $\sqrt{-D}$ auffassen. Jede der Auffassungen repräsentiert zwei zu $ax^2 \pm 2bxy + cy^2$ äquivalente Formen. Das Punktgitter an sich repräsentiert daher eine Klasse (genauer eine Klasse und die entgegengesetzte). Die reduzierte Form wird durch das Parallelo-

39) *Gauss*, Disqu. arithm. art. 184 = Werke 1, p. 164; *Hermite*, J. f. Math. 36 (1848), p. 357; *Dirichlet*, Berl. Abh. 1854, p. 99 = Werke 2, p. 139; J. de math. (2) 2 (1857), p. 353 = Werke 2, p. 159; vgl. ferner: *S. Roberts*, Lond. Proc. Math. Soc. 10 (1879), p. 29; *F. Mertens*, J. f. Math. 89 (1880), p. 332; *Th. Pepin*, Rom. N. Linc. Pont. A. 33 (1880), p. 354; *Mertens*, Wien. Ber. 103[2a] (1894), p. 995; *J. Hermes*, Arch. Math. Phys. 68 (1882), p. 432.

gramm mit den kleinsten Seiten repräsentiert, in dem die Diagonalen die Seiten übertreffen, also $a + c \pm 2b \geqq a$ und $\geqq c$, d. h. $|2b| \geqq a$ und $\geqq c$ ist.

Bei positiven Determinanten ist eine andere Massbestimmung für die Entfernung zweier Punkte einzuführen[40]).

9) Oder: Man repräsentiere eine positive Form $ax^2 + 2bxy + cy^2$ durch den Punkt $\xi = -\frac{b}{a}$, $\eta = \frac{\sqrt{-D}}{a}$, eine indefinite durch den Halbkreis: $a(\xi^2 + \eta^2) + 2b\xi + c = 0$, $\eta \geqq 0$; dann ist eine Form reduziert, wenn ihr repräsentierender Punkt, oder ein Punkt ihres repräsentierenden Halbkreises dem Ausgangsraum der „*Modulgruppe*", d. h. der Gruppe der ganzzahligen linearen unimodularen Substitutionen angehört[40a]) [II B 6 c, Nr. 1].

10) Die Klassenanzahl quadratischer Formen gegebener Determinante ist von *Dirichlet* auf Grund der Reihen $\sum\limits_{n=1}^{\infty} \left(\frac{D}{n}\right) \frac{1}{n}$ bestimmt worden[41]) [s. I C 3, Nr. 2].

Zunächst wird die Klassenanzahl h' für die Determinante $D' = D \cdot S^2$ auf die Klassenanzahl h der quadratfreien Determinante D vermöge der Formel:

$$h' = \frac{1}{\lambda} h S \prod_r \left(1 - \frac{\left(\frac{D}{r}\right)}{r}\right)$$

zurückgeführt, in welcher r alle ungraden Primfaktoren von S durchläuft $\left(\text{für } D \equiv 0 \pmod{r} \text{ ist } \left(\frac{D}{r}\right) = 0\right)$ und λ für $D < -1$ gleich 1, für $D = -1$ und $S > 1$ gleich 2, für $D = 1$ und $S > 1$ gleich 2 und für $D > 1$ dem kleinsten Exponenten gleich ist, für den $(T + U\sqrt{D})^\lambda = T' + S\,U'\sqrt{D}$ wird, d. h. dem Exponenten, zu dem die Fundamentalauflösung von $x^2 - D'y^2 = 1$ als Auflösung von $x^2 - Dy^2 = 1$ gehört[41a]).

40) *Gauss,* Gött. gel. Anz. 1831, Juli 9 = J. f. Math. 20 (1840), p. 312 = Werke 2, p. 188; *A. Hurwitz,* Math. Ann. 45 (1894), p. 85; Chic. Congr. Pap. (1896 [1893]), p. 125 = Nouv. Ann. (3) 16 (1897), p. 491; *F. Klein,* Zahlentheorie 1, autogr. Vorl., Göttingen 1895/96; Gött. Nachr. 1893, p. 106.

40a) *F. Klein,* Vorl. üb. d. Theor. d. ell. Modulfunktionen, hsg. v. *R. Fricke,* 2, Leipzig 1892, p. 161; *F. Klein* u. *R. Fricke,* Vorl. über die Theorie der autom. Funktionen, Leipzig 1897, p. 449; *R. Fricke,* Chic. Congr. Pap. (1896 [1893]), p. 72.

41) *Dirichlet,* J. f. Math. 19 (1839), p. 324; 21 (1840), p. 1 u. 134 = Werke 1, p. 411.

41a) *Gauss,* Disqu. arithm. art. 256 V = Werke 1, p. 281; *Dirichlet,* J. f. Math. 53 (1857), p. 127 = Berl. Ber. 1855, p. 493 = Werke 2, p. 183; *Lipschitz,*

Für eine quadratfreie negative Determinante $D = -2^e P$ hängt die Klassenanzahl h_D, mit Ausnahme der Werte $h_{-1} = 1$, $h_{-2} = 1$ ab von den Summen

$$\sum_{\alpha_i} \left(\frac{\alpha_i}{P}\right) = s_i, \qquad (i = 0, 1, 2, 3),$$

zu erstrecken über alle ganzen Zahlen α_i, für welche:

$$\frac{i}{8} P < \alpha_i < \frac{i+1}{8} P \qquad (i = 0, 1, 2, 3);$$

es ist nämlich:

$$h_{-4n+1} = s_0 + s_1 + s_2 + s_3,\ h_{-4n-1} = 2s_0 + 2s_1,\ h_{-8n+2} = 2s_1 + 2s_2,$$
$$h_{-8n-2} = 2s_0 - 2s_3.$$

Etwas andere Ausdrücke hat *Kronecker* für die Klassenanzahl bei negativer Determinante erst aus der Theorie der elliptischen Funktionen, nachher arithmetisch hergeleitet[42]).

Für eine quadratfreie positive Determinante ist die Klassenanzahl der Exponent, zu welchem die Kreisteilungseinheit gehört [I C 4 b, Nr. **1**].

11) Zwei Formen der Art:

$$ax^2 + 2Bxy + a'Cy^2, \quad a'x'^2 + 2Bx'y' + aCy'^2$$

heissen *„komponierbar"* und ihr *„Produkt"*:

$$aa'X^2 + 2BXY + CY^2,$$

$$\text{wo} \quad xx' - Cyy' = X, \quad axy' + 2Byy' + a'x'y = Y$$

gesetzt ist, die aus beiden *„komponierte"* Form[43]). In je zwei Klassen

---

J. f. Math. 53 (1857), p. 238; *Dedekind,* Üb. d. Anz. d. Idealkl. in den versch. Ordn. eines endl. Körpers, Braunschweig 1877.

42) *Kronecker,* J. f. Math. 57 (1860), p. 248 = Werke 4; Berl. Ber. 1875, p. 235; 1889, p. 255; Berl. Abh. 1883, 2^2, p. 1 = Werke 2, p. 425; vgl. ferner: *Jacobi,* J. f. Math. 9 (1832), p. 189 = Werke 6, p. 240; *St. Smith,* Brit. Ass. Rep. 35 (1865), p. 322 = Pap. 1, p. 289; *J. Liouville,* J. de math. (2) 14 (1869), p. 1; *Th. Pepin,* Ann. éc. norm. (2) 3 (1874), p. 165; *J. Gierster,* Gött. Nachr. 1879, p. 277; Münch. Ber. Febr. 1880 = Math. Ann. 17 (1880), p. 71, 74; 21 (1883), p. 1; 22 (1883), p. 190; *A. Berger,* Sur une appl. d. nombres d. classes d. formes qu. bin. pour un dét. nég., Upsala 1882; *Stieltjes,* J. de math. (2) 14 (1869), p. 1; Par. C. R. 97 (1883), p. 1358, 1410; *A. Hurwitz,* Leipz. Ber. 36 (1884), p. 193; 37 (1885), p. 222; Math. Ann. 25 (1885), p. 157; J. f. Math. 99 (1886), p. 165; Acta math. 19 (1895), p. 351; *L. Gegenbauer,* Wien. Ber. 92^2 (1886), p. 380, 1307; 93^2 (1886), p. 54, 288; *Ch. Hermite,* Bull. sci. math. astr. (2) 10 (1886), p. 23; *E. Schering,* J. f. Math. 100 (1887), p. 447; *J. Hacks,* Acta math. 14 (1890/91), p. 321; *J. A. De Séguier,* Par. C. R. 118 (1894), p. 1407; *M. Lerch* 121 (1895), p. 878; Bull. sci. math. astr. (2) 2 (1897), p. 290, *R. Götting,* Torgau Gymn.-Progr. 1895.

43) *Gauss,* Disqu. arithm. art. 234 = Werke 1, p. 239; *Dirichlet,* De formarum binariarum secundi gradus compositione, Berl. 1851 = Werke 2, p. 105;

finden sich komponierbare Formen. Die aus je zwei komponierbaren Formen zweier Klassen komponierten Formen sind äquivalent: die Komposition ist eine Komposition der Klassen.

Die Komposition ist kommutativ, associativ und einpaarig. Die Klassen bilden eine (Abel'sche) Gruppe [s. I A 6, Nr. **20**; I B 3 c, d, Nr. **20**]. Mit der Hauptklasse komponiert erzeugt jede Klasse sich selbst. Eine hinreichend hohe *„Potenz"* jeder Klasse ergiebt die Hauptklasse. Jede Klasse *„gehört"* zu dem Exponenten der niedrigsten solchen Potenz. Es giebt gewisse *„Fundamentalklassen"*, sodass jede andere sich eindeutig als Produkt von Potenzen derselben darstellen lässt[44]).

Die sich selbst uneigentlich äquivalente Form $ax^2 + 2adxy + cy^2$, und die Klasse, der sie angehört, heisst *„anceps"* (*Gauss*), *„bifide"* (*Legendre*), *„ambig"* (*Dirichlet*), *„zweiseitig"* (*Dedekind*). Jede sich selbst uneigentlich äquivalente Klasse enthält eine ambige Form, ist also eine ambige Klasse.

Die Komposition entgegengesetzter Klassen giebt die Hauptklasse, und umgekehrt. Die Komposition ambiger Klassen giebt ambige Klassen. Die Komposition einer Klasse mit sich selbst heisst *„Duplikation"*. Die Duplikation einer ambigen Klasse giebt die Hauptklasse und umgekehrt: eine *„subduplikate"* Klasse ist ambig.

Auf der Theorie der Komposition mit alleiniger Zuhülfenahme der Pell'schen Gleichung beruht der zweite Kummer'sche Beweis des Reziprozitätsgesetzes[45]) [I C 1, Nr. **6**].

12) Aus der Identität [Nr. **b**, 8]:

$$(a\alpha^2 + 2b\alpha\gamma + c\gamma^2)(a\beta^2 + 2b\beta\delta + c\delta^2) - (a\alpha\beta + b(\alpha\delta + \beta\gamma) + c\gamma\delta)^2 = D(\alpha\delta - \beta\gamma)^2$$

folgt, dass für jede ungerade zu $b^2 - ac = D$ teilerfremde, durch die Form $f = ax^2 + 2bxy + cy^2$ dargestellte Zahl das Legendre'sche Symbol $\left(\frac{f}{q}\right)$ [I C 1, Nr. **6**], wo q irgend ein Primfaktor von D ist, denselben Wert hat.

F. Arndt, J. f. Math. 56 (1859), p. 72; *L. Schläfli,* J. f. Math. 57 (1860), p. 170; *Th. Pepin,* Rom. N. Linc. Pont. A. 33 (1880), p. 6; *F. Klein,* Gött. Nachr. 1893, p. 106; *G. B. Mathews,* Quart. J. 27 (1895), p. 230; *F. Mertens,* Wien. Ber. 105 (1895), p. 103; *Ch. J. de la Vallée-Poussin*, Brux. Mém. cour. in 8°, 53 (1896) Abh. 3; *P. Mansion,* Brux. Bull. (3) 30 (1896), p. 189; *A. Cunningham,* Lond. Math. Soc. Proc. 28 (1896/97), p. 289.

44) *Gauss,* Disqu. arithm. art. 306 IX = Werke 1, p. 374; *E. Schering,* Die Fundamentalklassen der zusammensetzb. arithm. Formen, Göttingen 1869 = Gött. Abh. 14 (1869).

45) *E. Kummer,* Berl. Abh. 1861, p. 81 = J. f. Math. 100 (1887), p. 10.

Dasselbe ist bei $D \equiv 0, 3, 7 \pmod{8}$ für $\left(\frac{-1}{f}\right) = (-1)^{\frac{f-1}{2}}$, bei $D \equiv 2 \pmod{8}$ für $\left(\frac{2}{f}\right) = (-1)^{\frac{f^2-1}{8}}$, bei $D \equiv 6 \pmod{8}$ für $\left(\frac{-2}{f}\right) = (-1)^{\frac{f-1}{2}+\frac{f^2-1}{8}}$ der Fall. Jeder der Werte $\left(\frac{f}{q}\right)$, $(-1)^{\frac{f-1}{2}}, \ldots$ ist daher nicht der besonderen dargestellten Zahl, sondern der Form eigentümlich. Jeder der Werte heisst ein *„Einzelcharakter"* der Form, ihre Gesamtheit repräsentiert den *„Totalcharakter"*. Giebt es λ Einzelcharaktere, so giebt es 2^λ Totalcharaktere. Alle Formen einer Klasse haben denselben Totalcharakter; derselbe heisst der Totalcharakter der Klasse. Alle Klassen desselben Totalcharakters bilden ein *„Geschlecht"* [46]) und sind rational unimodular in einander transformierbar.

Ist $D = \pm 2^\varepsilon P S^2$, $\varepsilon = 0$ oder 1, P quadratfrei und positiv, so ist, weil D quadratischer Rest jeder durch die Form f dargestellten Zahl ist:

$$(-1)^{\frac{f-1}{2}\cdot\frac{P-1}{2}+\frac{f^2-1}{2}\varepsilon}\cdot\left(\frac{f}{P}\right) = +1,$$

demnach nur die Hälfte der 2^λ Totalcharaktere möglich.

Auf diesem Umstande beruht *Gauss'* zweiter Beweis des quadratischen Reziprozitätsgesetzes [47]).

Alle Einzelcharaktere der Hauptform, also auch der Hauptklasse haben den Wert $+1$. Das Geschlecht, welches die Hauptklasse enthält, heisst *„Hauptgeschlecht"*.

Ein Einzelcharakter des Produkts zweier Klassen ist gleich dem Produkt der betreffenden Einzelcharaktere der Klassen. Durch Duplikation jeder Klasse entsteht eine Klasse des Hauptgeschlechts.

Dass auch umgekehrt jede Klasse des Hauptgeschlechts durch Duplikation entsteht, hat *Gauss* durch Heranziehung der Theorie der ternären Formen [Nr. **d**] bewiesen [48]). Alle Geschlechter enthalten gleichviel Klassen.

Den $2^{\lambda-1}$ möglichen Totalcharakteren entsprechen wirklich Geschlechter: die Anzahl der Geschlechter ist gleich $2^{\lambda-1}$; ebenso gross ist die Anzahl der ambigen Klassen [49]).

---

46) *Gauss,* Disqu. arithm. art. 228 ff. = Werke 1, p. 229 ff.

47) *Gauss,* Disqu. arithm. art. 262 = Werke 1, p. 292.

48) *Gauss,* Disqu. arithm. 286 = Werke 1, p. 335; *Dirichlet-Dedekind,* Vorl. Suppl. X; *Arndt, de la Vallée-Poussin* 43); *H. Weber,* Ellipt. Funkt. u. alg. Zahlen, Braunschweig 1891; *J. A. de Séguier,* Formes quadratiques et multipl. compl., Berlin 1894.

49) *Gauss,* Disqu. arithm. art. 287 III = Werke 1, p. 337; *Kronecker,* Berl. Ber. 1864, p. 297.

Alle Klassen des Hauptgeschlechts bilden eine (Abel'sche) Gruppe. Ergeben sich alle $\frac{h}{2^{\lambda-1}}$ Klassen des Hauptgeschlechts als Potenzen *einer* Fundamentalklasse, so heisst die Determinante *„regulär"*, sonst *„irregulär"* und die durch den höchsten Exponenten ihrer Fundamentalklassen dividierte Anzahl $\frac{h}{2^{\lambda-1}}$ ihr *„Irregularitätsexponent"*.

Die regulären positiven und die irregulären negativen Determinanten überwiegen. Für quadratfreie $\frac{h}{2^{\lambda-1}}$ ist die Determinante regulär[50]).

Für negative Determinanten scheint $D = -1848$ die grösste zu sein, für welche $\frac{h}{2^{\lambda-1}} = 1$ ist.

Rechnet man eine Determinante zum *„Typus"* $\left(\frac{h}{2^{\lambda-1}}, 2^{\lambda-1}\right)$, so giebt es unendlich viele positive Determinanten vom Typus $(1, 2^{\lambda-1})$ (*Dirichlet*)[51]).

Die Anzahl der Fundamentalklassen, die nicht zum Hauptgeschlecht gehören, ist $\lambda - 1$; aus diesen allein setzen sich die Ambigen zusammen[52]).

13) Die Theorie der binären quadratischen Formen ist von *Dirichlet* in das Gebiet der gewöhnlichen komplexen Zahlen [I A 4] übertragen worden (*Dirichlet'sche Formen*). Einer der schönsten Sätze dieser Theorie ist der folgende: Die Klassenanzahl der quadratischen Formen mit komplexen Koeffizienten, aber reeller positiver Determinante D ist gleich dem einfachen oder doppelten Produkte der Klassenanzahlen reeller quadratischer Formen der Determinanten D und $-D$, je nachdem die Auflösung der Gleichung $t^2 - Du^2 = -1$ unmöglich oder möglich ist[53]). An Stelle der Kreisfunktionen ist in dieser Theorie die Anwendung der lemniskatischen Funktionen [II B 6 a] von Nutzen.

---

50) *Gauss,* Disqu. arithm. art. 306 VI = Werke 1, p. 373; vgl. ferner: *Th. Pepin,* Rom. N. Linc. Pont. A. 33 (1880), p. 354; Mem. 8 (1892), p. 41; *J. Perott,* J. f. Math. 95 (1883), p. 232; 96 (1884), p. 327; *G. B. Mathews,* Mess. (2) 20 (1891), p. 70.

51) *Gauss,* Disqu. arithm. art. 304 = Werke 1, p. 368; *Dirichlet,* Berl. Ber. 1855, p. 493 = Werke 2, p. 183; J. de math. (2) 1 (1856), p. 76 = Werke 2, p. 189.

52) *Schering* l. c. 44).

53) *Dirichlet,* J. f. Math. 24, p. 291 = Werke 1, p. 533; vgl. ferner *K. Minnigerode,* Gött. Nachr. 1873, p. 160; *St. Smith,* Lond. R. S. Proc. 13 (1864), p. 278 = Papers 1, p. 418; *G. B. Mathews,* Quart. J. 25 (1891), p. 289; Lond. Math. Soc. Proc. 23 (1892), p. 159.

14) Eine andere Theorie, welche auf die Theorie der gewöhnlichen quadratischen Formen, namentlich auf die Klassenanzahlbestimmung, helles Licht wirft, ist *Kronecker*'s Theorie der bilinearen Formen $Ax_1x_2 + Bx_1y_2 + Cx_2y_1 + Dy_1y_2$ [I B 2, Nr. 2, Anm. 29, 30] von 2 kogredienten Variabelnpaaren[54]). Als neu tritt hier neben die Determinante $AD - BC = \Delta$ die *„determinierende* Form“: $\Delta(u+v)^2 - (B-C)^2 uv$, oder auch die Grösse $B - C$, die sich als invariant erweist. Hier, wie auch in der Theorie der quadratischen Formen, ist es zweckmässig, die Äquivalenzen in *„vollständige“* und *„unvollständige“* zu unterscheiden, je nachdem die vier Substitutionskoeffizienten $\alpha, \beta, \gamma, \delta$ den Kongruenzen $\alpha\delta \equiv 1$, $\beta \equiv \gamma \equiv 0 \pmod{2}$ genügen oder nicht. Beschränkt man sich auf *„eigentliche“* quadratische Formen $ax^2 + bxy + cy^2$, in denen $a + c \equiv 1$, $b \equiv 0 \pmod{2}$ ist, und auf *„eigentliche“* bilineare Formen $Ax_1x_2 + Bx_1y_2 + Cx_2y_1 + Dy_1y_2$, für welche die Form $Ax^2 + (B+C)xy + Dy^2$ mit der *„Determinante“* $AD - \left(\frac{B+C}{2}\right)^2 = \Delta - \left(\frac{B-C}{2}\right)^2$ eine eigentliche quadratische Form ist, so ist

$$\sum_h F(\Delta - h^2), \qquad (-\sqrt{\Delta} < h < +\sqrt{\Delta})$$

die Klassenanzahl der bilinearen Formen der positiven Determinante Δ, wenn $F(\Delta)$ die Klassenanzahl der quadratischen Formen $ax^2 + 2bxy + cy^2$ der Determinante $\Delta = ac - b^2$ ist.

Setzt man $E(4n) = F(n)$, $E(4n+1) = F(4n+1)$, $E(4n+2) = F(4n+2)$, $E(8n+3) = \frac{2}{3} F(8n+3)$, $E(8n+7) = 0$, so folgt aus: $\sum_h E(n - h^2)$ gleich der $8(2 + (-1)^n)$-fachen Summe der ungeraden Divisoren von n, dass jede Zahl n auf $E(n)$ Arten als Summe dreier Quadrate darstellbar ist [vgl. 6)].

Jede bilineare Form ist einer *„reduzierten“* vollständig äquivalent, in welcher $|A| \geqq \left|\frac{B+C}{2}\right| \leqq |D|$ und $AD > 0$ ist.

Bezeichnet man mit $\Phi(\Delta)$ die Summe aller Divisoren d von Δ, mit $\Psi(\Delta)$ die Summe $\sum_d \operatorname{sgn}(\sqrt{\Delta} - d) \cdot d$, so ist die Klassenanzahl bilinearer Formen der Determinante Δ gleich $12\{\Phi(\Delta) + \Psi(\Delta)\}$, jedoch um 2 grösser, wenn Δ ein Quadrat ist.

15) Man hat insbesondere solche bilineare Formen $Axx' + Bxy' + B'x'y + Cyy'$ behandelt, in denen A und C reelle, B und B' kon-

54) *Kronecker*, Berl. Ber. 1866, p. 837 = Werke 1, p. 143.

jugiert komplexe Zahlen sind; von den Variabeln sind x und x' einander konjugiert, und ebenso y und y' (*Hermite'sche Formen*). Die beiden Variabelnpaare werden nur konjugiert komplexen Transformationen unterworfen[55]). Die Dirichlet'schen und die Hermite'schen Formen lassen ähnliche geometrische Repräsentationen und darauf gegründete Behandlungen wie die in 9) erwähnte zu. An die Stelle der Modulgruppe tritt die „*Picard'sche Gruppe*", d. h. die Gruppe der linearen, komplex-ganzzahligen, unimodularen Substitutionen [II B 6 c, Nr. **6**]. Insbesondere ergiebt sich die Anordnung der reduzierten Formen in eine endliche Anzahl von Perioden, bezw. (bei den indefiniten Hermite'schen Formen) von „*Netzen*"; und damit die Endlichkeit der betreffenden Klassenanzahlen.

d. Ternäre quadratische Formen. 1) Alle Transformationen einer ternären Form $f(x, y, z)$ in eine andere ergeben sich aus einer dieser Transformationen und allen Transformationen von $f(x, y, z)$ in sich selbst. Alle Transformationen von $f(x, y, z)$ mit der Determinante D in sich selbst ergeben sich aus einer Transformation in die ternäre quadratische Form $4D(ac - b^2)$ und allen Transformationen von $ac - b^2$ in sich selbst. Alle Transformationen von $ac - b^2$ in sich selbst ergeben sich aus:

$$\begin{aligned} a &= a'\alpha^2 + 2b'\alpha\gamma + c'\gamma^2, \\ b &= a'\alpha\beta + b'(\alpha\delta + \beta\gamma) + c'\gamma\delta, \qquad \alpha\delta - \beta\gamma = 1, \\ c &= a'\beta^2 + 2b'\beta\delta + c'\delta^2. \end{aligned}$$

Ist $x = p_1 a + 2p_2 b + p_3 c$, $y = q_1 a + 2q_2 b + q_3 c$, $z = r_1 a + 2r_2 b + r_3 c$ eine Transformation von $f(x, y, z)$ in $4D(ac - b^2)$, und setzt man:

$$\begin{aligned} \alpha &= \tau - p_2\xi - q_2\eta - r_2\zeta, & \beta &= \quad - p_3\xi - q_3\eta - r_3\zeta, \\ \gamma &= \quad p_1\xi + q_1\eta + r_1\zeta, & \delta &= \tau + p_2\xi + q_2\eta + r_2\zeta, \end{aligned}$$

so ergeben sich alle Transformationen von $f(x, y, z)$ in sich selbst aus:

$$\begin{aligned} (\tau+1)x' - \zeta f_2(x',y',z') + \eta f_3(x',y',z') &= (\tau+1)x + \zeta f_2(x,y,z) - \eta f_3(x,y,z), \\ (\tau+1)y' - \xi f_3(x',y',z') + \zeta f_1(x',y',z') &= (\tau+1)y + \xi f_3(x,y,z) - \zeta f_1(x,y,z), \\ (\tau+1)z' - \eta f_1(x',y',z') + \xi f_2(x',y',z') &= (\tau+1)z + \eta f_1(x,y,z) - \xi f_2(x,y,z); \end{aligned}$$

hier bedeuten f_1, f_2, f_3 die halben Ableitungen von f nach x, y, z, und τ, ξ, η, ζ sind durch die Relation verbunden:

---

55) *Ch. Hermite*, J. f. Math. 47 (1854), p. 346; 52 (1856), p. 1; Cambr. and Dubl. Math. Journ. 9 (1854), p. 63; *É. Picard*, Par. C. R. 96 (1883), p. 1567, 1779; 97 (1883), p. 745; Ann. éc. norm. (3) 1 (1884), p. 9; Par. Soc. Math. Bull. 12 (1884), p. 43; Math. Ann. 39 (1891), p. 142; *L. Bianchi*, 38 (1890), p. 313; *R. Fricke* und *F. Klein*, Automorphe Funktionen, Leipzig 1897, 1, p. 448 ff. und 40[a]).

$$\tau^2 + F(\xi, \eta, \zeta) = 1,$$

in welcher F die *„Adjungierte“* [I B 2, Nr. 2, Anm. 15] von f ist.

Die Form $\tau^2 + F(\xi, \eta, \zeta)$ reproduziert sich durch Multiplikation. Es ist nämlich

$$(\tau^2 + F(\xi, \eta, \zeta))(\tau_1^2 + F(\xi_1, \eta_1, \zeta_1)) = \tau_2^2 + F(\xi_2, \eta_2, \zeta_2)$$

für

$$\tau_2 = \tau\tau_1 + F\begin{pmatrix}\xi, & \eta, & \zeta\\ \xi_1, & \eta_1, & \zeta_1\end{pmatrix},$$

$$\xi_2 = \tau\xi_1 + \tau_1\xi + \bar{f}_1(\eta\zeta_1 - \eta_1\zeta, \ \zeta\xi_1 - \zeta_1\xi, \ \xi\eta_1 - \xi_1\eta), \quad \text{u. s. w.,}$$

wenn man mit $\bar{f}$ die *„Adjungierte“* von F, mit $F\begin{pmatrix}\xi, & \eta, & \zeta\\ \xi_1, & \eta_1, & \zeta_1\end{pmatrix}$ die Funktion $\xi_1 F_1(\xi, \eta, \zeta) + \eta_1 F_2(\xi, \eta, \zeta) + \zeta_1 F_3(\xi, \eta, \zeta)$ [I B 2, Nr. **13**] bezeichnet. Für $F = \xi^2 + \eta^2 + \zeta^2$ war diese Formel schon *Euler*, für $F = a\xi^2 + b\eta^2 + ab\zeta^2$ *Lagrange* bekannt[56]).

Demnach erhält man aus zwei Auflösungen der Gleichung

$$\tau^2 + F(\xi, \eta, \zeta) = 1$$

eine dritte und aus zwei Transformationen der Form $f(x, y, z)$ in sich eine dritte. Diese dritte ist die aus den beiden ersteren Transformationen zusammengesetzte. Die Zusammensetzung ist nicht kommutativ, wie man schon an dem einfachsten Fall der Quaternionen oder der orthogonalen Transformationen erkennt [III B 3].

Alle *ganzzahligen* Transformationen der Form $f(x, y, z)$ erhält man ebenso als abhängig von vier Parametern τ, ξ, η, ζ, die aber jetzt durch eine Gleichung: $\tau^2 + F(\xi, \eta, \zeta) = P$ für gewisse Werte der ganzen Zahl P verbunden sein müssen. Alle ganzzahligen Auflösungen einer solchen Gleichung erhält man aus einer derselben durch Zusammensetzung mit allen ganzzahligen Auflösungen der Gleichungen: $\tau^2 + F(\xi, \eta, \zeta) = 1$ oder $= 4$.

Eine reduzierte definite ternäre quadratische Form hat 62 ganzzahlige Transformationen in sich (*Eisenstein*).

Unter den ganzzahligen Transformationen einer Form in sich giebt es *„vertauschbare“*, bei deren Zusammensetzung die Reihenfolge ohne Einfluss ist. Alle Transformationen, welche Potenzen einer einzigen sind, sind offenbar vertauschbar. Dass dieser Satz in gewissem Umfange auch umgekehrt gilt, hat *Hermite* gezeigt[57]).

---

56) *L. Euler,* Lips. Acta Er. 1773, p. 193; Petrop. Acta 1, 2 (1775), p. 48 = Comment. arithm. coll. 1, p. 538, bes. p. 543; *Lagrange,* Berl. Nouv. Mém. 1 (1770), p. 133 = Oeuvres 3, p. 187; *Ch. Hermite,* J. f. Math. 47 (1853), p. 324.

57) Üb. Transf. einer tern. qu. Form vgl.: *Ch. Hermite,* J. f. Math. 47 (1854), p. 307, 313, 343; 78 (1874), p. 325; *P. Bachmann,* 76 (1873), p. 331; *G. Cantor,*

2) Es sei von nun ab D der grösste gemeinsame Teiler der Koeffizienten F_{ik} von F, und $F = D \cdot \varphi$. Dann ist die Adjungierte von φ gleich $\Delta \cdot f$, die Determinante von f ist ΔD^2 und die von φ gleich $\Delta^2 D$. Von den beiden Formen f und φ heisst jede die *„primitive Adjungierte“* (*Arn. Meyer*), *„primitive Kontravariante“* (*St. Smith*), *„Reciproke“* (*P. Bachmann*) der andern. Die eigentlich (ebenso die uneigentlich) primitiven Formen f der Determinante ΔD^2, denen die Zahlen Δ und D zukommen, zerfallen in zwei *„Ordnungen“* (Δ, D),[58]) je nachdem ihre Reciproken φ eigentlich oder uneigentlich primitiv sind. Die Ordnung (Δ, D) eigentlich primitiver Formen mit eigentlich primitiven Reciproken ist wirklich vorhanden, denn sie enthält mindestens die Form $x^2 + Dy^2 + \Delta D z^2$. Die Anzahl dieser Ordnungen einer Determinante ist daher gleich der Anzahl der quadratischen Teiler der Determinante. Alle Formen einer Klasse gehören zu derselben Ordnung. Die Anzahl der Klassen jeder Ordnung ist endlich, da die Gesamtanzahl der Klassen einer Determinante endlich ist.

3) Die Endlichkeit der Klassenanzahl hat zuerst *Gauss* bewiesen, indem er zeigte, dass jede Form einer „reduzierten“ äquivalent und die Anzahl der reduzierten, deren Koeffizienten gewissen Ungleichheitsbedingungen genügen müssen, eine endliche ist[59]).

Eine *derartige* Reduktion, wenigstens für positive Formen, dass sich in jeder Klasse im allgemeinen eine und nur eine Reduzierte findet, ist zuerst von *Seeber*[60]) angegeben worden. Die Seeber'sche Reduktion lässt sich geometrisch deuten. Man teile den Raum durch drei Systeme äquidistanter paralleler Ebenen in Parallelepipede mit den Seiten $\sqrt{a}$, $\sqrt{b}$, $\sqrt{c}$ und den ebenen Winkeln $\arccos \frac{a'}{\pm\sqrt{bc}}$, $\arccos \frac{b'}{\pm\sqrt{ac}}$, $\arccos \frac{c'}{\pm\sqrt{ab}}$. Die Ecken dieser Parallelepipede repräsentieren bei dieser Zusammenfassung die Form $ax^2 + by^2 + cz^2 + 2a'yz + 2b'xz + 2c'xy$, bei irgend einer andern Zusammenfassung eine ihr äquivalente Form. Der reduzierten Form entspricht dasjenige Parallelepiped, bei dem die Diagonalen und die Diagonalen der Seitenflächen von den Kanten nicht übertroffen werden[61]). Re-

---

De transf. form. tern. quadr., Habil.schr. Halle 1869; *J. Tannery,* Par. soc. math. Bull. 11 (1876), p. 221; *R. Fricke,* Gött. Nachr. 1893, p. 705; *L. Bianchi,* Ann. di mat. (2) 21 (1893), p. 237; Rom Linc. Rend. (5) 3 (1894), p. 3.

58) *G. Eisenstein,* J. f. Math. 35 (1847), p. 117 = Math. Abh. p. 177.

59) *Gauss,* Disqu. arithm. 272 = Werke 1, p. 307.

60) *L. A. Seeber,* Unters. üb. d. Eigensch. der pos. tern. quadr. Formen, Freiburg 1831.

61) *Gauss* 40) u. Werke 2, p. 305, *Dirichlet,* Berl. Ber. 1848, p. 285 =

präsentiert man das Parallelepiped durch die drei von einer Ecke ausgehenden Kanten $\sqrt{a}$, $\sqrt{b}$, $\sqrt{c}$ und fügt ihnen eine vierte $\sqrt{d}$ derart hinzu, dass die geometrische Summe [III B 3] aller vier verschwindet, so wird das Punktgitter auch durch das Streckenquadrupel $\sqrt{a}$, $\sqrt{b}$, $\sqrt{c}$, $\sqrt{d}$ definiert. Es giebt nun in jedem Punktgitter ein und nur ein Streckenquadrupel, von dessen 6 Winkeln keiner spitz ist (*Selling'sche Reduktion*). Diese Reduktionen sind nicht an die Ganzzahligkeit der Koeffizienten gebunden.

Hermite hat die Reduktion der indefiniten Formen auf die der positiven zurückgeführt. Ist die gegebene Form äquivalent der Form

$$f = (\alpha x + \beta y + \gamma z)^2 + (\alpha' x + \beta' y + \gamma' z)^2 - (\alpha'' x + \beta'' y + \gamma'' z)^2,$$

so wird derselben jede der positiven Formen:

$$g = \lambda(\alpha x + \beta y + \gamma z)^2 + \lambda'(\alpha' x + \beta' y + \gamma' z)^2 + \lambda''(\alpha'' x + \beta'' y + \gamma'' z)^2$$
$$(\lambda,\ \lambda',\ \lambda''\ \text{positiv})$$

„associiert“ (*Picard*). Alle automorphen Transformationen von g, auf f angewandt, ergeben ein *„System“* (f); äquivalenten Formen f_1, f_2 entsprechen identische Systeme (f_1), (f_2).

Eine Form heisst *„reduziert“*, wenn unter ihren associierten eine reduzierte ist[61a]). Auf der Einführung der kontinuierlichen Variablen λ, λ', λ'' beruht der Prozess der *„kontinuierlichen Reduktion“*[61b]).

4) Ist d irgend ein Primfaktor von D, δ irgend ein Primfaktor von Δ, so hat das Legendre'sche Zeichen $\left(\frac{f(x,\,y,\,z)}{d}\right)$ für alle ganzen Zahlen x, y, z, für welche $f(x, y, z)$ nicht durch d teilbar ist, denselben Wert; dasselbe gilt von dem Zeichen $\left(\frac{\varphi(x,\,y,\,z)}{\delta}\right)$ (*Haupt-Charaktere*) und eventuell von den Zeichen $\left(\frac{-1}{f}\right)$, $\left(\frac{-1}{\varphi}\right)$, $\left(\frac{2}{f}\right)$, $\left(\frac{2}{\varphi}\right)$,

Werke 2, p. 21; J. f. Math. 40 (1850), p. 209 = Werke 2, p. 29; *Hermite,* J. f. Math. 40 (1850), p 173; *Eisenstein,* Tabelle red. pos. tern. qu. Formen, J. f. Math. 41 (1851), p. 141 u. 227; *E. Selling,* J. f. Math. 77 (1874), p. 143 = J. de math. (3) 3 (1877), p. 21, 153; *Hermite,* J. f. Math. 79 (1875), p. 17; *G. Cantor,* De transf. form. tern. qu., Halle 1869; *L. Charve,* Ann. éc. norm. (2) 9 (1880), Suppl. p. 3; *H. Minkowski,* Par. C. R. 96 (1883), p. 1205; *E. Bonsdorff,* Helsingfors soc. fenn. A. 14 (1885), p. 397; *E. Borissoff,* Red. d. pos. tern. quadr. Formen, Petersb. 1890 (mit Tabellen). Üb. Red. *quaternärer* Formen s. *L. Charve,* Par. C. R. 92 (1881), p. 782; 96 (1883), p. 773; Ann. éc. norm. (2) 11 (1882), p. 119; *J. P. Bauer,* Bestimmung d. Grenzw. für d. Produkt d. Hauptkoeffizienten in reduz. quadr. quatern. Formen, Bonn 1894; *E. Picard,* Par. C. R. 98 (1884), p. 904.

61a) *Hermite,* J. f. Math. 47 (1854), p. 307.

61b) *Hermite,* J. f. Math. 41 (1851), p. 191.

$\left(\frac{-2}{f}\right)$, $\left(\frac{-2}{\varphi}\right)$ (*Supplementar-Charaktere*). Jedes derartige Zeichen ist ein „*Einzelcharakter*“ der Form f; ihre Gesamtheit bildet den „*Totalcharakter*“ derselben. Äquivalente Formen haben denselben Totalcharakter. Alle Klassen, die denselben Totalcharakter haben, bilden ein „*Geschlecht*“. Ist λ die Anzahl der Einzelcharaktere, so ist 2^λ die Anzahl der Totalcharaktere. Die Einzelcharaktere sind durch eine Relation mit einander verbunden, so dass nur $2^{\lambda-1}$ Totalcharaktere möglich sind. Diesen $2^{\lambda-1}$ Totalcharakteren entsprechen wirklich Geschlechter; der Nachweis derselben stützt sich auf die Existenz der Geschlechter binärer Formen[62]).

5) Sind die beiden Zahlen m und μ durch die Formen f und φ so darstellbar: $m = f(x, y, z)$, $\mu = \varphi(\xi, \eta, \zeta)$, dass die Beziehung $x\xi + y\eta + z\zeta = 0$ besteht, so heissen m und μ „*simultan*“ durch f und φ dargestellt. Für zwei durch die beiden Formen f und φ von ungrader*) Determinante simultan dargestellte ungrade zu $D\Delta$ teilerfremde Zahlen m und μ hat die Einheit:

$$E = (-1)^{\frac{\Delta m+1}{2} \cdot \frac{D\mu+1}{2}}$$

denselben Wert, nämlich:

$$(-1)^{\frac{D+1}{2} \cdot \frac{\Delta+1}{2}} \left(\frac{f}{D}\right)\left(\frac{\varphi}{\Delta}\right).$$

Diese Einheit heisst ein „*Simultan-Charakter*“ (*St. Smith*) des Formenpaares (f, φ). *Eisenstein* teilt die Geschlechter in zwei „*Systeme*“, je nachdem $E = +1$ oder $E = -1$ ist. Durch Formen des zweiten Systems können Zahlen $\equiv -\Delta \pmod 8$ nicht dargestellt werden.

Zwei Formen, welche durch eine rationale Einheitssubstitution, mit einem Generalnenner prim zu $2\Delta D$, in einander transformiert werden können, gehören offenbar zu demselben Geschlecht. Dasselbe findet umgekehrt statt[63]).

6) Sind α, β, γ die drei Determinanten des Systems:

$$\begin{pmatrix} \alpha' & \beta' & \gamma' \\ \alpha'' & \beta'' & \gamma'' \end{pmatrix},$$

so heissen die Darstellung der Zahl μ: $\mu = \varphi(\alpha, \beta, \gamma)$ und die Darstellung der binären quadratischen Form der Determinante $-D\mu$:

---

62) *Bachmann,* Zahlentheorie 4^1, p. 125.

*) Wir beschränken uns hier und zum Teil im folgenden der Kürze halber auf ungrade Determinanten.

63) *G. Eisenstein,* Berl. Ber. 1852, p. 350; *St. Smith,* Lond. Trans. 157 (1867), p. 255 = Papers 1, p. 455.

$$f(\alpha', \beta', \gamma')\, x^2 + 2 f\begin{pmatrix}\alpha', \beta', \gamma' \\ \alpha'', \beta'', \gamma''\end{pmatrix} xy + f(\alpha'', \beta'', \gamma'')\, y^2$$
$$= f(\alpha' x + \alpha'' y,\ \beta' x + \beta'' y,\ \gamma' x + \gamma'' y)$$

einander „*zugeordnet*". Dieselbe Darstellung von μ ist den Darstellungen aller äquivalenten binären Formen der Determinante $-D\mu$ zugeordnet. Damit die binäre quadratische Form $g(x, y)$ der Determinante $-D\mu$ durch eine ternäre Form der Ordnung (D, Δ) darstellbar ist, ist notwendig und hinreichend, dass $-\Delta g(x, y)$ quadratischer Rest von μ ist. Jede Darstellung „gehört" zu einem Kongruenzwerte von $\sqrt{-\Delta g(x, y)}$ (mod. μ), und zu jedem dieser Kongruenzwerte lassen sich alle nicht-äquivalenten ternären Formen der Ordnung (D, Δ) aufstellen, durch welche $g(x, y)$ darstellbar ist[64]).

7) Von den definiten Formen genügt es die positiven zu betrachten. Eine positive Form besitzt eine endliche Anzahl von ganzzahligen Transformationen in sich. Der reciproke Wert dieser Anzahl heisst das „*Mass*" (frz. „mesure" oder „densité", engl. „weight") der Form. Äquivalente Formen haben dasselbe Mass: das Mass der Klasse. Das Mass eines Geschlechts ist die Summe der Masse der Klassen des Geschlechts, das Mass einer Ordnung ist die Summe der Masse der Geschlechter der Ordnung. Das Mass einer Darstellung einer Zahl durch eine Form ist das Mass der Form. Das Mass aller Darstellungen einer Zahl durch ein vollständiges System von Formen eines Geschlechts ist die Summe der Masse aller Darstellungen. Das Mass aller eigentlichen Darstellungen einer ungraden, zu $D\Delta$ teilerfremden Zahl μ, welche λ Primfaktoren enthält und $\equiv D$ (mod. 4) ist, ist gleich dem 2^λ-fachen Mass des Hauptgeschlechts binärer Formen der Determinante $-D\mu$. Z. B.: die Ordnung $(1, 1)$ enthält nur ein Geschlecht und dieses nur eine Klasse, repräsentiert durch die Form $x^2 + y^2 + z^2$ Also ist die Anzahl der eigentlichen Darstellungen einer Zahl $\mu \equiv 1$ (mod. 4) als Summe dreier Quadrate gleich der $3 \cdot 2^{\lambda+2}$ fachen Klassenanzahl des Hauptgeschlechts binärer Formen der Determinante $-\mu$. Für $\mu \equiv 3$ (mod. 8) ist dieselbe Anzahl gleich der $2^{\lambda+2}$-fachen Klassenanzahl[65]). Die erstere Anzahl ergiebt sich, durch Heranziehung der Klassenanzahlausdrücke, gleich $24 \sum_{s=1}^{\left[\frac{\mu}{4}\right]} \left(\frac{s}{\mu}\right)$, die zweite gleich $8 \sum_{s=1}^{\left[\frac{\mu}{2}\right]} \left(\frac{s}{\mu}\right)$ [66]). Die Darstellbarkeit der

64) *Ch. Hermite*, J. f. Math. 47 (1854), p. 307; *P. Bachmann*, 70 (1869), p. 365; 71 (1870), p. 296.

65) *Gauss*, Disqu. arithm. art. 292 = Werke 1, p. 345.

66) *Dirichlet*, J. f. Math. 21 (1840), p. 155 = Werke 1, p. 496.

Zahlen $\equiv\!\!\!|\!\!= 0, 4, 7 \pmod{8}$ als Summe dreier Quadrate hat *Legendre*[67]), dasselbe einfacher und die Existenz eigentlicher Darstellungen für solche Zahlen hat *Dirichlet*[68]) nachgewiesen. Hieraus folgt leicht, dass jede Zahl als Summe dreier Trigonalzahlen und eigentlich als Summe von vier Quadraten darstellbar ist[69]). Der zweite Satz war schon *Bachet* bekannt, wurde aber erst von *Lagrange* bewiesen[70]). Beide Sätze sind die ersten Fälle des *Fermat*'schen Satzes: Jede ganze Zahl ist als Summe von n n-eckszahlen darstellbar. Bewiesen wurde dieser Satz zuerst von *Cauchy* und durch den Zusatz ergänzt, dass von den n n-ecken nur vier von Null oder Eins verschieden zu sein brauchen. *Legendre* bemerkt, dass oberhalb einer gewissen Grenze schon vier oder fünf n-eckszahlen zur Darstellung genügen[71]).

8) Das Mass eines Geschlechts und dasjenige einer Ordnung ist, wahrscheinlich mit arithmetischen Hülfsmitteln, von *Eisenstein*, durch Benutzung Dirichlet'scher analytischer Methoden [I C 3, Nr. 2] von *Smith* und *Minkowski* ermittelt worden. Enthalten D und Δ bzw. λ und $\varkappa$ Primfaktoren, und sind r die gemeinsamen Primfaktoren von D und Δ, so ist das Mass eines Geschlechts gleich:

---

67) *Legendre,* Théorie des nombres, éd. 3, art. 317, 319 = 1, p. 386, 387 der deutschen Ausgabe.

68) *Dirichlet,* J. f. Math. 40 (1850), p. 228 = Werke 2, p. 89. Üb. besond. Zerl. in 3 Quadr. s. *E. Catalan,* Nouv. ann. (2) 13 (1874), p. 518; Rom N. Linc. Pont. A. 35 (1882), p. 103; 37 (1884), p. 49; *S. Realis,* Nouv. ann. (2) 20 (1881), p. 501; Nouv. corr. math. 4 (1878), p. 325, 346, 369; *B. Boncompagni,* Rom. N. Linc. Pont. A. 34 (1881), p. 63, 135.

69) *Fermat,* Oeuvres 1, p. 293; *Dirichlet* l. c. 68); *Legendre,* Théorie des nombres 2, § 4 = 1, p. 212 der deutschen Ausgabe; *Hermite,* J. f. Math. 47 (1854), p. 365; *Liouville,* J. d. math. (2) 1 (1856), p. 230 u. flgd. Bde.; *V. A. Lebesgue,* 2 (1857), p. 149; Par. C. R. 66 (1871), p. 396; Nouv. ann. (2) 11 (1872), p. 516; 13 (1874), p. 111; *S. Realis* 12 (1873), p. 212; 17 (1878), p. 381; *A. Genocchi,* Ann. di mat. (2) 2 (1869), p. 256; *F. Pollock,* Lond. Trans. 158 (1869), p. 627; Lond. R. Soc. Proc. 16 (1868), p. 251; *V. Schlegel,* Zeitschr. Math. Phys. 21 (1876), p. 79.

70) *Lagrange,* Berl. Nouv. Mém. 1 (1770), p. 123 = Oeuvr. 3, p. 187; *Euler,* Acta Petrop. 1 u. 2, 1775 = Comm. arithm. coll. 1, p. 538; s. ferner *Ch. Hermite,* J. f. Math. 47 (1854), p. 343; *S. Realis,* Nouv. ann. (2) 18 (1879), p. 500; *Sylvester,* Amer. J. of math. 3 (1881), p. 390; *G. Wertheim,* Zeitschr. f. math. naturw. Unterr. 22 (1891), p. 421; *A. Matrot,* Assoc. frç. Limoges 19 (1890), p. 79, 82; J. d. math. élém. (3) 5 (1891), p. 169; (4) 2 (1893), p. 73; *E. Catalan,* Belg. Mém. 52 (1894), p. 1.

71) *Fermat,* Oeuvres 1, p. 305; *Beguelin,* Berl. Nouv. Mém. 4 (1773), p. 203; *A. Cauchy,* Par. Acad. 1815, Nvbr. 13, Inst. Mém. (1) 14 (1813—15), p. 177 = Exerc. d. math. 1 (1826), p. 265 = Oeuvres (2) 6, p. 320; *Legendre,* Théorie des nombres 6, § 2 = 2, p. 332 der deutschen Ausgabe; s. ferner *F. Pollock,* Lond. R. S. Proc. 13 (1864), p. 542; 16 (1868), p. 251; *S. Realis,* Nouv. Corr. math. 4 (1878), p. 27; *Ed. Maillet,* Par. Soc. math. Bull. 23 (1895), p. 40.

$$\frac{2+E}{24}\,\frac{D\Delta}{2^{\varkappa+\lambda}}\prod_r\left(1-\frac{1}{r^2}\right)\prod_d\left(1+\frac{\left(\frac{-\Delta f}{d}\right)}{d}\right)\prod_\delta\left(1+\frac{\left(\frac{-D\varphi}{\delta}\right)}{\delta}\right),$$

das Mass der Ordnung (D, Δ) gleich

$$k\cdot D\Delta\prod_r\left(1-\frac{1}{r^2}\right),$$

wo k ein ganzzahliger Faktor ist, verschieden je nachdem f und φ eigentlich oder uneigentlich primitiv und durch welche Potenzen von 2 D und Δ teilbar sind[72]).

9) Die Klassenanzahl eines Geschlechts bestimmter Formen hat *Eisenstein*, die Klassenanzahl eines Geschlechts unbestimmter Formen hat *Arn. Meyer* ermittelt. Insbesondere enthält bei teilerfremden D und Δ jedes Geschlecht unbestimmter Formen nur eine Klasse[73]).

10) Indefinite Formen[74]), durch welche die Null darstellbar ist, heissen „*Nullformen*" (*A. Meyer*). Die Untersuchung, ob eine gegebene indefinite Form eine Nullform ist, kommt auf die Auflösung einer Gleichung $ax^2+by^2+cz^2=0$ mit quadratfreiem abc zurück. Für die Auflösbarkeit in nicht verschwindenden ganzen Zahlen ist offenbar, ausser der Vorzeichen-Ungleichheit von a, b, c, notwendig, dass $-ab$ quadratischer Rest von c, $-ac$ quadratischer Rest von b, $-bc$ quadratischer Rest von a ist. Dass diese Bedingungen auch hinreichen, hat zuerst *Legendre* gezeigt. *Legendre* gründet hierauf seinen (unvollständigen) Beweis des quadratischen Reziprozitätsgesetzes[75]) [I C 1, Nr. 6].

Die Auflösung einer Gleichung $ax^2+by^2+cz^2=0$ in ganzen

72) *Eisenstein,* Berl. Ber. 1852, p. 370; J. f. Math. 35 (1847), p. 117 = Ges. Abh. p. 177; 41 (1850), p. 141; *Smith,* l. c. 63) u. Par. Mém. sav. [étr.] (2) 29 (1887), N° 1, p. 55 = Pap. 2, p. 677; *Minkowski,* Par. Mém. sav. [étr.] (2) 29 (1887), N° 2, p. 159, 164.

73) *Eisenstein,* Berl. Ber. 1852, p. 370; J. f. Math. 41 (1851), p. 155; *Arn. Meyer,* Zur Theor. d. unbest. tern. quadr. Formen, Zürich 1871 (Diss.); Zürich naturf. Ges. Viert. 28 (1883), p. 272; J. f. Math. 108 (1891), p. 125; *H. Poincaré,* Par. C. R. 102 (1886), p. 735; *W. A. Markow,* Chark. Math. Ges. (2) 4 (1894), p. 1.

74) Vgl. insbes.: *Arn. Meyer,* Zürich naturf. Ges. Viert. 36 (1891), p. 241; J. f. Math. 98 (1885), p. 177; 108 (1891), p. 125; 112 (1893), p. 87; 113 (1894), p. 186; 114 (1895), p. 233; 115 (1895), p. 150; 116 (1897), p. 307; *Fricke,* Gött. Nachr. 1893, p. 705.

75) *Lagrange,* Berl. Hist. 23 (1769), p. 165; 24 (1770), p. 181 = Oeuvr. 2, p. 375, 653; *Legendre,* Paris Hist. 1784, p. 507; Th. d. nombres 2, § 6 = 1, p. 229 der deutschen Ausgabe; *Dedekind* in Dirichlet, Vorl. üb. Zahlentheorie, 4. Aufl., p. 428; *Gauss,* Disqu. arithm. art. 294 = Werke 1, p. 349; *Cauchy,* Exerc. d. math. Par. 1 (1826), N° 24, p. 233 = Oeuvres (2) 6, p. 286; *G. Cantor,* De aequ. 2. gr. indet., Berlin 1867 (Diss.); *Sylvester,* Amer. J. of math. 3 (1880), p. 390.

Zahlen kommt auf die Auflösung einer Gleichung $mx^2 + ny^2 = 1$ in rationalen Zahlen x, y zurück. Diese Gleichung ist auflösbar, wenn die Kongruenz $mx^2 + ny^2 \equiv 1$ für jede Primzahlpotenz in ganzen Zahlen lösbar ist (*Hilbert*)[76]).

Zur Auflösbarkeit von $ax^2 + 2bxy + cy^2 = mz^2$ (m prim zu $2(ac - b^2)$) ist die von $a'x^2 + 2b'xy + c'y^2 = m$ notwendig und hinreichend, wo $a'x^2 + 2b'xy + c'y^2$ irgend eine Form des Geschlechts von $ax^2 + 2bxy + cy^2$ ist (*de la Vallée-Poussin*[43])).

11) *Smith* hat die Kriterien für die Auflösbarkeit einer allgemeinen ternären quadratischen Gleichung aufgestellt und *Arn. Meyer* dieselben bewiesen. Bezeichnet man mit $\overline{N}$ den „*Kern*" (*Minkowski*) einer Zahl N, d. h. die von ihrem grössten quadratischen Teiler befreite Zahl N, und sind r die gemeinsamen Primfaktoren von $\overline{D}$ und $\overline{\Delta}$, d die übrigen Primfaktoren von $\overline{D}$, δ die übrigen Primfaktoren von $\overline{\Delta}$, so ist zur Auflösbarkeit der Gleichung notwendig und hinreichend, dass für alle Teiler d, δ, r die Gleichungen bestehen:

$$\left(\frac{-\overline{\Delta} f}{d}\right) = 1, \quad \left(\frac{-\overline{D}\varphi}{\delta}\right) = 1, \quad \left(\frac{-\overline{D}\,\overline{\Delta} f \varphi}{r}\right) = 1.\text{[77])}$$

Arn. Meyer stellt auch die Bedingungen für die Auflösbarkeit der Gleichung $ax^2 + by^2 + cz^2 + dt^2 = 0$ in ganzen Zahlen auf und beweist, dass durch indefinite Formen von mehr als vier Variablen die Null stets (eigentlich) dargestellt werden kann[78]).

12) Für eine auflösbare Gleichung $ax^2 + by^2 + cz^2 = 0$ hat schon *Gauss* alle Auflösungen in der Form:

$$x : y : z = f(p, q) : g(p, q) : h(p, q)$$

zu finden gelehrt; hier bedeuten f, g, h binäre quadratische Formen der ganzzahligen Unbestimmten p und q.[79])

Alle *eigentlichen* Lösungen allein aus einer von ihnen werden durch die Auflösungen von *Dedekind* und *G. Cantor* geliefert.

Wird durch die Transformation:

$$\begin{aligned} x &= f_1 x' + 2 f_2 y' + f_3 z', \\ y &= g_1 x' + 2 g_2 y' + g_3 z', \\ z &= h_1 x' + 2 h_2 y' + h_3 z' \end{aligned}$$

76) *Hilbert*, Gött. Nachr. 1897, p. 48.

77) *Smith*, Lond. R. S. Proc. 13 (1864), p. 110 = Papers 1, p. 410; *Arn. Meyer* J. f. Math. 98 (1885), p. 177.

78) *Arn. Meyer*, Zürich naturf. Ges. Viert. 28 (1883), p. 272; 29 (1884), p. 209.

79) *Gauss*, Disqu. arithm. art. 299 III = Werke 1, p. 360; vgl. auch *Cauchy*, Exerc. d. math. 1, Paris 1826, p. 233 = Oeuvres (2) 6, p. 286.

die Form $ax^2 + by^2 + cz^2 = 4D(x'z' - y'^2)$, so muss man für $x' = p^2$, $y' = pq$, $z' = q^2$ eine Auflösung der Gleichung $ax^2 + by^2 + cz^2 = 0$ erhalten. Die eigentlichen Auflösungen allein erhält man aus:

$$2x = ux' - 2bcvy' + wz',$$
$$2y = u'x' - 2acv'y' + w'z',$$
$$2z = u''x' - 2abv''y' + w''z',$$

wenn man für x', y', z' alle der Gleichung: $x'z' = Dy'^2$ und der Kongruenz $x' \equiv z'$ (mod. 2) genügenden ganzen Zahlen einsetzt, für welche x' und z' höchstens den gemeinsamen Teiler 2 haben und in diesem Falle noch der Bedingung $\frac{x'}{2} \not\equiv \frac{z'}{2}$ (mod. 2) genügen. Die Zahlen u, u', u'' bilden eine Lösung, v, v', v'' sind die Determinanten des Systems $\begin{pmatrix} u & u' & u'' \\ l & l' & l'' \end{pmatrix}$, wo l, l', l'' eine ganzzahlige Lösung der Gleichung $aul + bu'l' + cu''l'' = 1$ (mit $l \equiv 0$ (mod. 2)) bilden, und w, w', w'' sind resp. gleich $2l - hu$, $2l' - hu'$, $2l'' - hu''$, wenn $al^2 + bl'^2 + cl''^2 = h$ gesetzt wird (*Dedekind*, anders *G. Cantor* [75])).

13) Von der Auflösung einer quadratischen Gleichung:

$$ax^2 + 2bxy + cy^2 + 2dx + 2ey + f = 0$$

in rationalen Zahlen, die aus dem vorhergehenden zu folgern ist, verschieden ist die Auflösung einer solchen Gleichung in *ganzen* Zahlen. Die vollständige Auflösung ist einfach, ausser in dem Falle, wo $D = b^2 - ac$ positiv und kein Quadrat ist. In diesem Falle wird die vollständige Auflösung durch die Gleichung $t^2 - Du^2 = 1$ oder 4 vermittelt [80]).

14) Ternäre quadratische Formen mit komplexen Koeffizienten sind von *Fricke*, ternäre Hermite'sche Formen von *Picard* betrachtet worden [81]).

e. Quadratische Formen von n Variablen. 1) Es sei f eine primitive quadratische Form von n Variablen, vom Trägheitsindex τ. Nach Division der μ^{ten} Adjungierten $f^{(\mu)}$ durch den grössten gemein-

---

80) *Euler*, Petr. N. Comm. 11 (1765), p. 28; 18 (1773), p. 185, 218 = Comm. Ar. 1, p. 316, 549, 570; *Lagrange*, l. c. 75); *Gauss*, Disqu. arithm. art. 216 = Werke 1, p. 215; *H. Scheffler*, J. f. Math. 45 (1853), p. 349; *A. Kunerth*, Wien. Ber. 78^2 (1878), p. 327; 82^2 (1880), p. 342; *R. Marcolongo*, Giorn. di mat. 26 (1888), p. 65; *Dujardin*, Par. C. R. 119 (1895), p. 843; für n Unbestimmte behandelt die Gl. 2. Grades *Ad. Desboves*, Nouv. ann. (3) 3 (1884), p. 225; (3) 5 (1886), p. 226.

81) *R. Fricke*, Gött. Nachr. 1895, p. 11; *Picard*, Par. C. R. 97 (1883), p. 845.

samen Teiler $d_{\mu-1}$ ihrer Koeffizienten erhält man die μ^{te} *„primitive Adjungierte“* $\varphi^{(\mu)}$. Insbesondere heisst $(-1)^{\tau}\varphi^{(n-1)}$ die *„Reciproke“* von f. Wir setzen $d_0 = 1$, $d_{n-1} = (-1)^{\tau}\cdot\Delta$, wo Δ die Determinante von f ist; ferner $\frac{d_{\mu}}{d_{\mu-1}} = e_{\mu}$, $\frac{e_{\mu}}{e_{\mu-1}} = o_{\mu}$, $\sigma_{\mu} = 1$ oder 2, je nachdem $\varphi^{(\mu)}$ eigentlich oder uneigentlich primitiv ist. Die ganzen Zahlen $\begin{pmatrix} o_1 & o_2 & \dots & o_{n-1} \\ \sigma_1 & \sigma_2 & \dots & \sigma_{n-1}\end{pmatrix}$ sind die *„Ordnungszahlen“* (*„determinierenden Zahlen“*) der Form f. Alle Formen derselben Spezies, welche dieselben Ordnungszahlen haben, bilden eine *„Ordnung“*. Zu jeder Determinante $\Delta = (-1)^{\tau} d_{n-1}$ giebt es wegen

$$d_{n-1} = o_1^{n-1} o_2^{n-2} \dots o_{n-1}^1$$

nur eine endliche Anzahl von Ordnungen[82]).

2) Die Anzahl der Klassen für jede Determinante und infolge dessen auch für jede Ordnung ist endlich. Man beweist dies wie unter Nr. **c** 7, 8 und Nr. **d** 2 durch die Reduktion der Formen. Insbesondere ist auf positive Formen die geometrische Reduktion ohne weiteres übertragbar[83]).

3) Ist p_{μ} irgend ein Primfaktor von o_{μ}, so hat das Zeichen $\left(\frac{\varphi^{(\mu)}}{p_{\mu}}\right)$ für alle durch p_{μ} nicht teilbaren Werte von $\varphi^{(\mu)}$ denselben Wert. Dasselbe gilt eventuell noch von den Zeichen $\left(\frac{-1}{\varphi^{(\mu)}}\right)$, $\left(\frac{2}{\varphi^{(\mu)}}\right)$, $\left(\frac{-2}{\varphi^{(\mu)}}\right)$. Zwischen diesen *„Einzelcharakteren“* besteht eine Relation, sodass nur die Hälfte der *„Totalcharaktere“* möglich ist. Jedem dieser Totalcharaktere entspricht wirklich ein *„Geschlecht“*. Der Nachweis stützt sich auf die Richtigkeit des Satzes für Formen von $n-1$ Variablen[84]).

4) Zwei Formen heissen *„kongruent“* modulo N, wenn ihre entsprechenden Koeffizienten kongruent modulo N sind. Zwei Klassen heissen *kongruent* modulo N, wenn sie zwei Formen kongruent modulo N enthalten. Ein *„Geschlecht“* besteht aus allen einander für jeden beliebigen Modul kongruenten Klassen. Ein Geschlecht einer bestimmten Ordnung besteht aus allen einander modulo 2Δ kongruenten Klassen der Ordnung[85]).

---

82) *St. Smith*, Lond. R. S. Proc. 13 (1864), p. 199 = Papers 1, p. 412; 16 (1868), p. 197 = Papers 1, p. 510.

83) *V. A. Lebesgue*, J. de math. (2) 1 (1856), p. 401; *H. Minkowski*, J. f. Math. 107 (1891), p. 278; Par. C. R. 112 (1891), p. 209.

84) *P. Bachmann*, Zahlentheorie 4[1], p. 594.

85) *Minkowski* l. c. 72), p. 82; *Poincaré*, Par. C. R. 94 (1882), p. 67 u. 124.

5) Zwei Formen eines Geschlechts sind rational unimodular in einander transformierbar durch eine Transformation, deren Generalnenner teilerfremd zu einer beliebigen Zahl ist, und sind durch diese Eigenschaft als Formen eines Geschlechts charakterisiert[86]. Im Anschluss an diese Definition des Geschlechts hat *Minkowski* die Bedingungen dafür aufgestellt, dass eine Form rational in eine andere oder in ein rationales Vielfaches einer andern transformiert werden kann. Hieraus ergeben sich auch die Bedingungen für die Darstellbarkeit der Eins oder Null durch eine quadratische Form.

6) Die Poincaré'sche Definition des Geschlechts (s. Nr. 4) macht die Betrachtung einer Form in Bezug auf einen Modul erforderlich. In jeder primitiven Klasse findet sich eine Form, die für eine genügend hohe Potenz p^t einer ungraden Primzahl p als Modul einer Form $ex_1^2 + e'x_2^2 + \cdots + e^{(n-1)}x_n^2$ kongruent ist, in welcher jedes $e^{(i-1)}$ grade so oft durch p teilbar ist wie der Elementarteiler e_i. Diese Form heisst ein *„Hauptrepräsentant"* der Klasse in Bezug auf den Modul p^t. Ähnlich, aber minder einfach ist die Definition des Hauptrepräsentanten in Bezug auf einen Modul 2^t. In Bezug auf einen zusammengesetzten Modul $N = 2^{t_0} p^t \ldots$ giebt es einen Hauptrepräsentanten, welcher den Hauptrepräsentanten in Bezug auf die Moduln $2^{t_0}, p^t, \ldots$ für diese Moduln bzw. kongruent ist[87]. Ein Hauptrepräsentant $\sum_{i,k} a_{ik} x_i x_k$ lässt sich so wählen, dass je zwei aufeinanderfolgende der ganzen Zahlen

$$\frac{|a_{ik}|}{\sigma_\mu d_{\mu-1}} \qquad (i, k = 1, 2, \ldots, \mu)$$

teilerfremd sind, und heisst dann eine *„kanonische"* (*Smith*) oder *„charakteristische"* (*Minkowski*) Form der Klasse[88].

7) Die Einführung des Hauptrepräsentanten ist von Nutzen bei der Auflösung quadratischer Kongruenzen: $f(x_1, \ldots, x_n) \equiv a \pmod{N}$. Die vollständige Auflösung einer solchen Kongruenz kommt auf den Fall zurück, in welchem N eine ungrade Primzahl p, oder 4 oder 8 ist. Man erhält ein vollständiges System inkongruenter Lösungen, wenn man für $x_1, x_2, \ldots, x_{n-1}$ je ein vollständiges Restsystem modulo N einsetzt und die zugehörigen Werte von x_n bestimmt. Die Anzahl inkongruenter Lösungen ergiebt sich für $N = p$ gleich

---

86) *Minkowski,* J. f. Math. 106 (1890), p. 5.

87) *Minkowski* l. c. 72), p. 84; *C. Jordan,* Par. C. R. 84 (1872), p. 1093.

88) *St. Smith,* Par. Mém. sav. [étr.] (2) 29 (1883), N° 1, p. 6 = Papers 2, p. 629; *H. Minkowski,* N° 2, p. 84.

$$p^{n-1}\left(1-\varepsilon p^{-\left[\frac{m}{2}\right]}\right),$$

wenn $a_1 x_1^2 + \cdots + a_m x_m^2$ der Rest eines Hauptrepräsentanten der Klasse von f modulo p ist. Das Vorzeichen ε ist gleich:

$$(-1)^m \left(\frac{(-1)^{\left[\frac{m}{2}\right]} a_1 a_2 \ldots a_m a^{m-2\left[\frac{m}{2}\right]}}{p}\right).$$

Komplizierter sind die Anzahlen der Lösungen für $N = 4$ und 8 beschaffen. Aus diesen Anzahlen setzt sich diejenige für ein beliebiges N zusammen[89]).

Anders hat *Minkowski* diese Anzahl bestimmt[89]). Bezeichnet man dieselbe mit $f\left(\frac{h}{N}\right)$ und setzt

$$f\left[\frac{h}{N}\right] = \sum_{a=0}^{N-1} e^{\frac{2ah\pi i}{N}} f\left(\frac{a}{N}\right),$$

so ist offenbar umgekehrt:

$$f\left(\frac{a}{N}\right) = \frac{1}{N}\sum_{h=0}^{N-1} e^{-\frac{2ah\pi i}{N}} f\left[\frac{h}{N}\right].$$

Es kommt daher alles auf die Ermittlung der Zahl $f\left[\frac{h}{N}\right]$ oder, was dasselbe ist, der Summe[90]) $\sum e^{\frac{2h\pi i}{N} f(x_1, x_2, \ldots x_n)}$ an, zu summieren über vollständige Restsysteme von x_1 (mod. N), x_2 (mod. N), u. s. w. Für ungrade zu Δ teilerfremde N ergiebt sich z. B.

$$f\left[\frac{h}{N}\right] = \left(\frac{h}{N}\right)^n \left(\frac{\Delta}{N}\right) N^{\frac{n}{2}} i^{n\left(\frac{N-1}{2}\right)^2}.$$

8) Die Darstellung einer Zahl μ durch eine quadratische Form $f(x_1, x_2, \ldots, x_n)$ kommt zurück auf die Darstellung der quadratischen Formen $g(y_1, y_2, \ldots, y_{n-1})$ der Determinante $(-1)^\tau d_{n-2}\mu$. Damit eine quadratische Form $g(y_1, y_2, \ldots, y_{n-1})$ der Determinante $(-1)^\tau d_{n-2}\mu$ durch Formen der Ordnung von $f(x_1, x_2, \ldots, x_n)$ darstellbar sei, ist notwendig und hinreichend, dass die mit $-o_{n-1}$ sgn μ multiplizierte Reciproke γ von g quadratischer Rest für den Modul μ ist. Ist die

89) Vgl. *Bachmann*, Zahlentheorie 4[1], Kap. 7; *C. Jordan*, Traité des substitutions p. 159; J. de math. (2) 17 (1872), p. 368. Allgemeiner hat *Lebesgue* die Anzahl der Lösungen von $\sum a_i x_i^m \equiv a$ (mod. $p = mh + 1$) bestimmt; s. J. de math. 24 (1859), p. 366; *Minkowski*, l. c. 72), p. 49.

90) Über diese n-fachen Gauss'schen Summen vgl. namentlich *H. Weber*, J. f. Math. 74 (1872), p. 14.

Bedingung erfüllt, so kann man alle zu einem Kongruenzwerte von $\sqrt{-o_{n-1}\operatorname{sgn}\mu\cdot\gamma(y_1, y_2, \ldots, y_m)}$ (mod. μ) „*gehörenden*" Darstellungen von $g(y_1, \ldots, y_m)$ durch Formen der Ordnung von f aufstellen. Eine darstellbare Form gehört im allgemeinen zur Ordnung:

$$\begin{pmatrix} o_1 & o_2 & \ldots & o_{n-3} & o_{n-2} & |\mu| \\ \sigma_1 & \sigma_2 & \ldots & \sigma_{n-3} & \sigma_{n-2} & \end{pmatrix},$$

kann aber für $n\sigma_1 \equiv 1$ (mod. 2) auch zur Ordnung:

$$\begin{pmatrix} o_1 & o_2 & o_3 & \ldots & o_{n-3} & o_{n-2} & |\mu| \\ 2 & 1 & 1 & & 1 & 2 & \end{pmatrix}$$

gehören; ebenso gehört dieselbe zu einem bzw. einem von zwei völlig bestimmten Geschlechtern Γ_1, Γ_2.

9) Das Mass einer positiven Form, Klasse, Ordnung, u. s. w. wird analog wie unter Nr. **d** 7) definiert. Das Mass eines Geschlechts ist für Formen von n Variablen von *Smith* und *Minkowski* bestimmt worden[91]). Dasselbe besteht aus einem von n, von den Charakteren und von den Primfaktoren der Determinante Δ abhängenden rationalen Faktor, der bei ungeradem n mit $\sqrt{\Delta}$, bei geradem n mit der Summe

$$\frac{1}{\pi^{\frac{n}{2}}} \sum_{k=1}^{\infty} \left(\frac{(-1)^{\frac{n}{2}}\Delta}{k}\right) \cdot \frac{1}{k^{\frac{n}{2}}}$$

multipliziert ist, zu summieren über alle zu 2Δ teilerfremden Zahlen k.

Das Mass aller eigentlichen Darstellungen einer Zahl μ durch ein vollständiges Formensystem des Geschlechts von $f(x_1, x_2, \ldots, x_n)$ ist gleich dem Mass aller eigentlichen Darstellungen quadratischer Formen $g(y_1, y_2, \ldots, y_{n-1})$ der Determinante $(-1)^\tau d_{n-2}\mu$ und des Geschlechts Γ_1 bzw. der Geschlechter Γ_1 und Γ_2.

Für $\Delta = 1$ und $n \leqq 8$ giebt es nur *eine* Klasse[91a]), also auch nur *ein*, durch die Form $x_1^2 + x_2^2 + \cdots + x_n^2$ repräsentiertes Geschlecht; dessen Mass ist gleich $\frac{1}{2^n \cdot n!}$. Ist A die Anzahl der eigentlichen Darstellungen einer Zahl μ durch die Form $x_1^2 + x_2^2 + \cdots + x_n^2$, so ist $\frac{A}{2^n \cdot n!}$ das Mass aller eigentlichen Darstellungen

91) *Smith*, Lond. R. Soc. Proc. 16 (1867), p. 203 = Papers 1, p. 517 u. l. c. 88), p. 55 = Papers 2, p. 666; *Minkowski*, l. c. 72), p. 168; Acta math. 7 (1885), p. 201; J. f. Math. 99 (1886), p. 1.

91a) *Eisenstein* 92); *Hermite*, J. f. Math. 40 (1850), p. 279.

von μ durch ein Formensystem des Geschlechts von $x_1^2 + x_2^2 + \cdots + x_n^2$. Andrerseits wird dieses Mass durch das Mass eines Geschlechts bezw. zweier Geschlechter von Formen von $n-1$ Variablen und der Determinante μ ausgedrückt. Auf diese Weise findet man für die Anzahl aller Darstellungen einer Zahl μ als Summe von $2h+2$ Quadraten Ausdrücke $\lambda \sum_d \left(\frac{-1}{d}\right)^{h+1} d^h$, zu summieren über alle ungeraden Divisoren d von μ; λ ist eine je nach der Linearform von μ verschiedene ganze Zahl. Dagegen hängt die Anzahl der eigentlichen Darstellungen der Zahl μ als Summe von $2h+1$ Quadraten ab von der Summe $\frac{\mu^{\frac{2h-1}{2}}}{\pi^h} \sum_{k=1}^{\infty} \left(\frac{(-1)^h \mu}{k}\right) \frac{1}{k^h}$. Diese letzteren Summen lassen sich in endlicher Form darstellen; sie erweisen sich als abhängig von den Summen $\sum_{k=1}^{\mu-1} (-1)^k \left(\frac{k}{\mu}\right) k^{h-1}$, bezogen auf alle zu μ teilerfremden Zahlen k.[92])

10) Von Klassenanzahlen ist bisher nur die eines Geschlechts indefiniter Formen ungrader Determinante mit teilerfremden

$$o_{i-1},\; o_i \qquad (i = 2, \ldots, n-1)$$

92) Üb. d. Darst. durch vier Quadr. u. ähnl. quatern. Formen vgl. *K. G. J. Jacobi,* J. f. Math. 12 (1834), p. 167 = Werke 6, p. 245; *G. Lejeune-Dirichlet,* J. de math. (2) 1 (1856), p. 210 = Werke 2, p. 201; *Liouville,* 10 (1845), p. 169, (2) 1 (1856), p. 230 u. flgde. Bde.; *Eisenstein,* J. f. Math. 35 (1847), p. 133, 134 = Math. Abh. p. 193; *Ch. Hermite,* J. f. Math. 47 (1854), p 365; *R. Gent,* Liegnitz Progr. 1877; *G. Torelli,* Giorn. di mat. 16 (1878), p. 152; *H. J. S. Smith,* Chelini Coll. Math. (1881), p. 117 = Papers 2, p. 287; *J. W. L. Glaisher,* Quart. J. 19 (1883), p. 212; *M. Weill,* Par. C. R. 99 (1884), p. 859; Par. Soc. math. Bull. 13 (1885), p. 28; *Th. Pepin,* Rom. N. Linc. Pont. A. 38 (1885), p. 139; J. de math. (4) 6 (1890), p. 5; *Vahlen,* J. f. Math. 112 (1893), p. 27. — Für fünf Quadr.: *Eisenstein,* J. f. Math. 35 (1847), p. 368; *Stieltjes,* Par. C. R. 97 (1883), p. 981, 1515; *A. Hurwitz* 98 (1884), p. 504; *Th. Pepin,* Rom. N. Linc. Pont. A. 37 (1884), p. 9; *Minkowski,* Par. sav. [étr.] (2) 29 (1887), p. 164; *Smith,* ebenda p. 63 = Papers 2, p. 685; Lond. R. Soc. Proc. 16 (1868), p. 207 = Papers 1, p. 520. Für 6, 8, 10 Quadrate: *Eisenstein,* J. f. Math. 35 (1847), p. 135 = Math. Abh. p. 195. Für 10, 11 u. 12 Quadrate: *Liouville,* J. de math. (2) 5 (1860), p. 143; 6 (1861), p. 233; 9 (1864), p. 296; 10 (1865), p. 1. Vgl. ferner: *Ch. Berdellé,* Par. Soc. math. Bull. 17 (1889), p. 102; *E. Catalan* p. 205; *L. Gegenbauer,* Wien. Ber. 97 (1888), p. 420; 103^{2a} (1894), p. 115; *G. B. Mathews,* Lond. Math. Soc. Proc. 27 (1896), p. 55. — Über die Summation von $\sum_k \left(\frac{\mu}{k}\right) \frac{1}{k^h}$ vgl. *Cauchy,* Par. Mém. 17 (1840), note 12, p. 665.

ermittelt worden; dieselbe ist gleich Eins[92a]). Die Endlichkeit der Klassenanzahl ist für positive quadratische Formen von *Hermite* bewiesen worden. Es ist nämlich jede solche Form einer andern $\sum a_{ik} x_i x_k$ äquivalent, in welcher

$$0 < a_{11} \leqq a_{22} \cdots \leqq a_{nn},$$
$$a_{11} a_{22} \ldots a_{nn} < \lambda_n \Delta,$$
$$-a_{hh} \leqq 2 a_{hk} \leqq a_{hh} \qquad (h < k)$$

ist; die Anzahl dieser Formen ist bei gegebener Determinante Δ offenbar endlich. Für den numerischen Faktor λ_n hatte *Hermite* den Wert $\left(\frac{4}{3}\right)^{\frac{n(n-1)}{2}}$ gefunden; *Minkowski* giebt dafür den für grosse n kleineren Wert $\left(\frac{2^n \Gamma\left(1+\frac{n}{2}\right)}{\Gamma\left(\frac{1}{2}\right)^n}\right)^2$ (s. Nr. **b**, 15)).[92b]) Diese Reduktion quadratischer Formen hat nicht die Eigenschaft, dass sich in jeder Klasse nur eine Form findet. Dieses wird durch die Ausdehnung der Seeber-Dirichlet'schen (Nr. **d**, 3)) Reduktion erreicht; der zufolge ist jede positive Form einer und im allgemeinen nur einer solchen äquivalent, in welcher

$$0 < a_{11} \leqq a_{22} \cdots \leqq a_{nn}$$

und jedes a_{hh} der kleinste der Werte von

$$\sum a_{ik} x_i x_k \qquad \left(\begin{matrix} x_i = +1, 0, -1 \\ i, k = 1, 2, \ldots, n \end{matrix}, \text{ nicht alle } x_{i>h} = 0\right)$$

ist. Die Reduktion einer indefiniten Form

$$f = \sum a_{ik} x_i x_k = \sum_i \pm \left(\sum_k \alpha_{ik} x_k\right)^2 \qquad (i, k = 1, 2, \ldots, n)$$

kommt auf die der definiten

$$g = \sum_i \lambda_i \left(\sum_k \alpha_{ik} x_k\right)^2 = \sum b_{ik} x_i x_k \qquad \left(\begin{matrix} \lambda_i > 0, \prod_i \lambda_i = 1 \\ i, k = 1, 2, \ldots, n \end{matrix}\right)$$

zurück. Die reduzierenden Transformationen aller Formen g transformieren f in eine $(n-1)$-fache Formenschar, in welcher sich eine *endliche* Anzahl (*Periode, Netz*) ganzzahliger Formen, Repräsentanten der Klasse von f vorfindet (*Hermite's kontinuierliche Reduktion*, s. Nr. **d**, 3)).

92a) *Arn. Meyer*, Zürich naturf. Ges. Viert. 36 (1891), p. 241.

92b) *Hermite*, J. f. Math. 40 (1850), p. 261; *Minkowski*, Geometrie d. Zahlen, p. 198.

11) Quadratische Formen mit komplexen Variablen und Koeffizienten sind von *Jordan*, *Bianchi* und *Mathews*, bilineare Formen $\sum a_{ik} x_i x_k'$ (*Hermite'sche Formen*, s. N. c, 15)) mit konjugiert komplexen a_{ik} und a_{ki}, sowie x_i und x_i' sind von *Picard* und *Loewy* untersucht worden[93]).

f. Formen, die in Linearfaktoren zerfallen. 1) Hier sind zunächst die binären Formen zu betrachten.

Die einfachsten dieser Formen: $x^n - y^n$ bilden den Gegenstand der Kreisteilung [I C 4 b, Nr. 4]. Eine wichtige Eigenschaft des Binoms $x^n - y^n$ für Primzahlen n ist in der Gleichung:

$$\frac{x^n - y^n}{x - y} = \frac{X^2 - \left(\frac{-1}{n}\right) n Y^2}{4}$$

ausgedrückt, in welcher X, Y ganze rationale Funktionen von x, y sind[94]). Durch diese Gleichung wird die Kreisteilung zur Theorie der binären quadratischen Formen in Beziehung gesetzt. Insbesondere fliesst aus dieser Quelle die Kreisteilungsauflösung der Pell'schen Gleichung[95]). Eine analoge Gleichung findet für zusammengesetzte n statt (*Dirichlet* l. c.).

2) In das Gebiet der Kreisteilung gehören allgemeiner auch diejenigen binären Formen $f(x, y)$, welche gleich Null gesetzt, Gleichungen von „*Perioden*" [I C 4 b, Nr. 3] von Einheitswurzeln ergeben (*cyklotomische Funktionen*). Für eine Primzahl n und eine Teilung der n^{ten} Einheitswurzeln in nur zwei Perioden ist dies die oben erwähnte Form $x^2 \pm ny^2$. Eine Haupteigenschaft aller dieser Formen besteht darin, dass die durch sie darstellbaren Zahlen nur Primfaktoren von bestimmten Linearformen enthalten können[96]). Auf diese Eigenschaft

93) *C. Jordan*, J. éc. pol. 51 (1882), p. 1; *L. Bianchi*, Rom. Linc. Rend. (4) 5^1 (1889), p. 589; *G. B. Mathews*, Quart. J. 25 (1891), p. 289; *É. Picard*, Par. C. R. 95 (1882), p. 763; 96 (1882), p. 1567 u. 1779; 97 (1883), p. 745 u. 845; Math. Ann. 39 (1891), p. 142; *Alfred Loewy*, Par. C. R. 123 (1896), p. 168; Halle Leop. N. A. 71 (1898), p. 377; Math. Ann. 50 (1898), p. 557; 52 (1899), p. 588.

94) *Cauchy*, Par. C. R. 10 (1840), p. 181 = Oeuvres (1) 5, p. 85; Par. Mém. 17 (1840), p. 249; *Gauss*, Disqu. arithm. art. 357 = Werke 1, p. 443; *N. Trudi*, Ann. di mat. (2) 2 (1869), p. 150; *A. Genocchi* p. 216; *Zolotareff*, Nouv. Ann. d. math. (2) 11 (1872), p. 539; *Smith*, Lond. Math. Soc. Proc. 7 (1875), p. 237 = Mess. of math. 5 (1876), p. 143 = Papers 2, p. 132.

95) *Dirichlet*, J. f. Math. 17 (1837), p. 286 = Werke 1, p. 343; *E. de Jonquières*, Par. C. R. 98 (1884), p. 1358, 1515.

96) Vgl. z. B. *Sylvester*, Amer. J. of math. 2 (1879), p. 280, 357, 381, 389; 3 (1880), p. 58, 179, 184, 332, 388; Par. C. R. 92 (1881), p. 1084; *Th. Pepin* p. 173;

hin sind von *Dirichlet* Formen der Art $ax^4 + bx^2y^2 + cy^4$ untersucht worden; ferner von ihm, *Genocchi* und *Kronecker* die beiden Formenarten, die aus $(x + \sqrt{n})^k$ hervorgehen[97]).

3) Über die allgemeinen kubischen binären Formen hat *Eisenstein* bemerkenswerte Resultate gewonnen. Die quadratische Kovariante [I B 2, Nr. 1] $(b^2 - ac)x^2 + (bc - ad)xy + (c^2 - bd)y^2$ der binären kubischen Form $ax^3 + 3bx^2y + 3cxy^2 + dy^3$ transformiert sich bei einer Transformation der letzteren vermittelst *derselben* Substitution. Demnach bilden von einer Klasse kubischer Formen die quadratischen Kovarianten eine Klasse quadratischer Formen. Diese Klassen quadratischer Formen sind dadurch ausgezeichnet, dass durch ihre „*Triplikation*“ (*Eisenstein*) die Hauptklasse entsteht; und umgekehrt. Solche Klassen sind „*subtriplikat*“ genannt worden. Auf dieser Grundlage gelingt *Pepin* die vollständige Aufzählung der Klassen kubischer binärer Formen gegebener Determinante[98]).

4) *Hermite* nennt eine binäre Form $a_0x^n + \binom{n}{1}a_1x^{n-1}y + \cdots + a_ny^n$ „*primitiv*“, wenn $a_0, a_1, \ldots, a_n$ teilerfremd sind, und zwar „*uneigentlich*“ oder „*eigentlich*“ primitiv, je nachdem $a_0, \binom{n}{1}a_1, \binom{n}{2}a_2, \ldots, a_n$ einen gemeinsamen Teiler haben oder nicht. Äquivalente Formen bilden eine „*Klasse*“; äquivalente Formen haben äquivalente Kovarianten [I B 2, Nr. 2]. Formen gehören in eine „*Ordnung*“, wenn sie in den grössten gemeinsamen Teilern der Koeffizienten ihrer respektiven Kovarianten übereinstimmen, dieselben einmal mit, einmal ohne Binomialfaktoren genommen. Formen gehören in ein „*Geschlecht*“, wenn sie *rational* unimodular in einander transformierbar sind. Kubische und biquadratische Formen zeigen ein singuläres Verhalten, begründet in dem Umstande, dass es die einzigen binären Formen ungraden bzw. graden Grades sind, welche keine lineare bzw. quadratische Kovariante besitzen [I B 2, Nr. 7, Anm. 146, 157; Nr. 8, Anm. 169].

Binäre Formen derselben Determinante und vom ungraden Grade $n > 3$ bilden *ein* Geschlecht.

A. S. Hathaway, J. Hopk. Circ. 1882[1], p. 67, 131; *Sylvester* p. 45; *K. Th. Vahlen*, Königsb. phys. ök. Ges. Ber. 1897, p. [47].

97) *Dirichlet*, J. f. Math. 3 (1828), p. 35 = Werke 1, p. 62; De formis etc., Vratislaviae (1828) = Werke 1, p. 45; *A. Genocchi*, Par. C. R. 1884, p. 411; Ann. di mat. (2) 2 (1869); p. 256; *Kronecker*, Berl. Ber. 1888, p. 417 = Werke 3, p. 281; *X. Stouff*, Par. C. R. 125 (1897), p. 859.

98) *Eisenstein*, J. f. Math. 27 (1844), p. 75, 89, 319; *Th. Pepin*, Rom. N. Linc. Pont. A. 37 (1884), p. 227; *G. B. Mathews*, Messeng. (2) 20 (1891), p. 70.

Binäre biquadratische Formen sind einer endlichen (Klassen-) Anzahl reduzierter äquivalent.

Die Reduktion einer binären Form

$$a_0 \prod_i (x + \alpha_i y) \qquad (i = 1, \ldots, n)$$

wird, analog wie bei den indefiniten quadratischen Formen, auf die Reduktion der definiten quadratischen Form

$$\sum_i \lambda_i N(x + \alpha_i y) \qquad (i = 1, \ldots, n)$$

zurückgeführt [98a]). Das Zeichen N bedeutet die *„Norm“* [I B 1 c, Nr. 4; I C 4 a, Nr. 2].

5) Der in 1) erwähnten Darstellung von $\frac{x^n - y^n}{x - y}$ als quadratische Form entspricht für eine Primzahl n von der Form $3k + 1$, die im Bereich der Kubikwurzel ε der Einheit in zwei Faktoren n_1 und n_2 zerfällt, für eine Teilung der n^{ten} Einheitswurzeln in drei Perioden [I C 4 b, Nr. 3] die Gleichung:

$$\frac{x^n - y^n}{x - y} = \frac{X^3 + n n_1 Y^3 + n n_2 Z^3 - 3 n XYZ}{27} = \frac{F(X, Y, Z)}{27};$$

setzt man $Y = V + \varepsilon W$, $Z = V + \varepsilon^2 W$, so sind X, V, W ganze ganzzahlige Funktionen von x und y. Die Formen $F(x, y, z)$ sind von *Eisenstein* ausführlich untersucht worden; sie zeigen in vielen Eigenschaften ihre Analogie zu den binären quadratischen Formen von Primzahl-Determinante. An die Stelle der Pell'schen Gleichung tritt die Gleichung $F(x, y, z) = 1$. Die Form $F(x, y, z)$ zerfällt in drei Linearfaktoren:

$$x + \varepsilon \sqrt[3]{n n_1}\, y + \varepsilon^2 \sqrt[3]{n n_2}\, z \qquad \left(\varepsilon = 1, \frac{-1 \pm i\sqrt{3}}{2}\right).$$

Sind A', B' zwei der Linearfaktoren für eine beliebige Lösung, so heisst $\lg A' - \varepsilon \lg B'$ ihr *„Regulator“*. Diejenigen Auflösungen, für welche die Norm des Regulators ein Minimum ist, heissen *„Fundamentalauflösungen“*. Sind für eine Fundamentalauflösung der Gleichung $F(x, y, z) = 1$ A und B zwei von diesen Linearfaktoren, so ist in $A^l B^m$ jede Auflösung enthalten. Alle „Regulatoren“ ergeben sich aus dem Fundamentalregulator $\lg A - \varepsilon \lg B$ durch Multiplikation mit allen komplexen ganzen Zahlen $l + m\varepsilon$; die betreffende Auflösung *„gehört“* zu diesem Quotienten $l + m\varepsilon$ der beiden Regulatoren. Die Anzahl der Klassen ist endlich und hängt von den beiden

98a) *Hermite,* J. f. Math. 41 (1851), p. 191; 52 (1856), p. 1.

(Dirichlet'schen) Reihen [I C 3, Nr. 2]: $\sum_k \left[\frac{k}{n_1}\right] \cdot \frac{1}{k}$, $\sum_k \left[\frac{k}{n_1}\right]^2 \cdot \frac{1}{k}$ ab, in denen das Zeichen [ ] den kubischen Restcharakter ausdrückt. Die Summierung ergiebt, dass die Klassenanzahl der Norm $l^2 - lm + m^2$ des Quotienten $l + m\varepsilon$ gleich ist, zu welchem eine gewisse *„Kreisteilungseinheit“* [I C 4 b, Nr. 1] gehört[99]).

6) Andere ternäre kubische Formen, welche in Linearfaktoren zerfallen, insbesondere die Darstellung der 1 oder einer ganzen Zahl durch solche Formen, sind von *Meissel*, *Mathews*, *Tanner* u. a. betrachtet worden[100]).

Diejenigen ganzzahligen Formen:

$$(ax + by + cz)(a'x + b'y + c'z)(a''x + b''y + c''z),$$

in denen $a, b, c, \ldots$ von der Kubikwurzel einer ganzen Zahl rational abhängen, hat *Arn. Meyer* des ausführlicheren untersucht. Zu derselben Determinante $\begin{vmatrix} a & b & c \\ a' & b' & c' \\ a'' & b'' & c'' \end{vmatrix}^2$ gehört eine endliche Anzahl von Klassen dieser Formen; jede Klasse wird repräsentiert durch eine endliche Anzahl (*„Periode“*) reduzierter Formen. Ein vollständiges System solcher Formen wird aufgestellt und ein Verfahren zur Auffindung aller automorphen Transformationen einer Form angegeben[100a]). Die allgemeineren Formen, in denen $a, b, c, \ldots$ einem gegebenen kubischen Zahlkörper [I C 4 a, Nr. 1] angehören, untersucht *Furtwängler*. Er macht dabei von der Darstellung der Form durch das Gitter der associierten positiven quadratischen Form:

$$\lambda\,|ax + by + cz|^2 + \mu\,|a'x + b'y + c'z|^2 + \nu\,|a''x + b''y + c''z|^2$$

Gebrauch. Die Theorie der Komposition wird auf die Multiplikation der *„Gitterzahlen“* gegründet. Jede Gitterzahl zerfällt in eine endliche Anzahl von Primzahlen[100b]).

7) Auf die allgemeinsten Formen dieser Art hat zuerst *Dirichlet* aufmerksam gemacht und zugleich den Hauptsatz ihrer Theorie bewiesen.

---

99) *Eisenstein*, J. f. Math. 28 (1844), p. 289; 29 (1845), p. 19 = Abh. p. 1.

100) *E. Meissel*, Progr. Ober-Realsch. Kiel 1891; *G. B. Mathews*, Lond. Math. Soc. Proc. 21 (1891), p. 280; *H. W. Lloyd Tanner*, ebenda 27 (1896), p. 187.

100a) *Arn. Meyer*, Zur Theorie der zerlegbaren Formen, insbesondere der kubischen; Habilitationsschrift (Zürich 1870), hrsg. von *F. Rudio*, Zürich naturf. Ges. Viert. 1897, p. 149.

100b) *Ph. Furtwängler*, Zur Theorie der in Linearfaktoren zerlegbaren, ganzzahligen ternären kubischen Formen, Göttingen 1896 (Diss.).

Es sind dies die Formen:

$$a\prod_{i=1}^{n}(a_{1i}x_1 + a_{2i}x_2 + \cdots + a_{ni}x_n),$$

in welchen die Grössen a_{ki} rationale Funktionen einer algebraischen Zahl n^{ter} Ordnung sind und das Produkt über alle konjugierten Werte zu erstrecken ist [I C 4 a, Nr. 1]; durch die ganze rationale Zahl a werden die Nenner beseitigt. Insbesondere ist

$$\prod_{\alpha}(x_1 + \alpha x_2 + \cdots + \alpha^{n-1}x_n),$$

wo α eine *ganze* algebraische Zahl [I C 4 a, Nr. 2] ist, die *„Hauptform“* dieser Theorie und:

$$\prod(x_1 + \alpha x_2 + \cdots + \alpha^{n-1}x_n) = \pm 1$$

das Analogon der Pell'schen Gleichung. *Dirichlet* zeigt, dass die sämtlichen Auflösungen dieser Gleichung sich als Produkte von Potenzen von $\nu - 1$ Fundamentalauflösungen ergeben, wenn ν die Anzahl der reellen und der Paare komplexer Werte von α ist[101]).

Die Reduktion dieser Formen wird wie in 5) auf diejenige der associierten positiven quadratischen Formen zurückgeführt.

Alle automorphen Substitutionen sind Produkte von Potenzen gewisser *„Fundamentalsubstitutionen“* (*Hermite*).[101a])

8) Die erwähnten Formen sind offenbar die allgemeinsten, welche in Linearfaktoren zerfallen.

g. Sonstige Formen. 1) Für Formen beliebigen Grades von beliebig vielen Variablen werden die Begriffe der Äquivalenz und der Klasse wie früher auf Grund ganzzahliger linearer Einheitssubstitutionen definiert.

Die Endlichkeit der Klassenanzahl hat *Jordan* bewiesen[102]).

Ordnung und Geschlecht sind von *Poincaré* definiert worden: zwei Klassen von Formen gehören in dieselbe *Ordnung*, wenn sie übereinstimmen in den grössten gemeinsamen Teilern ihrer Koeffizienten und der Koeffizienten ihrer entsprechenden In- und Kovarianten,

---

101) *Lagrange,* Add. aux élém. d'algèbre d'Euler § 9 = Oeuvres 7, p. 164; *Dirichlet,* Par. C. R. 10 (1840), p. 286 = Werke 1, p. 619; Berl. Ber. 1841, p. 280 = Werke 1, p. 625; ibid. 1842, p. 93 = Werke 1, p. 633; ibid. 1846, p. 103 = Werke 1, p. 639; *G. Libri,* Par. C. R. 10 (1840), p. 311, 383; *J. Liouville* p. 381; *Hermite,* J. f. Math. 40 (1850), p. 291 u. 308; *H. Poincaré,* Par. C. R. 92 (1881), p. 777; Par. Soc. math. Bull. 13 (1885), p. 162.

101a) *Hermite,* J. f. Math. 47 (1854), p. 339.

102) *C. Jordan,* Par. C. R. 88 (1879), p. 906; 90 (1880), p. 1422; J. éc. pol. 29, cah. 48 (1880), p. 111.

die Koeffizienten einmal mit, das andremal ohne die Polynomialkoeffizienten genommen [I B 2, Nr. **16**]; zwei Klassen gehören in dasselbe *Geschlecht*, wenn sie für jede ganze Zahl als Modul einander kongruent sind[103]).

2) Insbesondere sind kubische ternäre und quaternäre Formen von *Poincaré* betrachtet worden[104]).

3) Über die Darstellung ganzer Zahlen durch gegebene Formen sind vor allem die (unbewiesenen) Sätze von *Waring* zu erwähnen: Jede ganze Zahl ist die Summe von höchstens 9 Kuben und von höchstens 19 Biquadraten. Über Darstellungen durch Zahlen von der Form $\frac{ax^2+bx}{2}$, $\frac{ax^4+bx^2}{2}$ und $ax^5+a_1x^4+a_2x^3+a_3x^2+a_4x$ hat *Maillet* einige Sätze gegeben[105]).

4) Über die Darstellung von Potenzen als Summen von Potenzen bestehen die Sätze: Keine Summe (Differenz) von 2 Kuben kann ein einfacher, doppelter oder vierfacher (*Delannoy*) Kubus sein; eine Summe von drei Kuben kann ein Kubus oder ein doppelter Kubus sein; eine Summe von drei und nicht weniger Biquadraten kann ein Quadrat oder ein doppeltes Quadrat sein; eine Summe von 5 Biquadraten kann ein Biquadrat sein (*Martin*); eine Summe von 6 (*Martin*), aber keine Summe von 2 fünften Potenzen kann eine fünfte Potenz sein[106]); eine Summe von 2 n^{ten} Potenzen $(n > 2)$ kann keine n^{te} Potenz sein (*Fermat*) [vgl. I C 4b, Nr. **14**].

5) In Bezug auf die Darstellung der Null durch gegebene Formen hat man diese Formen nicht nach dem Grade, sondern nach dem

---

103) *H. Poincaré*, Par. C. R. 94 (1882), p. 67, 124; Par. Soc. math. Bull. 13 (1885), p. 162 (Darst. v. Zahlen durch geg. Formen).

104) *H. Poincaré*, Par. C. R. 90 (1880), p. 1336; J. éc. pol. 50 (1883), p. 199; 51 (1883), p. 45; 56 (1886), p. 79 [I B 2, Anm. 434].

105) *E. Waring*, Medit. alg., Cambr. 1782, p. 349; *Jacobi*, J. f. Math. 42 (1851), p. 41 = Werke 6, p. 322; *A. R. Zornow* 14 (1835), p. 276; *S. Realis*, Nouv. corr. math. 4 (1878), p. 209; *Ed. Lucas* p. 323; Nouv. Ann. (2) 17 (1878), p. 536; *Ed. Maillet*, Assoc. frç. Bord. 24 (1895), p. 242; J. de math. (5) 2 (1896), p. 363; Par. Soc. math. Bull. 23 (1895), p. 40.

106) *Euler*, Algebra 2², Kap. 13, 15; *Legendre*, Théor. des nombr. 4, § 1, art. 333 = 2, p. 11 der deutschen Ausgabe; 6, § 3 u. 4 = 2, p. 348 u. 352 der deutschen Ausgabe; *Dirichlet*, J. f. Math. 3 (1828), p. 354 = Werke 1, p. 1 u. 21; *D. S. Hart*, Educ. Times 14 (1871), p. 86; *Hermite*, Nouv. Ann. (2) 11 (1872), p. 5; *F. Proth*, Nouv. corr. math. 4 (1878), p. 179; *E. Lucas* p. 323; *E. Catalan* p. 352, 371; *A. Desboves* 6 (1880), p. 34; *Th. Pepin*, Rom. N. Linc. Pont. A. 34 (1881), p. 73; *A. Martin*, Educ. Times 50 (1889), p. 74; Chic. Congr. Pap. 1896 [1893], p. 168; *H. Delannoy*, J. de math. élém. (5) 21 (1897), p. 58; *Fermat*, Observ. sur Dioph. = Oeuvres 1, p. 291.

Geschlechte (im Sinne *Riemann's*, s. II B 2; III C 2, 5) zu ordnen. Insbesondere kann eine ternäre Gleichung $f(x, y, z) = 0$ vom Geschlecht Null arithmetisch-rational auf eine solche Gleichung vom zweiten Grade oder also auf die Gleichung $y^2 = ax^2 + bx + c$ transformiert werden, welche nach Nr. **d**, 9 ff. vollständig auflösbar ist[107]). Dagegen ist bisher nicht bewiesen, ob eine ternäre Gleichung vom Geschlecht Eins auf eine ternäre kubische Gleichung oder auf eine Gleichung $y^2 = ax^4 + bx^3 + cx^2 + dx + e$ zurückkommt[108]).

6) Auf eine besondere Art „*Diophantischer*" Gleichungen [I C 1, Nr. **7**] weist *Kronecker* hin. Die Aufgabe, alle Gleichungen eines bestimmten Affektes [I B 3 b, Nr. **20**] aufzustellen, erfordert die Auflösung derjenigen ganzen ganzzahligen Gleichung

$$\Phi(g, f_1, f_2, \ldots, f_n) = 0,$$

durch welche die Affektfunktion g mit den elementaren symmetrischen Funktionen $f_1, f_2, \ldots, f_n$ verbunden ist. Für den Fall einer cyklischen Funktion g hat *Kronecker* die Aufgabe gelöst[109]).

7) Bezeichnet man mit $D(x_0, x_1, \ldots, x_n)$ die Diskriminante [I B 1 b, Nr. **18**; I B 2, Nr. **25**] der Gleichung

$$x_0 t^n + x_1 t^{n-1} + \cdots + x_n = 0,$$

so ist die ganze ganzzahlige Diophantische Gleichung

$$D(x_0, x_1, \ldots, x_n) = \pm 1$$

stets in rationalen Zahlen, in ganzen Zahlen nur für die Gleichungen auflösbar:

$$\begin{aligned} (ut + v)(u't + v') &= 0 \\ (ut + v)(u't + v')(u''t + v'') &= 0. \end{aligned} \quad ^{110)} \quad \begin{pmatrix} uv' - u'v = \pm 1 \\ u + u' + u'' = v + v' + v'' = 0 \end{pmatrix}$$

107) *A. Hurwitz* und *D. Hilbert*, Acta math. 14 (1890/1891), p. 217.

108) Über die zahlreichen Behandlungen besonderer ternärer kubischer und der Gleichungen $y^2 = ax^4 + bx^3 + cx^2 + dx + e$ vgl. I C 1, Nr. 7.

109) *Kronecker*, Grundzüge einer arithmetischen Theorie der algebraischen Grössen, Berlin 1882, p. 38 = J. f. Math. 92 (1882), p. 38 = Werke 2, p. 289; Berl. Ber. 1853, p. 371.

110) *Hilbert*, Gött. Nachr. 1897, p. 48.

I C 3. ANALYTISCHE ZAHLENTHEORIE

VON

PAUL BACHMANN

IN WEIMAR.

Inhaltsübersicht.

Litteratur.

S. unter I C 1. Das einzige bisher vorhandene Lehrbuch über das Gebiet ist *P. Bachmann*, Zahlentheorie 2. Teil: Die analytische Zahlentheorie, Leipzig 1894. Vgl. *Lej.-Dirichlet*, Vorl. herausg. v. *Dedekind*, 4. Aufl., Braunschweig 1894.

1. Zerfällung der Zahlen (ihre additiven Darstellungen). *Die analytische Zahlentheorie* giebt die zahlentheoretischen Untersuchungen, die auf analytischen Betrachtungen beruhen, elliptische Funktionen ausgeschlossen, worüber I C 6, II B 6 a zu sehen. Solche stellte zuerst *L. Euler* an *in zweifacher Richtung*.

Erstens[1]). Die additive Darstellung der Zahlen aus Teilen bestimmter Art (*Zerfällung, partitio numerorum*) ruht auf der Entwick-

1) *L. Euler*, Introd. in anal. infin. 1, Laus. 1748, deutsch von *A. C. Michelson*, Berl. 1788/90, *H. Maser*, Berl. 1885, cap. 16 oder Comment. arithm. coll. 1, p. 73, 391 = Petrop. N. Comm. 3, 1750/51, p. 125; 14, 1769, p. 168.

lung unendlicher Produkte[2]), wie $\prod_{i=1}^{\infty}(1+x^i z)$, $\prod_{i=1}^{\infty}\frac{1}{1-x^i z}$ u. s. w. nach den Potenzen von x und z. So folgen u. a. die *Sätze:* Jede positive ganze Zahl kann ebenso oft in verschiedene, als in gleiche oder verschiedene aber ungerade Summanden, und so oft in h verschiedene Summanden zerfällt werden, als sie in die ersten h mindestens einmal genommenen Zahlen zerfällt[3]). Ferner der *Pentagonalzahlensatz:* Die Anzahl der Zerfällungen von n in eine gerade Anzahl ist gleich der Anzahl derjenigen in eine ungerade Anzahl verschiedener Summanden, ausser wenn $n = \frac{3h^2+h}{2}$, wo für h gerade oder ungerade sie um 1 grösser resp. kleiner ist[4]). *K. G. J. Jacobi* gewann mittels elliptischer Funktionen, später direkt eine Gleichung[5]), aus der Sätze über die Anzahl der Zerlegungen einer Zahl $24k+3$ in die Summe dreier Quadratzahlen [I C 2, Nr. **d**, 7)] fliessen. Auch bewies er (J. f. Math. 32, 1846, p. 164 = Werke 6, p. 303), später *F. Franklin* (Par. C. R. 92, 1881, p. 448) den Pentagonalzahlensatz *arithmetisch*, wie *K. Th. Vahlen*[6]) eine Menge Sätze über bestimmte Zerfällungen und die Beziehungen der betreffenden Anzahlen zu einander. Z. B.: Unter den Zerfällungen von n in verschiedene Summanden, bei welchen die Summe der absolut kleinsten Reste (mod. 3) der letztern h ist, giebt es gleichviel in eine gerade wie in eine ungerade Anzahl Summanden, ausser wenn $n = \frac{3h^2-h}{2}$, wo für gerades oder ungerades h es eine gerade resp. ungerade mehr giebt. *Euler*'s betreffender Satz folgt durch Summation über die zulässigen h. Auch findet so u. a. *Vahlen* eine von *J. Liouville* [J. de math. (2) 1, 1856, p. 349] gegebene Rekursionsformel für die Teilersumme ungerader Zahlen.

Euler gab für die Summe $\int(n)$ [I C 1, Nr. **1**] aller Teiler von n die Formel:

---

2) Über die Konvergenz solcher Produkte s. *A. Pringsheim,* Math. Ann. 33, 1889, p. 119; s. auch I A 3, Nr. **42**.

3) Zur Bestimmung der Anzahl der Zerfällungen von n in h gleiche oder verschiedene Summanden aus der Reihe $1, 2, \ldots, m$ haben *F. Brioschi, J. J. Sylvester, P. Volpicelli* (Ann. sci. mat. fis. 8 (1857), p. 5, 12, 22) und *Faà di Bruno* (J. f. Math. 85 (1878), p. 317, Math. Ann. 14 (1879), p. 241) Methoden gegeben.

4) *Euler,* Petr. N. Comm. 3 (1750/51), p. 125 = Comm. Ar. 1, p. 73 und 5 (1754/55), p. 75 = Comm. Ar. 1, p. 234. Historische Angaben darüber bei *Jacobi,* J. f. Math. 32 (1846), p. 164 = Werke 6, p. 303.

5) J. f. Math. 21 (1840), p. 13 = Werke 6, p. 281.

6) *K. Th. Vahlen,* J. f. Math. 112 (1893), p. 1.

$$\int(n)=\sum_h(-1)^{h-1}\left[\int\left(n-\frac{3h^2+h}{2}\right)+\int\left(n-\frac{3h^2-h}{2}\right)\right],$$

wo $\int(0)=n$, wenn n Pentagonalzahl. Solche Formel besteht auch für die Anzahl $\Gamma(n)$ der Zerfällungen von n in gleiche oder verschiedene Summanden und man hat

$$\int(n)=\sum_h(-1)^{h-1}\cdot\frac{3h^2+h}{2}\cdot\Gamma\left(n-\frac{3h^2+h}{2}\right).$$ [7])

Aus einem von *J. W. L. Glaisher* (Mess. (2) 20, 1891, p. 129) gegebenen allgemeinen Satze fliessen (Phil. Mag. (5) 33, 1892, p. 54) die schon früher (Quart. J. 19, 1883, p. 220 resp. Lond. M. Soc. Proc. 15, 1884, p. 110) von ihm, die erstere schon von *G. Halphen* (Par. Soc. M. Bull. 5, 1877, p. 158) mitgeteilten Formeln

$$\sum_h(-1)^h\cdot(2h+1)\int\left(n-\frac{h(h+1)}{2}\right)=0,$$

$$\sum_h\delta\left(n-\frac{h(h+1)}{2}\right)=0,$$

wo $\delta(n)$ Überschuss der Summe der ungeraden über die der geraden Teiler von n, $\int(0)=\frac{n}{3}$, $\delta(0)=-n$. S. dazu Mess. (2) 7, 1877, p. 66. In Mess. (2) 20, 1891, p. 129 giebt *Glaisher* eine Formel für

$$\sum_h(-1)^h\cdot(2h+1)\cdot\int_m\left(n-\frac{h(h+1)}{2}\right),$$

$\int_m(n)$ die Summe m^{ter} Potenzen aller Teiler von n, m ungerade, welche die Summen ungerader Potenzen gewisser Zahlen mit den Summen gerader Potenzen der natürlichen Zahlen verbindet; ebend. p. 177 werden die letzteren eliminiert. Vgl.[7]) Mess. (2) 21, auch wegen der Beziehungen zwischen der Funktion $\int(n)$ und der Anzahl der Darstellungen einer Zahl als Summe von 2, 3, 5 Quadraten. Vom Überschuss der Anzahl der Teiler $2h$, $4h+1$, $3h+1$ einer Zahl n über die ihrer Teiler $2h+1$, $4h+3$, $3h+2$ resp. handelt *Glaisher*, Cambr. Proc. 5, 1884, p. 108; vgl. Lond. M. Soc. Proc. 15, 1884, p. 104; 21, 1890, p. 395; Quart. J. 20, 1884, p. 97.

Die Zerfällung einer Zahl n in m Teile gehört im Grunde als

---

7) *Euler*, Petr. N. Comm. 5, p. 59, 75 = Comm. Ar. 1, p. 146, 234; *Ch. Zeller*, Acta Math. 4 (1884), p. 415 und *M. A. Stern*, ebend. 6 (1885), p. 327; auch *J. Sylvester*, Par. C. R. 96 (1883), p. 674, 1110, 1276; *J. W. L. Glaisher*, Lond. M. Soc. Pr. 22 (1891), p. 359; Mess. (2) 21 (1891), p. 47, 49, 122. Andere Sätze über Zerfällungen folgen aus Formeln, welche bei *V. A. Lebesgue*, J. de math. 5 (1840), p. 42 hergeleitet werden.

einfacher Fall einer Kombinationsaufgabe (s. *P. A. Mac-Mahon*, Combinatory analysis, a review of the present state of knowledge, Lond. M. Soc. Proc. 1897, p. 9) der kombinatorischen Analysis an [I A 2, Nr. 8]. In dieser Zugehörigkeit sind die verschiedenen Probleme der Zerfällung zumeist von englischen Mathematikern, vornehmlich von *J. Sylvester*, *A. Cayley*, *P. A. Mac-Mahon* betrachtet worden. Ersterer gab in seinen Outlines of seven lectures on the partition of numbers (Lond. Vorles. 1859), Lond. M. Soc. Proc. (28) 1897, p. 33, eine Skizze seiner wesentlichsten Gesichtspunkte, Methoden und Resultate; vgl. dazu besonders Quart. J. 1, 1857, p. 81 u. 141 und Amer. J. of Math. 5, 1882, p. 251. Übrigens sind die betreffenden Arbeiten und Beweise dieses Forschers mit Vorsicht aufzunehmen. Er nennt die Anzahl Arten, wie oft n aus gegebenen positiven ganzzahligen Elementen $a, b, \ldots, l$ additiv zusammengesetzt werden kann, d. i. die Anzahl positiver ganzzahliger Lösungen der Gleichung

$$(1) \qquad ax + by + \cdots + lt = n,$$

die *Quotity* von n mit Bezug auf jene Elemente oder den *Denumerant* $\frac{n;}{a, b, \ldots l;}$ dieser Gleichung; sie ist der Koeffizient von x^n in der Entwicklung von [I B 2, Nr. 9]

$$\frac{1}{(1-x^a)(1-x^b)\cdots(1-x^l)}$$

Diese Anzahl Q kann in der Form $A + U$ dargestellt werden, wo A eine ganze algebraische Funktion [I B 1 c, Nr. 2, 3] von n und den Elementen, U aber aus Ausdrücken zusammengesetzt ist, in denen Einheitswurzeln auftreten; oder auch in der Form $Q = \Sigma_q W_q$, wo (die „*wave*") W_q den Koeffizienten von $\frac{1}{z}$ in der aufsteigenden Entwicklung der auf alle primitiven q^{ten} Einheitswurzeln ϱ bezogenen Summe

$$\sum \frac{(\varrho e^z)^n}{\left[1-\left(\frac{1}{\varrho e^z}\right)^a\right]\cdots\left[1-\left(\frac{1}{\varrho e^z}\right)^l\right]}$$

bedeutet; W_q ist nur dann von Null verschieden, wenn q in einem oder mehreren der Elemente aufgeht; W_1 ist A. — *Cayley* gab (Lond. Trans. 145, 1856 I (1855), p. 127 = Coll. Papers 2, p. 235) für diese Anzahl, die er $P(a, b, \ldots, l)n$ nennt, einen andern Ausdruck mittels seiner „*prime circulators*"; ist nämlich $a_i = 1$, wenn $i \equiv 0$ (mod. a), sonst $a_i = 0$, so heisst

$$(A_0, A_1, \ldots, A_{a-1}) \text{ clor } a_i = A_0 a_i + A_1 a_{i-1} + \cdots + A_{a-1} a_{i-a+1}$$

eine *circulating function* (*J. Herschel*, Lond. Trans. 140, 1850 II, p. 399), und ein *prime circulator*, wenn, so oft b ein Teiler von $a = bc$,

$$A_i + A_{b+i} + A_{2b+i} + \cdots + A_{(c-1)b+i} = 0$$
$$(\text{für } i = 0, 1, 2, \ldots, b-1).$$

Auf dieselbe Anzahl lassen sich die Anzahl $P(0, 1, 2, \ldots, k)^m n$, wie oft n aus m Gliedern der Reihe $0, 1, 2, \ldots, k$ (mit Wiederholungen) additiv entsteht, d. i. der Koeffizient von $x^n z^m$ in $\frac{1}{(1-z)(1-xz)\cdots(1-x^k z)}$, sowie der Koeffizient desselben Gliedes in $\frac{1-x}{(1-z)(1-xz)\cdots(1-x^k z)}$ zurückführen. *Sylvester*'s Ausdruck lässt sich aus dem, mittels des Cauchy'schen Résidu-Begriffes [II B 1] gewonnenen Satze: „Ist $F(x)$ eine gebrochene Funktion,

$$F(x) = \sum_{\lambda,\mu} \frac{c_{\lambda,\mu}}{(a_\lambda - x)^\mu} + \sum_i \frac{\gamma_i}{x^i},$$

so ist das Résidu von $\sum\limits_\lambda F(a_\lambda e^x)$ gleich dem konstanten Teile von $-F(x)$", herzuleiten und geht bei Benutzung der circulating functions in den Cayley'schen über. Die Anzahl Q ergiebt sich auch aus dem algebraischen Ausdrucke der über alle Lösungen der Gleichung (1) ausgedehnten Summe $\sum x^\alpha y^\beta \ldots t^\lambda$ [*Sylvester* in Phil. Mag. (4) 16, 1858, p. 371] für $\alpha = \beta = \cdots = \lambda = 0$. Vgl. ferner *Glaisher*, British Assoc. Report 1874.

J. Hermes, Math. Ann. 47, 1896, p. 281 betrachtet eine Funktion $E_{s,t}(n)$, welche die Anzahl der Zerfällungen einer Zahl in eine bestimmte Anzahl Summanden als besonderen Fall umfasst.

In seiner Dissertation, Halle 1899, giebt *H. Wolff* für die Anzahl $F_\mu(n)$ der Zerlegungen einer ganzen Zahl n in μ positive ganzzahlige Summanden mit vorgeschriebener Grössenordnung einen Ausdruck, der sich als Summe von Produkten aus Potenzen von n in gewisse Divisionsreste von n charakterisieren lässt, und zeigt, wie hier die Koeffizienten von $F_\mu(n)$ mittels Bernoulli'scher Funktionen [II A 3, Nr. **18**] linear durch diejenigen von $F_{\mu-1}(n)$ dargestellt werden können.

Schon *Euler* (Comm. Ar. 1, p. 400) hat einen Prozess (regula Virginum) angedeutet zur Zerfällung der *bipartite numbers* (s. weiter unten), d. h. zur gleichzeitigen Zerfällung zweier Zahlen n, n' in vorgeschriebene Gruppen $a, a'; b, b'; \ldots l, l'$ oder zur Lösung des Systems

$$(2) \qquad \begin{aligned} ax + by + \cdots + lt &= n, \\ a'x + b'y + \cdots + l't &= n' \end{aligned}$$

in positiven ganzen Zahlen. Die Anzahl der Lösungen ist der Koeffizient von $x^n y^{n'}$ in der Entwicklung des Produktes

$$\frac{1}{(1-x^a y^{a'})(1-x^b y^{b'})\cdots(1-x^l y^{l'})}.$$

Cayley bestimmte ihn (Phil. Mag. (4) 16, 1858, p. 337 = Coll. Papers 4, p. 166) für den Fall, dass $\frac{a}{a'}$, $\frac{b}{b'}$, ... ungleiche reduzierte Brüche sind. *Sylvester* hat durch direkte Behandlung der Gleichungen (2) sowie allgemeiner eines Systems von beliebig vielen solchen Gleichungen gefunden, dass deren Lösung stets auf diejenige einfacherer Systeme von einer normativen Beschaffenheit, und letztere auf die Lösung einzelner Gleichungen zurückgeführt werden kann; doch hat er darüber nur kurze Angaben publiziert (Quart. J. 1, 1857, p. 81, 141; Phil. Mag. (4) 16, 1858, p. 371 und seine oben bezeichneten Outlines). Auch graphische Methoden hat er angewendet, um zu Sätzen über Zerfällung von Zahlen, z. B. zu den Euler'schen Sätzen zu gelangen; s. darüber ausser den angeführten Schriften Par. C. R. 96, 1883, p. 743, 1110. Vgl. auch die Bestimmung der Anzahl ganzzahliger Lösungen des besonderen Systems zweier Gleichungen:

$$x_1 + x_2 + \cdots + x_n = r, \quad 1x_1 + 2x_2 + \cdots + nx_n = n$$

bei *E. Sadun*, Ann. di mat. (2) 15, 1887, p. 209; ferner *David*, J. de math. (3) 8, 1882, p. 61; *B. Pomey*, N. Ann. (3) 4, 1885, p. 408.

Bei den Zerfällungen sind *partitions* und *compositions* zu unterscheiden, je nachdem die Teile nur an sich oder auch mit ihrer Ordnung berücksichtigt werden. *Mac-Mahon* untersuchte (Lond. Trans. 184 A, 1893, p. 835; 185 A, 1894, p. 111 und 187 A, 1896, p. 619) die einen und die andern bei *multipartite numbers* $\alpha\beta\gamma\ldots$, d. h. bei Zahlen, welche aus $\alpha+\beta+\gamma+\cdots$ Zahlen bestehen, von denen α von einer ersten, β von einer zweiten u. s. w. Art sind (z. B. ist eine *m-zifferige* Zahl m-partite), und gab eine grössere Reihe zugehöriger erzeugender Funktionen. An drittgenannter Stelle findet sich u. a. der Satz: die Anzahl der Zerfällungen aller Zahlen in höchstens q Teile $\overline{\gtrless} p$ ist der Koeffizient von $a^q x^{pq}$ in der Entwicklung von

$$\frac{1}{(1-a)(1-x)(1-ax)(1-ax^2)\cdots(1-ax^p)}$$

und gleich dem Binomialkoeffizienten $\binom{p+q}{p}$. Die erstgenannte Arbeit behandelt auch eine eigene Ausdehnung des Begriffs der Zerfällung; denkt man p Einheiten

$$1\ 1\ldots 1$$

und k algebraische Symbole (als deren eines auch das leere Feld zwischen zwei Einheiten gewählt werden darf) in die $p-1$ Zwischenräume gestellt, so gelten die so entstehenden Ausdrücke als *„Kombinationen* k^{ter} *Ordnung für die Zahl* p*"*, für welche die Anzahl der unter einander verschiedenen untersucht wird. *„Vollkommene Teilung"* einer Zahl nennt *Mac Mahon* (Mess. (2) 20, 1890, p. 103) eine solche, die je eine Teilung jeder kleineren Zahl enthält (z. B. $7=4+1+1+1$), und giebt Bestimmungen ihrer Anzahl.

M. A. Stern nennt jede Summe verschiedener Glieder einer gegebenen Zahlenreihe eine *„Kombination"* der letztern und sagt, n komme unter diesen Kombinationen m-mal vor, wenn m von ihnen $\equiv n$ (mod. p, p ungerade Primzahl). Im J. f. Math. 61, 1863, p. 66 (s. auch p. 334) giebt er die Gesetze solches Vorkommens für die Zahlenreihen $1, 2, \ldots, p-1$ und $1, 2, \cdots, \frac{p-1}{2}$, sowie für die Reihe der quadratischen Reste (mod. p).

2. Dirichlet'sche Reihen und Methoden, Gauss'sche Summen. *Zweitens* ging *Euler* von einer Gleichheit aus, wie diese:

$$\sum_{n=1}^{\infty} f(n) = \prod_{p} [1 + f(p) + f(p^2) + \cdots]; \tag{1}$$

(p durchläuft alle Primzahlen)

vorauszusetzen ist $f(1) = 1$, $f(nn') = f(n) \cdot f(n')$ für relativ prime n, n' und dass die Reihe der absoluten Beträge der $f(n)$ konvergiert. Gilt die zweite Voraussetzung für alle n, n', so ist $\prod_{p} \frac{1}{1-f(p)}$ die rechte Seite von (1). Z. B. ist, wenn der reelle Bestandteil von s grösser als 1, die *„Riemann'sche Funktion"*

$$\zeta(s) = \sum_{n=1}^{\infty} \frac{1}{n^s} = \prod_{p} \frac{1}{1-\frac{1}{p^s}}; \tag{2}$$

(*Euler*, Introd. in anal. infinit. 1, Kap. 15)[8]). Allgemeinere Beispiele betrachtete *P. G. Lejeune-Dirichlet*, Berl. Abh. 1837, p. 45 = Werke 1, p. 313. Sie sind von der Form $\sum_{n=1}^{\infty} \frac{a_n}{c_n^s}$, wo c_n eine positive, mit n unendlich wachsende Grösse, a_n reell oder komplex ist (*Dirichlet'sche Reihen*), sind für alle positive s gleichmässig konvergent [II A 1, Nr. **16**, **17**] und stetige [II A 1, Nr. **9**] Funktionen von s, sobald

8) Die Werte von $\zeta(s)$ für $s = 2, 3, \cdots, 35$ s. bei *A. M. Legendre*, Traité des fonct. ell. et des intégr. Eulériennes 2, Par. 1827/32, p. 432; korrekter und bis $s=70$ ausgedehnt bei *T. J. Stieltjes*, Acta math. 10 (1887), p. 299 [vgl. auch II A 3, Fussn. 156 u. 158].

$A_n = a_1 + a_2 + \cdots + a_n$ für $n = \infty$ endlich; die nach s genommene Ableitung ist $-\sum_{n=1}^{\infty} a_n \cdot \frac{\log c_n}{c_n^s}$ und wieder für alle positive s stetig. So folgt z. B.

$$\lim_{\varrho=0} \sum_{n=1}^{\infty} \left(\frac{D}{n}\right) \frac{1}{n^{1+\varrho}} = \sum_{n=1}^{\infty} \left(\frac{D}{n}\right) \frac{1}{n}.$$

Weitere Sätze über Dirichlet'sche Reihen gab *R. Dedekind*[9]), *A. Pringsheim*[9]) sehr allgemeine Kriterien über ihre Konvergenz, in denen jene mitbegriffen sind. Man schliesst daraus den für *Dirichlet*'s *„analytische Methoden" fundamentalen Satz:* Sind $k_1, k_2, \ldots, k_n, \ldots$ solche positive, mit n unendlich wachsende, der Grösse nach geordnete Werte, dass, wenn T die Anzahl derselben, die $\overline{\gtrless} t$ sind, $\frac{T}{t}$ bei stetig wachsendem t eine Grenze $\omega > 0$ hat, so konvergiert $S = \sum_{n=1}^{\infty} \frac{1}{k_n^{1+\varrho}}$ für jedes positive ϱ, und $\lim_{\varrho=0} \varrho S$ ist ω.[10]) Was schon *Euler* aus (2) für die natürliche Zahlenreihe, schloss *Dirichlet* für *die arithmetische Progression* $Mx + N$, wo M, N relativ prim: dass sie unendlich viele Primzahlen enthält[11]). Auch jede eigentlich primitive binäre quadratische Form, deren Determinante $\gtrless 0$, stellt unendlich viele, in einer gegebenen, den Charakteren der Form entsprechenden Progression enthaltene Primzahlen dar[12]) [I C 2, Nr. c, 12)]. Den hierbei fundamentalen Umstand, dass gewisse Dirichlet'sche Reihen nicht Null sind,

---

9) *Dirichlet*'s Vorles. üb. Zahlenth., her. v. *Dedekind*, 4. Aufl. 1894, Suppl. IX; *A. Pringsheim*, Math. Ann. 37 (1890), p. 38, auch 33 (1888), p. 119 und 35 (1890), p. 297.

10) *Dirichlet*, J. f. Math. 19 (1839), p. 324 u. 21 (1840), p. 1, 134, sowie ebend. 53 (1857), p. 130 [= J. de math. (2) 1, p. 80] = Werke 1, p. 411; 2, p. 195. Die Herleitung eines wichtigen Spezialfalles aus der Theorie der Mittelwerte s. bei *E. Cesàro*, Ann. di mat. (2) 14 (1886), p. 141 („fonctions énumératrices") [s. Nr. 3].

11) *Dirichlet*, Berl. Abh. 1837, p. 45 = Werke 1, p. 313. *Legendre*'s Versuch (Essai sur la th. d. n. 2, § 9), diesen Satz zu beweisen, stützt sich auf einen Induktionssatz, den *A. Piltz* (Habilitationsschrift, Jena 1884) als falsch nachgewiesen hat. *E. Wendt* bewies den Satz arithmetisch für die Progression $Mx + 1$ (J. f. Math. 115 (1895), p. 85), *Dirichlet* bewies ihn auch für Progressionen mit komplexen Elementen (Berl. Abh. 1841, p. 141 = Werke 1, p. 509).

12) *Dirichlet*, Berl. Ber. 1840, p. 49 (5. März) (= J. f. Math. 21, p. 98) und Par. C. R. 10 (1840), p. 285 = Werke 1, p. 497, 619; *H. Weber*, Math. Ann. 20 (1882), p. 301; *Arn. Meyer*, J. f. Math. 103 (1888), p. 98.

stellte *Dirichlet* durch das Reziprozitätsgesetz und die Klassenanzahl quadratischer Formen fest, *F. Mertens* durch elementare Sätze über Multiplikation von Reihen; dieser ergänzte den Satz über die Progression durch Angabe von Grenzen, zwischen denen wenigstens eine ihrer Primzahlen vorhanden sein muss [13]).

Für *Dirichlet's* analytische Behandlung der Theorie der quadratischen Formen ist Grundlage eine zweifache Abzählung der positiven ganzen Zahlen, die durch ein System eigentlich primitiver Formen $ax^2 + 2bxy + cy^2$ mit der Determinante D darstellbar sind [I C 2, Nr. c, 5)]. Ist $\tau = 1, 4, 2$, jenachdem $D > 0$, -1, < -1 ist, so ist bei beliebiger Funktion F

$$\tau \cdot \sum f(m)\, F(m) = \sum F(ax^2 + 2bxy + cy^2) + \cdots,$$

links durchläuft m alle positiven ganzen Zahlen, rechts x, y in jeder der Summen (deren so viele sind als Formen des Systems) für $D < 0$ alle ganzen Zahlen, für $D > 0$ alle diejenigen, welche die betreffende Form positiv und $0 \overline{\gtrless} y < \frac{aUx}{T - bU}$ (T, U „*Fundamentalauflösung*" von $t^2 - Du^2 = 1$ [I C 2, Nr. c, 2)]) machen; $\tau f(m)$ ist die Anzahl aller so hervorgehenden Darstellungen von m durch die Formen des Systems [14]). Die rein formale Beziehung wird für $F(m) = \frac{1}{m^s}$, $s > 1$, zu einer quantitativen, aus der Sätze folgen, wie dieser (für $D = -1$ schon bei *Jacobi*, J. f. Math. 12, 1834, p. 167 = Werke 6, p. 245): Ist $D < 0$, so ist $f(n)$ für eine positive, zu $2D$ prime Zahl n der Überschuss der Anzahl der Teiler d von n, für welche $\left(\frac{D}{d}\right) = 1$, über die Anzahl derer, für welche $\left(\frac{D}{d}\right) = -1$.

Die Bestimmung der Klassenanzahl stützt sich auf die *Gauss'schen Summen* [vgl. auch II A 3, Nr. 20]:

$$\varphi(m; n) = \sum_{s=0}^{n-1} e^{s^2 \cdot \frac{m\pi i}{n}}$$

(nach *Kronecker*, Berl. Ber. 1880, p. 686, $G\left(\frac{-mi}{n}\right)$), besonders auf die Beziehungen:

13) *F. Mertens*, Wien. Ber. 104 (1895), p. 1093, 1159; J. f. Math. 117 (1897), p. 169; Wien. Ber. 106 (1897), p. 254.

14) Für quadratische Formen $ax^2 + bxy + cy^2$ erhält die Formel abweichende Gestalt und führt zu manchen Vereinfachungen; s. *L. Kronecker*, Berl. Ber. 30/7. 1885, p. 761; *H. Weber*, Gött. Nachr. 1893, p. 46, 138, 245.

$$\varphi(2\mu;\, 2^\alpha) = \left(\frac{2}{\mu}\right)^\alpha \cdot \left(1 + i(-1)^{\frac{\mu-1}{2}}\right) \cdot 2^{\alpha/2} \qquad (\alpha > 1),$$

$$\varphi(2\mu;\, n) = + \sqrt{n} \cdot \left(\frac{\mu}{n}\right) i^{\left(\frac{n-1}{2}\right)^2},$$

wenn n prim zu 2μ, oder — auch wenn n nicht prim zu μ, wo dann $\left(\frac{\mu}{n}\right) = 0$ ist —

$$\sum_{s=1}^{n-1} \left(\frac{s}{n}\right) e^{\frac{2s\mu\pi i}{n}} = + \sqrt{n} \cdot \left(\frac{\mu}{n}\right) i^{\left(\frac{n-1}{2}\right)^2}.$$

Diese Formel, bei welcher die Vorzeichenbestimmung das Schwierigste war, gab für $n = p$ (ungerade Primzahl) *K. F. Gauss*[15]), indem er mittels zweier eigentümlichen Reihen die Summe $\sum_{h=0}^{p-1} r^{h^2}$ (r eine p^{te} Einheitswurzel) in das Produkt

$$(r - r^{-1})(r^3 - r^{-3}) \cdots (r^{p-2} - r^{-p+2})$$

verwandelte. *V. A. Lebesgue*[16]) erreichte dasselbe mittels elliptischer Funktionen, einfacher *A. Cauchy*[17]) und aus gleichem Grundgedanken *Kronecker*[18]). *Dirichlet*[19]) ermittelte die Gauss'schen Summen durch bestimmte Integrale. So findet sich auch

$$\text{(I)} \qquad \varphi(\varepsilon\lambda;\, 2\nu) = \left(\sqrt{\frac{2\varepsilon\nu i}{\lambda}}\right) \cdot \varphi(-2\varepsilon\nu;\, \lambda),$$

wo $\varepsilon = \pm 1$, λ, ν relativ prim, $\left(\sqrt{\frac{2\varepsilon\nu i}{\lambda}}\right)$ derjenige Wert der Quadratwurzel, dessen reeller Teil > 0; oder nach *Kronecker*[20])

$$(\sqrt{\varrho}) \cdot \frac{G(\varrho)}{G\left(\frac{1}{\varrho}\right)} = 1$$

für $\varrho = \frac{2\varepsilon\nu i}{\lambda}$. Diese Formel geht (s. ebenda) aus der für $ab = \pi$ giltigen:

$$a^{1/2}\left(\frac{1}{2} + \sum_{h=1}^{\infty} e^{-h^2a^2}\right) = b^{1/2}\left(\frac{1}{2} + \sum_{h=1}^{\infty} e^{-h^2b^2}\right),$$

15) *Gauss*, Gotting. Comm. rec. 1 (1811) = Werke 2, p. 9.

16) *Lebesgue*, J. d. math. 5 (1840), p. 42.

17) *Cauchy*, ebend. p. 154 = Par. C. R. 10 (1840), p. 560 = Oeuvres (1) 5, p. 152.

18) *Kronecker*, J. d. math. (2) 1 (1856), p. 392.

19) *Dirichlet*, J. f. Math. 17 (1837), p. 57 = Werke 1, p. 257.

20) *Kronecker*, Berl. Ber. 1880, p. 686; vgl. *Cauchy* a. a. O., sowie in Bull. soc. philomat. 1817, und *Lebesgue*, a. a. O. p. 186.

die ihrerseits der Formel für die lineare Transformation der Thetafunktionen [II B 6 a, Nr. **34**]:

$$\sqrt{x}\cdot\frac{1+2e^{-\pi x}+2e^{-4\pi x}\dots}{1+2e^{-\frac{\pi}{x}}+2e^{-\frac{4\pi}{x}}\dots}=1$$

entspringt, durch einen Grenzübergang hervor. Folgt so aus letzterer (I) und der Wert der Gauss'schen Summen, so umgekehrt jene aus (I), sodass beide äquivalent sind. *Cauchy*'s Fundamentalsatz der Lehre von der komplexen Integration [II B 3] ist ihre gemeinsame Quelle. Direkt hat *Kronecker*[21]) die Summe $\varphi(2; n)$ und durch ähnliche Betrachtungen *G. Landsberg*[22]) auch die Reziprozitätsgleichung (I) aus jenem erhalten. Die Vorzeichenbestimmung leistete sehr einfach *F. Mertens*, Berl. Ber. 1896, p. 217; s. auch Wien. Ber. 103, 1894, p. 1005. Summen, den Gauss'schen analog aus trigonometrischen Funktionen gebildet, drückte *M. Lerch*, Prag. Böhm. Ber. 1897, durch die Klassenanzahl quadratischer Formen von negativer Determinante aus [I C 2, Nr. c, 10)].

Mittels solcher Hilfssätze fand *Dirichlet*

$$\lim_{\varrho=0}\varrho\sum\frac{1}{(ax^2+2bxy+cy^2)^{1+\varrho}}=\frac{\tau\vartheta}{2}\cdot\frac{\varphi(2\Delta)}{2\Delta},$$

Δ Absolutwert von D, ϑ kleinster positiver Wert von $\frac{1}{\sqrt{D}}\log\left(t+u\sqrt{D}\right)$ für alle Lösungen der Pell'schen Gleichung $t^2-Du^2=1$ [I C 2, Nr. c, 2)]. Die Anzahl der Klassen quadratischer Formen mit der Determinante D ist demzufolge

$$H(D)=\frac{2}{\vartheta}\cdot\sum_{n=1}^{\infty}\left(\frac{D}{n}\right)\frac{1}{n}\cdot$$

Durch Vergleichung von $H(DQ^2)$ mit $H(D)$ folgert *Dirichlet*[23]) für $D>0$, dass es unendlich viele positive Determinanten mit gleicher Klassenanzahl giebt [I C 2, Nr. c, 10)]. Man kann $D=\pm 2^c PS^2$ setzen, wo P Produkt ungleicher, ungerader Primzahlen, $c=0,1$ ist; R sei Produkt derjenigen ungeraden Primzahlen, die in S, aber nicht in P aufgehen. Ist dann $\delta=\pm 1$, $\varepsilon=\pm 1$, je nachdem $\pm P\equiv 1, 3 \pmod{4}$, resp. $c=0, 1$ ist, so ist für jede positive zu $2D$ prime Zahl n:

---

21) *Kronecker,* J. f. Math. 105 (1889), p. 267.

22) *Landsberg,* ebend. 111 (1893), p. 234. Vgl. auch *Lebesgue,* J. d. math. 5 (1840), p. 42 u. 12 (1847), p. 497.

23) *Dirichlet,* Berl. Ber. 1855, p. 493; J. de math. (2) 1 (1856), p. 76; ebenda p. 80 = J. f. Math. 53 (1857), p. 127 = Werke 2, p. 183, 189, 195.

$$\left(\frac{D}{n}\right) = \delta^{\frac{n-1}{2}} \cdot \varepsilon^{\frac{n^2-1}{8}} \cdot \left(\frac{n}{P}\right), \quad \sum \left(\frac{D}{n}\right) = 0,$$

wenn n alle solche Zahlen $< 8PR$ durchläuft. Diese Sätze und *Gauss'* Summen führen durch rationale Integration [II A 2, Nr. **26**] oder trigonometrische Reihen [II A 8] zu endlichen Ausdrücken für $H(D)$ von mannigfachster Gestalt[24]) und, je nachdem $D \gtrless 0$, von verschiedenem Charakter. Z. B. ist

1) wenn $D = -\Delta \equiv 1 \pmod{4}$ ist,

$$H(D) = \left(2 - \left(\frac{2}{P}\right)\right) \cdot \frac{\Sigma b - \Sigma a}{P},$$

a, b die zu P primen Zahlen $< P$, für welche $\left(\frac{a}{P}\right) = 1$, $\left(\frac{b}{P}\right) = -1$; oder auch $H(D) = A - B$, A, B die Anzahl derjenigen a, b, die $< \frac{P}{2}$. Man folgert hieraus $\sum b > \sum a$, $A > B$ (s. I C 1, Nr. **6**). Nach *Stern* (J. d. math. 5, 1840, p. 216) ist

$$\prod_a \operatorname{cotg} \frac{2a\pi}{P} = \pm (-1)^{H(-P)} \cdot \frac{1}{\sqrt{P}}, \qquad P \text{ Primzahl } 8\varkappa + 7,\ 3;$$

2) wenn $D > 0$, z. B. $D = +P \equiv 1 \pmod{8}$, besteht ein Zusammenhang mit der Kreisteilung. Ist

$$\prod_s \left(x - e^{\frac{2s\pi i}{P}}\right) = \frac{Y(x) \mp Z(x)\sqrt{P}}{2}, \qquad s = \begin{cases} a \\ b \end{cases},$$

so führen[25]) die ganzen Zahlen $y = Y(1)$, $z = Z(1)$ zur *„Kreisteilungsauflösung"* [I C 4 b, Nr. **4**] τ, v der Gleichung $t^2 - Pu^2 = 1$; ist T, U ihre Fundamentalauflösung und

$$\tau + v\sqrt{P} = (T + U\sqrt{P})^{\omega},$$

so ist $H(D) = (2 - \gamma)\,\omega$, $\gamma = 1, 0$, je nachdem P Primzahl oder nicht.

Dirichlet bestätigte ferner die Gauss'sche Formel $\Gamma(D) = \frac{H(D)}{2^{\tilde{\omega} + \sigma - 1}}$, [$\varpi$ Anzahl der ungeraden Primfaktoren von D, $\sigma = 0, 2$ für $D \equiv 1 \pmod{4}$ resp. $D \equiv 0 \pmod{8}$, sonst $\sigma = 1$] für die Anzahl der Klassen in jedem Geschlechte quadratischer Formen von der Determinante D (J. f. Math. 19, 1839, p. 324 = Werke 1, p. 411), *Kronecker* (Berl. Ber. 1864, p. 285), der diese Herleitung modifizierte, ausserdem

24) S. darüber ausser *Dirichlet's* Abh., J. f. Math. **19** u. **21** [s. Anm. 10], und *Dedekind's* Darstellung derselben noch *V. Schemmel,* Diss. Breslau 1863, sowie *M. Lerch,* Bull. sci. math. astr. (2) 21 (1897), p. 290.

25) *Dirichlet,* J. f. Math. 17 (1837), p. 286 = Werke **1**, p. 343.

noch, dass $t^2 - Du^2 = 1$ für $D > 0$ unendlich viele Auflösungen habe, die Anzahl der Klassen endlich sei und jede Klasse des Hauptgeschlechts durch Duplikation [I C 2, Nr. **c**, 11)] entstehe.

Dirichlet hat seine Untersuchungen auch auf Formen mit komplexen Elementen [I C 2, Nr. **c**, 13)], insbesondere zur Bestimmung ihrer Klassenanzahl, ausgedehnt (Berl. Ber. 1841, p. 190; J. f. Math. 24, 1842, p. 291 = Werke 1, p. 503, 533). Für eine reelle Determinante D ist sie gleich $2^{\varkappa-1} \cdot H(D)\, H(-D)$, wo H die Klassenanzahl für Formen mit reellen Elementen und $\varkappa = 2, 1$ ist, je nachdem $t^2 - Du^2 = -1$ reelle Lösungen hat oder nicht. S. eine Ergänzung dazu bei *P. Bachmann*, Math. Ann. 16, 1880, p. 537, sowie desselben „die Theorie der komplexen Zahlen etc.“, Berlin 1867.

3. Zahlentheoretische Funktionen. Unter den Funktionen einer Zahl $n = p^a p'^{a'} p''^{a''} \cdots$ sind hervorzuheben:

die Anzahl ihrer Teiler, $t(n) = (a+1)(a'+1)(a''+1)\cdots$,

die Summe ihrer Teiler, $\int(n) = \frac{p^{a+1}-1}{p-1} \cdot \frac{p'^{a'+1}-1}{p'-1} \cdots$,

die Anzahl $\varpi(n)$ ihrer verschiedenen Primteiler, die Anzahl $p(n) = 2^{\tilde{\omega}(n)}$ ihrer Zerlegungen in zwei relativ prime Faktoren, die *Euler'sche Funktion* [I C 1, Nr. **1**]

$$\varphi(n) = n\left(1 - \frac{1}{p}\right)\left(1 - \frac{1}{p'}\right)\cdots,$$

die Funktionen $\pi(n) = pp'p''\ldots$, $\varepsilon(n) = (-1)^{a+a'+a''+\cdots}$ u. s. w. Die Funktion $\nu(n)$ [*E. Cesàro*, Liège Soc. R. Mém. (2) 10, 1883, p. 315] ist 0 oder $\log p$, je nachdem n aus mehreren Primfaktoren besteht oder Primzahlpotenz p^a ist; $\mu(n)$ ist ± 1 oder 0, je nachdem n aus ungleichen Primfaktoren (in gerader resp. ungerader Anzahl) besteht oder nicht (*A. F. Möbius*, J. f. Math. 9, 1832, p. 105 = Werke 4, p. 589, *F. Mertens*, ebend. 77, 1874, p. 289); die auf alle Teiler d von $n > 1$ erstreckte Summe $\sum \mu(d)$ ist Null. Der letztere Satz ist nur ein anderer Ausdruck dafür, dass im entwickelten Produkte $(1 - p')$ $(1 - p'') \cdots (1 - p^{(k)})$ gleichviel Glieder positives wie negatives Vorzeichen haben.

Die zahlentheoretischen Funktionen hängen eng mit der Riemannschen Funktion $\zeta(s)$ zusammen [26]). Da, wenn $h(n) = \sum f(d)\, g(\delta)$, $d\delta = n$ gesetzt wird,

$$\sum_{n=1}^{\infty} \frac{f(n)}{n^s} \cdot \sum_{n=1}^{\infty} \frac{g(n)}{n^s} = \sum_{n=1}^{\infty} \frac{h(n)}{n^s}$$

---

26) S. *R. Lipschitz*, Par. C. R. 89 (1879), p. 985.

ist, findet sich

$$\zeta(s)^{-1} = \sum_{n=1}^{\infty} \frac{\mu(n)}{n^s}, \quad \zeta(s)^2 = \sum_{n=1}^{\infty} \frac{t(n)}{n^s},$$

$$\zeta(s)\,\zeta(s-1) = \sum_{n=1}^{\infty} \frac{\int(n)}{n^s}, \quad \zeta(s)^{-1}\zeta(s-1) = \sum_{n=1}^{\infty} \frac{\varphi(n)}{n^s},$$

letzteres wegen $\sum d\mu(\delta) = \varphi(n)$. Andere Formeln dieser Art gab *G. Cantor,* Math. Ann. 16, 1880, p. 583 = Gött. Nachr. 1880, p. 161, und *Cesàro,* Note 7 seiner Arbeit in Liège Soc. R. Mém. (2) 10, 1883, p. 1. Aus der letzten Formel folgt die Beziehung $n = \sum\varphi(d)$, welche *Cantor* (a. a. O.) bedeutend verallgemeinert hat. Eine andere Verallgemeinerung derselben s. bei *E. Busche,* Math. Ann. 31, 1888, p. 70. Dieselbe Beziehung führt zur Dirichlet'schen Formel

$$\sum_{h=1}^{\infty} \varphi(h) \cdot \left[\frac{N}{h}\right] = \frac{N(N+1)}{2},$$

die aus der von *E. Busche:*

$$\sum_{h=1}^{\infty} \varphi(h) \cdot \left[\Re\left(\frac{n}{h}\right) + \Re\left(\frac{n'}{h}\right) + \cdots\right] = \sum nn',$$

in welcher $\Re(x) = x - [x]$ ist, hervorgeht, wenn die N Zahlen $n, n', \ldots$ gleich 1 gewählt werden [27]).

Zur Herleitung von Beziehungen zwischen verschiedenen Funktionen dienen Identitäten wie diese:

1) Ist $F(x) = \sum_{h=1}^{[x]} f(h)$, so ist $\sum_{h=1}^{N} F\left(\frac{N}{h}\right) = \sum_{h=1}^{N} \left[\frac{N}{h}\right] \cdot f(h)$.

Für die Fälle $f(h) = t(h)$, $\int(h)$ und verwandte Funktionen gab *J. Hacks,* Acta Math. 9, 1887, p. 177, sowie 10, 1887, p. 1 Umformungen von $F(x)$ (s. *R. Lipschitz,* Par. C. R. 100, 1885, p. 845, besonders über zwei aus der Summe der geraden und der der ungeraden Teiler von n gebildete Funktionen $k(n)$, $l(n)$); aus ihnen folgt u. a. in den genannten beiden Fällen:

$$F(n) \equiv [\sqrt{n}], \quad F(n) \equiv [\sqrt{n}] + \left[\sqrt{\frac{n}{2}}\right] \pmod{2}.$$

2) Ist $\psi(n) = \sum f(d)$, d Teiler von n, so ist

$$\sum_{h=1}^{N} \psi(h) = \sum_{h=1}^{N} \left[\frac{N}{h}\right] f(h) = \sum_{h=1}^{N} F\left[\frac{N}{h}\right].$$

---

27) *Dirichlet,* Berl. Abh. 1849, p. 69 = Werke 2, p. 49; *E. Busche,* Math. Ann. 31 (1888), p. 70.

Ist ebenfalls $\chi(n) = \sum g(d)$, so ist $\sum \chi(d) f(\delta) = \sum g(d) \psi(\delta)$, $d\delta = n$, eine Formel, welche noch verallgemeinert werden kann und zu einer Fülle besonderer Sätze führt (*Cesàro*, Note 2 und 5). Da $\sum p(d) = t(n^2)$, findet sich für $f(x) = p(x)$, $g(x) = \mu(x)$ die Formel $p(n) = \sum \mu(d)\, t(\delta^2)$. S. daneben *Mertens* (J. f. Math. 77, 1874, p. 292).

In einer grossen Reihe von Artikeln, meist unter dem Titel „Sur quelques fonctions numériques" (J. d. math. (2) von 2, 1857, an) gab *J. Liouville* eine Menge solcher Funktionssätze an. Die einfachsten haben Bezug auf die Zerlegungen $n = d\delta$ einer Zahl, z. B. ((2) 2 p. 141)

$$\sum \int(d) = \sum \delta t(d), \quad \sum \varphi(d)\, t(\delta) = \int(n),$$
$$\sum \int(d) \int(\delta) = \sum d t(d)\, t(\delta)$$

u. a. Andere ((2) 3, 1858, p. 143) beziehen sich auf die Zerlegungen

$$2n = n' + n'', \quad n = d\delta, \quad n' = d'\delta', \quad n'' = d''\delta''$$

für ungerade Zahlen n, n', n'' oder ((2) 3, p. 193, 241) auf die Zerlegungen

$$2^\alpha \cdot n = n' + n'', \quad 2^\alpha \cdot n = 2^{\alpha'} n' + 2^{\alpha''} n'', \quad \text{u. s. w.}$$

Insoweit für die betrachteten Funktionen $f(n') f(n'') = f(n'n'')$ bei relativ primen n', n'' ist, genügt es zum Beweise der Formeln, sie für $n = p^\alpha$ zu bestätigen. Einen Teil derselben bewies *Th. Pepin* [J. d. Math. (4) 4, 1888, p. 83, sowie auch Rom. N. Linc. Pont. A. 37, 1885, p. 9]. Aus ihnen fliessen mancherlei Folgerungen über die Anzahl der Zerlegungen einer Zahl in die Summe von Quadraten; J. de math. (2) 3, 1858, p. 143 *Jacobi*'s Satz betr. diejenigen von $4n$ in 4 Quadrate; (2) 4, 1859, p. 281 *G. Eisenstein*'s Satz betr. diejenigen von n in 6 Quadrate, u. a. S. J. d. math. (2) 11, 1866, p. 1 eine Formel für die Anzahl der Zerlegungen von $n = 2^\alpha \cdot m$ in die Summe von 10 Quadraten. Anschliessend s. *Buniakowsky*, St. Pét. Mém. (7) 4, 1862, Nr. 2. In *N. Bugaieff*'s „théorie des fonctions dérivées etc." Moscou J. phil. 5, 1871 (s. Bull. sci. math. astr. 10, 1876, p. 13) heisst $\psi(n) = \sum \theta(d)$, d Teiler von n, ein numerisches *Integral*, θ die *Derivierte* von ψ. Er sucht u. a. Entwicklungen von der Form $\psi(n) = \sum_i a_i E\left(\frac{n}{i}\right)$. In Mosk. math. Samml. 13, 1888, p. 757; 14, 1888, p. 1, 169 (s. Par. C. R. 106, 1888, p. 652; ebenda p. 1340 bezügliche Bemerkungen von *E. Cesàro*) behandelt er besonders die „logarithmisch-diskontinuierliche" [II A 1, Nr. **14**] Funktion $\sum \mu(d) \log d$. S. ferner Mosk. math. Samml. 17, 1895, p. 720; 18, 1896, p. 1.

$\mu(n)$ eignet sich vorzüglich zur Umkehr von Summenbeziehungen. So folgt aus $\psi(n) = \sum f(d)$, d Teiler von n, umgekehrt

$$f(n) = \sum \mu(d) \cdot \psi\left(\frac{n}{d}\right),$$

ein Satz, der von *R. Dedekind* (J. f. Math. 54, 1857, p. 1, datiert vom Oktober 1856) und *J. Liouville* (J. de math. (2) 2, März 1857, p. 110) gegeben worden ist. Ist für jede ganze Zahl n

$$F(n) = \sum_{h=1}^{\infty} f(hn),$$

so folgt $f(1) = \sum_{h=1}^{\infty} \mu(h) F(h)$. *Lipschitz* (Par. C. R. 89, 1879, p. 948, 985) gab mehrere solche Umkehrungen, z. B. aus $T[x] = \sum_{h=1}^{\infty} \left[\frac{x}{h}\right]$:

$$[x] = \sum_{h=1}^{\infty} \mu(h) T\left[\frac{x}{h}\right],$$

wo $T(n) = \sum_{h=1}^{n} t(h)$. Ist ferner für jeden Teiler d von P

$$F(d) = \sum_{h} f(hd),$$

während h alle Teiler von $\frac{P}{d}$ durchläuft, so ist $f(1) = \sum_{d} \mu(d) F(d)$. So findet sich, wenn P ohne quadratische Teiler, die Anzahl der Zahlen $\overline{\gtrless} x$, welche prim zu P, gleich $\sum_{d} \mu(d)\left[\frac{x}{d}\right]$.[28]) Die Anzahl der Primzahlen $> \sqrt{y}$ und $\overline{\gtrless} y$ bestimmt sich durch eine ähnliche Formel[29]); hierhin gehören auch Sätze von *Cesàro*, *E. Catalan* u. A.[30]). Aus anderen Identitäten, in welche der grösste gemeinsame Teiler $(n:k)$ oder das kleinste gemeinsame Vielfache $(n;k)$ zweier Zahlen n, k eingeht, schliesst *Cesàro* (a. a. O., Note 8) Sätze, wie die folgenden: Die Summe (Anzahl) der Teiler, welche n und den Zahlen $1, 2, 3, \ldots, n$ der Reihe nach gemeinsam sind, ist gleich der n-maligen Anzahl (der Summe) der Teiler von n; sowie *Liouville*'s Formel (Par. C. R. 44, 1857, p. 753, s. auch *J. Binet*, ebend. 32, 1851, p. 918): $1^m + 2^m + \cdots + n^m = \sum \left(\frac{n}{d}\right)^m \varphi_m(d)$, d Teiler von n, wo $\varphi_m(d)$ Summe der m^{ten} Potenzen der zu d primen Zahlen $< d$. Die Funktion

28) S. die Kronecker'sche Formel und ihre Verallgemeinerung bei *K. Zsigmondy*, J. f. Math. 111 (1893), p. 344.

29) *E. de Jonquières* und *Lipschitz*, Par. C. R. 95 (1882), p. 1144, 1343, 1344 und 96 (1883), p. 58, 114, 231, 327, auch *Sylvester* ebenda p. 463.

30) Liège Mém. (2) 10 (1883), p. 285.

$\varphi_m(n)$ ist von *A. Thacker* bestimmt worden (J. f. Math. 40, 1850, p. 89); danach ist $\sum \frac{(-1)^{\varpi(d)} \cdot \pi(d) \varphi(d)}{d^2} = \frac{1}{n}$.

Eine sehr umfassende Umkehrung von Reihen giebt *Cesàro* (Ann. di mat. (2) 14, 1886, p. 141.[31]) Ist Ω ein gegebenes Gebiet ganzer Zahlen, so heisst $\Omega(x)$ eine *„fonction indicatrice"* desselben, wenn $\Omega(x) = 1$ oder 0, je nachdem x eine Zahl aus Ω ist oder nicht, $\sum_{h=1}^{[x]} \Omega(h)$ heisst eine *„fonction énumératrice"*. Für $\Omega(x)\,\Omega(y) = \Omega(xy)$ bildet Ω eine *„geschlossene"* Gruppe, d. h. Ω enthält ausschliesslich die Produkte je zweier in Ω enthaltenen Zahlen. Ist dann, während

$$\varepsilon_\alpha(\varepsilon_\beta(x)) = \varepsilon_\beta(\varepsilon_\alpha(x)) = \varepsilon_{\alpha\beta}(x)$$

ist, $F(x) = \sum h(\omega) f(\varepsilon_\omega(x))$, über alle Zahlen ω von Ω summiert, so ist $f(x) = \sum H(\omega) F(\varepsilon_\omega(x))$, wenn $\sum h(d) H(\delta) = \begin{cases} 1 \\ 0 \end{cases}$ für $d\delta = n \gtreqless 1$. Das erste Beispiel dieses Satzes gab *A. F. Möbius* (J. f. Math. 9, 1832, p. 105 = Werke 4, p. 589).

Mertens (Wien. Ber. 106, 1897, p. 761; s. dazu *Daubl. v. Sterneck* ebenda p. 835) untersucht $\sigma(n) = \sum_{h=1}^{n} \mu(h)$ und zieht aus dem beobachteten, doch unerwiesenen Gesetze $|\sigma(n)| < \sqrt{n}$ manche asymptotische Folgerungen, auch Schlüsse bez. der Primzahlmenge, des Verschwindens der Funktion $\zeta(s)$ u. a.

Die Anzahl $\psi(\alpha, \beta)$, $\chi(\alpha, \beta)$ der Teiler von α, welche $>$ resp. $\overline{\overline{<}}\,\beta$ sind, hat *M. Lerch* untersucht[32]); unter anderen Sätzen gab er (a. letzt. O.) die Formeln

$$\sum_{\alpha=0}^{\left[\frac{m-1}{n}\right]} \psi(m - \alpha n, \alpha) = \sum_{\alpha=0}^{\left[\frac{m-1}{n}\right]} \chi(m - \alpha n, n),$$

$$\sum_{\alpha=0}^{m-1} \psi(m - \alpha, \alpha) = m, \quad \sum_{\alpha=0}^{m} \psi(m + \alpha, \alpha) = 2m,$$

die vorletzte bereits am erstern Orte oder Par. C. R. 106, 1888, p. 186, Bull. sci. math. astr. (2) 12, 1888, p. 100, 121 mittels einer analytischen Formel, deren Verallgemeinerung *J. Schröder* (Hamb. Mitt. 3, 1894, p. 177, s. dazu ebend. 1897, p. 302) zu Sätzen über die Anzahl $\psi_{n\mu+s}(m - \alpha n, \alpha)$

---

31) Speziellere Sätze gleicher Art s. ebend. (2) 13 (1885), p. 339.

32) S. u. a. *Lerch*, Prag. Böhm. Ber. 1887, p. 683 u. 1894, sur quelques théorèmes d'arithmétique.

derjenigen Teiler von $m - \alpha n$, die $> \alpha$ und deren Komplementärteiler von der Form $n\mu + s$ sind, geführt hat. S. dazu *Lerch* (Prag. Böhm. Ber. 1894) „Bemerkungen über eine Klasse arithmetischer Lehrsätze" und „Über eine arithmetische Relation". Nach *Ch. Zeller*[33]) ist $\sum_{\alpha=0}^{m-1} \alpha\psi(m-\alpha, \alpha)$ die Summe der Reste, welche die Teilung von m durch die kleineren Zahlen lässt.

Zu dieser Nr. und zu Nr. **6** s. die Arbeiten *L. Gegenbauer*'s in den Denkschr. und den Ber. der Wien. Ak., insbesondere in den Bdd. 49[1], 1885, p. 1, 37; 49[2], 1885, p. 105 und 50[1], 1886, p. 153 der ersteren. Aus der Flut der angegebenen Resultate seien einige Beispiele hervorgehoben. Ist $\mu_r(n) = 0$, wenn n durch eine r^{te} Potenz teilbar ist, sonst $+1$, so ist

$$\sum_{h=1}^{\left[n^{\frac{1}{r}}\right]} \left[\frac{n}{h^r}\right] \mu(h) = \sum_{h=1}^{n} \mu_r(h)$$

d. i. die Anzahl $\mathfrak{Q}_r(n)$ der Zahlen $\leqq n$, die durch keine r^{te} Potenz aufgehen; hier gilt *Bugaieff*'s Formel (Par. C. R. 74, 1872, p. 449; s. dazu *Hacks*, Acta math. 14, 1891, p. 329, wo die Formel benutzt wird, zu zeigen, dass es unendlich viel Primzahlen giebt):

$$\sum_{h=1}^{\left[n^{\frac{1}{r}}\right]} \mathfrak{Q}_r\left[\frac{n}{h^r}\right] = n.$$

U. a. wird auch die Formel (*Cesàro*) gegeben:

$$\sum_{h=1}^{n} \left[\frac{n}{h}\right](2h-1) = \sum_{h=1}^{n} \left[\frac{n}{h}\right]^2.$$

Das arithmetische Mittel der Anzahlen derjenigen Teiler der Zahlen 1 bis n, welche $\overline{\gtrless} [\sqrt{n}]$ $(> [\sqrt{n}])$, ist asymptotisch [Nr. **5**] $\frac{1}{2} \log n + \gamma$ (resp. $\gamma - 1$), γ Euler'sche Konstante [II A 3, Nr. **13**]; ist n kein Quadrat, so ist die Anzahl der Teiler von n, die $\overline{\gtrless} [\sqrt{n}]$ $(> [\sqrt{n}])$, gleich $\frac{1}{2}(\log n + 2\gamma + 1$ resp. $- 1)$. Im Mittel ist die Summe der reziproken quadratischen Teiler einer Zahl $\frac{\pi^4}{90}$, die Summe der 1., 3., 5. Potenzen der ungeraden Teiler $\frac{\pi^2}{8}$, $\frac{\pi^4}{96}$ u. (*Cesàro*) $\frac{\pi^6}{960}$, der Überschuss

33) S. letztgenannte Stelle.

der Anzahl der Teiler $4s+1$ über die Anzahl der Teiler $4s+3$ gleich $\frac{\pi}{4}$, die Anzahl der Darstellungen durch x^2+y^2 gleich π.

4. Die Funktion $[x]$ [I C 1, Nr. **1**]. Ist keiner der positiven Werte $x, 2x, 3x, \ldots nx$ ganzzahlig, so ist nach *Gauss* (Gotting. Comm. 16, 1808 = Werke 2, p. 1)

$$\sum_{h=1}^{n}[hx]+\sum_{k=1}^{\nu}\left[\frac{k}{x}\right]=n\nu,\quad \nu=[nx], \tag{1}$$

insbesondere für positive ungerade relative Primzahlen p, q

$$\sum_{h=1}^{\frac{q-1}{2}}\left[\frac{hp}{q}\right]+\sum_{k=1}^{\frac{p-1}{2}}\left[\frac{kq}{p}\right]=\frac{p-1}{2}\cdot\frac{q-1}{2}. \tag{2}$$

Allgemeiner ist (Gotting. Comm. rec. 4, 1818 = Werke 2, p. 47) $\varphi(a, b)+\varphi(b, a)=\left[\frac{a}{2}\right]\cdot\left[\frac{b}{2}\right]$, wenn $\varphi(a, b)=\sum_{h=1}^{\left[\frac{a}{2}\right]}\left[\frac{hb}{a}\right]$, a, b positive relative Primzahlen. In anderer Richtung ist (2) von *Zeller* verallgemeinert in einer Note, die noch weitere Sätze über $[x]$, ähnlich solchen von *Buniakowsky*, enthält[34]). Nach *Ch. Hermite* ist für $x>0$, $k=1$: $\sum_{h=0}^{n-1}\left[x+\frac{h}{n}\right]^k=[nx]$;[35]) dies ist in einem von *Stern* (J. f. Math. 102, 1888, p. 9) bewiesenen Satze begriffen; die Formel gilt aber auch für positive ganze k, wenn $0<x<1$ (*Catalan*, Brux. Mém. 46, 1886, p. 14). *Stern* bestimmte (Acta math. 8, 1886, p. 93) auch $\sum_{h=0}^{n-1}(-1)^h\cdot\left[x+\frac{h}{n}\right]$, $\sum_{h=0}^{n-1}h\cdot\left[x+\frac{h}{n}\right]$. Ist d der grösste gemeinsame Teiler der positiven ganzen Zahlen a, b, so ist nach ihm (J. f. Math. 102, 1888, p. 12)

$$\sum_{h=1}^{b-1}\left[\frac{ha}{b}\right]=\sum_{k=1}^{a-1}\left[\frac{kb}{a}\right]=\frac{(a-1)(b-1)}{2}+\frac{d-1}{2},$$

---

34) *Zeller* in Gött. Nachr. 1879, p. 243; *V. Buniakowsky*, St. Pét. Bull. 28 (1883), p. 257, 411 und 29 (1883), p. 250; Par. C. R. 94 (1883), p. 1459; St. Pét. Mélanges 1884, art. 3, p. 169.

35) In Acta math. 10 (1887), p. 53 giebt *Stern* einige damit zusammenhängende, zum Teil Hermite'sche Beziehungen für die Funktion $\frac{[x]\cdot[x+1]}{2}$.

eine Formel, aus der *Hacks* (Acta math. 17, 1893, p. 205) für Primzahlen charakteristische Beziehungen entnahm. Mit ihr finden sich (s. auch *Cesàro*, N. Ann. (3) 4, 1885, p. 560; *Busche*, Über eine Beweismethode in der Zahlentheorie, Diss. Gött. 1883) Formeln, wie diese:

$$\sum_{h=0}^{b-1}\left[ax+\frac{ha}{b}\right]=\sum_{k=0}^{a-1}\left[bx+\frac{kb}{a}\right].$$

Nach *Hacks* (Acta math. 12, 1888, p. 109) und *Busche* a. a. O. ist für positive ungerade relative Primzahlen p, q

$$\sum_{h=1}^{\frac{p-1}{2}}\left[\frac{hq}{p}+\frac{1}{2}\right]=\sum_{k=1}^{\frac{q-1}{2}}\left[\frac{kp}{q}+\frac{1}{2}\right];$$

im Zusammenhang damit stehen Resultate, welche *Stern* (J. f. Math. 106, 1890, p. 337; vgl. *Kronecker* ebenda p. 346) abgeleitet hat. Dieser untersuchte auch (J. f. Math. 59, 1861, p. 146) die Reste der Reihe $\left[\frac{a}{b}\right], \left[\frac{2a}{b}\right], \cdots \left[\frac{(b-1)a}{b}\right]$ (mod. 4) und fand u. a., dass in der Reihe $\left[\frac{2q}{p}\right], \left[\frac{4q}{p}\right], \cdots \left[\frac{(p-1)q}{p}\right]$, falls p, q positive ungerade relative Primzahlen, ebensoviel Zahlen $4h+1$ als $4h+2$ sind.

Eine systematische Herleitung solcher Formeln über Summen grösster Ganzen gab *Hacks* (Acta math. 10, 1887, p. 1). Zur Grundlage dient *Dirichlet*'s [36]) allgemeine Transformationsgleichung

$$\sum_{[\Psi(p)]+1}^{[\Psi(q)]}[\psi(k)]f(k)=qF[\Psi(q)]-pF[\Psi(p)]+\sum_{q+1}^{p}F[\Psi(k)],$$

in welcher $F(x)=\sum_{k=1}^{[x]}f(k)$, $\psi(x)$ die Umkehrung der positiven, eindeutigen Funktion $\Psi(x)$ ist, die abnimmt, wenn x von der positiven ganzen Zahl q bis zu der positiven ganzen Zahl p wächst. Die für ein positives x aus ihr folgende, neuerdings als „Hermite'sche" bezeichnete Gleichung [37])

$$\sum_{1}^{[x]}t(k)=\sum_{1}^{[x]}\left[\frac{x}{k}\right]=2\cdot\sum_{1}^{[\sqrt{x}]}\left[\frac{x}{k}\right]-[\sqrt{x}]^2$$

36) *Dirichlet*, Berl. Ber. 1851, p. 20 = Werke 2, p. 97.

37) *Dirichlet*, Berl. Abh. 1849, p. 69 = Werke 2, p. 49. Eine Ausdehnung dieser Formel auf die Summe $\sum_{k=1}^{[x]}\left[\frac{x}{k}\right]^r$ s. bei *Schröder*, Hamb. Mitt. 3 (1895), p. 219.

wurde direkt von *Hermite* (Acta math. 2, 1883, p. 299), auch von *Cesàro* (Par. C. R. 96, 1883, p. 1029) bewiesen[38]; *R. Lipschitz* gab (Acta math. 2, 1883, p. 301) ihre Ausdehnung auf die Funktion $t_s(k)$, Anzahl aller Teiler von k, welche s^{te} Potenzen sind. Wächst $\Psi(x)$, statt abzunehmen, so gilt statt der Dirichlet'schen Formel eine andere, welche *J. Hacks* giebt[39]. Aus diesen Grundformeln leitete *Hacks* für die summatorischen Funktionen $\sum_{h=1}^{n} t(h)$, $\sum_{h=1}^{n} \int(h)$ u. a. Umformungen her, die schon *Dirichlet* oder *Lipschitz* gaben, sowie neben der Gaussschen Formel (1) die Zeller'schen und andere, meist von *Buniakowsky* gegebene Beziehungen. Für positives λ und positive ganze p, q ist

$$\sum_{h=0}^{[\lambda q]} \left[\frac{hp}{q}\right] + \sum_{k=0}^{[\lambda p]} \left[\frac{kq}{p}\right] = [\lambda p] \cdot [\lambda q] + L,$$

wo L die Anzahl, wie oft px, qx gleichzeitig ganzzahlig sind, wenn $x > 0$ bis λ wächst. *Sylvester* gab einen besondern Fall (Par. C. R. 50, 1860, p. 732), aus dem er das Reziprozitätsgesetz [I C 1, Nr. **6**] folgerte; diese spezielle Formel gab auch *Stern* auf Grund der Formel (1) J. f. Math. 59, 1861, p. 146 und zog daraus eine Reihe von Folgerungen. Z. B. ist (*Sylvester*, a. a. O.):

$$\sum_{h=1}^{\frac{u(q-1)}{m}} \left[\frac{hp}{q}\right] + \sum_{k=1}^{\frac{u(p-1)}{m}} \left[\frac{kq}{p}\right] = \frac{u^2 . (p-1)(q-1)}{m^2},$$

wenn p, q positive relative Primzahlen und $\frac{p-1}{m}, \frac{q-1}{m}$ ganzzahlig, $u \gtreqless m$ sind. Für $u = 1$ gab diese Formel schon *G. Eisenstein* (J. f. Math. 27, 1844, p. 281). Für positive Zahlen m, n mit dem grössten gemeinsamen Teiler d ist

$$\sum_{h=1}^{\left[\frac{n}{2}\right]} \left[\frac{mh}{n}\right] + \sum_{k=1}^{\left[\frac{m}{2}\right]} \left[\frac{nk}{m}\right] = \left[\frac{m}{2}\right]\left[\frac{n}{2}\right] + \left[\frac{d}{2}\right].$$

---

38) S. auch *Busche*, J. f. Math. 100 (1887), p. 459; Hamb. Mitt. 3 (1894), p. 167 und *Schröder* an letzterer Stelle p. 186; vgl. hierzu *H. Ahlborn*, Progr. Hamburg 1881.

39) Eine noch allgemeinere Transformationsformel ähnlicher Art gab *Busche*, J. f. Math. 103 (1888), p. 118; er benutzte sie vornehmlich zum Beweise des Reziprozitätsgesetzes und in einer andern Arbeit (J. f. Math. 110 [1892], p. 338), in der er $[x]$ für komplexes x definiert.

Für positive Primzahlen $p = 4s + 1$ ist

$$\sum_{h=1}^{p-1}\left[\frac{h^2}{p}\right] = \frac{(p-1)(p-2)}{3}, \quad \sum_{h=1}^{p-1}[\sqrt{hp}] = \frac{(p-1)(2p-1)}{3} \text{ u. a. m.}$$

Im J. f. Math. 106, 1890, p. 65 bestimmte *Busche* die sogenannten „Veränderungen" der auch für negative p, q definierten Gauss'schen Funktion $\varphi(p, q)$ für ganzzahlige λ:

$$\varphi(p + \lambda q, q) - \varphi(p, q), \quad \varphi(p, q + \lambda p) - \varphi(p, q).$$

Haben zwei Funktionen $F_1(p, q)$, $F_2(p, q)$ dieselben Veränderungen und ist $F_1(p, p) = F_2(p, p)$ für alle ganzzahligen p, so sind die Funktionen für alle ganzzahligen p, q identisch. Hiernach lassen sich

$$F(p, q) = \varphi(p, q) + \varphi(q, p), \quad f(p, q) = \varphi(p, q) - \varphi(q, p)$$

finden; man hat $F(p, q) = \frac{p-1}{2} \cdot \frac{q-1}{2} - \frac{\operatorname{sgn.} p - 1}{2} \cdot \frac{\operatorname{sgn.} q - 1}{2}$ d. i. das Reziprozitätsgesetz [I C 1, Nr. **6**]. Die Differenz $f(p, q) - \frac{p-q}{4}$ kann keine rationale Funktion von p, q sein; sie bestimmt sich aus dem Euklidischen Algorithmus [I C 1, Nr. **3**] für p, q mittels einer Formel, die $\varphi(p, q)$ und somit das Legendre'sche Symbol $\left(\frac{p}{q}\right)$ zu berechnen verstattet. — Im J. f. Math. 100, 1887, p. 459 teilte *Busche* eine andere, sehr umfassende Transformationsformel mit (s. dazu Hamb. Mitt. 3, 1896, p. 234) bezüglich auf diejenigen Teiler δ_m der natürlichen Zahlen m, für welche, während $f(x)$ eine wachsende Funktion ist, $f(m) \gtreqless \delta_m \gtreqless a$. Unter ihren mannigfachen Folgerungen sind zwei: eine neue Fassung des Gauss'schen Lemma $\left(\frac{p}{q}\right) = (-1)^\mu$ (vgl. J. f. Math. 103, 1888, p. 125), sowie eine Formel für die Gesamtzahl der Klassen quadratischer Formen mit den Determinanten -1, $-2, \cdots, -n$ besonders bemerkenswert.

Eisenstein (J. f. Math. 27, 1844, p. 281) gab trigonometrische Ausdrücke für $\left[\frac{p}{q}\right]$, $\sum_{h=1}^{\frac{q-1}{2}}\left[\frac{hp}{q}\right]$, für den kleinsten Rest von $p \pmod{q}$, sowie für den Exponenten μ im Gauss'schen Lemma; *Stern* (J. f. Math. 59, 1861, p. 146) und *P. Tardy* (Ann. di mat. (2) 3, 1869/70, p. 331) Beweise derselben; ähnliche Sätze *Matth. Schaar* und *A. Genocchi* (Brux. Mém. cour. sav. étr. 23, 1850 resp. 25, 1854; vgl. noch *Schaar* in Brux. Mém. 24 und 25, 1850); eine Reihenentwicklung für $[x]$ mittels trigonometrischer Funktionen *A. Pringsheim*, Math. Ann. 26, 1886, p. 193.

Reihenentwicklungen anderer Funktionen, z. B. von $\varphi(n)$, gab *F. Rogel*, Prag. Böhm. Ber. 1897.

5. Asymptotische Ausdrücke zahlentheoretischer Funktionen. Die Anzahl der Primzahlen. $\psi(n)$ heisst *ein asymptotischer Ausdruck* von $f(n)$, wenn 1) $\lim\limits_{n=\infty}(f(n)-\psi(n))=0$, allgemeiner, wenn 2) $\lim\limits_{n=\infty}\frac{f(n)}{\psi(n)}=1$. Für die Anzahl $\Pi(x)$ der Primzahlen $\overline{\gtrless} x$ gab *Legendre* den folgenden[40]):

$$\Pi(x)=\frac{x}{\log x-1{,}08366}.$$

P. Tschebyscheff zeigte aber, dass $\frac{x}{\Pi(x)}-\log x$ für $x=\infty$ keine von -1 verschiedene Konstante sein könne; richtiger sei, obwohl innerhalb der drei ersten Millionen weniger genau, $\Pi(x)=Li(x)$ [II A 3, Nr. **14**] $=\int\limits_2^x\frac{dx}{\log x}$.[41])

Sind $\mathsf{T}(x), \theta(x)$ die Summe der natürlichen Logarithmen *aller* Zahlen resp. der *Primzahlen* $\overline{\gtrless} x$, und $\psi(x)=\sum\limits_{n=1}^{\infty}\theta\left(x^{\frac{1}{n}}\right)$, so ist $\mathsf{T}(x)=\sum\limits_{n=1}^{\infty}\psi\left(\frac{x}{n}\right)$.[42]) Mittels *Stirling*'s Formel [I A 3, Nr. **38**, Anm. 272; II A 3, Nr. **12** f.] finden sich daraus Grenzen für $\mathsf{T}(x), \psi(x), \theta(x)$ sowie für die Primzahlmenge in gegebenem Intervalle, doch lässt sich ihnen kein Ausdruck der letzteren entnehmen. *B. Riemann* zuerst stellte solchen auf[43]). Es ist

$$\zeta(1-s)=\frac{2}{(2\pi)^s}\cdot\cos\frac{s\pi}{2}\cdot\Gamma(s)\,\zeta(s)$$

oder $\zeta(s)\,\Gamma\left(\frac{s}{2}\right)\pi^{-\frac{s}{2}}$ bleibt ungeändert bei Vertauschung von s mit $1-s$: eine, nebst ähnlichen für andere Funktionen von *O. Schlömilch* gegebenen, in einer von *R. Lipschitz* für die Reihe $\sum\limits_{n=-\infty}^{+\infty}\frac{e^{2\pi n v i}}{(t+ni)^s}$

40) *Legendre*, Th. d. n., 4. Hauptteil § 8; vgl. *A. Genocchi*, Ann. di mat. 3 (1860), p. 52; *S. M. Drach*, Phil. Mag. (3) 24 (1844), p. 192.

41) J. d. math. 17 (1852), p. 341. *Legendre*'s Ausdruck gab auch *Dirichlet* [Berl. Ber. 1838, p. 18; J. f. Math. 18 (1838), p. 259 = Werke 1, p. 351, 357], während *Gauss*, der nach *Benj. Goldschmidt*'s Zählungen ähnliches bemerkte (Brief an *J. F. Encke*, Werke 2, p. 444), wie *Tschebyscheff*, den Wert $Li(x)$.

42) Eine Verallgemeinerung dieser Beziehung s. b. *Cesàro*, N. Ann. (3) 4 (1884), p. 418. S. auch *C. de Polignac*, Par. C. R. 49 (1859), p. 350.

43) *Riemann*'s Werke, Leipzig, 1. Aufl. 1876, p. 136, 2. Aufl. 1892, p. 145. Eine Bearbeitung der bez. Abhandlung s. bei *W. Scheibner*, Zeitschr. Math. Phys. 5 (1860), p. 233.

gefundenen Transformationsformel enthaltene Beziehung[44]). In Anwendung der letztern auf die von *Dirichlet* bei der arithmetischen Progression angewandten Reihen folgt nämlich eine Formel, die *A. Hurwitz*[45]) für die besondere Reihe $\sum_{n=1}^{\infty}\left(\frac{D}{n}\right)\frac{1}{n^s}$ gab, und aus ihr für $D=1$ die obige Riemann'sche. — Setzt man nun, je nachdem x Primzahl ist oder nicht,

$$F(x) = \frac{\Pi(x+0)+\Pi(x-0)}{2} \text{ oder } = \Pi(x)$$

und $f(x) = \sum_{n=1}^{\infty}\frac{1}{n}F\left(x^{\frac{1}{n}}\right)$, so gelten die reziproken Beziehungen

$$\frac{\log\zeta(s)}{s} = \int_1^{\infty} f(x)x^{-s-1}dx, \quad f(x) = \frac{-1}{2\pi i\log x}\int_{a-\infty i}^{a+\infty i}\frac{d}{ds}\left(\frac{\log\zeta(s)}{s}\right)x^s ds$$

$(a>1)$. Für $s=\frac{1}{2}+ti$ aber wird

$$\frac{s(s-1)}{2}\cdot\zeta(s)\Gamma\left(\frac{s}{2}\right)\pi^{-\frac{s}{2}} = \xi(t)$$

eine gerade Funktion von t, von der *Riemann* ohne ausreichende Begründung sagt: 1) sind $\alpha_\varkappa$ die der Grösse nach geordneten unendlich vielen Wurzeln von $\xi(t)=0$, deren reeller Teil >0, so ist

$$\xi(t) = \xi(0)\cdot\prod_{\varkappa=1}^{\infty}\left(1-\frac{t^2}{\alpha_\varkappa^2}\right);$$

2) es giebt annähernd $\frac{T}{2\pi}\left(\log\frac{T}{2\pi}-1\right)$ Wurzeln, deren reeller Teil zwischen 0 und T, 3) alle Wurzeln sind (wahrscheinlich) reell. Aus 1) schliesst er die (im ersten Teile rechts berichtigte) Formel

$$f(x) = \log\frac{1}{2} + Li(x) - \sum_{\alpha}\left(Li\left(x^{\frac{1}{2}+\alpha i}\right)+Li\left(x^{\frac{1}{2}-\alpha i}\right)\right)$$
$$+\int_x^{\infty}\frac{dx}{(x^2-1)x\log x}.$$

Riemann's Untersuchung ist durch mehrere neuere Arbeiten über ganze analytische Funktionen [II B 1] $f(z)=\sum_{m=0}^{\infty}a_m z^m$ ergänzt worden. *J. Hada-*

44) *Schlömilch*, Zeitschr. Math. Phys. 3 (1858), p. 130 und 23 (1878), p. 135; *Lipschitz*, J. f. Math. 54 (1857), p. 313; 105 (1889), p. 127; vgl. hierzu *Lerch*, Acta math. 11 (1887/88), p. 19.

45) *A. Hurwitz*, Zeitschr. Math. Phys. 27 (1882), p. 86.

mard[46]) hat deren Eigenschaften aus dem Verhalten ihrer Entwicklungskoeffizienten a_m zu ermitteln versucht. Seine wesentlichsten Resultate finden sich bei *H. v. Schaper*[46]) systematisch und mit Vereinfachungen, die u. a. durch einen Satz von *E. Schou* und durch Arbeiten von *E. Borel* bewirkt werden, speziell für „*Hadamard'sche*", d. i. solche Funktionen $f(z)$ hergeleitet, bei denen eine Zahl α (ihre „*Ordnung*") existiert, der Art, dass bei beliebig klein gegebenem δ für alle m, die grösser als eine entsprechende Zahl m_σ sind, $|a_m| < \frac{1}{(m\,!)^{\alpha-\delta}}$, während es beliebig grosse m giebt, für welche $|a_m| > \frac{1}{(m\,!)^{\alpha+\delta}}$ ist; dies sind zugleich die Funktionen $f(z)$ „*vom Typus* $e^{r^{\frac{1}{\alpha}}}$", bei welchen $|f(z)| < e^{r^{\frac{1}{\alpha}+\delta}}$ für hinreichend grosse $r = |z|$, ausserhalb jedes noch so grossen Kreises aber Punkte z vorhanden sind, für welche $|f(z)| > e^{r^{\frac{1}{\alpha}-\delta}}$ Denkt man eine solche Funktion in der Weierstrass'schen Produktform [II B 1]:

$$f(z) = e^{P(z)} \cdot \prod_\nu \left(1 - \frac{z}{z_\nu}\right) \cdot e^{Q\left(\frac{z}{z_\nu}\right)} = e^{P(z)} \cdot \prod_\nu (z),$$

in welcher z_ν die der Grösse r_ν nach geordneten Nullpunkte von $f(z)$, $P(z)$ ein Polynom vom Grade P,

$$Q\left(\frac{z}{z_\nu}\right) = \frac{z}{z_\nu} + \frac{1}{2}\left(\frac{z}{z_\nu}\right)^2 + \cdots + \frac{1}{E} \cdot \left(\frac{z}{z_\nu}\right)^E$$

und $E \gtreqless P$ die kleinste positive ganze Zahl ist, für welche $\sum \frac{1}{r_\nu^{E+1}}$ konvergiert, so heisst E nach *Edm. Laguerre* (Par. C. R. 94, 1882, p. 160, 635; 95, 1882, p. 828 = Oeuvres 1, p. 167, 171, 174) „das Geschlecht", nach *v. Schaper* „die Höhe" von $f(z)$. Zwischen E und α bezw. dem „Konvergenzexponenten" (nach *Borel* „ordre réel") ϱ, für welchen $\sum \frac{1}{r_\nu^{\varrho \pm \delta}}$ bei beliebig kleinem δ konvergiert resp. divergiert, besteht ein enger Zusammenhang. U. a. ist für Hadamard'sche Funktionen ohne Nullstellen oder mit einer endlichen Anzahl von solchen $E = \frac{1}{\alpha}$; wenn sie von der Form $\prod_\nu (z)$ sind, so ist $\varrho = \frac{1}{\alpha}$, und wenn

46) *J. Hadamard*, J. de math. (4) 9 (1893), p. 171; *H. v. Schaper*, Diss. Gött. 1898; *E. Schou*, Par. C. R. 125 (1897), p. 763, 764; *E. Borel*, Acta Math. 20 (1896/97), p. 357.

(für nicht ganzzahliges ϱ) E ihre Höhe, so ist $\prod_\nu(z)$ vom Typus e^{r^ϱ}, wo $E < \varrho < E + 1$, also

$$\lim_{m=\infty} |a_m| \cdot (m!)^{\frac{1}{E+1}} = 0,$$

„Poincaré'scher Satz" (Par. Soc. M. Bull. 1883, p. 136);

umgekehrt ist die Höhe $E = E(\varrho)$, wenn $\prod_\nu(z)$ vom Typus e^{r^ϱ}. — In Anwendung seiner Sätze auf die Riemann'sche Funktion $\xi(t)$ hat *Hadamard* (a. a. O.) nachgewiesen, dass das Geschlecht dieser Funktion, wenn sie als eine solche von t^2 aufgefasst wird, Null ist; daraus folgt die Riemann'sche These 1); ferner, dass $\frac{1}{\operatorname{mod} \alpha_\varkappa} \cdot \frac{\log \varkappa}{\varkappa}$ für $\varkappa = \infty$ zwischen $\frac{1}{7{,}56}$ und $\frac{e}{4}$, womit 2) stimmt. Genauer ist nach *H. v. Mangoldt* (J. f. Math. 114, 1895, p. 255; Auszug in Berl. Ber. 1894, p. 883) die Menge derjenigen Wurzeln, deren reeller Teil zwischen 0 und T, Null für $T \overline{\overline{<}} 12$, für $T > 12$ ihre Abweichung von *Riemann's* Ausdruck abs. $< 0{,}34 (\log T)^2 + 1{,}35 \log T + 2{,}58$. Für die Funktion

$$\Lambda(x, r) = \sum_{h=1}^{[x]} \frac{\nu(h)}{h^r} - \frac{\delta}{2} \cdot \frac{\nu(x)}{x^r}, \quad r \text{ reell}$$

($\delta = 1{,}0$, je nachdem x Primzahlpotenz oder nicht) gilt eine für reelle $x > 1$ konvergente Reihenentwicklung; setzt man aber, je nachdem x keine oder eine Primzahlpotenz ist,

$$f(x, r) = \sum_{h=1}^{[x]} \frac{\nu(h)}{\log h} \cdot \frac{1}{h^r} \text{ oder } = \frac{1}{2}\Big(f(x + 0, r) + f(x - 0, r)\Big),$$

so ist $f(x, r) = -\int \Lambda(x, r)\, dr$, $f(x, 0) = f(x)$ [p. 659 oben] und *H. v. Mangoldt's* Sätze führen zur Riemann'schen Formel und zur Einsicht, dass sie, nach den wachsenden Wurzeln geordnet, konvergiert. Schon vor Jenem gab *A. Piltz*[47]) durch ähnliche Betrachtungen, doch weniger überzeugend, eine Herleitung der Riemann'schen Formel und Fingerzeige für allgemeinere Fragen. Sein Prinzip, dass

$$\sum_{n=1}^{[x]} \frac{a_n}{n^s} = \sum_m \int_1^x f_m(x) x^{-s}\, dx$$

ist, wenn für alle s, deren reeller Teil eine bestimmte Zahl übertrifft,

$$\sum_{n=1}^{\infty} \frac{a_n}{n^s} = \sum_m \int_1^\infty f_m(x) x^{-s} dx$$

47) *A. Piltz*, Über die Häufigkeit der Primzahlen u. s. w., Jena 1884.

gesetzt werden kann, benutzte *E. Pfeiffer*[48]) zur Bestimmung der mittleren Klassenanzahl quadratischer Formen, sowie zum Nachweise, dass bis auf Grössen der Ordnung $\sqrt[3]{n}$ die Summe $\sum_{h=1}^{n} t(h)$ gleich $n \log n + (2\gamma - 1)n$ ist (s. u. „mittlere Werte" Nr. **6**).

Aus *Riemann*'s Formel folgt endlich

$$F(x) = \sum_{n=1}^{\infty} \mu(n) \cdot \frac{1}{n} f\left(x^{\frac{1}{n}}\right),$$

oder bei Vernachlässigung der periodischen Glieder

$$F(x) = \sum_{n=1}^{\infty} \mu(n) \cdot \frac{1}{n} Li\left(x^{\frac{1}{n}}\right) < Li(x),^{49})$$

übereinstimmend mit *Goldschmidt*'s Zählungen. Setzt man $F(x) = Li(x) - \frac{1}{2} Li\left(x^{\frac{1}{2}}\right)$, so ist die Abweichung genau von der Ordnung $x^{\frac{1}{2}}$, falls *Riemann*'s dritte, bisher einzig noch fragliche Aussage richtig ist (*Piltz*, p. 6). Nach *v. Mangoldt* (J. f. Math. 119, 1898, p. 65) und *Ch. J. de la Vallée-Poussin*[50]) ist

$$\lim_{x=\infty} \frac{F(x) - Li(x)}{F(x)} = 0;$$

dabei wird benutzt, was *Hadamard*, einfacher *Ch. J. de la Vallée-Poussin*[50]) gezeigt, dass $\zeta(s)$ keine Wurzel mit dem reellen Teil 1 oder 0 hat, und dass $\lim\limits_{x=\infty} \frac{\theta(x)}{x} = 1$. Noch zeigte *v. Mangoldt* (Berl. Ber. 1897, p. 835), nach ihm *E. Landau* (Diss. Berl. 1899), dass $\sum\limits_{h=1}^{\infty} \frac{\mu(h)}{h} = 0$, wie schon *Euler* (Intr. in anal. infin. 1, p. 229) ausgesagt.

48) Programm der Pfeiffer'schen Erziehungsanstalt, Jena 1886.

49) Vgl. *J. P. Gram*, Kjöbenh. Skrift. (6) 2 (1884), p. 185—308; er, wie *L. Oppermann* in Kjöbenh. Oversigt 1882, p. 169 giebt eine Zusammenfassung der Arbeiten über die Primzahlmenge. Die letztgeschriebene Summe hat nach *W. Preobraschensky*, Moskau Naturk. Ges. 5 (1892), Heft 1, einen Inflexionspunkt $x = 13256519$.

50) *Hadamard*, Par. C. R. 122 (1896), p. 1470 und Par. Soc. m. Bull. 24 (1896), p. 199; *de la Vallée-Poussin*, Brux. S. sc. Ann. 21 (1896), p. 183, 281, 363; 21 B (1897), p. 251, 343; *E. Cahen*'s Versuch, den letzteren Satz zu beweisen (Par. C. R. 116¹ (1893), p. 85), ist nicht überzeugend. S. über $\zeta(s)$ auch *J. Franel*, Zürich. Naturf. Ges. Viert. 41 (1896), 2. Teil, p. 7.

E. Meissel[51]) gab eine Formel, mittels deren die Primzahlmenge bis x berechnet werden kann, falls sie für gewisse kleinere Grenzen bekannt ist, und bestimmte und verglich diese mit den Resultaten der Annäherungsformeln innerhalb der ersten Milliarde.

Nach *F. Mertens* ist $\frac{1}{x}\sum \log p < 2$ (p Primzahlen $\overline{\gtrless} x$) und $\log n = \sum\limits_{p \overline{\gtrless} n} \frac{\log p}{p} + 2\delta$, δ echter Bruch; auf Grund hiervon ist

$$\left.\begin{aligned} \sum_{p \overline{\gtrless} x} \frac{1}{p} &= \log \log [x] + \gamma - g - \sigma \\ \prod_{p \overline{\gtrless} x} \frac{1}{1-\frac{1}{p}} &= e^{\gamma-\sigma} \log [x] \end{aligned}\right\} \lim_{x=\infty} \sigma = 0,$$

γ *Euler*'sche Konstante, $g = \sum\limits_{h=2}^{\infty} \left(\frac{1}{h} \sum \frac{1}{p^h}\right)$; die Konstante γ ist der Wert des aus der Theorie der Γ-Funktionen [II A 3, Nr. **13**] bekannten Integrals

$$\int\limits_0^\infty \left(\frac{1}{e^x-1} - \frac{e^{-x}}{x}\right) dx.$$

Mertens hat $\sum\limits_p \frac{1}{p}$ auch für die Fälle bestimmt, dass die Primzahlen p von vorgeschriebener Linearform oder durch eine quadratische Form darstellbar sind[52]) [I C 2, Nr. **c**, 5) u. 6)].

6. Mittlere Funktionswerte. *Mittlerer Wert* $\mathfrak{M} f(n)$ von $f(n)$ heisst jeder asymptotische Ausdruck für $\frac{F(n)}{n}$ oder, falls vorhanden, $\lim\limits_{n=\infty} \frac{F(n)}{n}$, wo $F(n)$ die summatorische Funktion $\sum\limits_{h=1}^{n} f(h)$; *Mittelwert* $Mf(n)$ von $f(n)$ (*an der Stelle* n) jeder asymptotische Ausdruck für

51) Math. Ann. 2 (1870), p. 636. Ähnlich *F. Rogel*, Math. Ann. 36 (1890), p. 304. S. auch *C. Hossfeld*, *Fr. Graefe*, *H. Vollprecht*, Zeitschr. f. Math. u. Phys. resp. 35 (1890), p. 382; 39 (1894), p. 38; 40 (1895), p. 118; *K. E. Hoffmann*, Arch. f. Math. 64 (1879), p. 333. S. zu diesem Gegenstande ferner *L. Lorenz*, Kjöb. Skr. (6) 5 (1891), p. 427, s. auch Tidssk. f. Math. (4) 2 (1878), p. 1 sowie *J. P. Gram* (aus Anlass der Rechnungen von *M. Bertelsen*) Acta math. 17 (1893), p. 301.

52) J. f. Math. 77 (1874), p. 289 und 78 (1874), p. 46; in der ersteren von beiden Arbeiten dehnt *Mertens* die Betrachtung auch auf komplexe Zahlen $a + bi$ aus [s. Anm. 57].

$\frac{1}{m}\sum_{h=1}^{m} f(n+h)$ bei grossen m, n, während $\frac{m}{n}$ beliebig klein (*Gauss*, Disqu. A. art. 301—304). Nächst *Gauss* hat *Dirichlet*[53]) solche Werte bestimmt, anfangs analytisch, später mittels der oben gegebenen Transformation von Summenausdrücken. So fand er

$$S(n) = \sum_{h=1}^{n} \int(h) = \frac{\pi^2}{12} n^2 + O(n \log n)\,^{54})$$

$$M\int(n) = \frac{\pi^2}{6} n;$$

$$T(n) = \sum_{h=1}^{n} t(h) = n \log n + (2\gamma - 1) n + O(\sqrt{n})$$

$$Mt(n) = \log n + 2\gamma;\,^{55})$$

hiernach ist $\frac{T[ne]}{ne} = Mt(n)$ (*A. Berger*, Upsala R. Soc. N. A. 11, 1880; sur quelques applications de la fonction Γ à la théorie des nombres, Upsala 1882). Setzt man $\frac{n}{h} - \left[\frac{n}{h}\right] = \varrho$, so ist asymptotisch $\frac{1}{n}\sum_{h=1}^{n} \varrho = 1 - \gamma < \frac{1}{2}$; die Anzahl A derjenigen Zahlen $1, 2, \ldots n$, für welche $\varrho < \frac{1}{2}$, übertrifft die Anzahl A' derer, für welche $\varrho > \frac{1}{2}$; aus der Anzahl der Zahlen $h = 1, 2, \ldots p$, für welche, während $0 < \alpha < 1$, $\frac{n}{h} - \left[\frac{n}{h}\right] < \alpha$ ist, fand *Dirichlet*[56])

$$A = n(2 - \log 4) + O(n^{1/2}), \quad A' = n(\log 4 - 1) + O(n^{1/2}).$$

Ferner ist $\Phi(n) = \sum_{h=1}^{n} \varphi(h) = \frac{3}{\pi^2} n^2$, der Fehler (*Dirichlet*) $O(n^\delta)$, δ zwischen 1, 2, (*Mertens*) $O(n \log n)$, und $M\varphi(n) = \frac{6}{\pi^2} n$.[57]) Daher

53) *Dirichlet*, J. f. Math. 18 (1838), p. 259; Berl. Ber. 1838, p. 13; Berl. Abh. 1849, p. 69 = Werke 1, p. 357, 351; 2, p. 49.

54) d. h. der Fehler ist von der Ordnung $n \log n$.

55) Im Anschluss hieran s. bei *L. Gegenbauer*, Wien. Denkschr. 49^2 (1885), p. 24, Formeln für die Anzahl der Teiler von k, welche $\gtreqless \sqrt{n}$, und eine Menge anderer.

56) *Dirichlet*, Berl. Ber. 1851, p. 20 = Werke 2, p. 97; dazu *V. A. Lebesgue*, J. de math. (2) 1 (1856), p. 377; *L. Gegenbauer*, Wien. Denkschr. 49^2 (1885), p. 108.

57) *Mertens*, J. f. Math. 77 (1874), p. 289; er hat auch den Fall komplexer Zahlen $a + bi$ behandelt [s. Anm. 52]. S. die letzte Formel auch bei *Berger* a. a. O., die erstere unter der Form $\lim \frac{\Phi(n)}{n^2} = \frac{3}{\pi^2}$ bei *J. Perott* (Bull. sci. math. astr.

ist $\frac{3}{\pi^2} n^2$ die asymptotische Anzahl der reduzierten Brüche $\frac{x}{y}$, deren Zähler und Nenner $\overline{\gtrless} n$, $\frac{6}{\pi^2}$ die Wahrscheinlichkeit [I D 1], dass zwei Zahlen $x, y \overline{\gtrless} n$ relativ prim sind[58]). Desgleichen ist

$$P(n) = \sum_{h=1}^{n} p(h) = \frac{6n}{\pi^2}\left(\log n + 2\gamma - 1 + \frac{12\varphi}{\pi^2}\right)$$

mit dem Fehler (*Mertens*) $O\left(n^{\frac{1}{2}} \log n\right)$, also

$$Mp(n) = \frac{6}{\pi^2}\left(\log n + 2\gamma + \frac{12\varphi}{\pi^2}\right), \qquad \varphi = \sum_{h=2}^{\infty} \frac{\log h}{h^2}.$$

Die mittlere Anzahl der Darstellungen [I C 2, Nr. c, 5)] einer positiven ganzen Zahl durch eine quadratische Form (a, b, c) der Determinante D (für $D > 0$ mittels in früher bezeichneter Weise beschränkter Variabeln) ist $\frac{\tau\vartheta}{2}$.[59]) Allgemeiner gab *Lipschitz*[60]) den Mittelwert der Anzahl eigentlicher Darstellungen durch eine Form [I C 2, Nr. e, g] mit mehr Variabeln oder von höherer Dimension, z. B. ist er für eine positive quadratische Form mit ν Variabeln und der Determinante D [im Sinne von I C 2, Nr. e, 1)]:

$$\frac{1}{\sqrt{D}} \cdot \frac{2^{\left[\frac{\nu-1}{2}\right]} \cdot \pi^{\left[\frac{\nu}{2}\right]}}{(\nu-2)(\nu-4)\cdots\left(\nu - 2\cdot\left[\frac{\nu-1}{2}\right]\right)} \cdot \frac{n^{\frac{\nu}{2}-1}}{\sum_{h=1}^{\infty} h^{-\nu}};$$

ferner den Mittelwert der Anzahl Klassen eigentlich primitiver, positiver, binärer quadratischer Formen mit der Determinante $-\Delta$:

---

(2) 5 (1881), p. 37, 183); *Cesàro* sagt dafür: $\varphi(n)$ sei asymptotisch $\frac{6n}{\pi^2}$, an welche Aussage sich eine Diskussion mit *W. Jensen* [Par. C. R. 106 (1888), p. 1651; 107 (1888), p. 81, 426 und Ann. di mat. (2) 16 (1888), p. 178] knüpft. *Berger*, Acta math. 9 (1887), p. 301 giebt u. a. die Formel

$$\lim_{\text{ung.}\, m = \infty} \cdot \frac{\mu(1) + \mu(3) + \cdots + \mu(m)}{m} = \frac{\pi}{4}$$

und eine ähnliche für die Anzahl der Lösungen von $x^2 + y^2 = m$.

58) *Sylvester*, Par. C. R. 96 (1883), p. 409; *Cesàro*, J. Hopkins Circ. 2 (1883), p. 85 beansprucht diesen Satz für sich.

59) Vgl. *Gauss* Werke 2 (1837), p. 279.

60) *Lipschitz*, Berl. Ber. 1865, p. 174. *Mertens* [Wien. Ber. 106 (1897), p. 411] bestimmte den asymptotischen Ausdruck für

$$\sum \frac{1}{ax^2 + 2bxy + cy^2}, \quad ax^2 + 2bxy + cy^2 \overline{\gtrless} n$$

für $b^2 - ac < 0$.

$$MH(-\Delta) = \frac{2\pi}{7\sum\limits_1^\infty \frac{1}{n^3}} \cdot \sqrt{\Delta} = \frac{\pi\sqrt{\Delta}}{4\left(1+\frac{1}{3^3}+\frac{1}{5^3}+\cdots\right)}$$

(*Gauss* Werke 2 (1837), p. 284; in Disqu. A. art. 302 ist $\frac{-2}{\pi^2}$ hinzugefügt; über Formen mit positiver Determinante s. art. 304). Einen direkteren Beweis hierfür gab *Mertens*, J. f. Math. 77, 1874, p. 312. *Gauss'* Ausdrücke für den Mittelwert der Anzahl $G(D)$ der Geschlechter quadratischer Formen (Disqu. A. art. 301), für den Fall einer negativen Determinante $D = -\Delta$ die Formel

$$MG(-\Delta) = \frac{4}{\pi^2}\left(\log\Delta + 2\gamma + \frac{12\varphi}{\pi^2} - \frac{1}{6}\log 2\right),$$

bestätigte *Dirichlet* (Berl. Abh. 1849, p. 69 = Werke 2, p. 49) [I C 2, Nr. c, 12)].

Zur Herleitung solcher mittleren Werte kann der Satz dienen: Ist $\mathsf{F}(1+\varrho) = \sum\limits_{h=1}^{\infty} \frac{f(h)}{h^{1+\varrho}}$ nach steigenden Potenzen von ϱ entwickelbar, so beginnt, falls $\mathfrak{M}f(n) = \lim\limits_{n=\infty} \frac{F(n)}{n}$, die Entwicklung mit $\frac{\mathfrak{M}f(n)}{\varrho}$. Konvergiert $\mathsf{F}(s)$ für alle s, deren reeller Teil $\geqq \sigma > 0$, und ist für $x > 0$ und $a \geqq \sigma$:

$$J(x) = \frac{1}{2\pi i}\int\limits_{a-\infty i}^{a+\infty i} x^s\,\mathsf{F}(s)\,d\log s,$$

so folgt $J(x) = f(1) + f(2) + \cdots + \lambda\cdot f[x]$, wo $\lambda = \frac{1}{2}$, 1, jenachdem x ganzzahlig oder nicht; also ist $f(n) = J(n+0) - J(n-0)$. Wie auch dies zu jenem Zwecke zu nutzen, zeigte *G. Halphen*[61]).

Eine Menge asymptotischer Formeln gab *L. Gegenbauer* u. a. an den in Nr. **3** citierten Stellen, sowie meist mit elementaren Hilfsmitteln *Cesàro* (Liège Mém. (2) 10, 1883, p. 1—360); z. B. ist (Note 12) die Summe der reziproken (direkten) m^{ten} Potenzen der Teiler von n im Mittel $\zeta(m+1)$ (resp. $n^m\zeta(m+1)$), für $m=1$ also $\frac{\pi^2}{6}$ $\left(\text{resp. } n\,\frac{\pi^2}{6}\right)$; die letztern besonderen Fälle s. auch bei *Berger*, a. a. O. Ferner ist (*Cesàro*, a. a. O. p. 230) die mittlere Anzahl (Summe) gemeinsamer Teiler zweier Zahlen n, n'

$$\mathfrak{M}\,t(n:n') = \frac{\pi^2}{6}, \quad \mathfrak{M}\!\int(n:n') = \log\sqrt{nn'} + 2\gamma - \frac{\pi^2}{12} + \frac{1}{2};$$

(p. 307 u. 315)

$$\mathfrak{M}\varepsilon(n) = \frac{6n}{\pi^2}, \qquad \mathfrak{M}\mu(n) = \frac{36}{\pi^4}, \quad \mathfrak{M}\nu(n) = 1.$$

61) *Halphen*, Par. C. R. 96 (1883), p. 634; vgl. *G. Cantor*, Math. Ann. 16 (1880), p. 587.

Heisst $\frac{\Pi(n)}{n}$ *mittlere Dichtigkeit* der Primzahlen bis n, so ist $\Pi'(n)$ ihre Dichtigkeit in n; für $\Pi(n) = \frac{n}{\log n - 1}$ (*Tschebyscheff*) folgt $\frac{\Pi[ne]}{ne} = \frac{1}{\log n} = \Pi'(n)$. Andere asymptotische Bestimmungen betreffend den grössten gemeinsamen Teiler, das kleinste gemeinsame Vielfache von Zahlen, den grössten quadratischen Teiler einer Zahl u. a. s. in mehreren Arbeiten von *Cesàro* in Ann. di mat. (2) 13, 1885, p. 235, 251, 269, 291, 295, 315, 323, 329; ebenda behandelt er Fragen analog denen von *Dirichlet* über die Division [Anmerk. 56], giebt (N. Ann. (3) 5, 1885, p. 209) Sätze über die Verteilung der Polygonalzahlen in der natürlichen Zahlenreihe, u. a. m.

7. Transcendenz der Zahlen e und π. Natur und Begründung der Irrationalzahlen sind neuerdings viel untersucht[62]). Diese Zahlen i sind in unendliche gewöhnliche Kettenbrüche [I A 3, Nr. 45 ff.] entwickelbar. Setzt man (*E. B. Christoffel*)[63]) für $i < 1$:

$$ni = [ni] + (ni), \quad i + (ni) - (\overline{n+1} \cdot i) = g_n,$$

so zeigt die Reihe $g_1, g_2, g_3, \ldots$ nur Nullen und Einsen, deren Succession (*Charakteristik* von i) vom Kettenbruche derart abhängt, dass jeder Irrationellen i eine bestimmte Charakteristik, jeder Charakteristik ein bestimmter Kettenbruch, also auch eine bestimmte Irrationelle i zugehört. *Daher sieht Christoffel i als Ausdruck für die Abzählungen in der Charakteristik an.*

Auf die Existenz unendlich vieler ganzer Zahlen x, y, für welche $x - yi$ numerisch $< \frac{1}{y}$, gründete *Dirichlet*[64]) die Auflösung der Pellschen Gleichung [I C 2, Nr. c, 2)]; nach *Tschebyscheff*[65]) [I C 2, Nr. a, 12)] giebt es auch unendlich viele x, y, für welche $x - yi - k < \frac{1}{2} \cdot \frac{1}{y}$ $\left(\text{nach } \textit{Ch. Hermite} \text{ genauer } < \sqrt{\frac{2}{27}} \cdot \frac{1}{y}\right)$. Annäherungssätze solcher Art sind allgemeiner von *Hermite* in seinen zahlentheoretischen Briefen

62) S. namentlich *Dedekind,* Stetigkeit und Irrationalzahlen, Braunschweig 1872, 2. Aufl. 1892; *G. Cantor*, Mannigfaltigkeitslehre, Leipzig 1883 = Math. Ann. 21, p. 545; *E. Heine,* J. f. Math. 74 (1872), p. 172; *P. Bachmann,* Natur der Irrationalzahlen, Leipz. 1892; *M. Pasch,* Math. Ann. 40 (1892), p. 149; vgl. *E. Illigens* ebend. 33 (1889), p. 155 u. 35 (1890), p. 451.

63) Ann. di mat. (2) 15 (1888), p. 253. Vgl. dazu *St. Smith*, Mess. (2) 6 (1876), p. 1 = Coll. pap. 2, p. 135.

64) *Dirichlet,* Par. C. R. 1840, p. 286; Berl. Ber. 1841, p. 280; 1842, p. 93; 1846, p. 103 = Werke 1, p. 619, 625, 633, 639.

65) S. bei *Ch. Hermite,* J. f. Math. 88 (1880), p. 10.

(J. f. Math. 40, 1850, p. 261, 279, 291, 308), neuerdings in *H. Minkowski*'s Geometrie der Zahlen, Leipz. 1896, 1. Lief. begründet. S. dazu *Hurwitz*, Math. Ann. 39, 1891, p. 279, sowie die Theorie der linearen und quadratischen Formen [I C 2, Nr. **a** — **e**]. Die quadratischen Irrationellen (Wurzeln ganzzahliger Gleichungen 2. Grades) sind durch periodische Kettenbrüche charakterisiert [I A 3, Nr. **51**; I C 2, Nr. **a**, 12)], insofern der gewöhnliche Kettenbruch für die Wurzel einer ganzzahligen quadratischen Gleichung periodisch ist, und umgekehrt; den Kettenbruch für die zweite Wurzel erhält man nach einem Galoisschen Satze (J. de math. 11, 1846, p. 385), wenn man — 1 durch jenen mit umgekehrter Folge der Teilnenner dividiert[66]).

Jacobi machte es wahrscheinlich, dass den kubischen Irrationellen ein ähnlicher Charakter zukommt[67]).

Neuestens hat *Minkowski* (Gött. Nachr. 1899, p. 64, s. auch I C 2, Nr. **a**, 12)]) solchen Charakter allgemein für die algebraischen Zahlen n^{ten} Grades [I C 4 a, Nr. **1**] angegeben. Sei a eine algebraische Zahl und

$$\xi = x_1 + a x_2 + a^2 x_3 + \cdots + a^{n-1} x_n;$$

indem man n unabhängige Systeme der n Veränderlichen $x_i < r$ wählt, für welche ξ die kleinstmöglichen Werte erhält, bildet man für wachsende r eine „*Kette*" von Substitutionen $P_1, P_2, P_3, \ldots$, durch welche ξ in $\chi_1, \chi_2, \chi_3, \ldots$ übergehe; die algebraischen Zahlen a vom n^{ten} Grade sind dann dadurch charakterisiert, dass die Kette nicht abbricht und unter den χ nur eine endliche Anzahl wesentlich verschiedener vorhanden ist und in ihnen alle Koeffizienten von Null verschieden sind.

Die Kettenbruchentwicklung für $\sqrt{D}$ ist periodisch mit *einem* Vorgliede und von einer der Formen:

$$(q_0; q_1, q_2, \ldots q_h, q_h, \ldots q_2, q_1, 2q_0; \ldots), \quad \text{Periode ohne Mittelglied,}$$

$$(q_0; q_1, \ldots q_h, k, q_h, \ldots q_1, 2q_0; \ldots), \quad \text{Periode mit Mittelglied.}$$

Im ersten Fall bilden Zähler und Nenner von

$$(q_0; q_1, \ldots q_1, 2q_0; q_1, \ldots q_1),$$

im zweiten Falle Zähler und Nenner von

$$(q_0; q_1, \ldots k, \ldots q_1)$$

die Auflösung der Pell'schen Gleichung $x^2 - Dy^2 = 1$ in kleinsten positiven ganzen Zahlen [I C 2, Nr. **c**, 2)]. Die Gleichung $x^2 - Dy^2 = -1$

66) S. über die Bedingung gleicher Perioden für beide Wurzeln *Lebesgue*, J. de math. 5 (1840), p. 281; *E. Galois* ebend. 11 (1846), p. 385.

67) J. f. Math. 69 (1868), p. 1 = Werke 6, p. 355.

ist nur erfüllbar im ersteren Falle, wo Zähler und Nenner von $(q_0; q_1, q_2, \dots q_2, q_1)$ die Auflösung in kleinsten positiven ganzen Zahlen liefern; die Entwicklung bis zum ersten Quotienten q_h giebt alsdann eine Darstellung von D als Summe zweier Quadrate. Diese schon von *Lagrange* gefundenen und von *Legendre* in seiner théorie des nombres (1. Hauptteil § 7) reproduzierten Resultate sind u. a. von *Stern*, J. f. Math. 10, 1833, p. 1, 154, 241, 364; ebend. 11, 1834, p. 33, 142, 277, 311 sowie ebend. 53, 1857, p. 1 eingehend erörtert; hier finden sich Bemerkungen zur Vereinfachung der Berechnung einer „Pell'schen Tafel" wie *Degen*'s canon Pellianus, Hafniae 1817 (s. dazu Erweiterungen bei *A. Cayley*, Brit. Ass. Rep. 1893, p. 73 = Papers 13, p. 430), der die kleinsten Auflösungen der Gleichung bis $D = 1000$ giebt. Vgl. auch *Ad. Göpel*, J. f. Math. 45, 1853, p. 1, wo Sätze über Darstellungen von Zahlen in der Form $x^2 - Dy^2$ hergeleitet werden, und zur Kettenbruchentwicklung von $\sqrt{D}$ und den gemischt-periodischen Kettenbrüchen [I A 3, Nr. **51**] *E. de Jonquières*, Par. C. R. 96, 1883, p. 1297, 1351, 1420, 1490.

J. Liouville[68]) zeigte zuerst, dass es auch *transcendente* Zahlen (welche nicht Wurzeln einer ganzzahligen algebraischen Gleichung sein können) giebt, indem er nachwies, dass die Teilnenner des gewöhnlichen Kettenbruchs einer algebraischen Zahl einer gewissen Bedingung unterworfen sind, und einen Kettenbruch bildete, dessen Teilnenner diese nicht erfüllen. *G. Cantor* schloss dasselbe (J. f. Math. 77, 1874, p. 258) aus der Möglichkeit, den Inbegriff aller reellen algebraischen Zahlen in eine gesetzmässige („*abzählbare*") Reihe zu ordnen [I A 5, Nr. 2, Fussn. 8]. Aus den Kettenbrüchen für $\frac{e^x - e^{-x}}{e^x + e^{-x}}$ und $\operatorname{tang} x$ fand *J. H. Lambert*[69]), dass π und e^m für rationales m nicht rational sind, nach *Legendre*[69]) ist es auch π^2 nicht. *J. Liouville*[70]) bewies mittels der Reihe für e, dass weder e noch e^2 rational oder eine quadratische Irrationelle ist. *Hurwitz*[71]) betrachtete Kettenbrüche, deren Teilnenner höhere arithmetische Reihen bilden, nämlich Kettenbrüche von folgender Form:

$$(q_0, q_1, q_2, \dots q_i, \overline{\varphi_1(m), \varphi_2(m), \dots \varphi_k(m)}),$$

wo unter $\overline{\varphi_1(m), \varphi_2(m), \dots \varphi_k(m)}$ die Folge dieser Werte für $m = 1, 2, 3, \dots$ zu verstehen ist; er leitete u. a. die Formeln her:

68) J. de math. 16 (1851), p. 133.

69) *H. Lambert*, Berl. Hist. 17 (1761), p. 265; *Legendre*, Élémens de géométrie, Paris 1794; 12. éd. 1823, 4. Anmerkung.

70) J. de math. 5 (1840), p. 192, 193.

71) *Hurwitz* in Zürich. Naturf. Ges. Viert. 41 (1896), p. 34.

$$e = (2, \overline{1, 2m, 1}), \quad e^2 = (7, \overline{3m - 1, 1, 1, 3m, 12m + 6}),$$

deren erste schon bei *Euler*, Petr. Comm. 9, 1744 (1737), p. 120 sich findet, und schloss, dass e nicht Wurzel einer ganzzahligen Gleichung 1., 2., 3. Grades sein kann. Doch waren schon *Hermite*'s epochemachende Untersuchungen voraufgegangen [72]), welche die Transcendenz von e feststellten. Bildet man aus $A = \sin x$ die Grössen

$$A_1 = \int_0^x x A\, dx, \quad A_2 = \int_0^x x A_1\, dx, \ldots$$

für welche $A_{n+1} = (2n + 1) A_n - x^2 A_{n-1}$ ist, eine Formel, die zum Lambert'schen Kettenbruche

$$\operatorname{tang} x = \cfrac{x}{1 - \cfrac{x^2}{3 - \cfrac{x^2}{5 - \cdots}}}$$

führt, so lässt sich A_n in jeder der beiden Formen darstellen:

$$\psi(x) \sin x + \chi(x) \cos x = \frac{x^{2n+1}}{2 \cdot 4 \cdots 2n} \int_0^1 (1 - z^2)^n \cos xz\, dz,$$

wo $\psi(x)$, $\chi(x)$ ganze ganzzahlige Funktionen von x; hieraus folgerte *Hermite*, dass weder π noch π^2 rational ist. Ferner schliesst er durch Auflösung der Gleichungen

$$A_n = \psi(x) \sin x + \chi(x) \cos x, \int_0^x A_n dx = \psi_1(x) \sin x + \chi_1(x) \cos x + C$$

nach $\sin x$, $\cos x$, dass die Entwicklungen von $\sin x$, $\cos x$ nach steigenden Potenzen von x bis auf Potenzen vom Grade $\overline{\gtrless} 2n$ mit denjenigen zweier gebrochener Funktionen mit gemeinsamem Nenner übereinstimmen, und findet so auch für e^x einen Näherungsbruch mit gleicher Annäherung. Allgemeiner ist aber für eine ganze Funktion $F(z)$ vom Grade μ

(H) $$\int e^{-zx} F(z)\, dz = -e^{-zx} \cdot \mathfrak{F}(z),$$

wo

$$\mathfrak{F}(z) = \frac{F(z)}{x} + \frac{F'(z)}{x^2} + \cdots + \frac{F^{(\mu)}(z)}{x^{\mu+1}};$$

72) *Hermite*, Sur la fonction exponentielle, Paris 1874 und J. f. Math. 76 (1873), p. 303, 342.

hiernach findet sich für

$$F(z) = f(z)^m = [z(z-z_1)(z-z_2)\cdots(z-z_n)]^m,$$

$$e^{z_i x}\cdot N(x) - M_i(x) = x^{\mu+1}\cdot e^{z_i x}\cdot\int_0^{z_i} e^{-zx} f(z)^m\, dz,$$

wo $M_i(x)$, $N(x)$ ganze, ganzzahlige Funktionen sind, womit n Brüche mit demselben Nenner geliefert werden, die sich gleichzeitig bis auf dieselbe Potenz von x den Exponentialgrössen $e^{z_1 x}, e^{z_2 x}, \ldots e^{z_n x}$ annähern. Zwischen den für die successiven Werte von m gebildeten Näherungsbrüchen besteht ein Rekursionsgesetz ähnlich demjenigen bei den Näherungsbrüchen eines Kettenbruchs, aus dessen Betrachtung die Beziehung

$$\varepsilon_{i,m}^h = \frac{1}{1\cdot 2\cdot 3\cdots(m-1)}\int_{z_0}^{z_i} e^{-z}\frac{f(z)^m}{z-z_h}\, dz = e^{-z_0}\cdot\alpha_0^h - e^{-z_i}\cdot\alpha_i^h,$$

wo zugleich mit $z_0 = 0, z_1, z_2, \ldots$ auch α_0^h, α_i^h ganze Zahlen sind, hervorgeht; da $\varepsilon_{i,m}^h$ mit wachsendem m unendlich abnimmt, würde eine ganzzahlige Gleichung

$$e^{z_0}N_0 + e^{z_1}N_1 + \cdots + e^{z_n}N_n = 0$$

zu dem Systeme linearer Gleichungen

$$\alpha_0^h N_0 + \alpha_1^h N_1 + \cdots + \alpha_n^h N_n = 0$$
$$(h = 0, 1, 2, \ldots n)$$

führen, welches unmöglich ist, da seine Determinante nicht Null; somit ist e transcendent. —

Durch eine Verallgemeinerung der Hermite'schen Betrachtung erlangte *F. Lindemann*[73]) den Nachweis der Transcendenz auch für π. Da nämlich $e^{\pi i} = -1$, so muss π transcendent sein, wenn e^{ζ} für jede (ganze) [I C 4a, Nr. 2] algebraische Zahl ζ irrational ist. Sind aber $\zeta_1, \zeta_2, \ldots \zeta_n$ die Wurzeln der irreduzibeln Gleichung, der ζ genügt, und $M_1, M_2, \ldots M_n$ die Koeffizienten der Gleichung mit den Wurzeln $e^{\zeta_1}, e^{\zeta_2}, \ldots e^{\zeta_n}$, so müsste, falls eine der letztern rational wäre, für ganzzahlige N_i eine Identität

$$N_0 + M_1 N_1 + \cdots + M_n N_n = 0$$

---

73) *Lindemann*, Math. Ann. 20 (1882), p. 213. Eine einfache Darstellung der Arbeiten von *Hermite* und *Lindemann* bezweckt *E. Rouché*, N. Ann. (3) 2 (1883), p. 5.

bestehen. Der Nachweis ihrer Unmöglichkeit fliesst aus den gleichen Beziehungen zwischen bestimmten Integralen wie zuvor, doch sind die Integrationswege der letzteren jetzt komplex [II B 3]; zwei Fälle sind dabei zu unterscheiden, von denen der zweite, in welchem die algebraisch verschiedenen Werte der Ausdrücke $\zeta_1 + \zeta_2$, $\zeta_1 + \zeta_2 + \zeta_3, \ldots$ nicht auch sämtlich numerisch verschieden sind, erhebliche Schwierigkeiten verursacht. Diesen Beweis hat *K. Weierstrass* [74]) wesentlich vereinfacht, indem er aus elementaren Betrachtungen einen Hilfssatz herleitet, der auch aus der Formel (H) gewonnen werden kann und also lautet: Ist $f(z)$ eine ganze ganzzahlige Funktion $(n+1)^{\text{ten}}$ Grades mit den von einander verschiedenen Wurzeln $z_0, z_1, z_2, \ldots z_n$, so giebt es ein System $g_0(z), g_1(z), \ldots g_n(z)$ von $n+1$ ganzen ganzzahligen Funktionen höchstens vom Grade n, so beschaffen, dass die Determinante der Grössen $g_i(z_k)$ nicht Null und jede der Differenzen $g_i(z_0)\cdot e^{z_k} - g_i(z_k)\cdot e^{z_0}$ (für $i, k = 0, 1, 2, \ldots n$) absolut kleiner als ein beliebig kleiner Wert δ ist. Da $e^{\pi i} + 1 = 0$, muss π transcendent sein, wenn $e^x + 1$ für jeden algebraischen Wert x von Null verschieden ausfällt. Dies wird gezeigt durch Betrachtung des Produkts

$$P = \prod_{h=1}^{r} (e^{x_h} + 1) = \sum e^{z_k},$$

in welchem $x_1, x_2, \ldots x_r$ die Wurzeln der irreduzibeln Gleichung, der x genügt, und z_k die Null, jedes x_h, jede Summe zweier x_h, u. s. w. bedeuten, sowie durch Anwendung des Hilfssatzes auf die ganzzahlige Gleichung, deren Wurzeln die *verschiedenen* dieser Werte: $z_0 = 0$, z_1, $z_2, \ldots z_n$ sind. In Verfolgung des gleichen Weges ergiebt sich auch der allgemeinste der Lindemann'schen Sätze, dass $\sum_{i=1}^{r} X_i e^{x_i} = 0$ unmöglich ist, wenn die x_i verschiedene, die X_i beliebige, nur nicht sämtlich verschwindende algebraische Zahlen sind. Insbesondere folgt daraus, dass e^x, $\log x$ stets transcendent sind, wenn x eine von 0 resp. 1 verschiedene algebraische Zahl ist, ein Satz, von welchem das Hermite'sche Resultat betreffend die Zahl e den einfachsten Fall ausmacht.

Durch den Nachweis von der Transcendenz von π fand auch das Problem von der Quadratur des Kreises [III A 3] seine endgiltige Lösung,

---

74) Berl. Ber. 1885, p. 1067. Eine Erweiterung seiner Betrachtungen auf die Integrale linearer Differentialgleichungen gaben *Hurwitz* Math. Ann. 22 (1883), p. 211 und *E. Ratner*, ebenda 32 (1888), p. 566.

wenn auch in negativem Sinne, insofern es unmöglich ist, sie mittels Zirkel und Lineal zu leisten, da sonst π eine quadratische Irrationelle sein müsste; s. zur Geschichte dieses Problems u. a. *F. Rudio*'s Schrift: *Archimedes, Huygens, Lambert, Legendre*, Leipzig 1892; *F. Klein*, Vorträge über Elementargeometrie, ausgearb. v. *F. Tägert*, Leipzig 1895.

Seit *Weierstrass* sind diese Nachweise noch weiter vereinfacht durch *D. Hilbert*, *A. Hurwitz* und *P. Gordan*[75]). Der Erstgenannte multipliziert die angenommene Gleichung

$$\text{(e)} \qquad a + a_1 e + a_2 e^2 + \cdots + a_n e^n = 0$$

mit $\int\limits_0^\infty [z(z-1)(z-2)\cdots(z-n)]^{\varrho+1} \cdot \frac{e^{-z}dz}{z}$; setzt man

$$P_1 = a\int\limits_0^\infty + a_1 e\int\limits_1^\infty + a_2 e^2\int\limits_2^\infty + \cdots + a_n e^n\int\limits_n^\infty,$$

$$P_2 = \qquad a_1 e\int\limits_0^1 + a_2 e^2\int\limits_0^2 + \cdots + a_n e^n\int\limits_0^n,$$

so ist bei passender Wahl der ganzen Zahl ϱ die ganze Zahl $\frac{P_1}{\varrho!}$ von Null verschieden und $\frac{P_2}{\varrho!} < 1$, also nicht $P_1 + P_2 = 0$, d. h. e ist transcendent. In analoger Weise ergiebt sich die Transcendenz von π aus der Betrachtung des über die Wurzeln α einer für $i\pi$ angenommenen algebraischen Gleichung ausgedehnten Produktes $\Pi(1 + e^\alpha)$. *Hurwitz* zeigt die Transcendenz von e, indem er, Integrale vermeidend, den Satz benutzt, dass, wenn für eine ganze Funktion r^{ten} Grades $f(x)$

$$F(x) = f(x) + f'(x) + \cdots + f^{(r)}(x)$$

gesetzt wird,

$$\text{(f)} \qquad e^{-x}F(x) - F(0) = -xe^{-\theta x} \cdot f(\theta x), \qquad 0 < \theta < 1$$

ist; dass (e) unmöglich ist, findet sich dann durch Anwendung dieser Formel für $x = 1, 2, \ldots n$ auf die Funktion

$$f(x) = \frac{1}{(p-1)!} x^{p-1}[(x-1)(x-2)\cdots(x-n)]^p,$$

falls p Primzahl $> n$ und $> a$. Statt (f) zu benutzen, stützt sich *Gordan* auf die Reihe für e^x. Ist nämlich $(x+h)^{(r)}$ das, was aus $(x+h)^r$ entsteht, wenn h^k durch $k!$ ersetzt wird, so ist

$$c_r \cdot r!\, e^x = c_r(x+h)^{(r)} + q_r e^{\xi} \cdot c_r x^r,$$

75) Math. Ann. 43 (1893), p. 216, 220, 222 resp.; s. auch Gött. Nachr. 1893, p. 153. Vgl. noch den algebraischen Beweis von *K. Th. Vahlen* in einer demnächst in den Math. Ann. erscheinenden Arbeit.

wo ξ absoluter Betrag von x, und derjenige von $q_r < 1$ ist; die Anwendung dieser Formel auf die entwickelte Hurwitz'sche Funktion $f(x) = \sum c_r x^r$ ergiebt die Transcendenz von e; die Verallgemeinerung für π wird analog erreicht wie bei *Hilbert*. Gleichfalls mittels der Reihe für e^x gab endlich *F. Mertens* einen ebenfalls elementaren aber umständlicheren Beweis der Lindemann'schen Sätze [76]). Im Zusammenhange mit diesem Gegenstande s. *Paul Stäckel*, Untersuchungen über arithmetische Eigenschaften analytischer Funktionen, Math. Ann. 46, 1895, p. 513.

76) *Mertens*, Wien. Ber. 1896, p. 839.

Nachträge zu I C 3.

Zu Nr. 5. Neuestens (Par. Soc. m. Bull. 28, 1900) leitete *E. Landau* aus dem asymptotischen Werte x von $\sum_{p \overline{\gtrless} x} \log p$ mittels eines allgemeinen, den asymptotischen Wert einer Summe $\sum_{p \overline{\gtrless} x} F(p, x)$ betreffenden Satzes die schon von *Hadamard* a. a. O. gegebene allgemeinere Beziehung: $\sum_{p \overline{\gtrless} x} \log p \cdot \log^{\mu-1} \frac{x}{p}$ für $\mu > 1$ asymptotisch gleich $x\,\Gamma(\mu)$ her, sowie einen asymptotischen Ausdruck für die Anzahl der Zahlen $\leqq x$, die aus k verschiedenen Primfaktoren bestehen.

In seiner Dissert. (Kiel 1900) gab *H. Teege* eine neue Vorzeichenbestimmung für die Gauss'schen Summen, nebst einer Modifikation des Kronecker'schen Verfahrens [Fussnote 18)], ferner eine Ergänzung der Stern'schen Kombinationen [Ende von Nr. 1], sowie den Nachweis, dass auch für quadratische Formen von negativer Determinante die Klassenanzahl mittels der Funktionen $Y(x)$, $Z(x)$ [Nr. 2] mit der Kreisteilung zusammenhängt.

Die Litteraturnachweise zu I C 3 hat *W. Fr. Meyer* wesentlich vervollständigt.

I C 4 a. THEORIE DER ALGEBRAISCHEN ZAHLKÖRPER

VON

DAVID HILBERT

IN GÖTTINGEN.

Inhaltsübersicht.

Litteratur.

Lehrbücher und Monographien.

R. Dedekind, Supplement XI zu *Lejeune-Dirichlet*'s Vorlesungen über Zahlentheorie. 4. Auflage, Braunschweig 1894.

R. Dedekind, Über die Diskriminante endlicher Körper, Göttingen 1882 = Gött. Abh. 29, 1882.

L. Kronecker, Grundzüge einer arithmetischen Theorie der algebraischen Grössen, Berlin 1882 = J. f. Math. 92, p. 1.

H. Weber, Lehrbuch der Algebra, 2. Auflage, Braunschweig 1898; frz. v. *J. Griess*, Par. 1898.

J. J. Iwanow, Die ganzen komplexen Zahlen, St. Petersb. 1891 und Petersb. Abh. 72, 1893.
J. Sochocki, Das Prinzip des grössten gemeinsamen Teilers in Anwendung auf die Theorie der algebraischen Zahlen, St. Petersburg 1893.
H. Minkowski, Geometrie der Zahlen, 1. Lief., Leipzig 1896.
D. Hilbert, Die Theorie der algebraischen Zahlkörper, Deutsche Math.-Ver. 4, 1897, p. 175.

Die vorstehend genannten Werke werden im folgenden nicht mehr besonders citiert. Ein genaues Verzeichnis der Litteratur über algebraische Zahlkörper findet sich in dem Jahresbericht der deutschen Math.-Ver. 4, Berlin 1897, p. 526.

---

1. Algebraischer Zahlkörper. Eine Zahl α, welche einer Gleichung mit rationalen Zahlenkoeffizienten genügt, heisst eine *algebraische Zahl.* Sind $\alpha, \beta, \ldots, \varkappa$ eine endliche Anzahl beliebiger algebraischer Zahlen, so bilden alle rationalen Funktionen von $\alpha, \beta, \ldots, \varkappa$ mit rationalen Zahlenkoeffizienten ein in sich abgeschlossenes System von algebraischen Zahlen, welches *Zahlkörper, Körper* (*R. Dedekind*) oder *Rationalitätsbereich* (*L. Kronecker*) genannt wird. Da insbesondere die Summe, die Differenz, das Produkt und der Quotient zweier Zahlen eines Körpers oder Rationalitätsbereiches wieder eine Zahl des Körpers ist, so verhält sich der Begriff des Körpers oder Rationalitätsbereichs gegenüber den vier Rechnungsoperationen der Addition, Subtraktion, Multiplikation und Division invariant [I B 1 c, Nr. 2].

In jedem Körper k giebt es eine Zahl ϑ derart, dass alle anderen Zahlen des Körpers ganze rationale Funktionen von ϑ mit rationalen Koeffizienten sind. Der Grad m der Gleichung niedrigsten Grades mit rationalen Koeffizienten, der diese Zahl ϑ genügt, heisst der *Grad* des Körpers k. Die Zahl ϑ wird eine den Körper *bestimmende Zahl* genannt. Die Gleichung m^{ten} Grades für ϑ ist in dem durch die rationalen Zahlen bestimmten Rationalitätsbereiche irreduzibel. Umgekehrt bestimmt jede Wurzel einer solchen irreduzibeln Gleichung einen Zahlkörper m^{ten} Grades. Sind $\vartheta', \vartheta'', \ldots, \vartheta^{(m-1)}$ die $m-1$ anderen Wurzeln der Gleichung, so heissen die bez. durch $\vartheta', \vartheta'', \ldots, \vartheta^{(m-1)}$ bestimmten Körper $k', k'', \ldots, k^{(m-1)}$ die *zu k konjugierten Körper.* Ist α eine beliebige Zahl des Körpers k und drücken wir α durch ϑ als rationale Funktion mit rationalen Koeffizienten aus, so heissen die bezüglichen durch die Substitutionen [I A 6, Nr. 1]:

$$t' = (\vartheta : \vartheta'),\ t'' = (\vartheta : \vartheta''), \ldots,\ t^{(m-1)} = (\vartheta : \vartheta^{(m-1)})$$

aus α entspringenden Zahlen *zu α konjugiert* [I B 1 c, Nr. 4].

2. Ganze algebraische Zahl. Eine algebraische Zahl α heisst *ganz*, wenn sie einer Gleichung genügt, in welcher der Koeffizient der höchsten Potenz gleich 1 ist und deren übrige Koeffizienten sämtlich ganze rationale Zahlen sind [I B 1 c, Nr. 3]. Jede ganze ganzzahlige Funktion F, d. h. jede ganze rationale Funktion mit ganzzahligen rationalen Koeffizienten von beliebig vielen ganzen Zahlen $\alpha, \beta, \ldots, \varkappa$ ist wiederum eine ganze Zahl. Insbesondere ist die Summe, die Differenz und das Produkt zweier ganzen Zahlen wiederum eine ganze Zahl. Der Begriff „ganz" verhält sich mithin gegenüber den drei Rechnungsoperationen der Addition, Subtraktion und Multiplikation invariant. Eine ganze Zahl γ heisst durch die ganze Zahl α *teilbar*, wenn eine ganze Zahl β existiert, sodass $\gamma = \alpha\beta$ ist.

Die Wurzeln einer Gleichung sind stets ganze Zahlen, sobald der Koeffizient der höchsten Potenz gleich 1 und die übrigen Koeffizienten der Gleichung ganze Zahlen sind. Wenn eine ganze Zahl zugleich rational ist, so ist sie stets eine ganze rationale Zahl.

Ist α eine beliebige Zahl des Körpers k, und bedeuten $\alpha', \ldots, \alpha^{(m-1)}$ die zu α konjugierten Zahlen, so heisst das Produkt

$$n(\alpha) = \alpha\alpha' \cdots \alpha^{(m-1)}$$

die *Norm der Zahl* α im Körper k. Die Norm einer Zahl ist stets eine rationale Zahl. Ferner heisse das Produkt

$$\delta(\alpha) = (\alpha - \alpha')(\alpha - \alpha'') \cdots (\alpha - \alpha^{(m-1)})$$

die *Differente der Zahl* α. Die Differente einer Zahl ist stets eine Zahl des Körpers k. Endlich heisst das Produkt

$$d(\alpha) = (\alpha - \alpha')^2 (\alpha - \alpha'')^2 (\alpha' - \alpha'')^2 \cdots (\alpha^{(m-2)} - \alpha^{(m-1)})^2$$

die *Diskriminante der Zahl* α. Die Diskriminante einer Zahl ist eine rationale Zahl und zwar bis auf das Vorzeichen gleich der Norm der Differente dieser Zahl [I B 1 c, Nr. 4].

Ist α eine den Körper bestimmende Zahl, so sind ihre Differente und Diskriminante verschieden von 0. Umgekehrt, wenn Differente oder Diskriminante einer Zahl von 0 verschieden sind, so bestimmt diese den Körper. Ist α eine ganze Zahl, so sind ihre Norm, ihre Differente, ihre Diskriminante ebenfalls ganz.

In einem Zahlkörper m^{ten} Grades giebt es stets m ganze Zahlen $\omega_1, \omega_2, \ldots, \omega_m$ von der Beschaffenheit, dass jede andere ganze Zahl ω des Körpers sich in der Gestalt

$$\omega = a_1\omega_1 + a_2\omega_2 + \cdots + a_m\omega_m$$

darstellen lässt, wo $a_1, \ldots, a_m$ ganze rationale Zahlen sind. Die

Zahlen $\omega_1, \ldots, \omega_m$ heissen eine Basis des Systems aller ganzen Zahlen des Körpers k, oder kurz eine *Basis des Körpers* k.

3. Ideale des Körpers und ihre Teilbarkeit. Die Gesetze der Zerlegung der ganzen Zahlen eines Körpers zeigen eine genaue Analogie mit den elementaren Teilbarkeitsgesetzen in der Theorie der ganzen rationalen Zahlen. Sie sind für den besonderen Fall des Kreiskörpers zuerst von *E. Kummer* [1]) entdeckt worden; ihre Ergründung für den allgemeinen Zahlkörper ist das Verdienst von *R. Dedekind* und *L. Kronecker.*

Ein System von unendlich vielen ganzen algebraischen Zahlen $\alpha_1, \alpha_2, \ldots$ des Körpers k, welches die Eigenschaft besitzt, dass eine jede lineare Kombination $\lambda_1\alpha_1 + \lambda_2\alpha_2 + \cdots$ derselben wiederum dem System angehört, heisst ein *Ideal* $\mathfrak{a}$ (*R. Dedekind*); dabei bedeuten λ_1, $\lambda_2, \ldots$ ganze algebraische Zahlen des Körpers k. In einem Ideal $\mathfrak{a}$ giebt es stets m Zahlen $\iota_1, \ldots, \iota_m$ von der Art, dass eine jede andere Zahl ι des Ideals gleich einer linearen Kombination derselben von der Gestalt

$$\iota = l_1\iota_1 + \cdots + l_m\iota_m$$

ist, wo $l_1, \ldots, l_m$ ganze rationale Zahlen sind.

Die Zahlen $\iota_1, \ldots, \iota_m$ heissen eine *Basis* des Ideals $\mathfrak{a}$.

Sind $\alpha_1, \ldots, \alpha_r$ irgend r solche Zahlen des Ideals $\mathfrak{a}$, durch deren lineare Kombination unter Benutzung ganzer algebraischer Koeffizienten λ des Körpers alle Zahlen des Ideals erhalten werden können, so schreibt man kurz

$$\mathfrak{a} = (\alpha_1, \ldots, \alpha_r).$$

Ein Ideal, welches alle und nur die Zahlen von der Gestalt $\lambda\alpha$ enthält, wo λ jede beliebige ganze Zahl des Körpers darstellt und α eine bestimmte ganze Zahl des Körpers bedeutet, heisst ein *Hauptideal* und wird mit (α) oder auch kurz mit α bezeichnet.

Eine jede Zahl α des Ideals $\mathfrak{a} = (\alpha_1, \ldots, \alpha_r)$ heisst *kongruent* 0 nach dem Ideal $\mathfrak{a}$ oder in Zeichen:

$$\alpha \equiv 0, \quad (\mathfrak{a}).$$

Wenn die Differenz zweier Zahlen α und β kongruent 0 nach $\mathfrak{a}$ ist, so heissen α und β einander *kongruent* nach $\mathfrak{a}$ oder in Zeichen

$$\alpha \equiv \beta, \quad (\mathfrak{a}).$$

Wenn man jede Zahl eines Ideals $\mathfrak{a} = (\alpha_1, \ldots, \alpha_r)$ mit jeder Zahl eines zweiten Ideals $\mathfrak{b} = (\beta_1, \ldots, \beta_s)$ multipliziert und die so

1) J. f. Math. 35 (1847), p. 319, 327 und 40 (1850), p. 93, 117.

erhaltenen Zahlen linear mittelst beliebiger ganzer algebraischer Koeffizienten des Körpers kombiniert, so wird das so entstehende neue Ideal das *Produkt* der zwei Ideale $\mathfrak{a}$ und $\mathfrak{b}$ genannt, d. h. in Zeichen

$$\mathfrak{a}\mathfrak{b} = (\alpha_1\beta_1, \ldots, \alpha_r\beta_1, \ldots, \alpha_1\beta_s, \ldots, \alpha_r\beta_s).$$

Ein Ideal $\mathfrak{c}$ heisst durch das Ideal $\mathfrak{a}$ *teilbar*, wenn ein Ideal $\mathfrak{b}$ existiert derart, dass $\mathfrak{c} = \mathfrak{a}\mathfrak{b}$ ist.

Ein von 1 verschiedenes Ideal, welches durch kein anderes Ideal teilbar ist, ausser durch das Ideal $1 = (1)$ und durch sich selbst, heisst ein *Primideal*. Zwei Ideale heissen zu einander *prim*, wenn sie ausser 1 keinen gemeinsamen Idealteiler besitzen. Zwei ganze Zahlen α und β, bez. eine ganze Zahl α und ein Ideal $\mathfrak{a}$ heissen zu einander *prim*, wenn die Hauptideale (α) und (β) bez. das Hauptideal (α) und das Ideal $\mathfrak{a}$ zu einander prim sind.

Ein jedes Ideal $\mathfrak{j}$ lässt sich stets auf eine und nur auf eine Weise als Produkt von Primidealen darstellen.

Die ersten Beweise dieses fundamentalen Satzes gaben *R. Dedekind* und *L. Kronecker* in den anfangs genannten Abhandlungen. Dem Beweise von *D. Hilbert*[2]) liegt die Theorie des Galois'schen Zahlkörpers [Nr. **14**] zu Grunde. Der Beweis von *A. Hurwitz*[3]) beruht auf dem Satze, dass sich die Ideale eines Körpers auf eine endliche Anzahl von Idealklassen (vgl. Nr. 8) verteilen.

4. Kongruenzen nach Idealen. Die in Nr. **3** entwickelte Theorie der Zerlegung der Ideale eines Körpers gestattet es, die elementaren Sätze der Theorie der rationalen Zahlen auf die Zahlen eines algebraischen Zahlkörpers zu übertragen (*R. Dedekind*).

Die Anzahl der möglichen nach einem Ideal $\mathfrak{a}$ unter einander inkongruenten ganzen Zahlen des Körpers heisst die *Norm* des Ideals $\mathfrak{a}$, in Zeichen $n(\mathfrak{a})$. Die Norm eines Primideals $\mathfrak{p}$ ist eine Potenz der durch $\mathfrak{p}$ teilbaren rationalen Primzahl p. Der Exponent $\mathfrak{f}$ dieser Potenz heisst der *Grad* des Primideals $\mathfrak{p}$. Die Norm des Produktes zweier Ideale $\mathfrak{a}\mathfrak{b}$ ist gleich dem Produkt ihrer Normen.

Ist $\mathfrak{p}$ ein Primideal vom Grade f, so genügt jede ganze Zahl ω des Körpers k der Kongruenz

$$\omega^{p^f} \equiv \omega, \quad (\mathfrak{p}).$$

Die Anzahl solcher möglichen nach einem Ideale $\mathfrak{a}$ einander inkongruenten Zahlen, welche prim zu $\mathfrak{a}$ sind, ist

2) Math. Ann. 44 (1894), p. 1; Deutsche Math.-Ver. 4 (1897), p. 247—249.
3) Gött. Nachr. 1895, p. 324.

$$\varphi(\mathfrak{a}) = n(\mathfrak{a})\left(1 - \frac{1}{n(\mathfrak{p}_1)}\right)\left(1 - \frac{1}{n(\mathfrak{p}_2)}\right)\cdots\left(1 - \frac{1}{n(\mathfrak{p}_r)}\right),$$

wo $\mathfrak{p}_1, \mathfrak{p}_2, \ldots, \mathfrak{p}_r$ die sämtlichen in $\mathfrak{a}$ aufgehenden und von einander verschiedenen Primideale bedeuten. Für die Zahl φ gelten die beiden Formeln

$$\varphi(\mathfrak{a})\,\varphi(\mathfrak{b}) = \varphi(\mathfrak{a}\mathfrak{b}) \quad \text{und} \quad \sum \varphi(\mathfrak{t}) = n(\mathfrak{a});$$

in der ersteren Formel bedeuten $\mathfrak{a}$ und $\mathfrak{b}$ zu einander prime Ideale, in der letzteren erstreckt sich die Summation auf alle Idealteiler $\mathfrak{t}$ des Ideals $\mathfrak{a}$.

Jede zu dem Ideal $\mathfrak{a}$ prime ganze Zahl ω genügt der Kongruenz

$$\omega^{\varphi(\mathfrak{a})} \equiv 1, \quad (\mathfrak{a}).$$

Eine ganze Zahl ϱ des Körpers k heisst eine *primitive Wurzel* oder *Primitivzahl* nach dem Primideal $\mathfrak{p}$, wenn die ersten $n(\mathfrak{p}) - 1$ Potenzen derselben $n(\mathfrak{p}) - 1$ einander nach $\mathfrak{p}$ inkongruente zu $\mathfrak{p}$ prime Zahlen darstellen.

5. Diskriminante des Körpers. Die *Diskriminante* des Körpers k ist, wenn $\omega_1, \ldots, \omega_m$ eine Basis von k bedeutet, definiert durch die Gleichung

$$d = \begin{vmatrix} \omega_1, & \ldots, & \omega_m \\ \omega_1', & \ldots, & \omega_m' \\ \cdot & \cdot & \cdot \\ \omega_1^{(m-1)}, & \ldots, & \omega_m^{(m-1)} \end{vmatrix}^2;$$

sie ist eine ganze rationale Zahl.

Die Diskriminante d des Zahlkörpers k enthält alle und nur diejenigen rationalen Primzahlen als Faktoren, welche durch das Quadrat eines Primideals teilbar sind.

Der Beweis dieses Satzes hat erhebliche Schwierigkeiten verursacht; er ist zum ersten Mal von *R. Dedekind*[4]) geführt worden. *K. Hensel*[5]) hat einen zweiten Beweis dieses Satzes gegeben und dadurch die Kronecker'sche Theorie der algebraischen Zahlen in einem wesentlichen Punkte ergänzt. Der Hensel'sche Beweis beruht auf folgenden von *L. Kronecker* geschaffenen Begriffen:

Bedeuten $u_1, \ldots, u_m$ Unbestimmte, und ist $\omega_1, \ldots, \omega_m$ eine Basis des Körpers k, so heisst

$$\xi = \omega_1 u_1 + \cdots + \omega_m u_m$$

4) Gött. Abh. 29 (1882).

5) J. f. Math. 113 (1894), p. 61.

eine *Fundamentalform* des Körpers k. Dieselbe genügt offenbar einer Gleichung von der Gestalt

$$x^m + U_1 x^{m-1} + U_2 x^{m-2} + \cdots + U_m = 0,$$

wo $U_1, \ldots, U_m$ gewisse ganze Funktionen von $u_1, \ldots, u_m$ mit ganzen rationalen Koeffizienten sind. Diese Gleichung heisst die *Fundamentalgleichung*. Es gilt nun der Satz, dass die Diskriminante der Fundamentalgleichung gleich einem Ausdruck von der Gestalt dU wird, wo d die Körperdiskriminante und U eine ganzzahlige Funktion von $u_1, \ldots, u_m$ bedeutet, deren Koeffizienten den grössten gemeinsamen Teiler 1 besitzen.

Die $m-1$ Ideale

$$\begin{aligned} \mathfrak{e}' &= \left((\omega_1 - \omega_1'), \quad \ldots, (\omega_m - \omega_m')\right), \\ \mathfrak{e}'' &= \left((\omega_1 - \omega_1''), \quad \ldots, (\omega_m - \omega_m'')\right), \\ &\ldots\ldots\ldots\ldots\ldots\ldots \\ \mathfrak{e}^{(m-1)} &= \left((\omega_1 - \omega_1^{(m-1)}), \ldots, (\omega_m - \omega_m^{(m-1)})\right), \end{aligned}$$

gehören im allgemeinen dem Zahlkörper k nicht an; dagegen ist das Produkt $\mathfrak{d} = \mathfrak{e}'\mathfrak{e}'' \ldots \mathfrak{e}^{(m-1)}$ ein Ideal des Körpers k. Das Ideal $\mathfrak{d}$ heisst das *Grundideal* (*R. Dedekind*) oder die *Differente* (*D. Hilbert*) des Körpers k. Die Norm der Differente $\mathfrak{d}$ ist gleich der Diskriminante d des Körpers k.

Die Diskriminanten aller ganzen Zahlen des Körpers erhält man, wenn man die Diskriminante der Fundamentalgleichung bildet und in dieser den Parametern $u_1, \ldots, u_m$ alle ganzen rationalen Zahlenwerte erteilt. Der grösste gemeinsame Teiler aller dieser Diskriminanten stimmt nicht notwendig mit der Körperdiskriminante d überein, da sehr wohl der Fall eintreten kann, dass die ganzzahlige Funktion U für alle ganzen rationalen Werte von $u_1, \ldots, u_m$ eine Reihe von Zahlen mit einem festen von 1 verschiedenen Teiler darstellt. *R. Dedekind*[6]) und *K. Hensel*[7]) haben wesentlich von einander verschiedene Bedingungen dafür aufgestellt, dass eine Primzahl p als ein solcher fester Zahlenteiler in U auftritt.

H. Minkowski[8]) hat bewiesen, dass die Diskriminante d eines Zahlkörpers stets von ± 1 verschieden ausfällt und dass es nur eine endliche Anzahl von Körpern mit einer vorgeschriebenen Diskriminante d giebt.

---

6) Gött. Abh. 23 (1878).

7) Diss., Berlin 1884; J. f. Math. 101 (1887), p. 99; 103 (1888), p. 230 und 113 (1894), p. 128.

8) J. f. Math. 107 (1891), p. 278; Par. C. R. 92 (1891), p. 209.

6. Relativkörper. Die Begriffe Norm, Differente und Diskriminante sind einer wichtigen Verallgemeinerung fähig.

Ist K ein Körper vom Grade M, welcher sämtliche Zahlen des Körpers k vom m^{ten} Grade enthält, so heisst k ein *Unterkörper* von K. Der Körper K wird ein *Oberkörper* von k oder ein *Relativkörper* in Bezug auf k genannt. Es sei Θ eine den Körper K bestimmende Zahl. Unter den unendlich vielen Gleichungen mit algebraischen, in k liegenden Koeffizienten, denen die Zahl Θ genügt, habe die folgende Gleichung vom Grade r

$$\Theta^r + \alpha_1 \Theta^{r-1} + \cdots + \alpha_r = 0$$

den niedrigsten Grad; $\alpha_1, \ldots, \alpha_r$ sind dann bestimmte Zahlen in k. Der Grad r heisst der *Relativgrad* des Körpers K in Bezug auf k; es ist $M = rm$. Die obige Gleichung vom r^{ten} Grade ist im Rationalitätsbereich k irreduzibel. Wir definieren nun leicht die Begriffe: *relativkonjugierte Zahl, relativkonjugierter Körper, relativkonjugiertes Ideal, Relativnorm einer Zahl, Relativnorm eines Ideals, Relativdifferente einer Zahl, Relativdiskriminante einer Zahl, Relativdifferente eines Körpers, Relativdiskriminante eines Körpers.*

Nach *D. Hilbert*[9]) ist die Differente $\mathfrak{D}$ des Körpers K gleich dem Produkt der Relativdifferente $\mathfrak{D}_k$ von K in Bezug auf k und der Differente $\mathfrak{d}$ des Körpers k, d. h. es ist $\mathfrak{D} = \mathfrak{D}_k \mathfrak{d}$.

7. Einheiten des Körpers. Eine ganze Zahl ε des Körpers k, deren reziproker Wert $\frac{1}{\varepsilon}$ wiederum eine ganze Zahl ist, heisst eine *Einheit* des Körpers k. Die Norm einer Einheit ist $= \pm 1$; umgekehrt, wenn die Norm einer ganzen Zahl des Körpers $= \pm 1$ wird, so ist diese eine Einheit des Körpers. *Dirichlet*[10]) hat den folgenden Satz über die Einheiten aufgestellt und bewiesen:

Sind unter den m konjugierten Körpern $k^{(1)}, \ldots, k^{(m)}$ r_1 reelle Körper und $r_2 = \frac{m - r_1}{2}$ imaginäre Körperpaare vorhanden, so giebt es im Körper k ein System von $r = r_1 + r_2 - 1$ Einheiten $\varepsilon_1, \ldots, \varepsilon_r$ von der Beschaffenheit, dass jede vorhandene Einheit ε des Körpers k auf eine und nur auf eine Weise in der Gestalt

$$\varepsilon = \varrho\, \varepsilon_1^{a_1} \cdots \varepsilon_r^{a_r}$$

9) Gött. Nachr. 1894, p. 224. Vgl. auch die weitergehenden Resultate von *D. Hilbert* in dessen Bericht über die Theorie der algebraischen Zahlkörper, Kap. 5, § 15—16.

10) Par. C. R. 10 (1840), p. 285; Berl. Ber. 1841, p. 280; 1842, p. 93; 1846, p. 103 = Werke 1, p. 619, 625, 633, 639.

dargestellt werden kann, wo $a_1, \ldots, a_r$ *ganze rationale Zahlen sind, und wo* ϱ *eine in* k *vorkommende Einheitswurzel bedeutet.*

Das System der Einheiten $\varepsilon_1, \ldots, \varepsilon_r$ mit der in diesem Satze ausgesprochenen Eigenschaft heisst ein *System von Grundeinheiten* des Körpers k.

Wir denken uns jetzt den Körper k und die zu k konjugierten Körper mit $k^{(1)}, \ldots, k^{(m)}$ bezeichnet und in bestimmter Weise wie folgt angeordnet: voran stellen wir die r_1 reellen Körper $k^{(1)}, \ldots, k^{(r_1)}$; dann wählen wir aus jedem der r_2 Paare konjugiert imaginärer Körper je einen aus; diese Körper seien: $k^{(r_1+1)}, \ldots, k^{(r_1+r_2)}$; darauf lassen wir die zu diesen konjugiert imaginären Körper folgen: $k^{(r_1+r_2+1)}, \ldots, k^{(m)}$. Es sei nun ε eine beliebige Einheit in k; dann werde allgemein mit $\varepsilon^{(s)}$ die zu ε konjugierte Einheit in $k^{(s)}$ bezeichnet und endlich werde, je nachdem $k^{(s)}$ reell oder imaginär ausfällt,

$$l_s(\varepsilon) = \log |\varepsilon^{(s)}|, \quad \text{bez.} = 2\log |\varepsilon^{(s)}|$$

gesetzt. Die Determinante

$$R = \begin{vmatrix} l_1(\varepsilon_1), & l_1(\varepsilon_2), & \ldots, & l_1(\varepsilon_r) \\ \cdot & \cdot & \cdot & \cdot \\ l_r(\varepsilon_1), & l_r(\varepsilon_2), & \ldots, & l_r(\varepsilon_r) \end{vmatrix}$$

ist eine durch den Körper k bis auf das Vorzeichen eindeutig bestimmte Zahl; sie wird von *R. Dedekind* der *Regulator* des Körpers k genannt.

8. Idealklassen des Körpers. Jede ganze Zahl des Zahlkörpers k bestimmt ein Hauptideal; jede *gebrochene*, d. h. nicht ganze Zahl $\varkappa$ in k ist der Quotient zweier ganzen Zahlen α und β und somit als Quotient zweier Ideale $\mathfrak{a}$ und $\mathfrak{b}$ darstellbar: $\varkappa = \frac{\alpha}{\beta} = \frac{\mathfrak{a}}{\mathfrak{b}}$. Denken wir die Ideale $\mathfrak{a}$ und $\mathfrak{b}$ von allen gemeinsamen Idealfaktoren befreit, so ist diese Darstellung der gebrochenen Zahl $\varkappa$ als Idealquotient eine eindeutig bestimmte. Ist umgekehrt der Quotient $\frac{\mathfrak{a}}{\mathfrak{b}}$ zweier Ideale $\mathfrak{a}$ und $\mathfrak{b}$ — mögen dieselben einen gemeinsamen Teiler haben oder nicht — gleich einer ganzen oder gebrochenen Zahl $\varkappa = \frac{\alpha}{\beta}$ des Körpers, so werden die beiden Ideale $\mathfrak{a}$ und $\mathfrak{b}$ einander *äquivalent* genannt, in Zeichen $\mathfrak{a} \sim \mathfrak{b}$. Aus $\frac{\alpha}{\beta} = \frac{\mathfrak{a}}{\mathfrak{b}}$ folgt $(\beta)\mathfrak{a} = (\alpha)\mathfrak{b}$, und somit erkennen wir, dass zwei Ideale $\mathfrak{a}$ und $\mathfrak{b}$ dann und nur dann einander äquivalent sind, wenn sie durch Multiplikation mit gewissen Hauptidealen in ein und das nämliche Ideal übergehen. Die Gesamtheit aller Ideale, welche einem gegebenen Ideal äquivalent sind, heisst eine *Idealklasse*. Alle Hauptideale sind dem Ideal (1) äquivalent. Die durch sie gebildete Klasse heisst die *Hauptklasse* und wird mit 1 bezeichnet. Wenn $\mathfrak{a} \sim \mathfrak{a}'$ und $\mathfrak{b} \sim \mathfrak{b}'$ ist, so ist $\mathfrak{a}\mathfrak{a}' \sim \mathfrak{b}\mathfrak{b}'$. Ist A eine das Ideal $\mathfrak{a}$ enthaltende Idealklasse und B eine das Ideal $\mathfrak{b}$ enthaltende Idealklasse, so wird die Idealklasse, welche das Ideal $\mathfrak{a}\,\mathfrak{b}$ enthält, das *Produkt der Idealklassen* A und B genannt und mit AB bezeichnet.

R. Dedekind und *L. Kronecker* erkannten zuerst die fundamentale Thatsache, dass die Anzahl der Idealklassen eines Zahlkörpers stets endlich ist und hieraus folgt leicht, dass, wenn h diese Klassenanzahl bedeutet, die h^{te} Potenz einer jeden Klasse notwendig die Hauptklasse ist. *H. Minkowski* [8]) bewies, dass es in jeder Idealklasse ein Ideal giebt, dessen Norm den Wert $M \cdot |\sqrt{d}|$ nicht übersteigt, wobei M einen gewissen von *H. Minkowski* angegebenen positiven echten Bruch bedeutet. Durch diesen Satz wird die eben genannte Thatsache von der Endlichkeit der Klassenanzahl von neuem bewiesen und zugleich die Aufstellung der Idealklassen durch ein geringeres Mass von Rechnung ermöglicht.

Über den Zusammenhang der Idealklassen und ihre Darstellung durch Multiplikation gilt der von *E. Schering* [11]) und *L. Kronecker* [12]) herrührende Satz: Unter den Idealklassen eines Körpers giebt es stets gewisse q Klassen $A_1, \ldots, A_q$, sodass jede andere Klasse A auf eine und nur auf eine Weise in der Gestalt $A = A_1^{x_1}, \ldots, A_q^{x_q}$ darstellbar ist; dabei durchlaufen $x_1, \ldots, x_q$ die ganzen Zahlen $0, 1, 2, \ldots$ bez. bis $h_1 - 1, \ldots, h_q - 1$, und es ist $A_1^{h_1} = 1, \ldots, A_q^{h_q} = 1$ und $h = h_1 \ldots h_q$ [I A 6, Nr. 20].

Es ist unter Umständen auch eine *engere Fassung des Äquivalenz- und Klassenbegriffes* von Bedeutung, indem zwei Ideale nur dann *äquivalent* heissen, wenn ihr Quotient eine total positive Zahl in k ist; hierbei heisst *total positiv* in k eine solche ganze oder gebrochene Zahl des Körpers k, die positiv ausfällt, falls k ein reeller Körper ist und deren konjugierte Zahlen ebenfalls positiv ausfallen, allemal wenn die betreffenden zu k konjugierten Körper, in denen sie liegen, reell sind.

9. Transcendente Bestimmung der Klassenanzahl. Nach dem Vorbilde von *Dirichlet* [13]), welcher [I C 3, Nr. 2] die Anzahl der Klassen von binären quadratischen Formen mit gegebener Determinante auf transcendentem Wege ausgedrückt hat, und auf Grund der in Nr. 7 angegebenen Resultate über die Einheiten eines Zahlkörpers gelang es

11) Gött. Abh. 14 (1869).

12) Berl. Ber. 1870, p. 881 = Werke 1, p. 271.

13) J. f. Math. 17 (1837), p. 286; 18 (1838), p. 259 = Werke 1, p. 343 u. 357.

R. Dedekind eine Formel abzuleiten, vermöge welcher sich die Anzahl h der Idealklassen eines beliebigen Zahlkörpers durch das Residuum einer gewissen analytischen Funktion [II B 1] ausdrückt. Es werde

$$\zeta_k(s) = \sum_{(\mathfrak{j})} \frac{1}{n(\mathfrak{j})^s} = \prod_{(\mathfrak{p})} \frac{1}{1 - n(\mathfrak{p})^{-s}}$$

gesetzt, wobei in der unendlichen Summe $\mathfrak{j}$ alle Ideale und in dem unendlichen Produkt $\mathfrak{p}$ alle Primideale des Körpers k durchläuft; Summe und Produkt konvergieren für reelle Werte von $s > 1$ und stellen eine eindeutige Funktion der komplexen Variabeln s dar, welche an der Stelle $s = 1$ einen Pol erster Ordnung besitzt. Bedeutet w die Anzahl der in k liegenden Einheitswurzeln, so wird die Anzahl h der Idealklassen in k durch die Formel

$$h = \frac{w}{2^{r_1 + r_2}\pi^{r_2}} \frac{|\sqrt{d}|}{R} \lim_{s=1} \{(s-1)\,\zeta_k(s)\}$$

dargestellt, wo R den Regulator (vgl. Nr. 7) des Körpers k bedeutet.

L. Kronecker[14]) und *G. Frobenius*[15]) haben diese Formel auf die Bestimmung der Dichtigkeiten [I C 2, Nr. **d**, 7); **e**, 9)] gewisser Primideale ersten Grades in k angewandt.

10. Kronecker's Theorie der algebraischen Formen. *L. Kronecker* benutzt bei der Begründung seiner Theorie der algebraischen Rationalitätsbereiche den Begriff der einem Rationalitätsbereiche zugehörigen Form als ein wesentliches Hülfsmittel; er nennt eine ganze rationale Funktion F von beliebig vielen Veränderlichen $u, v, \ldots$, deren Koeffizienten ganze algebraische Zahlen des Körpers k sind, eine *algebraische Form*. Werden in einer algebraischen Form F statt der Koeffizienten der Reihe nach bezüglich die konjugierten Zahlen eingesetzt und die so entstehenden sogenannten *konjugierten Formen* $F', \ldots, F^{(m-1)}$ mit einander und mit der ursprünglichen Form F multipliziert, so ergiebt sich als Produkt eine ganze Funktion der Veränderlichen $u, v, \ldots$, deren Koeffizienten ganze rationale Zahlen sind; dieselbe werde in der Gestalt

$$n\,U(u, v, \ldots)$$

angenommen, wo n eine positive ganze rationale Zahl und U eine ganze rationale Funktion bedeutet, deren Koeffizienten ganze rationale Zahlen ohne gemeinsamen Teiler sind. n heisst die *Norm der Form F.* Wenn die Norm n einer Form gleich 1 ist, so heisst die Form eine

14) Berl. Ber. 1880, p. 155, 404.

15) Berl. Ber. 1896, p. 689.

Einheitsform oder *primitive Form*. Zwei Formen heissen einander *äquivalent in engerem Sinne* oder *inhaltsgleich* (in Zeichen $\simeq$), wenn ihr Quotient gleich dem Quotienten zweier Einheitsformen ist. Insbesondere ist jede Einheitsform $\simeq 1$. Eine Form H heisst durch die Form F *teilbar*, wenn eine Form G existiert, derart, dass $H \simeq FG$ ist. Eine Form P heisst eine *Primform*, wenn P im Sinne der Inhaltsgleichheit durch keine andere Form ausser durch 1 und durch sich selbst teilbar ist.

Die Beziehung der *Kronecker*'schen Formentheorie zur Theorie der Ideale wird klar durch die Bemerkung, dass aus jedem Ideal $\mathfrak{a} = (\alpha_1, \ldots, \alpha_r)$ eine Form F gebildet werden kann, indem man die Zahlen $\alpha_1, \ldots, \alpha_r$ mit beliebigen von einander verschiedenen Produkten aus Potenzen der Unbestimmten $u, v, \ldots$ multipliziert und zu einander addiert. Umgekehrt liefert eine jede Form F mit den Koeffizienten $\alpha_1, \ldots, \alpha_r$ ein Ideal $\mathfrak{a} = (\alpha_1, \ldots, \alpha_r)$. Dieses Ideal $\mathfrak{a}$ heisst nach *D. Hilbert* der *Inhalt* der Form F. Dann gilt die Thatsache, dass der Inhalt des Produktes zweier Formen gleich dem Produkte ihrer Inhalte ist.

Aus diesem Satze folgt insbesondere, dass inhaltsgleiche Formen stets den nämlichen Inhalt haben und umgekehrt alle Formen von dem nämlichen Inhalt einander inhaltsgleich sind; so sind zwei Formen mit gleichen Koeffizienten aber beliebigen verschiedenen Variabeln stets einander inhaltsgleich. Dem Satze von der eindeutigen Zerlegbarkeit eines Ideals in Primideale entspricht in der *Kronecker*'schen Formentheorie der Satz, dass jede Form im Sinne der Inhaltsgleichheit auf eine und nur auf eine Weise als Produkt von Primformen darstellbar ist[16]).

11. Zerlegbare Formen des Körpers. Sind $\alpha_1, \ldots, \alpha_m$ m Basiszahlen eines Ideals $\mathfrak{a}$, so ist insbesondere die Norm

$$n(\xi) = n(\alpha_1 u_1 + \cdots + \alpha_m u_m)$$

eine in m lineare Faktoren zerlegbare Form m^{ten} Grades der m Veränderlichen $u_1, \ldots, u_m$. Die Koeffizienten derselben sind ganze rationale Zahlen mit dem grössten gemeinsamen Teiler $n(\mathfrak{a})$. Nach Forthebung dieses Teilers entsteht eine primitive Form U, welche eine *zerlegbare Form des Körpers* k genannt wird. Wählt man

16) Vgl. ferner zur Begründung der *Kronecker*'schen Formentheorie die Arbeiten von *L. Kronecker*, Berl. Ber. 1883, p. 957; *R. Dedekind*, Prag. deutsche math. Ges. 1892, p. 1 und Gött. Nachr. 1895, p. 106; *F. Mertens*, Wien. Ber. 101 (1892), p. 1560; *A. Hurwitz*, Gött. Nachr. 1894, p. 291 und 1895, p. 324.

an Stelle der Basis $\alpha_1, \ldots, \alpha_m$ eine andere Basis $\alpha_1^*, \ldots, \alpha_m^*$ des Ideals $\mathfrak{a}$, so erhält man eine Form U^*, welche aus U vermöge ganzzahliger linearer Transformation von der Determinante ± 1 hervorgeht. Fasst man alle diese transformierten Formen unter den Begriff der *Formenklasse* zusammen, so ist ersichtlich, dass einem jeden Ideal $\mathfrak{a}$ eine bestimmte Formenklasse zugehört. Die nämliche Formenklasse entsteht offenbar auch, wenn man statt des Ideals $\mathfrak{a}$ das Ideal $\alpha\mathfrak{a}$ zu Grunde legt, wo α eine ganze oder gebrochene Zahl des Körpers bedeutet, d. h. einem jeden Ideal der nämlichen Idealklasse entspricht die nämliche Formenklasse.

Gehören zu den beiden Idealen $\mathfrak{a}$, $\mathfrak{b}$ bez. die beiden Formen U, V, so heisst die zu dem Ideale $\mathfrak{c} = \mathfrak{a}\mathfrak{b}$ gehörige Form W die aus den Formen U und V *zusammengesetzte Form*: Der Multiplikation der Idealklassen entspricht somit die Zusammensetzung der zerlegbaren Formen des Körpers.

12. Integritätsbereiche des Körpers. Sind $\vartheta, \eta, \ldots$ irgend welche ganze algebraische Zahlen, die in ihrer Gesamtheit den Körper k vom m^{ten} Grade bestimmen, so wird das System aller ganzen Funktionen von $\vartheta, \eta, \ldots,$ deren Koeffizienten ganze rationale Zahlen sind, mit $[\vartheta, \eta, \ldots]$ bezeichnet und ein *Integritätsbereich* (*L. Kronecker*), *Ordnung* (*R. Dedekind*) oder *Zahlring* (*D. Hilbert*) genannt. Die Addition, Subtraktion und Multiplikation zweier Zahlen eines Ringes liefert wiederum eine Zahl des Ringes. Der Begriff des Ringes ist mithin gegenüber den drei Rechnungsoperationen der Addition, Subtraktion und Multiplikation invariant. Der grösste Zahlring des Körpers k ist derjenige. welcher alle ganzen Zahlen des Körpers umfasst.

R. Dedekind[17]) hat eine Theorie der Integritätsbereiche entwickelt und insbesondere die Teilbarkeits- und Zerlegungsgesetze untersucht; er gelangt entsprechend den oben aufgestellten Definitionen für den Ring zu den Begriffen: *Basis* des Ringes, *Diskriminante* des Ringes, *Ringideal*, *Basis* des Ringideals, *Norm* des Ringideals, *Führer* des Ringes und *Ringklasse*. Auch der Satz von der Existenz der Grundeinheiten sowie der Satz von der Endlichkeit der Klassenanzahl ist ohne Schwierigkeit auf einen Ring übertragbar und es ist nach *R. Dedekind* allgemein die Anzahl der Ringklassen durch die Anzahl der Idealklassen des Körpers ausdrückbar.

13. Moduln des Körpers. Wenn $\mu_1, \ldots, \mu_m$ irgend m ganze Zahlen des Körpers k sind, zwischen denen keine lineare homogene

---

17) Festschrift zur Säkularfeier des Geburtstages von *K. F. Gauss*, Braunschweig 1877.

Relation mit ganzen rationalen Koeffizienten besteht, so wird das System aller mittelst ganzer rationaler Koeffizienten $a_1, \ldots, a_m$ in der Gestalt $a_1 \mu_1 + \cdots + a_m \mu_m$ darstellbaren Zahlen von *R. Dedekind* ein *Modul* des Körpers k, von *H. Minkowski* ein *Zahlengitter* genannt. Der Begriff des Moduls verhält sich mithin gegenüber den Operationen der Addition und Subtraktion invariant. Beispiele von Moduln sind das System aller ganzen Zahlen des Körpers k, das Ideal, der Ring, das Ringideal. *R. Dedekind* nimmt den Begriff des Moduls in seinen Untersuchungen über algebraische Zahlen als Grundlage. Auch für den Modul lassen sich die Mehrzahl der für den Körper und für den Ring aufgestellten Definitionen übertragen. Man erhält dann insbesondere die Begriffe *Diskriminante eines Moduls, zerlegbare Form eines Moduls, Modulklasse.*

14. Galois'scher und Abel'scher Körper. Ein solcher Zahlkörper K, welcher mit den sämtlichen zu ihm konjugierten Körpern übereinstimmt, heisst ein *Galois'scher Körper.* Ist k ein beliebiger Zahlkörper m^{ten} Grades und sind $k', \ldots, k^{(m-1)}$ die zu k konjugierten Körper, so kann aus sämtlichen Zahlen der Körper $k, k', \ldots, k^{(m-1)}$ ein neuer Körper K zusammengesetzt werden; dieser Körper K ist dann notwendig ein *Galois*'scher Körper, welcher die Körper $k, k', \ldots, k^{(m-1)}$ als Unterkörper enthält. Ein jeder beliebiger Körper k kann mithin stets als ein Körper aufgefasst werden, welcher in einem *Galois*'schen Körper als Unterkörper enthalten ist.

Der *Galois*'sche Körper K vom M^{ten} Grade werde durch die ganze Zahl Θ bestimmt; Θ genügt dann einer ganzen ganzzahligen irreduziblen Gleichung M^{ten} Grades. Die M Wurzeln dieser Gleichung seien

$$\Theta = s_1 \Theta, \quad s_2 \Theta, \quad \ldots, \quad s_M \Theta,$$

wo $s_1, \ldots, s_M$ rationale Funktionen von Θ mit rationalen Koeffizienten bedeuten. Werden $s_1, \ldots, s_M$ als Substitutionen aufgefasst, so bilden sie eine Gruppe G vom M^{ten} Grade, da ja die aufeinanderfolgende Anwendung irgend zweier von den Substitutionen $s_1, \ldots, s_M$ wiederum eine dieser Substitutionen ergeben muss. G heisse die *Gruppe des Galois'schen Körpers* K [I A 6, Nr. 5].

Um einen beliebigen Unterkörper des *Galois*'schen Körpers in einfacher Weise zu charakterisieren, bedienen wir uns folgender Ausdrucksweise. Wenn r Substitutionen $s_1 = 1, s_2, \ldots, s_r$ der Gruppe G eine Untergruppe g vom r^{ten} Grade bilden, so bestimmt offenbar die Gesamtheit aller derjenigen Zahlen des Körpers K, welche bei Anwendung einer jeden Substitution von g ungeändert bleiben, einen in-

K enthaltenen Körper k vom Grade $m = \frac{M}{r}$. Dieser Körper k heisst der *zur Untergruppe g gehörige Unterkörper*. Der *Galois*'sche Körper selbst gehört zu der Gruppe, welche allein aus $s_1 = 1$ besteht; zur Gruppe G aller Substitutionen gehört der Körper der rationalen Zahlen. Umgekehrt gehört ein jeder Unterkörper k des *Galois*'schen Körpers zu einer gewissen Untergruppe g der Gruppe G. Diese Gruppe g heisse die *den Unterkörper k bestimmende Untergruppe*.

Ist die Gruppe G der Substitutionen $s_1, \ldots, s_M$ eines *Galois*'schen Körpers K eine *Abel*'sche Gruppe [I A 6, Nr. **20**; I B 3 c, d, Nr. **20**], d. h. sind die Substitutionen $s_1, \ldots, s_M$ unter einander vertauschbar, so heisst der *Galois*'sche Körper K ein *Abel'scher Körper*. Ist jene Substitutionsgruppe G insbesondere eine cyklische [I A 6, Nr. **10**], d. h. sind die M Substitutionen $s_1, \ldots, s_M$ sämtlich als Potenzen einer einzigen unter ihnen darstellbar, so heisst der *Abel*'sche Körper K ein *cyklischer Körper*. Die aus der Kreisteilung stammenden Zahlkörper sind sämtlich *Abel*'sche Körper und nach *L. Kronecker* sind dies auch die allgemeinsten *Abel*'schen Zahlkörper [I C 4 b, Nr. **5**].

Die soeben definierten Begriffe lassen folgende Verallgemeinerung zu:

Es sei Θ die Wurzel einer Gleichung l^{ten} Grades

$$\Theta^l + \alpha_1 \Theta^{l-1} + \cdots + \alpha_l = 0,$$

deren Koeffizienten $\alpha_1, \ldots, \alpha_l$ Zahlen eines Körpers k vom m^{ten} Grade sind. Diese Gleichung l^{ten} Grades sei überdies im Rationalitätsbereiche k irreduzibel und von der besonderen Eigenschaft, dass alle übrigen $l - 1$ Wurzeln $\Theta', \ldots, \Theta^{(l-1)}$ derselben sich als ganze rationale Funktionen der Wurzel Θ darstellen lassen, wobei die Koeffizienten dieser Funktionen Zahlen des Körpers k sind. Unter dieser Voraussetzung heisst der durch Θ bestimmte Zahlkörper vom $M = lm^{\text{ten}}$ Grade ein *relativ-Galois'scher Körper in Bezug auf k*. Der Grad l jener Gleichung heisst der *Relativgrad*. Wird etwa

$$\Theta = S_1 \Theta, \quad \Theta' = S_2 \Theta, \quad \ldots, \quad \Theta^{(l-1)} = S_l \Theta$$

gesetzt, so heisst die Gruppe der Substitutionen $S_1, \ldots, S_l$ die *Relativgruppe*; ist diese Gruppe eine Abel'sche, so heisst der Körper K ein *relativ-Abel'scher Körper in Bezug auf k*. Ist die Relativgruppe cyklisch, so heisst der Körper K *relativcyklisch*.

15. Zerlegungskörper, Trägheitskörper und Verzweigungskörper eines Primideals im Galois'schen Körper. Wählen wir nun ein bestimmtes Primideal $\mathfrak{P}$ vom Grade f im Galois'schen Körper K

aus, so giebt es eine ganz bestimmte Reihe ineinander geschachtelter Unterkörper von K, welche für das Primideal $\mathfrak{P}$ charakteristisch sind.

Es sei p die durch $\mathfrak{P}$ teilbare rationale Primzahl; ferner seien $z, z', z'', \ldots$ diejenigen sämtlichen Substitutionen der Gruppe G, welche das Primideal $\mathfrak{P}$ ungeändert lassen; dieselben bilden eine Gruppe vom r_z^{ten} Grade, welche die *Zerlegungsgruppe des Primideals* $\mathfrak{P}$ genannt und mit g_z bezeichnet werden soll. Der zur Zerlegungsgruppe g_z gehörige Körper k_z werde *Zerlegungskörper des Primideals* $\mathfrak{P}$ genannt.

Weiter seien $t, t', t'', \ldots$ die sämtlichen r_t Substitutionen der Gruppe G von der Beschaffenheit, dass für jede beliebige ganze Zahl Ω des Körpers K die Kongruenz $t\Omega \equiv \Omega$ nach $\mathfrak{P}$ erfüllt ist; es wird leicht gezeigt, dass diese r_t Substitutionen eine Gruppe bilden. Diese Gruppe r_t^{ten} Grades werde die *Trägheitsgruppe des Primideals* $\mathfrak{P}$ genannt und mit g_t bezeichnet. Der zur Trägheitsgruppe g_t gehörige Körper k_t werde *Trägheitskörper des Primideals* $\mathfrak{P}$ genannt. Der Trägheitskörper ist zugleich der höchste in K enthaltene Unterkörper, dessen Differente zu $\mathfrak{P}$ prim ausfällt.

Es seien endlich $v, v', v'', \ldots$ sämtliche Substitutionen s der Gruppe G von der Art, dass für jede beliebige ganze Zahl Ω des Körpers K die Kongruenz $s\Omega \equiv \Omega$ nach $\mathfrak{P}^2$ erfüllt ist. Die von diesen Substitutionen gebildete Gruppe $v, v', v'' \ldots$ wird die *Verzweigungsgruppe des Primideals* $\mathfrak{P}$ genannt und mit g_v bezeichnet. Der zur Verzweigungsgruppe g_v gehörige Körper k_v wird der *Verzweigungskörper* des Primideals $\mathfrak{P}$ genannt. Endlich gelangt man noch durch gehörige Fortsetzung dieses Verfahrens zu *Verzweigungsgruppen* und *Verzweigungskörpern höherer Art.*

Mit Hilfe dieser Begriffe erhalten wir einen Einblick in die bei der Zerlegung der rationalen Primzahl p in dem Galois'schen Körper K sich abspielenden Vorgänge. Die Primzahl p wird nämlich zunächst im Zerlegungskörper k_z von $\mathfrak{P}$ in der Form $p = \mathfrak{p}\mathfrak{a}$ zerlegt, wo $\mathfrak{p}$ ein Primideal ersten Grades und $\mathfrak{a}$ ein durch $\mathfrak{p}$ nicht teilbares Ideal des Zerlegungskörpers ist. Der Zerlegungskörper von $\mathfrak{P}$ ist als Unterkörper in dem Trägheitskörper von $\mathfrak{P}$ enthalten, welcher seinerseits keine weitere Zerlegung von $\mathfrak{p}$ bewirkt, sondern lediglich dieses Ideal $\mathfrak{p}$ zu einem Primideal f^{ten} Grades erweitert. Ist der Körper K selbst der Zerlegungskörper oder der Trägheitskörper, so ist nach diesem ersten Schritte die Zerlegung bereits abgeschlossen. Im anderen Falle lässt sich $\mathfrak{p}$ für K noch in gleiche Faktoren spalten, und zwar wird $\mathfrak{p}$ zunächst im Verzweigungskörper die Potenz eines Primideals $\mathfrak{p}_v$, wobei der Exponent in $p^f - 1$ aufgeht und folglich nicht durch

p teilbar ist. Die Spaltung von $\mathfrak{p}$ ist mit diesem zweiten Schritte notwendig dann und nur dann abgeschlossen, wenn p im Grade der Trägheitsgruppe nicht aufgeht und mithin der Körper K selbst der Verzweigungskörper ist. In den nun folgenden Verzweigungskörpern schreitet die Spaltung ohne Aussetzen fort und zwar sind die bezüglichen Potenzexponenten Zahlen von der Gestalt $p^{\bar{e}}, p^{\bar{\bar{e}}}, \ldots$, wobei zu bemerken ist, dass keiner der Exponenten $\bar{e}, \bar{\bar{e}}, \ldots$ den Grad f des Primideals $\mathfrak{P}$ überschreitet.

Von den algebraischen Eigenschaften des genannten Körpers sei die von *D. Hilbert*[18]) bewiesene Thatsache erwähnt, dass der Zerlegungskörper einen Rationalitätsbereich bestimmt, in welchem die Zahlen des Galois'schen Körpers K lediglich durch Wurzelausdrücke darstellbar sind.

Mehrere der genannten Sätze gelten ohne wesentliche Änderung für relativ-Galois'sche Körper.

16. Zusammensetzung mehrerer Körper. Wird aus den beiden Körpern k_1 und k_2 ein Körper K zusammengesetzt, so enthält nach *D. Hilbert* die Diskriminante des zusammengesetzten Körpers K alle und nur diejenigen rationalen Primzahlen als Faktoren, welche in der Diskriminante von k_1 oder in derjenigen von k_2 oder in beiden aufgehen. Wenn man insbesondere aus einem beliebigen Körper k vom m^{ten} Grade und den sämtlichen zu ihm konjugierten Körpern $k', \ldots, k^{(m-1)}$ einen Galois'schen Körper K zusammensetzt, so enthält die Diskriminante dieses Körpers K lediglich die in der Diskriminante von k aufgehenden Primzahlen. Auch findet man unmittelbar folgenden Satz: Zwei Körper k_1 und k_2 bez. von den Graden m_1 und m_2, deren Diskriminanten zu einander prim sind, ergeben durch Zusammensetzung stets einen Körper vom Grade $m_1 m_2$.

Über die Frage nach dem genauen Werte der Diskriminante und über die Zerlegung der Primideale in dem aus k_1, k_2 zusammengesetzten Körper hat *K. Hensel*[19]) weitere Untersuchungen angestellt.

17. Relativcyklischer Körper von relativem Primzahlgrade. Es sei K ein Zahlkörper vom Grade lm; derselbe sei relativcyklisch in Bezug auf den Körper k vom m^{ten} Grade; der Relativgrad l sei eine Primzahl. Die Substitutionen der cyklischen Relativgruppe seien $1, S, S^2, \ldots, S^{l-1}$. *D. Hilbert* definiert dann den Begriff der *symbolischen Potenz* einer Zahl A des Körpers K, wie folgt: wenn A eine

18) Gött. Nachr. 1894, p. 224.
19) J. f. Math. 105 (1889), p. 329.

beliebige ganze oder gebrochene Zahl in K ist und $a, a_1, \ldots, a_{l-1}$ irgend welche ganze rationale Zahlen bedeuten, so möge der Ausdruck

$$\mathsf{A}^{a}(S\mathsf{A})^{a_1}(S^2\mathsf{A})^{a_2}\ldots(S^{l-1}\mathsf{A})^{a_{l-1}}$$

zur Abkürzung mit

$$\mathsf{A}^{a+a_1S+a_2S^2+\cdots+a_{l-1}S^{l-1}} = \mathsf{A}^{F(S)}$$

bezeichnet werden, wo $F(S)$ die auf der linken Seite im Exponenten von A stehende ganzzahlige Funktion von S bedeutet. Die symbolische $F(S)^{\text{te}}$ Potenz von A stellt hiernach stets wiederum eine ganze oder gebrochene Zahl des Körpers K dar. Diese symbolische Potenzierung ist die Verallgemeinerung einer Bezeichnungsweise, welche *L. Kronecker*[20]) im Falle des Kreiskörpers eingeführt hat.

Ist ferner $\mathfrak{C}$ ein Ideal aus einer Klasse C des Körpers K, so werde die durch das relativkonjugierte Ideal $S\mathfrak{C}$ bestimmte Idealklasse mit SC bezeichnet. Die Klassen $SC, S^2C, \ldots, S^{l-1}C$ sollen die zu C *relativkonjugierten Klassen* heissen. Die durch den Ausdruck

$$C^{a}(SC)^{a_1}(S^2C)^{a_2}\ldots(S^{l-1}C)^{a_{l-1}} = C^{F(S)}$$

bestimmte Klasse wird die $F(S)^{\text{te}}$ *symbolische Potenz* der Klasse C genannt.

Ein Ideal $\mathfrak{A}$ des relativcyklischen Körpers K heisst ein *ambiges Ideal,* wenn dasselbe bei Anwendung der Operation S ungeändert bleibt und wenn ausserdem $\mathfrak{A}$ kein von 1 verschiedenes Ideal des Körpers k als Faktor enthält. Insbesondere heisst ein Primideal des Körpers K ein *ambiges Primideal,* wenn dasselbe bei Anwendung der Substitution S ungeändert bleibt und nicht zugleich im Körper k liegt. Jedes ambige Ideal ist ein Produkt von ambigen Primidealen. Die l^{te} Potenz eines ambigen Primideals ist gleich der Relativnorm desselben und stellt im Körper k selbst ein Primideal dar. Die Relativdifferente des relativcyklischen Körpers K enthält alle und nur diejenigen Primideale, welche ambig sind.

Eine Idealklasse A des Körpers K heisse eine *ambige Klasse,* wenn sie ihrer relativkonjugierten Klasse SA gleich wird. Die $(1-S)^{\text{te}}$ symbolische Potenz sowie die l^{te} wirkliche Potenz einer ambigen Klasse A ist stets eine solche Klasse in K, welche unter ihren Idealen sicher auch in k liegende Ideale enthält.

Ist C eine beliebige Klasse in K, so nennt *D. Hilbert* das System aller Klassen von der Form cC, wo c die Klassen des Körpers k durchläuft, einen Komplex des Körpers K. Der Komplex, der aus

20) Dissertatio inauguralis, Berolini 1845 = Werke 1, p. 5.

den sämtlichen Klassen c in k besteht, heisse der *Hauptkomplex* des Körpers K und werde mit 1 bezeichnet.

Wenn P und P' zwei beliebige Komplexe sind und jede Klasse in P mit jeder Klasse in P' multipliziert wird, so bilden sämtliche solche Produkte wiederum einen Komplex; dieser werde das *Produkt* der Komplexe P und P' genannt und mit PP' bezeichnet.

Wenn C eine Klasse im Komplexe P ist, so werde derjenige Komplex, zu welchem die relativkonjugierte Klasse SC gehört, der zu P *relativkonjugierte Komplex* genannt und mit SP bezeichnet.

Jeder Komplex, der mit dem ihm relativkonjugierten Komplexe übereinstimmt, heisst ein *ambiger Komplex.* Die $(1 - S)^{\text{te}}$ symbolische Potenz sowie die l^{te} wirkliche Potenz jedes ambigen Komplexes ist gleich dem Hauptkomplex.

D. Hilbert gelangte in seinen Untersuchungen über relativcyklische Körper von relativem Primzahlgrade zunächst zu folgendem Ergebnis:

Wenn ein relativcyklischer Körper K von ungeradem relativem Primzahlgrade l die Relativdifferente 1 in Bezug auf k besitzt, so giebt es stets in k ein Ideal $\mathfrak{j}$, welches nicht Hauptideal in k ist, wohl aber einem Hauptideal in K gleich wird. Die l^{te} Potenz dieses Ideals $\mathfrak{j}$ ist dann notwendig auch in k ein Hauptideal, und die Klassenanzahl des Körpers k ist mithin durch l teilbar.

Die genannte Thatsache gilt auch für $l = 2$, wenn in diesem Falle noch der Umstand hinzukommt, dass unter den durch K bestimmten $2m$ einander konjugierten Körpern doppelt so viel reelle Körper als unter den durch k bestimmten m konjugierten Körpern vorhanden sind.

Es sind zwei besondere Fälle relativcyklischer Körper ausführlich untersucht worden, nämlich von *E. Kummer* der Fall, dass l eine ungerade Primzahl bedeutet und für k der Körper der l^{ten} Einheitswurzeln genommen wird [I C 4 b, Nr. 7], und ferner von *D. Hilbert* der relativquadratische Körper in Bezug auf einen beliebigen Grundkörper k [vgl. Nr. **19** u. **20**].

18. Klassenkörper eines beliebigen Zahlkörpers. Die in Nr. **17** angedeuteten Entwickelungen führen zu einer Theorie der Klassenkörper, deren Hauptsätze nach *D. Hilbert*[21]) wie folgt lauten:

Es sei k ein völlig beliebiger Zahlkörper und $\bar{h}$ die Anzahl der Idealklassen dieses Körpers, im engeren Sinne verstanden (vgl. Nr. 8).

21) Gött. Nachr. 1898, p. 370.

Ein in Bezug auf k relativ-Abel'scher Körper K heisst *unverzweigt*, wenn die Relativdiskriminante in Bezug auf k gleich 1 ausfällt, oder, was das Nämliche bedeutet, wenn es in k kein Primideal giebt, das durch das Quadrat eines Primideals in K teilbar wird. Dann gilt folgendes Theorem:

In Bezug auf k existiert stets ein relativ-Abelscher, unverzweigter Körper Kk vom Relativgrade $\bar{h}$; dieser Körper Kk heisse der Klassenkörper von k. Der Klassenkörper Kk enthält sämtliche in Bezug auf k relativ-Abel'schen unverzweigten Körper als Unterkörper.

Die Relativgruppe des Klassenkörpers Kk ist mit derjenigen Abelschen Gruppe holoedrisch isomorph [I A 6, Nr. **14**], *die durch die Zusammensetzung der Idealklassen in k bestimmt wird.*

Diejenigen Primideale $\mathfrak{p}$ des Körpers k, welche der nämlichen Idealklasse von k, im engeren Sinne verstanden, angehören, erfahren im Klassenkörper Kk die nämliche Zerlegung in Primideale dieses Körpers Kk, so dass die weitere Zerlegung eines Primideals $\mathfrak{p}$ des Körpers k im Körper K nur von der Klasse abhängt, der das Primideal $\mathfrak{p}$ im Körper k angehört.

Eine ganze Zahl A des Klassenkörpers Kk heisst eine *Ambige* dieses Körpers Kk, wenn sie die beiden folgenden Bedingungen erfüllt:

a) Die ganze Zahl A sei total positiv, d. h. das durch A dargestellte Ideal gehöre auch im engeren Sinne [Nr. **8**] der Hauptklasse in Kk an.

b) Jede zu A relativkonjugierte Zahl soll sich von A nur um einen Faktor unterscheiden, welcher eine Einheit in Kk ist.

Eine Ambige heisst insbesondere eine *Primambige*, wenn sie sich nicht als ein Produkt von zwei Ambigen darstellen lässt, es sei denn dass eine dieser Ambigen eine Einheit ist.

Jede Ambige des Klassenkörpers Kk stellt ein Ideal des Grundkörpers k dar und umgekehrt jedes Ideal des Grundkörpers k lässt sich durch eine Ambige des Klassenkörpers Kk darstellen; diese ist abgesehen von einem Einheitsfaktor durch jenes Ideal bestimmt.

Jede Ambige des Klassenkörpers Kk ist mithin auf eine und nur auf eine Weise in ein Produkt von Primambigen zerlegbar, wenn man dabei von der Willkür der auftretenden Einheitsfaktoren absieht.

Diese Eigenschaften kommen unter allen relativ-Abel'schen Körpern in Bezug auf k allein dem Klassenkörper Kk zu.

Durch diese Untersuchungen ist *die Theorie der Ideale eines beliebigen Körpers k auf die Theorie der Ambigen in seinem Klassenkörper Kk zurückgeführt.*

Allgemeineren und mehr gruppentheoretischen Charakters sind die Untersuchungen von *H. Weber*[22]) über Zahlengruppen in algebraischen Körpern.

In dem Falle, dass der Grundkörper k ein quadratischer imaginärer Körper ist, liefert die von *L. Kronecker*[23]) begründete und von *H. Weber*[24]) entwickelte sogenannte komplexe Multiplikation der elliptischen Funktionen [I C 6] den zugehörigen Klassenkörper.

19. Relativquadratischer Zahlkörper. Die Theorie der relativquadratischen Körper ist nichts anderes als eine Theorie der quadratischen Gleichungen, deren Koeffizienten algebraische Zahlen sind. Die Theorie der quadratischen Gleichungen mit rationalen Zahlenkoeffizienten bildet den Hauptgegenstand der Disquisitiones arithmeticae von *Gauss* [I C 2, Nr. **c**]; *Dirichlet* und *Kronecker* machten die wichtigsten Ergänzungen zu dieser Theorie [I C 3, Nr. 2]. Die allgemeine Theorie der relativ-quadratischen Körper ist von *D. Hilbert*[25]) ausführlich entwickelt worden, und zwar nach Methoden, welche bei gehöriger Verallgemeinerung auch in der Theorie der relativ-Abel'schen Körper von beliebigem Relativgrade verwendbar sind. Um zunächst die Eigenschaften des relativquadratischen Klassenkörpers kurz hervorzuheben, machen wir für den zu Grunde liegenden Körper k die Annahme, dass die Anzahl h der Idealklassen im ursprünglichen weiteren Sinne mit der im engeren Sinne verstandenen Klassenanzahl $\bar{h}$ übereinstimme und gleich 2 sei. Der Klassenkörper Kk ist dann relativ-quadratisch und besitzt folgende Eigenschaften:

Der Klassenkörper Kk ist unverzweigt in Bezug auf k, d. h. er hat die Relativdiskriminante 1 in Bezug auf k. — Die Klassenanzahl H des Klassenkörpers Kk, im weiteren sowie im engeren Sinne verstanden, ist ungerade. — Diejenigen Primideale in k, welche in k Hauptideale sind, zerfallen in Kk in das Produkt zweier Primideale.

---

22) Math. Ann. 48 (1897), p. 433; 49 (1897), p. 83; 50 (1897), p. 1.

23) „Zur Theorie der elliptischen Funktionen", Berl. Ber. 1883, p. 497, 525; 1885, p. 761; 1886, p. 701; 1889, p. 53, 123, 199, 255, 309; 1890, p. 99, 123, 219, 307, 1025.

24) „Elliptische Funktionen und algebraische Zahlen", Braunschw. 1891. Betreffs des Zusammenhanges der komplexen Multiplikation der elliptischen Funktionen und der Theorie derjenigen Zahlkörper, die in Bezug auf einen quadratischen imaginären Grundkörper relativ-Abel'sche sind vgl. den Auszug aus einem Briefe von *L. Kronecker* an *R. Dedekind*, Berl. Ber. 1895, p. 115, sowie *D. Hilbert*, Deutsche Math.-Ver. 6 (1899), p. 94.

25) Deutsche Math.-Ver. 6 (1899), p. 88; Math. Ann. 51 (1899), p. 1; Gött. Nachr. 1898, p. 370.

Diejenigen Primideale in k, welche in k nicht Hauptideale sind, bleiben in Kk Primideale; sie werden jedoch in Kk Hauptideale.

Von diesen drei Eigenschaften charakterisiert jede für sich allein bei unseren Annahmen über den Körper k in eindeutiger Weise den Klassenkörper Kk.

Die wichtigsten Thatsachen in der Theorie der allgemeinen relativquadratischen Körper sind das Reziprozitätsgesetz für quadratische Reste (vgl. Nr. **20**), die Möglichkeit einer Einteilung der Idealklassen in Geschlechter und der Satz, demzufolge in einem relativquadratischen Körper in Bezug auf k stets die Hälfte aller denkbaren Charakterensysteme wirklich durch Geschlechter vertreten sind. Aus dem letzteren Satze fliessen dann die Bedingungen für die Auflösbarkeit ternärer diophantischer Gleichungen, deren Koeffizienten Zahlen des beliebigen Rationalitätsbereiches k sind.

Auf Grund der Theorie des relativquadratischen Körpers ist es ferner möglich, eine Reihe von bekannten Sätzen über quadratische Formen mehrerer Variabler mit rationalen Koeffizienten auf den Fall zu übertragen, dass die Koeffizienten beliebige algebraische Zahlen sind. Insbesondere hat *D. Hilbert*[26]) einen Satz gegeben, der die Verallgemeinerung eines bekannten Satzes von *Fermat* darstellt [I C 2, Nr. **d**, 7]. Dieser Satz sagt aus, dass jede total positive (vgl. Nr. **8**) Zahl in einem beliebigen Zahlkörper k sich stets als Summe von vier Quadraten gewisser Zahlen des Körpers k darstellen lässt.

Von diesem Satze kann eine Anwendung auf die Frage gemacht werden, ob eine elementargeometrische Konstruktionsaufgabe [III A 3] zu ihrer Lösung lediglich das Ziehen von Geraden und das Abtragen von Strecken, nicht aber das Auffinden der Schnittpunkte einer Geraden und eines beliebigen Kreises erfordert[27]).

20. Reziprozitätsgesetz für quadratische Reste in einem beliebigen Zahlkörper. Die Theorie des relativquadratischen Körpers führte *D. Hilbert*[28]) zur Entdeckung des Reziprozitätsgesetzes für quadratische Reste in einem beliebigen Zahlkörper, welches das bekannte Reziprozitätsgesetz [I C 1, Nr. **6**] als einfachsten Spezialfall in sich schliesst.

Es sei ein beliebiger Zahlkörper vom Grade m als Grundkörper vorgelegt. Das bekannte Symbol aus der Theorie der rationalen Zahlen überträgt sich dann, wie folgt:

---

26) Gött. Nachr. 1898, p. 370.

27) *D. Hilbert,* „Grundlagen der Geometrie", Festschrift zur Enthüllung des Gauss-Weber-Denkmals zu Göttingen, Leipzig 1899, Kap. 7.

28) Deutsche Math.-Ver. 6 (1899), p. 88; Math. Ann. 51 (1899), p. 1; Gött. Nachr. 1898, p. 370.

Es sei $\mathfrak{p}$ ein in 2 nicht aufgehendes Primideal des Körpers k und α eine beliebige zu $\mathfrak{p}$ prime ganze Zahl in k: dann bedeute das Symbol $\left(\frac{\alpha}{\mathfrak{p}}\right)$ den Wert $+1$ oder -1, je nachdem α dem Quadrat einer ganzen Zahl in k nach $\mathfrak{p}$ kongruent ist oder nicht. Ist ferner $\mathfrak{a}$ ein beliebiges zu 2 primes Ideal in k und hat man $\mathfrak{a}=\mathfrak{p}\mathfrak{q}\cdot\ldots\mathfrak{w}$, wo $\mathfrak{p}, \mathfrak{q}, \ldots, \mathfrak{w}$ Primideale in k sind, so möge das Symbol $\left(\frac{\alpha}{\mathfrak{a}}\right)$ durch die folgende Gleichung definiert werden:

$$\left(\frac{\alpha}{\mathfrak{a}}\right)=\left(\frac{\alpha}{\mathfrak{p}}\right)\left(\frac{\alpha}{\mathfrak{q}}\right)\cdots\left(\frac{\alpha}{\mathfrak{w}}\right).$$

Bei geeigneter Definition der Begriffe *„primäre Zahl"*, *„hyperprimäre Zahl"*, *„primäres Ideal"* und *„hyperprimäres Ideal"* lautet dann der wesentliche Inhalt des ersten und zweiten Ergänzungssatzes zum Reziprozitätsgesetz bez. des allgemeinen Reziprozitätsgesetzes wie folgt:

Wenn $\mathfrak{a}$ ein primäres Ideal in k ist, so giebt es stets eine primäre Zahl α, so dass $\mathfrak{a}=(\alpha)$ wird, und umgekehrt: wenn α eine primäre Zahl in k ist, so ist das Ideal $\mathfrak{a}=(\alpha)$ stets ein primäres Ideal.

Wenn $\mathfrak{a}$ ein hyperprimäres Ideal in k ist, so giebt es stets eine hyperprimäre Zahl α, so dass $\mathfrak{a}=(\alpha)$ wird, und umgekehrt: wenn α eine hyperprimäre Zahl in k ist, so ist das Ideal $\mathfrak{a}=(\alpha)$ stets ein hyperprimäres Ideal.

Wenn ν, μ, ν', μ' irgend welche zu 2 prime ganze Zahlen in k sind derart, dass die beiden Produkte $\nu\nu'$ und $\mu\mu'$ primär ausfallen, so ist stets

$$\left(\frac{\nu}{\mu}\right)\left(\frac{\mu}{\nu}\right)=\left(\frac{\nu'}{\mu'}\right)\left(\frac{\mu'}{\nu'}\right).$$

Um jedoch das Reziprozitätsgesetz in einheitlicher und vollständiger Weise darzustellen und zu beweisen, bedarf es eines neuen Symbols: Es sei $\mathfrak{w}$ irgend ein Primideal in k, und es seien ν, μ beliebige ganze Zahlen in k, nur dass μ nicht gleich dem Quadrat einer Zahl in k ausfällt: wenn dann ν nach $\mathfrak{w}$ der Relativnorm einer ganzen Zahl des Körpers $K(\sqrt{\mu})$ kongruent ist und wenn ausserdem auch für jede höhere Potenz von $\mathfrak{w}$ stets eine solche ganze Zahl A im Körper $K(\sqrt{\mu})$ gefunden werden kann, dass $\nu\equiv N(\mathsf{A})$ nach jener Potenz von $\mathfrak{w}$ ausfällt, so nennt *D. Hilbert* ν einen *Normenrest* des Körpers $K(\sqrt{\mu})$ nach $\mathfrak{w}$; in jedem anderen Falle einen *Normennichtrest* des Körpers $K(\sqrt{\mu})$ nach $\mathfrak{w}$. Nunmehr wird das Symbol $\left(\frac{\nu,\mu}{\mathfrak{w}}\right)$ definiert, indem man

$$\left(\frac{\nu,\mu}{\mathfrak{w}}\right)=+1 \quad \text{oder} \quad =-1$$

setzt, je nachdem ν Normenrest oder Normennichtrest nach $\mathfrak{w}$ ist. Fällt μ gleich dem Quadrat einer ganzen Zahl in k aus, so wird stets

$$\left(\frac{\nu, \mu}{\mathfrak{w}}\right) = +1$$

gesetzt.

Für das eben definierte Symbol gelten die Formeln:

$$\left(\frac{\nu, \mu}{\mathfrak{w}}\right) = \left(\frac{\mu, \nu}{\mathfrak{w}}\right),$$

$$\left(\frac{\nu \nu', \mu}{\mathfrak{w}}\right) = \left(\frac{\nu, \mu}{\mathfrak{w}}\right)\left(\frac{\nu', \mu}{\mathfrak{w}}\right),$$

$$\left(\frac{\nu, \mu \mu'}{\mathfrak{w}}\right) = \left(\frac{\nu, \mu}{\mathfrak{w}}\right)\left(\frac{\nu, \mu'}{\mathfrak{w}}\right).$$

Mit Benutzung desselben drückt sich das allgemeinste Reziprozitätsgesetz für quadratische Reste durch die Formel aus:

$$\prod_{(\mathfrak{w})} \left(\frac{\nu, \mu}{\mathfrak{w}}\right) = [\nu, \mu]\,[\nu', \mu'] \ldots [\nu^{(n-1)}, \mu^{(n-1)}].$$

Hierin bedeuten ν, μ zwei beliebige ganze Zahlen des Körpers k. Das Produkt linker Hand ist über alle Primideale $\mathfrak{w}$ des Körpers k zu erstrecken; da, wie sich zeigt, das Symbol $\left(\frac{\nu, \mu}{\mathfrak{w}}\right)$ nur für eine endliche Anzahl von Primidealen $\mathfrak{w}$ den Wert -1 haben kann, so kommt bei der Bestimmung des Wertes des Produktes nur eine endliche Anzahl von Faktoren in Betracht. Auf der rechten Seite der Formel bedeuten ν', μ'; ...; $\nu^{(n-1)}$, $\mu^{(n-1)}$ die zu ν, μ konjugierten Zahlen bez. in den zu k konjugierten Körpern k'; ...; $k^{(n-1)}$; das Zeichen $[\nu, \mu]$ bedeutet den Wert -1, wenn der Körper k reell und zugleich jede der beiden Zahlen ν, μ negativ ist; in jedem anderen Falle bezeichnet $[\nu, \mu]$ den Wert $+1$. Entsprechend bedeutet $[\nu', \mu']$ den Wert -1, wenn k' reell und zugleich jede der beiden Zahlen ν', μ' negativ ausfällt, in jedem anderen Falle dagegen soll $[\nu', \mu']$ den Wert $+1$ haben, u. s. f.

Sind beispielsweise k und alle zu k konjugierten Körper imaginär, so lautet das Reziprozitätsgesetz

$$\prod_{(\mathfrak{w})} \left(\frac{\nu, \mu}{\mathfrak{w}}\right) = +1.$$

I C 4 b. THEORIE DES KREISKÖRPERS

VON

DAVID HILBERT

IN GÖTTINGEN.

Inhaltsübersicht.

Litteratur.

Lehrbücher und Monographien.

P. Bachmann, Die Lehre von der Kreisteilung, Leipzig 1872.

H. Weber, Lehrbuch der Algebra, 2. Auflage, Braunschweig 1898, frz. v. *J. Griess,* Par. 1898.

D. Hilbert, Die Theorie der algebraischen Zahlkörper, Deutsche Mathematiker-Vereinigung, 4 (1897), 4. und 5. Teil.

Die vorstehend genannten Werke werden im folgenden nicht mehr besonders citiert werden.

1. Kreiskörper für einen Primzahlexponenten. Bedeutet l eine ungerade Primzahl, so ist die Gleichung $l-1^{\text{ten}}$ Grades

$$F(x)=\frac{x^l-1}{x-1}=x^{l-1}+x^{l-2}+\cdots+1=0$$

im Bereich der rationalen Zahlen irreduzibel[1]), d. h. der durch $\zeta = e^{\frac{2i\pi}{l}}$ bestimmte Körper $k(\zeta)$ besitzt den Grad $l-1$; der Körper $k(\zeta)$ wird der *Kreiskörper* der l^{ten} Einheitswurzeln genannt.

Die Primzahl l gestattet in $k(\zeta)$ die Zerlegung $l = \mathfrak{l}^{l-1}$, wo $\mathfrak{l} = (1-\zeta)$ ein Primideal ersten Grades in $k(\zeta)$ ist; hieraus kann die Irreduzibilität obiger Gleichung geschlossen werden. In dem Kreiskörper der l^{ten} Einheitswurzeln $k(\zeta)$ bilden die Zahlen $1, \zeta, \zeta^2, \ldots, \zeta^{l-2}$ eine Basis. Die Diskriminante des Kreiskörpers $k(\zeta)$ ist

$$d = (-1)^{\frac{l-1}{2}} l^{l-2}.$$

Die reellen Zahlen

$$\varepsilon_g = \sqrt{\frac{(1-\zeta^g)(1-\zeta^{-g})}{(1-\zeta)(1-\zeta^{-1})}} \qquad \left(g = 2, 3, \cdots, \frac{l-1}{2}\right)$$

sind Einheiten des Kreiskörpers $k(\zeta)$.

Für die Zerlegungen der von l verschiedenen rationalen Primzahlen im Körper $k(\zeta)$ gilt nach *E. Kummer*[2]) die folgende Regel: Ist p eine von l verschiedene rationale Primzahl und f der kleinste positive Exponent, für welchen $p^f \equiv 1$ nach l ausfällt, und setzen wir dann $l-1 = ef$, so findet im Kreiskörper $k(\zeta)$ die Zerlegung

$$p = \mathfrak{p}_1 \cdots \mathfrak{p}_e$$

statt, wo $\mathfrak{p}_1, \ldots, \mathfrak{p}_e$ von einander verschiedene Primideale f^{ten} Grades in $k(\zeta)$ sind.

2. Kreiskörper für einen zusammengesetzten Wurzelexponenten. Die entsprechenden Überlegungen lassen sich nach *E. Kummer*[3]) für denjenigen Körper anstellen, der durch Einheitswurzeln mit einem zusammengesetzten Wurzelexponenten bestimmt ist. Es sei m ein Produkt aus Potenzen verschiedener Primzahlen etwa $m = l_1^{h_1} l_2^{h_2} \ldots$. Der durch $Z = e^{\frac{2i\pi}{m}}$ definierte Kreiskörper $k(Z)$ der m^{ten} Einheitswurzeln entsteht dann durch Zusammensetzung der Kreiskörper $k\left(e^{\frac{2i\pi}{l_1^{h_1}}}\right)$, $k\left(e^{\frac{2i\pi}{l_2^{h_2}}}\right), \ldots$ d. h. der Kreiskörper der $l_1^{h_1\text{ten}}$, der $l_2^{h_2\text{ten}}, \ldots$ Einheitswurzeln.

1) Die Litteratur über die Beweise hierfür findet sich in dem Buche *P. Bachmann*'s, Vorlesung V angegeben; vgl. ferner *Dirichlet*'s Vorl. über Zahlentheorie, herausgeg. von *R. Dedekind,* Suppl. XI und *Weber*'s Algebra 2, Nachtrag II.

2) J. f. Math. 35 (1847), p. 327.

3) Berl. Abh. 1856², p. 1.

Der Grad des Körpers $k(Z)$ der $m = l_1^{h_1} l_2^{h_2} \ldots^{\text{ten}}$ Einheitswurzeln ist

$$\Phi(m) = l_1^{h_1-1}(l_1-1)\, l_2^{h_2-1}(l_2-1)\ldots.$$

Der Kreiskörper $k(Z)$ besitzt die Basiszahlen $1, Z, Z^2, \ldots, Z^{\Phi(m)-1}$.

Ist p eine in $m = l_1^{h_1} l_2^{h_2} \ldots$ nicht aufgehende rationale Primzahl und f der kleinste positive Exponent, für welchen $p^f \equiv 1$ nach m ausfällt, und wird dann $\varphi(m) = ef$ gesetzt, so findet im Kreiskörper $k(Z)$ der m^{ten} Einheitswurzeln die Zerlegung

$$p = \mathfrak{P}_1 \cdots \mathfrak{P}_e$$

statt, wo $\mathfrak{P}_1, \ldots, \mathfrak{P}_e$ von einander verschiedene Primideale f^{ten} Grades in $k(Z)$ sind.

Ist ferner p^h eine Potenz von p und wird $m^* = p^h m$ gesetzt, so findet im Körper $k(Z^*)$ der $m^{*\text{ten}}$ Einheitswurzeln die Zerlegung

$$p = \{\mathfrak{P}_1^* \cdots \mathfrak{P}_e^*\}^{p^{h-1}(p-1)}$$

statt, wo $\mathfrak{P}_1^*, \ldots, \mathfrak{P}_e^*$ von einander verschiedene Primideale f^{ten} Grades in $k(Z^*)$ sind.

Wenn m eine Potenz einer Primzahl l ist, und g eine nicht durch l teilbare Zahl bedeutet, so stellt in dem durch $Z = e^{\frac{2i\pi}{m}}$ bestimmten Kreiskörper der Ausdruck $\frac{1-Z^g}{1-Z}$ stets eine Einheit dar. Wenn die Zahl m verschiedene Primfaktoren enthält und g eine zu m prime Zahl bedeutet, so stellt in dem durch $Z = e^{\frac{2i\pi}{m}}$ bestimmten Kreiskörper der Ausdruck $1 - Z^g$ stets eine Einheit dar.

Von einer jeden beliebigen Einheit eines Kreiskörpers $k\left(e^{\frac{2i\pi}{m}}\right)$ gilt nach *L. Kronecker*[4]) die Thatsache, dass sie gleich dem Produkte einer Einheitswurzel und einer reellen Einheit ist. Die Einheitswurzel liegt dabei nicht notwendig immer in dem Körper $k\left(e^{\frac{2i\pi}{m}}\right)$ selbst, sondern kann, wenn m verschiedene Primzahlen enthält, bei geradem m eine $2m^{\text{te}}$, bei ungeradem m eine $4m^{\text{te}}$ Einheitswurzel sein.

3. Lagrange'sche Resolvente oder Wurzelzahl. Es sei $l = 2$ oder eine ungerade Primzahl, ferner $p = lm + 1$ eine rationale Primzahl, es werde $Z = e^{\frac{2i\pi}{p}}$ gesetzt und es bezeichne R eine Primitivzahl nach p. Der Ausdruck

$$\Lambda = Z + \zeta Z^R + \zeta^2 Z^{R^2} + \cdots + \zeta^{p-2} Z^{R^{p-2}}$$

4) J. f. Math. 53 (1857), p. 176 = Werke 1, p. 109.

heisst die *Lagrange'sche Resolvente* oder *Wurzelzahl* des Körpers $k(\mathsf{Z})$; dieselbe zeichnet sich durch folgende Eigenschaften aus:

Die l^{te} Potenz Λ^l der Lagrange'schen Wurzelzahl Λ gestattet in $k(\zeta)$ die Zerlegung

$$\Lambda^l = \mathfrak{p}^{r_0 + r_{-1} s + r_{-2} s^2 + \cdots + r_{-l+2} s^{l-2}},$$

wo $\mathfrak{p}$ das durch die Formel $\mathfrak{p} = (p, \zeta - R^{-m})$ bestimmte Primideal in $k(\zeta)$ ist; ferner haben wir hierbei $s = (\zeta : \zeta^r)$ gesetzt, wobei r eine Primitivzahl (primitive Wurzel) nach l und wo allgemein r_{-i} die kleinste positive ganze rationale Zahl bedeutet, welche der $-i^{\text{ten}}$ Potenz r^{-i} der Primitivzahl r nach l kongruent ist. Die Lagrange'sche Wurzelzahl Λ ist $\equiv -1$ nach $\mathfrak{l} = (1 - \zeta)$ und hat ferner die Eigenschaft, dass ihr absoluter Betrag $= |\sqrt{p}|$ ist.

Die Lagrange'sche Wurzelzahl Λ des Körpers k ist eine ganze Zahl des aus $k(\zeta)$ und $k(\mathsf{Z})$ zusammengesetzten Körpers, welche sich durch die eben aufgezählten Eigenschaften bis auf einen Faktor ζ^* völlig bestimmt, wobei ζ^* eine l^{te} Einheitswurzel ist. Um endlich auch diesen Faktor ζ^* festzulegen, muss man $\Lambda = |\sqrt{p}|\, e^{2 i \pi \varphi}$ setzen derart, dass $0 \leqq \varphi < 1$ sei, und dann entscheiden, in welchem der l Intervalle

$$0 \leqq \varphi < \frac{1}{l}, \quad \frac{1}{l} \leqq \varphi < \frac{2}{l}, \quad \ldots, \quad \frac{l-1}{l} \leqq \varphi < 1$$

die betreffende Zahl φ gelegen ist. Aus dieser Frage entsteht in dem besonderen Falle, dass statt l die Primzahl 2 gewählt wird, das berühmte Problem der Bestimmung des Vorzeichens der Summen von *Gauss*[5]) [II A 3, Nr. 20] und es gilt der Satz, dass die Lagrange'sche Wurzelzahl Λ für $l = 2$ eine positiv reelle oder positiv rein imaginäre Zahl ist.

Die Koeffizienten der verschiedenen Potenzen von ζ in dem Ausdrucke für Λ werden gewöhnlich *„Perioden"* genannt. Die Litteratur weist eine Reihe von Abhandlungen auf, welche sich mit diesen Perioden, sowie mit verwandten ganzen Zahlen von Kreiskörpern beschäftigen[6]).

4. Anwendungen der Theorie des Kreiskörpers auf den quadratischen Körper. Indem wir gewisse Eigenschaften des Kreiskörpers der m^{ten} Einheitswurzeln für einen in ihm enthaltenen quadratischen Unterkörper verwerten, gelangen wir zu neuen Sätzen über den quadratischen Zahlkörper. Insbesondere ist eine jede Einheit eines reellen

---

5) Gotting. Comm. rec. 1 (1811) = Werke 2, p. 11.

6) Vgl. den zu Anfang genannten Bericht von *D. Hilbert,* p. 364.

quadratischen Körpers $k(\sqrt{m})$ eine Wurzel mit rationalem ganzzahligem Exponenten aus einem Produkte von Kreiseinheiten; es wird nach *Dirichlet*[7]) eine spezielle Einheit des Körpers $k(\sqrt{m})$ einfach durch den folgenden Ausdruck

$$\frac{\prod\limits_{(b)}\left(e^{\frac{bi\pi}{d}} - e^{-\frac{bi\pi}{d}}\right)}{\prod\limits_{(a)}\left(e^{\frac{ai\pi}{d}} - e^{-\frac{ai\pi}{d}}\right)}$$

erhalten, wo d die Diskriminante des Körpers $k(\sqrt{m})$ bedeutet, und wo die Produkte $\prod\limits_{(a)}, \prod\limits_{(b)}$ über alle diejenigen Zahlen a oder b der Reihe $1, 2, \ldots, d$ zu erstrecken sind, welche der Bedingung $\left(\frac{d}{a}\right) = +1$ bez. $\left(\frac{d}{b}\right) = -1$ genügen.

Es sei p entweder die Primzahl 2 oder eine beliebige von l verschiedene ungerade rationale Primzahl. Indem wir die Zerlegung von p einerseits in dem Kreiskörper $k(\zeta)$ der l^{ten} Einheitswurzeln, andererseits direkt in dem quadratischen Unterkörper k^* ausführen und hernach die erhaltenen Resultate mit einander vergleichen, gelangen wir nach *L. Kronecker*[8]) zu einem neuen Beweise des Reciprozitätsgesetzes für quadratische Reste [I C 1, Nr. **6**].

Die in Nr. **3** genannten Thatsachen liefern für den quadratischen Körper folgende von *Jacobi*[9]), *Cauchy*[10]) und *Eisenstein*[11]) gefundenen Resultate: Wenn l eine rationale Primzahl mit der Kongruenzeigenschaft $l \equiv 3$ nach 2^2 ist und p eine rationale Primzahl von der Gestalt $p = ml + 1$ bedeutet, so gilt für ein jedes in p aufgehende Primideal $\mathfrak{p}$ des imaginären quadratischen Körpers $k(\sqrt{-l})$ die Äquivalenz

$$\mathfrak{p}^{\frac{\Sigma b - \Sigma a}{l}} \sim 1,$$

wo $\sum a$ die Summe der kleinsten positiven quadratischen Reste und $\sum b$ die Summe der kleinsten positiven quadratischen Nichtreste nach l bedeutet. Setzt man ferner $p = \mathfrak{p}\mathfrak{p}'$ und

7) J. f. Math. 17 (1837), p. 286 = Werke 1, p. 343.

8) Berl. Ber. 1880, p. 686, 854.

9) J. f. Math. 2 (1827), p. 66; 9 (1832), p. 189; 30 (1837), p. 166; 19 (1839), p. 314 = Werke 6, p. 233, 240, 254, 275.

10) Par. C. R. 10 (1840), p. 51, 85, 181, 229 = Oeuvr. (1) 5, p. 52, 64, 85, 95.

11) J. f. Math. 27 (1844), p. 269.

$$\mathfrak{p}^{\frac{\Sigma b - \Sigma a}{l}} = (\pi),$$

wobei π eine ganze Zahl des imaginären quadratischen Körpers $k(\sqrt{-1})$ bedeutet, so gilt die Kongruenz

$$\pi \equiv \pm \frac{1}{\prod\limits_{(a)} [(a\,m)\,!]}, \quad (\mathfrak{p}'),$$

wo das im Nenner stehende Produkt über alle kleinsten positiven quadratischen Reste a nach l zu erstrecken ist.

5. Kreiskörper in seiner Eigenschaft als Abel'scher Körper. Wir erweitern nunmehr den Begriff des Kreiskörpers, wie er bisher in Betracht kam: wir bezeichnen als einen *Kreiskörper* schlechthin nicht nur einen jeden durch die Einheitswurzeln von irgend einem Exponenten m bestimmten Körper $k\left(e^{\frac{2i\pi}{m}}\right)$, sondern auch einen jeden, irgendwie in einem solchen besonderen Kreiskörper $k\left(e^{\frac{2i\pi}{m}}\right)$ enthaltenen Unterkörper. Da jeder Körper $k\left(e^{\frac{2i\pi}{m}}\right)$ ein Abel'scher Körper ist und ferner, wenn m und m' irgend welche Exponenten bedeuten, der Körper der m^{ten} Einheitswurzeln und der Körper der m'^{ten} Einheitswurzeln beide zugleich in dem Körper der $m \cdot m'^{\text{ten}}$ Einheitswurzeln als Unterkörper enthalten sind, so gelten für diesen erweiterten Begriff des Kreiskörpers allgemein die folgenden Thatsachen: Jeder Kreiskörper ist ein Abel'scher Körper. Jeder Unterkörper eines Kreiskörpers ist ein Kreiskörper. Jeder aus Kreiskörpern zusammengesetzte Körper ist wiederum ein Kreiskörper. Die erstere Aussage lässt sich wie folgt umkehren:

Jeder Abel'sche Zahlkörper im Bereiche der rationalen Zahlen ist ein Kreiskörper [I C 4 a, Nr. **14**].

Diesen Satz hat zuerst *L. Kronecker*[12]) aufgestellt, dann gab *H. Weber*[13]) einen vollständigen Beweis. Von *D. Hilbert*[14]) endlich rührt ein rein arithmetischer Beweis des Satzes her, der weder die Kummer'sche Zerlegung der Lagrange'schen Resolvente in Primideale, noch die Anwendung der dem Wesen des Satzes fremdartigen transcendenten Methoden von *Dirichlet* [I C 3, Nr. **2**] erfordert.

---

12) Berl. Ber. 1853, p. 365 und 1877, p. 845.

13) Acta math. 8, p. 193 und 9, p. 105 (1886, 1887).

14) Gött. Nachr. 1896, p. 29; in vereinfachter Form Deutsche Math.-Ver. 4 (1897), p. 339—351.

6. Transcendente Bestimmung der Anzahl der Idealklassen im Kreiskörper. Auf Grund der in Nr. 9 des Artikels [I C 4 a] über den algebraischen Zahlkörper behandelten Methode von *Dirichlet* fand *E. Kummer* [15]) das Resultat:

Ist l eine ungerade Primzahl, so stellt sich die Klassenanzahl h des Kreiskörpers der l^{ten} Einheitswurzeln, wie folgt, dar:

$$h = \frac{\prod\limits_{(u)} \sum\limits_{(n)} n\, e^{\frac{2 i \pi n' u}{l-1}}}{(2l)^{\frac{l-3}{2}}} \cdot \frac{\Delta}{R}.$$

Hierin ist das Produkt $\prod\limits_{(u)}$ über die ungeraden Zahlen $u = 1, 3, 5, \ldots, l-2$ und jede einzelne Summe $\sum\limits_{(n)}$ über die Zahlen $n = 1, 2, 3, \ldots, l-1$ zu erstrecken; ferner ist eine Primitivzahl r nach l zu Grunde gelegt und man hat unter n' eine solche zu n gehörige ganze rationale Zahl zu verstehen, für welche $r^{n'} \equiv n$ nach l wird. Δ bedeutet die Determinante

$$(-1)^{\frac{(l-3)(l-5)}{8}} \begin{vmatrix} \log \varepsilon_1, & \log \varepsilon_2, & \ldots, & \log \varepsilon_{\frac{l-3}{2}} \\ \log \varepsilon_2, & \log \varepsilon_3, & \ldots, & \log \varepsilon_{\frac{l-1}{2}} \\ \cdot & \cdot & \cdot & \cdot \\ \log \varepsilon_{\frac{l-3}{2}}, & \log \varepsilon_{\frac{l-1}{2}}, & \ldots, & \log \varepsilon_{l-4} \end{vmatrix},$$

und dabei ist allgemein $\log \varepsilon_g$ der reelle Wert des Logarithmus der Einheit

$$\varepsilon_g = \sqrt{\frac{1-\zeta^{r^g}}{1-\zeta^{r^{g-1}}} \, \frac{1-\zeta^{-r^g}}{1-\zeta^{-r^{g-1}}}}.$$

Die zwei Brüche hier in dem Ausdruck für h heissen *der erste und der zweite Faktor der Klassenanzahl*; beide Faktoren der Klassenanzahl sind für sich ganze rationale Zahlen. Der zweite Faktor stellt die Klassenanzahl des in $k(\zeta)$ enthaltenen reellen Unterkörpers vom $\frac{l-1}{2}$ ten Grade dar. *E. Kummer* [16]) hat über diese zwei Faktoren noch weitere Sätze aufgestellt, welche ihre Teilbarkeit durch 2 betreffen. Der Versuch *Kronecker*'s [17]), diese Sätze rein arithmetisch zu

15) J. f. Math. 40 (1850), p. 93, 117.

16) Berl. Ber. 1870, p. 409, 856. Im Falle der 11. und 13. Einheitswurzeln ist nach *P. Wolfskehl*, J. f. Math. 99 (1886), p. 173, der zweite Faktor gleich Eins.

17) Berl. Ber. 1870, p. 884 = Werke 1, p. 271.

beweisen, weist einen Irrtum auf, und die von *L. Kronecker* gegebene Verallgemeinerung ist nicht richtig. Ausserdem hat *E. Kummer*[18]) noch nach einer anderen Richtung hin Untersuchungen über die Bedeutung und die Eigenschaften dieser zwei Faktoren angestellt. Endlich hat *E. Kummer*[19]) den Satz behauptet, dass die Klassenanzahl eines jeden in $k(\zeta)$ enthaltenen Unterkörpers in der Klassenanzahl h des Körpers $k(\zeta)$ aufgeht. Der von ihm versuchte Beweis hiefür ist jedoch nicht stichhaltig.

Die entsprechende Formel für die Klassenanzahl eines Kreiskörpers $k\left(e^{\frac{2i\pi}{m}}\right)$, wo m eine beliebige zusammengesetzte Zahl ist, hat *E. Kummer*[20]) aufgestellt und *D. Hilbert*[21]) bewiesen.

Auf Grund dieser Formel für die Klassenanzahl ergeben sich folgende zwei Sätze, unter denen der erste von *Dirichlet*[22]) auf einem etwas verschiedenen Wege bewiesen worden ist [I C 3, Nr. 2, Anm. 11]:

Bedeuten m und n zwei zu einander prime ganze rationale Zahlen, so giebt es stets unendlich viele rationale Primzahlen p mit der Kongruenzeigenschaft $p \equiv n$ nach m.

Jede Einheit eines Abel'schen Körpers ist eine Wurzel mit rationalem ganzzahligem Exponenten aus einem Produkt von Kreiseinheiten.

7. Kummer'scher Zahlkörper und seine Primideale. Es bezeichne wieder l eine ungerade rationale Primzahl und $k(\zeta)$ den durch $\zeta = e^{\frac{2i\pi}{l}}$ bestimmten Kreiskörper. Ist dann μ eine solche ganze Zahl in $k(\zeta)$, welche nicht zugleich die l^{te} Potenz einer Zahl in $k(\zeta)$ wird, so erweist sich die Gleichung l^{ten} Grades

$$x^l - \mu = 0$$

als irreducibel im Rationalitätsbereich $k(\zeta)$. Bedeutet $\mathsf{M} = \sqrt[l]{\mu}$ eine irgendwie in bestimmter Weise ausgewählte Wurzel dieser Gleichung, so sind

$$\zeta\mathsf{M},\ \zeta^2\mathsf{M},\ \ldots,\ \zeta^{l-1}\mathsf{M}$$

deren $l-1$ übrige Wurzeln. Der durch M und ζ bestimmte Körper $k(\mathsf{M}, \zeta)$ heisst ein *Kummer'scher Körper*, da derselbe zuerst von *E. Kummer* untersucht worden ist. Ein solcher Kummer'scher Körper $k(\mathsf{M}, \zeta)$ ist vom Grade $l-1$; er enthält den Kreiskörper $k(\zeta)$ als

18) Berl. Ber. 1853, p. 194.

19) J. f. Math. 40 (1850), p. 117.

20) Berl. Ber. 1861, p. 1051 und 1863, p. 21.

21) Deutsche Math.-Ver. 4 (1897), p. 378—380.

22) Berl. Ber. 1837, p. 108; Berl. Abh. 1837, p. 45 = Werke 1, p. 307 und p. 313.

Unterkörper und ist in Bezug auf $k(\zeta)$ ein relativ-Abel'scher Körper vom Relativgrade l. Durch die Operation der Vertauschung von M mit $\zeta\mathsf{M}$ in einer Zahl oder in einem Ideal dieses Kummer'schen Körpers geht man zu der relativkonjugierten Zahl bez. dem relativkonjugierten Ideal über. Dieser Übergang werde durch Vorsetzen des Substitutionszeichens S angedeutet.

Um die Primideale des *Kummer*'schen Körpers aufzustellen, bedient man sich des folgenden Symbols. Ist zunächst das Primideal $\mathfrak{w}$ von $\mathfrak{l} = (1 - \zeta)$ verschieden und prim zu μ, so bedeute das Symbol $\left\{\frac{\mu}{\mathfrak{w}}\right\}$ diejenige l^{te} Einheitswurzel, die der Kongruenz

$$\mu^{\frac{n(\mathfrak{w})-1}{l}} \equiv \left\{\frac{\mu}{\mathfrak{w}}\right\}, \quad (\mathfrak{w})$$

genügt; dabei bezeichnet $n(\mathfrak{w})$ die Norm von $\mathfrak{w}$. Es gehe andrerseits $\mathfrak{w}$ in μ auf; wenn dann die Relativdiskriminante des durch $\mathsf{M} = \sqrt[l]{\mu}$ und ζ bestimmten Kummer'schen Körpers durch $\mathfrak{w}$ teilbar ist, so habe das Symbol $\left\{\frac{\mu}{\mathfrak{w}}\right\}$ den Wert 0. Ist dagegen die Relativdiskriminante dieses Körpers $k(\mathsf{M}, \zeta)$ nicht durch $\mathfrak{w}$ teilbar, so kann man stets eine Zahl α in $k(\zeta)$ finden derart, dass $\mu^* = \alpha^l\mu$ eine ganze, nicht mehr durch $\mathfrak{w}$ teilbare Zahl in $k(\zeta)$ wird. Wir definieren dann, wenn $\mathfrak{w} \neq \mathfrak{l}$ ist, das fragliche Symbol durch die Formel

$$\left\{\frac{\mu}{\mathfrak{w}}\right\} = \left\{\frac{\mu^*}{\mathfrak{w}}\right\}.$$

Wenn aber $\mathfrak{w} = \mathfrak{l}$ ist, so kann, da die Relativdiskriminante von $k(\mathsf{M}, \zeta)$ prim zu $\mathfrak{l}$ sein soll, die Zahl α überdies so gewählt werden, dass $\mu^* \equiv 1$ nach $\mathfrak{l}^l$ ausfällt. Ist dies geschehen, so gilt eine Kongruenz von der Gestalt

$$\mu^* \equiv 1 + a\,(1 - \zeta)^l, \quad (\mathfrak{l}^{l+1}),$$

wo a eine bestimmte Zahl aus der Reihe $0, 1, 2, \ldots, l-1$ bedeutet. Wir definieren dann das Symbol $\left\{\frac{\mu}{\mathfrak{l}}\right\}$ durch die Gleichung

$$\left\{\frac{\mu}{\mathfrak{l}}\right\} = \zeta^a.$$

Ist endlich μ die l^{te} Potenz einer ganzen Zahl in $k(\zeta)$ und $\mathfrak{w}$ ein beliebiges Primideal in $k(\zeta)$, so werde stets $\left\{\frac{\mu}{\mathfrak{w}}\right\} = 1$ genommen.

Auf diese Weise ist der Wert des Symbols $\left\{\frac{\mu}{\mathfrak{w}}\right\}$ für jede ganze Zahl μ und für jedes Primideal $\mathfrak{w}$ in $k(\zeta)$ eindeutig festgelegt, und zwar wird dieser Wert entweder gleich 0 oder gleich einer bestimmten l^{ten} Einheitswurzel.

Die Aufgabe, die Primideale des Kreiskörpers $k(\zeta)$ in Primideale des Kummer'schen Körpers $k(\mathsf{M}, \zeta)$ zu zerlegen, wird durch folgenden Satz gelöst: Ein beliebiges Primideal $\mathfrak{p}$ in $k(\zeta)$ ist in dem durch $\mathsf{M} = \sqrt[l]{\mu}$ und ζ bestimmten Kummer'schen Körper $k(\mathsf{M}, \zeta)$ entweder gleich der l^{ten} Potenz eines Primideals oder zerlegbar in l von einander verschiedene Primideale oder selbst Primideal, je nachdem $\left\{\frac{\mu}{\mathfrak{p}}\right\} = 0$ oder $= 1$ oder gleich einer von 1 verschiedenen l^{ten} Einheitswurzel ausfällt.

8. Normenreste und Normennichtreste des Kummer'schen Zahlkörpers. Es sei wie in Nr. 7 μ eine Zahl des Kreiskörpers $k(\zeta)$, für welche $\mathsf{M} = \sqrt[l]{\mu}$ nicht in $k(\zeta)$ liegt und es bedeute $k(\mathsf{M}, \zeta)$ den durch M und ζ bestimmten Kummer'schen Körper; für eine Zahl A in $k(\mathsf{M}, \zeta)$ werde die *Relativnorm* in Bezug auf $k(\zeta)$ mit $N(\mathsf{A})$ bezeichnet. Es sei $\mathfrak{w}$ ein beliebiges Primideal des Kreiskörpers $k(\zeta)$ und ν eine beliebige ganze Zahl in $k(\zeta)$. Wenn dann ν nach $\mathfrak{w}$ der Relativnorm einer ganzen Zahl des Körpers $k(\mathsf{M}, \zeta)$ kongruent ist, und wenn ausserdem auch für jede höhere Potenz von $\mathfrak{w}$ stets eine solche ganze Zahl A im Körper $k(\mathsf{M}, \zeta)$ gefunden werden kann, dass $\nu \equiv N(\mathsf{A})$ nach jener Potenz von $\mathfrak{w}$ ausfällt, so heisst nach *D. Hilbert* ν ein *Normenrest des Kummer'schen Körpers* $k(\mathsf{M}, \zeta)$ *nach* $\mathfrak{w}$, in jedem anderen Falle heisst ν ein *Normennichtrest des Kummer'schen Körpers* $k(\mathsf{M}, \zeta)$ *nach* $\mathfrak{w}$.

D. Hilbert hat folgenden Satz bewiesen:

Wenn $\mathfrak{w}$ ein Primideal des Kreiskörpers $k(\zeta)$ ist, das nicht in der Relativdiskriminante des Kummerschen Körpers $k(\mathsf{M}, \zeta)$ aufgeht, so ist jede zu $\mathfrak{w}$ prime Zahl in $k(\zeta)$ Normenrest des Kummer'schen Körpers $k(\mathsf{M}, \zeta)$ nach $\mathfrak{w}$.

Wenn dagegen $\mathfrak{w}$ ein Primideal des Kreiskörpers $k(\zeta)$ ist, das in der Relativdiskriminante des Kummer'schen Körpers $k(\mathsf{M}, \zeta)$ aufgeht, und e im Falle $\mathfrak{w} \neq \mathfrak{l}$ einen beliebigen positiven Exponenten, im Falle $\mathfrak{w} = \mathfrak{l}$ einen beliebigen Exponenten $> l$ bedeutet, so sind von allen vorhandenen zu $\mathfrak{w}$ primen und nach $\mathfrak{w}^e$ einander inkongruenten Zahlen in $k(\zeta)$ genau der l^{te} Teil Normenreste nach $\mathfrak{w}$.

Dieser Satz weist uns auf die Möglichkeit hin, die nach einer Potenz $\mathfrak{w}^e$ ($e > l$ im Falle $\mathfrak{w} = \mathfrak{l}$) vorhandenen einander inkongruenten Zahlen des Körpers $k(\zeta)$ in l Abteilungen zu sondern, die sämtlich gleich viele Zahlen enthalten und von denen eine die Normenreste nach $\mathfrak{w}$ umfasst. Um diese Sonderung in übersichtlicher Weise vornehmen zu können, bedient sich *D. Hilbert* eines neuen Symbols, welches zwei beliebigen, von 0 verschiedenen ganzen Zahlen ν, μ des Körpers $k(\zeta)$ in Bezug auf ein beliebiges Primideal $\mathfrak{w}$ in $k(\zeta)$ jedesmal eine bestimmte l^{te} Einheitswurzel zuweist, und zwar geschieht dies in folgender Weise:

Es sei zunächst $\mathfrak{w}$ ein von $\mathfrak{l}$ verschiedenes Primideal. Ist dann ν genau durch $\mathfrak{w}^b$ und μ genau durch $\mathfrak{w}^a$ teilbar, so bilde man die Zahl $\varkappa = \frac{\nu^a}{\mu^b}$ und bringe $\varkappa$ in die Gestalt eines Bruches $\frac{\varrho}{\sigma}$, dessen Zähler ϱ und Nenner σ nicht durch $\mathfrak{w}$ teilbar sind. Das Symbol $\left\{\frac{\nu,\,\mu}{\mathfrak{w}}\right\}$ werde dann durch die Formel

$$\left\{\frac{\nu,\,\mu}{\mathfrak{w}}\right\} = \left\{\frac{\varkappa}{\mathfrak{w}}\right\} = \left\{\frac{\varrho}{\mathfrak{w}}\right\}\left\{\frac{\sigma}{\mathfrak{w}}\right\}^{-1}$$

definiert. Es ergeben sich hieraus unmittelbar für dieses Symbol die einfachen Regeln:

$$\left\{\frac{\nu_1\,\nu_2,\,\mu}{\mathfrak{w}}\right\} = \left\{\frac{\nu_1,\,\mu}{\mathfrak{w}}\right\}\left\{\frac{\nu_2,\,\mu}{\mathfrak{w}}\right\},$$

$$\left\{\frac{\nu,\,\mu_1\,\mu_2}{\mathfrak{w}}\right\} = \left\{\frac{\nu,\,\mu_1}{\mathfrak{w}}\right\}\left\{\frac{\nu,\,\mu_2}{\mathfrak{w}}\right\},$$

$$\left\{\frac{\nu,\,\mu}{\mathfrak{w}}\right\}\left\{\frac{\mu,\,\nu}{\mathfrak{w}}\right\} = 1,$$

wo ν, ν_1, ν_2, μ, μ_1, μ_2 beliebige von Null verschiedene ganze Zahlen in $k(\zeta)$ bedeuten können.

Die Definition des neuen Symbols für den Fall $\mathfrak{w} = \mathfrak{l}$ kann man auf die Formeln

$$\left\{\frac{\alpha,\,\zeta}{\mathfrak{l}}\right\} = \zeta^{\frac{n(\alpha)-1}{l}}, \quad \left\{\frac{\nu_1\,\nu_2,\,\mu}{\mathfrak{l}}\right\} = \left\{\frac{\nu_1,\,\mu}{\mathfrak{l}}\right\}\left\{\frac{\nu_2,\,\mu}{\mathfrak{l}}\right\},$$

$$\left\{\frac{\nu^*,\,\mu}{\mathfrak{l}}\right\} = 1, \qquad \left\{\frac{\nu,\,\mu}{\mathfrak{l}}\right\}\left\{\frac{\mu,\,\nu}{\mathfrak{l}}\right\} = 1$$

gründen, wo α eine beliebige zu $\mathfrak{l}$ prime Zahl in $k(\zeta)$, ν^* ein beliebiger Normenrest des Körpers $k(\sqrt[l]{\mu},\,\zeta)$ nach $\mathfrak{l}$, und ν_1, ν_2, ν, μ beliebige ganze Zahlen in $k(\zeta)$ sein sollen. Die aufgezählten Forderungen sind miteinander verträglich und reichen in allen Fällen zur Definition des Symbols hin. Wenn insbesondere die beiden Zahlen ν, μ zu $\mathfrak{l}$ prim sind und

$$\nu \equiv a^l(1+\lambda)^{n_1}(1+\lambda^2)^{n_2}\cdots(1+\lambda^{l-1})^{n_{l-1}}, \quad (\mathfrak{l}^l),$$

$$\mu \equiv b^l(1+\lambda)^{m_1}(1+\lambda^2)^{m_2}\cdots(1+\lambda^{l-1})^{m_{l-1}}, \quad (\mathfrak{l}^l),$$

gesetzt wird, wo a, b und die Exponenten

$$n_1,\, n_2,\, \ldots,\, n_{l-1};\; m_1,\, m_2,\, \ldots,\, m_{l-1}$$

ganze rationale Zahlen sind und $\lambda = 1 - \zeta$ gesetzt ist, so besteht eine Gleichung von der Gestalt

$$\left\{\frac{\nu, \mu}{\mathfrak{l}}\right\} = \zeta^{L(n_1, \dots, n_{l-1};\, m_1, \dots, m_{l-1})};$$

dabei ist L eine homogene bilineare Funktion der beiden Reihen von Veränderlichen $n_1, \dots n_{l-1}$; $m_1, \dots, m_{l-1}$, und die Koeffizienten von L sind ganze rationale Zahlen, die nur von der Primzahl l abhängen, und die man bei gegebenem Werte der Primzahl l etwa durch besondere Annahmen der Zahlen ν, μ leicht berechnen kann.

Es gilt nun der Satz: *Wenn ν, μ zwei beliebige ganze Zahlen in $k(\zeta)$ sind, nur dass $\sqrt[l]{\mu}$ nicht in $k(\zeta)$ liegt, und $\mathfrak{w}$ ein beliebiges Primideal des Kreiskörpers $k(\zeta)$ bedeutet, so ist ν Normenrest oder Normennichtrest des durch $\mathsf{M} = \sqrt[l]{\mu}$ bestimmten Kummer'schen Körpers $k(\mathsf{M}, \zeta)$ nach $\mathfrak{w}$*, je nachdem

$$\left\{\frac{\nu, \mu}{\mathfrak{w}}\right\} = 1 \quad \text{oder} \quad \neq 1$$

ausfällt.

9. Existenz unendlichvieler Primideale mit vorgeschriebenen Potenzcharakteren. Es seien $\alpha_1, \dots, \alpha_t$ irgend t ganze Zahlen des Kreiskörpers $k(\zeta)$, welche die Bedingung erfüllen, dass das Produkt $\alpha_1^{m_1} \alpha_2^{m_2} \dots \alpha_t^{m_t}$, wenn man jeden der Exponenten $m_1, m_2, \dots, m_t$ die Werte $0, 1, 2, \dots, l-1$ durchlaufen lässt, jedoch das eine Wertsystem $m_1 = 0, m_2 = 0, \dots, m_t = 0$ ausschliesst, dabei niemals die l^{te} Potenz einer Zahl in $k(\zeta)$ wird; es seien ferner $\gamma_1, \gamma_2, \dots, \gamma_t$ nach Belieben vorgeschriebene l^{te} Einheitswurzeln: dann giebt es im Kreiskörper $k(\zeta)$ stets unendlich viele Primideale $\mathfrak{p}$, für die jedesmal bei einem gewissen zu l primen Exponenten m

$$\left\{\frac{\alpha_1}{\mathfrak{p}}\right\}^m = \gamma_1, \quad \left\{\frac{\alpha_2}{\mathfrak{p}}\right\}^m = \gamma_2, \dots, \quad \left\{\frac{\alpha_t}{\mathfrak{p}}\right\}^m = \gamma_t$$

wird. Der Nachweis dieses Satzes von *E. Kummer*[23]) beruht im wesentlichen darauf, dass man in geeigneter Weise die allgemeine transcendente Methode für die Klassenanzahlbestimmung auf den Kummer'schen Körper anwendet und aus der so erhaltenen Formel auf das Nichtverschwinden des Grenzwertes einer gewissen unendlichen Summe schliesst.

10. Regulärer Kreiskörper und regulärer Kummer'scher Körper. Es bedeute l wie bisher eine ungerade Primzahl und $k(\zeta)$

---

23) Berl. Abh. 1859[2], p. 19.

den durch $\zeta = e^{\frac{2i\pi}{l}}$ bestimmten Kreiskörper: dieser Kreiskörper $k(\zeta)$ heisst nach *D. Hilbert* ein *regulärer Kreiskörper* und die Primzahl l *eine reguläre Primzahl*, wenn die Anzahl h der Idealklassen des Körpers $k(\zeta)$ nicht durch l teilbar ist; desgleichen heissen solche Kummer'sche Körper, welche aus regulären Kreiskörpern entspringen, *reguläre Kummer'sche Körper.*

E. Kummer[24]) hat durch Rechnung aus der in Nr. **6** angegebenen Formel für die Klassenanzahl des Kreiskörpers bewiesen, dass eine ungerade Primzahl l dann und nur dann regulär ist, wenn sie in den Zählern der ersten $l^* = \frac{l-3}{2}$ Bernoulli'schen Zahlen [I E, Nr. **10**; II A 3, Nr. **18**] nicht aufgeht.

11. Geschlechter im regulären Kummer'schen Körper. Mit Hilfe des in Nr. 8 definierten Symbols $\left\{\frac{\nu, \mu}{\mathfrak{w}}\right\}$ ordnet *D. Hilbert* im regulären Kummer'schen Körper einem jeden Ideal $\mathfrak{J}$ desselben in bestimmter Weise ein Charakterensystem zu, welches aus einer gewissen Anzahl r ($\geqq 1$) von l^{ten} Einheitswurzeln besteht. Aus den Eigenschaften jenes Symbols folgt dann unmittelbar, dass die Ideale ein und derselben Klasse eines regulären Kummer'schen Körpers sämtlich dasselbe Charakterensystem besitzen und es ist daher auf diese Weise überhaupt einer jeden Idealklasse ein bestimmtes Charakterensystem zugeordnet. Man rechnet nun alle diejenigen Idealklassen, welche ein und dasselbe Charakterensystem besitzen, in ein *Geschlecht* und definiert insbesondere das *Hauptgeschlecht* als die Gesamtheit aller derjenigen Klassen, deren Charakterensystem aus lauter Einheiten 1 besteht. Da das Charakterensystem der Hauptklasse von der letzteren Eigenschaft ist, so gehört insbesondere die Hauptklasse stets zum Hauptgeschlecht. Aus den Eigenschaften des Symbols $\left\{\frac{\nu, \mu}{\mathfrak{w}}\right\}$ entnimmt man leicht die folgenden Thatsachen: Wenn G und G' zwei beliebige Geschlechter sind und jede Klasse in G mit jeder Klasse in G' multipliziert wird, so bilden sämtliche solche Produkte wiederum ein Geschlecht; dieses wird das *Produkt der Geschlechter* G und G' genannt. Das Charakterensystem desselben erhalten wir durch Multiplikation der entsprechenden Charaktere der beiden Geschlechter G und G'.

Aus der eben aufgestellten Definition der Geschlechter leuchtet ferner ein, dass die zu einer Klasse C relativkonjugierten Klassen $SC, \ldots, S^{l-1}C$ zu demselben Geschlechte wie C selbst gehören,

24) J. f. Math. 40 (1859), p. 130.

und hieraus folgt, dass die $(1-S)^{\text{te}}$ symbolische Potenz C^{1-S} (vgl. Nr. **17** des Artikels I C 4a „Theorie der algebraischen Zahlkörper") einer jeden Klasse C stets zum Hauptgeschlecht gehört. Endlich ist offenbar, dass jedes Geschlecht des Kummer'schen Körpers gleich viel Klassen enthält.

12. Reziprozitätsgesetz für l^{te} Potenzreste im regulären Kummer'schen Körper. *G. Eisenstein*[25]) hat mittels der Formeln der Kreisteilung ein Reziprozitätsgesetz zwischen einer ganzen rationalen Zahl und einer beliebigen ganzen Zahl des Kreiskörpers $k(\zeta)$ abgeleitet. Mit Hilfe dieses Reziprozitätsgesetzes von *Eisenstein* und auf Grund des in Nr. **11** entwickelten, von *E. Kummer* geschaffenen Geschlechtsbegriffes gelang es dann *E. Kummer*[26]) für den regulären Kreiskörper das allgemeine Reziprozitätsgesetz der l^{ten} Potenzreste aufzustellen und zu beweisen. Mit Benutzung des in Nr. 8 definierten Symbols hat *D. Hilbert* eine Formel abgeleitet, die insbesondere auch die Kummer'schen Reziprozitätsgesetze zugleich mit ihren sogenannten Ergänzungssätzen in vollständiger und einfacher Weise zum Ausdruck bringt. Diese Formel lautet:

Wenn ν und μ zwei beliebige ganze Zahlen $(\neq 0)$ eines regulären Kreiskörpers $k(\zeta)$ bedeuten, so ist stets

$$\prod_{(\mathfrak{w})} \left\{\frac{\nu,\mu}{\mathfrak{w}}\right\} = 1,$$

wenn das Produkt linker Hand über sämtliche Primideale $\mathfrak{w}$ in $k(\zeta)$ erstreckt wird.

Mit dieser Formel sind von *D. Hilbert* zugleich auch die Resultate, die *E. Kummer* gefunden hat, von neuem bewiesen — ohne die umfangreichen rechnerischen Hülfsmittel, die *E. Kummer* angewandt hat.

Von besonderen Reziprozitätsgesetzen, zu deren Behandlung die Formeln der Kreisteilung ausreichen, sind das Reziprozitätsgesetz für biquadratische Reste nach *Gauss*[27]) und *Eisenstein*[28]) sowie das Reziprozitätsgesetz für kubische Reste nach *Eisenstein*[29]) und *Jacobi*[30]) zu nennen.

---

25) Berl. Ber. **1850**, p. 189.

26) Berl. Ber. 1850, p. 154; 1858, p. 158; Berl. Abh. 1859², p. 19; 1861², p. 81 = J. f. Math. 100, p. 10; J. f. Math. 44 (1851), p. 93; 56 (1858), p. 270.

27) Gotting. Comm. rec. 6 (1828); 7 (1832) = Werke 2, p. 65 u. 93; vgl. *T. J. Stieltjes*, Toul. Ann. 11c (1897), p. 1.

28) J. f. Math. 28 (1844), p. 53, 223.

29) J. f. Math. 27, p. 289 u. 28 p. 28 (1844); vgl. *Stieltjes* l. c.

30) J. f. Math. 2, p. 66 = Werke 6, p. 233 (1827).

13. Anzahl der vorhandenen Geschlechter im regulären Kummer'schen Körper. Es können nunmehr nach *E. Kummer* für den regulären Kummer'schen Körper diejenigen Sätze aufgestellt und bewiesen werden, welche den bekannten Sätzen [I C 2, Nr. **c**] aus der Theorie der binären quadratischen Formen oder der quadratischen Zahlkörper entsprechen. Vor allem entsteht die Frage, ob ein System von r beliebig vorgelegten l^{ten} Einheitswurzeln stets das Charakterensystem für ein Geschlecht des Kummer'schen Körpers sein kann. Diese Frage findet durch folgenden Fundamentalsatz ihre Erledigung:

Es sei r die Anzahl der Charaktere, welche ein Geschlecht im regulären Kummer'schen Körper $K = k(\sqrt[l]{\mu}, \zeta)$ bestimmen; ist dann ein System von r beliebigen l^{ten} Einheitswurzeln vorgelegt, so ist dieses System dann und nur dann das Charakterensystem eines Geschlechtes in K, wenn das Produkt der sämtlichen r Einheitswurzeln gleich 1 *ist. Die Anzahl der in K vorhandenen Geschlechter ist daher gleich l^{r-1}, d. h. es sind genau der l^{te} Teil aller denkbaren Charakterensysteme wirklich durch Geschlechter vertreten.*

Die bemerkenswertesten Folgerungen dieses Satzes sind nach *D. Hilbert*:

Die Anzahl g der Geschlechter in einem regulären Kummer'schen Körper ist gleich der Anzahl seiner ambigen Komplexe (vgl. Nr. **17** des Artikels I C 4 a „Theorie der algebraischen Zahlkörper").

Jeder Komplex des Hauptgeschlechtes in einem regulären Kummer-schen Körper K ist die $(1 - S)^{\text{te}}$ symbolische Potenz eines Komplexes in K, d. h. jede Klasse des Hauptgeschlechtes in einem regulären Kummer-schen Körper K ist gleich dem Produkt aus der $(1 - S)^{\text{ten}}$ symbolischen Potenz einer Klasse und aus einer solchen Klasse, welche Ideale des Kreiskörpers $k(\zeta)$ enthält.

Wenn ν, μ zwei ganze Zahlen des regulären Kreiskörpers $k(\zeta)$ bedeuten, von denen μ nicht die l^{te} Potenz einer ganzen Zahl in $k(\zeta)$ ist, und welche für jedes Primideal $\mathfrak{w}$ in $k(\zeta)$ die Bedingung

$$\left\{\frac{\nu, \mu}{\mathfrak{w}}\right\} = 1$$

erfüllen, so ist die Zahl ν stets gleich der Relativnorm einer ganzen oder gebrochenen Zahl A des Kummer'schen Körpers $K = k(\sqrt[l]{\mu}, \zeta)$.

14. Der Fermat'sche Satz. *Fermat* hat die Behauptung aufgestellt, dass die Gleichung [s. auch I C 2, Nr. **g**, 4)]:

$$a^m + b^m = c^m$$

in ganzen rationalen von Null verschiedenen Zahlen a, b, c für keinen ganzzahligen Exponenten $m > 2$ lösbar ist. Wenngleich schon aus der Litteratur vor *Kummer* vereinzelte Resultate über diese Gleichung von *Fermat* bemerkenswert sind[31]), so ist es doch erst *E. Kummer* auf Grund der Theorie der Ideale des regulären Kreiskörpers gelungen, den Beweis der Fermat'schen Behauptung für sehr umfassende Klassen von Exponenten m vollständig zu führen. Die wichtigste von *E. Kummer*[32]) bewiesene Thatsache ist die folgende:

Wenn l eine reguläre Primzahl (Nr. **10**) bedeutet und α, β, γ irgend welche ganze Zahlen des Kreiskörpers der l^{ten} Einheitswurzeln sind, von denen keine verschwindet, so besteht niemals die Gleichung

$$\alpha^l + \beta^l + \gamma^l = 0.$$

Der Beweis dieses Satzes ist von *D. Hilbert* vereinfacht und vervollständigt worden.

Der Beweis der Unlösbarkeit der Gleichung $\alpha^l + \beta^l + \gamma^l = 0$ in ganzen Zahlen α, β, γ des Kreiskörpers der l^{ten} Einheitswurzeln ist von *Kummer*[33]) noch in dem Falle erbracht worden, dass l eine Primzahl ist, die in der Klassenanzahl des Kreiskörpers $k\left(e^{\frac{2i\pi}{l}}\right)$ zur ersten, aber nicht zu einer höheren Potenz aufgeht. Damit ist die *Fermat'sche* Behauptung insbesondere für jeden Exponenten $m \leq 100$ als richtig erkannt. Die Aufgabe, die *Fermat'sche* Behauptung allgemein als richtig zu erweisen, harrt jedoch noch ihrer Lösung.

---

31) Vgl. *N. H. Abel,* Oeuvr. éd. Sylow-Lie 2, p. 254 (1823); *Cauchy,* Par. C. R. 10 (1840¹), p. 560 u. 25 (1847²), p. 181 = Oeuvr. (1) 5, p. 152; (1) 10, p. 364; *Dirichlet,* Werke 1, p. 1 (1825); J. f. Math. 3 (1828) [1825], p. 354; 9 (1832), p. 390 = Werke 1, p. 21 u. 189; *G. Lamé,* J. de math. 5 (1840), p. 195 ($n = 7$) [Bericht von *Cauchy* p. 211] u. 12 (1847), p. 137 ($n = 5$), p. 172; *V. A. Lebesgue,* J. de math. 5 (1840), p. 184, 276 u. 384 ($n = 7$) u. 8 (1843), p. 49 ($n = 5$).

32) J. f. Math. 17 (1837), p. 203; 40 (1850), p. 130; J. de math. 16 (1851), p. 471.

33) Berl. Abh. 1857², p. 41.

I C 5. ARITHMETISCHE THEORIE ALGEBRAISCHER GRÖSSEN

VON

G. LANDSBERG

IN HEIDELBERG.

[Dieser Artikel ist mit I B 1 c vereinigt worden, s. Nr. **1—11** daselbst.]

I C 6. KOMPLEXE MULTIPLIKATION

VON

H. WEBER

IN STRASSBURG.

Inhaltsübersicht.

Litteratur.

N. H. Abel, Oeuvres complètes, alte Ausgabe (1839) 1, p. 242, 272; neue Ausgabe (1881) 1, p. 377, 426.

K. G. J. Jacobi, De multiplicatione functionum ellipticarum per quantitatem imaginariam pro certo quodam modulorum systemate (aus dem Nachlass herausgegeben von *F. Mertens*, Ges. Werke 1, p. 491; s. auch p. 254, 405).

L. Kronecker, Über elliptische Funktionen, für welche komplexe Multiplikation stattfindet (Berl. Ber. 27. Okt. 1857, p. 455); Neue Eigenschaften der quadratischen Formen mit negativer Determinante (Berl. Ber. 26. Mai 1862, p. 302); Über komplexe Multiplikation der elliptischen Funktionen (Berl. Ber. 26. Juni 1862, p. 363); Auflösung der Pell'schen Gleichung mittels elliptischer Funktionen (Berl. Ber. 22. Jan. 1863, p. 44); Über quadratische Formen von negativer Determinante (Berl. Ber. 19. Apr. 1875, p. 233); Über *Abel*'sche Gleichungen (Berl. Ber. 16. Apr. 1877, Nachtrag zum Dezemberheft, p. 845); Über Irreduzibilität von Gleichungen (Berl. Ber. 2. Febr. 1880, p. 155); Komposition *Abel*'scher Gleichungen, und: Die kubischen *Abel*'schen Gleichungen im Bereiche $(\sqrt{-31})$ (Berl. Ber. 1882, p. 1059, 1151); Zur Theorie der elliptischen Funktionen (Berl. Ber. 1883, p. 497, 525; 1885, p. 761; 1886, p. 701; 1889, p. 53, 123, 199, 255, 309; 1890, p, 99, 123, 219, 307, 1025).

Ch. Hermite, Sur la théorie des équations modulaires, Par. 1859 (Par. C. R. 48, 49, 1859).

Joubert, Sur la théorie des fonctions elliptiques et son application à la théorie des nombres, Par. C. R. 50 (1860), p. 774, 832, 907, 1040, 1095, 1145.

H. J. S. Smith, Brit. Ass. Rep. 35, 1865; Report on the theory of numbers 6 (Collected mathematical papers 1, p. 289).

R. Dedekind, Schreiben an Herrn *K. W. Borchardt* über die Theorie der elliptischen Modulfunktionen (J. f. Math. 83 [1877], p. 265).

G. Pick, Über die komplexe Multiplikation der elliptischen Funktionen I, II (Math. Ann. 25, p. 433; 26, p. 219, 1886).

H. Weber, Zur Theorie der elliptischen Funktionen I, II (Acta math. 6, 1885, p. 329; 11, 1888, p. 333); Zur komplexen Multiplikation der elliptischen Funktionen (Math. Ann. 33, 1888, p. 390); Elliptische Funktionen und algebraische Zahlen (ausführlicheres Lehrbuch, Braunschweig 1891); Ein Beitrag zur Transformationstheorie der elliptischen Funktionen mit einer Anwendung auf Zahlentheorie (Math. Ann. 43, 1893, p. 185); Zahlentheoretische Untersuchungen aus dem Gebiet der elliptischen Funktionen I, II, III (Gött. Nachr. 1893, p. 46, 138, 245); Über Zahlengruppen in algebraischen Körpern I, II, III (Math. Ann. 48, 1896, p. 433; 49, 1897, p. 83; 50, 1897, p. 1, besonders die dritte dieser Abhandlungen).

H. Sylow, Sur la multiplication complexe des fonctions elliptiques (J. de math. (4) 3, 1887, p. 109).

G. H. Halphen, Sur la multiplication complexe dans les fonctions elliptiques et en particulier, sur la multiplication par $\sqrt{-23}$ [J. de math. (4) 5, 1889, p. 5]; Traité des fonctions elliptiques, troisième partie, fragments (nach des Verfassers Tod herausgegeben, Paris 1891).

G. H. Stuart, Complex Multiplication of Elliptic Functions (Quart. J. 20, 1884, p. 18, 221).

A. G. Greenhill, Complex Multiplication of Elliptic Functions (Quart. J. 22, 1887, p. 119, 174); Complex Multiplication Moduli of Elliptic Functions (Lond. Math. Soc. Proc. 19, 1888, p. 301); Table of Complex Multiplication Moduli (ib. 21, 1890, p. 403).

R. Russell, On Modular Equations (Lond. Math. Soc. Proc. 21, 1890, p. 351; s. auch ib. 19, 1888, p. 90).

G. B. Mathews, Complex Multiplication Moduli of Elliptic Functions for the Det. — 53, — 61 (Lond. Math. Soc. Proc. 21, 1890, p. 215).

F. Klein, Ausgewählte Kapitel der Zahlenlehre, Vorlesungen, Gött. 1895—96, autographiertes Heft; Bericht darüber Math. Ann. 48, 1897, p. 562. Hier wird durch Betrachtung des Punktgitters auf Grund einer allgemeinen Massbestimmung die Theorie geometrisch anschaulich begründet.

Im übrigen vgl. noch die unter II B 6 a aufgeführten Lehrbücher über die Theorie der elliptischen Funktionen.

Litteratur über Klassenzahlrelationen.

L. Kronecker, Über die Anzahl der verschiedenen Klassen quadratischer Formen von negativer Determinante (J. f. Math. 57, 1860, p. 248).

Ch. Hermite, Sur la théorie des fonctions elliptiques et ses applications à l'arithmétique [Par. C. R. 55, 1862, p. 11, 85; J. de math. (2) 7, p. 25 (s. auch

J. Liouville, ib. p. 41, 44)]; Remarques arithmétiques sur quelques formules de la théorie des fonctions elliptiques (J. f. Math. 100, 1885, p. 51).

J. Gierster, Über Relationen zwischen Klassenzahlen binärer quadratischer Formen von negativer Determinante (Gött. Nachr. 1879, p. 277; Münch. Ber. Febr. 1880 = Math. Ann. 17, 1880, p. 71, 74; Math. Ann. 21, 1882, p. 1; 22, 1883, p. 190).

A. Hurwitz, Zur Theorie der Modulargleichungen (Gött. Nachr. 1883, p. 350); Über Relationen zwischen Klassenzahlen binärer quadratischer Formen von negativer Determinante (Math. Ann. 25, 1885, p. 157); Über die Klassenzahlrelationen und Modularkorrespondenzen primzahliger Stufe (Leipz. Ber. 1885, p. 222).

F. Klein-R. Fricke, Vorlesungen über die Theorie der elliptischen Modulfunktionen, Leipzig 1892.

---

1. Historische Einleitung. Die komplexe Multiplikation der elliptischen Funktionen findet sich zuerst in der Litteratur erwähnt in den „Recherches sur les fonctions elliptiques“ von *Abel*, die im zweiten und dritten Bande des Journals für Math. (1827, 1828) erschienen sind. Hier wird im § X die Frage gestellt und behandelt, unter welchen Umständen die Differentialgleichung

$$\frac{dy}{\sqrt{(1-y^2)(1+\mu y^2)}} = a \frac{dx}{\sqrt{(1-x^2)(1+\mu x^2)}}$$

algebraisch integrierbar ist, und es werden die beiden Sätze aufgestellt, dass a, wenn es reell sein soll, notwendig eine rationale Zahl sein muss, wobei dann μ beliebig sein kann. Dies ist der Fall der gewöhnlichen *Multiplikation und Teilung* der elliptischen Funktionen [II B 6 a, Nr. **12, 19, 40**]. Nimmt man aber a komplex an, so muss es die Form haben $m \pm \sqrt{-n}$, worin m und n rationale Zahlen sind und n positiv ist. Dies ist die *komplexe Multiplikation.* Diese ist aber nicht mehr für einen beliebigen Modul μ möglich, sondern die für einen gegebenen Multiplicator dieser Form zulässigen Werte von μ hängen von einer algebraischen Gleichung ab, die *Abel* für zwei Beispiele, nämlich die Multiplikation mit $\sqrt{-3}$, $\sqrt{-5}$ vollständig auflöst.

Ein noch einfacheres Beispiel, die Multiplikation mit $\sqrt{-1}$ oder die Multiplikation und Teilung der Lemniskatenfunktion, ist in derselben Abhandlung schon früher behandelt, und war bereits *K. F. Gauss* am Anfang des Jahrhunderts bekannt (Disquisitiones arithmeticae art. 335; 1801). Über die allgemeine Möglichkeit der Auflösung dieser Gleichungen durch Radikale äussert *Abel* an der erwähnten Stelle noch Zweifel. Er giebt nur transcendente Ausdrücke für diese singulären Werte von μ. Dagegen spricht er in der in den „Astronomischen Nachrichten“, Bd. 6, Nr. 138 im Jahr 1828 veröffentlichten

Abhandlung „Solution d'un problème général concernant la transformation des fonctions elliptiques" mit Bestimmtheit, wenn auch ohne Beweis, den Satz aus, dass diese singulären Werte von μ alle durch Radikale darstellbar sind. Den ersten Beweis dieses Satzes hat *Kronecker* erbracht.

In den Arbeiten von *Kronecker* und *Hermite* hat sich der innige Zusammenhang dieser Fragen mit der Zahlentheorie gezeigt, der seitdem in wachsendem Maasse das Interesse der Mathematiker in Anspruch genommen hat.

2. Komplexe Multiplikation und quadratische Formen. Ist $\varphi(u)$ eine doppelt periodische Funktion der Variablen u mit den Perioden ω_1, ω_2, so hat $\varphi(\mu u)$ immer dann dieselben Perioden ω_1, ω_2, wenn μ eine ganze Zahl ist, und wie in der Theorie der elliptischen Funktionen [II B 6 a] gezeigt wird, lässt sich dann $\varphi(\mu u)$ rational durch $\varphi(u)$, oder durch $\varphi(u)$ und seine Ableitung ausdrücken. Dies ist die reelle Multiplikation der elliptischen Funktionen.

Die allgemeine Bedingung dafür, dass $\varphi(\mu u)$ dieselben Perioden wie $\varphi(u)$ hat, und dass also eine Multiplikation besteht, ist aber die, dass vier ganze rationale Zahlen a, b, c, d von der Art existieren, dass

$$\mu\omega_1 = a\omega_1 + b\omega_2, \quad \mu\omega_2 = c\omega_1 + d\omega_2 \tag{1}$$

wird. Die Elimination von μ aus diesen beiden Gleichungen ergiebt

$$c\omega_1^2 + (d - a)\,\omega_1\omega_2 - b\omega_2^2 = 0, \tag{2}$$

und es muss also entweder $c = 0$, $b = 0$, $d = a = \mu$ sein, was auf die gewöhnliche Multiplikation führt, oder es muss das Verhältniss $\omega = \omega_1 : \omega_2$ die Wurzel einer ganzzahligen quadratischen Gleichung sein, die man in der Form

$$A\omega^2 + B\omega + C = 0 \tag{3}$$

annehmen kann, worin A, B, C ganze Zahlen ohne gemeinschaftlichen Teiler sind. Es muss dann

$$A : B : C = c : d - a : -b \tag{4}$$

sein, und da das Periodenverhältnis der elliptischen Funktionen nicht reell sein kann, so muss die Diskriminante [I B 2, Nr. 1] von (3)

$$D = B^2 - 4AC = -m \tag{5}$$

eine *negative ganze Zahl* sein. Die Koeffizienten A, C in (3) müssen also gleiches Vorzeichen haben und können positiv angenommen werden. Unter ω soll dann immer die Wurzel von (3) mit positivem imaginärem Bestandteil verstanden werden.

Aus (1) ergiebt sich

$$\mu = c\omega + d, \tag{6}$$

so dass, da c nicht gleich Null ist, der *Multiplikator* μ immer komplex, und zwar eine Zahl des durch $\sqrt{-m}$ bestimmten quadratischen Zahlkörpers [I C 4 a, Nr. 1], der der Körper Ω heissen soll, sein muss.

Ein Periodenverhältnis, welches komplexe Multiplikation gestattet, ist hiernach eine der Wurzeln der quadratischen Form (A, B, C) *mit negativer Diskriminante*[1]).

Wegen (4) muss sich eine ganze Zahl y so bestimmen lassen, dass

$$c = Ay, \quad d - a = By, \quad b = -Cy,$$

und wenn man die ganze Zahl x durch die Gleichung

$$d + a = x$$

definiert, so folgt:

$$a = \frac{x - By}{2}, \quad b = -Cy, \qquad c = Ay, \quad d = \frac{x + By}{2}. \tag{7}$$

Daraus folgt nach (5), (6) und (1):

$$n = ad - bc = \frac{x^2 - Dy^2}{4}, \tag{8}$$

$$\omega = \frac{-B + \sqrt{-m}}{2A}, \quad \mu = \frac{x + y\sqrt{-m}}{2}, \tag{9}$$

$$n = N(\mu), \tag{10}$$

wenn N das Zeichen für die im Körper Ω genommene Norm ist. Da $x \equiv By \pmod 2$ ist, so ist hiernach μ eine *ganze Zahl des Körpers* Ω [I C 4 a, Nr. 2].

Nimmt man umgekehrt im Körper Ω eine ganze Zahl μ beliebig an, so ergeben sich aus (7) die ganzen Zahlen a, b, c, d, deren Determinante n nach (8) immer positiv ist. Diese Zahlen bestimmen nun eine Transformation n^{ten} Grades der elliptischen Funktionen mit den Perioden ω_1, ω_2, die in dem vorliegenden Fall in die complexe Multiplikation übergeht [II B 6 a].

3. Die Invarianten. Jeder beliebige komplexe Wert ω, dessen imaginärer Teil positiv ist, kann Periodenverhältnis elliptischer Funk-

---

1) Es ist hier nach *Kronecker* unter (A, B, C) die quadratische Form $Ax^2 + Bxy + Cy^2$ verstanden, abweichend von der *Gauss*'schen Bezeichnung, nach der unter (A, B, C) die Form $Ax^2 + 2Bxy + Cy^2$ zu verstehen sein würde [I C 2, Nr. 6].

tionen sein. Man kann daher den Modul k dieser elliptischen Funktionen und sein Komplement k' als Funktionen einer Variablen ω betrachten, deren imaginärer Teil auf positive Werte beschränkt ist. Ebenso ist

$$j(\omega) = 256 \frac{(1 - k^2 k'^2)^3}{k^4 k'^4}$$

eine Funktion von ω, welche die *Invariante* der elliptischen Funktionen genannt wird [II B 6 a, Nr. **33**]. Ist (nach *Jacobi*) $q = e^{\pi i \omega}$, so lässt sich $j(\omega)$ in eine nach steigenden Potenzen von q fortschreitende Reihe entwickeln, deren Anfang so lautet:

$$j(\omega) = q^{-2} + 744 + 196884 q^2 + \cdots.$$

Nennt man zwei Zahlen ω, ω' *äquivalent,* wenn sie in der Beziehung

$$\omega' = \frac{\alpha\omega + \beta}{\gamma\omega + \delta}$$

zu einander stehen, worin α, β, γ, δ vier der Bedingung $\alpha\delta - \beta\gamma = 1$ genügende rationale ganze Zahlen sind, so gilt der wichtige Satz, *dass* $j(\omega)$ *für äquivalente Werte von* ω *denselben Wert hat, und dass auch umgekehrt zwei Werte von* ω, *die der Funktion* $j(\omega)$ *denselben Wert erteilen, mit einander äquivalent sind*[2]). Hieraus ergiebt sich aber Folgendes: Ist n eine positive ganze Zahl, und durchlaufen a, b, c, d alle der Bedingung $ad - bc = n$ genügenden ganzzahligen Werte, so erhält die Funktion

$$X = j\left(\frac{a\omega + b}{c\omega + d}\right) \tag{11}$$

für jeden Wert von $j(\omega)$ nur eine endliche Anzahl verschiedener Werte, und diese Werte genügen einer algebraischen Gleichung

$$\Phi[X, j(\omega)] = 0, \tag{12}$$

deren Koeffizienten ganze rationale Funktionen von $j(\omega)$ und ganze rationale Zahlen enthalten. Die Funktion Φ enthält den Faktor $X - j(\omega)$ nur, wenn n eine Quadratzahl ist. Wir denken uns in diesem Falle die Funktion Φ von diesem Faktor befreit. Die Gleichung (12) gilt für ein variables ω und geht durch Substitution von (11) in eine Identität über.

Wird nun aber für ω die Wurzel der Gleichung (3) gesetzt, so folgt aus (1):

---

2) Aus diesem Grunde nennt *Dedekind* in der angeführten Abhandlung die Funktion $2^{-8} j(\omega) = \mathrm{val}(\omega)$ die *Valenz von* ω. Dieselbe Funktion kommt auch in der Arbeit von *Hermite* vor, und war auch schon *Gauss* bekannt (Werke 3, p. 386).

$$\omega = \frac{a\omega + b}{c\omega + d},$$

und die Gleichung (12) ergiebt für diese speziellen Werte von $j(\omega)$, die (nach *Kronecker*) *die singulären Invarianten* [ebenso $k(\omega)$ die singulären Moduln] genannt werden,

$$(13) \qquad \Phi[j(\omega),\ j(\omega)] = 0,$$

und hierin findet der Fundamentalsatz der komplexen Multiplikation seinen Ausdruck, *dass die singulären Invarianten Wurzeln einer algebraischen Gleichung mit rationalen Koeffizienten sind.*

Es erweisen sich hiernach die singulären Invarianten als *algebraische Zahlen*, und eine genauere Untersuchung der Koeffizienten von (13) zeigt, dass es *ganze algebraische Zahlen* sind [I C 4 a, Nr. 2].

4. Klasseninvarianten und Klassenkörper. Einer quadratischen Form (A, B, C) mit der Diskriminante $-m$ (5) entspricht immer eine Wurzel der Gleichung (13). Diese selbe Wurzel entspricht aber allen mit (A, B, C) äquivalenten Formen, da diese äquivalente Werte von ω zu Wurzeln haben. Ein solcher singulärer Wert $j(\omega)$ gehört also nicht nur zu einer einzelnen Form, sondern zu einer Formenklasse [I C 2, Nr. **c** 1)]. Er heisst daher die *Invariante der Klasse.*

Bei der Bildung der Gleichung (12) oder (13) kommt nur die Zahl n in Betracht, und die Formeln (7), (8) zeigen daher, dass die Invarianten aller primitiven Klassen derselben Diskriminante D Wurzeln dieser nämlichen Gleichung sind. *Verschiedene Klassen haben verschiedene Invarianten.*

Fragt man umgekehrt, welche Wurzeln $j(\omega)$ die Gleichung (13) überhaupt haben kann, so findet man, dass es nur die sind, deren Argument ω einer Gleichung (3) genügt von der Art, dass $4n$ durch die Form $x^2 - Dy^2$, d. h. durch die Hauptform der Diskriminante D darstellbar ist [I C 2, Nr. **c** 2), 5)]. Ein solcher Wert von $j(\omega)$ genügt daher einer unendlichen Menge solcher Gleichungen, da man x und y beliebig annehmen kann. Daraus folgt, dass die Gleichung (13) reduzibel ist [I B 1 a, Nr. **10**]. Der kleinste Wert, den n für eine gegebene Diskriminante D haben kann, ist $n = -D = m$. Nehmen wir diesen Wert von n, so sind alle übrigen Wurzeln von (13) Klasseninvarianten von niedrigeren Diskriminanten, und wenn wir also (13) von den Teilern befreien, die sie mit niedrigeren Gleichungen derselben Art gemein hat [I B 1 a, Nr. **12**], so ergiebt sich der Satz:

Die zu einer negativen Diskriminante D gehörigen Klasseninvarianten genügen einer ganzzahligen Gleichung, deren Grad gleich der Anzahl der primitiven Klassen quadratischer Formen der Diskriminante

D *ist. Diese Gleichung heisst die Klassengleichung, der aus ihr hervorgehende algebraische Zahlkörper der Klassenkörper*[3]).

5. Klasseninvarianten in verschiedenen Ordnungen. Alle Diskriminanten D sind nach dem Modul 4 entweder mit 0 oder mit 1 kongruent. Die Diskriminante des Körpers Ω ist selbst eine Zahl von Diskriminantenform, jedoch von der Eigenschaft, dass sich kein quadratischer Faktor so von ihr abspalten lässt, dass noch eine Zahl von Diskriminantenform übrig bleibt. Solche Zahlen heissen *Stammdiskriminanten.* Aus jeder Stammdiskriminante Δ lassen sich unendlich viele Diskriminanten $D = Q^2\Delta$ dadurch ableiten, dass man sie mit dem Quadrat einer ganzen Zahl Q multipliziert. Die ganzen Zahlen der Form $\frac{1}{2}(x + y\sqrt{D})$, worin x, y ganze rationale Zahlen sind, bilden eine *Ordnung* [I C 4 a, Nr. 12] im Körper Ω, die man auch als den Inbegriff aller ganzen Zahlen dieses Körpers definieren kann, die nach dem Modul Q mit einer rationalen Zahl kongruent sind. Q heisst der *Führer* dieser Ordnung. Die primitiven quadratischen Formen mit der Diskriminante D entsprechen diesen Ordnungen, und jede solche Ordnung führt also zu einer Klassengleichung und zu einem Klassenkörper.

Um den Zusammenhang der den verschiedenen Ordnungen entsprechenden Klasseninvarianten zu übersehen, sei p irgend eine Primzahl, und D eine Diskriminante. In jeder Klasse dieser Diskriminante können wir dann einen Repräsentanten (A, B, C) so wählen, dass A nicht durch p teilbar wird. Es sei ω die Wurzel dieser Form und $\omega_1 = p\omega$, $\frac{\omega + \lambda}{p}$; $\lambda = 0, 1, \ldots, p-1$. Jeder dieser $p+1$ Werte ω_1 ist dann die Wurzel einer quadratischen Gleichung, die durch Nullsetzen einer quadratischen Form mit der Diskriminante p^2D entsteht. Von diesen quadratischen Formen sind aber so viele imprimitiv [I C 2, Nr. c 1)], als die Kongruenz

$$A\lambda^2 - B\lambda + C \equiv 0 \pmod{p} \tag{14}$$

Wurzeln hat. Diese Kongruenz hat

eine Wurzel, wenn p in D aufgeht,
zwei Wurzeln, wenn D quadratischer Rest,
keine Wurzel, wenn D quadratischer Nichtrest

von p ist.

---

3) Über die Bedeutung des Klassenkörpers in der Theorie der algebraischen Zahlen geben die neuen Untersuchungen von *D. Hilbert* Aufschluss, Math. Ann. 51 (1899), p. 1; Gött. Nachr. 10. Dez. 1898, p. 370.

Im Falle $p = 2$ tritt an Stelle der beiden letzten Fälle die Unterscheidung $D \equiv 1$ oder $\equiv 3 \pmod 8$.

Es wird nun ein Symbol (D, p) eingeführt, das eine Zahl darstellt, die um 1 kleiner ist als die Zahl der Lösungen von (14) und daher 0, + 1 oder — 1 ist. Lassen wir dann unter den Werten von λ die etwa vorhandenen Lösungen von (14) weg, so ergeben die $p - (D, p)$ Zahlen

$$j(p\omega),\ j\left(\frac{\omega + \lambda}{p}\right)$$

Klasseninvarianten der Diskriminante $p^2 D$. Diese sind auch alle von einander verschieden, wenn wir für $p = 2$ von den beiden Ausnahmefällen $D = -4$, $D = -3$ absehen.

Dies entspricht der aus der Zahlentheorie bekannten Beziehung zwischen den Klassenzahlen in den verschiedenen Ordnungen [I C 4 a, Nr. **12**]. Für die komplexe Multiplikation lehrt aber die Transformationstheorie der elliptischen Funktionen [II B 6 a], dass zu jeder Klasseninvariante $j(\omega)$ der Diskriminante D ein System von $p - (D, p)$ Klasseninvarianten der Diskriminante $p^2 D$ gehört, die als Wurzeln einer Gleichung bestimmt sind, deren Koeffizienten rational von $j(\omega)$ abhängen.

6. Irreduzibilität der Klassengleichung. Um die Galois'sche Gruppe [I B 3 c, d, Nr. 2] der Klassengleichung zu ermitteln, wendet man die Komposition [I C 2, Nr. c 11)] der quadratischen Formen in folgender Gestalt an: Man wähle die Formen $\psi = (A, B, C)$, $\psi' = (A', B', C')$ der Diskriminante D in ihren Klassen so, dass $A, A', \frac{1}{2}(B + B')$ keinen gemeinschaftlichen Teiler haben, und bestimme B'' aus den Kongruenzen:

$$B'' \equiv B \pmod{2A}, \quad B'' \equiv B' \pmod{2A'}, \quad B''^2 \equiv D \pmod{4AA'}.$$

Dann ist $D = B''^2 - 4AA'C''$ und $\psi'' = (AA', B'', C'')$ ist aus ψ und ψ' *komponiert*. Man setzt symbolisch $\psi'' = \psi\psi'$. Bezeichnen k, k', k'' die Klassen, zu denen ψ, ψ', ψ'' gehören, so ist auch k'' aus k und k' komponiert und man setzt auch $k'' = kk'$. *Dadurch sind die Klassen quadratischer Formen einer Diskriminante D zu einer Abelschen Gruppe* [I A 6, Nr. **20**; I B 3 c, d, Nr. **20**] *verbunden.*

Nimmt man den ersten Koeffizienten A der Form (A, B, C) relativ prim zu $2D$ an, und zerlegt A in seine Primfaktoren $A = p\,p'\,p'' \ldots$, so ergiebt sich die Komposition:

$$(A, B, C) = \left(p, B, \frac{AC}{p}\right)\left(p', B, \frac{AC}{p'}\right)\left(p'', B, \frac{AC}{p''}\right) \cdots$$

d. h. man kann einen Repräsentanten einer jeden Klasse aus solchen Formen zusammensetzen, deren erste Koeffizienten Primzahlen sind.

Ist p eine in $2D$ nicht aufgehende Primzahl, von der D quadratischer Rest ist, so kann man für jeden beliebigen Exponenten π die Kongruenz $b^2 \equiv D \pmod{4p^\pi}$ befriedigen, und erhält zwei Werte $\pm b$. Die durch die Form $(p, b, cp^{\pi-1})$ repräsentierte Klasse sei l. Dann entsteht für jedes $\nu \overline{\gtrless} \pi$ die Formenklasse $(p^\nu, b, cp^{\pi-\nu})$ durch ν-malige Komposition von l mit sich selbst, und wird also durch l^ν bezeichnet. l^0 ist die Hauptklasse, und wenn p^ε die niedrigste durch die Hauptklasse darstellbare Potenz von p ist, so ist $l^\varepsilon = l^0$ und die Potenzen $l^0, l, l^2, \ldots l^{\varepsilon-1}$ bilden eine *Periode*. Man sagt in diesem Falle, dass p zum Exponenten ε *gehört*, womit auch ausgedrückt ist, dass p^ε die niedrigste Potenz von p ist, die als Norm einer ganzen Zahl in der Form

$$p^\varepsilon = N\left(\frac{x + y\sqrt{D}}{2}\right) = \frac{x^2 - Dy^2}{4}$$

dargestellt werden kann.

Ist (A, B, C) ein Repräsentant einer beliebigen Klasse k, in dem A relativ prim zu p ist, so erhält man einen Repräsentanten der komponierten Klasse kl in der Form $(Ap, B + 2\lambda A, C')$, wenn man λ aus der Kongruenz $B + 2\lambda A \equiv b \pmod{p}$ bestimmt, und wenn ω die Wurzel von (A, B, C) ist, so ist $\frac{-\lambda + \omega}{p}$ die Wurzel von $(Ap, B + 2\lambda A, C')$.

Bezeichnen wir die Invariante $j(\omega)$ irgend einer Klasse k mit (k) so ergiebt sich hieraus:

$$(15) \qquad (k) = j(\omega), \quad (lk) = j\left(\frac{-\lambda + \omega}{p}\right).$$

Hierin ist λ nach dem Modul p vollständig bestimmt, wenn b gegeben ist. Ist aber nur p und die Klasse k gegeben, so erhält man für λ die Kongruenz zweiten Grades

$$(16) \qquad A\lambda^2 + B\lambda + C \equiv 0 \pmod{p},$$

deren zweite Wurzel λ' die Klasseninvariante $(l^{-1}k)$ giebt. Nun besteht zwischen den Grössen $u = j(\omega)$, $v = j\left(\frac{-\lambda + \omega}{p}\right)$ eine Transformationsgleichung

$$(17) \qquad F_p(u, v) = 0,$$

und nach einem Satze über diese Transformationsgleichungen (*H. Weber*, Acta Math. 6, 1885, p. 390; s. auch „Elliptische Funktionen ..." p. 255) ergiebt sich hieraus:

$$(18) \qquad ((lk)^p - (k))((lk) - (k)^p) \equiv 0 \pmod{p}.$$

Wenn also $\mathfrak{p}$ ein idealer Primfaktor [I C 4 a, Nr. 3] von p im Klassenkörper ist, so muss einer der beiden Faktoren auf der linken

Seite von (18) durch $\mathfrak{p}$ teilbar sein, und hieraus lässt sich der Satz ableiten, dass jede rationale Gleichung $\varphi(k, \sqrt{D}) = 0$ zwischen (k) und $\sqrt{D}$ auch noch erfüllt bleibt, wenn (k) durch (lk) ersetzt wird. Es ist hierbei die erlaubte Voraussetzung gemacht, dass p in der Diskriminante der Klassengleichung nicht aufgeht.

Sind nun k und k_1 zwei beliebige Klassen der Diskriminante D, so kann man nach der Regel der Komposition immer $k_1 = k l l' l'' \ldots$ setzen, und daraus ergiebt sich, dass jede Gleichung $\varphi(k, \sqrt{D}) = 0$ bestehen bleibt, wenn k durch eine beliebige Klasse k_1 ersetzt wird. Darin ist der Satz enthalten:

Die Klassengleichung ist im Rationalitätsbereich Ω irreduzibel.

7. **Galois'sche Gruppe der Klassengleichung.** Die Gleichung (17) hat, als Gleichung für v betrachtet, mit der Klassengleichung $H_D(v) = 0$ nur die zwei Wurzeln (lk) und $(l^{-1}k)$ gemein. Diese beiden sind daher die Wurzeln einer quadratischen Gleichung, und man erhält eine Relation

$$(19) \qquad (lk) + (l^{-1}k) = f_l(k),$$

worin $f_l(k)$ eine rationale Funktion von (k) ist, die ihrer Form nach nur von der Klasse l, nicht von k abhängt. Durch wiederholte Zusammensetzung mit l lässt sich die nach vorwärts und rückwärts ins Unbegrenzte fortlaufende, aber nach je ε Gliedern periodisch wiederkehrende Kette von Klasseninvarianten

$$(20) \qquad \ldots (l^{-1}k), (k), (lk), (l^2k), (l^3k), \ldots$$

bilden, und durch Anwendung von (19) gelangt man zu dem Satze, dass sich jedes Glied dieser Reihe rational ausdrücken lässt durch irgend zwei aufeinander folgende Glieder derselben Reihe.

Für den Multiplikator aus der Transformationstheorie der elliptischen Funktionen erhält man aber ferner im Falle der komplexen Multiplikation einen Ausdruck:

$$\left(\frac{x + y\sqrt{D}}{2}\right)^6 = \Phi(k, lk),$$

worin x, y ganze rationale Zahlen und Φ eine rationale Funktion der beiden Klasseninvarianten (k) und (lk) ist, und mit Hilfe dieser beiden Ergebnisse kann man (lk) rational durch (k) und $\sqrt{D}$ ausdrücken in der Form

$$(21) \qquad (lk) = f_l(k, \sqrt{D}),$$

worin f_l eine Funktion bedeutet, deren rationale Zahlenkoeffizienten nur von der Klasse l abhängen.

Durch wiederholte Anwendung ergiebt sich hieraus, wenn k, k_1 zwei beliebige Klassen der Diskriminante D sind,

$$(kk_1) = f_{k_1}(k, \sqrt{D}),$$

worin f_{k_1} wieder eine rationale, ihrer Form nach nur von k_1 abhängige Funktion ist. Hiermit ist dann der Satz bewiesen, *dass die Galois'sche Gruppe der Klassengleichung im Rationalitätsbereich Ω mit der Gruppe der Klassen (k) übereinstimmt. Diese Gruppe ist eine Abel'sche und die Klassengleichung ist folglich eine Abel'sche Gleichung.*

8. **Primideale im Klassenkörper.** Diese Betrachtungen führen zu wichtigen Sätzen über die Zerlegung der natürlichen Primzahlen oder der Primideale des Körpers Ω in Primfaktoren im Klassenkörper. Schliesst man die in endlicher Anzahl vorhandenen Primzahlen aus, die in $2D$ oder in der Diskriminante der Klassengleichung aufgehen, so gelten folgende Sätze:

a) Eine Primzahl q, von der D quadratischer Nichtrest [I C 1, Nr. 4] ist, die also auch im Körper Ω noch Primzahl ist, zerfällt im Klassenkörper in lauter von einander verschiedene Primideale zweiten Grades.

b) Eine Primzahl p, von der D quadratischer Rest ist, die also im Körper Ω in zwei Primfaktoren zerlegbar ist, zerfällt im Klassenkörper in lauter von einander verschiedene Primfaktoren, deren Grad gleich ε ist. Insbesondere zerfällt eine durch die Hauptform darstellbare Primzahl p in Primideale ersten Grades.

c) Die Primideale des Körpers Ω sind im Klassenkörper Hauptideale.

9. **Zerfällung der Klassengleichung.** Nach *Gauss* zerfallen die zu einer bestimmten Diskriminante gehörigen Klassen quadratischer Formen in Geschlechter [I C 2, Nr. c 12)], die durch die quadratischen Charaktere der durch die Formenklasse darstellbaren Zahlen in Bezug auf die in der Diskriminante aufgehenden Primzahlen bestimmt sind. Die Anzahl der Geschlechter ist immer eine Potenz von 2, deren Exponent durch die Anzahl der in D aufgehenden Primzahlen bestimmt wird.

Nun liefert die Transformationstheorie der allgemeinen elliptischen Funktionen [I B 3 f, Nr. **10**; II B 6 a] ausser den schon für die Bildung der Klassengleichung benutzten Modulargleichungen noch eine andere Art von Gleichungen, die *Multiplikatorgleichungen*, aus denen ein Multiplikator der Transformation durch den Modul bestimmt wird. Hier sind nun besonders die einem quadratischen Transformationsgrad entsprechenden Multiplikatorgleichungen von Wichtigkeit, die eine bemerkenswerte, von *Joubert*[3a]) entdeckte Reduktion gestatten, aus der man neue Gleichungen erhält, deren Wurzeln die Quadratwurzeln aus den Multiplikatoren sind. Wenn nun in diesen Gleichungen ein zur komplexen Multiplikation gehöriger singulärer Modul eingesetzt wird, so wird eine Wurzel dieser Multiplikatorgleichung bekannt und lässt sich durch die Quadratwurzeln aus ganzen in der Diskriminante aufgehenden rationalen Zahlen ausdrücken. Demnach erhält man für diese singulären Moduln noch eine Gleichung, die ausser rationalen Zahlen Quadratwurzeln aus gewissen ganzen rationalen Zahlen enthält, und mit Hilfe dieser Gleichung lässt sich die Klassengleichung in Faktoren zerfällen, in denen diese Quadratwurzeln vorkommen. Dadurch wird der folgende Satz von *Kronecker* bewiesen:

Die Klassengleichung lässt sich durch Adjunktion [I B 3 c, d, Nr. **12** f.] *der Quadratwurzeln aus den in der Diskriminante aufgehenden Primzahlen in Faktoren zerfällen. Die Anzahl dieser Faktoren ist so gross wie die Anzahl der Genera von Klassen quadratischer Formen, die zu der betreffenden Diskriminante gehören, und der Grad eines dieser Faktoren ist also so gross, wie die Anzahl der in einem Genus enthaltenen Klassen.*

Neuerdings ist durch die von *Dirichlet* in die Zahlentheorie eingeführten Methoden [I C 3, Nr. 2] bewiesen worden, dass diese Teilgleichungen auch nach *weiterer Adjunktion beliebiger Einheitswurzeln nicht weiter reduzibel werden*[4]).

Es sind 65 negative Determinanten bekannt, bei denen jedes Genus nur eine Klasse enthält, und es ist nach einer weitgehenden Induktion von *Gauss* sehr wahrscheinlich, wiewohl noch nicht bewiesen, dass es nicht mehr Determinanten dieser Art giebt. Für diese Determinanten sind daher nach dem erwähnten Satze die Klasseninvarianten rational ausdrückbar durch die Quadratwurzeln aus den in der Determinante aufgehenden Primzahlen[5]).

3a) Sur les équations qui se rencontrent dans la théorie de la transf. des fonct. ellipt., Par. 1876.

4) *Weber,* Über Zahlengruppen in algebraischen Körpern. Zweite Abhandlung. Math. Ann. 49 (1897), p. 83.

5) Diese Determinanten sind, vom Vorzeichen abgesehen, die Zahlen:

1, 2, 3, 4, 5, 6, 7, 8, 9, 10, 12, 13, 15, 16, 18, 21, 22, 24, 25, 28, 30, 33, 37, 40, 42, 45, 48, 57, 58, 60, 70, 72, 78, 85, 88, 93, 102, 105, 112, 120, 130, 133, 165, 168, 177, 190, 210, 232, 240, 253, 273, 280, 312, 330, 345, 357, 385, 408, 462, 520, 760, 840, 1320, 1365, 1848.

Die Klasseninvarianten für diese Determinanten sind vom Referenten berechnet und in Math. Ann. 33 (1889), p. 390 mitgeteilt.

10. Die Klasseninvarianten $f(\omega)$, $f_1(\omega)$. Unter einer Klasseninvariante versteht man nicht nur den früher definierten singulären Wert von $j(\omega)$, sondern allgemein *jede primitive Zahl des Klassenkörpers*, d. h. jede rationale Funktion von $j(\omega)$, die einer irreduziblen Gleichung desselben Grades genügt. Häufig geben andere Klasseninvarianten als $j(\omega)$ selbst weit einfachere Resultate. Man erhält solche aus den Modulfunktionen höherer Stufe [II B 6 c]. Besonders einfache Zahlenwerte erhalten die Funktionen

$$f(\omega)=\sqrt[12]{\frac{4}{kk'}},\qquad f_1(\omega)=\sqrt[12]{\frac{4k'^2}{k}},\qquad f_2(\omega)=\sqrt[12]{\frac{4k^2}{k'}},$$

worin k und k' den Legendre'schen Modul und sein Komplement bedeuten. So ist z. B., wenn m ungerade ist, $\left(f(\sqrt{-m})\right)^{24}$, und wenn m gerade ist, $\left(f_1(\sqrt{-m})\right)^{24}$ Klasseninvariante für die Determinante m, und je nach dem Verhalten von m zu dem Modul 24 wird dasselbe auch durch niedrigere Potenzen erreicht. Diese Klasseninvarianten sind nicht nur ganze Zahlen, sondern sie werden auch durch Division mit gewissen Potenzen von 2 in *Einheiten* [I C 4 a, Nr. 7] verwandelt.

Diese Funktionen f liefern aber nur die Klasseninvarianten für die Formen erster Art. Für die Formen zweiter Art sind so einfache Resultate nicht bekannt.

So sind z. B. für $m=11, 19, 43, 67, 163$ die Zahlen $f(\sqrt{-m})$ die Wurzeln von sehr einfachen kubischen Gleichungen, und es ist sehr wahrscheinlich, aber nicht bewiesen, dass die angegebenen fünf Werte von m die einzigen dieser Art sind. Für die Formen zweiter Art der fünf Determinanten $-m$ giebt es aber nur je eine Klasse, und folglich sind die $j\left(\frac{-1+\sqrt{-m}}{2}\right)$ ganze rationale Zahlen[6]).

11. Komplexe Multiplikation und Teilung. Die komplexe Multiplikation steht in einem noch tieferen Zusammenhange mit den idealen Zahlen des Körpers Ω, der sich in den folgenden Sätzen zu erkennen giebt. Der allgemeine Ausdruck der Sätze wird am einfachsten und durchsichtigsten für die Weierstrass'sche elliptische Funktion $\wp(u)$. Für eine definitive Ausführung müssen aber auch noch andere doppelt-periodische Funktionen herangezogen werden, besonders die Jacobi'schen $\sin\operatorname{am} u$, $\cos\operatorname{am} u$, $\Delta\operatorname{am} u$ (II B 6 a].

---

6) Man kann noch unzählige andere Klasseninvarianten aus den Modulfunktionen höherer Stufe ableiten. Auf die singulären Werte der Ikosaederirrationalität hat *F. Klein* in den oben erwähnten „Vorlesungen" hingewiesen.

Die Perioden der Funktion $\wp(u)$ mögen ω_1, ω_2 sein, und zwischen diesen bestehe die Gleichung

(22) $$A\omega_2^2 + B\omega_1\omega_2 + C\omega_1^2 = 0,$$

sodass das Periodenverhältniss $\omega = \omega_2 : \omega_1$ Wurzel der Gleichung (3) ist. Wenn dann μ wie in (9) eine komplexe Zahl einer Ordnung O ist, so besteht eine Relation

(23) $$\wp(\mu u) = \frac{R}{P},$$

worin R und P ganze rationale Funktionen von $\wp(u)$ ohne gemeinsamen Teiler bedeuten, deren Koeffizienten noch von den Invarianten g_2, g_3 der Funktion $\wp(u)$ abhängen. Der Grad von R ist um eins höher als der Grad von P. Die Auflösung der Gleichung $P = 0$ ist das Teilungsproblem für die singulären Moduln.

Die Wurzeln der Gleichung $P = 0$ können in transcendenter Form so dargestellt werden:

(24) $$g = \wp\left(\nu \frac{\alpha\omega_1 + \beta\omega_2}{\mu}\right),$$

worin α, β feste ganze rationale Zahlen ohne gemeinsamen Teiler sind, die der Bedingung genügen, dass $A\alpha^2 - B\alpha\beta + C\beta^2$ relativ prim zu n ist, während ν eine zu μ teilerfremde Zahl der Ordnung O ist.

Man führe nun eine Funktion $\tau = \tau(u)$ durch folgende Definition ein:

$$\begin{aligned} \tau &= \frac{g_2 g_3}{G}\wp(u) \quad \text{im Allgemeinen}, \\ &= \frac{\wp(u)^2}{g_2} \quad \text{im Falle } g_3 = 0, \\ &= \frac{\wp(u)^3}{g_3} \quad \text{im Falle } g_2 = 0, \end{aligned}$$

wo $$G = \frac{1}{16}(g_2^3 - 27 g_2^2).$$

Diese Funktion ist nur von den Verhältnissen $\omega_2 : \omega_1$ und $u : \omega_1$ abhängig. Wendet man die komplexe Multiplikation hierauf an, so ergiebt sich

(25) $$\tau(\mu u) = \frac{R_1}{P_1},$$

und jetzt lässt sich beweisen, dass die ganzen rationalen Funktionen P_1, R_1 von τ, wenn sie von gemeinsamen Faktoren befreit sind, Funktionen in dem Klassenkörper $\mathfrak{K}$ der Ordnung O sind.

Befreit man P_1 (durch rationale Operationen) von allen mehrfach darin vorkommenden Faktoren, so entsteht eine ganze Funktion T_μ von τ, deren Koeffizienten gleichfalls im Körper $\mathfrak{K}$ enthalten sind, und zwei solche Funktionen T_μ und T_{μ_1} haben dann und nur dann einen gemeinsamen Faktor, wenn die Zahlen μ und μ_1 der Ordnung O einen idealen oder wirklichen gemeinsamen Teiler haben. So gelangt man zu den folgenden Sätzen:

I. *Bedeutet* $\mathfrak{m}$ *ein beliebiges, zu* Q [Nr. **5**] *teilerfremdes Ideal des Körpers* Ω, *so giebt es im Klassenkörper* $\mathfrak{K}$ *eine Gleichung*

$$\Phi_{\mathfrak{m}}(\tau) = 0,$$

deren Wurzeln unter den Grössen

$$\tau\left(\frac{\nu(\alpha\omega_1 + \beta\omega_2)}{\mu}\right)$$

enthalten sind, wenn μ *und* ν *teilerfremde Zahlen der Ordnung* O *sind, und* μ *durch* $\mathfrak{m}$ *teilbar ist.*

II. *Der Grad der Funktion* $\Phi_{\mathfrak{m}}$ *ist gleich der Anzahl* $\psi(\mathfrak{m})$ *der nach dem Modul* $\mathfrak{m}$ *inkongruenten, zu* $\mathfrak{m}$ *teilerfremden Zahlen in* O, *geteilt durch die Anzahl der nach* $\mathfrak{m}$ *inkongruenten Einheiten in* O.

III. *Die Gleichung* $\Phi_{\mathfrak{m}} = 0$ *ist im Körper* $\mathfrak{L}$ *eine irreduzible Abel'sche Gleichung, und ist also algebraisch auflösbar.*

Es ist wahrscheinlich, dass die Wurzeln dieser Teilungsgleichung $\Phi_{\mathfrak{m}} = 0$ in den Klassenkörpern (in anderen Ordnungen) enthalten sind.

12. Die Klassenzahlrelationen. Eine sehr bemerkenswerte Anwendung der komplexen Multiplikation muss noch erwähnt werden, nämlich die Ableitung der sogenannten *Klassenzahlrelationen.* Die ersten hierher gehörigen Formeln sind von *Kronecker* gegeben. Sie sollen hier nach Inhalt und Ableitung an dem einfachsten Beispiel erläutert werden. Wenn in der durch (12) definierten Funktion Φ beide Argumente einander gleich gesetzt werden, also die Funktion $\Phi(k, k)$ gebildet wird, so zerfällt diese Funktion, wie schon in Nr. **3** erwähnt ist, in mehrere irreduzible Faktoren, die, gleich Null gesetzt, die verschiedenen Klassengleichungen geben, und deren Grade daher durch Klassenzahlen ausgedrückt werden. Hiernach kann man den Grad der Funktion $\Phi(k, k)$ als eine Summe von Klassenzahlen darstellen.

Andererseits aber lässt sich der Grad von $\Phi(k, k)$ auch direkt aus der Transformationstheorie der elliptischen Funktionen bestimmen, und wenn man beide Ausdrücke einander gleich setzt, ergiebt sich die Klassenzahlrelation. Man findet so, wenn mit $H(m)$ die Klassenzahl für die Diskriminante $-m$ bezeichnet wird, und n eine beliebige natürliche Zahl ist:

$$H(4n) + 2H(4n-1) + 2H(4n-4) + 2H(4n-9) + \cdots$$
$$= 2\sum d,$$

wenn unter $\sum d$ die Summe der Divisoren von n, die grösser als $\sqrt{n}$ sind, verstanden wird, und die Summe der Glieder der linken Seite, $2H(4n - x^2)$ so lange fortgesetzt wird, als $4n - x^2$ positiv bleibt. In dem besonderen Falle, wo n eine Quadratzahl ist, muss auf der rechten Seite dieser Formel $\sqrt{n} + \frac{1}{6}$ hinzugefügt werden.

Kronecker hat noch mehrere Formeln dieser Art abgeleitet, indem er andere Modulargleichungen benutzt, und *Hermite* hat gezeigt, dass man diese Formeln zum Teil auch aus den Reihen, die die Theorie der elliptischen Funktionen liefert, ohne Spezialisierung des Moduls erhalten kann.

Die Theorie dieser Relationen ist aber dann ausserordentlich verallgemeinert worden durch *Gierster* und *Hurwitz*, die die Theorie der *Modulargleichungen höherer Stufe* und der *Modularkorrespondenzen* darauf angewandt haben. Es hat sich so ergeben, dass die Kroneckerschen Klassenzahlrelationen nur die ersten Glieder einer ins Unbegrenzte fortlaufenden Kette ähnlicher Formeln sind, in denen an Stelle der Divisorensummen gewisse andere zahlentheoretische Funktionen auftreten.

I D 1. WAHRSCHEINLICHKEITSRECHNUNG

VON

E. CZUBER

IN WIEN.

Inhaltsübersicht.

Litteratur.

Lehrbücher.

P. S. de Laplace, Théorie analytique des probabilités, Paris 1812 (1814, 1820) = Oeuvres 7, Paris 1886.

S. F. Lacroix, Traité élémentaire du Calcul des probabilités, Paris 1816, 4. éd. 1833; deutsch von *E. S. Unger* (Erfurt 1818).

S. D. Poisson, Recherches sur la probabilité des jugements, Paris 1837; deutsch von *C. H. Schnuse* (Braunschweig 1841).

A. A. Cournot, Exposition de la théorie des chances et des probabilités, Paris 1843; deutsch von *C. H. Schnuse* (Braunschweig 1849).

H. Laurent, Traité du calcul des probabilités, Paris 1873.

A. Meyer, Vorlesungen über Wahrscheinlichkeitsrechnung, deutsch bearbeitet von *E. Czuber,* Leipzig 1879.

J. Bertrand, Calcul des probabilités, Paris 1889.

H. Poincaré, Leçons sur le Calcul des probabilités, réd. par *A. Quiquet,* Paris 1896.

Monographien.

P. S. de Laplace, Essai philosophique des probabilités, Paris 1814. Zugleich *Introduction* zur 2. u. 3. Aufl. der „Théorie". Deutsch von *F. W. Tönnies* (Heidelberg 1819) und *N. Schwaiger* (Leipzig 1886). (Wir citieren „Théorie" und „Essai" nach der 3. Auflage).

J. F. Fries, Versuch einer Kritik der Prinzipien der Wahrscheinlichkeitsrechnung, Braunschweig 1842.

J. Todhunter, A history of the mathematical theory of Probability, Cambridge and London 1865.

E. Czuber, Geometrische Wahrscheinlichkeiten und Mittelwerte, Leipzig 1884.

J. v. Kries, Die Prinzipien der Wahrscheinlichkeitsrechnung, Freiburg i. B. 1886.

E. Czuber, Die Entwicklung der Wahrscheinlichkeitstheorie und ihrer Anwendungen, Jahresber. d. deutschen Math.-Ver. 7, Leipzig 1899.

I. Wahrscheinlichkeit a priori.

1. Definition und Bedeutung der mathematischen Wahrscheinlichkeit. Gegenstand der *Wahrscheinlichkeitsrechnung* sind die *ungewissen Ereignisse* [1]), das sind (reale oder abstrakte) *Thatbestände* [1]), über deren *Dasein* oder *Eintreffen* [2]) auf Grund der Prämissen oder Bedingungen nicht mit *Sicherheit* gefolgert, sondern nur mit einem minderen oder höheren Grade der Berechtigung ausgesagt werden kann. Diejenigen (konstanten oder variabeln) Bedingungen, auf welche die Bemessung des Grades der Berechtigung oder *Erwartung,* das *Wahrscheinlichkeitsurteil,* gegründet wird, bezeichnet man als die

---

1) Es ist richtig, dass, wie *C. Stumpf,* Über den Begriff der mathem. W. (Münch. Ber., phil. Kl., 1892, p. 37 bes. p. 46) bemerkt, die Bezeichnung „Ereignis" zu eng gefasst ist, da sie an ein Geschehen erinnert, während doch W.-en auch über Urteilsmaterien aufgestellt werden, die einen realen oder selbst einen abstrakten „Thatbestand" betreffen. Indessen ist das Wort Ereignis in allen Litteraturen der W.-R. eingebürgert.

2) „Eintreffen" bezieht sich auf ein Geschehen, „Dasein" auf einen Thatbestand.

Ursachen[3]) oder *Chancen*[4]) des Thatbestandes; sie beruhen auf dem gesamten *Wissen*[5]) über die Materie. Diejenigen (variabeln) Bedingungen, welche in ihrem beständigen Wechsel unserer Kenntnis sich entziehen, bilden das, was man als *Zufall*[6]) bezeichnet; auf sie bezieht sich das *Nichtwissen*[5]). Daher werden Ereignisse von der gekennzeichneten Art auch als *zufällige Ereignisse* bezeichnet.

In den Aufgaben, aus welchen die Wahrscheinlichkeitstheorie emporgewachsen ist, zeigt das Wissen eine bestimmte Struktur: es gestattet die Unterscheidung von *Möglichkeiten*, von *Fällen*, welche sich als *gleichmöglich, gleichwertig* oder *gleichberechtigt*[7]) erweisen, und ihre Trennung in *günstige*[8]), d. i. solche, welche das Dasein oder Eintreffen des erwarteten Thatbestandes zur Folge haben, und in *ungünstige*[8]), welche die gegenteilige Wirkung äussern.

Unter der *mathematischen Wahrscheinlichkeit* eines Ereignisses (Thatbestandes) wird der Bruch verstanden, dessen Zähler die Anzahl der dem Ereignis günstigen und dessen Nenner die Anzahl aller gleichmöglichen Fälle ist.

In dieser *Definition*[9]) ist das Hauptgewicht auf die Deutung der

---

3) In der W.-R. wird unter den Ursachen eines Ereignisses nicht dasjenige verstanden, was im Falle des Eintreffens vermöge des Kausalitätsprinzips das Ereignis herbeigeführt hat, sondern das Bleibende im Komplex der Bedingungen. Daher wendet sich *Stumpf*, l. c., gegen diesen Ausdruck und schlägt dafür den Terminus „Chancen“ vor, den er jedoch auch in anderem Sinne gebraucht.

4) Dies Wort wird in der W.-R. nicht einheitlich gebraucht. *Laplace* (Théorie) wendet es als Synonym für W. an; *Poisson* (l. c. § 1) versteht unter der Ch. eines Falles den ihm vermöge der wirklichen physischen Umstände zukommenden Grad der Leichtigkeit seiner Verwirklichung, und gebraucht dafür synonym „abstrakte W.“ des betreffenden Falles; *Kries* (l. c. p. 95) belegt mit dem Namen Ch. oder objektive Ch. jede W. von *allgemeiner* Geltung; ihr wäre also eine subjektive W. entgegenzustellen, die sich nicht auf ein allgemein verbreitetes, sondern auf das Wissen eines bestimmten Individuums gründet.

5) *Laplace* (Essai p. IV) betont es als wesentlich, dass jede W. sich zum Teil auf unser Wissen, z. T. auf ein Nichtwissen beziehe.

6) Dem Worte „Zufall“ sind im Laufe der Zeit die mannigfachsten Deutungen gegeben worden; eine kritische Beleuchtung derselben findet man bei *W. Windelband*, Die Lehren vom Zufall (Berlin 1870).

7) *Kries* (l. c. p. 24) gebraucht für die eingebürgerte Bezeichnung „gleichmögliche Fälle“ die Termini „gleichwertige“ und „gleichberechtigte Annahmen“.

8) Bei *Jakob* I *Bernoulli*, Ars conjectandi (Basil. 1713, eines der ältesten litter. Denkmale der W.-R., nach des Verf. Tode [1705] durch *Nicol.* I *Bern.* herausgegeben) finden sich dafür die Benennungen „casus fertiles seu foecundi“ und „casus steriles“.

9) *Laplace* (Essai p. IV) erklärt jenen Bruch als „Mass der W.“, also als Mass eines Abstraktums; später (Théorie p. 179) nennt er den Bruch selbst W.

gleichmöglichen Fälle zu legen. Die beiden, einander entgegengesetzten Standpunkte, auf die man sich dabei stellen kann, sind durch die Prinzipien des *mangelnden* und des *zwingenden Grundes* gekennzeichnet. Nach dem ersten stützt sich die Konstatierung der Gleichmöglichkeit auf *absolutes Nichtwissen* über die Bedingungen des Daseins oder der Verwirklichung der einzelnen Fälle, also auf ihre blosse *Unterscheidung*[10]); dem zweiten zufolge ist zu ihrer Feststellung ein sicheres *objektives Wissen* erforderlich, das jede andere Annahme ausschliesst[11]).

Von der Auffassung der Gleichmöglichkeit der Fälle hängt die *Bedeutung* einer numerischen Wahrscheinlichkeit wesentlich ab[12]). Soll sie als das Mass einer *begründeten Erwartung*[13]) gelten, so muss ihr ein objektives Wissen zugrunde liegen. Stützt sich ihre Bestimmung auf blosse *Disjunktion* der Fälle und absolutes Nichtwissen über die einzelnen, so hat sie nur eine *subjektive* Bedeutung. In den Schriften über Logik wird meist nur die letztere Auffassung hervorgehoben, die Wahrscheinlichkeitsrechnung als eine mathematische Formulierung der Lehre von den *disjunktiven Urteilen*[14]) bezeichnet. In den auf die Anwendungen abzielenden Arbeiten tritt aber immer mehr das objektive Moment und daher auch das zweite der oben erwähnten Prinzipe in den Vordergrund.

Wenn g die Anzahl der günstigen, m die Anzahl der möglichen Fälle, p die Wahrscheinlichkeit[15]) bezeichnet, sodass $p = \frac{g}{m}$, so be-

---

10) Diese Auffassung vertritt *C. Stumpf* in der unter 1) citierten Arbeit.

11) Für diese Auffassung ist in wirksamer Weise *J. v. Kries* (l. c.) eingetreten in seiner Schrift, die sich auf das eingehendste mit der Untersuchung der Umstände befasst, unter welchen von einer W.-Bestimmung die Rede sein kann. Seinen Standpunkt verteidigt, wenn auch nicht in der glücklichsten Form, *L. Goldschmidt,* Die W.-R., Versuch einer Kritik (Hamb. 1897).

12) *Kries* (l. c. p. 21) formuliert die Bedeutung einer W.-Aussage dahin, dass sie die mehr oder minder grosse Berechtigung einer *Erwartung* angebe, dass aber jedesmal auch die Nichterfüllung derselben als möglich erscheine. — Mit Rücksicht auf den verschiedenen Grad der Sicherheit, mit welcher die möglichen Fälle als *gleichmöglich* betrachtet werden können, will *A. Nitsche* (Viertelj. f. wiss. Philos. 1892, p. 20) bei jedem W.-Ansatze „Dimensionen", *A. Meinong* (Gött. Anz. 1890, p. 56) bei jedem W.-Urteil zwei „Dimensionen" unterscheiden, deren eine die W., deren andere ein Wertunterschied in ihrer Bestimmung ist.

13) *Stumpf* (l. c. p. 56) erkennt in der W. das Mass einer *vernünftigen* Erwartung, d. h. der Erwartung, soweit sie von der blossen Vernunft (ohne Einfluss von Affekten, wie Wünschen, Neigungen etc.) bestimmt ist.

14) Über das Verhältnis der W.-R. zum disjunktiven Urteil und zur Logik überhaupt vgl. man insbesondere *Ch. Sigwart,* Logik 2 (Freiburg i. B. 2. Aufl. 1893), § 85.

15) Ursprünglich war es üblich, W.-en immer in Form von Brüchen zu

deutet p, so lange die hier erörterte Sachlage zutrifft, einen *rationalen* echten Bruch. Die beiden Zahlen 0 und 1, welche den Bereich der absoluten echten Brüche begrenzen, betreffen Thatbestände, welche nicht mehr dem Gebiete der Wahrscheinlichkeitsrechnung angehören: die erste entspringt aus der Annahme $g = 0$, die zweite aus $g = m$; beidemal besteht bezüglich des Thatbestandes kein Zweifel. Man bezeichnet 0 als das Symbol der *Unmöglichkeit*, 1 als das Symbol der *Gewissheit*[16]). Zwischen einer der Null noch so nahen Wahrscheinlichkeit und der Unmöglichkeit einerseits, einer der Einheit noch so nahen Wahrscheinlichkeit und der Gewissheit andererseits besteht ein fundamentaler Unterschied[17]).

Es ist vielfach gebräuchlich, einen Thatbestand, dem die Wahrscheinlichkeit $\frac{1}{2}$ zukommt, als *wahrscheinlich* schlechtweg zu bezeichnen.

2. Direkte Wahrscheinlichkeitsbestimmung. Sie besteht darin, dass man das einem Problem zugrunde liegende Wissen in gleichberechtigte Einzelfälle auflöst, diese und die günstigen unter ihnen zählt und aus den gefundenen Zahlen den Wahrscheinlichkeitsbruch bildet. Mit Recht erkennt *Ch. Sigwart*[18]) die eigentliche Kunst der Deduktion in der Wahrscheinlichkeitsrechnung in dem ersten Teile dieses Prozesses, in der Konstruktion gleichmöglicher Einzelfälle, in der Bildung einer *vollständigen* Disjunktion; die darauf folgende Zählung ist eine Aufgabe der reinen Arithmetik.

Da es sich bei der Grundlegung der Theorie lediglich um eine formale, *kombinatorische* Gleichwertigkeit der Fälle handelte, so wird

---

schreiben; erst seit *Abr. de Moivre* (De mensura sortis, Lond. Trans. 27 [1711], p. 213 und Doctrine of chances, Lond. 1718) bedient man sich *eines* Buchstabens dazu.

16) Das Verhältnis von W. und Gewissheit ist verschieden aufgefasst worden. *Laplace* (Essai p. V) hält beide vom mathematischen Standpunkte für vergleichbar, betont aber sogleich ihre Verschiedenheit dem Wesen nach. *J. F. Fries* (l. c. p. 13) macht die Aufstellung, W.-en seien Grade der Gewissheit. Die neueren philosophischen Autoren, *v. Kries, Sigwart, Stumpf* (l. c.) betonen nachdrücklich den fundamentalen Unterschied zwischen den beiden Begriffen, was übrigens auch *M. J. Condorcet* (Essai sur l'applic. de l'analyse à la probab., Paris 1785) schon gethan hat.

17) Betreffs verschiedener Deutungen sehr kleiner und sehr grosser W.-en vgl. man *J. d'Alembert* (Réflexions sur le calc. d. prob., Opusc. 2, 1761, p. 1), *G. Buffon* (Essai d'arithm. morale, Suppl. à l'hist. natur. Paris 4, 1777), *A. A. Cournot* (l. c.).

18) Logik 2, p. 319.

man es nur natürlich finden, dass sich mit der Wahrscheinlichkeitsrechnung jener Zweig der Mathematik entwickelte, den man als *Kombinatorik* bezeichnet (I A 2, bes. Nr. **1**, **14**). In der That zählen die ersten Schriften über Wahrscheinlichkeitsrechnung zugleich zu den ersten über Kombinatorik[19]). Eine der ersten, litterarisch nachweisbaren Fragen, welche Wahrscheinlichkeit betrafen, hing mit der kombinatorischen Gleichwertigkeit der Fälle zusammen[20]). Richtiger Beurteilung dieser Gleichwertigkeit begegnet man zum ersten Male bei *G. Cardano*[21]). Aus unrichtiger Beurteilung sind wiederholt irrtümliche Lösungen und Behauptungen hervorgegangen[22]).

3. Totale Wahrscheinlichkeit. War die direkte Methode ursprünglich das einzige Mittel der Wahrscheinlichkeitsbestimmung, so bildeten sich im Laufe der Zeit an der Hand zahlreicher Probleme Regeln aus, nach welchen gewisse häufig wiederkehrende Schlüsse vollzogen werden sollten. Anfänglich sehr zahlreich, reduzierten sich diese Regeln auf einige wenige Sätze, welche *Laplace*[23]) zum ersten Mal präcis formuliert hat. Durch geschickte Analyse des Ereignisses, nach dessen Wahrscheinlichkeit gefragt wird, und die Anwendung dieser Sätze gelingt es oft leichter eine Aufgabe zu lösen, als durch unmittelbare Zählung der Chancen.

Der einfachste dieser Sätze betrifft die vollständige oder *totale Wahrscheinlichkeit*[24]). Ihm zufolge kommt die Wahrscheinlichkeit eines

---

19) *Bl. Pascal,* Traité du triangle arithm., Paris 1654; *Jakob* I *Bernoulli,* Ars conject.

20) An *G. Galilei,* Considerazione sopra il giuoco dei Dadi (Werke 3, Firenze 1718) ist die Frage gestellt worden, warum mit drei Würfeln die Summe 10 häufiger geworfen werde als 9 und 11 häufiger als 12; der Fragende hatte diese Summen für gleichmögliche Fälle gehalten.

21) De ludo aleae (Werke 1, 1663).

22) *G. W. Leibniz* (opera omnia, ed. Dutens, 6 p. 318) zählte für die Summen 12 und 11 bei zwei Würfeln je einen, für die Summe 7 drei Fälle. — Bekannt ist *J. d'Alembert*'s (Encycl., 1754, Artikel „Croix ou pile") falsche Zählung der Fälle bei zweimaligem Aufwerfen einer Münze. — Bezüglich des Beispiels, an welchem *J. Bertrand* (l. c. p. 2) das Auftreten ungleich-möglicher Fälle in nicht gerade durchsichtiger Weise erklärt, vgl. die einfachere Darstellung *H. Poincaré*'s (l. c. p. 3). Die Kritik dieses Beispiels in meinem *Berichte* (l. c. p. 9) ist unzutreffend.

23) Essai p. VII.

24) Bei *L. Öttinger* (Die W.-R., Berlin 1852, p. 3) findet sich dafür die Bezeichnung „relative W.", welche später in anderem Sinne genommen worden ist; als relative W. eines Ereignisses unter mehreren andern hat man den Quotienten aus seiner W. durch die Summe der W.-en aller in Betracht gezogener Ereignisse verstanden. Vgl. *A. Meyer,* l. c. p. 12.

Ereignisses, das unter einer Reihe einzelner Ereignisse subsumiert werden kann, gleich der Summe der Wahrscheinlichkeiten dieser letzteren. Gilt das Ereignis E als eingetroffen, wenn eines der Ereignisse E_i $(i = 1, 2, \ldots n)$ sich verwirklicht hat, und kann nur *eines* von diesen eintreffen, so ist $P = \sum_1^n p_i$ die Wahrscheinlichkeit von E, wenn p_i die Wahrscheinlichkeit von E_i ist.

Laplace fasst in seiner Formulierung des Satzes die E_i als ungleich mögliche günstige Fälle von E auf. Man kann passend, wie dies bei *A. Meyer*[25]) geschieht, die E_i als *Arten* von E bezeichnen.

C. Reuschle[26]) hat für die totale Wahrscheinlichkeit die zutreffende Bezeichnung „Wahrscheinlichkeit des Entweder — oder" vorgeschlagen.

4. Zusammengesetzte Wahrscheinlichkeit. Besteht ein Ereignis in dem (gleichzeitigen oder successiven) Eintreffen mehrerer Ereignisse, so bezeichnet man es als ein *zusammengesetztes Ereignis*, seine Wahrscheinlichkeit dementsprechend als eine *zusammengesetzte Wahrscheinlichkeit*[27]). Im Gegensatze hierzu werden die zusammentreffenden Ereignisse *einfache* Ereignisse genannt.

Bei der Bildung einer zusammengesetzten Wahrscheinlichkeit kommt es wesentlich darauf an, ob die einfachen Ereignisse *unabhängig* von einander sind in dem Sinne, dass das Eintreffen oder Nichteintreffen des einen auf die Erwartungsbildung bezüglich der andern keinen Einfluss übt, oder ob sie in dem eben gekennzeichneten Sinne von einander *abhängig* sind[28]).

---

25) l. c. p. 11.

26) J. f. Math. 26 (1843), p. 333.

27) *L. Öttinger* (l. c. p. 3) wollte dafür eine der Bezeichnungen „bedingte" oder „abhängige W." einführen.

28) In dem Nachweis der Unabhängigkeit, beziehungsweise in dem Erkennen der Abhängigkeit von Ereignissen liegt eine der Hauptschwierigkeiten, sobald es sich um Anwendungen der W-R. auf wirkliche Vorgänge handelt. Aus der Nichtbeachtung einer vorhandenen Abhängigkeit können schwere Irrungen hervorgehen. — Die Darstellung, welche *J. Bertrand* (l. c. p. 30) von *Maxwell's* erster Ableitung des Gesetzes über die Verteilung der Geschwindigkeiten der Gasmoleküle gegeben hat und die von *H. Poincaré* (l. c. p. 21) reproduziert worden ist, lässt es unerwähnt, dass *Maxwell* selbst die Anfechtbarkeit dieser Ableitung vom Standpunkte der Wahrscheinlichkeitsrechnung vollkommen klar erkannt und ausgesprochen hat, und dass er auch eine Ableitung jenes Gesetzes auf mechanischer Grundlage gab [Philos. Mag. (4) 35 (1868), p. 145 und 185 = Scient. Papers p. 129, 185)]. Vgl. hierzu *L. Boltzmann,* Wien. Ber. 66^2 (1872), p. 275; 96^2 (1888), p. 902, dann dessen „Vorles. über Gastheorie",

In beiden Fällen besteht die Wahrscheinlichkeit P des zusammengesetzten Ereignisses E in dem Produkte der Wahrscheinlichkeiten p_i der einfachen Ereignisse E_i $(i = 1, 2, \ldots n)$, sodass $P = \prod_1^n p_i$. Während aber im ersten Falle jedes p_i ohne Rücksicht auf die andern bestimmt wird, ist im zweiten Falle unter p_i jene Wahrscheinlichkeit zu verstehen, welche dem Ereignis E_i zukommt, nachdem die Ereignisse $E_1, E_2, \ldots, E_{i-1}$ bereits eingetroffen sind[29]).

Bezüglich der *Zeitfolge* ist folgendes zu bemerken. Gehen die *unabhängigen* Ereignisse E_i jedes aus einem *andern* Komplex möglicher Fälle hervor, so können sie sowohl gleichzeitig als auch successive eintreffen; ist es hingegen *derselbe* Komplex möglicher Fälle, durch welchen die einzelnen E_i ihre Verwirklichung erlangen können, dann ist nur successives Eintreffen denkbar; die Ordnung der Succession ist beidemal gleichgültig. Bei *abhängigen* Ereignissen kann ebensowohl successives wie gleichzeitiges Eintreffen Platz greifen; vielfach hängt dies lediglich von der Auffassung des Vorgangs ab.

Für die zusammengesetzte Wahrscheinlichkeit hat *C. Reuschle*[30]) den treffenden Terminus „Wahrscheinlichkeit des Sowohl — als auch" in Vorschlag gebracht.

Ein besonderer Fall eines aus unabhängigen Ereignissen zusammengesetzten Erfolges ist die n-malige *Wiederholung* eines unter denselben Bedingungen stattfindenden Ereignisses. Die Wahrscheinlichkeit hiefür ist $P = p^n$,[x)] wenn p die Wahrscheinlichkeit des sich wiederholenden Ereignisses bedeutet.

Wenn p die Wahrscheinlichkeit für das Eintreffen eines Ereignisses E, $q = 1 - p$ die Wahrscheinlichkeit für sein Nichteintreffen ist, so ist $Q = 1 - q^n$ die Wahrscheinlichkeit für seine Verwirklichung innerhalb n Versuchsfällen. Bei gegebenen q und Q kann

---

Leipzig 1896, p. 15 u. 32; ferner bezüglich der Anwendung der Wahrscheinlichkeitsrechnung auf Untersuchungen der Mechanik und Physik die Bde. IV, V und VI der Encykl. — Mitunter begegnet man der falschen Vorstellung von einer Abhängigkeit der successiven Realisierungen. So hielt *J. d'Alembert* (Opusc. math. 4 [1768], p. 79, 283) fest daran, es sei für die Erwartung nicht gleichgültig, Wappen eine bestimmte Anzahl male zu treffen in n Würfen mit *einer* Münze und in *einem* Wurf mit n Münzen — er hält das erstere für minder wahrscheinlich wegen einer von ihm behaupteten Abhängigkeit der auf einander folgenden Würfe. Ähnliche Verirrungen findet man bei *N. Beguelin* (Berl. Hist. 23, 1767 [1769], p. 382).

29) *Laplace,* Essai p. VIII u. IX.

30) An der unter 26) citierten Stelle.

hieraus die erforderliche Anzahl von Versuchen berechnet werden, damit man die Realisierung von E mit der Wahrscheinlichkeit Q erwarten dürfe; es ist dies die nächste ganze Zahl über $\log(1 - Q) : \log q$.[31])

Aus einem zusammenfassenden Gesichtspunkte sind die Sätze über die totale und zusammengesetzte Wahrscheinlichkeit von *H. Poincaré*[32]) abgeleitet worden.

5. Kombination der Sätze über totale und zusammengesetzte Wahrscheinlichkeit. Die Analogie zwischen der Aufstellung der Möglichkeiten, welche sich aus dem Zusammentreffen zweier oder mehrerer Ereignissphären ergeben können, mit der Bildung des Produktes zweier oder mehrerer Polynome ist schon frühzeitig erkannt worden. Den logischen Inhalt dieses Vorgangs hat *Ch. Sigwart*[33]) als *Kombination disjunktiver Urteile* gekennzeichnet.

Das Verfahren, welches *Jakob* I *Bernoulli*[34]) in seinen Erläuterungen zu *Ch. Huygens*' Schrift[35]) angiebt, um die möglichen Arten zu zählen, auf welche beim Werfen von 2, 3, ... Würfeln die verschiedenen Summen zustande kommen können, beruht auf der Erkenntnis, dass die Bildung der Potenz $(x^1 + x^2 + \cdots + x^6)^n$ durch n-malige Multiplikation des eingeklammerten Polynoms mit sich selbst und das Ordnen des Resultates nach x solche Regeln befolgt, dass der Koeffizient von x^s die Fälle zählt, in welchen beim Aufwerfen von n Würfeln die Summe s erscheint.

Eine allgemeine Formulierung jener Analogie gab *A. de Morgan*[36]). Besteht eine Ereignissphäre aus den Ereignissen E_i' $(i = 1, 2, \ldots, m)$, wobei dem E_i' α_i Fälle günstig sind; eine andere aus den Ereignissen E_i'' $(i = 1, 2, \ldots, n)$, wobei β_i Fälle dem E_i'' günstig sind, so zeigt

---

31) Diesen Fall betraf eine der ersten Aufgaben der W.-R. Unter den Fragen, welche *Chevalier de Meré* an *B. Pascal* (Briefwechsel mit *P. Fermat,* in *Pascal*'s Werken 4 [La Haye et Paris 1779], p. 412—443 = Oeuvres de Fermat, 2, 1894, p. 288, 289, 300, 307, 310, 314) stellte, befand sich auch die, wie es komme, dass man bei 4 Würfen mit einem Würfel auf das Erscheinen von 6 mit Vorteil 1 gegen 1 wetten könne und nicht so bei 24 Würfen mit zwei Würfeln auf das Erscheinen von 6, 6 — der Fragende hielt nämlich die nötigen Wurfzahlen für proportional den Anzahlen der möglichen Fälle.

32) Calc. d. prob. p. 12—16.

33) Logik 2, p. 307—309.

34) Ars conject. p. 20—25.

35) De ratiociniis in ludo aleae (bei *F. van Schooten,* Exercitationes mathem., Lugd. Bat. 1657). Auch als erster Teil des vorcitierten Werkes (1713) erschienen.

36) Encycl. Metropol. 2 (London 1845), Artikel „Theory of probabilities", p. 398.

das Produkt $\sum_1^m \alpha_i E_i' \cdot \sum_1^n \beta_i E_i''$ in seiner geordneten Entwicklung alle Möglichkeiten an, die sich bei der Kombination beider Ereignissphären ergeben können, und lässt im Koeffizienten eines Gliedes die Zahl der, der entsprechenden Möglichkeit günstigen Fälle erkennen.

Indessen, diese Analogie ist auch schon von *A. de Moivre* [37]) bemerkt, wenn auch noch nicht so allgemein formuliert worden. *Moivre* erklärt die Bedeutung der Glieder des Produktes $(a + b)(c + d)$, in welchem a, c die zwei Ereignissen günstigen, b, d die ihnen ungünstigen Fälle zählen; die weitere Verfolgung dieses Gedankens führt ihn zur Bedeutung der Glieder von $(a + b)^n$. Hierdurch erlangt er ein methodisches Mittel zur Lösung zahlreicher Aufgaben, und hauptsächlich die systematische Verwertung dieses Mittels giebt seinem oben angeführten Werke einen inneren Zusammenhang [38]).

Es war ein Fortschritt von grosser Bedeutung, als man die Anzahlen der günstigen Fälle durch die den betreffenden Eventualitäten entsprechenden Wahrscheinlichkeiten ersetzte, wodurch in der Entwicklung unmittelbar die Wahrscheinlichkeiten der einzelnen Kombinationen sich ergaben. Dieser Vorgang ist seit *Laplace* in allgemeinem Gebrauche.

6. Die Differenzenrechnung als methodisches Verfahren der Wahrscheinlichkeitsrechnung [I E, Nr. **13** ff.]. Wenn die zu bestimmende Wahrscheinlichkeit von *einer* ganzzahligen (positiven) Variabeln x (z. B. von der Anzahl auszuführender Ziehungen oder Spielpartien oder dgl.) abhängt, so bilden die zu den aufeinander folgenden Werten von x gehörigen Werte derselben eine Reihe; gelingt es, durch irgend einen Vorgang (etwa durch supponierte Fortsetzung der Ziehungen oder Spiele) eine Relation zwischen mehreren Gliedern jener Reihe herzustellen, so ist dadurch das Problem in die analytische Form gebracht. Ersetzt man die in der Relation auftretenden Glieder der Reihe durch das niedrigste und seine Differenzen, so entsteht eine *gewöhnliche Differenzengleichung*.

Ist die verlangte Wahrscheinlichkeit von mehreren ganzzahligen Variabeln $x, y, \ldots$ abhängig, so bilden ihre Werte eine mehrfach ausgedehnte diskrete Mannigfaltigkeit; eine Beziehung zwischen mehreren Elementen derselben führt bei gleicher Behandlung auf eine *partielle Differenzengleichung*.

---

37) Doctrine of chances, London **1718**, Introduction.

38) *M. Cantor,* Gesch. d. Math. **3**, p. **326**.

Die Lösung des Wahrscheinlichkeitsproblems ist nun auf die *Integration* einer Differenzengleichung zurückgeführt, d. h. auf die Darstellung des allgemeinen Elements der betreffenden Mannigfaltigkeit als Funktion der Variabeln.

Mit der Anwendung *gewöhnlicher* Differenzengleichungen auf Wahrscheinlichkeitsprobleme hat *A. de Moivre*[39]) begonnen; die Methode heisst bei ihm *Methode der rekurrenten Reihen.* Es handelt sich dabei um lineare Differenzengleichungen verschiedener Ordnungen mit konstanten Koeffizienten. Später hat *J. Lagrange*[40]) die Theorie solcher Gleichungen aufgenommen, gefördert und ihre Bedeutung für die Wahrscheinlichkeitsrechnung hervorgehoben.

Die Lösung *partieller* Differenzengleichungen ist fast gleichzeitig durch *J. Lagrange*[41]) und *P. S. Laplace*[42]) in Angriff genommen worden; der erstere spricht dabei von „rekurrenten Reihen, deren Glieder auf mehrere Arten variieren", letzterer von „recurro-recurrenten Reihen".

Später hat *Laplace*[43]) die Integration der Differenzengleichungen auf ein neues analytisches Hülfsmittel gestützt, das sein Hauptwerk über Wahrscheinlichkeitsrechnung vollständig beherrscht, auf die Theorie der *erzeugenden Funktionen* (fonctions génératrices) [I E, Nr. 4]. Ist u eine nach positiven ganzen Potenzen der Variabeln t (resp. $t, v, \ldots$) entwickelbare Funktion, und ist P_x der Koeffizient von t^x (resp. $P_{x,y,\ldots}$ der Koeffizient von $t^x v^y \ldots$), so heisst u die erzeugende Funktion von P_x (resp. $P_{x,y,\ldots}$); umgekehrt wird P_x (resp. $P_{x,y,\ldots}$) die von u *erzeugte* Funktion genannt. Wie leicht zu erkennen ist, erzeugt dann $u\left(\frac{1}{t} - 1\right)$ die Differenz ΔP_x, die eine totale ist im Falle einer, eine partielle im Falle mehrerer Variabeln u. s. w.; ferner erzeugt $u\left(a + \frac{b}{t} + \frac{c}{t^2} + \cdots + \frac{k}{t^n}\right)$ die Funktion $aP_x + bP_{x+1} + cP_{x+2} + \cdots + kP_{x+n}$ u. s. w. Gelingt es, auf Grund der das Problem darstellenden Differenzengleichung die erzeugende Funktion der zu bestimmenden Wahrscheinlichkeit P_x (resp. $P_{x,y,\ldots}$) zu konstruieren, so hängt

39) Doctrine of chances (2. Aufl. 1738), p. 220—229.

40) L'intégrat. d'une équat. diff. à diff. finies etc., Taurin. Misc. 1 (1759) = Oeuvr. 1, p. 23.

41) Recherches sur les suites recurrentes etc., Berl. Nouv. Mém. 6 (1775) [77], p. 183 = Oeuvr. 4, p. 151.

42) Mém. sur les suites recurro-recurrentes etc., Par. sav. [étr.] 6 (1774) = Oeuvr. 8, p. 5.

43) Mém. sur les suites, Par. Hist. 1781 = Oeuvr. 10, p. 1. — Théorie, I^e livre.

die weitere Lösung nur mehr von der Entwicklung dieser Funktion in eine Potenzreihe ab.

Die Theorie der erzeugenden Funktionen fand wenig Eingang in die spätere Litteratur[44]) und besitzt heute wohl nur mehr historische Bedeutung. Die nachmalige Zeit hat durch die Ausbildung des *Operationskalküls*, an welcher die Engländer und insbesondere *G. Boole*[45]) hervorragend beteiligt waren, die Integration der Differenzengleichungen auf einfachere Formen zurückgeführt (I E, Nr. **13** ff.).

7. Teilungsproblem[46]). Von diesem Problem hat die Wahrscheinlichkeitsrechnung ihren Ursprung genommen[47]), an ihm sind die verschiedenen im Laufe der Zeit ausgebildeten Methoden erprobt worden, sodass es in der Litteratur seit jeher eine hervorragende Stellung einnimmt. In der ursprünglichen Form lautet es wie folgt: „Zwei Spieler von gleicher Geschicklichkeit[48]), deren jedem noch eine gegebene Anzahl von Punkten auf die für das Gewinnen des Spieles erforderliche, vorausbedungene Anzahl fehlt, trennen sich, ohne das Spiel zu vollenden; wie haben sie sich in den Einsatz zu teilen?“ Die Beantwortung der Frage kommt auf die Bestimmung der Wahrscheinlichkeit zurück, welche jedem Spieler zukommt, das Spiel zu gewinnen.

Pascal, der zunächst nur besondere Fälle behandelte, benützte dabei einen Gedanken, der später zur allgemeinen Lösung (mit Hülfe von Differenzengleichungen) verwendet wurde: er dachte sich das Spiel noch um einen Punkt fortgesetzt und gelangte von der dadurch hervorgerufenen Änderung der Sachlage zur Lösung. *Fermat*[49]), gleichfalls auf besondere Fälle sich beschränkend, benützt den Umstand, dass nach $m + n - 1$ weiteren Partien das Spiel zur Entscheidung kommen *müsste*, wenn m Punkte dem A und n Punkte

---

44) In dem unter 36) angef. Artikel ist *A. de Morgan* noch ausführlich darauf eingegangen.

45) Treat. of the Calc. of finite Differences, Cambr. 1860 (deutsch von *C. H. Schnuse,* Braunschweig 1867).

46) In der französischen Litter. „problème des partis“, in der englischen „problem of points“.

47) Es ist eine der Aufgaben, welche *Chev. de Meré Pascal* vorgelegt und welche dieser an *P. Fermat* weiter mitgeteilt hatte. Näheres hierüber s. *J. Todhunter,* l. c. p. 7—16.

48) Geschicklichkeit ist hier in dem Sinne der W. aufzufassen, mit welcher ein Spieler einen Punkt zu gewinnen erwartet.

49) Varia opera mathematica, Tolosae 1679, p. 179—183 = Oeuvr. 2, p. 289; Oeuvres de *Bl. Pascal,* Paris 1872.

dem B fehlen. An diese Methoden hielten sich auch *Ch. Huygens*[50]) und *Jak.* I *Bernoulli*[51]) in den von ihnen behandelten Fällen; letzterer gab eine Tabelle[51]), welche die Wahrscheinlichkeit angiebt, dass A gewinnen werde, für alle Wertverbindungen von $m = 1, 2, \dots 9$ und $n = 1, 2, \dots 7$; ersterer dehnte die Aufgabe für einige einfache Annahmen auf drei Partner aus.

Einen Schritt zur Verallgemeinerung hat *A. de Moivre*[52]) gethan, indem er die Geschicklichkeit der Spieler verschieden annahm (p bei A, q bei B, $p + q = 1$). Aus diesen Bedingungen hat *P. Montmort*[53]) das Problem zum erstenmal *allgemein* gelöst und das Resultat in zwei Formen gegeben: Die Wahrscheinlichkeit, dass A gewinnen werde, kann dargestellt werden durch

$$\sum_0^{n-1}{}_i \binom{m+n-1}{i} p^{m+n-1-i} q^i \quad \text{oder} \quad p^m \sum_0^{n-1}{}_i \binom{m+i-1}{i} q^i.$$

Die erste Darstellung entspringt aus dem *Fermat*'schen Gesichtspunkte und besteht in der Summe aller jener Glieder der Entwicklung von $(p + q)^{m+n-1}$, in welchen der Exponent von p nicht kleiner ist als m; der Rest der Glieder gäbe die Wahrscheinlichkeit des Gewinnens für B. In der zweiten Darstellung bedeutet das Glied $p^m \binom{m+i-1}{i} q^i$ die Wahrscheinlichkeit, dass A mit der $(m+i)^{\text{ten}}$ Partie das Spiel gewinnt. Die Gleichwertigkeit beider Ausdrücke ist eine Folge von $p + q = 1$.

In Integralform findet sich die obige Wahrscheinlichkeit in *A. Meyer*'s „Vorles.“[54]) und lautet

$$\frac{\int_0^p x^{m-1}(1-x)^{n-1}\,dx}{\int_0^1 x^{m-1}(1-x)^{n-1}\,dx};$$

jene für B ergiebt sich daraus durch Vertauschung von m, n und p, q.

J. Lagrange[55]) hat das Teilungsproblem für zwei Spieler als erstes Beispiel der Anwendung der Differenzenrechnung behandelt.

50) An der unter 35) angef. Stelle.

51) Ars conject. p. 16.

52) Mensura sortis (Lond. Trans. 27 [1711]) und Doctr. of ch.

53) Essai d'analyse sur les jeux de Hazard, Paris 1708, p. 232—248.

54) l. c. p. 83.

55) An der unter 41) genannten Stelle.

In allgemeinster Fassung, für beliebig viele Spieler, ist es von *Laplace*[56]) sowohl auf kombinatorischem Wege wie auch mit Hülfe der erzeugenden Funktionen erledigt worden. Auf ersterem Wege ist es für drei und vier Spieler auch von *J. Trembley*[57]) gelöst worden.

Aus neuerer Zeit stammen die Darstellungen von *E. Catalan*[58]) und *P. Mansion*[59]).

8. Moivre's Problem. Nach *A. de Moivre* benannt, weil er als erster die allgemeine Lösung gab, hat das Problem seinen Ursprung in den von *Ch. Huygens* und *Jak. Bernoulli* (s. Nr. 5) behandelten Aufgaben über das Würfelspiel. „Es sind n Würfel[60]) gegeben, jeder mit f Seiten, die mit den Nummern 1 bis f bezeichnet sind; es soll die Anzahl von Arten ermittelt werden, auf welche bei einmaligem Aufwerfen der Würfel die Summe p fallen kann.“ Für $p-n=s$ lautet die von *Moivre*[61]) angegebene Lösung

$$\frac{n(n+1)\cdots(n+s-1)}{1\cdot 2\cdots s}-\frac{n}{1}\,\frac{n(n+1)\cdots(n+s-f-1)}{1\cdot 2\cdots(s-f)}$$
$$+\frac{n(n-1)}{1\cdot 2}\,\frac{n(n+1)\cdots(n+s-2f-1)}{1\cdot 2\cdots(s-2f)}-\cdots,$$

wobei die Reihe abzubrechen ist, sobald negative Faktoren auftreten würden. Seine Beweisführung stützt sich auf die Thatsache, dass die verlangte Anzahl sich als Koeffizient von x^p in der Entwicklung von $(x^1+x^2+\cdots+x^f)^n$ oder als Koeffizient von x^{p-n} in der Entwicklung von $(1+x+\cdots+x^{f-1})^n=(1-x^f)^n(1-x)^{-n}$ ergiebt. Auf einem andern, umständlicheren Wege hat *P. Montmort*[62]) die Formel abgeleitet.

Th. Simpson[63]) hat das Resultat durch einige Umformungen auf die Gestalt:

---

56) Zum erstenmal hat *L.* sich mit dem Problem befasst in dem Mém. sur la prob. des causes (Par. Sav. [étr.] 1774 = Oeuvr. 8, p. 27), dann in den Rech. sur l'intégr. des équat. diff. (ibid. 1776 = Oeuvr. 8, p. 69), endlich in der „Théorie“ p. 205—217; für den Fall beliebig vieler Spieler sind jedoch die richtigen Resultate im 4. Suppl. des letztgenannten Werkes, p. 18—22, zu suchen.

57) Disquis. element. circa calc. prob. Gott. Comment. 12 (1796).

58) Nouv. Corresp. math. 4 (1878), p. 8.

59) Brux. Mém. cour. in 8° 21, 1870.

60) Unter „Würfel“ ist hier ein Körper zu verstehen, welcher f seiner Seitenflächen gleiche Bedingungen der Realisierbarkeit verleiht.

61) Ohne Beweis, als Lemma zwischen dem 5. und 6. Problem, in der Mensura sortis [s. 15)] mitgeteilt; den Beweis hat *M.* in den Miscellanea analytica de seriebus et quadraturis, London 1730, chap. 6 gegeben.

62) An dem unter 53) angef. Orte, 2. Aufl. (1714), p. 46.

63) The nature and laws of chances, Lond. 1740, probl. 22.

$$\frac{(p-1)(p-2)\cdots(p-n+1)}{1\cdot 2\cdots(n-1)}-\frac{n}{1}\frac{(q-1)(q-2)\cdots(q-n+1)}{1\cdot 2\cdots(n-1)}$$
$$+\frac{n(n-1)}{1\cdot 2}\frac{(r-1)(r-2)\cdots(r-n+1)}{1\cdot 2\cdots(n-1)}-\cdots$$

gebracht ($q=p-f$, $r=q-f,\ldots$) und daraus zugleich die Anzahl der Arten abgeleitet, auf welche eine den Betrag p *nicht überschreitende* Summe entstehen kann; diese Anzahl wird gleich:

$$\frac{p(p-1)\cdots(p-n+1)}{1\cdot 2\cdots n}-\frac{n}{1}\frac{q(q-1)\cdots(q-n+1)}{1\cdot 2\cdots n}$$
$$+\frac{n(n-1)}{1\cdot 2}\frac{r(r-1)\cdots(r-n+1)}{1\cdot 2\cdots n}-\cdots.$$

Laplace[64]) hat das Problem in der folgenden Fassung wieder aufgenommen: „Eine Urne enthält $n+1$ Kugeln, die mit den Nummern $0, 1, 2, \ldots n$ versehen sind; man zieht i-mal eine Kugel, sie wieder zurücklegend, und verlangt die Wahrscheinlichkeit, dass die erzielte Summe s sein werde.“ Durch eine schwierige Analyse kommt er zu dem Resultate:

$$(\alpha)\quad \frac{1}{(n+1)^i}\left\{\frac{(s+1)(s+2)\cdots(s+i-1)}{1\cdot 2\cdots(i-1)}-\frac{i}{1}\frac{(s-n)(s-n+1)\cdots(s+i-n-2)}{1\cdot 2\cdots(i-1)}\right.$$
$$\left.+\frac{i(i-1)}{1\cdot 2}\frac{(s-2n-1)(s-2n)\cdots(s+i-2n-3)}{1\cdot 2\cdots(i-1)}-\cdots\right\},$$

das *J. W. Lubbock*[65]) und nach ihm *A. de Morgan*[66]) in einfacherer Weise mittels der oben bemerkten Methode abgeleitet hat. Durch eine leichte Abänderung vollzieht *Laplace* den Übergang zu der Würfelaufgabe und geht dann[67]) auf den Fall über, dass nicht, wie oben, jede Nummer nur einmal vorkommt, sondern dass ihre Anzahlen nach einem andern Gesetze geregelt sind. Er giebt ferner den Grenzwert der Formel (α) für unendliche n und s, aber bei bestimmtem $\frac{s}{n}$ an — der Grenzübergang ist bei *A. de Morgan* (s. oben) ausgeführt — und bestimmt durch Integration die Wahrscheinlichkeit für gegebene Grenzen der erzielten Summe, um hieran die Erörterung einer Frage aus der Mechanik des Himmels zu knüpfen, mit der sich früher schon *Daniel* I und *Johann* II *Bernoulli*[68]) auf Veranlassung der Pariser Akademie beschäftigt hatten, der Frage nämlich, ob die An-

64) Théorie p. 253.

65) *J. W. Lubbock and J. E. Drinkwater,* Treat. on probab. (Library of useful knowledge, London 1835).

66) In dem unter 36) cit. Artikel, p. 410—412.

67) Théorie p. 261.

68) Recueil des pièces qui ont remp. le prix de l'Ac. de Par. 3 (1734).

ordnung der Planetenbahnen und die übereinstimmende Umlaufsrichtung eher als ein Werk des Zufalls oder als das Ergebnis einer ursprünglichen Ursache anzusehen seien. *Laplace* bestimmt zu diesem Zwecke die Wahrscheinlichkeit, dass die Summe der Neigungswinkel der Planetenbahnen gegen die Ekliptik innerhalb gegebener Grenzen liege und dass gleichzeitig alle Planeten in gleichem Sinne die Sonne umkreisen, vorausgesetzt, dass alle Neigungen zwischen 0 und $\frac{\pi}{2}$ und ebenso beide Umlaufsrichtungen relativ gleichmöglich sind[69]).

In der verallgemeinerten Fassung, welche jeder der möglichen Nummern eine andere, aber bestimmte Anzahl von Fällen zuschreibt, hat das *Moivre*'sche Problem für die *Fehlertheorie* Bedeutung erlangt und ist in diesem Sinne zuerst von *J. Lagrange*[70]) herangezogen und selbständig behandelt worden [I D 2, Nr. 3].

Mit der Würfelaufgabe, welche den Ausgangspunkt gebildet hatte, beschäftigte sich in neuerer Zeit *D. Bierens de Haan*[71]) und konstruierte eine Tabelle für verschiedene Würfelzahlen und Summen.

9. Problem der Spieldauer[72]). Das Problem hat sich aus der letzten von den fünf Aufgaben entwickelt, welche *Ch. Huygens* am Schlusse seiner Schrift über die Würfelspiele (s. Anm. 35)) mit Angabe des Resultates gestellt und die als erster *Jakob* I *Bernoulli*[73]) allgemein gelöst hat. In des letzteren Fassung besteht die Aufgabe in folgendem: „Zwei Spieler A, B besitzen m, bezw. n Marken, und ihre Chancen, die einzelne Partie zu gewinnen, verhalten sich wie $a:b$; der Verlierende giebt dem Gegner eine Marke; es ist für jeden Spieler die Wahrscheinlichkeit zu bestimmen, dass er alle Marken seines Gegners gewinnen werde.“ Die von *Bernoulli* auf kombinatorischem Wege gefundene Lösung

$$\frac{a^n(a^m - b^m)}{a^{m+n} - b^{m+n}}$$

für A (die für B durch Vertauschung der Buchstaben) ergiebt sich am einfachsten aus der dem Problem entsprechenden Differenzengleichung $P_x = \frac{a}{a+b} P_{x+1} + \frac{b}{a+b} P_{x-1}$, in welcher P_x die Wahr-

69) Zur Kritik dieser Anwendung der W.-R. vgl. *G. Boole*'s Laws of Thought, Lond. 1854, p. 364 und *F. Bacon* in *R. L. Ellis*, The works of *F. Bacon*, Lond., 1 (1857), p. 343.

70) Miscell. Taur. 5, 1770—1773 = Oeuvr. 2, p. 173.

71) Amst. Versl. 12 (1878), p. 371 [ins Franz. übers. im Harl. Arch. 14 (1879) p. 370].

72) In der engl. Litter. „problem of duration of play“.

73) Ars conject. p. 67—71.

scheinlichkeit bedeutet, die A in dem Augenblicke zukommt, da er x Marken besitzt. In dieser Form ist die Aufgabe dann auch von *Moivre*[74]) und *Laplace*[75]) behandelt worden.

Aber erst durch die Fragestellung, zu welcher *P. Montmort*[76]) und *Moivre*[74]) übergingen, ist das Problem zu einem der schwierigsten der Wahrscheinlichkeitsrechnung geworden und zu dem obigen Namen gekommen: „Wie gross ist unter den obigen Bedingungen die Wahrscheinlichkeit, dass vor oder mit einer bestimmten Partie einer der Spieler alle Marken seines Gegners gewonnen hat und das Spiel dadurch beendet ist?"

Was *Moivre* zur Beantwortung dieser Frage beigebracht hat, gehört zu den bedeutendsten seiner Leistungen im Gebiete der Wahrscheinlichkeitsrechnung. Er fasst die Ergebnisse seiner Untersuchungen in mechanischen Regeln zusammen, die einen für den Fall $m = n$, eine andere allgemein geltende und zwei weitere der Voraussetzung $m = \infty$ entsprechend.

Die Richtigkeit dieser Regeln ist durch die späteren Arbeiten bestätigt worden. So hat *J. Lagrange*[77]), der an dem Problem die Leistungsfähigkeit seiner Integrationsmethoden für endliche Differenzengleichungen erprobte, eine der Regeln für $m = \infty$ als richtig erwiesen, und aus der allgemeinen Lösung, die er auf zwei verschiedenen Wegen ermittelte, eine der Regeln für $m = n$ abgeleitet. Ebenso zeigte sich, dass die andere der für $m = \infty$ aufgestellten Regeln auf der von *Laplace*[78]) abgeleiteten Formel:

---

74) Mensura sortis, probl. IX. Hier ist die im Texte angegebene Formel zum erstenmale publiziert. — Doctr. of chances, probl. 58, 59, 63, 64.

75) Mém. sur la prob., Par. Hist. 1781 = Oeuvr. 9, p. 383. — In dieser Abhandlung werden die von *L.* ausgebildeten und in der W.-R. in weitem Umfange benutzten Methoden zur näherungsweisen Berechnung von Funktionen, welche von sehr grossen Zahlen abhängen — diese Methoden bilden den Inhalt der 2. Abt. des I. Buches der Théorie — zum erstenmal vorgeführt.

76) An der unter 53) cit. Stelle, 2. Aufl., p. 268—277.

77) An dem unter 41) a. O.

78) Schon in dem unter 42) a. Mém. hatte *L.* seine Untersuchungen über das Problem aufgenommen, zunächst unter den einfachsten Bedingungen $m = n$, $a = b$; später behandelte er in den Rech. sur l'intégr. des équat. diff. aux diff. fin. (Par. sav. [étr.] 1776 = Oeuvr. 8, p. 69) einen Fall mit drei W.-en, indem er die Möglichkeit einbezog, dass weder A noch B in der einzelnen Partie gewinne. Zusammenfassend und teilweise auch *Lagrange*'s Arbeiten einbeziehend ist die Darstellung in der Théorie p. 225—238, woselbst für die im Texte angegebene Formel ein Näherungswert bei grossen n und x entwickelt wird, welcher lautet:

$$a^n \left\{1 + nab + \frac{n(n+3)}{1\cdot 2} a^2 b^2 + \frac{n(n+4)(n+5)}{1\cdot 2\cdot 3} a^3 b^3 + \cdots \right.$$
$$\left. + \frac{n(n+x+1)(n+x+2)\cdots(n+2x-1)}{1\cdot 2\cdots x} a^x b^x \right\}$$

beruht, welche unter der Voraussetzung $a + b = 1$ unmittelbar die Wahrscheinlichkeit angiebt, dass A seinen Gegner B spätestens bei dem $\overline{n + 2x}^{\text{ten}}$ Spiele ruiniert haben werde.

Aus späterer Zeit sei noch einer Behandlung des Problems auf kombinatorischem Wege durch *L. Öttinger* [79]) gedacht.

10. Weitere Probleme, Glücksspiele betreffend. Unter den mannigfachen Aufgaben, welche das *Lotteriespiel*, insbesondere das *Genueser Lotto*, veranlasst hat, sind zwei von grösserem mathematischen Interesse.

Die erste betrifft die Wahrscheinlichkeit des Zustandekommens solcher Ziehungen, in welchen *Sequenzen* (Ziffernfolgen) auftreten. *L. Euler* [80]) fasst dabei die sämtlichen Nummern der Lotterie als eine lineare, *Johann* III *Bernoulli* [81]) als eine cyklische Reihe auf; ersterer sieht also in der Ziehung 8, 9, 89, 90, 1 zwei zweigliedrige Sequenzen (8, 9; 89, 90), letzterer eine zwei- und eine dreigliedrige (8, 9; 89, 90, 1). Für eine aus n Nummern bestehende Lotterie findet *Euler* als Wahrscheinlichkeit einer aus 2,3,4,5 Nummern zusammengesetzten sequenzen*freien* Ziehung:

$$\frac{n-2}{n},\quad \frac{(n-3)(n-4)}{n(n-1)},\quad \frac{(n-4)(n-5)(n-6)}{n(n-1)(n-2)},\quad \frac{(n-5)(n-6)(n-7)(n-8)}{n(n-1)(n-2)(n-3)};$$

J. Bernoulli macht dazu die von *J. Todhunter* [82]) als richtig bestätigte Bemerkung, dass man nur n durch $n - 1$ zu ersetzen brauche, um diese Ausdrücke seiner Auffassung anzupassen. Nach einer eigentüm-

---

$$1 - \frac{2}{\sqrt{\pi}}\left[\int_0^T e^{-t^2} dt - \frac{Te^{-T^2}}{8\alpha^2}\left(1 - \frac{2}{3}T^2\right)\right]$$

und worin $\alpha^2 = \dfrac{n + 2x + \frac{2}{3}}{2}$, $T = \dfrac{n}{2\alpha}$ ist. Diese Formel wird dann zur Beantwortung der Frage verwendet, nach wie vielen Partien der Ruin von B mit der W. $\frac{1}{2}$ zu erwarten ist.

79) In dem unter 24) angef. Buche p. 179—188. Die Unstichhaltigkeit der am Schlusse dieser Darlegungen an *Laplace* und *Moivre* geübten Kritik hat *J. Todhunter*, l. c. p. 175 erwiesen.

80) Berl. Hist. 21 (1765) [1767], p. 191—230. S. Fussn. 83).

81) Ibid. 25, 1769 [1771], p. 234.

82) l. c. p. 326 u. 327.

lichen kombinatorischen Methode hat *N. Beguelin*[83]) diese Fragen allgemein behandelt.

Das zweite Problem hat als letztes Ziel die Bestimmung der Wahrscheinlichkeit für die *Erschöpfung aller Nummern* in einer gegebenen Reihe von Ziehungen. Sein Ursprung ist in der Aufgabe *A. de Moivre*'s[84]) gelegen: „Die Wahrscheinlichkeit zu finden, dass man mit einem n-seitigen Würfel in x Würfen m bezeichnete Seiten treffen werde." *Moivre*'s in Worte gekleidete Lösung lautet in Zeichen:

$$\frac{1}{n^x}\left\{n^x - \binom{m}{1}(n-1)^x + \binom{m}{2}(n-2)^x - \cdots + (-1)^m(n-m)^x\right\};$$

der in der Klammer enthaltene Ausdruck ist $\Delta^m(n-m)^x$. Auf die Lotterie ist diese Fragestellung durch *L. Euler*[85]) und *Laplace*[86]) übertragen worden. *Euler* findet auf induktivem Wege die Wahrscheinlichkeit, dass bei einer aus n Nummern bestehenden Lotterie in x Ziehungen von je r Nummern mindestens $n-\nu$ bezeichnete Nummern daran kommen, gleich:

$$\frac{1}{\binom{n}{r}^x}\left\{\binom{n}{r}^x - \binom{n}{\nu+1}\binom{n-\nu-1}{r}^x + (\nu+1)\binom{n}{\nu+2}\binom{n-\nu-2}{r}^x \right.$$
$$\left. - \frac{(\nu+1)(\nu+2)}{1\cdot 2}\binom{n}{\nu+3}\binom{n-\nu-3}{r}^x + \cdots\right\}.$$

Laplace gewinnt nach Methoden, welche mit denjenigen *Moivre*'s[84]) übereinstimmen, für die Wahrscheinlichkeit, dass in i Ziehungen *alle* Nummern erscheinen, den symbolischen Ausdruck:

$$\left\{\frac{\Delta^n[s(s-1)\cdots(s-r+1)]^i}{[n(n-1)\cdots(n-r+1)]^i}\right\}_{s=0},$$

für dessen Auswertung er Näherungsausdrücke ableitet, um die *umgekehrte* Aufgabe lösen zu können, welche Anzahl Ziehungen erforderlich ist, um das bezeichnete Ereignis mit gegebener Wahrscheinlichkeit erwarten zu können.

Eine Gruppe von Problemen knüpft sich an das von *P. Montmort*[87]) zum erstenmal mathematisch behandelte *Rencontre*-Spiel[88]).

83) Berl. Hist. 21 (1765) [1767], p. 231, 257.

84) Doctr. of chances, probl. 39—42.

85) Berl. Hist. 21 (1765) [67], p. 191 = Opusc. analyt. 2 (Petrop. 1785), p. 331.

86) Schon in der ersten unter 42) cit. Arbeit nimmt *L.* das Problem auf, führt die im Texte weiter unten erwähnte Approximation in der Suite du Mém. sur les approx. Par. Hist. 1783 = Oeuvr. 10, p. 295 aus und fasst alle Ergebnisse in der Théorie p. 191—201 zusammen.

87) In dem unter 53) cit. Werke, 2. Aufl. (1714), p. 130—143, 301, 302.

88) In der englischen Litter. „game of treize" genannt.

Die ursprüngliche Frage war nach der Wahrscheinlichkeit gerichtet, bei dem successiven Herausziehen von dreizehn mit den Nummern 1, 2, ... 13 bezeichneten Karten wenigstens *eine* in dem der Nummer entsprechenden Zuge zu treffen. Für n Karten lautet die Lösung:

$$1 - \frac{1}{1 \cdot 2} + \frac{1}{1 \cdot 2 \cdot 3} - \cdots + \frac{(-1)^{n-1}}{1 \cdot 2 \cdots n},$$

bezüglich welcher *L. Euler*[89]) schon die Bemerkung gemacht hat, dass sie für $n = \infty$ sich in $1 - e^{-1}$ verwandelt. *A. de Moivre*[90]), *J. W. Lambert*[91]), insbesondere aber *Laplace*[92]) haben das Problem in veränderter oder verallgemeinerter Form gelöst. *E. Catalan*[93]) verändert die Fragestellung dahin, dass er die Wahrscheinlichkeit sucht, dass bei zweimaligem successiven Ziehen von m mit Buchstaben bezeichneten Kugeln aus einer Urne n Kugeln beidemal an gleicher Stelle erscheinen. Eine einfache Lösung für eine hiermit im Wesen übereinstimmende Aufgabe hat *E. Lampe*[94]) gegeben.

Zu vielfachen Arbeiten hat eine Aufgabe Anlass geboten, die von einem gewissen *Waldegrave* dem *P. Montmort* vorgelegt und von diesem (für 3 Spieler) auch gelöst worden ist[95]); *Todhunter*[96]) giebt ihr daher den Namen *Waldegrave's Problem.* Es handelt sich um folgendes Spiel: „Es sind $n + 1$ Spieler vorhanden; jedesmal spielen zwei davon unter gleichen Chancen mit einander; der Verlierende zahlt 1 Frc. und scheidet aus; der Gewinnende spielt unter den gleichen Bedingungen mit dem nächsten weiter u. s. f., bis einer alle folgenden besiegt; zu dem Verlierenden des ersten Spiels wird erst zurückgekehrt, wenn alle darangekommen sind. Gefragt wird nach der Wahrscheinlichkeit jedes Spielers, das Spiel zu gewinnen; nach der Wahrscheinlichkeit, dass das Spiel mit oder vor einem bestimmten Gange enden werde.“ Die erste *Publikation* einer Lösung (für 3 Spieler) erfolgte durch *Moivre*[97]); mit erweiterter Fragestellung und beliebiger

---

89) Berl. Hist. 7 (1751 [53]), p. 255.

90) Doctr. of chances, 3. Aufl. (1756), probl. 35, 36.

91) Berl. Nouv. Mém. 2 (1771 [73]), p. 411. *L.* ist durch den Versuch, die W. von Wetterprognosen zu bestimmen, auf die Aufgabe geführt worden: Die W. zu bestimmen, dass von 20 Briefen, in 20 adressierte Kouverts nach Willkür gesteckt, eine vorgezeichnete Anzahl in die richtigen Kouverts kommen.

92) Théorie p. 217—225.

93) J. de math. (1) 2 (1837), p. 469.

94) Arch. f. Math. 70 (1884), p. 439.

95) In der 53) a. Schrift, p. 318—328.

96) l. c. p. 122.

97) Mensura sortis, probl. 15.

Spielerzahl hat *Laplace*[98]) das Spiel zum Gegenstande eingehender Untersuchungen gemacht.

11. Erweiterung der Definition. Geometrische Wahrscheinlichkeit. Wenn die Modalitäten eines ungewissen Thatbestandes von einer oder mehreren *stetigen* Variabeln abhängen, so ist es wohl möglich, durch Spezialisierung der Werte der letzteren eine einzelne Modalität, einen möglichen *Fall*, herauszuheben; aber die Gesamtheit der Fälle, der möglichen wie der günstigen, hört auf *zählbar* zu sein.

Solcher Art sind namentlich zahlreiche, im Laufe der Zeit zur Lösung gestellte Aufgaben, welche nach der Wahrscheinlichkeit fragen, dass ein durch *unzureichende* Bedingungen charakterisiertes geometrisches Gebilde gewissen Forderungen genüge. Andere Aufgaben, die nicht geometrisch formuliert sind, lassen sich durch entsprechende Deutung der auftretenden Variabeln häufig auf geometrisches Gebiet übertragen. Man kann daher diesen Zweig der Wahrscheinlichkeitsrechnung ganz wohl als „Theorie der geometrischen Wahrscheinlichkeit“[99]) bezeichnen.

Die Gleichberechtigung der Werte einer Variabeln, bezw. der Punkte in einer Geraden, findet ihren Ausdruck in der Festsetzung, dass beliebige, gleichgrosse Intervalle des Gebiets der reellen Zahlen, respektive gleichlange Strecken der Geraden, gleiche *Wertmengen* der Variabeln, bezw. gleiche *Punktmengen* enthalten[100]). Aus der weitern Verfolgung dieses Gedankens ergiebt sich, dass die Menge der Wertverbindungen *mehrerer* Variabeln $x, y, z, \ldots$ in einer Mannigfaltigfaltigkeit $\varkappa$ durch den *Inhalt der Mannigfaltigkeit*[101]), d. i. durch

$$\iiint\limits_{\varkappa} \ldots dx\, dy\, dz \ldots$$

gemessen werden könne. Der *Definition*[102]) der Wahrscheinlichkeit, damit sie auch diese Fälle umfasse, kann folgende Gestalt gegeben werden: „Die mathematische Wahrscheinlichkeit eines Ereignisses ist das Verhältnis aus dem Inhalt der Mannigfaltigkeit der ihm günstigen

98) Théorie p. 238—247.

99) In der englischen Litter. „local probability“ oder „geometrical p.“

100) Man vgl. über diese fundamentale Frage die Arbeit von *H. Brunn*, Münch. Ber. (philos. Kl.) 1892, p. 692. S. noch *C. Stumpf* ebda p. 681.

101) Hierzu meine Monogr.: Geometr. W.-en und Mittelwerte, p. 3—8.

102) *Cournot* l. c. § 18 hat schon auf die Notwendigkeit einer Abänderung der Definition hingewiesen, damit sie auch W.-en mit unbegrenzt vielen Fällen umfasse; die von ihm vorgeschlagene Formulierung entbehrt jedoch der Präzision.

Fälle zu der Mannigfaltigkeit aller als gleichberechtigt vorausgesetzten Fälle.“ Ist die Mannigfaltigkeit diskret, wie bei den Spielen, so wird ihr Inhalt durch *Zählung* ermittelt; ist sie kontinuierlich, dann erfolgt seine Bestimmung durch *Messung* (eventuell im mehrdimensionalen Raume).

Wiewohl die Lösung von Aufgaben der geometrischen Wahrscheinlichkeit dem Gebiete der *Integralrechnung* [103]) zufällt, so ist die Anwendbarkeit dieses Hülfsmittels durch die Kompliziertheit der erforderlichen Integrationen, die Schwierigkeit der Feststellung der Grenzen eine beschränkte. Was das meiste Interesse bietet, das sind die mannigfachen Kunstgriffe, durch welche man die Schwierigkeiten der Rechnung zu umgehen verstanden hat; als besonders fruchtbar erwies sich dabei die Verbindung von Fragen nach Wahrscheinlichkeiten mit Fragen nach *Mittelwerten* [104]). Unter dem Mittelwert einer vom Zufall abhängigen Grösse wird die Summe der Produkte ihrer möglichen Werte mit den entsprechenden Wahrscheinlichkeiten verstanden [I D 2, Nr. **6**].

Was die historische Entwicklung dieses Zweiges der Wahrscheinlichkeitsrechnung anlangt, so war *G. Buffon* [105]) der erste, welcher Aufgaben solcher Art stellte und löste; unter diesen hat insbesondere das *Nadelproblem* (die Wahrscheinlichkeit zu bestimmen, dass eine Nadel, wenn sie auf eine mit äquidistanten Parallelen überzogene horizontale Tafel geworfen wird, eine der Parallelen kreuzt) die Aufmerksamkeit der Mathematiker erregt, und es haben *Laplace* [106]), *E. Barbier* [107]), *M. W. Crofton* [108]) und *J. J. Sylvester* [109]) nebst andern mit dem Problem und seinen Verallgemeinerungen sich beschäftigt [110]). Der Zeit nach als das zweite gilt das von *Sylvester* aufgestellte *Vierpunktproblem* [111]) (die Wahrscheinlichkeit zu bestimmen, dass vier in

103) Die Infinitesimalrechnung ist bei W.-Untersuchungen schon viel früher, zuerst von *Daniel Bernoulli* angewandt worden; es handelte sich dabei um statistische, also diskontinuierliche Vorgänge, die aber der Vorteile wegen, welche die Infinitesimal-R. bietet, als stetig aufgefasst wurden, Par. Hist. (1760) und Petrop. Novi comment. 12 (1766—1767).

104) S. meine o. a. Monogr., 2. Teil. — *M. W. Crofton,* Lond. Proceed. Math. Soc. 8 (1877), p. 304.

105) Essai d'arithm. morale (Suppl. à l'hist. natur. Paris, 4, 1777).

106) Théorie p. 358—362.

107) J. de math. (2) 5 (1860), p. 273.

108) Encycl. Britann., 9. edit., 19 (1885), p. 787.

109) Acta math. 14 (1890), p. 185.

110) Vgl. hierzu meine beiden o. a. Monogr.

111) In dem unter 108) cit. Art. p. 785; hierzu meinen o. a. „Bericht“, Art. 29.

einer ebenen Figur beliebig angenommene Punkte ein nichtkonvexes Viereck bilden). Später folgte eine Fülle von Aufgaben, welche namentlich seitens englischer Geometer gestellt und gelöst worden sind; unter den letzteren hat *M. W. Crofton*[112]) die Theorie in der Ebene willkürlich gezogener Geraden am eingehendsten ausgebildet[113]).

12. Theorem von Jakob I Bernoulli. Dieses Theorem betrifft die Erwartungsbildung in Bezug auf das Ergebnis einer *grossen* Anzahl s gleichartiger Beobachtungen, deren jede eines von zwei einander ausschliessenden Ereignissen A, B mit den durch die ganze Beobachtungsreihe *konstant* bleibenden Wahrscheinlichkeiten p, q hervorbringt. Es enthält zwei Aussagen: Die eine bezieht sich auf die Wiederholungszahlen m, n der beiden Ereignisse in der *wahrscheinlichsten Kombination*, die andere auf die Wahrscheinlichkeit, dass die wirklich sich einstellenden Wiederholungszahlen oder ihre Verhältnisse zu s von den wahrscheinlichsten Werten nicht mehr als innerhalb vorgezeichneter *Grenzen* abweichen.

Während die Begründung der ersten Aussage in der Feststellung des *grössten* Gliedes in der Entwicklung von $(p+q)^s$ besteht und in voller Strenge durchgeführt werden kann, erfordert die Erledigung des zweiten Teils die *Summierung* einer Gliedergruppe jener Entwicklung, deren Mitte das grösste Glied einnimmt, eine Aufgabe, welche mit Rücksicht auf die Rechenarbeit, die ihre strenge Ausführung verlangen würde, nur mit Hülfe von *Näherungs*methoden zu bewältigen ist.

Jakob Bernoulli[114]), dessen Namen das Theorem führt, hat die Existenz eines grössten Gliedes in $(p+q)^s$ nachgewiesen und seine Zusammensetzung erkannt; die erwähnte Summierung aber hat er nicht versucht, sondern in Verfolgung seiner Absicht[115]) nur den Nachweis geführt, dass die Summe einer dem s proportionalen Anzahl von Gliedern, deren mittelstes das grösste Glied ist, durch Vergrösserung von s der Summe *aller* Glieder, also der Einheit, beliebig nahe gebracht werden könne.

---

112) Lond. Trans. 158 (1868), p. 181.

113) Eine grössere Auswahl von Problemen der geom. W. findet sich in meiner o. a. diesem Gegenstande gewidmeten Monographie; sehr reich an derlei Aufgaben sind die Educat. Tim. Eine umfangreichere Sammlung aus der neuesten Zeit hat *G. B. M. Zerr* in Educ. Tim. 55 (1891), p. 137—192 veröffentlicht.

114) Ars conject., pars quarta, p. 210—239.

115) *B.* schwebte der Schluss von einer grossen Versuchsreihe auf die ihr zugrunde liegenden, unbekannten Bedingungen, also auf die W.-en vor; er gebrauchte für eine W., welche aus der *Erfahrung* abgeleitet ist, den seither beibehaltenen Namen „W. a posteriori“ (l. c. p. 224).

Um den zweiten Teil des Theorems, die Bestimmung der Wahrscheinlichkeit vorgezeichneter Grenzen für den zu gewärtigenden Erfolg, haben sich *A. de Moivre, J. Stirling, C. Maclaurin* und *L. Euler* verdient gemacht, und ihre hierauf bezüglichen Leistungen sind für die gesamte Analysis von hoher Bedeutung. *Moivre*[116]) war bei seinen Bemühungen um die näherungsweise Darstellung des grössten Gliedes von $(p+q)^s$ und eines Gliedes, welches von diesem einen gegebenen Abstand besitzt, zu der approximativen Berechnung des Logarithmus der Fakultät $1 \cdot 2 \cdots s$ gelangt, welche ihm bis auf die Erkenntnis der Natur einer dabei auftretenden Konstanten $(\sqrt{2\pi})$ gelungen war; diese Ergänzung blieb dem von *Moivre* zu gleichen Untersuchungen angeregten *Stirling*[117]) vorbehalten, dessen Namen nunmehr die Näherungsformel[118]):

$$1 \cdot 2 \cdots s = s^s e^{-s} \sqrt{2\pi s}\left(1 + \frac{1}{12s} + \frac{1}{288s^2} + \cdots\right)$$

trägt. Die noch erforderliche Summierung einer Gruppe näherungsweise dargestellter Glieder, die Umwandlung der Summe in ein Integral, hat *Moivre* nicht korrekt durchgeführt; das geeignete analytische Hülfsmittel hiefür schufen *Maclaurin*[119]) und *Euler*[120]) in der nach dem letzteren benannten *Summenformel* (I E, Nr. **11**):

$$\sum_0^{l-1}{}^x y_x = \int_0^l y\,dx - \frac{1}{2}\{y_x\}_0^l + \left\{\frac{B_1 y_x'}{2!}\right\}_0^l - \left\{\frac{B_2 y_x'''}{4!}\right\}_0^l + \left\{\frac{B_3 y_x^{\mathrm{v}}}{6!}\right\}_0^l - \cdots,$$

in welcher die linksstehende Summe nach den ganzzahligen Werten des Zeigers x gebildet ist und $B_1, B_2, B_3, \ldots$ die *Bernoulli'schen Zahlen* $\left(\frac{1}{6}, \frac{1}{30}, \frac{1}{42}, \frac{1}{30}, \frac{5}{66}, \cdots\right)$ (I E, Nr. **10**; II A 3, Nr. **18**) bedeuten.

Laplace[121]) hat mit Benützung all dieser Hülfsmittel, die er aus

116) Doctr. of chances p. 243—254; die analytischen Ausführungen zu den an dieser Stelle vorgeführten Resultaten finden sich in den Miscell. analyt., Suppl. (s. 61)).

117) Methodus Differentialis etc., London 1730, p. 135.

118) In den Anwendungen auf W.-R. genügt es, den vor der Klammer stehenden Faktor allein zu benutzen. Eine schärfere Approximation für $s!$ hat *A. R. Forsyth,* Brit. Ass. Rep. 1883, in der Formel

$$\sqrt{2\pi}\left(\frac{\sqrt{s^2+s+\frac{1}{6}}}{e}\right)^{s+\frac{1}{2}}$$

gegeben.

119) Treat. of Flux., Edinb. 1742, p. 673.

120) Instit. calc. diff., Petrop. 1755.

121) Théorie p. 275—284.

einer gemeinsamen Quelle, der Theorie der erzeugenden Funktionen (Nr. 6), von neuem ableitete, dem *Bernoulli*'schen Theorem die *endgültige Form* gegeben [I D 4 a, Nr. 2]. Hiernach ist jene Kombination die wahrscheinlichste, in welcher das Verhältnis der Wiederholungszahlen m, n von A, B dem Verhältnis der respektiven Wahrscheinlichkeiten p, q gleich oder am nächsten ist; und es ist ferner mit der Wahrscheinlichkeit:

$$(\alpha) \qquad \frac{2}{\sqrt{\pi}} \int_0^\theta e^{-t^2} dt + \frac{e^{-\theta^2}}{\sqrt{2spq\pi}}$$

zu erwarten, dass die Verhältnisse $\frac{m}{s}$, $\frac{n}{s}$ innerhalb der Grenzen:

$$p \mp \theta \sqrt{\frac{2pq}{s}}, \quad q \mp \theta \sqrt{\frac{2pq}{s}}$$

zu liegen kommen.

Von den beiden Teilen des Ausdrucks (α) wird in neueren Schriften[122]) häufig nur der erste, prävalierende angeführt [s. auch I D 2, Nr. 4]. Für ihn sind in den meisten grösseren Werken über Wahrscheinlichkeitsrechnung Tafeln[123]) mitgeteilt [I D 2, Nr. 4]. Dieselben sind aus Tafeln der Integrale:

$$\int_0^\theta e^{-t^2} dt, \text{ resp. } \int_\theta^\infty e^{-t^2} dt$$

hervorgegangen; die Werte dieser Integrale sind durch die Relation

$$\int_0^\theta e^{-t^2} dt + \int_\theta^\infty e^{-t^2} dt = \frac{\sqrt{\pi}}{2}$$

mit einander verknüpft. *J. Eggenberger*[124]) hat den zweiten Teil von (α) durch Modifikation der oberen Grenze des Integrals mit diesem vereinigt.

Es sind mehrfach *Versuchsreihen*[125]) angestellt oder vorhandene

122) *J. Bertrand*, l. c. p. 78 u. 83; *H. Poincaré*, l. c. 22), p. 69.

123) Den Ursprung dieser Tafeln bildet die von *Ch. Kramp*, Théor. des réfract. etc., Strassb. u. Leipz. 1798, veröffentlichte Tafel der Integralwerte $\int_\theta^\infty e^{-t^2} dt$. Genauere Tafeln finden sich bei *R. Radau*, Par. Obs. Ann. 18 (1885) und *A. A. Markoff*, Tables des valeurs de l'intégrale $\int_x^\infty e^{-t^2} dt$, St. Pétersb. 1888. Weiteres hierüber bei *H. Opitz*, Die Kramp-Laplace'sche Transcendente etc., Berlin Königstädt. Realgymn. Osterprogr. 1900 [I D 2, Nr. 4].

124) Bern Naturf. G. 50 (1893), p. 110—182 = Diss. 1893; die bezügliche Abhandlung ist eine Monographie der historischen Entwicklung des *Bernoulli*schen Theorems.

125) *G. Buffon*, l. c. 105); *S. D. Poisson*, l. c. § 50; *W. St. Jevons*, Prin-

dazu benützt worden, um den *Bernoulli*'schen Satz zu *verifizieren*, oder richtiger gesagt, um zu zeigen, dass das *wirkliche Geschehen* thatsächlich innerhalb enger Grenzen den durch die apriorischen Wahrscheinlichkeiten bezeichneten Verhältnissen sich anpasst.

13. Poisson's Gesetz der grossen Zahlen [I D 4a, Nr. 3]. *S. D. Poisson*[126]) hat sich mit eingehenden Untersuchungen über die Erwartungsbildung in Bezug auf das Ergebnis einer grossen Anzahl von Versuchen beschäftigt, unter der Voraussetzung, dass die Wahrscheinlichkeiten der Ereignisse A, B, deren eines in jedem Versuche eintreffen muss, von Versuch zu Versuch sich *ändern*. Er hat das Resultat dieser Untersuchungen, in welchem er eine *Verallgemeinerung des Bernoulli*'schen *Theorems* erblickte, als „*Gesetz der grossen Zahlen*"[127]) bezeichnet.

Ist p_i die Wahrscheinlichkeit von A im i^{ten} Versuche, $q_i = 1 - p_i$ die entsprechende Wahrscheinlichkeit von B, so besteht *Poisson*'s Hauptergebnis[128]) in dem Satze, dass mit der Wahrscheinlichkeit:

$$\frac{2}{\sqrt{\pi}}\int_0^\theta e^{-t^2}dt + \frac{e^{-\theta^2}}{k\sqrt{\pi s}}$$

zu erwarten sei, es werde das Verhältnis der Wiederholungszahl von A, resp. B, in einer grossen Anzahl s von Versuchen zur Zahl s selbst sich zwischen die Grenzen:

$$p \mp \theta\frac{k}{\sqrt{s}}, \quad q \mp \theta\frac{k}{\sqrt{s}}$$

einstellen; dabei bedeuten p, q die *arithmetischen Mittel* der im Laufe der Versuche geltenden Wahrscheinlichkeiten p_i, q_i, und es ist:

$$k^2 = \frac{2\sum_1^s {}_i\, p_i\, q_i}{s}.$$

Dieser Fassung des Theorems lassen sich nicht leicht adäquate

---

ciples of science, London 1887, p. 208; *E. Czuber,* Zum Gesetz der grossen Zahlen, Prag 1889; *R. Wolf,* Bern Naturf. G. 1849—1853; Zürich Naturf. G. Viert. 1881—1883, 1893, p. 10; 1894, p. 147; u. a. m.

126) l. c. 4. Kap.

127) Diese Bezeichnung wird indessen auch dem *Bernoulli*'schen Satze gegeben.

128) In der Reihe der mannigfachen Resultate, welche *P.* a. a. O. abgeleitet, wird gewöhnlich dieses, welches dort § 112 unter 7) angeführt ist, als der Ausdruck des Ges. d. gr. Z. angesehen. Vgl. dazu *H. Laurent,* l. c. p. 97—106, und *A. Meyer,* l. c. p. 109—120, woselbst auch die Analyse gegeben ist.

Verhältnisse aus der Wirklichkeit gegenüberstellen; auch würden zwei Versuchsreihen in Bezug auf ihre Ergebnisse nach diesem Satze nur dann vergleichbar sein, wenn die Wahrscheinlichkeiten von A, B in beiden denselben Verlauf nähmen oder wenn die eine Reihe als eine mehrmalige Wiederholung der andern sich darstellte.

Wichtiger, weil der Wirklichkeit eher sich anpassend, ist die Auffassung, wonach die Wahrscheinlichkeit von A im einzelnen Versuche nicht vorausbestimmt, sondern selbst vom Zufall abhängig ist. Besteht nämlich die Wahrscheinlichkeit ω_i dafür, dass in *irgend* einem Versuche dem Ereignis A die Wahrscheinlichkeit p_i zukommt, und giebt es ν zusammengehörige Wertepaare ω_i, p_i, dann hat das arithmetische Mittel aller p_i, d. i.:

$$p = \sum_1^{\nu} {}^i\, \omega_i p_i$$

eine *definitive*, d. h. vom Umfang der Versuchsreihe unabhängige Bedeutung, indem es die *Totalmöglichkeit*[129]) für das Eintreffen von A im einzelnen Versuche darstellt; $1 - p$ hat die analoge Bedeutung für B. In den obigen Formeln ist dann für *jede* Versuchsreihe k zu ersetzen durch $\sqrt{2p(1-p)}$ (s. *Poisson* l. c. Nr. 109).

Poisson's Untersuchungen haben in der späteren Litteratur wenig Beachtung und von manchen Seiten, wegen unrichtiger Auffassung ihrer Prämissen, abfällige Beurteilung[130]) erfahren. In jüngster Zeit ist man bei der Anwendung der Wahrscheinlichkeitsrechnung auf Fragen der mathematischen Statistik zu Ideenbildungen gelangt, welche auf jene Untersuchungen zurückführen[131]).

II. Wahrscheinlichkeit a posteriori.

14. Wahrscheinlichkeit der Ursachen[132]), aus der Beobachtung abgeleitet. Kann ein *beobachtetes* Ereignis E aus einer von den n unabhängigen Ursachen C_i $(i = 1, 2, \ldots n)$ hervorgegangen sein,

129) Diese Bezeichnung hat *J. v. Kries*, l. c. p. 106 für solcher Art gebildete W. en vorgeschlagen.

130) *J. Bertrand*, l. c., p. XXXI u. 94.

131) *L. v. Bortkewitsch*, Krit. Betracht. z. theor. Statist., Jahrb. f. Nationalök. u. Stat. 53, p. 641; 55, p. 321 (1893, 1895); vgl. auch I D 4 a, Nr. 3.

132) Bezüglich der Bedeutung dieses Terminus vgl. man die Note 3). In dem hier erörterten Zusammenhange wird dafür häufig der Ausdruck „Hypothese" gebraucht; *J. v. Kries* (l. c. p. 122) schlägt die Bezeichnung „Entstehungsmodus" vor. Vgl. auch *C. Stumpf*, l. c. 1), p. 96.

und besteht für die Existenz dieser Ursachen *a priori* gleiche Wahrscheinlichkeit $\left(=\frac{1}{n}\right)$, so kommt der Existenz der Ursache C_i *auf Grund der Beobachtung* die Wahrscheinlichkeit:

$$P_i = \frac{p_i}{\sum\limits_1^n p_i}$$

zu, wenn p_i die Wahrscheinlichkeit von E bei Existenz der Ursache C_i bedeutet. Hat diese jedoch *a priori* die Wahrscheinlichkeit ω_i, so kommt ihr *a posteriori* die Wahrscheinlichkeit:

$$P_i = \frac{\omega_i p_i}{\sum\limits_1^n \omega_i p_i}$$

zu.

Dies sind die beiden Formen der *Bayes'schen Regel*[133]) für den Fall einer beschränkten Anzahl von Ursachen. *Laplace,* der für diesen Teil der Wahrscheinlichkeitsrechnung zuerst klare Prinzipien ausgesprochen hat[134]), stützt sich bei der Begründung der ersten Formel auf einen besonderen Satz[135]) [I D 4 a, Nr. 2]; andere Autoren[136]) glaubten hierzu die „Annahme" nötig zu haben, dass die aposteriorischen Wahrscheinlichkeiten der einzelnen Ursachen proportional seien den apriorischen Wahrscheinlichkeiten, welche sie dem beobachteten Ereignis erteilen. Erst *S. D. Poisson*[137]) und *A. de Morgan*[138]) haben durch Aufstellung von Urnenschematen gezeigt, dass die *Bayes*sche Regel zu ihrer Begründung *keines* besonderen Prinzips, sondern nur der Wahrscheinlichkeitsdefinition bedürfe [I D 4 a, Nr. 3]. Auf dieses logisch wichtige Moment haben auch *C. Stumpf*[139]) und *J. v. Kries*[140]) hingewiesen.

---

133) Nach *Th. Bayes* benannt, welcher sich zum erstenmale mit der Beurteilung der W. von Ursachen befasst hat in einer nach seinem Ableben von *R. Price* veröff. Abh.: An Essay toward solving a Problem in the Doctr. of chances. Lond. Trans. 53 (1763), p. 370.

134) Die bezügliche Arbeit: Mém. sur la prob. des causes par les évènemens (Par. sav. [étr.] 6, 1774 = Oeuvr. 8, p. 27) gehört zu den ersten, welche *L.* über W.-R. veröffentlicht hat.

135) Essai p. 9—10.

136) So *J. F. Fries,* l. c. p. 74.

137) l. c. §§ 28 u. 34.

138) An der unter 36) cit. Stelle p. 401.

139) An der unter 1) cit. Stelle p. 99.

140) l. c. p. 117—122.

Diejenigen Formen der *Bayes*'schen Regel, welche zur Geltung kommen, wenn das beobachtete Ereignis von einer *stetigen* Variabeln x (Wahrscheinlichkeit eines elementaren Ereignisses ε) abhängt, hat *Laplace* zu Beginn des VI. Kap. der „Théorie" aufgestellt; sie lauten

$$P_x = \frac{y\,dx}{\int_0^1 y\,dx},$$

beziehungsweise:

$$P_x = \frac{w y\,dx}{\int_0^1 w y\,dx};$$

darin bedeutet y die Wahrscheinlichkeit von E und w die apriorische Wahrscheinlichkeit von x; P_x drückt beidemal die Wahrscheinlichkeit aus, dass der existente Wert von x in das Intervall $(x, x + dx)$ falle. Die Integration des Zählers zwischen bestimmten Grenzen θ, θ' führt zu der Wahrscheinlichkeit, dass x zwischen diesen Grenzen enthalten sei. Derjenige Wert von x, welcher y, respektive wy, zu einem Maximum macht, wird als der *wahrscheinlichste Wert* oder als Wahrscheinlichkeit von ε nach der *wahrscheinlichsten Ursache* bezeichnet.

Die an der *Bayes*'schen Regel geübte Kritik[141]) hat sich immer dagegen gerichtet, dass man in Ermangelung bestimmter apriorischer Kenntnisse alle Werte von x von vornherein als gleichwahrscheinlich annimmt. Dass trotzdem die Anwendung der Regel unter gewissen Kautelen zu korrekten Resultaten führt, hat *J. v. Kries*[142]) in zutreffender Weise dargethan.

Aus der infinitesimalen Form der *Bayes*'schen Regel lässt sich die *Umkehrung des Bernoulli'schen Theorems* (Nr. **12**) ableiten. *Laplace*[143]) hat diese Umkehrung unmittelbar an dem letztgedachten Theorem vollzogen und auf diese Art folgendes Resultat erhalten: Besteht das beobachtete Ereignis E in der m-maligen Wiederholung von ε und der n-maligen des entgegengesetzten Ereignisses ε' in $s = m + n$ Versuchen, so ist die unbekannte Wahrscheinlichkeit von ε zwischen den Grenzen:

---

141) *F. Bing,* Om aposteriorisk Sandsynlighed, Tidsskr. Math. (4) 3 (1879), p. 1 und die daran sich knüpfende Polemik mit *L. Lorenz* im selben Bde., p. 57, 66, 118, 122; *L. Goldschmidt,* Die W.-R., Versuch einer Kritik, p. 192—263; u. a. m.

142) l. c. p. 122—127; vgl. dazu meinen oben cit. „Bericht", p. 101.

143) Théorie p. 281—282.

$$\frac{m}{s} \mp \theta \sqrt{\frac{2mn}{s^3}}$$

mit der Wahrscheinlichkeit:

$$\frac{2}{\sqrt{\pi}} \int_0^\theta e^{-t^2} dt + \frac{\sqrt{s}\, e^{-\theta^2}}{\sqrt{2mn\pi}}$$

enthalten. Wendet man auf dieses Problem die *Bayes*'sche Regel an, so ergiebt sich zunächst $\frac{m}{s}$ als der wahrscheinlichste Wert von x und weiter:

$$\frac{2}{\sqrt{\pi}} \int_0^\theta e^{-t^2} dt$$

als Wahrscheinlichkeit dafür, dass x zwischen die Grenzen:

$$\frac{m}{s} \mp \theta \sqrt{\frac{2mn}{s^3}}$$

falle. Dieses zweite, von dem früheren durch das Glied $\frac{\sqrt{s}\, e^{-\theta^2}}{\sqrt{2mn\pi}}$ sich unterscheidende Resultat ist von *Laplace*[144]) sowohl wie auch von *Poisson*[145]) angegeben worden und wird in der spätern Litteratur unter dem oben angeführten Namen verstanden[146]).

15. Wahrscheinlichkeit künftiger[147]) Ereignisse, aus der Beobachtung abgeleitet. Zur Bewertung der Wahrscheinlichkeit neuer Ereignisse auf Grund vorliegender Beobachtungsergebnisse führt die *Bayes*'sche Regel in Verbindung mit den Sätzen über die zusammengesetzte und totale Wahrscheinlichkeit. Ist P_i die aposteriorische Wahrscheinlichkeit der Ursache C_i $(i = 1, 2, \ldots n)$, q_i die Wahrscheinlichkeit, welche diese Ursache dem neuen Ereignis F verleihen würde, wenn sie existent wäre, so ist $\Pi = \sum_1^n P_i q_i$ die *totale* aus der Beobachtung erschlossene Wahrscheinlichkeit von F. Ersetzt man darin P_i durch seinen nach der *Bayes*'schen Regel bestimmten Wert, so ergiebt sich für Π der Ausdruck:

---

144) Ibid. p. 366—367.

145) A. a. O. § 84. — Das erste *Laplace*'sche Resultat findet sich auch bei *Poisson* § 83.

146) Zur Kritik der beiden Resultate vgl. man *A. de Morgan*, Cambr. Trans. 6 (1837); *J. Todhunter*, l. c. p. 554—558; *C. J. Monro*, Lond. Math. Soc. Proc. 5 (1874), p. 74, 145.

147) Dies die übliche Nomenklatur; es kann sich jedoch auch um bereits eingetretene, aber noch unbekannte Ereignisse handeln.

$$\Pi = \frac{\sum_1^n p_i q_i}{\sum_1^n p_i} \quad \text{oder} = \frac{\sum_1^n \omega_i p_i q_i}{\sum_1^n \omega_i p_i},$$

je nachdem die Ursache C_i, welche dem *beobachteten* Ereignis E die Wahrscheinlichkeit p_i zuschreibt, eine vom Zeiger i unabhängige oder eine mit ihm wechselnde *apriorische* Wahrscheinlichkeit ω_i besitzt.

Hängt das beobachtete Ereignis E wie das neue F von der Wahrscheinlichkeit x eines elementaren Ereignisses ε ab, so treten an die Stelle der obigen Formeln die nachstehenden:

$$\Pi = \frac{\int_0^1 yz\,dx}{\int_0^1 y\,dx} \quad \text{oder} = \frac{\int_0^1 wyz\,dx}{\int_0^1 wy\,dx},$$

je nachdem allen Werten von x a priori die gleiche oder jedem eine andere, w, zukommt; y ist die Wahrscheinlichkeit von E, z die von F.

Das *Hauptproblem* der aposteriorischen Wahrscheinlichkeitsrechnung, in der Aufsuchung der Wahrscheinlichkeit bestehend, dass nach beobachtetem m-maligen Eintreffen von ε und n-maligem Ausbleiben dieses Ereignisses in $p+q$ weiteren Versuchen ε sich p-mal zutragen und q-mal ausbleiben werde, ist von *Laplace*[148]) und *M. J. Condorcet*[149]) unter zwei verschiedenen Gesichtspunkten gelöst worden; ersterer giebt für die verlangte Wahrscheinlichkeit den Ausdruck:

$$\frac{\int_0^1 x^{m+p}(1-x)^{n+q}\,dx}{\int_0^1 x^m(1-x)^n\,dx} = \frac{(m+n+1)!\,(m+p)!\,(n+q)!}{m!\,n!\,(m+n+p+q+1)!},$$

und gestaltet ihn mittels der *Stirling*'schen Formel [Nr. **12**] für die praktische Rechnung um; die Formel des zweitgenannten Autors unterscheidet sich von dieser durch das Hinzutreten des Faktors $\frac{(p+q)!}{p!\,q!}$; dort wird eine *bestimmte Anordnung* von F vorausgesetzt; hier bleibt sie beliebig.

Das *Condorcet*'sche Resultat ist von *J. Trembley*[150]) auf kombinatorischem Wege deduziert worden.

148) In dem unter 134) cit. Mém.

149) Essai sur l'applic. de l'analyse à la prob. des décisions, Paris 1785; Réfl. sur la méth. de déterm. de la prob. des évèn. futurs, Par. Hist. 1783.

150) De Probabilitate Causarum ab effectibus oriunda, Gotting. Comm. 12 (1796).

Mit einer bemerkenswerten Modifikation des Hauptproblems haben *P. Prevost* und *S. A. Lhuilier*[151]) sich beschäftigt[152]).

III. Von zufälligen Ereignissen abhängende Vor- und Nachteile.

16. Mathematische Erwartung[153]) [I D 4 b, Nr. **5**, **6**]. Die *objektive* Beurteilung des Wertes einer *Erwartung*, welche auf den Gewinn (oder Verlust) einer von einem ungewissen Ereignis abhängigen Geldsumme σ gerichtet ist, hat nach dem *Produkt aus der Summe* σ *mit der Wahrscheinlichkeit* p des Ereignisses zu geschehen, mit dessen Eintreffen ihre Realisierung verbunden ist. Ausser dieser *abstrakten* kann man dem Produkt $p\sigma$ verschiedene *reale* Deutungen geben: Es ist der rechtmässige Betrag, um welchen sich eine Person den eventuellen Anspruch auf σ erkaufen kann; (in einem Glücks-Spiele) wäre $p\sigma$ der rechtmässige Anteil, der einer Person aus dem Einsatze σ gebührte, welche ihn mit der Wahrscheinlichkeit p zu erwarten hatte, wenn auf die Entscheidung durch den Zufall verzichtet würde; keineswegs aber hat die *mathematische Erwartung* $p\sigma$ die Bedeutung, welche ihr *Poisson*[154]) beimass, die einer Summe, welche die betreffende Person *vor* der Entscheidung wirklich besitzt. Eine festere Grundlage erhält der Begriff der mathematischen Erwartung, wenn man statt eines einzelnen Falles eine grosse Anzahl gleichartiger Fälle sich durchgeführt denkt; dann bedeutet, dem *Bernoulli*'schen Theorem zufolge, $p\sigma$ den *wahrscheinlichsten*, auf den einzelnen Fall entfallenden Betrag; diese zutreffende Deutung stammt von *M. J. Condorcet*[155]).

Erwartet eine Person den Eintritt *einer* von n sich gegenseitig ausschliessenden Eventualitäten E_i $(i = 1, 2, \ldots n)$, deren Wahrscheinlichkeiten p_i und an deren Eintreffen die Summen a_i (positiv als Gewinn, negativ als Verlust) geknüpft sind, so ist ihre mathematische Erwartung $=\sum_1^n p_i a_i$. Die Ausführung dieser Formel kann mitunter vorteilhaft mit Umgehung der einzelnen p_i, a_i, deren Bestimmung oft umständlich wäre, erfolgen[156]). Statt „mathematische Erwartung“ sagt

151) Sur la Prob., Berl. Nouv. Mém. **1796** [99], p. 117.

152) Vgl. dazu *J. Todhunter,* l. c. p. 456.

153) *L. Öttinger* (s. 24)) p. 189 gebraucht dafür die Bezeichnung „Wert der Erwartung“; dies entspricht dem bei englischen Autoren gebräuchlichen Terminus „mathematical expectation“.

154) l. c. § 23. — Vgl. dazu die Bemerkungen *J. Bertrand*'s, l. c. p. 50.

155) Réfl. sur la règle générale etc., Par. Hist. 1781.

156) Ein bemerkenswertes Beispiel dieser Art findet man bei *Laplace,*

man auch „*wahrscheinlicher Wert der* a_i"; dagegen ist „*wahrscheinlichster Wert der* a_i" dasjenige a_i, dessen p_i das grösste ist [I D 4 b, Nr. **5**, **6**].

Einen weittragenden Satz über mathematische Erwartungen oder Mittelwerte hat *P. Tschebyscheff*[156a]) auf elementarer Grundlage bewiesen: „Sind $a, b, c, \ldots$ die Mittelwerte der (diskreten) Variabeln $x, y, z, \ldots$; a_1, b_1, c_1 die Mittelwerte der Quadrate $x^2, y^2, z^2, \ldots$, so ist mit einer Wahrscheinlichkeit $P > 1 - \frac{1}{t^2}$ zu erwarten, dass die beobachtete Summe $x + y + z + \cdots$ zwischen die Grenzen $a + b + c + \cdots \mp t\sqrt{a_1 + b_1 + c_1 + \cdots - a^2 - b^2 - c^2 \cdots}$ falle".

Aus diesem Satze ergeben sich unter anderen auch das *Poisson*'sche [Nr. **13**] und das *Bernoulli*'sche [Nr. **12**] Theorem als spezielle Fälle.

Man hat die von den Wirkungen des Zufalls abhängigen Unternehmungen in solche zu trennen, wo nur eine *einmalige* Entscheidung herbeigeführt wird (Spiele, Wetten), und in solche, wo eine *grosse* Anzahl gleichartiger Fälle nach und nach oder auf einmal zur Entscheidung kommt (geschäftliche Unternehmungen)[157]). Die Theorie der letzteren gründet sich auf das Gesetz der grossen Zahlen[158]).

17. Moralische Erwartung. Das *Petersburger Problem*[159]) hat zur Aufstellung einer Theorie Anlass gegeben, deren Urheber *Daniel Bernoulli*[160]) ist und der auch *Laplace*[161]) eingehende Beachtung gewidmet hat. Sie legt in die Beurteilung des Wertes einer Erwartung ein *subjektives* Moment, indem sie das *Vermögen* der beteiligten Person in Rechnung zieht; ihr Grundprinzip besteht darin, dass die *mora-*

Théorie p. 419; weitere bei *J. Bertrand,* l. c. p. 51—56. S. auch *D. E. Mayer,* J. éc. pol. (2) 3 (1897), p. 153.

156a) J. de math. (2) 12 (1867), p. 177 = Oeuvres 1, St. Pétersb. 1899, p. 687.

157) *A. de Morgan,* l. c. 36), p. 404—406.

158) Einige hierher gehörige Untersuchungen giebt *Laplace,* Théorie p. 419—431.

159) Das Problem betrifft ein Spiel (1, 2, 4, 8, . . . Mark Gewinn, wenn Wappen im 1. oder erst im 2., 3., 4., . . . Wurfe fällt), das unbegrenzt viele Möglichkeiten darbietet und daher auf einen durch eine unendliche Reihe dargestellten Einsatz führt. Die Divergenz dieser Reihe war der eigentliche Anlass zu den mannigfachen Untersuchungen. Vgl. *E. Czuber,* Das Petersburger Problem, Arch. f. Math. 67 (1881), p. 1; ferner die Kritik *A. Pringsheim*'s über die verschiedenen Aufklärungsversuche in der unter 160) cit. deutschen Ausgabe, p. 46—52.

160) Specimen Theoriae Novae de Mensura sortis, Petrop. Comm. 5 (1738); neuerdings deutsch mit Noten herausgegeben von *A. Pringsheim,* Leipzig 1896.

161) Théorie, chap. X.

lische Bedeutung einer *differentiellen* Vermögensänderung dieser selbst direkt, dem Vermögen umgekehrt proportional angenommen wird. Die Verfolgung dieses Gedankens führt zu dem Begriff der „*moralischen Erwartung*“; bei einer Person vom Vermögen a, welche *eine* der Vermögensänderungen $\alpha, \beta, \gamma, \ldots$ mit den bezüglichen Wahrscheinlichkeiten $p, q, r, \ldots$ $(p+q+r+\cdots=1)$ zu erwarten hat, ist

$$(a+\alpha)^p(a+\beta)^q(a+\gamma)^r\cdots-a$$

der Ausdruck für diese Erwartung.

Praktische (d. i. geschäftliche) Anwendungen sind von dem Begriff der moralischen Erwartung nicht gemacht worden (siehe jedoch den Begriff „Moralische Prämie“ in I D 4 b, Nr. **21**); hingegen bildet der Gedanke, auf welchen *D. Bernoulli* seine Theorie aufgebaut hat, die Grundlage der modernen Wertlehre[162]).

18. Mathematisches Risiko. Wenn in einem auf den Zufall gegründeten Unternehmen auf eine Reihe einander gegenseitig ausschliessender Ereignisse ε_i $(i=1, 2, \ldots n)$, deren Wahrscheinlichkeiten p_i heissen mögen, von der einen Seite — dem *Unternehmer* — Preise A_i ausgesetzt sind, während von der andern Seite — dem *Spieler*[163]) — Einsätze E_i dafür gefordert werden, so steht dem Spieler eine der *reinen* Vermögensänderungen $x_i=A_i-E_i$ mit der entsprechenden Wahrscheinlichkeit p_i bevor, und seine hierauf bezügliche mathematische Erwartung ist $\sum p_i x_i$; in gleicher Art findet sich $\sum p_i(-x_i)$ als Ausdruck der Erwartung des Unternehmers. Sind Preise und Einsätze nach dem Grundsatz der mathematischen Erwartung geregelt, so ist $\sum p_i x_i=0$ wie auch $\sum p_i(-x_i)=0$. Trennt man in einer der Summen die positiven und negativen Glieder, so entstehen zwei dem Betrage nach gleiche Teilsummen, jede gleich $\frac{1}{2}\sum\limits_1^n p_i|x_i|=D$. Diese Grösse, welche die auf die reinen *Gewinne* oder die reinen *Verluste* gerichtete mathematische Erwartung sowohl des Unternehmers wie des Spielers darstellt, kann als ein *Mass der Gefährlichkeit* des Unternehmens für beide Teile angesehen werden. Man bezeichnet sie als das *durchschnittliche Risiko* und stellt ihr, ähnlich wie dies in andern Teilen der angewandten Wahrscheinlichkeitsrechnung ge-

162) Vgl. die Einleitung *L. Fick*'s zu der unter 160) angeführten deutschen Ausgabe des „Specimen“. Das Urteil *J. Bertrand*'s (l. c. p. 65—67) über *D. Bernoulli*'s Theorie ist hiernach unzutreffend.

163) Das Wort „Spieler“ ist hier im weiteren Sinne zu nehmen; auch der Versicherte ist als Spieler aufzufassen.

schieht, eine andere Grösse, das *mittlere Risiko* gegenüber, deren Definition in der Formel $M = \sqrt{\sum p_i x_i^2}$ enthalten ist und die zu dem gleichen Zwecke sich eignet wie D.[164])

An diese Ideenbildung knüpft die theoretische Untersuchung der Frage an, in welcher Weise Unternehmungen, die sehr viele Geschäfte gleicher Art abschliessen, sich gegen die Folgen der Abweichungen des wirklichen Verlaufs der Eventualitäten gegenüber dem wahrscheinlichsten, auf dem das Prinzip der mathematischen Hoffnung beruht, nach Möglichkeit sichern können. Indessen sind diese Untersuchungen noch nicht zu solchen Ergebnissen gelangt, welche eine *praktische* Verwertung gestatten würden (s. I D 4 b)[165]).

---

164) *Th. Wittstein,* Das mathematische Risiko, Hannover 1885; *F. Hausdorff,* Das Risiko bei Zufallsspielen, Leipz. Ber. 49 (1897), p. 497.

165) Obwohl hiermit das Gebiet der eigentlichen Anwendungen bereits gestreift ist, mag doch eine Schrift aus neuester Zeit angeführt werden, weniger wegen der anfechtbaren Darstellung von der Entwickelung der Risikotheorie, als weil sie die darauf bezügliche Litteratur vollständig bringt: *K. Wagner,* Das Problem des Risiko in der Lebensversicherung, Jena 1898.

I D 2. AUSGLEICHUNGSRECHNUNG

(METHODE DER KLEINSTEN QUADRATE. FEHLERTHEORIE)

VON

JULIUS BAUSCHINGER

IN BERLIN.

Inhaltsübersicht.

Litteratur.

Originalabhandlungen.

C. F. Gauss, Theoria motus (1809), zweites Buch, dritter Abschnitt, Nr. 172—189; Werke 7; Bestimmung der Genauigkeit der Beobachtungen (1816), Werke 4, p. 109; Theoria combinationis observationum erroribus minimis obnoxiae, 3 Abhandlungen 1821, 1823, 1826, Werke 4, p. 1.

Diese und noch einige kleinere Arbeiten von *Gauss* sind übersetzt und gesammelt in dem Buche:

Gauss, Abh. zur Meth. d. kl. Quadr., herausgegeben von *A. Börsch* und *P. Simon*, Berlin 1887.

P. S. Laplace, Théorie analytique des Probabilités, 1812, 2. Ed. 1814, 3. Ed. 1820; Livre II, Chap. IV = Oeuvres 7.

J. F. Encke, Über die Methode der kleinsten Quadrate, 3 Abh. im Berl. Astr. Jahrb. für 1834—36; Ges. Abh. 2, p. 1; Über die Anwendung der Wahrsch.-R. auf Beobachtungen, Berl. Astr. Jahrb. für 1853; Ges. Abh. 2, p. 201.

A. Bravais, Analyse math. sur les prob. des erreurs de situation d'un point; Par. Mém. 9, 1846.

P. A. Hansen, Von der Methode der kleinsten Quadrate, Leipz. Abh. 8, 1867.

Ch. M. Schols, Théorie des erreurs dans le plan et dans l'espace, Delft Ann. 2, 1886, p. 123 [Übersetzung von: Over de theorie der fouten in de ruimte en in het platte vlak, Amst. Verh. 15, 1875].

Lehrbücher.

Ch. L. Gerling, Die Ausgleichungsrechnungen der praktischen Geometrie, Hamburg u. Gotha 1843.

G. H. L. Hagen, Grundzüge der Wahrsch.-Rechnung, Berl. 1. Aufl. 1837, 3. Aufl. 1882.

Al. N. Sawitsch, Die Anwendung der Wahrscheinlichkeitslehre auf die Berechnung der Beobachtungen oder die Methode der kl. Quadrate (russisch, St. Petersb.); deutsch von *Lais,* Mitau u. Leipzig 1863.

F. R. Helmert, Die Ausgl.-R. u. d. Meth. d. kl. Quadr., Leipzig 1872 (giebt viele, namentlich geodätische Beispiele).

B. Weinstein, Handbuch der physikalischen Massbestimmungen, erster Band, Berlin 1886.

E. Czuber, Theorie der Beobachtungsfehler, Leipzig 1891. (Behandelt die theoretischen Grundlagen und schliesst die praktischen Anwendungen aus.) Die reichen Litteraturangaben dieses Werkes sind mir bei der Ausarbeitung des Artikels von grossem Nutzen gewesen.

E. Czuber, Die Entwickelung der Wahrscheinlichkeitstheorie und ihrer Anwendungen, Deutsche Math.-V. 7, Leipz. 1899.

Ausserdem finden sich mehr oder minder umfangreiche Darstellungen der Meth. der kl. Qu. in astronomischen und geodätischen Handbüchern: *Th. Oppolzer,* Bahnbestimmung 2, Leipz. 1880; *J. C. Watson,* Theor. Astronomy, Philad. & London 1868; *W. Chauvenet,* Spherical Astr., Philad. 1863 und Treat. on theory of prob. in comb. of observ., Philad. 1868; *F. E. Brünnow,* Sphär. Astr., Berl. 1852, 4. Aufl. 1881; *W. Jordan,* Vermessungskunde 1, Stuttg. 1882, 4. Aufl. 1895 u. a.; ferner in allen Lehrbüchern der Wahrscheinlichkeitsrechnung, nämlich *Meyer, Bertrand, Poisson* u. a.

J. Todhunter, History of theory of Probability from Pascal to Laplace, Cambridge & London 1865.

Eine fast vollständige Litteraturübersicht von 1722 bis 1876 giebt:

M. Merriman, List of Writings relating to the Method of Least Squares. Connecticut Transactions 4, 1877, p. 151, 408 Titel.

---

1. Aufgabe der Ausgleichungsrechnung*). Wenn eine Grösse oder bekannte Verbindungen mehrerer Grössen öfter gemessen sind,

*) Neben der im Text gegebenen Fassung des Problems 2) existieren noch andere Probleme des gleichen Namens [I D 4 b, Nr. 5, 6]. Das Wort „Aus-

als zu ihrer rein algebraischen Bestimmung nötig ist, dann werden in Folge der unvermeidlichen, zufälligen Beobachtungsfehler zwischen den Gleichungen, welche den Zusammenhang zwischen den zu ermittelnden und den beobachteten Grössen herstellen, Widersprüche entstehen, die durch keinerlei Annahme über die zu ermittelnden, überbestimmten Grössen zu beseitigen sind; es ist Aufgabe der Ausgleichungsrechnung, aus solchen Gleichungen durch eine strenge und möglichst einfache Analyse die Werte der Unbekannten so zu bestimmen, dass sie der Wahrheit möglichst nahe kommen. Ohne ein Prinzip, welches sich darüber ausspricht, wann wir diese letztere Bedingung als erfüllt ansehen, ist die Lösung der Aufgabe unmöglich und soweit es sich um die Wahl des Prinzips handelt, ist also eine gewisse Willkür notwendig mit der Natur des Problems verbunden. Für die Wahl des Prinzips sind massgebend: 1) dass dasselbe in Übereinstimmung stehe mit plausiblen Anschauungen über die Natur der Beobachtungsfehler, 2) dass die aus ihm fliessende Analyse eine möglichst einfache sei. Diese Trennung ist wenigstens zweckmässig, da die beiden Forderungen verschiedenen Gebieten angehören. Mit dem ersteren Gegenstand beschäftigt sich die „*Theorie der Beobachtungsfehler*", die ihrerseits eine Anwendung der Wahrscheinlichkeitsrechnung [I D 1] ist; mit dem letzteren hat es die „*Ausgleichungsrechnung*" im engeren Sinne zu thun. Man weiss durch die Untersuchungen von *Gauss* und *Laplace*, dass das Prinzip:

„*Die Unbekannten sind so zu bestimmen, dass die Summe der Quadrate der übrigbleibenden Widersprüche ein Minimum werde*",

beiden Bedingungen genügt. Die jetzt allgemein angenommene Methode der Ausgleichung, die auf dieses Prinzip basiert ist, heisst daher häufig: „*Methode der kleinsten Quadrate*".

Analytisch formuliert sich die Aufgabe der Ausgleichungsrechnung wie folgt: Sind l_i die Beobachtungsergebnisse für die gegebenen Verbindungen $A_i = a_i x + b_i y + c_i z + \cdots$ ($i = 1$ bis n) zwischen den m unbekannten Grössen $x, y, z, \ldots$ $(n > m)$, so ist jenes Wertsystem $x, y, z, \ldots$ anzugeben, für welches die Summe der Quadrate von $A_i - l_i$ ein Minimum wird. A_i kann stets als linear angenommen werden; ist dies von Anfang an nicht der Fall, so stellt man die

gleichung" wird auch in dem Sinne gebraucht, dass z. B. die Ordinaten einer Kurve zwar jede nur *einmal* beobachtet sind, dass aber jede mit einer Ungenauigkeit behaftet ist, welche die Kurve in eine gewisse „Fehlerzone" einschliesst: die „ausgeglichene Kurve" soll glatt innerhalb der Fehlerzone verlaufen. S. auch die entspr. Bemerkung zu I D 3. Das wesentliche ist immer, dass *mehr* Koordinaten gemessen sind, als zur analytischen Bestimmung der Kurve nötig sind.

lineare Form durch Annahme von Näherungswerten und Entwickelung nach dem Taylor'schen Satz für mehrere Variable her [II A 2, Nr. **12**]. Ist nur eine Unbekannte vorhanden, die unmittelbar beobachtet ist, so hat man das Problem der *„Ausgleichung direkter Beobachtungen"*.

Der allgemeine Fall wird als *„Ausgleichung vermittelnder Beobachtungen"* bezeichnet. Treten zu den Gleichungen:

$$a_i x + b_i y + \cdots = l_i,$$

die durch das System $x, y, z, \ldots$ nur bis auf Grössen von der Ordnung der Beobachtungsfehler befriedigt zu sein brauchen, noch solche Bedingungsgleichungen zwischen den Unbekannten hinzu, die streng erfüllt sein müssen, so hat man eine *„Ausgleichung bedingter Beobachtungen"* zu leisten. Hiernach unterscheidet man in der Regel drei Gruppen von Aufgaben der Ausgleichungsrechnung[1]), obwohl dieselben prinzipiell nicht von einander verschieden sind.

2. Erste Begründung von Gauss. Viele Schriftsteller gehen unmittelbar von dem oben genannten Prinzip aus; andere aber, die in der Ausgleichungsrechnung eine Anwendung der Wahrscheinlichkeitsrechnung sehen, gehen auf andere Prinzipien zurück, aus denen jenes folgt[2]). Die erste wirkliche Begründung giebt *Gauss*[3]), er sucht die *wahrscheinlichsten* Werte der Unbekannten. Es sei die Grösse x direkt gemessen, ε der dabei begangene Fehler; Fehlern von verschiedener Grösse kommt verschiedene Wahrscheinlichkeit zu, dieselbe sei ausgedrückt durch $\varphi(\varepsilon)\,d\varepsilon$. Die Funktion $\varphi(\varepsilon)$, die jetzt in Deutschland *Fehlergesetz*[4]) genannt wird, wird aus ihren Eigenschaften bestimmt; in letzter Linie wird dazu herangezogen *„der Satz vom arithmetischen Mittel"*: dass der wahrscheinlichste Wert der Unbekannten x das arithmetische Mittel aus den direkten Beobachtungs-

---

1) Nach *Gerling*, Die Ausgl.-R. der prakt. Geometrie, 1843, p. 25.

2) Eingehende Darstellungen der verschiedenen Begründungsmethoden geben: *R. Henke*, Meth. d. kl. Quadr. 1868 u. 1894 und *Czuber*, Theorie der Beob.-Fehler, 1891, p. 234 ff.

3) Theoria motus 1809, art. 175—179 (Werke 7). Schon vor *Gauss* führt *A. M. Legendre* in den Nouvelles Méthodes pour la dét. des orbites des comètes, Par. 1805 Prinzip und Namen: „méthode des moindres quarrés", aber ohne Begründung ein; übrigens erwähnt *Gauss*, Th. mot. art. 186, dass er sich des Prinzips bereits seit 1795 bei seinen Rechnungen bedient habe.

4) *Gauss* nennt sie in der Theoria motus: „probabilitas errori tribuenda", in der Theoria comb. „facilitas relativa"; englische Schriftsteller nennen sie „law of facility of errors".

resultaten sei. Damit ergiebt sich das nach *Gauss* benannte Fehlergesetz:

$$\varphi(\varepsilon) = \frac{h}{\sqrt{\pi}} e^{-h^2 \varepsilon^2}$$

(h = Präzisionskonstante, die von der Genauigkeit der Beobachtungsreihe abhängig ist). Aus ihm folgt, dass derjenige Wert der Unbekannten der wahrscheinlichste ist, für welchen die Summe der Quadrate der Fehler ein Minimum wird. Leitet man das Fehlergesetz direkt aus der Erfahrung ab, so kann aus ihm sowohl der Satz vom arithmetischen Mittel als der Satz von der kleinsten Quadratsumme abgeleitet werden. Jedes dieser 3 Prinzipien kann also den Ausgangspunkt zur Begründung der Ausgleichungsrechnung bilden.

3. **Der Satz vom arithmetischen Mittel.** Es sind viele Versuche gemacht worden, den *Satz vom arithmetischen Mittel* zu beweisen bez. auf noch tiefere Prinzipien zurückzuführen[5]), um damit auch die Methode der kleinsten Quadrate strenger zu begründen. Zuerst beschäftigt sich *Lagrange*[6]) mit dem Problem, indem er vom Standpunkt der Wahrscheinlichkeitsrechnung den induktiven Beweis liefert, dass das arithmetische Mittel eine zweckmässige Verbindung von Beobachtungsresultaten ist; der springende Punkt aber, dass es jeder anderen Verbindung vorzuziehen sei, wird nicht berührt. *Laplace*[7]) findet für unendlich viele Beobachtungen, dass das arithmetische Mittel wahrscheinlicher sei, als ein sich davon unterscheidender Wert. *Encke*[8]) glaubt durch Zuziehung von Postulaten, die sich aus der Natur der Beobachtungsfehler ergeben, einen strengen Beweis zu liefern. Weitere Versuche rühren von *G. V. Schiaparelli*[9]), *E. J. Stone*[10]), *A. de Morgan*[11]), *Ann. Ferrero*[12]) her. *J. W. L. Glaisher*'s[13]) Kritik derselben

5) Eine zusammenhängende Darstellung dieser Versuche giebt *Czuber* „Beobachtungsfehler" p. 16—47.

6) *J. Lagrange,* Mém. sur l'utilité de la méthode, de prendre le milieu etc. Misc. Taur. 5, 1770—1774 = Oeuvres 2, p. 173. Teilweise reproduziert von *Encke,* Berl. Jahrb. f. 1853 = Werke 2, p. 201. *Lagrange* legt das verallgemeinerte Moivre'sche Problem [I D 1, Nr. 8] zu Grunde.

7) Théorie anal. des Prob. 2, art. 18 (Oeuvres 7).

8) Über die Begründung der Meth. d. kl. Quadr., Berl. Abh. 1831 = Berl. Jahrb. f. 1834 = Ges. Abh. 2, p. 1.

9) Lomb. Rend. (2) 1 (1868), p. 771; Astr. Nachr. 87 (1875), p. 209; 88 (1876), p. 141, s. noch *Stone* ib. p. 61.

10) Lond. Astr. Soc. Monthly Not. 28, 1868; 33 (1873), p. 570; 34 (1873), p. 9; 35 (1873), p. 107 (Polemik gegen *Glaisher*).

11) On the theory of Errors of Obs., Cambr. Trans. 10, 1864.

12) Esposizione del metodo dei minimi quadrati, Firenze 1876.

13) Lond. Astr. Soc. Mem. 39^2 (1872), p. 75.

ist nicht widerlegt. Einen Fall, wo der Satz vom arithmetischen Mittel sicher nicht richtig ist, bespricht *H. Seeliger*[13a]).

4. Das Gauss'sche Fehlergesetz. Fehlerfunktion. Tafeln hiefür. Andere Fehlergesetze. Ein Fehlergesetz, d. h. eine Funktion, welche die Häufigkeit eines Fehlers durch seine Grösse ausdrückt, kann analytisch nicht deduziert werden, ohne dass durch ein Prinzip festgelegt wird, welchen Wert der Unbekannten man als den der Wahrheit nächst kommenden betrachtet; bei der Gauss'schen Ableitung ist dies das Prinzip des arithmetischen Mittels. *Laplace*[14]) weist nach, dass umgekehrt das Gauss'sche Gesetz das einzige ist, welches stets auf das arithmetische Mittel als den anzunehmenden Wert der Unbekannten hinführt.

Ohne Annahme eines Fehlergesetzes kann man die Wahrscheinlichkeitsrechnung nicht auf die Ausgleichungsrechnung anwenden; einige Schriftsteller[15]) vertreten die Ansicht, dass diese Anwendung überhaupt verwerflich sei.

Formale Bedenken gegen das Gauss'sche Fehlergesetz hat *J. Bertrand*[16]) erhoben. Dieser wirft auch die Frage auf, ob das richtige Gesetz nur eine Funktion der Grösse des Fehlers sein könne, und untersucht ferner die allgemeine Form der Funktion, welche das wahrscheinlichste Resultat aus den Beobachtungswerten giebt, unter der Voraussetzung, dass die Wahrscheinlichkeit eines Fehlers nur von seiner Grösse abhänge[17]).

Man hat vielfache Versuche angestellt, das Fehlergesetz aus der Natur der Beobachtungsfehler selbst abzuleiten, indem man sich diese aus Elementarfehlern, die aus verschiedenen Fehlerquellen hervorgehen, entstanden denkt. *W. Bessel*[18]), *Hagen*[19]), *Encke*[20]), *P. G. Tait*[21]), *M. W. Crofton*[22]) kommen alle unter mehr oder minder allgemeinen Voraussetzun-

13a) Astron. Nachr. 132 (1893), p. 209.

14) *Laplace*, Th. an. des Prob. 2, p. 23 (Oeuvres 7).

15) Siehe z. B. *Henke* a. a. O., p. 67; *R. Heger* im Handbuche der Math. von *Schlömilch* 2, Breslau 1881, p. 927.

16) *Bertrand*, Calcul des Prob., Par. 1889, art. 140 ff.; siehe auch *Czuber* „Beobachtungsfehler" p. 51.

17) *Bertrand* a. a. O. art. 144.

18) *Bessel*, Unters. über die Wahrsch. d. Beob.-Fehler, Astr. Nachr. 15 (1838), p. 369 = Ges. Abh. 2, p. 372.

19) Grundzüge der Wahrscheinlichkeitsrechnung 1837.

20) Berl. Jahrb. f. 1853 = Ges. Abh. 2, p. 201.

21) On the Law of Frequency of Errors, Edinburgh Trans. 24, 1867.

22) On the Proof of the Law of Errors of Observations. Lond. Trans. 160 (1870) p. 175.

gen über das Zusammenwirken der Elementarfehler auf die Exponentialfunktion. Der Wert dieser Untersuchungen scheint darin zu liegen, dass sie die Bedingungen aufhellen, unter denen ein Fehlergesetz von der Form der Exponentialfunktion zustande kommt; man kann also vom Fehlergesetz aus, wenn dies anderweitig bestätigt wird, auf die Wirkungsweise der Fehlerquellen schliessen. Einen völlig befriedigenden Beweis für die Richtigkeit des Gauss'schen Fehlergesetzes aber haben auch diese Versuche nicht zu Tage gefördert. Das Vertrauen, welches diesem Gesetz jetzt allgemein entgegengebracht wird, beruht vielmehr auf der fast immer bewährten Übereinstimmung mit der *Erfahrung*. *Bessel* hat zuerst eine Prüfung in grösserem Massstabe vorgenommen[23]), indem er die durch die Theorie geforderte Zahl der Fehler zwischen bestimmten Grenzen mit den in verschiedenen grossen Beobachtungsreihen auftretenden verglich. Ist h das Mass der Präzision einer Beobachtungsreihe (eine Grösse, die aus dem mittleren, wahrscheinlichen oder durchschnittlichen Fehler leicht zu berechnen ist, siehe unten, Nr. **8**), so müssen von n Fehlern (absolut genommen) zwischen den Grenzen 0 und Δ:

$$n \frac{2}{\sqrt{\pi}} \int_0^{h\Delta} e^{-t^2} dt$$

liegen. Mit Hülfe von für diesen Ausdruck entworfenen Tafeln (siehe diese Nr. unten) kann die Vergleichung rasch erledigt werden.

Bei Zugrundelegung des Gauss'schen Fehlergesetzes ist die Wahrscheinlichkeit [s. auch I D 1, Nr. **12**; I D 4a, Nr. **2**] dafür, dass ein Fehler zwischen den Grenzen $-\Delta$ und $+\Delta$ liege, gegeben durch:

$$\frac{h}{\sqrt{\pi}} \int_{-\Delta}^{+\Delta} e^{-h^2 \varepsilon^2} d\varepsilon = \frac{2}{\sqrt{\pi}} \int_0^{\Delta h} e^{-t^2} dt.$$

Für die Funktion:

$$\int_T^{\infty} e^{-t^2} dt = \Psi(T),$$

welche ausser in der Fehlertheorie auch in der mathematischen Physik (Refraktion, Wärmeleitung) häufig auftritt, ist der Name *Fehlerfunktion* (Error-Funktion nach *Glaisher*)[23a]) üblich geworden. Es ist:

$$\int_0^T e^{-t^2} dt + \int_T^{\infty} e^{-t^2} dt = \frac{\sqrt{\pi}}{2}.$$

23) Fundamenta Astronomiae, Regiom. 1818. Vgl. auch Astron. Nachr. 15 (1838), p. 369 = Ges. Abh. 2, p. 372.

23a) Phil. Mag. (4) 42 (1871), p. 294, 421, der Name p. 296.

Im folgenden sind einige Formeln, die zur direkten Berechnung dieser Funktionen dienen können, zusammengestellt:

$$\int_0^T e^{-t^2}\,dt = T - \frac{T^3}{3} + \frac{1}{1\cdot 2}\frac{T^5}{5} - \frac{1}{1\cdot 2\cdot 3}\frac{T^7}{7} + \cdots,$$

$$\int_T^\infty e^{-t^2}\,dt = \frac{e^{-T^2}}{2T}\left(1 - \frac{1}{2T^2} + \frac{1\cdot 3}{(2T^2)^2} - \frac{1\cdot 3\cdot 5}{(2T^2)^3} + \cdots\right),$$

$$\int_T^\infty e^{-t^2}\,dt = \frac{e^{-T^2}}{2T}\,\cfrac{1}{1+\cfrac{\frac{1}{2T^2}}{1+\cfrac{\frac{2}{2T^2}}{1+\cfrac{\frac{3}{2T^2}}{1+\cfrac{\frac{4}{2T^2}}{\ddots}}}}}$$

Bei Berechnung von Tafeln bedient man sich jedoch zweckmässiger der mechanischen Quadratur[24]) [II A 2, Nr. **50** ff.; I D 3, Nr. **8**] oder der Taylor'schen Entwickelung (nach *Kramp*) oder einiger anderer Kunstgriffe, die man in der Einleitung zu den gleich zu erwähnenden Radau'schen Tafeln nachsehen kann.

Die ersten Tafeln hat *Ch. Kramp*[25]) entworfen; er giebt von $T = 0$ bis $T = 3$ im Intervall von $0\cdot 01$ die Werte von $\int_T^\infty e^{-t^2}\,dt$, ihre Logarithmen und die Logarithmen von $e^{T^2}\int_T^\infty e^{-t^2}\,dt$. Diese letztere Tafel hat *Bessel*[26]) bis $T = 10$ ausgedehnt, indem er als Argument zuerst T, dann $\log T$ nimmt. *Glaisher*[23b]) erweiterte die Kramp'sche Tafel bis $T = 4\cdot 50$. *Encke*[27]) giebt, aus der Bessel'schen berechnet, eine Tafel für $\frac{2}{\sqrt{\pi}}\int_0^T e^{-t^2}\,dt$, die dann später in viele Lehrbücher übergegangen ist[28]). *Oppolzer*[29]) giebt, neu berechnet, eine Tafel für

23b) Ebenda p. 436.

24) *Oppolzer,* Lehrbuch der Bahnbestimmung 2, Leipz. 1880, p. 36.

25) *Kramp,* Analyse des refractions astronomiques et terrestres, Strassb. & Leipz. 1798.

26) Fundamenta Astr., Regiom. 1818.

27) Berl. Jahrb. 1834 (Ges. Abh. 2, p. 60).

28) Z. B. *Czuber,* Theorie der Beobachtungsfehler; *Sawitsch,* Meth. der kl.

$\int\limits_0^T e^{-t^2}dt$ auf 10 Dezimalstellen. Die ausführlichsten Tafeln giebt *R. Radau*[30]); dieselben sind wie die Bessel'schen angelegt, schreiten aber in Intervallen von $0 \cdot 001$ fort [I D 1, Nr. **12**].

Es wird von einigen Schriftstellern vorgezogen, das Fehlergesetz als direkt durch die Erfahrung gegeben anzunehmen; dann kann die Ausgleichungsrechnung direkt hierauf basiert werden[31]). Man hat dann die Möglichkeit, auch andere Fehlergesetze als das Gauss'sche heranzuziehen. So betrachtet *Helmert* (a. a. O.) auch noch folgende Formen:

$$\varphi(\varepsilon) = \text{const.},$$

$$\varphi(\varepsilon) = \frac{h}{\sqrt{\pi}}(1 - h^2\varepsilon^2).$$

H. Bruns[31a]) hat Reihenentwickelungen angegeben, die eine interpolatorische Aufstellung von Fehlergesetzen (Häufigkeitskurven) gestatten.

5. Begründung von Laplace. *Laplace*[32]) geht bei seiner Begründung eines Ausgleichungsverfahrens von ähnlichen Betrachtungen aus, wie sie dann später von *Gauss* in dessen zweiter Behandlung [Nr. **6**] der Vollendung entgegengeführt wurden. Er betrachtet jeden Fehler, absolut genommen, wie einen Verlust im Spiel [I D 1, Nr. **18**] und

---

Quadrate; *A. Meyer*, Wahrscheinlichkeitsrechnung, deutsch von *Czuber*, Leipz. 1879; *G. Th. Fechner*, Kollektivmasslehre, hrsg. von *G. F. Lipps*, Leipz. 1897.

29) *Oppolzer* a. a. O. p. 587.

30) Annales de l'Observatoire de Paris, Mém. 18, 1885; *A. Markoff*, „Table des valeurs de l'intégrale $\int\limits_x^\infty e^{-t^2}dt$“, St. Pétersb. 1888, giebt die Werte des Integrals auf 11 Dezimalen für alle Tausendstel des Argumentes von 0 bis 3 und für alle Hundertstel desselben von 3 bis 4,8; eine Ergänzungstafel giebt die Werte des Integrals $\frac{2}{\sqrt{\pi}}\int\limits_0^x e^{-t^2}dt$.

31) So verfährt *Helmert*, Ausgleichungsrechnung.

31a) Astron. Nachr. 143 (1897), p. 329 und Philos. Studien 14 (1898), p. 339. Man vgl. hierüber auch *Fechner*, Kollektivmasslehre, Leipz. 1897 und *W. Laska*, Astron. Nachr. 153 (1900), p. 37.

32) *Laplace*, Théorie des Prob., Livre II, Chap. IV; einen Kommentar zu diesen äusserst schwierigen Darlegungen hat *Poisson* geschrieben (Conn. des Temps 1827, deutsch im Anhang III der Schnuse'schen Übersetzung der Wahrsch.-R. von *Poisson*), ferner hat *Todhunter*, Hist. of the th. of Prob., p. 560 ff. Erläuterungen gegeben.

sucht jenen Wert der Unbekannten, für den der Gesamtverlust, d. h. die Summe der Produkte aller absolut genommenen Fehler in ihre Wahrscheinlichkeiten ein Minimum wird. Er zeigt, dass das Resultat für 1 und 2 Unbekannte dasselbe wird, wie bei der Methode der kleinsten Quadrate; er zeigt ferner, unter der Beschränkung, dass die Zahl der Bedingungsgleichungen sehr gross ist, dass von allen linearen Kombinationen, welche man mit den Gleichungen des Problems vornehmen kann, diejenige, welche der Methode der kleinsten Quadrate entspricht, ein Resultat liefert, welches die obengenannte Summe zu einem Minimum macht. — Die Laplace'sche Ausgleichungstheorie ist von *Poisson*, *Leslie Ellis*[33]) und *Glaisher*[34]) in wesentlichen Punkten ergänzt und verallgemeinert worden [I D 1, Nr. **13**; I D 4 a, Nr. **3**].

6. Zweite Begründung von Gauss. Bei der zweiten Begründung von *Gauss*[35]) tritt die nun einmal unvermeidliche Willkür in der Definition des besten Wertes der Unbekannten von Anfang an deutlich hervor. *Gauss* betrachtet die 3 Integrale

$$\int_{-\Delta}^{+\Delta}\varphi(\varepsilon)\,d\varepsilon,\quad \int_{-\infty}^{+\infty}\varepsilon\,\varphi(\varepsilon)\,d\varepsilon,\quad \int_{-\infty}^{+\infty}\varepsilon^2\varphi(\varepsilon)\,d\varepsilon,$$

in denen mit ε der Fehler, mit $\varphi(\varepsilon)$ seine *„relative Häufigkeit"* bezeichnet ist. Das erste Integral giebt die Wahrscheinlichkeit, dass irgend ein Fehler zwischen den Grenzen $-\Delta$ und $+\Delta$ liegt; es wird, wenn die Grenzen $-\infty$ und $+\infty$ werden, welches die Funktion $\varphi(\varepsilon)$ auch sei, den Wert 1 annehmen müssen. Das zweite Integral stellt das Mittel aller möglichen Fehler oder den mittleren Wert [I D 1, Nr. **11**; I D 4 a, Nr. **7**] der Grösse ε dar und ist immer gleich Null, sobald zwei gleiche, aber mit verschiedenen Vorzeichen versehene Fehler dieselbe Häufigkeit haben; ein von Null abweichender Wert würde anzeigen, dass die Beobachtungsreihe noch einen konstanten Fehler enthält. Das dritte Integral oder der mittlere Wert des Quadrates ε^2 „erscheint am geeignetsten, die Unsicherheit von Beobachtungen allgemein zu definieren und zu messen, sodass von zwei Beobachtungsreihen, die sich hinsichtlich der Häufigkeit der Fehler unterscheiden, diejenige für die genauere zu halten ist, für welche das Integral den kleineren Wert erhält". *Gauss* fährt nun fort: „Wenn nun jemand einwenden würde, diese Festsetzung sei ohne zwingende

33) *Ellis,* On the Method of least Squares, Cambr. Trans. 8, 1844.

34) *Glaisher,* On the law of facility of Errors of Obs. and on the Meth. of least Squares, Lond. Astr. Soc. Mem. 39^2 (1872), p. 75.

35) *Gauss,* Theoria comb. = Werke 4, art. 6.

Notwendigkeit willkürlich getroffen, so stimmen wir gerne zu. Enthält doch diese Frage der Natur der Sache nach etwas Unbestimmtes, welches nur durch ein in gewisser Hinsicht willkürliches Prinzip bestimmt begrenzt werden kann. Die Bestimmung einer Grösse durch eine einem grösseren oder kleineren Fehler unterworfene Beobachtung wird nicht unpassend mit einem Glücksspiel verglichen, in welchem man nur verlieren, aber nicht gewinnen kann, wobei also jeder zu befürchtende Fehler einem Verluste entspricht [I D 1, Nr. **18**]. Das Risiko eines solchen Spielers wird nach dem wahrscheinlichsten Verlust geschätzt, d. h. nach der Summe der Produkte der einzelnen möglichen Verluste in die zugehörigen Wahrscheinlichkeiten. Welchem Verlust man aber jeden einzelnen Beobachtungsfehler gleichsetzen soll, ist keineswegs an sich klar; hängt doch vielmehr diese Bestimmung zum Teil von unserem Ermessen ab. Den Verlust dem Fehler selbst gleichzusetzen ist offenbar nicht erlaubt; würden nämlich positive Fehler wie Verluste behandelt, so müssten negative als Gewinne gelten. Die Grösse des Verlustes muss vielmehr durch eine solche Funktion des Fehlers ausgedrückt werden, die ihrer Natur nach immer positiv ist. Bei der unendlichen Mannigfaltigkeit derartiger Funktionen scheint die einfachste, welche diese Eigenschaft besitzt, vor den übrigen den Vorzug zu verdienen und diese ist unstreitig das Quadrat. Somit ergiebt sich das oben aufgestellte Prinzip." Das Laplace'sche Verfahren, welches den absolut genommenen Fehler selbst als Mass des Verlustes wählt, „widerstrebt in höherem Grade der analytischen Behandlung, während die Resultate, zu welchen unser Prinzip führt, sich sowohl durch Einfachheit als auch durch Allgemeinheit ganz besonders auszeichnen" (*Gauss* a. a. O. art. 6).

Diese Gauss'sche Begründung, die wir am kürzesten mit seinen eigenen Worten wiedergegeben haben, ist vollkommen sachgemäss und führt, wie sich unten herausstellen wird, am schnellsten zum besten Resultat.

7. Weitere Begründungsmethoden. *Hansen* [36]) begründet die Ausgleichungsrechnung lediglich mit dem Satz vom arithmetischen Mittel ohne alle Betrachtungen aus der Wahrscheinlichkeitsrechnung. *Henke* [37]) benützt hierzu, ebenfalls Wahrscheinlichkeitsbetrachtungen ausschliessend, das Prinzip des „möglichst nahe Liegens", von dem er durch einwandfreie Deduktion (a. a. O. art. 23—24) zum Hauptsatz der Methode der kleinsten Quadrate kommt. — Von Interesse für

36) *Hansen,* Von der Meth. der kl. Quadr., Leipz. Abh. 8, 1867.

37) Über die Meth. der kl. Quadr., Leipzig 1868 u. 1894.

die Begründung sind noch neben einigen philosophischen Schriften, auf die wir hier nicht eingehen, ein Aufsatz von *C. G. Reuschle*[38]) und die zwischen *A. Cauchy* und *J. Bienaymé* geführte Polemik[39]).

8. Mittlerer, durchschnittlicher und wahrscheinlicher Fehler, Gewicht. Um verschiedene Beobachtungsreihen bezüglich ihrer Genauigkeit mit einander vergleichen zu können, muss man ein *Mass der Genauigkeit* einführen; im Gauss'schen Fehlergesetz ist dies die oben [Nr. 4] mit h bezeichnete Grösse, welche dieser Genauigkeit direkt proportional ist und daher „*Mass der Präzision*" genannt wird. Man kann sich ein solches aber auch aus den Fehlern selbst verschaffen. Man hat dabei zu unterscheiden zwischen den wahren Beobachtungsfehlern (die in der Regel unbekannt sind) und den Abweichungen der Beobachtungen von den mit den besten Werten der Unbekannten gerechneten, den scheinbaren Fehlern (erreurs apparentes, residuals).

a) *Wahre Fehler*: ε, Anzahl n. Das Integral:

$$\int_{-\infty}^{+\infty} \varepsilon^m \varphi(\varepsilon)\, d\varepsilon, \qquad m > 0,$$

in welchem alle Fehler mit ihrem absoluten Betrag einzusetzen sind, ist für jeden Wert von $m > 0$ ein Mass der Genauigkeit, in dem Sinne, dass eine Beobachtungsreihe um so genauer ist, je kleiner das Integral ist[40]). In praxi wird dieses Integral dadurch gebildet, dass man die absoluten Beträge aller n Fehler in die m^{te} Potenz erhebt und die Summe durch n dividiert, indem angenommen wird, dass jeder Fehler so oft vorkommt, als das Fehlergesetz $\varphi(\varepsilon)$ anzeigt. — Da jeder Wert von m denselben Dienst leistet, beschränkt man sich auf die einfachsten Fälle:

$$m = 1: \quad \int_{-\infty}^{+\infty} |\varepsilon|\, \varphi(\varepsilon)\, d\varepsilon = \frac{|\varepsilon_1| + |\varepsilon_2| + \cdots + |\varepsilon_n|}{n} = \vartheta$$

$$= \textit{durchschnittlicher Fehler},$$

$$m = 2: \quad \int_{-\infty}^{+\infty} \varepsilon^2 \varphi(\varepsilon)\, d\varepsilon = \frac{\varepsilon_1^2 + \varepsilon_2^2 + \cdots + \varepsilon_n^2}{n} = \mu^2$$

$$= \text{Quadrat des } \textit{mittleren Fehlers}.$$

38) *Reuschle,* Über die Deduktion der Meth. der kl. Quadr. aus der Wahrsch.-R., J. f. Math. 26 (1843), p. 333; 27 (1844), p. 182.

39) *Cauchy,* Par. C. R. 36 (1853), p. 1114; 37 (1853), p. 64, 100, 109, 150, 198, 206, 264, 272, 293, 334, 381; *Bienaymé* 37 (1853), p. 5, 68, 197, 206, 309.

40) *Gauss,* Theor. comb. art. 7; *Helmert,* Meth. der kl. Quadr. § 3.

Neben diesen beiden Massen wird zuweilen noch der sogenannte *wahrscheinliche Fehler* ϱ gebraucht[41]), obwohl zu wünschen wäre, dass man hiervon abkäme. Denkt man sich alle Fehler einer Reihe, absolut genommen, nach der Grösse geordnet, so ist der in der Mitte stehende der wahrscheinliche Fehler; es ist also ebenso wahrscheinlich, dass irgend ein Fehler grösser, wie dass er kleiner sei als der wahrscheinliche. Analytisch ist er demgemäss definiert durch:

$$\int_{-\varrho}^{+\varrho} \varphi(\varepsilon)\, d\varepsilon = \frac{1}{2}.$$

Er ist unter allen Umständen vom Fehlergesetz abhängig, während ϑ und μ auch ohne bestimmte Annahme eines solchen berechnet werden können.

Wird das Gauss'sche Fehlergesetz als bestehend angenommen, dann leitet man zwischen h, ϑ, μ, ϱ folgende Beziehungen ab:

$$\vartheta = \frac{1}{\sqrt{\pi}} \frac{1}{h} = \frac{0\cdot 56419}{h},$$

$$\mu = \frac{1}{\sqrt{2}} \frac{1}{h} = \frac{0\cdot 70711}{h},$$

$$\varrho = \frac{0\cdot 47694}{h},$$

und damit auch:

$$\mu = 1\cdot 25331\, \vartheta,$$

$$\varrho = 0\cdot 67449\, \mu.$$

In praxi wird ϱ stets aus μ berechnet. *Gauss*[42]) giebt eine Analyse, durch welche h direkt mittelst der Beobachtungsfehler ausgedrückt werden kann. Er findet für den wahrscheinlichsten Wert von h:

$$\sqrt{\frac{n}{2(\varepsilon_1^2 + \varepsilon_2^2 + \cdots + \varepsilon_n^2)}};$$

der wahrscheinlichste Wert des wahrscheinlichen Fehlers wird also:

$$\varrho = 0\cdot 47694 \sqrt{2} \sqrt{\frac{\varepsilon_1^2 + \varepsilon_2^2 + \cdots + \varepsilon_n^2}{n}}$$

$$= 0\cdot 67449\, \mu,$$

in Übereinstimmung mit obigem Wert, wodurch dieser in neuer Beleuchtung erscheint. Der Wert von h und ϱ gilt für jedes n, gross

41) *Gauss*, Best. der Genauigk. der Beob. art. 2; doch macht *Bessel* schon vorher vom wahrsch. F. Gebrauch, Berl. astron Jahrb. für 1818, p. 233.

42) *Gauss*, Genauigkeit der Beob. art. 3

oder klein, man darf aber von dieser Bestimmung von h und ϱ um so weniger Genauigkeit erwarten, je kleiner n ist. *Gauss* findet[43]): Es ist 1 gegen 1 zu wetten, dass der wahre Wert von h zwischen:

$$h\left(1-\frac{0 \cdot 47694}{\sqrt{n}}\right) \quad \text{und} \quad h\left(1+\frac{0 \cdot 47694}{\sqrt{n}}\right)$$

liege, und der wahre Wert von ϱ zwischen:

$$\varrho\left(1-\frac{0 \cdot 47694}{\sqrt{n}}\right) \quad \text{und} \quad \varrho\left(1+\frac{0 \cdot 47694}{\sqrt{n}}\right).$$

Die Sache ist a. a. O. art. 5—6 noch von einem anderen Gesichtspunkt betrachtet, indem die Wahrscheinlichkeit bestimmt wird, mit der man erwarten kann, dass die Summe der m^{ten} Potenzen von n Beobachtungsfehlern zwischen gewisse Grenzen falle. Die Angabe der Formeln würde hier zu weitläufig sein. Die Aufgabe ist zum Teil schon von *Laplace* behandelt[44]); Ergänzungen der Theorie haben *Helmert*[45]) und *Jordan*[46]) gegeben. Das Resultat ist, dass die Benutzung der zweiten Potenzen der Fehler am vorteilhaftesten ist, dass jedoch auch die ersten Potenzen noch mit nahe demselben Recht benutzt werden können. Die Genauigkeit, mit der ϱ aus den Fehlern bestimmt werden kann, nimmt um so mehr ab, je grösser m angenommen wird. —

Um Beobachtungen von verschiedener Genauigkeit mit einander verbinden zu können, führt man den Begriff des *Gewichtes* ein, dessen einfachste Definition ist: eine Beobachtung vom Gewichte p ist gleichwertig mit p Beobachtungen vom Gewichte 1. Kommen zwei Beobachtungen die Masse der Präzision h und h' und die Gewichte p und p' zu, so wird:

$$p : p' = h^2 : h'^2,$$

und daher auch:

$$p : p' = \frac{1}{\mu^2} : \frac{1}{\mu'^2},$$

und:

$$p : p' = \frac{1}{\varrho^2} : \frac{1}{\varrho'^2},$$

d. h. die Gewichte sind den Quadraten der Präzisionsmasszahlen direkt, und den Quadraten der mittleren (oder wahrscheinlichen) Fehler umgekehrt proportional.

b) *Scheinbare Fehler*: λ, Anzahl n. Wir führen folgende Be-

---

43) A. a. O. art. 4.

44) Calc. des Prob. 2, art. 19.

45) *Helmert,* Zeitschr. Math. Phys. 21 (1876), p. 192.

46) Astr. Nachr. 74 (1869), p. 209.

zeichnung ein, die in der Ausgleichungsrechnung allgemein üblich geworden ist:

$$a_1^2 + a_2^2 + \cdots + a_n^2 = [aa],$$
$$a_1 + a_2 + \cdots + a_n = [a],$$
$$a_1 b_1 + a_2 b_2 + \cdots + a_n b_n = [ab].$$

Man findet:

$$[\lambda\lambda] = [\varepsilon\varepsilon] - \frac{[\varepsilon]^2}{n},$$

und wenn man für die rechte Seite ihren Mittelwert setzt:

$$\mu = \sqrt{\frac{[\lambda\lambda]}{n-1}}.$$

Diese Formel giebt den mittleren Fehler, berechnet aus den scheinbaren Fehlern. Strenge, wenn auch weitläufigere Ableitungen der berühmten Formel haben *Helmert*[47]) und *Czuber*[48]) gegeben.

Statt der Fehler selbst hat man auch die Differenzen zwischen den Beobachtungen zur Erfindung eines Genauigkeitsmasses herangezogen[49]).

Aufgaben der Ausgleichungsrechnung.

9. Wenn wir jetzt im folgenden einige Hauptformen der Ausgleichungsrechnung behandeln, beschränken wir uns lediglich auf den durch *Gauss* begründeten und jetzt allgemein acceptierten Algorithmus, und werden die mehr oder minder gelungenen Versuche, die im vorigen Jahrhundert zur Lösung hieher gehöriger, zumeist geodätischer Aufgaben gemacht wurden, bei Seite lassen.

Direkte Beobachtungen von gleicher Genauigkeit. Sind l_1, $l_2, \ldots, l_n$ die Beobachtungsergebnisse für eine Grösse, deren wahrer Wert X ist, und sind $\varepsilon_1, \varepsilon_2, \ldots, \varepsilon_n$ die bei den einzelnen Beobachtungen vorgekommenen wahren Fehler, so bleiben sowohl X als die ε unbekannt. Man kann erst nach Feststellung eines Prinzips den Wert der Unbekannten angeben, den man für den besten halten will. Man nennt diesen Wert den *plausibelsten* und bezeichnet ihn mit x. Die Unterschiede der x von den einzelnen Messungen sind die *scheinbaren Beobachtungsfehler*: $\lambda_1, \ldots, \lambda_n$; man hat:

---

47) Astr. Nachr. 88 (1876), p. 113.

48) Monatsh. für Math. u. Phys. 1 (1890), p. 457.

49) *Jordan*, Astr. Nachr. 74 (1869), p. 209 und 79 (1872), p. 219; siehe auch *Helmert*, ebenda 88 (1876), p. 113 und *von Andrae*, ebenda 74 (1869), p. 283 u. 79 (1872), p. 257.

$$\begin{aligned} x &= l_1 + \lambda_1 \quad \text{oder} \quad & \lambda_1 &= x - l_1, \\ x &= l_2 + \lambda_2 & \lambda_2 &= x - l_2, \\ &\vdots & &\vdots \\ x &= l_n + \lambda_n & \lambda_n &= x - l_n. \end{aligned}$$

Man nennt $l_1 + \lambda_1, \ldots, l_n + \lambda_n$ die *ausgeglichenen* Beobachtungswerte und die letztangeschriebenen Gleichungen die *Fehlergleichungen*. Man kann nun auf folgende 3 verschiedene Arten schliessen:

a) Der plausibelste Wert ist das arithmetische Mittel:

$$x = \frac{l_1 + \cdots + l_n}{n} = \frac{[l]}{n}.$$

Giebt man zu, dass dieser zugleich der *wahrscheinlichste* ist, so folgt hieraus als Gesetz, dem die Fehler λ gehorchen müssen, das Gauss'sche Fehlergesetz und der Satz vom Minimum der Fehlerquadrate. Stellt sich heraus, dass die übrigbleibenden Fehler dem Gauss'schen Gesetz nicht folgen, so hat man auch nicht den wahrscheinlichsten Wert der Unbekannten, wohl aber, wie *Gauss* gezeigt hat (siehe unten, Nr. **11**), immer noch jenen Wert der Unbekannten, der den kleinsten mittleren Fehler (das grösste Gewicht) hat, sofern nur positive und negative Fehler gleicher Grösse gleich häufig vorkommen. Zeigt sich auch diese letzte Bedingung nicht erfüllt, so hat man im arithmetischen Mittel lediglich ein Rechnungsresultat, welches die Summe der Fehlerquadrate zu einem Minimum macht.

b) Das Gauss'sche Fehlergesetz ist aus der Erfahrung abstrahiert worden und wird als bestehend angenommen; der plausibelste Wert der Unbekannten ist dann das arithmetische Mittel; er ist zugleich der wahrscheinlichste Wert und die Ausgleichung ist ebenfalls nach dem Prinzip der kleinsten Fehlerquadratsummen erfolgt.

c) Man sieht von jedem Fehlergesetz ab; man sucht lediglich den Wert der Unbekannten, der den kleinsten mittleren Fehler derselben ergiebt; man kommt dann auf die Methode der kleinsten Quadrate und auf das arithmetische Mittel als den jene Bedingung erfüllenden Wert der Unbekannten.

Das arithmetische Mittel ist also der plausibelste Wert, solange man eines der genannten 3 Prinzipien annimmt. Die Fehler λ haben dann die Eigenschaft:

$$[\lambda] = 0,$$

die zur Kontrolle dient. Der mittlere Fehler einer Beobachtung wird:

$$\mu = \sqrt{\frac{[\varepsilon\varepsilon]}{n}} = \sqrt{\frac{[\lambda\lambda]}{n-1}} \quad \text{(nach Nr. 8).}$$

Um den mittleren Fehler des Resultates zu erhalten, benutzt man folgenden allgemeinen Satz:

Der mittlere Fehler M der Funktion $f(x_1, x_2, \ldots, x_n) = \alpha_1 x_1 + \alpha_2 x_2 + \cdots + \alpha_n x_n$ wird, wenn die mittleren Fehler der direkt gemessenen Grössen $x_1, x_2, \ldots, x_n$ mit $\mu_1, \mu_2, \ldots, \mu_n$ bezeichnet werden, gefunden aus:

$$M^2 = \alpha_1^2 \mu_1^2 + \alpha_2^2 \mu_2^2 + \cdots + \alpha_n^2 \mu_n^2.$$

Dieser Satz lässt sich übrigens sofort auf beliebige Funktionen ausdehnen, sofern nur so gute Näherungswerte $l_1, l_2, \ldots, l_n$ der x bekannt sind, dass die Quadrate der Verbesserungen vernachlässigt werden können. Man hat, wenn:

$$x_1 = l_1 + \Delta_1, \quad x_2 = l_2 + \Delta_2, \ldots, \quad x_n = l_n + \Delta_n$$

gesetzt wird,

$$f(x_1, x_2, \ldots, x_n) = f(l_1, l_2, \ldots, l_n) + \left(\Delta_1 \frac{\partial f}{\partial l_1} + \Delta_2 \frac{\partial f}{\partial l_2} + \cdots + \Delta_n \frac{\partial f}{\partial l_n}\right),$$

und daher:

$$M^2 = \mu_1^2 \left(\frac{\partial f}{\partial l_1}\right)^2 + \mu_2^2 \left(\frac{\partial f}{\partial l_2}\right)^2 + \cdots + \mu_n^2 \left(\frac{\partial f}{\partial l_n}\right)^2.$$

Der mittlere Fehler des Resultates obiger Ausgleichungsaufgabe wird also:

$$M^2 = \left(\frac{1}{n}\right)^2 (\mu_1^2 + \mu_2^2 + \cdots + \mu_n^2),$$

oder wenn die Messungen alle gleich genau, also $\mu_1 = \mu_2 = \cdots = \mu_n = \mu$ sind:

$$M^2 = \left(\frac{1}{n}\right)^2 n \mu^2,$$

oder:

$$M = \frac{\mu}{\sqrt{n}} = \sqrt{\frac{[\lambda\lambda]}{n(n-1)}}.$$

Wir stellen die Formeln jetzt zusammen:

Liegen für eine Grösse die direkten Messungen gleicher Genauigkeit $l_1, l_2, \ldots, l_n$ vor, so ist ihr

$$\text{plausibelster Wert: } l = \frac{l_1 + l_2 + \cdots + l_n}{n};$$

die Fehler der einzelnen Beobachtungen sind:

$$\lambda_1 = l - l_1, \quad \lambda_2 = l - l_2, \ldots, \quad \lambda_n = l - l_n,$$

der mittlere Fehler *einer* Messung ist:

$$\mu = \sqrt{\frac{[\lambda\lambda]}{n-1}},$$

der mittlere Fehler des Resultates ist:

$$M = \frac{\mu}{\sqrt{n}} = \sqrt{\frac{[\lambda\lambda]}{n(n-1)}}.$$

Man kann den mittleren Fehler *einer* Beobachtung auch aus den ersten Potenzen der Fehler ableiten; man erhält:

$$(\mu) = 1 \cdot 25331 \frac{|\lambda_1| + |\lambda_2| + \cdots + |\lambda_n|}{\sqrt{n(n-1)}},$$

$$M = \frac{(\mu)}{\sqrt{n}}.$$

Das ist die namentlich bei zahlreichen Beobachtungen sehr bequeme Formel von *Peters*[50]), für die *Helmert*[51]) eine eingehende Begründung und Diskussion ihrer Genauigkeit gegeben hat.

10. Direkte Beobachtungen von verschiedener Genauigkeit. Beobachtungen von verschiedener Genauigkeit werden am bequemsten durch Gewichte charakterisiert (Nr. 8). Kommen den Messungen:

$$l_1, l_2, \ldots, l_n$$

einer Grösse die Gewichte:

$$p_1, p_2, \ldots, p_n$$

zu, so wird das plausibelste Resultat:

$$l = \frac{p_1 l_1 + p_2 l_2 + \cdots + p_n l_n}{p_1 + p_2 + \cdots + p_n} = \frac{[pl]}{[p]}.$$

Das Gewicht dieses Resultates ist:

$$P = p_1 + p_2 + \cdots + p_n;$$

sein mittlerer Fehler:

$$M = \frac{\mu}{\sqrt{P}},$$

wo μ der mittlere Fehler der Gewichtseinheit ist, der gefunden wird aus:

$$\mu = \sqrt{\frac{p_1\lambda_1^2 + p_2\lambda_2^2 + \cdots + p_n\lambda_n^2}{n-1}}$$

$$= 1 \cdot 25331 \frac{\sqrt{p_1}\,|\lambda_1| + \sqrt{p_2}\,|\lambda_2| + \cdots + \sqrt{p_n}\,|\lambda_n|}{\sqrt{n(n-1)}},$$

$$\lambda_1 = l - l_1,\ \lambda_2 = l - l_2,\ \ldots,\ \lambda_n = l - l_n.$$

Bei der Ableitung dieser Resultate ist folgender, auch allgemein geltende, häufig zur Anwendung kommende Satz benützt:

Wenn man die Gleichungen, die zur Ermittelung der Unbekannten dienen:

---

50) *C. A. F. Peters,* Astr. Nachr. 44 (1856), p. 29.

51) *Helmert,* Astr. Nachr. 85 (1875), p. 353, siehe auch 88 (1876), p. 113, und *J. Lüroth* 87 (1875), p. 209.

$$x = l_1, \; x = l_2, \; \ldots, \; x = l_n,$$

deren Gewichte

$$p_1, p_2, \ldots, p_n$$

sind, mit den Quadratwurzeln aus ihren resp. Gewichten multipliziert, so werden sie alle von gleichem Gewichte 1 *und können wie Beobachtungen gleicher Genauigkeit behandelt werden.*

11. Ausgleichung vermittelnder Beobachtungen. Sind m Unbekannte durch Beobachtung bestimmt, aber der Art, dass sie nicht direkt, sondern in bekannten Verbindungen $f_i(x_1, x_2, \ldots, x_m)$ beobachtet sind, so hat man das allgemeinste Ausgleichungsproblem zu lösen, auf das sich kompliziertere Fälle in der Regel zurückführen lassen, nämlich die Auflösung der Gleichungen:

$$\begin{aligned} f_1(x_1, x_2, \ldots, x_m) &= l_1, \\ f_2(x_1, x_2, \ldots, x_m) &= l_2, \\ \cdots\cdots & \\ f_n(x_1, x_2, \ldots, x_m) &= l_n \end{aligned}$$

zu leisten; hierin sind $f_1, f_2, \ldots$ bekannte Funktionen, $l_1, l_2, \ldots, l_n$ die Beobachtungen. Eine Aufgabe der Ausgleichungsrechnung liegt nur vor, wenn $n > m$, d. h. wenn *überschüssige* Gleichungen vorhanden sind. Die Aufgabe ist in der gestellten Allgemeinheit nicht lösbar, sondern nur in folgenden speziellen Fällen:

a) Wenn sämtliche Gleichungen linear sind.

b) Wenn Näherungswerte der $x_1, \ldots, x_n$ bekannt sind, mittelst derer unter Anwendung des Taylor'schen Satzes die Gleichungen auf lineare Form gebracht werden können, wenn nötig durch mehrmalige Wiederholung des Prozesses. In praxi ist dies immer der Fall. Man muss und kann sich also auf die Betrachtung linearer Gleichungen beschränken, die man in der Regel in folgender Form schreibt:

$$(1) \qquad \begin{cases} a_1 x + b_1 y + c_1 z + \cdots = l_1 \\ a_2 x + b_2 y + c_2 z + \cdots = l_2 \\ \cdots\cdots\cdots \\ a_n x + b_n y + c_n z + \cdots = l_n \\ (n \text{ Gleichungen mit } m \text{ Unbekannten}). \end{cases}$$

Ein System der Unbekannten, welches diese Gleichungen streng erfüllt, giebt es nicht, da die $l_1, l_2, \ldots, l_n$ beobachtete Grössen sind und $n > m$ ist. Es kommt vielmehr darauf an, jenes System aus den unendlich vielen möglichen herauszufinden, welches als das beste anzusehen ist. Dabei kann man nach zwei Prinzipien verfahren (Nr. **1**).

a) Man sucht jenes System $X, Y, Z, \ldots$, für welches die Summe der Fehlerquadrate ein Minimum wird; die Fehler sind:

$$(2)\quad \begin{cases} \delta_1 = a_1 X + b_1 Y + c_1 Z + \cdots - l_1, \\ \cdots\cdots\cdots\cdots \\ \delta_n = a_n X + b_n Y + c_n Z + \cdots - l_n; \end{cases}$$

man nennt dies die *Fehlergleichungen*.

Dieses System wird dann, wenn das Gauss'sche Fehlergesetz als geltend angenommen wird, zugleich das wahrscheinlichste (Methode der Theoria motus).

b) Man sucht jenes System $X, Y, Z, \ldots$, welches die kleinsten mittleren Fehler (grössten Gewichte) für die Unbekannten ergiebt. Die Definition des mittleren Fehlers ist unabhängig vom Fehlergesetz; es gilt also dasselbe von der Methode überhaupt, worin ihr wesentlicher Vorzug vor (a) besteht (Methode der Theor. comb.).

Beide Methoden führen, wie *Gauss* (Theor. comb.) nachgewiesen hat, zu demselben Resultat, nämlich dass das aus den Gleichungen:

$$(3)\quad \begin{cases} [aa]x + [ab]y + [ac]z + \cdots = [al] \\ [ba]x + [bb]y + [bc]z + \cdots = [bl] \\ [ca]x + [cb]y + [cc]z + \cdots = [cl] \\ \cdots\cdots\cdots\cdots \\ m \text{ Gleichungen mit } m \text{ Unbekannten} \end{cases}$$

zu ermittelnde eindeutige System $x, y, z, \ldots$ unter allen linearen Kombinationen, die man mit (1) vornehmen kann, den ermittelten Unbekannten die grössten Gewichte verleiht. Man nennt (3) die *Normalgleichungen* des Problems.

Besitzen die Gleichungen (1) nicht gleiches Gewicht, d. h. müssen Beobachtungen verschiedener Genauigkeit kombiniert werden, so hat man unter Benutzung des in Nr. **10** angegebenen Satzes jede Gleichung (1) mit der Quadratwurzel aus ihrem Gewicht zu multiplizieren. Die Normalgleichungen werden dann, wenn mit $p_1, p_2, \ldots p_n$ die Gewichte bezeichnet werden:

$$(3a)\quad \begin{cases} [paa]x + [pab]y + [pac]z + \cdots = [pal] \\ [pba]x + [pbb]y + [pbc]z + \cdots = [pbl] \\ \cdots\cdots\cdots\cdots \end{cases}$$

Sonst ist jede Änderung an den Gleichungen (1) unstatthaft; rechts müssen die reinen Beobachtungsgrössen erhalten bleiben. Divisionen, etc. mit gemeinsamen Faktoren würden eine Gewichtsänderung hervorbringen.

Unbestimmte Auflösung der Normalgleichungen und Bestimmung der mittleren Fehler der Unbekannten. Betrachtet man an Stelle der Normalgleichungen (3) das verwandte System:

$$\begin{array}{l} [aa]A + [ab]B + [ac]C + \cdots = P, \\ [ba]A + [bb]B + [bc]C + \cdots = R, \\ [ca]A + [cb]B + [cc]C + \cdots = S, \\ \cdots\cdots\cdots\cdots\cdots \end{array} \tag{4}$$

so können $A, B, C, \ldots$ durch die unbestimmt angesetzten Grössen $P, R, S, \ldots$ ausgedrückt werden:

$$\begin{array}{l} A = PQ_{11} + RQ_{12} + SQ_{13} + \cdots \\ B = PQ_{21} + RQ_{22} + SQ_{23} + \cdots \\ C = PQ_{31} + RQ_{32} + SQ_{33} + \cdots \\ \cdots\cdots\cdots\cdots\cdots \end{array} \tag{5}$$

und die m^2 Koeffizienten Q_{ik} $(Q_{ik} = Q_{ki})$ gehen hervor aus der Auflösung der m Gleichungssysteme:

$$\begin{array}{l} [aa]Q_{11} + [ab]Q_{12} + [ac]Q_{13} + \cdots = 1 \\ [ba]Q_{11} + [bb]Q_{12} + [bc]Q_{13} + \cdots = 0 \\ [ca]Q_{11} + [cb]Q_{12} + [cc]Q_{13} + \cdots = 0 \\ \cdots\cdots\cdots\cdots\cdots \\ \hline [aa]Q_{21} + [ab]Q_{22} + [ac]Q_{23} + \cdots = 0 \\ [ba]Q_{21} + [bb]Q_{22} + [bc]Q_{23} + \cdots = 1 \\ [ca]Q_{21} + [cb]Q_{22} + [cc]Q_{23} + \cdots = 0 \\ \cdots\cdots\cdots\cdots\cdots \\ \hline [aa]Q_{31} + [ab]Q_{32} + [ac]Q_{33} + \cdots = 0 \\ [ba]Q_{31} + [bb]Q_{32} + [bc]Q_{33} + \cdots = 0 \\ [ca]Q_{31} + [cb]Q_{32} + [cc]Q_{33} + \cdots = 1 \\ \cdots\cdots\cdots\cdots\cdots \\ \hline \cdots\cdots\cdots\cdots\cdots \end{array} \tag{6}$$

Setzt man

$$P = [al], \quad R = [bl], \quad S = [cl], \ldots,$$

so gehen $A, B, C, \ldots$ über in die Werte der Unbekannten $x, y, z, \ldots$:

$$\begin{array}{l} x = [al]Q_{11} + [bl]Q_{12} + [cl]Q_{13} + \cdots \\ y = [al]Q_{21} + [bl]Q_{22} + [cl]Q_{23} + \cdots \\ z = [al]Q_{31} + [bl]Q_{32} + [cl]Q_{33} + \cdots \\ \cdots\cdots\cdots\cdots\cdots \end{array} \tag{7}$$

Daraus ergiebt sich folgende Regel: Um die Gleichungen (3) aufzulösen, ersetzt man die numerischen Werte $[al]$, $[bl]$, ... durch die unbestimmten Koeffizienten P, R, S, ..., während links für die $[ab]$ die numerischen Werte angesetzt sind. Das aus dieser Auflösung hervorgehende System von der Form (5) giebt einerseits die Unbekannten, sobald statt P, R, S, ... die numerischen Werte $[al]$, $[bl]$, ... gesetzt werden, andererseits das System der m^2 Grössen Q_{ik}, welche sofort zur Bestimmung der mittleren Fehler der Unbekannten dienen können. Stellt man nämlich die Unbekannten in der Form auf:

$$x = \alpha_1 l_1 + \alpha_2 l_2 + \cdots + \alpha_n l_n$$
$$y = \beta_1 l_1 + \beta_2 l_2 + \cdots + \beta_n l_n$$
$$z = \gamma_1 l_1 + \gamma_2 l_2 + \cdots + \gamma_n l_n$$
$$\cdots\cdots\cdots\cdots\cdots,$$

so sind die mittleren Fehler der Unbekannten:

$$(8) \qquad \mu_x = \mu\sqrt{[\alpha\alpha]}, \quad \mu_y = \mu\sqrt{[\beta\beta]}, \quad \mu_z = \mu\sqrt{[\gamma\gamma]}, \ldots,$$

wenn mit μ der mittlere Fehler einer Beobachtung vom Gewichte 1 bezeichnet wird; für diesen erhält man:

$$\mu = \sqrt{\frac{[\delta\delta]}{n-m}}.$$

Die Fehler δ werden durch (2) ermittelt, indem man für X, Y, ... die gefundenen Werte der Unbekannten substituiert. Man weist nun nach, dass:

$$[\alpha\alpha] = Q_{11}, \ [\beta\beta] = Q_{22}, \ldots,$$

womit (8) berechenbar wird. Die Q_{11}, Q_{22}, ... sind also nichts anderes als die reciproken Werte der Gewichte der Unbekannten. Zur Kontrolle der Rechnung dient:

$$(9) \qquad [\delta\alpha] = [\delta\beta] = \cdots = 0.$$

Der Gauss'sche Algorithmus zur Auflösung der Normalgleichungen.

Die eben gegebene Methode ist nur bequem, wenn die Koeffizienten in den Normalgleichungen runde Zahlen und viele derselben Null sind. Im allgemeinen schlägt man das Verfahren der *successiven Elimination* nach *Gauss* ein, welches im folgenden besteht: man drückt aus der ersten Gleichung x durch y, z, ... aus und substituiert diesen Wert in die folgenden Gleichungen, dann entsteht ein System, welches alle Eigenschaften des vorigen, aber eine Unbekannte weniger hat. Wird derselbe Prozess weiter verfolgt, so hat man zuletzt m Systeme von Gleichungen, deren jedes bez. aus m, $m-1$, ... 1 Gleichungen besteht. Die ersten Gleichungen derselben werden in der Gauss'schen Bezeichnungsweise (4 Unbekannte angenommen):

$$
(10) \qquad \begin{aligned}
[aa]x + [ab]y + [ac]z \quad + [ad]t \quad &= [al] \\
[bb\cdot 1]y + [bc\cdot 1]z + [bd\cdot 1]t &= [bl\cdot 1] \\
[cc\cdot 2]z + [cd\cdot 2]t &= [cl\cdot 2] \\
[dd\cdot 3]t &= [dl\cdot 3]
\end{aligned}
$$

und heissen *Eliminationsgleichungen*; sie ergeben von der letzten ausgehend die Unbekannten durch successive Elimination. Man weist nach:

$$\frac{1}{[dd\cdot 3]} = Q_{44},$$

also nach dem obigen: *In der letzten Eliminationsgleichung ist der Koeffizient der Unbekannten ihr Gewicht.*

Daraus ergiebt sich eine oft eingeschlagene Methode der Gewichtsbestimmung: Man löst die Normalgleichungen so oft auf, als die Zahl der Unbekannten beträgt, indem man immer eine andere Unbekannte an den Schluss stellt. Eine andere Methode der Gewichtsbestimmung besteht darin, dass man aus den Gleichungen (6), die daher auch *Gewichtsgleichungen* heissen, die Unbekannten Q_{11}, Q_{22}, $Q_{33}, \ldots$ ermittelt, indem man jene ebenso behandelt wie die Normalgleichungen selbst.

Der ganze, so ungemein häufig zur Anwendung kommende Rechenschematismus kann hier nicht reproduziert werden. In *Helmert*, Meth. der kl. Quadr. § 17 und besonders ausführlich in *Oppolzer*, Lehrbuch der Bahnbest. 2, Leipz. 1880, p. 329 (siehe besonders die Vorschrift auf S. 340 für die Anlage der Rechnung) sind die Formeln vollständig zusammengestellt. Man sehe auch die Ableitung und Zusammenstellung von *Encke*, Berl. Astr. Jahrb. 1835 = Ges. Abh. 2, p. 84. —

Als ständige Kontrolle führt man bei der Rechnung die Summengleichung mit, nämlich:

$$
\begin{aligned}
s_1 &= a_1 + b_1 + c_1 + \cdots \\
s_2 &= a_2 + b_2 + c_2 + \cdots \\
&\ldots\ldots\ldots\ldots \\
[sa]x + [sb]y + \cdots &= [sl].
\end{aligned}
$$

Wird diese Summengleichung denselben Operationen unterworfen wie die Normalgleichungen selbst, so hat man in den Koeffizienten der entsprechenden Gleichungen stets die Summen der zugehörigen aus den Normalgleichungen fliessenden Gleichungen. Auch schon zur Kontrolle der Bildung der Normalgleichungen aus den ursprünglichen Gleichungen dient diese Summengleichung, denn man hat:

$$
\begin{aligned}
[sa] &= [aa] + [ba] + \cdots \\
&\ldots\ldots\ldots\ldots
\end{aligned}
$$

Eine andere mehr summarische Kontrolle wird durch die Formel geboten:

$$[\delta\delta] = [ll] - x[la] - y[lb] - \cdots;$$

auch die Anwendung der Gleichungen:

$$[\delta a] = [\delta b] = \cdots = [\delta s] = 0$$

ist oft nützlich. —

Für 3 Unbekannte hat *C. G. J. Jacobi* ein symmetrisches Verfahren, diese und ihre Gewichte zu bestimmen, angegeben, welches von *Bessel* (Astr. Nachr. 17, 1840, p. 305 = Ges. Abh. 2, p. 401) mitgeteilt und von *H. Seeliger* (Astr. Nachr. 82, 1873, p. 249) bewiesen wurde.

Die praktisch belanglose, jedoch theoretisch wichtige Darstellung der Unbekannten und ihrer Gewichte durch *Determinanten* wurde von *Glaisher*[52]) und *P. van Geer*[53]) ausgebildet, nachdem *Jacobi* (J. f. Math. 22, 1841, p. 285 = Werke 3, p. 355) die Grundlagen geschaffen hatte [I A 2, Nr. **15** ff.]. Folgender Satz möge daraus angeführt werden:

Wenn man aus den n Gleichungen (1) alle möglichen (k) Kombinationen zu je m Gleichungen bildet und aus allen diesen Systemen die Werte der m Unbekannten $x, y, z, \ldots$ bestimmt, so kann man die k Wertsysteme $x, y, z, \ldots$ als die Koordinaten von k Punkten im Raume von m Dimensionen auffassen; wird jeder Punkt mit einer Masse belegt, welche gleich ist dem Quadrat der entsprechenden, gemeinsamen Nennerdeterminante des Systems, so giebt der Schwerpunkt dieser k Punkte dasjenige System $x, y, z, \ldots$ welches die Methode der kleinsten Quadrate durch die Auflösung eines einzigen Systemes liefert.

Ist die Anzahl der Unbekannten sehr gross, dann leistet sehr häufig ein indirektes (Näherungs-) Verfahren zur Ermittelung der Unbekannten grosse Dienste. Dieses Verfahren ist von *C. G. J. Jacobi*[54]) angegeben, von *L. Seidel*[54]) ausgearbeitet worden. Es beruht auf dem Umstand, dass in vielen Fällen der Praxis der quadratische Koeffizient einer Unbekannten die anderen Koeffizienten derselben Gleichung weit

---

52) *Glaisher,* Lond. R. Astr. Soc. Monthly Not. 34 (1874), p. 311; 40 (1880), p. 600; 41 (1880), p. 181.

53) *van Geer,* Nieuwe archief voor wiskunde 12 (1885), p. 60; 18, 1891.

54) *Jacobi,* Astr. Nachr. 22 (1845), p. 297 = Werke 3, p. 467; *Seidel,* Münch. Abh. 11, 1874. *R. Mehmke* vereinfacht das Verfahren, indem er die Gleichungen in Gruppen von 2 bis 3 zusammenfasst und die Summen der absoluten Werte (statt der Quadrate) der Widersprüche zu Grunde legt, Mosk. Math. Samml. 1892; ebenda untersuchen *Mehmke* und *P. A. Necrassoff* die Konvergenz des Verfahrens.

überwiegt, sodass aus dieser Gleichung allein ein guter Näherungswert der betreffenden Unbekannten abgeleitet werden kann.

Häufig tritt, namentlich in der geodätischen Praxis, der Fall auf, dass man über die Gewichte der einzelnen Gleichungen frei verfügen kann, d. h. dass man jeder Gleichung durch entsprechende Häufung der Beobachtungen ein bestimmtes Gewicht verschaffen kann. Es entsteht dann die wichtige Aufgabe: durch welche Gewichtsverteilung, d. h. durch welche Arbeitsverteilung werden die günstigsten Resultate für alle oder für bestimmte Unbekannte aus einem System von Bedingungsgleichungen erhalten, wenn die Gesamtarbeit vorgeschrieben ist? Diese Aufgabe hat *H. Bruns* gelöst (Leipz. Abh. 13, 1886, p. 517).

12. Ausgleichung vermittelnder Beobachtungen mit Bedingungsgleichungen. Hat man eine Anzahl von bekannten Funktionen mehrerer Variabeln beobachtet und bestehen zwischen den *wahren* Werten der Unbekannten Bedingungsgleichungen, die auch von den ausgeglichenen Werten der Unbekannten strenge erfüllt sein müssen, so spricht man von *vermittelnden Beobachtungen mit Bedingungsgleichungen.* Das allgemeine Problem, dessen Lösung zu leisten ist, stellt sich so: Es sind die n Gleichungen mit m Unbekannten ($n > m$):

$$\text{(a)}\qquad \begin{array}{ll} a_1 x + b_1 y + \cdots = l_1 & \text{Gewichte } g_1 \\ a_2 x + b_2 y + \cdots = l_2 & g_2 \\ \cdots\cdots\cdots & \vdots \\ a_n x + b_n y + \cdots = l_n & g_n \end{array}$$

nach der Methode der kleinsten Quadrate aufzulösen, so zwar, dass die ausgeglichenen Werte der Unbekannten folgenden r Gleichungen strenge genügen:

$$\text{(b)}\qquad \begin{array}{l} p_0 + p_1 x + p_2 y + \cdots = 0, \\ q_0 + q_1 x + q_2 y + \cdots = 0, \\ \cdots\cdots\cdots\cdots \end{array}$$

Eine Aufgabe der Ausgleichungsrechnung liegt nur vor, wenn $r < m$ und $n > m - r$ ist.

Man hat, um den Bedürfnissen der Praxis, namentlich der Geodäsie, wo diese Aufgaben am häufigsten auftreten, entgegen zu kommen, das allgemeine Problem in mehrere Unterfälle zerlegt, deren jeder eine besonders bequeme Behandlung gestattet. Betreffs dieser Lösungen muss auf die Originalabhandlungen und geodätischen Handbücher[55]) verwiesen werden.

55) *Hansen,* Geod. Unters., Leipz. Abh. 9, 1868; *Helmert,* Meth. der kl. Quadr., 4. Abschn.; *Gerling,* Ausgleichungsrechnung; *Jordan,* Vermessungskunde 1 u. s. f.

Eine *erste* allgemeine Methode besteht darin, dass man mit Hülfe der Bedingungsgleichungen r Unbekannte aus den vermittelnden Gleichungen eliminiert. Diese enthalten dann $m-r$ Unbekannte und werden nach dem vorigen Verfahren für vermittelnde Beobachtungen ausgeglichen. Dieses Verfahren ist in Bezug auf die Unbekannten unsymmetrisch und wird nur selten benutzt.

Ein *zweites*, direktes Verfahren beruht auf der Bestimmung eines Minimums mit Nebenbedingungen [I A 2, Nr. **16** ff.]. Sind $\delta_1, \delta_2, \ldots, \delta_n$ die Fehler der Beobachtungen $l_1, l_2, \ldots, l_n$, so muss:

$$[\delta\delta g]-2k_1(p_0+p_1x+p_2y+\cdots)-2k_2(q_0+q_1x+q_2y+\cdots)-\cdots$$

ein Minimum werden, wofür die Bedingungen durch Differenziation dieses Ausdruckes nach $x, y, z, \ldots$ aufgestellt werden. Noch einfacher ist es, wenn man den Fehlergleichungen von (a):

$$\begin{array}{lr} \delta_1 = a_1x+b_1y+\cdots-l_1 & \text{Gewichte } g_1 \\ \cdot\;\cdot\;\cdot\;\cdot\;\cdot\;\cdot\;\cdot\;\cdot\;\cdot\;\cdot\;\cdot & \vdots \\ \delta_n = a_nx+b_ny+\cdots-l_n & g_n \end{array}$$

die Gleichungen (b) in der Form von Fehlergleichungen:

$$\begin{array}{lll} \delta_{n+1}=p_1x+p_2y+\cdots+p_0 & \text{Gewichte} & g_{n+1}, \\ \delta_{n+2}=q_1x+q_2y+\cdots+q_0 & \text{„} & g_{n+2}, \\ \cdot\;\cdot\;\cdot\;\cdot\;\cdot\;\cdot\;\cdot\;\cdot\;\cdot\;\cdot\;\cdot\;\cdot\;\cdot & & \end{array}$$

hinzufügt und das ganze System nach dem Verfahren für vermittelnde Beobachtungen behandelt, wobei nur schliesslich $\delta_{n+1}=\delta_{n+2}=\cdots=0$ zu setzen ist. Die

$$\begin{array}{l} g_{n+1}\delta_{n+1}=k_1, \\ g_{n+2}\delta_{n+2}=k_2, \\ \cdot\;\cdot\;\cdot\;\cdot\;\cdot\;\cdot \end{array}$$

werden dadurch nicht Null, da $g_{n+1}, g_{n+2}, \ldots$ unendlich gross sind. Die Normalgleichungen werden dann:

$$\begin{array}{l} [aag]x+[abg]y+\cdots+p_1k_1+q_1k_2+\cdots=[alg], \\ [bag]x+[bbg]y+\cdots+p_2k_1+q_2k_2+\cdots=[blg], \\ \cdot\;\cdot\;\cdot\;\cdot\;\cdot\;\cdot\;\cdot\;\cdot\;\cdot\;\cdot\;\cdot\;\cdot\;\cdot\;\cdot\;\cdot\;\cdot\;\cdot\;\cdot\;\cdot \end{array}$$

denen man hinzufügt:

$$\begin{array}{llllll} p_1x & +p_2y & +\cdots & \cdot & \cdot & =-p_0, \\ q_1x & +q_2y & +\cdots & \cdot & \cdot & =-q_0, \\ \cdot\;\cdot\;\cdot & \cdot\;\cdot\;\cdot & \cdot\;\cdot\;\cdot & \cdot\;\cdot & \cdot\;\cdot & \cdot\;\cdot\;\cdot \end{array}$$

sodass man jetzt $m+r$ Gleichungen mit den $m+r$ Unbekannten $x, y, \ldots k_1, k_2, \ldots$ hat. Der mittlere Fehler der Gewichtseinheit wird:

$$\mu = \sqrt{\frac{[\delta\delta g]}{n-m+r}},$$

und die mittleren Fehler der Unbekannten:

$$\mu_x = \mu\sqrt{Q_{11}}, \ldots$$

13. Ausgleichung bedingter Beobachtungen. Dieser Fall kommt in der Praxis besonders häufig vor und soll daher besprochen werden, obwohl er ein Spezialfall des vorigen ist. Sind $l_1, l_2, \ldots l_n$ Beobachtungen verschiedener Grössen, zwischen deren wahren Werten $l_1 + \Delta_1$, $l_2 + \Delta_2, \ldots, l_n + \Delta_n$ die r Bedingungsgleichungen:

$$\left.\begin{array}{l} p_0 + p_1(l_1 + \Delta_1) + \cdots + p_n(l_n + \Delta_n) = 0 \\ q_0 + q_1(l_1 + \Delta_1) + \cdots + q_n(l_n + \Delta_n) = 0 \\ \cdot\;\cdot\;\cdot\;\cdot\;\cdot\;\cdot\;\cdot\;\cdot\;\cdot\;\cdot\;\cdot\;\cdot\;\cdot\;\cdot\;\cdot \end{array}\right\} r \text{ Gleichungen}$$

bestehen, so können, wenn $r < n$ — und nur dann liegt eine Aufgabe der Ausgleichungsrechnung vor — zwar nicht die Δ selbst bestimmt werden, wohl aber die plausibelsten Verbesserungen $\delta_1, \ldots, \delta_n$, welche den Bedingungen:

$$\begin{array}{l} p_0 + p_1(l_1 + \delta_1) + \cdots + p_n(l_n + \delta_n) = 0, \\ q_0 + q_1(l_1 + \delta_1) + \cdots + q_n(l_n + \delta_n) = 0, \\ \cdot\;\cdot\;\cdot\;\cdot\;\cdot\;\cdot\;\cdot\;\cdot\;\cdot\;\cdot\;\cdot\;\cdot\;\cdot\;\cdot\;\cdot \end{array}$$

und zugleich der Bedingung der kleinsten Fehlerquadratsumme:

$$[\delta\delta] = \text{Minimum}$$

genügen. — Wir schreiben, indem wir setzen:

$$\begin{array}{l} p_0 + p_1 l_1 + \cdots + p_n l_n = w_1, \\ q_0 + q_1 l_1 + \cdots + q_n l_n = w_2, \\ \cdot\;\cdot\;\cdot\;\cdot\;\cdot\;\cdot\;\cdot\;\cdot\;\cdot\;\cdot\;\cdot\;\cdot \end{array}$$

die Bedingungsgleichungen so:

$$\text{(a)} \qquad \left.\begin{array}{l} p_1\delta_1 + \cdots + p_n\delta_n + w_1 = 0 \\ q_1\delta_1 + \cdots + q_n\delta_n + w_2 = 0 \\ \cdot\;\cdot\;\cdot\;\cdot\;\cdot\;\cdot\;\cdot\;\cdot\;\cdot\;\cdot\;\cdot\;\cdot \end{array}\right\} r \text{ Gleichungen.}$$

Eine *erste* Methode, die vorliegende Aufgabe zu lösen, besteht in deren Zurückführung auf vermittelnde Beobachtungen. Man greift beliebige $n - r$ von den δ heraus und nennt sie $x, y, z, \ldots$; die übrigen r der δ können vermöge Elimination durch $x, y, z, \ldots$ dargestellt werden. Folgende n Gleichungen mit $n - r$ Unbekannten:

$$\left.\begin{array}{l} \delta_\lambda = x \\ \delta_\mu = y \\ \cdot\;\cdot\;\cdot\;\cdot \end{array}\right\} n - r \text{ Gleichungen,}$$

$$\left.\begin{array}{l}\delta_\sigma = u_1 + a_1 x + b_1 y + \cdots \\ \delta_\tau = u_2 + a_2 x + b_2 y + \cdots \\ \cdot\ \cdot\ \cdot\ \cdot\ \cdot\ \cdot\ \cdot\ \cdot\ \cdot\ \cdot\ \cdot\end{array}\right\} r \text{ Gleichungen}$$

sind dann die Fehlergleichungen in der Form, wie wir sie bei den vermittelnden Beobachtungen voraussetzten und können nach der bekannten Methode behandelt werden.

Eine *zweite*, direkte und symmetrische Lösung beruht wieder wie vorhin auf der Bestimmung eines Minimums mit Nebenbedingungen. Die Differenziation des Ausdruckes:

$$\begin{aligned}[\delta\delta g] &- 2k_1(w_1 + p_1\delta_1 + p_2\delta_2 + \cdots + p_n\delta_n) \\ &- 2k_2(w_2 + q_1\delta_1 + q_2\delta_2 + \cdots + q_n\delta_n) - \cdots\end{aligned}$$

nach den δ ergiebt die n Gleichungen mit den r Multiplikatoren k:

$$\text{(b)}\qquad \begin{array}{l}\delta_1 g_1 = k_1 p_1 + k_2 q_1 + k_3 r_1 + \cdots \\ \delta_2 g_2 = k_1 p_2 + k_2 q_2 + k_3 r_2 + \cdots \\ \delta_3 g_3 = k_1 p_3 + k_2 q_3 + k_3 r_3 + \cdots \\ \cdot\ \cdot\ \cdot\ \cdot\ \cdot\ \cdot\ \cdot\ \cdot\ \cdot\ \cdot\ \cdot\ \cdot\ \cdot\ \cdot\ ,\end{array}$$

welche nach *Gauss* (Theor. comb. suppl. § 11 = Werke 4, p. 68) die *Korrelatengleichungen* genannt werden (die k selbst heissen die *Korrelaten*). Die Substitution der δ aus (b) in die Gleichungen (a) liefert die r Normalgleichungen:

$$\text{(c)}\qquad \begin{array}{l}\left[\frac{pp}{g}\right]k_1 + \left[\frac{pq}{g}\right]k_2 + \left[\frac{pr}{g}\right]k_3 + \cdots + w_1 = 0, \\ \left[\frac{qp}{g}\right]k_1 + \left[\frac{qq}{g}\right]k_2 + \left[\frac{qr}{g}\right]k_3 + \cdots + w_2 = 0, \\ \cdot\ \cdot\ \cdot\ \cdot\ \cdot\ \cdot\ \cdot\ \cdot\ \cdot\ \cdot\ \cdot\ \cdot\ \cdot\ \cdot\ \cdot\ \cdot\ \cdot\ \cdot\ ,\end{array}$$

die zur Ermittelung der r Korrelaten k dienen. Die Gleichungen (b) geben dann schliesslich die plausibelsten Werte der δ. — Der mittlere Fehler der Gewichtseinheit wird:

$$\mu = \sqrt{\frac{[\delta\delta g]}{r}}.$$

Als Kontrolle dient die Gleichung:

$$[\delta\delta g] = -[kw].$$

14. Fehler in der Ebene und im Raume. Die bisher betrachteten Fehler können als *lineare* bezeichnet werden. Handelt es sich aber um die Bestimmung eines Punktes in der Ebene und im Raume, so tritt zu dem linearen Fehlerbetrag auch noch die Richtung, in der er liegt. An Stelle der *Kurve der Wahrscheinlichkeit* tritt die *Wahrscheinlichkeitsfläche* bez. der *Wahrscheinlichkeitskörper*.

A. Bravais [56]) und von allgemeineren Voraussetzungen ausgehend *J. Bienaymé* [57]) haben nachgewiesen, dass die Punkte gleicher Wahrscheinlichkeit auf ähnlichen, konzentrischen und ähnlich liegenden Ellipsen bez. Ellipsoiden [III C 1, 4] mit dem beobachteten Punkt als gemeinsamen Mittelpunkt liegen.

Die vollständige Theorie der Beobachtungsfehler in der Ebene und im Raume rührt von *Ch. M. Schols* [58]) her. Er weist den Zusammenhang zwischen den mittleren Fehlerquadraten und den Trägheitsmomenten nach und führt die Hauptaxen der Wahrscheinlichkeit ein, die unabhängig sind vom Fehlergesetz. Mit Benutzung des schon von *Roger Cotes* [58a]) ausgesprochenen Satzes, der dem Satz vom arithmetischen Mittel entspricht, nämlich, dass die wahrscheinlichste Lage eines Punktes, der durch eine Anzahl von Punkten im Raume durch Beobachtung bestimmt wurde, der Schwerpunkt dieser letzteren sei, begründet er das Gesetz der Fehler im Raume:

$$\Phi = \frac{e^{-\left(\frac{x^2}{2K_x} + \frac{y^2}{2K_y} + \frac{z^2}{2K_z}\right)}}{\sqrt{2K_x\pi}\,\sqrt{2K_y\pi}\,\sqrt{2K_z\pi}},$$

und führt die Begriffe der *Fehlerellipse* und des *Fehlerellipsoides* ein. Eine gedrängte Darstellung aller Resultate ist unmöglich; es muss auf die citierten Abhandlungen und auf die zusammenfassende Darstellung von *Czuber*, Beobachtungsfehler, Teil III verwiesen werden.

Die auf dieser Theorie beruhenden, hauptsächlich in der Geodäsie verwandten Ausgleichungsmethoden sind in den geodätischen Handbüchern [59]) nachzusehen.

15. Fehler der Ausgleichung. Ausschluss von Beobachtungen. Systematisches Verhalten der Fehler. Das Gelingen einer Ausgleichung wird nach den übrig bleibenden Fehlern beurteilt. Man kann nach Nr. 4 prüfen, ob das Gauss'sche Fehlergesetz besteht und darnach entscheiden, ob dem Resultat der Charakter des wahrschein-

---

56) *Bravais,* Analyse math. sur les prob. etc., Par. Mém. 9 (1846), p. 255.

57) *Bienaymé*, Sur la prob. des erreurs, Journ. de math. (1) 17 (1852), p. 33; s. im Anschluss hieran die Behandlung der Fehlerellipse bei *E. Czuber,* Wien. Ber. 82^2 (1880), p. 698.

58) *Schols,* Théorie des erreurs dans le plan et dans l'espace, Delft Ann. 2 (1886), p. 123.

58a) *Cotes,* Aestimatio errorum in mixta mathesi, Cantabrig. 1722.

59) Siehe u. a. *Helmert*, Ausgleichungsrechnung § 28.

lichsten Wertes oder des grössten Gewichtes zukommt oder ob es reines Rechnungsresultat ist (Nr. 9). Bei kleineren Beobachtungsreihen genügt es in der Regel nachzusehen, ob die Anzahl der positiven Fehler gleich der Anzahl der negativen Fehler ist, ob die Summe der Quadrate der positiven Fehler gleich der Summe der Quadrate der negativen Fehler ist und ob die Summe der positiven Fehler gleich der Summe der negativen Fehler ist. Will man das Bestehen des Gauss'schen Fehlergesetzes genauer prüfen, so wird folgende dem Lehrbuche von *Helmert* entnommene Tabelle von Nutzen sein. μ = mittlerer Fehler. Von 1000 Fehlern liegen zwischen den Grenzen:

Grenzen	Fehler	Grenzen	Fehler
$\mp 0{\cdot}1\,\mu$ …	80 Fehler	$\mp 0{\cdot}8\,\mu$ …	576 Fehler
0·2	159	0·9	632
0·3	236	1·0	683
0·4	311	1·5	866
0·5	383	2·0	954
0·6	451	2·5	988
0·7	516	3·0	997

Der mutmassliche grösste Fehler M, der vorkommen darf, wird durch die Gleichung charakterisiert:

$$n\frac{2}{\sqrt{\pi}}\int\limits_{\frac{M}{\mu\sqrt{2}}}^{\infty} e^{-t^2}\,dt = 1, \qquad (n = \text{Anzahl der Beobachtungen}),$$

mit der folgende dem Buche von *Czuber* entnommene Tabelle berechnet ist:

n	$\frac{M}{\mu}$	n	$\frac{M}{\mu}$
20 …	1·95	1000 …	3·39
40 …	2·24	5000 …	3·72
60 …	2·39	10000 …	3·89
80 …	2·49	100000 …	4·41
100 …	2·58	1000000 …	4·88
500 …	3·09		

Ausscheidung von widersprechenden Beobachtungen[60]). Man hat Kriterien aufzustellen versucht, mittelst derer widersprechende Beobachtungen ausgeschieden werden können; dass hiedurch das Resultat verbessert wird, hat *Bertrand*[61]) bestätigt. Über das *Benj. Peirce*'sche

60) Siehe hierüber die zusammenhängende Darstellung von *Czuber* a. a. O. § 11.

61) *Bertrand,* Calcul des Prob., Par. 1889, art. 166.

Kriterium sehe man *Peirce,* Astr. Journ. 2, 1852 und *W. Chauvenet,* Spher. Astr. 2 (Tafeln hierzu von *B. A. Gould,* Astr. Journ. 4, 1856 und *Chauvenet* a. a. O.); über das *Stone*'sche sehe man Lond. R. Astr. Soc. Monthly Not. 28, 1868. Keines derselben ist von willkürlichen Annahmen frei, sodass die Ansicht der Mehrzahl der Beobachter dahin geht, dass überhaupt keine Beobachtung ausgeschlossen werden dürfe, bei der nicht schon bei der Beobachtung Zweifel aufgestiegen seien.

Werden die Fehler nach bestimmten Gesichtspunkten geordnet, so gestattet schon die Abzählung der Zeichenwechsel Aufschlüsse über das Vorhandensein *systematischer Fehlerquellen. H. Seeliger*[62]) hat hierüber mehrere Kriterien aufgestellt, die vom Fehlergesetz unabhängig sind. *E. Abbe*[63]) kommt zu folgendem Resultat: Wird die Gültigkeit des Gauss'schen Fehlergesetzes angenommen und sind $\lambda_1, \lambda_2, \ldots, \lambda_n$ die nach einem bestimmten Gesichtspunkte geordneten Fehler einer Ausgleichung, so muss:

$$\lambda_1 \lambda_2 + \lambda_2 \lambda_3 + \lambda_3 \lambda_4 + \cdots + \lambda_n \lambda_1$$

mit wachsendem n gegen Null konvergieren.

Wie zweckmässig in Fällen verfahren werden kann, in denen das Gauss'sche Fehlergesetz sicher nicht erfüllt ist, wo z. B. grosse Fehler in viel grösserer Anzahl auftreten, als dieses Gesetz gestattet, hat *Newcomb*[64]) gezeigt. Über abnorme Fehler-Verteilung und Verwerfung zweifelhafter Beobachtungen handelt auch *R. Lehmann-Filhés*[65]).

---

62) *Seeliger,* Astr. Nachr. 96 (1879), p. 49 u. 97 (1880), p. 289, sowie Münch. Ber. 29 (1899), p. 3.

63) *Abbe,* Über die Gesetzmässigkeit in der Verteilung der Fehler bei Beobachtungsreihen, Jena 1865.

64) *S. Newcomb,* A Generalized Theory of the combination of Observations so as to obtain the best Resultat, Amer. J. of math. 8 (1886), p. 343.

65) *Lehmann-Filhés,* Astr. Nachr. 117 (1887), p. 121.

I D 3. INTERPOLATION

VON

JULIUS BAUSCHINGER

IN BERLIN.

Inhaltsübersicht.

Litteratur.

J. L. Lagrange, Sur les Interpolations [lu 1778] = Oeuvres 7, p. 535, deutsch v. *Schulze* im Berl. astr. Jahrb. für 1783; Sur une méth. part. d'approxim. et d'interpolation, Berlin N. Mém. 14, année 1783 [85], p. 279 = Oeuvres 5, p. 517; Mém. sur la méth. d'interpolation, Berlin N. Mém. 21, années 1792/93 [95], p. 271 = Oeuvres 5, p. 663.

C. F. Gauss, Theoria interpolationis methodo nova tractata, Werke 3 (Nachlass), p. 265.

J. F. Encke, Über Interpolation (nach einer *Gauss*'schen Vorlesung von 1812), Berl. astr. Jahrb. 1830 = Ges. Abh. 1, p. 1.

P. Tschebyscheff, Sur l'interpolation dans le cas d'un grand nombre de données fournies par l'obs., St. Pétersbourg Mém. (7) 1, 1859, n° 5.

W. S. B. Woolhouse, On interpolation, London 1865.

C. W. Merrifield, Report on the present State of Knowledge on the application of quadr. and interp. to actual data, Brit. Ass. 1880.

R. Radau, Études sur les formules d'interpolation, Paris 1891. Fast erschöpfende Darstellung aller einschlägigen Arbeiten, die mir bei Abfassung des Artikels von grossem Nutzen gewesen ist.

A. A. Markoff, Differenzenrechnung, St. Petersb. 1891 (russisch). Deutsch von Th. Friesendorff und E. Prümm. Leipzig 1896.

Darstellungen der Interpolationsrechnung finden sich in jedem astronomischen und mathematischen Handbuch; Tafeln zur Erleichterung der Interpolation in fast jeder mathematischen Tafelsammlung (*Vega, Barlow*, *Albrecht, Peters*).

1. Definition einer Interpolationsformel*). Verschiedene Arten derselben. Ist von einer Funktion (die an der in Betracht kommenden Stelle als stetig vorausgesetzt wird) der analytische Ausdruck entweder unbekannt oder wird er als zu kompliziert für unbekannt angenommen, so ist es gleichwohl möglich, Näherungswerte derselben für beliebige Werte des Argumentes innerhalb gewisser Grenzen anzugeben, wenn für bestimmte Werte des Argumentes, sei es durch Beobachtung oder durch direkte Benutzung des analytischen Ausdruckes die numerischen Beträge der Funktion vorliegen. Das hierzu ausgebildete Verfahren, vorhandene Zahlenreihen durch *Einschalten* neuer Werte mittelst eines raschen Prozesses zu ergänzen, heisst *Interpolieren*[1]); dasselbe besteht in der Regel in der *Ersetzung* der ursprünglichen Funktion durch eine bequemer zu berechnende neue Funktion, welche aus den bekannten numerischen Werten gebildet wird und welche sich diesen möglichst enge anschmiegt; diese Funktion heisst *Interpolationsformel.* Es hängt von der Natur der ursprünglichen Funktion beziehungsweise von dem Verlauf der vorliegenden Zahlenreihe ab, welche Form man der Interpolationsformel zu geben hat; man kann eine ganze rationale Funktion nehmen (parabolische Interpolation [Nr. **3**]) oder eine gebrochene rationale Funktion (nach *A. Cauchy* [Nr. **3**]) oder eine Exponentialfunktion (nach *R. Prony* [Nr. **12**]) oder eine periodische nach den sin und cos der Vielfachen des Argumentes fortschreitende Funktion (nach *Lagrange, Gauss, U. J. Leverrier* [Nr. **10**]) oder eine nach Kugelfunktionen fortschreitende Reihe (nach *A. M. Legendre, F. Neumann* [Nr. **13**]) oder end-

*) Durch eine Interpolationsformel kann man auch „ausgleichen", wenn die vorgelegten Werte eine „Ausgleichung" (frz. ajustement, engl. adjustement, graduation) gestatten, d. h. wenn sie nicht streng, sondern beobachtet sind. Cf. I B 1 a, Nr. **3**; I D 4 b, Nr. **5**, **6**, sowie die entsprechende Bemerkung zu I D 2, Nr. **1**.

1) Das Wort wird zuerst von *J. Wallis* gebraucht: Arithmetica Infinitorum Oxon. 1655.

lich man kann einen völlig allgemeinen Ansatz machen in Gestalt einer beliebig weit fortzusetzenden und beliebig zusammengesetzten Reihe (nach *Cauchy* [Nr. **11**] und *P. Tschebyscheff* [Nr. **14**]). Dient die Interpolationsformel zur Darstellung einer Beobachtungsreihe, so müssen ihre Koeffizienten nach den Prinzipien einer Fehlertheorie [I D 2] bestimmt werden. Statt die vorgelegten Werte einer Funktion y zu interpolieren, kann es oft zweckmässiger sein, die entsprechenden Werte einer einfach herzustellenden Funktion von y, z. B. e^y, $\log y$, $\sqrt{y}$ der Interpolation zu unterwerfen[2]).

2. Historisches und hauptsächlichste Anwendungen. Über die ältere Entwickelung von interpolatorischen Verfahren giebt die historische Einleitung zu einer der Abhandlungen von *Lagrange*[3]) über diesen Gegenstand Aufschluss; sie begann bei den ersten Herstellern von mathematischen und astronomischen Tafeln und fand in den allgemeinen Formeln von *J. Newton*[4]) und *Lagrange*[5]) ihren vorläufigen Abschluss. Der weitere Ausbau ist an die Namen von *Gauss, Encke, Cauchy, Leverrier* und *Tschebyscheff* geknüpft, deren Arbeiten an geeigneter Stelle citiert werden.

Interpolationsmethoden sind bei der Konstruktion und beim Gebrauch mathematischer Tafeln, astronomischer Ephemeriden u. s. f. unentbehrlich [Nr. **9**]; bei der Diskussion physikalischer und astronomischer Erscheinungen, deren Gesetz noch unbekannt ist, spielen sie sowohl für die Untersuchung als auch für die Ausgleichung [I D 2] der beobachteten Daten eine grosse Rolle.

Geometrisch interpretiert ist Interpolation die Bestimmung einer Kurve aus einer Reihe gegebener Punkte.

Die Interpolationsformel kann die wahre Funktion innerhalb ihres Geltungsbereiches auch betreffs aller damit vorzunehmenden Operationen ersetzen; insbesondere führt ihre Verwertung zur mechanischen Differenziation und Quadratur [Nr. **8**].

3. Parabolische Interpolation. Formel von Lagrange [I B 1 a, Nr. 2]. Die Grundlage für die *parabolische Interpolation* ist entweder der Taylor'sche Satz [II A 2, Nr. **11** ff.] oder auch der Satz, dass jede Funktion innerhalb bestimmter Grenzen näherungsweise durch eine

2) *C. W. Merrifield*, Report on the present State of Knowledge of the application of quadratures and interpolation to actual data (British Ass. 1880).

3) *Lagrange,* Sur les interpolations 1778 = Oeuvres 7, p. 535.

4) *Newton,* Principia math. Lib. III, Lemma V.

5) *Lagrange,* Leçons élémentaires sur les Mathématiques 1795 = Oeuvres 7, p. 284.

ganze rationale Funktion ersetzt werden kann. Wird die Funktion $f(x)$ dargestellt durch die ganze Funktion $(m-1)^{\text{ten}}$ Grades:

$$X = \alpha + \beta x + \gamma x^2 + \cdots + \nu x^{m-1},$$

und sind m Werte derselben $A, B, C, \ldots N$ bekannt, die den Argumentwerten $a, b, c, \ldots n$ entsprechen, so kann der Wert dieser Funktion für einen beliebigen Wert von x z. B. für $x = t$ angegeben werden; ist er T, so hat man nämlich die $m+1$ Gleichungen:

$$\begin{gathered} A = \alpha + \beta a + \gamma a^2 + \cdots + \nu a^{m-1} \\ B = \alpha + \beta b + \gamma b^2 + \cdots + \nu b^{m-1} \\ \cdots\cdots\cdots\cdots \\ T = \alpha + \beta t + \gamma t^2 + \cdots + \nu t^{m-1}, \end{gathered}$$

aus denen die m Grössen $\alpha, \beta, \ldots \nu$ eliminiert werden können [I B 1 b, Nr. **12**]; das Eliminationsresultat wird, wenn diese Gleichungen der Reihe nach mit:

$$\begin{gathered} \frac{1}{(a-b)(a-c)\cdots(a-t)} \\ \cdots\cdots\cdots \\ \frac{1}{(t-a)(t-b)\cdots(t-n)} \end{gathered}$$

multipliziert und addiert werden, in der Form erhalten:

$$\frac{A}{(a-b)(a-c)\cdots(a-t)} + \frac{B}{(b-a)(b-c)\cdots(b-t)} + \cdots + \frac{T}{(t-a)(t-b)\cdots(t-n)} = W.$$

W ist aber gleich Null nach dem allgemeinen Satz (*L. Euler*, Inst. Calc. Int. Petrop. 2, 1768/70, p. 432; *Gauss*, Werke 5, p. 266), dass:

$$S_r = \frac{a^r}{(a-b)(a-c)\cdots} + \frac{b^r}{(b-a)(b-c)\cdots} + \cdots$$

gleich der Summe der Kombinationen zu $r+1-m$ Elementen mit Wiederholungen aus den m Elementen $a, b, c, \ldots$ ist. Es folgt also:

$$(1) \quad T = \frac{(t-b)(t-c)\cdots(t-n)}{(a-b)(a-c)\cdots(a-n)} A + \frac{(t-a)(t-c)\cdots(t-n)}{(b-a)(b-c)\cdots(b-n)} B + \cdots + \frac{(t-a)(t-b)\cdots}{(n-a)(n-b)\cdots} N.$$

Hierdurch ist der Funktionswert T, der dem Argumente $x = t$ entspricht, durch bekannte Grössen ausgedrückt[6]).

6) *Encke*, Über Interpolation, Berl. Jahrb. f. 1830 = Ges. Abh. **1**, p. **1** (nach einer Vorlesung von *Gauss* 1812); *Gauss*, Theoria Interpolationis methodo nova tractata = Werke 3, p. 265. Auf kürzerem Wege ergiebt sich das Eliminationsresultat (1) auf Grund des *Cauchy*'schen Satzes [I A 2, Nr. **15**] über das alternierende Produkt.

(1) ist die *Lagrange'sche Interpolationsformel*; da sie, wie unmittelbar ersichtlich ist, für $t = a, b, \dots n$ dieselben Werte annimmt wie X, nämlich $A, B, \dots N$, so muss sie mit diesem identisch sein; es ist also allgemein:

$$(1^a) \quad X = \frac{(x-b)(x-c)\cdots(x-n)}{(a-b)(a-c)\cdots(a-n)} A + \frac{(x-a)(x-c)\cdots(x-n)}{(b-a)(b-c)\cdots(b-n)} B + \cdots + \frac{(x-a)(x-b)\cdots}{(n-a)(n-b)\cdots} N.$$

Sind m Werte der Funktion $f(x)$ gegeben, so können auch nur die m Koeffizienten einer Funktion $(m-1)^{\text{ten}}$ Grades X bestimmt werden. Reicht diese zur Darstellung von $f(x)$ nicht aus, sondern sind noch die Glieder $+ \varrho x^m + \sigma x^{m+1} + \cdots$ zur Ergänzung nötig, so kann doch die geschlossene Funktion $(m-1)^{\text{ten}}$ Grades zur Interpolation als „functio simplicissima" (*Gauss*) benutzt werden. Der Fehler, der dann begangen wird, ist:

$$(t-a)(t-b)\cdots(t-n)(\varrho + \sigma(a+b+c+\cdots n) + \cdots);$$

er wird also um so kleiner, je näher t an einen der gegebenen Werte $a, b, \dots$ gebracht wird und je mehr er in der Mitte zwischen allen liegt[7]).

Die Formel von *Lagrange* hat eine Verallgemeinerung [I B 1 a, Nr. 2] durch *Cauchy* (Analyse algébr. Note V) erfahren, indem er X nicht durch eine ganze, sondern durch eine gebrochene Funktion von der Form:

$$X = \frac{\alpha + \beta x + \gamma x^2 + \cdots + \nu x^{m-1}}{\mathfrak{a} + \mathfrak{b} x + \mathfrak{c} x^2 + \cdots + \mathfrak{k} x^n}$$

darstellt. Die praktisch nie zur Verwendung gelangte Formel ist Gegenstand von Arbeiten von *E. Brassinne* (J. de math. 11, 1846, p. 177), *C. G. J. Jacobi* (J. f. Math. 30, 1847, p. 127 = Werke 3, p. 481) und *G. Rosenhain* (J. f. Math. 30, p. 157) gewesen.

Ch. Hermite[8]) hat die Lagrange'sche Formel nach einer anderen Richtung verallgemeinert, indem er an Stelle der Funktionen:

$$\frac{(x-b)(x-c)\cdots(x-n)}{(a-b)(a-c)\cdots(a-n)} A, \dots,$$

die für alle x verschwinden mit Ausnahme für $x = a$, andere allgemeinere setzt, welche dieselbe Eigenschaft haben.

4. Newton'sche Formel mit den Gauss'schen Umformungen. *Gauss*[6]) hat eine wichtige Umformung der Gleichung (1^a) gegeben.

---

7) Siehe hierüber auch *Jacobi*'s Inauguraldissertation = Werke 3, p. 1.

8) *Hermite*, Sur l'interpolation, Par. C. R. 48, Janv 1859, p. 62.

Seien $X_1, X_2, X_3, \ldots$ die Werte, welche X annimmt, wenn man ein, zwei, drei, ... Werte von x benützt, so wird:

$$X_1 = A,$$

$$X_2 = \frac{x-b}{a-b}A + \frac{x-a}{b-a}B,$$

$$X_3 = \frac{(x-b)(x-c)}{(a-b)(a-c)}A + \frac{(x-a)(x-c)}{(b-a)(b-c)}B + \frac{(x-a)(x-b)}{(c-a)(c-b)}C$$

$$\cdots\cdots\cdots\cdots\cdots\cdots$$

Daraus folgt:

$$X_1 = A,$$

$$X_2 - X_1 = (x-a)\left(\frac{A}{a-b} + \frac{B}{b-a}\right),$$

$$X_3 - X_2 = (x-a)(x-b)\left(\frac{A}{(a-b)(a-c)} + \frac{B}{(b-a)(b-c)} + \frac{C}{(c-a)(c-b)}\right)$$

$$\cdots\cdots\cdots\cdots\cdots\cdots,$$

und daher durch Summation, wenn man setzt:

$$[ab] = \frac{A}{a-b} + \frac{B}{b-a},$$

$$[abc] = \frac{A}{(a-b)(a-c)} + \frac{B}{(b-a)(b-c)} + \frac{C}{(c-a)(c-b)},$$

$$\cdots\cdots\cdots\cdots\cdots\cdots$$

(2) $$X = A + (x-a)[ab] + (x-a)(x-b)[abc] + (x-a)(x-b)(x-c)[abcd] + \cdots.$$

Für die offenbar symmetrischen Funktionen $[ab]$, $[abc]$, ... ergeben sich aus obigen sofort folgende Ausdrücke:

$$[ab] = \frac{B-A}{b-a},$$

$$[abc] = \frac{[bc]-[ab]}{c-a},$$

$$[abcd] = \frac{[bcd]-[abc]}{d-a},$$

$$\cdots\cdots\cdots$$

deren Bildungsgesetz aus dem Schema:

Argument	Funktion					
a	A					
		$[ab]$				
b	B		$[abc]$			
		$[bc]$		$[abcd]$		
c	C		$[bcd]$		$[abcde]$	
		$[cd]$		$[bcde]$		$[abcdef]$
d	D		$[cde]$		$[bcdef]$	
		$[de]$		$[cdef]$		
e	E		$[def]$			
		$[ef]$				
f	F					

ersichtlich ist und sie als Differenzgrössen verschiedener Ordnung [I E, Nr. **1**] erkennen lässt.

(2) ist die allgemeine *Newton'sche Interpolationsformel* [I B 1 a, Nr. **3**; I E, Nr. **4**], wie sie in den Princ. math. Lib. III, Lemma V gegeben ist. Bei ihr kommen die absteigenden Differenzgrössen des Schemas zur Verwendung. Dies ist für die Rechnung unzweckmässig, wenn man der obigen Forderung genügt hat, x in die ungefähre Mitte der Grössen $a, b, \ldots$ fallen zu lassen. Die Symmetrie der Funktionen $[ab], \ldots$ gestattet aber sofort, folgende Formeln hinzuschreiben:

$$(3)\quad \begin{aligned} X = D &+ (x-d)[de] \\ &+ (x-d)(x-e)[cde] + (x-d)(x-e)(x-c)[cdef] \\ &+ (x-d)(x-e)(x-c)(x-f)[bcdef] + \cdots \end{aligned}$$

und:

$$(4)\quad \begin{aligned} X = D &+ (x-d)[cd] \\ &+ (x-d)(x-c)[cde] + (x-d)(x-c)(x-e)[bcde] \\ &+ (x-d)(x-c)(x-e)(x-b)[bcdef] + \cdots, \end{aligned}$$

von denen die erste jene Differenzgrössen enthält, die am nächsten einem zwischen D und E durch das Schema geführten horizontalen Strich liegen, und die Differenzgrössen der zweiten ebenso gegen einen zwischen C und D gezogenen Strich liegen; man wird die erste anwenden, wenn x zwischen d und e, die zweite wenn x zwischen c und d fällt. Bringt man (3) und (4) in die für die praktische Ausführung einer Rechnung bequemste Form:

$$(3^{a})\quad X = D + (x-d)[[de] + (x-e)\{[cde] + (x-c)([cdef] + \cdots)\}],$$

$$(4^{a})\quad X = D + (x-d)[[cd] + (x-c)\{[cde] + (x-e)([bcde] + \cdots)\}],$$

wobei die Rechnung von rückwärts zu beginnen ist, so hat man nach einer Bemerkung von *Gauss* überdies den Vorteil, dass man auf das Vorzeichen der einzelnen Korrektionen keine besondere Aufmerksamkeit zu wenden braucht, indem jede Differenz durch die höhere so zu korrigieren ist, dass sie der auf der anderen Seite des Striches stehenden näher gebracht wird (Gauss'sche Strichmethode).

5. Andere Begründungen. Wie in dieser Gauss'schen Darstellung die Newton'sche Formel aus der Lagrange'schen hervorgegangen ist, so kann auch der umgekehrte Weg eingeschlagen werden. Man vergleiche hierüber die Begründung der Interpolationsrechnung nach *Radau* [9]). *Markoff* [10]) nimmt als Ausgangspunkt die

9) *Radau*, Études sur les formules d'interpolation I.

10) *Markoff*, Differenzenrechnung, Kap. 1—3.

allgemeinere Aufgabe: Es sind die Werte einer Funktion *und einiger ihrer successiven Ableitungen* für gegebene Werte des Argumentes bekannt; es soll eine ganze Funktion möglichst niedrigen Grades gefunden werden, die zugleich mit denselben Ableitungen für die nämlichen Werte des Argumentes die gleichen Werte annimmt, wie jene Funktion. Die Taylor'sche, die Lagrange'sche, die Newton'sche und andere praktisch belanglose Interpolationsformeln erscheinen dann als Unterfälle; der Übergang von den Differenzialquotienten zu den Differenzgrössen muss besonders ausgeführt werden. Dieser Weg ist bereits von *Hermite* angedeutet worden[11]). Die Markoff'sche Darstellung ist besonders ausgezeichnet durch die strenge Diskussion der Restglieder.

6. Die Interpolationsformeln bei gleichen Intervallen der Argumente [I B 1 a, Nr. 3; I E, Nr. 5]. Für den in der Praxis am häufigsten vorkommenden Fall, nämlich den, wo die Argumentwerte eine arithmetische Reihe bilden, wollen wir wegen ihrer häufigen Anwendung die Formeln besonders aufstellen. Ist ω das konstante Intervall und bezeichnet man die Differenzen verschiedener Ordnungen, wie in dem nachstehenden Schema angegeben ist:

Arg.	Funkt.	I. Diff.	II. Diff.	III. Diff.	IV. Diff.
a	A				
		ΔA			
b	B		$\Delta^2 A$		
		ΔB		$\Delta^3 A$	
c	C		$\Delta^2 B$		$\Delta^4 A$
		ΔC		$\Delta^3 B$	
d	D		$\Delta^2 C$		$\Delta^4 B$
		ΔD		$\Delta^3 C$	
e	E		$\Delta^2 D$		
		ΔE			
f	F				

wo also gesetzt ist:

$$\Delta A = B - A, \quad \Delta B = C - B, \quad \Delta C = D - C, \ldots$$
$$\Delta^2 A = \Delta B - \Delta A, \quad \Delta^2 B = \Delta C - \Delta B, \ldots$$
$$\Delta^3 A = \Delta^2 B - \Delta^2 A, \ldots$$
$$\cdots\cdots\cdots,$$

so wird:

$$[ab] = \frac{\Delta A}{\omega}$$
$$[abc] = \frac{\Delta^2 A}{1 \cdot 2 \cdot \omega^2}$$
$$[abcd] = \frac{\Delta^3 A}{1 \cdot 2 \cdot 3 \cdot \omega^3},$$

11) *Hermite*, Lettre à M. Borchardt (J. für Math. 84, 1878, p. 70)

und die Formeln (2), (3), (4) gehen über in folgende, wenn beziehungsweise $x - a = t\omega$, $x - d = t\omega$, $d - x = t\omega$ gesetzt wird:

$$(5)\quad X = A + t\Delta A + \frac{t(t-1)}{1\cdot 2}\Delta^2 A + \frac{t(t-1)(t-2)}{1\cdot 2\cdot 3}\Delta^3 A + \cdots$$

$$(6)\quad X = D + t\Delta D + \frac{t(t-1)}{1\cdot 2}\Delta^2 C + \frac{t(t-1)(t+1)}{1\cdot 2\cdot 3}\Delta^3 C + \cdots$$

$$(7)\quad X = D - t\Delta C + \frac{t(t-1)}{1\cdot 2}\Delta^2 C - \frac{t(t-1)(t+1)}{1\cdot 2\cdot 3}\Delta^3 B + \cdots.$$

In der Form (5) wird die Newton'sche Formel gewöhnlich angegeben, (6) wird man verwenden, wenn x in der Nähe von d und zwischen d und e liegt, (7) wenn es zwischen c und d liegt. Man bezeichnet die erstere Operation als Interpolation *„nach vorwärts“*, letztere als Interpolation *„nach rückwärts“*. Liegt x genau in der Mitte zwischen zwei Argumenten c und d, so ist es gleichgiltig, ob man von c aus nach vorwärts oder von d aus nach rückwärts interpoliert. Aus dem arithmetischen Mittel beider fallen die ungeraden Differenzen heraus und die bequeme Formel für die *„Interpolation in die Mitte“* wird:

$$(8)\qquad X = \frac{C+D}{2} - \frac{1}{8}\frac{\Delta^2 B + \Delta^2 C}{2} + \frac{3}{128}\frac{\Delta^4 A + \Delta^4 B}{2} - \frac{5}{1024}\frac{\Delta^6\cdot + \Delta^6\cdot}{2} + \cdots.$$

Es treten hier also nur die arithmetischen Mittel derjenigen geraden Differenzen auf, zwischen denen der durch $\frac{c+d}{2}$ gelegte Horizontalstrich hindurchgeht. Infolge der leichten Anwendung der Formel (8) wird man bei Herstellung von mathematischen Tafeln, Ephemeriden u. drgl. stets das Intervall der direkt berechneten Werte einer Potenz von 2 proportional machen, um durch fortwährende Interpolation in die Mitte bis zu den Funktionswerten für die Argumente mit dem kleinsten gewünschten Intervall zu gelangen. Dabei wird es meistens zweckmässig sein, bei jeder einzelnen Interpolation nur bis zur ersten Differenz fortzuschreiten, um schliesslich alle Funktionswerte gleichzeitig durch successive Summation zu erhalten.

7. Die früheren und einige neue Interpolationsformeln in der Encke'schen Bezeichnungsweise. *Encke* hat eine systematische und bequeme Bezeichnungsweise der Funktionswerte und ihrer Differenzen eingeführt[12]), die den Vorteil hat, dass sie den Ort jeder Differenz unmittelbar anzeigt. Sie ist aus folgendem Schema unmittelbar ersichtlich:

12) Über mechanische Quadratur, Berl. Jahrb. 1837 = Ges. Abh. 1, p. 21.

Arg.	Funkt.	I. Diff.	II. Diff.	III. Diff.	IV. Diff.
$a-2\omega$	$f(a-2)$		$f^{\mathrm{II}}(a-2)$		$f^{\mathrm{IV}}(a-2)\cdots$
		$f^{\mathrm{I}}(a-\frac{3}{2})$		$f^{\mathrm{III}}(a-\frac{3}{2})$	
$a-\omega$	$f(a-1)$		$f^{\mathrm{II}}(a-1)$		$f^{\mathrm{IV}}(a-1)\cdots$
		$f^{\mathrm{I}}(a-\frac{1}{2})$		$f^{\mathrm{III}}(a-\frac{1}{2})$	
a	$f(a)$		$f^{\mathrm{II}}(a)$		$f^{\mathrm{IV}}(a)\cdots$
		$f^{\mathrm{I}}(a+\frac{1}{2})$		$f^{\mathrm{III}}(a+\frac{1}{2})$	
$a+\omega$	$f(a+1)$		$f^{\mathrm{II}}(a+1)$		$f^{\mathrm{IV}}(a+1)\cdots$
		$f^{\mathrm{I}}(a+\frac{3}{2})$		$f^{\mathrm{III}}(a+\frac{3}{2})$	
$a+2\omega$	$f(a+2)$		$f^{\mathrm{II}}(a+2)$		$f^{\mathrm{IV}}(a+2)\cdots$
$\vdots$	$\vdots$	$\vdots$	$\vdots$	$\vdots$	$\vdots$

Als Argument ist immer das arithmetische Mittel der beiden Argumente angesetzt, aus deren Werten die betreffende Differenz hervorgegangen ist, z. B.:

$$f^{\mathrm{III}}(a-\tfrac{1}{2}) = f^{\mathrm{II}}(a) - f^{\mathrm{II}}(a-1).$$

Wird ein beliebiger Wert des Argumentes x mit $a+n\omega$ bezeichnet, wo man a stets so wählen kann, dass n ein echter Bruch wird, so gehen die Formeln (5), (6), (7) in folgende Gestalt über:

$$(9)\quad f(a+n\omega) = f(a) + nf^{\mathrm{I}}\left(a+\frac{1}{2}\right) + \frac{n(n-1)}{1\cdot 2} f^{\mathrm{II}}(a+1)$$
$$+\frac{n(n-1)(n-2)}{1\cdot 2\cdot 3} f^{\mathrm{III}}\left(a+\frac{3}{2}\right) + \frac{n(n-1)(n-2)(n-3)}{1\cdot 2\cdot 3\cdot 4} f^{\mathrm{IV}}(a+2) + \cdots,$$

$$(10)\quad f(a+n\omega) = f(a) + nf^{\mathrm{I}}\left(a+\frac{1}{2}\right) + \frac{n(n-1)}{1\cdot 2} f^{\mathrm{II}}(a)$$
$$+\frac{(n+1)n(n-1)}{1\cdot 2\cdot 3} f^{\mathrm{III}}\left(a+\frac{1}{2}\right) + \frac{(n+1)n(n-1)(n-2)}{1\cdot 2\cdot 3\cdot 4} f^{\mathrm{IV}}(a)$$
$$+\frac{(n+2)(n+1)n(n-1)(n-2)}{1\cdot 2\cdot 3\cdot 4\cdot 5} f^{\mathrm{V}}\left(a+\frac{1}{2}\right) + \cdots,$$

$$(11)\quad f(a+n\omega) = f(a) + nf^{\mathrm{I}}\left(a-\frac{1}{2}\right) + \frac{n(n+1)}{1\cdot 2} f^{\mathrm{II}}(a)$$
$$+\frac{(n+1)n(n-1)}{1\cdot 2\cdot 3} f^{\mathrm{III}}\left(a-\frac{1}{2}\right) + \frac{(n+2)(n+1)n(n-1)}{1\cdot 2\cdot 3\cdot 4} f^{\mathrm{IV}}(a)$$
$$+\frac{(n+2)(n+1)n(n-1)(n-2)}{1\cdot 2\cdot 3\cdot 4\cdot 5} f^{\mathrm{V}}(a) + \cdots,$$

von denen man die zweite am vortheilhaftesten gebraucht, wenn n positiv ist, die dritte, wenn n negativ ist. Für einen kleinen Wert von n kann man jede der beiden Formeln mit nahe gleicher Genauigkeit anwenden, oder noch besser das arithmetische Mittel aus ihnen. Führt man dann die neue Bezeichnung ein:

$$\frac{1}{2}\left\{f^{\mathrm{I}}\left(a+\frac{1}{2}\right)+f^{\mathrm{I}}\left(a-\frac{1}{2}\right)\right\}=f^{\mathrm{I}}(a)$$
$$\frac{1}{2}\left\{f^{\mathrm{I}}\left(a+\frac{3}{2}\right)+f^{\mathrm{I}}\left(a+\frac{1}{2}\right)\right\}=f^{\mathrm{I}}(a+1)$$
$$\cdots\cdots\cdots$$
$$\frac{1}{2}\left\{f^{\mathrm{II}}(a)\quad+f^{\mathrm{II}}(a+1)\right\}=f^{\mathrm{II}}\left(a+\frac{1}{2}\right)$$
$$\frac{1}{2}\left\{f^{\mathrm{II}}(a+1)+f^{\mathrm{II}}(a+2)\right\}=f^{\mathrm{II}}\left(a+\frac{3}{2}\right),$$
$$\cdots\cdots\cdots\cdots$$

die zu Verwechslungen offenbar keinen Anlass geben kann, so kommt die neue Formel:

$$(12)\quad f(a+n\omega)=f(a)+nf^{\mathrm{I}}(a)+\frac{n^2}{1\cdot 2}f^{\mathrm{II}}(a)+\frac{(n+1)n(n-1)}{1\cdot 2\cdot 3}f^{\mathrm{III}}(a)$$
$$+\frac{(n+1)n\cdot n(n-1)}{1\cdot 2\cdot 3\cdot 4}f^{\mathrm{IV}}(a)+\frac{(n+2)(n+1)n(n-1)(n-2)}{1\cdot 2\cdot 3\cdot 4\cdot 5}f^{\mathrm{V}}(a)+\cdots,$$

die nun völlig symmetrisch gebildet ist, indem sie von den ungeraden Differenzen die arithmetischen Mittel jener benutzt, zwischen denen der durch $f(a)$ gelegte Horizontalstrich hindurchgeht, von den geraden die direkt getroffenen. Diese Formel ist bereits in einem von *Newton* [13]) angegebenen Satze enthalten, wurde auch von *Roger Cotes* schon benützt, wird jedoch gewöhnlich die *Stirling*'sche [14]) genannt; sie war lange vergessen, bis *Lagrange* [15]) wieder auf sie aufmerksam machte. *Oppolzer* [16]) hat die Koeffizienten der Entwicklung durch Kombinationssummen der Quadrate der ganzen Zahlen dargestellt.

Verschiebt man (11) um ein Intervall nach vorwärts und nimmt zwischen der so entstehenden Formel und (10) das arithmetische Mittel, so erhält man die weitere Formel, die symmetrisch ist in Bezug auf einen zwischen $f(a)$ und $f(a+1)$ geführten Horizontalstrich:

$$(13)\quad f(a+n\omega)=f(a)+nf^{\mathrm{I}}\left(a+\frac{1}{2}\right)+\frac{(n-1)n}{1\cdot 2}f^{\mathrm{II}}\left(a+\frac{1}{2}\right)$$
$$+\frac{(n-1)n\left(n-\frac{1}{2}\right)}{1\cdot 2\cdot 3}f^{\mathrm{III}}\left(a+\frac{1}{2}\right)+\frac{(n-2)(n-1)n(n+1)}{1\cdot 2\cdot 3\cdot 4}f^{\mathrm{IV}}\left(a+\frac{1}{2}\right)$$
$$+\frac{(n-2)(n-1)n(n+1)\left(n-\frac{1}{2}\right)}{1\cdot 2\cdot 3\cdot 4\cdot 5}f^{\mathrm{V}}\left(a+\frac{1}{2}\right)+\cdots;$$

13) *Newton*, Methodus differentialis, Lond. 1711, Prop. III = Opuscula 1, p. 271.

14) *J. Stirling*, Methodus differentialis, Lond. 1730.

15) *Lagrange*, Sur les interpolations, Oeuvres 7, p. 535.

16) *Th. Oppolzer*, Lehrb. der Bahnbestimmung 2, Leipz. 1880, erster Abschn.

ihre beiden ersten Glieder können auch geschrieben werden:

$$f\left(a+\tfrac{1}{2}\right)+\left(n-\tfrac{1}{2}\right)f^{\mathrm{I}}\left(a+\tfrac{1}{2}\right),$$

wenn zur Abkürzung gesetzt wird:

$$f\left(a+\tfrac{1}{2}\right)=\tfrac{1}{2}\left(f(a)+f(a+1)\right).$$

Sie findet sich ebenfalls bereits bei *Stirling*[14]) und wird in der Praxis am häufigsten angewendet.

Aus (13) folgt sofort die Formel für die Interpolation in die Mitte, wenn man $n=\frac{1}{2}$ setzt:

$$(14)\quad f\left(a+\tfrac{\omega}{2}\right)=f\left(a+\tfrac{1}{2}\right)-\tfrac{1}{8}f^{\mathrm{II}}\left(a+\tfrac{1}{2}\right)+\tfrac{3}{128}f^{\mathrm{IV}}\left(a+\tfrac{1}{2}\right)-\tfrac{5}{1024}f^{\mathrm{VI}}\left(a+\tfrac{1}{2}\right)+\cdots;$$

hierin ist wiederum:

$$f\left(a+\tfrac{1}{2}\right)=\tfrac{1}{2}\left(f(a+1)+f(a)\right).$$

Alle diese Formeln lassen sich auch nach einem Kunstgriff von *Euler* ableiten, wenn man für $f(a+n\omega)$ eine *bestimmte* Funktion annimmt, deren Differenzenschema sehr einfach ist, und deren analytische Entwicklung bekannt ist; durch Vergleich eines Ansatzes mit unbestimmten Koeffizienten mit dieser letzteren werden die Koeffizienten, die natürlich für jede Funktion identisch herauskommen müssen, sofort ermittelt. Als solche Funktion empfiehlt sich besonders $f(a+n\omega)=e^{a+n\omega}$.

8. Mechanische Differenziation und Quadratur. Ordnet man (12) nach Potenzen von n:

$$\begin{aligned}(15)\quad f(a+n\omega)=f(a)&+n\left\{f^{\mathrm{I}}(a)-\tfrac{1}{6}f^{\mathrm{III}}(a)+\tfrac{1}{30}f^{\mathrm{V}}(a)-\tfrac{1}{240}f^{\mathrm{VII}}(a)+\cdots\right\}\\&+\tfrac{1}{2}n^2\left\{f^{\mathrm{II}}(a)-\tfrac{1}{12}f^{\mathrm{IV}}(a)+\tfrac{1}{90}f^{\mathrm{VI}}(a)-\cdots\right\}\\&+\tfrac{1}{6}n^3\left\{f^{\mathrm{III}}(a)-\tfrac{1}{4}f^{\mathrm{V}}(a)+\tfrac{7}{120}f^{\mathrm{VII}}(a)-\cdots\right\}\\&+\tfrac{1}{24}n^4\left\{f^{\mathrm{IV}}(a)-\tfrac{1}{6}f^{\mathrm{VI}}(a)+\cdots\right\}\\&+\tfrac{1}{120}n^5\left\{f^{\mathrm{V}}(a)-\tfrac{1}{3}f^{\mathrm{VII}}(a)+\cdots\right\}\\&+\tfrac{1}{720}n^6\left\{f^{\mathrm{VI}}(a)-\cdots\right\}\\&+\tfrac{1}{5040}n^7\left\{f^{\mathrm{VII}}(a)-\cdots\right\}\\&+\;\cdot\;\cdot\;\cdot\;\cdot\;\cdot\;\cdot\;\cdot\,,\end{aligned}$$

und vergleicht diese Entwicklung mit jener nach dem Taylor'schen Lehrsatz:

$$f(a+n\omega)=f(a)+n\omega\frac{df(a)}{da}+\frac{n^2\omega^2}{1\cdot 2}\frac{d^2f(a)}{da^2}+\cdots,$$

so erhält man sofort die Formeln der *mechanischen Differenziation*:

$$\frac{df(a)}{da}=\frac{1}{\omega}\left\{f^{\mathrm{I}}(a)-\frac{1}{6}f^{\mathrm{III}}(a)+\frac{1}{30}f^{\mathrm{V}}(a)-\frac{1}{240}f^{\mathrm{VII}}(a)+\cdots\right\},$$

$$(16)\quad \frac{d^2f(a)}{da^2}=\frac{1}{\omega^2}\left\{f^{\mathrm{II}}(a)-\frac{1}{12}f^{\mathrm{IV}}(a)+\frac{1}{90}f^{\mathrm{VI}}(a)-\cdots\right\},$$

. . . .

und für die Differenzialquotienten an einer beliebigen Stelle der Funktion:

$$(17)\quad \frac{df(a+n\omega)}{d(a+n\omega)}=\frac{1}{\omega}\left\{f^{\mathrm{I}}(a)+nf^{\mathrm{II}}(a)+\frac{3n^2-1}{1\cdot 2\cdot 3}f^{\mathrm{III}}(a)\right.$$
$$\left.+\frac{4n^3-2n}{1\cdot 2\cdot 3\cdot 4}f^{\mathrm{IV}}(a)+\frac{5n^4-15n^2+4}{1\cdot 2\cdot 3\cdot 4\cdot 5}f^{\mathrm{V}}(a)+\cdots\right\}.$$

. . . .

Wird (15) zwischen den Grenzen $n=-\frac{1}{2}$ und $n=i+\frac{1}{2}$ (i eine ganze Zahl) integriert, so erhält man die in der astronomischen Praxis am häufigsten verwendete Formel für *mechanische Quadratur:*

$$(18)\quad \int\limits_{-1/2}^{i+1/2} f(a+n\omega)dn={}^{\mathrm{I}}f\left(a+i+\frac{1}{2}\right)+\frac{1}{24}f^{\mathrm{I}}\left(a+i+\frac{1}{2}\right)$$
$$-\frac{17}{5760}f^{\mathrm{III}}\left(a+i+\frac{1}{2}\right)+\frac{367}{967680}f^{\mathrm{V}}\left(a+i+\frac{1}{2}\right)-\cdots;$$

hierin sind mit ${}^{\mathrm{I}}f$ die Glieder der ersten Summenreihe [I E, Nr. 8] bezeichnet, d. h. jener Reihe, von der die Funktionsreihe die erste Differenzreihe ist; das offenbar beliebig anzusetzende erste Glied derselben ist in obiger Formel so bestimmt gedacht, dass:

$${}^{\mathrm{I}}f\left(a-\frac{1}{2}\right)=-\frac{1}{24}f^{\mathrm{I}}\left(a-\frac{1}{2}\right)+\frac{17}{5760}f^{\mathrm{III}}\left(a-\frac{1}{2}\right)$$
$$-\frac{367}{967680}f^{\mathrm{V}}\left(a-\frac{1}{2}\right)+\cdots.$$

Integriert man (15) zweimal zwischen den Grenzen $-\frac{1}{2}$ und $+i$, so ergiebt sich die Formel für das Doppelintegral:

$$(19)\quad \iint\limits_{-1/2}^{i} f(a+n\omega)dn^2={}^{\mathrm{II}}f(a+i\omega)+\frac{1}{12}f(a+i\omega)$$
$$-\frac{1}{240}f^{\mathrm{II}}(a+i\omega)+\frac{31}{60480}f^{\mathrm{IV}}(a+i\omega)\cdots,$$

wobei das willkürliche Glied der ersten Summenreihe in derselben

Weise bestimmt gedacht ist wie oben, das der zweiten Summenreihe ${}^{\mathrm{II}}f$ aber durch:

$$ {}^{\mathrm{II}}f(a-\omega) = \frac{1}{24} f(a) - \frac{17}{5760}\left(2f^{\mathrm{II}}(a) + f^{\mathrm{II}}(a-\omega)\right) $$
$$ + \frac{367}{967680}\left(3f^{\mathrm{IV}}(a) + 2f^{\mathrm{IV}}(a-\omega)\right) $$
$$ \cdots\cdots\cdots $$

Diese hier mehr nebenbei angeführten, aus den Interpolationsformeln folgenden Formeln für mechanische Quadratur sind von *Gauss* entwickelt und von *Encke*[17]) veröffentlicht worden; sie sind noch vieler Modifikationen fähig. Über mechanische Quadratur überhaupt sehe man II A 2, Nr. 50—55; I E, Nr. 7.

9. Herstellung mathematischer Tabellen. Auf dem Satze der Differenzenrechnung [I E, Nr. 2]: „Wird von einer ganzen Funktion m^{ten} Grades für äquidistante Intervalle des Argumentes eine Reihe von Werten gebildet, so sind die m^{ten} Differenzen derselben konstant" beruht eine Interpolationsmethode, die für die Herstellung mathematischer Tafelwerke von grosser Wichtigkeit ist, da sie die Bildung neuer Funktionswerte durch successive Summation gestattet; sie wird häufig die *Mouton*'sche Methode genannt, obwohl sie schon von *Henry Briggs*[18]) und *Cotes*[19]) ebenso wie von *Gabriel Mouton*[20]) auf empirischem Wege gefunden und bei der Berechnung der Logarithmentafeln im grössten Umfange angewendet worden war. Die durch Induktion gefundenen Resultate hat *Lagrange* mittelst eines symbolischen Kalküls[21]) streng begründet[22]).

Sind $T_0 T_1 T_2 \ldots T_n T_{n+1} \ldots$ Glieder einer vorgelegten Reihe und $D_1 D_2 D_3 \ldots$ die Differenzen erster, zweiter, etc. Ordnung, d. h. ist $D_0 = T_0$, $D_1 = T_1 - T_0$, $D_2 = T_2 - 2T_1 + T_0$, u. s. f., so wird allgemein:

$$ D_m = T_m - m T_{m-1} $$
$$ + \frac{m(m-1)}{1\cdot 2} T_{m-2} - \frac{m(m-1)(m-2)}{1\cdot 2\cdot 3} T_{m-3} + \cdots (-1)^m T_0, $$

17) *Encke*, Über mech. Quadr., Berl. Jahrb. 1837 u. 1862 = Ges. Abh. 1, p. 21, 61.

18) *H. Briggs*, Arithmetica logarithmica, Lond. 1620, Kap. XIII; Trigonometria Brit., Lond. 1633, Kap. XII.

19) *R. Cotes*, Canonotechnia sive Constructio Tabularum per differentias, Opera misc. Cambr. 1722.

20) *Mouton,* Observationes diametrorum Solis et Lunae. Lugd. 1670.

21) *Lagrange*, Sur une nouvelle espèce de calcul, Berl. N. Mém. 3, année 1772 [74] = oeuvres 3, p. 441.

22) *Lagrange*, Mém. sur la méthode d'interpolation, oeuvres 5, p. 663.

und umgekehrt [I E, Nr. 4]:

$$(20)\quad T_n = D_0 + nD_1 + \frac{n(n-1)}{1\cdot 2} D_2 + \frac{n(n-1)(n-2)}{1\cdot 2\cdot 3} D_3 + \cdots.$$

Ist n eine ganze Zahl und ist die Funktion, welche die Werte T darstellt, eine ganze vom Grade r, sodass $D_{r+1} = 0$ wird, so kann die Formel (20) (die Newton'sche Interpolationsformel [Nr. 4]) durch successive Addition aus den Differenzen gebildet werden; z. B. man berechnet von der Funktion $10z^3 - 101z^2 - 109z + 1799$ die Werte für $z = 0, 1, 2, 3$ direkt und bildet das Differenzenschema:

z	f	f^{I}	f^{II}	f^{III}
0	+ 1799			
		— 200		
1	+ 1599		— 142	
		— 342		+ 60 (konstant).
2	+ 1257		— 82	
		— 424		
3	+ 833			

Die übrigen Werte folgen dann durch folgende Rechnung:

z	D_0	D_1	D_2	D_3
0	+ 1799	— 200	— 142	+ 60
1	+ 1599	— 342	— 82	+ 60
2	+ 1257	— 424	— 22	+ 60
3	+ 833	— 446	+ 38	+ 60
4	+ 387	— 408	+ 98	+ 60
5	— 21	— 310	+ 158	. . .
6	— 331	— 152	. . . .	
7	— 483	. . . .		
. . . .				

Ist nun die Aufgabe gestellt, zwischen die Glieder der Reihe $T_0, T_1, \ldots$ andere einzuschalten, welche dasselbe Gesetz befolgen, also die neue Reihe $t_0, t_1, \ldots$ mit den Differenzen $d_0, d_1, d_2, \ldots$ zu bilden, für welche allgemein $t_{ms} = T_s$ sein soll, so kommt es offenbar nur darauf an, die Differenzen $d_0, d_1, d_2, \ldots$ durch bekannte Grössen auszudrücken, um dann durch successive Summation die eingeschalteten Glieder herzustellen. *Lagrange* findet:

$$d_s = aD_s + bD_{s+1} + cD_{s+2} + dD_{s+3} + \cdots,$$

$$a = \frac{1}{m^s},$$

$$b = s\,\frac{1-m}{1\cdot 2m}\,a,$$

$$c = \frac{2s}{2}\,\frac{(1-m)(1-2m)}{1\cdot 2\cdot 3\,m^2}\,a + \frac{s-1}{2}\cdot\frac{1-m}{1\cdot 2m}\,b,$$

$$d = \frac{3s}{3}\frac{(1-m)(1-2m)(1-3m)}{1\cdot 2\cdot 3\cdot 4\,m^3}a + \frac{2s-1}{3}\frac{(1-m)(1-2m)}{1\cdot 2\cdot 3\,m^2}b + \frac{s-2}{3}\frac{1-m}{1\cdot 2m}c,$$

$$\ldots\ldots\ldots\ldots\ldots\ldots\ldots\ldots,$$

womit das Mouton'sche Problem allgemein gelöst ist.

Schliessen die Differenzen der Reihe T mit D_r ab, so dass $D_{r+1} = 0$ wird, so wird:

für $s = r \quad d_r = aD_r;\quad a = \frac{1}{m^r},$

„ $s = r-1 \quad d_{r-1} = aD_{r-1} + bD_r;\quad a = \frac{1}{m^{r-1}},\quad b = \frac{(r-1)(1-m)}{2m^r},$

„ $s = r-2 \quad d_{r-2} = aD_{r-2} + bD_{r-1} + cD_r;$

$$a = \frac{1}{m^{r-2}},\quad b = \frac{(r-2)(1-m)}{2m^{r-1}},$$

$$c = \frac{(r-2)(1-m)(1-2m)}{1\cdot 2\cdot 3\,m^r} + \frac{(r-2)(r-3)(1-m)^2}{8m^r},$$

$$\ldots\ldots\ldots\ldots\ldots\ldots\ldots\ldots$$

Wünscht man in obigem Beispiel zwischen je 2 Glieder der Reihe weitere 4 einzuschalten, also jedes Intervall in 5 Unterteile zu teilen, so hat man zu setzen $m = 5$, $r = 3$ und findet mit:

$$D_1 = -200,\quad D_2 = -142,\quad D_3 = +60$$

die Differenzen der vervollständigten Reihe:

$$d_3 = +\frac{1}{125}60 = +0{,}48$$
$$d_2 = -\ \ 7{,}60$$
$$d_1 = -25{,}76,$$

und damit durch folgende Rechnung die eingeschalteten Glieder:

z				
0,0	+ 1799,00	— 25,76	— 7,60	+ 0,48
0,2	+ 1773,24	— 33,36	— 7,12	+ 0,48
0,4	+ 1739,88	— 40,48	— 6,64	+ 0,48
0,6	+ 1699,40	— 47,12	— 6,16	+ 0,48
0,8	+ 1652,28	— 53,28	— 5,68	+ 0,48
1,0	+ 1599,00	— 58,96	— 5,20	+ 0,48
1,2	+ 1540,04	— 64,16	— 4,72	+ 0,48
1,4	+ 1475,88	— 68,88	— 4,24	+ 0,48
1,6	+ 1407,00	— 73,12	— 3,76	. . . .
1,8	+ 1333,88	— 76,88	. . . .	
2,0	+ 1257,00	. . . .		
. . . .				

Betreffs weiterer Beispiele und Methoden sehe man *A. A. Markoff*, Differenzenrechnung, Kap. IV, Herstellung und Benutzung mathematischer Tabellen. Der Gegenstand ist auch behandelt von *U. J. Leverrier*, Ann. de l'Obs. de Paris 1, 1855, p. 125.

Wertvolle Winke für Berechnung von Tafeln findet man in der Encke'schen Abhandlung „Über die Dimensionen des Erdkörpers", Berl. astr. Jahrb. für 1852.

10. Interpolation durch periodische Reihen. Die Interpolation periodischer Funktionen durch *periodische Reihen* von der Form:

$$(21)\qquad T = \frac{\alpha_0}{2} + \alpha_1 \cos t + \alpha_2 \cos 2t + \cdots + \alpha_n \cos nt \\ + \beta_1 \sin t + \beta_2 \sin 2t + \cdots + \beta_n \sin nt$$

ist schon von *Lagrange*[23]) an mehreren Stellen behandelt worden, in abschliessender Weise hat sich *Gauss*[24]) damit beschäftigt. Sind die Werte $A, B, \ldots, L$ bekannt, welche T für die $2n+1$ Werte von t: $a, b, c, \ldots, l$ annimmt, so bietet die Lagrange'sche Interpolationsformel [Nr. 3] den Ausdruck:

$$T = A\frac{\sin\frac{t-b}{2}\sin\frac{t-c}{2}\cdots\sin\frac{t-l}{2}}{\sin\frac{a-b}{2}\sin\frac{a-c}{2}\cdots\sin\frac{a-l}{2}} + B\frac{\sin\frac{t-a}{2}\sin\frac{t-c}{2}\cdots\sin\frac{t-l}{2}}{\sin\frac{b-a}{2}\sin\frac{b-c}{2}\cdots\sin\frac{b-l}{2}} + \cdots,$$

der, in die Form (21) übergeführt, die Koeffizienten α und β kennen lehrt. In der Praxis tritt dieser allgemeine Fall kaum auf; man wählt hier für $a, b, c, \ldots$ die äquidistanten Werte:

$$a,\ b = a + \frac{2\pi}{2n+1},\quad c = a + 2\frac{2\pi}{2n+1},\ \ldots,\ l = a + 2n\frac{2\pi}{2n+1},$$

worauf die α und β sich durch folgende einfache Formeln bestimmen:

$$(22)\qquad \begin{cases} \alpha_i = \frac{2}{2n+1}(A\cos ia + B\cos ib + \cdots + L\cos il), \\ \beta_i = \frac{2}{2n+1}(A\sin ia + B\sin ib + \cdots + L\sin il). \end{cases}$$

Oder häufiger und mit grösserem Vorteil, man teilt den Umkreis 2π in eine *gerade* Anzahl von Teilen; man kann dann in der Entwick-

23) *Lagrange*, Oeuvres 6, p. 507 u. 7, p. 541.

24) *L. Euler*, Opusc. anal. 1, Petrop. 1783, p. 165; *W. Bessel*, Königsb. Beob. 1 Abt. 1815, p. 3 = Ges. Abh. 2, p. 24; Astron. Nachr. 6 (1828), p. 333 = Ges. Abh. 2, p. 364; *Gauss*, Theoria interpolationis etc. = Werke 3, Art. 10—41; man sehe auch die Darstellung von *Leverrier*, Ann. de l'Obs. de Paris, 1, 1855, p. 103 und von *F. Tisserand*, Méc. cél. 4, Par. 1896, p. 15; ferner *J. Hoüel*, Sur le développement des fonctions en séries périodiques au moyen de l'interpolation (Ann. de l'Obs. de Paris 8, 1866).

lung (21) nur $2n$ Koeffizienten bestimmen, d. h. β_n bleibt unbestimmt. Die Formeln werden für die Rechnung am bequemsten, wie folgt, geschrieben. Den $2n$ Werten von t:

$$0,\ h,\ 2h, \ldots (2n-1)h, \quad \text{wo} \quad h = \frac{2\pi}{2n},$$

mögen die Werte von T:

$$T_0,\ T_1, \ldots, T_{2n-1}$$

entsprechen; ferner werde zur Abkürzung gesetzt:

$$T_r + T_{n+r} = (r,\ n+r)$$

$$T_r - T_{n+r} = \left(\frac{r}{n+r}\right),$$

dann wird:

I. i gerade.

$$\frac{n}{2}(\alpha_i + \alpha_{n-i}) = (0, n) + (2, n+2)\cdot\cos 2ih + (4, n+4)\cos 4ih + \cdots$$
$$+ (n-2, 2n-2)\cos(n-2)ih$$

$$\frac{n}{2}(\alpha_i - \alpha_{n-i}) = (1, n+1) + (3, n+3)\cos 3ih + (5, n+5)\cos 5ih + \cdots$$
$$+ (n-1, 2n-1)\cos(n-1)ih$$

$$\frac{n}{2}(\beta_i + \beta_{n-i}) = (1, n+1)\sin ih + (3, n+3)\sin 3ih + \cdots$$
$$+ (n-1, 2n-1)\sin(n-1)ih$$

$$\frac{n}{2}(\beta_i - \beta_{n-i}) = (2, n+2)\sin 2ih + (4, n+4)\sin 4ih + \cdots$$
$$+ (n-2, 2n-2)\sin(n-2)ih$$

$$n\left(\frac{\alpha_0}{2} + \alpha_n\right) = (0, n) + (2, n+2) + \cdots + (n-2, 2n-2)$$

$$n\left(\frac{\alpha_0}{2} - \alpha_n\right) = (1, n+1) + (3, n+3) + \cdots + (n-1, 2n-1).$$

II. i ungerade.

$$\frac{n}{2}(\alpha_i + \alpha_{n-i}) = \left(\frac{0}{n}\right) + \left(\frac{2}{n+2}\right)\cos 2ih + \left(\frac{4}{n+4}\right)\cos 4ih + \cdots$$
$$+ \left(\frac{n-2}{2n-2}\right)\cos(n-2)ih$$

$$\frac{n}{2}(\alpha_i - \alpha_{n-i}) = \left(\frac{1}{n+1}\right)\cos ih + \left(\frac{3}{n+3}\right)\cos 3ih + \cdots$$
$$+ \left(\frac{n-1}{2n-1}\right)\cos(n-1)ih$$

$$\frac{n}{2}(\beta_i + \beta_{n-i}) = \left(\frac{1}{n+1}\right)\sin ih + \left(\frac{3}{n+3}\right)\sin 3ih + \cdots$$
$$+ \left(\frac{n-1}{2n-1}\right)\sin(n-1)ih$$

$$\frac{n}{2}(\beta_i - \beta_{n-i}) = \left(\frac{2}{n+2}\right)\sin 2ih + \left(\frac{4}{n+4}\right)\sin 4ih + \cdots$$
$$+ \left(\frac{n-2}{2n-2}\right)\sin(n-2)ih.$$

Für besondere Werte von $2n$ treten noch einige Vereinfachungen ein; man findet die Formeln für $2n = 12, 16, 24, 32$ in den unten zitierten Werken[25]).

Diese Formeln haben den Nachteil, dass man sich von vornherein über den Wert von $2n$, d. h. über die Anzahl der zu ermittelnden Koeffizienten α und β entscheiden muss; zeigt die Erfahrung, dass diese Entwicklung nicht ausreicht, so muss man die ganze Rechnung mit einem grösseren Werte von $2n$ wiederholen. *Leverrier*[26]) hat ein Verfahren angegeben, wodurch dies vermieden werden kann; er nimmt nämlich für die oben auftretende Grösse h, nach deren Vielfachen entwickelt wird, einen ganz beliebigen mit 2π nicht kommensurabeln Winkel; dann braucht man die Rechnung erst abzubrechen, wenn die folgenden Glieder unmerklich werden. Die etwas weitläufigen Formeln, deren Berechnung auch nicht sehr übersichtlich ist, sollen hier wegen ihrer seltenen Anwendung nicht angeführt werden, sie sind neu abgeleitet und reproduziert worden von *Encke*[27]).

Die Interpolation in die Mitte bei periodischen Funktionen behandelt *G. D. E. Weyer* in Astr. Nachr. 117, 1887, p. 313.

11. Die Cauchy'sche Interpolationsmethode. *Cauchy* hat ein sehr allgemeines Verfahren, eine Interpolationsformel zu erlangen, angegeben, das sich durch einfache Rechenvorschriften auszeichnet und ferner dadurch, dass man nicht von vornherein an eine bestimmte Anzahl von Gliedern gebunden ist, sondern die Rechnung beliebig lang fortsetzen kann[28]). Die Methode zeigt, wie die Koeffizienten $a, b, c, \ldots$ einer allgemeinen Entwicklung:

$$y = aA + bB + cC + \cdots \tag{23}$$

bestimmt werden können, wenn für eine ganze Reihe von Werten der $A, B, \ldots$ die entsprechenden Funktionswerte y gegeben sind. Die $A, B, \ldots$ sind bekannte Funktionen beliebig vieler Variabeln; soll

25) *P. A. Hansen*, Über die gegenseitigen Störungen des Jupiters und Saturns, Preisschrift Berl. 1831, p. 49; Astr. Nachr. 12 (1835), col. 339 für $n = 64$; Leipz. Abh. 5 (1857), § 65, p. 158; *J. Leverrier*, Par. Observ. Ann. 1 (1855), p. 137.

26) Par. Observ. Ann. 1 (1855), p. 384.

27) *Encke*, Über die Entwicklung einer Funktion in eine periodische Reihe nach *Leverrier*'s Vorschlag, Berl. Astr. Jahrb. f. 1860 = Ges. Abh. 1, p. 188. Man sehe auch: *Hoüel*, Par. Observ. Ann. 8 (1866), p. 83, und Sur le développement de la fonction perturbatrice, Bord. Mém. 11, auch sep. Paris 1875.

28) *Cauchy*, Mém. sur l'interpolation, J. de math. 2 (1837), p. 193 [autogr. 1835]. Eine sehr einfache Darstellung mit Formelschema und Beispiel hat die Methode gefunden durch *Yvon Villarceau*, Méthode d'interpolation de M. Cauchy, Add. à la Conn. des Temps 1852, p. 129.

(23) z. B. eine nach Potenzen von t fortschreitende Reihe sein, so ist zu setzen $B = t$, $C = t^2, \ldots$ Ist der Zusammenhang von y und $A, B, \ldots$ nicht von vornherein linear, wie in (23) angenommen, so kann ein solcher doch durch Einführung von Näherungswerten der Unbekannten $a, b, \ldots$ hergestellt werden.

Von dem Wesen der Methode kann, ohne in den zwar übersichtlichen aber weitläufigen Formelapparat einzugehen, hier nur angeführt werden, dass es in der successiven Elimination der Unbekannten $a, b, \ldots$ aus dem linearen Gleichungssystem (23) besteht, was rechnerisch durch Einführung der sogenannten *„zugeordneten Summen“* (sommes subordonnées) gelingt. So benennt *Villarceau* die Summe z. B. von allen gegebenen Grössen y, nachdem jede einzelne mit $+1$ oder -1 multipliziert ist, je nachdem der zugehörige Argumentwert A positiv oder negativ ist; die Reihe der Argumentwerte A heisst die *Dominante*, da sie durch ihre Zeichen die Summe der y bestimmt.

Über den Zusammenhang der Cauchy'schen Methode mit dem allgemeinen Eliminationsproblem, mit der Ausgleichungsmethode nach dem Prinzip der kleinsten Quadrate und mit den Tschebyscheff'schen Ausgleichungsmethoden, findet man die reichhaltige Litteratur angegeben und referiert in *Radau*, Études sur les formules d'interpolation Kap. II.

12. Interpolation durch die Exponentialfunktion. *R. Prony* interpoliert gegebene Grössen durch Verwendung von Exponentialfunktionen (J. éc. polyt. 1795, cah. 2, p. 24).

13. Interpolation bei zwei Variabeln. Handelt es sich um die interpolatorische Darstellung von periodischen Funktionen *zweier* Variabeln, so kann man Reihen verwenden, die nach den sin und cos der Vielfachen beider Argumente fortschreiten[29]) oder aber man kann eine Entwicklung nach Kugelfunktionen wählen. Wenn man über die Argumente nicht frei verfügen kann, müssen die unbestimmten Koeffizienten dieser Entwicklungen durch Auflösung eines linearen Gleichungssystemes — im Falle es sich um Beobachtungen handelt, unter Zugrundelage eines Ausgleichungsverfahrens [I D 2] — ermittelt werden; können für die Argumente aber ganz bestimmte Werte angenommen werden, so sind die Rechenvorschriften einer ausserordentlichen Vereinfachung fähig. Für die Entwicklung nach Kugelfunk-

---

29) Siehe u. a. *Leverrier*, Par. Observ. Ann. 1, 1855, p. 117. Vgl. noch *W. Bessel*, Berl. Abh. 1820/21, p. 55 = Ges. Abh. 2, p. 362.

tionen hat dies *Fr. Neumann*[30]) gezeigt. *H. Seeliger*[31]) hat hierzu Tafeln entworfen, die den Rechenprozess auf ein Minimum bringen.

14. Die Interpolationsmethoden von Tschebyscheff. Die *Tschebyscheff'schen Interpolationsmethoden*[32]) zeigen, wie die Konstanten A in der parabolischen Interpolationsformel:

$$F(x) = A_0 + A_1 x + A_2 x^2 + \cdots + A_n x^n$$

bestimmt werden können, wenn für eine Reihe verschiedener Werte von x, deren Zahl n weit übersteigt, der numerische Wert der eindeutigen und stetigen Funktion $F(x)$ gegeben ist. Dieselben haben durch *O. Backlund*[33]) und *P. Harzer*[34]) Darstellungen mit Beispielen und Hilfstafeln gefunden. *Radau*[35]) giebt gleichfalls eine vollständige Analyse derselben. Die beste Bestimmung der A ist natürlich die nach der Methode der kleinsten Quadrate; diese wird durch ein viel einfacheres Rechnungsverfahren ersetzt, das sich wenigstens mit dem Tschebyscheff'schen Apparat in Kürze nicht charakterisieren lässt. *H. Bruns*[36]) hat nachgewiesen, wie man ausgehend von der Fourier-schen Entwicklung auf einem geraden Wege zur Tschebyscheff'schen Interpolationsformel gelangen kann. —

In einer weiteren Abhandlung[37]) setzt *Tschebyscheff* eine Methode auseinander, welche die Koeffizienten der Entwicklung:

$$u = \varkappa_0 \psi_0(x) + \varkappa_1 \psi_1(x) + \cdots,$$

wo $\psi_\lambda(x)$ vom Grade λ in x ist, giebt, und zwar die im Sinne der Methode der kleinsten Quadrate wahrscheinlichsten Koeffizienten. In

30) *Fr. Neumann*, Astronom. Nachr. 15 (1838), p. 313, abgedruckt Math. Ann. 14, p. 567. Siehe auch die ausführliche Darstellung in: Vorl. über das Potential etc. von *Fr. Neumann*, herausg. von *C. Neumann*, Leipz. 1887.

31) *Seeliger*, Über die interpolatorische Darstellung einer Funktion durch eine nach Kugelfunktionen fortschreitende Reihe, Münch. Ber. 20 (1890), p. 499.

32) Sur l'interpolation dans le cas d'un grand nombre de données fournies par les observations, St. Pétersbourg Mém. (7) 1, n° 5, 1859 = Oeuvres 1, p. 387.

33) *Backlund*, Über die Anwendung einer von *P. Tschebyscheff* vorgeschlagenen Interpolationsmethode, St. Pétersbourg Mél. math. tirés du Bull. de l'Ac. 6, 1884.

34) *Harzer*, Über eine von *Tschebyscheff* angegebene Interpolationsformel, Astr. Nachr. 115 (1886), p. 337.

35) *Radau*, Études sur les form. d'Interpolation Kap. III.

36) *Bruns*, Astr. Nachr. 146, p. 161: „Über ein Interpolationsverfahren von Tschebyscheff", 1898.

37) *Tschebyscheff*, Sur les fractions continues, J. de math. (2) 3 (1858), p. 289 (traduit du Russe par J. Bienaymé) = Oeuvres 1, p. 203. Über *Tschebyscheff*'s einschlägige Leistungen siehe die Biographie von *A. Wassilieff*, Turin 1898 [Abdruck aus Bull. bibl. 1 (1898), p. 33, 81, 113].

der Note: Sur une nouvelle formule, St. Pétersb. Mél. math. et astr. 2, 1859, giebt er eine Methode zur leichten Berechnung dieser Koeffizienten, wenn die Argumente äquidistant sind. In der Abhandlung: „Sur l'interpolation par la méth. des moindres carrés“ (St. Pétersbourg Mém. 1, 1859 = Oeuvres 1, p. 473) wird die Berechnung der Koeffizienten im allgemeinen Fall durch einen bequemen Kalkül gezeigt.

Dass die Methode der kleinsten Quadrate den einfachsten gemeinsamen Gesichtspunkt für eine grosse Klasse von Entwickelungen abgiebt, welche die Tschebyscheff'sche Formel, die Fourier'schen Reihen, die Entwickelung nach Kugelfunktionen und ähnliche Reihen — die wegen ihres interpolierenden Charakters „Interpolationsreihen“ genannt werden — umfassen, hat *J. P. Gram*[38]) nachgewiesen.

38) *Gram,* J. f. Math. 94 (1883), p. 41 (zuvor in einer dänisch geschriebenen Diss. Kjöb. 1879).

I D 4a. ANWENDUNGEN DER WAHRSCHEINLICHKEITSRECHNUNG AUF STATISTIK

VON

LADISLAUS VON BORTKIEWICZ

IN ST. PETERSBURG.

Inhaltsübersicht.

Litteratur.

W. Lexis, Zur Theorie der Massenerscheinungen in der menschlichen Gesellschaft. Freiburg i. B. 1877.

G. F. Knapp, Über die Ermittelung der Sterblichkeit aus den Aufzeichnungen der Bevölkerungsstatistik. Leipzig 1868.

G. Zeuner, Abhandlungen aus der mathematischen Statistik. Leipzig 1869.

W. Lexis, Einleitung in die Theorie der Bevölkerungsstatistik. Strassburg i/E. 1875.

Ausserdem die bei I D 1 angeführten Schriften von *Laplace, Poisson* und *Cournot.*

I. Allgemeine Probleme.

1. Einführung des Wahrscheinlichkeitsbegriffs in die Statistik. Den ältesten Vertretern der sogenannten „*Politischen Arithmetik*" ist der Gedanke geläufig, dass in den numerischen Verhältnissen, mit denen sich dieser Wissenszweig beschäftigt, nur unter der Bedingung einer hinreichend grossen Zahl von Einzelbeobachtungen (von beobachteten Individuen) eine gewisse Regelmässigkeit hervortritt, worauf sich dann das methodologische Prinzip gründet, den statistischen Schlussfolgerungen und Vorausberechnungen ein möglichst ausgedehntes Beobachtungsfeld unterzulegen[1][2].

Für eine Verbindung dieses Standpunktes mit der Wahrscheinlichkeitsrechnung wurde indessen erst durch *Jac. I Bernoulli* [I D 1, Nr. 8] die Grundlage geschaffen, weil von ihm die Betrachtung der Ergebnisse wiederholter (zahlreicher) Versuche eingeleitet und die Unterscheidung zwischen der Wahrscheinlichkeitsbestimmung *a priori* und *a posteriori* zum erstenmal klar formuliert worden ist[3]. Nach Massgabe des „*Bernoulli*'schen Theorems" wurde es fortan möglich, die empirisch festgestellte Stabilität verschiedener statistischer Quotienten dadurch dem Verständnis im allgemeinen näher zu bringen, dass man dieselben als mehr oder weniger genaue Werte bestimmter, den in Frage stehenden Massenerscheinungen zu Grunde liegender Wahrscheinlichkeiten auffasste[4]. Hierin besteht der Kernpunkt der Anwendung der Wahrscheinlichkeitsrechnung auf Statistik. Die Anwendung geht aber über eine lediglich *logische* hinaus und erhält einen *mathematischen* Inhalt erst wo es unternommen wird, den Grad der Annähe-

---

1) Vgl. z. B. über *Johan de Witt* (1625—1672) in den „Mémoires pour servir à l'histoire des assurances sur la vie et des rentes viagères aux Pays-Bas, publiés par la Société générale Néerlandaise d'assurances sur la vie", Amsterdam 1898, p. 27 u. 41—42.

2) In allgemeiner Form scheint den im Text erwähnten Gedanken zum erstenmal *G. J. 's Gravesande* (1737) ausgesprochen zu haben. Siehe *V. John*, Geschichte der Statistik, Stuttgart 1884, p. 233.

3) *E. Czuber*, Die Entwicklung der Wahrscheinlichkeitstheorie und ihrer Anwendungen, Deutsche Math.-V. 7, Leipz. 1899, Nr. 31.

4) Es giebt Theoretiker der Statistik, welche eine Heranziehung der Wahrscheinlichkeitsrechnung zur Erklärung der Regelmässigkeit, die sich in den statistischen Ergebnissen äussert, bezw. zur Begründung der statistischen Methode nicht nur für überflüssig, sondern geradezu für verkehrt halten, wie z. B. *A. M. Guerry*, Statistique morale de l'Angleterre comparée avec la statistique morale de la France, Paris 1864, p. XXXIII fg. und *G. F. Knapp*, „Quetelet als Theoretiker" in Hildebrand's Jahrb. f. Nat.-Oekonomie u. Stat. 18 (1872), p. 116—119.

rung jener empirischen Quotienten an die betreffenden abstrakten Wahrscheinlichkeiten zu bestimmen, beziehungsweise die methodologische Forderung nach einem grossen Beobachtungsfelde numerisch zu präzisieren.

2. Die von Laplace begründeten Methoden zur Bestimmung des Genauigkeitsgrades statistischer Ergebnisse, Schlussfolgerungen und Konjekturalberechnungen. Eine Anwendung der Wahrscheinlichkeitsrechnung auf Statistik in dem zuletzt angedeuteten Sinne setzt eine entsprechende analytische Formulierung des *Bernoulli*'schen Theorems voraus, welche in der bekannten bequemen Form, die sich seither eingebürgert hat, gegeben zu haben, wie man weiss, das Verdienst von *S. Laplace* ist [I D 1, Nr. **12**, **14**]. Er benutzte auch selbst die Resultate seiner hierher gehörenden analytischen Untersuchungen, und zwar zum Teil noch ehe es ihm gelungen war denselben die erwähnte endgiltige Form zu verleihen, zur Lösung gewisser statistischer Fragen. Auf ihren allgemeinsten, einfachsten und für die Statistik massgebenden Ausdruck gebracht, lauten die hierbei in Betracht kommenden Sätze wie folgt:

1. Ist in m bezw. n aus s Fällen ein bestimmtes Ereignis eingetreten bezw. ausgeblieben und bedeutet p die Wahrscheinlichkeit dieses Ereignisses bei jedem einzelnen Fall, so wird die Wahrscheinlichkeit dafür, dass der Quotient $\frac{m}{s}$ in den Grenzen $p \mp z$ enthalten ist, wenn s eine grosse Zahl ist, mit hinlänglicher Genauigkeit durch:

$$P_t = \frac{2}{\sqrt{\pi}} \int_0^t e^{-t^2} dt$$

ausgedrückt, wobei:

$$t = z \sqrt{\frac{s^3}{2mn}}$$

zu setzen ist (I D 1, Nr. **14**).

2. Liegen zwei analoge Beobachtungsreihen vor, denen die Beobachtungs- und Ereigniszahlen s, m, n bezw. s', m', n' und die Wahrscheinlichkeiten p bezw. p' entsprechen, und hat sich bei den Quotienten $\frac{m}{s}$ und $\frac{m'}{s'}$ eine positive Differenz $\delta = \frac{m'}{s'} - \frac{m}{s}$ ergeben, so wird durch $\frac{1}{2}(1 + P_t)$ die Wahrscheinlichkeit ausgedrückt, dass p' grösser sei als p, wobei:

$$t = \delta \sqrt{\frac{s^3 s'^3}{2(mns'^3 + m'n's^3)}}$$

zu setzen ist[5])[6]).

5) *Laplace* Mémoire sur les probabilités, Nr. **26** (Par. Hist. **1778** [**81**] =

3. Sind unter bestimmten Verhältnissen Ereignisse (Thatsachen) von zwei verschiedenen Arten a bezw. b male beobachtet worden und ist für eine andere analoge Beobachtungsgruppe nur die eine der betreffenden Zahlen, z. B. a' gegeben, so lässt sich die Unbekannte b' aus der Formel $b' = \frac{b}{a} a'$ ermitteln, wobei die Wahrscheinlichkeit für die Differenz $b' - \frac{b}{a} a'$, in den Grenzen $\mp z$ enthalten zu sein, wiederum in P_t ihren Ausdruck findet und t sich aus der Gleichung

$$t = z \sqrt{\frac{a^3}{2a'b(a+a')c}}$$

bestimmt, in welcher für c entweder $a + b$ oder $a - b$ oder $b - a$ zu setzen ist, je nachdem man die Quotienten $\frac{b}{a}$ und $\frac{b'}{a'}$ als Näherungswerte von $\frac{p}{1-p}$ oder von p oder von $\frac{1}{p}$ betrachtet, wo p die Wahrscheinlichkeit eines einfachen Ereignisses bedeutet [7]).

Oeuvres 9, p. 383), Suite du mémoire sur les approximations des formules qui sont fonctions de très grands nombres, Nr. 38—40 (Par. Hist. 1783 [86] = Oeuvres 10, p. 295) und Théorie analytique des probabilités (Oeuvres 7), Livre II, Nr. 29. *Laplace* wendet die betreffenden Formeln auf die Frage des Zahlenverhältnisses an, in welchem die geborenen Knaben zu den geborenen Mädchen stehen.

6) Von *Poisson* (Recherches sur la probabilité des jugements, Paris 1837, Nr. 88) rührt eine Verallgemeinerung dieses Satzes her, welche darin besteht, nach der Wahrscheinlichkeit zu fragen, dass die Wahrscheinlichkeit p' zum mindesten um den positiven Betrag ε die Wahrscheinlichkeit p übertreffe. Hierbei muss der Faktor δ in dem Ausdruck für t durch $\delta - \varepsilon$ ersetzt werden, wobei die Grösse ε so zu wählen ist, dass $\delta > \varepsilon$.

7) *Laplace*, Sur les naissances, les mariages et les morts à Paris etc. (Par. Hist. 1783 [86], p. 693 fg. = Oeuvres 11, p. 35). Hier bedeuten a und b die Zahlen der jährlichen Geburten bezw. der Einwohner in einer bestimmten Anzahl der Gemeinden Frankreichs und a' und b' die entsprechenden Zahlen für das ganze Königreich. Dabei wird jedes existierende Individuum einer gezogenen weissen und jede Geburt einer gezogenen schwarzen Kugel gleich geachtet. Der Quotient $\frac{b}{a}$ wird also als Näherungswert von $\frac{p}{1-p}$ behandelt. Dagegen in der Théorie anal. d. prob., livre 2, Nr. 31, wo *Laplace* die Frage der Ermittlung der Bevölkerungszahl Frankreichs auf Grund einer partiellen Volkszählung und der Geburtenstatistik von neuem untersucht, vergleicht er die Bevölkerungszahl mit der Zahl der überhaupt gezogenen Kugeln und die Geburtenzahl mit der Zahl der gezogenen weissen Kugeln. Dementsprechend erscheint $\frac{b}{a}$ als Näherungswert von $\frac{1}{p}$. Schliesslich bietet *Laplace* in Nr. 30 der Theorie etc. ein statistisches Beispiel für den Fall, dass $\frac{b}{a}$ annähernd die Wahrscheinlichkeit p ausdrückt.

Die angeführten drei Sätze werden nun entweder in direkter oder in indirekter Weise für die Zwecke der Statistik verwertet. Im ersten Fall geht man auf die Berechnung von P_t, mit anderen Worten darauf aus, den „Sicherheitsgrad" (die „relative Vertrauenswürdigkeit") gewisser statistischer Resultate zu bestimmen. Im zweiten Fall wird das Argument t gleich einem Werte, wie z. B. 2 (*Poisson*[8]) oder 3 (*Lexis*[9]) gesetzt, welchem eine Wahrscheinlichkeit P_t bezw. $\frac{1}{2}(1 + P_t)$ entspricht, die praktisch als Gewissheit betrachtet werden kann, wodurch zweierlei möglich wird: 1) die äusserste Abweichung des gefundenen empirischen Wertes irgend eines statistischen Quotienten von der ihm zu Grunde liegenden mathematischen Wahrscheinlichkeit, oder die äusserste Differenz zwischen zwei empirischen Werten eines solchen Quotienten, welche noch dem Zufall zugeschrieben werden kann, oder schliesslich den äussersten Fehler, mit welchem eine „Konjekturalberechnung" wie die oben erwähnte behaftet ist, zu bestimmen und 2) anzugeben, wie viele Beobachtungen gemacht werden müssen, damit die betreffende Abweichung bezw. die betreffende Differenz bezw. der betreffende Fehler eine bestimmte Grenze nicht überschreitet (hierbei wird die angenäherte Kenntnis der in Betracht kommenden Wahrscheinlichkeit p stets vorausgesetzt).

3. Verbreitung dieser Methoden zumal unter dem Einflusse Poisson's. Diese verschiedenen Modi der Anwendung der Wahrscheinlichkeitsrechnung auf Statistik haben im weiteren Verlauf der Entwicklung der statistischen Forschung eine ungleiche Verbreitung gefunden. Am seltensten wurde der Genauigkeitsgrad von Konjekturalberechnungen der erwähnten Art ermittelt und zwar aus dem Grunde, weil mit dem entschiedenen Fortschritt, den die erschöpfende Massenbeobachtung der gesellschaftlichen Erscheinungen im 19. Jahrhundert gemacht hat, die Statistik von jenen Konjekturalberechnungen, welche sie in ihren Anfängen geradezu beherrschten[10]), allmählich abgekommen ist[11]). Relativ häufig wurde dagegen zu einer direkten Anwendung des zweiten der angeführten Sätze gegriffen, nament-

---

8) Recherches sur la prob. d. jug., p. 372 fg. Vgl. *J. Gavarret*, Principes généraux de statistique médicale, Paris 1840, p. 257.

9) Einleitung in d. Th. der B.-S. Nr. 80 fg.

10) Vgl. *J. Graunt*, Natural and political observations etc., London 1661, Kap. VII fg. und *W. Petty*'s Essays in Political Arithmetic, London 1683, z. B. Of the Growth of the city of London etc.

11) Zu vgl. jedoch *A. N. Kiär*, Die repräsentative Untersuchungsmethode. Allg. Statist. Archiv 5 (1898), p. 1 fg.

lich in der medizinischen (therapeutischen) Statistik (zum Zwecke der Ergründung der Wirksamkeit verschiedener Heilmethoden), weil auf diesem Gebiete die Eliminierung des Zufalls wegen der verhältnismässigen Kleinheit der Beobachtungszahlen, über die man in der Regel verfügt, von besonderer Wichtigkeit ist[12]). Überhaupt hat es aber über ein halbes Jahrhundert gewährt, bis die von *Laplace* aufgestellte Forderung nach einer numerischen Präzisierung des Zuverlässigkeitsgrades statistischer Ergebnisse bezw. nach einer methodischen Rücksichtnahme auf die zufälligen Abweichungen auf diesem Gebiete eine einigermassen allgemeinere Beachtung fand. Dazu hat *Poisson* wesentlich beigetragen, indem er es verstanden hat, dem *Bernoulli*'schen Theorem eine Fassung zu geben, welche es geeignet zu machen schien, auf sämtliche in der Statistik vorkommenden Fälle angewendet zu werden, ohne dass dabei die von *Laplace* begründeten Methoden zur Präzisierung der relativen Sicherheit statistischer Ergebnisse eine Änderung zu erfahren hätten, weil in demjenigen Schema, welches *Poisson* für eine Verallgemeinerung des *Bernoulli*'schen ausgab und als „den Fall variabler Chancen" bezeichnete, die Spielräume für die Wirkung der zufälligen Ursachen die alten (von *Laplace* gefundenen) blieben[13]).

12) *Double* und *Navier* in Par. C. R. 1 (1835), p. 167 fg. und p. 247 fg., *Gavarret*, die in Fussnote 8 genannte Schrift, *C. Liebermeister*, Über Wahrscheinlichkeitsrechnung in Anwendung auf therap. Stat. 1877 (Sammlung klinischer Vorträge Nr. 110) und *J. v. Kries*, Prinzipien der Wahrscheinlichkeitsrechnung, Freiburg i. B. 1886, Kap. IX, Nr. 10 und 11.

13) I D 1, Nr. 13. *Gavarret* a. a. O. vertritt die Ansicht, dass erst durch *Poisson*'s Untersuchungen über den Fall „variabler Chancen" eine Grundlage für die Anwendung der Wahrscheinlichkeitsrechnung auf medizinische Statistik geschaffen worden ist. Dem entgegen sind *J. Bienaymé* (L'Inst. 7, 1839, p. 188) und *A. Cournot* (Exposition de la théorie des chances et des probabilités, Paris (1843), Nr. 76) der Meinung, dass der von *Poisson* construierte Fall „variabler Chancen" nichts neues bietet gegenüber dem betreffenden von *J. Bernoulli* und nachher von *Laplace* behandelten Schema, welch' letzteres *Poisson* als den Fall „konstanter Chancen" bezeichnet. Man vergleiche dazu meine „Kritischen Betrachtungen zur theoretischen Statistik", 1. Art. (Jahrb. f. Nat.-Ök. u. Stat., 3. Folge, 8 [1894], p. 653—665), wo u. a. betont wird, dass es *Poisson* besonders darauf ankam nachzuweisen, dass in beiden genannten Fällen die gesuchte Wahrscheinlichkeit des in Betracht kommenden einfachen Ereignisses sich in derselben Weise und mit dem nämlichen Präzisionsgrad aus der Erfahrung bestimmen lässt (Recherches etc., p. 149—150). Wohl findet sich in der Vorrede (Préambule) zu den „Recherches" eine Stelle (p. 7), worin es heisst, dass die relative Stabilität der Quotienten, welche als Näherungswerte einer bestimmten Wahrscheinlichkeit erscheinen, im Falle variabler Chancen von der grösseren oder kleineren Amplitude der Variationen abhängt, denen die in Betracht kom-

4. Bienaymé's und Cournot's Lehre von den solidarisch wirkenden zufälligen Ursachen. Gegen die von *Poisson* aufgestellte Behauptung von der Allgemeingiltigkeit des Schemas „variabler Chancen" trat *J. Bienaymé* auf, welcher durch den Versuch, die *Laplace*'schen Formeln an den Daten der Statistik zu verifizieren, zu der Erkenntnis geführt wurde, dass die von der Theorie für die Schwankungen statistischer Quotienten vorgezeichneten Grenzen auch in dem Falle, wo die betreffenden Schwankungen noch als zufällige erscheinen, gewöhnlich nicht unerheblich überschritten würden. Um ein derartiges Verhalten der statistischen Zahlen mit der Wahrscheinlichkeitsrechnung in Einklang zu bringen, modifizierte *Bienaymé* das *Poisson*'sche Schema durch die Einführung der „Hypothese von der Dauer der Ursachen".

Es sei das in Betracht kommende Chancensystem, welches mit der Wahrscheinlichkeit c_0 ein bestimmtes Ereignis hervorbringt, durch die Werte $g_1, g_2, \ldots, g_\nu$ und $c_1, c_2, \ldots, c_\nu$ charakterisiert, von denen die ersteren die Wahrscheinlichkeiten der verschiedenen Ursachen und die letzteren die Wahrscheinlichkeiten des betreffenden Ereignisses unter der Voraussetzung des Wirksamwerdens jener verschiedenen Ursachen angeben. Sind ferner s und m die entsprechenden

---

menden zufälligen Ursachen unterworfen sind; die Erfahrung selbst, bemerkt *P.*, wird in jeder einzelnen Frage erkennen lassen, ob die betreffende Reihe von Beobachtungen hinlänglich fortgesetzt worden ist (sc. damit bei der aposteriorischen Ermittelung der in Frage stehenden Wahrscheinlichkeit der gewollte Annäherungsgrad erzielt wird). Die citierte Stelle kann aber schon aus dem Grunde nicht als massgebend erachtet werden, weil sie der ganzen Darlegung im Text direkt widerspricht. Diese Stelle sowie eine ähnlich lautende auf S. 12 der genannten Vorrede sind übrigens einem älteren Mémoire von *Poisson* (Par. C. R. 1 [1835], p. 478—479 u. 481) wörtlich entnommen, wie denn überhaupt die ganze Vorrede zu den „Recherches" nicht viel mehr als einen Abdruck dieses Mémoire darstellt und es lässt sich vermuten, dass *Poisson* im Jahre 1835 jene völlige Gleichheit der beiden Fälle konstanter und variabler Chancen, welche in Bezug auf die Spielräume für die Wirkung zufälliger Ursachen besteht, noch nicht festgestellt hatte. Es ist ausserdem wichtig, dass in dem énoncé des Gesetzes der grossen Zahlen, welches sich in den Par. C. R. 2 (1836), p. 604—605 findet, von der Amplitude der Variationen der zufälligen Ursachen als einem Faktor, der die erwähnten Spielräume mit bestimmen sollte, keine Rede mehr ist. Die in obigem besprochenen Stellen der Vorrede zu den „Recherches" werden es wohl gewesen sein, die *A. Quetelet* (Lettres sur la théorie des probabilités, Bruxelles 1846, p. 213) und anscheinend auch *Gavarret* (Op. c. p. 74) zu der irrigen Meinung verleitet haben, als ob im Fall variabler Chancen mehr Beobachtungen als im Fall konstanter Chancen nötig wären, um mit einem gegebenen Präzisionsgrad den Wert einer bestimmten Wahrscheinlichkeit aus der Erfahrung zu ermitteln.

Beobachtungs- und Ereigniszahlen, so wird die Wahrscheinlichkeit für die Abweichung $\frac{m}{s} - c_0$, in den Grenzen $\mp z$ enthalten zu sein, nach *Poisson* [I D 1, Nr. **13**] durch P_t ausgedrückt, wobei:

$$z = t\sqrt{\frac{2c_0(1-c_0)}{s}}$$

und $c_0 = [g_i c_i]$. (Wegen der Bedeutung des Klammerzeichens s. I D 2, Nr. 8.) Dies gilt jedoch nur für den Fall, wo die einzelnen Beobachtungen von einander vollständig unabhängig sind oder, mit anderen Worten, wo bei jeder einzelnen Beobachtung die massgebende unter den ν verschiedenen Ursachen sich von neuem durch Zufall bestimmt.

In dem anderen Falle aber, wo die jedesmal wirksam werdende Ursache während der Dauer von je k Beobachtungen fortwirkt, wird nach *Bienaymé* die Wahrscheinlichkeit einer Abweichung $\frac{m}{s} - c_0$, welche in den Grenzen $\mp z$ liegt, unter der Voraussetzung, dass $\frac{s}{k}$ eine grosse Zahl ist, auch noch durch P_t ausgedrückt, nur dass in diesem Fall die neue Beziehung:

$$z = t\sqrt{\frac{2c_0(1-c_0)}{s} + \frac{2(k-1)}{s}[g_i(c_i - c_0)^2]}$$

platzgreift.

Aus letzterer Formel ersieht man, dass in dem von *Bienaymé* konstruierten Schema die Spielräume für die Wirkung der zufälligen Ursachen sich im Vergleich zu dem *Poisson*'schen Schema erweitern und zwar um so beträchtlicher, je grösser auf der einen Seite die Zahl k und auf der anderen Seite der Faktor $[g_i(c_i - c_0)^2]$ sind. Aber gerade diejenigen Erscheinungen, meint *Bienaymé*, deren Umstände (circonstances) uns am besten bekannt sind, bieten unzweifelhafte Beispiele der gekennzeichneten „Dauer der Ursachen“ dar. Mithin seien die relativ grossen Schwankungen der statistischen Quotienten vom Standpunkte des neuen Schemas begreiflich und können sich also gegebenen Falles mit der Voraussetzung eines konstanten Chancensystems wohl vertragen, wenn nur die in Betracht kommenden Ursachen serienweise variieren. Hierbei sei lediglich der Einfachheit halber angenommen worden, dass die betreffenden Beobachtungsserien, innerhalb deren kein Ursachenwechsel stattfindet, aus je k Beobachtungen bestehen. Nichts hindere aber daran, die Zahl k selbst in der einen oder der anderen Weise variieren zu lassen[14]).

14) L'Institut 7 (1839), p. 187—189.

Der in obigem wiedergegebenen Auffassung *Bienaymé*'s ist *A. Cournot* beigetreten, welcher seinerseits auf der Notwendigkeit besteht, auf statistischem Gebiet zwischen den zufälligen Einflüssen zu unterscheiden, welche eine jede Beobachtung unabhängig von den mit ihr zu einer gemeinsamen Reihe verbundenen Beobachtungen affizieren, und anders gearteten Einflüssen, welche auf die ganze Beobachtungsreihe oder einen Teil derselben *solidarisch* einwirken und nichtsdestoweniger noch zufällige in dem Sinne sind, dass sie unregelmässig von Serie zu Serie variieren und dass die Wirkungen ihrer Variationen sich bei grossen Zahlen von Serien, mithin bei sehr grossen Zahlen von Individualfällen kompensieren[15]). *Cournot* hat die Gedanken seines Vorgängers in zutreffender Weise weiter ausgeführt, ohne im übrigen an den von jenem aufgestellten Formeln etwas zu ändern und ohne empirisch-statistische Belege für den neuen Standpunkt beizubringen.

5. Die Lexis'sche Dispersionstheorie. Viel später hat es *W. Lexis* unternommen zu prüfen, inwiefern verschiedene statistische Quotienten bei den zeitlichen Schwankungen, denen sie unterworfen sind, die Grenzen einhalten, welche für die Wirkung der zufälligen Ursachen nach *Laplace* und *Poisson* massgebend seien. Das von *Lexis* zu diesem Zweck angewandte Verfahren bestand darin, zuzusehen, wie die Einzelwerte $p_1', p_2', p_3', \ldots, p_\sigma'$ eines bestimmten statistischen Quotienten, welche aufeinanderfolgenden Zeitabschnitten entsprechen, sich um ihren Mittelwert $p_0' = \frac{1}{\sigma}[p_i']$ gruppieren. Setzt man der Einfachheit halber voraus, dass einem jeden von den genannten Einzelwerten s Individualbeobachtungen (beobachtete Individuen) zu Grunde liegen, so wäre zu erwarten, falls es sich um Näherungswerte einer bestimmten Wahrscheinlichkeit p und um völlig von einander unabhängige Einzelbeobachtungen handelte, dass sich jene Werte, nach ihrer Grösse geordnet, bei hinreichend grossem s und nicht allzukleinem σ, annähernd nach Massgabe der Funktion P_t um p_0' herum verteilen werden, wobei zwischen dem Argument t und der Veränderlichen z, welche die positiv genommene Abweichung eines empirischen Wertes p_i' von der abstrakten Wahrscheinlichkeit p darstellt, die Beziehung bestehen müsste: $t = z\sqrt{\frac{s}{2p(1-p)}}$. Die Konstante $\frac{t}{z} = h$ nennt *Lexis* im Anschluss an einen in der Methode der kleinsten Quadrate eingebürgerten Sprachgebrauch (I D 2, Nrn. 2, 4, 8) „Präzision". Demnach

15) Exposition etc. Nrn. 79 und 117.

erscheint $\frac{1}{h\sqrt{2}} = \mu$ als der mittlere Fehler von p_i'. Näherungswerte von h und μ werden nun auf der einen Seite durch die Ausdrücke $\sqrt{\frac{s}{2p_0'(1-p_0')}}$ bezw. $\sqrt{\frac{p_0'(1-p_0')}{s}}$ geliefert, welche in folgendem mit h' und μ' bezeichnet werden mögen. Auf der anderen Seite kann aber der mittlere Fehler von p_i' unmittelbar aus den beobachteten Abweichungen $p_i' - p_0'$ näherungsweise bestimmt werden; und führt man die Bezeichnungen μ'' bezw. h'' für $\sqrt{\frac{1}{\sigma-1}[(p_i'-p_0')^2]}$ bezw. $\sqrt{\frac{\sigma-1}{2[(p_i'-p_0')^2]}}$ ein, so müsste obige Erwartung bezüglich des Verhaltens der Werte $p_1', p_2', \ldots, p_\sigma'$ offenbar darin ihren summarischen Ausdruck finden, dass die Gleichung $h' = h''$ bezw. $\mu' = \mu''$ wenigstens annähernd erfüllt ist. In dem Fall, wo dies zutrifft, spricht *Lexis* von *normaler Dispersion*, d. h. von einer derartigen Verteilung der Werte $p_1', p_2', \ldots, p_\sigma'$ um p_0', welche mit der Vorstellung vereinbar sei, dass diesen Werten eine gemeinsame Wahrscheinlichkeit p zu Grunde liegt und auf die betreffende statistische Massenerscheinung das Schema eines gewöhnlichen Zufallsspieles [I D 1, Nr. **18**] oder auch das *Poisson*'sche Schema variabler Chancen anwendbar ist. Weichen aber die Grössen h' und h'' bezw. μ' und μ'' beträchtlich von einander ab, so hat man es entweder mit einer *übernormalen* oder *unternormalen* Dispersion zu thun, je nachdem die Ungleichungen $h' > h''$ bezw. $\mu' < \mu''$ oder umgekehrt $h' < h''$ bezw. $\mu' > \mu''$ platzgreifen. Doch wird auch in diesen beiden Fällen angenommen, dass sich die Werte $p_1', p_2', \ldots, p_\sigma'$ nach Massgabe der Funktion P_t um p_0' herum gruppieren, nur dass das Argument t sich nicht mehr, wie in dem Fall der normalen Dispersion, aus einer der Gleichungen $t = zh'$ oder $t = zh''$, sondern ausschliesslich aus der zweiten dieser Gleichungen bestimmen lässt. Einer übernormalen Dispersion würde die Vorstellung entsprechen, dass die betreffende abstrakte Wahrscheinlichkeit, als deren Näherungswerte die Grössen $p_1', p_2', \ldots, p_\sigma'$ erscheinen, nicht mehr konstant bleibt, sondern ihrerseits zufällige, dem Exponentialgesetz [I D 2, Nrn. **2**, **4**] sich fügende Änderungen erfährt. Dagegen würde eine unternormale Dispersion auf einen besonderen inneren Zusammenhang der Einzelereignisse, aus denen sich die betreffende Massenerscheinung zusammensetzt, hindeuten.

Vom Standpunkte der angeführten theoretischen Erörterungen untersuchte *Lexis* eine Anzahl statistischer Quotienten auf den Grad ihrer Stabilität hin und fand, dass die straffste Formel, in welche sich menschliche Massenerscheinungen erfahrungsmässig einfügen lassen, die der normalen Dispersion sei. Letztere ist namentlich bei dem Zahlenverhältnis, in welchem die geborenen Mädchen zu den geborenen Knaben stehen, (und zum Teil auch bei dem analogen Verhältnis zwischen den Zahlen der Verstorbenen) nachweisbar. Hier zeigt sich für verschiedene Länder und Zeiträume eine bemerkenswerte Übereinstimmung zwischen den von der Wahrscheinlichkeitsrechnung auf Grund der *Laplace*'schen Formeln für die Schwankungen der betreffenden Zahlenwerte vorgezeichneten Grenzen und denjenigen Grenzen, in denen sich diese Zahlenwerte thatsächlich bewegen. Eine Gegenüberstellung der Werte h' und h'' ergiebt zwischen beiden nur solche Unterschiede, deren zufälliger Ursprung ausser Zweifel steht. Aber für verschiedene andere, dem Gebiete der Bevölkerungs- und der Moralstatistik entnommene Quotienten stellte *Lexis* fest, dass die aus denselben gebildeten Reihen durch eine stark ausgesprochene Ungleichheit der Grössen h' und h'' sämtlich charakterisiert sind, wobei sich stets ergiebt, dass die erste dieser Grössen die zweite — und zwar oft um ein vielfaches — übertrifft. Zugleich gestattet die Art, wie sich die Einzelwerte eines bestimmten Quotienten um den entsprechenden Mittelwert gruppieren, nur ausnahmsweise einen einigermassen sicheren Schluss darauf, dass im gegebenen Fall übernormale Dispersion vorläge, weil eine Unterwerfung der Abweichungen jener Einzelwerte vom Mittel unter das Exponentialgesetz in den meisten Fällen nicht zu erwirken ist. Wenn nun aber eine statistische Grösse, ohne sich bei ihren Variationen nach jenem Gesetze zu richten, dennoch eine gewisse Stabilität aufweist, so hätte man, meint *Lexis*, „ein rein empirisches Gleichbleiben der beobachteten Verhältniszahlen, das mit der Wahrscheinlichkeitsrechnung keinen bestimmten Zusammenhang besitzt. Insbesondere ist es dann auch ein rein empirischer Schluss, dass die Beobachtungen des nächsten Jahres wieder ein ungefähr gleiches Verhältnis ergeben werden; denn wir sind nicht berechtigt, nach den Regeln der Wahrscheinlichkeitsrechnung Fehlergrenzen für das Ergebnis der nächstjährigen Beobachtungen anzugeben, wenn in der vorliegenden längeren Reihe von Jahren die Abweichungen der Einzelresultate vom Mittel sich so ganz und gar abweichend von der Wahrscheinlichkeitstheorie verteilen“[16]).

---

16) *Lexis*, Zur Theorie der Massenerscheinungen, Nr. 23. Man vgl. auch: Das Geschlechtsverhältnis der Geborenen und die Wahrscheinlichkeitsrechnung in den Jahrbüchern für Nat.-Ök. u. Statistik von *Hildebrand-Conrad*, 27, 1876, p. 209 fg. Über die Wahrscheinlichkeitsrechnung und deren Anwendung auf die Statistik, ebendaselbst, Neue Folge 13, 1886, p. 433 fg. Im Handwörterbuch der

In den Ergebnissen seiner Untersuchungen begegnete sich *Lexis* mit *E. Dormoy*[17]), welcher unabhängig von ihm auf den Gedanken gekommen war, in ähnlicher Weise die erwartungsmässigen Schwankungen verschiedener statistischer Quotienten mit ihren effektiven Schwankungen zu vergleichen. Dabei hielt sich aber *Dormoy* im Gegensatz zu *Lexis*[18]) nicht an den mittleren, sondern an den durchschnittlichen Fehler [I D 2, Nr. 8], d. h. an das arithmetische Mittel aus den positiv genommenen Abweichungen der Werte $p_1', p_2', \ldots, p_\sigma'$ von p_0'. Der theoretische Wert dieses durchschnittlichen Fehlers ist $\varepsilon = \frac{1}{h\sqrt{\pi}}$, wo $h = \sqrt{\frac{s}{2p(1-p)}}$, und als empirische Werte desselben ergeben sich auf der einen Seite $\varepsilon' = \sqrt{\frac{2}{\pi}\,\frac{p_0'(1-p_0')}{s}}$ und auf der anderen Seite $\varepsilon'' = \frac{1}{\sigma}\,[\pm(p_i' - p_0')]$. Das Verhältnis $\frac{\varepsilon''}{\varepsilon'}$ nannte *Dormoy* „coefficient de divergence" und fand, dass dasselbe nur in dem Beispiel des Geschlechtsverhältnisses der Geborenen von der Einheit wenig verschieden ist, in den sonstigen Beispielen aber viel grössere Werte annimmt.

6. Das Schema einer serienweise variierenden Wahrscheinlichkeit und dessen Anwendung auf die Statistik. Es ist das Charakteristische der besprochenen Untersuchungen, aus denen sich als allgemeine Regel eine weitgehende Discrepanz zwischen den Erwartungen der Theorie und den Thatsachen der Statistik ergeben hatte, dass den betreffenden Quotienten stets grosse Beobachtungszahlen entsprachen. Als sich aber *Lexis* statistischen Reihen mit mässigen Beobachtungszahlen zuwandte, konstatierte er im allgemeinen eine viel grössere Annäherung an die Erfüllung des Kriteriums einer normalen Dispersion, indem sich für die Grösse $\frac{h'}{h''}$ oder $\frac{\mu''}{\mu'}$, die man kurz *Fehlerrelation* nennen und mit Q' bezeichnen mag, Zahlenwerte herausstellten, die in der Regel nicht bedeutend von der Einheit abwichen[19]). Zur Erklärung dieses auf den ersten Blick auffallenden Resultats schlug *Lexis* das Schema einer serienweise variierenden

---

Staatswissenschaften, 1890—94 die Art. Gesetz, Geschlechtsverhältnis der Geborenen und der Gestorbenen, Moralstatistik, Statistik.

17) Théorie mathématique des assurances sur la vie, Paris 1878, 1, Nr. 39—56 und Journal des actuaires français 3 (1874), p. 432 fg.

18) Vgl. jedoch: Zur Theorie der Massenerscheinungen, Nr. 46.

19) Über die Theorie der Stabilität statistischer Reihen, in den Jahrbüchern f. Nat.-Ök. u. Stat. 32, 1879, p. 60fg.

Wahrscheinlichkeit vor, welches darin besteht, dass jedem der Einzelwerte p_i' eine besondere abstrakte Wahrscheinlichkeit p_i zu Grunde liegt, wobei innerhalb einer jeden von den σ Beobachtungsserien, aus denen sich die betreffende statistische Reihe zusammensetzt, eine völlige Unabhängigkeit der Einzelbeobachtungen stattfindet. Es lässt sich nun zeigen, dass in diesem Fall der erwartungsmässige Wert von Q' nicht mehr gleich 1, sondern gleich einer Grösse Q ist, welche sich aus der Formel:

$$Q = \sqrt{1 + (s-1)\frac{[(p_i - p_0)^2]}{\sigma p_0 (1-p_0)}}$$

bestimmt, wo $p_0 = \frac{1}{\sigma}[p_i]$.[20]) Bedenkt man, dass der Faktor $\frac{[(p_i - p_0)^2]}{\sigma p_0 (1-p_0)}$ von der Grösse der Beobachtungszahl (s) unabhängig ist, so wird es klar, dass, eine bestimmte Reihe abstrakter Wahrscheinlichkeiten $p_1, p_2, \ldots, p_\sigma$ vorausgesetzt, die entsprechende empirische Reihe $p_1', p_2', \ldots, p_\sigma'$ einen erwartungsmässig um so kleineren Wert von Q' liefern wird, je weniger zahlreich die Einzelbeobachtungen sind, auf denen ein jeder der Werte p_i' beruht. Damit aber die Grösse Q und deren Näherungswert Q' gegebenen Falls der Einheit nahe kommen, muss allerdings noch die Bedingung erfüllt sein, dass die betreffende abstrakte Wahrscheinlichkeit entsprechend kleine Variationen erfährt. Dass letzteres bei den meisten Erscheinungen, die zur Bevölkerungs- und Moralstatistik gehören, in der Regel zutreffen dürfte, ist an sich sehr wahrscheinlich und so wird es möglich, mit Hülfe der Vorstellung von einer serienweise variierenden Wahrscheinlichkeit das eigentümliche Verhalten der Fehlerrelation zu erklären, welche erfahrungsgemäss bei verhältnissmässig kleinen Beobachtungszahlen um 1 oscilliert, während sie bei grösseren Beobachtungszahlen für Erscheinungen derselben Art erheblich grösser ausfällt[21]). Es lässt sich also nicht nur für den Fall des Geschlechtsverhältnisses der Geborenen, sondern, wie es scheint, ziemlich allgemein eine gewisse, wenn auch etwas verschieden geartete, Übereinstimmung zwischen

20) Der angeführte Ausdruck für Q ist in meinem „Gesetz der kleinen Zahlen", Leipzig 1898, § 14 abgeleitet. In der entsprechenden Formel bei *Lexis*, welche auf einer nicht ganz strengen Beweisführung beruht, steht s an Stelle von $s-1$.

21) Das Schema einer serienweise variierenden Wahrscheinlichkeit ist übrigens nur als ein mehr oder weniger grober Ausdruck der thatsächlichen Gestaltung der Chancensysteme aufzufassen, welche dem statistischen Geschehen zu Grunde liegen. Über das Verhältnis dieses Schemas zu demjenigen *Bienaymé*'s vgl. mein „Gesetz der kleinen Zahlen", Anlage 2.

Theorie und Erfahrung bei den zeitlichen Schwankungen statistischer Quotienten erzielen. Aus solch' einer Übereinstimmung kann aber, nach *Lexis*, überhaupt erst die Berechtigung dazu entnommen werden, statistische Relativzahlen als Näherungswerte mathematischer Wahrscheinlichkeiten aufzufassen, mithin die Begriffe „Chancensystem", „zufällige Ursachen" und dergleichen mehr in die Statistik einzuführen. Durch letzteres wird ein richtigerer Einblick in das Wesen der statistischen Regelmässigkeiten gewonnen und werden namentlich die Anschauungen derer hinfällig, welche zur Erklärung der Stabilität statistischer Zahlen „einen naturgesetzlichen, auf die Herstellung der Konstanz gerichteten inneren Zusammenhang der Einzelerscheinungen annehmen" zu müssen glaubten[22]). Was aber den mehr praktischen Zweck betrifft, mit den Mitteln der Wahrscheinlichkeitsrechnung die Fehlergrenzen für ein unbekanntes (zukünftiges) statistisches Ergebnis zu bestimmen — worin *Laplace* die eigentliche Funktion der Wahrscheinlichkeitsrechnung auf diesem Gebiete erblickte — so erweisen sich (sofern wenigstens grosse Beobachtungs- und Ereigniszahlen in Betracht kommen) jene Mittel als untauglich und das ganze Verfahren als ein illusorisches überall dort, wo zu dem Schema einer serienweise variierenden Wahrscheinlichkeit gegriffen werden muss (somit in der überaus grossen Mehrzahl der Fälle), weil die Variationen der betreffenden Wahrscheinlichkeit nicht auch ihrerseits auf Chancenkombinationen (Wahrscheinlichkeitsgesetzen) zu beruhen brauchen.

Die Dispersionstheorie von *Lexis* ist nach der logischen und erkenntnistheoretischen Seite hin von *J. von Kries*[23]) weiter ausgeführt worden. Statistische Untersuchungen über die Dispersionsverhältnisse verschiedener Quotienten sind *J. Lehr*[24]), *H. Westergaard*[25]) und *F. Y. Edgeworth*[26]) zu verdanken. Letzterer ist, obschon in unmittelbarer Anlehnung an die *Lexis*'schen Untersuchungen, verschiedentlich über die Grenzen, in denen sich jene bewegen, hinausgegangen und hat auch die eigentliche Theorie der Frage bis zu einem gewissen Grade

---

22) *Lexis*, im Handwörterbuch der Staatswiss. 2. Aufl. Bd. 4, p. 239.

23) Prinzipien der Wahrscheinlichkeitsrechnung, Freiburg i. B. 1886. Kap. IV, Nr. 9; Kap. VI u. IX.

24) Zur Frage der Veränderlichkeit statistischer Reihen, in der Vierteljahrsschrift f Volkswirtschaft u. s. w., 101 (1888), p. 3 fg.

25) Die Grundzüge der Theorie der Statistik, Jena 1890.

26) On Methods of Statistics in Jubilee Volume of the Statistical Society, London 1885, und zahlreiche Artikel in Journal of the Royal Statistical Society 1885—1899, sowie in Phil. Mag. 1883—92.

gefördert. In jüngster Zeit ist es *J. H. Peek* gelungen, auf dem Gebiet der Sterblichkeitsstatistik bei einer Anzahl von Reihen mit relativ kleinen Beoachtungszahlen eine nahezu normale Dispersion festzustellen[27])[28]).

7. Wahrscheinlichkeitstheoretische Behandlung der statistischen Mittelwerte. Die Zahlenwerte, mit denen sich die Statistik beschäftigt, besitzen nicht immer wie in den vorhin betrachteten Fällen die Form von Wahrscheinlichkeitsgrössen, sondern stellen sich oft als Funktionen solcher dar, sind aber auch dann nicht minder einer Behandlung von dem oben erörterten Standpunkt aus unter entsprechenden Modifikationen der einschlägigen Formeln zugänglich[29]). Letzteres trifft auch bei den statistischen Mittelwerten zu, welche unter den Begriff der mathematischen Erwartung [I D 1, Nr. **16**] subsumiert werden können. *Laplace* hat bereits gezeigt, in welcher Weise sich bei derartigen Mittelwerten und speziell in den Fällen der mittleren Lebens- und Ehedauer die zufälligen Abweichungen ihrer empirischen Werte von den massgebenden theoretischen Werten berücksichtigen lassen[30]).

Was nun aber die Untersuchung der Dispersionsverhältnisse statistischer Grössen dieser Art anlangt, so sind die von *Lexis* zunächst blos für den Fall von Wahrscheinlichkeitsgrössen empfohlenen Methoden auch hier anwendbar. Man habe es in der That mit einer Grösse A zu thun, deren mathematische Erwartung ξ durch:

$$\int_{\alpha}^{\beta} x\varphi(x)dx$$

dargestellt wird, wobei $\varphi(x)dx$ für einen Einzelwert von A die Wahrscheinlichkeit angiebt, in den Grenzen von x bis $x+dx$ enthalten zu sein, und α bezw. β den Minimal- bezw. Maximalwert von A be-

---

27) Das Problem vom Risiko in der Lebensversicherung in der Zeitschr. f. Versich.-Recht u. -Wissenschaft 5 (1899), p. 169 fg.

28) Der neueste Beitrag zur Dispersionstheorie ist *W. Kammann*'s Dissertation „Das Geschlechtsverhältnis der Überlebenden in den Kinderjahren als selbständige massenphysiologische Konstante", Göttingen (1900) (Auszug in den Jahrbüchern f. Nat.-Ök. u. Statistik 19 (1900), p. 382 fg.).

29) So hält sich z. B. *Lexis* in seinen in Fussnote 16 citierten Untersuchungen über das Geschlechtsverhältnis der Geborenen an das Verhältnis der Zahl der geborenen Knaben zu der Zahl der geborenen Mädchen, mithin an eine Relation zwischen entgegengesetzten Wahrscheinlichkeiten.

30) Théorie anal. des prob. Chap. VIII.

zeichnen. Es seien ferner σs Einzelwerte a von A ermittelt, dieselben in σ Serien zu je s Elementen eingeteilt und für jede Serie ein Mittelwert $\xi_i' = \frac{1}{s}[a]$ berechnet. Dann wird, unter der Bedingung, dass s eine hinreichend grosse Zahl ist, die Wahrscheinlichkeit für eine Abweichung $\xi_i' - \xi$, in den Grenzen $\mp z$ enthalten zu sein, durch P_t ausgedrückt, wobei $t = zh$ und h sich aus der Gleichung:

$$\frac{1}{2h^2} = \frac{1}{s}\int_\alpha^\beta (x - \xi)^2 \varphi(x)\, dx$$

bestimmt. Für die Grösse h (die Präzision von ξ_i') ergeben sich nun auch in diesem Fall zwei Näherungswerte, nämlich h' und h'', und zwar aus den Formeln:

$$\frac{1}{2h'^2} = \frac{1}{s}\,\frac{[(a - \xi_0')^2]}{\sigma s - 1}$$

und:

$$\frac{1}{2h''^2} = \frac{[(\xi_i' - \xi_0')^2]}{\sigma - 1},$$

in denen $\xi_0' = \frac{1}{\sigma}[\xi_i']$. Eine Gegenüberstellung der Werte h' und h'' würde hier ebenfalls zu einer Unterscheidung zwischen den einzelnen Dispersionsarten und zu allen weiteren Konsequenzen führen, die solch' eine Unterscheidung, wie oben dargelegt, mit sich bringt[31]).

In Bezug auf die statistischen Mittelwerte fällt aber der Wahrscheinlichkeitsrechnung noch eine andere Aufgabe zu, nämlich die fehlertheoretische Untersuchung der Funktion $\varphi(x)$ [I D 2, Nr. 2 fg.]. *A. Quetelet* hat für verschiedene, den menschlichen Körper betreffende, Massgrössen den Nachweis erbracht, dass die Einzelwerte solcher Massgrössen, von denen ein jeder einem besonderen Individuum entspricht, sich in ihren Abweichungen von den betreffenden Mittelwerten ziemlich genau dem Exponentialgesetz anpassen, so dass:

$$\varphi(x) = \frac{k}{\sqrt{\pi}} e^{-k^2(x-\xi)^2},$$

wo k eine jeweils aus der Erfahrung zu ermittelnde Konstante ist[32]). In seiner Theorie des Normalalters hat später *Lexis* das von *Quetelet* zur Geltung gebrachte Prinzip auf die Erscheinung der Lebensdauer

31) Vgl. meine Krit. Betrachtungen zur theoret. Statistik, 2. Art., p. 332 fg. in den Jahrb. f. Nat.-Ök. u. Stat., 3. Folge 10 (1895).

32) Lettres sur la théorie des probabilités, Bruxelles (1846), p. 133 fg. u. 400 fg. Sur l'homme, Paris (1835). Physique sociale, Bruxelles (1869). Anthropométrie, Bruxelles (1870).

übertragen[33]). Aber in einer Anzahl analoger Fälle lässt sich die thatsächliche Verteilung der Einzelwerte einer statistischen Grösse um ihren Mittelwert mit obiger Formel nicht in Einklang bringen. Dadurch wird man entweder veranlasst, dem Fehlergesetz eine allgemeinere Fassung zu geben, bei welcher jene Formel nur als Spezialfall erscheinen würde, oder aber man betrachtet die Nichtübereinstimmung der empirischen Zahlenreihen mit dem *Gauss*'schen Fehlergesetz als eine Anomalie, welche ihre besonderen Gründe haben müsste. Als solche kommen namentlich in Betracht die Thatsachen bezw. Hypothesen, darin bestehend, dass gegebenenfalls eine Mischung mehrerer Menschentypen vorhanden sei, oder dass der in Frage stehende Typus in der Entartung begriffen sei, oder dass die untersuchte Massgrösse die Funktion einer anderen sei, welche ihrerseits das Exponentialgesetz erfüllt, u. a. m. Jeder der erwähnten Erklärungsversuche giebt zu besonderen theoretischen Erörterungen Anlass. Am eingehendsten sind die hierher gehörenden Fragen von *G. Th. Fechner*[34]) und *K. Pearson*[35]) behandelt worden.

II. Spezielle Probleme.

8. **Die innere Struktur der Sterblichkeitstafel.** Unter den gesellschaftlichen Massenerscheinungen ist die *Sterblichkeit* am frühesten Gegenstand mathematischer Behandlung geworden. Hierbei bildet seit *E. Halley*[36]) die Aufstellung einer *Absterbeordnung* auf Grund eines gegebenen statistischen Materials das Hauptziel der Forschung. Es

33) Zur Theorie der Massenersch. Kap. III. Ähnliche Untersuchungen über die Verteilung der Eheschliessenden nach dem Alter haben geliefert: *L. Perozzo*, Neue Anwendungen der Wahrscheinlichkeitsrechnung in der Statistik u. s. w., Dresden (1883) und *W. Küttner*, Die Eheschliessungen im Königreich Sachsen, Dresden (1886), p. 37 fg.

34) Kollektivmasslehre, hrsgb. von *G. F. Lipps*, Leipzig 1897. Vgl. *G. F. Lipps*, Über Fechner's Kollektivmasslehre und die Verteilungsgesetze der Kollektivgegenstände in Philos. Studien 13 (1897), p. 579 fg.

35) Contributions to the Mathematical Theory of Evolution in Lond. Trans. (A) 185, p. 71; 186, p. 343 u. 187, p. 253 (1894—96). Vgl. über Pearson *Edgeworth*, in Journal of the R. Statistical Society 58 (1895), p. 506 fg., sowie *Lexis*, Art. Anthropologie u. Anthropometrie im Handwörterbuch der Staatswiss. 2. Aufl. Bd. I, p. 396—397. In diesem Art. finden sich weitere Litteraturangaben. Dazu noch: *E. Blaschke*, Über die analytische Darstellung von Regelmässigkeiten bei unverbundenen statistischen Massenerscheinungen, in den Mitteilungen des Verbandes der österr. u. ungar. Versicherungstechniker, Heft 1, 1899, p. 6 fg.

36) An Estimate of the Degrees of the Mortality of Mankind etc., Lond. Trans. 17, 1693, p. 596 fg. u. 654 fg.

handelt sich mit anderen Worten darum, eine Reihe der Werte l_x zu berechnen, von denen ein jeder angiebt, wie viele Individuen aus einer bestimmten (willkürlich gewählten) Anzahl von Geborenen (0jährigen) das Alter von x Jahren lebend erreichen. Die Grössen $l_x - l_{x+1} = d_x$ bezw. $\frac{d_x}{l_0}$ stellen die Zahlen bezw. die Bruchteile der aus einer Anzahl l_0 bezw. aus einer Einheit Geborener Verstorbenen dar und die Quotienten $\frac{l_{x+1}}{l_x} = p_x$ und $\frac{d_x}{l_x} = q_x$ werden kurzweg als *Lebens-* und *Sterbenswahrscheinlichkeit* des Alters x bezeichnet [I D 4 b, Nr. 2]. Wird ferner angenommen, dass sich l_x und seine Differentialquotienten mit x stetig ändern, so entsteht der Begriff der *Sterblichkeitskraft* [Sterbensintensität, I D 4 b, Nr. 6] (μ_x), worunter der Grenzwert verstanden wird, dem sich die Wahrscheinlichkeit für einen $x$jährigen, innerhalb eines bestimmten Zeitteilchens Δx zu sterben, dividiert durch letzteres, bei lim. $\Delta x = 0$, nähert[37]). Hieraus ergiebt sich: $\frac{l_x}{l_0} = e^{-\int_0^x \mu_x dx}$. Nach der Formel:

$$c = \frac{\int_{x'}^{x''} l_x \mu_x dx}{\int_{x'}^{x''} l_x dx}$$

berechnet sich dann die mittlere Sterblichkeitskraft, auch *Sterblichkeitskoeffizient* genannt, für die Altersstrecke x' bis x''. Unter die Form:

$$c = \frac{l_{x'} - l_{x''}}{\int_{x'}^{x''} l_x dx}$$

gebracht, erscheint der Sterblichkeitskoeffizient als Verhältnis der Zahl der in den Altersgrenzen x' bis x'' Verstorbenen zu der von den Lebenden in denselben Altersgrenzen *verlebten Zeit.* Führt man noch die Bezeichnung T_x für $\int_x^\omega l_x dx$ ein, wo ω das höchste Alter, welches überhaupt erreicht werden kann, bedeutet, so erhält man

37) Der erste, welcher von dem Grössenbegriff μ_x Gebrauch gemacht hat, ist *B. Gompertz:* On the nature of the function expressive of the law of human mortality etc., Lond. Trans. 1825, p. 513. Der Ausdruck „force of mortality" rührt aber von *W. S. Woolhouse* her. Vgl. I D 4 b, Nr. 6.

$c_x = \frac{d_x}{T_x - T_{x+1}}$ als Ausdruck des Sterblichkeitskoeffizienten für das entsprechende einjährige Altersintervall. Eine weitere aus der Absterbeordnung ableitbare statistische Grösse ist die mathematische Erwartung der von einem $x$jährigen noch zu verlebenden Zeit, die als fernere mittlere Lebensdauer oder kurz als *Lebenserwartung* bezeichnet und durch:

$$E_x = \int_x^{\omega} - \frac{dl_z}{l_x dz}(z - x)\, dz$$

dargestellt wird, welch' letzterer Ausdruck sich mittels Integration durch Teilung in $\frac{1}{l_x}\int_x^{\omega} l_z\, dz$ oder $\frac{T_x}{l_x}$ verwandelt. Die Grösse $E_0 = \frac{T_0}{l_0}$ heisst *mittlere Lebensdauer* schlechthin. Unter der *wahrscheinlichen Lebensdauer* eines $x$jährigen wird aber ein Zahlenwert W_x verstanden, welcher der Bedingung genügt: $l_{x+W_x} = \frac{1}{2} l_x$ und die Berechtigung zu seiner Benennung daraus entnimmt, dass es nach Massgabe der gegebenen Absterbeordnung für einen $x$jährigen gleich wahrscheinlich erscheint, vor wie nach Ablauf von W_x Jahren zu sterben[38].

Durch Aneinanderreihung der Zahlenwerte, welche die erörterten sogenannten *biometrischen Funktionen*, wie l_x, d_x, q_x, E_x, eventuell auch p_x, μ_x, c_x, W_x, $T_x - T_{x+1}$ und T_x für eine Reihe der successiven (um 1 von einander abstehenden) ganzzahligen Werte des Arguments x annehmen, entsteht eine *Sterblichkeitstafel*. Bei der Konstruktion einer solchen handelt es sich 1) darum, auf Grund eines gegebenen statistischen Materials die Werte einer bestimmten biometrischen Funktion für verschiedene Werte von x zu ermitteln und 2) darum, aus den so gewonnenen Werten dieser *Grundfunktion* die Werte der übrigen biometrischen Funktionen abzuleiten.

9. Die formale Bevölkerungstheorie. Zur Lösung der unter 1) fallenden Aufgaben bedarf es einer klaren Einsicht in gewisse formale Beziehungen, die zwischen den in Betracht kommenden statistischen Massen bestehen und ihrer rein formalen Natur zufolge lediglich darauf beruhen, nach welchen Bestimmungsmomenten jene Massen

---

38) Eine klare Unterscheidung zwischen der mittleren und wahrscheinlichen Lebensdauer ist schon in einem Briefe von *Chr. Huygens* aus dem Jahre 1669 anzutreffen. Siehe das in Fussnote 1 genannte Sammelwerk, p. 68—69.

gebildet (abgegrenzt) sind. Die letzteren stellen sich als „Gesamtheiten“ von Geborenen, von Lebenden und von Verstorbenen und eventuell noch von solchen dar, die einem irgendwie definirten Personenbestand beigetreten bezw. aus einem solchen bei Lebzeiten ausgeschieden sind. Als nähere Bestimmungsmomente treten absolute und relative Zeitangaben (wie z. B. das Datum der Geburt, des Todes, oder das Lebensalter, die Aufenthaltsdauer) hinzu.

Ansätze zu einer Lehre von den in Frage stehenden Beziehungen („Formale Bevölkerungslehre“) finden sich schon ziemlich früh bei denjenigen Autoren, welche sich mit der Berechnung von Sterblichkeitstafeln auf Grund der Erfahrungen von Lebensversicherungsanstalten beschäftigt haben, so namentlich bei *J. Finlaison*[39]) und *W. S. Woolhouse*[40]), dann aber auch bei *J. Fourier*[41]), *L. Moser*[42]), *Ph. Fischer*[43]).

Eine systematische Entwickelung der einschlägigen Lehrsätze brachten jedoch erst die Arbeiten *K. Becker*'s[44]), *G. F. Knapp*'s, *G. Zeuner*'s und *W. Lexis*'. Becker gab eine durchaus elementare Darlegung der praktisch wichtigsten Beziehungen, während *Knapp*'s analytische Behandlungsweise aus dem Jahre 1868[45]) den Vorzug einer grösseren Vollständigkeit und Allgemeinheit bietet, zugleich aber insofern einen Rückschritt bedeutet, als sie auf die einschränkende Annahme von einer unveränderlichen (keinem Wechsel in der Zeit unterliegenden) Absterbeordnung gegründet ist. An *Knapp* anknüpfend hat es dann *Zeuner* verstanden, den von jenem aufgestellten Sätzen eine unbedingte, weil von der erwähnten Annahme unabhängige, Geltung zu verschaffen. Er hat sich hierbei einer stereometrischen Konstruktion bedient, in welcher die verschiedenartigen

---

39) Report on the evidence and elementary facts on which the tables of life annuities are founded, London (1829); siehe *E. Roghé*, Geschichte und Kritik der Sterblichkeitsmessung bei Versicherungsanstalten, Jena (1891), p. 26—29.

40) Investigations of mortality in the Indian army (1839) (citiert nach B. v. Maleszewski, Fussnote 73)), sowie Tables exhibiting the law of mortality deduced from the combined experience of 17 Life Assurance Offices, London (1843); vgl. *Roghé*, a. a. O. p. 57—60.

41) Notions générales sur la population, in Recherches statistiques sur la ville de Paris 1821, p. IX—LXXIII.

42) Die Gesetze der Lebensdauer, Berlin (1839).

43) Grundzüge des auf menschliche Sterblichkeit gegründeten Versicherungswesens, Oppenheim a. Rh. (1860).

44) Zur Theorie der Sterbetafeln für ganze Bevölkerungen in den Statist. Nachr. über das Grossherzogtum Oldenburg 9 (1867), 1. Teil, und Zur Berechnung von Sterbetafeln an die Bevölkerungsstatistik zu stellende Anforderungen, Berlin (1874).

45) Siehe Litteratur.

Gesamtheiten von Lebenden und Verstorbenen durch Projektionen von Schnittflächen auf die Koordinatenebenen versinnlicht werden und auf diese Weise die Beziehungen, welche zwischen jenen Gesamtheiten stattfinden, sich aus unmittelbarer Anschauung ergeben. Diese Konstruktion findet bei *Zeuner* ihr Gegenstück in einer analytischen Darstellung, deren Grundlagen im wesentlichen die folgenden sind.

Man fasst die Anzahl derjenigen, welche, in der Zeit von 0 (Anfangspunkt der Beobachtungszeit) bis t geboren, das Alter x lebend erreichen, als eine stetige Funktion der zwei Veränderlichen t und x auf und bezeichnet diese Funktion mit $V(x, t)$. Der Differentialquotient:

$$\frac{\partial V(x, t)}{\partial t} = U(x, t)$$

stellt alsdann die sogenannte *Überlebensdichtigkeit* dar, welche dem Alter x und der Geburtszeit t entspricht. Bezeichnet man nun mit t' irgend einen früheren und mit t'' einen beliebigen späteren Zeitpunkt, so wird durch das Integral:

$$\int_{t'}^{t''} U(x, t)\, dt = P_1$$

die Anzahl derer ausgedrückt, welche aus dem Zeitraum t' bis t'' stammend das Alter x lebend erreichen. Das ist die sogenannte *erste Hauptgesamtheit von Lebenden.* Ihr Charakteristikum besteht darin, dass, bei einem konstanten Wert von x, sich t in den Grenzen von t' bis t'', mithin die „Erfüllungszeit“ $\tau = t + x$ sich in den Grenzen von $t' + x$ bis $t'' + x$ bewegt. Setzt man aber in dem angeführten Integral $x = \tau - t$ und lässt, bei einem konstanten Wert von τ, x die Werte von x' bis x'' durchlaufen (wobei $x'' > x'$), so ergiebt sich:

$$\int_{\tau - x''}^{\tau - x'} U(\tau - t, t)\, dt = \int_{x'}^{x''} U(x, \tau - x)\, dx = P_2$$

als Ausdruck der sogenannten *zweiten Hauptgesamtheit von Lebenden.* Die Personen, welche eine so charakterisierte Gesamtheit bilden, sind alle aus der Geburtszeit $\tau - x''$ bis $\tau - x'$ hervorgegangen bezw. stehen im Alter von x' bis x'' und befinden sich in dem Zeitpunkt τ am Leben.

Eine Gesamtheit von Geborenen erscheint als ein Spezialfall der ersten Hauptgesamtheit von Lebenden. Setzt man nämlich $x = 0$, so giebt $\int\limits_{t'}^{t''} U(0, t)\, dt$ die Anzahl der von t' bis t'' Geborenen an. Die Funktion $U(0, t)$ wird seit *Knapp* (s. „Ermittlung 1868“ p. 12) als *Geburtendichtigkeit* bezeichnet.

Um aber für die Gesamtheiten von Verstorbenen entsprechende analytische Ausdrücke zu gewinnen, muss man von dem Differential

$$U(x, t)\, dt - U(x + dx, t)\, dt = -\frac{\partial U(x, t)}{\partial x} dx\, dt$$

ausgehen, welches die Anzahl derer liefert, die, in der Zeit von t bis $t + dt$ geboren, im Alter von x bis $x + dx$ gestorben sind. Je nachdem nun zur näheren Bestimmung einer Gesamtheit von Verstorbenen eine gegebene Geburtszeit- und eine gegebene Altersstrecke, oder eine gegebene Geburts- und eine gegebene Erfüllungszeitstrecke, oder eine gegebene Alters- und eine gegebene Erfüllungszeitstrecke dienen, lassen sich drei besondere *Hauptgesamtheiten von Verstorbenen* unterscheiden, nämlich:

$$M_1 = -\int\limits_{t'}^{t''}\int\limits_{x'}^{x''} \frac{\partial U(x, t)}{\partial x} dx\, dt,$$

$$M_2 = -\int\limits_{t'}^{t''}\int\limits_{\tau' - t}^{\tau'' - t} \frac{\partial U(x, t)}{\partial x} dx\, dt$$

und:

$$M_3 = -\int\limits_{x'}^{x''}\int\limits_{\tau' - x}^{\tau'' - x} \frac{\partial U(x, t)}{\partial x} dt\, dx.$$

Mit Hülfe der vorgeführten analytischen Darstellungsmittel lässt sich dann die ganze formale Bevölkerungslehre systematisch entwickeln. Jene Darstellungsmittel entsprechen aber der Annahme von der Stetigkeit der einschlägigen Funktionen. Gerade durch die Erwägung, dass man den Thatsachen einen gewissen Zwang anthut, wenn man sich dieser Annahme bedient, fand sich *Knapp* bewogen, in einer späteren Schrift[46]) den Gegenstand unter Anwendung verallgemeinerter, auf die Unstetigkeit der Funktionen Rücksicht nehmender Methoden neu durchzuarbeiten. Der analytischen Behandlung schloss sich in dieser Schrift eine entsprechende planimetrische Konstruktion an, deren sich der Verfasser bereits früher bedient hatte[47]).

---

46) Theorie des Bevölkerungswechsels, Braunschweig 1874.

47) Sterblichkeit in Sachsen, Leipzig 1869.

Eine von der *Knapp*'schen abweichende, aber dem nämlichen Zweck dienende geometrische Darstellung in der Ebene hat dann *Lexis* vorgeschlagen. Er erweiterte zugleich die formale Bevölkerungslehre über die ihr von seinen Vorgängern auf diesem Gebiete gesteckten Grenzen hinaus, indem er besondere Betrachtungen über solche Gesamtheiten anstellte, bei deren Abgrenzung gegen analoge Gesamtheiten neben den vorhin erörterten Bestimmungsmomenten noch der Civilstand (ob ledig, verheiratet oder verwitwet) berücksichtigt wird. Offenbar erfährt eine unter diesem Gesichtspunkt gebildete Gesamtheit von Lebenden im zeitlichen Verlauf Aenderungen in ihrem Bestand sowohl in Folge von Todesfällen als in Folge von Eheschliessungen und Ehelösungen. Die grössere Kompliziertheit der sich hieraus ergebenden Beziehungen hat *Lexis* naturgemäss dazu veranlasst, für diesen Fall zu stereometrischen Konstruktionen überzugehen. Die betreffenden Untersuchungen, welche zunächst eine Grundlage für eine rationelle Ehestatistik zu bieten imstande sind, haben zugleich eine viel allgemeinere Bedeutung, weil die gewonnenen theoretischen Resultate eine unmittelbare Anwendung auf andere, in formaler Beziehung analoge Gebiete (Ein- und Auswanderungen, Invalidität, Kriminalität u. dgl. m.) zulassen[48].

10. Methoden zur Ermittelung der Sterbenswahrscheinlichkeit und des Sterblichkeitskoeffizienten (vgl. I D 4 b, Nr. 3). Sieht man von den ältesten Sterblichkeitstafeln ab, so wird bei der Konstruktion solcher Tafeln als Grundfunktion am häufigsten die Sterbenswahrscheinlichkeit (q_x) benutzt. Dieselbe kann zunächst nach der Formel: $q_x = \frac{M_1}{P_1}$ berechnet werden, wobei M_1 und P_1 in Bezug auf die Geburtszeitgrenzen übereinstimmen müssen und $x' = x$ und $x'' = x + 1$ zu setzen ist. Sodann ergiebt sich ein Näherungswert von q_x aus der Formel: $q_x = \frac{M_2}{P_2}$, wobei die in dem Nr. 9 angeführten Ausdruck für M_2 vorkommenden Werte t', t'', τ' und τ'' mit den in dem entsprechenden Ausdruck für P_2 auftretenden Werten τ, x' und x'' in der Weise zusammenhängen müssen, dass $t' = \tau - x''$, $t'' = \tau - x'$, $\tau' = \tau$ und $\tau'' = \tau + 1$. (Als Zeiteinheit gilt hier das Jahr.) Wenn dabei der Abstand zwischen x' und x'' bezw. t' und t'' klein ist (z. B. von einjähriger Dauer), so darf mit hinreichender Genauigkeit x in q_x gleich $\frac{x' + x''}{2}$ gesetzt

48) Einleitung u. s. w. (siehe Litteratur) und Handwörterbuch der Staatswissenschaften 2. Aufl. 2, p. 689—696. Cf. *W. Küttner*, Fussnote 33).

werden[49]). Durch die Beschaffenheit des vorliegenden statistischen Materials wird man bei der Wahl der Grundfunktion in einigen Fällen veranlasst, dem Sterblichkeitskoeffizienten (c) vor der Sterbenswahrscheinlichkeit (q_x) den Vorzug zu geben und findet man c aus der Gleichsetzung: $c = \frac{M_3}{Q}$, wo:

$$Q = \int_{\tau'}^{\tau''}\int_{x'}^{x''} U(x, \tau - x)\, dx\, d\tau$$

die innerhalb der Zeitstrecke τ' bis τ'' von den in den Altersgrenzen x' bis x'' gestanden habenden Personen insgesamt *verlebte Zeit* darstellt. Eine genaue numerische Auswertung von Q ist namentlich bei sogenannten „ganzen" Bevölkerungen, d. h. bei solchen Bevölkerungen, die durch Angabe von Territorialgrenzen definiert sind, ausgeschlossen. Meistens wird Q ausgedrückt durch das Produkt aus der Länge der Zeitstrecke τ' bis τ'' und der Zahl der Lebenden des entsprechenden Alters in der Mitte jener Zeitstrecke oder der halben

---

49) Als Hauptvertreter der ersten Methode $\left(q_x = \frac{M_1}{P_1}\right)$ erscheinen *K. Becker* (Fussn. 44), sowie in „Deutsche Sterbetafel u. s. w.", Monatshefte zur Statistik des Deutschen Reichs 1887, 2. Th.), *Zeuner* (siehe Litteratur und „Neue Sterblichkeitstafeln für die Gesamtbevölkerung des Königreichs Sachsen", Zeitschrift des Sächs. Stat. Bur. 1894, p. 13 fg.) und *W. Lazarus* (Deutsche Sterblichkeitstafeln aus den Erfahrungen von 23 Lebensversicherungsgesellschaften, Berlin 1883). Dem Prinzip nach hat sich der nämlichen Methode z. B. schon *Th. Galloway* bedient [Tables of mortality deduced from the experience of the Amicable Society, London (1841)]. Die zweite von den im Text genannten Methoden, und zwar in der Form: $q_x = \frac{[M_2]}{[P_2]}$, wo die Summierung nach τ erfolgt, findet sich im wesentlichen bei *Finlaison,* Fussn. 39), ferner in den bekannten Arbeiten *A. Wiegand's*, *G. Behm's*, *A. Zillmer's* und *H. Zimmermann's* über Sterblichkeit und Dienstunfähigkeit der Eisenbahnbeamten (vergl. Nr. 12) und ist neuerdings von *A. J. van Pesch* [Tables de mortalité pour le royaume des Pays-Bas, Bijdragen tot de Statistiek van Nederland 5 (1897)] angewandt worden, jedoch in der Form $q_x = \frac{1}{n}\left[\frac{M_2}{P_2}\right]$, wo n die Zahl der betreffenden Summanden bezw. Jahrgänge angiebt. — In den Formeln, die zur Bestimmung von q_x dienen, werden in der Regel gewisse Korrektionen wegen der innerhalb der betreffenden Altersbezw. Zeitstrecke Eintretenden und bei Lebzeiten Ausscheidenden angebracht. Dies ist namentlich in dem Fall unumgänglich, wo sich die Berechnung auf das Material von Versicherungsgesellschaften gründet. In diesem Fall ergeben sich weitere Komplikationen, wenn auf die Dauer der Zugehörigkeit des Versicherten zur Gesellschaft Rücksicht genommen wird. Vergl. *E. Blaschke*, Über die Konstruktion von Mortalitätstafeln, in der Statist. Monatschrift, Wien 1894, p. 278—284.

Summe der Zahlen der Lebenden des nämlichen Alters im Anfang und am Schluss der genannten Zeitstrecke. Die Gleichsetzung: $c = \frac{M_3}{Q}$ ist ausserdem nur unter der Bedingung statthaft, dass die Altersgrenzen x' und x'' nicht weit auseinanderliegen. Sonst kann sich zwischen c, dem sogenannten „Sterblichkeitskoeffizienten im Sinne der Sterblichkeitstafel“ und dem „effektiven Sterblichkeitskoeffizienten“ $\left(\frac{M_3}{Q}\right)$ unter Umständen ein beträchtlicher numerischer Unterschied ergeben[50]).

Die Verwendung einer anderen statistischen Grösse, wie z. B. d_x oder l_x als Grundfunktion wird aus praktischen Gründen meistens vermieden.

11. Weiteres zur Konstruktion von Sterblichkeitstafeln. Wenn eine Reihe der Werte q_x für $x = 0, 1$ u. s. w. bis $\omega - 1$ ermittelt ist, so erhält die am Schluss von Nr. 8 unter 2) erwähnte Aufgabe in der Weise ihre Lösung, dass zuerst die Reihe der Werte l_x nach der Formel: $l_x = l_0 \prod_0^{x-1} (1 - q_x)$ berechnet wird. (Dabei ist l_0, die „Basis“ der Sterblichkeitstafel, willkürlich.) Von den übrig bleibenden biometrischen Funktionen gestatten dann, je nach ihrer Beschaffenheit, die einen eine exakte, die anderen eine nur angenäherte numerische Auswertung auf Grund der Werte l_x, wobei im letzteren Fall die aus der Interpolationstheorie bekannten Methoden zur Anwendung kommen [I D 3; I D 4b, Nr. 6]. Ist aber c als Grundfunktion benutzt worden, so findet man erst die entsprechenden Werte q_x und zwar nach der Formel: $q_x = \frac{2c}{2+c}$, wobei x in q_x mit x' und x'' in c so zusammenhängt, dass $2x = x' + x'' - 1$.[51]) Daraufhin verfährt man wie in dem Fall, wo unmittelbar von q_x ausgegangen wird.

Die Absterbeordnung, welche durch die so gewonnene Reihe l_x dargestellt wird, bezieht sich entweder auf eine *reelle* oder auf eine *ideelle* (fiktive) *Generation*, je nachdem die verschiedenen Gesamtheiten

---

50) Die Methode der Konstruktion einer Sterblichkeitstafel, welche von der Gleichung $c = \frac{M_3}{Q}$ ausgeht, wird namentlich in der englischen Bevölkerungsstatistik befolgt. Vergl. *W. Farr*, On the Construction of Life-Tables, Lond. Trans. 149, 1859, p. 837 fg. Über die Ungleichungen, welche $\frac{M_3}{Q}$ mit c verbinden, s. meine Mittlere Lebensdauer, Jena 1893, § 21.

51) *Farr*, a. a. O.

von Lebenden und Verstorbenen, die zur Berechnung der Einzelwerte der Grundfunktion gedient haben, in bezug auf die Geburtszeitgrenzen (t' und t'') oder aber in bezug auf die Erfüllungs- bezw. Sterbezeitgrenzen (τ' und τ'') übereinstimmen[52]).

Die Konstruktion einer Sterblichkeitstafel wird öfters dadurch erschwert, dass das gegebene statistische Material nach ungeeigneten Gesichtspunkten tabellarisch geordnet ist. Für solche Fälle giebt die Theorie gewisse Näherungsmethoden an, welche dazu dienen, auf Grund von Gesamtheiten der einen Art Gesamtheiten einer anderen Art zu bestimmen[53]). Ferner kommen verschiedene Interpolationsmethoden in Betracht, wenn die Altersstatistik der Lebenden und Verstorbenen nicht hinreichend detailliert ist. Durch die Unzuverlässigkeit dieser Altersstatistik, welche nicht selten ist, wird man aber veranlasst, zu irgend einem Ausgleichungsverfahren zu greifen [I D 4b, Nr. **6**]. Eine Ausgleichung der gefundenen Werte der Grundfunktion oder der aus diesen Werten abgeleiteten Werte l_x lässt sich auch durch die Annahme motivieren, dass dieselben mit zufälligen, aus der Beschränktheit des Beobachtungsfeldes entspringenden, Fehlern behaftet erscheinen[54]). Schliesslich erblicken einige Autoren eine besondere Aufgabe bei der Konstruktion von Sterblichkeitstafeln darin, die eine oder die andere der biometrischen Funktionen in eine mathematische Formel zu fassen, welche dem thatsächlichen Verlauf jener Funktion nach Möglichkeit angepasst wäre. Dabei geht das Bestreben dahin, eine Formel von allgemeiner Gültigkeit zu finden, und die Unterschiede der Sterblichkeit, welche zwischen den einzelnen Bevölkerungen bezw. Personenkreisen statthaben, durch entsprechende Unterschiede der Konstanten, die in der Formel vorkommen, zum Ausdruck zu bringen[55]).

12. Konstruktion von Invaliditätstafeln. Einen besonderen Gegenstand mathematischer Behandlung neben der Sterblichkeit und in Verbindung mit derselben bildet die *Invalidität.* Eine Invaliditätstafel unterscheidet sich von einer Sterblichkeitstafel dadurch, dass die Überlebenden der aufeinander folgenden Altersjahre (l_x) zerlegt werden

52) *K. Becker* (s. Fussnote 44).

53) *Zeuner,* Abhandlungen, p. 58—73; *Lexis,* Einleitung, §§ 31—41.

54) *E. Blaschke,* Die Methoden der Ausgleichung von Massenerscheinungen mit besonderer Berücksichtigung der Ausgleichung von Absterbe- und Invalidenordnungen, Wien 1893.

55) *E. Czuber,* Die Entwickelung der Wahrscheinlichkeitsrechnung, Nr. 74 und I D 4 b, Nr. 6.

in Aktive ($l_x^{(a)}$) und Invalide ($l_x^{(i)}$), wobei die Tafel, anstatt mit dem Alter 0, mit einem späteren Alter α beginnt, von welchem an Invaliditätsfälle überhaupt erst möglich werden.

Man bezeichne nun mit $p_x^{(a)}$, $p_x^{(aa)}$, $p_x^{(ai)}$ die Wahrscheinlichkeiten für einen Aktiven vom Alter x, das Alter $x+1$ überhaupt bezw. als Aktiver bezw. als Invalider lebend zu erreichen und mit $q_x^{(a)}$, $q_x^{(aa)}$, $q_x^{(ai)}$ die Wahrscheinlichkeiten für denselben, vor der Erreichung jenes Alters überhaupt bezw. im Zustande der Aktivität bezw. im Zustande der Invalidität zu sterben. Es bedeute ferner w_x die Wahrscheinlichkeit für einen Aktiven vom Alter x vor der Erreichung des Alters $x+1$ invalid zu werden und $p_x^{(i)}$ bezw. $q_x^{(i)}$ die Lebens- bezw. Sterbenswahrscheinlichkeit eines Invaliden vom Alter x.

Alsdann ergeben sich die Beziehungen: $p_x^{(aa)} + p_x^{(ai)} = p_x^{(a)}$, $q_x^{(aa)} + q_x^{(ai)} = q_x^{(a)}$, $p_x^{(a)} + q_x^{(a)} = 1$, $p_x^{(ai)} + q_x^{(ai)} = w_x$, $p_x^{(i)} + q_x^{(i)} = 1$ und ausserdem $l_x^{(a)} = l_\alpha \prod_{\alpha}^{x-1} p_z^{(aa)}$ und $l_x^{(i)} = \left[l_z^{(a)} p_z^{(ai)} \prod_{z+1}^{x-1} p_u^{(i)} \right]$, wobei sich in letzterem Ausdruck die Summierung auf die Werte von $z = \alpha$, $\alpha + 1$ u. s. w. bis $x - 1$ erstreckt.

Was zunächst die Bestimmung der Grössen $p_x^{(i)}$ bezw. $q_x^{(i)}$ anlangt, so dienen dazu die üblichen Methoden der Sterblichkeitsberechnung, welche hier auf eine aus Invaliden bestehende Personengruppe zur Anwendung kommen. Hingegen bietet die numerische Auswertung der Grössen $p_x^{(aa)}$ und $p_x^{(ai)}$ ein neues Problem, weil diese Grössen unter dem doppelten Einfluss der Sterblichkeit und der Invalidität stehen. Die ersten Autoren, welche sich mit diesem Problem beschäftigt haben (s. die Fussnoten zu Nr. **1** von I D 4b), unterschieden nicht zwischen der Sterblichkeit der Aktiven und der Sterblichkeit der Invaliden und setzten demnach $p_x^{(a)} = p_x^{(i)} = p_x$ bezw. $q_x^{(a)} = q_x^{(i)} = q_x$. Dabei stellten *A. Wiegand*[56]) und *K. Heym*[57]) die Formeln: $p_x^{(aa)} = p_x(1 - w_x)$ und $p_x^{(ai)} = p_x w_x$ auf, welche auf einer unzulässigen Anwendung des Satzes von der Multiplikation von Wahrscheinlichkeiten [I D 1, Nr. **4**] zum Zweck der Ermittelung der Wahrscheinlichkeit eines zusammengesetzten Ereignisses beruhen. Daraufhin leitete *Zeuner*[58]), von gewissen Annahmen über den Verlauf der Absterbeordnung und die Verteilung der Invaliditätsfälle innerhalb der betreffenden Altersstrecke ausgehend, in korrekter Weise die Formel: $p_x^{(aa)} = p_x - \frac{2 w_x p_x}{1 + p_x}$

56) Mathematische Grundlagen der Eisenbahnpensionskassen, Halle a/S. 1859.

57) Die Kranken- und Invalidenversicherung, Leipzig 1863.

58) Abhandlungen u. s. w., 2. Abhandlung.

ab. Im Gegensatz zu *Zeuner* führte *G. Behm*[59])[60]) zwei besondere Absterbeordnungen $f(x)$ für die Aktiven und $\psi(x)$ für die Invaliden ein[61]) und erhielt unter der Annahme, dass sich die in der Altersstrecke x bis $x+1$ vorkommenden Invaliditätsfälle gleichmässig über dieselbe verteilen, und einer weiteren Annahme über die Gestalt von $f(x)$ und $\psi(x)$ die Formeln: $p_x^{(aa)} = p_x' + \frac{w_x p_x'}{q_x'} \log \text{nat.}\, p_x'$, wo $p_x' = \frac{f(x+1)}{f(x)}$ und $q_x' = 1 - p_x'$, und $p_x^{(ai)} = -\frac{w_x p_x^{(i)}}{q_x^{(i)}} \log \text{nat.}\, p_x^{(i)}$, wo $p_x^{(i)} = \frac{\psi(x+1)}{\psi(x)}$. Die angeführten Ausdrücke für $p_x^{(aa)}$ und $p_x^{(ai)}$ ergeben sich unmittelbar aus:

$$p_x^{(aa)} = p_x' - \int_0^1 \frac{w_x f(x+1)}{f(x+z)}\, dz \quad \text{und} \quad p_x^{(ai)} = \int_0^1 \frac{w_x \psi(x+1)}{\psi(x+z)}\, dz,$$

wenn gesetzt wird: $\frac{df(x+z)}{dz} = \text{const.}$ und $\frac{d\psi(x+z)}{dz} = \text{const.}$ Für die Praxis empfahl *Behm* die Formeln: $p_x^{(aa)} = p_x' - \frac{w_x(1+p_x')}{2}$ und $p_x^{(ai)} = \frac{w_x(1+p_x^{(i)})}{2}$, welche aus den obigen mit Hülfe der Reihenentwicklung: $\log \text{nat.}\, \varepsilon = -(1-\varepsilon) - \frac{(1-\varepsilon)^2}{2} - \frac{(1-\varepsilon)^3}{3} - \cdots$ und unter Vernachlässigung aller Glieder, in denen q_x' bezw. $q_x^{(i)}$ in der zweiten oder einer höheren Potenz auftritt, gewonnen werden können. Später hat *W. Küttner*[62]) darauf aufmerksam gemacht, dass *Behm*, wenn er die stärker konvergente Reihe: $\log \text{nat.}\, \varepsilon = -2\frac{1-\varepsilon}{1+\varepsilon} -$

59) Statistik der Mortalitäts-, Invaliditäts- und Morbiditätsverhältnisse bei dem Beamtenpersonal der deutschen Eisenbahnverwaltungen, Berlin 1876, p. 29—46.

60) Vgl. *M. Kanner*, Allgemeine Probleme der Wahrscheinlichkeitsrechnung und ihre Anwendung auf Fragen der Statistik, im Journal des Collegiums für Lebensversicherungswissenschaft 2, 1870, p. 33—53.

61) $f(x)$ und $\psi(x)$ stellen die Zahlen derjenigen dar, welche aus einer ursprünglich gegebenen Anzahl $f(\alpha)$ bezw. $\psi(\alpha)$ von Aktiven bezw. von Invaliden des Alters α ein späteres Alter x lebend erreichen. Wie $\psi(x)$ lediglich von der Sterblichkeit unter den Invaliden, so hängt $f(x)$ lediglich von der Sterblichkeit unter den Aktiven ab. Bei einer numerischen Auswertung von $f(x)$ müssen demnach diejenigen, welche invalid werden, als solche behandelt werden, welche aus der Beobachtung ausscheiden. Solch eine Betrachtungsweise rührt von *Th. Wittstein* her. Siehe Archiv f. Math. 39 (1862), p. 267: „Die Mortalität in Gesellschaften mit successiv eintretenden und ausscheidenden Mitgliedern".

62) Zur mathematischen Statistik, in Zeitschr. Math. Phys. 25 (1880), p. 18—19.

$\frac{2}{3}\left(\frac{1-\varepsilon}{1+\varepsilon}\right)^3 - \frac{2}{5}\left(\frac{1-\varepsilon}{1+\varepsilon}\right)^5 - \cdots$ benutzt und dabei nur das erste Glied derselben berücksichtigt hätte, auf die Formeln gekommen wäre: $p_x^{(aa)} = p'_x - \frac{2 w_x p'_x}{1 + p'_x}$ und $p_x^{(ai)} = \frac{2 w_x p_x^{(i)}}{1 + p_x^{(i)}}$, welche bei $p'_x = p_x^{(i)} = p_x$ in die *Zeuner*'schen Formeln übergehen.

Eine besondere Methode zur Bestimmung von $p_x^{(aa)}$ besteht darin, eine sogenannte „unabhängige" Invaliditätswahrscheinlichkeit w'_x zu statuieren, „welche zum Ausdruck gelangen würde, wenn die Sterblichkeit für den gegebenen Zeitraum nicht vorhanden wäre". Mit anderen Worten, es wird die Grösse w'_x der Grösse q'_x nachgebildet, indem bei der Ermittelung von w'_x die Sterbenden, ganz ähnlich wie bei der Ermittelung von q'_x die invalid Werdenden, als Ausscheidende betrachtet werden[63]). Bezeichnet man mit $\mu_{x+z}^{(a)}$ die Sterblichkeitskraft für einen Aktiven vom Alter $x+z$ und in analoger Weise mit ν_{x+z} die „Invaliditätskraft" (wobei also $\nu_{x+z}\,dz$ die Wahrscheinlichkeit bedeutet, innerhalb der Altersstrecke dz invalid zu werden), so erhält man: $p'_x = e^{-\int_0^1 \mu_{x+z}^{(a)} dz}$ und: $1 - w'_x = e^{-\int_0^1 \nu_{x+z} dz}$.
Es ist ferner: $dl_{x+z}^{(a)} = -(\mu_{x+z}^{(a)} + \nu_{x+a})\,dz$, woraus:

$$\frac{l_{x+1}^{(a)}}{l_x^{(a)}} = e^{-\int_0^1 (\mu_{x+z}^{(a)} + \nu_{x+z})\,dz}$$

oder auch $p_x^{(aa)} = p'_x(1 - w'_x)$ folgt. Gerade in der Möglichkeit, mittels des Grössenbegriffs w'_x die Wahrscheinlichkeit $p_x^{(aa)}$ als Produkt aus zwei Wahrscheinlichkeiten darzustellen, mithin den Satz von der Multiplikation von Wahrscheinlichkeiten im gegebenen Fall zur Anwendung zu bringen, soll der Vorzug der Konstruktion einer „unabhängigen" Invaliditätswahrscheinlichkeit liegen. Diese Konstruktion, welche *J. Karup*[64]) zugeschrieben wird, stiess sofort auf lebhaften Widerspruch, namentlich bei *Behm*[65]), *J. Dienger*[66]), *K. Heym*[67]), *H. Zimmer-*

63) Vgl. Fussnote 61.

64) Gutachten der Gothaer Lebensversicherungsbank über Invaliden- und Witwenpensionsverhältnisse, verfasst im Auftrage der Reichsverwaltung; siehe *H. Zimmermann*, Über Dienstunfähigkeits- und Sterbensverhältnisse, Berlin (1886), p. 7.

65) a. a. O. p. 47—60.

66) Rundschau der Versicherungen 1876, p. 46—47, 109—111; 1878, p. 151 fg.

67) Deutsche Versicherungszeitung 1876, Nr. 61.

mann[68]), welche dem in Frage stehenden Grössenbegriff w'_x als einem künstlich gebildeten und überflüssigen das Bürgerrecht zu versagen sich veranlasst sahen, zumal da die Beziehungen $q_x^{(aa)} = q'_x(1 - w'_x)$, $p_x^{(ai)} = p'_x w'_x$, $q_x^{(ai)} = q'_x w'_x$, welche die vorgeschlagene Begriffsbildung sowie die Bezeichnung „unabhängige Invaliditätswahrscheinlichkeit" rechtfertigen würden, nicht statthaben. *J. Karup*[69]) und *W. Küttner*[70]) haben dann gesucht, die Angriffe der genannten Autoren zurückzuweisen, wobei *Küttner* in verallgemeinerter Form das Problem erörterte und die Bedeutung der Infinitesimalrechnung für die Behandlung von Fällen, wo wie im vorliegenden mehrere Faktoren (Sterblichkeit, Invalidität) im Spiel sind, klarlegte[71]). Von dem Ineinandergreifen der verschiedenen Faktoren kann nämlich nur unter der Bedingung abgesehen werden, dass ein unendlich kleines Zeit- bezw. Altersintervall ins Auge gefasst wird, wie dies z. B. in obiger Differentialgleichung geschehen ist. Letztere führt aber unmittelbar auf die Grössenbegriffe p'_x und w'_x. Übrigens hält *Küttner* selbst die Bezeichnung der Grösse w'_x als „unabhängige" Invaliditätswahrscheinlichkeit für unpassend, weil diese Bezeichnung einem in der Wahrscheinlichkeitsrechnung eingebürgerten Sprachgebrauch [I D 1, Nr. **4**; I D 4 b, Nr. **2**, Axiom V] nicht entspricht und deswegen irreleitend werden kann.

Bei der Konstruktion einer Invaliditätstafel werden als Grundfunktionen ausser $q_a^{(i)}$ noch entweder $q_x^{(aa)}$ und w_x (*Zimmermann*), oder q'_x und w_x (*Behm*), oder q'_x und w'_x (*Karup*, *Küttner*) verwendet und es lassen sich dann aus den Werten dieser Grössen die Werte der übrigen in Betracht kommenden Grössen unter Bezugnahme auf obige Erörterungen teils exakt, teils näherungsweise ableiten. Die Ermittelung von $q_x^{(aa)}$, q'_x, w_x und w'_x geschieht aber in folgender Weise. Sind aus einer Anzahl $P^{(a)}$ von Aktiven des entsprechenden Alters innerhalb einer einjährigen Alters- bezw. Zeitstrecke $M^{(a)}$ Personen im Zustande der Aktivität verstorben und J Personen invalid geworden, so ergeben sich, wenn man hier, ähnlich wie es in Nr. **10** geschehen ist, von den als Aktive Eintretenden und Ausscheidenden

68) a. a. O. p. 7 fg., sowie Beiträge zur Theorie der Dienstunfähigkeits- und Sterbensstatistik, Berlin (1887), p. 44—53. *Zimmermann* lässt übrigens den Grössenbegriff p'_x ebensowenig gelten.

69) Rundschau der Versicherungen 1876, p. 21 fg.; 1877, p. 17 fg.; 1878, p. 219 fg.

70) Zeitschr. Math. Phys. 25 (1880), p. 11—24 und 31 (1886), p. 246—251.

71) S. auch die unter Fussnote 60 angeführte Abhandlung *Kanner*'s.

absieht, die Formeln: $q_x^{(aa)} = \frac{M^{(a)}}{P^{(a)}}$, $q_x' = \frac{M^{(a)}}{P^{(a)} - \Theta J}$, $w_x = \frac{J}{P^{(a)}}$, $w_x' = \frac{J}{P^{(a)} - \vartheta M^{(a)}}$, wo Θ und $\vartheta > 0$ und < 1 sind und gewöhnlich durch den Näherungswert $\frac{1}{2}$ ausgedrückt werden[72]). Bei der Berechnung einer jeden von jenen vier Wahrscheinlichkeiten lässt sich wie bei der Bestimmung von q_x (Nr. **10**) zwischen zwei Methoden unterscheiden, je nachdem die Gesamtheiten $P^{(a)}$, $M^{(a)}$ und J von derselben Art wie P_1 und M_1, oder wie P_2 und M_2 sind. Um aber ein Analogon zu der Methode: $c = \frac{M_3}{Q}$ zu gewinnen, müsste man neben einem Sterblichkeitskoeffizienten für Aktive, welcher sich als ein Durchschnitt aus den Werten $\mu_{x+z}^{(a)}$ darstellen würde, einen *Invaliditätskoeffizienten* einführen, welch' letzterer als ein Durchschnitt aus den Werten ν_{x+z} erscheinen würde. Zu einer numerischen Auswertung dieser Koeffizienten wäre es erforderlich, über Gesamtheiten $M^{(a)}$ und J von derselben Art wie M_3 zu verfügen und ausserdem die von den Aktiven innerhalb der betreffenden Zeitstrecke verlebte Zeit bestimmen zu können. Der Übergang von den Werten der beiden Koeffizienten zu den Werten dieser oder jener Sterbens- und Invaliditätswahrscheinkeiten würde sich dann unter verschiedenen Modalitäten vollziehen lassen[73]).

72) Vgl. *Behm*, Nachtrag pro 1878 zur Statistik der Mortalitäts-, Invaliditäts- und Morbiditätsverhältnisse u. s. w., Berlin (1879), p. 9—11 und *Zimmermann,* die unter Fussnote 64 genannte Schrift, p. 21—22.

73) Eine ziemlich erschöpfende Darstellung dieser Modalitäten sowie überhaupt der Methoden, welche zur Konstruktion von Invaliditätstafeln bisher angewandt bezw. vorgeschlagen worden sind, bietet *B. v. Maleszewski*, Theorie und Praxis der Pensionskassen (russisch), St. Petersburg (1890), 2[1], Kap. 8. Daselbst weitere Litteraturangaben.

(Abgeschlossen im April 1901.)

I D 4 b. LEBENSVERSICHERUNGS-MATHEMATIK

VON

G. BOHLMANN

IN GÖTTINGEN.

Inhaltsübersicht.

Litteratur[1]).

I. Kataloge. Encyklopädien.

Catalogue, Bibliothèque de l'Utrecht. 1. Ausg. Utrecht 1885. 4. Ausg. 1898.
Catalogue of the library of the institute of actuaries, London. Edinburgh 1894.
Insurance and actuarial society of Glasgow. Catalogue of books in library. Glasgow 1896.
Catalogue of the library of the faculty of actuaries in Scotland. Edinburgh 1899.
C. Walford, The insurance cyclopaedia. 1—5; 6, Heft 1; A — hereditary. London 1871—80.

II. Sterblichkeitstafeln[2]).

Tables exhibiting the law of mortality deduced from the combined experience of 17 life assurance offices, London 1843 [17 E. G.].
The mortality experience of life assurance companies, collected by the institute of actuaries, London 1869 [20 E. G.].
Combined experience of assured lives (1863—1893), collected by the institute of actuaries and the faculty of actuaries in Scotland, London 1900. [Assured lives]. — Bd. 1. Whole-life assurances, males; Bd. 2. Whole-life assurances, females; Bd. 3. Endowment assurances and minor classes of assurance, male and female.

---

1) Die Versicherungslitteratur ist auf den meisten Bibliotheken nur sehr wenig vertreten. Viele Werke sind im Buchhandel vollständig vergriffen. Referent wurde durch das Entgegenkommen der Bibliothek der Lebensversicherungsgesellschaft „Utrecht" in Utrecht und der Kommerzbibliothek in Hamburg in dankenswertester Weise unterstützt. Das hier gegebene, so kurz wie möglich gefasste, Litteraturverzeichnis berücksichtigt nur die mathematischen Interessen; rein statistische Werke sind, soweit sie für den Mathematiker in Betracht kommen, in der Regel in den Anmerkungen an den einschlägigen Stellen angeführt. Vollständigere Litteraturzusammenstellungen geben die angeführten Kataloge und diejenigen der Kommerzbibliothek in Hamburg, deren Hauptkatalog von 1864 bis in die neueste Zeit fortgesetzt ist. Im Besonderen enthält der Katalog von 1900 auf p. 2532—2534 und p. 2541—2542 Bereicherungen.

2) Die den Titeln nachgesetzten eckigen Klammern kürzen die in der Praxis üblichen Benennungen für die einzelnen Tafeln ab. Es bedeutet:

17 E. G.	Tafeln der 17 englischen Gesellschaften,
20 E. G.	„ „ 20 „ „ ,
A. St.	Amerikanische Sterbetafel,
30 A. G.	Tafeln der 30 amerikanischen Gesellschaften,
23 D. G.	„ „ 23 deutschen „
4 F. G.	„ „ 4 französischen „

Die deutschen Lebensversicherungsgesellschaften legen ihrem normalen Todesfallgeschäft heutzutage die Tafeln der 17 E. G., die Tafeln M I der 23 D. G. oder andere hier nicht aufgeführte Tafeln zu Grunde. Vgl. *J. Neumann*, Jahrbuch für das deutsche Versicherungswesen, Berlin 1900, p. 487. Wegen Beurteilung der Tafeln vgl. Artikel I D 4 a, Nr. 8—11 und *E. Roghé*, Jahrbücher für Nationalökonomie und Statistik, Neue Folge. Supplementheft 18 (1891).

Sh. Homans, Report exhibiting the experience of the Mutual Life Insurance Company of New York. New York (frühere Ausg. 1859). 1868 [A. St.].

Später:

W. Bartlett, On the mortality experience of the Mutual Life Insurance Company of New York. New York 1875.

L. W. Meech, System and tables of life insurance, Norwich, Conn. 1881. [30 A. G.]

A. Emminghaus, Mitteilungen aus der Geschäfts- und Sterblichkeitsstatistik der Lebensversicherungsbank für Deutschland zu Gotha. Gotha 1878. [Gothaer Sterbetafel.]

Deutsche Sterblichkeitstafeln aus den Erfahrungen von 23 Lebensversicherungsgesellschaften, veröffentlicht im Auftrage des Kollegiums für Lebensversicherungs-Wissenschaft zu Berlin. Berlin 1883 [23 D. G.].

Tables de mortalité du comité des compagnies d'assurances à primes fixes sur la vie. Paris 1895 [4 F. G.].

Weitere Litteratur s. *C. Landré*, Mathem. techn. Kap. (s. Litt.-Verz. IV), p. 70, wo man auch Sterblichkeitstafeln für ganze Bevölkerungen angegeben findet. Die hier gegebene Zusammenstellung beschränkt sich auf normale Risiken einer Lebensversicherungsgesellschaft. Wegen Extrarisiken, im Besondern Rentnersterbetafeln vergleiche Nr. **5** dieses Berichtes.

III. Versicherungstechnische Hülfstafeln.

Zu 17 E. G. The principles and practice of life insurance. 1. Ausg. v. *N. Willey*, New York and Chicago 1872. 6. Aufl. 1892. — 4%.

Zu 20 E. G. Tables deduced from the mortality experience of life assurance companies, collected by the institute of actuaries. London 1872. — 3, $3\frac{1}{2}$, 4, $4\frac{1}{2}$, 5, 6%.

T. B. Sprague, Select life tables, London 1896. — $2\frac{1}{2}$, 3, $3\frac{1}{2}$, 4%.

R. P. Hardy, Valuation tables, London 1873. — 3, $3\frac{1}{2}$, 4, $4\frac{1}{2}\%$.

F. J. C. Taylor, Tables of annuities and premiums. London 1884. — $3\frac{1}{4}\%$.

Schlusstabellen in: Institute of actuaries textbook, part II (siehe unter IV). — 3, $3\frac{1}{2}$, 4, $4\frac{1}{2}$, 5, 6%.

G. King and *W. J. H. Whittall*, Valuation and other tables. London 1894. — $2\frac{1}{2}$, 3, $3\frac{1}{2}$, 4%.

W. A. Bowser, Valuation tables. London 1895. — $3\frac{3}{4}\%$.

E. Colquhoun, Valuation and other tables. London 1899. — $2\frac{1}{4}\%$, $2\frac{3}{4}\%$.

Zu A. St. The principles (s. o.) — 3, $3\frac{1}{2}$, 4, $4\frac{1}{2}\%$.

Zu 30 A. G. *L. W. Meech*, System and tables of life insurance. — 3, $3\frac{1}{2}$, 4, $4\frac{1}{2}$, 5, 6, 7, 8, 9, 10%.

Zu 4 F. G. Tables de mortalité (s. o.). — $2\frac{1}{2}$, 3, $3\frac{1}{4}$, $3\frac{1}{2}$, 4%. (Leider nicht nach Geschlechtern getrennt.)

Zu 23 D. G. *J. Riem*, Nettorechnungen auf Grund von Dr. Zillmer's ausgeglichener Sterbetafel der 23 deutschen Lebensversicherungs-Gesellschaften für normal versicherte Männer und Frauen, Basel 1898 (Preis 332 Mark!).

Für jede Sterbetafel: W. Orchard, Single and annual premiums. London 1850, 1856; *James Chisholm*, Tables for finding the values of policies. London 1885.

Weitere Litteratur findet man in den Anmerkungen zu den Nrn. **4, 5, 13.**

IV. Lehrbücher.

A. Zillmer, Die mathematischen Rechnungen bei Lebens- und Rentenversicherungen. Berlin 1861. 2. verm. Aufl. 1887.

W. Karup, Theoretisches Handbuch der Lebensversicherung. Leipzig 1871, 1874, 1885.

E. Dormoy, Théorie mathématique des assurances sur la vie. 2. Paris 1878.

Institute of actuaries' textbook, part II, life contingencies, by *G. King*. London 1887, neue Ausgabe in Vorbereitung; dasselbe französisch:

Textbook de l'institut des actuaires de Londres, 2ième partie, opérations viagères. Brüssel, Paris, London 1894.

C. Landré, Wiskundige hoofdstukken voor levensverzekering. Utrecht 1893. Dasselbe deutsch mit Verbesserungen und Zusätzen:

C. Landré, Mathematisch-technische Kapitel zur Lebensversicherung. Jena 1895.

H. Laurent, Théorie et pratique des assurances sur la vie, Paris 1896.

M. Cantor, Politische Arithmetik. Leipzig 1898.

H. Poterin du Motel, Théorie des assurances sur la vie. Paris 1899.

V. Aufgabensammlungen.

Th. G. Ackland and *G. F. Hardy*, Graduated exercises, with solutions. Part. II, London 1889.

J. Thannabaur, Berechnungen von Renten und Lebensversicherungen. Wien 1893.

VI. Monographien.

C. Bremiker, Das Risiko bei Lebensversicherungen. Berlin 1859.

A. Zillmer, Beiträge zur Theorie der Prämienreserve. Stettin 1863.

W. S. B. Woolhouse, On interpolation, summation and the adjustment of numerical tables. London 1865.

Th. Wittstein, Mathematische Statistik. Hannover 1867.

W. Lazarus, Über Mortalitätsverhältnisse und ihre Ursachen. Hamburg 1867.

T. B. Sprague, A treatise on life insurance accounts. London 1874.

Th. Wittstein, Das mathematische Risiko der Versicherungsgesellschaften. Hannover 1885.

J. P. Janse, Over de constructie en afronding van sterftetafels. Diss. Amsterdam 1885.

C. Kihm, Die Gewinnsysteme mit steigenden Dividenden. Zürich 1886.

L. Lindelöf, Statistik undersökning af tillståndet i folkskollärarenes i Finland enke—och pupillkassa. Helsingfors 1890, 1893.

L. Lindelöf, Statistisk undersökning af ställningen i finska skolstatens pensionskassa. Helsingfors 1892.

E. Blaschke, Die Methoden der Ausgleichung von Massenerscheinungen. Wien 1893.

J. Karup, Die Finanzlage der Gothaischen Staatsdiener - Wittwen - Societät. Dresden 1893.

E. Blaschke, Denkschrift zur Lösung des Problems der Versicherung minderwertiger Leben. Wien 1895.

L. Lindelöf, Ställningen i finska civilstatens enke—och pupillkassa. Helsingfors 1896.

H. Onnen, Het maximum van verzekerd bedrag. Diss. Utrecht 1896.

M. Kehm, Über die Versicherung minderwertiger Leben. Jena 1897.

J. H. Peek, Toepassing der Waarschijnlijkheids-Rekening op Levensverzekering en Sterfte-Statistiek, Diss. Utrecht 1898.

Mémoires pour servir à l'histoire des assurances sur la vie et des rentes viagères aux Pays-Bas publiés par la société générale Néerlandaise d'assurances sur la vie. Amsterdam 1898.

K. Wagner, Das Problem vom Risiko in der Lebensversicherung. Jena 1898.

J. Karup, Die Reform des Beamtenpensionsinstituts der Mitglieder des Assekuranzvereins von Zuckerfabriken. Prag 1898.

Weitere Litteratur an den einschlägigen Stellen dieses Referates, deutsche speziell bei *K. Wagner* a. a. O., schwedische besonders in den Fortschritten der Mathematik.

Nur selbständig erschienene Schriften sind hier aufgeführt.

VII. Zeitschriften.

The assurance magazine Bd. 1—2. London 1850—52; fortgesetzt unter den Titeln: The assurance magazine and journal of the institute of actuaries. Bd. 3—12, London 1853—1866. Journal of the institute of actuaries. Bd. 13. London 1866—67. Journal of the institute of actuaries and assurance magazine. Bd. 14—24, London 1867—1884, Journal of the institute of actuaries. Bd. 25 ff., London 1884 ff. [Lond. Journal inst. act.].

Journal des Kollegiums für Lebensversicherungswissenschaft 1. 2. Berlin 1870. 71. [Berl. Journal Kolleg. Lebensv.].

Journal des actuaires français. 1—9. Paris 1872—80. [Par. Journal act. franç.]

Assecuranz-Jahrbuch, her. v. *A. Ehrenzweig*, Wien 1880 ff. [Ehrenzweig].

Edinburgh, Transactions of the actuarial society, Edinburgh (1859 ff.), new series 1886 ff. [Edinburgh act. soc.].

Archief voor politieke en sociale rekenkunde, her. v. *D. Samot*, s' Gravenhage 1886—88. [Archief polit. rek.].

Bulletin trimestriel de l'institut des actuaires français, Paris 1891 ff. [Par. Bulletin. inst. act].

New-York, Papers and transactions of the actuarial society of America. New-York 1889 ff. [N. Y. Am. act. soc.].

Archief voor de verzekeringswetenschap, uitgegeven door de vereeniging van wiskundige-adviseurs. 's Gravenhage 1895 ff. [Archief verzekeringswet.].

Verhandlungen der internationalen Kongresse der Actuare: Premier congrès international d'actuaires. Documents. Bruxelles 1896. [Brüssel, Intern. Kongr.].

Transactions of the second international actuarial congress, London 1899. [London, Intern. Kongr.].

Die Verhandlungen des dritten Kongresses in Paris 1900 befinden sich im Druck.

Mitteilungen des Verbandes der österreichischen und ungarischen Versicherungstechniker, Heft I ff. Teschen, Wien 1899 ff.

Andere Fachzeitschriften, die vorwiegend den nichtmathematischen Interessen gewidmet sind, findet man in den angeführten Katalogen. Neugegründet ist die Zeitschrift:

Zeitschrift für die gesamte Versicherungs-Wissenschaft, herausgegeben vom Deutschen Verein für Versicherungswissenschaft. 1, Heft 1 u. 2. Berlin 1901. [Berl. Zeitschrift vom Deutsch. Verein f. Versicherungswissensch.].

Zeitschriften allgemein mathematischen Charakters, die öfter versicherungsmathematische Arbeiten enthalten, sind: Zeitschrift für Mathematik und Physik,

Leipzig 1856 ff.; Hamburg, Mitteilungen der mathematischen Gesellschaft 1873 ff.; Acta mathematica, Berlin-Paris-Stockholm 1882 ff.; Paris, Comptes rendus de l'académie des sciences 1835 ff.; Tidskrift for Matematik og Fysik, 3 Raekke, Kjöbenhavn 1871 ff.; Acta societatis scient. fennicae, Helsingfors 1870 ff.; Öfversigt af Finska Vet.-Soc. Förhandlingar, Helsingfors 1838 ff.; Öfversigt af kongl. Vetenskaps-Akademiens Förhandlingar, Stockholm 1845 ff.

I. Grundlagen.

1. Verhältnis der Lebensversicherung zu anderen Versicherungen. Es giebt keine mathematische Theorie des Versicherungswesens im allgemeinen. Von den vielen verschiedenen Versicherungsarten, die heutzutage betrieben werden, besitzt nur die Lebensversicherung eine ziemlich durchgearbeitete, in langjähriger Praxis erprobte, mathematische Grundlage. Bei der Invaliditäts-, Unfall- und Krankenversicherung[3]) sind die Anfänge zu einer solchen vorhanden. Im

3) *Invaliditätsversicherung:*

Deutschland: A. Wiegand, Die Sterblichkeits-, Invaliditäts- und Krankheitsverhältnisse bei Eisenbahnbeamten in den Jahren 1868—69. Berl. Journal Koll. Lebensvers. 2 (1871), p. 67. Vgl. auch I D 4 a, Fussnote 56. Fortsetzung davon: *G. Behm*, Statistik der Mortalitäts-, Invaliditäts- u. Morbiditätsverhältnisse, Berlin 1876—1885. Fortsetzung davon: *H. Zimmermann*, Über Dienstunfähigkeits- und Sterbensverhältnisse, Berlin 1886—1889. Fortsetzung davon: *A. Zillmer*, Beiträge zur Theorie der Dienstunfähigkeits- und Sterbensstatistik, Berlin 1890. Stenographische Berichte über die Verhandlungen des Reichstags, 7. Legisl.-Per. IV. Session, Berlin 1888/89, Nr. 141, Beilage 1, p. 1094, Nr. 230, p. 1436. — 9. Legisl.-Per. IV. Session, Berlin 1895/97. Zu Nr. 696 p. 265 (nicht veröffentlicht). — 10. Legisl.-Per. I. Session, Berlin 1898/1900, Anlage Bd. I Nr. 93, p. 759; *O. Dietrichkeit*, Fundamentalzahlen. Elberfeld 1894. $3^1/_2\,^0/_0$; *G. Friedrich*, Mathematische Theorie der reichsgesetzlichen Invaliditäts- und Altersversicherung, Leipzig 1895; *L. von Bortkiewicz*, Zeitschrift für Versicherungsrecht und -Wissenschaft 5 (1899), p. 563; *M. Gerecke,* Berl. Zeitschrift vom deutschen Verein für Versicherungswissensch. 1 (1901), p. 67.

Österreich: A. Caron, Die Berechnung der Beiträge bei der obligatorischen Arbeiterversicherung, Berlin 1881; *A. Caron,* Die Reform des Knappschaftswesens und die allgemeine Arbeiterversicherung, Berlin 1882; *J. Kaan*, Anleitung zur Berechnung der einmaligen und terminlichen Prämien, Wien 1888; *Ph. Falkowicz*, Der Pensionsfonds, Prag 1892.

Schweden: Arbetareförsäkringskoméns betänkande, I. II. III., Stockholm 1888—1889; Nya arbetareförsäkringskoméns betänkande I—IV, Stockholm 1892—1893; Kongl. Maj:ts nådiga proposition till Riksdagen No: 22, Bih. till Riksd. Prot., Stockholm 1895, 1 Saml., 1 Afd., 16 Häft; Kongl. Maj:ts nådiga proposition till Riksdagen No: 55, Bih. till Riksd. Prot., Stockholm 1898, 1 Saml. 1 Afd., 35 Häft.

Norwegen: Statistiske Oplysninger om Alders—og Indtaegtsforholde, Socialstatistik, Bind II, Bilag til den parlamentariske Arbeiderkommissions Indstilling,

übrigen[4]) herrscht in den Kreisen der Praktiker vielfach die Ansicht, dass für die meisten anderen Versicherungszweige eine mathematische Theorie nicht nur entbehrlich, sondern auch geradezu unmöglich ist. Zugegeben kann werden: 1) Abgesehen von den eben genannten Versicherungen hat es für den Theoretiker grosse Schwierigkeiten, sich das für ihn erforderliche Material zu beschaffen. 2) Ohne eingehende statistische Unterlagen eine mathematische Behandlung des Versicherungswesens oder einzelner Gebiete desselben auf Grund eines universellen Wahrscheinlichkeitsschemas zu versuchen, wäre ein Unter-

---

Kristiania 1897; *E. Hanssen,* Statistiske Oplysninger om Invaliditetsforholde. Socialstatistik, Bind IV[2], Kristiania 1900.

Unfall- und Krankenversicherung: K. Heym, Die Kranken- und Invalidenversicherung, Leipzig 1863; *G. Zeuner,* Abhandlungen aus der mathematischen Statistik. III. Unfallversicherung, Leipzig 1869; *K. Heym,* Anzahl und Dauer der Krankheiten, Leipzig 1878; *G. Behm,* Denkschrift betr. die Gefahrenklassen, Anlage zur Begründung eines Gesetzentwurfes betr. die Unfallversicherung. Stenogr. Berichte über die Verhandlungen des Reichstages. 5. Legisl.-Per. II. Session 1882/83. Bd. V, Nr. 19 Anlagen, p. 214; *A. Hazeland,* Statistiske Undersøgelser angaaende Ulykkestilfaelde under Arbeide i Aarene 1885 og 1886, Bilag til Arbeiderkommissionens Indstilling III, Kristiania 1889; *G. Friedrich,* Die berufsgenossenschaftlichen Gefahrentarife und ihr Genauigkeitsgrad. Ehrenzweig 12 (1891), Teil 2, p. 69; *A. Hazeland,* Forslag til Lov om Arbeideres Sygeforsikring, Arbeiderkommissionens Indstilling II, Kristiania 1892; *C. Moser,* Denkschrift über die Höhe der finanziellen Belastung betr. die Krankenversicherung, Bern 1893. Zweite Aufl. 1895; *C. Moser,* Versicherungstechnische Untersuchungen über die eidgenöss. Unfallversicherung, Bern 1895; *W. Sutton,* Sickness and mortality experience made by friendly societies, for the years 1856—1880, ordered by the House of Commons to be printed, London 1896. $2\frac{1}{2}$, $2\frac{3}{4}$, 3, $3\frac{1}{4}$, $3\frac{1}{2}$, $3\frac{3}{4}$, 4%; *F. G. Hardy,* A treatise on friendly society valuations with tables, London. $2\frac{1}{2}$, $2\frac{3}{4}$, 3, $3\frac{1}{4}$, $3\frac{1}{2}$, $3\frac{3}{4}$, 4% (im Druck); *W. A. Bowser,* Friendly societies' valuation and other tables, London 1896. Kapitaldeckung und Umlage bei der Arbeiter-Unfallversicherung in Österreich, herausgegeben vom Vorstande der Arbeiter-Unfallversicherungsanstalt für Niederösterreich, Wien 1899.

Im übrigen sei auf die Referate des 3. internationalen Kongresses der Aktuare in Paris (Litt.-Verz. VII), die Fortschritte der Mathematik und die Publikationen verwiesen:

Deutschland, Amtliche Nachrichten des Reichsversicherungsamtes, Berlin 1885 ff.

Schweden, Registrerade sjukkassors verksamhet, Stockholm 1892 ff.

Österreich, Amtliche Nachrichten des k. k. Ministeriums des Innern, betr. die Unfall- und Krankenvers. der Arbeiter, Wien 1888 ff.

Norwegen, Beretning fra Rigsforsikringsanstalten, Kristiania 1897 ff.

4) Eine Übersicht über das gesamte Versicherungswesen geben: *A. Chaufton,* Les assurances, 2. Paris 1884/86; *H.* u. *K. Brämer,* Das Versicherungswesen, Leipzig 1894. Eine Geschichte des Versicherungswesens zu geben sucht: *G. Hamon,* Histoire générale de l'assurance. Paris, ohne Jahr.

nehmen, das weder bei den Theoretikern, noch bei den Praktikern jetzt noch auf Interesse rechnen könnte. Das Referat beschränkt sich daher auf die Lebensversicherung und verweist den Leser im übrigen auf die in den Fussnoten dieser Nummer genannten Werke. Nur ausnahmsweise werden zum Vergleiche auch andere Versicherungsarten herangezogen.

2. Hypothesen, auf denen die Theorie beruht. Die mathematische Grundlage der Lebensversicherungsmathematik bildet die Wahrscheinlichkeitsrechnung[5]). Die zum Aufbau der Theorie erforderlichen Definitionen, Sätze und Axiome zerfallen in 2 Gruppen, allgemeine und spezielle. Sie lauten:

a. Axiome etc. aus der allgemeinen Wahrscheinlichkeitsrechnung [I D 1, Nr. 2, 3, 4].

Definition I. Die Wahrscheinlichkeit dafür, dass ein Ereignis E eintritt, ist ein positiver echter Bruch p, der E zugeordnet ist.

Axiom I. Ist E gewiss, so ist $p = 1$. Ist E unmöglich, so ist $p = 0$.

Definition II. Zwei Ereignisse schliessen sich aus, wenn die Wahrscheinlichkeit dafür, dass sowohl E_1 als E_2 eintritt, gleich 0 ist[6]).

Axiom II. Sei p_1 die Wahrscheinlichkeit, dass E_1, p_2 die, dass E_2, p die, dass eines der beiden Ereignisse E_1 oder E_2 eintritt; alsdann ist:

$$p = p_1 + p_2,$$

falls E_1 und E_2 sich ausschliessen.

Axiom III. Sei p_1 die Wahrscheinlichkeit, dass E_1 eintritt, p_2 die, dass E_2 eintritt, wenn man weiss, dass E_1 eingetreten ist, p die Wahrscheinlichkeit, dass sowohl E_1 als E_2 eintritt. Alsdann ist:

$$p = p_1 p_2'.$$

Definition III. Sei unter sonst gleichen Bezeichnungen wie in Axiom III p_2 die Wahrscheinlichkeit, dass E_2 eintritt. Man sagt, dass E_1 und E_2 von einander unabhängig sind, wenn

$$p = p_1 p_2$$

ist[7]).

5) Dagegen *K. Wagner* a. a. O. (Litt.-Verz. VI), p. 154 unten: „Wahrscheinlichkeitsrechnung und Versicherung haben innerlich nichts miteinander zu schaffen.“ Zu den Axiomen vgl. *H. Poincaré*, Calcul prob., Paris 1896, p. 12 ff.

6) Diese Definition erscheint zweckmässig, im gewöhnlichen Sinne brauchen sich die Ereignisse darum noch nicht auszuschliessen.

7) Mehrere Lebensversicherungsmathematiker bedienen sich auch der *Bayes*schen Regel (I D 1, Nr. 15), so namentlich *W. Lazarus*, Berl. Journal Koll. Lebensvers.

b. Spezielle Axiome etc. für die Sterbenswahrscheinlichkeiten [s. a. I D 4 a, Nr. 8—11].

Axiom IV. Sei (x) ein Individuum einer Gesamtheit, das beim Alter x lebt; alsdann wird die Wahrscheinlichkeit, dass (x) beim Alter $x+m$ lebt, durch eine bestimmte Funktion von x und $x+m$, $p(x, x+m)$, gemessen, für alle positiven Werte x und m, die ein gewisses Grenzalter ω, das niemand überlebt, nicht überschreiten.

Axiom V. Sei $p(x, x+m)$ die Wahrscheinlichkeit, dass (x) beim Alter $x+m$, $p'(y, y+n)$ die, dass (y) beim Alter $y+n$ noch lebt. Alsdann sind diese beiden Wahrscheinlichkeiten von einander unabhängig für alle positiven Zahlen x, y, m, n, falls sie sich auf zwei verschiedene Individuen beziehen.

Hieraus folgt die Unabhängigkeit beliebig vieler Sterbens- und Ueberlebenswahrscheinlichkeiten, wenn diese sich auf lauter verschiedene Individuen beziehen.

Definition IV. Eine Gesamtheit Γ von Individuen besteht aus lauter gleichartigen Risiken, wenn für irgend zwei Individuen dieser Gesamtheit:

$$p(x, x+m) = p'(y, y+n)$$

ist, sobald $x = y$, $m = n$ ist.

Satz I. Jede Gesamtheit Γ von gleichartigen Risiken besitzt eine (fingierte) Absterbeordnung, d. h. zu ihr gehört eine Funktion l_x der kontinuierlichen Veränderlichen x, genannt die *Zahl der Lebenden des Alters* x, mit folgenden Eigenschaften[8]):

1) l_x ist nur bis auf einen konstanten Faktor bestimmt,
2) l_x nimmt mit wachsendem x nicht zu,
3) l_x ist nie negativ,
4) es ist $p(x, x+m) = \frac{l_{x+m}}{l_x}$.

3. Prinzipien, nach denen die Theorie auf die Erfahrung angewendet wird. Die Methoden, nach denen man die Axiome etc. der vorigen Nummer auf die Erfahrung anwendet, sind für den speziellen Fall der Sterblichkeitsmessung in Artikel I D 4a II auseinandergesetzt worden. Sie beruhen ebenso wie die Methoden der eigent-

---

1 (1870), p. 78. Ihre Einführung würde ein neues Axiom erforderlich machen. Dies wird hier vermieden durch das Prinzip II und das Postulat der Nr. **3** dieses Artikels.

8) Ursprünglich rechnete man mit der Funktion l_x ganz naiv, indem man — ohne das Bedürfnis einer Begründung zu fühlen — mit ihr wie mit den Zahlen der Lebenden einer wirklichen Generation operierte. Schon *Halley*'s Sterbetafel (1693) schilderte die Sterblichkeit durch die Dekremententafel der Lebenden (I D 4 a, Nr. 8).

lichen Lebensversicherungsmathematik auf folgenden allgemeinen Prinzipien:

Prinzip I. Man greift eine gewisse Gesamtheit Γ von Individuen heraus, deren Risiken man als gleichartig postuliert.

Schreibt man für jedes Individuum der Gesamtheit zwei Zeitpunkte vor, zwischen denen es sterben soll, so ist die Wahrscheinlichkeit, die dieser Gruppierung von Todesfällen zukommt, durch die bisherigen Axiome bestimmt, daher auch der wahrscheinliche Wert f^0 irgend einer Funktion f dieser Zeitpunkte und ihre mittlere Abweichung $M(f)$ von ihrem wahrscheinlichen Werte[9]. Man gebraucht nun das

Prinzip II. In erster Annäherung kann man den Wert von f, der der beobachteten Gruppierung der Todesfälle entspricht, mit seinem wahrscheinlichen Werte f^0 identificieren[10].

Hierauf berücksichtigt man, dass der beobachtete Wert f von seinem wahrscheinlichen Werte f^0 im allgemeinen abweicht, schliesst aber Abweichungen von sehr geringer Wahrscheinlichkeit aus durch das:

Postulat. Beobachtet man *einen einzelnen* Wert von f, so weicht dieser von seinem wahrscheinlichen Werte f^0 um nicht mehr als das ν-fache von $M(f)$ ab.

Wie gross man ν wählt, ist willkürlich[11]. Wählt man $\nu = 3$, so identificiert man die praktische Gewissheit mit einer Wahrscheinlichkeit, die jedenfalls grösser als $1 - \frac{1}{\nu^2} = \frac{8}{9}$ ist[12] und gleich $\Theta\left(\frac{3}{\sqrt{2}}\right) = 0{,}9973$ ist[13], wenn das *Gauss*'sche Fehlergesetz gilt[14].

---

9) Wahrscheinlicher Wert = mathematische Hoffnung I D 1, Nr. **16**. Mittlere Abweichung = mittlerer Fehler I D 2, Nr. 8.

10) Alle Lebensversicherungsmathematiker ausser dem Referenten, so *W. Lazarus* a. a. O., p. 79 bei der Sterblichkeitsmessung, *E. Blaschke*, (die Methoden der Ausgl. Litt.-Verz. VI) bei den Ausgleichungsproblemen, gehen von dem *wahrscheinlichsten* Werte aus.

11) *H. Laurent* nennt ν den Sicherheitskoeffizienten (coefficient de sécurité) Par. Journal act. franç. 2 (1873), p. 162.

12) Theorem von *Tschebycheff*, Journ. de math. (2) 12 (1867), p. 183, Zeile 1—6. [I D 1, Nr. **16**, Fussn. 156[a].] Im Wesentlichen dasselbe Theorem wurde später von *P. Pizzetti*, Genova Atti 1892, in einfacherer Form ausgesprochen: Vgl. *E. Czuber*, Die Entwickelung der Wahrscheinlichkeitstheorie, p. 154.

13) $\Theta(x) = \frac{2}{\sqrt{\pi}}\int_0^x e^{-x^2}dx$ ist in I D 4 a, Nr. **2** mit P_x bezeichnet, das Integral $\int_x^\infty e^{-x^2}dx$ in I D 2, Nr. **4** mit $\Psi(x)$.

14) Referent gestattet sich die Bezeichnung „Gauss'sches" Fehlergesetz, in-

Unter diese allgemeinen Prinzipien subsumieren sich die in I D 4a bereits gemachten und in diesem Referate noch zu machenden Anwendungen, wie folgt:

1) *Sterblichkeitsmessung* (I D 4a, Nr. 8—**11**). Man setzt f gleich der Anzahl T der Todesfälle in den einzelnen einjährigen Altersklassen und bestimmt so für alle ganzzahligen Werte a die Sterbenswahrscheinlichkeit q_a des a-jährigen (sc. für das $a + 1^{te}$ Lebensjahr) mit ihrem mittleren Fehler.

2) *Theorie der Dispersion* (I D 4a, Nr. 5—7). Man setzt f gleich der „direkt berechneten" mittleren Abweichung der einzelnen Sterbenswahrscheinlichkeiten einer Altersklasse und vergleicht es mit seinem wahrscheinlichen Werte, der „indirekt berechneten" mittleren Abweichung. Sodann setzt man f gleich der relativen Häufigkeit, mit der ein bestimmtes Intervall von T beobachtet ist und vergleicht diese mit ihrem wahrscheinlichen Werte, der Wahrscheinlichkeit, die diesem Intervalle zukommt.

Die Theorie der Dispersion entscheidet darüber, ob die Hypothesen der Nr. 2 zu Konsequenzen führen, die mit den Beobachtungen übereinstimmen. Für die Verhältnisse der Lebensversicherung trifft dies mit praktisch ausreichender Genauigkeit zu (I D 4a, Nr. 6, Fussnote 27).

3) *Berechnung der Prämien und Prämienreserven* (Nr. 7—**13**). Man setzt f gleich der Einzahlung, die der Versicherte für seine Versicherung leisten müsste, wenn man den Zeitpunkt seines Todes kennte. Die wirklich von ihm geforderte Einzahlung (*Prämie*) ist, wenn sie auf einmal und sofort gezahlt wird (*einmalige Prämie*), der wahrscheinliche Wert von f. Die *terminlichen* (jährliche, halbjährliche u. s. w.) *Prämien* werden so bemessen, dass der wahrscheinliche Wert der Einzahlungen dem wahrscheinlichen Werte der Auszahlungen bei jeder einzelnen Versicherung gleichkommt. (*Prinzip der Gleichheit von Leistung und Gegenleistung.*) Der Überschuss des Kapitalwertes der für eine Gesamtheit noch zu leistenden Auszahlungen über die von ihr noch zu erwartenden Einzahlungen bildet das jeweilige Deckungskapital der betreffenden Gesamtheit. Sein wahr-

---

dem er dabei dem allgemeinen Usus folgt. Thatsächlich verdankt man das „Gauss'sche" Fehlergesetz *Laplace*. Vgl. *E. Czuber*, Die Entwickelung der Wahrscheinlichkeitstheorie, Leipzig 1899, p. 74. S. auch I D 4 a, Nr. 2. Bedeutung für die Lebensversicherung gewinnt es infolge seiner Eigenschaft, als Resultante von unendlich vielen unabhängigen Elementarfehlergesetzen zu erscheinen. Vgl. *E. Czuber*, Die Entwickelung der Wahrscheinlichkeitstheorie p. 163 ff. und Fussnote 168 dieses Artikels.

scheinlicher Wert heisst die *Prämienreserve* dieser Gesamtheit zu dem betreffenden Zeitpunkte.

Folgende Sätze befreien hierbei vom Wahrscheinlichkeitsschema:

Satz II. Man denke sich an Stelle jedes Individuums i einer Gesamtheit L Personen, die zur selben Zeit und im gleichen Alter wie i die gleiche Versicherung wie i eingehen und die genau nach der Sterbetafel absterben (*fingierte Gesellschaft*). Alsdann ist der Kapitalwert der von der fingierten Gesellschaft geleisteten Einzahlungen gleich dem der an sie geleisteten Auszahlungen. Hieraus bestimmen sich die Prämien.

Satz III. Die Prämienreserve einer einzelnen Versicherung ist das jeweilige Deckungskapital der zugehörigen fingierten Gesellschaft, dividiert durch die Zahl L' der zum Zeitpunkte der Berechnung in ihr noch vorhandenen Personen. Dieses Kapital ist einerseits gleich dem Überschusse der zum Zeitpunkte der Berechnung in der fingierten Gesellschaft bereits geleisteten Einzahlungen über die bereits geleisteten Auszahlungen (*retrospektive Methode*), andererseits gleich dem Überschuss der zur selben Zeit noch zu erwartenden Auszahlungen über die noch zu erwartenden Einzahlungen (*prospektive Methode*). Die Prämienreserve einer Gesamtheit ist gleich der Summe der Prämienreserven der einzelnen Versicherungen[15]).

4) *Mittleres Risiko* (Nr. **19—21**). Man setzt f gleich dem Werte des Deckungskapitals zu einem bestimmten Zeitpunkte, das zurückgestellt werden müsste, wenn man die Gruppierung der Todesfälle von der betrachteten Gesamtheit kennte. Alsdann giebt das *mittlere Risiko* $M(f)$ einen Massstab für den *Sicherheitsfonds*, der gegen die nach der Wahrscheinlichkeitsrechnung zu erwartenden Sterblichkeitsschwankungen zu schützen im Stande ist. Den Sätzen II und III zur Seite tritt:

---

15) Für den naiven Standpunkt (Fussnote 8) ist Satz II als unmittelbarer Ausdruck des Prinzips der Gleichheit von Leistung und Gegenleistung ein Axiom, nach welchem die Prämien als blosse Durchschnittswerte erscheinen, die nach der Regel de tri gefunden werden. Obwohl schon *A. de Moivre* (Annuities upon lives, London 1725) seine Rechnungen auf Wahrscheinlichkeitsbetrachtungen stützte, so ist doch bis heutigen Tages die naive Auffassung in den Kreisen der Praktiker die herrschende geblieben (Fussnote 5). Die im Texte gegebene Darstellung geht auf *M. Kanner* zurück (Deutsche Versicherungszeitung 8 (1867), p. 355 (vgl. Fussnote 150). Auf den Begriff der Prämienreserve wurde *F. Baily* (1813) geführt, indem er nach dem Rückkaufswert einer Police fragte. Er gelangte so zu der prospektiven Definition (Fussnote 84 a. a. O.). Die retrospektive Auffassung scheint zuerst *T. B. Sprague,* Lond. Journal inst. act. 11 (1863), p. 103—108 mathematisch begründet zu haben.

Satz IV. Man berechne für jedes Mitglied der zu einer einzelnen Versicherung gehörigen fingierten Gesellschaft die Differenz des thatsächlich zu dem betreffenden Zeitpunkte für seine Versicherung erforderlichen Deckungskapitals und der zu dem betreffenden Zeitpunkte für ihn vorhandenen Prämienreserve. Die Summe der Quadrate dieser Differenzen ist das L'-fache des Quadrates des mittleren Risikos der betreffenden Versicherung zum Zeitpunkte der Berechnung. Das Quadrat des mittleren Risikos einer Gesamtheit ist gleich der Summe der Quadrate der mittleren Risiken der einzelnen Versicherungen.

4. Normale Risiken. Männliche Personen, die nach vollständiger ärztlicher Untersuchung zu normalen Bedingungen auf den Todesfall versichert sind, bilden die *normalen Risiken* einer Lebensversicherungsgesellschaft. Alle übrigen heissen *Extrarisiken* oder *anomale Risiken* [16]). Erfahrungen über normale Risiken enthalten sämtliche Tafelwerke, die im Litteraturverzeichnis unter II angeführt sind; genannt seien die Tafeln H. M. (= healthy male) der 20 E. G., die M I (= männlich I) der 23 D. G., und die Grundzahlen A. F. H. (= assurés français, hommes) auf p. XXIV der 4 F. G.

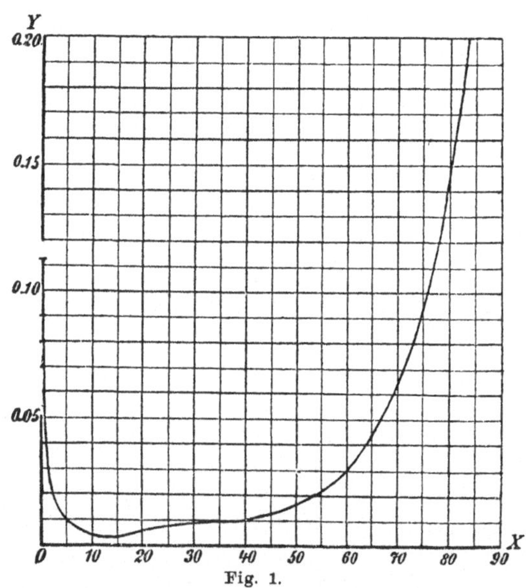

Fig. 1.

Die Sterblichkeitserfahrungen fehlen bei normalen Risiken in der Regel für die Kinderjahre. Die auf den Erfahrungen der 20 E. G. H. M.

16) Diese Definition findet sich nicht explicite in der Litteratur, dürfte aber dem herrschenden Sprachgebrauche annähernd entsprechen.

basierende Textbooktafel[17]) ergänzt diese durch die Erfahrungen *Farr's* über die Sterblichkeit in den gesunden Distrikten Englands[18]). Die resultirende Kurve der Sterbenswahrscheinlichkeiten $y = q_x$ ist für Demonstrationszwecke sehr geeignet und daher hier bis zum Alter 82 in Figur 1 wiedergegeben.

Die Figur stellt jedoch nicht die direkten Beobachtungen dar, sondern ausgeglichene und durch Interpolation ergänzte Werte der Sterbenswahrscheinlichkeiten (I D 4a, Nr. **11**; dieser Artikel Nr. **6**).

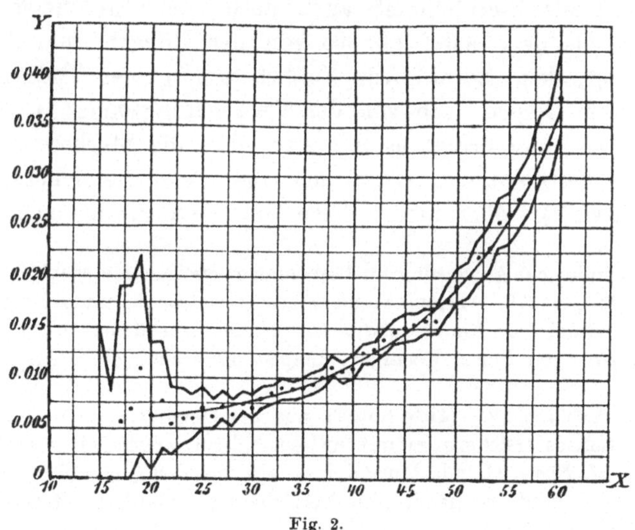

Fig. 2.

Das Verhältnis der wirklich beobachteten zu den ausgeglichenen Werten veranschaulicht an dem Material 23 D. G. M. I[19]) für die Alter 15—60 die Figur 2. Jene sind durch die diskontinuierliche Punktreihe, diese durch den kontinuierlichen Kurvenzug gegeben. Die durch das dreifache des mittleren Fehlers[20]) eines jeden q begrenzte und in der Figur durch die beiden gezackten Linien markierte

17) a. a. O. p. 494.

18) *W. Farr*, Lond. Phil. Trans. 149 (1859), p. 837. Resultate in *W. Farr*, English life table, London 1864. Vgl. I D 4a, Nr. **11**, Fussnote 50.

19) a. a. O. p. 102. Die ausgeglichene Kurve ist die von *W. Lazarus* berechnete (Ehrenzweig 6, 1885, Teil I, p. 12).

20) Ist, für irgend ein Alter x, R die Zahl der beobachteten Personen unter Risiko, q' das Verhältnis der für das $x + 1^{\text{te}}$ Lebensjahr beobachteten Todesfälle zur Zahl R, q die gesuchte Sterbenswahrscheinlichkeit des $x$jährigen, $p = 1 - q$, so hat man die quadratische Ungleichung $|q' - q| \leqq 3\sqrt{\frac{pq}{R}}$ nach der Unbekannten q aufzulösen. Der grösste und der kleinste dieser Werte q geben die beiden zur Abscisse x gehörigen Ordinaten der Fehlerzone.

„Fehlerzone" schliesst die ausgeglichene Kurve hier vollständig ein. Hingegen weichen die ausgeglichenen Sterbenswahrscheinlichkeiten von den beobachteten in der Regel schon in der dritten oder vierten Dezimale ab. Trotzdem muss man den Rechnungen der Praxis die fünfstelligen ausgeglichenen Werte zu Grunde legen, um hinreichend empfindliche und geglättete Prämientarife und Reservetabellen zu erzielen [21]).

Während die gewöhnlichen Sterbetafeln alle normalen Risiken als gleichartig (vergl. Prinzip I der Nr. 3) postulieren, hängt in Wirklichkeit die Sterblichkeit auch noch von sehr vielen anderen Umständen als dem Alter ab: so von der Höhe [22]) und Art [23]) der Versicherung, dem Berufe des Versicherten [24]), der Todesursache [25]) und vor allen Dingen auch von der Versicherungsdauer [26]). Die ärztliche Untersuchung bringt es mit sich, dass die Sterbenswahrscheinkeiten eines bestimmten Alters in den ersten 3—5 Versicherungsjahren stark wachsen [27]). Man nennt diese Erscheinung, die sich in ihren

---

21) Ausführliche Anweisung zur Berechnung von Tabellen giebt das Textbook (Litt.-Verz. IV), p. 379. Wegen numerischen Rechnens überhaupt vgl. die einschlägigen Artikel der Encyklopädie sowie die Lehrbücher: *J. Lüroth*, Vorlesungen über numerisches Rechnen, Leipzig 1900 und *C. Runge*, Praxis der Gleichungen, Leipzig 1900.

22) *A. Emminghaus*, Mitteilungen aus der Geschäfts- und Sterblichkeits-Statistik der Lebensversicherungsbank für Deutschland zu Gotha. Weimar 1880, p. 71.

23) *G. H. Ryan*, Lond. Journal inst. act. 28 (1890), p. 225, vermutet eine niedrige Sterblichkeit bei gemischter Versicherung. Vergl. *E. McClintock*, N. Y. Am. Act. Soc. 3 (1893/94), p. 71. Dass dem in der That so ist, beweisen schlagend die Tafeln „Assured lives" (1900) (siehe Litt.-Verz. II).

24) *A. Emminghaus*, a. a. O. p. 7, 13.

25) *A. Emminghaus*, a. a. O. p. 70. Erfahrungen der Stettiner Germania, Vereinsblatt für deutsches Versicherungswesen 25, Berlin 1897, p. 156. *Levi W. Meech*, System and tables (Litt.-Verz. II), p. 182.

26) Schon *J. A. Higham*'s Untersuchungen bei dem Material der 17 E G. (Lond. Journal inst. act. 1, Heft 3 (1851), p. 179) liessen darauf schliessen, dass die Sterbenswahrscheinlichkeiten eines festen Alters mit der Versicherungsdauer zunehmen.

27) Genauer untersuchte das Material der 17 E. G. und das der 20 E. G. H. M. *T. B. Sprague* im Jahre 1870, indem er für alle 5jährigen Altersklassen die Sterbenswahrscheinlichkeiten der einzelnen Versicherungsjahre in Prozenten der nicht nach der Versicherungsdauer trennenden Sterbenswahrscheinlichkeiten der betreffenden Altersklasse berechnete (Lond. Journal inst. act. 15, p. 328). Er fand z. B. für die Altersklasse 36—40 bei dem H. M.-Material in den Versicherungsjahren 0, 1, 2, 3, 4—5 die Sterbenswahrscheinlichkeiten bezw. 40 %, 63 %, 85 %, 100 %, 106 % des normalen H. M.-Wertes und für die weiteren Versicherungsjahre beständig eine übernormale Sterblichkeit. Die Tafeln der 20 E. G. unterscheiden daher von den gewöhnlichen Sterbenswahrscheinlichkeiten der H. M. Leben, die nicht nach der Versicherungsdauer getrennt sind,

Grundzügen bei dem verschiedensten Material wiederholt, die *Selektion*. Die Vermutung, dass das vorzeitige Aufgeben der Police von Seiten des Versicherten die Sterblichkeit erhöhe, begleitete diese Untersuchungen[28]). Sie wurde später vielfach wiederholt; ein Nachweis für ihre Richtigkeit konnte bisher nicht erbracht werden[29]). Dem gewöhnlichen Brauche entsprechend sehen wir im folgenden von dem Einflusse der Selektion, so lange nicht das Gegenteil bemerkt ist, ab.

5. Extrarisiken. In der Definition der Extrarisiken (Nr. 4) liegt, dass sie eine sehr verzweigte Klasse bilden. Im allgemeinen gilt der Satz, dass die Sterblichkeit der Extrarisiken für die Gesellschaften ungünstiger ist als die der normalen Risiken. Eine verhältnismässig geringe Rolle spielen in der Praxis bis jetzt noch die Gefahren besonderer Berufe[30]), des Klimas[31]) und der minderwertigen (d. h. erblich oder durch Krankheit belastete) Leben[32]). Man sucht sich gegen sie

---

die H. M.(5) solcher Personen, die bereits 5 oder mehr Jahre versichert sind (Tables deduced (Litt.-Verz. III) p. 6 u. 114). In Ergänzung hierzu geben *T. B. Sprague*'s select mortality tables (Lond. Journal inst. act. 21 1879, p. 229, 22 1881, p. 391, vgl. auch Litt.-Verz. III) für alle ganzzahligen Alter die Sterbenswahrscheinlichkeiten der H. M. in den Versicherungsjahren 0, 1, 2, 3, 4. Infolge der bei der Konstruktion der 17 E. G. und 20 E. G. eingeführten Altersfiktionen handelt es sich hier ebenso wenig wie bei den anderen Untersuchungen über Selektion um scharfe Versicherungsjahre, sondern um entsprechende Differenzen fingierter Alter (*E. Roghé*, Jahrbücher für Nationalökonomie und Statistik, Neue Folge, Supplementheft 18 (1891), p. 102). Analoge Untersuchungen für die 23 D. G. M I stellte *W. Lazarus* an (Ehrenzweig 11 (1890), Teil 2, p. 3). Vergl. auch *Emminghaus* a. a. O. p. 30 und die Erfahrungen der Stettiner Germania a. a. O. p. 145. Eine zusammenfassende Darstellung der bisher über Selektion gemachten Erfahrungen und eine Vervollständigung derselben geben die Preisarbeiten von *J. Chatham* (Lond. Journal inst. act. 29 (1891), p. 81) und *E. McClintock* (N. Y. am. act. soc. 3 (1893/94), p. 61).

28) Vgl. *J. A. Higham*, a. a. O. p. 190; *T. B. Sprague*, Lond. Journal inst. act. 15, p. 331—332.

29) Vgl. *J. Chatham*, a. a. O. p. 172, 173 und *E. McClintock* a. a. O. p. 97.

30) Verschiedene Aufsätze im Lond. Journal inst. act. (s. Index to vol. 1—20, London 1883, p. 50, 51; index 21—30, 1896, p. 32, 33; Lond. Journal inst. act. 33 [1897], p. 245; *James J. M'Lauchlan*, Edinb. act. soc. 4 [1899], p. 339). Zusammenfassende Referate wurden auf dem Pariser Kongress 1900 erstattet.

31) *Levi W. Meech*, a. a. O. p. 43; Sterblichkeitstafel der New-York life Insurance Company New-York für die amerikanischen Tropen bei *C. N. Jones*, Am. Act. Soc. 3 (93/94), p. 316, 317; vgl. auch die Indices des Lond. Journal inst. act. und N. Y. Am. Act. Soc., sowie *A. E. Sprague*, Lond. Journal inst. act. 33 (1897), p. 285; *A. L.* 1898, p. 516. Zusammenfassende Referate wurden auf dem Pariser Kongress erstattet.

32) *E. Blaschke*, Denkschrift (s. Litt.-Verz. VI) bildet, gestützt auf eine Klassification der Todesursachen, 3 Gefahrenklassen und stellt für jede von diesen

durch reichlich hohe Extraprämien, Karenzzeit, Ablehnung der Versicherung überhaupt oder doch gewisser Versicherungsarten zu schützen. Bei Auswanderung in die Tropen nimmt die Sterblichkeit mit der Dauer des Aufenthaltes nach den ersten Jahren meist ab[33]). Analog fällt die Sterblichkeit der Reichsinvalidenrentner rapid in den ersten Jahren des Rentengenusses[34]).

Von besonderer Wichtigkeit sind die Extrarisiken, die durch die sogenannte Begräbnisgeldversicherung (Todesfallversicherung ohne vollständige ärztliche Untersuchung auf kleine Summen)[35]), die Leibrentner und durch die Versicherung von Frauen entstehen. Jede bessere Sterbetafel trennt jetzt die Geschlechter (so die 20 E. G. in H. M. und H. F., die 23 D. G. in M. und W., die Grundzahlen der 4 F. G. in H. und F). Nach den Erfahrungen M I und W I der 23 D. G. ist die Sterblichkeit der Frauen bis zum Alter 41 höher, dann niedriger als die der Männer[36]). Die Sterblichkeit der Leibrentner ist im allgemeinen niedriger als die von normal auf den Todesfall versicherten Personen[37]) und zwar scheint der Unterschied erheblicher bei den

---

(a. a. O. p. 46) eine nach *Makeham* ausgeglichene Sterbetafel her. — Die Tafeln II der 23 D. G. (a. a. O. p. 793) geben die Sterbenswahrscheinlichkeiten von nach vollständiger ärztlicher Untersuchung zu erhöhter Prämie versicherten Personen. Vgl. auch die 4. Gruppe der Erfahrungen der 20 E. G. (Litt.-Verz. II), die Indices des Lond. Journal inst. act. und *H. Westergaard*, Lond. Journal inst. act. 31 (1894), p. 375.

33) *A. E. Sprague*, Lond. Journal inst. act. 33 (1897), p. 293, 294.

34) Denkschrift betreffend die Höhe und Verteilung der finanziellen Belastung aus der Invaliditätsversicherung. Deutscher Reichstag, 10. Legislatur-Periode, I. Session 1898/99, Nr. 93, Anlage p. 104.

35) Sterbetafel III der 23 D. G. a. a. O. p. 799. Über Sterbekassen existiert eine kolossale Litteratur, die hier ganz unberücksichtigt bleiben muss. Vgl. jedoch Fussn. 132.

36) a. a. O. p. 787, 789. — Dagegen hat die L.-V.-G. Germania, Stettin, mit der Versicherung von Frauen auf den Todesfall günstigere Erfahrungen gemacht. Vereinsblatt für deutsches Versicherungswesen 25 (1897), p. 142. Zwischen Frauen- und Witwen-Sterblichkeit unterscheidet *J. Karup*, Finanzlage (Litt.-Verz. VI).

37) Die wichtigsten Rentner-Sterbetafeln sind: *M. Deparcieux*, Essai sur les probabilités de la durée de la vie humaine. Paris 1746; *John Finlaison*, Report on the evidence and elementary facts on which the tables of life annuities are founded. Ordered by the House of Commons to be printed 1829 (vgl. jedoch *E. Roghé* a. a. O. p. 23 ff.); *A. G. Finlaison*, Report and observations relating to tontines. Ordered by the house of Commons to be printed 1860; *A. J. Finlaison*, Report to the government annuities act 1882, London 1884. Lond. institute of actuaries' and Edinb. faculty of actuaries' joint mortality investigation, combined experience of life annuitants (1863—1893), London

Frauen als bei den Männern zu sein[38]). Der ärztlichen Untersuchung bei der Todesfallversicherung entspricht hier die *Selbstauswahl* der Versicherten. Daher ist die Erscheinung der Selektion auch im Leibrentengeschäft zu konstatieren[39]).

6. Ausgleichung und Interpolation. Die Ausgleichungsmethoden der Lebensversicherung[40]) suchen entweder die auszugleichenden Werte durch diejenigen einer einfachen analytischen Funktion zu approximieren oder sie operieren ohne eine solche. Diese unterscheiden sich nicht wesentlich von den allgemein üblichen Methoden: Man bedient sich mechanischer Hülfsmittel[41]), des graphischen Verfahrens[42]), der

---

1899. Die Tafeln IV der 23 D. G. (a. a. O. p. 513, 617, 737, 761) betreffen Versicherungen auf den Erlebensfall überhaupt. Speziell auf Renten bezieht sich die Deutsche Rentner-Sterbetafel, Vereinsblatt für Deutsches Versicherungswesen 19 (1891), p. 149. Ferner sind zu nennen: Die Tafeln der F. G.; R. F., Grundzahlen a. a. O. p. XVIII; Erfahrungen amer. Gesellschaften: *Rufus W. Weeks,* Am. act. soc. 2 (1891/92), p. 233. Alle diese Tafeln trennen nach Geschlechtern. Eine kritische Übersicht über die wichtigsten damals erschienenen Rentner-Sterbetafeln nebst Tabellen giebt: *B. Schmerler*, Die Sterblichkeits-Erfahrungen unter den Renten-Versicherten, Berlin 1893; *Thomas B. Macaulay,* Am. act. soc. 4 (95/96), p. 410. Weitere Litteratur bei *Landré, Schmerler* und in *Neumann*'s Jahrbuch.

38) *B. Schmerler,* a. a. O. p. 24.

39) *James Chatham,* Edinb. act. soc. 2 (1891), p. 27, berechnet die q_x für die einzelnen Versicherungsjahre; vgl. auch *Schmerler,* a. a. O. p. 12; zu *A. J. Finlaison* 1884 select tables bei *George King* and *William Whittall* (Litt.-Verz. III), $2\frac{1}{2}\%$ und 3%.

40) Die wichtigsten Ausgleichungsmethoden (I D 2) unter einem einheitlichen logischen Gesichtspunkte zusammenzufassen versucht die Monographie von *E. Blaschke*, Die Ausgleichungsmethoden der Lebensversicherung (Litt.-Verz. VI). Man vgl. auch *E. Blaschke*, Wien. Denkschr. math.-naturw. Kl., Bd. 54 (1888), p. 105, und *H. Bruns,* Ausgleichung statistischer Zählungen in der Psychophysik, Phil. Studien 9 (1893), p. 1. Ausserdem existieren zahlreiche Arbeiten, speziell aus der Lebensversicherung, welche mehr die Praxis der Ausgleichung interessiert, die aber gleichwohl eine Übersicht über die verschiedenen Methoden geben. Genannt seien die Monographie von *Woolhouse*, *L. Lindelöf*, Mortaliteten i Finland, Helsingfors 1889, die Dissertation von *J. P. Janse* und besonders die historische Arbeit von *A. Quiquet*, Par. Bull. inst. act. 4 (1893), p. 151, ferner *C. L. Landré*, Math. techn. Kap. (Litt.-Verz. IV), p. 60, ders., Ehrenzweig 15 (1894), Teil 2, p. 30, sowie aus dem Lond. Journal inst. act. die Arbeit von *W. Sutton* a. a. O. 20 (1877), p. 170, 192, die auch den Einfluss der Ausgleichung auf die Werte der Prämien und Reserven untersucht, und *J. Sorley,* a. a. O. 22 (1880), p. 309.

41) *G. F. Salter,* N. Y. Am. act. soc. 3 (1893/94), p. 442.

42) In Verbindung mit rechnerischen Korrektionen verwendet dieses namentlich *T. B. Sprague* (Lond. Journal inst. act. 21 [1879], p. 445, 26 [1886], p. 77).

Bildung von Mitteln[43]) und Differenzen[44]), man setzt die ausgeglichene Funktion aus einzelnen Parabelstücken zusammen[44]) oder man benutzt die Methode der kleinsten Quadrate[45]), endlich kombiniert man auch die verschiedenen Methoden (*Woolhouse*'s Methode der Superposition)[46]). Die Rechtfertigung für die Zulässigkeit eines Verfahrens erblickt man meist in seinem Erfolg im einzelnen Fall.

Der Lebensversicherung eigentümlich sind hingegen einige analytische Ausdrücke (sogenannte Sterblichkeitsgesetze, vgl. I D 4 a, Nr. **11**), durch die man die Zahl der Lebenden approximiert. Wir nennen nur das *Makeham*'sche *Gesetz*[47]) und seinen Vorläufer, das *Gom-*

---

43) Hierher gehören die von *John Finlaison* empfohlenen Methoden. Vgl. *John Finlaison,* Report on the evidence and elementary facts on which the tables of life annuities are founded. Ordered by the house of Commons to be printed 31. III. 1829; Memoir of the late *John Finlaison,* Lond. Journal inst. act. 10 (1862), p. 160; *H. A. Smith,* Lond. Journal inst. act. 13 (1866), p. 58.

44) Die Methode der Differenzenbildung und die der Benutzung von Parabeln sind nicht wesentlich von einander verschieden, wie denn überhaupt die im Texte unterschiedenen Kategorien sich nicht immer scharf trennen lassen. Vgl. auch die Artikel I D 3 und I E, sowie im Lond. Journal inst. act. die Arbeiten von *W. S. B. Woolhouse,* 12 (1865), p. 137; *P. W. Berridge,* 12 (1865), p. 220; *J. Karup,* London, Intern. Kongr. (1899), p. 31.

45) Approximiert man dabei stückweise durch ganze, rationale Funktionen, so entstehen die *Tschebyscheff*'schen Ansätze. Siehe I D 3, Nr. **14**. Den Spezialfall einer ganzen Funktion 2ten Grades bringt in eine sehr einfache Form *G. Eneström,* Stockh. Öfv. 50 (1893), p. 397. Ohne einen vorgegebenen analytischen Ausdruck operiert *G. Bohlmann,* Gött. Nachr. 1899, p. 260.

46) Der Name „Superposition" stammt vom Referenten. Die Methode besteht darin, dass durch die Endpunkte der Ordinaten l_{x-5}, l_x, l_{x+5} eine gewöhnliche Parabel (x) gelegt wird. Um nun das ausgeglichene l zu definieren, das einem bestimmten Alter a entspricht, markiert *Woolhouse* die Schnittpunkte der gegebenen Ordinate dieses Alters mit den Parabeln $(a-2)$, $(a-1)$, (a), $(a+1)$, $(a+2)$. Das gewöhnliche arithmetische Mittel der diesen 5 Schnittpunkten entsprechenden Ordinaten definiert das ausgeglichene l_a. Siehe *W. S B. Woolhouse,* Lond. Journal inst. act. 15 (1870), p. 389; 21 (1878), p. 37, 57. Die Methoden von *Woolhouse* und *J. Finlaison* vereinigen *J. A. Higham,* 23 (1882), p. 335; 24 (1883), p. 44; 25 (1884), p. 15 (1885), p. 245; *Th. G. Ackland,* 23 (1882), p. 352.

47) *W. M. Makeham,* Lond. Journal inst. act. 8 (1860), p. 301. Das „Gesetz" schreibt nicht die Natur vor, sondern der Rechner. Schon *C. F. Gauss* († 1855) war im Besitze einer Sterblichkeitsformel, welche die Makeham's als speziellen Fall enthält und für das ganze Leben gelten soll (Gauss' Werke 8, Leipzig-Göttingen 1900, p. 155). Sie ist ihrerseits wieder ein spezieller Fall einer von *W. Lazarus* zu demselben Zwecke aufgestellten Gleichung (Über Mortalitätsverhältnisse und ihre Ursachen, Hamburg 1867; übersetzt von *T. B. Sprague* im Lond. Journal inst. act. 18 (1873), p. 55, (1874), p. 212). Weitere Verallgemeinerungen sind hieran unter anderen von *A. Amthor* (Das Gompertz-

pertz'sche Gesetz[48]). Nach diesem bilden die Sterbensintensitäten (I D 4a, Nr. 8) μ_x, nach jenem ihre Differenzen eine wachsende geometische Reihe. In beiden Fällen ist:

$$\mu_x = \alpha + \beta\gamma e^{\gamma x}, \quad l_x = Ce^{-\alpha x - \beta e^{\gamma x}},$$

wo e die Basis der natürlichen Logarithmen und C, α, β, γ positive Konstante bedeuten. Beim *Makeham*'schen Gesetz ist α nicht null, das *Gompertz*'sche Gesetz entsteht in dem Grenzfalle $\alpha = 0$. Das *Makeham*'sche Gesetz stellt die Sterblichkeitskurven normaler Risiken von einem Alter zwischen 20 und 30 an mit völlig ausreichender Genauigkeit dar und führt wie das *Gompertz*'sche zu grossen rechnerischen Vereinfachungen bei den verbundenen Leben (Nr. **13**). Es hat sich bei normalen Risiken[49]) allgemein, bei Extrarisiken[50]) vielfach bewährt.

Was die Bestimmung der Konstanten α, β, γ anlangt, so geschieht diese auf rechnerisch bequeme Weise teils aus drei Überlebenswahrscheinlichkeiten, die sich auf einen längeren Zeitraum (etwa 20 Jahre) erstrecken[51]), oder durch Kombination dieses Verfahrens mit dem der Superposition[52]) oder aus drei Summen der Logarithmen der Zahlen

---

Makeham'sche Sterblichkeitsgesetz, Festschrift der Kreuzschule in Dresden, Dresden 1874, p. 20) und *A. Quiquet* (Par. C. R. 106 (1888), p. 1465; 109 (1889), p. 794; Par. Bull. act. franç. 4 (1893), p. 97) geknüpft. Letztere Arbeit ist umfassend und subsumiert alle bisher aufgestellten Sterblichkeitsformeln unter einem einheitlichen Gesichtspunkte. Vgl. Fussn. 118. Die einschlägige deutsche Litteratur findet man bei *K. Wagner*, a. a. O. (Litt.-Verz.) p. 103 ff.

48) *Benj. Gompertz*, Lond. Phil. Trans., 1825, p. 513; *W. M. Makeham* zeigte (Lond. Journal inst. act. 13 [1867], p. 337 Zeile 20—16 v. u.), dass bei einer Trennung der Todesfälle nach Krankheitsursachen das *Gompertz*'sche Gesetz viel besser stimmt als ohne diese Unterscheidung.

49) Nach dem *Makeham*'schen Gesetz sind z. B. ausgeglichen die 17 E. G. (*Woolhouse*, Lond. Journal inst. act. 15 [1860], p. 408 unter Benutzung der Alter 10—90), die 20 E. G. H. M. (*Woolhouse* ebenda p. 408 unter Benutzung der Alter 10—90, *King* and *Hardy*, Textbook p. 84 für die Alter 28—101), die 23 D. G. M. I (*W. Lazarus*, Ehrenzweig 6 [1885], Teil 1 p. 12) für die Alter 20—89, die 4 F. G. A. F. (Tables de mortalité [Litt.-Verz. II] p. XXXII) für die Alter 23—103. Die resultierenden Werte für die α, β, γ schwanken bei Abrundung auf 3 Dezimalen zwischen $0{,}005 < \alpha < 0{,}007$; $0{,}001 < \beta < 0{,}003$; $0{,}079 < \gamma < 0{,}092$. Die Abweichungen der ausgeglichenen Werte von den beobachteten vergleichen mit dem mittleren Fehler der Sterbenswahrscheinlichkeiten bei den 20 E. G. H. M. *Makeham* im Lond. Journal Inst. Act. 28 (1890), p. 329, bei den 23 D. G. M. I *W. Lazarus* a. a. O. p. 20, 21.

50) Nach *Makeham* ausgeglichen sind z. B. die in Fussn. 31 erwähnte Tafel der New York Life für die amerikanischen Tropen, die Sterbetafeln von *E. Blaschke* in Fussn. 32 und die Rentnersterbetafeln der 4 F. G.

51) *C. F. McCay*, Lond. Journal inst. act. 22 (1879), p. 27.

52) *W. S. B. Woolhouse*, Lond. Journal inst. act. 15 (1870), p. 403.

der Lebenden[53]). Deutsche und französische Lebensversicherungs-Mathematiker versuchten eine durch die Wahrscheinlichkeitsrechnung oder Ausgleichungsrechnung zu begründende Methode zu finden. So verlangt *M. Kanner*[54]) allgemein die Konstanten jedes Sterblichkeitsgesetzes so zu bestimmen, dass die resultierenden Werte der p_x und q_x das wahrscheinlichste Wertsystem bilden. Die Anwendung dieses Verfahrens auf die *Makeham*'sche Formel führt zu transcendenten Gleichungen für die α, β, γ, die jedoch approximativ von *J. Karup* für die Erfahrungen der Gothaer Lebensversicherungs-Gesellschaft[55]), von *W. Lazarus* für 23 D. G. M I[56]) gelöst sind. Die Methode der kleinsten Quadrate benutzen die französischen Tafeln[57]).

Die Sterblichkeitskurven der Figuren 1 und 2 folgen dem *Makeham*'schen Gesetz, bei jener sind die Konstanten nach der dritten, bei dieser nach der vorletzten der soeben angegebenen Methoden berechnet (vgl. Fussn. 17, 19, 53).

Indem man die Gültigkeit des *Makeham*'schen Sterblichkeitsgesetzes nicht nur für ganzzahlige, sondern auch für alle Zwischenwerte postuliert, gewinnt man neben der Ausgleichung eine *Interpolation*. Zu ihr tritt eine *Extrapolation*, wenn man seinen Fortbestand auch jenseits des höchsten Alters der Sterbetafel bis ins Unendliche annimmt. Hat man kein Sterblichkeitsgesetz zu Grunde gelegt, so interpoliert man gewöhnlich bei den Zahlen der Lebenden. Würden diese einer einzigen ohne Unterbrechung wirklich beobachteten Generation angehören, so würden ihre Werte eine integrierbare Funktion bilden, deren ganzen Verlauf man beherrschte. Thatsächlich stellen sie lediglich eine rechnerische Hülfsfunktion dar, die man nur für die ganzzahligen Alter kennt und für deren Zwischenwerte man allein die aus Satz I folgenden Ungleichungen aufstellen kann. Man interpoliert zwischen ihnen linear (*Moivre*'sche Hypothese[58])) oder durch ganze Funktionen zweiten

53) *G. King* und *F. Hardy*, Lond. Journal inst. act. 22 (1880), p. 200. Nach diesem Verfahren ist die Textbooktafel (Fig. 1) für die Alter 28—101 hergestellt. Sie entspricht den Konstanten: $\alpha = 0{,}00619$, $\beta = 0{,}00105$, $\gamma = 0{,}09131$.

54) Berl. Journal Koll. Lebensvers. 2 (1871), p. 164.

55) Rundschau der Versicherungen 34 (1884), p. 309.

56) *W. Lazarus*, Ehrenzweig 6 (1885), Teil 1. p. 12. Auf diesen Konstanten beruht die Konstruktion der Fig. 2. Für sie ist $\alpha = 0{,}00480$, $\beta = 0{,}00343$, $\gamma = 0{,}07908$. Vgl. auch *W. Lazarus*, Die Bestimmung und Ausgleichung der aus Beobachtungen abgeleiteten Wahrscheinlichkeiten. Bericht der math. Gesellsch. in Hamburg 1878, übersetzt ins Engl. Lond. Journal inst. act. 20 p. 410.

57) Tables de mortalité (Litt.-Verz. II) p. 29.

58) Nach *A. de Moivre* (Annuities upon lives, London 1725) ist die Kurve der l_x eine gerade Linie, welche beim Alter 86 die Abscissenachse schneidet.

oder höheren Grades und definiert so nicht nur die verlangten Zwischenwerte, sondern auch die Differentialquotienten von l_x bis zu der Ordnung, bis zu der man sie braucht (mechanische Differentiation[59])). In diesem Falle muss man jedoch darauf achten, dass man die Hypothese, nach welcher man interpoliert, im Laufe der Rechnung nicht wechselt.

II. Der Nettofonds.

7. Definitionen. Unter *Versicherungssumme* einer Lebensversicherung werde im weitesten Sinne diejenige Summe verstanden, welche der Versicherte vertragsmässig beim Eintreten des versicherten Ereignisses zu beanspruchen hat, mag sie nun einmal, wie bei der Kapitalversicherung auf den Todesfall, oder öfter, wie bei den Leibrenten gezahlt werden. Eine Versicherung *läuft ab,* wenn sowohl auf Seiten des Versicherten, als auf der der Gesellschaft alle Zahlungsverpflichtungen erlöschen, ohne dass die in der Police ausgemachten Zahlungsbedingungen verletzt worden sind. Die Zeit, die vom Beginn einer Versicherung bis zum Zeitpunkte der Berechnung verflossen ist, heisst die jeweilige *Versicherungsdauer* der betreffenden Police. Als Zeiteinheit werde das Jahr gewählt. Eine Police *verfällt,* wenn der Versicherte seine Zahlungen einstellt, ohne dass die Gesellschaft für die bereits von ihm geleisteten Zahlungen eine Entschädigung gewährt. Die Beiträge, welche die Versicherten einzahlen, heissen *Prämien* (vgl. Nr. **3**), sie werden höchstens bis zum Tode gezahlt; reichen sie nicht aus (was bei einer guten Lebensversicherungsgesellschaft jetzt nicht mehr vorkommt), so treten zu ihnen noch *ausserordentliche Beiträge* der Versicherten (Gegenseitigkeitsgesellschaften) oder Aktionäre (Aktiengesellschaften). Derjenige Teil der Prämie, welcher bestimmt ist die Nettoausgaben zu decken, heisst die *Nettoprämie.* Die Prämie, welche der Versicherte wirklich zahlt, heisst die *Bruttoprämie.* Die Prämien sind der Versicherungssumme proportional, es genügt daher, sie für die

---

In dieser Ausdehnung ist die Hypothese natürlich unbrauchbar, für kurze Altersstrecken aber zulässig. In diesem Referate wird als *Moivre*'sche Hypothese durchgängig nur die Annahme bezeichnet, dass die Kurve der l_x zwischen zwei aufeinander folgenden ganzzahligen x geradlinig verläuft.

59) Vgl. I D 3, Nr. 8 Formel (16). In die Lebensversicherung wurden diese Methoden von *W. S. B. Woolhouse* eingeführt (Lond. Journal inst. act. 11 (1863), p. 61), viel benutzt sind seine Ausdrücke für μ_x (ebenda 11 (1864), p. 323 unten und 324 oben, und 21 (1878), p. 64). Doch vermisst man überall eine Angabe der Hypothesen, die den Ableitungen zu Grunde liegen, und der Gültigkeitsbedingungen der Resultate.

Versicherungssumme 1 zu berechnen. Die Differenz zwischen Brutto- und Nettoprämie heisst der *Zuschlag,* er soll Deckung der Unkosten, Gewährung von Dividenden und eventuelle Anlage von Sicherheits- und Extrafonds' ermöglichen.

Zu den *Einnahmen* eines bestimmten Zeitraumes (z. B. eines Kalenderjahres) sollen nicht nur die innerhalb desselben eingehenden Beträge an Prämien, Zinsen[60]), Mieten u. s. w. gerechnet werden, sondern auch der Vermögensbestand zu Anfang des Jahres. Ebenso zählen zu den *Ausgaben* des Zeitraumes die sämtlichen innerhalb desselben an Versicherungssummen, Unkosten u. s. w. ausgezahlten Summen und der Bestand zu Ende des Jahres. Eine konsequente Buchung vorausgesetzt, ist in einer Periode die Summe der Einnahmen gleich der Summe der Ausgaben. Im Gegensatze zu den sogleich zu definierenden Nettoeinnahmen und -Ausgaben heissen die soeben erklärten Begriffe die *Bruttoeinnahmen* und *Bruttoausgaben.*

Zu den *Nettoeinnahmen* einer Periode zählen wir 1) die mathematische Prämienreserve (Nr. **3, 11, 16**) der betrachteten Gesamtheit zu Anfang des Zeitraumes, 2) die in ihm als Einnahme zu verzeichnenden Nettoprämien, 3) die rechnungsmässigen Zinseszinsen dieser beiden Summen. Dagegen bilden die *Nettoausgaben* der Periode 1) die in ihr gezahlten Versicherungssummen, 2) die rechnungsmässigen Zinseszinsen von diesen, 3) die mathematische Prämienreserve zu Ende des Zeitraumes. Diesmal ist die Summe der Nettoeinnahmen gleich dem Gewinn im Nettofonds plus der Summe der Nettoausgaben[61])[62]).

---

60) Was den Zinsfuss anlangt, so rechnen nach *J. Neumann,* Jahrbuch für das deutsche Versicherungswesen, 30. Jahrgang, Berlin 1900, p. 497, die deutschen Lebensversicherungs-Gesellschaften ihr normales Todesfallgeschäft jetzt zu 3 % oder $3\frac{1}{2}$ %. Dagegen bewegte sich im Jahre 1899 die wirklich erzielte durchschnittliche Verzinsung der Ausleihungen nach „Zustand und Fortschritte der deutschen Lebensversicherungsanstalten, 50. Jahrgang, Jena 1900", p. 71, bei den 27 dort aufgeführten Anstalten zwischen 3,72 % und 4,24 %.

61) Während die im Texte gegebene Erklärung der Bruttoeinnahmen und -Ausgaben über einen ziemlich allgemein geübten kaufmännischen Usus berichtet, nach welchem die Rechenschaftsberichte eingerichtet werden (vgl. z. B. den Runderlass des preussischen Ministeriums des Innern vom 8./3. 1892, Ministerialblatt für die innere Verwaltung 53 (1892), p. 154), hat die Einführung der Nettoeinnahmen und -Ausgaben eine lediglich theoretische Bedeutung und bleibt auch gültig, wenn die betrachtete Gesamtheit sich auf eine einzige Versicherung reduziert. Die Definitionen fussen auf den von *M. Kanner* eingeführten Begriffen, Deutsche Versicherungszeitung 8 (1867), p. 355. Vgl. Fussnote 81. Verwertung finden sie Nr. **20** ff. dieses Artikels.

62) Amtliche Übersichten über die Lebensversicherungs-Unternehmungen

In Nr. **8** bis **13** sind, so lange nicht ausdrücklich das Gegenteil bemerkt ist, unter Einnahmen und Ausgaben immer Nettoeinnahmen und Nettoausgaben, unter Prämien immer Nettoprämien verstanden. Das allgemeine Resultat aller auf die Berechnung von Prämien und Prämienreserven sich beziehenden Untersuchungen möge gleich hier vorweg genommen werden: Die Berechnung aller dieser Grössen lässt sich immer auf die der einmaligen Prämien von jährlich zahlbaren Leibrenten zurückführen, die bei Versicherungen auf 1 Leben bis zum Tode, bei Versicherungen verbundener Leben (Nr. **13**) bis zum ersten Tode laufen.

8. Einmalige Prämien für Leibrenten. Die einmalige Nettoprämie (Nr. **3**, 3) einer Versicherung, auch *Wert* der betreffenden Versicherung genannt, ist allgemein der wahrscheinliche Wert (= mathematische Hoffnung) der entsprechend diskontierten Nettoauszahlungen (I D 1, Nr. **16**). Man berechnet sie nach Satz II der Nr. **3**.

(x) bezieht eine jährlich gleichbleibende Leibrente 1, wenn er von Ende des $x+m^{\text{ten}}$ bis Ende des $x+n-1^{\text{ten}}$ Lebensjahres jährlich, so lange er lebt, die Summe 1 erhält, dagegen vom Momente seines Todes an auf jede Auszahlung verzichtet. Ist $m=0$, so heisst die Rente pränumerando, ist $m=1$, so heisst sie postnumerando zahlbar. Ist $x+n=\omega$, das höchste Alter in der Sterbetafel, so heisst die Rente lebenslänglich zahlbar, ist $x+n<\omega$, so heisst sie tem-

---

ihres Landes geben: *Amerika,* Staat New York: Annual report of the superintendent of the New-York insurance department, New York 1860 ff. — *England:* Statements of account and of life assurance and annuity business. Ordered by the house of Commons to be printed, London 1872 ff. — *Frankreich:* Annuaire statistique de la France, 1 ff., Paris 1878 ff. — *Japan:* Résumé statistique de l'empire du Japon, Tokio 1887 ff. — *Schweden:* Försäkringsväsendet i riket, Stockholm 1887 ff. — *Schweiz:* Berichte des eidgenössischen Versicherungsamtes über die privaten Versicherungs-Unternehmungen in der Schweiz, Bern 1888 ff. — *Finnland:* Bidrag till Finlands officiela statistik XXII, Försäkringsväsendet, Helsingfors 1893 ff. — *Norwegen:* Statistisk Aarbog for Kongeriget Norge 14 ff., Christiania 1894 ff.; Meddelelser fra det statistiske Centralbureau 13 ff., Christiania 1895 ff. — *Deutschland:* Statistisches Jahrbuch für das Deutsche Reich, Berlin 1896 ff.; Vierteljahrshefte zur Statistik des Deutschen Reiches, Berlin 1899. — *Dänemark:* Statistisk Aarbog, udgivet af Statens statistiske Bureau 1 ff., Kopenhagen 1896 ff. — *Ungarn:* Ungarisches statistisches Jahrbuch, Neue Folge 3 ff., Budapest 1896 ff. — *Österreich:* Amtliche Publikationen über den Stand des Versicherungswesens in den im Reichsrate vertretenen Königreichen und Ländern (Publikation steht unmittelbar bevor). — Eine internationale Übersicht giebt: The insurance year book, 2, New-York 1873 ff. und das Ehrenzweig'sche Jahrbuch.

porär, ist $m > 1$, so heisst sie aufgeschoben. Die einmalige Prämie für die lebenslänglich postnumerando zahlbare Leibrente von der jährlich gleichbleibenden Höhe 1 beträgt für das Eintrittsalter x:

$$(1) \qquad a_x = \frac{l_{x+1}}{l_x} v + \frac{l_{x+2}}{l_x} v^2 + \cdots = \frac{N_x}{D_x},$$

und ist z. B. bei den Grundlagen des Textbook $3\frac{1}{2}\%$, Eintrittsalter 30, gleich 18,4. Dabei bezeichnet v das Kapital, welches die Zinsen in einem Jahre auf die Höhe 1 bringen sollen (bei $3\frac{1}{2}\%$ ist also $v = 1{,}035^{-1}$);

$$D_x = l_x \cdot v^x$$

heisst die *diskontierte Zahl der Lebenden des Alters* x und es bedeutet:

$$N_x = D_{x+1} + D_{x+2} + \cdots + D_\omega.$$

Die Zahlen D_x und N_x sind für die meisten Sterbetafeln tabuliert (Litt.-Verz. III).

Der Wert der Postnumerando-Leibrente 1 ist um 1 kleiner als der der Pränumerando-Leibrente 1. Als Leibrente kommt jene allein in der Praxis vor, Pränumerando-Leibrenten sind die Prämien der Lebensversicherung, nur dass diese umgekehrt die Gesellschaft vom Versicherten bezieht[63]).

---

63) Die einmalige Prämie der lebenslänglichen Leibrente wurde allerdings nach einer anderen, aber ebenfalls einer korrekten Darstellung fähigen Methode bereits von *Joh. de Witt* berechnet (*Joh. de Witt,* Waerdije van Lijfrenten, s'Gravenhage 1671, Facsimile Haarlem 1879). Die Methode des Textes entwickelte *Halley* (Fussn. 8, p. 596). Vgl. *G. Eneström*, Stockholm, Förhandlingar 1896, p. 41, 157; derselbe, Archief verzekeringswet 3 (1897), p. 62 und *M. Cantor*, Vorlesungen über Geschichte der Mathematik, Leipzig 1894, Teil III, 1 p. 43 ff. Der weitere Fortschritt bestand zunächst darin, dass man seit *Moivre* (Annuities upon lives, London 1725) unter Verwertung der Wahrscheinlichkeitsrechnung (Fussn. 15) nach den einmaligen Prämien für alle möglichen Versicherungskombinationen, namentlich auch bei verbundenen Leben (Nr. **13**) fragte. Freilich waren *Moivre*'s Entwickelungen durchaus auf seine Hypothese beschränkt (Fussn. 58). Die diskontierten Zahlen führte *J. N. Tetens* ein (Einleitung zur Berechnung der Leibrenten, 2 Bde., Leipzig 1785/86, Band 1, p. 88). Die Auffassung der Prämien als wahrscheinlicher Werte oder als mathematischer Hoffnung fusst auf den von *M. Kanner*, Deutsche Versicherungszeitung 1867, p. 355 gegebenen Entwickelungen (vgl. Fussn. 15), sie fand in die Lebensversicherung Eingang durch die Monographie von *Th. Wittstein,* Das mathematische Risiko (s. Litt.-Verz. VI), p. 3, Formel (4). Die dort ausgesprochene Forderung, dass sich die Einzelfälle bei der mathematischen Hoffnung ausschliessen müssen, wurde später vielfach wiederholt, ist aber für die Berechnung der Prämien ebenso lästig als überflüssig. Sie fehlt auch bei *J. Bertrand,* Calcul des probabilités, Paris 1888, p. 50/51. In der

Erhält (x) die lebenslängliche Leibrente 1 in $\frac{1}{r}$ jährlichen Raten zu je $\frac{1}{r}$, so nimmt die Pränumerando-Rente (erste Rate sofort zahlbar) mit r ab, die Postnumerando-Rente (erste Rate nach $\frac{1}{r}$ Jahr zahlbar) zu. Die einmalige Prämie der letzteren ist bei der *Moivre*schen Hypothese eine lineare Funktion von a:

$$(2) \qquad a^{(r)} = v_1^{(r)} \cdot a + v_2^{(r)},$$

deren positive Koeffizienten $v_1^{(r)}$, $v_2^{(r)}$ ausser von r nur vom Zinsfaktor abhängen[64]). Oft reichen die Näherungswerte aus:

$$v_1^{(r)} = 1, v_2^{(r)} = \frac{r-1}{2r}.$$

Ist l_x integrierbar, so entsteht für $r = \infty$ die kontinuierliche Leibrente[65]), deren einmalige Prämie:

$$(\bar{1}) \qquad \bar{a}_x = \int_0^\infty \frac{l_{x+z}}{l_x} v^z \, dz$$

zwischen a und $a + 1$ enthalten und bei Voraussetzung der *Moivre*'schen Hypothese leicht aus (2) durch Grenzübergang zu berechnen

Bezeichnungsweise hat sich Referent soweit als möglich der in England, Frankreich und Amerika adoptierten des Lond. institute of actuaries angeschlossen. Vgl. hierzu *A. Bégault* im Lond. Journal inst. act. 33 (1896), p. 1 sowie Lond. intern. Kongr. (1899), p 582—640 und die *Sprague*'sche Arbeit, die dem Pariser Kongress vorgelegt wurde. Hinsichtlich der Grösse N_x differiert die englische und amerikanische Bezeichnung. Wir wählen die erstere, vgl. Principles and practice (Litt.-Verz. III) 4th ed., p. 39. Numerische Tabellen für die D_x, N_x, a und ihre dekadischen Logarithmen findet man für alle im Litt.-Verz. unter II aufgeführten Sterbetafeln in den unter III genannten Tafelwerken.

64) Die resultierende Formel gab 1861 *R. Lobatto*, Amsterdam. Verh. 10 (1864), p. 199. Sie entspricht der Annahme, dass v^t den gegenwärtigen Wert der nach t Jahren zahlbaren Summe 1 auch für jedes nicht ganzzahlige t angiebt. Andere Annahmen führen zu komplizierteren Resultaten, vgl. *C. Landré*, Math. techn. Kap. (Litt.-Verz. VI), p. 182 ff. Die Näherungswerte $v_1 = 1$, $v_2 = \frac{r-1}{2r}$ giebt für $r = 2$ und $r = 4$ *Th. Simpson*, Select exercises, London 1752, p. 283.

65) Die kontinuierliche Rente ist von *Th. Simpson* eingeführt (select exercises, London 1752, p. 324). Die übrigens auch von *H. Scheffler* (Sterblichkeit und Versicherungswesen, Braunschweig 1869) vertretene Methode der kontinuierlichen Variabeln wurde als Hülfsmittel zur Gewinnung von numerischen Approximationen von *W. S. B. Woolhouse*, Lond. Journal inst. act. 15 (1869), p. 102 eingeführt und systematisch ausgebeutet.

ist[66]). Für $v = 1$ wird $\bar{a}$ gleich der ferneren mittleren Lebensdauer des (x) [I D 4a, Nr. 8].

Weniger einfach berechnet sich das Integral ($\bar{1}$) bei Zugrundelegung des *Makeham*'schen Gesetzes; es drückt sich alsdann durch eine hypergeometrische Reihe [II B 4] aus, die nur für nicht zu hohe Alter zur numerischen Berechnung unmittelbar brauchbar ist und in den Fällen divergiert, in welchen sich das Integral ($\bar{1}$) auf den Integrallogarithmus reduziert[67]).

Ausser den bisher betrachteten Renten treten noch *vollständige*[68]) und in arithmetischer Reihe *steigende*[69]) Renten auf. Diese spielen namentlich bei der Dividendenberechnung und bei Versicherungen mit Prämienrückgewähr eine Rolle, bei jener wird noch beim Tode ein Bruchteil der Jahresrate ausgezahlt, der der im Sterbejahre noch durchlebten Zeit proportional ist.

Die von *W. S. B. Woolhouse* gegebene Näherungsformel:[70])

$$\bar{a} = a^{(r)} + \frac{1}{2r} - \frac{\mu + \delta}{12 r^2} \tag{3}$$

folgt aus der *Euler*'schen Summenformel (I E, Nr. **11**). Sie gilt, wenn die Sterbensintensität $\mu = \mu_x$ sich immer stetig ändert. $\delta = \log \frac{1}{v}$ heisst die *Verzinsungsintensität*. Unter *log* ist immer der *natürliche*

66) Das Ergebnis des Grenzüberganges, das man natürlich auch direkt durch partielle Integration erhält, steht bei *C. Landré*, Math. techn. Kap., p. 194, Formel (281).

67) Die fragliche Formel findet sich — allerdings in einer nicht sehr übersichtlichen Form — bei *E. Mc. Clintock*, Lond. Journal inst. act. 18 (1874), p. 242. Auf das Problem der numerischen Auswertung des Resultates wird zwar eingegangen, es wird aber ebensowenig wie durch eine frühere Arbeit von *Makeham* (Lond. Journal inst. act. 17 (1873), p. 305, 445), erledigt; vor allen Dingen deshalb nicht, weil die Gültigkeitsbedingungen der Formel und die Genauigkeitsgrenzen der Tabellen nicht genügend diskutiert werden. Eine zusammenhängende Darstellung der beiden Arbeiten giebt *J. J. M'Lauchlan*, Edinb. act. soc. 1 (1879), p. 44—59.

68) Den Wert der vollständigen Rente ermittelt unter Zugrundelegung der *Moivre*'schen Hypothese *T. B. Sprague* (Lond. Journal inst. act. 13 (1867), p. 363 Zeile 9), den allgemeinen Ausdruck stellt *R. H. van Dorsten* auf (Archief verzeker. 1 [1894], p. 110 Formel 15).

69) Die steigende Jahresrente drückt bereits *Tetens* durch geeignete diskontierte Zahlen aus, a. a. O. (Fussn. 63)) 1, p. 217, 222. *G. J. Lidstone* bemerkt, dass ihr Wert, wenn die n^{te} Zahlung die Höhe n hat, das Produkt von v und dem Differentialquotienten von a nach v ist (Lond. Journal inst. act. 31 (1893), p. 69).

70) *W. S. B. Woolhouse*, Lond. Journal inst. act. 15 (1869), p. 105 letzte Zeile, p. 106 Gleichung (9). Vgl. I D 4 a, Fussn. 37.

Logarithmus zu verstehen. Aus (4) folgt die weitere Näherungsformel[71])

$$(4) \qquad a^{(r)} = a + \frac{r-1}{2r} - \frac{r^2-1}{12r^2}(\mu + \delta).$$

Setzt man r gleich dem reziproken Werte einer ganzen Zahl > 1, so wird aus (4) eine Formel der „abgekürzten Summation", welche a approximativ bestimmt[72]).

Geht man statt von der *Euler*'schen von der *Lubbock*'schen Summenformel[73]) aus, so entstehen analoge Formeln, welche Differenzen an Stelle der Differentialquotienten enthalten[74]). Diesen sämtlichen Näherungsformeln mangelt jedoch eine Abschätzung des Restgliedes. Der Praktiker beurteilt die Güte der Annäherung darnach, wie die verschiedenen Näherungsformeln unter einander übereinstimmen.

9. Einmalige Prämien für Todesfallversicherungen. (x) geht eine gemischte Versicherung (auch abgekürzte Versicherung auf den Todesfall genannt) ein, wenn er beim Tode, spätestens aber beim Alter $x + n$ (dem *Schlussalter* der Versicherung) ein Kapital von bestimmter Höhe s ausgezahlt erhält. Ist $x + n = \omega$, so entsteht die lebenslängliche Kapitalversicherung auf den Todesfall. Ist die Versicherungssumme s gleich 1, so wird die einmalige Prämie der letzteren:

$$(5) \qquad A = \frac{d_x}{l_x} v + \frac{d_{x+1}}{l_x} v^2 + \cdots = \frac{C_x + C_{x+1} + \cdots}{D_x} = \frac{M_x}{D_x}.$$

Sie ist z. B. bei Textbook $3\frac{1}{2}$ % für das Eintrittsalter 30 gleich 0,343.

Dabei sind die diskontierten Zahlen $C_x = d_x v^{x+1}$ der Sterbenden $d_x = l_x - l_{x+1}$, sowie ihre Summen $M_x = C_x + C_{x+1} + \cdots + C_\omega$ tabuliert (Litt.-Verz. III). Der Formel liegt die Voraussetzung zu Grunde, dass die Versicherungssumme erst am Ende des Sterbejahres ausgezahlt wird.

---

71) *W. S. B. Woolhouse*, Lond. Journal inst. act. 15 (1869), p. 106 Zeile 6 v. u.

72) *W. S. B. Woolhouse*, Lond. Journal inst. act. 11 (1864), p. 321 Formel (D). Eine zusammenhängende Darstellung der *Woolhouse*'schen Resultate findet man in der in der Fussn. 67 angeführten Arbeit von *M'Lauchlan.*

73) *J. W. Lubbock*, Cambridge Phil. Trans. 3 (1830), p. 323; vgl. *W. S. B. Woolhouse*, Lond. Journal inst. act. 11 (1864), p. 309, Formel (A) und *T. B. Sprague*, Lond. Journal inst. act. 18 (1875), p. 305. Vgl. auch I E, Nr. **11**, Fussn. 21.

74) Vgl. *T. B. Sprague*, Lond. Journal inst. act. 22 (1879), p. 55.

Mehr der Wirklichkeit nähert sich die Annahme, dass die Versicherungssumme sofort beim Tode gezahlt wird. Die ihr entsprechende Prämie $\bar{A}$ ist, wenn man die Existenz der Ableitung l'_x von l_x voraussetzt, für $s = 1$:

$$(\bar{5}) \qquad \bar{A} = -\int_0^\infty \frac{l'_{x+z}}{l_x} v^z\, dz.$$

Partielle Summation führt A, partielle Integration $\bar{A}$ auf die einmaligen Prämien a und $\bar{a}$ der entsprechenden Leibrenten zurück. Die resultierenden Gleichungen:

$$(6) \qquad A = 1 - (1 - v)(1 + a),$$

$$(\bar{6}) \qquad \bar{A} = 1 - \delta \cdot \bar{a}$$

behalten ihre Gültigkeit, wenn A bezw. $\bar{A}$ die einmalige Prämie für die gemischte Versicherung, a bezw. $\bar{a}$ die einmalige Prämie für die temporäre Leibrente bedeuten. Natürlich müssen sich Leibrente und gemischte Versicherung auf die gleichen Eintritts- und Schlussalter und beide auf die Versicherungssumme 1 beziehen[75]).

Dem Brauche der Praxis entsprechend halten wir in diesem Referate an der Fiktion, dass die Versicherungssumme erst Ende des Sterbejahres gezahlt wird, im allgemeinen fest und beschäftigen uns nur ausnahmsweise mit den kontinuierlichen Ausdrücken[76]).

Nach ähnlichen Methoden findet man die einmaligen Prämien aller anderen Versicherungen auf 1 Leben. Wir verweisen in dieser Hinsicht auf die im Litt.-Verz. unter IV genannten Lehrbücher und erwähnen nur, dass man komplizierte Versicherungen in einfachere zerlegt, deren Prämien zur Summe die Prämie der gesuchten Versicherung haben.

10. Sonstige Prämien. Sei A die einmalige Prämie irgend einer Versicherung, a der Wert der postnumerando Leibrente 1, welche

75) Die Formeln (5) und (6) giebt *R. Price*, Observations on reversionary payments, 3d ed. London 1773, p. 31. Die diskontierten Zahlen C_x und M_x hat aber erst *Tetens* (a. a. O. [Fussn. 63)] 1, p. 96). Die Gleichungen $(\bar{5})$ und $(\bar{6})$ stammen von *Woolhouse*, Lond. Journal inst. act. 15 (1869), p. 115.

76) Thatsächlich zahlen die meisten Gesellschaften sobald wie möglich nach dem Tode. Die dem entsprechende Erhöhung (*Landré*, Math. techn. Kap. p. 102) von A nehmen aber die meisten Gesellschaften nicht vor, weil sie doch einen genügenden Aufschlag auf die Prämien legen. Ganz sicher geht man, wenn man annimmt, dass die Todesfälle alle zu Anfang des Sterbejahres stattfinden und A durch $A\,\frac{1}{v}$ ersetzt (französischer Usus).

ebenso läuft wie die Prämienzahlung, P die jährliche Prämie der Versicherung. Alsdann folgt aus dem Prinzip der Gleichheit von Leistung und Gegenleistung (Nr. 3, 3):

$$P = \frac{A}{1+a}. \tag{7}$$

Es ist also die Berechnung von jährlichen Prämien auf die von einmaligen zurückgeführt. Im besonderen folgt bei der gemischten Versicherung auf die Summe 1 aus (6):

$$P = \frac{1}{1+a} - (1 - v), \tag{8}$$

wenn P die ganze Versicherungsdauer hindurch gezahlt wird[77]). Für Textbook $3\frac{1}{2}$ %, Eintrittsalter 30 ist z. B. die lebenslänglich zahlbare Jahresprämie für die Versicherung des Kapitals 1, zahlbar beim Tode, $P = 0{,}0176$.

Die Gleichung (7) gilt auch für gleichbleibende Prämienzahlung in Raten und überträgt sich auf gleichförmig steigende oder fallende Prämienzahlungen. Auch für Versicherungen mit Prämienrückgewähr ergiebt das Prinzip der Gleichheit von Leistung und Gegenleistung einfache Formeln zur Berechnung der Nettoprämien[78]).

Bei den Prämienzahlungen in Terminen ist jedoch zu bemerken, dass, wenn diese den Bruchteil eines Jahres betragen, die Lebensversicherungsgesellschaften die noch nicht gezahlten Raten vielfach nur *stunden*. In diesem Falle darf man zu ihrer Berechnung nicht (7) für eine entsprechende terminliche Rente a anwenden, sondern es erhöht sich die jährliche Nettoprämie P nur um soviel, als der durch die Ratenzahlung bedingte Zinsverlust beträgt. Sind dagegen die Termine Vielfache eines Jahres, so liefert die Formel (7) mit der den Terminen entsprechenden Rente a die den Versicherungsbedingungen adäquate Nettoprämie. Diese wird niedriger als das entsprechende Vielfache der Jahresprämie, die Differenz bedeutet den *Rabatt*, welcher wegen der Vorausbezahlung der Prämien auf die Nettoprämien theoretisch zu gewähren ist[79]).

Die *natürliche Prämie* erkauft die Versicherung jedesmal auf

---

77) Die Gleichung (7) giebt für Todesfall, lebenslängliche Prämie *R. Price*, Observations, 3d ed., p. 33; die allgemeine Methode wird korrekt auseinandergesetzt von *F. Baily*, The doctrine of life annuities and assurances 2, London 1813, 1, p. 348 ff.

78) Formeln für Nettoprämien bei Rückgewähr von Bruttoprämien findet man im Textbook p. 295—298. Die in den meisten Lehrbüchern allein behandelte Rückgewähr von Nettoprämien kommt in praxi überhaupt nicht vor.

79) Wegen der Formeln siehe *Landré*, Math. techn. Kap. p. 24.

1 Jahr. Bei der Todesfallversicherung auf die Summe 1 ist sie gleich vq_x und ändert sich also mit dem Alter im gleichen Sinne wie die Sterbenswahrscheinlichkeit (Nr. 4, Fig. 1). Sie ist z. B. bei Textbookgrundlagen $3\frac{1}{2}\%$ gleich 0,007 für das Alter 30, gleich 0,725 für das Alter 100.[80])

Sei m eine positive, ganze Zahl, V_m die Prämienreserve einer Versicherung von der Summe 1, m Jahre nach Beginn der Versicherung, ferner p_m die Wahrscheinlichkeit, dass im m^{ten} Jahre die Versicherungssumme ausgezahlt wird, p''_m die Wahrscheinlichkeit, dass in ihm die Versicherung abläuft. Alsdann heisst $\Pi'_m = v(p'_m - p''_m V_m)$ die *Risikoprämie*, $\Pi''_m = vV_m - V_{m-1}$ die *Sparprämie* der betreffenden Versicherung für die Zeit von $m-1$ bis m. Sieht man von Ratenabzahlung ab, so ist die Summe von Π'_m und Π''_m gleich der zur Zeit $m-1$ gezahlten Prämie. Im besonderen ist bei den Todesfallversicherungen die Risikoprämie $\Pi'_m = vq_{x+m-1}(1 - V_m)$ die natürliche Prämie für das *reduzierte Kapital* $s' = (1 - V_m)$, ganz gleichgiltig, wie die Prämienzahlung P in Wirklichkeit erfolgt. Bei den Leibrenten mit einmaliger Prämie ist

$$\Pi'_m = v(p_{x+m-1} - q_{x+m-1}\, a_{x+m}).^{81})$$

80) Die natürliche Prämienzahlung ist von einigen amerikanischen Gesellschaften zum Geschäftsprinzip erhoben (vergl. *J. van Schevichaven*, Van leven en sterven, Utrecht 1896, deutsch von *H. Tarnke*, Leipzig und Wien 1898, p. 60). Sonst spielt sie in der Lebensversicherung nur eine geringe Rolle, wie überall da, wo die Gefahr mit der Dauer des Versicherungsvertrages steigt (wie z. B. auch bei der Invaliditätsversicherung). Dagegen ist die natürliche Prämienzahlung allgemein bei den Versicherungsarten adoptiert, bei denen das Entgegengesetzte gilt, wie z. B. bei den Sachversicherungen. Hier ist aber zu beachten, dass der Schaden zwischen 0 und seinem Maximum (hier die „Versicherungssumme" genannt) kontinuierlich variiert. Die Prämie wird also bei Sachversicherungen durch ein bestimmtes Integral mathematisch gegeben. Vgl. *Wittstein*, Das math. Risiko p. 16.

81) Die Begriffe Risikoprämie, Sparprämie, reduziertes Kapital sind rein theoretische und für die Ermittelung des Sterblichkeitsgewinnes (Nr. **17**) und des Risikos (Nr. **19** ff.) geschaffen. Sie sind hier im Texte in möglichster Allgemeinheit, in der Litteratur dagegen nur für spezielle Fälle entwickelt. Meist bezeichnet man $\frac{1}{v}\Pi'_m$ statt Π'_m als Risikoprämie. Implicite benutzt den Begriff der Risikoprämie (engl. cost of insurance) bereits *Sheppard Homans* bei der Herleitung seiner Kontributionsformel, Lond. Journal inst. act. 11 (1863), p. 124 Zeile 6. Vgl. auch Nr. **17**. Als selbständige Grösse ist die Risikoprämie und das reduzierte Kapital von *M. Kanner* bei der Todesfallversicherung mit lebenslänglich gleichbleibender Jahresprämie eingeführt, Deutsche Versicherungszeitung 8 (1867), p. 355. Das Wort Risikoprämie gebraucht *Zillmer* (Die mathematischen Rechnungen bei Lebens- und Rentenversicherungen, 2. Aufl.

Bei *Rückversicherung* einer Todesfallversicherung wälzt die rückversicherte Gesellschaft jedes Risiko von sich ab, wenn sie die Reserve V_m selbst zurückstellt und verwaltet, dagegen bei der rückversichernden Gesellschaft das reduzierte Kapital s' versichert[82]). Von den eingehenden Prämien P_x verwendet sie dann die Sparprämie zur Reservebildung, die Risikoprämie zahlt sie an die rückversichernde Gesellschaft. Diese ändert sich ein wenig von Jahr zu Jahr; die ihr äquivalente einmalige Prämie ist unter dem Namen *Insurance value* von *Elizur Wright* eingeführt[83]). Sie mag *Wright's Versicherungswert* genannt werden.

11. Prämienreserve. Die Prämienreserve einer Gesamtheit ist gleich der Summe der Prämienreserven der einzelnen Versicherungen. Finden Ende des m^{ten} Versicherungsjahres sowohl Aus- als Einzahlungen statt, so werden erstere als bereits geleistet angesehen, letztere als noch zu leisten oder bereits geleistet, je nachdem die Reserve zu Ende des m^{ten} oder die zu Anfang des $m+1^{\text{ten}}$ Versicherungsjahres berechnet werden soll. Die prospektive Methode (Nr. 3) liefert für die Reserve V_m zu Ende des m^{ten} Versicherungsjahres die 3 Fundamentalgleichungen:

$$(9)\qquad V_m = A_{x+m} - P_x \cdot (1 + a_{x+m}),^{84})$$

$$(10)\qquad = (P_{x+m} - P_x) \cdot (1 + a_{x+m}),^{85})$$

$$(11)\qquad = 1 - \frac{1 + a_{x+m}}{1 + a_x}.^{86})$$

Dabei bedeutet x das Eintrittsalter, A_{x+m} die einmalige, P_{x+m} die jährliche, ebenso wie die noch zu erwartenden Prämienzahlungen

Berlin 1887, p. 179), *Kanner* sagt statt dessen a. a. O. „reduzierte Prämie". Die Sparprämie wird begrifflich von *A. Zillmer* eingeführt, Deutsche Versicherungszeitung 8 (1867), p. 572, Spalte 1, Zeile 10 v. o. Das Wort ist entnommen *C. Landré,* Math. techn. Kap. p. 247. Tabellen der Risikoprämie für 17 E. G. 4% in Principles and practice, 4th ed., p. 171. Die Risikoprämie bei Leibrenten giebt in etwas abweichender Definition *G. H. Ryan,* Lond. Journal inst. act. 30 (1892), p. 189.

82) Ein anderes Verfahren schlägt *M. C. Paraira* vor, s. *C. Landré,* Math. techn. Kap., p. 343.

83) *E. Wright,* Savings bank life insurance, Boston 1872; s. auch Principles, 4th ed., p. 45.

84) *F. Baily,* The doctrine of life annuities and assurances, 2 Bde., London 1813, Teil 2, p. 458 (deutsch von *C. H. Schnuse,* Weimar 1839).

85) *J. Milne,* A treatise on the valuation of annuities and assurances, 2 Bde., London 1815, Teil 1, p. 283.

86) *D. Jones,* On the value of annuities, 2 Bde., London 1843 (deutsch von *K. Hattendorff,* Hannover 1859), Teil 1, p. 192.

zahlbare Prämie, für die sich (x) nach m Jahren die dann noch laufende Versicherung kaufen könnte, $1 + a_{x+m}$ den Wert der prän. Leibrente 1, welche ebenso läuft, wie die nach m Jahren noch zu erwartenden Prämienzahlungen. (9) und (10) gilt allgemein, (11) nur für die gemischte Versicherung und lebenslängliche Todesfallversicherung, wenn die Prämienzahlung die ganze Versicherungsdauer hindurch erfolgt. Bei einmaliger Prämienzahlung ist die jeweilige Reserve $V_m = A_{x+m}$ der Wert der noch laufenden Versicherung. Die Berechnung der Reserven ist so auf die von Prämien zurückgeführt. Im besonderen basiert auf (11) *J. Chisholm's* Tafel[87]). Seiner Idee, (11) geometrisch zu interpretieren[88]), würden wohl *M. d'Ocagne's* Methoden[89]) praktische Bedeutung verleihen können.

Ist $V_m < 0$, so ist $P_{x+m} < P_x$. In diesem Falle könnte also der Versicherte seine Police aufgeben und sich bei einer anderen Gesellschaft zu einer niedrigeren Prämie die noch laufende Versicherung kaufen, dadurch aber würde er der Gesellschaft einen Verlust $-V_m$ zufügen. Daher sind negative Reserven zu vermeiden. Der Praktiker ersetzt negative Reserven in der Bilanz meist durch Null.

Um V_m auch für nicht ganzzahlige m zu definieren, legt man in der Regel die *Moivre'sche* Hypothese und die Annahme zu Grunde, dass beim Tode die fällige Versicherungssumme zwar sofort zurückgestellt, aber erst Ende des Versicherungsjahres ausgezahlt wird (vgl. Nr. **9**)[90]). Die Formeln (9) und (10) gelten für jedes positive m. Eine genügende Annäherung[91]) bei gebrochenem m liefert die lineare Interpolation zwischen der Anfangs- und Endreserve des betreffenden Versicherungsjahres[92]). Fasst man eine ganze Gruppe von Versicherungen zusammen[93]), so pflegt man den interpolierten Wert jeder individuellen

87) s. Litt.-Verz. III.

88) Litt.-Verz. III.

89) *M. d'Ocagne*, Nomographie, Paris 1899; *F. Schilling*, Über die Nomographie von M. d'Ocagne, Leipzig 1900.

90) Schon *Milne* berechnet (Fussn. 85) die Reserve zu einem beliebigen Zeitpunkte innerhalb des Versicherungsjahres. Genaue, den Annahmen entsprechende Formeln und einen Vergleich derselben mit verschiedenen Näherungsmethoden giebt *J. D. Mounier*, Archief verzeker. 2 (1895), p. 1.

91) *Mounier*, a. a. O. p. 22.

92) Die resultierende Formel steht in jedem Lehrbuch, so bei *Zillmer* (Litt.-Verz. IV), 2. Aufl., p. 160. Vgl. auch die Kurven, die die Änderung der Prämienreserve darstellen bei *H. A. Thomson*, Lond. Journal inst. act. 34 (1898), p. 8.

93) Um die hierdurch entstehende Additionsarbeit auf ein Minimum zu reduzieren, sind besondere Methoden erdacht. Vgl. die Lehrbücher von *Zillmer*, 2. Aufl., p. 161 ff., und *Landré* p. 288 ff., sowie *E. Blaschke*, Die Gruppenrechnung bei der Bestimmung der Prämienreserve, Wien 1886.

Reserve sogar mit der halben Summe ihres Anfangs- und Endwertes zu identifizieren[94]), mit einem mittleren Fehler, der bei Gleichmöglichkeit und Unabhängigkeit der Einzelfehler der Quadratwurzel aus der Anzahl der Summanden proportional ist[95]).

Die so approximierte Reserve lässt sich behufs bequemerer Rechnung in zwei Summanden zerlegen: 1) Das arithmetische Mittel aus den Reserven zu Ende des laufenden und des vorhergehenden Versicherungsjahres und 2) die halbe Prämieneinnahme für das laufende Versicherungsjahr. Der erste Summand bedeutet weiter gar nichts als eine Zahl, die in einer bestimmten Spalte in den Geschäftsbüchern der Bank an einer bestimmten Stelle steht, wird aber trotzdem von manchen Gesellschaften ihre Prämienreserve genannt; diese bezeichnen dann den zweiten Summanden als *Prämienüberträge* (im Sinne von *unverdienter Prämie*).

Wird die Prämie in anderen als jährlichen Terminen gezahlt, so stellen die meisten Lebensversicherungsgesellschaften gleichwohl die der jährlichen Prämie entsprechende Reserve zurück und bringen den etwaigen Rest in die Prämienüberträge.

Sind die Termine Bruchteile eines Jahres, die als gestundet gelten, so ist dies Verfahren nur eine korrekte Konsequenz der in Nr. **10** eingeführten gestundeten Prämien. Sind die Termine Vielfache eines Jahres, so ist die dieser Zahlung entsprechende Prämienreserve eine andere als die der jährlichen Prämie entsprechende thatsächlich zurückgestellte Reserve. Die Differenz (*Prämienüberträge* im Sinne von *vorausbezahlter Prämie*) ist näherungsweise gleich der Summe der vorausbezahlten Jahresprämien[96]).

Unter allen Umständen bilden also die Prämienüberträge, mag es sich um die unverdienten oder vorausbezahlten Prämien handeln, denjenigen Posten, der zu der in den Geschäftsberichten als solcher ausgegebenen Prämienreserve addiert werden muss, um die der Prämienzahlung wirklich entsprechende Prämienreserve zu erhalten. Die Prämienreserve der Geschäftsberichte möge *die kaufmännische Prämienreserve*, die nach Satz III konsequent berechnete Grösse die *mathematische Prämienreserve* genannt werden (vgl. Nr. **16**).

---

94) *Zillmer*, 2. Aufl., p. 160.

95) Zusatz des Referenten.

96) *Zillmer*, a. a. O. (Litt.-Verz. IV), p. 171, 172. In richtiger Erkenntnis der im Texte geschilderten Sachlage kommt neuerdings bei einigen Gesellschaften der Posten Prämienüberträge in ihren Rechenschaftsberichten überhaupt nicht mehr vor.

12. Abhängigkeit der Prämien und Reserven von den Rechnungselementen. Mit wachsendem Zinsfuss nehmen die einmaligen Prämien ab[97]), ebenso bei gleichbleibenden terminlichen Prämienzahlungen die Prämien aller Versicherungen auf den Erlebensfall (einschliesslich derer mit Rückgewähr der Nettoprämien) und die Prämien und Reserven der gemischten Versicherung, wenn die Prämie durch die ganze Versicherungsdauer gezahlt wird und mit dem Eintrittsalter zunimmt[98]).

Wachsen die Sterbenswahrscheinlichkeiten aller Alter von einem bestimmten Alter an, so nehmen von diesem Alter an die einmaligen Prämien bei den Erlebensfallversicherungen ab, bei den Todesfallversicherungen auf eine konstante Versicherungssumme zu, die durch die ganze Versicherungsdauer in gleicher Höhe zahlbare Jahresprämie der gemischten Versicherung nimmt zu. Dagegen kann die Prämienreserve dieser Versicherung bei durchweg wachsenden Sterbenswahrscheinlichkeiten sowohl zu- als abnehmen[99]). Im besonderen gelten für diese Versicherung, solange die Prämien mit dem Alter wachsen, die Sätze:

Satz V. Ist der Betrag, um welchen die Sterblichkeit die Prämie erhöht, ein konstanter Bruchteil der Versicherungssumme, so nimmt die Reserve ab[100]), ist er ein konstanter Bruchteil der Prämie selbst, so nimmt die Reserve zu[101]), ist er eine lineare homogene Funktion von Prämie und Versicherungssumme, so kann die Reserve sowohl wachsen als abnehmen, als konstant bleiben[102]).

Unterscheidet man die Sterblichkeit nach der Versicherungsdauer (Nr. **4**), so ergiebt das Material 20 E. G. H. M. bei der Todesfallversicherung mit lebenslänglicher Prämie ungefähr bis zum Alter 40

97) *Th. J. Searle,* Lond. Journal inst. act. 28 (1890), p. 192, entwickelt a nach Potenzen von $10\left(\frac{1}{v}-1\right)$ und berechnet die ersten 30 Koeffizienten für die H. M.-Tafel.

98) *Mac Fayden,* Lond. Journal inst. act. **17** p. 89, *Sutton* **17** p. 227, weitergehende Untersuchungen bei *T. B. Sprague* **21** (1878), p. 94.

99) Dieser von *T. B. Sprague* (Lond. Journal inst. act. **11** [1863], p. 90) bewiesene Satz wurde ebenso wie der folgende durch Diskussion der hypothetischen Methode (Nr. **16**) gefunden, ohne zunächst mit einer höheren Sterblichkeit direkt in Verbindung gebracht zu werden. Das geschah erst durch *T. B. Sprague,* Lond. Journal inst. act. **21** (1878), p. 77.

100) *C. Jellicoe,* Lond. Journal inst. act. **10** (1863), p. 330.

101) *R. Tucker,* Lond. Journal inst. act. **10** (1863), p. 320.

102) *T. B. Sprague,* Lond. Journal inst. act. **11** (1863), p. 93; *J. Meikle,* Lond. Journal inst. act. **23** (1882), p. 385. Weitere Sätze giebt *G. Schärtlin,* Ehrenzweig **11** (1890), Teil 2, p. 14.

höhere, später niedrigere Prämien[103]) und in der Mehrzahl der Fälle höhere Reserven[104]).

13. Verbundene Leben. Eine Versicherung auf verbundene Leben hängt vom Leben und Sterben einer Gruppe von Personen ab (Witwenrente, Waisenpension). Sind $x, y, z, \ldots$ die Eintrittsalter der einzelnen Personen der Gruppe, so werde diese durch $(x, y, z, \ldots)$, ihre Anzahl durch m bezeichnet. Die grundlegende Versicherung ist die Rente bis zum ersten Tode:

$(x, y, z, \ldots)$ kauft durch eine einmalige Prämie $a = a_{xyz\ldots}$ eine jährlich postnumerando zahlbare Leibrente 1, die mit dem ersten Tode erlischt. Die Prämie (Axiom IV und V der Nr. 2):

$$(12) \qquad a = \sum_{1}^{\infty}{}_h \frac{l_{x+h}\, l_{y+h\ldots}}{l_x\, l_{y\ldots}} v^h$$

ist für 2 Leben und alle ganzzahligen Alter über 9 nach der H. M.-Tafel[105]), für 2 bis 4 Leben und alle Gruppen gleichen Alters nach der Textbooktafel[106]) berechnet. Die einmaligen Prämien irgend einer anderen Versicherung werden wegen Axiom IV und V lineare Funktionen der (eventuell auch aufgeschoben und temporär zu denkenden) Renten bis zum ersten Tode[107]). Die jährlichen Prämien und Prämienreserven berechnen sich nach denselben Prinzipien wie bei einfachen Leben (Nr. 8 bis 12). Die einmalige Prämie $a_y - a_{xy}$, für die der Mann (x) seiner Frau (y) eine jährlich zahlbare Witwen-

103) *G. King,* Lond. Journal inst. act. 20 (1877), p. 245; *T. B. Sprague,* Lond. Journal inst. act. 20 (1877), p. 105, 21 (1879), p. 229, 22 (1881), p. 391, 407.

104) *G. King,* Lond. Journal inst. act. 20 (1877), p. 247, Tabelle R; *T. B. Sprague,* Lond. Journal inst. act. 22 (1881), p. 410. Die Tafeln von *J. Chisholm* (Litt.-Verz. III) lassen die nach *Sprague's* select mortality table (Litt.-Verz. III) berechneten Prämien und Reserven für die wichtigsten Versicherungsarten ermitteln.

105) Tables deduced (Litt.-Verz. III), 3, 3½, 4 %, p. 139. Für Government Life Annuitants: *A. J. Finlaison,* Joint-life annuity tables, London 1895, 2½, 3, 3½ %. — Versicherungen auf verbundene Leben hat vor *Moivre* (Fussn. 63) schon *Johan de Witt* betrachtet. *G. Eneström,* Archief verzekeringswet 3 (1898), p. 263.

106) Textbook p. 510 3, 3½, 4, 4½, 5, 6 %.

107) *C. J. Malmsten,* Act. math. 1 (1882), p. 63, giebt die fraglichen Reductionsformeln für konstante Versicherungssummen; *L. Lindelöf,* Act. math. 3 (1883), p. 97, behandelt auch einen Fall von veränderlichen Versicherungssummen. Wegen der Reduktion der entsprechenden Wahrscheinlichkeiten vgl. Textbook Kap. II u. IV. Eine allgemeine Regel zur Aufstellung der Formeln für eine grosse Klasse von Renten (rentes de simple survivance) giebt *A. Quiquet,* Par. C. R. 111 (1890), p. 337.

rente 1 kauft, basiert auf der Annahme, dass die erste Rate Ende des Sterbejahres des Mannes und nur dann gezahlt wird, wenn die Frau zu diesem Zeitpunkt noch lebt[108]). Sie unterscheidet nicht zwischen Männer- und Frauensterblichkeit[109]).

Gilt das *Makeham*'sche Gesetz, so bestehen die Sätze:

Satz VI. Es seien $(x, y, \ldots)$ und $(w, w, \ldots)$ zwei Gruppen von gleichviel Leben, für welche $\mu_x + \mu_y + \cdots = \mu_w + \mu_w + \cdots$ ist. Alsdann ist $a_{xy\ldots} = a_{ww\ldots}$[110]).

Satz VII. $a_{xy\ldots}$ ist gleich dem Werte der entsprechenden Leibrente a_{u_1} eines einzelnen Lebens u_1 bei dem Diskontierungsfaktor v_1, wenn:

$$e^{\gamma u_1} = e^{\gamma x} + e^{\gamma y} + \cdots, \quad v_1 = e^{-(m-1)\alpha} \cdot v.$$ [111])

Die Umkehrung von Satz VI lautet:

Satz VIII. Ist für alle Alter $(x, y, \ldots)$ und ein passendes Alter w immer $a_{xy\ldots} = a_{ww\ldots}$, so folgt daraus die Gültigkeit des *Makeham*schen Gesetzes, wenn $w - x$ nur von den Differenzen der $x, y \ldots$ abhängt[112]).

Die auf 3 Leben bezogene Rente a_{xyz} der Formel (13) führt auf die entsprechende für zwei Leben zurück die:

Simpson'sche *Regel.* Sei $x < y < z$. Man bestimme ein Hülfsalter w so, dass $a_w = a_{yz}$, dann ist näherungsweise $a_{xyz} = a_{xw}$.[113])

Sie giebt im allgemeinen zu grosse Werte[114]) und wäre dann[115]) und nur dann[116]) exakt, wenn das *Gompertz*'sche Gesetz gälte.

---

108) Die Formel giebt bereits *Moivre*, Annuities upon lives, 3[d] ed. London 1750, p. 19. Genauere Formeln in den Lehrbüchern. In Raten zahlbare und vollständige (Nr. 8) Witwenrenten behandelt u. a. *C. Landré* in Archief verzeker. 1 (1895), p. 371, II (1897), p. 115.

109) Zwischen Männer- und Witwen-Sterblichkeit unterscheidet *J. Karup*, a. a. O. (Litt.-Verz. VI) p. 113, 114.

110) *W. M. Makeham*, Lond. Journal inst. act. 8 (1860), p. 301.

111) *W. S. B. Woolhouse*, Lond. Journal inst. act. 15 (1870), p. 401.

112) Die Behauptung ist oft, wenn auch nicht immer hinreichend präcis ausgesprochen, vgl. *Woolhouse*, Lond. Journal inst. act. 15 (1870), p. 402, Textbook p. 208.

113) *Th. Simpson*, Select exercises for young proficients in the mathematics, London 1752, separate ed. 1791, p. 25.

114) *J. Milne*, A treatise on the valuation of annuities and assurances, London 1815, Bd. 2, p. 720. — Eine Verschärfung gab durch passende Abrundung von w *J. Milne* a. a. O. 1 p. 299 und durch Mittelbildungen *J. Meikle* (veröffentlicht von *J. J. M'Lauchlan*, Edinb. act. soc. 1 [1879], p. 36). Weitere Ausführungen bei *M'Lauchlan* a. a. O. p. 31.

115) *A. de Morgan*, Lond. phil. Mag. 15 (1839), p. 337.

116) *W. S. B. Woolhouse*, Lond. Journal inst. act. 10 (1862), p. 128 beweist, dass

Eine zweite, aber für beliebig viele Leben geltende Näherungsformel setzt die Rente a gleich der entsprechenden a_w eines Hülfsalters w, dessen Sterbensintensität $\mu_w = \mu_x + \mu_y + \cdots$ ist. Sie würde dann und nur dann exakt sein, wenn das *Gompertz*'sche Gesetz gälte[117]).

In den Sätzen VI bis VIII ruht die *praktische* Bedeutung der Gompertz'schen und Makeham'schen Formeln für die Tabulierung der Rentenwerte: Die Funktionen $a_{xyz\ldots}$ reduzieren sich auf solche von weniger Veränderlichen. Derselben Eigenschaft erfreuen sich auch alle an *Gompertz* und *Makeham* anknüpfenden verallgemeinerten Sterblichkeitsgesetze. Jene Eigenschaft kann daher, wenn hinreichend präzisiert, zur Definition einer allgemeinsten Sterblichkeitsformel dienen[118]).

III. Der Bruttofonds.

14. Zuschläge und Unkosten. Die durch den Abschluss einer Versicherung entstehenden Unkosten heissen *erste* oder *Erwerbs*-Unkosten, die übrigen *dauernde* Unkosten. Zu jenen gehören die Abschlussprovision, die der Agent für den Abschluss der Versicherung erhält (beim Todesfallgeschäft 0—$2\frac{1}{2}$% der Versicherungssumme und mehr), das Honorar für die ärztliche Untersuchung bei Todesfallversicherungen, Stempelausgaben, Reisespesen, zu diesen die Inkassoprovision, die der Agent beim Einkassieren der Prämien

---

das Gompertz'sche Gesetz gelten muss, wenn die Summen, durch welche sich a_w und a_{xy} darstellen, *gliedweise* übereinstimmen. Dass hieraus der Satz des Textes folgt, bemerkt *M'Lauchlan* a. a. O. p. 34. Verallgemeinerungen bei *J. Bertrand*, Par. C. R. 106 (1888), p. 1042, *A. Quiquet*, ebenda p. 1465.

117) *W. S. B. Woolhouse*, Lond. Journal inst. act. 15 (1870), p. 399. Durch passende Begriffsbildungen ist es *Woolhouse* gelungen, sehr allgemeine Relationen zwischen den Prämien aufzustellen, die sich ebenso einfach für beliebig viele wie für 1 Leben aussprechen lassen. Im Besonderen führte ihn die konsequente Benutzung der kontinuierlichen Variabeln zu einfachen Verallgemeinerungen der in Nr. **8** und **9** entwickelten Formeln. Namentlich ist auf folgende Stellen in *Woolhouse*'s Arbeiten im Lond. Journal inst. act. aufmerksam zu machen: 11 (1864), p. 322; 15 (1869), p. 105; (1870), p. 409.

118) Diese Beziehungen aufgedeckt zu haben, ist das Verdienst von *A. Quiquet*. Er sucht eine Funktion der Lebenden l, für welche sich die Wahrscheinlichkeit, dass m Personen $(x, y, z, \ldots)$ nach der Zeit h noch leben, als Funktion von $m' < m$ Veränderlichen und von h darstellt. Diese Forderung ist dann und nur dann erfüllt, wenn die Ableitung der Sterbensintensität μ einer linearen homogenen Differentialgleichung mit konstanten Koeffizienten und von der Ordnung m' genügt. *A. Quiquet*, Par. Bull. act. franç. 4 (1893), p. 101, 111. Vgl. Fussnote 47.

bekommt (beim Todesfallgeschäft 2—3% der Jahresprämie), und die Verwaltungskosten. Den Unkosten entsprechend unterscheidet man bei dem in der Bruttoprämie P' steckenden Zuschlag $\alpha P'$ einen ersten Zuschlag $\alpha_1 P'$ und einen zweiten $\alpha_2 P'$. Jener soll gerade die ersten Unkosten aufbringen, soweit sie nicht durch eine besondere *Policengebühr* gedeckt werden, während der zweite Zuschlag, weil auch für Sicherheitsfonds und Gewinn bestimmt, normaliter die dauernden Unkosten erheblich übersteigt. Ist P die Nettoprämie, so ist $P' = P + \alpha P'$ und $\alpha = \alpha_1 + \alpha_2$. Die Höhe des α kann man für jede einzelne Police aus den Tarifen der Gesellschaft entnehmen, nachdem man die den Rechnungsgrundlagen der Gesellschaft entsprechende Nettoprämie ausgerechnet hat. Wie allerdings die Tarife zustande kommen, ist eine andere Frage. Theoretiker haben mehrfach vorgeschlagen[119]), die Zuschläge genau nach dem Risiko einer Versicherung (Nr. **19** ff.) abzustufen, was aber in der Praxis nur ganz im Rohen geschieht. Übrigens sind die Zuschläge sehr verschieden, je nachdem es sich um Tarife mit oder ohne Gewinnbeteiligung handelt. So nimmt z. B. die Kölner Concordia, die nach 23 D. G. M. I $3\frac{1}{2}$% rechnet, für die lebenslänglich gleichbleibende Jahresprämie der Todesfallversicherung beim Eintrittsalter 30, $P = 0{,}0210$ für Versicherungen ohne und $P' = 0{,}0251$ für Versicherungen mit Gewinn pro Einheit der Versicherungssumme, was einem Zuschlag von $100\alpha = 8{,}6$ bezw. 23,5% der Bruttoprämie zur Nettoprämie $P = 0{,}0192$ entspricht[120]). Neuerdings bringt *J. D. Mounier* die Frage in Verbindung mit *Daniel Bernoulli*'s Wertlehre, indem er den moralischen Wert (I D 1, Nr. **17**) untersucht, den eine Versicherung für den Versicherten hat[121]). Die Forderung, dass dieser nicht negativ wird, ergiebt wiederum eine obere Grenze für den Zuschlag, welche in erster Annäherung dem Quadrate des mittleren Risikos der Versicherung (Nr. **19**) direkt und dem Vermögen des Versicherten umgekehrt proportional ist[122]). Hieraus

119) So *Th. Wittstein*, Das math. Risiko (Litt.-Verz. VI), p. 30. Einen Vergleich der Zuschläge mit dem mittleren Risiko führt an einigen Beispielen durch die Dissertation von *H. Onnen* (Litt.-Verz. VI), p. 61. Eine Arbeit von *J. H. Peek*, welche eine genaue Abstufung der Zuschläge nach dem durchschnittlichen Risiko für die einzelnen Versicherungsarten durchführt, soll demnächst in der Zeitschrift für die gesamte Versicherungswissenschaft erscheinen.

120) Eine jährliche Übersicht über die Tarife der deutschen Gesellschaften und ihre Dividendensysteme giebt *J. Neumann*, Jahrbuch für das deutsche Versicherungswesen, Berlin 1878 ff.

121) Archief verzekeringswet. 1 (1894), p. 17, 77, 145.

122) A. a. O. p. 150 ff. Die a. a. O. aus Formel (18) p. 32 folgende Beziehung zum Risiko wird von *Mounier* merkwürdigerweise gar nicht erwähnt.

folgt aber nicht, dass es moralisch ist, jemandem um so mehr Geld abzunehmen, je weniger er hat, sondern dass umgekehrt der allgemein adoptierte Grundsatz, die Höhe der Prämie nicht vom Vermögen des Versicherten abhängig zu machen, sich auch vom Standpunkte der *Bernoulli*'schen Wertlehre als sehr vernünftig erweist, weil danach die Versicherung für den Versicherten im allgemeinen einen um so höheren Wert hat, je weniger er bemittelt ist.

Eine obere Grenze für die Tarifprämie P', die bei Versicherungen mit geringem Maximalrisiko (Nr. **19**), wie denen auf den Erlebenfall, sehr tief liegen kann, ergiebt sich durch die *Maximalprämie*[123]). Um diese zu finden, unterscheide man alle bei einer Versicherung denkbaren Fälle und berechne den Wert, den in jedem von ihnen die nach den Versicherungsbedingungen zahlbare Nettoprämie haben würde, wenn der betreffende Fall immer einträte. Alsdann ist der grösste dieser Werte die Maximalprämie. Bei der Aussteuerversicherung, wo ein Kapital beim Erleben des Schlusstermins gezahlt wird, ist diese so niedrig, dass die Tarife der Praxis sie vielfach überschreiten und daher streng genommen unzulässig sind.

Für Versicherungen mit wachsender Prämienreserve, zu denen die normalen Todesfallversicherungen gehören, hat *Zillmer* ein Maximum für die ersten Unkosten einer Versicherung durch die Bedingung festgelegt, dass die eingegangenen Einnahmen an ersten Zuschlägen auch dann die Erwerbskosten decken, wenn der Versicherte sich vorzeitig von der Versicherung zurückzieht. Von dem etwa durch eine besondere Policengebühr gedeckten Teile der Erwerbskosten ist dabei natürlich abzusehen.

Reserveprämie heisst die Summe von Nettoprämie und erstem Zuschlag. *Zillmer'sche Reserve* heisst der Überschuss des Wertes der noch laufenden Versicherung über den Wert der noch zu erwartenden Reserveprämien. Ist P_{x+1} die nach den Versicherungsbedingungen zahlbare Nettoprämie, für die sich der Versicherte (x) ein Jahr nach seinem Eintritt die nun noch laufende Versicherung kaufen könnte, P_x die wirklich gezahlte Nettoprämie des (x), so ist $P_{x+1} - P_x$ *Zillmer's Maximum des ersten Zuschlags.* Das entsprechende *Maximum der ersten Unkosten* ist gleich der (notwendig positiven) Differenz von P_{x+1} und der natürlichen Prämie des ersten Versicherungsjahres. Es steigt mit dem Eintrittsalter und kann namentlich bei niedrigerem x für jede einzelne Police in praxi nicht immer ein-

123) Diesen Begriff benutzte Referent mehrfach mit Vorteil bei Vorlesungen und Gutachten.

gehalten werden. So ergeben z. B. bei der Todesfallversicherung mit lebenslänglich gleichbleibender Jahresprämie und dem Eintrittsalter 30 die Textbooktafeln bei einem Zinsfuss von $3^1/_2\,\%$ nur $1\,\%$ der Versicherungssumme als Maximum der ersten Unkosten. Thatsächlich kommt es aber auch nur darauf an, dass die Erwerbskosten des Zugangs in summa die von *Zillmer* gesetzte Grenze nicht überschreiten [124]).

Der Bruchteil α_2 der Prämie, der den zweiten Zuschlag ergiebt, ist für die verschiedenen Versicherungsarten sehr verschieden. Jedenfalls muss normaliter die Bedingung erfüllt sein, dass der Wert aller für einen Versicherungsbestand gezahlten zweiten Zuschläge die auf seinen Anteil entfallenden dauernden Unkosten überschreitet. Bei Versicherungen mit sehr geringem Risiko, wie den Aussteuerversicherungen, ist das aus dieser Ungleichung sich ergebende Minimum für α grösser als das oben aus der Maximalprämie abgeleitete Maximum. Derartige Versicherungen sind daher wenig lebensfähig, wie denn in der That die Aussteuerversicherungen neuerdings einfach durch Spareinlagen (preussischer Beamtenverein, Hannover) oder durch Versicherungen mit erhöhtem Risiko (Militärdienst- und Brautaussteuerversicherungen) ersetzt werden.

Nach den vorstehenden Regeln ist auch die Höhe der Unkosten eines Geschäfts zu beurteilen; doch muss hier an Stelle der exakten Rechnung eine umsichtige Schätzung von Mittelwerten treten, da die Geschäftsberichte nicht alle Einzelheiten bringen können und genaue Rechnungen auch zu zeitraubend sein würden. Allerdings muss man verlangen, dass die Prämieneinnahme für die verschiedenen Versicherungsarten und für das alte und neue Geschäft getrennt angegeben wird und dass analog die ersten und dauernden Unkosten sich aus den Berichten ermitteln lassen. Statistiken, die, ohne auf diese Trennung Rücksicht zu nehmen, lediglich die Gesamtunkosten eines Jahres mit der Prämieneinnahme desselben vergleichen, verfolgen in der Regel besondere Tendenzen [125]).

15. Der Rückkaufswert. Stellt jemand seine Prämienzahlung ein und verzichtet dafür auf die ursprünglich ausbedungenen Ver-

---

124) Die Sätze des Textes wurden, wenn auch in etwas anderer Form, in der Schrift: *A. Zillmer*, Beiträge zur Theorie der Prämienreserve, Stettin 1863 (Litt.-Verz. VI), entwickelt. Ein Referat über diese Arbeit gab in England *T. B. Sprague*, Lond. Journal inst. act. 15 (1870), p. 411. Vgl. Fussn. 130.

125) Vgl. *A. Amthor*, Ehrenzweig 20 (1899), Teil 2, p. 3. Vgl. auch *A. Zillmer*, Ehrenzweig 3 (1882), Teil 2, p. 207.

sicherungsleistungen, so heisst die bare Abfindung, welche ihm die Gesellschaft dafür zu zahlen hat, der *Rückkaufswert* der Police. Mathematisch wird dieser durch die jeweilige Nettoprämienreserve plus dem Gewinnanteil (Nr. **17, 18**) gegeben, der zu dem betreffenden Zeitpunkte auf die Police entfällt. Dabei ist jedoch die durch den Rückkauf bedingte Verringerung des Versicherungsbestandes und die damit im allgemeinen verbundene Erhöhung des relativen Risikos (Nr. **21**), sowie der Kostenwert der durch den Rückkauf entstehenden Arbeit ebenfalls in Rechnung zu ziehen. Bei der Todesfallversicherung haben die hohen Abschlussprovisionen der Praxis häufig zur Folge, dass für die ersten Jahre der Versicherung ihr mathematischer Rückkaufswert negativ wird. Die Gesellschaften verlangen aber dann meistens kein Reugeld für die Aufgabe der Police, sondern vergüten nur in den ersten 3—5 Jahren einer Versicherung nichts zurück (*Verfall* oder *Storno* einer Police), dafür zahlen sie später in der Regel erheblich weniger als den mathematischen Rückkaufswert, meist auch sehr viel weniger als die Nettoprämienreserve zurück. *Elizur Wright* empfiehlt, einen bestimmten Prozentsatz (z. B. bei der Todesfallversicherung mit lebenslänglich gleichbleibender Jahresprämie 8 %) des jeweiligen *Wright*'schen Versicherungswertes (Nr. **10**) als *Rückkaufsspesen* (surrender charge) abzuziehen[126]).

Statt des Rückkaufswertes in bar wird auch eine äquivalente *prämienfreie Police* auf eine gekürzte Versicherungssumme oder Versicherungsdauer ausgestellt. Bei den Bezeichnungen der Formel (10), Nr. **11**, ist die gekürzte Versicherungssumme gleich $\left(1 - \frac{P_x}{P_{x+m}}\right) s$, wenn nach m Jahren die Prämienzahlung eingestellt wird[127]). Sie ist näherungsweise der Zahl der bereits gezahlten Prämien proportional. Im Falle einer prämienfreien Police spricht man von einer *Reduktion* der Versicherung, von einer *Umwandlung*[128]) dann, wenn — ohne dass die Prämienzahlung eingestellt wird, — die ursprünglich ausbedungene Versicherung durch eine äquivalente andere ersetzt wird. Der jeweilige Rückkaufswert giebt zugleich eine obere Grenze für die Höhe, bis zu welcher *Darlehen* auf die Police gewährt werden können.

126) *E. Wright*, Savings bank life insurance, Boston 1872. Vgl. *Sh. Homans*, N. Y. Am. act. soc. 2 (1891/92), p. 5 u. 6. Wegen des Einflusses der Selection vgl. Nr. **4**. Den Einfluss des Aufgebens einer Police auf das Risiko untersucht *F. Hausdorff*, Leipz. Ber. 1897, p. 540.

127) Gültigkeitsbedingungen bei *J. B. Cherriman*, Lond. Journal inst. act. 21 (1879), p. 298.

128) Tabellen hierzu: *H. W. Manly*, Tables on the basis of H^M 3, $3\frac{1}{2}$, 4 %. London, ohne Jahr.

16. Die Bilanz. Aus der Bilanz einer Gesellschaft soll in erster Linie zu ersehen sein, ob diese am Ende der Geschäftsperiode solvent ist. Im folgenden wird als Geschäftsperiode in der Regel das Kalenderjahr angenommen, was der gewöhnliche Fall ist. Eine Versicherungsgesellschaft heisst *solvent*, wenn ihr Vermögen ausreicht, um unter den von ihr adoptierten Versicherungsbedingungen ihre Verpflichtungen dauernd zu erfüllen. Setzt man eine genügende Dotierung der etwa erforderlichen Sicherheits- und Extrafonds' voraus, so ist die Solvenz dann und nur dann gewährleistet, wenn das vorhandene Vermögen mindestens den wahrscheinlichen Wert des Deckungskapitals für die künftigen Verpflichtungen erreicht. Dieses ist gleich dem Überschuss der künftig zu erwartenden Bruttoausgaben über die zu erwartenden Bruttoeinnahmen, das ist die *Bruttoprämienreserve.* Versteht man unter *Unkostenreserve* den Überschuss der zu erwartenden Unkosten über die zu erwartenden Einnahmen an Zuschlägen, so ist allgemein die Bruttoprämienreserve eines Bestandes gleich seiner Nettoprämienreserve plus seiner Unkostenreserve. Diese letztere spaltet sich wieder in eine *Reserve für erste Unkosten* plus einer *Reserve für dauernde Unkosten*, welche Begriffe sich wohl von selbst erklären.

Sind die Prämientarife einer Gesellschaft genügend individualisiert, so dass jedes Risiko eine seiner Gefahr entsprechende und seinen Anteil an den Unkosten deckende Prämie zahlt, so ist das fragliche Deckungskapital unabhängig von dem künftigen Zugang und gleich der Bruttoprämienreserve des zum Zeitpunkte der Bilanz vorhandenen Bestandes allein. Bei natürlicher Prämienzahlung (Nr. **10**, Fussn. 80) ist diese näherungsweise gleich der halben Prämieneinnahme des laufenden Versicherungsjahres plus den für spätere Jahre bereits vorausbezahlten Prämien. Dabei sind beim Eingange der Prämien bereits gezahlte Unkosten in Abrechnung zu bringen. Der erste Summand dieser Formel giebt die Prämienüberträge im Sinne von unverdienter Prämie, der zweite diejenigen im Sinne der vorausbezahlten Prämie (Nr. **11**).

Die oben definierte Unkostenreserve lässt sich ihrer Natur nach nicht genau berechnen. Die Bestimmung des Deckungskapitals verlangt daher, nicht zu hoch gegriffene obere Grenzen für sie zu finden, die zu Bedenken keinen Anlass geben. Sieht man von der früher mannigfach geübten, jetzt wohl ganz verlassenen *hypothetischen Methode*[129]) ab, so kommen hierfür wesentlich nur zwei Verfahren in Betracht: die *Nettomethode* und die *Zillmer'sche Methode.*

---

129) Diese bestand darin, dass man aus den Bruttoprämien einer bestimm-

Beiden gemeinsam ist, dass sie die Reserve für zweite Unkosten durch Null ersetzen. Die Nettomethode substituiert auch für die Reserve der ersten Unkosten den zu grossen Wert Null, und mithin an Stelle der Bruttoprämienreserve einfach die Nettoprämienreserve. Die *Zillmer*'sche Methode hingegen stellt die Reserve für erste Unkosten mit ihrem vollen negativen Werte in Rechnung, vereinigt dieselbe mit der Nettoprämienreserve zur *Zillmer*'schen Reserve (Nr. **14**) und stellt diese als Deckungskapital in die Bilanz ein. Ihre Anwendbarkeit ist an die Bedingung geknüpft, dass bei irgend einer Versicherung etwa auftretende negative *Zillmer*'sche Reserven immer durch Null ersetzt werden. Unter dieser Beschränkung, die dem *Zillmer*schen Maximum (Nr. **14**) der Erwerbskosten entspricht, ist das Verfahren einwandsfrei in allen den Fällen, in denen es die Nettomethode ist. Überlegen ist die *Zillmer*'sche Methode der Nettomethode aber dadurch, dass sie imstande ist junge Gesellschaften, die nicht von vornherein über grössere Kapitalien verfügen, in die Höhe zu bringen; alte Gesellschaften, die schon grosse Überschüsse angesammelt haben, können sie leicht entbehren. Bei der Nettomethode decken nämlich die Überschüsse des alten Geschäftes die Erwerbskosten für das neue; bei der *Zillmer*'schen Methode werden diese von den neuen Versicherten selbst allmählich amortisiert[130]).

Die Reserve für dauernde Unkosten darf aber nur so lange durch Null ersetzt werden, als Null ihre obere Grenze ist. Diese Bedin-

---

ten Versicherungsart (z. B. Todesfall, lebenslänglich gleichbleibende Jahresprämie) rückwärts eine „hypothetische" Sterbetafel berechnete, deren Nettoprämien die thatsächlichen Bruttoprämien waren. Hierauf wurden die Formeln (9)—(11) in den mannigfachsten Formen der Berechnung der Bruttoreserve zugrunde gelegt. Dass hierdurch keine obere Grenze für das gesuchte Deckungskapital gefunden werden kann, lehren die Sätze der Nr. **12**, die sich auch historisch aus der Kritik dieser Methode entwickelt haben.

130) Die Methode ist entwickelt in der oben genannten Schrift: „*A. Zillmer*, Beiträge" (Litt.-Verz. VI). Wegen der Einwendungen, die man gegen sie erhoben hat, vgl. den gegnerischen Aufsatz von *C. Heym,* Jahrbücher für Nationalökonomie und Statistik, Neue Folge 5 (1882), p. 207.

Gegen *T. B. Sprague*'s Vorschlag (London Journal inst. act. 15 [1870], p. 427) die Reserve noch weiter zu kürzen und P_{x+1} durch P_{x+2} oder allgemein P_{x+n} zu ersetzen, ist an sich nichts einzuwenden, nur muss man darauf achten, dass 1) nie eine negative Reserve zurückgestellt wird, 2) die Kürzung niemals höher wird, als es der Wert der den wirklich gezahlten Unkosten entsprechenden Reserve für erste Unkosten zulässt und dass 3) nicht höhere Abschlussprovisionen gezahlt werden, als es die Prämienzuschläge vertragen.

Die Aufsichtsbehörden verhalten sich der *Zillmer*'schen Methode gegenüber sehr misstrauisch.

gung ist allerdings im Durchschnitt beim Todesfallgeschäft erfüllt, wo nur die im ganzen verschwindenden Fälle von einmaliger oder abgekürzter Prämienzahlung eine Ausnahme bilden. Anders liegt es dagegen beim Rentengeschäft; hier muss das Zurückstellen einer entsprechenden Unkostenreserve neben der vollen Nettoreserve gefordert werden[131]).

Bisher war bei der Bestimmung des Deckungskapitals angenommen, dass jedes Risiko die ihm zukommende Prämie zahlt. Das ist jedenfalls nicht der Fall, wenn bei Lebens- und ähnlichen Versicherungen vom Alter unabhängige Beiträge erhoben werden. In diesem Falle kann die Solvenz nicht nur von dem vorhandenen Bestande, sondern auch von dem späteren Zugang abhängen. Das kommt jedoch auf die Art der Beitragszahlung an. Drei Formen derselben werden gewöhnlich unterschieden:

1) *Das Umlageverfahren*, das z. B. bei vielen Sterbekassen und bei der Kranken- und Unfallversicherung des deutschen Reiches besteht. Hier werden die in einer Geschäftsperiode erwachsenen Schäden, und bei Renten nur die bereits fällig gewordenen Raten am Schlusse derselben repartiert.

2) *Das Kapitaldeckungsverfahren* (Invaliditäts- und Altersversicherung des deutschen Reiches bis zum 13./7. 1899). Hier sollen die für jede Geschäftsperiode (10 Jahre) neu festzusetzenden Beiträge die Kapitalwerte der in ihr fällig werdenden Renten aufbringen.

3) *Das Prämiendurchschnittsverfahren* (deutsche Invaliditäts- und Altersversicherung seit 13./7. 1899). Die Versicherten zahlen ein für alle mal festgesetzte, vom Alter unabhängige Durchschnittsprämien und beanspruchen dafür von der Kasse im voraus bestimmte Versicherungsleistungen. Das ist der gewöhnliche Modus bei Witwen- und Pensionskassen.

In den beiden ersten Fällen ist die Solvenz nicht vom Zugang abhängig, wohl aber im letzten. Infolge dessen muss in diesem Falle der Zugang ein obligatorischer und die Möglichkeit vorhanden sein, seine Altersgruppierung im voraus einigermassen abzuschätzen[132]).

---

131) *C. Landré*, Math. techn. Kapitel (Litt.-Verz. IV), p. 282. — Moderne Gesellschaften wie die Algemeene Maatschappij van levensverzekering en Lijfrente, Amsterdam, und der Atlas, Ludwigshafen stellen thatsächlich eine positive Unkostenreserve in die Passiva ein.

132) Vgl. die Bilanz der Göttinger Witwenkasse, *K. F. Gauss*, Werke 4. Göttingen 1880, p. 119. Bilanzen von Pensionsanstalten entwickeln ferner die in Litt.-Verz. VI genannten Monographien von *J. Karup* und *L. Lindelöf*, sowie *L. Lindelöf*, Acta societatis fennicae 13 (1882), Statistiska beräkningar angående

Aber auch bei den normalen Versicherungsgesellschaften mit nach dem Alter abgestuften Prämien übt der künftige Zugang einen gewissen Einfluss aus. Die Prämien sind auch nur Durchschnittsprämien, insofern sie ebensowenig wie die Nettoreserven mit Berücksichtigung der Versicherungsdauer berechnet werden[133]), obwohl Material genug vorhanden wäre, dies zu thun (Nr. **4**, **5**, **12**). Dies ist ein Grund für den regelmässigen Sterblichkeitsgewinn im normalen Todesfallgeschäft und Sterblichkeitsverlust im Leibrentengeschäft, der zum Teil nur durch den Zugang der letzten Jahre veranlasst wird und insoweit auch nur wegen des als sicher vorausgesetzten Zugangs der folgenden Jahre in den Gewinnfonds wandern darf.

Was die übrigen Posten der Bilanz angeht, so beschränken wir uns, wie immer im folgenden, auf den gewöhnlichen Fall der Lebensversicherung mit nach dem Alter abgestuften Prämien und nehmen an, dass die Gesellschaft ihre Prämien und Reserven nach einer gewöhnlichen, nicht nach der Versicherungsdauer trennenden Sterbetafel berechnet und als Deckungskapital ihrer künftigen Verpflichtungen die Nettoprämienreserve des vorhandenen Versicherungsbestandes in die Bilanz einstellt.

Diese Nettoprämienreserve ist allerdings im weitesten (mathematischen) Sinne als das Deckungskapital aller noch schwebenden Nettoverpflichtungen aufzufassen. Sie spaltet sich in: 1) die kaufmännische Nettoprämienreserve (Nr. **11**), 2) die Prämienüberträge (Nr. **11**) und 3) die *Schadenreserve*, in welche die bereits fällig gewor-

---

finska civilstatens enke—och pupillkassa. Weiter sind zu nennen die amtlichen Berichte in Schweden: Underdånigt betänkande angående pensionering af enkor och barn, efter prestmän och elementarlärare, Stockholm 1873; Förnyadt underdånigt betänkande angående pensionering af enkor och barn efter svenska ecclesiastikstaten, Stockholm ohne Jahr; Underdånigt betänkande med förslag angående ordnandet af arméens enke och pupillkassa, Stockholm 1881; Betänkande angående ordnandet af pensionsväsendet för statens civile tjensteinnehafvare samt för deras enkor och barn, Stockholm 1894. Von theoretischen Arbeiten über Pensionskassen nennen wir noch: *L. Lindelöf,* Acta math. 18 (1894), p. 89; *G. Eneström*, Stockh. Förhandlingar, 1891, p. 343; 1893, p. 361, 405, 623; 1894, p. 479, 561; 1895, p. 197, 243, 807. In Deutschland und Österreich existiert eine grosse Menge von Schulprogrammen, zum Teil auch Dissertationen über die Rechnungen bei Pensionskassen Man findet derartige Litteratur in *Franz Hübl*, Systematisch geordnetes Verzeichnis der Schulprogramme Österreichs, Preussens und Bayerns, Czernowitz 1869, 2. Teil, Wien 1874.

133) Dagegen berücksichtigt die Dauer des Rentenbezuges die neueste Bilanz der Invaliditätsversicherung. Sten. Berichte des Reichstags, 10. Legisl.-Per., I. Session, Anlagebd. 1, Nr. 96, p. 106 und die Lebensversicherungsgesellschaft Atlas, Ludwigshafen. Geschäftsbericht pro 1898, p. 13.

denen, aber aus irgend einem Grunde noch nicht ausgezahlten Versicherungssummen zurückgestellt werden.

Sind nun auch die Sicherheits- und Extrafonds' genügend gespeist, so fliesst der Rest des vorhandenen Vermögens in den Gewinnfonds. Dabei wird der im nächsten Jahre zu verteilende Überschuss, dessen Berechnung durch die Statuten und die gewählten Gewinnverteilungssysteme mehr oder weniger genau festgelegt wird, gleich als besonderer Posten abgetrennt. Was übrig bleibt, kommt in die *Gewinnreserve*, die zur Regulierung der zukünftigen Dividenden bestimmt ist (Nr. **18**).

Die bisher aufgezählten Posten gehören sämmtlich zu den *Passivis*. Diesen stehen *Aktiva* in gleicher Höhe gegenüber; unter ihnen sind die Policendarlehen (Nr. **15**) und die (wegen Zahlungsfrist oder wegen Ratenzahlung) gestundeten Prämien (Nr. **10**) speziell für eine Versicherungsgesellschaft charakteristisch. Der Wert, mit welchem die gestundeten Prämien in die Bilanz eingestellt werden dürfen, ist jedenfalls kleiner als ihr Brutto- und grösser als ihr Nettobetrag.

Die Übersicht über die Aktiva und Passiva bildet die eigentliche Bilanz. Zu ihr tritt die sogenannte „*Gewinn- und Verlustrechnung*"[134]), welche über die Einnahmen und Ausgaben des Geschäftsjahres Auskunft giebt. Sie muss einmal zu verfolgen gestatten, wie aus dem Bestand zu Ende des Vorjahres sich durch die Einnahmen und Ausgaben der Bestand zu Ende des Rechnungsjahres gebildet hat, sodann aber muss sie auch die Trennung der verschiedenen Geschäftszweige, die die Gesellschaft betreibt (wie Lebensversicherung, Leibrenten, Aussteuer, Unfallversicherung, Invaliditätsversicherung) entweder selbst durchführen oder doch ihre Durchführung ermöglichen. Die gestundeten Prämien erscheinen hier implicite unter den Prämieneinnahmen und sind, wenn die „Gewinn- und Verlustrechnung" mit der Bilanz harmonieren soll, bei den Einnahmen in derselben Höhe wie unter den Aktivis am Ende des Rechnungsjahres aufzuführen oder es muss die entsprechende Differenz unter den Ausgaben gebucht werden[135]).

134) Diese Bezeichnung ist kaufmännisch nicht genau; sie ist von dem preussischen Runderlass vom 8. III. 1892 (vgl. Fussn. 61) genommen. Vgl. *H. V. Simon,* Die Bilanzen der Aktiengesellschaften, 3. Aufl., Berlin 1899, p. 37.

135) Wegen der Beurteilung eines Geschäftsberichtes und der Buchführung sei ausser auf das soeben genannte *Simon*'sche Buch und *A. Cayley,* The principles of book-keeping by double entry, Cambridge 1894 noch auf die, speziell die Lebensversicherung betreffenden Schriften verwiesen von *T. B. Sprague* (Litt.-Verz. VI); *R. Schiller*, Beiträge zur Buchhaltung im Versicherungswesen, Wien und Leipzig 1898; *J. J. Mc Lauchlan*, Edinb. act. soc. 2 (1891), p. 73.

17. Der Gewinn. Der im Geschäftsjahr erzielte Gewinn wird erhalten, wenn man zum Bestande des Gewinnfonds am Ende des Jahres die im Laufe des Jahres gezahlten Dividenden addiert und davon den Bestand des Gewinnfonds zu Ende des Vorjahres abzieht. Er ist näherungsweise gleich der Summe der Gewinne aus den einzelnen Gewinnquellen. Als solche unterscheidet man:

1) *Sterblichkeitsgewinn.* Um diesen zu erhalten vermehre man die zu Anfang des Jahres vorhandenen Reserven und die im Jahre eingegangenen Nettoprämien um die rechnungsmässigen Zinsen, subtrahiere die gezahlten Schäden und Rückkaufswerte und deren rechnungsmässige Zinsen sowie die Reserven zu Ende des Jahres. Die erhaltene Differenz giebt die Summe des Gewinnes durch Sterblichkeit und des durch Rückkauf und Verfall. Berechnet man diesen nach 4), so erhält man jenen durch Subtraktion[136]).

2) *Der Zinsgewinn* ist gleich dem Ueberschuss der wirklich erzielten Zins- und Mietseinnahmen des Jahres über seine Zins- und Mietsausgaben vermindert um die rechnungsmässigen Zinsen eines Durchschnittswertes des Deckungskapitals für die noch bestehenden Versicherungen. Letzteren setzt man näherungsweise gleich der halben Summe der Prämienreserve (incl. Prämienüberträge excl. Schadenreserve) zu Anfang und Ende des Jahres; er kann selbst dann noch auftreten, wenn die wirkliche Verzinsung der Aktiva geringer ist als die rechnungsmässige.

3) *Der Gewinn aus Zuschlägen* ist die Differenz der Einnahmen aus Zuschlägen vermindert um die Unkosten des Jahres, ausschliesslich derjenigen, die sich (wie Zins- und Mietsausgaben) auf die Vermögensanlagen beziehen. Er zerfällt in einen (ev. negativen) Gewinn aus ersten und einen (positiven) Gewinn aus zweiten Zuschlägen. In der Praxis ist es nur ganz ausnahmsweise möglich, die Einnahmen

---

136) Für *Todesfallversicherungen* giebt *A. Zillmer* (Deutsche Versicher.-Zeitung 8 (1867), p. 571) auf Grund der von *M. Kanner* (a. a. O. p. 355, 534, vgl. Nr. **10** dieses Referats) eingeführten Begriffe zwei Ausdrücke für die Summe, welche in einem Jahre für Sterbefälle zur Verfügung steht. Dabei ist aber angenommen, dass Geschäfts- und Versicherungsjahr immer zusammenfallen (vgl. Nr. **10**). Unter derselben Voraussetzung ermittelt *G. H. Ryan*, Lond. Journal inst. act. 30 (1892), p. 191, die Summe, welche in einem Jahr bei *Leibrenten* durch den Tod erwartungsmässig frei wird (vgl. Nr. **10**). Praktisch brauchbare Formeln giebt *C. Landré* a. a. O. p. 344 ff. Übrigens geben die preussischen Berichte der Lebensversicherungsgesellschaften seit 1892, manche Gesellschaften (wie Gotha und Leipzig) schon seit langem jährlich einen nach 5jährigen Altersklassen gruppierten Vergleich der beobachteten Todesfälle mit den erwarteten.

aus Zuschlägen genau zu bestimmen, fast immer muss man sich mit der Abschätzung von Durchschnittswerten für α, α_1, α_2 begnügen[137]).

4) *Der Gewinn aus Rückkauf und Verfall* wird durch die Differenz der zum Zeitpunkte des Rückkaufs, bezw. Verfalls vorhandenen Prämienreserve und des gewährten Rückkaufswertes (Nr. **15**) für jede einzelne Police gegeben.

5) Die Rubrik *„sonstige Gewinnquellen"* hat vor allen Dingen die Erhöhungen und Erniedrigungen der Sicherheits- und Extrafonds', sowie die Gewinne und Verluste aus Vermögensanlagen zu berücksichtigen. Werden ferner die gestundeten Prämien zu ihrem Nettobetrag in die Bilanz eingestellt (Nr. **16**) und die Zuschläge in 3) mit Hülfe eines Durchschnittswertes für α ermittelt, so giebt das Produkt aus diesem und der Zunahme der gestundeten Prämien im Rechnungsjahre einen (scheinbaren) Verlust, der durch die gestundeten Prämien entsteht. Andrerseits ist zu bedenken, dass die in Raten zahlbaren Prämien meist hohe Aufschläge erfahren und dadurch eine oft namhafte Gewinnquelle liefern.

Die vorstehenden Ausführungen geben nur im Rohen eine Analyse des Gewinnes, ihre Durchführung im Einzelnen ist von den speziellen Verhältnissen jeder Gesellschaft abhängig. Bei manchen Posten kann man dann im Zweifel sein, welcher der verschiedenen Quellen er zuzurechnen ist; alsdann muss eine zwar willkürliche, aber genau anzugebende Festsetzung getroffen werden[138]).

Die Aufgabe, den in einem Geschäftsjahr erzielten Gewinn auf die einzelnen Policen zu verteilen, lässt sich entweder a) durch einfachere Systeme (Gewinnverteilung proportional zur Jahresprämie, zur Summe der eingezahlten Prämien, zur Prämienreserve oder, wie Gotha, ein Teil proportional der lebenslänglich gleichbleibenden Jahresprämie der entsprechenden Todesfallversicherung und der andere

---

137) Dass dabei verschiedene Arten der Mittelbildungen zu relativ wenig differierenden Ergebnissen führen, darf wohl mit *Tschebyscheff*'s Theorie der „valeurs limites des intégrales" (Acta math. 12 [1888], p. 287) in Verbindung gebracht werden. Vgl. Fussn. 168.

138) Eine genauere Analyse der Gewinnquellen giebt *Asa S. Wing*, N. Y. am. act. soc. 1 (1889/90), p. 103. Was das Numerische anlangt, so steigt der Jahresgewinn bei den grossen deutschen Gesellschaften bis über 42 % der Brutto-Prämieneinnahme des Jahres, von ihm kommen auf die Gewinnquellen 1) bis 3) ungefähr $\frac{1}{3}$. Bei manchen Gesellschaften ist 4) eine sehr ergiebige Quelle des Gewinnes. Die Lebensversicherungsgesellschaft zu Leipzig giebt seit 1880 in ihren Berichten eine Berechnung ihrer Gewinne aus den einzelnen Quellen beim Todesfallgeschäft.

Teil proportional zur Prämienreserve) oder b) dadurch lösen, dass man der Entstehung des Gewinnes möglichst nachgeht. Das letztere thut die amerikanische *Kontributionsformel.* Diese bestimmt für jede Police, welche im Geschäftsjahre abläuft, eine Zahl D, die die auf sie entfallende Dividende sein würde, wenn keine anderen Gewinnquellen als die oben unter 1) — 3) erwähnten aufträten. Allgemein aber bestimmen die Zahlen D das Verhältniss, in dem die am Gewinn partizipierenden Policen sich in den Jahresgewinn teilen[139]).

18. Dividenden. Der in der vorigen Nummer behandelte Gewinnanteil, welchen das einzelne Geschäftsjahr einer Police gewährt, bestimmt die Dividende, welche dem Versicherten für dieses Jahr zuerkannt wird. Diese wird jedoch nicht sofort ausbezahlt, sondern in der Regel 1 bis 5 Jahre in dem Sicherheitsfonds der Gesellschaft zurückbehalten, um diesen auf der nötigen Höhe zu halten, und erst nach Ablauf dieser Frist wird sie entweder in bar ausgezahlt oder von der nächsten Prämie abgezogen oder zur Erhöhung der Versicherungsleistungen (dem Bonus) verwandt[140]). Die Dividendenverheissungen der Gesellschaften verlangen, wenn sie auf einigermassen soliden Grundlagen basieren sollen, die Anlage von nach dem Muster der Prämienreserve zu bildenden Gewinnreserven, deren Berechnung ein gewisses Minimum des künftigen Jahresgewinnes annehmen muss und bei den in voriger Nummer unter a) aufgeführten Systemen zu verhältnismässig einfachen Formeln führt[141]).

Eine der ältesten Formen der Lebensversicherung bildeten die *Tontinen*[142]). In dem Jahre, in welchem die Tontine begann, leistete eine ganze Gruppe von Personen eine bestimmte Einzahlung. Diese wurde nun bis zum letzten Tode in der Gruppe von der Gesellschaft

---

139) Die Kontributionsformel findet sich in den Grundzügen bereits bei *Sh. Homans,* Lond. Journal Inst. Act. 11 (1863), p. 121, wo sie auch schon auf Gewinnsammlung in fünfjährigen Perioden (Nr. **18**) angewandt wird. Neuere Formeln bei *E. Mc Clintock*, Am. act. soc. 1 (1889/90), p. 137. Wegen Verteilung der Unkosten auf die einzelnen Policen vgl. *W. D. Whiting,* Am. act. soc. 2 (1891/92), p. 150; 5 (1897/98), p. 214.

140) Die Dividendensysteme der deutschen Gesellschaften sind in dem *Neumann*'schen Jahrbuch angegeben (vgl. Fussn. 120). Zahlreiche Aufsätze über Dividende und Gewinnverteilung findet man im Lond. Journal inst. act. (s. die Indices dieser Zeitschrift). Zusammenfassende Referate wurden auf dem Pariser Kongress gegeben.

141) Man findet diese Formeln bei *C. Kihm* (Litt.-Verz. VI).

142) 1653 wurde die erste Tontine in Frankreich gegründet. Vgl. *W. Karup,* Theoretisches Handbuch der Lebensversicherung, Leipzig 1871, Teil 1, p. 86.

amortisiert, indem eine jährlich für die Gruppe gleichbleibende Rente gezahlt wurde, deren Einzelanteile für die schliesslich noch Überlebenden eine gewaltige Höhe erreichten. Als selbständige Versicherungen sind die Tontinen jetzt wohl verschwunden, wohl aber haben sich aus ihnen gewisse Formen der Gewinnverteilung entwickelt, bei denen die Dividende erst nach Ablauf längerer Perioden (5, 10, 15, 20, 30 Jahre) an die dann noch Partizipierenden gezahlt wird. Beim *Tontinensystem* bilden alle in einem Jahre eintretenden Mitglieder, die einer und derselben Periode angehören, eine besondere Gruppe. Am Ende der Periode werden die in der Gruppe angesammelten Gewinne — wobei der aus Rückkauf und Verfall oft die Hauptrolle spielt — unter die dann noch Partizipierenden verteilt. Man unterscheidet *Ganztontinen* und *Halbtontinen*, je nachdem bei Einstellung der Prämienzahlung während der Periode auch der Rückkaufswert oder nur die bisherigen Gewinnanteile der Police der Gruppe anheimfallen. Am Ende der Periode darf der Versicherte in der Regel seine Police aufgeben und erhält dann ihren vollen mathematischen Rückkaufswert (Nr. **15**) einschliesslich der angesammelten Dividenden ausbezahlt.

Die bei dem Tontinensystem durch die Kleinheit der Gruppen verursachten grossen Zufallsschwankungen beseitigt das System der *Gewinnansammlung*, welches den auf jede Police jährlich entfallenden Gewinnanteil nach einer der Methoden von Nr. **17** ohne Gruppenbildung aus dem Gesamtgewinn berechnet. Der Gesamtwert dieser Anteile bildet die am Ende der Periode fällige Dividende[143]).

IV. Theorie des Risikos.

19. Problemstellung. Die Rechnungen des Abschnittes II beruhen auf der Unterstellung (Prinzip II der Nr. **3**), dass bei irgend einem Versicherungsbestande die künftige Gruppierung der Todesfälle, die thatsächlich stattfindet, sich mit derjenigen deckt, die nach der Wahrscheinlichkeitsrechnung, d. h. auf Grund der Axiome der Nr. **2**, zum Zeitpunkte der Berechnung zu erwarten ist. Der Abschnitt III konstatiert nachträglich gewisse Abweichungen zwischen dem wirklichen und dem wahrscheinlichen Zustand. Diese fallen aber normaliter immer zum Vorteile der Bank aus (vgl. die numerischen Angaben über den Gewinn in Nr. **17**), wofür die Ursache in den Rechnungsgrundlagen (Fussn. 2 und 60), den Zuschlägen (Nr. **14**) und der

143) Die Formeln giebt *E. Mc Clintock*, Am. act. soc. 1 (1889/90), p. 137.

Nettomethode (Nr. **16**) zu suchen ist. Die Praxis führt mithin absichtlich „systematische Fehler" ein, die im Sinne der Sicherheit zu wirken bestimmt sind. Die Theorie des Risikos[144]) abstrahiert zunächst von diesen systematischen Fehlern und setzt Rechnungsgrundlagen voraus, die im Durchschnitt der Wirklichkeit entsprechen. Sie bleibt aber nicht bei der ersten Annäherung stehen, die durch das Prinzip II der Nr. **3** gegeben wird, sondern fragt, wie die *zufälligen Schwankungen* der Sterblichkeit die finanzielle Lage eines Versicherungsbestandes beeinflussen (Nr. **3**, **4**)). Dabei lehrt die Erfahrung, dass unter den normalen Verhältnissen der Lebensversicherung die beobachteten Sterblichkeitsschwankungen in ausreichender Annäherung mit denjenigen übereinstimmen, die nach den Axiomen der Nr. **2** zu erwarten sind, dass sie also in der That vom Mathematiker als „zufällige" Schwankungen bezeichnet werden dürfen[145]). In Nr. **20**—**22** findet man die Begriffsbildungen und Sätze zusammengestellt, zu denen die Theorie des Risikos bisher geführt hat. Die Nr. **23** behandelt die Frage nach der *Stabilität* eines Versicherungsunternehmens, die wohl als das Fundamentalproblem der ganzen Theorie bezeichnet werden darf. Dabei werden diejenigen Anwendungen auf spezielle Probleme der Praxis gebracht, welche die Theoretiker von der Lehre vom Risiko bisher gemacht haben. Praktische Verwertung hat die Theorie des Risikos bisher nicht gefunden; in der That ist sie bis jetzt weder zu einem gewissen Abschluss gebracht, noch bis zu derjenigen Einfachheit durchgearbeitet worden, welche das erste Erfordernis für ihre Verwendbarkeit in der Praxis bilden würde.

---

144) Zur Einführung in die Theorie des Risikos sind zu empfehlen die unter Litt.-Verz. VI angeführte Monographie von *C. Bremiker* (1859) und ein Aufsatz von *F. Hausdorff*, Leipz. Ber. 1897, p. 497. Ausführlichere Darstellungen geben *Th. Wittstein*, Das mathematische Risiko und die Dissertation von *J. H. Peek* (Litt.-Verz. VI). Jene ist jedoch nicht immer zuverlässig, diese ausserordentlich kompliziert. Eine historische Übersicht giebt die Monographie von *K. Wagner* (Litt.-Verz. VI); Referent stimmt zwar mit den in diesem Werke ausgesprochenen Urteilen selten überein, um so wertvoller ist ihm das reichhaltige Litteraturverzeichnis gewesen, auf das auch der Leser wegen weiterer deutscher Litteratur verwiesen sei. Vgl. noch I D 1, Nr. **18**.

145) *J. H. Peek* in der Zeitschrift für Versicherungsrecht und -Wissenschaft 5 (1899), p. 169 ff.; *G. Bohlmann* in *F. Klein* und *E. Riecke*, Über angewandte Mathematik und Physik, Leipzig und Berlin 1900, p. 137 ff.; *E. Blaschke*, Die Anwendbarkeit der Wahrscheinlichkeitslehre im Versicherungswesen, Statistische Monatsschrift, 1901. Wesentlich ist hier überall, dass die Grundzahlen relativ klein sind. Vgl. I D 4a, Nr. **6**.

20. Definitionen. Gegeben sei ein Versicherungsbestand Γ einer Lebensversicherungsgesellschaft zu einem bestimmten Zeitpunkte t, etwa am Schlusse eines Geschäftsjahres. Die Rechnungsgrundlagen mögen dem wahrscheinlichen Zustande der Wirklichkeit entsprechen, von den Auszahlungen und Einzahlungen mögen vorläufig nur die Nettowerte berücksichtigt und unter Prämienreserve die mathematische Nettoprämienreserve verstanden werden (Nr. 7, 11). Hält ein Versicherter, der dem fixierten Versicherungsbestande angehört, mehrere Policen, so stellen wir uns vor — was offenbar zulässig ist —, dass diese zu einer einzigen Versicherung vereinigt werden. Ist jemand auch an Versicherungen auf verbundene Leben beteiligt, so denken wir uns alle Versicherungen, an denen er beteiligt ist, ebenfalls zu einer einzigen zusammengezogen. Alsdann können irgend zwei der Versicherungen des Bestandes Γ von einander unabhängig genannt werden, insofern ja die Sterbenswahrscheinlichkeiten je zweier Versicherter nach Axiom V (Nr. 2) als von einander unabhängig vorausgesetzt werden. Endlich werde wie früher so auch jetzt angenommen, dass durch den Tod fällig werdende Kapitalien erst am Ende des Sterbejahres ausgezahlt werden. Man sagt nun, es werde eine bestimmte *Gruppierung der künftigen Todesfälle* festgelegt, wenn für jeden Versicherten ein bestimmtes Versicherungsjahr vorgeschrieben wird, in dem er sterben soll. Die Anzahl μ aller logisch denkbaren Gruppierungen von Todesfällen ist alsdann eine endliche. Diese können daher nach irgend einem Prinzip in eine Reihe geordnet und numeriert werden. Dabei muss auf eine erschöpfende Aufzählung und lauter sich ausschliessende Einzelfälle geachtet werden. Die Wahrscheinlichkeit $\mathfrak{q}_n$, die der n^{ten} dieser Gruppierungen zukommt, ist durch die Axiome der Nr. 2 bestimmt. Man betrachte nun irgend eine Periode (t_1, t_2), die zum Zeitpunkte $t_1 > t$ beginnt und mit einem Zeitpunkte $t_2 > t_1$ abläuft. Man versteht dann unter den *Ausgaben* $\mathfrak{A}$ dieser Periode die Auszahlungen an Versicherungssummen, die in ihr fällig werden, und die Prämienreserven, die zu Ende des Zeitraumes noch zurückzustellen sind. Dagegen werden die *Einnahmen* $\mathfrak{E}$ der Periode von den Einnahmen an Nettoprämien und den zu Anfang der Periode vorhandenen Prämienreserven gebildet. Die Werte dieser Grössen sind dabei auf den Zeitpunkt t der Berechnung zurückzudiskontieren[146]). Im Besonderen entspricht einer gegebenen Gruppierung n der Todesfälle ein bestimmter Wert $\mathfrak{A}_n$ der Ausgaben $\mathfrak{A}$ und ein bestimmter Wert $\mathfrak{E}_n$ der Einnahmen $\mathfrak{E}$ in dieser Periode. Man spricht nun von

146) Vgl. Nr. 7 und Fussnote 61 dieses Artikels.

einem Risiko, das der zur Zeit t vorhandene Versicherungsbestand Γ für eine gegebene Periode (t_1, t_2) läuft, und unterscheidet:

1) den Gewinn des Bestandes $\mathfrak{A}_n - \mathfrak{E}_n$[147]), der einer vorgeschriebenen Gruppierung n der Todesfälle entspricht. Er kann positiv oder negativ sein;

2) die beiden *extremen Risiken*, nämlich das Maximum von $\mathfrak{A}_n - \mathfrak{E}_n$ als das *maximale Risiko der Gesellschaft gegenüber dem Versicherungsbestande* Γ und das Maximum von $\mathfrak{E}_n - \mathfrak{A}_n$ als *das maximale Risiko von* Γ *gegenüber der Gesellschaft*[148]);

3) die beiden *durchschnittlichen Risiken*[149]), nämlich das *durchschnittliche Risiko der Gesellschaft gegenüber* Γ:

$$\mathfrak{D}' = \sum_{\mathfrak{A}_n > \mathfrak{E}_n}^{n} \mathfrak{q}_n (\mathfrak{A}_n - \mathfrak{E}_n)$$

und das *durchschnittliche Risiko von* Γ *gegenüber der Gesellschaft:*

$$\mathfrak{D}'' = \sum_{\mathfrak{E}_n > \mathfrak{A}_n}^{n} \mathfrak{q}_n (\mathfrak{E}_n - \mathfrak{A}_n);$$

4) das *mittlere Risiko* $\mathfrak{M}$ des Versicherungsbestandes Γ für die Periode (t_1, t_2), das durch die Gleichung:

$$\mathfrak{M}^2 = \sum_{0}^{\mu} {}^{n} \mathfrak{q}_n (\mathfrak{A}_n - \mathfrak{E}_n)^2$$

definiert wird[150]).

---

147) Manche Autoren führen hier den Begriff einer wahren Prämienreserve ein. So *J. H. Peek* (Diss. p. 77).

148) Der Sache nach findet sich der Begriff der extremen Risiken bei *N. Tetens,* Einleitung zur Berechnung der Leibrenten, Teil 2, Leipzig 1786. Auf p. 142 und 143 a. a. O. fragt nämlich *Tetens* nach dem grössten denkbaren Gewinn oder Verlust, den der Versicherte bei einer Leibrente, die er gegen einmalige Prämie gekauft hat, erleiden kann. Das dort auf p. 152 eingeführte „grösste Risiko" ist aber etwas anderes. Die *Tetens*'sche Darstellung klebt jedoch durchweg an der Fiktion, dass die Werte der Auszahlungen ganze Zahlen sind. Nach *Tetens* ist der Begriff der maximalen Risiken ganz in Vergessenheit geraten. Er hängt aber eng zusammen mit der in Nr. **14** eingeführten Maximalprämie.

149) *N. Tetens* berechnet a. a. O. p. 143, 144 den durchschnittlichen Gewinn und den durchschnittlichen Verlust, den der Versicherte bei einer gegen einmalige Prämie gekauften Leibrente zu erwarten hat. Er legt dabei wieder die in Fussnote 148 erwähnte Fiktion zu Grunde. Die korrekte Definition geht auf *M. Kanner* zurück (a. a. O. und Berl. Journal Kolleg. Lebensv. 2 (1871), p. 1).

150) Das mittlere Risiko ist von *C. Bremiker* (Litt.-Verz. VI) 1859 in die Lebensversicherung eingeführt. Seine Arbeit ist jedoch nicht verstanden, vielmehr bis in die jüngste Zeit die selbständige Bedeutung des mittleren Risikos in der Lebensversicherung verkannt worden. Eine Ausnahme in letzterer Hin-

Unter diese Definitionen subsumieren sich alle bisher betrachteten Risikobegriffe als spezielle Fälle: Man lässt den Versicherungsbestand Γ auf eine einzige Versicherung zusammenschrumpfen und erhält das *Risiko einer einzelnen Versicherung für die fixierte Periode.* Identifiziert man dabei t und t_1 mit dem Beginn der Versicherung, t_2 mit ihrem Schlusstermin (wozu es genügt $t_2 = \infty$ zu setzen), so entsteht das *Risiko der Versicherung* schlechthin[151]). Wählt man dagegen, während $t_2 = \infty$ bleibt, $t = t_1 = m$, wo m die Zahl der Jahre bedeutet, die die Versicherung schon gelaufen ist, so erhält man das *fernere Risiko der noch laufenden Versicherung*[152]). Auf der anderen Seite kann man den Versicherungsbestand Γ allgemein gegeben sein lassen, die Periode (t_1, t_2) aber spezialisieren. Im Besonderen liefert die Wahl $t_1 = t$, $t_2 = t + 1$ das *Risiko eines Versicherungsbestandes für das nächste Geschäftsjahr*[153]). Natürlich sind in allen diesen Fällen wieder die verschiedenen unter 1) bis 4) aufgeführten Begriffe zu unterscheiden, unter denen jedoch nur das durchschnittliche und das mittlere Risiko in der Litteratur eine Rolle spielen.

Bezeichnet ferner A den wahrscheinlichen Wert der in der Periode von Γ zu erwartenden Prämieneinnahmen, so heisst

$$\mathfrak{m} = \frac{\mathfrak{M}}{A}$$

das *relative* Risiko von Γ in der Periode (genauer das relative mittlere Risiko), während $\mathfrak{M}$ im Gegensatz dazu das *absolute* (genauer das absolute mittlere) Risiko genannt wird[154]). Wenn im folgenden von Risiko ohne besonderen Zusatz geredet wird, ist immer das absolute Risiko gemeint.

21. Das mittlere Risiko. Sei $\mathfrak{M}$ das mittlere Risiko, das irgend ein Versicherungsbestand Γ, der zur Zeit t vorhanden ist, in einer

sicht bildet die in Fussn. 144 citierte Arbeit von *Hausdorff*, der auch die unterscheidende Benennung „durchschnittliches" und „mittleres" Risiko entnommen ist, und der Aufsatz von *Gram* (Fussn. 159).

151) Dieses wurde von *Tetens* (1786) eingeführt und von *Bremiker* (1859) zuerst für einzelne Fälle berechnet. Vgl. Fussn. 159.

152) Seine Einführung verdankt man der Monographie von *Th. Wittstein*, Das math. Risiko (1885) [Litt.-Verz. VI], p. 30.

153) *M. Kanner*, Deutsche Versicherungszeitung 1867, p. 345. Die im selben Jahre erschienene Mathematische Statistik von *Th. Wittstein* (Litt.-Verz. VI) gelangt zur Definition dieses Risikos nur für den Fall der natürlichen Prämienzahlung (Nr. **10** dieses Berichtes).

154) Das relative Risiko einer Versicherung, berechnet zum Beginn der Versicherung für die ganze Versicherungsdauer, führt *Bremiker* (1859) a. a. O. p. 39 ein. Eine andere Definition giebt *Hausdorff* a. a. O. p. 510.

bestimmten Periode (t_1, t_2) läuft. Sei i die i^{te} der unabhängigen Einzelversicherungen, in die der Bestand nach Nr. **19** zerlegt werden kann, s_i ihre Versicherungssumme, $\mathfrak{M}_i$ ihr auf die Versicherungssumme 1 bezogenes mittleres Risiko, das den Zeitpunkten t, t_1, t_2 entspricht. Alsdann ist:

$$\mathfrak{M}^2 = \sum^i \mathfrak{M}_i^2 \cdot s_i^2, \tag{13}$$

wo die Summe über alle Einzelversicherungen zu erstrecken ist[155]). Im Besonderen ergiebt sich als mittleres Risiko eines Bestandes von Todesfallversicherungen für das nächste Geschäftsjahr:

$$\mathfrak{M}^2 = \sum^i p_i q_i s_i'^2 v^2,$$

wo bei der Summation die gemischten Versicherungen auszuschliessen sind, die nur noch ein Jahr oder weniger bis zu ihrem Schlusstermin zu laufen haben. q_i bedeutet die Sterbenswahrscheinlichkeit, p_i die Überlebenswahrscheinlichkeit, s_i' das reduzierte Kapital, die dem Versicherten (i) zur Zeit t für das nächste Geschäftsjahr zukommen[156]).

Zwei Versicherungen heissen gleichartig, wenn sie zur gleichen Zeit bei dem gleichen Eintrittsalter auf die gleiche Versicherungssumme und unter den gleichen Versicherungsbedingungen abgeschlossen werden. Aus Formel (13) folgt, dass allgemein das mittlere Risiko $\mathfrak{M}$ eines Bestandes von gleichartigen Versicherungen der Quadratwurzel aus der Anzahl L der unabhängigen Versicherungen proportional ist[157]). Das absolute Risiko konvergiert daher mit wachsendem L gegen Unendlich, das relative gegen Null. Sind die Versicherungssummen verschieden, aber die Versicherungen sonst gleichartig,

---

155) Diese Gleichung folgt unmittelbar aus dem allgemeinen Satze von *C. F. Gauss*, Artikel 18 der Theoria combinationis observationum erroribus minimis obnoxiae, pars prior, Göttingen 1821; s. *Gauss*' Werke 4, zweiter Abdruck 1880, p. 19. Dass es sich hier um Summen statt um Integrale handelt, ist ein unwesentlicher Unterschied. Die Anwendbarkeit des Satzes auf einen Versicherungsbestand scheint zuerst *C. Raedell*, Vollständige Anweisung, die Lebensfähigkeit von Versicherungsanstalten zu untersuchen, Berlin 1857, p. 227, ausgesprochen zu haben.

156) *K. Hattendorff*, Rundschau der Versicherungen 18 (1868), p. 150, 171.

157) Im Grunde genommen kommt dieser Satz auf das Theorem der abstrakten Wahrscheinlichkeitsrechnung hinaus, nach welchem die mittlere Abweichung der Quadratwurzel aus der Zahl der Versuche proportional ist — ein Resultat, das bereits *S. Laplace* geläufig war (Théorie analytique des probabilités, Paris 1812, Livre II, Chapitre III et IV). Seine Anwendung auf das Versicherungswesen giebt zuerst *C. Raedell*, a. a. O. p. 228.

so wird bei gegebener Gesamthöhe der versicherten Summen das mittlere Risiko $\mathfrak{M}$ des Bestandes ein Minimum, wenn alle Versicherungssummen einander gleich sind[158]).

Die Formel (13) führt die Berechnung des mittleren Risikos eines Bestandes auf die des mittleren Risikos einer einzelnen Versicherung zurück. Für dieses ergeben sich aber unmittelbar aus der Definition für alle Versicherungsarten der Praxis, mögen sie sich auf einzelne oder verbundene Leben beziehen, einfache Formeln, deren numerische Auswertung durch Einführung gewisser diskontierter Hülfszahlen leicht möglich ist. Ist z. B. $\mathfrak{M}_m(a_x)$ das mittlere fernere Risiko der temporären, jährlich zahlbaren Leibrente 1, $\mathfrak{M}_m(A_x)$ das der entsprechenden gemischten Versicherung mit einmaliger Prämie, $\mathfrak{M}_m(P_x)$ das derselben Versicherung mit während der Versicherungsdauer gleichbleibender Jahresprämie, so bestehen die Relationen:

$$(14)\quad (1-v)\,\mathfrak{M}_m(a_x) = \mathfrak{M}_m(A_x) = \mathfrak{M}_m(P_x)\cdot(1-A_x) = \sqrt{A^{(2)}_{\overline{x+m}} - A^{2}_{\overline{x+m}}},$$

aus denen sich einfache begriffliche Folgerungen herauslesen lassen. Dabei bedeutet $A^{(2)}_{\overline{x+m}}$ das, was aus $A_{\overline{x+m}}$ wird, wenn man v durch v^2 ersetzt[159]). Für die Textbookgrundlagen $3\frac{1}{2}\,\%$ ist z. B. bei der lebenslänglichen Todesfallversicherung $\mathfrak{M}_0(A_{30}) = 0{,}20$.

Teilt man endlich das oben betrachtete mittlere Risiko $\mathfrak{M}$ des

158) Dank dem in Nr. **14** konstatierten Zusammenhange zwischen mittlerem Risiko und moralischer Prämie darf man sagen, dass *Daniel Bernoulli*'s Beispiel aus der Seeversicherung (Specimen theoriae novae de mensura sortis, St. Petersburg 1738, deutsch von *A. Pringsheim*, Leipzig 1896, p. 44) den hieraus fliessenden Grundsatz von der „Verteilung der Gefahr" enthält. Übrigens findet man den Satz für den Fall eines Geschäftsjahres und natürliche Prämienzahlung bei *C. Landré*, Math. techn. Kap., p. 333.

159) Für $m = 0$ hat die fraglichen Formeln *C. Bremiker* aufgestellt und bewiesen (a. a. O. p. 39). Für $m = 0$ giebt zwar *Th. Wittstein* die richtigen Relationen zwischen den drei Risiken an (das math. Risiko, a. a. O. p. 77, 79, 89) sowie die Beziehungen, die zwischen den $\mathfrak{M}_m$ und $\mathfrak{M}_0$ bestehen (a. a. O. p. 87). Die independente Darstellung der $\mathfrak{M}_m$, die nun aus *Bremiker*'s Formeln folgt, ist jedoch fehlerhaft (a. a. O. p. 71 und 77), weil er zwar die Formel (15) benutzt, aber unter die Einnahmen und Ausgaben in Unbekanntschaft mit *Kanner*'s und *Hattendorff*'s Arbeiten (vgl. die Fussnoten 61, 81, 160) die Reserven nicht einbezieht. Eine einwandsfreie Darstellung giebt *Hausdorff*, a. a. O. p. 536—540. Numerische Tabellen für die zur numerischen Rechnung erforderlichen diskontierten Hülfszahlen findet man für niederländisches Material in der Dissertation von *Onnen* (Litt.-Verz. VI), p. 106 ff. und am Schluss der *Peek*'schen Dissertation (Litt.-Verz. VI). Unter Benutzung von kontinuierlichen Variabelen bestimmt das mittlere Risiko *J. P. Gram*, Tidsskrift for Mathematik og Physik, 5te Raekke, 6te Aargang (1889), p. 97.

zur Zeit t vorhandenen Versicherungsbestandes Γ für die Zeit (t_1, t_2) in ein solches $\mathfrak{M}_{13}$ für die Zeit (t_1, t_3) und ein solches $\mathfrak{M}_{32}$ für die Zeit (t_3, t_2), wo $t_1 < t_3 < t_2$ ist, so gilt auch jetzt wieder der Satz von der Addition der Quadrate[160]):

$$(15) \qquad \mathfrak{M}^2 = \mathfrak{M}_{13}^2 + \mathfrak{M}_{32}^2.$$

Hierdurch reduziert sich aber die Bestimmung des ferneren mittleren Risikos irgend einer Versicherung und daher auch die des ferneren mittleren Risikos irgend eines Versicherungsbestandes auf die Berechnung des mittleren Risikos einer einzigen Versicherung für ein einzelnes Jahr.

22. Das durchschnittliche Risiko. Aus dem Prinzip der Gleichheit von Leistung und Gegenleistung folgt, dass für irgend einen Versicherungsbestand Γ und irgend eine Periode das durchschnittliche Risiko $\mathfrak{D}'$ der Gesellschaft gegenüber Γ gleich dem durchschnittlichen Risiko $\mathfrak{D}''$ von Γ gegenüber der Gesellschaft ist[161]). Sein gemeinsamer Wert heisst daher schlechthin das durchschnittliche Risiko des Versicherungsbestandes Γ für die betreffende Periode. Bezeichnet man ihn durch $\mathfrak{D}$, so ist also:

$$\mathfrak{D} = \mathfrak{D}' = \mathfrak{D}''.$$

Das durchschnittliche Risiko einer einzelnen Versicherung berechnet sich sehr einfach für diejenigen Versicherungsarten, auf welche sich die Formel (14) bezieht. Sei allgemein eine Versicherung gegeben, die bereits m Jahre läuft und bei welcher die Differenz $\mathfrak{A}_n - \mathfrak{E}_n$ durch einen in n stetigen Ausdruck gegeben wird, der mit wachsendem n beständig wächst oder beständig abnimmt, alsdann heisst die positive reelle Wurzel $\varkappa$, welche der Gleichung $\mathfrak{A}_\varkappa - \mathfrak{E}_\varkappa = 0$ genügt, die *kritische Zahl* der noch laufenden Versicherung[162]). Diese kritische

---

160) Die Auffindung des in Formel (15) ausgesprochenen Gesetzes der quadratischen Zusammensetzung hat man *K. Hattendorff* zu danken, Rundschau d. Versich. 18 (1868), p. 172, Formel (9). Trotz seiner Wichtigkeit ist es später mehrfach wieder vergessen worden, sodass *Wittstein* den in Fussn. 159 angeführten Fehler machen konnte. Fast alle Schriftsteller der Versicherungslitteratur behaupten übrigens, dass, wer die Formeln (13) oder (15) benutzt, die „Methode der kleinsten Quadrate" anwendet. Referent ist der Meinung, dass man mit demselben Rechte behaupten kann, die Hypotenuse eines rechtwinkligen Dreiecks werde aus den Katheten nach der Methode der kleinsten Quadrate berechnet. Vgl. jedoch *Bremiker,* a. a. O. p. 13—15.

161) Dieser Satz ist in voller Allgemeinheit von *M. Kanner* ausgesprochen, Deutsche Vers.-Zeitung 8 (1867), p. 378.

162) Der Begriff der kritischen Zahl wurde ohne eine Benennung in spe-

Zahl hat bei den drei Versicherungen der Formel (14) den nämlichen Wert[163]) und es übertragen sich die für das mittlere Risiko $\mathfrak{M}_m$ zwischen ihnen bestehenden Relationen auch auf das fernere durchschnittliche Risiko $\mathfrak{D}_m$ derselben Versicherungen[164]):

(16) $$(1 - v)\,\mathfrak{D}_m(a_x) = \mathfrak{D}_m(A_x) = \mathfrak{D}_m(P_x) \cdot (1 - A_x).$$

Andrerseits berechnet sich $\mathfrak{D}_m(A_x)$ mühelos, weil man die kritische Zahl $\varkappa$ dieser Versicherung aus der Gleichung $v^\varkappa = A_{x+m}$ findet. Die numerische Berechnung der durchschnittlichen Risiken dieser drei Versicherungen bietet also keine Schwierigkeiten[165]).

Das durchschnittliche Risiko einer Versicherung:

$$\mathfrak{D} = \sum_{\mathfrak{A}_n > \mathfrak{E}_n}^{n} \mathfrak{q}_n (\mathfrak{A}_n - \mathfrak{E}_n)$$

kann als die einmalige Prämie betrachtet werden, für die die Gesellschaft sich gegen einen durch die betreffende Versicherung möglichen Verlust bei einer zweiten Gesellschaft *rückversichert.* Diese kann sich wieder bei einer dritten Gesellschaft für die einmalige Prämie:

$$\mathfrak{D}^{(1)} = \sum_{\mathfrak{A}_n > \mathfrak{E}_n + \mathfrak{D}} \mathfrak{q}_n (\mathfrak{A}_n - \mathfrak{E}_n - \mathfrak{D})$$

rückversichern. Denkt man sich dies Verfahren unbegrenzt fortgesetzt, so entsteht eine unendliche Reihe von lauter positiven, beständig abnehmenden Gliedern:

$$\mathfrak{D},\ \mathfrak{D}^{(1)},\ \mathfrak{D}^{(2)},\ \ldots$$

die immer konvergiert und deren Summe gleich dem maximalen

---

ziellen Fällen von *C. Bremiker* eingeführt, Das Risiko (1859), p. 12. Der Name „kritische Zahl" stammt vom Referenten, *Landré* sagt dafür „mathematische Dauer der Versicherung", Math. techn. Kap., p. 328. Natürlich überträgt sich der Begriff auch auf einen ganzen Versicherungsbestand.

163) *Th. Wittstein,* Das mathematische Risiko (1885), benutzt diesen Satz stillschweigend bei Herleitung der Relationen (16). *M. Mack* beweist ihn, Ehrenzweig 12, Teil 2, p. 11. Die im Texte gegebene Formulierung ist für die gemischte Versicherung mit einmaliger und der mit jährlich gleichbleibender, bis zum Ablauf der Versicherung zahlbarer Jahresprämie von *C. Landré* gegeben worden, Math. techn. Kap., p. 329.

164) *Th. Wittstein* giebt diese Relationen für den Fall von lebenslänglichen Versicherungen, a. a. O. p. 28, 30, 32. *M. Mack* überträgt sie a. a. O. p. 9 ff. auf temporäre Leibrenten und gemischte Versicherungen. In dieser Arbeit findet man auch weitere Beispiele, u. a. auch verbundene Leben behandelt.

165) Das Gegenteil ist seit *Th. Wittstein* (a. a. O. p. 24) vielfach behauptet worden, weil die kritische Zahl wieder in Vergessenheit geraten ist. Die Gleichung $v^\varkappa = A_{x+m}$ findet man aber für $m = 0$ bei *Landré* wieder, a. a. O. p. 328.

Risiko ist, das die erste Gesellschaft bei der ursprünglichen Versicherung dem Versicherten gegenüber läuft[166]). Betrachtet man statt der ganzen Versicherung nur ein einzelnes Versicherungsjahr, so ist bei einer Todesfallversicherung bis auf den Diskontierungsfaktor v das maximale Risiko die Differenz von reduziertem Kapital und Risikoprämie, das durchschnittliche aber das Produkt aus der Risikoprämie und der Sterbenswahrscheinlichkeit des betreffenden Jahres. Hierdurch ist der Anschluss an die Ausführungen über Rückversicherung in Nr. **10** erreicht.

Nach dem durchschnittlichen Risiko einer Versicherung werden von Theoretikern auch die *Zuschläge* abgestuft, für die andrerseits das maximale Risiko der Gesellschaft gegenüber dem Versicherten eine obere Grenze festlegt (vgl. Nr. **14**).

Die Bestimmung des durchschnittlichen Risikos einer Gruppe von Versicherungen ist genau nur für ganz spezielle Fälle gelungen[167]). Man bedient sich meist asymptotischer Näherungsformeln, die für eine grosse Anzahl von Versicherungen gelten und auf dem *Gauss*schen Fehlergesetz basieren. Sei nämlich L die Anzahl der Versicherungen des Bestandes, $\mathfrak{M}$ sein auf irgend eine Periode bezogenes mittleres Risiko, $\mathfrak{D}$ das entsprechende durchschnittliche Risiko, $\mathfrak{A}_n - \mathfrak{E}_n$ der Überschuss der „Ausgaben" dieser Periode über die „Einnahmen", der einer bestimmten Gruppierung der Todesfälle entspricht. Setzt man nun:

$$\frac{\mathfrak{A}_n - \mathfrak{E}_n}{\sqrt{L}} = z, \quad k = \sqrt{\frac{L}{2}} \cdot \frac{1}{\mathfrak{M}}, \quad \Theta(x) = \frac{2}{\sqrt{\pi}} \int_0^x e^{-x^2}\, dx,$$

so ist die Wahrscheinlichkeit $\varphi(x)$ dafür, dass z absolut kleiner als eine vorgeschriebene Zahl x bleibt, durch $\varphi(x) = \Theta(kx) + \varepsilon$ gegeben, wo ε eine kleine Grösse ist. Denkt man sich, dass die Anzahl L der Versicherungen unbegrenzt wächst, während k sich nicht ändert und die extremen Risiken jeder Einzelversicherung zwischen

166) Die Auffassung des durchschnittlichen Risikos als Rückversicherungsprämie stammt von *Th. Wittstein,* Ehrenzweig 8 (1887), Teil 2, p. 3. Dort findet sich auch die Idee der unbegrenzten Fortsetzung des Verfahrens. Der Satz, dass die Reihe $\mathfrak{D} + \mathfrak{D}^{(1)} + \cdots$ immer konvergiert und das maximale Risiko darstellt, ist von *Th. Wittstein* aber nur für den speziellen Fall ausgerechnet, dass nur ein einziges Ereignis und nur ein einziger Preis in Frage kommt, a. a. O. p. 5. Der allgemeine Satz lässt sich sehr elegant ohne Rechnung beweisen.

167) So ermittelt *K. Hattendorff,* Rundschau d. Versich. 18 (1868), p. 437, das durchschnittliche Risiko für beliebig viele gleichartige Todesfallversicherungen, die gegen natürliche Prämie auf 1 Jahr abgeschlossen sind.

festen Grenzen enthalten bleiben, so konvergiert nach einem Satze von *Tschebyscheff* ε gegen Null[168]). Daher approximieren die Ver-

168) Es handelt sich hier nicht um einen Spezialsatz der Versicherungsmathematik, sondern um ein Fundamentaltheorem der Wahrscheinlichkeitsrechnung, auf das bereits in Fussn. 14 hingewiesen wurde und das für die verschiedenen Anwendungsgebiete wie Glücksspiel, numerisches Rechnen, Gastheorie grundlegende Bedeutung hat. Indem wir wegen vollständigerer historischer Angaben auf p. 65—84, 164—168, 193 des in Fussn. 14 citierten *Czuber*'schen Referates verweisen, bemerken wir hier nur das Folgende.

Die ungenaue Form $\varphi(x) = \Theta(kx) + \varepsilon$ giebt bereits *S. Laplace* (Théorie analytique des probabilités 1812, Livre II, Chapitre III, IV), er approximiert sogar ε durch die ersten Glieder einer Reihenentwickelung. Sein Hülfsmittel bildet die *erzeugende Function* [I D 1, Nr. **6**; I E, Nr. **4**]. Um nachzuweisen, dass ε mit unbegrenzt wachsendem μ gegen Null konvergiert, bedient sich *P. Tschebyscheff* und nach ihm *A. Markoff* der von ihnen geschaffenen *théorie des valeurs limites des intégrales* (Lehrbuch *C. Possé,* Sur quelques applications des fractions continues algébriques, St. Pétersbourg 1886), die als eine moderne Erweiterung von *Laplace*'s Theorie der erzeugenden Funktionen aufgefasst werden darf. Das Bindeglied zwischen beiden Theorien bildet das *Problem der Momente.*

Ist nämlich $f(x)$ irgend eine reelle, nicht negative Funktion der reellen Variabeln x, die integrierbar ist zwischen $-\infty$ und $+\infty$, so heissen die Grössen $c_\alpha = \int\limits_{-\infty}^{\infty} x^\alpha f(x)\,dx$, wo α eine positive ganze Zahl ist, die Momente dieser Funktion. Unter der erzeugenden Funktion von $f(x)$ versteht man den Ausdruck $E(z) = \int\limits_{-\infty}^{\infty} e^{zx} f(x)\,dx$. Mit den Momenten c_α ist formal die erzeugende Funktion gegeben und umgekehrt, weil:

$$E(z) = \sum_0^\infty{}^\alpha c_\alpha \frac{z^\alpha}{\alpha!}.$$

Es fragt sich nun aber — und dies ist das Problem der Momente — inwieweit die c_α auch die Funktion $f(x)$ bestimmen. Diese Frage ist von *T. J. Stieltjes* (Toulouse, Annales de la faculté 8 (1894), p. 93 ff.) erledigt [wegen ihrer physikalischen Bedeutung vgl. *H. Poincaré*'s Referat, Par. C. R. 119 (1894), p. 630]. Es folgt daraus im Besonderen, dass das zwischen $-x$ und $+x$ genommene Integral einer Funktion $f(x)$, deren sämtliche Momente mit denen von $\frac{k}{\sqrt{\pi}} e^{-k^2x^2}$ übereinstimmen, notwendig mit $\Theta(kx)$ identisch sein muss, ein Resultat, das bereits aus den von *Tschebyscheff*, Acta math. 12 (1889), p. 322 gegebenen Formeln sich ergiebt.

Die théorie des valeurs limites des intégrales giebt nun nur die ersten p Momente $c_0, c_1, \ldots, c_{p-1}$ und berechnet aus ihnen zwei rationale Funktionen von x, welche eine untere und eine obere Grenze für das Integral von $f(x)$ abgeben. Die fraglichen Ungleichungen wurden zuerst von *Tschebyscheff* ohne Beweis angegeben [J. de math. (2) 19 (1874), p. 157] und von *A. Markoff* verallgemeinert und bewiesen (*A. Markoff*, Sur quelques applications des fractions conti-

sicherungsmathematiker das durchschnittliche Risiko $\mathfrak{D}$ eines Versicherungsbestandes immer durch den dem *Gauss*'schen Fehlergesetz entsprechenden Ausdruck $\frac{\mathfrak{M}}{\sqrt{2\pi}}$ und führen so seine Berechnung auf die des mittleren zurück[169]).

23. Die Stabilität[170]). Aus dem Vorstehenden folgt, dass eine Gesellschaft, deren Rechnungsgrundlagen im Durchschnitt der Wirklichkeit entsprechen, sich ruinieren würde, wenn sie zu ihren Netto-

---

nues, St. Pétersbourg 1884, Math. Ann. 24 (1884), p. 172). Speziell entwickelt *Tschebyscheff* [Acta math. 12 (1889), p. 322] eine Formel, durch welche sich die Abweichung des $\int f(x)\,dx$ von $\Theta(kx)$ abschätzen lässt, wenn die ersten $2p$ Momente beider Funktionen übereinstimmen. Der im Texte angeführte Satz verlangt aber zu beweisen, dass $\varphi(x) = \int\limits_{-x}^{x} f(x)\,dx$ gegen $\Theta(kx)$ konvergiert, wenn man nur weiss, dass die Momente von $f(x)$ gegen die von $\frac{k}{\sqrt{\pi}} e^{-k^2 x^2}$ in der aus den Voraussetzungen sich ergebenden Weise *konvergieren*. Diese Behauptung bildet den Satz von *Tschebyscheff* in Acta math. 14 (1891), p. 307. Der Beweis hierfür wurde von *Tschebyscheff* a. a. O. angestrebt und von *A. Markoff* durchgeführt [Petersburg, Bull. 9 (1898), p. 435]. Referent ist jedoch der Meinung, dass diese Betrachtungen bei der Kompliziertheit der ganzen Frage noch der Nachprüfung bedürfen, ob sie und eventuell unter welchen noch einzuführenden Beschränkungen sie als zwingend gelten dürfen. Die eigentliche Aufgabe der numerischen Berechnung von $F(x)$ verlangt jedenfalls, für das ε explizite Grenzen anzugeben, aus denen sich die Güte der Annäherung beurteilen lässt. Dieser Abschluss ist aber bisher nicht erreicht worden. Einen wesentlich einfacheren Beweis des Tschebyscheff'schen Satzes kündigt an *A. Liapounoff,* Par. C. R. 132 (1901), p. 126; Verallgemeinerung ebenda p. 814.

In der Versicherungslitteratur ist der fragliche Satz vielfach, aber immer nur rein formal behandelt worden, ohne dass man sich um irgend welche Konvergenzbetrachtungen Sorge gemacht hat, die doch die einzige und sehr ernstliche Schwierigkeit bilden. Die Theorie des Risikos erleidet hierdurch keine Einbusse, wenn man nur mit *Bremiker, Gram* und *Hausdorff* das mittlere und nicht, wie es die Versicherungsmathematiker seit *Kanner* (1867) fast durchgängig thun, das durchschnittliche Risiko des Versicherungsbestandes als Basis wählt.

169) Für gleichartige Todesfallversicherungen mit natürlicher Prämie bedient sich dieser Approximation *Th. Wittstein,* Math. Statistik, Hannover 1867, p. 13. Allgemein giebt sie *K. Hattendorff*, Rundschau d. Versich. 18 (1868), p. 150.

170) Einem zusammenhängenden Berichte über die hierher gehörigen Untersuchungen steht die grosse Schwierigkeit entgegen, dass diese meist sehr lückenhaft und sogar die Ansätze nur in den seltensten Fällen einwurfsfrei sind. Gleichwohl handelt es sich um wichtige Fragen und Arbeiten mit guten Ideen. Referent hat sich daher bemüht, von diesen nur das Wesentlichste festzuhalten und im übrigen die Darstellung so gewählt, dass sie nach seiner eigenen Auffassung möglichst einwandsfrei ist.

prämien keinen Zuschlag oder nur einen solchen erheben würde, der gerade die Unkosten deckte; denn das mittlere Risiko $\mathfrak{M}$ wächst mit der Zahl L der Versicherungen unbegrenzt. Thatsächlich übersteigen die Einnahmen an Zuschlägen die Unkosten. Der Teil σP der Nettoprämie, welcher nach Deckung der Unkosten noch übrig bleibt, möge der *Sicherheitszuschlag* genannt und für σ ein durchschnittlicher Prozentsatz angenommen werden, der den thatsächlichen Erfahrungen der Gesellschaft entspricht [171]).

Wir stellen nun dem bisher betrachteten mittleren Risiko $\mathfrak{M}$ des Bestandes Γ, das auf die Sicherheitszuschläge keine Rücksicht nahm und das daher genauer das mittlere *Nettorisiko* von Γ heissen möge, ein mittleres *Bruttorisiko* $\mathfrak{M}'$ gegenüber, das die noch zu erwartenden Sicherheitszuschläge berücksichtigt [172]). Die Ausgaben $\mathfrak{A}_n$ werden dabei wie früher definiert, die Einnahmen $\mathfrak{E}_n'$ bilden aber ausser den in Nr. **19** definierten Nettoeinahmen $\mathfrak{E}_n$ die noch zu erwartenden Einnahmen an Sicherheitszuschlägen. Das *mittlere Bruttorisiko* $\mathfrak{M}'$ ist nun einfach die mittlere Abweichung der Differenz $\mathfrak{A}_n - \mathfrak{E}_n'$ von ihrem wahrscheinlichen Werte. Letzterer ist gleich $-\sigma A$, wo A den Wert der in der fixierten Periode noch zu erwartenden Einnahmen an Nettoprämien bedeutet. Der Anfang der Periode werde mit dem Zeitpunkte der Berechnung, also t mit t_1 identifiziert. Über den Endpunkt t_2 der Periode werde vorläufig nichts vorausgesetzt. Zu beachten ist, dass die Prämien in der Regel noch eine ganze Reihe von Jahren zu zahlen sind. Mit einer Wahrscheinlichkeit $\varphi(\nu)$, die grösser als $1 - \frac{1}{\nu^2}$ (Nr. **3**) und für grosse L approximativ durch $\Theta\left(\frac{\nu}{\sqrt{2}}\right)$ gegeben ist (Nr. **3**, **22**), kann man daher behaupten, dass das

171) Hier werden in der Litteratur zwei verschiedene Standpunkte nicht immer scharf genug getrennt. Man kann einmal fragen, wie gross man σ, wenn es *willkürlich* ist, wählen muss, um eine Stabilität von gegebener Grösse zu erzielen. Man kann andrerseits den Wert von σ *gegeben* sein lassen und fragen, wie gross die Stabilität bei diesem gegebenen σ ausfällt. Die erstere Fragestellung entspricht dem Fall, dass man Tarife mit nach dem Risiko abgestuften Sicherheitszuschlägen konstruieren will. Die zweite Fragestellung entsteht, wenn man die Stabilität der grossen Gesellschaften, die man als Erfahrungsthatsache kennt, von der Theorie des Risikos aus verstehen lernen will. Es ist dieses letztere Problem, das dem Referenten bei den Ausführungen des Textes vorgeschwebt hat, und daher ist σ immer als eine fest gegebene, empirisch ermittelte Grösse gedacht.

172) Die Litteratur betrachtet nur das Nettorisiko, das als eine Approximation des vom Referenten eingeführten Bruttorisikos gelten darf.

für die künftigen Auszahlungen erforderliche Deckungskapital zwischen den Grenzen $V - \nu \mathfrak{M}' - \sigma A$ und $V + [\nu \mathfrak{M}' - \sigma A]$ enthalten ist, wo V die Nettoreserve des Bestandes Γ zur Zeit t bedeutet. Der in eckigen Klammern eingeschlossene Ausdruck werde die *Risikoreserve* von Γ für die Periode (t, t_2) genannt und durch:

$$\mathfrak{R}' = \nu \mathfrak{M}' - \sigma A$$

bezeichnet[173]). Er giebt den *Sicherheitsfonds,* der mit der Wahrscheinlichkeit $\varphi(\nu)$ gegen die zufälligen Schwankungen der Sterblichkeit in der Periode (t, t_2) schützt[174]). Er misst die Stabilität der Gesellschaft: je kleiner $\mathfrak{R}'$ wird, um so grösser ist die Stabilität[175]).

Hat man eine Reihe von L gleichartigen[176]) Versicherungen, jede auf die Versicherungssumme s, und sind $\mathfrak{M}_i'$ und A_i die auf die Versicherungssumme 1 bezogenen Werte von $\mathfrak{M}'$ und A, die einer individuellen dieser Versicherungen entsprechen, so wird, wenn alle Grössen ausser L konstant bleiben:

$$\mathfrak{R}' = \left(\nu \sqrt{L} \cdot \mathfrak{M}_i' - \sigma L A_i\right) \cdot s$$

für hinreichend grosse L negativ. Für die grossen Gesellschaften der Praxis ist jedenfalls die Risikoreserve für das nächste Geschäftsjahr immer negativ und hierin liegt die Berechtigung dafür, dass sie den Gewinn des verflossenen Geschäftsjahres als Dividende den Versicherten zuweisen oder für andere Sicherheitsfonds (z. B. Kriegsreserve) verwenden dürfen und keine besondere Risikoreserve zurückzustellen brauchen.

Dies gilt für Gesellschaften, die nach der Nettomethode ihre Bilanz aufstellen (Nr. **16**). Wenn dagegen eine Gesellschaft „zillmert", so erhöht sich die Risikoreserve um denselben Betrag, um den sie die Nettoreserve „kürzt". Will sie also trotzdem keine besondere Risikoreserve zurückstellen, so darf eine gewisse Grenze der Kürzung

173) Die Risikoreserve wurde begrifflich und dem Namen nach von *Th. Wittstein* eingeführt, Das math. Risiko (1885), p. 89. Er versteht darunter den Überschuss des durchschnittlichen ferneren Nettorisikos über σA.

174) Die älteren Autoren, so namentlich *C. Raedell,* Vollständige Anweisung, die Lebensfähigkeit von Versicherungsanstalten zu untersuchen, Berlin 1857, p. 218 ff., sehen in der Bestimmung dieses Sicherheitsfonds die Hauptaufgabe der Theorie des Risikos.

175) Man kann geradezu $-\mathfrak{R}'$ als Mass der Stabilität einführen.

176) Den wirklichen Verhältnissen der Praxis gegenüber bildet die Annahme von lauter gleichartigen Versicherungen natürlich eine reine Fiktion. Gleichwohl ist diese von Wert, weil sich bei ihr die theoretischen Beziehungen am deutlichsten erkennen lassen und weil ein allgemeiner Versicherungsbestand durch Einführung passender Mittelwerte durch einen solchen von lauter gleichartigen Versicherungen approximiert werden kann.

nicht überschritten werden, die sich aus der Bedingung ergiebt, dass die um die Kürzung erhöhte Risikoreserve verschwindet[177]).

Nimmt man von jetzt an wieder an, dass die Gesellschaft die volle Nettoreserve in die Bilanz einstellt, so ergiebt bei lauter gleichartigen Versicherungen die Bedingung $\mathfrak{R}' = 0$ eine *Minimalzahl der Versicherten* L_0, die vorhanden sein muss, damit sie keine besondere Risikoreserve zurückzustellen braucht. Nennt man $\mathfrak{m}_i' = \frac{\mathfrak{M}_i'}{A_i}$ das *relative Bruttorisiko* einer individuellen Versicherung, so ist dieses in erster Annäherung gleich dem relativen Nettorisiko $\mathfrak{m}_i = \frac{\mathfrak{M}_i}{A_i}$ derselben, das in Nr. **20** eingeführt wurde und es wird:

$$L_0 = \left(\frac{\nu}{\sigma} \cdot \mathfrak{m}_i'\right)^2$$

die fragliche Minimalzahl. Ist $L < L_0$, so ist die Risikoreserve positiv und ein Maximum, wenn $L = \frac{1}{4} L_0$ ist. Für diesen Wert erreicht also die Stabilität ein Minimum[178]).

Kommt zu dem Versicherungsbestande Γ eine neue Versicherung hinzu, für die alles festgesetzt ist ausser der Versicherungssumme, so ergiebt *Laurent*'s Bedingung, dass die Risikoreserve nicht zunimmt[179]), ein *Maximum der Versicherungssumme* für die neu hinzukommende Versicherung, wenn das relative Bruttorisiko $\mathfrak{m}'$ von dieser grösser als $\frac{\sigma}{\nu}$ ist. Befand sich der Versicherungsbestand Γ in dem durch die Gleichung $\mathfrak{R}' = 0$ charakterisierten äussersten zulässigen Minimum der Stabilität, so besagt *Laurent*'s Forderung, dass $\frac{\mathfrak{M}'}{A}$ oder — wenn man in erster Annäherung $\mathfrak{M}' = \mathfrak{M}$ setzt — dass das relative Risiko $\mathfrak{m}$ nicht zunimmt[180]). Unter der Fiktion, dass alle Versicherungen von Γ gleichartig sind und auch die neu hinzukommende Versiche-

177) Den Einfluss der *Zillmer*'schen Methode auf die Stabilität hat *K. Hattendorff* (Rundschau d. Versich. 18 (1868), p. 34) erörtert.

178) Über die Minimalzahl der Versicherten macht *C. Landré* (Math. techn. Kap. p. 343) einige Bemerkungen.

179) Diese Bedingung stammt von *H. Laurent*, Par. Journal act. franç. 2 (1873), p. 79, 161; derselbe, Traité du calcul des probabilités, Paris 1873, p. 247; derselbe, Théorie et pratique des assurances sur la vie, Paris 1895, p. 116. Eine Dissertation über das Maximum der Versicherungssumme hat *H. Onnen* geschrieben (Litt.-Verz. VI). Ein zusammenfassendes Referat über die einschlägige Litteratur giebt *C. Landré*, Lond. intern. Kongr. 1899, p. 110.

180) Die Forderung, dass das relative Risiko nicht zunimmt, stellt ganz allgemein *C. Landré*, Math. techn. Kap., p. 340.

rung — abgesehen von der Versicherungssumme — von der nämlichen Art ist, ergiebt sich hieraus in erster Annäherung als Maximum der neuen Versicherungssumme das Doppelte der Versicherungssumme jeder alten Versicherung[181]). Ist dagegen das relative Bruttorisiko $\mathfrak{m}'$ der neu hinzukommenden Versicherung nicht grösser als $\frac{\sigma}{v}$, so erhöht die neu hinzukommende Police die Stabilität, wie hoch auch sonst die Versicherungssumme sein mag und *Laurent*'s Bedingung ergiebt überhaupt keine obere Grenze für sie.

181) *C. Landré,* Math. techn. Kap., p. 341; bestehen die Versicherungen schon eine Reihe von Jahren, so tritt an Stelle ihrer Versicherungssumme ihr reduziertes Kapital, *C. Landré,* Lond. intern. Kongr., p. 115. Der Landré'schen Bedingung verwandt ist diejenige von *F. Hausdorff,* a. a. O. p. 511.

(Abgeschlossen im April 1901.)

I E. DIFFERENZENRECHNUNG

VON

DEMETRIUS SELIWANOFF

IN ST. PETERSBURG.

Inhaltsübersicht.

Litteratur.

Lehrbücher.

S. F. Lacroix, Traité du calcul différentiel et du calcul intégral 3, Paris 1800 [mit dem Titel: Traité des différences...]; 2. Aufl. 1819 (citiert unter „Lacroix").

J. F. W. Herschel, A collection of examples of the applications of the calculus of finite differences, Cambridge 1820 („Herschel").

O. Schlömilch, Theorie der Differenzen und Summen, Halle 1848.

G. Boole, A treatise on the calculus of finite differences, Cambridge-London 1860, deutsch v. *C. H. Schnuse,* Braunschw. 1867.

A. A. Markoff, Differenzenrechnung, St. Petersburg 1889—1891; deutsch von *Th. Friesendorf* und *E. Prümm,* Leipzig 1896 („Markoff").

E. Pascal, Calcolo delle differenze finite, Milano 1897 („Pascal").

Bezüglich der Geschichte siehe

M. Cantor, Vorlesungen über die Geschichte der Mathematik, 3 Bände, Leipzig, Bd. 1, 2. Aufl. 1894; 2, 2. Aufl. 1900; 3, 1894—1898 („Cantor").

G. Eneström, Differenskalkylens historia (Upsala universitets Årsskrift 1879, p. 1—71).

1. Definitionen. *Die Differenz* einer Funktion $f(x)$ ist gleich $\varphi(x)$, wenn

$$f(x+h) - f(x) = \varphi(x). \tag{1}$$

Die linke Seite wird mit $\Delta f(x)$ bezeichnet[1]. Hier kann x beliebige Werte annehmen, h bleibt aber konstant[2]; meistens wird $h = 1$ gesetzt.

Ist z. B. $f(x) = x^3$, $h = 1$, so hat man

$$f(0) = 0,\quad f(1) = 1,\quad f(2) = 8,\quad f(3) = 27,\quad f(4) = 64, \ldots$$
$$\Delta f(0) = 1,\quad \Delta f(1) = 7,\quad \Delta f(2) = 19,\quad \Delta f(3) = 37, \ldots$$

Die Differenz der Differenz heisst *zweite Differenz* oder *Differenz zweiter Ordnung*:

$$\Delta^2 f(x) = \Delta f(x+h) - \Delta f(x); \ldots \tag{2}$$

Ähnlich ist

$$\Delta^3 f(x) = \Delta^2 f(x+h) - \Delta^2 f(x),\quad \Delta^4 f(x) = \Delta^3 f(x+h) - \Delta^3 f(x), \ldots \tag{3}$$

In dem Beispiel ist

$$\Delta^2 f(0) = 6,\quad \Delta^2 f(1) = 12,\quad \Delta^2 f(2) = 18, \ldots$$
$$\Delta^3 f(0) = 6,\quad \Delta^3 f(1) = 6, \ldots$$
$$\Delta^4 f(0) = 0, \ldots$$

Die Rechnung mit Differenzen ist von *Brook Taylor* eingeführt[3], einige Anfänge findet man aber bei *G. W. Leibniz*[4]. Wir folgen den Bezeichnungen von *L. Euler*[5].

1) Wir lassen bei Seite die Definition

$$\Delta f(x) = f\left(x + \frac{h}{2}\right) - f\left(x - \frac{h}{2}\right),$$

die von Astronomen mit Vorteil gebraucht wird [I D 3, Nr. 7]; vgl. *F. Tisserand,* Par. C. R. 70 (1870), p. 678.

2) Man könnte h veränderlich voraussetzen („Pascal" p. 210); es bietet aber wenig Vorteil.

3) Methodus incrementorum, Londini 1715.

4) Brief an Oldenburg vom 3. Febr. 1673 („Cantor" 3, p. 72—73).

5) *L. Euler,* Institutiones calculi differentialis, Petropoli 1755 (deutsch von *A. Michelsen,* Berlin 1790—1793; § 4, p. 5 der deutschen Ausgabe). Vgl. „Cantor" 3, p. 725.

2. Differenzen einfacher Funktionen. Die Berechnung der Differenzen wird erleichtert mit Hülfe der Formeln

$$\Delta c f(x) = c \Delta f(x), \quad (c \text{ ist eine Konstante}), \tag{4}$$

$$\Delta [f_1(x) + f_2(x) + \cdots + f_\mu(x)] = \Delta f_1(x) + \Delta f_2(x) + \cdots + \Delta f_\mu(x), \tag{5}$$

$$\Delta [\varphi(x) \cdot \psi(x)] = \varphi(x) \Delta \psi(x) + \psi(x+h) \Delta \varphi(x). \tag{6}$$

Aus der Definition findet man folgende Ausdrücke der Differenzen einfacher Funktionen:

$$\Delta x(x-h)(x-2h) \cdots (x - \overline{n-1}h) = nhx(x-h) \cdots (x - \overline{n-2}h), \tag{7}$$

$$\Delta \frac{1}{x(x+h)(x+2h) \cdots (x + \overline{n-1}h)} = -nh \frac{1}{x(x+h)(x+2h) \cdots (x+nh)}, \tag{8}$$

$$\Delta m^x = m^x (m^h - 1), \tag{9}$$

$$\Delta \sin u = 2 \sin \frac{\Delta u}{2} \cos\left(u + \frac{\Delta u}{2}\right), \tag{10}$$

$$\Delta \cos u = -2 \sin \frac{\Delta u}{2} \sin\left(u + \frac{\Delta u}{2}\right). \tag{11}$$

In den beiden letzten Formeln ist u eine gegebene Funktion von x.

Die n^{te} Differenz einer ganzen Funktion n^{ten} Grades

$$f(x) = p_0 x^n + p_1 x^{n-1} + p_2 x^{n-2} + \cdots + p_{n-1} x + p_n$$

ist konstant[6]):

$$\Delta^n f(x) = 1 \cdot 2 \cdot 3 \cdots n p_0 h^n. \tag{12}$$ [7])

3. Anwendung auf die Absonderung der Wurzeln numerischer Gleichungen [I B 3 a, Nr. 3]. Es sei z. B.:

$$f(x) = x^3 + x^2 - 2x - 1.$$

Für $h = 1$ und für jedes x ist:

$$\Delta^3 f(x) = 6.$$

Aus den Werten $f(-1)$, $f(0)$, $f(1)$ lassen sich durch Subtraktionen die Werte $\Delta f(-1)$, $\Delta f(0)$, $\Delta^2 f(-1)$ ableiten.

Mit Hülfe der Formel:

$$\Delta^{k-1} f(x+h) = \Delta^{k-1} f(x) + \Delta^k f(x)$$

findet man durch wiederholte Additionen die Werte $\Delta^2 f(0)$, $\Delta f(1)$, $f(2)$.

---

6) Andere Formeln für Differenzen findet man bei „Herschel" p. 1—4.

7) Dass $\Delta^3(x^3)$ konstant ist, hat schon *Leibniz* ausgesprochen („Cantor" 3, p. 73).

Wenn man aber die Formel:

$$\Delta^{k-1}f(x) = \Delta^{k-1}f(x+h) - \Delta^k f(x)$$

benutzt, so erhält man $\Delta^2 f(-2)$, $\Delta f(-2)$, $f(-2)$.

Diese Resultate lassen sich in der Tabelle zusammenstellen:

x	f	Δf	$\Delta^2 f$	$\Delta^3 f$
—2	—1	2	—4	6
—1	1	—2	2	6
0	—1	0	8	
1	—1	8		
2	7			

In dieser Weise kann die Tabelle nach oben oder nach unten fortgesetzt werden.

Die Werte $f(-2)$, $f(-1)$, $f(0)$ und $f(1)$, $f(2)$ haben abwechselnde Vorzeichen; folglich hat die Gleichung $f(x) = 0$ drei reelle Wurzeln, die in den Intervallen $(-2, -1)$, $(-1, 0)$ und $(1, 2)$ liegen.

4. Relationen zwischen successiven Werten und Differenzen einer Funktion. Wenn die Reihe der successiven Werte einer Funktion $f(x)$:

$$f(a) = u_0,\ f(a+h) = u_1,\ f(a+2h) = u_2, \ldots, f(a+nh) = u_n$$

gegeben ist, so sind die Differenzen:

$$\Delta u_0 = u_1 - u_0,$$
$$\Delta^2 u_0 = u_2 - 2u_1 + u_0,$$
$$\Delta^3 u_0 = u_3 - 3u_2 + 3u_1 - u_0,$$
$$\cdots\cdots\cdots$$

$$\Delta^n u_0 = u_n - n u_{n-1} + \frac{n(n-1)}{1\cdot 2} u_{n-2} - \cdots + (-1)^n u_0. \tag{13}$$

Kennt man:

$$u_0,\ \Delta u_0,\ \Delta^2 u_0, \ldots \Delta^n u_0,$$

so findet man:

$$u_1 = u_0 + \Delta u_0,$$
$$u_2 = u_0 + 2\Delta u_0 + \Delta^2 u_0,$$
$$u_3 = u_0 + 3\Delta u_0 + 3\Delta^2 u_0 + \Delta^3 u_0,$$
$$\cdots\cdots\cdots$$

$$u_n = u_0 + n\Delta u_0 + \frac{n(n-1)}{1\cdot 2}\Delta^2 u_0 + \cdots + \Delta^n u_0. \tag{14}$$

Wenn man *symbolisch* u_m durch u^m und $\Delta^m u$ durch $(\Delta)^m \cdot u$ ersetzt, so erhalten die Formeln (13) und (14) die Gestalt:

(15) $$\Delta^n u_0 = (u - 1)^n$$

und:

(16) $$u_n = (1 + \Delta)^n u_0.$$

Diese Formeln können auf symbolischem Wege in einander übergeführt werden[8]).

Es ist y die *erzeugende Funktion* (fonction génératrice) von u_x, wenn

$$y = u_0 + u_1 t + u_2 t^2 + \cdots + u_x t^x + \cdots$$

ist [I D 1, Nr. 6].

Die Entwickelung von $y\left(\frac{1}{t} - 1\right)^n$ nach Potenzen von $\frac{1}{t}$ und von $\frac{y}{t^n}$ nach $\left(\frac{1}{t} - 1\right)$ giebt die Formeln (13) und (14).[9])

5. Newton'sche Interpolationsformel. Aus (14) folgt, dass die ganze Funktion n^{ten} Grades:

$$F(y) = u_0 + y\,\Delta u_0 + \frac{y(y-1)}{1\cdot 2}\Delta^2 u_0 + \frac{y(y-1)(y-2)}{1\cdot 2\cdot 3}\Delta^3 u_0 + \cdots + \frac{y(y-1)(y-2)\cdots(y-n+1)}{1\cdot 2\cdot 3\cdots n}\Delta^n u_0$$

die Eigenschaften besitzt:

$$F(0) = u_0,\ F(1) = u_1,\ F(2) = u_2,\ \ldots,\ F(n) = u_n.$$

Die Substitution $y = \frac{x-a}{h}$ verwandelt $F(y)$ in eine Funktion n^{ten} Grades $\Phi(x)$, die für x gleich:

$$a,\ a+h,\ a+2h,\ \ldots,\ a+nh$$

vorgeschriebene Werte:

$$f(a),\ f(a+h),\ f(a+2h),\ \ldots,\ f(a+nh)$$

annimmt [I B 1 a, Nr. 4]. Es ist:

$$\Phi(x) = u_0 + (x-a)\cdot\frac{\Delta u_0}{h} + \frac{(x-a)(x-a-h)}{1\cdot 2}\cdot\frac{\Delta^2 u_0}{h^2} + \cdots + \frac{(x-a)(x-a-h)(x-a-2h)\cdots(x-a-\overline{n-1}h)}{1\cdot 2\cdot 3\cdots n}\cdot\frac{\Delta^n u_0}{h^n}.$$

Wenn wir der veränderlichen Grösse x einen Wert beilegen, der von $a,\ a+h,\ \ldots,\ a+nh$ verschieden ist, dann besteht die Formel:

---

8) *J. L. Lagrange,* Berl. N. Mém. 21, 1792/93 [1795], p. 276 = Oeuvres 5, p. 663.

9) *P. S. Laplace,* Par. Hist. 1779 [82], nr. 2 (oeuvr. 7, p. 5); Théorie analytique des probabilités, 3. éd., 1820, p. 9 (die erste Auflage 1812).

$$(17)\quad f(x) = f(a) + \frac{x-a}{1}\cdot\frac{\Delta f(a)}{h} + \frac{(x-a)(x-a-h)}{1\cdot 2}\cdot\frac{\Delta^2 f(a)}{h^2} + \cdots$$
$$+ \frac{(x-a)(x-a-h)\cdots(x-a-\overline{n-1}\,h)}{1\cdot 2\cdot 3\cdots n}\cdot\frac{\Delta^n f(a)}{h^n}$$
$$+ \frac{(x-a)(x-a-h)\cdots(x-a-nh)}{1\cdot 2\cdot 3\cdots(n+1)} f^{(n+1)}(\xi),$$

worin ξ eine mittlere Zahl zwischen der grössten und der kleinsten unter den Zahlen a, $a+nh$, x bedeutet. Das ist *die Newton'sche Interpolationsformel*[10]) [I B 1 a, Nr. **3**; I D 3, Nr. **4**] *mit dem Restgliede von A. Cauchy*[11]).

Wenn wir das letzte Glied weglassen, so erhalten wir eine Näherungsformel, die zur Interpolation dienen kann, d. h. zur Berechnung des Wertes $f(x)$ durch bekannte Werte $f(a), f(a+h), f(a+2h), \ldots, f(a+nh)$. Das Restglied dient zur Abschätzung des Fehlers der Näherungsformel.

Wenn $f(x)$ eine ganze Funktion nicht höheren als n^{ten} Grades ist, dann verschwindet das Restglied identisch und die Newton'sche Formel ist genau für jedes x. Z. B.:

$$x^3 = x + 3x(x-1) + x(x-1)(x-2).$$

Wenn ausser den Werten $f(a), f(a+h), f(a+2h), \ldots, f(a+nh)$ noch die Ableitungen $f'(a), f'(a+h), f'(a+2h), \ldots, f'(a+mh)$, $(m \leqq n)$ gegeben sind, so ist die Näherungsformel:

$$f(x) = \Phi(x) + (x-a)(x-a-h)\cdots(x-a-nh)\,\Phi_1(x).$$

Hier sind $\Phi(x)$ und $\Phi_1(x)$ ganze Funktionen, die mit Hülfe der Newton'schen Formel durch die Werte $\Phi(a), \Phi(a+h), \ldots, \Phi(a+nh)$, $\Phi_1(a), \Phi_1(a+h), \ldots, \Phi_1(a+mh)$ bestimmt werden. Der Fehler dieser Näherungsformel ist:

$$\frac{(x-a)^2(x-a-h)^2\cdots(x-a-mh)^2(x-a-\overline{m+1}\,h)\cdots(x-a-nh)}{1\cdot 2\cdot 3\cdots(n+m)} f^{(n+m+1)}(\xi).$$

Kompliziertere Interpolationsformeln werden analog gebildet[12]).

6. Anwendung dieser Interpolationsformel auf die Berechnung der Logarithmen und Antilogarithmen. Wir nehmen z. B. eine Tabelle fünfstelliger gewöhnlicher Logarithmen aller ganzen Zahlen von 1000 bis einschliesslich 9999. Mit Hülfe der Werte $\operatorname{Log} N$ und $\operatorname{Log}(N+1)$ soll $\operatorname{Log}(N+x)$ berechnet werden, wobei $0 < x < 1$ ist.

10) *I. Newton,* Analysis, Lond. 1711; vgl. „Cantor" 3, p. 358—361.

11) Par. C. R. 11 (1840), p. 787 = Oeuvres (1), 5, p. 422.

12) „Markoff" p. 1—12.

Die Interpolationsformel:

$$f(x)=f(0)+x\Delta f(0)+\frac{x(x-1)}{1\cdot 2}f''(\xi)$$

giebt die Näherungsformel:

$$\operatorname{Log}(N+x)=\operatorname{Log} N+x\,[\operatorname{Log}(N+1)-\operatorname{Log} N]$$

mit dem Fehler:

$$\varepsilon=\frac{x(1-x)}{1\cdot 2}\,\frac{\operatorname{Log} e}{(N+\xi)^2},$$

der $< 16^{-1}\cdot 10^{-6}$ ist und folglich keinen Einfluss auf die fünfstelligen Logarithmen hat.

Die Berechnung der Antilogarithmen führt auf die Frage: Es sind die Werte gegeben:

$$\operatorname{Log} N=a,\quad \operatorname{Log}(N+1)=b.$$

Aus der Gleichung $\operatorname{Log}(N+y)=a+x$ soll y berechnet werden für einen Wert von x, wo $0<x<b-a$ ist.

Wenn $f(x)=10^{a+x}$ ist, so folgt aus der Interpolationsformel:

$$f(x)=f(0)+\frac{x}{1}\cdot\frac{\Delta f(0)}{b-a}+\frac{x(x-b+a)}{1\cdot 2}f''(\xi)$$

die Näherung:

$$y=\frac{x}{b-a}$$

mit dem Fehler:

$$\varepsilon=-\frac{x(b-a-x)}{1\cdot 2}\,10^{a+\xi}(\log 10)^2,$$

dessen absoluter Betrag $|\varepsilon|<2\cdot 10^{-3}$.

7. Anwendung auf die angenäherte Berechnung bestimmter Integrale [II A 2, Nr. **50**—**55**]. Vermöge der Substitution $x=\frac{a+b}{2}+\frac{b-a}{2}t$ findet man:

$$\int_a^b f(x)\,dx=\frac{b-a}{2}\int_{-1}^{+1}F(t)\,dt.$$

Die Funktion $F(t)$ wird durch die Ausdrücke ersetzt:

(A) $\quad F(t)=F(-1)+\frac{t+1}{1}\cdot\frac{\Delta F(-1)}{2}+\frac{(t+1)(t-1)}{1\cdot 2}F''(t_1)$ oder:

(B) $\quad F(t)=F(-1)+\frac{t+1}{1}\Delta F(-1)+\frac{(t+1)t}{1\cdot 2}\Delta^2F(-1)$

$$+K(t+1)\,t\,(t-1)+\frac{(t+1)t^2(t-1)}{1\cdot 2\cdot 3\cdot 4}F^{\mathrm{IV}}(t_1).$$

Hier ist t_1 ein Mittelwert.

In (B) wird K dadurch bestimmt, dass für $t=0$ die Ableitung von

$$F(-1)+(t+1)\Delta F(-1)+\frac{(t+1)t}{1\cdot 2}\Delta^2 F(-1)+K(t+1)t(t-1)$$

den Wert $F'(0)$ annehmen soll[13]).

Man findet:

$$\text{(A')}\quad \int_a^b f(x)dx=\frac{b-a}{2}[f(a)+f(b)]-\frac{(b-a)^3}{1\cdot 2\cdot 3}\frac{f''(\xi)}{1\cdot 2},$$

$$\text{(B')}\quad \int_a^b f(x)dx=\frac{b-a}{6}\left[f(a)+4f\left(\frac{a+b}{2}\right)+f(b)\right]-\frac{(b-a)^5}{1\cdot 2\cdot 3\cdot 4\cdot 5}\cdot\frac{f^{\mathrm{IV}}(\xi)}{1\cdot 2\cdot 3\cdot 4}.$$

Hier ist $a<\xi<b$.

Die Benutzung von (A′) heisst die angenäherte Berechnung des Integrals nach der *Methode der Trapeze,* weil $\frac{b-a}{2}[f(a)+f(b)]$ Flächeninhalt eines Trapezes ist [II A 2, Nr. **51**].

Die Formel (B′) ohne Restglied heisst *Simpson'sche Formel*[14]).

Nach Zerlegung des Intervalls (a, b) in n gleiche Intervalle mittels der Bezeichnung:

$$y_k=f\left(a+k\,\frac{b-a}{2}\right)$$

findet man:

$$\text{(18)}\quad \int_a^b f(x)\,dx=\frac{b-a}{2n}(y_0+2y_1+2y_2+\cdots+2y_{n-1}+y_n)$$
$$-\frac{1}{n^2}\cdot\frac{(b-a)^3}{1\cdot 2\cdot 3}\cdot\frac{f''(\xi)}{1\cdot 2},$$

$$\text{(19)}\quad \int_a^b f(x)\,dx=\frac{b-a}{6n}\left(y_0+4y_{\frac{1}{2}}+2y_1+4y_{\frac{3}{2}}+2y_2+\cdots+4y_{\frac{2n-1}{2}}+y_n\right)$$
$$-\frac{1}{n^4}\cdot\frac{(b-a)^5}{1\cdot 2\cdot 3\cdot 4\cdot 5}\cdot\frac{f^{\mathrm{IV}}(\xi)}{1\cdot 2\cdot 3\cdot 4}.$$

8. Summation der Funktionen. Man sucht eine Funktion $\varphi(x)$, deren Differenz eine gegebene Funktion $f(x)$ ist:

$$\varphi(x+h)-\varphi(x)=f(x).$$

Für $x=a$ kann $\varphi(x)$ einen beliebigen Wert annehmen. Die Definitionsgleichung bestimmt die Werte:

$$\varphi(a+h),\quad \varphi(a+2h),\quad \varphi(a+3h),\ldots$$

13) „Markoff" p. 58.

14) *Th. Simpson,* Mathematical dissertations on physical and analytical subjects (London 1743), p. 109; „Cantor" 3, p. 664.

Es ist also $\varphi(x)$ mit Hülfe von $\varphi(a)$ vollständig bestimmt für alle Werte x der Reihe:

$$a, \quad a+h, \quad a+2h, \quad a+3h, \ldots .$$

In der Folge wird x nur diese Werte annehmen.

Die Funktion $\varphi(x)$ heisst *Summe von* $f(x)$, in Zeichen: $\sum f(x)$. Alle Werte dieser Summe sind in:

$$\sum f(x) = \varphi(x) + C \tag{20}$$

enthalten, worin C eine willkürliche Konstante ist.

Jedem Satz über die Differenz (Nr. 2) entspricht ein Satz über die Summe. Man hat:

$$\sum A f(x) = A \sum f(x), \quad (A \text{ ist eine Konstante}), \tag{21}$$

$$\sum [f_1(x) + f_2(x) + \cdots + f_\mu(x)] = \sum f_1(x) + \sum f_2(x) + \cdots + \sum f_\mu(x), \tag{22}$$

$$\begin{aligned} &\sum x(x-h)(x-2h)\cdots(x-\overline{n-1}\,h) \\ &= \frac{1}{(n+1)h} x(x-h)(x-2h)\cdots(x-nh) + C, \end{aligned} \tag{23}$$

$$\begin{aligned} &\sum \frac{1}{x(x+h)(x+2h)\cdots(x+\overline{n-1}\,h)} \\ &= -\frac{1}{(n-1)h} \frac{1}{x(x+h)\cdots(x+\overline{n-2}\,h)} + C, \quad (n>1), \end{aligned} \tag{24}$$

$$\sum m^x = \frac{m^x}{m^h - 1} + C, \tag{25}$$

$$\sum \sin x = -\frac{\cos\left(x - \frac{h}{2}\right)}{2 \sin \frac{h}{2}} + C, \quad \sum \cos x = \frac{\sin\left(x - \frac{h}{2}\right)}{2 \sin \frac{h}{2}} + C. \tag{26}$$

Um die Funktion x^3 für $h = 1$ zu summieren, benutzt man die Zerlegung (Nr. 5):

$$x^3 = x + 3x(x-1) + x(x-1)(x-2)$$

und man findet:

$$\begin{aligned} \sum x^3 = {} & \frac{1}{2} x(x-1) + x(x-1)(x-2) \\ & + \frac{1}{4} x(x-1)(x-2)(x-3) + C. \end{aligned} \tag{27}$$

Der Ausdruck für $\Delta[\varphi(x) \cdot \psi(x)]$ liefert *die Formel der partiellen Summation:*

$$\sum \varphi(x) \cdot \Delta\psi(x) = \varphi(x)\psi(x) - \sum \psi(x+h) \Delta\varphi(x), \tag{28}$$

die dazu dient, $\sum \varphi(x) \cdot \omega(x)$ zu finden, sobald $\sum \omega(x)$ bekannt ist.

9. Bestimmte Summen. Der Ausdruck

$$\sum f(x) = \varphi(x) + C$$

heisst *unbestimmte Summe*, weil er eine willkürliche Konstante enthält. Subtrahiert man von einander zwei Werte dieser Summe $\varphi(a+nh)+C$ und $\varphi(a+mh)+C$, so fällt C weg und man erhält die *bestimmte Summe*, in Zeichen:

$$(29) \qquad \sum\nolimits_{a+mh}^{a+nh} f(x) = \varphi(a+nh) - \varphi(a+mh).$$

Aus dieser Definition folgt:

$$(30) \qquad \sum\nolimits_{a+mh}^{a+mh} f(x) = 0,$$

$$(31) \qquad \sum\nolimits_{a+mh}^{a+(m+1)h} f(x) = f(a+mh),$$

$$(32) \sum\nolimits_{a}^{a+nh} f(x) = \sum\nolimits_{a}^{a+h} f(x) + \sum\nolimits_{a+h}^{a+2h} f(x) + \cdots + \sum\nolimits_{a+\overline{n-1}h}^{a+nh} f(x)$$
$$= f(a) \qquad + f(a+h) \qquad + \cdots + f(a+\overline{n-1}\,h).$$

Es besteht also die Relation:

$$(33) \quad f(a) + f(a+h) + f(a+2h) + \cdots + f(a+\overline{n-1}\,h)$$
$$= \varphi(a+nh) - \varphi(a).$$

Diese Formel gestattet viele Anwendungen. Wir beschränken uns auf folgende. Es ist:

$$(34) \qquad a + (a+h) + (a+2h) + \cdots + (x-h)$$
$$= \frac{1}{2h}[x(x-h) - a(a-h)] \quad (\textit{arithmetische Reihe}).$$

$$(35) \quad 1 + q + q^2 + \cdots + q^{x-1} = \frac{q^x - 1}{q-1} \quad (\textit{geometrische Reihe}).$$

Die Summation (27) der Funktion x^3 giebt:

$$(36) \quad 1^3 + 2^3 + 3^3 + \cdots + (x-1)^3 = [1+2+3+\cdots+(x-1)]^2.$$ [15)]

Aus $\sum\nolimits_{0}^{nh} \cos x - \frac{1}{2}$ folgt[15a]):

$$(37) \quad \frac{1}{2} + \cos h + \cos 2h + \cdots + \cos(n-1)h = \frac{\sin\frac{2n-1}{2}h}{2\sin\frac{h}{2}}.$$

---

15) Nach *M. Cantor* war Gl. (36) schon im XI. Jahrhundert den Arabern bekannt („Cantor" 1, p. 724) [I C 1, Nr. **11**].

15a) Die Formeln (37) und (38) hat *L. Euler,* Introd. nr. 259, als Differenzen je zweier divergenter unendlicher Reihen erhalten. Direkt abgeleitet hat sie wohl zuerst *Ch. Bossut,* Par. Hist. 1769 [72], p. 453, einfacher *A. J. Lexell,* Petrop. N. Comm. 18, 1773 [74], p. 38.

Analog ist[15a]):

$$(38)\quad \sin h + \sin 2h + \cdots + \sin(n-1)h = \frac{\cos\frac{h}{2} - \cos\frac{2n-1}{2}h}{2\sin\frac{h}{2}}.$$

Die Funktion:

$$1 + \frac{1}{2} + \frac{1}{3} + \cdots + \frac{1}{x-1}$$

lässt sich nicht entsprechend darstellen, weil man keinen elementaren Ausdruck kennt, dessen Differenz $= \frac{1}{x}$ ist[16]) [II A 3, Nr. **12** d, Formel 1)].

10. Die Jacob Bernoulli'sche Funktion. So heisst nach *J. L. Raabe*[17]) die ganze Funktion n^{ten} Grades, die für ganzzahlige x gleich:

$$1^{n-1} + 2^{n-1} + 3^{n-1} + \cdots + (x-1)^{n-1}$$

ist. Die Rechnungen werden einfacher, wenn wir diese ganze Funktion durch $1 \cdot 2 \cdot 3 \cdots (n-1)$ dividieren, wodurch:

$$(31)\quad \varphi_n(x) = \sum_0^x \frac{x^{n-1}}{1 \cdot 2 \cdot 3 \cdots (n-1)}$$

entsteht.

Schreibt man $\varphi_n(x)$ in der Form:

$$(40)\quad \varphi_n(x) = \frac{x^n}{1 \cdot 2 \cdots n} + A_1 \frac{x^{n-1}}{1 \cdot 2 \cdots (n-1)} + A_2 \frac{x^{n-2}}{1 \cdot 2 \cdots (n-2)} + \cdots + A_{n-1}x,$$

so lassen sich die Koeffizienten $A_1, A_2, A_3, \ldots$ aus:

$$(41)\quad \begin{cases} \dfrac{1}{1 \cdot 2} + A_1 = 0, \\ \dfrac{1}{1 \cdot 2 \cdot 3} + \dfrac{A_1}{1 \cdot 2} + A_2 = 0, \\ \dfrac{1}{1 \cdot 2 \cdot 3 \cdot 4} + \dfrac{A_1}{1 \cdot 2 \cdot 3} + \dfrac{A_2}{1 \cdot 2} + A_3 = 0, \ldots \end{cases}$$

bestimmen. Man findet:

$$A_1 = -\frac{1}{2}, \quad A_2 = \frac{1}{12}, \quad A_3 = 0, \ldots$$

---

16) Es ist $1 + \frac{1}{2} + \frac{1}{3} + \cdots + \frac{1}{x-1} = 1 + \psi(x) - \psi(2)$ [II A 3, Nr. **17**]. Andere Summationen bei „Herschel", p. 43—65.

17) Die Jacob-Bernoulli'sche Funktion. Zürich 1848. Die Funktion ist benannt nach *Jacob I Bernoulli,* Ars conjectandi 1713, p. 96. Vgl. II A 3, Nr. **18**, bes. p. 185, wo weitere Litteratur. S. noch *P. Appell,* Nouv. Ann. (3) 6 (1887), p. 312, 547.

Die Funktion $\varphi_n(x)$ und die Zahlen A besitzen die Eigenschaften[18]:

$$(42)\qquad \varphi_{2k+1}(1-x) = -\varphi_{2k+1}(x),$$

$$(43)\qquad \varphi_{2k}(1-x) = \varphi_{2k}(x),$$

$$(44)\qquad A_{2k+1} = 0 \quad \text{für} \quad k > 0,$$

$$(45)\qquad A_{2k} = \frac{(-1)^{k-1}2}{(2\pi)^{2k}}\left[1 + \frac{1}{2^{2k}} + \frac{1}{3^{2k}} + \frac{1}{4^{2k}} + \cdots\right].^{19)}$$

Im Intervall (0, 1) verschwindet $\varphi_{2k+1}(x)$ nur für $x = \frac{1}{2}$; für alle x dieses Intervalles ist:

$$(46)\qquad (-1)^k \varphi_{2k}(x) > 0.$$

Die Koeffizienten der Glieder niedrigster Ordnung, die in den Summen:

$$\sum\nolimits_0^x x^2,\quad \sum\nolimits_0^x x^4,\quad \sum\nolimits_0^x x^6, \ldots$$

auftreten, heissen *Bernoulli'sche Zahlen*: „B_1, B_2, B_3, ...“ [II A 3, Nr. **18**]. Daraus folgt:

$$(47)\qquad A_{2k} = \frac{(-1)^{k-1}}{1\cdot 2\cdot 3\cdots 2k}\cdot B_k.$$

Die ersten Bernoulli'schen Zahlen sind:

$$(48)\qquad B_1 = \frac{1}{6},\quad B_2 = \frac{1}{30},\quad B_3 = \frac{1}{42},\quad B_4 = \frac{1}{30},\quad B_5 = \frac{5}{66}, \ldots.$$

Die Tabelle der 62 ersten B findet man bei *J. C. Adams* in J. f. Math. 85 (1878), p. 269—272.[20]

11. Euler'sche Summationsformel. Die Formel von *L. Euler*[21])

18) Direkte Beweise haben *W. G. Imschenetzky* (Kasan. Mém. 1870, französisch in *J. Hoüel*, Cours de calcul infinitésimal, Paris 1888, 1, p. 476 und *N. J. Sonin* [Warschauer Univ.-Nachr. 1888, französisch in J. f. Math. 116 (1896), p. 133] gegeben.

19) *L. Euler*, Petropol. Comm. 12 (1740), p. 73 (vgl. „Cantor“ 3, p. 655); *O. Schlömilch*, Zeitschr. Math. Phys. 1 (1856), p. 200; *N. J. Sonin*, J. f. Math. 116 (1896), p. 138.

20) Litteratur über diese Zahlen bis 1882 bei *G. S. Ely* [Amer. J. of math. 5 (1882), p. 228].

21) Petropol. Comm. 6 (1732 u. 1733 [38]), p. 68 (vgl. „Cantor“ 3, p. 635); *G. Darboux*, J. de math. (3), 2 (1876), p. 300. Die Formel (49) wird oft *Maclaurin'sche* genannt. Sie ist zwar von *C. Maclaurin* (Treatise of fluxions, Edinburgh 1742, p. 672) unabhängig von *L. Euler* gefunden, aber später veröffentlicht (vgl. „Cantor“ 3, p. 663).

Die englischen Versicherungs-Mathematiker gebrauchen eine Formel (ohne

mit dem Restgliede von *K. G. J. Jacobi*[22]) lautet (für $h=1$) [I A 3, Nr. **38**]:

$$(49)\quad \sum\nolimits_a^x f(t)=\int_a^x f(t)\,dt+A_1[f(x)-f(a)]+A_2[f'(x)-f'(a)]+\cdots$$
$$+A_{2k-2}[f^{(2k-3)}(x)-f^{(2k-3)}(a)]$$
$$+A_{2k-1}[f^{(2k-2)}(x)-f^{(2k-2)}(a)]+R_k,$$

$$(50)\qquad R_k=-\int_0^1 \varphi_{2k}(u)\,du\sum\nolimits_a^x f^{(2k)}(t+u).$$

In (50) wird nach t summiert und nach u integriert.

Aus der Unveränderlichkeit des Vorzeichens von $\varphi_{2k}(u)$ folgt:

$$(51)\qquad R_k=A_{2k}\sum\nolimits_a^x f^{(2k)}(t+\theta),\qquad (0<\theta<1).$$

Wenn $f^{(2k)}(t)$ und $f^{(2k+2)}(t)$ für alle t zwischen a und x das gleiche Vorzeichen behalten, dann ist:

$$(52)\qquad R_k=\theta A_{2k}[f^{(2k-1)}(x)-f^{(2k-1)}(a)];\qquad (0<\theta<1).$$

Wenn $f(t)$ den Bedingungen genügt:

1) $f^{(m)}(t)$ behält dasselbe Vorzeichen für alle geraden m und für $t>a$;

2) $\lim\left\{f^{(m)}(t)\right\}_{t=\infty}=0$ für jedes m,

dann lässt sich (49) in:

$$(53)\qquad \sum\nolimits_a^x f(t)=C+\int_a^x f(t)\,dt+A_1f(x)+\cdots$$
$$+A_{2k-1}f^{(2k-2)}(x)+\theta A_{2k}f^{(2k-1)}(x)$$

umwandeln[23]).

Die Konstante C ist von k unabhängig und $0<\theta<1$.

12. Anwendungen der Euler'schen Formel. Wenn man in (49) und (51):

$$a=0,\quad x=1,\quad f(t)=e^{xt}$$

setzt, so findet man:

Restglied) unter dem Namen „Lubbock'sche Summenformel" (*J. W. Lubbock*, Cambr. Trans. 3 (1830), p. 323. Hier tritt eine über kleine Intervalle erstreckte Summe an Stelle des Integrals, Differenzenquotienten an Stelle der Differentialquotienten [I D 4 b, 8, Fussn. 73)].

22) J. f. Math. 12 (1834), p. 263 = Werke, 6, p. 64. Das Restglied in anderer Form war schon von *S. D. Poisson* gefunden [Par. mém. 6 (1826), p. 580].

23) „Markoff" p. 131.

$$(54)\qquad \frac{1}{e^x - 1} = \frac{1}{x} + A_1 + A_2 x^2 + A_4 x^4 + \cdots.$$

Hier muss $|x| < 2\pi$ sein, wie aus (45) folgt.

Die Voraussetzungen:

$$a = 0, \quad x = 1, \quad f(t) = \cos(2xt)$$

liefern ebenso für $|x| < \pi$:

$$(55)\qquad \operatorname{ctg} x = \frac{1}{x} - 2^2 A_2 x + 2^4 A_4 x^3 - 2^6 A_6 x^5 + \cdots.$$

Wenn man in (53):

$$a = 1, \quad f(t) = \log t$$

setzt und zu beiden Seiten $\log x$ hinzufügt, so findet man *die Stirling'sche Formel*[24]) [I D 1, Nr. **12**]:

$$(56)\ \log(1\cdot 2\cdot 3\cdots x) = \log\sqrt{2\pi} + \left(x + \frac{1}{2}\right)\log x - x + A_2\frac{1}{x} + \cdots$$
$$+ A_{2k-2}\frac{1\cdot 2\cdot 3\cdots(2k-4)}{x^{2k-3}} + \theta A_{2k}\frac{1\cdot 2\cdot 3\cdots(2k-2)}{x^{2k-1}}.$$

Die Konstante C wurde mit Hülfe der Wallis'schen Formel[25]) für $\frac{\pi}{2}$ bestimmt.

Bei hinreichend grossem k und für jedes x ist der absolute Betrag des Restgliedes beliebig gross. Folglich ist die Reihe:

$$A_2\frac{1}{x} + A_4\frac{1\cdot 2}{x^3} + A_6\frac{1\cdot 2\cdot 3\cdot 4}{x^5} + \cdots$$

divergent. Deswegen darf zur angenäherten Berechnung von $1\cdot 2\cdot 3\cdots x$ nur eine geringe Anzahl der Glieder der Reihe genommen werden. Das beste Resultat erhält man, wenn k nahe an πx liegt[26]) [I A 3, Nr. **38**; II A 3, Nr. **12** g].

13. Allgemeines über Differenzengleichungen. Eine Gleichung:

$$(57)\qquad \Phi(x, y_x, \Delta y_x, \Delta^2 y_x, \ldots, \Delta_m y_x) = 0$$

heisst *Differenzengleichung*. Eine Funktion y_x, die der Gleichung genügt, heisst *Lösung* der Gleichung.

Die Differenzen von y_x lassen sich durch die successiven Werte $y_{x+1}, y_{x+2}, \ldots$ ausdrücken (13); dann erhält die Gleichung die Form:

$$(58)\qquad \Psi(x, y_x, y_{x+1}, \ldots, y_{x+m}) = 0.$$

Es ist möglich, dass bei dieser Transformation die Glieder mit

24) *J. Stirling*, Methodus differentialis, Lond. 1730, p. 135 (vgl. „Cantor" 3, p. 629).

25) [2 A 3, Nr. 9, d)]; „Cantor", 2 p. 827.

26) *H. Limbourg*, Brux. mém. cour. sav. étr. 30 (1861), p. 1.

$y_x, y_{x+2}, \ldots, y_{x+a-1}$ wegfallen. Dann setzen wir $y_{x+a} = z_x$. Deswegen darf man voraussetzen, dass die Gleichung (58) y_x enthält. Wenn ausserdem y_{x+m} vorkommt, so heisst diese Gleichung m^{ter} *Ordnung.*

Wir setzen voraus, dass die Gleichung (58) in Bezug auf y_{x+m} aufgelöst ist:

(59) $$y_{x+m} = F(x, y_x, y_{x+1}, y_{x+2}, \ldots, y_{x+m-1}).$$

Überdies soll die rechte Seite von (59) bestimmte Werte annehmen für ganze positive x (auch für $x = 0$) und beliebige y_x, y_{x+1}, $y_{x+2}, \ldots, y_{x+m-1}$. Aus (59) lassen sich $y_m, y_{m+1}, y_{m+2}, \ldots$ durch willkürliche Konstanten $y_0, y_1, \ldots, y_{m-1}$ darstellen.

Jeder Ausdruck, der (59) genügt und m willkürliche Konstanten enthält, heisst *allgemeine Lösung der Gleichung*, wenn diese Konstanten sich durch $y_0, y_1, y_2, \ldots, y_{m-1}$ bestimmen lassen. Eine *partikuläre* Lösung enthält keine willkürlichen Konstanten.

Wir beschränken uns auf *lineare* Gleichungen:

(60) $$y_{x+m} + A_x y_{x+m-1} + B_x y_{x+m-2} + \cdots + M_x y_x = Q_x,$$

wo $A_x, B_x, \ldots, M_x, Q_x$ gegebene Funktionen von x sind.

Die Gleichung (60) heisst *vollständig*, wenn $Q_x \neq 0$; ist aber $Q_x = 0$, so heisst die Gleichung *homogen.*

Wenn eine partikuläre Lösung y_x^0 von (60) bekannt ist, so ist *jede* Lösung von (60):

$$y_x = y_x^0 + z_x,$$

wo z_x eine Lösung der homogenen Gleichung:

(61) $$z_{x+m} + A_x z_{x+m-1} + B_x z_{x+m-2} + \cdots + M_x z_x = 0$$

ist.

Je $(m + 1)$ partikuläre Lösungen von (61) sind durch eine lineare homogene Beziehung:

(62) $$C' z_x' + C'' z_x'' + \cdots + C^{(m+1)} z_x^{(m+1)} = 0$$

verbunden, wobei $C', C'', \ldots, C^{(m+1)}$ von x unabhängig sind und nicht sämtlich verschwinden.

Die partikulären Lösungen $z_x^{(h)}$ $(h = 1, 2, \ldots, m)$ heissen *von einander unabhängig,* wenn die Determinante $|z_k^{(h)}|$ $(k = 0, 1, 2, \ldots, m-1;\ h = 1, 2, \ldots, m)$ nicht verschwindet. Dann kann $C^{(m+1)}$ in (62) nicht gleich Null sein.

Jede Lösung von (61) ist linear und homogen in m von einander unabhängigen partikulären Lösungen.

Die allgemeine Lösung der homogenen Gleichung ist also:

(63) $$z_x = C' z_x' + C'' z_x'' + \cdots + C^{(m)} z_x^{(m)},$$

wo $C', C'', \ldots, C^{(m)}$ willkürliche Konstanten sind[27]) [vgl. das Entsprechende für lineare Differentialgleichungen in II A 4 b, Nr. **21**].

Zum Beweise, dass die partikulären Lösungen in (63) von eineinander unabhängig sind, genügt es zu zeigen, dass $C', C'', \ldots, C^{(m)}$ sich durch $z_0, z_1, z_2, \ldots, z_{m-1}$ ausdrücken lassen.

J. L. Lagrange hat eine Methode[28]) angegeben, um von der allgemeinen Lösung (63) von (61) zur allgemeinen Lösung von (60) überzugehen. Zu diesem Zweck setzt man:

$$y_x = C_x' z_x' + C_x'' z_x'' + \cdots + C_x^{(m)} z_x^{(m)}. \tag{64}$$

Die rechte Seite dieser Gleichung unterscheidet sich von der in (63) dadurch, dass die Konstanten C durch Funktionen von x ersetzt sind.

Diese unbekannten Funktionen in (64) $C_x', C_x'', \ldots, C_x^{(m)}$ werden der Bedingung unterworfen, dass $y_{x+1}, y_{x+2}, \ldots, y_{x+m-1}$ dieselbe Form haben, als ob die $C_x', C_x'', \ldots, C_x^{(m)}$ konstant wären; ausserdem muss die gegebene vollständige Gleichung befriedigt werden. Daraus entstehen m lineare Gleichungen, aus denen $\Delta C_x', \Delta C_x'', \ldots, \Delta C_n^{(m)}$ gefunden werden. Durch Summation lassen sich $C_x', C_x'', \ldots, C_x^{(m)}$ bestimmen. Diese Methode heisst *Variation der willkürlichen Konstanten* [vgl. II A 4 b, Nr. **22**].

14. Lineare Differenzengleichungen erster Ordnung. Die allgemeine Lösung der homogenen Gleichung:

$$z_{x+1} - A_x z_x = 0$$

ist:

$$z_x = z_a A_a A_{a+1} \cdots A_{x-1} \qquad (x > a).$$

Hier ist z_a die willkürliche Konstante. Es wird vorausgesetzt, dass A_x nicht verschwindet für $x \geqq a$.

Die allgemeine Lösung der Gleichung:

$$y_{x+1} - A_x y_x = Q_x \tag{65}$$

ist:

$$y_x = A_a A_{a+1} \cdots A_{x-1} \left[y_a + \sum_a^x \frac{Q_x}{A_a A_{a+1} \cdots A_x} \right]. \tag{66}$$

Wenn für $x \geqq 0$ die Funktion A_x nicht verschwindet, so darf $a = 0$ genommen werden.

15. Lineare Differenzengleichungen höherer Ordnung mit konstanten Koeffizienten. Die Form der allgemeinen Lösung der Gleichung:

27) „Markoff" p. 146–151.

28) Oeuvres, 4, p. 156 (Berlin Nouv. Mém. 6, 1775 [77]).

(67) $$z_{x+m} + p_1 z_{x+m-1} + p_2 z_{x+m-2} + \cdots + p_m z_x = 0$$
ist von der Natur der Wurzeln von:

(68) $$f(t) = t^m + p_1 t^{m-1} + p_2 t^{m-2} + \cdots + p_m = 0$$
abhängig.

Sind die Wurzeln von (68) $a_1, a_2, \ldots, a_m$ verschieden, dann ist die allgemeine Lösung:

(69) $$z_x = C_1 a_1^x + C_2 a_2^x + \cdots + C_m a_m^x.$$

Die $C_1, C_2, \ldots, C_m$ lassen sich durch $z_0, z_1, z_2, \ldots, z_{m-1}$ ausdrücken mit Hülfe der Relation:

(70) $$C_1 \varphi(a_1) + C_2 \varphi(a_2) + \cdots + C_m \varphi(a_m) \\ = q_1 z_{m-1} + q_2 z_{m-2} + \cdots + q_m z_0,$$
wo:

(71) $$\varphi(t) = q_1 t^{m-1} + q_2 t^{m-2} + \cdots + q_{m-1} t + q_m.$$

Die Koeffizienten $q_1, q_2, \ldots, q_m$ können so gewählt werden, dass die linke Seite von (70) gleich C_1, oder $C_2, \ldots$ oder C_m wird.

Ist $a_1 = a_2 = a_3$ und sind die übrigen Wurzeln von (68) von einander und von a_1 verschieden, so ist die allgemeine Lösung:

(72) $$z_x = C_1 a_1^x + C_2 x a_1^{x-1} + C_3 x(x-1) a_1^{x-2} + C_4 a_4^x + \cdots + C_m a_m^x.$$

Zur Bestimmung der Konstanten dient die Relation:

(73) $$C_1 \varphi(a_1) + C_2 \varphi'(a_1) + C_3 \varphi''(a_1) + C_4 \varphi(a_4) + \cdots + C_m \varphi(a_m) \\ = q_1 z_{m-1} + q_2 z_{m-2} + \cdots + q_m z_0.$$

Wenn die Koeffizienten von (67) reell sind und (68) komplexe Wurzeln hat, so kann man aus der Lösung (69) oder (72) das Imaginäre wegschaffen.

Es sei:
$$a_1 = a_2 = a_3 = r(\cos\alpha + i\sin\alpha),$$
$$a_4 = a_5 = a_6 = r(\cos\alpha - i\sin\alpha);$$
die übrigen Wurzeln der Gleichung (68) sollen reell und verschieden sein. Dann ist die allgemeine Lösung:

(74) $$z_x = (A_1 + A_2 x + A_3 x^2) r^x \cos(x\alpha) \\ + (B_1 + B_2 x + B_3 x^2) r^x \sin(x\alpha) \\ + C_7 a_7^x + \cdots + C_m a_m^x,$$

wo $A_1, A_2, A_3, B_1, B_2, B_3, C_7, \ldots, C_m$ willkürliche Konstanten sind.

In anderen Fällen wird die allgemeine Lösung analog gebildet.

Nach Lösung von (67) kann mit Hülfe der Lagrange'schen Methode die vollständige Gleichung:

(75) $$y_{x+m} + p_1 y_{x+m-1} + p_2 y_{x+m-2} + \cdots + p_m y_x = Q_x$$

gelöst werden. Sie führt zu umständlichen Rechnungen, die erspart werden können, wenn:

$$Q_x = a^x(b_0 x^n + b_1 x^{n-1} + \cdots + b_n) = a^x \cdot v_x$$

ist. In diesem Falle kann leicht eine partikuläre Lösung von (75) gefunden werden.

Es ist: $$y_x{}^0 = a^x \cdot u_x$$

eine partikuläre Lösung, wenn u_x eine ganze Funktion ist, die der Relation:

$$f(a) \cdot u_x + a f'(a) \Delta u_x + a^2 \frac{f''(a)}{1 \cdot 2} \Delta^2 u_x + \cdots + a^m \frac{f^{(m)}(a)}{1 \cdot 2 \cdots m} \Delta^m u_x = v_x$$

genügt. Es ist zweckmässig, die gegebene ganze Funktion v_x in die Form:

$$\alpha_0 + \alpha_1 x + \alpha_2 \frac{x(x-1)}{1 \cdot 2} + \alpha_3 \frac{x(x-1)(x-2)}{1 \cdot 2 \cdot 3} + \cdots$$

zu bringen und u_x in derselben Form zu suchen[29]).

16. Anwendungen der Differenzengleichungen. Die Bestimmung der Koeffizienten von verschiedenen Entwicklungen führt zur Lösung der Differenzengleichungen[30]).

Die Koeffizienten der Gleichung:

$$(1 + t)^x = 1 + A_x t + B_x t^2 + \cdots + K_x t^x$$

genügen den Differenzengleichungen:

$$\begin{aligned} A_{x+1} - A_x &= 1\ , & A_1 &= 1; \\ B_{x+1} - B_x &= A_x, & B_2 &= 1; \\ C_{x+1} - C_x &= B_x, & C_3 &= 1; \\ &\cdots\cdots \end{aligned}$$

29) Über die Auflösung linearer Differenzengleichungen mit veränderlichen Koeffizienten siehe die genannten Lehrbücher und: *J. Binet*, Par. mém. 19 (1845), p. 639; *D. G. Zehfuss*, Zeitschr. Math. Phys. 3 (1858), p. 175; *S. Spitzer*, Arch. Math. Phys. 32 (1859), p. 334; 33 (1859), p. 415; *J. J. Sylvester*, Philos. Mag. (4) 24 (1862), p. 436; 37 (1869), p. 225; *J. Thomae*, Zeitschr. Math. Phys. 14 (1869), p. 349; 16 (1871), p. 146; *A. Cayley*, Quart. J. 14 (1877), p. 23 = Coll. papers, 10, p. 47; *Th. Muir*, Philos. Mag. (5) 17 (1884), p. 115.

Über Transformationen, die lineare Differenzengleichungen in lineare Differentialgleichungen überführen, und umgekehrt, vgl. man etwa *S. Pincherle*, Lomb. Rend. (2) 19 (1886), p. 559; über Konstruktionen von Integralen ersterer aus denen letzterer *H. Mellin*, Acta math. 9 (1886), p. 137; als Anwendung erscheinen bei *Mellin* Reduktionen von bestimmten Integralen auf Γ-Funktionen [II A 3, Nr. **12**].

Über *partielle* Differenzengleichungen s. die genannten Lehrbücher und ausserdem: *P. S. Laplace*, Par. Hist. 1779 [82] = Oeuvres 10, p. 1; *W. Walton*, Quart. J. 9 (1867), p. 108; *Ed. Combescure*, Par. C. R. 74 (1872), p. 454.

30) „Lacroix“ 3, p. 217—222.

Wenn man $\cos t = u$ setzt, so ist:

$$\cos xt = A_x u^x + B_x u^{x-2} + C_x u^{x-4} + D_x u^{x-6} + \cdots.$$

Die Koeffizienten lassen sich aus den Gleichungen:

$$\begin{array}{ll} A_{x+1} - 2A_x = 0, & A_1 = 1; \\ B_{x+1} - 2B_x = -A_{x-1}, & B_2 = -1; \\ C_{x+1} - 2C_x = -B_{x-1}, & C_4 = 1; \\ D_{x+1} - 2D_x = -C_{x-1}, & D_6 = -1; \\ \cdots\cdots\cdots & \end{array}$$

bestimmen.

Aus der Relation:

$$\frac{1}{1 + p_1 t + p_2 t^2 + p_3 t^3} = y_0 + y_1 t + y_2 t^2 + \cdots + y_x t^x + \cdots$$

findet man für $y_0, y_1, y_2, \ldots$ bestimmte Werte. Es genügt y_0, y_1 und y_2 zu kennen; jedes y_x für $x > 2$ lässt sich aus:

$$y_{x+3} + p_1 y_{x+2} + p_2 y_{x+1} + p_3 y_x = 0$$

bestimmen. Die Zahlen:

$$y_0, y_1, y_2, y_3, \ldots$$

bilden eine *rekurrente Reihe*[31]), weil vier successive Glieder linear mit konstanten Koeffizienten verbunden sind.

In seinen Vorlesungen zeigte *P. L. Tschebyscheff* die folgende Anwendung der Differenzengleichungen.

Man soll bestimmen, wie gross die Anzahl der successiven Divisionen sein kann, um den grössten gemeinschaftlichen Teiler zweier Zahlen a und b zu finden [I C 1, Nr. 1].

Es sei:

$$a = bq_1 + r_1, \quad b = r_1 q_2 + r_2, \ldots, \quad r_{n-2} = r_{n-1} q_n + r_n, \quad r_n = 0.$$

Die Anzahl der Divisionen ist hier n.

Weil alle Quotienten grösser oder gleich 1 sind, so ist:

$$a \geqq b + r_1, \quad b \geqq r_1 + r_2, \ldots, r_{n-2} \geqq r_{n-1} + r_n, \quad r_n = 0.$$

Mit Hülfe der Zahlen:

$$y_0 = 0, \quad y_1 = 1, \quad y_2 = y_0 + y_1 = 1, \quad y_3 = y_1 + y_2 = 2, \ldots$$

lassen sich diese Ungleichheiten in folgender Weise schreiben:

$$r_n = y_0, \quad r_{n-1} \geqq y_1, \quad r_{n-2} \geqq y_2, \ldots, b \geqq y_n.$$

Für $y_m > b$ ist $n < m$.

---

31) „Cantor" 3, p. 375 ff. Eine systematische Behandlung der rekurrenten Reihen giebt *M. d'Ocagne*, J. éc. polyt. cah. 64 (1894), p. 151.

Die Lösung der Gleichung:

$$y_{x+2} - y_{x+1} - y_x = 0 \quad (y_0 = 0,\ y_1 = 1)$$

ist:

$$y_x = \frac{1}{\sqrt{5}}\left[\left(\frac{1+\sqrt{5}}{2}\right)^x + \left(\frac{1-\sqrt{5}}{2}\right)^x\right].$$

Es genügt, dass m die Bedingung:

$$\frac{1}{\sqrt{5}}\left(\frac{1+\sqrt{5}}{2}\right)^m > b$$

erfüllt. Daraus folgt der Satz von *G. Lamé*: *Die Anzahl der Divisionen, die auszuführen ist, um den grössten gemeinschaftlichen Teiler der Zahlen a und b $(a > b)$ zu finden, ist kleiner als die fünffache Anzahl der Ziffern der Zahl b.*[32])

32) *Lamé* hat diesen Satz auf elementarem Wege bewiesen, Par. C. R. 19 (1844), p. 867.

(Abgeschlossen im April 1901.)

I F. NUMERISCHES RECHNEN

VON

R. MEHMKE

IN STUTTGART.

Inhaltsübersicht.

Monographie: *J. Lüroth,* Vorlesungen über numerisches Rechnen, Leipzig 1900 („Lüroth").

A. Genaues Rechnen.

In diesem Abschnitt sollen allein Verfahren und Hülfsmittel zur Ausführung von Zahlenrechnungen, die von dem Ergebnis eine beliebige Anzahl genauer Ziffern zu finden gestatten, besprochen werden.

I. Das Rechnen ohne besondere Vorrichtungen.

Die bei uns jetzt allgemein übliche, weil in den Schulen gelehrte Art, beim schriftlichen Rechnen die „vier Spezies", namentlich die Multiplikation und Division auszuführen[1]), ist wohl am leichtesten zu lernen, aber nicht die unbedingt vorteilhafteste. Dem Bestreben, entweder die Schreibarbeit zu vermindern und die Schnelligkeit aufs höchste zu steigern, oder das Rechnen möglichst zu erleichtern, oder sonst einen bestimmten Zweck zu erreichen, sind die Verfahren entsprungen, die wir im folgenden zu betrachten haben.

1) Sie setzt nur die Fähigkeit voraus, einziffrige Zahlen im Kopfe zu addieren, zu subtrahieren und mit einander zu multiplizieren. Addition und Subtraktion werden bei derselben immer, die Multiplikation in der Regel von rechts nach links ausgeführt, d. h. bei den Ziffern niedersten Ranges begonnen; das Subtrahieren geschieht entweder durch ziffernweises Abziehen des Subtrahenden vom Minuenden, oder aber durch Hinzuzählen zum Subtrahenden (Subtrahieren durch Ergänzen: auch beim Dividieren in Betracht kommende sog. östreichische Rechenmethode, vgl. *A. Sadowski,* Die östreichische Rechenmethode . . ., Progr. Altst. Gymn. Königsberg i. Pr. 1892); beim Multiplizieren werden der Reihe nach die Produkte des Multiplikanden mit den einzelnen Ziffern des Multiplikators gebildet, in richtiger Stellung untereinander geschrieben und addiert, beim Dividieren die Produkte des Divisors mit den einzelnen Ziffern des Quotienten von den Partialdividenden subtrahiert, die Reste darunter geschrieben.

1. Geordnete Multiplikation und Division. Die Ziffern zweier dekadisch geschriebenen[2]) Zahlen und ihres Produkts seien (bei den Einern angefangen) $a_0, a_1, a_2, \ldots, b_0, b_1, b_2, \ldots,$ und $c_0, c_1, c_2, \ldots$[3]). Dann ist

$$c_0 + c_1 \cdot 10 + c_2 \cdot 10^2 + \cdots = (a_0 + a_1 \cdot 10 + a_2 \cdot 10^2 + \cdots)(b_0 + b_1 \cdot 10 + b_2 \cdot 10^2 + \cdots)$$
$$= a_0 b_0 + (a_0 b_1 + a_1 b_0) \cdot 10 + (a_0 b_2 + a_1 b_1 + a_2 b_0) \cdot 10^2 + \cdots.$$

Also wird c_0 durch die Einer von $a_0 b_0$ geliefert; man muss die von $a_0 b_0$ etwa übrig gebliebenen Zehner, als Einer aufgefasst, zu $(a_0 b_1 + a_1 b_0)$ addieren und von der Summe die Einer nehmen, um c_1 zu erhalten u.s.w. Auf diese Weise ist es möglich, von dem Produkt zweier Zahlen Ziffer um Ziffer zu finden, ohne dass man nötig hat, irgend ein Zwischenergebnis zu schreiben, wenn man im Stande ist, zweistellige Zahlen im Kopfe zu addieren[4]). Praktisch wertvoll ist eine auf *J. Fourier*[5]) (wenn nicht weiter) zurückgehende Bemerkung: Hält man

2) D. h. in unserem gewöhnlichen Zahlensystem mit der Grundzahl (Basis) 10. Ist B die Grundzahl, so hat die, $\ldots a_3 a_2 a_1 a_0, a_{-1} a_{-2} \ldots$ geschriebene Zahl den Wert

$$\cdots a_3 \cdot B^3 + a_2 \cdot B^2 + a_1 \cdot B + a_0 + \frac{a_{-1}}{B} + \frac{a_{-2}}{B^2} + \cdots$$

Über vom dekadischen abweichende Zahlensysteme, von denen man Spuren bei einzelnen Völkern gefunden hat, s. *H. Hankel,* Zur Gesch. der Math., Leipz. 1874, p. 20, sowie *M. Cantor,* Vorl. üb. Gesch. der Math. 1, 2. Aufl., Leipzig 1894, p. 8f. Es besteht die Thatsache, dass unser Zahlensystem *nicht* das für das Rechnen geeignetste ist, weshalb wiederholt, selbst in neuester Zeit, vorgeschlagen worden ist, ein Zahlensystem mit anderer Basis — am geeignetsten wäre 12 oder 8, aber auch 16 und 6 haben Fürsprecher gefunden — zu benützen. Über die Geschichte dieser Bestrebungen vgl. *E. Ullrich,* Das Rechnen mit Duodezimalzahlen, Progr. Realsch. Heidelberg 1891. Weitere Litteratur: *John W. Nystrom,* Project of a new system of arithmetic . . . with sixteen to the base, Philadelphia 1862; *W. Woolsey Johnson,* Octonary numeration, New York Bull. M. Soc. 1, 1891/92, p. 12; *E. Gelin,* Du meilleur système de numération . . ., Mathésis (2) 6 (1896), p. 161. S. auch Intermédiaire des mathématiciens 6 (1899), p. 133—135.

3) Blos der Einfachheit wegen sind hier ganze Zahlen vorausgesetzt; bei der Multiplikation von Dezimalbrüchen lässt man das Komma zunächst ausser Acht und setzt es nachträglich an die richtige Stelle.

4) Diese Methode, die schon den Indern, welche sie die „blitzbildende" nannten, im 6. Jahrh. n. Chr. bekannt war und die im Mittelalter unter dem Namen „kreuzweise Multiplikation" auch bei uns geübt wurde (s. etwa *M. Cantor,* Vorl. üb. Gesch. der Mathem., insbes. Bd. 1, p. 571; Bd. 2, 2. Aufl., Leipzig 1900, p. 9), ist im 19. Jahrhundert des öfteren wieder entdeckt und mit verschiedenen Namen (z. B. symmetrische Multiplikation, kolligierende Multiplikation) belegt worden.

5) Analyse des équations déterminées, Paris 1830, p. 190. Vorbereitet durch die Regel von *W. Oughtred,* s. Nr. **25**, Anm. 216.

den mit verkehrter Ordnung der Ziffern auf ein besonderes Blatt geschriebenen Multiplikator so über den Multiplikanden, dass die Einerziffer des ersteren über die Ziffer mit dem beliebigen Range i kommt und multipliziert je zwei alsdann über einander befindliche Ziffern, so ergeben sich die jenem Range entsprechenden Teilprodukte[6]), z. B.

$$\begin{array}{rl} \text{verkehrter Multiplikator:} & \quad b_0\, b_1\, b_2 \ldots \\ \text{Multiplikand:} & \ldots a_3\, a_2\, a_1\, a_0 \\ \hline \text{Teilprodukte vom Range } i = 2\text{:} & a_0 b_2,\ a_1 b_1,\ a_2 b_0. \end{array}$$

Die Umkehrung dieses Multiplikationsverfahrens bildet die von *J. Fourier* für Zwecke der Auflösung numerischer Gleichungen [I B 3 a, bes. Nr. 9] erfundene *geordnete Division*[7]), die zwar grössere Übung und Aufmerksamkeit erfordert, als die gewöhnliche, aber den Vorzug hat, dass von dem Divisor immer nur so viele Ziffern benützt werden, als jedesmal nötig sind, um die nächste Ziffer des Quotienten mit Sicherheit zu erhalten.

2. Komplementäre Multiplikation und Division. Das Produkt zweier Zahlen lässt sich manchmal bequemer als auf andere Art nach der Regel[8]) finden: Man zerlege die Summe der beiden Zahlen in zwei Teile, deren Produkt leicht gefunden werden kann und füge diesem Produkt dasjenige der Differenzen aus den gegebenen Zahlen und einem der Teile hinzu. Ist nämlich

$$a + b = a' + b',$$

6) Diese „Papierstreifenmethode" ist überall nützlich, auch beim Rechnen mit Buchstaben, wo man es mit nach Potenzen einer Grösse geordneten Reihen zu thun hat, z. B. in der Theorie der algebraischen Zahlen [I C 4 a].

7) Analyse des équations déterminées, Paris 1830, p. 188; s. auch z. B. *A. Cauchy-C. Schnuse,* Vorlesungen über Differentialrechnung, Braunschweig 1836, Anhang, p. 327; „Lüroth" § 17 flg. Einige der Anfangsziffern des Divisors werden durch Überstreichen als „bezeichneter Divisor" abgesondert; ist hierzu blos eine Ziffer genommen, so unterscheidet sich das Verfahren (das sich nicht in Kürze beschreiben lässt) nur äusserlich — die Reste der Partialdividenden werden unterwärts, nicht überwärts geschrieben — von der häufig verkannten indisch-mittelalterlichen Divisionsmethode. Fast ganz mit letzterer stimmt die „symmetrische Division" von *C. J. Giesing* (Neuer Unterricht in der Schnellrechenkunst, Döbeln 1884) überein, nur dass *Giesing* die nötigen Subtraktionen im Kopfe ausführt. Abgesehen von der Verallgemeinerung der Methode hat *Fourier* das Verdienst, ein Kennzeichen dafür gegeben zu haben, ob die jeweils gefundene Ziffer des Quotienten zuverlässig ist.

8) Nach *A. Cauchy* (Par. C. R. 20, 1845, p. 280) = Oeuvres (1) 9, p. 5, der diese Regel in den Par. C. R. 11 (1840), p. 789 = Oeuvres (1) 5, p. 431 aufgestellt hatte, kommt sie in einem Buche von *Berthevin* über die Anwendung der Komplemente in der Arithmetik (1823) vor.

so hat man

$$ab = a'b' + (a - a')(b - a') = a'b' + (a - b')(b - b').$$

Während diese und ähnliche Methoden komplementärer Multiplikation, von denen sich schon im römischen und griechischen Altertum Spuren finden[9]), nur gelegentlich Vorteil bringen, ist die komplementäre Division von allgemeiner Anwendbarkeit. Römischen Ursprungs und im Mittelalter viel geübt[10]), ist sie von *A. L. Crelle*[11]) wieder vorgeschlagen und verbessert worden. Auf Grund des Gedankens, dass Additionen leichter und sicherer zu vollziehen sind, als Subtraktionen, wird statt des Divisors, dessen Produkte mit den einzelnen Ziffern des Quotienten man beim gewöhnlichen Verfahren nach und nach vom Dividenden abzuziehen hat, die Ergänzung des Divisors entweder zur nächst höheren Potenz von 10 oder zur nächst höheren Zahl mit einer einzigen geltenden Ziffer genommen, wodurch die Subtraktionen sich in Additionen verwandeln[12]).

3. Umgehung der Division. Zur Verwandlung echter Brüche in Dezimalbrüche hat *A. Cauchy*[13]) folgende Regel gegeben: Nachdem auf gewöhnliche Weise die zwei oder drei ersten Ziffern gefunden sind, multipliziere man die erhaltene Gleichung wiederholt mit dem Rest und kombiniere die neuen Gleichungen mit der ursprünglichen. Man bekommt so bei jedem neuen Schritt ungefähr doppelt so viele genaue Ziffern, als vorher bekannt waren. Beispiel:

$$\frac{1}{7} = 0{,}14\frac{2}{7}.$$

Diese Gleichung mit dem Rest 2 wiederholt multipliziert, giebt

$$\frac{2}{7} = 0{,}28\frac{4}{7}, \quad \frac{4}{7} = 0{,}56\frac{8}{7} = 0{,}57\frac{1}{7},$$

somit

$$\frac{1}{7} = 0{,}142857\,142857\ldots$$

---

9) *M. Cantor,* Vorl. üb. Gesch. der Mathem. 1, p. 404, 492, 739, 855; 2, p. 65 und Register.

10) *M. Cantor,* Vorl. üb. Gesch. der Mathem. 1, p. 544, 817 und Register.

11) J. f. Math. 13 (1835), p. 209.

12) Man kann, ähnlich wie bei der „östreichischen Rechenmethode" (Anm. 1), das Schreiben der Partialprodukte ersparen, indem man letztere sofort, während man sie bildet, im Kopfe addiert, aber es besteht dann derselbe Nachteil, dass, wenn im Quotienten die gleiche Ziffer mehrmals auftritt, das betreffende Partialprodukt ebenso oft auszurechnen ist.

13) Par. C. R. 11 (1840), p. 847 = Oeuvres (1) 5, p. 443; *Cauchy* geht von dem Gedanken aus, dass die *Newton*'sche Annäherungsmethode zur Auflösung numerischer Gleichungen [s. I B 3 a, Nr. **10**] schon bei linearen Gleichungen angewendet werden kann.

Nachdem für die Division mit gewissen Zahlen, wie 9, mehrfach besondere Regeln gegeben worden waren, hat *J. Fontès*[14]) allgemein die Frage untersucht, in wie weit die arithmetische Division entbehrlich ist, d. h. wie Quotient und Rest der Division einer beliebigen Zahl durch eine andere bei geeigneter Beschaffenheit der letzteren durch einfachere Operationen direkt gefunden werden können.

4. Beschränkung in den verwendeten Ziffern. Zur Vereinfachung der Multiplikation hat *A. Cauchy*[15]) vorgeschlagen, mindestens im Multiplikator statt der Ziffern 6, 7, 8, 9 ihre negativen Ergänzungen zu 10 einzuführen[16]), sodass man nur Multiplikationen mit $2, 3, 4 = 2 \cdot 2$ und $5 = \frac{10}{2}$ vorzunehmen oder eigentlich nur noch mit 2 und 3 zu multiplizieren und mit 2 zu dividieren hat. Bei der Addition und Subtraktion ist der Gebrauch negativer Ziffern von geringem Nutzen, bei der Division im allgemeinen nicht zu empfehlen. Nach *Ed. Collignon*[17]) lässt sich die Multiplikation zweier Zahlen auch erleichtern durch die (höchstens drei Glieder erfordernde) Zerlegung des einen Faktors in Zahlen, die nur aus den Ziffern 0, 1, 2, 5 zusammengesetzt sind (z. B. $7289795 = 5200005 + 2100000 - 10210$ $= 5255555 + 2022220 + 12020$).

II. Numerische Tafeln[18]).

5. Produktentafeln. Sie werden auch Pythagoräische Tafeln genannt und haben zwei Eingänge für die Zahlen x und y, deren

---

14) Assoc. franç. 21², Pau 1892, p. 182. *Fontès* erläutert sein Verfahren an der Division durch 99, 37 und 499.

15) Par. C. R. 11 (1840), p. 796 = Oeuvres (1) 5, p. 438.

16) Die negativen Ziffern werden überstrichen. Die nötige Umwandlung einer Zahl geschieht, indem man rechts anfangend jede Ziffer, die grösser als 5 ist, durch ihre Ergänzung zu 10 mit einem Strich darüber ersetzt und die links davon stehende Ziffer um 1 erhöht, z. B. $187647 = 2\bar{1}2\bar{4}5\bar{3}$. *E. Selling* (Eine neue Rechenmaschine, Berlin 1887, p. 16) empfiehlt, $\bar{1}$, $\bar{2}$, $\bar{3}$, . . . zu lesen: misseins, mizwei, midrei . . ., oder auch: abeins, abzwei, abdrei u. s. w.

17) Annales ponts chaussées (7) 5 (1893), 1. sém., p. 790. Ein ähnliches Verfahren scheinen übrigens nach *M. Cantor*, Vorl. üb. Gesch. der Mathem. 1, p. 570, schon die Inder gekannt zu haben.

18) Es wird nur von Hülfstafeln die Rede sein, die das Rechnen im allgemeinen zu erleichtern bestimmt sind, dagegen z. B. nicht von Tafeln für die besonderen Zwecke der Zahlentheorie [s. I C]. Monographien: *A. De Morgan* English Cyclopaedia, London 1861, Artikel „Tables"; *J. W. L. Glaisher*, Report of the Committee on mathematical tables (Brit. Assoc. Report 1873), London 1873.

Produkte xy sie enthalten. Wie in den vorhergehenden Jahrhunderten, bilden sie noch immer das verbreitetste Erleichterungsmittel des Zahlenrechnens; in der Regel sind sie bei Multiplikation und Division gleich gut verwendbar. Ganz abgesehen von den für Unterrichtszwecke bestimmten „Einmaleinstafeln“ giebt es schon solche, bei denen ein Faktor einstellig ist, der andere nur bis Hundert geht[19]). Bis 10×10000 reichten von älteren bereits eine Tafel von *J. Dodson* (1747)[20]), von neueren zeigen diesen Umfang diejenigen von *R. Picarte* (1861?)[21]) und *Th. v. Esersky* (5. Ausg. 1874)[22]). Die obere Grenze 10×100000 haben *C. A. Bretschneider* (1841)[23]), *S. L. Laundy* (1865)[24]) und *G. Diakow* (1897)[25]) gewählt, während am weitesten in dieser Richtung, bis 10×10000000, *A. L. Crelle* in seiner wenig bekannten „Erleichterungstafel“ geht[26]), wenn wir von einer in der Anwendung sehr umständlichen Tafel *Ch. Z. Slonimsky*'s[27]) mit völlig anderer Einrichtung absehen, bei der die Zahl der Ziffern des zweiten Faktors unbegrenzt ist.

Den grössten Ruf geniessen mit Recht *A. L. Crelle*'s „Rechentafeln“[28]), die alle Produkte bis 1000×1000 in zweckmässiger An-

---

19) Z. B. die „kleine Produktentafel“ der königl. preuss. Landesaufnahme, trigonom. Abteilung, Berlin 1897.

20) In „The calculator“, London.

21) „Tables de multiplication“, s. *Glaisher* a. a. O. p. 34.

22) „Ausgeführte Multiplikation und Division“, St. Petersburg u. Leipzig. Ein Anhang gestattet noch, den zweiten Faktor bis 1111111 auszudehnen.

23) „Produktentafel...“, Hamburg u. Gotha.

24) „A table of products...“, London.

25) „Multiplikations-Tabelle“, St. Petersburg. Sie umfasst 1000 S. quer Quart, so viel wie die 100mal so weit reichende „Erleichterungstafel“ von *Crelle*[26]), *Laundy*'s Tafel nur 10 S., *Bretschneider*'s (ähnlich wie *Crelle*'s eingerichtete) 100 S.

26) Berlin 1836. Interessant ist die Vorrede, der zufolge beim Druck der Tafel kein Manuskript benützt worden ist.

27) Dem J. f. Math. 30 (1846) beigefügt; ebenda p. 215 *Crelle*'s Erklärung und Beweis des zu Grunde liegenden arithmetischen Satzes. Vgl. auch Anm. 96.

28) Sie erschienen zuerst 1820 in zwei Oktavbänden von etwa 900 S.; die 2., von *C. Bremiker* besorgte Ausgabe, Berlin 1857 (7. Ausg. 1895, deutsch u. französisch, 1. englische Ausg. 1897), besteht nur noch aus einem Band mit 450 S. klein Folio. Auf jeder halben Seite befinden sich die Produkte der am Kopfe stehenden (1-, 2- oder 3-ziffrigen) Zahl mit den Zahlen von 1—999, wobei leider die durch 10 teilbaren Faktoren nicht berücksichtigt sind. Die Raumersparnis gegenüber der ersten Ausgabe rührt wesentlich daher, dass die zwei letzten, den Produkten einer und derselben Reihe gemeinschaftlichen Ziffern abgetrennt und in eine besondere Spalte gesetzt worden sind. *Crelle*'s Fortschritt ist ein rein technischer, denn die zwar noch sehr unhand-

ordnung geben. Wenn in einer Produktentafel die beiden Faktoren zur gleichen Höhe ansteigen, kommt jedes Produkt zweimal vor und die Tafel nimmt daher nur halb soviel Raum ein, wenn man jedes Produkt nur einmal schreibt. Diesen Gedanken haben *C. Cario-H. C. Schmidt* [29]) und *A. Henselin* [29]) zur Ausführung gebracht[30]). In manchen Fällen erweisen sich Produktentafeln bequemer, bei denen ein Faktor sich nur von 1—100 erstreckt, der andere von 1—1000[31]). Es gab solche schon im 18. Jahrhundert, z. B. von *Ch. Hutton* [32]); neuere Tafeln dieser Art sind die von *C. L. Petrick* [33]), *H. Zimmermann* [34]), *C. A. Müller* [35]) und *L. Zimmermann* [36]), während in einer

lichen Tabulae arithmeticae ΠΡΟΣΘΑΦΑΙΡΕΣΕΩΣ universales des *Herwarth von Hohenburg* aus dem Jahre 1610 (Beschreibung und Probe z. B. in *Fr. Unger*, Methodik der prakt. Arithmetik, Leipzig 1888, p. 127) hatten schon dieselbe Ausdehnung.

29) „Zahlenbuch", entworfen von *C. Cario*, ausgeführt u. s. w. von *H. C. Schmidt*, Aschersleben 1896; *A. Henselin*, „Rechentafel", Berlin 1897. Um das durch die veränderte (bei der letzteren Tafel wohl am wenigsten gelungene) Einrichtung erschwerte Aufsuchen wieder einigermassen zu erleichtern, sind „Registerzettel" angebracht. Dem Vorteile, weniger Raum zu beanspruchen, steht bei diesen Tafeln ein (bei längeren Divisionen fühlbarer) Nachteil gegenüber: die Vielfachen einer und derselben Zahl sind in der Regel durch die ganze Tafel zerstreut, statt wie bei *Crelle* auf einer halben Seite bei einander zu stehen.

30) In kleinerem Umfange, wie es scheint, bereits *R. Picarte* (1861?); vgl. den von *Glaisher* (Anm. 18), p. 34 angeführten Titel: „Tableau Pythagorique, étendu jusqu'à 100 par 100, sous une nouvelle forme qui a permis de supprimer la moitié des produits".

31) In der Mitte zwischen diesen und *Crelle*'s Tafeln stehen einige von kunstloser Anordnung, bei denen der eine Faktor bis rund 500 anwächst, z. B. die 1860 in Oldenburg ohne Verfassernamen erschienenen „Multiplikationstabellen aller Zahlen von 1 bis 500", in deren Vorrede auf ein französisches Vorbild aus dem J. 1805 hingewiesen wird, ferner *Oyon*, Tables de multiplication, 5ème éd., Paris 1886 (2 Bde; im 1. geht der Multiplikand von 2—500, im 2. von 501—1000).

32) Tafel 1 der „Tables of the products and powers of numbers...", London 1781.

33) „Multiplikationstabellen, geprüft mit der Thomas'schen Rechenmaschine...", erste Lieferung 1—1000, Libau 1875. In den folgenden Lieferungen ist der zweite Faktor von 1001—2000, 2001—3000 u. s. w. fortgeführt.

34) „Rechentafel...", Berlin 1889.

35) „Multiplikations-Tabellen...", Karlsruhe 1891. Sie sind viel handlicher als 34), weil eine ähnliche Anordnung, wie bei *Crelle*'s Rechentafeln benützt ist.

36) „Rechen-Tafeln", Liebenwerda 1895. Durch Absonderung der drei letzten Ziffern der Produkte ist grosse Kürze erreicht — 10 Doppelseiten, statt (wie bei den vorhergehenden Tafeln) deren 100 — aber die Produkte können selten fertig der Tafel entnommen werden, sondern es muss der Überschuss der Hunderter,

grösseren Tafel von *L. Zimmermann*[37]) und derjenigen von *J. Riem*[38]) beim einen Faktor ebenfalls 100, beim anderen 10000 als obere Grenze genommen ist. Wegen einer Art von zusammensetzbaren Produktentafeln vgl. Nr. **12** (Apparate von *Slonimsky, Jofe* und *Genaille*).

6. (Multiplikationstafeln mit einfachem Eingang:) Tafeln der Viertelquadrate und der Dreieckszahlen. *P. S. Laplace* hat die Frage aufgeworfen, wie durch Benützung von Tafeln mit einfachem Eingang die Multiplikation auf Addition und Subtraktion zurückgeführt werden könne[39]). Er denkt sich xy aus einem oder mehreren Gliedern der Form $\varphi(X \pm Y)$ gebildet, wo X eine Funktion von x allein, Y eine Funktion von y allein bedeutet. Die Annahme $xy = \varphi(X+Y)$ führt zu den Logarithmen [s. Nr. **27**], während die Annahme $xy = \varphi(X+Y) - \varphi(X-Y)$ einerseits die Lösung

$$xy = \frac{1}{2}[\cos(X-Y) - \cos(X+Y)]$$

mit $x = \sin X$, $y = \sin Y$ ergiebt, auf der die, vor der Erfindung der Logarithmen benützte prosthaphäretische Methode[40]) beruht, andererseits die Lösung[41])

$$xy = \frac{1}{4}[(x+y)^2 - (x-y)^2].$$

---

der bis zu 9 Einheiten betragen kann, im Kopfe addiert werden, wodurch die Sicherheit und Schnelligkeit der Rechnung bedeutend leidet.

37) „Rechentafeln...", grosse Ausgabe, Liebenwerda 1896. Die vier letzten Ziffern der Produkte sind abgesondert; zuweilen ist eine Erhöhung der vorhergehenden Ziffer, aber nur um eine Einheit, nötig.

38) „Rechentabellen für Multiplikation und Division", Basel 1897. Die Produkte sind in drei Teile zerlegt. Durch Benützung von Proportionalteilen können auch die Produkte von 2-ziffrigen mit 5-ziffrigen Zahlen gefunden werden. Der Hauptunterschied zwischen 37) und 38) besteht darin, dass jede Doppelseite in letzterer Tafel die Produkte der am Kopf stehenden 2-ziffrigen mit allen 1- bis 4-ziffrigen Zahlen enthält, in ersterer die Produkte aller 1- und 2-ziffrigen mit hundert, dieselben Mittelziffern enthaltenden 4-ziffrigen Zahlen. Bei der Division mit 2-ziffrigen Zahlen sind deshalb wohl die letzteren, bei derjenigen mit 3- oder 4-ziffrigen Zahlen die ersteren vorteilhafter.

39) Sur la réduction des fonctions en tables, J. éc. pol. 8, cah. 15 (1809), p. 258.

40) S. *M. Cantor,* Vorl. üb. Gesch. der Mathematik 2, p. 454; *A. v. Braunmühl,* Zeitschr. Math. Phys. 44, 1899, Suppl. p. 15.

41) *J. J. Sylvester* hat im Phil. Mag. (4) 7 (1854), p. 430 die Ausdehnung der zweiten Formel, *J. W. L. Glaisher* ebenda (5) 6 (1878), p. 331 diejenige der ersten auf n Faktoren gegeben (weniger allgemein beide Arten von Formeln schon bei *J. D. Gergonne,* Ann. de math. 7 (1816/1817), p. 157). Im Falle $n = 3$ ist z. B.

Den Gebrauch dieser Formel unter Zuhülfenahme einer Quadrattafel hatte schon 1690 *L. J. Ludolff*[42]) gelehrt; eine Vereinfachung, der Schreibweise

$$xy = \frac{(x+y)^2}{4} - \frac{(x-y)^2}{4}$$

entsprechend, brachten die Tafeln der Viertelquadrate[43]). Eine solche, bis zum Argument 20000 gehende Tafel gab zuerst *A. Voisin* 1817 heraus[44]). Ebenso weit reichten die Tafeln von *J. A. P. Bürger*[45]), und *J. J. Centnerschwer*[46]), dagegen bis 30000 die von *J. Ph. Kulik*[47]), bis 40000 die von *J. M. Merpaut*[48]), bis 100000 die von *S. L. Laundy*[49]). Die beste Tafel der Viertelquadrate hat *J. Blater* herausgegeben[50]). Sie geht bis 200 000, liefert also noch die Produkte 5-ziffriger Faktoren bis auf die letzte Stelle genau. Eine derartige Tafel wird nämlich in Stand setzen, zwei Zahlen mit n Ziffern zu multiplizieren, wenn ihre Summe, deren obere Grenze $2 \cdot 10^n$ beträgt, sich noch im Eingang der Tafel findet. Nach *J. W. L. Glaisher*[51]) leistet eine halb so umfangreiche Tafel der Dreieckszahlen dieselben Dienste; denn ist T_x die zu x gehörige Dreieckszahl, d. h. $T_x = \frac{1}{2} x(x+1)$, so hat man

$$xy = T_x + T_{y-1} - T_{x-y} = T_{x-1} + T_y - T_{x-y-1},$$

$$24\,abc = (a+b+c)^3 - (b+c-a)^3 - (c+a-b)^3 - (a+b-c)^3,$$

sowie

$$4 \sin a \cdot \sin b \cdot \sin c$$
$$= \sin(b+c-a) + \sin(c+a-b) + \sin(a+b-c) - \sin(a+b+c),$$

oder

$$4 \cos a \cdot \cos b \cdot \cos c$$
$$= \cos(a+b+c) + \cos(b+c-a) + \cos(c+a-b) + \cos(a+b-c).$$

42) „Tetragonometria Tabularia", Lipsiae 1690.

43) Der bei ungeradem Argument auftretende Bruch $\frac{1}{4}$ wird immer weggelassen, sodass die eigentlich dargestellte Funktion unstetig ist, nämlich $f(2x) = x^2$, $f(2x+1) = x^2 + x$.

44) „Tables des multiplications...", Paris 1817.

45) „Tafeln zur Erleichterung in Rechnungen...", Karlsruhe 1817.

46) „Neu erfundene Multiplikations- und Quadrat-Tafeln", Berlin 1825.

47) „Neue Multiplikationstafeln", Leipzig 1852.

48) „Tables Arithmonomiques", Vannes 1832 (Arithmonome = Viertelquadrat).

49) „Table of Quarter-squares...", London 1856.

50) „Tafel der Viertel-Quadrate", Wien 1887. Durch verschiedene Kunstgriffe in der Anordnung hat sie auf 200 Quartseiten zusammengedrängt werden können; eine dasselbe leistende Produktentafel nach Art der *Crelle*'schen würde 10 000 Foliobände umfassen.

51) Nature 40 (1889), p. 575.

in welcher Formel kein grösseres Argument, als die grössere der gegebenen Zahlen vorkommt[52]). Eine für diese Anwendung bestimmte Tafel der Dreieckszahlen von 1—100000 hat *A. Arnaudeau*[53]) berechnet. Zum Dividieren eignen sich die Tafeln der Viertelquadrate und der Dreieckszahlen nicht.

7. Quotienten- und Divisionstafeln. Tafeln zur Verwandlung gemeiner echter Brüche, die nicht bei einer bestimmten Anzahl von Dezimalen stehen bleiben (über derartige s. Nr. **33**), sondern jedesmal die Periode des Dezimalbruchs vollständig enthalten, giebt es von *F. W. C. Bierstedt*[54]), *H. Goodwyn*[55]) und *K. Fr. Gauss*[56]).

Unter dem Namen „Tafeln der konstanten Ziffern" hat *F. Calza*[57]) Hülfstafeln im Entwurf bekannt gegeben, die das Dividieren mit 3- und 4-ziffrigen Zahlen auf unbedeutende Additionen und Subtraktionen zurückführen, ja noch bei 5- bis 12-ziffrigem Divisor anwendbar sind.

---

52) *Laplace* (Anm. 39) kennt diese Lösung nicht. Sie hat den Mangel, dreimaliges Eingehen in die Tafel nötig zu machen, um welchen Preis, wie *Glaisher* selbst bemerkt, mit einer Tafel der Viertelquadrate oder noch besser der halben Quadrate dasselbe zu erreichen wäre, wenn man die Formel

$$ab = \frac{1}{2}a^2 + \frac{1}{2}b^2 - \frac{1}{2}(a-b)^2$$

zu Grunde legte.

53) Bis jetzt ist nur ein Bruchstück mit Erläuterungen unter dem Titel „Tables de triangulaires de 1 à 100000...", Paris 1896, veröffentlicht. Die einzige ältere Tafel scheint die von *E. de Joncourt,* De natura et praeclaro usu simplicissimae speciei numerorum trigonalium..., Hagae Comitum 1762, zu sein, welche bis 20000 geht.

54) „Dezimalbruch-Tabellen...", 1. Teil, die Brüche vom Nenner 1 bis zum Nenner 300 enthaltend (mehr nicht erschienen), Fulda 1812.

55) „Table of circles...", London 1823; giebt nur die Ziffern der Periode, die bei der Division einer ganzen Zahl durch eine ganze Zahl unter 1024 auftritt: sie wird durch die „Tabular series of decimal quotients..." (8-stellig), London 1823, ergänzt. S. *Glaisher* (Anm. 18) p. 31, wo auch zwei kleinere Tafeln desselben Verfassers aus dem J. 1816 besprochen sind.

56) „Tafel zur Verwandlung gemeiner Brüche mit Nennern aus dem ersten Tausend in Dezimalbrüche", Werke 2, p. 412—434, Göttingen 1863. Zum Gebrauch der Tafel sind Kenntnisse aus der (elementaren) Zahlentheorie nötig. Ein Teil findet sich als tabula III in den Disqu. arithm., Lipsiae 1801 (s. *K. Fr. Gauss'* Untersuchungen über höhere Arithmetik, deutsch hrsg. von *H. Maser,* Berlin 1889), woselbst in Art. 316 die Erklärung.

57) „Saggio di calcolazione rapida per mezzo delle tavole delle cifre costanti", Napoli, Bideri (1893?). Eine Probe nebst Erklärung giebt *G. C. Baravelli,* Nota su alcuni aiuti alla esecuzione dei calcoli numerici, Roma 1895, p. 19; in verbesserter, auch zur Multiplikation geeigneter Form in Zeitschr. Math. Phys. 44 (1899), p. 50.

8. Tafeln der Quadrate, Kuben und höheren Potenzen. Tafeln der Quadrate aller ganzen Zahlen bis zu einer gewissen Höhe, mit denen gewöhnlich Tafeln der Kuben in mehr oder weniger enger Verbindung zusammen vorkommen[58]), sind fast so alt und zahlreich wie Produktentafeln. In vielen Tafelsammlungen und Taschenbüchern[59]) findet man (um von noch kleineren Tafeln abzusehen) die Quadrate und Kuben der Zahlen bis 1000, in nicht wenigen Tafeln auch bis 10000[60]). Bis zum Quadrat von 27000 und Kubus von 24000 ging *G. A. Jahn*[61]). Die ausgedehntesten Tafeln dieser Art haben wir von *J. Ph. Kulik*[62]); sie enthalten die Kuben sowohl als die Quadrate aller 1- bis 5-ziffrigen Zahlen, gehen also, was die Quadrate betrifft, zwar nicht über *L. J. Ludolff*'s Tetragonometria tabularia[42]), bei den Kuben dagegen über die früheren Tafeln bedeutend hinaus. Quadrate bis zur gleichen Höhe können auch mittelst der Tafel der Viertelquadrate von *J. Blater*[50]) sehr leicht bestimmt werden. *E. Duhamel*[63]) hat ein Tableau herausgegeben, das die Quadrate der Zahlen bis Tausend direkt, diejenigen der Zahlen bis 1 Milliarde mittelst weniger Additionen und Subtraktionen finden lässt.

Den höheren Potenzen von 2, 3 und 5 sowie den ersten 9 oder 10 Potenzen der Zahlen von 1 bis 100 begegnet man in mehreren Tafelsammlungen: erstere hat z. B. *G. Vega*[64]) und in Entlehnung von ihm *J. Hülsse*[65]) bis 2^{45}, 3^{36}, 5^{27}, letztere ausser den genannten

58) Auch Tafeln der Quadrat- und Kubikwurzeln; über diese, wie über Tafeln der auf eine bestimmte Zahl von Stellen verkürzten Quadrate oder höheren Potenzen s. Nr. **34** u. **35**.

59) Z. B. in *J. A. Hülsse,* Sammlung mathem. Tafeln, Leipzig 1840 und dem „Taschenbuch der Mathematik" von *W. Ligowski,* Berlin 1867, 3. Aufl. 1893.

60) Wegen ihrer Korrektheit hervorgehoben werden z. B. die dem „Manuel d'Architecture..." von *M. Séguin* aîné (Paris 1786) angehängten, sowie die „Tables of squares, cubes..." von *P. Barlow,* London 1840. Die ältesten Quadrat- und Kubiktafeln dieses Umfangs scheinen die dem Werke „De centro gravitatis" von *P. Guldin,* Viennae 1635, beigefügten zu sein.

61) „Tafeln der Quadrat- und Kubikwurzeln aller Zahlen von 1 bis 25500, der Quadratzahlen aller Zahlen von 1 bis 27000, der Kubikzahlen aller Zahlen von 1 bis 24000", Leipzig 1839.

62) „Tafeln der Quadrat- und Kubik-Zahlen aller natürlichen Zahlen bis Hunderttausend...", Leipzig 1848. Die Eingänge sind für die Quadrat- und Kubikzahlen, welche neben einander stehen, gemeinsam. Die sehr gedrängte Anordnung hat mit der von *Crelle*'s Rechentafeln[28]) Ähnlichkeit.

63) „Carrés et racines carrées", Marseille, Barthelet et Co., ohne Jahreszahl (1896?).

64) „Logarithmisch-trigonometrische Tafeln" 2, 2. Aufl., Leipzig 1797.

65) „Sammlung mathematischer Tafeln", Leipzig 1840. Die Potenzen von

Ch. Hutton[32]) und *P. Barlow*[66]). Eine besondere Tafel der 12 ersten Potenzen der Zahlen von 1 bis 1000, von *J. W. L. Glaisher*[67]) berechnet, ist stereotypiert (1874), aber bis jetzt nicht veröffentlicht worden.

9. Faktoren-(Divisoren-)Tafeln. Nicht blos in der Zahlentheorie [I C 1, Nr. 9], sondern auch beim gewöhnlichen Rechnen (besonders mit grossen Zahlen) leisten mitunter Tafeln, die entweder alle einfachen Teiler oder wenigstens den kleinsten Teiler aller Zahlen (allenfalls mit Ausnahme der durch 2, 3 oder 5 teilbaren) bis zu möglichster Höhe angeben, treffliche Dienste. Vor Beginn des 19. Jahrhunderts war am weitesten *A. Felkel*[68]) gekommen. *L. Chernac*[69]) veröffentlichte dann die einfachen Teiler der Zahlen bis 1020000, *J. Ch. Burckhardt*[70]) die kleinsten Teiler der Zahlen der 3 ersten Millionen, während diejenigen der 7., 8. und 9. Million (die letzte nicht vollständig) auf *Gauss'* Veranlassung von dem Rechenkünstler *Z. Dase*[71]) berechnet und nach dessen Tode (die 9. Million von *H. Rosenberg* ergänzt) herausgegeben wurden. Die Lücke von 3—6 Millionen hat *J. Glaisher*[72]) endgültig ausgefüllt. Während nicht einmal die 10. Million gedruckt vorliegt, befindet sich im Besitz der Wiener Akademie als Manuskript eine den Zahlenraum von 3—100

---

2 bis 2^{144} kommen nach *Glaisher* (Anm. 18) bei *J. Hill,* Arithmetic 1745, jede 12. Potenz von 2 bis 2^{721} bei *W. Shanks,* Contribution to Mathematics..., London 1853, vor.

66) „New Mathematical Tables...", London 1814.

67) S. *Glaisher* (Anm. 18), p. 29.

68) „Tafel aller einfachen Faktoren der durch 2, 3, 5 nicht teilbaren Zahlen von 1 bis 10000000; 1. Teil, enthaltend die Faktoren von 1 bis 144000...", Wien 1776. Der 2. und 3. Teil (bis 336000 bezw. 408000) ist nur in wenigen Abdrücken erhalten geblieben. Im Manuskript hatte *Felkel* die Tafel bis 2 Millionen fertig.

69) „Cribrum arithmeticum...", Daventriae 1811.

70) „Tables des Diviseurs pour tous les nombres du deuxième million...", Paris 1814; „.... troisième million...", Paris 1816; „... premier million...", Paris 1817.

71) „Faktorentafeln für alle Zahlen der siebenten Million,..", Hamburg 1862; die achte Million erschien 1863, die neunte 1865.

72) „Factor table for the fourth million", London 1879; fifth million 1880; sixth million 1883. *A. L. Crelle* und *J. Ch. Burckhardt* hatten diesen Teil ebenfalls berechnet. Mehr als irgendwo scheint auf diesem Gebiet durch Wiederholung schon gethaner Arbeit Zeit und Kraft verschwendet worden zu sein. Vgl. *P. Seelhoff,* Geschichte der Faktorentafeln, Arch. Math. Phys. 70 (1884), p. 413.

Millionen umfassende Faktorentafel, ein von *J. Ph. Kulik*[73]) hinterlassenes Riesenwerk.

Leicht zugängliche kleinere Faktorentafeln sind u. a. die in *H. Zimmermann*'s Rechentafel[34]) (bis 1000), in *J. Hoüel*'s Tables de Logarithmes[74]) (bis 10841) und in *J. A. Hülsse*'s Sammlung mathematischer Tafeln[75]) (bis 102000).

III. Rechenapparate und -Maschinen.

Monographieen mit Abbildungen: *M. d'Ocagne,* Le calcul simplifié par les procédés mécaniques et graphiques [extrait des Annales du Conservatoire des Arts et Métiers (2) 5, 6, 1893—1894], Paris 1894. — *W. I. von Bohl,* Apparate und Maschinen zur mechanischen Ausführung arithmetischer Operationen (russisch), Moskau 1896. — Viele Beschreibungen und Abbildungen enthält auch: *W. Dyck,* Katalog mathem. und mathem.-physikal. Modelle, Apparate und Instrumente, München 1892, Nachtrag München 1893.

Mechanische Vorrichtungen, die bestimmt und geeignet sind, dem Rechner einen kleineren oder grösseren Teil seines Geschäftes abzunehmen und so nicht nur eine Ersparnis an geistiger Arbeit, sondern auch eine grössere Sicherheit und Schnelligkeit herbeizuführen, giebt es heute in überraschender Zahl und Mannigfaltigkeit. Die eigentlichen Rechenmaschinen insbesondere haben eine grosse Bedeutung erlangt und sind zu einem unentbehrlichen Werkzeug von nicht geringer und stetig zunehmender Verbreitung[76]) geworden; auf weiten Gebieten haben sie die Anwendung der rechnenden Mathematik

---

73) S. *Kulik*'s kurze Mitteilung in den Prager Abh. d. böhm. Ges. d. W. (5) 11 (1860), p. 24, Fussnote, sowie *Petzval*'s Bericht, Wien. Ber. 53^2 (1866), p. 460. Um Raum zu sparen, bezeichnet *Kulik* (ähnlich wie *Felkel*) die Teiler nicht durch Ziffern, sondern durch Buchstabenverbindungen, deren Bedeutung einem Schlüssel zu entnehmen ist.

74) Paris 1858; nur die kleinsten Teiler der durch 2, 3, 5 und 11 nicht teilbaren Zahlen.

75) Leipzig 1840; die betr. Tafel geht auf *G. Vega*[64]) oder eigentlich *J. H. Lambert,* Zusätze zu den logarithm.-trigonom. Tabellen..., Berlin 1770 zurück. Ihre Einrichtung ist für spätere (*Burckhardt, Dase, Glaisher*) vorbildlich gewesen.

76) In der Litteratur kommen mehr als 120 verschiedene Konstruktionen vor. Mögen auch die meisten davon nur in Zeichnungen oder Modellen vorhanden sein, also ihre Lebensfähigkeit nicht bewiesen haben, so beträgt doch die Zahl der ausgeführten Rechenmaschinen (deren grösster Teil nur ganz wenigen Systemen angehört) immerhin 4000, während am Ende des 18. Jahrhunderts kaum über 15 Arten mit etwa 30 Exemplaren zu zählen waren.

in der jetzigen Ausdehnung erst ermöglicht und manche wissenschaftliche Unternehmung wäre ohne ihre Hülfe wahrscheinlich nicht in Angriff genommen worden; ja sie fangen an, auf die Gestaltung gewisser Formeln und Berechnungsweisen einen bestimmenden Einfluss zu üben, so wie es früher die Logarithmen gethan haben.

Die auf dem fraglichen Gebiete im 19. Jahrhundert erzielten Fortschritte sind von zweierlei Art. Abgesehen davon, dass wegen Unkenntnis der früheren Leistungen nicht wenige Erfindungen sich des öfteren wiederholt haben, galt es in erster Linie, das Überkommene technisch durchzubilden und zum wirklichen Gebrauch geeigneter zu machen[77]); auf der anderen Seite sind auch eine Fülle wesentlich neuer Gedanken aufgetaucht und teilweise zur Durchführung gelangt. Die Entwicklung ist noch nicht abgeschlossen, sondern in den letzten Jahrzehnten und Jahren wieder in lebhaften Fluss gekommen.

Vorrichtungen, die nur Zwecken des Unterrichts dienen, nämlich Begriffe und Verfahren des gewöhnlichen Rechnens veranschaulichen sollen, aber trotzdem fälschlicherweise oft Rechenmaschinen genannt werden, bleiben im folgenden von der Betrachtung ausgeschlossen.

Die Grenze zwischen Rechenapparaten und Rechenmaschinen wollen wir in der Weise ziehen, dass wir automatische Zehnerübertragung [s. Nr. **11** und Nr. **14**], ausser dem Vorhandensein von Mechanismen überhaupt, als wesentlich für letztere ansehen.

a. Rechenapparate.

10. Rechenbrett (Abacus). Das Rechenbrett — ὁ ἄβαξ der alten Griechen, abacus der Römer — mit auf parallelen Drähten, Stäben oder in Rinnen verschiebbaren Kugeln, Knöpfen oder dergl. zur mechanischen Ausführung der Addition und Subtraktion, wurde bei uns noch im 17. Jahrhundert zum ernstlichen Rechnen benützt[78]), scheint aber seine Bedeutung für Westeuropa endgiltig verloren zu haben[79]). In Russland dagegen ist es unter dem Namen Stschoty[80]),

---

77) In dieser Beziehung sei schon hier bemerkt, dass die wichtigsten Konstruktionsteile der heute verbreitetsten Rechenmaschinen am Ende des 17. Jahrhunderts von *G. W. Leibniz* erdacht worden sind.

78) *M. Cantor*, Vorles. üb. Gesch. der Math. 1, p. 120, 493 u. Register. — Indem der Rechnende die einzelnen Summanden — mit den höchsten Stellen, wie beim Sprechen, beginnend — der Reihe nach aufstellt, erhält er zugleich die Summe.

79) Bei der auf Anregung von *J. V. Poncelet*, welcher als Kriegsgefangener in Russland (1812—1814) das Rechenbrett kennen gelernt hatte, erfolgten Ein-

bei den Chinesen als suán-pân (Rechenwanne), bei den Japanern als Soro-Ban[81]) noch in allgemeinem Gebrauch. *G. von der Gabelentz* hat die Verwendbarkeit eines Rechenbrettes allgemeinerer Form beim Rechnen in nicht-dekadischen Zahlensystemen gezeigt[82]).

11. Sonstige Additions- (bezw. Subtraktions-)Apparate ohne selbstthätige Zehnerübertragung. Beim Rechenbrett, wo die Einheiten der verschiedenen Ordnungen durch Kugeln dargestellt sind, ist es beim Setzen oder Addieren einer Zahl notwendig, die den einzelnen Ziffern entsprechenden Anzahlen von Kugeln, wenigstens durch schnelles Überblicken, wirklich zu zählen. Bei den folgenden Apparaten dagegen, welche Vorstufen der Additionsmaschinen bilden [s. Nr. **15**], sind im einfachsten Falle die natürlichen Zahlen bis zu irgend einer Höhe in gleichen Zwischenräumen auf einer geraden oder in sich beweglichen krummen Linie angebracht, wobei als Träger der so erhaltenen Skala u. a. ein Stab, ein Band, eine kreisförmige Scheibe genommen sein kann. Das Weiterzählen oder Addieren geschieht dann entweder durch Fortbewegen eines Zeigers an der Skala[83]), oder umgekehrt durch Bewegung der Skala (z. B. unter einem Fenster, in welchem immer nur eine Zahl derselben erscheint), und kann — worin der Hauptunterschied gegenüber dem Rechenbrett liegt — durch Benützung einer zur ersten kongruenten Skala zu einem rein mechanischen gemacht werden[84]).

---

führung desselben in die Schulen ist es zu einem Anschauungsmittel herabgesunken. Neuere Versuche, ihm wieder Eingang in die Praxis zu verschaffen (vgl. *A. R. von Loehr,* Österr. Eisenbahnzeitung 1897, p. 9), werden schwerlich ein besseres Ergebnis haben; auch wäre zu erwägen, ob die russische Form mit 10 Kugeln, oder die chinesisch-japanische mit 6 oder 7 Kugeln in jeder Reihe, von denen 5 je Eins, die übrigen je Fünf bedeuten, den Vorzug verdient.

80) Dieses Wort ist plurale tantum. Wegen einiger Abarten, die zur Anwendung beim Multiplizieren und Dividieren vorgeschlagen worden sind, vgl. *von Bohl* p. 8, 9.

81) Über das Rechnen damit (einschliesslich des Ausziehens von Wurzeln) vgl. *A. Westphal,* Mitteilungen der deutschen Gesellsch. f. Natur- u. Völkerkunde Ostasiens in Tōkiō, 1875, Heft 8, p. 27.

82) Arch. Math. Phys. (2) 11 (1892), p. 213.

83) Ein ähnlicher Gedanke findet sich schon im Anfang des 14. Jahrhunderts bei dem Rechenbrett von *Jean de Murs* (oder *de Meurs*), s. *Alfred Nagl,* Zeitschr. Math. Phys. 34 (1889), Suppl. p. 141.

84) Der Gedanke, die Addition durch Verschieben eines gleichmässig geteilten Massstabes an einem zweiten auszuführen, ist unbekannten Ursprungs, aber jedenfalls alt. *J. C. Houzeau,* Fragment II sur le calcul numérique, Brux. Bull. (2) 40 (1875), p. 74, empfiehlt die „addition au ruban", welche in Bankhäusern angewendet werde: man misst mit einem Massstab an einem ebenso

Zusammengesetzte Apparate dieser Art, welche z. B. für die Einer, Zehner u. s. w. je eine besondere Skala besitzen, ermöglichen auch die Addition vielziffriger Zahlen. So besteht der Apparat von *Kummer* (1847)[85]), wie verschiedene ältere[86]) und neuere, aus parallelen, in Nuten verschiebbaren Stäbchen, derjenige von *Lagrous* (1828)[87]) aus konzentrischen Kreisringen, der von *Djakoff*[88]) und der „Ribbon's Adder"[89]) von *Ch. Webb* aus Bändern, die über Rollen laufen. Der wunde Punkt ist die sogenannte Zehnerübertragung: Wird z. B. 7 zu 46 addiert durch Weiterbewegen der auf 6 stehenden Einerskala um 7 Stellen, so wird der Apparat nur 43 zeigen, wenn der Rechner nicht mit der Hand die nötige Erhöhung der Zehner um eine Einheit ausführt. Oft ist nur eine Regel gegeben, wie man sehen kann, ob eine Zehnerübertragung stattfinden muss; letztere erfolgt mechanisch bei dem oben genannten Apparat von *Kummer*, dessen Einrichtung auch einen Bestandteil mehrerer Arithmographen (z. B. der von *Troncet* und *Bollée*, s. Nr. **13**, bes. Fig. 3 bei *R*) bildet.

Mit den meisten dieser Apparate, die alle nur ein verhältnismässig langsames Arbeiten gestatten, lässt sich auch subtrahieren, indem man die bei der Addition nötigen Bewegungen umkehrt.

12. Multiplikations- und Divisionsapparate. Zuerst seien, vielfach nur als elementare Unterrichtsmittel gedachte, schon in früheren Jahrhunderten häufige und immer wieder in neuen Formen auftauchende Apparate von geringer Bedeutung erwähnt, bei denen eine fertige Produktentafel [s. Nr. **5**], meist kleinen Umfangs, auf einen Schieber oder die Mantelfläche eines Prismas oder Cylinders geklebt oder auf Rollen gewickelt ist und gemäss den Werten der Faktoren so bewegt werden kann, dass an einer zum Ablesen bestimmten Stelle das gesuchte Produkt erscheint[90]).

Bemerkenswerter sind *J. Neper*'s Rechenstäbchen (virgulae nume-

---

geteilten Bande weiter. Ein Messband ist auch in dem Apparat von *L. Reimann*, D. R. P. (= deutsches Reichspatent) Nr. 45482 (1888) benützt.

85) *von Bohl* p. 14.

86) Z. B. der von *C. Caze* (1720), s. *M. d'Ocagne* p. 6.

87) Soc. d'Encour. Bull. 1828, p. 394.

88) *von Bohl* p. 191.

89) *Dyck*'s Katalog, Nachtr. p. 5, Abb. bei *von Bohl* p. 25.

90) Eines unter sehr vielen Beispielen: Rechenapparat „Zeus" von *Edm. Schneider*-München (Walzenform). Bei *Fr. Sönnecken*'s Apparat D. R. P. Nr. 51445 (1889) deutet ein Zeiger auf das Produkt, wenn zwei andere Zeiger auf die Faktoren gestellt worden sind. — Natürlich können auch andere Tabellen mit einfachem oder doppeltem Eingang entsprechend eingerichtet werden.

ratrices)[91]), die nebst den zahlreichen Abarten, die schon im 17. und 18. Jahrhundert ersonnen wurden, im 19. Jahrhundert verschiedene Auferstehungen erlebt haben[92]). Sie können als eine durch Zerschneiden in Streifen beweglich gemachte Einmaleinstafel betrachtet werden und führen die Multiplikation einer Zahl von beliebig vielen Ziffern, welche man aus den betreffenden Stäbchen zusammenzusetzen hat, mit einer der Zahlen 2 bis 9 auf eine Addition einziffriger Zahlen zurück. Einen wesentlichen Fortschritt zeigen die Apparate von *Slonimsky* (1844)[93]), *Jofe* (1881)[94]) sowie *H. Genaille* und *Ed. Lucas* (1885)[95]) (Fig. 1), da bei denselben keine Addition mehr nötig ist;

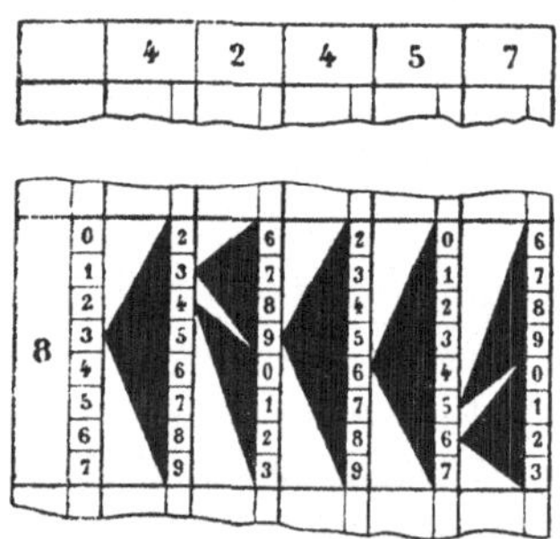

Fig. 1. Réglettes multiplicatrices von *Genaille* und *Lucas*.

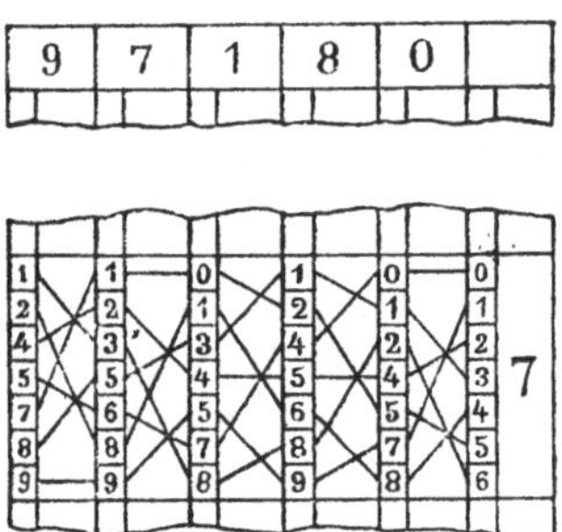

Fig. 2. Réglettes multisectrices von *Genaille* und *Lucas*.

jede Zusammenstellung der Stäbchen giebt hier eine fertige Produktentafel[96]). Von ähnlicher Einrichtung wie die réglettes multiplicatrices

---

91) Ende des 16. Jahrh. erfunden. Zuerst beschrieben in: Rabdologiae seu numerationis per virgulas libri duo..., Edimburgi 1617; Abb. *d'Ocagne* p. 8, *von Bohl* p. 29.

92) Eine der neuesten Ausgaben ist z. B. *J. Blater*'s „Erleichterungstafel", Wien 1889. — Wegen sonstiger neuerer und älterer Formen vgl. *von Bohl* p. 29—32 und die Zusammenstellung von Dr. *Roth,* Soc. d'Encour. Bull. 1843, p. 415. Fast jedes Jahr werden Apparate dieser und der vorhergehenden Art patentiert.

93) J. f. Math. 28 (1844), p. 184. Die Beschreibung ist ungenügend, lässt aber vermuten, dass der Apparat aus Stäbchen derselben - Art bestand, wie der spätere von *Jofe*; ausserdem hatte er einen Mechanismus für das schnelle Verbringen der Stäbchen in die richtige Ordnung.

94) *von Bohl* p. 194.

95) „Réglettes multiplicatrices", Paris, Eugène Belin.

96) *Jofe* (und vermutlich auch *Slonimsky*) hat bedeutend mehr Stäbchen nötig, als *Genaille* und *Lucas,* wogegen die Ziffern des gesuchten Produkts bei seinem Apparat immer in gerader Linie stehen, während bei demjenigen der zuletzt genannten die Einer, Zehner u. s. w. durch ein eigentümliches Ablese-

sind die „réglettes multisectrices" (Fig. 2) von *Genaille* und *Lucas*[97]), welche den Quotienten und Rest der Division einer beliebig-ziffrigen Zahl durch eine einziffrige mittelst blossen Ablesens finden lassen.

Mehrziffrigen Multiplikatoren angepasst sehen wir *Neper*'s Gedanken in *Ad. Poppe*'s „Arithmograph"[98]), in dem „Calculateur" von *H. Genaille*[99]) und dem „Tableau multiplicateur-diviseur" von *Léon Bollée*[100]). Bleibt bei diesen Apparaten die Addition der von ihnen gelieferten Partialprodukte noch dem Rechner überlassen, so wird das fertige Ergebnis der Multiplikation oder Division zweier beliebigen mehrziffrigen Zahlen durch successives Ablesen erhalten bei dem eine Verallgemeinerung der réglettes multisectrices darstellenden „Arithmomètre" von *H. Genaille*[101]), gleichsam einer zusammensetzbaren Multiplikations- und Divisionstafel, die, was den Umfang der Leistungen betrifft, von keiner gedruckten erreicht werden kann.

13. Arithmographen für alle vier Spezies. Die hier zu besprechenden Apparate sind aus einer Vorrichtung für Multiplikation und einer solchen für Addition bezw. Subtraktion zusammengesetzt. So finden wir eine Produktentafel in Verbindung mit einem Rechenbrett bei *Th. v. Esersky* (1872)[102]), in Verbindung mit Additionsschiebern nach Art derjenigen von *Kummer* (s. Anm. 85) bei *Troncet* (1891)[103]); dagegen Neperstäbchen mit einem Rechenbrett vereinigt

---

verfahren, bei dem man (s. das Beispiel $42457 \times 8 = 339656$ in Fig, 1) rechts oben anfangend den Spitzen der nach links gerichteten Dreiecke zu folgen hat, der Reihe nach bestimmt werden müssen. Es beruhen diese Apparate auf demselben arithmetischen Satze, welcher auch der Multiplikationstafel von *Slonimsky* (s. Anm. 27) zu Grunde liegt, die Umsetzung des mathematischen Gedankens in einen Apparat ist aber in diesem Falle erfolgreicher gewesen.

97) Paris 1885, Eugène Belin. Links oben beginnend und den Linien folgend liest man in Fig. 2 ab $97180 : 7 = 13882$, Rest 6.

98) Beschreibung Frankfurt a. M. 1876, s. auch Dingler's polyt. J. 223 (1877), p. 152; *von Bohl* p. 38. Es ist nicht die gewöhnliche, sondern die geordnete Multiplikation (s. Nr. 1) zu Grunde gelegt, weshalb der eine Faktor in umgekehrter Ordnung der Ziffern aus Stäbchen gebildet werden muss. In der Handhabung weniger einfach, als die folgenden Apparate.

99) Assoc. franç. 20^1, Marseille 1891, p. 159; 23^2, Caen 1894, p. 272.

100) Soc. d'encouragem. Bull. 1895, p. 985. Entsprechend den Ziffern der beiden Faktoren sind wagerechte und senkrechte Schieber auszuziehen, worauf die in den Öffnungen erscheinenden Partialprodukte in diagonaler Richtung addiert werden müssen.

101) Assoc. franç. 24^1, Bordeaux 1895, p. 179; s. auch *d'Ocagne* p. 12—13.

102) *von Bohl* p. 12.

103) *von Bohl* p. 19.

bei *Michel Rous* (1869)[104]), mit Additionsschiebern nach Art der *Kummer*'schen bei *Eggis* (1892)[105]). Eine organische Verbindung der beiden Teile zeigt jedoch erst der „Arithmographe" von *Léon Bollée*

Fig. 3. Arithmograph von *Bollée*.

(Fig. 3)[106]), der auf der Grenze der eigentlichen Rechenmaschinen steht (hinter deren Leistungen er allerdings weit zurückbleibt), da alle Rechnungsarten sich mechanisch mit ihm ausführen lassen

b. Rechenmaschinen.

Es lässt sich nicht umgehen, im folgenden über die innere Einrichtung von Rechenmaschinen zu sprechen. Jedoch wollen wir technische Einzelheiten so viel als möglich bei Seite lassen und uns auf das beschränken, was nötig ist, um die Wirkungsweise im ganzen zu verstehen.

---

104) Soc. d'enc. Bull. 1869, p. 137; das Rechenbrett hat in jeder Reihe nur 4 Einerkugeln und 1 oder 2 Fünferkugeln.

105) *v. Bohl* p. 33. Die „machine arithmétique" von *Grillet* (1678) bestand ebenfalls aus Neperstäbchen in Verbindung mit Additionsscheiben ohne automatische Zehnerübertragung; s. *J. Leupold*, Theatrum arithmetico-geometricum, Leipzig 1727, p. 26.

106) Soc. d'enc. Bull. 1895, p. 977, 985; s. auch die deutsche Patentschrift Nr. 82963. Bemerkenswert ist, dass die Partialprodukte, derer man beim Multiplizieren bedarf, nicht, wie bei den Neperstäbchen, durch Ziffern angegeben sind, sondern ihrem Werte nach durch die Stellung zu den Additionsschiebern eingeführt werden.

α. Maschinen für die gewöhnlichen Rechnungsarten.

14. Zählwerk. Wie das Zählen die Grundlage des Rechnens, so bildet ein Zählwerk den Hauptbestandteil einer jeden Rechenmaschine. Dasselbe ist in der Regel dem dekadischen Zahlensystem angepasst und dementsprechend aus je einem Element für die Einer, Zehner, Hunderter u. s. w. zusammengesetzt[107]). Die Elemente sind gewöhnlich cylindrische Scheiben[108]), auf deren ebener oder krummer Fläche die Ziffern 0, 1, 2, ... 9, einmal oder mehrmals in der Richtung der Halbmesser bez. Mantellinien oder senkrecht dazu im Kreise herum stehend angebracht sind[109]). Was die Anordnung dieser Zifferscheiben betrifft, so können ihre Drehungsaxen parallel sein und in einer Ebene liegen[110]), oder Mantellinien eines Cylinders bilden[111]), oder endlich zusammenfallen, so dass die Zifferscheiben sich auf gemeinsamer Welle neben einander befinden und die Ziffern auf der gekrümmten Fläche senkrecht zur Axenrichtung stehen. Letztere Anordnung, die erstmals bei der Maschine von *Pereire* (1750)[112]) vorzukommen und sich mehr und mehr einzubürgern scheint, verdient den Vorzug, weil sie den geringsten Raum erfordert und die Resultate wegen der engeren Stellung der Ziffern leichter überblicken lässt.

In keinem Zählwerk einer eigentlichen Rechenmaschine fehlen Mechanismen, die bewirken, dass die „Zehnerübertragung" (vgl. Nr. **11**) sich ohne Zuthun des Rechners vollzieht. Die Einrichtung kann der-

---

107) In den Fig. 11, 13, 14, 16—18, 20 ist das Zählwerk mit $Z-Z$ bezeichnet. — Nicht wenige der älteren Rechenmaschinen — hervorzuheben sind in dieser Hinsicht die von *Pereire* [112]) und *Müller* [162]) — waren auch auf das Rechnen mit nicht-dekadischen Zahlen und mit den gewöhnlichsten Brüchen ($^1/_2$, $^1/_3$ u. s. w.) eingerichtet; heute ist es (abgesehen von den Differenzenmaschinen, Nr. **22**, bei welchen auf die nicht-dezimalen Winkel- und Zeitteilungen Rücksicht zu nehmen war) nur noch bei Additionsmaschinen in Ländern mit nicht-dezimalen Mass- und Münzsystemen der Fall.

108) In Nuten verschiebbare Stäbe, wie sie die Additionsmaschine von *Perrault* hatte (vor 1699, s. Machines approuvées par l'Ac. des sc. 1, p. 55), scheinen bei eigentlichen Rechenmaschinen nicht mehr vorzukommen.

109) Die Anordnung der Ziffern in Schraubenlinien ist selten, s. Nr. **15**, Anm. 119 u. 121.

110) Wie bei den Maschinen von *Pascal* [116]), *Leibniz* [140]), *Thomas* [143]) und vielen anderen.

111) Ist der Fall bei den, dem 18. Jahrh. angehörigen Maschinen von *Leupold* [135]), *Hahn* [141]), *Müller* [162]) und der neueren von *Edmondson* [158]); bedingt kreisförmige Bauart der Maschine.

112) J. des Savans, 1751, p. 507. Es haben dieselbe u. a. die Maschinen von *Grant* [155]), *Tschebyscheff* [113]), *Odhner* [144]), *Selling* [136]) [152]), *Büttner* [146]), *Bollée* [149]), *Küttner* [147]).

art sein, dass wenn irgend eine Zifferscheibe über die Stellung, in der sie die Ziffer 9 zeigt, hinaus gedreht wird, die Zifferscheibe nächst höherer Ordnung sich plötzlich um eine Stelle weiter bewegt, oder aber so, dass bei jeder Drehung einer beliebigen Zifferscheibe die nächste sich 1/10 so schnell dreht und folglich während einer Drehung der ersten Scheibe um 10 Stellen die nächste sich allmählich um eine Stelle dreht. Im ersten Fall, der die Regel bildet, spricht man von unstetiger oder springender, in dem sehr seltenen letzteren Falle[113]) von stetiger oder schleichender Zehnerübertragung.

Für das Rückwärtszählen beim Subtrahieren — wenn dieses vorgesehen ist — hatten die älteren Maschinen[114]) meist in jedem Element des Zählwerks noch eine zweite, rot gefärbte Ziffernreihe mit verkehrter Ordnung der Ziffern, so dass die Bewegung der Elemente immer in demselben Sinne stattfand. Wegen mancher Unbequemlichkeiten ist später diese Einrichtung verlassen und die Rückwärtsbewegung der Elemente an ihre Stelle gesetzt worden. (Näheres in Nr. **19.**)

15. Maschinen zum Addieren und Subtrahieren. Ist beim Zählwerk Vorsorge getroffen, dass jedes seiner Elemente unabhängig von den übrigen sich nach Belieben um eine Ziffer, oder um 2, 3,... 9 Ziffern vorwärts bewegen lässt, so kann man es offenbar zum Addieren benützen. Wir legen hier keinen Wert darauf, ob die Elemente unmittelbar von der Hand des Rechners bewegt werden, oder die Bewegung an besonderen Gliedern ausgeführt und durch gezahnte Räder oder Stangen, Gliederketten oder dergleichen auf die Elemente übertragen wird. Dagegen macht es für die erreichbare Schnelligkeit des Arbeitens einen Unterschied — wir verwenden ihn als Einteilungsgrund für die sehr zahlreichen Additionsmaschinen[115]) — ob

113) Er findet sich zuerst in dem „Arithmometer" von *P. L. Tschebyscheff* (1878, Abb. bei *d'Ocagne* p. 40 flg., *von Bohl* p. 113 flg.), ferner (mit denselben kinematischen Elementen, sog. Planetenrädern, die übrigens, obwohl für einen andern Zweck, schon in dem „Arithmaurel" [131]) verwendet sind) in der älteren Rechenmaschine von *Selling*[136]). Diesen Zählwerken eigentümlich ist, dass die Ziffern des Resultates nicht in einer geraden Linie stehen — in den Augen mancher Rechner ein Nachteil, dem *Tschebyscheff* und *Selling* in verschiedener Weise zu begegnen gesucht haben.

114) Z. B. die von *Pascal*[116]), *Perrault*[108]), *Hahn*[141]), *Müller*[162]) und noch die Maschine von *Thomas*[143]) in ihrer ersten Gestalt (1820).

115) Verfasser konnte über 80 Arten zählen und fast jedes Jahr kommen einige neue hinzu; die Zahl der ausgeführten Additionsmaschinen lässt sich auf 1000 schätzen. Es kann sich hier nur darum handeln, an Vertretern der wichtigsten Gattungen die stattgehabte Entwicklung darzulegen. Die zu tausenden

verschiedene Ziffern desselben Ranges durch die Bewegung eines und desselben Gliedes, jedoch um verschiedene, diesen Ziffern proportionale Beträge, addiert werden, oder aber durch Bewegung verschiedener Glieder (Tasten oder Druckknöpfe).

Zur ersten Gruppe gehört die älteste aller Rechenmaschinen, die (technisch noch unvollkommene) „machine arithmétique" (Fig. 4) von

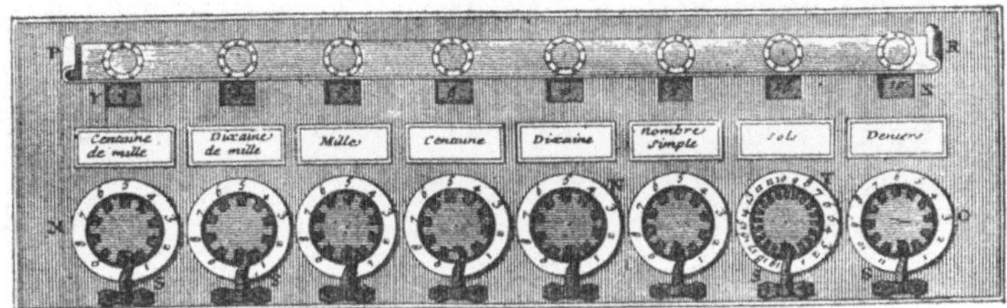

Fig. 4. Rechenmaschine von *Pascal.*

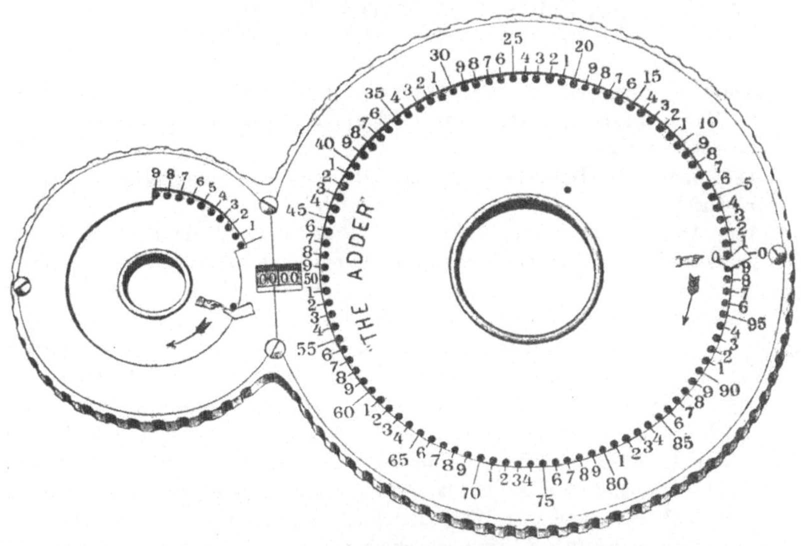

Fig. 5. *Webb's* Adder.

Blaise Pascal (1642)[116]), welche zum Addieren und Subtrahieren diente Die vielen älteren Versuche zur Verbesserung der Maschine von *Pascal* übergehend, erwähnen wir als einige der letzten Ausläufer dieser Reihe

---

verbreiteten sog. Registerkassen mit Additionswerk mögen ganz ausser Betracht bleiben.

116) Sie hat Räder mit 10 Speichen (abgesehen von den mit Sols und Deniers überschriebenen), die der Rechner mit einem Stift herumdreht, bis letzterer an die betreffende Zunge S anstösst; die ausführlichen Beschreibungen in den

den gut konstruierten „Additionneur“ des Dr. *Roth* (1843)[117]) und den einfachen „Adder“ (Fig. 5) von *C. H. Webb* (1868)[118]). Auch *J. v. Orlin*'s „automatische Schraubenrechenmaschine“ für Addition und Subtraktion (1893) lässt sich hier anschliessen[119]).

Eine Steigerung der Schnelligkeit und Sicherheit der Bewegungen, die sehr zu wünschen war, ist durch Einführung der Tasten ermöglicht worden[120]). Man hat bei den Maschinen dieser zweiten Gruppe entweder nur die Addition einziffriger Zahlen ins Auge gefasst und für jede der Zahlen 1—9 eine Taste vorgesehen, wie z. B. *Alb. Stettner* (1882)[121]) und *Max Mayer* (1887, s. Fig. 6)[122]), zuweilen sogar sich noch eine Beschränkung in der Zahl der Tasten auferlegt[123]), oder aber für die Einer, Zehner u. s. w. je 9 Tasten, in parallelen Reihen

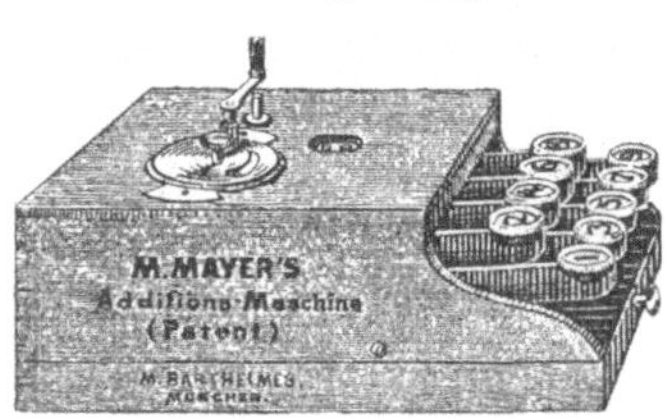

Fig. 6.
M. Mayer's Additionsmaschine.

---

verschiedenen Ausgaben der Oeuvres complètes von *Pascal* gehen auf *Diderot* (Grande Encyclopédie 1, Paris 1751, p. 680; Encyclopédie méthodique 1, Paris 1784, p. 136) zurück.

117) Soc. d'enc. Bull. 1843, p. 411, 421. Abb. bei *d'Ocagne* p. 20, *von Bohl* lithogr. Tafel.

118) Amer. scient. 20 (1869), p. 20; J. Franklin Institute (3) 60 (1870), p. 8. Eine grössere Scheibe für die Ziffern 1—100 und eine kleinere für die Hunderter befinden sich nebeneinander und werden unmittelbar mit einem Stift gedreht.

119) S. *von Bohl*, Moskau, techn. Gesellschaft Denkschr. (russisch), 1898. Der Antrieb der Zifferscheiben, welche auf den Spindeln paralleler Schrauben befestigt sind, erfolgt durch Verschieben (ohne Drehen) von Schraubenmuttern in der Axenrichtung. — Schraubengewinde, aber als Träger einer Ziffernreihe, haben auch die für das ernstliche Rechnen kaum in Betracht kommenden „Addierstifte“ zum Addieren einziffriger Zahlen, z. B. der von *Smith* und *Pott* 1875, Amer. scient. 33, p. 214 oder Polyt. J. 219 (1876), p. 401; vgl. auch Anm. 121.

120) Eine 1851 auf der Weltausstellung in London durch ehrenvolle Erwähnung ausgezeichnete Additionsmaschine von *V. Schilt* soll nach *C. Dietzschold* (Die Rechenmaschine, Leipzig 1882, p. 19) Tasten gehabt haben; ältere Beispiele sind dem Verfasser nicht bekannt.

121) Deutsche Patentschr. Nr. 21236 und 23098. Eigentümlich ist die Anordnung der (bis 1000 gehenden) Ziffern nach einer Schraubenlinie auf einer drehbaren und in der Axenrichtung verschiebbaren Trommel.

122) D. R. P. Nr. 44398. Abb. des Inneren *Dyck*'s Katalog p. 147, *von Bohl* p. 63; jetziger Handelsname „Summa“. Ältere Konstruktion s. Anm. 124.

123) Abgesehen von wertlosen „Taschenaddierern“, die nur Eins wiederholt addieren können, seien erwähnt *Fritz Arzberger*'s Addiermaschine [Schweiz. polyt. Zeitschr. 11 (1866), p. 33; Dingl. polyt. J. 181, p. 28] mit nur zwei Tasten, nämlich für Eins und Drei, und die von *Shohé Tanaka* (1895, D. R. P. Nr. 90288)

angeordnet, bestimmt[124]). Seitdem noch selbstthätige Vorrichtungen zum Drucken der addierten Zahlen und ihrer Summe auf einen weiterlaufenden Papierstreifen hinzugekommen sind (vgl. auch Anm. 165), ist das Problem einer Additionsmaschine als befriedigend gelöst

Fig. 7. *Burrough*'s selbstschreibende Additionsmaschine.

zu betrachten. Von dieser neuen Gattung hat zur Zeit die grösste Verbreitung *Burrough*'s „selbstschreibende Additionsmaschine" („Registering Accountant", 1888, s. Fig. 7)[125]), neben welcher noch die

---

mit 5 Tasten für die Ziffern 1—5 (es wird z. B. 7 durch gleichzeitiges Drücken der Tasten für 5 und 2 addiert).

124) Beispiel: Der „Comptometer" von *Dorr. E. Felt* (1887), Abb. *von Bohl* p. 198. — Die ältere Additionsmaschine von *M. Mayer* [1881, D. R. P. Nr. 29206 und 35496, Dingl. polyt. J. 260 (1886), p. 263] hatte zwar je eine besondere Zifferscheibe für die Einer, Zehner u. s. w., aber nur eine Reihe Tasten für die Ziffern 1—9, die mit jeder einzelnen Zifferscheibe in Verbindung gebracht werden konnte; ähnlich der Grundgedanke der Additionsmaschine von *E. Runge*, D. R. P. Nr. 87776 (1896), Abb. Zeitschr. Math. Phys. 44 (1899), Suppl. p. 533, nur dass die Wirkung jener Tasten auf die einzelnen Zifferscheiben durch eine zweite Reihe von Tasten vermittelt wird, also mehrziffrige Zahlen sich addieren lassen, aber bei jeder Ziffer zwei Tasten gleichzeitig gedrückt werden müssen.

125) S. deutsche Patentschrift Nr. 77068 (ältere Konstruktion Nr. 50324); es ist die u. a. bei vielen deutschen Postämtern eingeführte Maschine. Weniger Anklang scheint der einst viel genannte „Comptograph" gefunden zu haben, von welchem der Comptometer, Anm. 124, eine vereinfachte Form ist. Bei der Maschine von *Ad. Bahmann* (1888, D. R. P. Nr. 46960) geschah die Registrierung der Summanden nicht durch Drucken der Ziffern selbst, sondern (ähnlich wie

Additionsmaschine mit Posten- und Summendruck von *W. Heinitz* (Fig. 8)[126]) genannt sei; da durch das Niederdrücken der Tasten die Summanden nur vorläufig eingestellt und erst nach Bewegung eines Hebels wirklich addiert und registriert werden, so stehen derartige Maschinen den in Nr. **17** zu behandelnden erweiterten Additionsmaschinen bereits sehr nahe[127]).

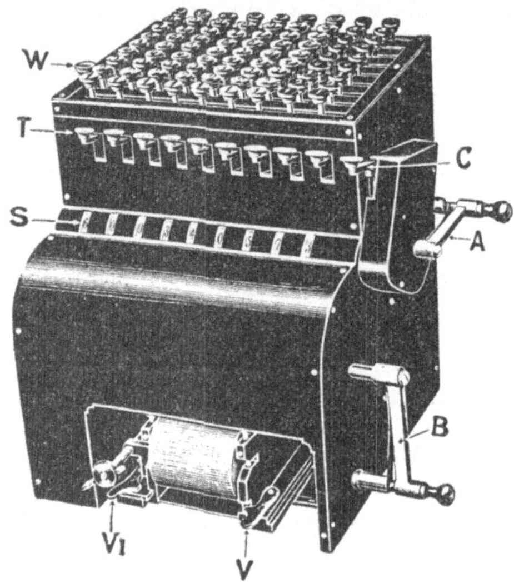

Fig. 8. Additionsmaschine mit Posten- und Summendruck von *Heinitz*.

Für Subtraktion sind die neueren Additionsmaschinen gewöhnlich nicht eingerichtet, weil das Bedürfnis dazu gering ist[128]).

16. Schaltwerk. Um eine Rechenmaschine für die wiederholte Addition einer und derselben mehrziffrigen Zahl und damit für die Multiplikation brauchbar zu machen, kann man sie mit besonderen Mechanismen versehen — sie bilden das sog. Schaltwerk — die es ermöglichen, nach Vornahme der nötigen Einstellungen alle Zifferscheiben des Zählwerks zugleich, jede um eine gewünschte Zahl von Stellen, weiter zu bewegen (zu „schalten"), und zwar durch eine einzige Handbewegung, z. B. das Drehen einer Kurbel (*K* in Fig. 11, 13, 16—18, 20).

Bis jetzt sind im wesentlichen vier Arten von Schaltwerken in Anwendung gekommen. Am öftesten begegnet man der von *G. W.*

---

bei Kontrolluhren) durch Stifte, deren relative Lage der Grösse der addierten Ziffern entsprach.

126) D. R. P. Nr. 111906, 111916, 112252.

127) Aus jeder Maschine für alle vier Spezies (s. Nr. **17**) lässt sich durch Vereinfachung eine blosse Additionsmaschine ableiten, wie dies z. B. *Hahn, Thomas, Selling* gethan haben (bei *Tschebyscheff*'s Arithmometer[113]) kann sogar das Addierwerk abgetrennt und für sich benutzt werden); sofern derartige Maschinen nicht mit Tasten versehen, also den zuletzt beschriebenen ähnlich sind, arbeiten sie zu langsam.

128) Auch lässt sich die Subtraktion einer Zahl auf die Addition ihrer leicht im Kopf zu bildenden Ergänzung zur nächst höheren Potenz von 10 zurückführen (der Comptometer[124]) hat schon auf den Tasten neben jeder Ziffer die Ergänzung zu 10).

Fig. 10. Schaltwerk aus der *Leibniz*'schen Rechenmaschine in Hannover.

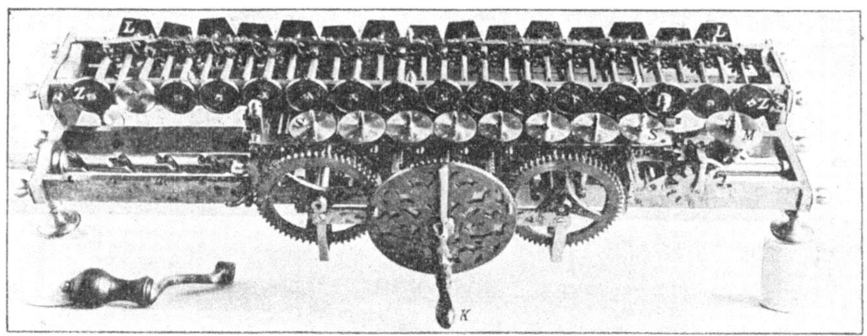

Fig. 11. *Leibniz*'sche Rechenmaschine in Hannover, ohne Gehäuse.

Fig. 12. *Leibniz*'sche Rechenmaschine in Hannover.

Leibniz erfundenen „Stufenwalze“ oder „Staffelwalze“ [129]), (französisch cylindre ou tambour denté, englisch stepped reckoner), einem Cylinder mit neun Zähnen verschiedener Länge, der als Verschmelzung von neun auf derselben Welle neben einander befindlichen Rädern oder Sektoren, die der Reihe nach 1, 2, ... 9 Zähne gleicher Grösse haben, betrachtet werden kann [130]). In der Regel ist für die Einer, Zehner u. s. w. je eine Stufenwalze bestimmt, jedoch lässt sich auch mit einer einzigen auskommen [131]).

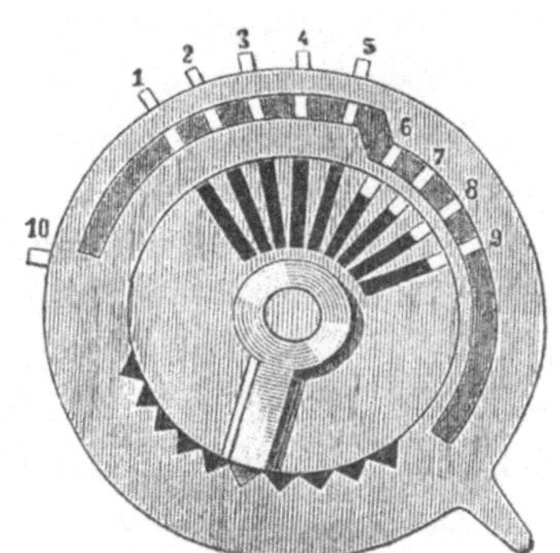

Fig. 9. Schaltrad aus *Odhner*'s Arithmometer.

Ein anderes Mittel, das ebenfalls schon *Leibniz* [132]) gekannt hat, ist die Verwendung von Zahnrädern, von deren Zähnen sich beliebig viele nach innen schieben [133]) und dadurch unwirksam machen lassen (s. Fig. 9). Schaltwerke mit solchen Rädern zeichnen sich vor denen mit Stufenwalzen durch geringen Raumbedarf aus und sind in neuerer Zeit sehr in Aufnahme gekommen [134]).

---

129) Die einzige uns erhalten gebliebene (1694 vollendete?) von den beiden sicher ausgeführten Rechenmaschinen von *G. W. Leibniz* (Fig. 11 u. 12), welche in der kgl. Bibliothek zu Hannover aufbewahrt wird und neuerdings von *A. Burkhardt* wieder in Stand gesetzt worden ist (s. Zeitschr. f. Vermessungswesen 1897, p. 392), besitzt deren acht, die man in Fig. 10 oben neben einander bemerkt. Ausserdem kommen Stufenwalzen z. B. vor in den Maschinen von *Hahn* (1774) [141]) Viscount *Mahon,* späterem Earl of *Stanhope* [in der ersten von 1775, s. Phil. Mag. (5) 20 (1885), p. 15], *Müller* (1783) [162]), *Thomas* (1820) [143]).

130) Befindet sich ein Zahnrädchen, das die Bewegung auf eine Zifferscheibe zu übertragen hat, z. B. der Stelle gegenüber, bis zu welcher 7 Zähne der Stufenwalze reichen, so wird es bei jeder vollen Umdrehung der letzteren um 7 Zähne weiter gedreht werden.

131) Das zeigen die „Arithmaurel“ genannte Maschine von *Maurel* und *Jayet*, Fig. 14 [Par. C. R. 28 (1849), p. 209; mit Abb. der Mechanismen: *Lalanne*, Ann. ponts chaussées, (3) 8 (1854), 2. sém., p. 288; s. auch *d'Ocagne* p. 29] und diejenige von *Tschebyscheff* [113]).

132) S. die von *Jordan* veröffentlichte Übersetzung eines Manuskripts aus dem Nachlasse von *Leibniz,* Zeitschr. f. Verm.-Wes., 1897, p. 308; vielleicht hatte die verschollene zweite Rechenmaschine von *Leibniz* ein solches Schaltwerk.

133) Nach der Seite umlegbare Zähne hatten die Schalträder der im übrigen unvollkommenen Maschine von *Joh. Poleni* (Miscellanea, Venetiis 1709, p. 27; s. auch *Leupold*, Theatrum arithmetico-geometricum, 1727, p. 27).

134) Nach dem Vorgange von *Odhner* [144]) haben sie z. B. *Büttner* [146]), *Esser* [159]) und *Küttner* [147]) angenommen. Übrigens hat Dr. *Roth* etwa 40 Jahre vor *Odhner* ähnliche Schalträder verwendet (ausgestellt im Conservatoire des Arts et Métiers zu Paris).

Drittens giebt es Schaltwerke mit gezahnten Rädern oder Stangen, die, sobald von ihren Zähnen die gewünschte Zahl gewirkt hat, ausser Eingriff mit den Zahnrädern, welche die Drehung der Zifferscheiben vermitteln, gebracht werden können[135]).

Endlich kann die Einrichtung getroffen sein, dass die Glieder des Schaltwerks (z. B. Zahnstangen) sich mit verschiedener Schnelligkeit bewegen lassen[136]).

Von grosser Bedeutung ist es noch — ein ebenfalls von *Leibniz* zuerst unternommener Schritt — das Schaltwerk und Zählwerk um beliebig viele Stellen gegen einander verlegbar zu machen, damit auch das 10-fache, 100-fache u. s. w. irgend einer mehrziffrigen, im Schaltwerk eingestellten Zahl durch eine einzige Handbewegung auf das Zählwerk übertragen werden kann[137]).

17. Erweiterte Additionsmaschinen (für alle vier Spezies). Eine auch die Subtraktion zulassende Additionsmaschine mit einem verleg-

---

135) Ein solches kommt zuerst in einer Rechenmaschine von *Jac. Leupold* vor, s. dessen Theatrum arithm.-geometr., 1727, p. 38; ferner haben es z. B. die zweite Rechenmaschine von Viscount *Charles Mahon*, späterem *Earl of Stanhope* (1777, s. *Vogler*, Anleitung zum Entwerfen graphischer Tafeln, Berlin 1877, p. 59), sowie die Maschinen von *C. Dietzschold* („Die Rechenmaschine", Leipzig 1882, p. 40; gebaut von 1877 an), *Fr. Weiss* (D. R. P. Nr. 71307 von 1893), *Bollée*[149]) und *Steiger*[151]). Bei *Grant*'s Maschine[155]) ist der Gedanke eigentlich der umgekehrte: jedes Schaltrad hat nur einen Zahn, durch welchen eine Hemmung für die zugehörige Zifferscheibe (die sich sonst fortwährend drehen würde) ausgelöst wird, sobald letztere die gewünschte Drehung vollzogen hat.

136) Einziges Beispiel die ältere, 1886 patentierte Rechenmaschine von *Ed. Selling,* Fig. 15 („Eine neue Rechenmaschine", Berlin 1887; ausführlichste Beschreibung der von *M. Ott* durchgebildeten Konstruktion von *A. Poppe*, Polyt. J. 271 (1889), p. 193). Jede Zahnstange des Schaltwerks kann nach Belieben mit dem 1., 2., 3. u. s. w. der beweglichen Gelenkpunkte einer „Nürnberger Schere" mit festem Anfangspunkt verbunden werden, so dass beim Öffnen der Schere um einen und denselben Betrag die Zahnstange je nach der Einstellung um 1, 2, 3 u. s. w. Zähne weiter geschoben wird.

137) Da es nur auf die gegenseitige Lage von Schaltwerk und Zählwerk ankommt, ist es gleichgiltig, ob das erste bewegt wird und das zweite ruht, wie bei den Maschinen von *Leibniz*[140]), *Selling*[136]), *Bollée*[149]) u. s. w., oder umgekehrt, wie bei denen von *Hahn*[141]), *Müller*[162]), *Thomas*[143]), *Odhner*[144]) u. s. w. Meistens geschieht die Verlegung des Schaltwerks resp. Zählwerks von Hand, man kann aber auch, wie *Leibniz*, für diesen Zweck eine besondere Kurbel anbringen (in Fig. 12 links), oder der schon vorhandenen Kurbel auch diese Aufgabe zuweisen, wie *Thomas* bei seinen späteren Maschinen grossen Formats, *Tschebyscheff*[113]), *Dietzschold*[135]) und *Steiger*[151]). Beim „Arithmaurel"[131]) ist jene Verlegung durch Wiederholung des Schaltwerks und der Kurbel (K, K', K'', K''' in Fig. 14) unnötig gemacht.

baren Schaltwerk (Nr. **16**), das in jedem Gliede auf irgend eine der Ziffern 0, 1, ... 9 gestellt werden kann[138]), ist für Multiplikation und Division ebenfalls tauglich, denn um z. B. 1973 mit 254 zu multiplizieren, wird man, nachdem die Zifferscheiben alle auf Null gestellt (s. Nr. **20**) und die Einer des Schaltwerks denen des Zählwerks (Nr. **14**) gegenüber gebracht sind, den Multiplikanden 1973 im Schaltwerk einstellen, dann viermal die Kurbel drehen[139]), hierauf das Zählwerk um eine Stelle nach rechts verlegen, dann fünfmal die Kurbel drehen, endlich das Zählwerk um eine weitere Stelle nach rechts verlegen und die Kurbel zweimal drehen, worauf im Zählwerk das gesuchte Produkt 501142 erscheinen wird. Und wie die Multiplikation durch wiederholte Addition, so lässt sich auch die Division durch wiederholte Subtraktion ausführen (s. Nr. **19**). In der That sind die Erfinder der meisten und verbreitetsten Rechenmaschinen von dieser Erwägung ausgegangen. Indem wir einige der bemerkenswertesten dieser „erweiterten Additionsmaschinen" hier aufzählen, nennen wir nach der an der Spitze stehenden „machina arithmetica" von *G. W. Leibniz* (s. Fig. 10—12)[140]), die Rechenmaschine des Pfarrers

---

138) Die Vorrichtungen zum Einstellen (das „Stellwerk", *S — S* in Fig. 11, 13, 14, 16—18, 20) betreffend, ist zu bemerken, dass für die Einer, Zehner u. s. w. entweder je ein in einem Schlitz entlang einer Skala beweglicher Knopf (*Thomas*[143])) oder Hebel (*Odhner*)[144]) vorhanden sein kann, oder ein Schieber (*Hahn*[141]), *Edmondson*[158])) bezw. eine drehbare Scheibe (*Leibniz*, s. Fig. 11, *S — S*; *Müller*[162]), *Büttner*[146])), mit Ziffern besetzt, von denen die gewünschte etwa unter eine Öffnung gebracht wird, oder aber — für schnelles Arbeiten am zweckmässigsten — eine Reihe von Tasten für die Ziffern 1—9 (*Selling*[136])). Wegen der nachträglichen Prüfung der eingestellten Zahl ist es erwünscht, dass deren Ziffern (wie bei *Duschanek*[161]), *Büttner*, *Steiger*[151])) in gerader Linie neben einander erscheinen. — Bei den Maschinen von *Grant*[155]) und *Selling* lässt sich die Einstellung häufig wiederkehrender Konstanten so vorbereiten, dass dieselbe (statt Ziffer für Ziffer) momentan erfolgen kann.

139) Bei der ältesten Maschine von *Thomas* (1820) wurde die Bewegung durch Ziehen an einem Bande eingeführt; beim Arithmaurel[131]) genügte es, einen Zeiger, deren für jede Stelle des Multiplikators einer vorhanden war (M, M', M'', M''' in Fig. 14), mittelst der zugehörigen Kurbel auf die betreffende Ziffer eines Zifferblattes zu drehen, weshalb diese Maschine sehr schnell arbeitete; bei der älteren Maschine von *Selling*[136]) geschah die Multiplikation mit 2, 3, ... durch Öffnen des Systems der Nürnberger Scheren um das Doppelte, Dreifache, ... des bei einfacher Addition nötigen Betrags, also auch durch eine einzige Handbewegung.

140) Erfunden 1671, ehe *Leibniz* die *Pascal*'sche Maschine kannte. Beschreibung von *Leibniz* selbst Miscell. Berol. 1 (1710), p. 317, Übersetzung Zeitschr. Verm.-W. 1892, p. 545. Zur Geschichte s. *W. Jordan*, Zeitschr. Verm.-W. 1897, p. 289, woselbst weitere Litteratur. Grundriss ebenda. S. auch Anm. 129 u. 132.

Ph. M. Hahn[141]) als erste wirklich brauchbare und gewerbsmässig hergestellte[142]); den „Arithmomètre“ von *Ch. X. Thomas* (Fig. 13)[143])

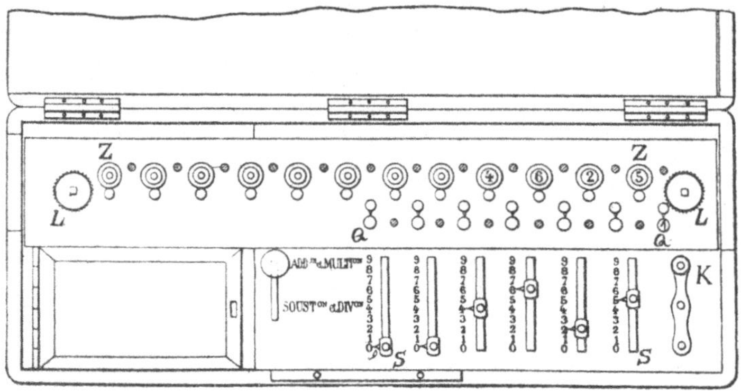

Fig. 13. Arithmometer von *Thomas* im Grundriss.

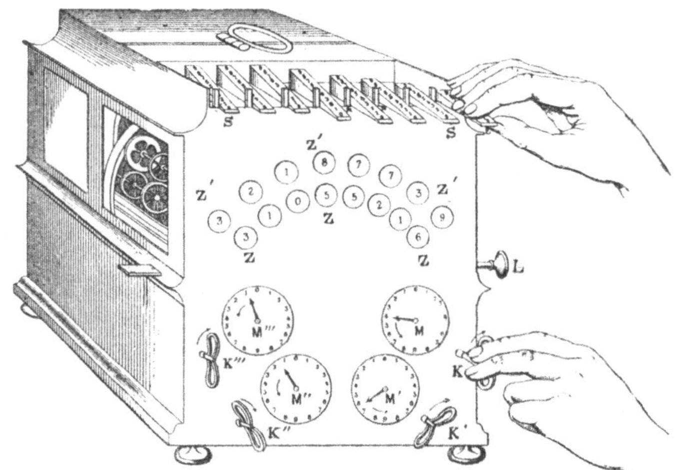

Fig. 14. Rechenmaschine von *Maurel* und *Jayet*.

als erste Maschine, die grössere Verbreitung erlangt hat; dann wegen besonders eigenartiger Bauart die zu ihrer Zeit leistungsfähigste, den

141) Erfunden 1770; 1774 erste Maschine fertig, s. *Ph. M. Hahn*, Beschreib. mechan. Kunstwerke, Stuttgart 1774, Vorrede; Teutscher Merkur, 2 (1779), p. 137. Abb. und gute Beschreibung fehlt noch. Mehrere noch brauchbare Maschinen vorhanden, z. B. in den Sammlungen der techn. Hochschulen Berlin, München, Stuttgart.

142) Noch im Anfang des 19. Jahrh. von dem Uhrmacher *Chr. Schuster* in Ansbach, vgl. *Dyck*'s Katalog p. 150.

143) Erfunden 1820; hat viele durchgreifende Änderungen erlebt und war

eigentlichen Multiplikationsmaschinen (Nr. **18**) nahe stehende Maschine von *Maurel* und *Jayet* (Fig. 14)[131]), sowie die ältere Maschine von *E. Selling* (Fig. 15)[136]); ferner den „Arithmometer“ von *W. T. Odhner*

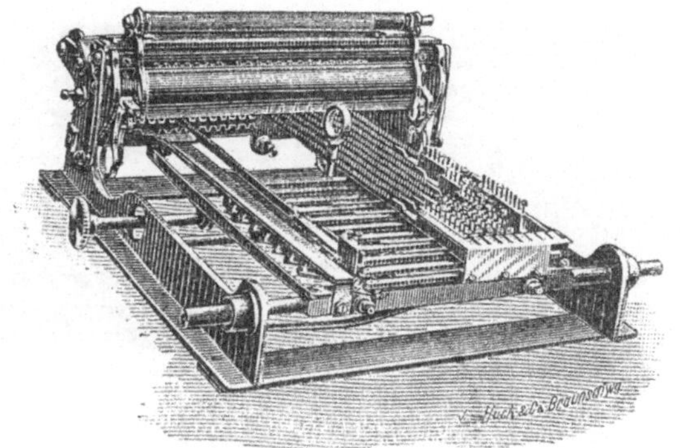

Fig. 15. Ältere Rechenmaschine von *Selling*.

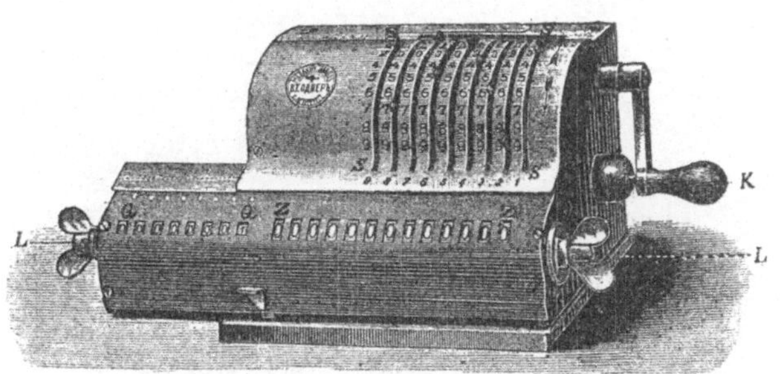

Fig. 16. Arithmometer von *Odhner*.

(Fig. 16)[144]), welcher zwar in mancher Beziehung hinter den vorigen Maschinen zurücksteht[145]), aber weniger Raum einnimmt und zu

---

anfangs (bis 1858) teilweise weniger zweckmässig eingerichtet, als die Rechenmaschinen von *Hahn* [141]), *Müller* [162]), und sogar von *Leibniz* [140]). Ausführl. Beschreib. mit Abb. *F. Reuleaux*, Die Thomas'sche Rechenmaschine, Freiberg 1862 (aus Civilingenieur 8), 2. Aufl. Leipzig 1892; *Sebert*, Soc. d'enc. Bull. 1879, p. 393; *A. Cavallero*, Torino Ist. tecn. Ann. 8, bezw. Revue universelle, 1880, p. 309 (wegen der älteren Formen s. *Hoyau*, Soc. d'enc. Bull. 1822, p. 355, *Benoît*, Soc. d'enc. Bull. 1851, p. 113); wird in vielen Werkstätten hergestellt, in Deutschland (mit Verbesserungen) von *A. Burkhardt*, Glashütte in S. seit 1878.

144) In Deutschland 1878 patentiert (Nr. 7393, u. Nr. 64925 von 1891); seit 1892 als „Brunsviga“ im Handel (s. *Trinks*, Zeitschr. Ver. deutscher Ingen. 1892, S. 1522), in Frankreich unter den Namen „Dactyle“ und „la Rapide“.

145) Ist nicht zuverlässig, weil die Bewegungen nicht hinreichend gesichert und die Zehnerübertragungen nicht weit genug geführt sind (erfüllt die

neuer Erfindungsthätigkeit angeregt hat[146]); endlich die Rechenmaschine von *W. Küttner* (Fig. 17)[147]), als die am meisten Vorteile bietende der jetzt im Handel befindlichen erweiterten Additionsmaschinen[148]).

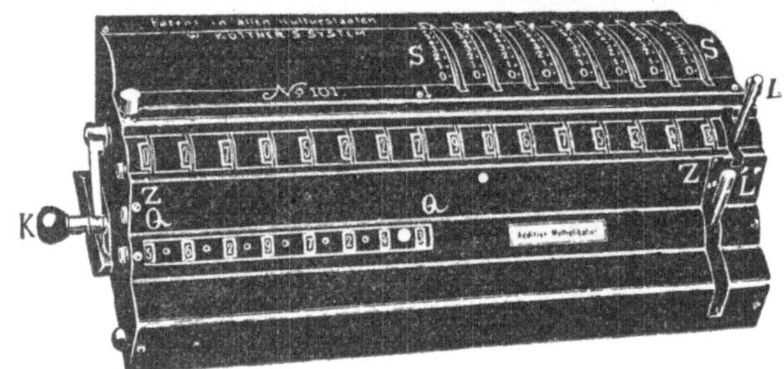

Fig. 17. Rechenmaschine von *Küttner*.

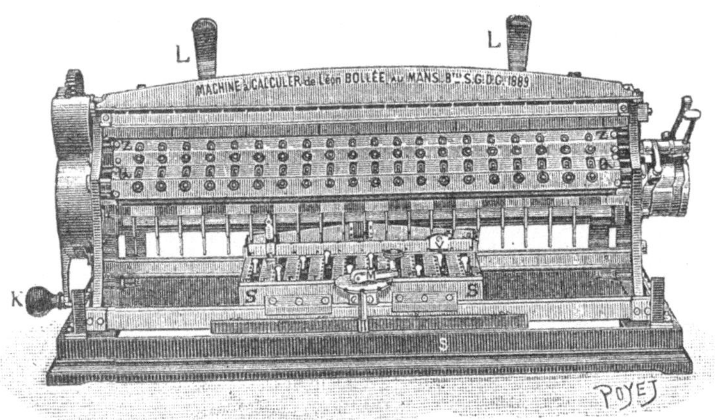

Fig. 18. Rechenmaschine von *Bollée* (Modell von 1888).

18. Eigentliche Multiplikationsmaschinen. Einen ganz neuen Gedanken hat 1888 *Léon Bollée* in seiner „machine à calculer“

---

an jede R.-Maschine zu stellende Bedingung nicht, dass im Zählwerk 000 · · · 0 erscheint, wenn 999 · · · 9 eingestellt war und 1 addiert wird); hat sehr schweren Gang und andere Mängel.

146) Von ähnlicher Bauart, jedoch in wesentlichen Punkten verbessert sind die Rechenmaschinen von *Esser*[159]) und *Küttner*[147]). Auch die sehr brauchbare Maschine von *O. Büttner* (D. R. P. Nr. 47243, 1888, Abb. *Dyck*'s Katalog p. 151, *von Bohl* p. 102) scheint davon beeinflusst zu sein.

147) D. R. P. Nr. 84269 (1894), s. *Dingler*'s Polyt. J. 300 (1896), p. 199; wird hergestellt von *W. Heinitz* in Dresden.

148) Zu denselben gehören auch u. a. die Rechenmaschinen von *Leupold*[135]),

(Fig. 18)[149]) verwirklicht: Die gegenseitigen Produkte der Zahlen 1—9 sind körperlich dargestellt, nämlich durch Paare von Stiften, deren Längen den Einern und Zehnern jener Produkte entsprechen[150]). Diese Stifte begrenzen die Verschiebung von Zahnstangen, welche so

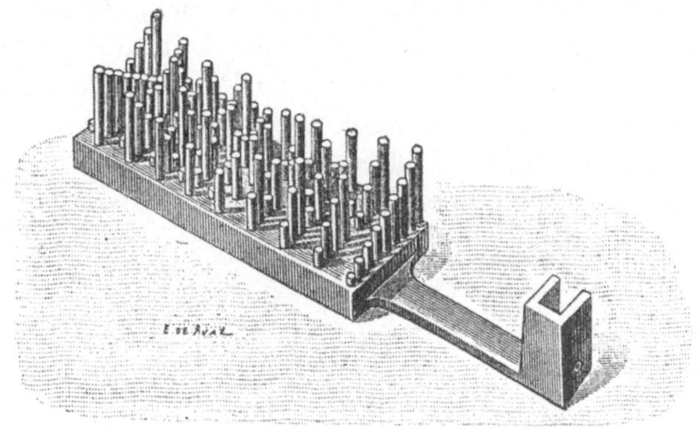

Fig. 19. Einmaleinskörper aus der Rechenmaschine von *Bollée*.

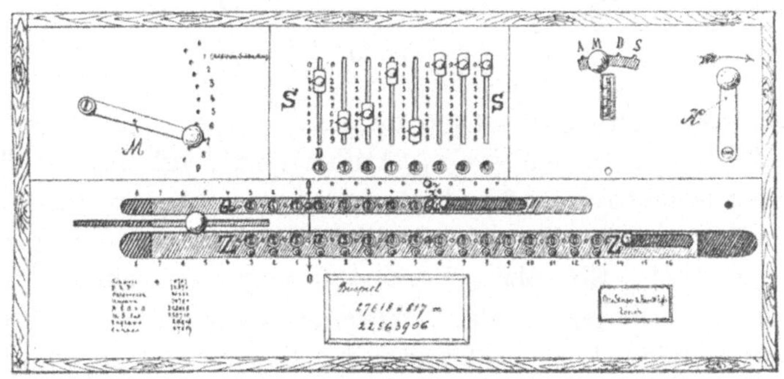

Fig. 20. Grundriss der Rechenmaschine von *Steiger*.

durch eine sich immer gleich bleibende Handbewegung (das einmalige Drehen einer Kurbel) gezwungen werden können, das Produkt des

---

Mahon [129]) [135]), *Müller* [162]), *Stern* [166]), *Staffel* [163]), *Grant* [155]), *Tschebyscheff* [113]), *Dietzschold* [135]), *Edmondson* [158]), *Duschanek* [161]), *Esser* [159]), *Weiss* [135]). S. auch Nr. **53**.

149) Beschr. in den Par. C. R. 109 (1889), p. 737; mit Abb. Soc. d'enc. Bull. 1894, p. 989, auch *d'Ocagne* p. 32 flg., *von Bohl* p. 160 flg., deutsche Patentschrift Nr. 88936 (von 1894).

150) Der „calculateur" (Fig. 19) ist gewissermassen ein verkörpertes Einmaleins; z. B. befinden sich an der Kreuzungsstelle der 7. Reihe mit der 9. Kolonne zwei Stifte von den Längen 3 und 6, weil $7 \times 9 = 63$. Offenbar können statt Produktentafeln ebenso gut andere numerische Tafeln verkörpert und in die Maschine eingeführt werden; in der That hat *Bollée* auf diese Art besondere Maschinen für Zinsberechnung und andere Zwecke konstruiert.

eingestellten Multiplikanden mit irgend einer Ziffer des Multiplikators auf das Zählwerk zu übertragen. Bei der auf demselben Gedanken beruhenden Rechenmaschine von *O. Steiger* (Fig. 20)[151]) kommen die Teilprodukte durch Paare von abgestuften Scheiben (s. Fig. 21), die auf einer gemeinsamen Welle sitzen, zum Ausdruck. *E. Selling* führt in seiner „elektrischen Rechenmaschine"[152]) die Teilprodukte durch Elektromagneten in der Art ein, dass die den Werten ihrer Ziffern entsprechenden galvanischen Leitungen durch verschiedene, den Multiplikanden- und Multiplikatorziffern entsprechende Einstellungen geschlossen werden. Es leuchtet ein, dass mit einer solchen Maschine

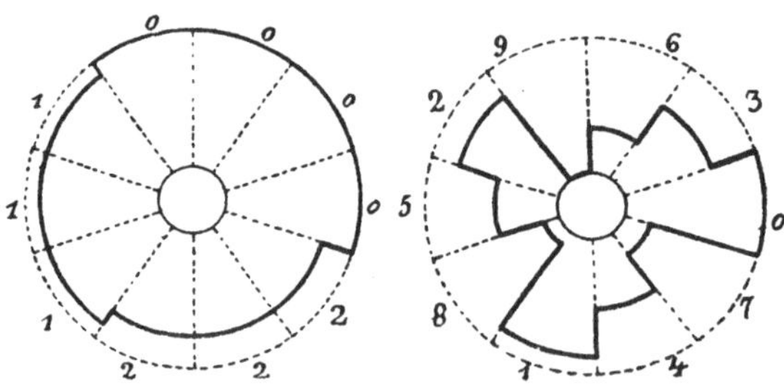

Fig. 21.

viel schneller multipliziert (und dividiert) werden kann, als mit den in Nr. **17** beschriebenen — den „Arithmaurel", vgl. Anm. 153, allenfalls ausgenommen — namentlich wenn, wie bei der Maschine von *Selling*, für das Einstellen von Multiplikand und Multiplikator Tasten vorgesehen sind. Ein Mangel haftet freilich auch diesen Maschinen noch an: ohne Verlegung des Zählwerks (die zwar bei der Maschine von *Steiger* automatisch während jeder Kurbeldrehung erfolgt) lässt sich nur mit einziffrigen Zahlen multiplizieren[153]). *K. Strehl* hat

151) In Deutschland 1892 patentiert, Nr. 72870; bei den Stufenscheiben entspricht dem Wert einer Ziffer der Abstand der betreffenden Stelle des Scheibenrandes von der Aussenlinie (Fig. 21 zeigt die zur Multiplikatorziffer 3 gehörigen Scheiben, links die der Zehner, rechts die der Einer); s. auch *H. Sossna*, Zeitschr. Verm.-W. 1889, p. 674 (hiernach wendet *Steiger* jetzt ähnliche Einmaleinskörper an, wie *Bollée*). Hergestellt unter dem Namen „Millionär" in der Fabrik Stolzenberg in Oos (Baden).

152) Deutsche Patentschrift Nr. 88297 (1894). Neuerdings ist *Selling* zur mechanischen Lösung zurückgekehrt, wobei es ihm gelungen ist, die (bei *Bollée* und *Steiger*, wie bei *Thomas* u. a. noch vorhandene) Häufung der Widerstände bei der Zehnerübertragung zu vermeiden.

153) *Maurel* und *Jayet* waren mit ihrer Rechenmaschine[131]), trotzdem sie nur eine erweiterte Additionsmaschine ist, dem anzustrebenden Ziele schon näher gekommen, da bei derselben das Zählwerk nicht verlegt wird und mit der Einstellung des Multiplikators die Multiplikation beendigt ist.

eine Vorrichtung beschrieben[154]), durch die das Ideal einer Rechenmaschine in erkennbare Nähe gerückt erscheint; wenn die Ausführung gelänge, so brauchte man bei dieser Maschine die beiden, hier ganz gleich berechtigten Faktoren bloss einzustellen, und das Produkt stünde schon da.

19. Subtraktion und Division. Nebenzählwerk (Quotient). Von seltenen Ausnahmen[155]) abgesehen wird mit einer Rechenmaschine subtrahiert, indem nach Einstellung des Subtrahenden im Zählwerk (und des Minuenden im Schaltwerk, falls solches vorhanden) die Zifferscheiben des Zählwerks gezwungen werden, die den Ziffern des Minuenden entsprechenden (bezw. durch das Schaltwerk vorgezeichneten) Bewegungen rückwärts auszuführen. Bei der Rechenmaschine von *Thomas*[143]) und einigen andern, wie *Bollée*[149]) und *Steiger*[151]), wird gleichwohl die Kurbel immer in demselben Sinne gedreht, aber durch ein „Wendegetriebe" bewirkt, dass nach Einstellen eines Hebels oder Knopfes auf „Subtraktion" bezw. „Division" die Zifferscheiben des Zählwerks ihre Bewegung umkehren. In neuerer Zeit nimmt der Gebrauch zu, die Maschinen so einzurichten, dass derselbe Zweck durch Rückwärtsbewegen der Kurbel (oder des ihr entsprechenden Gliedes) erreicht wird, wie dies schon bei der Rechenmaschine von *Leibniz*[140]) der Fall war und für den Rechner aus naheliegenden Gründen angenehmer ist[156]).

Um zu dividieren stellt man den Dividenden im Zählwerk, den Divisor im Schaltwerk ein, bringt die Ziffern höchsten Ranges beider Zahlen unter einander, subtrahiert nun den Divisor, so oft es geht, wodurch man die höchste Ziffer des Quotienten erhält, verlegt hierauf das Zählwerk um eine Stelle nach links (bezw. das Schaltwerk nach rechts), subtrahiert aufs neue den Divisor u. s. w.[157]).

---

154) Centralztg. f. Optik u. Mechanik, 1890, p. 242; beruht auf einfachen geometrischen Beziehungen.

155) Bis auf einige Additionsmaschinen, wie den Comptometer[124]), gehören dazu von neueren Rechenmaschinen nur die von *G. B. Grant* [s. Amer. J. sc. arts (3) 8 (1874), p. 277]. Die Zifferscheiben ihres Zählwerks können blos in einem Sinne gedreht werden und die Subtraktion irgend einer Ziffer geschieht durch Addition ihrer Ergänzung zu 10. Vgl. den Schluss der Nr. 14 sowie Anm. 114.

156) Unter den neueren Maschinen haben solche Einrichtung z. B. die von *Odhner*[144]), *Duschanek*[161]), *Büttner*[146]) (ist gleichzeitig mit Umsteuerung versehen), *Esser*[159]), *Küttner*[147]), unter den älteren die von *Mahon*[135]), *Maurel* und *Jayet*[131]), *Staffel*[163]) (bei dieser musste ausserdem noch ein Zeiger auf „Subtraktion" gestellt werden).

157) Eine Ausnahme bildet die Maschine von *Tschebyscheff*[113]): es wird im

Die meisten, für alle vier Grundrechnungsarten bestimmten Maschinen haben ein besonderes Zählwerk — Neben- oder Teilerzählwerk[158]) — in welchem beim Multiplizieren der Multiplikator, beim Dividieren der Quotient erscheint und das aus letzterem Grunde gewöhnlich der *Quotient* (Q — Q in Fig. 13, 16—18, 20) genannt wird[159]).

20. Besondere Einrichtungen. Man würde es heute als einen grossen Mangel empfinden, wenn eine Rechenmaschine keinen „*Auslöscher*" hätte, mit Hülfe dessen alle Zifferscheiben des Zählwerks rasch in die Nullstellung zurückgeführt werden können[160]). Bei den neueren Rechenmaschinen auch im Quotienten (s. Nr. **19**) angebracht[161]), ist diese Vorrichtung (die gewöhnlich mittels eines Knopfes oder Hebels durch Drehen oder Druck in Thätigkeit gesetzt wird, in den Figuren 13, 14, 16 u. s. w. mit L bezeichnet) stetig verbessert worden.

Schon *Joh. Helfrich Müller*'s Rechenmaschine (1783)[162]) liess eine *Glocke* ertönen, sobald ihr zugemuthet wurde, eine Zahl von einer kleineren abzuziehen, oder grössere Ergebnisse zu bilden, als das

Zählwerk die Ergänzung des Dividenden zu einer höheren Potenz von 10 eingestellt und der Divisor addiert, was einer Abart der komplementären Division (s. Nr. **2**) entspricht.

158) Bei der „circular calculating machine" von *J. Edmondson* [s. Philos. Mag. (5) 20 (1885), p. 15; Abb. *Dyck's* Katalog p. 151, *von Bohl* p. 151] sind Haupt- und Nebenzählwerk mit einander vereinigt. Der kreisförmige Bau derselben gestattet, jede Ziffer des Zählwerks jeder Ziffer des Schaltwerks gegenüber zu bringen, so dass eine nicht aufgehende Division beliebig lange ohne neue Einstellung des Restes fortgesetzt werden kann.

159) Mit einem solchen waren bereits die Maschinen von *Hahn* [141]) und *Müller* [162]) ausgestattet; die Maschine von *Thomas* [143]) ist es erst seit 1858. — Zehnerübertragung ist gewöhnlich im Quotienten nicht vorgesehen, sodass bei Maschinen mit Kurbel die Drehungen der letzteren blos dann richtig angezeigt werden, wenn ihre Zahl in keiner Stelle mehr als 9 beträgt. Bei wissenschaftlichen Rechnungen wäre diese Zehnerübertragung oft erwünscht; sie kommt vor bei der Maschine von *H. Esser*, D. R. P. Nr. 82965 (1892) und der „Duplex"-Rechenmaschine von *Küttner* [147]); bei *Selling*'s älterer Maschine [136]) versteht sie sich von selbst.

160) Wir finden einen solchen schon in der Rechenmaschine von *Leibniz* (s. die polygonalen Scheiben L — L in Fig. 11, deren Bedeutung *Burkhardt* [129]) erkannt hat) während der Arithmometer von *Thomas* [143]) ihn erst um 1858 erhielt.

161) Bei der Maschine von *K. Duschanek*, D. R. P. Nr. 26778 (1883), s. Polyt. J. 260 (1886), p. 264, können alle drei Systeme von Ziffern durch eine einzige Kurbeldrehung auf Null gestellt werden; bei derjenigen von *Edmondson* [158]) lassen sich die Ziffern des inneren Kreises, in welchem Haupt- und Nebenzählwerk vereinigt sind, nach Belieben insgesamt oder teilweise auslöschen.

162) S. Götting. Anzeigen, 120. Stück, 1784, S. 1201; *Müller*'s „Beschreibg. seiner neu erfund. Rechenmaschine . . .", hrsg. von *Ph. E. Klipstein*, Frankfurt und Mainz 1786; *Dyck*'s Katalog p. 148 (m. Abb.).

Zählwerk fassen konnte. Auch *J. A. Staffel's* Maschine (1845)[163]) hatte diese Warnungsglocke, die man jetzt in vielen Rechenmaschinen antrifft[164]).

Wichtig, obwohl noch selten angewendet, ist ein *Druckwerk*, bestehend in Vorrichtungen zum automatischen Kopieren der eingestellten Zahlen und der Ergebnisse, wie solche schon bei den Additionsmaschinen (Nr. **15**) erwähnt wurden[165]).

Schon *Leibniz*[132]) spricht davon, dass ein *mechanischer Antrieb* an Stelle des Bewegens der Rechenmaschine durch die Hand des Rechners gesetzt werden könnte. Ausser in der Rechenmaschine von *A. Stern*[166]), die ein vollständiger Automat war, scheint dieser Gedanke noch nicht zur Ausführung gebracht worden zu sein[167]).

21. Ausführung zusammengesetzter Rechnungen. Ihre Kraft am besten entfalten können Rechenmaschinen der in Nr. **17** und Nr. **18** betrachteten Arten bei Ausdrücken der Form

$$ab \pm a_1 b_1 \pm a_2 b_2 \pm \cdots.$$

Wenn die Zahl a im Schaltwerk eingestellt und mit b multipliziert worden ist, lässt man das im Zählwerk erschienene Produkt ab stehen und führt in derselben Weise der Reihe nach die Multiplikationen

---

163) S. Tygodnik illustrowany, Warschau 1863, p. 207.

164) Z. B. in *A. Burkhardt's* Maschine *Thomas*'scher Bauart[148]) seit 1885. — Durch Nichtbeachtung des dem Rechner gegeben Zeichens können Fehler entstehen.

165) Abgesehen von den Differenzenmaschinen (Nr. **22**) war damit wohl zuerst die Rechenmaschine von *Grant*[155]), dann die ältere Maschine von *Selling*[136]) versehen. Bei *A. T. Ashwell's* offenbar von den Schreibmaschinen herübergenommener Konstruktion, D. R. P. Nr. 102935 und Nr. 103009 (1897) kann man sogar ein Blatt Papier, ohne es von der Maschine zu entfernen, nacheinander mit parallelen Reihen von Zahlenkolonnen bedrucken und es ertönt eine Glocke, wenn eine bestimmte Zahl von Reihen zum Abdruck gekommen ist.

166) S. Leipz. Litteraturztg. f. d. J. 1814, p. 244; Warschauer Gesellsch. d. Wiss. Roczniki 12 (1818), p. 106. Nach Einstellung der gegebenen Zahlen führte die Maschine ihre Operationen, deren Beendigung durch eine Glocke angezeigt wurde, allein aus. S. auch Anm. 173.

167) Bei der älteren Additionsmaschine von *Burrough*[125]) dienten allerdings Federn, welche durch einen Fusstritt gespannt und durch die Tasten lediglich ausgelöst wurden, zum Hervorbringen der Bewegungen. Nach *C. Dietzschold* (Die Rechenmasch., Leipzig 1882, p. 43 oben), wäre es leicht (entsprechend einem Vorschlage von *G. Zeuner*) an Rechenmaschinen mit Kurbel ein durch Pedal aufzuziehendes Laufwerk zum Antrieb der Hauptwelle anzubringen. Additionsmaschinen mit Uhrwerk und Tasten erwähnt *Dietzschold* p. 19 als von *Bieringer & Hebetanz* 1873 ausgestellt; eine solche wurde auch *Fr. Cuhel* 1890 unter Nr. 59377 patentiert.

$a_1 b_1$, $a_2 b_2, \ldots$ aus; die Addition bezw. Subtraktion[168]) jedes neu gebildeten Gliedes vollzieht sich von selbst[169]). *G. A. Hirn* hat gezeigt[170]), wie auch Ausdrücke, die in einem Aggregat von Gliedern der Form abc, d^2e, f^3 bestehen, ohne Niederschreiben von Zwischenergebnissen berechnet werden können. Das Ausziehen von Quadratwurzeln[171]), allgemeiner die Berechnung einer Wurzel einer beliebigen quadratischen Gleichung[172]), wird bei Anwendung einer Rechenmaschine ebenfalls zu einem mechanischen Verfahren, ebenso bei gleichzeitiger Benutzung zweier Rechenmaschinen das Ausziehen von Kubikwurzeln bezw. die Berechnung einer Wurzel einer kubischen Gleichung[172]). Zur Erleichterung der ersteren Operation sind einige Rechenmaschinen mit besonderen Vorrichtungen versehen worden[173]).

---

168) Bei der Rechenmaschine von *Thomas* [143]) und anderen erscheint, wenn man eine im Schaltwerk eingestellte Zahl von Null subtrahiert, im Zählwerk deren Ergänzung zu 10^n, wo n die Anzahl der Stellen des Zählwerks bezeichnet, m. a. W. die Maschine „entlehnt" Eins in der $(n+1)^{\text{ten}}$ Stelle und giebt es zurück, wenn eine grössere Zahl addiert wird. Positive und negative Glieder können deshalb in beliebiger Ordnung in die Maschine eingeführt werden. Dagegen bei der Maschine von *Maurel* und *Jayet* [131]), sowie der von *Bollée* [149]) ist es durch eine Hemmung unmöglich gemacht, eine Zahl von einer kleineren zu subtrahieren, beim Dividieren und Ausziehen von Quadratwurzeln ein Vorteil.

169) Insbesondere liefert jede Kurbeldrehung ein weiteres Glied einer arithmetischen Reihe a, $a \pm d$, $a \pm 2d, \ldots$, wenn das Anfangsglied a in das Zählwerk gebracht und die konstante Differenz d im Schaltwerk eingestellt ist. — Der Arithmaurel[131]) hat zwei Zählwerke; auf dem ersten (Fig. 14, $Z - Z$) können im Fall eines Ausdrucks obiger Form die Werte der einzelnen Glieder ab, $a_1 b_1, \ldots$, wenn man ihrer bedarf, abgelesen und dann ausgelöscht werden, im zweiten Zählwerk (Fig. 14, $Z' - Z'$) erscheint der Wert des ganzen Ausdrucks $ab \pm a_1 b_1 \pm a_2 b_2 \pm \cdots$. Es erleichtert dies manche Rechnungen, z. B. die Bestimmung des grössten gemeinschaftlichen Teilers zweier Zahlen. *Burkhardt* [143]) liefert Maschinen *Thomas*'scher Bauart auf Wunsch ebenfalls mit doppeltem Zählwerk, ferner Maschinen für abgekürzte Multiplikation (s. Nr. **25**).

170) Génie civil, 2^2, 1863, p. 160.

171) Man kann die gewöhnliche Methode zu Grunde legen. *A. Töpler* hat ein besonderes Verfahren angegeben [s. *F. Reuleaux*, Verh. V. f. Gewerbfleiss, 44 (1865), p. 112], welches darauf beruht, dass die Summe der n ersten ungeraden Zahlen gleich n^2 ist.

172) S. *R. Mehmke*, Zeitschr. Math. Phys. 46 (1901), Heft 4.

173) Z. B. die Maschinen von *Stern* [166]), *Staffel* [163]) und *Bollée* (Modell von 1892) [149]). *Stern* hat drei Maschinen konstruiert, von welchen die erste (1813) nur für die „vier Spezies", die zweite (1817) für das Wurzelausziehen bestimmt war, die dritte (1818) die beiden ersten in sich vereinigte. Die Mitteilung der Leipz. Litterat.-Ztg. von 1814, p. 244, *Stern* arbeite an einem Instrument zur Auffindung der Primzahlen, beruht wohl auf einer Verwechslung der polnischen Wörter für Quadratwurzel und Primzahl.

β. Maschinen zur selbstthätigen Ausführung zusammengesetzter Rechnungen.

22. Differenzenmaschinen. Die in der Überschrift genannten Maschinen haben den Zweck, mathematische, astronomische und dergleichen Tafeln, also Wertereihen von Funktionen, mit Hülfe der Differenzen verschiedener Ordnung (s. I E) zu berechnen und überdies zu stereotypieren. Sie bilden das einzige Mittel zur Herstellung gänzlich fehlerfreier Tafeln, woraus allein schon ihre Wichtigkeit erhellt. Der Gedanke geht auf *J. H. Müller* (1786) zurück[174], aber erst *Ch. Babbage* war (1823) in der Lage, den Bau seiner (um 1812 erdachten) Differenzenmaschine in Angriff zu nehmen, wenn auch infolge ungünstiger äusserer Umstände (1833) die Arbeit wieder eingestellt werden musste[175] [176]. Zur Ausführung gelangte zuerst (1853, ein zweites Exemplar 1858) die (1834 erfundene) Differenzenmaschine von *Georg* und *Eduard Scheutz* (Vater und Sohn)[177] [178]. Von ähnlicher Wirkungsweise[179], aber in der Bauart vereinfacht, sind die

174) „Beschreibg. seiner neu erfund. Rechenmaschine", hrsg. von *Ph. E. Klipstein*, Frankf. u. Mainz 1786, p. 48.

175) S. Polyt. J. 47 (1832), p. 441, ferner:

176) *Babbage*'s Calculating engines, London (Spon) 1889. (Sammlung zahlreicher zerstreuter Arbeiten über die Rechenmaschinen von *Ch. Babbage*.)

177) S. *H. Meidinger*, Polyt. J. 156 (1860), p. 241, 321. Abb. *von Bohl* p. 189. Beschreib. der Einzelheiten in Brit. patent specific., Oct. 17, 1854, Nr. 2216.

178) *George* et *Edouard Scheutz*, Spécimen de Tables calculées stéréotypées et imprimées au moyen d'une machine, Paris 1858, (1857 in London englisch erschienen). — Tables of lifetimes, annuities and premiums, with an introduction by *W. Farr*, London 1864.

179) Fünf Zählwerke mit je 15 Stellen sind vorhanden, eines für die Werte der Funktion $u = f(x)$, die übrigen für die Differenzen [I E, Nr. 2] der ersten vier Ordnungen, von welchen die der vierten Ordnung einander gleich vorausgesetzt sind. Die anfänglichen Einstellungen sind:

$$u_0, \quad \Delta u_{-1}, \quad \Delta^2 u_{-1}, \quad \Delta^3 u_{-2}, \quad \Delta^4 u.$$

Bei der ersten halben Umdrehung addiert die Maschine die Differenzen gerader Ordnung $\Delta^4 u$ und $\Delta^2 u_{-1}$ zu den benachbarten Differenzen $\Delta^3 u_{-2}$ bezw. Δu_{-1}, wodurch diese in $\Delta^3 u_{-1}$ und Δu_0 übergehen; bei der zweiten halben Umdrehung der Kurbel werden die ungeraden Differenzen $\Delta^3 u_{-1}$ und Δu_0 zu den benachbarten Zahlen $\Delta^2 u_{-1}$ und u_0 addiert, sodass in den Zählwerken jetzt

$$u_1, \quad \Delta u_0, \quad \Delta^2 u_0, \quad \Delta^3 u_{-1}, \quad \Delta^4 u$$

erscheinen, also die Indices alle um Eins gewachsen sind. Ist $\Delta^4 u$ thatsächlich nicht konstant, so darf es bei Abrundung auf eine bestimmte Zahl von Stellen wenigstens eine Strecke weit als konstant angesehen werden.

Differenzenmaschinen von *M. Wiberg*[180]) und *George B. Grant*[181]), von welchen die erste gleich der *Scheutz*ischen[178]) bemerkenswerte Proben ihrer Leistungsfähigkeit abgelegt hat[182]).

23. Analytische Maschinen. Die 1834 von *Ch. Babbage* erfundene „analytical engine“ [176]) [183]) hat die Bestimmung, arithmetische oder analytische Operationen irgend welcher Art[184]) an beliebigen gegebenen Zahlen auszuführen und die Ergebnisse zu drucken. Die Formeln oder Vorschriften, nach denen die Maschine rechnen soll, werden ihr in Gestalt durchlochter Kartons (ähnlich den in der Jacquard-Weberei benützten) dargeboten. Bis jetzt ist nur ein kleiner (jedoch benutzbarer) Teil dieser Maschine vollendet[185]).

B. Genähertes Rechnen.

Den Hülfsmitteln des Zahlenrechnens, die wir im folgenden zu betrachten haben, wohnt eine beschränkte Genauigkeit inne, was nicht ausschliesst, dass einzelne von ihnen bei geeigneter Verwendung auch zum genauen Rechnen dienen können (s. Anhang, Nr. **59**), wie umgekehrt natürlich die im ersten Abschnitt vorgeführten alle auch beim genäherten Rechnen anwendbar sind. Zunächst ist:

24. Das Rechnen mit ungenauen Zahlen im allgemeinen zu besprechen. Nicht nur sind alle durch Messungen gefundenen Zahlen — sie seien denn ihrer Natur nach ganze Zahlen — mehr oder weniger ungenau, sondern es können auch irrationale Zahlen (die wir uns durch unendliche Dezimalbrüche dargestellt denken [I A 3, Nr. **9**]) immer nur unvollständig angegeben, also nicht genau in die Rechnung eingeführt

180) S. *Delaunay*, Par. C. R. 56 (1863), p. 330.

181) Amer. J. sc. arts (3) 2 (1871), p. 113.

182) So erschienen 1875 in Stockholm die ausführl. 7-stelligen „Logarithm-Tabeller, uträknade och tryckte med räknemaskin af Dr. *M. Wiberg*“.

183) Neben [176]) sei als leichter zugänglich genannt die Mitteilung von *L. F. Menabrea*, Par. C. R. 99 (1884), p. 179.

184) So ist [176]) p. 45 f. angegeben, wie die Maschine verfährt, um die *Bernoulli*'schen Zahlen [I E Nr. **10**; II A 3, Nr. **18**) zu berechnen.

185) Im Namen einer von der British Association niedergesetzten Kommission, die darüber befinden sollte, ob es sich empfehle, die Maschine auszuführen und Tafeln mit ihr zu berechnen, hat *C. W. Merrifield* 1878 es für ratsam erklärt, die Maschine zu spezialisieren, z. B. nur für Multiplikation oder für die Auflösung eines Systems linearer Gleichungen (bezw. die Berechnung von Determinanten, s. I A 2) einzurichten, s. [176]) p. 323 = Brit. Ass. Rep. 1878. — Wegen eines „piano arithmétique“ von *Genaille* zur Prüfung grosser Primzahlen s. Assoc. franç. 20[1], Marseille 1891, p. 159.

werden. Wenn eine dekadisch geschriebene Zahl mit einer grösseren Anzahl von Stellen gegeben ist, als ihrer verbürgbaren oder der für einen bestimmten Zweck notwendigen Genauigkeit entspricht, so wird man sie *verkürzen* (abkürzen), d. h. rechts eine Anzahl von Stellen weglassen (bezw. durch Null ersetzen, wenn keine Dezimalstellen vorhanden sind[186])). Die meisten Rechner befolgen hierbei die Regel, die letzte behaltene Ziffer um Eins zu erhöhen, wenn die rechts folgende (erste weggelassene) Ziffer 5 oder grösser als 5 war („Abrunden")[187]); so wird erreicht, dass der Fehler einer verkürzten Dezimalzahl höchstens eine halbe Einheit der letzten angegebenen Stelle (statt bis zu einer vollen) betragen kann. Verlangt man, dass nach mehrmaligem Kürzen einer Zahl sich dasselbe ergiebt, wie wenn um die betreffende Gesamtzahl von Stellen auf einmal gekürzt worden wäre, so ist es notwendig, bei der Endziffer 5 zu unterscheiden, ob sie durch Erhöhung aus 4 entstanden („kleine 5"[188]), gewöhnlich $\underline{5}$ geschrieben[189])), oder schon vorher 5 gewesen ist („grosse 5"[188]))[190]).

Die eigentliche, von Wahrscheinlichkeitsbetrachtungen abhängige Fehlerrechnung ist in I D 2 erledigt worden; einfacheren Methoden zugänglich und deshalb ausser in Monographieen[191])[192]) auch in

186) Die Schreibweise lässt dann zwar nicht erkennen, sondern es muss ausdrücklich gesagt werden, dass und auf wieviel Stellen verkürzt worden ist. (*A. Gernerth* hängt in seinen fünfstelligen Logarithmentafeln, Wien 1866, jeder vollständigen Zahl einen Punkt an, zur Unterscheidung von den unvollständigen Zahlen.)

187) Sie wurde schon von *J. Kepler* angewendet (vgl. die aus dem J. 1623 stammenden Beispiele einer abgekürzten Multiplikation und Division, Opera omnia, ed. *Frisch,* 7, Greifswald 1855, p. 296), dagegen noch nicht bezw. nicht folgerichtig von *Bürgi* [206]) u. *Prätorius* [207]).

188) Vgl. *F. G. Gauss,* Fünfstell. logarithm. u. trigonom. Tafeln, Berlin 1870, Einleitung.

189) Wegen anderer Arten, die Erhöhung zu bezeichnen, s. Anm. 237.

190) Weniger nötig, aber dennoch bei manchen Tafeln (s. Anm. 237) durchgeführt, ist bei anderen Endziffern die Unterscheidung, ob Erhöhung vorliegt oder nicht. Sie giebt das Vorzeichen des Fehlers, ohne die Grenze für dessen absoluten Betrag herabzusetzen. Diese wird auf 0,25 Einheiten der letzten Stelle erniedrigt, wenn man (wie dies z. B. *Gernerth* [186]) p. 121 als „zweite Methode" auseinandersetzt) jede nicht erhöhte Endziffer um 0,25 vermehrt, jede erhöhte um 0,25 vermindert, was aber, als zu umständlich, selten geschieht. *J. Kepler* erreichte denselben Zweck, indem er (in seiner „Chilias Logarithmorum", Marpurgi 1624 = Opera 7, p. 392; Erklärg. p. 347) der letzten Ziffer eines unvollständigen Dezimalbruchs ein + oder ein — beifügte, wenn derselbe um einen Betrag zwischen 0,25 und 0,5 Einheiten der letzten Stelle zu klein bezw. zu gross war.

191) Z. B. *J. Vieille,* Théorie génér. des approximations numér., Paris 1852,

vielen elementaren Lehrbüchern der Arithmetik (namentlich in französischen)[192] [193]) mehr oder weniger vollständig und zutreffend behandelt sind die Fragen, die sich nur auf die grösstmöglichen Werte der Fehler beziehen. Zwei Aufgaben bieten sich hauptsächlich dar: 1) Den Fehler zu bestimmen, der dem Ergebnis einer Rechnung höchstens anhaften kann, wenn die Fehler der in die Rechnung eingehenden Zahlen gegebene Werte nicht überschreiten; 2) eine Rechnung mit möglichst geringem Aufwand an Ziffern so auszuführen, dass die für das Ergebnis vorgeschriebene Genauigkeit gesichert ist[194]). Es genügt, die absoluten Beträge der Fehler in Betracht zu ziehen[195]).

Bezüglich der ersten Aufgabe sei folgendes mitgeteilt. Der Fehler einer Summe oder Differenz ist höchstens gleich der Summe der Fehler der einzelnen Glieder[196]). Die entsprechenden Beziehungen für Produkt, Quotient, Potenzen und Wurzeln sind ebenfalls bekannt und mittelst elementarer Methoden zu gewinnen[197]). Einfacher und in schwierigeren Fällen nicht zu umgehen ist es, mit *Guyou*[198]) sich der Differentialrechnung zu bedienen. In dem zu berechnenden Ausdruck ersetzt man die ungenauen oder unvollständigen Zahlen durch die Buchstaben $a, b, c, \ldots$, bildet hierauf, wenn $f(a, b, c, \ldots)$ eben jenen Ausdruck bezeichnet, die partiellen Ableitungen $\frac{\partial f}{\partial a}, \frac{\partial f}{\partial b}, \frac{\partial f}{\partial c}, \ldots$, setzt in jeder für a — unter a_1 den gegebenen Näherungswert dieser Zahl, unter Δa den Höchstbetrag ihres Fehlers verstanden — denjenigen der beiden Werte $a_1 + \Delta a$ und $a_1 - \Delta a$ ein, zu welchem

2. éd. 1854; *Babinet-Housel,* Calculs pratiques, Paris 1857; *Ch. Ruchonnet,* Éléments de calcul approximatif, Lausanne 1874, 4. éd. 1887; *Ch. Galopin-Schaub,* Théorie des approxim. numér., Genève 1884; *E. M. Langley,* A treatise on computation, London 1895; *J. Griess,* Approxim. numér., Paris 1898. „Lüroth" Kap. 5 und 6.

192) Die deutsche Litteratur ist ziemlich erschöpfend angegeben und kritisch besprochen in *E. Kullrich,* Die abgekürzte Dezimalbruchrechnung, Progr. Schöneberg 1897/98.

193) Genannt seien: *J. A. Serret,* Traité d'arithmétique, 7. éd. Paris 1887; *J. Tannery,* Leçons d'arithmétique théorique et pratique, Paris 1894, 2. éd. 1900.

194) Vielleicht zuerst gestellt, wenn auch nicht gelöst, von *F. Wolff,* Theoret.-prakt. Zahlenlehre, Berlin 1832.

195) Die Einschliessung jeder ungenauen Zahl zwischen zwei Grenzen ist dabei ebenso gut erreicht, aber die Formeln und Regeln werden einfacher, als wenn man (wie *Vieille* a. a. O.) die Vorzeichen der Fehler berücksichtigt.

196) *C. Fr. Gauss,* Theoria motus corporum coelestium, Hamburg 1809, art. 31, Schluss.

197) Vgl. *Griess* a. a. O. p. 14f.

198) Nouv. Ann. de mathém. (3) 8 (1889), p. 165; ausführlicher *Griess* a. a. O.; Ansätze bei *Ruchonnet, Vieille* und schon *Gauss*[196]).

der absolut grössere Wert der betreffenden Ableitung gehört und verfährt ähnlich mit $b, c, \ldots$; dann ist, wenn man die fraglichen Absolutwerte jener Ableitungen mit $A, B, C, \ldots$ bezeichnet, der Fehler von f höchstens:

$$(1) \qquad \Delta f = A \cdot \Delta a + B \cdot \Delta b + C \cdot \Delta c + \cdots.$$

Bis jetzt haben wir nur den sogenannten *absoluten* Fehler, den Unterschied zwischen dem genauen und dem ungenauen Wert, ins Auge gefasst. Ein besseres Mass für die Ungenauigkeit einer Zahl ist eigentlich der (oft in Prozenten ausgedrückte) *relative* Fehler, d. h. der Quotient aus dem absoluten Fehler und dem genauen Wert, jedoch ist bei der vorliegenden Aufgabe seine Benützung blos bei „Monomen", Ausdrücken der Form:

$$f = \frac{a b^m \ldots}{c \sqrt[n]{d} \ldots}$$

zu empfehlen[199]), wo man (mit den obigen Bezeichnungen):

$$\frac{\Delta f}{f} = \frac{\Delta a}{a} + m \frac{\Delta b}{b} + \frac{\Delta c}{c} + \frac{1}{n} \frac{\Delta d}{d} + \cdots$$

setzen kann[200]).

Zuweilen wird von der Anzahl der genauen Ziffern ausgegangen. Eine ungenaue Zahl hat m genaue Ziffern, wenn ihre m ersten Ziffern links mit denjenigen gleichen Ranges in der Entwicklung der zugehörigen genauen Zahl in einen Dezimalbruch übereinstimmen. Die von jenen Ziffern gebildete Zahl ist dann ein unterer (zu kleiner) Näherungswert, dessen Fehler höchstens eine Einheit der m^{ten} Stelle beträgt. Umgekehrt, wenn der (absolute) Fehler einer Zahl nicht grösser als 10^{-m} ist, so hat sie $(m - 1)$ genaue Dezimalen, ausser die m^{te} Ziffer ist 0 oder 9, in welchem Falle man sich nur auf $(m - 2)$ Dezimalen verlassen kann[201]). Wenn zwei Zahlen mit m bezw. n genauen Ziffern bekannt sind und $m < n$ ist, so kann man bei ihrem Produkt oder ihrem Quotienten im allgemeinen auf $(m - 2)$ genaue Ziffern rechnen, aber nur auf $(m - 3)$, wenn a mit der Ziffer 1 beginnt[202]).

199) *Vieille* operiert meist mit dem relativen Fehler, was grosse Verwicklungen herbeiführt.

200) *Griess* [191]) p. 18.

201) S. *Griess* a. a. O. — Setzt man die Anzahl der genauen Ziffern zu dem relativen Fehler in Beziehung, so kommt noch die erste geltende Ziffer in Betracht, s. *Vieille* u. *Griess* a. a. O.

202) *Griess* a. a. O. p. 19; *Vieille* giebt andere Regeln an. Weitere Sätze dieser Art, auch für Quadrat und Kubikwurzeln, bei *Griess*.

Zur zweiten der oben genannten Aufgaben übergehend, nehmen wir an, die Genauigkeit, mit der eine Formel $f(a, b, c, \ldots)$ berechnet werden soll, sei geringer als die, welche bei direktem Einsetzen der gegebenen ungenauen Zahlen $a, b, c, \ldots$ sich herausstellen würde, so dass letztere Zahlen gekürzt werden können. Das durch Einsetzen der gekürzten Zahlen entstehende vorläufige Ergebnis wird im allgemeinen überflüssige Ziffern enthalten; durch Abrunden desselben auf die Anzahl von Stellen, welche der verlangten Genauigkeit entspricht, begeht man einen Fehler, der eine halbe Einheit der letzten behaltenen Stelle betragen kann[203]). Soll daher das endgültige Ergebnis auf n Einheiten einer gewissen Stelle richtig sein, so müssen die gegebenen Zahlen $a, b, c, \ldots$ mit solcher Genauigkeit in die Rechnung eingeführt werden, dass der Fehler des vorläufigen Ergebnisses höchstens $\varepsilon = n - \frac{1}{2}$ Einheiten der fraglichen Stelle beträgt. Die Aufgabe ist unbestimmt, da in Gleichung (1) die Fehlergrenzen $\Delta a, \Delta b, \Delta c, \ldots$ auf unendlich viele Arten so gewählt werden können, dass die Bedingung $\Delta f \leqq \varepsilon$ erfüllt wird. Das einfachste ist, mit *Guyou*[198]):

$$A \cdot \Delta a < \frac{\varepsilon}{m}, \quad B \cdot \Delta b < \frac{\varepsilon}{m}, \quad C \cdot \Delta c < \frac{\varepsilon}{m}, \cdots$$

also:

$$\Delta a < \frac{\varepsilon}{mA}, \quad \Delta b < \frac{\varepsilon}{mB}, \quad \Delta c < \frac{\varepsilon}{mC}, \cdots \tag{2}$$

zu setzen, wo m die Anzahl der Grössen $a, b, c, \ldots$ bedeutet[204]). Vor dieser allgemeinen Methode waren für die einfachen Rechnungsarten wiederholt Regeln angegeben worden, von der Art, dass, um die Addition als Beispiel zu nehmen, bis zu einer gewissen Anzahl von Summanden jeder mit einer Stelle mehr eingeführt werden soll, als man im Ergebnis zu behalten gedenkt („überzählige" Stelle oder „Überstelle"), und ähnliche[205]).

---

203) S. *Guyou*[198]). Dieser Umstand wird häufig übersehen; berücksichtigt, aber noch wenig hervorgehoben, schon bei *Harms,* Das abgekürzte Rechnen, Progr. Realsch. Oldenburg 1872.

204) Da bei diesen Fehlergrenzen 1 oder 2 geltende Ziffern genügen, so wird man sich das Ausrechnen derselben durch Abrunden aller Zahlen möglichst erleichtern, wobei es statthaft ist, die rechten Seiten zu verkleinern. *Guyou* bringt das Ganze in ein zweckmässiges Schema, mit Kolonnen für die auszuführenden Operationen, die notwendigen Annäherungen u. s. w.

205) *Babinet* wollte sich noch bei 20 Summanden mit einer Überstelle begnügen, andere [z. B. *J. Vinot,* Ann. Génie civil, 2^2 (1863), p. 172] sind auf 10, ja auf 8, 6, 3 (vgl. *Kullrich* a. a. O.) Summanden herunter gegangen; wenn man jedoch anstrebt, das Ergebnis auf eine halbe Einheit der letzten Stelle genau

I. Das Rechnen ohne besondere Vorrichtungen.

25. Abgekürzte Multiplikation und Division. Bildet man das Produkt zweier ungenauen Zahlen auf die gewöhnliche Weise, so ergeben sich rechts eine Anzahl überflüssiger, weil ungenauer Ziffern. Deshalb wandten schon *Joost* (*Jobst*) *Bürgi*[206]), *Joh. Prätorius*[207]) und namentlich *Joh. Kepler*[208]) die sogenannte abgekürzte Multiplikation an. Bei derselben wird mit der höchsten Ziffer des Multiplikators begonnen und beim Übergang zu den rechts folgenden Ziffern des letzteren der Multiplikand jedesmal um eine Stelle gekürzt, sodass die Teilprodukte mit Ziffern gleichen Ranges abbrechen. Es empfiehlt sich, das Dezimalkomma im Multiplikator hinter die erste geltende Ziffer zu bringen[209]). Der grösseren Genauigkeit wegen wird der erste Teilmultiplikand entweder mit einer Stelle mehr genommen („Überstelle"), als im Produkt schliesslich behalten werden sollen[210]) oder mit zwei Überstellen[211]) oder sogar drei[212]), wobei einige die nachträgliche Verkürzung schon an den Teilprodukten vornehmen[213]), manche wewigstens teilweise[214]), andere erst an dem gesuchten Produkt[215]).

---

zu erhalten, so würde schon (wie *Kullrich,* der bei nicht mehr als 20 Summanden zwei Überstellen anwenden will, bemerkt) bei zwei Summanden eine Überstelle nicht immer ausreichen und es kann sogar durch Hinzunahme weiterer Überstellen der Fehler grösser werden. — Nicht minder mannigfaltig sind die für die Multiplikation u. s. w. aufgestellten Regeln. Man möge daraus ersehen, wie wenig übereinstimmend noch die Ansichten auf diesem Gebiete sind.

206) In der handschriftlichen, kurz nach 1592 geschr. „Arithmetica", vgl. *Cantor,* Vorles. üb. Gesch. d. Math. 2, p. 618.

207) Vgl. *Max Curtze,* Zeitschr. Math. Phys. 40 (1895), hist.-litter. Abt., p. 7.

208) Opera omnia 7, p. 306, 372 u. a. *Kepler* weist auf *Prätorius* zurück, verfährt aber etwas anders, als letzterer.

209) *F. Wolff*[194]). Natürlich muss zum Ausgleich im Multiplikanden das Komma um ebensoviel Stellen in der umgekehrten Richtung versetzt werden.

210) So *Prätorius, Kepler* a. a. O. p. 306; *R. Baltzer,* Elemente d. Mathem. (p. 48 der 7. Aufl., Leipz. 1885).

211) So *Bürgi, Kepler* a. a. O. p. 372; *Cauchy* (Anm. 217); *Vieille, Babinet, Griess* u. a.

212) Z. B. *Krönig,* Über Mittel zur Vermeidung u. Auffindung v. Rechenfehlern, Progr. Berlin 1855; *Kullrich* a. a. O.

213) *Kepler* a. a. O. p. 306 und *Baltzer.*

214) Es kürzen die Teilprodukte schon um eine Stelle bezw. berücksichtigen den von einer weiteren Überstelle herrührenden Übertrag z. B. *Bürgi, Kepler* a. a. O. p. 372, *Babinet, Kullrich.*

215) *Prätorius, Cauchy, Vieille, Griess, Krönig* (letzterer verfährt beim Abkürzen verschieden, je nachdem die drittletzte Ziffer $\lesseqgtr 4$) u. a. Schon die

Schreibt man die Einerziffer des Multiplikators über die letzte Ziffer des Multiplikanden, die noch berücksichtigt werden soll, und lässt links die übrigen Ziffern des Multiplikators in verkehrter Ordnung folgen, so kommt jede über die Ziffer zu stehen, bei welcher der zugehörige Teilmultiplikand abzubrechen ist[216]). Im Anschluss hieran die Multiplikation selbst als geordnete (s. Nr. **1**) auszuführen, liegt nahe[217]).

Ebenfalls schon von *Kepler* geübt wurde die abgekürzte Division[218]), die gewöhnlich mit der abgekürzten Multiplikation zusammen gelehrt wird und auf ähnlichen Gedanken beruht[219]). Die geordnete Division (Nr. **1**) eignet sich unmittelbar für das Rechnen mit ungenauen Zahlen[220]).

26. Abgekürztes Wurzelausziehen. Unter diesem Namen wird in den einschlägigen Lehrbüchern ein Verfahren beschrieben, um bei einer (Quadrat-, Kubik- oder höheren) Wurzel, von der eine Anzahl genauer Stellen auf irgend eine Art bestimmt worden sind[221]), un-

---

Teilmultiplikanden auf soviel Stellen abzurunden, als berücksichtigt werden sollen, wie *Müller* a. a. O. thut, ist nicht zweckmässig (vgl. *Kullrich* a. a. O. p. 23).

216) Sog. Regel von *W. Oughtred,* angeblich in dessen Artis analyticae praxis (1631?) zu finden, welche Schrift der Verfasser nicht einsehen konnte.

217) *A. Cauchy,* Par. C. R. 11 (1840), p. 847 = Oeuvres (1) 5, p. 443.

218) *Kepler* verweist auch bei dieser, a. a. O. p. 306, auf *Prätorius,* von welchem aber keine Beispiele bekannt zu sein scheinen. Identisch mit *Kepler's* Verfahren ist das von *A. L. Crelle,* J. f. Math. 31 (1846), p. 167, der übrigens auch Genauigkeitsbetrachtungen anstellt.

219) Es versteht sich von selbst, dass nur der Quotient (mehr oder weniger genau) erhalten wird, nicht aber der Rest. Ausführliche Regeln bei *Serret* a. a. O. p. 130 f.

220) *J. C. Houzeau* [Brux. Bull. (2) 40 (1875), p. 101 f.] zeigt noch eine „division en série", „div. par approximations successives" und einige andere Methoden, die aber nicht als zweckmässig bezeichnet werden können; wegen einer von demselben Verf. erwähnten „multiplication sommaire" vgl. Anhang, Nr. **59**.

221) Wegen der gewöhnlichen Methoden zum Ausziehen von Quadrat- und Kubikwurzeln muss auf die Lehrbücher der Arithmetik (s. etwa *Serret* p. 145 f.) verwiesen werden. S. auch „Lüroth" Kap. 9. Übrigens ist es, wenn eine grössere Zahl genauer Ziffern verlangt ist, sodass Logarithmen nicht ausreichen, am zweckmässigsten, entsprechend der Auffassung von $\sqrt[p]{N}$ als Wurzel der Gleichung $x^p - N = 0$, die allgemeinen Verfahren zur Auflösung numerischer Gleichungen (I B 3 a, Nrn. **10**—**14**) anzuwenden (so mit besonderem Vorteil die Methode von *K. Runge* und *W. Fr. Meyer,* ib. p. 440, Anm. 36)); insbesondere ist dasjenige von *Horner* (dieser Band p. 436) schon bei Quadratwurzeln bequemer als jedes andere (vgl. *H. Scheffler,* Die Auflösung der algebr. u. transcend. Gleichungen,

gefähr ebensoviel weitere genaue Stellen durch eine blosse Division zu finden. In der *Newton*'schen Näherungsmethode [I B 3 a, Nr. **10**] als besonderer Fall enthalten, besteht dasselbe darin, für den gegebenen Näherungswert a von $\sqrt[p]{N}$ die Verbesserung δ aus der Formel:

$$\delta = \frac{N - a^p}{p a^{p-1}}$$

zu berechnen[222]).

II. Numerische Tafeln.

Monographien s. Anm. 18.

27. Logarithmentafeln. Sie bilden seit Erfindung der Logarithmen[223]) ohne Frage das wichtigste Werkzeug in der Hand des Rechners, unentbehrlich für ganze Gebiete des wissenschaftlichen Rechnens.

Die nach Erklärung der Logarithmen auf p. 25 dieses Bandes durch die Gleichungen I—IV ausgedrückten Grundeigenschaften derselben zeigen, dass mit ihrer Hülfe nicht nur (wie mittelst der Tafeln der Viertelquadrate und der Dreieckszahlen, s. Nr. **6**) die Multiplikation, sondern auch die Division auf Addition bezw. Subtraktion sich zurückführen lässt, und überdies die Potenzierung und Radizierung auf Multiplikation bezw. Division. (Wegen der Erniedrigung der Operationsstufen um zwei Einheiten s. Nr. **31**.)

Den Vorrang behaupten (als für das Rechnen am bequemsten) die sogenannten *gemeinen* oder *Briggs*'schen Logarithmen, deren Basis 10 ist; die Angabe der Basis unterbleibt bei ihnen. (Wegen anderer Logarithmensysteme s. den Schluss dieser Nummer.) Man schreibt jeden Logarithmus dezimal[224]); der ganzzahlige Teil, welcher nur von

---

Braunschweig 1859, p. 20f.). — Wie 2te, 3te, 5te Wurzeln aus Zahlen mit höchstens 5, bezw. 6, bezw. 10 Ziffern im Kopfe ausgezogen werden können, zeigt *H. Schubert* in seinen „mathemat. Mussestunden", 2. Aufl., Leipzig 1900, p. 184f.

222) Um bei mehrmaliger Verbesserung wiederholte Divisionen zu vermeiden, setzt *Cauchy*[217]), p. 857 = Oeuvres (1) 5, p. 453:

$$\delta = \frac{1}{pN} a (N - a^p),$$

wo $\frac{1}{pN}$ im voraus berechnet wird.

223) Betreffs der Geschichte s. etwa *Ch. Hutton*, Mathem. Tables, London 1785 (u. spätere Auflagen bis zur 6. von 1822 einschl.), Introduction; *Glaisher* p. 49—55 (der Anteil *Bürgi*'s nicht richtig gewürdigt); *Cantor* 2, p. 725—747; vgl. auch Anm. 272.

224) Als Dezimalzeichen wird in Deutschland ziemlich allgemein bei Loga-

der Stellung des Kommas im Logarithmanden oder „Numerus" abhängt, wird die *Kennziffer* oder *Charakteristik* genannt und in den Tafeln gewöhnlich weggelassen, der angehängte Dezimalbruch ist durch die Folge der Ziffern des Numerus allein bestimmt und heisst die *Mantisse*[225]). Hat der Numerus n ganze Stellen, so ist $(n-1)$ die Kennziffer des zugehörigen Logarithmus. Der Logarithmus eines echten Bruchs ist zwar negativ, jedoch wird die Mantisse positiv geschrieben und das Vorzeichen auf die Kennziffer geworfen, welch' letztere $-m$ ist, wenn der ersten geltenden Ziffer des Numerus m Nullen (diejenige vor dem Komma mitgerechnet) vorangehen[226]). Statt einen Logarithmus zu subtrahieren, kann man seine Ergänzung zu 10 — *dekadische Ergänzung,* complementum logarithmi oder *Cologarithmus* genannt — addieren[227]).

Die Logarithmentafeln sind so zahlreich, dass nicht einmal die

---

rithmen der Punkt, bei allen anderen Zahlen das Komma verwendet — eine zweckmässige Unterscheidung (vgl. *E. Hammer,* Lehrb. der eben. u. sphär. Trigonom., 2. Aufl., Stuttgart 1897, p. 549, Anm. 8).

225) Das Wort mantisa oder mantissa stammt nach einer Stelle bei Festus, Pauli excerpta (ed. *E. O. Müller*) p. 132, 10 aus dem Etrurischen und bedeutet eine (unnütze) Zugabe. S. noch *E. Hoppe,* Hamb. Math. Ges. Mitt. 4 (1901), p. 52. — *L. Schrön* [252]) nennt jede der Kennziffer angehängte Dezimalstelle eine Mantisse, spricht also von der 1., 2., . . . Mantisse, statt, wie sonst üblich, von der 1., 2., . . . Ziffer der Mantisse. — *K. Fr. Gauss* benützt (Disqu. arithm., art. 312) das Wort Mantisse auch für die Reihe der Dezimalen, die sich bei der Verwandlung eines gewöhnlichen Bruchs in einen Dezimalbruch ergeben.

226) Manche setzen diese Kennziffer mit — darüber vor die Mantisse, z. B. $\log 0{,}04 = \bar{2}.60206$ statt $0.60206 - 2$; verbreiteter und wohl auch vorzuziehen ist die Gewohnheit, statt der negativen Kennziffer ihre positive Ergänzung zu 10 (bezw. dem nächst höheren Vielfachen von 10) zu nehmen, wobei das eigentlich noch anzuhängende —10 (bezw. das betr. Vielfache von —10) gewöhnlich nur hinzugedacht wird, z. B. $\log 0{,}04 = 8.60206$, oder vollständig $8.60206-10$.

227) Geschrieben E log oder cpl. log oder colog. Sehr vorteilhaft namentlich bei Rechnungen, die aus Multiplikationen und Divisionen zusammengesetzt sind. Man bildet die dekadische Ergänzung eines Logarithmus im Kopfe, indem man, links anfangend, jede Ziffer von 9 subtrahiert, bis auf die letzte geltende Ziffer, die von 10 zu subtrahieren ist. — Besondere Tafeln der Cologarithmen sind zwar überflüssig, finden sich aber doch, z. B. in den 4-stelligen Tablas logarítmicas von *L. G. Gascó* (Valencia 1884) und (ebenfalls 4-stellig) in *Silas W. Holman*'s Computation rules and logarithms, New York 1896. Die von den Cologarithmen nur um eine Konstante verschiedenen Werte von $\log \frac{\alpha}{x}$ (α und x in Sekunden ausgedrückte Winkel, α konstant, z. B. 1^0 oder $3600''$) sind unter dem Namen logistische oder proportionale Logarithmen öfters (mit 4 oder 5 Stellen) tabuliert worden, vgl. *Glaisher* p. 73.

bedeutendsten alle hier namhaft gemacht werden können[228]. Fassen wir zunächst diejenigen ins Auge, bei deren Benützung in der gewöhnlichen Weise mittelst Differenzen interpoliert wird[229]. (Wegen anderer s. Nr. 28.) *Adrian Vlack* (*Vlacq*) hat zum ersten mal die Logarithmen der ununterbrochenen Zahlenreihe von 1—100000 gegeben, und zwar mit 10 Dezimalstellen[230]. Von ihm haben alle Späteren abgeschrieben und eine Neuberechnung von Logarithmen[231] in grossem Stile ist, abgesehen von der unter *R. Prony*'s Leitung am Ende des 18. Jahrhunderts erfolgten der handschriftlichen „Tables du

228) Die vollständigste Liste, über 553 Tafeln umfassend, verdankt man *D. Bierens de Haan:* Tweede ontwerp eener naamlijst van Logarithmentafels, Amst. Verh. 15 (1875), p. 1. [Vorher ging: Jets over Logarithmentafels, Amst. Versl. en Meded. (1) 14 (1862), p. 15.] Wo in den folgenden Anmerkungen ein Titel auf eine Tafel der Logarithmen der natürlichen Zahlen allein sich bezieht, ist ein * vorgesetzt. In allen anderen Fällen handelt es sich um Tafelsammlungen, die ausserdem noch Tafeln der Logarithmen der trigonometrischen Funktionen [III A 2] und andere (z. B. Tafeln der natürl. Zahlenwerte der trigonom. Funktionen, Quadrattafeln u. s. w.) enthalten, welche Zugaben ausserordentlich wechseln, je nachdem die Sammlung den Bedürfnissen der Astronomen, Geodäten, Ingenieure, Nautiker gerecht werden will. Wegen der trigonom. Tafeln für die dezimale Teilung der Winkel s. *R. Mehmke,* Bericht üb. Winkelteilung, Deutsch. Math.-Ver. 8 (1900), insbes. Anm. 20, p. 149.

229) Die Handhabung der gewöhnlichen Logarithmentafeln ist sehr bekannt und darf hier um so eher unbesprochen bleiben, als in den allermeisten Tafeln ausführliche Anleitungen zum Gebrauche zu finden sind. Bei 10-stelligen Tafeln hat man zur Interpolation im allgemeinen auch die Differenzen 2. Ordnung nötig (s. Interpolation, I D 3, Nr. 6). Die kleinste Zahl der Logarithmen, die eine Tafel enthalten muss, wenn Interpolation mit 1. Differenzen möglich sein soll, untersucht *J. E. A. Steggall*, Edinb. Math. Soc. Proc. 10 (1891/92), p. 35.

230) In seiner (gleichzeitig lateinisch, französisch und holländisch herausgeg.) „Arithmetica logarithmica", Goudae 1628, (die er bescheidener Weise als 2. Auflage von *H. Briggs*' 1624 unter gleichem Titel erschienenem Werke, das aber eine Lücke von 20000—90000 enthielt, bezeichnete); Ausgabe mit Titel und Erklärung in engl. Sprache von *George Miller*, London 1631. War neben *G. Vega*'s „Thesaurus"[246], welchem sie von Manchem (z. B. *Glaisher*) vorgezogen wird, bis vor kurzem die einzige vollständige Tafel mit 10 Dezimalen (wird in den Katalogen meist unter *Briggs* oder *Neper* aufgeführt, welche Namen im ausführl. Titel stehen). *Glaisher* giebt in den Lond. Roy. Astr. Soc. Monthly Notices 32 (1872), p. 255 alle Stellen an, wo Fehler in *Vlack*'s Tafeln (über 600) veröffentlicht sind.

231) Wegen der thatsächlich angewandten oder zweckmässigsten Methoden vgl. etwa *Hutton*[223] (bezügl. der älteren); *Vega*'s Thesaurus[246], Einleitung; *A. Cauchy*, Par. C. R. 32 (1851), p. 610 = Oeuvres (1) 11, p. 382 (Bericht üb. e. Arbeit von *Koralek*, nur 7-stellige Logarithmen); *J. Glaisher*, Factor table for the fourth million, London 1879, Einleitung (üb. die Anwendung von Faktorentafeln, s. Nr. 9, bei der Berechnung); *Ellis*[275]; *K. Zindler,* Zeitschr. Realschulwesen 22 (1897), p. 398; s. auch Nr. 28.

Cadastre"[232]), erst wieder in der zweiten Hälfte des 19. Jahrhunderts von *E. Sang* ausgeführt worden[233]). Man hat jedoch nicht versäumt, den überlieferten Vorrat an Logarithmen wiederholt zu prüfen[234]) und die ererbten Fehler[235]) allmählich auszumerzen, sodass nicht allein in immer noch unentbehrlichen älteren Tafeln, wie denen von *Vlack*[230]) und *Vega*[246]), die Fehler genau bekannt sind, sondern auch die neueren Auflagen der besten heutigen Tafeln als fehlerfrei gelten können[236]), wobei in Betreff der Richtigkeit der letzten Stelle zu bemerken ist, dass die Anforderungen sich immer mehr gesteigert haben[237]). Im übrigen hat sich besonders im 19. Jahrhundert das Bestreben geltend

---

232) Es gehören dazu Tafeln der trigonometrischen Funktionen und ihrer Logarithmen für Dezimalteilung des Quadranten. Der Druck ist begonnen, aber nicht zu Ende geführt worden. Genaueste Beschreibung von *F. Lefort*, Paris Observ. Ann. 4 (1858), p. 123. *Sang* hat (Edinb. Roy. Soc. Proc. 1874/75, pp. 421, 581) die Zuverlässigkeit dieser Tafeln stark in Zweifel gezogen, *Lefort* (ebenda, pp. 563, 578) dieselben in Schutz genommen. Nachdem sie mehrfach zur Revision anderer Tafeln gedient hatten, ist 1891 ein 8-stelliger Auszug[249]) daraus erschienen.

233) *Sang* berechnete von Grund aus die Logarithmen der Zahlen von 1—10 000 mit 28 Stellen, sowie von 100 000—370 000 mit 15 Stellen, s. dessen 7-stellige, 1871 erschienene Tafel[253]), Preface, sowie Edinb. Roy. Soc. Proc., 1874/75, p. 421. Vgl. auch Anm. 248.

234) Ausser *A. Gernerth*, der sich durch besonders gründliche Prüfung zahlreicher Tafeln verdient gemacht hat (Bemerkungen üb. ältere u. neuere mathemat. Tafeln, Wien 1863 = Zeitschr. österr. Gymn. 1863, S. 407), seien erwähnt *Babbage*[244]), *Bremiker*[258]), *Sang*[253]), *Shortrede*[256]), *Schrön*[252]).

235) Vgl. *Glaisher*, On the progress to accuracy of logarithmic tables, Monthly Notices Astr. R. Soc. 33 (1873), p. 330; mehr als 200 Jahre waren seit dem Druck von *Vlack*'s Tafeln[230]) verflossen, bis eine von deren Fehlern freie Tafel erschien, und wiederholt haben sich neue Fehler eingeschlichen. — Ein Verzeichnis aller bekannten (an den verschiedensten Orten veröffentlichten) Druckfehler in den im Gebrauch befindlichen Tafeln ist (nach *Glaisher*) von dem „Table Committee" der British Association längst geplant, aber noch nicht er schienen.

236) Ihrer Entstehung nach sollten die 7-stelligen Tafeln von *Wiberg*[182]) unter allen Umständen fehlerfrei sein.

237) Im 18. Jahrhundert wurde ein Fehler von mehreren Einheiten der letzten Dezimale noch leicht genommen (vgl. *Gernerth*[234]), Einleitung). Erst später kam der von *K. Fr. Gauss* (Einige Bemerkungen zu Vega's Thesaurus Logarithmorum, Astr. Nachr. 32 (1851), p. 181 = Werke 3, p. 257) stark betonte Grundsatz, „dass die Tabulargrösse dem wahren Wert allemal so nahe kommen soll, als bei der gewählten Anzahl von Dezimalstellen möglich ist", allmählich zur Herrschaft. Im Gegensatz dazu begnügt sich *Glaisher* [Monthly Notices R. Astr. Soc. 33 (1873), p. 440 flg.] mit der Forderung, der Tafelwert solle nie um mehr als 0,555 . . . einer Einheit in der letzten Stelle falsch sein. Noch grössere Schärfe, als *Gauss* für nötig hielt, haben einzelne durch die An-

gemacht, die Einrichtung der Tafeln immer zweckmässiger und für den Gebrauch bequemer zu gestalten. Der Raumersparnis und besseren Übersicht wegen hatte *John Newton* (1658)[238]) auf jeder Seite nicht nur die, einer Anzahl von Mantissen gemeinsame Gruppe der drei ersten Ziffern abgetrennt[239]) und nur einmal, am Anfang einer Zeile, gedruckt, sondern auch die Logarithmen aller Zahlen mit derselben Einerziffer je in eine Kolonne, mit dieser Ziffer als Ueberschrift, gestellt, wodurch seine Tafel zwei Eingänge erhielt. Mit seltenen Ausnahmen[240]) wird seit langem diese Anordnung bei allen Logarithmentafeln befolgt. Während aber gewöhnlich die Vielfachen der Differenzen oder auch die Proportionalteile in einer besonderen Spalte, die keinen Zusammenhang mit den übrigen hat, angegeben sind, haben *A. M. Nell*[241]), *Gascó*[227]), *N. E. Lomholt*[242]) u. a. durch Hinzufügung

---

gabe, ob die letzte Ziffer erhöht ist oder nicht, zu erreichen gesucht. Abgesehen von *Kepler*[190]) bezeichnen die Erhöhung bei allen Ziffern z. B. *M. von Prasse* (fünfstellige logarithmische Tafeln, Leipzig 1810), *Babbage*[244]) 1827, *Sedlaczek* (Wien. Ber. 1847, p. 428), *Steinhauser*[280]) 1857, *Schrön*[252]) 1860, *Gernerth*[186]) 1866, *Gascó*[227]) 1884; dagegen blos, wenn die durch Erhöhung entstandene Ziffer 5 ist, z. B. *Filipowski*[302]) 1849 u. *F. G. Gauss*[188]) 1870, und zwar durch andere Gestalt der Endziffer *von Prasse* (kursiv), *Filipowski* (V statt 5), *Gascò* (fett gedruckt), beziehentlich durch einen Punkt unter oder neben der Endziffer *Babbage, Sedlaczek* (auch *Steinhauser*), durch einen Strich unter oder über der Endziffer oder durch dieselbe *Schrön, Gauss, Gernerth.* Jedenfalls ist unter sonst gleichen Umständen eine Tafel mit Erhöhungszeichen die wertvollere (vgl. Nr. **24,** insbes. Anm. 190). Auf einen höheren Standpunkt stellt sich *N. E. Lomholt*[242]), indem er die letzte Ziffer so wählt, dass bei allen mittelst der Tafel gefundenen Logarithmen (einschl. der durch Interpolation erhaltenen) die durchschnittliche Abweichung von ihrem wahren Wert ein Minimum wird.

238) In seiner zu London erschienenen „Trigonometria Britannica"; die betreffende, bis 100000 gehende Tafel ist 8-stellig und statt der Differenzen sind ihre Logarithmen in besonderer Spalte mit 5 Stellen gegeben. *Newton* wandte übrigens blos Neuerungen seiner Vorgänger *N. Roe*[251]) (1633) und *E. Wingate* (1624) vereinigt an, vgl. *Hutton*[223]) p. 36, 39.

239) Bei 5-stelligen Mantissen werden gewöhnlich zwei Ziffern abgetrennt, bei 4-stelligen lohnt sich die Abtrennung nicht. Findet innerhalb einer Zeile ein Wechsel in der letzten abgetrennten Ziffer statt, so wird meist (wie schon von *Vega*[246])), jedem folgenden Mantissenteil dieser Zeile ein * vorgesetzt; *Hutton*[223]) druckte einen Strich, *Filipowski* zwei Punkte über die Anfangsziffer desselben, *Sang*[253]) wie *R. Shortrede*[256]) statt der 0 das arabische Nokta (d. i. Punkt) ♦ (ähnlich dem arabischen Zeichen für 0), und noch andere Unterscheidungsmittel kommen vor.

240) Z. B. *J. Hoüel* (Tables de logarithmes à cinq décim., Paris 1858) und *Th. Albrecht* (Logarithm.-trigon. Tafeln mit fünf Dezimalstellen, Berlin 1884) sind zu *einem* Eingang zurückgekehrt.

241) Fünfstellige Logarithmen . . ., Darmstadt 1865, 9. Aufl. 1898.

242) Fircifret Logarithmetabel, Kjøbenhavn 1897 [Erklärung übersetzt in

eines dritten Eingangs, nämlich für die mit den Logarithmen auf gleiche Zeile gebrachten Proportionalteile, die Interpolation noch mehr erleichtert[243]). Die Sorgfalt der Herausgeber von Logarithmentafeln hat sich weiter auf das Format, auf Schnitt und Grösse der Ziffern, deren Verhältnis zu den Zwischenräumen und ähnliches, ja auf die Farbe des Papiers und der Druckerschwärze erstreckt[244]).

Während man es anfangs für nötig hielt, die Logarithmen mit einer grossen Zahl von Stellen anzugeben[245]) und auch für gewisse Zwecke Tafeln mit vielen Stellen immer unentbehrlich bleiben werden, ist man nach und nach auf eine immer kleinere Stellenzahl herabgegangen und im 19. Jahrhundert schliesslich bei 4- und 3-stelligen Tafeln angekommen. Bei 10 Stellen sind wir immer noch auf die seltene „Arithmetica logarithmica" von *Vlack*[230]) und den durch photozinkographische Reproduktion wieder zugänglich gemachten „Thesaurus logarithmorum" von *G. Vega*[246]) angewiesen[247]). Neunstellige

der Zeitschr. f. Vermessungsw. 27 (1898), p. 240]; bietet unter allen vierstelligen Tafeln bei bequemstem Gebrauch die grösste durchschnittl. Genauigkeit, vgl. Anm. 237, Schluss.

243) Beispiel einer Zeile aus *Lomholt*'s Tafel:

	0	1	2	3	...	7	8	9	1 2 3	...	7 8 9
79	8976	8982	8987	8993	...	9015	9020	9025	1 1 2	...	4 4 5

Also z. B. log 7,983 = log 7,98 + Proport.-Teil zu 3 = 0,9020 + 2 = 0,9022.

244) *Ch. Babbage* hat hierüber 12, aus der Vergleichung vieler Tafeln abgeleitete Regeln aufgestellt (Tables of the logarithms . . ., London 1827, 2. ed. 1831, Preface; 3. Aufl. mit deutscher Einleitung von *K. Nagy*, London 1834); vgl. etwa noch *Schrön*[252]), Einleitung. Selbst *Gauss* hat diesen Fragen grosse Beachtung geschenkt, wie seine Besprechungen verschiedener Logarithmentafeln in den Göttingischen gelehrten Anzeigen = Werke 3, p. 241—255, darthun. Vgl. noch Anm. 299.

245) Die älteste Tafel der gemeinen Logarithmen, *Briggs*' *„Logarithmorum chilias prima" von 1617 hatte (nach *Glaisher* p. 55) ebenso wie dessen Arithmetica logarithmica von 1624[230]) 14 Stellen.

246) Leipzig 1794; Titel, Vorrede und Einleitung auch deutsch. Reproduktion vom Istituto Geografico Militare in Florenz 1889 herausgegeben, zum 2. male 1896. Hülfstafeln zur leichteren Interpolation bei Benützung des Thesaurus, wie auch ein Verzeichnis der Fehler in letzterem giebt *M. v. Leber*, Tabularum ad faciliorem . . . trias, Vindobonae 1897 (Einleitung auch deutsch). S. noch *S. Gundelfinger*[293]) (9-stellige Tafeln), p. 60.

247) Zwar hat *W. W. Duffield* [U. S. Coast and Geodetic Survey Report 1895/96, Washington 1897, Appendix 12, p. 422—722] eine neue (auf 12-stelligen Originalberechnungen beruhende und mit *Vega* verglichene) Tafel mit 10 Stellen veröffentlicht, aber sie ist noch auf ihre Korrektheit zu prüfen und ihre Anordnung lässt sich nicht als zweckmässig bezeichnen.

Tafeln scheinen nicht veröffentlicht zu sein[248]); solche mit 8 Stellen haben sich nicht eingebürgert[249]), wogegen 7-stellige Tafeln lange Zeit fast allein Gebrauch gewesen sind. Die erste vollständige, d. h. bis 100000 gehende[250]) Tafel mit 7 Stellen gab 1633 *N. Roe*[251]); besonderes Vertrauen geniesst *L. Schrön*'s Tafel[252]); am bequemsten zu gebrauchen ist die von *E. Sang*[253]), weil sie sich von 20000 bis 200000 erstreckt; aus der ungemein grossen Zahl sonstiger seien herausgegriffen diejenigen von *Ch. Babbage*[244]), *C. Bruhns*[254]), *Fr. Callet*[255]) und *R. Shortrede*[256]). An 6-stelligen Tafeln ist ebenfalls kein Mangel; ausser der ältesten von *S. Dunn* (1784)[257]) sei die am meisten geschätzte von *C. Bremiker*[258]) genannt. Am verbreitetsten sind Logarithmentafeln mit fünf Stellen — den schon erwähnten von *Th. Albrecht*[240]), *F. G. Gauss*[259]), *A. Gernerth*[260]), *J. Hoüel*[240]), *A. M. Nell*[241]), seien hinzugefügt die vermutlich älteste von *D. Bates*

---

248) *E. Sang* hat eine Subskription auf eine 9-stellige Logarithmentafel von 100000—1000000 mit 1. Differenzen eröffnet [sie wurde noch 1883 in der 2. Aufl. der 7-stell. Tafel desselben Verfassers[253]) angeboten und als nahezu fertig bezeichnet], von ihrem wirklichen Erscheinen ist jedoch nichts bekannt.

249) Die vom Service géographique de l'Armée hrsg. „Tables des logarithmes à huit décimales", Paris 1891, ein revidierter Auszug aus den „Tables du Cadastre"[232]), sind die ersten seit 1658[238]).

250) Manche Tafeln, wie die von *Callet*[255]) und *Schrön*[252]), gehen bis 108000; ausserdem geben sie die letzten 8000 Logarithmen mit 8 Stellen, wofür eigentlich kein Bedürfnis vorliegt.

251) Tabulae logarithmicae, London.

252) Siebenstellige gemeine Logarithmen . . ., Braunschweig 1860, 24. Aufl. 1900 (auch engl., französ., italien. u. s. w. Ausgaben).

253) *A new table of seven-place logarithms..., London and Edinburgh 1871, 2. issue 1883. Die grossen Differenzen am Anfang anderer Tafeln sind vermieden; zwar beginnt die 2. Auflage, wie andere Tafeln, mit 1, man wird aber die Logarithmen der mit der Ziffer 1 anfangenden mehr als 5-ziffrigen Zahlen in der zweiten Hälfte der Tafel suchen.

254) Neues logarithmisch-trigonometrisches Handbuch auf sieben Dezimalen, Leipzig 1870, 5. Aufl. 1900 (gleichzeitig engl., französ. u. italien. hrsg.).

255) Tables portatives de logarithmes . . ., Paris 1795 und viele (nicht numerierte) neue Ausgaben.

256) Logarithmic tables . . ., Edinburgh 1844, 2. Aufl. 1849 (geht bis 120000); 2. Teil (die Logar. der trigonom. Funkt. enthaltend) 2. Aufl. 1854.

257) Tables of correct and concise logarithms . . ., London; nur bis 10000.

258) Logarithmorum VI decimalium nova tabula . . ., Berolini 1852; Logarithm.-trigonom. Tafeln mit sechs Dezimalstellen, Berlin 1860 (diese beiden Ausgaben noch nicht stereotypiert), 11. Ausgabe 1890.

259) Fünfstellige vollständige logarithmische u. trigonometrische Tafeln, Berlin 1870, 60. Aufl. 1899.

260) Fünfstellige gemeine Logarithmen . . ., Wien 1866.

(1781)[261]) und die von *C. Bremiker*[262]), *Fr. W. Rex*[263]), *Th. Wittstein*[264]) — welche die 7-stelligen z. B. aus den Schulen nahezu verdrängt haben, nicht ohne dass ihnen wieder von den 4-stelligen Tafeln dieses Gebiet streitig gemacht würde. Unter den letzteren sind bereits die von *Gascó*[227]) und *Lomholt*[242]) genannt worden; vielleicht die früheste stammt von *J. F. Encke*[265]); erwähnt seien ausserdem die von *F. G. Gauss*[266]) und *Fr. W. Rex*[267]). Dreistellige Tafeln kommen hier und da mit 4- oder 5-stelligen zusammen vor[268]).

Über die Genauigkeit, mit welcher aus einer Logarithmentafel durch Interpolation die Mantisse des Logarithmus einer gegebenen Zahl oder umgekehrt gefunden werden kann, sind auf Grund der Wahrscheinlichkeitsrechnung [s. I D 1; I D 3, Nr. **9**] von *C. Bremiker*[269]), *H. A. Howe*[270]) und *H. Stadthagen*[271]) Theorien aufgestellt und experimentell geprüft worden. — Über graphische Logarithmentafeln s. Nr. **43**.

---

261) Logarithmic tables . . ., Dublin.

262) Logarithm.-trigonom. Tafeln mit fünf Dezimalstellen, Berlin 1872, 8. Aufl. (besorgt v. *A. Kallius*) 1899.

263) Fünfstellige Logarithmen-Tafeln, Stuttgart 1884.

264) Fünfstellige logarithmisch-trigonom. Tafeln, Hannover 1859. 17. Aufl. 1896.

265) Logarithmen von vier Dezimal-Stellen, Berlin 1828 (Titelblatt ohne Verfassernamen).

266) Vierstellige logarithm.-trigonom. Handtafel, Berlin 1873, 3. Aufl. 1899 (auch Ausgabe f. Dezimalteilung des Quadranten, 2. Aufl. 1899), Plakatformat. Der geringe Umfang gestattet es, 4-stellige Tafeln zusammenlegbar in Taschenformat auf Karton zu drucken, wie *H. Schoder*'s logarithm. u. trigonom. Tafeln mit vier u. drei Stellen, Stuttgart 1866, 2. Aufl. 1869, und die *„vierstellige logarithm. Taschentafel" der trigonom. Abteilung der kgl. preussischen Landesaufnahme, Berlin 1897. Bei letzterer ist über die Endziffer ein Punkt oder ein Strich gesetzt, jenachdem die Abrundung auf 4 Stellen eine Verkleinerung oder Vergrösserung bedingt hat (Anklang an *Kepler*, s. Anm. 190).

267) Vierstellige Logarithmen-Tafeln, Stuttgart (Metzler, ohne Jahreszahl).

268) Vgl. *L. Schrön*, Tafeln der drei- und fünfstelligen Logarithmen . . ., Jena 1838; *Hoüel*[240]) (5-, 4- u. 3-stellig); *Nell*[241]) (5- u. 3-stellig), *Schoder*[266]).

269) De erroribus, quibus computationes logarithmicae afficiuntur, in der Einleitung zu den 6-stelligen Tafeln[258]), Ausg. v. 1852.

270) Annals of Mathematics 1 (1885), p. 126; 3 (1887), p. 74; angenähert richtige Theorie.

271) „Ueb. die Genauigkeit logarithm. Rechnungen", Berlin 1888 (*Bremiker*'s Unters. fortgesetzt; insofern nicht abgeschlossen, als noch ein Unterschied zwischen Theorie u. Wirklichkeit besteht). Dass (bei belieb. Tafeln u. Differenzen aller Ordnungen) die Tafeldifferenzen den wahren Differenzen beim Interpoliren vorzuziehen sind, zeigt *J. Lefort*, Edinb. Roy. Soc. Proc. 8 (1875), p. 602.

Für das gewöhnliche Rechnen von sehr geringer Bedeutung sind Tafeln der „natürlichen" oder „hyperbolischen" Logarithmen, deren Basis $e = 2{,}71828\ldots$ ist[272]) [I A 3, Nr. **17**]. Die vollständigste, welche ähnlich wie eine gewöhnliche 7-stellige Logarithmentafel (wenn auch naturgemäss nicht so bequem) benützt werden und so allenfalls zu Kontrollrechnungen dienen kann, ist die von *Z. Dase*[273]).

28. Fortsetzung: Abgekürzte Logarithmentafeln. Um höhere Potenzen oder Wurzeln sehr genau zu berechnen, und für andere Zwecke[274]), braucht man Logarithmen mit einer grossen Zahl von Stellen. Tafeln der gewöhnlichen Einrichtung würden hier zu umfangreich und kostspielig werden, aber eine Reihe von Kunstgriffen, die sich im wesentlichen auf zwei Grundgedanken zurückführen lassen, sind ersonnen worden, um aus Logarithmentafeln beschränkter Zahlbereiche die Logarithmen beliebiger Zahlen mittelst mehr oder weniger einfacher Nebenrechnungen zu bestimmen und umgekehrt die Numeri zu gegebenen Logarithmen. Es braucht blos von der ersten Aufgabe gesprochen zu werden, weil die zweite in der Regel durch das umgekehrte Verfahren gelöst wird.

Dienen für gewöhnlich die Logarithmen zur Verwandlung der Multiplikation in Addition, so beruhen die meisten abgekürzten Logarithmentafeln gerade umgekehrt auf der Anwendung von Produkten, deren Faktoren auf elementarem Wege bestimmt werden, worauf man die Logarithmen der Faktoren den einzelnen Teilen der Tafel entnimmt und addiert[275]). *H. Briggs*[276]) zerlegte die gegebene Zahl

---

272) Bis in die neueste Zeit ist der Irrtum verbreitet gewesen, die von *J. Neper* in seiner „Mirifici logarithmorum canonis descriptio" 1614 veröffentlichten Logarithmen der Sinus seien natürliche, weshalb letztere vielfach *Neper*sche Logarithmen genannt werden; jedoch hat *G. Kewitsch* [Zeitschr. math. naturw. Unterr. 27 (1896), p. 321, 577] nachgewiesen, dass *Neper*'s Logarithmen der Basis $\frac{1}{e}$ entsprechen, während die Basis e den „roten" (weil rot gedruckten) Zahlen in *Joost Bürgi's* „arithm. u. geometr. Progress-Tabulen . . .", Prag 1620, zukommt.

273) Tafeln der natürlichen Logarithmen der Zahlen . . ., Wien 1850 [= Wien. Observ. Ann. (2) 14 (1851)].

274) Z. B. Zinseszins- u. Amortisationsrechnungen [s. *Thoman*[288]), p. 24 flg.], zur Prüfung mancher Sätze der höheren Arithmetik [vgl. *Gray*[278])] u. s. w.; vgl. noch *G. Govi*, Rapport sur l'utilité des tables de logarithm. à plus de sept décim., Tor. Atti 8 (1872/73), p. 163.

275) Geschichte dieser Methode (mit wenig Lücken) bei *A. J. Ellis*, Lond. Roy. Soc. Proc. 31 (1881), p. 398 flg., Postscript (*Atwood* betr.) 32 (1881), p. 377. Da es mindestens 25 Tafeln dieser Art giebt, können oben nur die wichtigsten genannt werden.

selbst in ein Produkt, indem er als ersten Faktor die Anfangsziffer der Zahl, als zweiten Faktor die ersten beiden Ziffern des Quotienten aus der gegebenen Zahl und dem ersten Faktor u. s. w. nahm; ähnlich u. a. *P. Gray*, der jedoch dem ersten Faktor zwei[277]) bezw. drei[278]) Ziffern giebt, jedem folgenden dieselbe Zahl von Ziffern mehr, und *A. Steinhauser*, der [wie vor ihm *Ch. Borda-J. B. J. Delambre*[279])] nur zwei Faktoren verwendet[280]), später drei[281]) bezw. vier[282]), die (abgesehen vom letzten) nach Gruppen von drei bezw. vier Ziffern fortschreiten. Um grosse Divisionen zu vermeiden, gab *R. Flower*[283]) der gegebenen Zahl zunächst die Form 0,... und multiplizierte dann der Reihe nach mit Zahlen der Form $1,0^m r$ (r einziffrig, $m = 0, 1, 2, \ldots$), zu dem Zweck, die Zahl auf die Form 0,999..., mit wachsender An-

276) Tabula inventioni logarithmorum inserviens, p. 32 der Arithmetica logarithmica von 1624, giebt (mit 15 Stellen) die gemeinen Logarithmen von r; $1, r$; $1, 0^m r$ mit $r = 1$ bis 9 und $m = 1$ bis 8, was *Ellis*[275]) im Anschluss an *Flower*[283]) „a positive numerical radix" nennt; von *Vlack*[230]) mit 10 Stellen abgedruckt.

277) Mechanics Magazine, 12. u. 26. Febr. 1848; 12 Stellen.

278) Tables for the formation of logarithms ..., London 1876; 24 Stellen. Vorläufer mit 12 Stellen 1865 erschienen. Bei der Bestimmung des Numerus zu gegebenem Logarithmus *Flower*'s Methode, s. unten.

279) Anhang zu den gewöhnlichen Logarithmentafeln in den „Tables trigonom. décimales ...", Paris an IX (1801); 11-stellig. Der erste Faktor besteht in den drei ersten geltenden Ziffern der gegebenen Zahl.

280) Anhang zu ... Logarithmentafeln, enthaltend zwei Hülfstafeln zur Berechnung eilfstelliger Logarithmen ..., Wien 1857; wird im Titel als Erweiterung von *Borda*'s Tafel bezeichnet.

281) Kurze Hilfstafel zur bequemen Berechnung 15-stelliger Logarithmen ..., Wien 1865. Auf jeder der 20 Seiten drei mit A, B, C überschriebene Kolonnen, die Logarithmen der Zahlen 1 bis 999, bezw. 100999 und 100000999 enthaltend. Beim letzten Logarithmus (wie in der folgenden und vorhergehenden Tafel) Interpolation nötig.

282) Hilfstafeln zur präzisen Berechnung 20-stelliger Logarithmen ..., Wien 1880. Prüfungen durch *J. Perott* [*Darboux*' Bulletin (2) 11 (1887), p. 51)], *J. Blater* [s. *F. C. Lukas*, Ehrenzweig's Assekuranz-Jahrbuch 20 (1899), p. 69, 73] u. a. haben zahlreiche Fehler ergeben.

283) The radix, a new way of making logarithms, London 1771; zugehörige Tafeln (gemeine Logarithmen) 23-stellig. *Z. Leonelli* [Supplément logarithmique, Bordeaux an XI (1802/3), 2. Aufl. v. *J. Hoüel*, Paris 1875, deutsch von *G. W. Leonhardi*, Dresden 1806] giebt die Tafeln mit 20 Stellen und fügt solche gleicher Ausdehnung für natürliche Logarithmen hinzu (auch 15-stellige gemeine Logarithmen der Zahlen r und $1, 0^{2m+1} r$ mit $r = 1$ bis 99, $m = 0$ bis 3); diese Tafeln mehrmals abgedruckt, z. B. v. *Hoüel*[240])[315]), von *Schrön*[252]) (3. Teil, p. 76) mit 16 Stellen. — *Hoüel* teilte Bord. Mém. 8 (1870), p. 188 eine Methode von *F. Burnier* mit, die Rechnung zu beschleunigen.

zahl der Ziffern 9, also der Einheit immer näher zu bringen. *G. Atwood*[284]) wandte auch Faktoren der Form $(1 - 0{,}0^m r)$ an[285]), wodurch die Zahl von oben her der Eins immer näher gebracht wird, beseitigte alles Probieren und vereinfachte die Rechnungen durch weitere Hülfstafeln und zweckmässige Regeln. Im 19. Jahrhundert sind *Atwood's* (wie *Flower's* und *Briggs'*) Methoden mehrmals (oft nur teilweise) wieder entdeckt worden, z. B. von *Weddle*[286]), *H. Wace*[287]), *F. Thoman*[288]) und *R. Hoppe*[289]), bei dem sie die einfachste Gestalt angenommen haben. *S. Pineto*[290]) bringt durch einen einzigen gut ausgewählten Faktor, *A. Namur*[291]) durch einen oder zwei solcher, die gegebene Zahl in den Rahmen der Tafel.

Jegliche Multiplikation und Division (auch Interpolation) vermeidet *H. Prytz*[292]) durch Anwendung von Additionslogarithmen (s. Nr. **30**); er denkt sich die Zahl N auf die Form:

---

284) An essay on the arithmetic of factors ..., London 1786 (nach *Ellis*[275])). *Atwood* wandte seine Methode auch auf das Ausziehen von Wurzeln u. s. w. an. Damit verwandt scheinen die Bestrebungen von *O. Byrne* zu sein (Dual arithmetic, London 1863, neue Ausgabe 1864, Tables of dual logarithms 1867), der alle irrationalen Zahlen in der Form $(1{,}1)^\alpha (1{,}01)^\beta (1{,}001)^\gamma \ldots$ oder $(0{,}9)^\alpha (0{,}99)^\beta (0{,}999)^\gamma \ldots$, symbolisch geschrieben $\downarrow \alpha\beta\gamma \ldots$ bezw. $\alpha\beta\gamma \ldots \uparrow$, ($\alpha, \beta, \gamma \ldots$ bedeuten Ziffern), darstellen will.

285) Eine Tafel dieser Grössen und der Negativen der entsprechenden Logarithmen nennt *Ellis*[275]) „a negative numerical radix".

286) „The mathematician", nov. 1845, p. 17; Tafeln mit 16 und 25 Stellen wurden 1849 von *Shortrede*[256]) gegeben.

287) Mess. of math. (2) 3 (1874), p. 66; Tafeln (gemeine und natürliche Logarithmen) auf 20 Stellen.

288) Tables de logarithmes à 27 décimales..., Paris 1867.

289) Tafeln zur dreissigstelligen logarithmischen Rechnung, Leipzig 1876; natürliche Logarithmen mit 33 Stellen, nur 7 Seiten 8°. *Hoppe* betont die Vorzüge der natürlichen Logarithmen beim Rechnen mit sehr vielen Stellen.

290) Tables de logarithmes vulgaires à dix décimales..., St. Pétersbourg 1871. Umfang der Tafeln 56 S. 8°. Die Haupttafel geht von 1 000 000 bis 1 011 000; die Faktoren haben höchstens (aber selten) drei Ziffern; Interpolation nötig.

291) Tables de logarithmes à 12 décimales..., Bruxelles 1877 (theoretische Einleitung von *P. Mansion*). Die Tafeln nehmen 10 S. 8° ein. Direkt gegeben sind die gemeinen Logarithmen der natürlichen Zahlen zwischen 433300 und 434299, weil nach einem von *Namur* empirisch gefundenen, von *Mansion* bewiesenen Satz bei diesen in der Nähe des millionenfachen Moduls liegenden Zahlen die logarithmischen Differenzen mit 100... anfangen, also die Interpolationen leicht auszuführen sind. Jede Bestimmung eines Logarithmus oder Numerus zur Probe auf zwei Arten möglich; noch andere Proben, auch Fehlerschätzung.

292) Tables d'anti-logarithmes, Copenhague (kein Erscheinungsjahr an-

$$N = A(1+a_1)(1+a_2)(1+a_3)\dots(1+a_r)$$

gebracht, woraus für

$$A = 10^L, \quad a_r = 10^{-L_r}$$

einerseits folgt:

$$\log N = L + \log(1+10^{-L_1}) + \log(1+10^{-L_2}) + \cdots + \log(1+10^{-L_r}),$$

andererseits (wegen

$$N = A(1 + a_1 + a_2 + a_1 a_2 + a_3 + a_1 a_3 + a_2 a_3 + a_1 a_2 a_3 + \cdots)):$$

$$N = 10^L + 10^{L-L_1} + 10^{L-L_2} + 10^{L-L_1-L_2} + 10^{L-L_3} + 10^{L-L_1-L_3} + \cdots$$

S. Gundelfinger[293]) beschränkt sich auf zwei Faktoren bezw. Summanden, wodurch die Zahl der Additionen und Subtraktionen geringer wird, aber Interpolation sich einstellt.

Sammlungen von Logarithmen mit aussergewöhnlich hoher Stellenzahl, die für wissenschaftliche Zwecke in Betracht kommen können, sind die öfters abgedruckten Tafeln der natürlichen Logarithmen von

---

gegeben, nach den „Fortschr. d. Mathem.“ 1886). Es können die Numeri (Antilogarithmen) zu gegebenen Logarithmen mit dreistelliger Mantisse, deren Differenzen also auch in der Tafel sich finden, dieser entnommen werden, und eine Hülfstafel giebt die Additionslogarithmen $\log\left(1+10^{-L_r}\right)$. Anzahl der Stellen 15, 10 und 5 (Umfang bez. 10, 5, 2 Seiten 8°). Auch andere Anwendungen des Grundgedankens möglich: durch Mitbenützung einer Hülfstafel, die nur eine Seite einnimmt, werden 15-stellige log sin mittelst blosser Additionen und Subtraktionen gefunden. Vorläufer eine 1881 in Kopenhagen erschienene 8-stellige Tafel („Udkast til Antilogarithmetabel . . .“).

293) Tafeln zur Berechnung neunstelliger Logarithmen . . ., Darmstadt 1891 (in Gemeinschaft mit *A. M. Nell* herausgeg.). Es wird $N = n + p = n\left(1+\frac{p}{n}\right)$ gesetzt, wo n aus den vier höchsten geltenden Ziffern von N (mit soviel angehängten Nullen, dass N und n gleichviel Stellen haben) gebildet ist. Die erste Tafel giebt die 9-stelligen Logarithmen von $n = 1000$ bis $10\,000$, die zweite für $A = \log\frac{p}{n}$ das zugehörige $B = \log\left(1+\frac{p}{n}\right)$, sodass $\log N = \log n + B$. (Beide Tafeln zusammen 50 S. gross 8°.) (Über die Genauigkeit des Rechnens mit diesen Tafeln vgl. „Lüroth“ S. 118.) Auf demselben Grundsatz beruht die Anwendung einer neuen, 18 S. 4° einnehmenden 7-stelligen Tafel von *Gundelfinger* (Sechsstellige Gaussische und siebenstellige gemeine Logarithmen, Leipzig 1900). — Durch Benützung von 3 oder mehr Summanden könnte die Methode auf Logarithmen mit mehr als 9 Stellen ausgedehnt werden, was noch nicht versucht worden zu sein scheint. — Auf Additionslogarithmen beruhen im Grunde genommen auch die „Canons de logarithmes“ von *Hoene-Wroński* (Paris 1827; russisch von *Annenkoff*, St. Petersburg 1845; polnisch in 2 Ausgaben von *S. Dickstein*, Warschau 1890; vgl. Bibliotheca mathematica (2) 7, 1893, p. 11), die zwar nur 4, 5, 6 und 7 Stellen (je auf einer Seite) bieten; Anordnung sehr sinnreich, aber für den wirklichen Gebrauch wohl zu künstlich.

Wolfram mit 48 Stellen[294]), sowie der gewöhnlichen Logarithmen von *A. Sharp* mit 61 Stellen[295]). Die höchste Stellenzahl, nämlich 102 bezw. 260, haben *H. M. Parkhurst*[296]) und *J. A. Adams*[297]) erreicht.

29. Tafeln der Antilogarithmen. Sie bilden die Umkehrung der gewöhnlichen Logarithmentafeln, haben also im Eingang Logarithmen bezw. Mantissen und geben die zugehörigen Zahlen, d. h. die Werte der Funktion $y = 10^x$, bezw. $y = e^x$, wenn natürliche Logarithmen zu Grunde liegen[298]). Trotz mancher Vorteile trifft man sie — als entbehrlich und nochmals denselben Raum beanspruchend, wie die gewöhnlichen Tafeln — recht selten, am meisten noch in vierstelligen Sammlungen, wo sie nur zwei Seiten einnehmen. In Zwischenräumen von mehr als hundert Jahren erschienen: *Bürgi*'s „Progresstafeln"[272]) als erste aller Antilogarithmentafeln[299]), *J. Dodson*'s 11-stellige Tafel[300]) als ausgedehnteste[301]) und eine Tafel in *Shortrede*'s

294) Für alle natürlichen Zahlen von 1 bis 2200, von da bis 10009 grösstenteils nur für die Primzahlen; zuerst in *J. C. Schulze*, Neue und erweiterte Sammlung logarithmischer ... Tafeln, Berlin 1778, erschienen; abgedruckt z. B. von *Vega*[246]) und *Callet*[255]).

295) Für die natürlichen Zahlen von 1 bis 100 und die Primzahlen von da bis 1097, ferner für die Zahlen von 999980 bis 1000020 mit Differenzen verschiedener Ordnungen, zuerst in dem Werke „Geometry improved...", London 1717; abgedruckt z. B. von *Hutton*[223]) und *Callet*[255]).

296) Gemeine Logarithmen der Zahlen von 1 bis 109, in den „Astronomical tables...", New-York 1871.

297) Natürliche Logarithmen der Zahlen 2, 3, 5, 7, 10 auf 272 Stellen, der Modul M auf 282 Stellen, wovon 260 als sicher bezeichnet werden, Lond. Roy. Soc. Proc. 27 (1878), p. 88.

298) Tafeln der „hyperbolischen" Antilogarithmen, mehr den Zwecken der Analysis als dem gewöhnlichen Rechnen dienend, haben wir von *G. Vega*[64]) [Werte von e^x und $\log e^x$ für $x = 0{,}00$ bis $10{,}00$ mit 7 Ziffern bezw. Dezimalen], abgedruckt z. B. von *Hülsse*[65]), *J. H. Lambert* [Zusätze zu den logarithmischen und trigonometrischen Tabellen, Berlin 1770; e^{-x} für $x = 0{,}1$ bis $1{,}0$ und $x = 1$ bis 10 mit 7 Stellen] und *J. W. L. Glaisher* [Cambr. Trans. 13 (1883), p. 243; e^x für $x = 0{,}001$ bis $0{,}100$ sowie für $x = 0{,}1$ bis $10{,}0$; e^{-x} für $x = 0{,}01$ bis $2{,}00$ und für $x = 1$ bis 500 mit 9 Stellen, die gemeinen Logarithmen davon mit 10 Stellen] und *H. W. Newman* [Cambr. Trans. 13 (1883), p. 145; e^{-x} für $x = 0{,}001$ bis $27{,}635$ in verschiedenen Intervallen und mit 12 bis 18 Stellen]. Die Potenzen von e mit den Exponenten 1, 2, ..., 25, 30, 60 gab *Schulze*[294]) mit 27 geltenden Ziffern (abgedruckt von *Glaisher* a. a. O.).

299) Auf *Bürgi*'s Unterscheidung der Logarithmen von den übrigen Zahlen durch roten Druck ist *H. Schubert* (vierstellige Tafeln und Gegentafeln..., Leipzig 1898) wieder verfallen; zum Schutze gegen Verwechslung hätte es wohl genügt, jede Seite der „Gegentafeln" mit einer roten Linie einzufassen.

300) „The antilogarithmic canon...", London 1742. Wie eine 7-stellige Tafel angeordnet; die Mantissen gehen von 00000 bis 99999.

Sammlung[256]) als erste 7-stellige. Es reihen sich an eine Antilogarithmentafel mit 7 Stellen von *H. E. Filipowski*[302]), solche mit fünf Stellen[303]) von *Fr. Stegmann*[304]) und *H. Schubert*[305]), während unter den vierstelligen die von *Lomholt*[242]) hervorzuheben ist[306]).

30. Additions- und Subtraktionslogarithmen. Wie grosse Erleichterungen bei Multiplikation, Division und den Operationen höherer Stufen die Logarithmen gewähren mögen, bei Addition und Subtraktion bilden sie im Gegenteil ein Hindernis. Um hier das Zurückgehen von den Logarithmen auf die Numeri überflüssig zu machen, hat *Z. Leonelli*[307]) die Additions- und Subtraktionslogarithmen („logarithmes additionnels et déductifs") erfunden[308]). Die Aufgabe, $\log(a+b)$

---

301) Zwar mit 20 Stellen und Differenzen 1.—3. Ordnung, aber nur für die Mantissen bis 00139 kommen die Antilogarithmen bei *W. Gardiner* (Tables of logarithms..., London 1742, französisch Avignon 1770) vor.

302) „A table of anti-logarithms...", London 1849. Die Mantissen gehen, wie bei *Dodson* und *Shortrede*, von 00000 bis 99999.

303) Fünfstellige Tafel besonderer Art: *R. von Sterneck*, Anti-Logarithmen.... Wien 1878; Titel irreführend: Einrichtung die einer gewöhnlichen Logarithmentafel, aber nicht die wirklichen Logarithmen der im Eingang stehenden 1—4-ziffrigen Zahlen, sondern die kleinsten Logarithmen, denen bei Abrundung auf die betr. Zahl von Stellen jene Zahlen noch zukommen, werden geliefert.

304) „Tafel der fünfstelligen Logarithmen und Anti-Logarithmen", Marburg 1855. Mantissen von 0000 bis 9999.

305) „Fünfstellige Tafeln und Gegentafeln...", Leipzig 1897. Auch „Gegentafeln" zu denen der Logarithmen und natürlichen Zahlenwerte der trigonometrischen Funktionen! Logarithmen durchweg mit anderen Typen gedruckt, als die übrigen Zahlen, vgl. [299]). — Die Fortschr. d. Math. für 1876, p. 763 erwähnen noch: *R. W. Bauer*, Femciffrede logarithmer til hela tal fra 1—15 500 og anti-logarithmer, Kjøbenhavn 1876.

306) Vielleicht die frühesten kommen vor in *J. H. T. Müller*, Vierstellige Logarithmen..., 2. Aufl. Halle 1860; ferner haben solche z. B. noch *Hoüel*[240]), *Gascò*[227]), *Rex*[267]), *Holman*[227]).

307) Supplément logarithmique..., Bordeaux an XI (1802/3), 2. Ausgabe von *J. Hoüel*, Paris 1875 (deutsch von *G. W. Leonhardi*, Dresden 1806), 2me partie.

308) Vorher behalf man sich mit trigonometrischen Funktionen, z. B. wandte nach *S. Günther* (Vermischte Unters. zur Geschichte der mathemat. Wissensch., Leipzig 1876, p. 285 flg.) *J. Muschel von Moschau* (1696) die Regel an

$$\log(a+b) = \log b + \log 2 + 2\log\cos\left(\frac{\pi}{4} - \frac{\varphi}{2}\right),$$

mit

$$\log\sin\varphi = \log a - \log b$$

(ähnlich später *Delambre*, s. *Leonelli* a. a. O. p. 64:

$$\log(a \pm b) = \log a + \log 2 + 2\log\frac{\cos}{\sin}\frac{\varphi}{2}, \quad \text{mit } \log\cdot\cos\varphi = \log b - \log a,$$

dagegen *Chr. Wolf*:

oder $\log(a-b)$ zu bestimmen, wenn $\log a$ und $\log b$ gegeben, dagegen a und b selbst nicht bekannt sind, löst *Leonelli* mittelst einer Tafel, die aus drei, von *K. Fr. Gauss* später mit A, B, C überschriebenen Kolonnen folgenden Zusammenhangs gebildet ist. Bezeichnen A, B, C drei in derselben Reihe stehende Werte dieser Kolonnen und setzt man:

$$A = \log x, \quad C = \log z,$$

so ist:

$$B = \log \frac{x+1}{x} = \log \frac{z}{z-1}$$ [309]).

Für

$$\log a - \log b = A \quad \text{bezw.} \quad \log a - \log b = C$$

ergiebt sich daher:

$$\log(a+b) = \log a + B = \log b + C$$

bezw.:

$$\log(a-b) = \log a - B = \log b + A$$ [310]).

$$\log(a+b) = \log a - 2\log\sin\varphi,$$

mit

$$\log \operatorname{tg}\varphi = \frac{1}{2}(\log a - \log b)$$

[ähnlich noch *J. C. Houzeau*, Brux. Ann. 51 (1883), p. 103:

$$\log(a+b) = \log a - 2\log\cos\varphi, \quad \text{mit} \quad \log\operatorname{tg}\varphi = \frac{1}{2}(\log b - \log a),$$

$$\log(a-b) = \log b + 2\log\operatorname{ctg}\varphi, \quad \text{mit} \quad \log\sin\varphi = \frac{1}{2}(\log b - \log a)].$$

Gernerth zweifelt noch 1866 an dem Nutzen der Additionslogarithmen, der allerdings erst bei ausgedehnteren Anwendungen recht hervortritt, und schlägt [260]) p. 142 vor, wenn $\log a$ und $\log b$ gegeben sind, $\log\frac{a}{b} = \log a - \log b$ zu bilden, die Zahl $\frac{a}{b}$ zu suchen und sofort im Kopfe Eins zu addieren bezw. zu subtrahieren, dann $\log\left(\frac{a}{b}\pm 1\right)$ zu suchen und $\log b$ zu addieren, was *Leonelli* selbst a. a. O. p. 73 als Notbehelf angeben hatte.

309) Offenbar auch $C = \log(1+x)$, und für $B = \log y$ überdies:

$$x = \frac{1}{y-1} = z - 1, \quad z = \frac{y}{y-1}.$$

Die Tafel ist eigentlich aus zweien, einer für Addition (Kolonnen A und B) und einer für Subtraktion (Kolonnen C und B), mit der gemeinsamen Kolonne B, zusammengesetzt.

310) Soll allgemeiner, unter $f(a, b)$ eine homogene Funktion n^{ten} Grades von a und b verstanden, $\log f(a, b)$ aus $\log a$ und $\log b$ bestimmt werden, so ist dies ebenfalls ohne Kenntnis von a und b durch eine Hülfstafel mit einem Eingang möglich, welche etwa zu dem Argument $u = \log t$ den Wert $v = \log f(t, 1)$ enthält, da für $u = \log a - \log b$ sich ergiebt $\log f(a, b) = v + n\cdot\log b$. Homogene Funktionen von drei reellen oder zwei imaginären Veränderlichen wür-

Leonelli's, mit 14 Dezimalen berechnete Tafel ist nicht veröffentlicht worden (a. a. O. sind blos drei Probeseiten mitgeteilt). *Gauss* hat den Gedanken aufgenommen und eine ebenso konstruierte Tafel, aber nur mit fünf Dezimalen, herausgegeben[311]). Nachdem noch mehrere Tafeln mit derselben Anordnung erschienen waren[312]), hat man angefangen[313]), letztere in mannigfaltiger Weise abzuändern. Zuerst wurde, u. a. von *J. Zech*[314]), die Trennung in je eine besondere Tafel für Addition und Subtraktion vorgenommen, oft auch eine der von *Leonelli* tabulierten Funktionen durch eine andere ersetzt[315]), schliesslich von *Th. Wittstein*[316]) durch Aufgeben einer von *Leonelli*'s drei Kolonnen eine einheitliche Tafel hergestellt, welche Möglichkeit übrigens *Leonelli* selbst schon ins Auge gefasst hatte (a. a. O. p. 55).

---

den Hülfstafeln mit zwei Eingängen erfordern (s. *Mehmke*, „Dyck's Katalog", Nachtrag, p. 20).

311) *Zach*'s Monatliche Correspondenz 26 (1812), p. 498flg.

312) Darunter als erste 7-stellige die von *E. A. Matthiessen* (Tafel zur bequemen Berechnung des Logarithmen der Summe oder Differenz..., Altona 1818), die keinen Anklang gefunden hat.

313) Zuerst vielleicht *J. H. T. Müller*, Vierstellige Logarithmen..., Halle 1843, der nicht die Kolonne der Resultate, sondern umgekehrt die Eingangskolonne A als gemeinschaftliche nimmt, zu welcher die mit S (Summe) und U (Unterschied) bezeichneten Kolonnen in derselben Beziehung stehen, wie bei *Leonelli* A zu B bezw. C zu B.

314) „Tafel der Additions- und Subtraktionslogarithmen" in *J. A. Hülsse*'s Sammlung mathematischer Tafeln, 2. Abdruck, Leipzig 1849 (in der ersten Auflage von 1840 noch nicht), auch gesondert erschienen, 2. Aufl. Berlin 1863, mit 7 Dezimalen. Abgesehen von der Stellenzahl und dem dadurch bedingten Umfang ist der Inhalt noch derselbe wie bei *Müller*[313]). *Bremiker* nimmt in seinen 6-stelligen[258]), 5-stelligen[262]) und 4-stelligen Tafeln (Berlin 1874) zu Additionslogarithmen wie *Gray*[315]) und spätere $\log(1+x)$ und zu Subtraktionslogarithmen die dekadischen Ergänzungen der von *Leonelli* bis *Zech* gewählten, um lauter positive Differenzen zu erhalten; ähnlich *Albrecht*[240]).

315) *P. Gray*, Tables and formulae for the composition of life contingencies..., London 1849, second issue 1870, verwendet bei Addition $\log(1+x)$, bei Subtraktion $\log(1-x)$; statt der letzteren Funktion nimmt *J. Hoüel* (Recueil de formules et de tables numériques, Paris 1866) die mit wachsendem Argument zunehmende $\log\frac{1}{1-x}$, ebenso *Rex*[263])[267]). Die Beschränkung auf negative Werte des Argumentes in der ersten Tafel ist bei manchen Anwendungen ein Nachteil.

316) Zuerst (1859) in der 5-stelligen Sammlung[264]), dann in der besonderen Tafel „Siebenstellige Gaussische Logarithmen...", Hannover 1866 (Titel und Einleitung auch französisch). Die auch von andern gebrauchte Bezeichnung „Gaussische" Logarithmen natürlich unberechtigt; *Gauss* hat selbst *Leonelli* als den Urheber des Gedankens genannt, sogar *Leonelli*'s Schrift ausführlich besprochen (Allgemeine Litteraturzeitung vom J. 1808, p. 353 = Werke 8, p. 121).

Bei dieser jetzt verbreitetsten Anordnung[317]) stehen die beiden einzigen, mit A und B bezeichneten Kolonnen in der Beziehung:

$$A = \log x, \quad B = \log(1+x), \quad \text{oder} \quad 10^B = 1 + 10^A,$$

und die obige Fundamentalaufgabe wird mittelst der Formeln gelöst:

$$\log a - \log b = A, \ \log(a+b) = B + \log b = \log a + (B - A)$$

bezw. $\log a - \log b = B, \ \log(a-b) = A + \log b = \log a - (B - A)$.

Von „Additionslogarithmen für komplexe Grössen" hat *R. Mehmke*[318]) einen dreistelligen Entwurf gegeben. Verwandt mit den Additionslogarithmen ist die nach einem Gedanken von *Gauss* und auf dessen Veranlassung von *v. Weidenbach* berechnete Tafel[319]), die auch *Hoüel*[315]) und *Rex*[263]) [267]) haben und welche neuerdings *E. Hammer*[319a]) erweitert hat.

31. Quadratische Logarithmen. Setzt man:

$$(a)^{b^y} = x,$$

so wird:

$$y = \frac{\log\log x - \log\log a}{\log b}.$$

Conte A. di Prampero[320]), der speziell:

---

317) Dieselbe haben z. B. noch *F. G. Gauss*[259]) [266]) und *Nell*[241]). Eigentlich nur eine Umordnung von *Leonelli*'s Tafel, denn *Wittstein*'s Kolonne B stimmt in ihrer 2. Hälfte (für positive A, die *Leonelli* allein berücksichtigt) mit *Leonelli*'s 3. Kolonne überein und enthält in der 1. Hälfte (für negative A) insgesamt dieselben Funktionswerte, wie *Leonelli*'s 2. Kolonne, weil man für $x' = \frac{1}{x}$

$$A' = \log x' = -\log x = -A, \quad B' = \log(1 + x')$$

erhält. Hieraus folgt noch

$$B' = \log(1 + x) - \log x = B - A,$$

d. h. wird mit der dekadischen Ergänzung von A in die Tafel eingegangen, so liefert sie $(B - A)$; deshalb hat *Gundelfinger* bei der 4-stelligen Tafel der ersten Seite von [352]) und der neuen, in Anm. 293 genannten 6-stelligen rechts diese dekadischen Ergänzungen als zweiten Eingang angebracht, wozu ein Vorbild in den trigonometrischen Tafeln gegeben war.

318) Zeitschr. Math. Phys. 40 (1895), p. 15.

319) „Tafel, um den Logarithmen von $\frac{x+1}{x-1}$ zu finden, wenn der Logarithme von x gegeben ist...", Copenhagen 1829; 5 Dezimalen. Abgedruckt in *M. v. Prasse*'s logarithmischen Tafeln, Ausgabe von *K. Br. Mollweide* und *G. A. Jahn,* Leipzig (ohne Jahreszahl).

319a) „Sechsstellige Tafel der Werte $\overset{10}{\log} \frac{1+x}{1-x} \cdots$", Leipzig 1902.

320) Saggio di tavole dei logaritmi quadratici, Udine 1885. Die Haupt-

nimmt und so:

$$a = \sqrt[2^{10}]{10}, \quad b = 2$$

$$y = \frac{\log \log x}{\log 2} + 10$$

erhält, nennt y den quadratischen Logarithmus von x, geschrieben $y = L_q x$. Es bestehen die fundamentalen Eigenschaften:

$$L_q z^t = L_q z + \frac{\log t}{\log b}, \quad L_q \sqrt[t]{z} = L_q z - \frac{\log t}{\log b},$$

also führt eine Tafel der quadratischen Logarithmen zusammen mit einer Hülfstafel der Grössen $\log t : \log b$, wie solche *di Prampero* im Entwurf gegeben hat, jede Potenzierung oder Radizierung mit beliebigem Exponenten auf eine Addition bezw. Subtraktion zurück.

32. Tafeln der Proportionalteile. So heissen Tafeln der auf eine bestimmte Zahl von Dezimalen abgerundeten Grössen:

$$\frac{x}{a}, \frac{2x}{a}, \frac{3x}{a}, \ldots, \frac{a-1}{a} x,$$

wo die Konstante a gewöhnlich den Wert 10 oder 100 hat (dezimale Tafeln), seltener 60 oder 600 (sexagesimale bezw. sexcentenare Tafeln)[321]. Von der ersten Art sind ausser den wahrscheinlich ältesten von *J. Moore*[322] zu nennen die Tafeln von *C. Bremiker*[323], *L. Schrön*[324], *H. Schubert*[325], von der letzten diejenigen von *John Bernoulli*[326] und *H. Schubert*[327].

---

tafel enthält für (sich nicht in gleichen Zwischenräumen folgende) Werte von $L_q x$ mit 6 Dezimalen, die zwischen 0 und etwas über 12 liegen, die zugehörigen x mit verschiedener Stellenzahl. Es liegt wohl näher, $a = b = 10$ zu setzen, was $L_q x = \log \log x$ giebt, welche Funktion noch nicht tabuliert worden zu sein scheint. Vorläufig ist es zweckmässiger, Potenzen und Wurzeln auch bei nicht ganzzahligen Exponenten mit gewöhnlichen Logarithmen zu berechnen, aber der Gedanke ist vielleicht entwicklungsfähig.

321) Zwar finden sich in den meisten Logarithmensammlungen die zum linearen Interpolieren nötigen Proportionalteile in zerstreuten Täfelchen, dieselben können aber auch zu einer besonderen Tafel zusammengestellt sein, und um solche handelt es sich hier, die oft noch anderen Zwecken dienen kann. Gewöhnliche Produktentafeln (Nr. **5**) und noch besser mechanische Hülfsmittel, wie der Rechenschieber (Nr. **50**), können beim Interpolieren ebenfalls mit Vorteil verwendet werden.

322) In dem Werke „A new systeme of the Mathematicks...", 2, London 1681. $a = 10$, x von 44 bis 4320.

323) „Tafeln der Proportionalteile...", Berlin 1843. $a = 100$, x von 70 bis 699.

324) Tafel III der Sammlung[252], auch gesondert erschienen; $a = 100$, x von 40 bis 409, mittelst eines Hülfstäfelchens bis 40955 ausdehnbar. Von

33. Tafeln der Reziproken und zur Verwandlung gewöhnlicher Brüche in Dezimalbrüche. Tafeln der Reziproken, d. h. der Werte $\frac{1}{x}$, führen Division auf Multiplikation zurück. Von x gleich 1 bis 1000 gehen u. a. diejenigen von *Chr. Hutton*[328]), *E. Gelin*[329]) und *W. Ligowski*[330]), bis 10 000 die von *P. Barlow*[331]), bis 100 000 die von *W. H. Oakes*[332]), womit die bemerkenswertesten genannt sind. Auf blosse Additionen zurückgeführt werden Divisionen durch eine Tafel, die ausser den Reziproken auch ihre neun ersten Vielfachen enthält. Wir haben solche von *R. Picarte*[333]) und *J. C. Houzeau*[334]). Sie bilden den Übergang zu Tafeln, die allgemein der Verwandlung gewöhnlicher Brüche in Dezimalbrüche dienen [I C 1, Nr. 5]. Den bereits in Nr. 7 genannten sind die von *W. F. Wucherer*[335]), *H. Goodwyn*[336]), *A. Brocot*[337])

Schrön „Interpolationstafel" genannt, welche Bezeichnung auch in anderem Sinne gebraucht wird, z. B. von *Hülsse*[65]) für eine Tafel der Werte:

$$\frac{x(x-1)}{1\cdot 2},\ \frac{x(x-1)(x-2)}{1\cdot 2\cdot 3}\ \text{u. s. w.}$$

325) „Dezimale Interpolationstafel" in [305]); $a = 10$ und $a = 100$, x von 1 bis 180.

326) „A sexcentenary table...", London 1779. $a = 600$, x in Minuten und Sekunden ausgedrückt.

327) „Sexagesimale Interpolationstafel" in [305]); $a = 60$, x von 1 bis 150.

328) Miscell. math., London 1775, vol. 4; mit 9 Stellen.

329) Recueil de tables numériques, Huy 1894; mit 10 Dezimalen.

330) Mit 6 geltenden Ziffern in [59]), abgedruckt im „Taschenbuch der Hütte", 17. Aufl. Berlin 1899.

331) „New mathematical tables"..., London 1814, Stereotypausgabe von 1840, auch 1851, mit 9 und 10 Stellen.

332) „Table of the reciprocals of numbers from 1 to 100000...", London 1865; 7 geltende Ziffern, wie eine 7-stellige Logarithmentafel angeordnet, mit Differenzen und Proportionalteilen, die noch bis $x = 10$ Millionen zu gehen erlauben. *Arnaudeau*[53]) giebt eine Probeseite einer ebenfalls bis 100 000 reichenden Reziprokentafel, aber nur mit 5 geltenden Ziffern.

333) „La division réduite à une addition...", Paris 1859; geht bis 10000, mit 10 und 11 geltenden Ziffern.

334) Brux. Bull. (2) 40 (1875), p. 107; die Reziproken der Zahlen bis 100 mit 20 Stellen und ihre ersten 9 Vielfachen mit 12 Stellen.

335) „Beyträge zum allgemeinern Gebrauch der Decimalbrüche...", Carlsruhe 1796; 5-stellig, Zähler und Nenner der Brüche beide unter 50 und relativ prim.

336) „A tabular series of decimal quotients...", London 1823; 8-stellig, Zähler und Nenner beide nicht grösser als 1000, die Brüche selbst kleiner als $\frac{99}{991}$, nach ihrem Wert geordnet.

337) In „Calcul des rouages...", deutsch herausgegeben vom Verein

hinzuzufügen, die im Gegensatz zu ersteren immer bei der gleichvielten Dezimale abbrechen.

34. Tafeln der Quadrate und höheren Potenzen. Ausser den in Nr. 8 besprochenen genauen Quadrattafeln finden sich in einer Reihe von Sammlungen[338]) wie auch Lehrbüchern der Wahrscheinlichkeits- und Ausgleichungsrechnung [I D 1; 2][339]) Tafeln, welche die Quadrate nur auf eine bestimmte Zahl von Stellen verkürzt enthalten. Höhere Potenzen geben ähnlicherweise *J. H. Lambert*[340]) und *Hülsse*[341]).

35. Tafeln der Quadrat- und Kubikwurzeln. Mittelst einer, mit Einrichtung zum Interpolieren versehenen Tafel der Quadrate (Nr. **34**) können Quadratwurzeln auf dieselbe Weise, wie mittelst einer gewöhnlichen Logarithmentafel die Numeri zu gegebenen Logarithmen, bestimmt werden. Von besonderen Tafeln der Quadrat- und Kubikwurzeln gehen mehrere[342]) bis 1000; bis 10000 reichen u. a. die von *P. Barlow*[343]) und *Hülsse*[344]), bis 25500 die von *G. A. Jahn*[345]).

36. Tafeln zur Auflösung numerischer Gleichungen. Durch eine Substitution der Form $x' = \lambda x$ und Division mit einer Konstanten lässt jede trinomische (dreigliedrige) Gleichung sich auf solche Form bringen, dass irgend zwei der drei Koeffizienten absolut ge-

---

„Hütte" unter dem Titel „Berechnung der Räderübersetzungen", Berlin 1870, 2. Aufl. 1879; verwandelt echte Brüche mit Nennern bis zu 100 in (nach ihrem Wert geordnete) Dezimalbrüche auf 11 Stellen. *Gundelfinger*'s „Interpolationstabelle...", p. 2—3 in [352]) giebt blos 2 Stellen.

338) Z. B. in *F. G. Gauss*[259]) die Werte x^2 für $x = 0{,}000$ bis $10{,}009$ mit 4 Dezimalen; auch Proportionalteile zum Interpolieren.

339) Z. B. in *Faà de Bruno,* Traité élémentaire du calcul des erreurs..., Paris 1869; bis zum Quadrat von 12,000; ebenfalls mit 4 Dezimalen.

340) Nämlich x^n für $n = 1, 2, \ldots, 11$ und $x = 0{,}01$ bis $1{,}00$ auf 8 Dezimalen in den „Zusätzen..."[298]), abgedruckt z. B. von *Schulze*[294]).

341) In der Tafelsammlung[65]); ausser der *Lambert*'schen Tafel noch x^n für $n = 1, 2, \ldots 100$ und 12 Werte von x zwischen 1,01 und 1,06, die Grenzen eingeschlossen, mit 6 Stellen und die reziproken Werte hiervon mit 7 Stellen, endlich die Werte $\sum_{n=1}^{100} x^n$ und $\sum_{n=1}^{100} x^{-n}$.

342) Z. B. von *Ligowski*[59]) mit 6 bezw. 5 geltenden Ziffern.

343) In [331]), 7 Dezimalen.

344) In der Sammlung[65]), die Quadratwurzeln mit 12 Dezimalen, die Kubikwurzeln mit 7 Dezimalen.

345) In [61]), am Anfang mit 14 Dezimalen, von 1010 an mit 5 Dezimalen *Gelin*[329]) giebt die Quadrat- und Kubikwurzeln zwar nur von den ersten 100 Zahlen, aber mit 15 bezw. 10 Dezimalen.

nommen gleich Eins werden, also nur noch *ein* Parameter c vorkommt — z. B. jede reduzierte kubische Gleichung auf die Form:

$$x^3 \pm x = c.$$

Eine Tafel der zusammengehörigen Werte von x und c ermöglicht daher die Auflösung aller numerischen Gleichungen der betreffenden Art. So hat für kubische Gleichungen schon *J. H. Lambert*[346]) eine 7-stellige Tafel der Werte $\pm (x - x^3)$, *P. Barlow*[347]) eine 8-stellige der Werte $(x^3 - x)$ und *J. Ph. Kulik*[348]) weiter fortgesetzte Tafeln, auch für $(x^3 + x)$, mit 6 und 7 Stellen veröffentlicht. *A. S. Guldberg*[349]) wählt als Normalform einer trinomischen Gleichung n^{ten} Grades:

$$x^n + cx + c = 0$$

(c positiv oder negativ) und giebt in mehreren Tafeln, nämlich für Gleichungen 2ten, 3ten und 5ten Grades, zu gleichmässig fortschreitenden Werten von x und $1 : x$ nicht die Werte von c selbst, sondern ihre Logarithmen, weshalb seine Tafeln in der Mitte zwischen den vorigen und den jetzt namhaft zu machenden stehen. Offenbar ist es für die logarithmische Rechnung vorteilhafter, wenn derartige Tafeln auch die Werte von $\log x$, statt von x, enthalten; für quadratische Gleichungen hat solche *K. Fr. Gauss*[350]) berechnen lassen, *R. Mehmke*[351])

---

346) In den Zusätzen zu den logarithmischen und trigonometrischen Tabellen, Berlin 1770; x geht von 0,001 bis 1,155; wie die folgenden nur für den Fall dreier reellen Wurzeln.

347) In [331]); x von 1,0000 bis 1,1549.

348) Prag. Abhandl. (5) 11 (1860), p. 23; x von 0,0001 bis 3,2800; für alle Fälle.

349) Christ. Vidensk. Selsk. Forhandl., aar 1871, p. 287, 307; aar 1872, p. 144. Die Umkehrung der Funktion:

$$y = \frac{x^n}{1 + x}$$

wird mit $x = \overset{n}{r}(y)$ bezeichnet, sodass z. B. eine Wurzel der Gleichung:

$$x^5 + ax + b = 0$$

durch

$$x = \frac{b}{a} \overset{5}{r}\left(-\frac{a^5}{b^4}\right)$$

geliefert wird. Die Tafeln geben 5- und 7-stellige Logarithmen, sind aber für bequemen Gebrauch nicht ausgedehnt genug.

350) Sie finden sich in *J. A. Hülsse*'s Sammlung mathematischer Tafeln, Leipzig 1840 (in der späteren Auflage nicht mehr). Drei mit D, E, F überschriebene Kolonnen für die Werte:

$$\log \frac{(1+x)^2}{x}, \quad \log (x + x^2), \quad \log \frac{1+x}{x^2},$$

welche sich an die Kolonnen A, B, C der Additionslogarithmen mit den Werten

eine bessere Einrichtung angegeben. Endlich hat *S. Gundelfinger*[352]), den Gedanken von *Gauss* erweiternd, 3-stellige Tafeln mit zwei Eingängen, die zur Auflösung trinomischer Gleichungen aller Arten und Grade dienen, veröffentlicht.

III. Graphisches Rechnen.

Monographieen und Lehrbücher: B. E. Cousinery, Le calcul par le trait, Paris 1839; *H. Eggers*, Grundzüge einer graphischen Arithmetik, Progr. Gymn. Schaffhausen 1865; *E. Jäger*, Das graphische Rechnen, Prom.-Dissert. Speyer 1867; *J. Schlesinger*, Vorträge über grafisches Rechnen und Grafo-Statik, Wien 1868/69; *K. Culmann*, Die graphische Statik, Zürich 1866, zweite Auflage Zürich 1875, 1. Abschnitt („Culmann"); *A. Favaro*, Sulle prime operazioni del calcolo grafico, Venezia 1872; *L. Cremona*, Elementi di calcolo grafico, Torino 1874, deutsche Übertragung von *M. Curtze* mit dem Titel: Elemente des graphischen Calculs, Leipzig 1875 („Cremona"), englische Übersetzung von *Th. Hudson Beare* mit dem Titel: Graphical Statics, Oxford 1890; *K. von Ott*, Das graphische Rechnen

---

$\log x$, $\log\left(1+\frac{1}{x}\right)$, $\log(1+x)$ anschliessen; drei Fälle mit verschiedenen Formeln werden unterschieden.

351) Zeitschr. Math. Phys. 43 (1898), p. 80. Dreistelliger Entwurf; zwei Teile, welche zu gegebenen Werten von $u = \log(x^2 - x)$ bezw. $\log(x - x^2)$ die Werte von $v = \log x$ liefern. Direktes Eingehen in die Tafel und einheitliche Formeln. Die Wurzeln von $ax^2 \pm bx - c = 0$ bezw. $ax^2 \pm bx + c = 0$ ergeben sich aus:

$$u = \log\frac{ac}{b^2}, \quad \log(\pm x_1) \text{ bezw. } \log(\mp x_1) = \log\frac{c}{b} - v,$$
$$\log(\mp x_2) = v + \log\frac{b}{a}.$$

352) „Tafeln zur Berechnung der reellen Wurzeln sämtlicher trinomischer Gleichungen...", Leipzig 1897 [I B 3a, Nr. **14**, p. 446, Anm. 41]. Sie beruhen auf der (schon von *H. Geelmuyden*, Christ. Vidensk. Selsk. Forhandl., aar 1873, p. 481 gegebenen) Anpassung der Gaussischen Formeln zur Auflösung trinomischer Gleichungen an die *Wittstein*'sche Anordnung der Additionslogarithmen (Nr. **30**). Zwei Tafeln, welche die Werte von:

$$A - \mu B = \log\frac{x}{(1+x)^\mu} \quad \text{bezw.} \quad B - \mu A = \log\frac{1+x}{x^\mu}$$

zu gegebenen Werten von:

$$A = \log x \text{ und } \mu = 0{,}00;\ 0{,}05;\ 0{,}10;\ \ldots\ 1{,}00$$
$$\text{bezw. } \mu = 0{,}000;\ 0{,}025;\ 0{,}075;\ \ldots\ 0{,}500$$

liefern. Bei kubischen Gleichungen ist, namentlich wenn drei Stellen nicht ausreichen und alle Wurzeln verlangt sind, im Fall dreier reellen Wurzeln die goniometrische Lösung (s. etwa *L. Matthiessen*, Grundzüge der ... Algebra der litteralen Gleichungen, Leipzig 1878, VI. Abschn.), im Fall *einer* reellen Wurzel die Lösung mittelst Hyperbelfunktionen (s. etwa *S. Günther*, Hyperbelfunktionen, Halle a. S. 1881, p. 154) vorzuziehen.

und die graphische Statik, erster Teil, vierte Auflage, Prag 1879; *J. Wenck*, Die graphische Arithmetik und ihre Anwendungen auf Geometrie, Berlin 1879; *A. Favaro,* Lezioni di statica·grafica, Padova 1877, französische Übersetzung mit Zusätzen von *P. Terrier* mit dem Titel: Leçons de Statique graphique, 2ème partie, Calcul graphique, Paris 1885 („Favaro-Terrier"); *A. Steinhauser*, Die Elemente des graphischen Rechnens . . ., Wien 1885; *J. J. Prince,* Graphic arithmetic and statics, London 1893; *O. Bürklen,* Graphisches Rechnen und graphische Darstellungen im Mathematikunterricht, Progr. Realgymn. Gmünd 1899.

Zum graphischen Rechnen im weiteren Sinne gehören alle Verfahren, die bezwecken, analytische Aufgaben durch Zeichnung zu lösen. Jedoch haben wir an dieser Stelle nur die gewöhnlichen Rechnungsarten und die Auflösung von Gleichungen zu betrachten[353]). Im allgemeinen sind die zeichnerischen Verfahren anschaulicher, übersichtlicher, schneller ausführbar und mit geringerer Anstrengung des Geistes verbunden, als die rechnerischen[354]); in manchen Fällen (wie bei der Auflösung beliebiger Gleichungen) gewähren sie bis jetzt allein die Möglichkeit eines direkten Vorgehens; bei nicht ausreichender Genauigkeit[355]) können sie immer noch zur Vorbereitung, Ergänzung und Prüfung der Rechnung dienen. Zwar ist das graphische Rechnen kein neues, etwa dem 19. Jahrhundert eigentümliches Lehrgebiet[356]), aber nachdem es zeitweilig durch die rechnerischen Methoden

353) Ausgeschlossen werden so hauptsächlich die graphische Interpolation, Summierung von Reihen, Differentiation und Integration (die nebst der graphischen Bestimmung von Bogenlängen, Flächen- und Rauminhalten, Schwerpunkten und Momenten teilweise in den oben genannten Schriften behandelt werden) und die graphische Ausgleichungsrechnung. Wir schliessen ferner aus die geometrische Veranschaulichung von Begriffen, Sätzen und Beweisen der Arithmetik und Algebra.

354) *G. Hauck* lässt (Zeitschr. mathem.-naturw. Unterricht 12 (1881), p. 333) diese Vorzüge nur für die „geometrische" Auffassung des graphischen Rechnens gelten, bei der als Gegebenes und Gesuchtes nicht Zahlen, sondern Strecken und Verhältnisse von solchen betrachtet werden. Im Sinne der „arithmetischen" Auffassung gegebene Zahlen durch Strecken zu ersetzen, um diese geometrischen Konstruktionen zu unterwerfen und die erhaltenen Strecken wieder durch Zahlen auszudrücken, lohnt sich allerdings bei einfachen Rechnungen, besonders wenn sie vereinzelt vorkommen und ein gewöhnlicher Massstab benützt wird, nicht, wohl aber bei der Auflösung numerischer Gleichungen und der Anwendung der logarithmographischen Methode (Nr. **40**—**42**).

355) *Culmann* bezeichnet (Vorrede zur 1. Aufl. der graph. Statik, p. V) eine Genauigkeit von 3 Stellen oder 1/1000 als vollständig erreichbar.

356) Schon 1593 hat *Vieta* Konstruktionen zusammengestellt, sowohl mit Lineal und Zirkel ausführbare als auf der Anwendung von Kurven beruhende, die zur geometrischen Ermittlung rechnerisch erhaltener Ausdrücke, sogar zur Lösung kubischer und biquadratischer Aufgaben dienen (vgl. *M. Cantor,* Vorles. üb. Gesch. der Mathem. 2, 2. Aufl. Leipzig 1900, p. 584, sowie das Register

zurückgedrängt worden war, ist es in der zweiten Hälfte des 19. Jahrhunderts durch systematischen Ausbau wie durch die Entwicklung neuer, allgemeiner Methoden bedeutend gefördert worden und es hat (besonders unter den zeichengewandten Ingenieuren) grosse Verbreitung gefunden.

Behufs Versinnlichung der (zunächst reell vorausgesetzten) Zahlen kann man diese entweder den Punkten einer geraden Punktreihe[357]) ein-eindeutig zuordnen, oder die (mit bestimmter Richtung genommene) Strecke vom Nullpunkt der Reihe bis zu einem beliebigen Punkt derselben als Bild der zu letzterem Punkt gehörigen Zahl betrachten. Am nächsten liegt es, die Längen der Strecken den Zahlen, die sie versinnlichen sollen, proportional zu nehmen, sodass die den natürlichen Zahlen 1, 2, 3, ... entsprechenden Punkte der erwähnten Punktreihe einander in gleichen Abständen folgen oder ein gewöhnlicher (gleichmässig geteilter) Massstab vorliegt (Nr. **37**—**39**); für manche Zwecke (namentlich die Auflösung von höheren Gleichungen und Systemen solcher) hat es sich weit vorteilhafter erwiesen, die Zahlen durch Strecken darzustellen, deren Längen den Logarithmen der Zahlen proportional sind, d. h. einen logarithmischen Massstab zu benützen (Nr. **40**—**42**).

a. Grundmassstab gleichmässig geteilt.

37. Gewöhnliche arithmetische Operationen. Die Addition mehrerer Zahlen wird bei der Darstellung durch ihnen proportionale Strecken bewirkt, indem man diese Strecken unter Beachtung ihres Sinnes aneinander fügt, und die Subtraktion wird durch Umkehrung des Sinnes der zu subtrahierenden Strecken auf die Addition zurückgeführt; dagegen empfiehlt es sich, bei Benützung einer gleich-

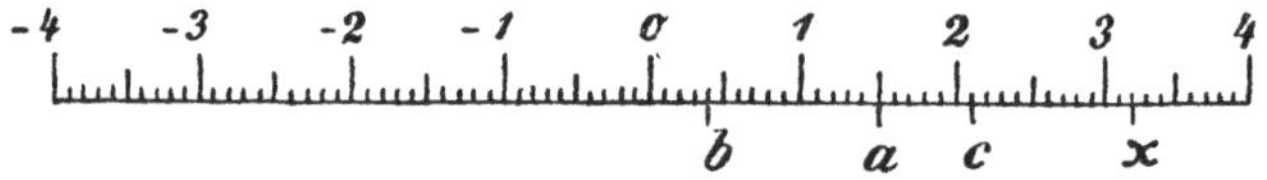

Fig. 22.

förmigen Punktreihe als Bild der Zahlenreihe die Bestimmung von $x = a - b + c$, welche dadurch geschieht, dass man (Fig. 22) die

unter „algebraische Geometrie"). Über geometrische Auflösung von Gleichungen bei Griechen und Arabern vgl. z. B. *Zeuthen,* Gesch. d. Math., p. 44, 300, 304. Vgl. auch Anm. 375.

357) Über die Verwendung krummliniger Punktreihen s. Abschnitt IV und V, namentlich Nr. **46** und **51**.

Strecke cx nach Länge und Richtung gleich ba macht, als Grundaufgabe zu betrachten, von welcher vermöge der Auffassungen $a + b = a - 0 + b$ und $a - b = a - b + 0$ die Addition und Subtraktion als besondere Fälle erscheinen[358]). Auch Multiplikation und Division werden am besten verallgemeinert, zu der Operation $x = \frac{a}{b} c$ nämlich, aus der sie für $b = 1$ bezw. $c = 1$ hervorgehen. Wegen $b : a = c : x$ können die zu den Zahlen a, b, c, x gehörigen Strecken als zwei Paare entsprechender Seiten zweier ähnlicher Dreiecke betrachtet werden, von denen man gern zwei entsprechende

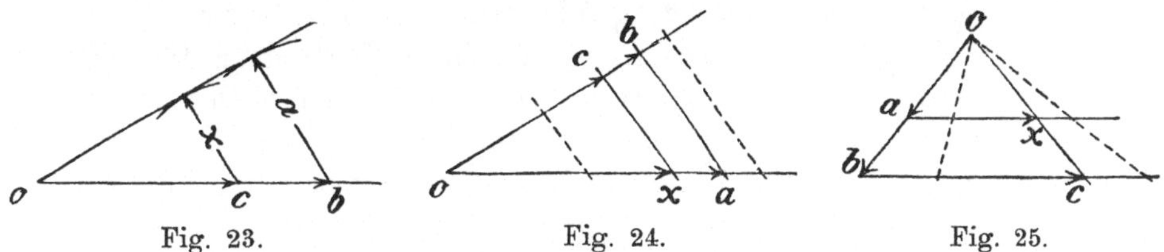

Fig. 23. Fig. 24. Fig. 25.

Winkel zusammenfallen lassen wird; a und b können zu demselben Dreieck genommen werden (Fig. 23 und 24), oder nicht (Fig. 25)[359]). Zusammengesetzte Ausdrücke der Form

$$\sum_{i=1}^{n} \frac{a_i}{b_i} c_i$$

lassen sich mittelst der, bei dieser Verwendung von *Culmann* „Summationspolygone" oder „Multiplikationspolygone" genannten, aus der

358) Die Zahl der Operationen wird so geringer, z. B. ist bei der Bestimmung von $a + b + c$ auf gewöhnliche Weise die Zirkelspitze 7mal, bei der Auffassung $a - (-b) + c$ nur 4mal einzusetzen.

359) Einige andere Auffassungen „Cremona" p. 33. Das Verhältnis a/b kann auch als *tg* oder als *sin* eines Winkels gedeutet werden; in letzterem Falle lässt sich, wenn der Winkel gezeichnet ist, x unmittelbar mit dem Zirkel abgreifen („Culmann" p. 11, woselbst auch Behandlung des Falles $a > b$). Sind eine Reihe von Werten c mit einem konstanten Verhältnis a/b zu multiplizieren, und legt man Fig. 24 oder 25 zu Grunde, so beschreiben die Endpunkte von c und x ähnliche Punktreihen in perspektiver Lage; es ist auch vorgeschlagen worden, den Satz zu benützen, dass zwei beliebige feste Tangenten einer Parabel von einer beweglichen Tangente in ähnlichen Punktreihen geschnitten werden („Cousinery" p. 19), ferner den Satz, dass ein Büschel von Kreisen mit zwei reellen gemeinsamen Punkten von allen durch einen dieser Punkte gehenden Strahlen in ähnlichen Punktreihen geschnitten wird („Favaro-Terrier" p. 17). Die obige Aufgabe lässt sich als besonderer Fall der (mittelst projektiver Punktreihen zu lösenden) ansehen, zu gegebenem c das x zu bestimmen, wenn c und x durch irgend eine bilineare Gleichung verbunden sind.

Statik (IV 5) entlehnten Seilpolygone auswerten[360]. Produkte mit mehr als zwei Faktoren und Potenzen mit ganzzahligen Exponenten können durch Wiederholung der vorigen Konstruktionen graphisch berechnet werden[361]. Vorteilhafter ist es, eine im voraus gezeichnete logarithmische Spirale zu benützen, am besten in Verbindung mit einer Archimedischen Spirale, wodurch das Multiplizieren auf Zusammenfügen, das Potenzieren und Wurzelausziehen auf Vervielfachen und Teilen von Strecken zurückgeführt wird[362]. Diese beiden Kurven leisten also in ihrer Verbindung für das graphische Rechnen[363]) dieselben Dienste, wie die Logarithmen für das Zahlenrechnen[364]. Denselben Zweck erreicht man mit Hülfe der logarithmischen Kurve[365].

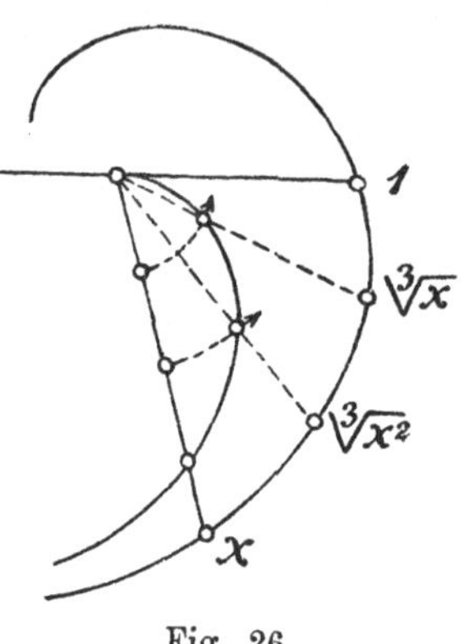

Fig. 26.

Für das graphische Rechnen mit komplexen Zahlen bildet die Grundlage, was auf S. 155—156 dieses Bandes über die geometrische

360) „Culmann" p. 21, über die Ermittlung von Ausdrücken der Formen $\sum \frac{a_i}{b_i} \frac{c_i}{d_i} e_i$ u. s. w. durch wiederholte Konstruktion von Seilpolygonen p. 28.

361) S. etwa „Cremona" p. 42, 47; „Favaro-Terrier" p. 24, 35. Aus den Konstruktionen für rationale ganze Funktionen in Nr. **38** erhält man durch Spezialisierung ebenfalls Methoden zur graphischen Potenzierung, z. B. aus der von *Lill*[369]) die später von *Reuleaux* angegebene (Der Konstrukteur, 3. Aufl. Braunschweig 1869, p. 84; „Cremona" p. 50).

362) „Cousinery" p. 44; „Favaro-Terrier" p. 42, 52. Zu Radienvektoren der Archimedischen Spirale, die eine arithmetische Progression bilden, gehören in geometrischer Progression fortschreitende Radienvektoren der logarithmischen Spirale. Wegen der zweckmässigsten Konstruktionen für letztere s. auch „Cremona" p. 32 ff. Fig. 26 erläutert das Ausziehen von Kubikwurzeln.

363) Wofern eben die Zahlen durch ihnen proportionale Strecken dargestellt sind.

364) Beruht darauf, dass wenn $r = a^{\varphi}$ die Polargleichung der logarithmischen Spirale, $\varrho = \varphi$ diejenige der Archimedischen ist, man hat $\varrho = \overset{a}{\log}\, r$.

365) Die Abscissen sind proportional den Logarithmen der durch die Ordinaten dargestellten Zahlen, wie bei *J. de la Gournerie,* Traité de géométrie descriptive 3, Paris 1864, p. 197 u. fig. 451, oder umgekehrt, wie „Cremona" p. 56. — Hat man häufig Potenzen oder Wurzeln mit demselben rationalen, positiven oder negativen Exponenten zu berechnen, so kann man mit *J. Schlesinger* (Österr. Ingen. u. Archit.-Ver. Zeitschr. 18 [1866], p. 156; „Favaro-Terrier" p. 57) besondere „Potenzkurven" verwenden, deren Polargleichung $r = \sec^n \varphi$ bezw. $r = \cos^n \varphi$ ist; über ein daraus folgendes Annäherungsverfahren bei n^{ten} Wurzeln

Bedeutung der Addition und Multiplikation komplexer Grössen gesagt ist[366]).

38. Berechnung rationaler ganzer Funktionen und Auflösung von Gleichungen mit einer Unbekannten. *J. A. v. Segner* hat 1761

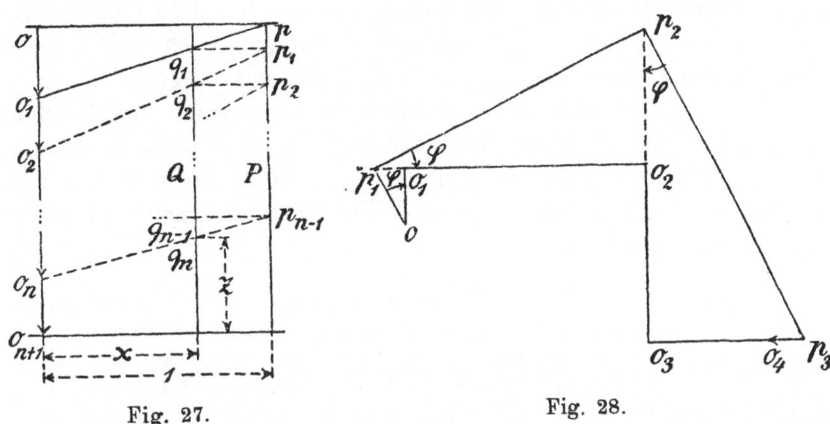

Fig. 27.

Fig. 28.

die in Fig. 27 dargestellte Konstruktion zur Bestimmung des Wertes einer rationalen ganzen Funktion

$$z = f(x) = a_0 x^n + a_1 x^{n-1} + a_2 x^{n-2} + \cdots + a_{n-1} x + a_n$$

für einen gegebenen Wert von x veröffentlicht[367]). Von den im 19. Jahrhundert angegebenen Konstruktionen, bei denen ein gewöhn-

---

s. „Favaro-Terrier" p. 64. Dieselben Kurven wurden übrigens schon von *R. Descartes* in seiner „Géométrie" von 1637 betrachtet, der auch einen Mechanismus zu ihrer Erzeugung angab (s. etwa die deutsche Ausgabe von *L. Schlesinger*, Berlin 1894, p. 21 u. Taf. 1, Fig. 6).

366) Wie beim graphischen Rechnen mit reellen Zahlen ist es vorteilhaft, die allgemeineren Operationen $x = a - b + c$ und $x = (a : b)c$ zu betrachten; die erste wird ausgeführt, indem man — unter a, b, c, x, 0 zugleich die Punkte verstanden, welche diese komplexen Zahlen darstellen — die Strecke cx nach Länge und Richtung gleich ba macht, die zweite durch Konstruktion des zu dem Dreieck oba gleichstimmig ähnlichen Dreiecks ocx. Zur Erleichterung des Potenzierens und Wurzelausziehens dient wieder die logarithmische zusammen mit der Archimedischen Spirale.

367) Acad. Petrop. Novi Comment. 7, pro 1758/59 (1761), p. 211. Sie stützt sich wie alle späteren (s. dagegen Nr. **41**) auf die Kette von Gleichungen

$$z_1 = a_0 x + a_1, \quad z_2 = z_1 x + a_2 = a_0 x^2 + a_1 x + a_2, \ldots$$
$$z_n = z_{n-1} x + a_n = f(x) = z.$$

Nachdem man zur Vorbereitung in einer senkrechten Geraden, der z-Axe, die Strecken $oo_1 = a_0$, $o_1 o_2 = a_1$, $o_2 o_3 = a_2, \ldots$ $o_n o_{n+1} = a_n$ abgetragen (und zwar abwärts oder aufwärts, je nachdem das Vorzeichen $+$ oder $-$ ist), durch

licher Massstab benützt wird[368]), ist nur eine der vorigen ebenbürtig, die von *E. Lill*[369]). Die Funktion $f(x)$ wird durch einen rechtwinkligen Linienzug $o o_1 o_2 o_3 \ldots o_{n+1}$ (Fig. 28) dargestellt, dessen Seiten bezw. den (in einem beliebigen Massstabe aufgetragenen) Koeffizienten $a_0, a_1, \ldots, a_n$ gleich sind[370]). Beschreibt man diesem einen rechtwinkligen Linienzug $o p_1 p_2 \ldots p_n$ ein, dessen erste Seite $o p_1$ um den Winkel $(-\varphi)$ von der Richtung $o o_1$ abweicht, so ist (in demselben Massstabe) $p_n o_{n+1} = f(x)$ für $x = \operatorname{tg} \varphi$.[371])

Der einbeschriebene Linienzug wird zu einem „auflösenden", d. h. $\operatorname{tg} \varphi$ ist eine Wurzel der Gleichung $f(x) = 0$, wenn p_n mit o_{n+1} zusammenfällt[372]). *Lill* hat sein Verfahren auch auf den Fall einer komplexen Veränderlichen und einer Funktion mit komplexen Koeffizienten ausgedehnt[373]).

---

o_{n+1} eine die x-Axe gebende Wagerechte, im Abstand $+1$ von der z-Axe die Parallele P zu letzterer und durch den Schnittpunkt p derselben mit der Wagerechten durch o die Gerade $p o_1$ gezogen hat, zieht man im Abstand x von der z-Axe die Parallele Q mit derselben, durch ihren Schnittpunkt q_1 mit $o_1 p$ die Wagerechte $q_1 p_1$, von deren Schnittpunkt p_1 mit P eine Gerade nach o_2 u. s. w. Der gesuchte Wert von $f(x)$ ist dann gleich dem z des Punktes q_n. Wird Q parallel mit der z-Axe verschoben, so beschreibt q_n die Kurve zur Gleichung $z = f(x)$. Die Methode ist von *Bellavitis* wiedergefunden worden, vgl. „Favaro-Terrier" p. 204.

368) Erwähnt seien eine Konstruktion von *A. Winckler*, Wien. Ber. 53 (1866), 2. Abt., p. 326, und die von *H. Wehage*, Ver. Deutsch. Ingen. Zeitschr. 21 (1877), p. 105, Fig. 4 u. 5 auf Textblatt 3 (auch *Lill*'s Konstruktion erscheint wieder, Fig. 1—3). *Eggers* behandelt a. a. O. p. 17 allgemeiner die Funktion:

$$f(x_1, x_2, \ldots, x_n) = a_0 x_1 x_2 x_3 \ldots x_n + a_1 x_1 x_2 \ldots x_{n-1} + a_2 x_1 x_2 \ldots x_{n-2} + \cdots + a_{n-1} x_1 + a_n$$

und fasst die x als tg von Hülfswinkeln auf, „Culmann" p. 18 dagegen als sin, um die Konstruktion soviel als möglich mit dem Zirkel ausführen zu können.

369) Par. C. R. 65 (1867), p. 854 [vorher mitgeteilt von „un abonné" Nouv. Ann. math. (2) 6 (1867), p. 359]; „Cremona" p. 61; „Favaro-Terrier" p. 197.

370) Die Richtung irgend einer Seite des Zugs folgt aus der Richtung der vorhergehenden Seite durch Drehung um einen Rechten in positivem oder negativem Sinn, je nachdem die zugehörigen Koeffizienten gleiches oder ungleiches Vorzeichen haben. Fig. 28 entspricht dem Falle $f(x) = x^3 + 4x^2 + 3x - 2$, $x = 0{,}5$.

371) Ferner ist $o p_1 p_2 \ldots p_n$ ein darstellender Linienzug der Funktion $(n-1)^{\text{ten}}$ Grades $(f(\xi) - f(x)) : (\xi - x)$ von ξ, s. „Cremona" p. 65; allgemeinere Eigenschaften ebenda p. 63.

372) Ein auflösender Linienzug stellt zufolge Anm. 371 die neue Gleichung dar, deren linke Seite durch Division von $f(x)$ mit dem betreffenden Wurzelfaktor erhalten wird. Auch der gleichzeitigen Division mit zwei Wurzelfaktoren steht ein geometrisches Verfahren zur Seite, s. *Lill*[369]) p. 857, „Cremona" p. 66.

373) Von „E. J." mitgeteilt Nouv. Ann. math. (2) 7 (1868), p. 363.

Die reellen Wurzeln einer gegebenen reellen Gleichung $f(x) = 0$ können graphisch bestimmt werden, indem man die Kurve zur Gleichung $z = f(x)$ zeichnet, unter x, z etwa Cartesische Koordinaten eines veränderlichen Punktes verstanden; die Abscissen der Schnittpunkte dieser Kurve mit der x-Axe sind die gesuchten Wurzeln[374]). Allgemeiner können zwei Kurven benützt werden, die so gewählt sind, dass die Elimination von z aus ihren Gleichungen $\varphi(x, z) = 0$ und $\psi(x, z) = 0$ die aufzulösende Gleichung $f(x) = 0$ ergiebt[375]). Was die algebraischen Gleichungen der ersten Grade betrifft, so werden die quadratischen vielleicht am besten nach *Lill*'s Methode[376]) graphisch gelöst; für die kubischen und biquadratischen Gleichungen genügt eine im voraus gezeichnete Parabel[377]). Vgl. auch Nr. 48 (Methoden von *Reuschle* u. s. w.).

---

374) An Stelle der x-Axe nimmt *A. Siebel*, Arch. Math. Phys. 56 (1874), p. 422 eine beliebige Kurve $z = F(x)$, die er mit der Kurve $z = F(x) - \varkappa f(x)$ schneidet, wobei er $F(x)$ und die willkürliche Konstante $\varkappa$ so zu bestimmen sucht, dass beide Kurven von einer beliebigen Stelle an in der z-Richtung konvex ausfallen; p. 434 Kennzeichen dafür, dass zwei in derselben Richtung konvexe Kurvenbögen in gegebenem Zwischenraum sich schneiden.

375) Dies der ältere Gedanke, auf dem die geometrische Auflösung (die „Konstruktion") der Gleichungen bis zur Zeit *v. Segner*'s beruhte (vgl. etwa *L. Matthiessen,* Grundzüge der antiken und modernen Algebra, 2. Ausg. Leipzig 1896, p. 921 ff.; *A. Favaro,* Notizie storico-critiche sulla costruzione delle equazioni, Modena 1878, Appendice Modena 1880). Beim Fortschreiten von quadratischen zu höheren Gleichungen legte man zuerst Wert darauf, mit Kegelschnitten oder Kurven möglichst niedriger Ordnung auszukommen (*Descartes*), oder mit Kurven von einfacher mechanischer Erzeugung (*Newton*); nach der heutigen, durch die Entwicklung der darstellenden Geometrie und der graphischen Methoden überhaupt bedingten Auffassung ist es an sich gleichgültig, ob die verwendeten Kurven mit einem Mechanismus beschrieben, oder durch stetiges Verbinden einzelner Punkte mit einem von freier Hand (nach Massgabe der, von dem geübten Auge vorausgeschauten Form der Kurve) geführten Zeichenstift erhalten worden sind, wobei diese Punkte selbst entweder durch geometrische Konstruktion (bei algebraischen Gleichungen etwa nach *v. Segner* oder *Lill*) oder durch Rechnung bestimmt worden sein können.

376) *Lill*[369]) p. 857, „Cremona" p. 67, „Favaro-Terrier" p. 203; andere Methoden bei *Matthiessen*[375]) p. 926 ff., „Favaro-Terrier" p. 232, 234.

377) Die von *Descartes* zuerst angegebene Lösung mittelst einer festen Parabel und eines in jedem Falle zu zeichnenden Kreises wurde u. a. wieder von *R. Hoppe,* Arch. Math. Phys. 56 (1874), p. 110, durchgeführt und von letzterem auf die Bestimmung der komplexen Wurzeln ausgedehnt Arch. Math. Phys. 69 (1883), p. 216; von *A. Adler* dagegen, Österr. Ingen. Archit.-Ver. Zeitschr. 42 (1890), p. 146, technisch durchgebildet. Wegen der Lösungen mittelst Hyperbel und Kreis oder Conchoide und Kreis s. *Matthiessen* a. a. O. — Vorläufig nur für die geometrische Erkenntnis von Wert ist die Lösung im Sinne der projektiven

Ein brauchbares allgemeines Verfahren, komplexe Wurzeln, auch von Gleichungen mit komplexen Koeffizienten, durch Zeichnung zu bestimmen, haben wir von *H. Scheffler*[378]. Setzt man $x = y + iz$, $f(x) = Y + iZ$, und trägt man (Fig. 29) vom Punkt x eine Strecke von der Länge und Richtung des zugehörigen Y ab, deren Endpunkt x_1 heissen möge, lässt man hierauf den Punkt x irgend eine Linie, z. B. eine Gerade parallel mit der z-Axe beschreiben, so wird diese von der Linie, die gleichzeitig der Punkt x_1 beschreibt, in einem Punkt geschnitten, für welchen $Y = 0$ ist. Durch Wiederholung der Konstruktion für eine Reihe von Linien erhält man punktweise die Kurve $Y = 0$. Konstruiert man auf entsprechende Art die Kurve $Z = 0$, so stellen die Schnittpunkte beider Kurven die Wurzeln von $f(x) = 0$ dar[379].

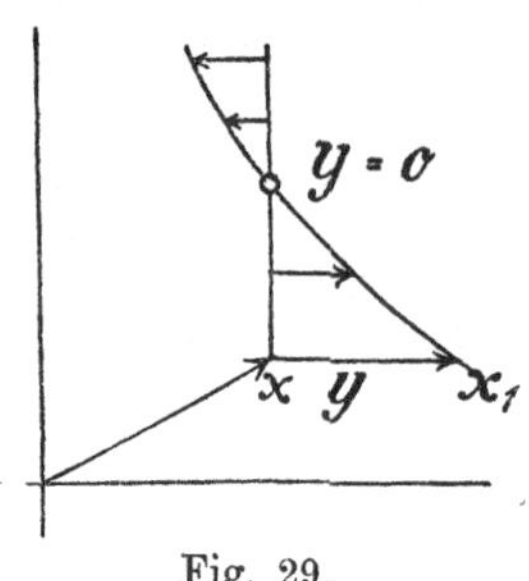

Fig. 29.

39. Systeme linearer Gleichungen. Das Bedürfnis der Ingenieure nach graphischen Methoden zur Auflösung von Systemen linearer

Geometrie mittelst eines beliebig gegebenen und eines punktweise zu zeichnenden Kegelschnittes von *M. Chasles,* Par. C. R. 41 (1855), p. 677 (Ausdehnung auf komplexe Wurzeln, *A. Adler,* Progr. Oberrealsch. Klagenfurt 1891, p. 19); vgl. noch *B. Klein,* Theorie der trilinear-symmetrischen Elementargebilde, Marburg 1881, p. 67 (nur kubische Gleichungen). — *Descartes'* Lösung der Gleichungen 5. und 6. Grades mittelst einer festen „parabolischen Conchoide" (einer Kurve 3. Ordnung) und eines Kreises hat *J. A. Grunert,* Arch. Math. Phys. 27 (1856), p. 245 wieder dargestellt. *A. Ameseder* löst Wien. Ber. 93 (1886), 2. Abt. p. 380 die Gleichungen 4. und 5. Grades mittelst einer Kurve 4. Ordnung mit dreifachem Punkt und eines Kreises oder einer Hyperbel.

378) Die Auflösung der algebraischen und transcendenten Gleichungen ..., Braunschweig 1859, p. 100; ein vorher von *Scheffler* angegebenes, Arch. Math. Phys. 15 (1850), p. 375, hat den Mangel, auf reelle Wurzeln nicht anwendbar zu sein.

379) Dieselben Kurven will *A. Raabe,* Wien. Ber. 63 (1871), 2. Abt., p. 733, benützen (die Arbeit enthält keinen Fortschritt). — Manchmal ist es besser (*Scheffler* p. 103), X in Komponenten senkrecht und parallel zur Strecke ox zu zerlegen und die beiden Kurven zu konstruieren, für die je eine dieser Komponenten verschwindet, wobei man den Punkt x in Strahlen durch den Nullpunkt sowie in Kreisen um den Nullpunkt sich bewegen lassen wird. — Geometrisch handelt es sich darum, bei der durch die Gleichung $X = f(x)$ definierten konformen Abbildung (III D 6 a) der Ebene der x auf die Ebene der X in der ersten Ebene die Punkte zu bestimmen, welche sich in den Nullpunkt der zweiten Ebene abbilden; offenbar kann *Scheffler's* Gedanke auch bei beliebigen (nicht konformen) Abbildungen Verwendung finden, während andererseits bei der Auflösung komplexer Gleichungen die Eigenschaften der konformen Abbildungen ausgenützt werden können.

Gleichungen hat in neuerer Zeit mehrere solcher hervorgerufen. In graphischer Elimination besteht eine Methode von *F. J. Van den Berg*[380]). Man stellt die n gegebenen Gleichungen, deren i^{te}

$$a_i x + b_i y + c_i z + \cdots = l_i$$

sei, durch Punktreihen auf n parallelen Geraden mit beliebigen Abständen dar, indem man (Fig. 30) die Koeffizienten $a_i, b_i, c_i, \ldots, l_i$ (unter Beachtung des Vorzeichens) als Strecken in beliebigem Massstab auf der i^{ten} Geraden von einem willkürlichen Nullpunkt o_i abträgt. Um nun etwa aus der i^{ten} und k^{ten} Gleichung die Unbekannte z zu eliminieren, zieht man durch den Schnittpunkt o' von $o_i o_k$ mit $c_i c_k$ eine Parallele mit den früheren Geraden, dann wird auf dieser durch die Linien $a_i a_k$, $b_i b_k$, $d_i d_k, \ldots$ eine Punktreihe $a', b', d', \ldots$ ausgeschnitten, die mit Bezug auf den Nullpunkt o' die gewünschte neue Gleichung ohne z darstellt[381]). Das gewöhnliche Verfahren der Algebra nachahmend, gelangt man so durch allmähliche Elimination zu den Darstellungen von n Gleichungen, die je nur noch eine Unbekannte enthalten[382]). Figur 31 zeigt den Fall $n = 2$.[383]) *J. Massau*

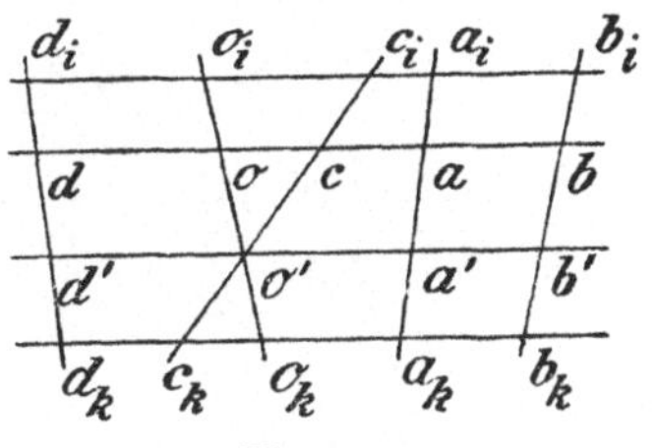

Fig. 30.

380) Amst. Akad. Versl. en Meded. (3) 4 (1887), p. 204.

381) Beruht darauf, dass jede Parallele mit den Trägern der Punktreihen von den Linien $o_i o_k$, $a_i a_k$, $b_i b_k, \ldots$ in einer Punktreihe $o, a, b, \ldots$ geschnitten wird, welche eine lineare Kombination der i^{ten} und k^{ten} Gleichung darstellt. *Van den Berg* braucht eigentlich doppelt soviel Linien, weil er die neue Punktreihe auf den Träger einer der alten central zurückprojiziert; obige Vereinfachung von *R. Mehmke*, Mosk. Math. Sammlung (Матем. Сборникъ) 16 (1892), p. 342. Weit umständlicher verfährt *F. J. Vaes*, Engineering 66 (1898), p. 867, Nieuw Archief voor Wiskunde (2) 4 (1899), p. 42, Nouv. Ann. math. (3) 18 (1899), p. 74.

382) Die Rückkehr von den Strecken zu den Zahlenwerten geschieht erst am Schluss. Es empfiehlt sich, die gegebenen und die daraus abgeleiteten Gleichungen auf beweglichen Papierstreifen darzustellen, vgl. auch Anm. 383.

383) Man erhält $x = \frac{\overline{o' l'}}{\overline{a' a'}}$, $y = \frac{\overline{o'' l''}}{\overline{o'' b''}}$. Sind nacheinander mehrere Systeme mit denselben Koeffizienten a, b, aber verschiedenen Werten l aufzulösen, so ist jedesmal nur *eine* neue Linie, $l_1 l_2$, zu ziehen. — Ist $n = 3$, so kann man sich die drei parallelen Geraden, auf denen die Gleichungen dargestellt werden sollen, im Raume denken. Es werden dann y und z gleichzeitig eliminiert, wenn man eine Parallele zu jenen Geraden durch den Schnittpunkt o' der Ebenen $b_1 b_2 b_3$ und $c_1 c_2 c_3$ mit der Verbindungsebene der Nullpunkte $o_1 o_2 o_3$

kommt durch die Methode der „falschen Lage" zum Ziel[384]). Die Koeffizienten der Unbekannten einer jeden Gleichung werden als Strecken in einer Geraden aneinander gefügt (s. Fig. 32, wo $n = 3$); durch die Endpunkte der Strecken zieht man Senkrechte zur Geraden. Wählt man zunächst $x, y, z, \ldots$ beliebig, setzt $x = \operatorname{tg} \alpha$, $y = \operatorname{tg} \beta$, $z = \operatorname{tg} \gamma$ u. s. w. und konstruiert für jede Gleichung einen in o beginnenden Linienzug, dessen Seiten der Reihe nach die

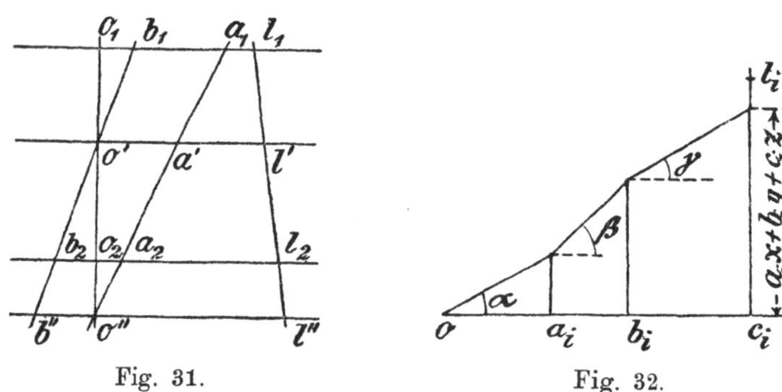

Fig. 31. Fig. 32.

Neigungswinkel $\alpha, \beta, \gamma, \ldots$ haben und dessen Ecken auf jenen Senkrechten liegen, so wird beim i^{ten} Linienzug auf der letzten Senkrechten offenbar eine Strecke gleich $a_i x + b_i y + c_i z + \cdots$ abgeschnitten. Wären die für $x, y, z, \ldots$ angenommenen Werte die richtigen, so müsste letztere Strecke gleich l_i sein. Es werden nun die Richtungen der Seiten verändert, bis diese Bedingung bei allen Gleichungen erfüllt ist, wobei der Satz zur Verwendung kommt, dass wenn man, die Endpunkte der $(n - 1)$ ersten Linienzüge festhaltend, die Richtung der ersten Seite ändert, die Seiten aller Linienzüge sich um bestimmte Punkte drehen, deren Abscissen überdies von den

---

zieht; schneidet dieselbe die Ebenen $a_1 a_2 a_3$ und $l_1 l_2 l_3$ in a' bezw. l', so ist $x = \frac{\overline{o'l'}}{\overline{o'a'}}$. Die Ausführung geschieht nach den Methoden der darstellenden Geometrie. Die gleichzeitige Elimination von mehr als 2 Unbekannten gelingt mittelst der Ausdehnung der gewöhnlichen darstellenden Geometrie auf Räume von höheren Dimensionen, vgl. Anm. 385 und 387.

384) Assoc. Ingén. sortis des écoles spéciales de Gand Ann. **11** (1887/1888), p. 91. — Die „méthode de fausse position" verwendet auch *G. Fouret*, Par. C. R. 80 (1875), p. 550; Ass. franç. Bull. Nantes 3 (1875), p. 93; „Favaro-Terrier" p. 224, aber nur für eine besondere, durch Rechnung herzustellende Form der Gleichungen, ebenso *J. C. Dyxhoorn*, Instituut van Ingen. Tijdschr. 1885/86, 2, p. 124, dessen für $n = 4$ gegebene Methode *Van den Berg*[380]) p. 251 verallgemeinert.

Werten der l_i unabhängig sind. Bei einer anderen Methode, die *Van den Berg*[380]) p. 205 in den Fällen $n = 2$ und $n = 3$ entwickelt hat, betrachtet man die Koeffizienten einer und derselben Unbekannten in den gegebenen Gleichungen je als Cartesische Koordinaten eines Punktes. Für $n = 2$ z. B. seien die Gleichungen geschrieben

$$a_1 x_1 + a_2 x_2 = a, \quad b_1 x_1 + b_2 x_2 = b$$

und die Punkte mit den Koordinaten a_1, b_1 bezw. a_2, b_2 und a, b durch p_1, p_2, p bezeichnet. Dann ist, wenn (Fig. 33) die Gerade pp_1 von op_2 in s_1, pp_2 von op_1 in s_2 geschnitten wird,

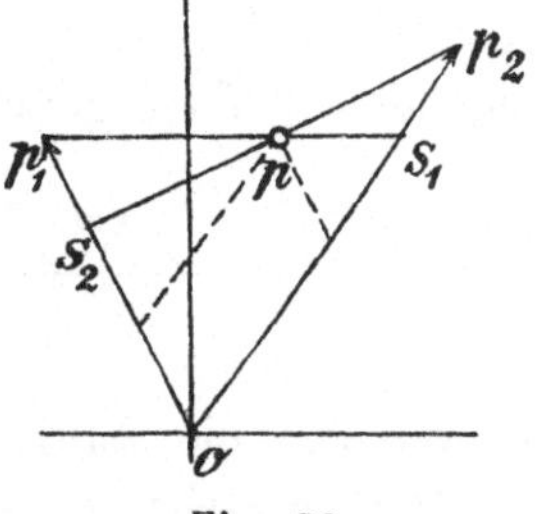

Fig. 33.

$$x_1 = \frac{p s_1}{p_1 s_1}, \quad x_2 = \frac{p s_2}{p_2 s_2}. \text{[385])}$$

Im Falle $n = 2$, wo jetzt wieder

$$a_1 x + b_1 y = l_1, \quad a_2 x + b_2 y = l_2$$

geschrieben werden möge, ist es ein sehr naheliegender und oft ausgeführter Gedanke, die Unbekannten x, y als Koordinaten eines Punktes, d. h. die gegebenen Gleichungen als die zweier Geraden aufzufassen, um in den Koordinaten ihres Schnittpunktes die gesuchten Werte der Unbekannten zu erhalten; auch bei drei Gleichungen macht die Konstruktion des Schnittpunktes der zugehörigen Ebenen nach axonometrischer Methode keine Schwierigkeit[386]). *Van den Berg* hat[380]) p. 207 gezeigt, wie mittelst eines, durch n von einem Punkt ausgehende Axen in einer Ebene gebildeten Koordinatensystems der allgemeinste Fall sich durchführen lässt[387]). *A. Klingatsch* hat mit Erfolg die Methoden der graphischen Statik angewendet[388]).

385) x_1 und x_2 sind auch die Koordinaten von p in dem System, von welchem op_1 und op_2 nach Lage und Grösse die Einheitsstrecken der Axenmassstäbe sind. Im Falle $n = 3$ erhält man vier Punkte p_1, p_2, p_3, p im Raum und es wird z. B. $x_1 = \frac{p s_1}{p_1 s_1}$, wo s_1 den Schnittpunkt von pp_1 mit der Ebene $op_2 p_3$ bezeichnet; die Durchführung nach den Methoden der Axonometrie (III A 6) ist leicht. Im Falle $n > 3$ bedarf es einer Verallgemeinerung der axonometrischen Methode, vgl. Anm. 387.

386) Ein Nachteil gegenüber den vorher besprochenen Methoden ist es, dass die Abschnitte der Geraden bezw. Ebenen von den Axen (graphisch oder arithmetisch) berechnet werden müssen.

387) Wiederholt von *J. v. d. Griend* jr., Nieuw Archief voor Wiskunde (2) 4 (1899), p. 22, 39, der sich des Begriffs von Räumen höherer Dimensionen bedient, was *Van den Berg* vermeidet. Über die Auffassung als graphische Eli-

b. Grundmassstab logarithmisch geteilt.

40. Gewöhnliche arithmetische Operationen. Bei einem logarithmischen Massstabe ist (Fig. 34) allgemein die, mit der zu Grunde liegenden Einheit gemessene Entfernung von dem Anfangspunkte —

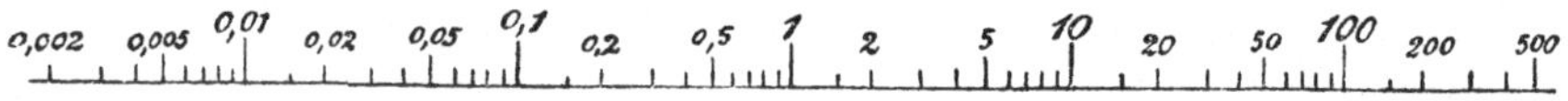

0,002 0,005 0,01 0,02 0,05 0,1 0,2 0,5 1 2 5 10 20 50 100 200 500

Fig. 34.

zu welchem die Zahl Eins gehört — bis zu dem Punkte, an dem die Zahl x steht, gleich $\log x$.[389]) Im folgenden ist vorausgesetzt, dass die (positiven reellen) Zahlen, mit denen irgend welche Rechnungen ausgeführt werden sollen, schon als Strecken in einem logarithmischen Massstabe mit bestimmter Längeneinheit, dem Grundmassstabe, abgetragen sind und dass auch die Ergebnisse vorläufig nur in Gestalt solcher Strecken verlangt werden[390]). Dass dann die

---

mination s. *Van den Berg*[380]), p. 244. — Graphische Lösung von Systemen nichtlinearer Gleichungen auf derselben Grundlage möglich, aber umständlich (s. dagegen Nr. **42**).

388) Monatshefte Math. Phys. 3 (1892), p. 169. Die Koeffizienten der Unbekannten werden als die Grössen von in einer Ebene wirkenden parallelen Kräften betrachtet, von denen die zu derselben Gleichung gehörigen jedesmal dieselbe Wirkungslinie haben, die Unbekannten selbst als die Hebelarme der Kräfte in Bezug auf einen festen Punkt der Ebene, die rechten Seiten der Gleichungen als statische Momente in Bezug auf diesen Punkt.

389) Der Gedanke, die Logarithmen als Strecken abzutragen, welcher sich für das graphische und mechanische Rechnen (vgl. Nr. **44**, **48**, **50**—**52**) äusserst fruchtbar gezeigt hat, rührt von *E. Gunter* her („line of numbers", mit den logarithmischen Skalen der sin und tg nach dem Dictionary of National Biography, 23, p. 350 zuerst in dem Canon Triangulorum, London 1620, beschrieben, nach *Hutton*[529]) erst 1623 erfunden). — Die Längeneinheit ist, wenn man von gemeinen Logarithmen ausgeht, gleich der Strecke zwischen den Punkten 1 und 10 (der Übergang zu einem andern Logarithmensystem würde eine blosse Änderung der Längeneinheit bedeuten); der Massstab setzt sich aus lauter kongruenten Stücken zusammen, welche von 1—10, 10—100, 100—1000, . . . und auf der andern Seite des Anfangspunktes von 0,1—1, von 0,01—0,1 u. s. w. reichen. — Prismatische Zeichenmassstäbe mit logarithmischer Teilung kann man z. B. von der Firma *Dennert & Pape* in Altona (für die Längeneinheiten 125 mm und 250 mm) beziehen, Zeichenpapier mit aufgedrucktem logarithmischem Liniennetz von *Van Campenhout frères & soeur*, Bruxelles (Längeneinheit 500 mm).

390) Es handelt sich hier darum, die Lösung der schwierigeren Aufgaben in Nr. **41** und **42** vorzubereiten; bei nur aus Multiplikation und Division zusammengesetzten Rechnungen, beim Potenzieren und Wurzelausziehen führen mechanische Hülfsmittel, die logarithmischen Rechentafeln (Nr. **44**) und Rechenschieber (Nr. **50**) schneller zum Ziele als die Zeichnung.

dem Produkt mehrerer Zahlen entsprechende Strecke durch Zusammenfügen der den Faktoren entsprechenden Strecken erhalten wird und auf ähnliche Weise Division, Potenzierung und Radizierung sich graphisch ausführen lassen, ist ohne weiteres klar. Ein besonderes Hülfsmittel erfordern dagegen Addition und Subtraktion. Sind (Fig. 35) die Strecken $oa = \log\alpha$ und $ob = \log\beta$ gegeben, die Zahlen α und β selbst dagegen nicht bekannt, und ist $oc = \log(\alpha + \beta)$ gesucht, so zeigt es sich, dass die Lage von c gegen a und b nur von der Entfernung ab abhängt, nämlich

$$bc = \log\left(1 + \frac{1}{t}\right)$$

Fig. 35.

ist, wenn $ab = \log t$ gesetzt wird. Benützt man daher eine für die Längeneinheit des Grundmassstabes im voraus gezeichnete „Additions-

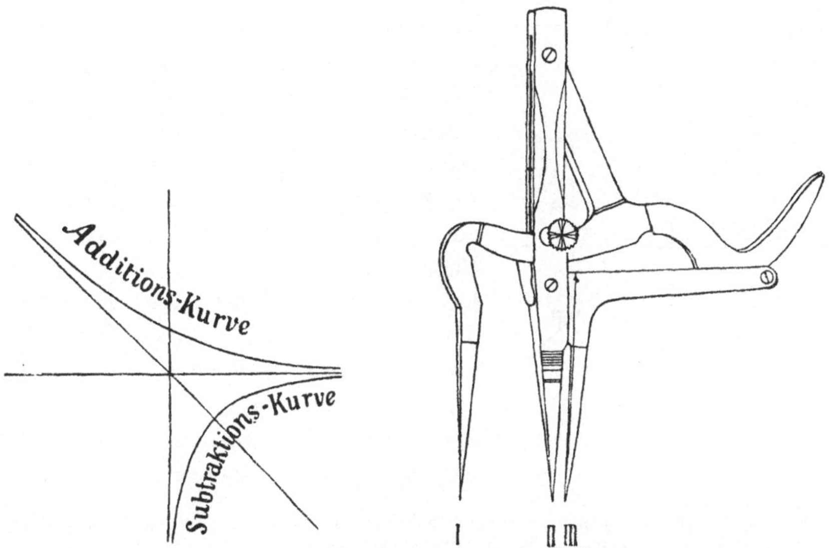

Fig. 36. Fig. 37. *E. Brauer's* logarithmischer Zirkel.

kurve“ (Fig. 36) [391]), deren Punkte durch Auftragen zusammengehöriger Werte von $\log t$ und $\log(1 + 1 : t)$ als Abscisse und Ordinate er-

391) *R. Mehmke*, Civilingenieur 35 (1889), p. 617. Sie nähert sich der positiven Abscissenaxe und der Halbierenden des Winkels zwischen positiver Ordinaten- und negativer Abscissenaxe asymptotisch (eine weitere Eigenschaft folgt aus der Vertauschbarkeit der Punkte a und b); sie ist das logarithmische Bild (Nr. **41**) der Funktion $z = 1 + 1 : x$ und lässt sich als graphische Darstellung der Additionslogarithmen in der ursprünglichen *Leonelli*'schen Gestalt (s. Nr. **30**) betrachten.

halten worden sind, so hat man, um den Punkt c zu finden, blos die Strecke ab mit dem Zirkel auf der Abscissenaxe der Additionskurve abzutragen, die zugehörige Ordinate dieser Kurve abzugreifen und die Strecke bc gleich derselben zu machen. Noch bequemer ist die Anwendung des „logarithmischen Zirkels“ (Fig. 37) von *E. A. Brauer*[392]): Man setzt die erste seiner drei Spitzen auf den Punkt a, öffnet bis die zweite Spitze auf b kommt, dann giebt die dritte Spitze den gesuchten Punkt c. Auf die umgekehrte Weise lässt sich mittelst der Additionskurve oder des logarithmischen Zirkels „logarithmisch subtrahieren“, d. h. der Punkt a (oder b) bestimmen, wenn c und b (bezw. a) gegeben sind; mit Hülfe der „Subtraktionskurve“ (Fig. 36)[393]) ist es ebenfalls möglich.

41. Berechnung von Funktionen und Auflösung von Gleichungen mit einer Unbekannten. Man denke sich, wenn $z = f(x)$ eine beliebige Funktion ist, je zwei zusammengehörige Werte von x und z mit einem logarithmischen Massstab als Cartesische Koordinaten eines Punktes aufgetragen; die sich ergebenden Punkte erfüllen das „logarithmische Bild“ der Funktion[394]). Für $z = ax^n$ erhält man eine gerade Linie, welche durch den Punkt a des in der z-Axe angebrachten logarithmischen Massstabes geht und die Steigung $n : 1$ besitzt[395]). Ist $z = ax^n + a_1x^{n_1} + a_2x^{n_2} + \cdots$, so zeichnet man zuerst (Fig. 38) die Geraden, welche nach dem vorigen den Gliedern ax^n, $a_1x^{n_1}$, . . . entsprechen; schneidet

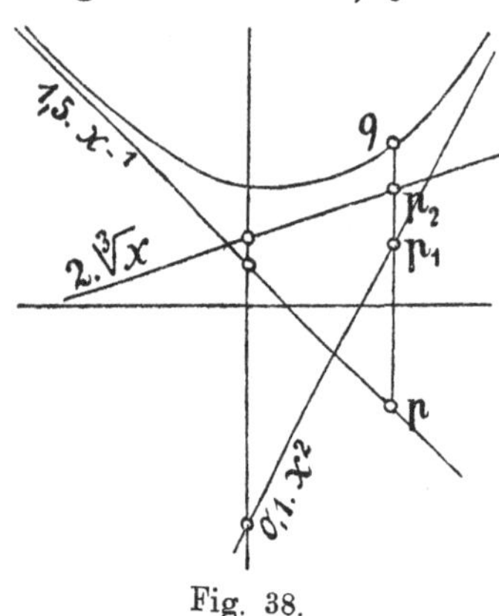

Fig. 38.

392) *W. Dyck*'s Katalog mathem. Instrumente, Nachtrag, München 1893, p. 40.

393) *Mehmke*, Zeitschr. Math. Phys. 35 (1890), p. 178; die Subtraktionskurve liefert zur Abscisse $\log t$ die (negative) Ordinate $\log(1 - 1 : t)$ oder sie ist das logarithmische Bild der Funktion $z = 1 - 1 : x$; sie nähert sich der positiven Abscissen- und der negativen Ordinatenaxe asymptotisch und ist symmetrisch zur Halbierenden des Winkels zwischen letzteren.

394) *Mehmke*[391]) p. 619; Konstruktion und Eigenschaften der logarithmischen Bilder ebenda p. 620 f. Die logarithmische Transformation ist, wie es scheint, zuerst von *L. Lalanne*[431]) zur Vereinfachung graphischer Tafeln (s. Nr. **44**) benützt worden; englische Physiker bedienen sich seit etwa zwei Jahrzehnten der logarithmischen Koordinaten zur graphischen Darstellung empirischer Funktionen u. dergl., s. den Bericht von *J. H. Vincent*, British Assoc. Report of the 68. meeting at Bristol 1898 (London 1899), p. 159.

395) Wegen $\log z = \log a + n \log x$; n darf negativ, gebrochen und irrational sein.

man diese Geraden mit irgend einer Parallelen zur z-Axe, so ergiebt sich aus den Schnittpunkten $p, p_1, \ldots$ durch Anwendung der in Nr. **40** gezeigten logarithmischen Addition der in dieser Parallelen befindliche Punkt q des logarithmischen Bildes der gegebenen Funktion[396]). Wenn z aus Gliedern der Form $a_i x^{n_i}$ mit verschiedenen Vorzeichen besteht, so kann man die positiven und negativen Glieder je für sich zusammenfassen, also etwa $z = f_1(x) - f_2(x)$

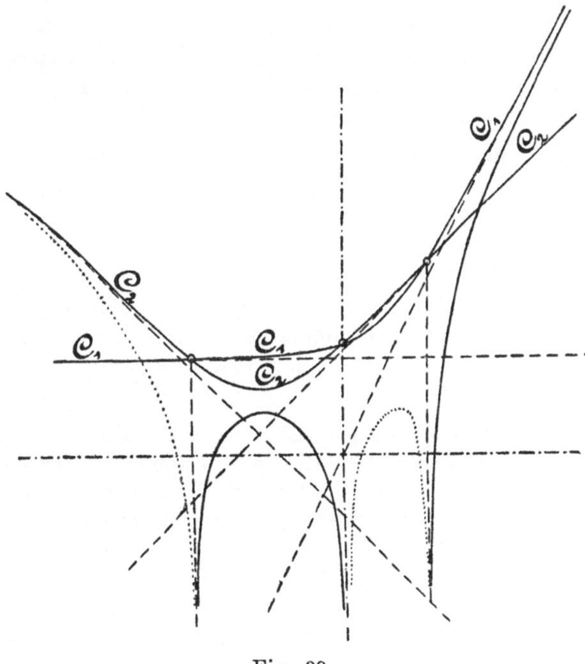

Fig. 39.

schreiben, wo f_1 und f_2 nur positive Glieder enthalten, und zunächst die logarithmischen Bilder C_1 und C_2 der letzteren Funktionen konstruieren, um aus diesen punktweise durch logarithmische Subtraktion das logarithmische Bild C von z zu erhalten[397]). Ähnlich ist zu ver-

396) Die Kurve hat die Geraden zu den Gliedern mit niedrigstem und mit höchstem Exponenten zu Asymptoten; sie ist frei von Wendepunkten und nach oben konkav. Fig. 38 entspricht dem Beispiel $z = 0{,}1 \cdot x^2 + 2 \cdot \sqrt[3]{x} + 1{,}5 \cdot x^{-1}$.

397) C nähert sich nach unten asymptotisch den Parallelen zur z-Axe durch die Schnittpunkte von C_1 und C_2 (Hülfskonstruktion zur genaueren Bestimmung von Punkten in der Nähe dieser Asymptoten [391]) p. 629). In den Räumen zwischen benachbarten Asymptoten, wo $f_1(x) < f_2(x)$ ist, also C keine reellen Zweige hat, befinden sich die (in Fig. 39 punktierten) Zweige des

fahren, wenn die Glieder von z nicht obige Gestalt haben, sondern beliebige (z. B. transcendente) Funktionen von x, also die logarithmischen Bilder der einzelnen Glieder keine Geraden sind.

Um eine gegebene Gleichung $f(x) = 0$ aufzulösen, zerlegt man auf passende Weise[398]) die Funktion $f(x)$ in eine Differenz $f_1(x) - f_2(x)$, oder man bringt die Gleichung auf die Form $f_1(x) = f_2(x)$ und konstruiert die logarithmischen Bilder der Funktionen $z = f_1(x)$ und $z = f_2(x)$; die Abscissen der Schnittpunkte, mit dem der Zeichnung zu Grunde liegenden logarithmischen Massstab gemessen, geben die positiven reellen Wurzeln der Gleichung[399]). Die absoluten Werte der negativen Wurzeln erhält man durch Bestimmung der positiven Wurzeln der Gleichung $f(-x) = 0$.[400])

Sei noch die Erweiterung der vorbeschriebenen Methode für komplexe Wurzeln und Gleichungen mit komplexen Koeffizienten angedeutet[401]). Ist

$$x = re^{i\varphi}, \quad z = \varrho e^{i\vartheta},$$

so betrachte man zuerst $\log r, \varphi, \log \varrho$, dann $\log r, \varphi, \vartheta$ als Cartesische Koordinaten eines Raumpunktes, und man wird jedesmal vermöge der Gleichung $z = f_1(x)$ eine Fläche erhalten[402]), von welchen

---

dieselben Asymptoten besitzenden logarithmischen Bildes C' der Funktion $-z = f_2(x) - f_1(x)$. C und C', als eine Kurve aufgefasst, haben die steilste unter den die Glieder von z vorstellenden Geraden und die am wenigsten steile zu Asymptoten, oder es findet auf der $x > 1$ entsprechenden Seite asymptotische Annäherung an die zuletzt steilste, auf der anderen Seite an die zuletzt am wenigsten steile der beiden Kurven C_1 und C_2 statt.

398) Am einfachsten durch Trennung der positiven Glieder von den negativen; manchmal andere Zerlegungen vorteilhafter, vgl. das Beispiel[391]) p. 626, Nr. **6**.

399) Haben f_1 und f_2 nicht lauter positive Glieder, so können auch die logarithmischen Bilder von $z = -f_1(x)$ und $z = -f_2(x)$ Wurzeln liefern und sind deshalb ebenfalls zu konstruieren. Oft ist es ratsam, die Gleichung zuerst mit einer Potenz von x zu dividieren, wodurch steile Kurven in weniger steile und somit ungünstige Schnitte in bessere verwandelt werden können.

400) Die Hülfslinien — im Falle $f(x)$ die Form $\pm ax^n \pm a_1 x^{n_1} \pm \cdots$ hat, die den einzelnen Gliedern entsprechenden Geraden — sind bei der zweiten Gleichung dieselben wie bei der ersten.

401) Bis jetzt nicht veröffentlichte Methode des Verfassers.

402) Ist $z = ax^n$, a reell oder komplex, dann bestehen die beiden Flächen in Ebenen. Wenn z aus mehreren Gliedern dieser Form zusammengesetzt ist, so können die zugehörigen Flächen aus den zu den einzelnen Gliedern gehörigen Ebenen auf ähnliche Weise wie die bei der logarithmographischen Auflösung zweier reellen Gleichungen mit zwei reellen Unbekannten vorkommenden Flächen (Nr. **42**) mittelst einzelner Schnitte parallel zur Aufriss- oder Seitenriss-Ebene konstruiert werden, nur dass an Stelle der Additions- (bezw. Subtraktions-)Kurve

die erste mit P_1, die zweite mit Θ_1 bezeichnet sei. Die Gleichung $z = f_2(x)$ liefert zwei neue Flächen P_2 und Θ_2. Konstruiert man die Schnittkurve der Flächen P_1 und P_2 und diejenige der Flächen Θ_1 und Θ_2 beide im Grundriss, dann geben die Koordinaten $\log r, \varphi$ eines jeden Schnittpunktes beider Kurven eine Wurzel $re^{i\varphi}$ der vorgelegten Gleichung.

42. Systeme von Gleichungen. Ein System von zwei reellen Gleichungen

$$f(x, y) = 0, \qquad g(x, y) = 0$$

mit den beiden reellen Unbekannten x und y lässt sich logarithmographisch in folgender Art auflösen[403]). Man schreibe die Gleichungen zuerst in der Form[404]):

$$f_1(x, y) = f_2(x, y),$$
$$g_1(x, y) = g_2(x, y)$$

und spalte dann in die beiden Systeme von je zwei Gleichungen mit den Veränderlichen x, y, z:

$$z = f_1(x, y), \qquad z = f_2(x, y),$$
$$z = g_1(x, y), \qquad z = g_2(x, y).$$

Fasst man $\log x$, $\log y$, $\log z$ als Cartesische Koordinaten eines Punktes im Raume auf, so stellt jedes der beiden Systeme eine Raumkurve dar, nämlich den Schnitt der „logarithmischen Bilder"[405]) der Funktionen f_1 und f_2 bezw. g_1 und g_2. Nach den Methoden der darstellenden Geometrie konstruiert man die Grundrisse (d. h. xy-Projektionen) dieser beiden Kurven; die Koordinaten der Schnittpunkte,

---

Schnitte der beiden Flächen treten, welche die „Additionslogarithmen für komplexe Grössen" [s. *Dyck's* Katalog, Nachtrag p. 31, sowie Zeitschr. Math. Phys. 40 (1895) die Figuren p. 18 u. 21] darstellen.

403) *Mehmke*, Zeitschr. Math. Phys. 35 (1890), p. 174.

404) Wird für gewöhnlich am besten durch Trennung der positiven und negativen Glieder hergestellt, vgl. Anm. 398. Es kann sich empfehlen, beiderseits mit einer Potenz von x und einer solchen von y zu dividieren, vgl. Anm. 399.

405) Das logarithmische Bild von $z = ax^m y^n$ ist die Ebene, die durch den Punkt a des logarithmischen Massstabes der z-Axe geht, deren xz-Spur die Steigung m und deren yz-Spur die Steigung n hat. Besteht die Funktion z aus mehreren Gliedern dieser Form, so sind die den einzelnen Gliedern entsprechenden Ebenen zu konstruieren, aus welchen sich mittelst der Additions- und Subtraktionskurve jeder zur xy-Ebene senkrechte Schnitt der krummen Fläche, die das logarithmische Bild der Funktion ist, leicht ableiten lässt. Über die einfachsten Eigenschaften dieser Flächen, ihre Asymptoten-Ebenen und -Cylinder s. [403]) p. 180.

mit dem logarithmischen Massstabe der Zeichnung gemessen, sind die positiven reellen Wurzeln der gegebenen Gleichungen[406]). Man könnte auch mit *A. A. Nijland*[407]) auf die Hülfe der darstellenden Geometrie verzichten[408]) und zum Zweck der Auflösung des Systems

$$f(x, y) = 0, \quad g(x, y) = 0$$

das logarithmische Bild einer jeden dieser Gleichungen in der xy-Ebene selbst konstruieren[409]).

IV. Graphische Tafeln (Nomographie).

Monographieen und Lehrbücher: Ch. A. Vogler, Anleitung zum Entwerfen graphischer Tafeln..., Berlin 1877. — *M. d'Ocagne,* Nomographie. Les calculs usuels effectués au moyen des abaques, Paris 1891 („d'Ocagne 1891"). — *M. d'Ocagne,* Le calcul simplifié au moyen des procédés mécaniques et graphiques [extrait des Annales du Conservatoire des Arts et Métiers (2) 5, 6, 1893—1894], Paris 1894. — *M. d'Ocagne,* Conférences sur la Nomographie, faites aux élèves de l'Ecole polytechnique (Autographie), Paris 1894. — *M. d'Ocagne,* Traité de Nomographie, Paris 1899 („d'Ocagne"). — *G. Pesci,* Cenni di Nomografia (Sonderabdruck aus der Rivista Marittima, August und September 1899, Februar 1900), 2ª ed. Livorno 1901. — *Fr. Schilling,* Über die Nomographie von M. d'Ocagne. Eine Einführung in dieses Gebiet, Leipzig 1900. — *R. Soreau,* Contribution à la théorie et aux applications de la Nomographie (extrait des Mémoires de la Société des Ingénieurs Civils de France, Bulletin d'août 1901, p. 191), Paris 1901. — Unter den in der Einleitung zu Abschnitt III genannten Schriften kommen die von *Culman, Favaro-Terrier* und *Bürklen* in Betracht.

Sind mehrere veränderliche Zahlgrössen durch irgend ein Gesetz (das nicht notwendig durch eine analytische Gleichung ausgedrückt

---

406) Die Wertepaare x, y, die den Gleichungen genügen und für die z. B. x negativ, y positiv ist, wird man durch Auflösung des Systems $f(-x, y) = 0$, $g(-x, y) = 0$ nach dem obigen Verfahren erhalten.

407) Nieuw Archief voor Wiskunde 19 (1891), p. 35.

408) Zweckmässig ist dies allerdings nicht, denn die fraglichen logarithmischen Bilder, welche mit den bei der ersten Methode benützten Kurven identisch sind, werden am bequemsten gerade in der angegebenen Weise als Grundrisse der Schnittkurven je zweier Flächen durch Schnitte parallel zur yz- oder xz-Ebene erhalten; auch ist der Verzicht nur ein scheinbarer, da die von *Nijland* benützten Hülfsgeraden und Hülfskurven die Grundrisse wagerechter Schnitte der bei der ersten Methode vorkommenden ebenen und krummen Flächen sind.

409) Die Auflösung von 3 Gleichungen mit 3 Unbekannten mit Hülfe der Schnittpunkte der logarithmischen Bilder dieser Gleichungen ist auch noch durchführbar; ein Fortschreiten in dieser Richtung würde die Ausbildung der darstellenden Geometrie von Gebilden beliebiger Dimensionenzahl verlangen vgl. Anm. 383, 385, 387.

sein muss) mit einander verbunden und ordnet man den Werten einer jeden Veränderlichen eine Reihe geometrischer Elemente (Punkte oder Linien), neben welche man die betreffenden Werte schreibt[410]), in der Weise zu, dass jenes Gesetz durch eine einfache Beziehung zwischen den Lagen der fraglichen Elemente zum Ausdruck kommt, die es möglich macht, den Wert irgend einer dieser Veränderlichen mechanisch durch Ablesen[411]) zu finden, wenn die Werte der übrigen Veränderlichen gegeben sind, so entsteht eine graphische Rechentafel oder graphische Tafel[412]). Für alle Gebiete, in welche die rechnende Mathematik zu dringen vermag, von einer früher nicht geahnten Wichtigkeit geworden, zeichnen sich die graphischen Tafeln (zu denen auch die Rechenschieber, Nr. **50**—**52**, gezählt werden können) vor allen andern Hülfsmitteln des Zahlenrechnens durch die grosse Schnelligkeit, mit der sie die Ergebnisse liefern, sowie dadurch aus, dass sie den verschiedensten Bedürfnissen angepasst werden können und sich oft noch anwenden lassen, wo numerische Tafeln ausgeschlossen sind[413]). Die im Altertum und Mittelalter vorherrschende graphische Behandlung von Aufgaben der Astronomie, Nautik u. s. w.[414]) hat früh zur Erfindung einzelner graphischer Tafeln geführt[415]), aber

---

410) Die Elemente heissen dann beziffert oder kotiert (*d'Ocagne* benützte bis 1896 das Wort isopleth, vgl. Anm. 424).

411) Zum Unterschied gegen das eigentliche graphische Rechnen (s. Abschnitt III) sind, nachdem die Vorrichtung ein für allemal gezeichnet ist, geometrische Konstruktionen im allgemeinen ausgeschlossen, jedoch können Lineal, Zirkel und ähnliche Hülfsmittel beim Ablesen benützt werden.

412) Frz. „table (tableau) graphique" (so z. B. *L. Lalanne* und *Favaro-Terrier*), neuerdings durch „abaque" verdrängt („d'Ocagne 1891", p. 2), welches Wort *Lalanne* ursprünglich blos für eine bestimmte Tafel, seine logarithmische Rechentafel [437]) gebrauchte, *Cauchy* [440]), *Blum* [453]), *Lallemand* [456]) dagegen abwechselnd mit table graphique. „Pesci" p. 5 unterscheidet abbaco und diagrammo, je nachdem für das fragliche Gesetz ein analytischer Ausdruck vorhanden ist oder nicht.

413) Z. B. wegen zu grosser Zahl der Veränderlichen. Die Genauigkeit ist nicht immer die beschränkte des graphischen Rechnens, sondern lässt sich manchmal beliebig steigern.

414) Vgl. *A. v. Braunmühl,* Geschichte der Trigonometrie 1, Leipzig 1900, p. 3, 10, 85, 191.

415) *E. Gelcich* bespricht, Central-Zeitung Optik Mechanik 5 (1884), p. 242, 254, 268, 277, zahlreiche „Diagramme" und „Diagramminstrumente" zum Gebrauch der Seeleute, die vom 16. Jahrhundert an bis zur Gegenwart konstruiert worden sind; s. auch *v. Braunmühl* [414]), p. 138 und Fig. 35 (Instrument von *Peter Apian* zur Bestimmung des Sinus und Sinus versus eines gegebenen Winkels, 1534), ferner p. 228 (*Adriaen Metius'* graphisch-mechanische Lösung sphärischer Dreiecke). Mangels genügender Beschreibungen der älteren graphi-

zur Entwicklung einer allgemeinen Theorie der geometrischen Darstellung gesetzmässiger Abhängigkeiten veränderlicher Zahlgrössen, die man nach *M. d'Ocagne* jetzt Nomographie[416]) nennt, ist es erst in den letzten Jahrzehnten gekommen.

43. Tafeln für Funktionen einer Veränderlichen. Werden auf einer (geraden oder krummen, ebenen oder unebenen) Linie die zu einzelnen Werten $x_1, x_2, x_3, \ldots$ einer Veränderlichen x gehörigen Werte $f(x_1), f(x_2), f(x_3), \ldots$ einer gegebenen Funktion $f(x)$ von irgend einem Punkte jener Linie als Anfangspunkt in bestimmtem Sinn als Längen (bei beliebiger Längeneinheit) abgetragen, die erhaltenen Endpunkte durch Striche markiert und an diese Striche die betreffenden Werte von x geschrieben, so entsteht eine *Skala* (französisch échelle) der Funktion $f(x)$.[417]) Die wichtigsten besonderen Arten sind 1) die gewöhnliche oder gemeine Skala[418]), zur Funktion $f(x) = x$ gehörig, 2) die logarithmische Skala mit $f(x) = \log x$ [389])

---

schen Tafeln lässt sich vorderhand nicht sagen, welche der jetzt bekannten allgemeinen Methoden darin schon zu erkennen sein mögen.

416) „d'Ocagne 1891", p. 6; von νόμος = Gesetz.

417) Der Urheber dieses wichtigen Begriffs, auf dem das im 17. und 18. Jahrhundert sehr verbreitete mechanische Rechnen mit Proportionalzirkeln und Rechenstäben (s. Nr. **50**) beruhte, ist nicht bekannt. Jedoch brachte schon Ende des 16. Jahrhunderts *Galilei* auf seinem Proportionalzirkel verschiedene Funktionsskalen an (der vorher veröffentlichte von *Bürgi* scheint blos zu geometrischen Konstruktionen, nicht zum mechanischen Rechnen gedient zu haben); statt „Scala" wurde damals häufiger das Wort „Linea" gebraucht, z. B. Linea quadrata, L. cubica im Falle $f(x) = \sqrt{x}$ bezw. $\sqrt[3]{x}$, L. arithmetica ursprünglich für die gemeine Skala (s. oben), später für die logarithmische Skala, u. s. w., s. etwa *J. Leupold,* Theatrum arithmetico-geometricum, Leipzig 1727, Kap. XII bis XVIII. — In der Regel bilden die an den Teilstrichen stehenden Zahlen $x_1, x_2, x_3, \ldots$ eine arithmetische Reihe und schreiten nach runden Anzahlen irgend einer dezimalen Einheit fort („échelle normale", „d'Ocagne", p. 2; bei der weniger bequemen „échelle isograde", ebenda p. 16, die Zwischenräume der Teilstriche gleich gross, also die Bezifferung, ausser bei der gemeinen Skala, unregelmässig). Die Skala der zusammengesetzten Funktion $f(\varphi(x))$ lässt sich aus der von $f(x)$ ableiten, indem man letztere als Massstab („étalon") statt des gewöhnlichen benützt („d'Ocagne", p. 13). Über das Ablesen bei Skalen und die zweckmässigste Wahl des kleinsten Abstandes zwischen benachbarten Teilstrichen s. „Vogler", p. 20, „d'Ocagne", p. 8, über die graphisch-mechanische Einschaltung neuer Teilstriche bei geradlinigen Skalen *Mehmke*, Zeitschr. Ver. deutscher Ingen. 33 (1889), p. 583 (beruht auf dem Satze, dass jedes nicht zu grosse Stück einer beliebigen Skala sich näherungsweise als Teil einer projektiven Skala, s. oben, betrachten lässt).

418) So *A. Adler,* Wien. Ber. 94^2 (1886), p. 406; „échelle régulière" bei „d'Ocagne", p. 9.

und 3) die projektive Skala[419]), bei welcher der Träger eine Gerade und $f(x)$ eine gebrochene lineare Funktion von x ist.

Ist nun mit einer Skala von $f(x)$ die zu Grunde liegende gemeine Skala auf derselben Linie gezeichnet[420]), so kann man gegenüber der Stelle der ersten Skala, an welcher irgend ein gegebener

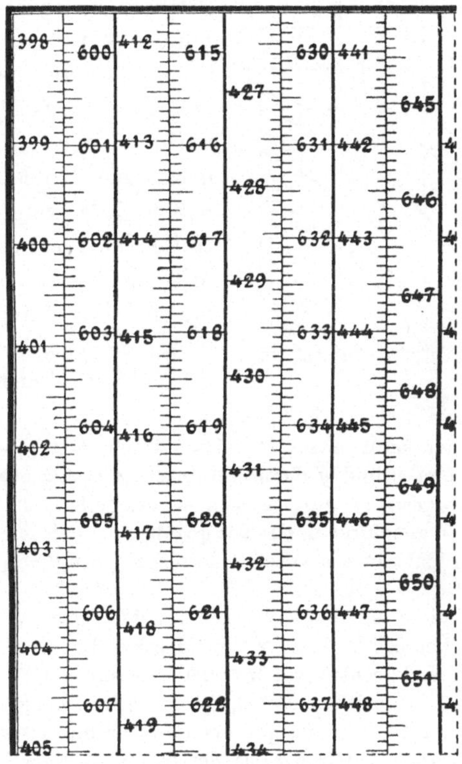

Fig. 40. Bruchstück der graphischen Logarithmentafel von *Tichy*.

Wert x steht, den Wert von $y = f(x)$ ablesen und auf dem umgekehrten Wege auch zu jedem gegebenen Wert von $f(x)$ den Wert

419) *Adler*[418]), p. 416, „échelle linéaire générale“ bei „d'Ocagne“, p. 14; ist eine beliebige Centralprojektion einer geradlinigen gemeinen Skala, in der Perspektive bekannt als „perspektivischer Massstab“, hier nach *Chr. Wiener*, Darstellende Geometrie 1, Leipzig 1884, p. 18 von *Alleaume* 1628 eingeführt.

420) Die Teilstriche der beiden Skalen lässt man nach verschiedenen Seiten der tragenden Linie gehen. Die Skalen können auch z. B. auf parallelen Geraden oder konzentrischen Kreisen untergebracht sein, in welchem Falle ein System von Hülfslinien oder ein beweglicher Zeiger den Zusammenhang zwischen beiden Skalen herstellen muss. Wegen anderer möglicher Anordnungen s. „d'Ocagne“, p. 24—31.

des Argumentes x finden[421]). Fig. 40 zeigt als Beispiel[422]) ein Stück der graphischen Logarithmentafel von *A. Tichy*[423]).

44. Cartesische Tafeln. Eine Tafel der Funktion $z = f(x, y)$ von zwei Veränderlichen x und y ergiebt sich, wenn man letztere als Cartesische Koordinaten eines Punktes betrachtet, dem z einzelne Werte $z_1, z_2, z_3, \ldots$ erteilt, die zu den Gleichungen $f(x, y) = z_1$, $f(x, y) = z_2, \ldots$ gehörigen Kurven zeichnet — *Vogler* nennt sie Isoplethen[424]) — und neben jede von ihnen den betreffenden Wert von z schreibt[425]). Mittelst der fertigen Tafel[426]), die als eine Darstellung der zur Gleichung $z = f(x, y)$ gehörigen Fläche durch Niveaulinien angesehen wer-

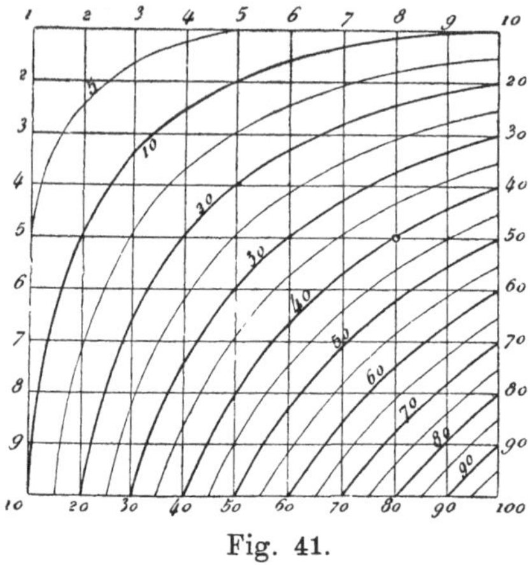

Fig. 41.

421) Allgemeiner kann man eine etwa durch $F(x, y) = 0$ ausgedrückte Abhängigkeit zwischen x und y durch Vereinigung zweier Skalen — sie mögen zu den Funktionen $f(x)$ und $g(y)$ gehören — darstellen, die so gewählt sind, dass $f(x) - g(y) = 0$ gleichwertig mit der gegebenen Gleichung ist. — *D'Ocagne* nennt solche Tafeln „abaques à échelles accolées“, *Schilling* „Rechentafeln mit vereinigten Skalen“.

422) Wegen anderer s. „Vogler“, Taf. II, „d'Ocagne“, p. 18 ff.; einfache in grosser Zahl schon bei *M. R. Pressler* (Der Messknecht ..., Braunschweig 1852, 2. Aufl. 1854; Zeitmessknecht 1856; Ingenieur-Messknecht, 3. Aufl. 1862).

423) Graphische Logarithmentafeln, Wien 1897, Beilage zur Zeitschr. des Österr. Ingen.- u. Archit.-Ver.; die gemeinen Logarithmen 4-stellig auf 1 Seite, 5-stellig auf 10 S., ferner Tafeln der Log. der trigonom. Funktionen u. andere. — *A. Schülke* giebt (Vierstellige Logarithmentafeln ..., Leipzig 1895, p. 18) eine graphische Tafel der Antilogarithmen (s. Nr. **29**); *J. Schoeckel* benützt (Zeitschr. Vermessungsw. 29 (1900), p. 413) eine antilogarithmische Skala, um bei Flächenberechnungen Multiplikation in Addition zu verwandeln.

424) Von ἰσοπληθής, an Zahl gleich oder gleichwertig, „Vogler“, p. 7. *Lalanne* hat sich 1878 *Vogler* angeschlossen (vorher „courbe d'égal élément“), *d'Ocagne* sagt seit 1896 „courbe cotée“. Über die Konstruktion der Isoplethen mit Hülfe der darstellenden Geometrie, namentlich im Fall einer empirischen Funktion, s. *Lalanne*[431]), p. 18.

425) Nach *Lalanne*[431]), p. 63 findet sich das erste Beispiel — mit $z = xy$, s. Fig. 41 — bei *L. E. Pouchet* 1797 (genauere Angaben „Favaro-Terrier“ 1, p. XX u. XXI), vgl. aber Anm. 415. Die nächsten Beispiele sind nach „Pesci“, p. 7 fünf Tafeln zur Reduktion von Monddistanzen von *J. Luyando,* Madrid 1806; wegen anderer aus der Zeit vor *Lalanne* s. *Lalanne*[431]), p. 63 ff.

426) Bei „d'Ocagne“, p. 34 heisst diese Art von Tafeln „abaques carté-

den kann[427]), lässt sich zu jedem gegebenen Wertepaar $x = a$, $y = b$ der Funktionswert $f(a, b)$ durch Ablesen an der durch den Punkt (a, b) gehenden Isoplethe[428]) finden[429]). Im Falle $z = xy$ z. B. erhält man die Multiplikationstafel von *L. E. Pouchet*[425]), Fig. 41, mit gleichseitigen Hyperbeln als Isoplethen[430]). Die Tafeln zur Auflösung trinomischer Gleichungen von *L. Lalanne*[431])[432]), von welchen Fig. 42 den einfachsten Fall zeigt[433]), bilden ein anderes klassisches Beispiel: In der aufzulösenden Gleichung $z^m + az^n + b = 0$ setzt *Lalanne* $a = x$, $b = y$, dann gehört zur Gleichung $z^m + xz^n + y = 0$ eine (für jedes Wertepaar m, n besonders zu zeichnende) Tafel, deren

---

siens", weil sie unmittelbar der Anwendung Cartesischer Koordinaten entspringen; s. auch Anm. 427.

427) Nach *Lalanne*[431]), p. 63, 64 hat zuerst *G. Piobert* 1825 die Darstellung topographischer Flächen durch Niveaulinien zur Umwandlung numerischer Tafeln mit zwei Eingängen in graphische Tafeln benützt, *Olry Terquem* 1830 (Mémorial de l'artillerie 3) das allgemeine Prinzip klar ausgesprochen. *Lalanne* geht auch hiervon aus und spricht deshalb anfänglich (Par. C. R. 16 (1843), p. 1162) von „tables (plans) topographiques"; ähnlich *Vogler:* Schichtentafel, Schichtennetz (neben Isoplethentafel).

428) Geht keine der gezeichneten Isoplethen durch den Punkt (a, b), so muss zwischen den zu den benachbarten Isoplethen gehörigen Werten von z durch Schätzung nach Augenmass interpoliert werden (etwa mittelst der gedachten durch den Punkt gehenden senkrechten Trajektorie der Isoplethen) vgl., auch wegen der Schätzungsfehler, „Vogler", p. 63 ff. Zum Aufsuchen des Punktes (a, b) dienen im voraus gezeichnete Parallelen zu jeder Axe durch die Teilpunkte der in der andern Axe angebrachten Skala, seltener eine parallel einer Axe verschiebbare Skala.

429) Ähnlich bestimmt man, mit Hülfe der Parallelen zu den Axen, x oder y, wenn die Werte von y und z oder x und z gegeben sind. Die Beziehung zwischen den Veränderlichen kann allgemeiner in der Form $F(x, y, z) = 0$ gegeben sein. Die Tafel nimmt andere Formen an, wenn man x oder y, statt z, als abhängige Veränderliche ansieht.

430) Figur 41 ist *Lalanne*[431]) entlehnt (pl. 98, fig. 1). Die Tafeln „Vogler", p. 10, Fig. 5 und p. 12, Fig. 6 enthalten besondere Leitlinien für Quadrate, Wurzeln u. s. w., wie sich ähnlicher *Pouchet* bedient zu haben scheint (vgl. „Favaro-Terrier" 1, p. XXI).

431) Annales ponts chaussées (2) 11 (1846), p. 27, 40.

432) Par. C. R. 81 (1875), p. 1186, 1243; 82 (1876), p. 1487; 87 (1878), p. 157.

433) Tafel zur Auflösung reduzierter kubischer Gleichungen *Lalanne*[431]), pl. 99, fig. 1, auch *J. de la Gournerie,* Traité de Géométrie descriptive 3, Paris 1864, pl. 46, fig. 455, verkleinert „Favaro-Terrier" 2, p. 247, fig. 115, vereinfacht „d'Ocagne", p. 44, fig. 24. — *Lalanne* bestimmt p. 29 geometrisch an Hand der Tafel die Wahrscheinlichkeit, dass eine Gleichung, deren Koeffizienten unter gegebenen Grenzen liegen, drei reelle Wurzeln hat.

Isoplethen in Geraden bestehen, da die Gleichung in x und y linear ist[434]).

Jede punktweise Transformation einer Cartesischen Tafel, die *Lalanne* als Anamorphose bezeichnet[435]), führt zu einer neuen, gleich-

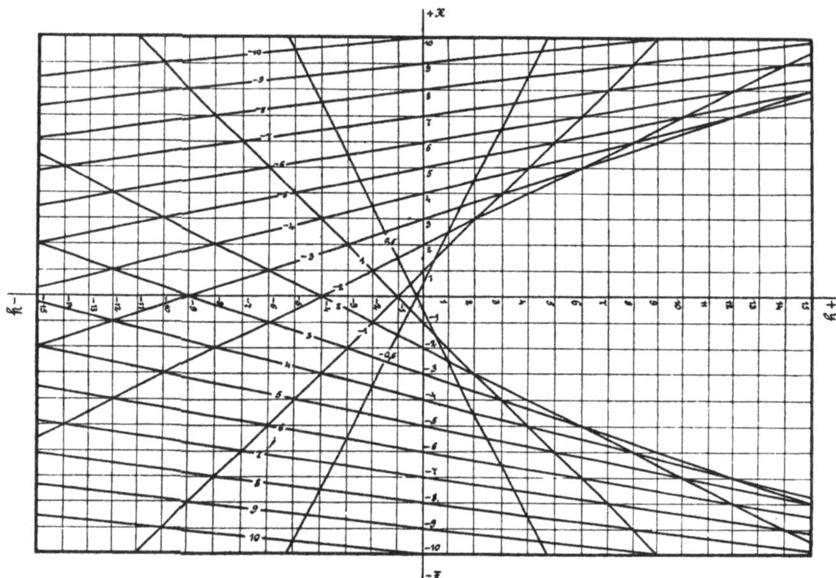

Fig. 42. Tafel zur Auflösung quadratischer Gleichungen nach *Lalanne*.

wertigen Tafel, die auf dieselbe Art wie die ursprüngliche zu gebrauchen ist, wenn die Gleichungen der Transformation die Form

$$x' = \varphi(x), \quad y' = \psi(y)$$

haben, also die Parallelen zu den Koordinatenaxen in ebensolche übergehen[436]). So verwandelt sich die hyperbolische Multiplikationstafel Fig. 41 durch die logarithmische Transformation

$$x' = \log x, \quad y' = \log y$$

in *Lalanne*'s „abaque ou compteur universel"[437]) (in Fig. 43 ungefähr

434) Man liest an den durch den Punkt (a, b) gehenden Geraden die Wurzeln der Gleichung ab. Die Hüllkurve der Geraden, in Fig. 42 eine Parabel, ist der Ort der Punkte (a, b), für welche die Gleichung eine Doppelwurzel hat, s. *Lalanne*[431]), p. 28.

435) Unter Hinweis auf die Bedeutung dieses Wortes in der Physik [431]), p. 13.

436) In der neuen Tafel sind die Axen gemäss den Funktionen $\varphi(x)$ und $\psi(y)$ zu teilen oder zu „graduieren", d. h. an Stelle der gemeinen Skalen treten die zu jenen Funktionen gehörigen.

437) Schon erwähnt [438]), ausführlich beschrieben [431]), p. 43ff. (dazu pl. 100,

in halber Grösse dargestellt); wegen der aus $xy = z$ folgenden linearen Gleichung:

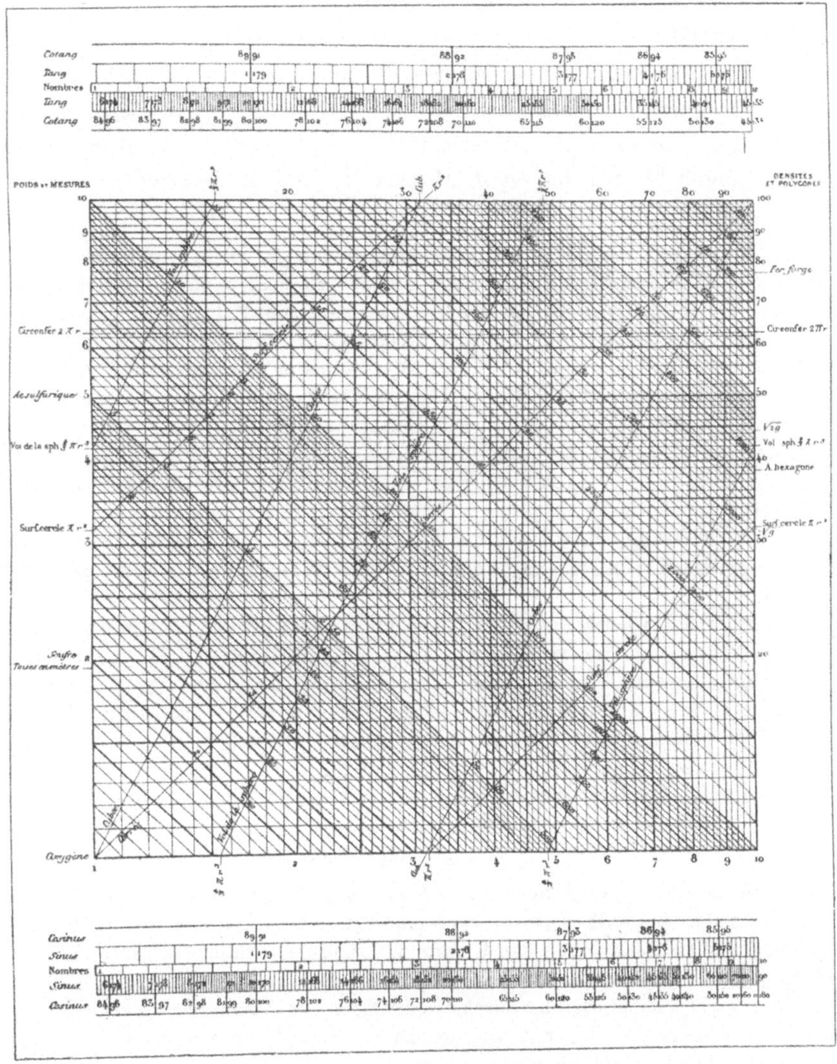

Fig. 43. „Abaque ou compteur universel“ von *Lalanne.*

$$x' + y' = \log z$$

sind hier die Isoplethen gerade Linien und es dient auch die von

---

fig. 2), Name von ἄβαξ = compteur hergeleitet; hat besondere Hülfslinien für die Multiplikation mit häufigen Konstanten, für Quadrate, Wurzeln u. s. w., ist von ähnlicher Vielseitigkeit wie der logarithmische Rechenschieber (Nr. **50**), in

Lalanne eingeführte[438]) Anamorphose hauptsächlich zum Geradestrecken krummliniger Isoplethen[439]). Damit sich letzterer Zweck erreichen lässt, muss die darzustellende Beziehung zwischen den Veränderlichen x, y, z, welche $F(x, y, z) = 0$ sei, auf die Form:

$$ax' + by' = c$$

gebracht werden können, wo wieder $x' = \varphi(x)$, $y' = \psi(y)$ ist und a, b, c Funktionen von z allein sind[440]). Notwendige und ausreichende Bedingungen hierfür haben *J. Massau*[441]) und *L. Lecornu*[442]) in Form

---

mancher Hinsicht vielleicht letzterem vorzuziehen (z. B. höhere Potenzen und Wurzeln leichter zu bestimmen, Verziehen des Papiers ohne Einfluss, Preis geringer). S. auch *Lalanne,* Description et usage de l'abaque..., Paris 1845, 3ᵉ éd. 1863, deutsche und englische Übersetzung, Leipzig bezw. London 1846; *Th. Olivier,* Soc. d'enc. Bull. 1846, p. 153; „Culmann", p. 78 und Taf. 2, Fig. 1; „Favaro-Terrier" 2, p. 102. Von *G. Herrmann* wurde die logarithmische Rechentafel wieder gefunden (Das graphische Einmaleins, Braunschweig 1875, vgl. auch „Vogler", p. 37 u. Taf. 1), von *F. Samuelli* (Triangoli e rettangoli calcolatori, Firenze 1892) durch Anwendung schiefwinkliger Koordinaten auf kleineren Raum gebracht.

438) Vorläufige Mitteilung Par. C. R. 16 (1843), p. 1162, dann [431]), p. 11, 30; wieder gefunden u. a. von *A. Kapteyn,* Revue universelle des mines 40 (1876), p. 136.

439) Wenn solches unmöglich ist, gelingt es zuweilen, ungünstige Kurven in besser geeignete zu verwandeln, Beispiel „d'Ocagne", p. 88. Über die in letzterem angewandte graphische Anamorphose („d'Ocagne", p. 85; *Lalanne,* Exposition de Melbourne Notices, Paris 1880, p. 374), vgl. auch „Vogler", p. 18 ff. Wegen polygonaler Isoplethen s. „Vogler", p. 20 u. Taf. V, „d'Ocagne", p. 53.

440) Diese Bemerkung von *Cauchy,* Par. C. R. 17 (1843), p. 494. — Die einfachsten und häufigsten Fälle sind, unter u, v, w beziehentlich Funktionen von x, von y, von z allein verstanden,

$$w = u + v \quad \text{und} \quad w = uv,$$

wo man $x' = u$, $y' = v$ bezw. $x' = \log x$, $y' = \log v$ setzt und parallele Isoplethen erhält. Im Falle $uw = v$ kann man entweder $x' = u$, $y' = v$ nehmen (Isoplethen sind Geraden durch den Ursprung, „abaques à radiantes" nach *d'Ocagne*), oder durch Logarithmieren den ersten Fall herstellen. Dasselbe gelingt im Falle $w = u^v$ und ähnlichen durch zweimaliges Logarithmieren; Beispiel $y^z = x$, Fig. 44, „Vogler", p. 44, mit welcher Tafel sich alle drei Operationen 3. Stufe (s. diesen Band, p. 22) ausführen lassen.

441) Mémoire sur l'Intégration graphique (Extrait de la Rev. universelle des mines (2) 16 (1884)), Liège 1885, p. 137 (hier nur die Ergebnisse, Ableitung mitgeteilt „d'Ocagne", p. 422).

442) Par. C. R. 102 (1886), p. 816 („d'Ocagne", p. 424). Mit den bekannten Abkürzungen:

$$p = \frac{\partial z}{\partial x}, \quad q = \frac{\partial z}{\partial y}, \quad r = \frac{\partial^2 z}{\partial x^2}, \quad s = \frac{\partial^2 z}{\partial x \partial y}, \quad t = \frac{\partial^2 z}{\partial y^2}$$

finden sich die Bedingungsgleichungen:

partieller Differentialgleichungen 5ter Ordnung aufgestellt, nachdem *P. de Saint-Robert*[443]) einen besonderen Fall erledigt hatte.

Wenn man mit *Massau*[441]) p. 140 die allgemeinste Punkttransformation, etwa mit den Gleichungen:

$$x' = \varphi(x, y), \qquad y' = \psi(x, y)$$

zulässt, so verwandeln sich die zu den Axen parallelen Geraden

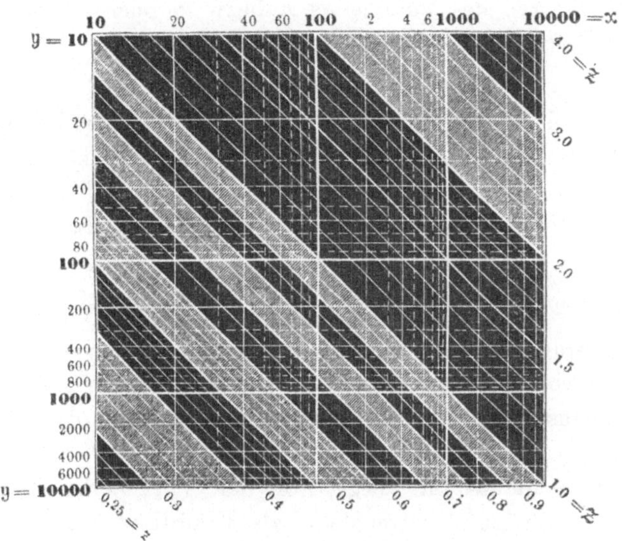

Fig. 44. *Vogler*'s Exponententafel, $y^z = x$.

$x = \text{const.}$, $y = \text{const.}$ je in eine Schar beliebiger Linien. Diese allgemeinere Anamorphose ermöglicht bisweilen, mit Geraden oder

---

$$\frac{\partial w}{\partial x} : p = \frac{\partial w}{\partial y} : q = v - uw,$$

wo:

$$u = \frac{s}{pq}, \qquad v = \frac{\partial u}{\partial y} : q - \frac{\partial u}{\partial x} : p, \qquad w = \frac{1}{v}\left(\frac{\partial v}{\partial y} : q - \frac{\partial v}{\partial x} : p\right).$$

443) Torino Ac. Sc. Memorie (2) 25 (1871), p. 53 („d'Ocagne", p. 418). Es ist der Fall, wo man die Veränderlichen trennen oder $F(x, y, z)$ auf die Form:

$$X + Y = Z$$

bringen, also die Isoplethen in eine Schar von Parallelen überführen kann (von *de Saint-Robert* jedoch vom Gesichtspunkt der Herstellbarkeit eines Rechenschiebers betrachtet). Es ergiebt sich die Bedingung:

$$\frac{\partial^2 \log R}{\partial x \, \partial y} = 0,$$

wo:

$$R = \frac{\partial z}{\partial x} : \frac{\partial z}{\partial y}.$$

Kreisen auszukommen, wo die oben betrachtete speziellere Anamorphose von *Lalanne* nicht anwendbar wäre. Eine andere Auffassung[444]) ist folgende. Sind von drei einfach unendlichen Kurvenscharen, deren Gleichungen in den laufenden Koordinaten x', y':

$$f_1(x', y', x) = 0, \quad f_2(x', y', y) = 0, \quad f_3(x', y', z) = 0$$

seien, einzelne Kurven gezeichnet und kotiert, d. h. mit den zugehörigen Werten des Parameters x, bezw. y oder z beziffert, so hat man eine Tafel derjenigen Gleichung:

$$F(x, y, z) = 0,$$

die sich aus den vorigen Gleichungen durch Elimination von x' und y' ergiebt[445]). Ist die Funktion F gegeben, so können zwei der Funktionen f_1, f_2, f_3 beliebig angenommen werden[446]). Damit sich F durch drei Scharen von Geraden darstellen lässt, muss diese Funktion auf die Form einer Determinante:

$$\sum \pm ab'c''$$

gebracht werden können, wo a, b, c Funktionen von x allein, a', b' c' Funktionen von y allein, a'', b'', c'' Funktionen von z allein sind[447]). Die allgemeinste, durch drei Scharen von Kreisen darstellbare Gleichung hat *d'Ocagne*[448]) angegeben.

Es steht nichts im Wege, von den Veränderlichen x, y, z die beiden als unabhängig betrachteten als Koordinaten eines Punktes in

---

444) S. *Massau*[441]), p. 139, „d'Ocagne", p. 90, 97.

445) Der Vorgang beim Aufsuchen des Wertes von z, der zu einem gegebenen Wertepaar $x = a$, $y = b$ gehört, besteht darin, dass man die Kurve der ersten Schar mit der Kote a und die Kurve der zweiten Schar mit der Kote b bis zu ihrem Schnittpunkt verfolgt und die Kote der durch diesen Punkt gehenden Kurve der dritten Schar abliest. — Zu derselben Verallgemeinerung der gewöhnlichen Tafeln kommt man durch Deutung von x und y als beliebiger Koordinaten statt Cartesischer.

446) Vorausgesetzt, dass die Gleichungen $f_1 = 0$, $f_2 = 0$, $f_3 = 0$ reelle Kurven darstellen, s. „d'Ocagne", p. 98.

447) *Massau*[441]), p. 140, „d'Ocagne", p. 100; einfache Fälle *Massau*, p. 161, 163, „d'Ocagne", p. 101; Beispiel *Massau*, fig. 141, „d'Ocagne", p. 109, fig. 48, p. 111. S. auch Nr. **46**, bes. Anm. 471.

448) „d'Ocagne", p. 114, Beispiel (zwei Scharen in Geraden ausgeartet), p. 115, fig. 49, p. 117. Ein älteres Beispiel von *Ricour* (1873), „d'Ocagne", p. 117, Fussn. 2 erwähnt. *R. Helmert* bemerkt Zeitschr. f. Verm.-W. 1876, p. 31, dass jede nach *Lalanne*'s Methode durch parallele oder nach einem Punkt laufende Geraden darstellbare Funktion auch durch konzentrische Kreise dargestellt werden kann; Fall $z = xy$ („graphisches Einmaleins in Kreisen", *Helmert*, Taf. 2, Fig. 6), wo die Transformation $x' = \sqrt{\log x}$, $y' = \sqrt{\log y}$ nötig, schon von *Lalanne*[431]), p. 36 ausgeführt.

einem beliebigen System, statt in einem Cartesischen, zu deuten. Nimmt man Polarkoordinaten[449]), so wird das Zeichnen einzelner Koordinatenlinien (d. h. Strahlen durch den Nullpunkt und Kreise

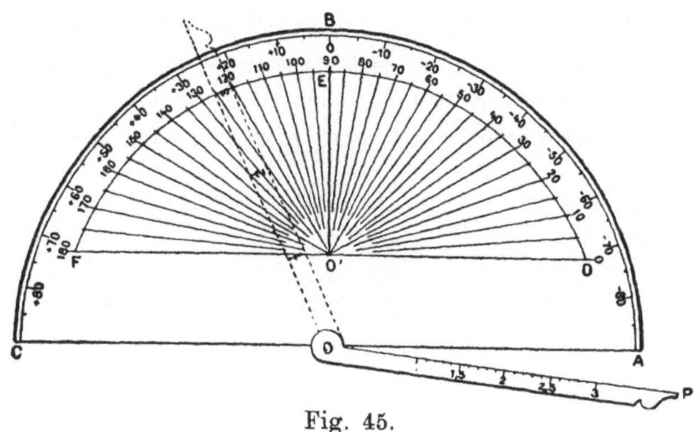

Fig. 45.

um denselben) durch Anwendung einer um den Nullpunkt drehbaren Skala, zu deren Einstellung eine feste (etwa kreisförmige) Skala dient, vgl. Fig. 45[450]), überflüssig gemacht[451]).

45. Hexagonale Tafeln. Die einzelnen Geraden einer (einfach unendlichen) Schar kotierter Parallelen können durch eine bewegliche Gerade nach Bedarf hergestellt und brauchen deshalb nicht wirklich

---

449) *d'Ocagne* spricht dann im Anschluss an *Pesci* von „abaques polaires"; über deren Theorie s. „d'Ocagne", p. 117 ff., „Pesci", p. 19 ff.

450) Beispiel von *Pesci,* Rivista marittima, März 1897, „d'Ocagne", p. 121; die dargestellte (in der Nautik vorkommende) Gleichung lautet, für Polarkoordinaten r, φ geschrieben:

$$r \cos(z - \varphi) = l \cos z;$$

die kotierten Linien sind gerade. Weitere Beispiele „Pesci", p. 20 ff.

451) Ein System von zwei Gleichungen der Form $F(x, y, z) = 0$, $\Phi(x, y, t) = 0$ kann (statt durch zwei getrennte Tafeln) auf demselben Blatt so dargestellt werden, dass für eine der gemeinsamen Veränderlichen x, y bei beiden Gleichungen dieselbe Kurvenschar zur Anwendung kommt („abaques accouplés", „d'Ocagne", p. 247), oder sowohl für x als für y je dieselbe Kurvenschar („abaques superposés"), Beispiele „d'Ocagne", p. 251, 253. — Cartesische Tafeln mit und ohne die (jetzt ziemlich eingebürgerte) Anamorphose von *Lalanne* sind in unübersehbarer Zahl vor allem in technischen Werken und Zeitschriften veröffentlicht. Man findet solche nebst weiterer Litteratur in *Lalanne*[431]), „Vogler" (sehr viele Beispiele im Text sowie sechs Lichtdrucktafeln, letztere auch gesondert erschienen), noch zu erwähnen *Vogler,* Graphische Barometertafeln . . ., Braunschweig 1880; „Favaro-Terrier" 2, p. 154 Fussn., p. 208 ff.; *Massau*[441]), p. 166 ff.; „d'Ocagne 1891", chap. 2; „d'Ocagne" chap. 2, 4; „Pesci" § 1—14; „Soreau".

gezogen zu werden, wenn die durch einen Schnitt senkrecht zu den Geraden entstehende Skala gezeichnet ist[452]). Somit kann[453]) bei einer Cartesischen Tafel, die aus drei Scharen kotierter Parallelen besteht, das wirkliche Zeichnen der letzteren unterbleiben, wenn man die zugehörigen drei Skalen[454]) angiebt und drei vermöge der dargestellten Gleichung $F(x, y, z) = 0$ zusammengehörige, d. h. sich in einem Punkt schneidende Geraden der drei Scharen jedesmal durch Auflegen eines durchsichtigen Blattes mit drei von einem Punkt aus-

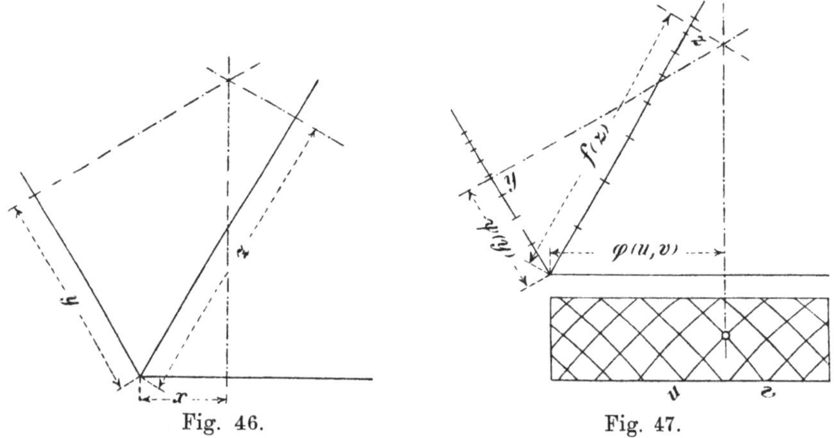

Fig. 46. Fig. 47.

gehenden und die richtigen Winkel einschliessenden Strahlen oder Zeigern[455]) verwirklicht. Es ist vorteilhaft, mit *Ch. Lallemand*[456]) die

---

452) Die Punkte derselben sind mit den Koten der hindurchgehenden Geraden zu versehen. — Es entspricht dies ganz der in der Methode der kotierten Projektionen (s. III A 6) üblichen Darstellung einer Ebene durch einen „Böschungsmassstab“ statt durch einzelne Niveaulinien. — Der Träger der Skala darf auch, wenn die Richtung der Parallelen angegeben ist, schief zu denselben, gebrochen und selbst krummlinig sein.

453) Nach einer Bemerkung von *Blum,* Ann. ponts chaussées (6) 1 (1881), p. 455.

454) In dem Absetzen (d. h. Teilen in Stücke und gleichzeitigen parallelen Verlegen entsprechender Stücke) der drei Skalen hat man ein Mittel, die Tafel auf möglichst kleinen Raum zu bringen, s. „d'Ocagne“, p. 76.

455) „Rapporteur“ (*Blum*), „indicateur“ (*Lallemand, d'Ocagne*). „Index“ nennt *d'Ocagne* jeden der 3 Zeiger, *Lallemand* nannte so ihre Gesamtheit. Behufs Orientierung der Zeiger müssen zwar auf der Tafel einzelne Parallelen einer der 3 Scharen gezeichnet, aber sie können beliebig unterbrochen und brauchen nicht kotiert zu sein. Um den zu einem Wertepaar $x = a$, $y = b$ gehörigen Wert von z zu erhalten, kann man zuerst das durchsichtige Blatt so auflegen, dass der 1. Zeiger durch den Punkt a der ersten Skala, der 2. Zeiger

Zeiger unter sich gleiche Winkel bilden zu lassen[457]); dann lässt sich die Erklärung unabhängig von den Cartesischen Tafeln mittelst des elementaren Satzes geben, dass (s. Fig. 46) durch die Lote von einem beliebigen Punkt auf drei durch einen Punkt gehende und Winkel gleich $\frac{\pi}{3}$ einschliessende Axen auf letzteren Stücke x, y, z abgeschnitten werden, für welche $z = x + y$ ist[458]). Der Fortschritt besteht hauptsächlich[459]) darin, dass nun auch jede Funktion von mehr als zwei Veränderlichen dargestellt werden kann, sobald sich die Veränderlichen entweder vollständig oder wenigstens nach Gruppen von je zweien trennen lassen. Der obige geometrische Satz lässt sich nämlich als ein Mittel betrachten, zwei Strecken — und durch wiederholte Anwendung beliebig viele Strecken — mit Hülfe des beschriebenen Zeigersystems zu addieren, nach Anbringung von Skalen für die Funktionen $\varphi(x)$, $\psi(y)$, $\chi(z), \ldots$ in den Axen oder parallel zu denselben kann daher $\varphi(x) + \psi(y) + \chi(z) + \cdots$ mechanisch gefunden werden; ist ein Glied selbst eine Funktion von zwei Veränderlichen, so hat man dafür eine „binäre Skala“[460]) zu benützen[461])[462]).

---

durch den Punkt b der zweiten Skala geht, dann das Blatt orientieren und am Schnittpunkt des 3. Zeigers mit der dritten Skala ablesen.

456) Par. C. R. 102 (1886), p. 816, ausführlicher „d'Ocagne“, p. 70, 312.

457) Sie sind dann den Durchmessern eines regelmässigen Sechsecks parallel, woher die von *Lallemand* eingeführte Bezeichnung „abaque hexagonal“.

458) Kann man $F(x, y, z) = 0$ die Gestalt $\varphi(x) + \psi(y) = f(z)$ geben (vgl. Anm. 443), so genügt es, die Axen gemäss den Gleichungen $x' = \varphi(x)$, $y' = \psi(y)$, $z' = f(z)$ zu graduieren. Die Skalen können dann in den Richtungen senkrecht zu den Axen beliebig verschoben und auch nach Anm. 454 behandelt werden.

459) Dem Vorteil vor den Cartesischen Tafeln, dass keine Überladung mit Linien vorhanden und niemals an blos gedachten Linien abzulesen ist, steht bei den hexagonalen Tafeln als Nachteil die etwas umständliche Einstellung der Zeiger gegenüber.

460) „Échelle diagraphique“ (*Lallemand*), „échelle binaire“ (*d'Ocagne*); die schematische Figur 47 zeigt eine solche, zur Funktion $\varphi(u, v)$ gehörig, an der x-Axe: Man sieht zwei Scharen kotierter Linien; die Senkrechte zur Axe durch den Schnittpunkt der Linien mit den Koten u und v schneidet von der Axe das Stück $\varphi(u, v)$ ab (insgesamt bilden die Senkrechten eine zweifach unendliche Schar). Den Gedanken schreibt *Lallemand*[456]), p. 818, Fussn. 2 *E. Prévot* zu. Vgl. auch Nr. **47**, Anm. 489. — Fig. 47 entspricht, da auf der y- und z-Axe noch Skalen der Funktionen $\psi(y)$ und $f(z)$ angebracht sind, dem Falle $f(z) = \varphi(u, v) + \psi(y)$.

461) Die ganze Methode von *Lallemand* in den Grundzügen angegeben, weiter ausgeführt „d'Ocagne 1891“ und „d'Ocagne“, p. 82, 312, 317. Über die ebenfalls schon von *Lallemand* ins Auge gefasste Ausdehnung von dem Fall

46. Methode der fluchtrechten Punkte. *A. F. Möbius* hat 1841 bemerkt[463]), man könne eine Parabel in Verbindung mit einer Geraden als „Multiplikationsmaschine" benützen, nämlich beide so einteilen, dass ein durch die den Faktoren entsprechenden Teilpunkte der Parabel gelegtes Lineal die Gerade in dem Teilpunkt des Produktes trifft[464]), wobei für die Parabel auch zwei Geraden, für jeden Faktor eine, genommen werden könnten. Wir sehen hier die Anfänge[465]) einer wichtigen Methode, bei der im allgemeinsten Fall eine Gleichung $F(x, y, z) = 0$ durch drei Skalen (s. Fig. 48) dargestellt wird, von deren Teilpunkten je drei in einer Geraden liegende zu Werten x, y, z gehören, die jene Gleichung befriedigen[466]), welche Darstellung der durch eine Cartesische Tafel (s. Nr. **44**) mit drei Scharen von Geraden nach dem geometrischen Prinzip der Dualität oder Reziprozität (s. III A 5, III C 1) entspricht[467]). *M. d'Ocagne* hat, nachdem er 1884 dieses Prinzip auf *Lalanne*'s Tafeln zur Auflösung trinomischer Gleichungen (s. Nr. **44**) angewandt hatte[468]), den allgemeinen Gedanken 1890 aus-

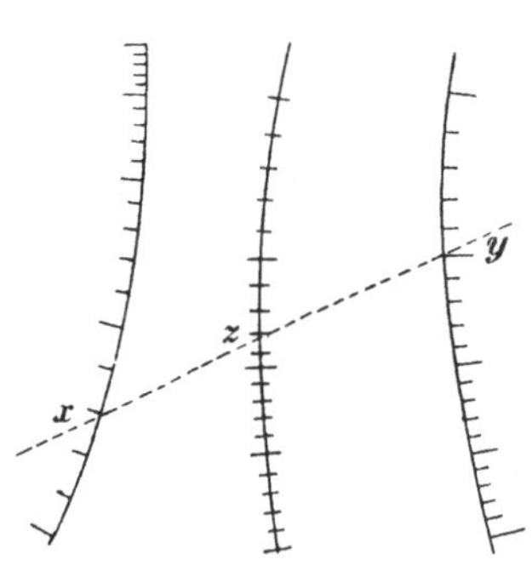

Fig. 48.

einer Summe auf den einer beliebigen Funktion binärer Elemente s. „d'Ocagne 1891", p. 72, 74.

462) Beispiele hexagonaler Tafeln *Ch. Lallemand,* Nivellement de haute précision, Paris 1889, p. 31, 38; „d'Ocagne", p. 79, 81, 86, 314, 316, 319.

463) J. f. Math. 22, p. 280 = Werke 4, p. 620.

464) Die Ausführung aller gewöhnlichen Rechnungsarten mittelst eines, mit Einteilung versehenen Kegelschnittes zeigt u. a. *L. Kotányi,* Zeitschr. Math. Phys. 28 (1882), p. 248.

465) Zu nennen ist auch die noch allgemeinere, weil eine Funktion dreier Veränderlicher darstellende Tafel von *Ganguillet* und *Kutter*[489]) aus d. J. 1869.

466) Von *d'Ocagne* seit 1898 (Soc. Math. Bull. de France 26, p. 31) „méthode des points alignés" genannt (vorher „méthode des points isoplèthes", „d'Ocagne 1891", p. 51, bezw. „méthode des points cotés", Par. C. R. 123 (1896), p. 988), vom Verfasser, Zeitschr. Math. Phys. 44 (1899), p. 56, übersetzt wie in der Überschrift dieser Nummer (aligné = fluchtrecht = in einer Geraden liegend). „Abaque à alignement" könnte man durch „Fluchttafel" wiedergeben (in der Sprache der Techniker alignement = Flucht); *Schilling*'s Bezeichnung „kollineare Rechentafel", „Schilling", p. 24, kann missverstanden werden.

467) Die dualistische Umformung Cartesischer Tafeln mit drei Kurvenscharen giebt keine brauchbaren Tafeln, eher die von Tafeln mit zwei Geradenscharen und einer Kurvenschar; vgl. „d'Ocagne", p. 127, ferner p. 129 über die graphische Ausführung bei gegebener Cartesischer Tafel.

468) Ann. ponts chaussées (6) 8, p. 531.

gesprochen[469]), was von *A. Adler*[470]) 1886 ebenfalls geschehen war. Trotz ihrer beschränkten Anwendbarkeit[471]) haben diese neuen Tafeln so in die Augen springende Vorzüge[472]), dass man die begeisterte Aufnahme, die sie gefunden haben und den Aufschwung begreift, den mit ihrem Erscheinen die Nomographie genommen hat. Am leichtesten gelangt man zu denselben durch Anwendung von Linien- anstatt Punktkoordinaten. Besonders gut eignen sich Parallelkoordinaten[473]), bei denen die Lage einer Geraden durch die Abschnitte u, v bestimmt wird (s. Fig. 49), die sie auf zwei parallelen Axen bildet[474]). Jede in u und v lineare Gleichung:

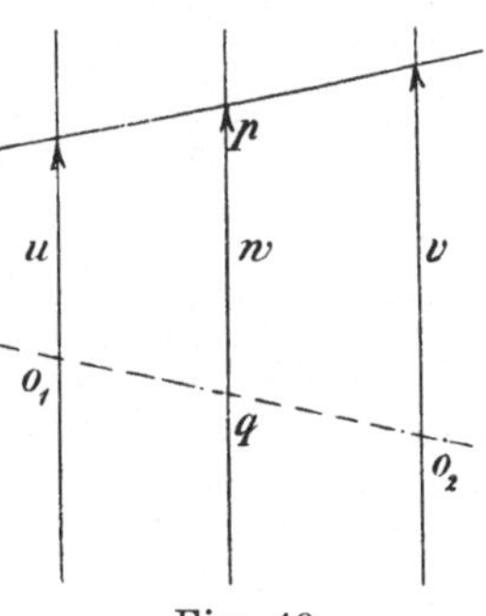

Fig. 49.

$$\lambda u + \mu v = \nu$$

stellt einen Punkt vor[475]). Wenn deshalb $F(x, y, z) = 0$ sich auf die Form:

469) Génie civil 17, p. 343.

470) Wien. Ber. 94^2, p. 404.

471) Da $F(x, y, z) = 0$ sich durch eine Cartesische Tafel mit drei Geradenscharen muss darstellen lassen, so gilt die in Nr. **44** erwähnte Bedingung, dass F sich auf die Form einer Determinante $\sum \pm \varphi_1(x) \psi_2(y) \chi_3(z)$ bringen lässt, in deren Reihen je nur eine Veränderliche vorkommt. Die notwendigen und ausreichenden Bedingungen dafür durch partielle Differentialgleichungen, denen F genügen müsste, auszudrücken, hat *Adler* (Zum graphischen Rechnen, Progr. deutsche Realsch. Karolinenthal 1895/96, p. 29) ohne endgiltigen Erfolg versucht, dagegen sind von *E. Duporcq* solche Bedingungen in Gestalt von Funktionalgleichungen aufgestellt worden Par. C. R. 127 (1898), p. 265, Bull. astr. math (2) 22 (1898), p. 287 („d'Ocagne", p. 427).

472) Kein Liniengewirr, Einstellen und Ablesen (bei dem ein durchsichtiges Lineal mit eingeritzter Linie oder ein gespannter Faden benützt wird) bequem und genau; Möglichkeit, mehr als drei Veränderliche zu berücksichtigen. Lehrreich die Gegenüberstellungen „d'Ocagne", p. 130 u. 131, „Soreau", p. 234 u. 235.

473) *D'Ocagne* verwendet sie ausschliesslich (*Adler*[470]) sog. Plücker'sche Koordinaten); in die Geometrie sind dieselben (s. *F. Rudio*, Zeitschr. Math. Phys. 44 Supplem. 1899, p. 385) von *W. Unverzagt* eingeführt worden (Über ein einfaches Koordinatensystem der Geraden, Progr. Realgymn. Wiesbaden 1870/1871); den entsprechenden Begriff der Raumgeometrie (Parallelkoordinaten einer Ebene) hatte bereits *Chasles* 1829 (s. Correspondance de Quetelet 6, p. 81) gelegentlich benützt (III B 2).

474) Für die Anwendungen ist es von Bedeutung, dass der Abstand der Axen, der Nullpunkt und die positive Richtung einer jeden Axe willkürlich sind.

475) Alle Geraden, deren Koordinaten u, v obige Gleichung befriedigen, gehen durch den Punkt p, der den Abstand der Axen im Verhältnis $\mu : \lambda$ teilt und für den (s. Fig. 49) der Abschnitt $w = qp = \nu : (\lambda + \mu)$ ist.

$$f_1(z)\,\varphi(x) + f_2(z)\,\psi(y) = f_3(z)$$

bringen lässt, genügt es, zu setzen:

$$u = \varphi(x), \qquad v = \psi(y),$$

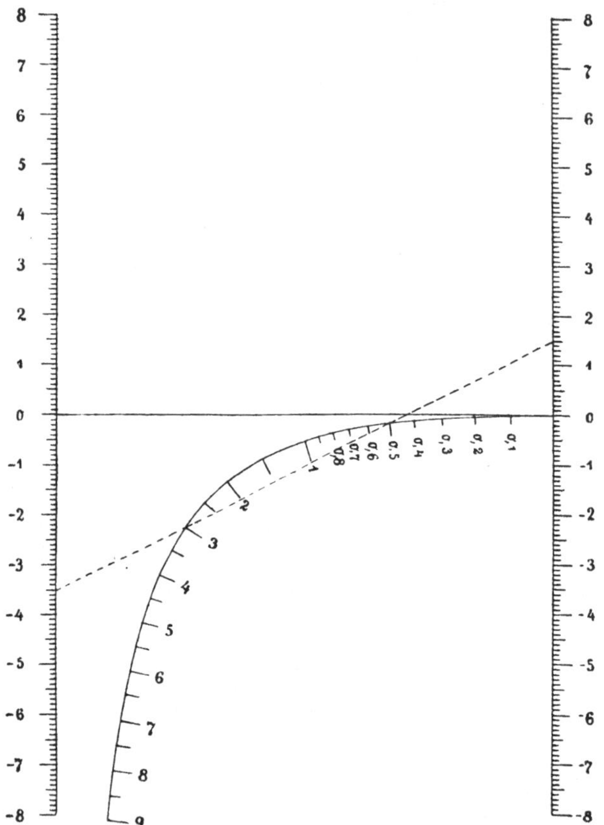

Fig. 50. Tafel zur Auflösung quadratischer Gleichungen nach *d'Ocagne.*

welche Gleichungen Skalen in den beiden Axen liefern, sowie:

$$\lambda : \mu : \nu = f_1(z) : f_2(z) : f_3(z),$$

wodurch die (im allgemeinen krummlinige) z-Skala bestimmt ist[476]). So ergeben sich im Falle:

476) Im Falle $f(z) = \varphi(x) + \psi(y)$ (und bei Anwendung von Logarithmen auch $f(z) = \varphi(x) \cdot \psi(y)$) ist die z-Skala geradlinig und zu den Axen parallel, im Falle $f(z) = \varphi(x) : \psi(y)$ — ohne Logarithmen behandelt — liegt die z-Skala in der Verbindungsgeraden $o_1 o_2$ der Nullpunkte beider Axen; zu denselben Gleichungsformen gehören Tafeln mit nicht parallelen geradlinigen Skalen, weil sie durch kollineare Transformation auf erstere zurückgeführt werden können (s. „d'Ocagne", p. 144, 161, 175, 180). — Über die durch drei projektive Skalen

$$z^m + a z^n + b = 0$$

durch Setzen von $u = a$, $v = b$ die Tafeln zur Auflösung trinomischer Gleichungen von *d'Ocagne*[468])[477]), von denen die für quadratische Gleichungen in Fig. 50 verkleinert wiedergegeben ist[478]).

Wenn allgemeiner für $F(x, y, z)$ die Form $\sum \pm \varphi_1(x)\psi_2(y)\chi_3(z)$ hergestellt ist[471]), kann man die x-, y-, und z-Skala entweder, unter ξ, η Cartesische Koordinaten eines Punktes verstanden, durch die drei Paare von Gleichungen:

$$\begin{aligned} \xi &= \varphi_1(x) : \chi_1(x), & \eta &= \psi_1(x) : \chi_1(x), \\ \xi &= \varphi_2(y) : \chi_2(y), & \eta &= \psi_2(y) : \chi_2(y), \\ \xi &= \varphi_3(z) : \chi_3(z), & \eta &= \psi_3(z) : \chi_3(z) \end{aligned}$$

bestimmen[479]), oder bei Anwendung von Linienkoordinaten u, v durch die drei Gleichungen[480]):

$$\begin{aligned} \varphi_1(x) \cdot u + \psi_1(x) \cdot v &= \chi_1(x), \\ \varphi_2(y) \cdot u + \psi_2(y) \cdot v &= \chi_2(y), \\ \varphi_3(z) \cdot u + \psi_3(z) \cdot v &= \chi_3(z). \end{aligned}$$

Zur Ausdehnung des Verfahrens auf Gleichungen zwischen mehr als drei Veränderlichen bieten sich verschiedene Wege dar. Durch

---

darstellbaren Gleichungen s. *d'Ocagne,* Par. C. R. 123 (1896), p. 988, Acta math. 21 (1897), p. 9 („d'Ocagne", p. 436); s. auch „Soreau", p. 246 ff. — Die von *L. Bertrand,* Description et usage d'un abaque..., Paris 1895, Abdruck aus: Revue Génie militaire 8 (1894), p. 475 („d'Ocagne", p. 157) gelehrte „Zusammensetzung" paralleler Skalen gestattet, auch Gleichungen der Form $\varphi_1(x_1) + \varphi_2(x_2) + \cdots + \varphi_n(x_n) = 0$ zwischen n Veränderlichen nach der Methode der fluchtrechten Punkte zu behandeln, wobei zwar noch Geraden gezogen werden müssen.

477) „d'Ocagne", p. 187.

478) Mit derselben können die Tafeln für dreigliedrige kubische, biquadratische u. s. w. Gleichungen auf einem Blatt vereinigt werden (vgl. „d'Ocagne", p. 185, fig. 80), was bei den entsprechenden Tafeln von *Lalanne* praktisch unausführbar wäre. — Die gestrichelte Linie in Fig. 50 entspricht dem Beispiel $x^2 - 3{,}5\,x + 1{,}5 = 0$ (Wurzeln 3 und 0,5). Der Träger der z-Skala, eine Hyperbel, ist nur zwischen den Axen, d. h. für positive z gezeichnet; die absoluten Werte etwaiger negativer Wurzeln der Gleichung $f(z) = 0$ findet man durch Auflösen von $f(-z) = 0$ mittelst der Tafel. Über die Bestimmung imaginärer Wurzeln s. *A. Haas,* Mathem.-naturwiss. Mittlgn. 2 (1887—1888), p. 80.

479) *Adler*[470]), p. 421, „d'Ocagne", p. 134.

480) *d'Ocagne*[469]), p. 344; *Pesci* und *Soreau* beschränken sich auf Punktkoordinaten. — Jede kollineare Transformation einer Tafel giebt wieder eine richtige Tafel; über die Erzielung der besten Anordnung durch eine solche Transformation s. „d'Ocagne", p. 135, die Benützung der Methoden der Perspektive (nach *Lafay*), p. 137; das Abbrechen der Skalen p. 140, 150.

Vereinigung zweier Tafeln der vorhergehenden Art gelingt die Darstellung einer Gleichung $F(x_1, x_2, x_3, x_4) = 0$ zwischen vier Veränderlichen, falls dieselbe durch Elimination einer Hülfsveränderlichen z aus zwei Gleichungen der Form:

$$\sum \pm \varphi_1(x_1)\psi_2(x_2)f(z) = 0,$$

$$\sum \pm \varphi_3(x_3)\psi_4(x_4)f(z) = 0$$

erhalten werden kann[481][482]). Den Gedanken, als Transversale statt einer

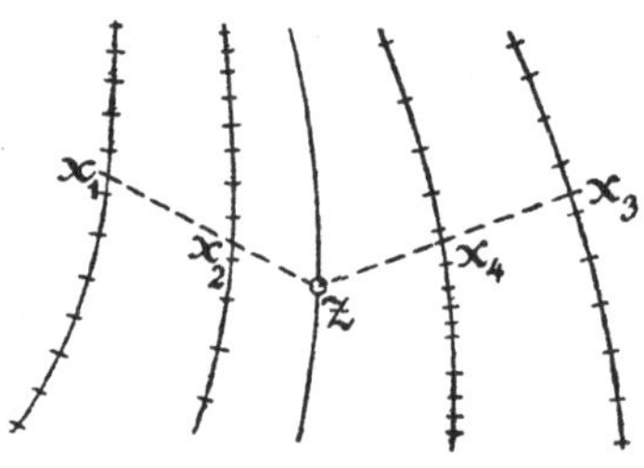

Fig. 51.

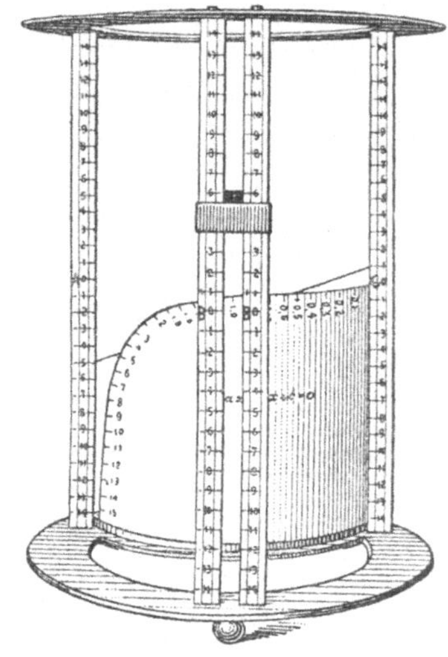

Fig. 52.

---

481) Die Glieder der dritten Reihe sind beiden Determinanten gemeinsam. Den Wert von x_4 zu gegebenen Werten von x_1, x_2, x_3 findet man, indem man, s. Fig. 51, die Verbindungsgerade der Punkte x_1 und x_2 der ersten beiden Skalen um ihren Schnittpunkt mit dem Träger der z-Skala (die nicht ausgeführt zu sein braucht) dreht — daher die Bezeichnung „abaque à pivotement" von *d'Ocagne,* Ann. ponts chaussées, 1er trimestre 1898, p. 307 — bis sie durch den Punkt x_3 der 3. Skala geht, und am Schnittpunkt mit der 4. Skala abliest. — Einfachste Fälle:

$$\varphi_1 + \psi_2 = \varphi_3 + \psi_4,$$

$$\varphi_1 \cdot \psi_2 = \varphi_3 \cdot \psi_4,$$

$$\varphi_1 \psi_2 + f_2 = \varphi_3 \psi_4 + f_4.$$

Beispiele „d'Ocagne", p. 221, 229, 233; allgemeine Gleichungsform p. 215.

482) Betreffs der zahlreichen Anwendungen, die von der Methode der fluchtrechten Punkte schon gemacht worden sind, sei ausser auf *d'Ocagne, Pesci, Soreau* verwiesen auf *Mehmke,* Ann. Phys. Chemie (2) 41 (1890), p. 892 u. Taf. VII; Centralblatt Bauverwaltung 1890, p. 418; Dyck's Katalog, Nachtrag, München 1893, p. 9, 19; Zeitschr. Math. Phys. 44 (1899), p. 56 u. Taf. I—III; *H. Maurer,* Graphische Tafeln für meteorologische und physikalische Zwecke, Diss. Strassburg 1894, *Goedseels*[484]); ferner auf den Bericht von *d'Ocagne,* Revue générale des sciences 9 (1898), p. 116, sowie auf *G. Pesci,* Periodico di Matematica (2) 2 (1899—1900), p. 201; *d'Ocagne,* Par. C. R. 130 (1900), p. 554; *E. Suttor,* Louvain Union Ingén. Mém. 1900, p. 223, 1901, p. 3. — Dass die Methode auch bei empirischen Funktionen gelegentlich anwendbar und nützlich ist, sieht man aus den Beispielen „d'Ocagne", p. 203, 206, 207 (von *M. Beghin, Lafay, Rateau*).

Geraden eine krumme Linie zu nehmen, hat *Adler*[483]) erwogen, *E. Goedseels*[484]) weiter verfolgt. Von *Adler* rührt auch der Gedanke her, aus der Ebene in den Raum zu gehen[485]), auf welchem Gedanken der Apparat von *Mehmke* zur Auflösung vier- und fünfgliedriger Gleichungen, s. Fig. 52 beruht[486]). S. auch Nr. **47**.

47. Mehrfach bezifferte Elemente. Sind zwei sich kreuzende einfach unendliche Scharen kotierter Linien gegeben, so lassen sich dem Schnittpunkt irgend einer Linie der einen Schar mit einer Linie der andern Schar die Koten beider Linien als Doppelkote zuweisen. Führt man durch diese doppeltkotierten Punkte eine dritte Schar von Linien, so übertragen sich auf letztere die Kotenpaare der Punkte — der Begriff einer binären Skala, welcher am Schluss von Nr. **45** auftrat, gehört offenbar hierher — und es schneidet die neue Linienschar jede weitere, ihr nicht angehörige Linie in Punkten, von denen jeder als Überlagerung unendlich vieler doppeltkotierter Punkte angesehen werden kann („verdichtete Punkte“[487])). In dem Ersetzen

483) S. [470]), p. 422 u. [471]), p. 37; *Adler* lässt Transversalen zu, die von Fall zu Fall gezeichnet werden müssen.

484) Les procédés pour simplifier les calculs ramenés à l'emploi de deux transversales..., Bruxelles 1898, Abdruck aus: Brux. Soc. scient. Ann. 23^2 (1898/1899), p. 1 („d'Ocagne“, p. 234, 238, 241), unabhängig von *Adler. Goedseels* bevorzugt Linien von unveränderlicher Form (z. B. Kreise mit konstantem Halbmesser, rechtwinklige Geradenpaare), oder aus gegenseitig beweglichen Teilen solcher zusammengesetzte Transversalen.

485) S. [470]), p. 423. Ohne Beweis wird mitgeteilt: Vier Geraden durch einen Punkt, ebenso die Seiten eines windschiefen Vierecks, lassen sich mit Zahlen so belegen, dass die an vier Punkten einer Ebene stehenden Zahlen x_1, x_2, x_3, z immer der Gleichung $z = x_1 x_2 x_3$ genügen.

486) Unabhängig von *Adler,* Dyck's Katalog, München 1892, p. 158, ausführlicher Zeitschr. Math. Phys. 43 (1898), p. 338 („d'Ocagne“, p. 350). Die Wurzeln der Gleichung:

$$t^m + at^n + bt^p + c = 0$$

liest man ab an den Schnittpunkten der zur Exponentenverbindung (m, n, p) gehörigen (als Rand einer Blechschablone dargestellten) eingeteilten Kurve mit der Verbindungsebene der zu den Werten a, b, c gehörigen Punkte der drei parallelen Axen (bezw. an den scheinbaren Schnittpunkten der Kurve mit der aus dem Punkt b gesehenen, durch einen gespannten Faden dargestellten Verbindungsgeraden der Punkte a und c, vgl. Fig. 52, welche die Einstellung für das Beispiel $t^m - 5t^n + 6t^p + 1 = 0$ zeigt). Jede der auswechselbaren Schablonen entspricht dem zu positiven Werten von t gehörigen Teile der betr. Kurve; wegen der Bestimmung negativer Wurzeln vgl. Anm. 478. Bei fünfgliedrigen Gleichungen tritt eine Kurvenschar an Stelle der einzelnen Kurve.

487) „Points condensés“, „d'Ocagne“, p. 296.

einfachkotierter Elemente durch doppeltkotierte bezw. gewöhnlicher Skalen durch binäre oder durch aus verdichteten Punkten gebildete Skalen hat man ein Mittel, Tafeln so zu erweitern, dass sie Gleichungen mit bis zur doppelten Anzahl von Veränderlichen darstellen können, welches Mittel bei Cartesischen Tafeln (Nr. **44**) sowohl[488]) wie bei Tafeln mit fluchtrechten Punkten[489])[490]) oder mit beliebigen Transversalen (Nr. **46**) anwendbar ist[491]). Eine Tafel zur Auflösung vollständiger kubischer Gleichungen, Fig. 53, sei als Beispiel vorgeführt[492]).

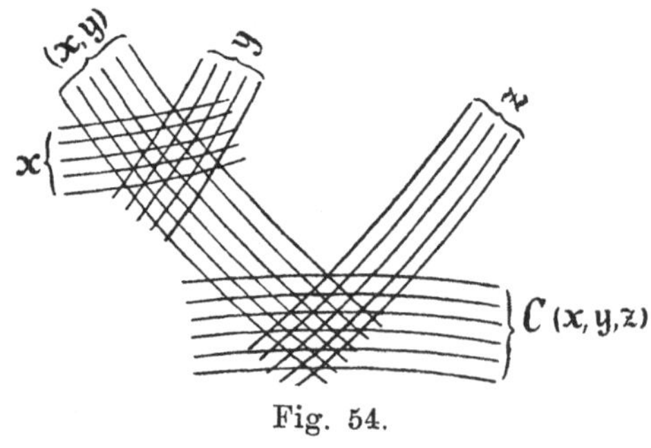

Fig. 54.

Wenn man in einem Liniennetz, das ein System doppelt kotierter Punkte bestimmt, die eine der beiden Scharen einfach kotierter Linien, die das Netz bilden, oder beide, mit doppelter Kotierung versieht (d. h selbst von einem System doppelt kotierter Punkte herleitet), so ergiebt sich ein System von Punkten mit drei oder vier Koten, welch' letztere auf eine durch diese Punkte gehende weitere Schar von Linien über-

488) Beispiel einer Cartesischen Tafel mit binären Skalen an beiden Axen, also für fünf Veränderliche, *Ch. Lallemand,* Nivellement de haute précision, Paris 1889, p. 294 („d'Ocagne", p. 302).

489) Wahrscheinlich ältestes Beispiel (auch für das Auftreten einer binären Skala) die Tafel von *E. Ganguillet* u. *W. R. Kutter,* Österr. Ing.- u. Arch.-Ver. Zeitschr. 21 (1869), p. 50 und Tafel Nr. 9 (die Tafel sehr verbreitet durch Abdruck im Handbuch Ingenieurwissensch. 3, Leipzig 1879, Tafel 13, und im Taschenbuch des Ingenieurs, hrsg. v. Ver. „Hütte" [versch. Aufl.], für schiefwinklige Axen umkonstruiert und verbessert „Soreau", p. 432).

490) Der Gedanke allgemein entwickelt von *d'Ocagne* zuerst für vier Veränderliche — eine der drei Skalen zu einer binären erweitert — Par. C. R. 112 (1891), p. 421, dann für fünf und sechs Veränderliche „d'Ocagne" 1891", p. 90 (doppelt kotierte Punkte hier „points doublement isoplèthes" genannt). Beispiele und weitere Litteratur „d'Ocagne", p. 320 ff. sowie „Pesci" und „Soreau".

491) Auch schon bei Tafeln mit vereinigten Skalen (s. Nr. **43** und Anm. 421), Beispiel *Lallemand* [488]), p. 143 sowie „d'Ocagne", p. 306, 308, 311 (von *Prévot, Chancel, Lallemand*) und „Soreau"; die Anwendung auf hexagonale Tafeln bereits in Nr. **45** gezeigt.

492) In der Gleichung $z^3 + az^2 + bz + c = 0$ sind a und b zu Parallelkoordinaten u, v einer Geraden genommen, wodurch dieselbe in die eines Systems von Punkten mit der Doppelkote (z, c), nämlich $z^2u + zv + (z^3 + c) = 0$ übergeht.

tragen werden könnten (vgl. die dreifach kotierten Linien C in Fig. 54). Durch Wiederholung dieses Verfahrens gelangt man zu Elementen mit beliebig vielen Koten und Skalen von beliebiger Vielfachheit[493]).

48. Bewegliche Systeme. Der Nomographie erschliessen sich neue Gebiete durch Anwendung von zwei oder mehr beweglichen kotierten Systemen, die zu einander in bestimmte Lagen gebracht werden[494]). Nimmt man blos in einer Richtung Beweglichkeit an, so ergeben sich die Rechenschieber, die im folgenden Abschnitt besprochen werden sollen. Verschiebung in zwei Richtungen findet bei *C. Reuschle*'s graphisch-mechanischen Apparaten zur Auflösung von Gleichungen statt[495])[496]). Im Falle der kubischen Gleichung:

$$x^3 + bx^2 + cx = d \tag{1}$$

schreibt *Reuschle* zunächst:

$$x(x^2 + bx + c) = d$$

und setzt:

$$y = x^2 + bx + c, \tag{2}$$

wodurch Gleichung (1) übergeht in:

$$xy = d. \tag{3}$$

Man hat die Punkte a und b auf den parallelen Axen durch eine Gerade zu verbinden, an den Senkrechten durch die Schnittpunkte dieser Geraden mit der Kurve zum Parameter c liest man die Wurzeln ab. Diese Anordnung von *Mehmke,* s. Dyck's Katalog, Nachtrag, p. 9, Nr. 40d, während in „d'Ocagne 1891", p. 81 und pl. VIII, $b = u$, $c = v$ gesetzt und a zum Parameter einer Kurvenschar genommen ist. Eine ähnliche Tafel zur Auflösung biquadratischer Gleichungen der Form $z^4 + z^3 + az^2 + bz + c = 0$ „d'Ocagne", p. 339 (Hülfstafel, um eine beliebige biquadratische Gleichung auf diese Form zu bringen, ebenda p. 340); das Verfahren ist auf alle Gleichungen mit 4 bezw. 5 Gliedern anwendbar.

493) S. „d'Ocagne", p. 351; Beispiel p. 355 (hexagonale Tafel mit ternären Skalen, nach *Lallemand*).

494) Bewegliche Linien sind als Zeiger zum Ablesen schon in Nr. **45—47** vorgekommen.

495) Graphisch-mechanische Methode zur Auflösung der numerischen Gleichungen, Stuttgart 1884.

496) Graphisch-mechanischer Apparat zur Auflösung numerischer Gleichungen, Stuttgart 1885 (auch eine französische Ausgabe). Der Apparat besteht aus einer Tafel mit einer Schar gleichseitiger Hyperbeln und einer auf Gelatine gedruckten Parabel; er dient zur Auflösung quadratischer und kubischer Gleichungen. Später hat *Reuschle* gezeigt, Zeitschr. Math. Phys. 31 (1886), p. 12, dass mit demselben Apparat auch biquadratische Gleichungen (mittelst der gemeinsamen Tangenten der Parabel und einer Hyperbel) gelöst werden können.

Es werden x und y als Cartesische Koordinaten eines Punktes betrachtet. Die Parabel (2) entsteht aus der auf einem durchsichtigen Blatt gezeichneten Parabel $y = x^2$ durch Parallelverschieben[497]); die Schnittpunkte der verschobenen Parabel mit der zum Wert d gehörigen Hyperbel der Schar (3), s. Fig. 55[498]), geben durch ihre Abscissen die reellen Wurzeln der Gleichung (1). Bei der biquadratischen Gleichung mit auf Eins gebrachtem Absolutglied:

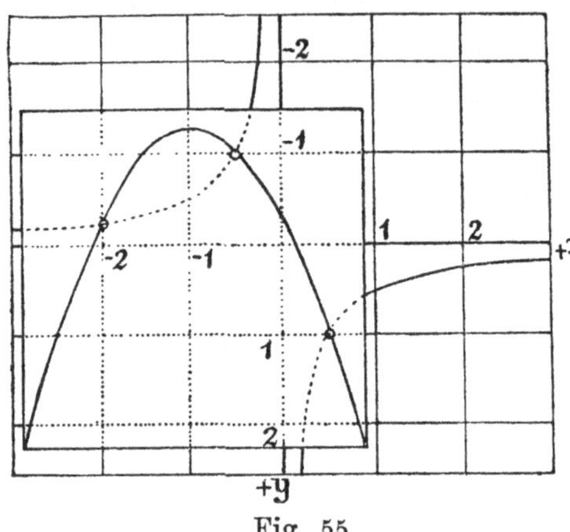

Fig. 55.

(4) $ax^4 + bx^3 + cx^2 = dx + 1$

dienen gemäss der Zerlegung in:

(5) $$y = ax^2 + bx + c$$

und:

(6) $$x^2 y = dx + 1$$

zur Auflösung die durch (5) dargestellte verschobene Parabelschar $y = ax^2$ und die „trinomische Hyperbelschar 3. Ordnung" (6)[499]). Auf Grund einer derartigen Absonderung eines quadratischen Faktors aus drei benachbarten Gliedern[500]) können noch Gleichungen 7. Grades

497) Allgemeiner die Parabel $y = ax^2 + bx + c$ aus der zum gleichen Wert von a gehörigen Parabel der Schar $y = ax^2$. Die Axe der verschobenen Parabel, welch' letztere durch den Punkt c der y-Axe geht, ist $x = -\frac{b}{2a}$; zum Zweck der Einstellung kann ausserdem noch die Ordinate des Scheitels, $y = \frac{4ac - b^2}{4a}$, berechnet werden.

498) Die Figur 55 entspricht dem Beispiel:

$$x^3 + 2x^2 - 0{,}25x = 0{,}5 \qquad \text{(Wurzeln } 0{,}5,\ -0{,}5,\ -2).$$

499) *W. Heymann* löst, Zeitschr. Math. Phys. 43 (1898), histor.-litterar. Abteilung, p. 97, die zuvor in die Form $(x^2 - a)^2 = x + b$ gebrachte biquadratische Gleichung mittelst zweier Exemplare der Parabel $v = u^2$ durch Aufeinanderlegen nach Massgabe der Gleichungen:

$$x^2 = a + y, \qquad y^2 = b + x.$$

500) Die Absonderung eines kubischen Faktors aus vier benachbarten Gliedern führt auch nicht weiter, diejenige eines linearen Faktors aus zwei benachbarten Gliedern einen Schritt weniger weit, s. *Reuschle* [495]), p. 45, 42; ferner wegen der Absonderung aus den niedersten oder aus mittleren Gliedern, statt aus den höchsten, ebenda p. 36, 40, 44.

mit einem der Einheit gleichen Koeffizienten, denen drei Glieder fehlen, überhaupt Gleichungen mit vier willkürlichen Konstanten[501]) durch Aufeinanderlegen zweier Kurvenscharen gelöst werden[502]). Weiter kommt man mit der logarithmographischen Methode (Nr. **41** und **42**), da sie noch Gleichungen mit bis zu sechs Gliedern und lauter von Eins verschiedenen Koeffizienten[503]), unter anderen Gleichungen 7. Grades, denen zwei beliebige Glieder fehlen, mittelst

---

501) Wofern eben ein quadratischer Faktor abgesondert werden kann, von welcher Beschränkung die (zwar nur bei Gleichungen mit drei Konstanten anwendbaren, aber einfacheren und leichter zu handhabenden) Tafeln von *d'Ocagne* [492]), wie auch die logarithmischen Tafeln (s. oben) frei sind. Bei der 4-gliedrigen Gleichung:

$$x^m + \beta x^n + \gamma x^p = \delta$$

schlägt *Reuschle* [495]), p. 64 die Zerlegung:

$$y = x^{m-p} + \beta x^{n-p} + \gamma, \qquad x^p y = \delta$$

vor, die zwei Kurvenscharen nötig macht, während die Auflösung nach *d'Ocagne* nur eine Kurvenschar, die logarithmische Behandlung sogar nur zwei einzelne Kurven erfordert. Bei 3-gliedrigen Gleichungen der Form:

$$x^m + \beta x^n = \gamma,$$

vgl. [495]), p. 60, 62, zeigt sich *Reuschle*'s Methode weniger günstig, als selbst die von *Lalanne* (s. Nr. **44**, S. 1029).

502) *Reuschle* entwickelt[495]), p. 48 ff. noch eine „Raumlösung", bei der man drei gegenseitig bewegliche Kurvenscharen nötig hat und über sechs willkürliche Konstanten verfügt, also noch bis zu Gleichungen 7. Grades kommt, denen ein Glied fehlt. Die allgemeinste Gleichung 5. Grades z. B.:

$$(1) \qquad ax^5 + bx^4 + cx^3 = dx^2 + ex + f,$$

wird durch Absonderung zweier quadratischer Faktoren in das gleichwertige System:

$$(2) \quad y = ax^2 + bx + c, \qquad (3) \quad z = dx^2 + ex + f, \qquad (4) \quad x^3 y = z$$

zerlegt. Nachdem die Fläche (4) etwa in Grund- und Aufriss durch eine Reihe wagerechter Schnitte dargestellt ist, muss man durch Versuche den Wert γ so bestimmen, dass der Schnittpunkt der Kurve $x^3 y = \gamma$ mit der durch Verschieben aus $y = ax^2$ erhaltenen Parabel (2) im Grundriss einerseits und der Schnittpunkt der Geraden $z = \gamma$ mit der durch Verschieben aus $z = dx^2$ erhaltenen Parabel (3) im Aufriss andererseits in einer Senkrechten liegen; die gemeinsame Abscisse dieser Punkte ist eine Wurzel der Gleichung.

503) Allgemeiner alle Gleichungen, die durch Elimination von y aus zwei Gleichungen der Form:

$$x^k y^l + a x^m y^n + b x^p y^q + c = 0,$$

$$x^{k'} y^{l'} + a' x^{m'} y^{n'} + b' x^{p'} y^{q'} + c' = 0$$

hervorgehen, wobei die Exponenten auch negative und gebrochene Zahlen sein können. — Der Gedanke von *Reuschle*'s „Raumlösung" [502]), auf die logarithmographische Methode angewandt, würde noch Gleichungen mit acht Konstanten, z. B. die allgemeinste Gleichung 7. Grades, zu behandeln erlauben.

zweier verschiebbaren Kurvenscharen mechanisch aufzulösen gestattet[504])[506]), und erstmals auch Systeme von zwei Gleichungen mit zwei Unbekannten[505])[506]). Weil nämlich das logarithmische Bild (s. Nr. **41**, S. 1020) der Funktion:

$$y = \pm ax^l \pm bx^m$$

durch Parallelverschieben aus dem der Funktion:

$$y = \pm x^l \pm x^m$$

hervorgeht, dasjenige der Funktion:

$$y = \pm ax^l \pm bx^m \pm cx^n$$

durch Parallelverschieben aus einer bestimmten Kurve der Schar, die in den logarithmischen Bildern von:

$$y = \pm x^l \pm x^m \pm \lambda x^n$$

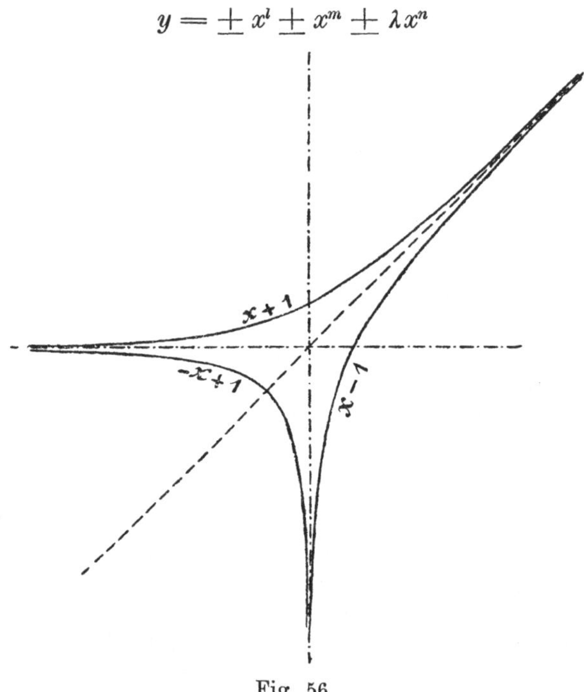

Fig. 56.

mit λ als Parameter, besteht[507]), so kann z. B. die allgemeine trinomische Gleichung:

504) *Mehmke,* Civilingenieur 35 (1889), p. 629.

505) *Mehmke,* Zeitschr. Math. Phys. 35 (1890), p. 184.

506) Zusammenfassende Darstellung: *Mehmke,* Dyck's Katalog, Nachtrag, p. 10, Nr. 40e („d'Ocagne", p. 376).

507) S. [504]), p. 630, 631. Die Einstellung erfordert keine Rechnung, es genügt, das durchsichtige, die Kurve $y = \pm x^l \pm x^m$ bezw. die Kurvenschar

$$x'^m = \pm bx'^n \pm c,$$

nachdem sie durch Einsetzen von $x'^n = x$ auf die Form:

$$x^{\frac{m}{n}} = \pm bx \pm c$$

gebracht ist, mittelst der Kurve Fig. 56, dem logarithmischen Bilde von $y = \pm x \pm 1$,[508]) zusammen mit einer Geraden, dem logarithmischen Bilde von:

$$y = x^{\frac{m}{n}},$$ [509])

gelöst werden, die allgemeinste Gleichung 3. Grades:

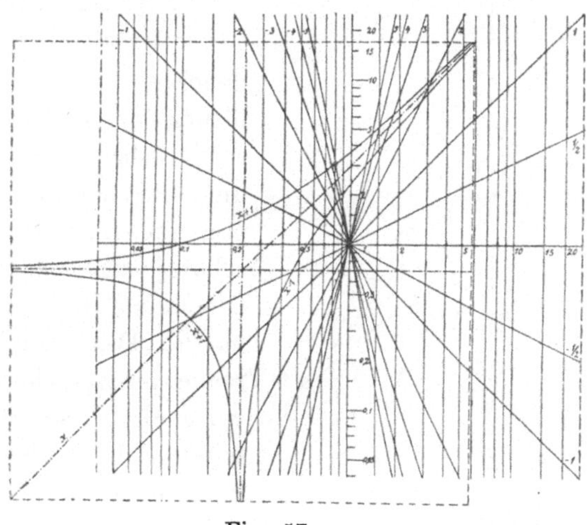

Fig. 57.

$$ax^3 \pm bx^3 \pm cx \pm d = 0$$

vermöge der Zerlegung in:

$y = \pm x^l \pm x^m \pm \lambda x^n$ tragende Blatt so zu legen, dass bei Wahrung der Axenrichtungen die darauf gezeichneten Geraden $y = x^l$ und $y = x^m$ durch den Punkt a bezw. b der logarithmisch geteilten y-Axe des festen Systems geht.

508) Das als einzige Kurve betrachtete Gebilde Fig. 56 besteht aus drei Zweigen, entsprechend den Vorzeichenverbindungen $++$, $+-$, $-+$. Die Einstellung ist von den Vorzeichen der Glieder unabhängig; vertauscht man in der Gleichung, um die negativen Wurzeln zu erhalten, x mit $-x$, so tritt an Stelle des zuerst benützten Zweiges der der neuen Zeichenverbindung entsprechende. Diese Bemerkungen gelten allgemein.

509) Die Geraden zu verschiedenen Werten m/n sind auf der festen Tafel im voraus gezeichnet, s. Fig. 57, die dem Beispiel $x^{-5} = 3x + 0{,}7$ entspricht. An den Parallelen zur y-Axe können, weil sie durch die Teilpunkte einer logarithmischen Skala in der x-Axe gehen, die Wurzeln selbst (statt der Logarithmen) abgelesen werden (im vorigen Beispiel ungefähr 0,80 und $-0{,}88$).

$$y = \pm ax \pm b, \qquad y = \pm cx^{-1} \pm dx^{-2}\ ^{510)}$$

mittelst derselben Kurve, zusammen mit der Kurve Fig. 58, dem logarithmischen Bilde von:

$$y = \pm x^{-1} \pm x^{-2},$$

die allgemeinste Gleichung 5. Grades auf Grund der Schreibweise:

$$ax^2 \pm bx \pm c = \pm dx^{-1} \pm ex^{-2} \pm ex^{-3}\ ^{510)}$$

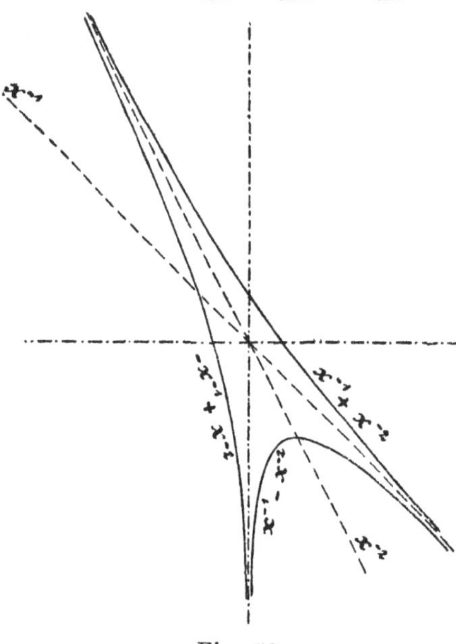

Fig. 58.

mittelst der beiden Kurvenscharen mit den Parametern λ und μ, die logarithmisch zu:

$$y = \pm x^2 \pm x \pm \lambda,$$

$$y = \pm \mu x^{-1} \pm x^{-2} \pm x^{-3}$$

gehören. Die entsprechende Auflösung zweier Gleichungen mit zwei Unbekannten erfordert für die eine und die andere Gleichung je eine Kurve oder Kurvenschar, je nachdem die betreffende Gleichung drei oder vier Glieder hat[511]). Die imaginären Wurzeln reeller trinomischer Gleichungen, wie auch die sämtlichen Wurzeln trinomischer Gleichungen mit komplexen Koeffizienten lassen sich durch Aufeinanderlegen einer Kurventafel und eines geteilten Axensystems bestimmen[512]).

Von drehbaren kotierten Systemen haben *Lallemand*[513]) und *Lafay*[514]) Gebrauch gemacht.

49. Allgemeine Theorie von d'Ocagne. *M. d'Ocagne* hat mit Erfolg die Aufgabe in Angriff genommen, die möglichen Arten der

510) Die an sich nicht nötige Division mit einer Potenz von x bezweckt, günstige Schnitte für die Kurven herbeizuführen, vgl. Anm. 399.

511) Beruht darauf, dass das logarithmische Bild einer Gleichung der Form:

$$F(x, y) = \sum C_i x^{m_i} y^{n_i}$$

durch Verschieben aus einer Kurve entsteht, die zu einer Gleichung derselben Form, aber mit drei der Einheit gleichen Koeffizienten gehört, s. [506]), p. 11 (durch räumliche Betrachtungen abgeleitet[505])). Über die ohne Rechnung ausführbare Einstellung s. [506]), p. 12, „d'Ocagne", p. 379, 380.

512) S. *Mehmke,* Dyck's Katalog, Nachtrag, p. 16, Nr. 40 f.

513) S. [488]), p. 149 („d'Ocagne", p. 371).

514) Ann. Chimie Physique (7) 16 (1899), p. 503 („d'Ocagne", p. 374).

ebenen Darstellung einer Gleichung zwischen n Veränderlichen sämtlich zu bestimmen und nach zweckmässigen Gesichtspunkten zu ordnen; er hat überdies eine Zeichensprache eingeführt, die den Bau einer jeden Gattung graphischer Tafeln kurz und treffend zur Anschauung bringt[515]). Kotierte Punkte und Linien bilden die Elemente einer jeden graphischen Tafel[516]). Die einzige mit dem Auge sicher erkennbare Lagenbeziehung ist die Berührung zweier Elemente, die im Fall eines Punktes und einer Linie bedeutet, dass der Punkt auf der Linie liegt[517]), und von *d'Ocagne* durch:

$$E \rightarrowtail E'$$

ausgedrückt wird, unter E und E' die beiden Elemente verstanden. Liegt auf einer Ebene mit den starr verbundenen Elementen E_1, $E_2, \ldots$ eine andere mit den Elementen E_1', $E_2', \ldots$, so ist die gegenseitige Lage beider Ebenen durch drei Berührungen:

$$E_1 \rightarrowtail E_1', \quad E_2 \rightarrowtail E_2', \quad E_3 \rightarrowtail E_3'$$

bestimmt. Besteht ausserdem die Berührung:

$$E_4 \rightarrowtail E_4',$$

so müssen die Koten dieser acht Elemente einer gewissen Gleichung genügen, von der somit eine Darstellung vorliegt[518]). Die ersten drei Berührungen dienen zum Einstellen[519]); mit Hülfe einer derartigen vierten Berührung kann, wenn jene Koten bis auf eine gegeben sind, der Wert der letzten Kote durch Ablesen gefunden werden[519]). Bei $(m+1)$ aufeinander liegenden Ebenen kommen $3m$ Berührungen auf das Einstellen, eine weitere Berührung auf das Ablesen, und da jedes der $(6m+2)$ Elemente, die paarweise in Berührung treten, mit beliebig vielen Koten behaftet sein kann, erhält man auf diese Weise die denkbar allgemeinste Art von Tafeln. Um für Gleichungen mit n Veränderlichen die Anzahl $\mathfrak{N}_n^{m+1}$ sämtlicher Arten von Tafeln mit $(m+1)$ aufeinander zu legenden Ebenen zu finden, muss man daher

---

515) Par. C. R. 126 (1898), p. 397; Par. Soc. Math. France Bull. 26 (1898), p. 16; „d'Ocagne", p. 390.

516) Es können auch einige nicht-kotierte Elemente vorkommen.

517) Das Zusammenfallen zweier Punkte oder zweier Geraden gilt für zwei Berührungen, s. „d'Ocagne", p. 396; Zeichen $\rightleftarrows$, z. B. $P \rightleftarrows P'$ bedeutet, dass die Punkte P und P' zusammenfallen.

518) Kommen unter den Elementen der einen Ebene drei konzentrische Kreise oder parallele Geraden vor — sie können auch zusammenfallen — so wird eine Berührung überflüssig und kann unbestimmt bleiben, s. „d'Ocagne", p. 395; Bezeichnung: „$\rightarrowtail$".

519) „Contact de position" und „contact de résolution", „d'Ocagne", p. 393.

erstens alle Zerlegungen der Zahl n bilden und zweitens in jedem Falle die Zahlen, in die man n zerlegt hat, auf die genannten $(6m+2)$ Elemente verteilen, wobei Lösungen, die durch Vertauschungen auseinander hervorgehen, nur für eine zu rechnen sind[520]). Bei einer einzigen Ebene ist die betreffende Zahl $\mathfrak{N}_n^1$ gleich $n/2$ oder $(n-1)/2$, je nachdem n gerade oder ungerade[521]). Im Falle zweier Ebenen hat *P. A. Mac Mahon* dieselbe bestimmen gelehrt[522]); z. B. ist:

$$\mathfrak{N}_2^2 = 2, \quad \mathfrak{N}_3^2 = 5, \quad \mathfrak{N}_4^2 = 16, \quad \mathfrak{N}_5^2 = 29, \quad \mathfrak{N}_6^2 = 64, \quad \mathfrak{N}_7^2 = 110$$[523]).

Für Gleichungen mit zwei, drei und vier Veränderlichen und Tafeln mit einer oder zwei Ebenen hat *d'Ocagne* alle Fälle untersucht[524]). Als Beispiele für die Darstellung einzelner Gattungen von Tafeln durch Formeln seien die der Cartesischen Tafeln (Nr. **44**):

$$P(x, y) \dashv C(z)$$ [525]),

und die der Tafeln mit fluchtrechten Punkten (Nr. **46**):

$$P_1(x) \dashv \mathrm{I}', \quad P_2(y) \dashv \mathrm{I}', \quad „\dashv“, \quad P_3(z) \dashv \mathrm{I}'$$ [526])

angeführt[527]).

520) Allerdings findet man gleichzeitig alle Arten von Tafeln mit weniger als $(m+1)$ Ebenen, weil nicht-kotierte Elemente zu berücksichtigen sind und weil die gegenseitige Lage zweier Ebenen unveränderlich ist, also beide Ebenen durch eine ersetzt werden können, wenn drei nicht-kotierte Elemente der einen Ebene drei nicht-kotierte Elemente der andern berühren. Ferner ist vorausgesetzt, dass jeder Veränderlichen blos *eine* Skala zugewiesen wird, vgl. die Anmerkung „d'Ocagne", p. 401.

521) S. „d'Ocagne", p. 400.

522) Mit Hülfe erzeugender Funktionen, Par. Soc. Math. France Bull. 26 (1898), p. 57. S. auch I C 3, Nr. **1**.

523) S. „d'Ocagne", p. 402.

524) „d'Ocagne", p. 403, 405, 409 (Numerierung der Gattungen hier anders als in den früheren Arbeiten[515])).

525) Bedeutet, dass der mit den Koten x, y versehene Punkt P — Schnittpunkt der Koordinatenlinie x mit der Koordinatenlinie y — auf der Isoplethe $C(z)$ liegt. Für $n > 2$ der einzige Fall, in welchem die dargestellte Funktion völlig allgemein ist, s. „d'Ocagne", p. 406.

526) I' (Index) bedeutet die beim Ablesen benützte Gerade, als nicht-kotiertes Element einer beweglichen Ebene gedacht; die ersten drei Berührungen drücken aus, dass die Gerade auf beliebige Weise durch die Punkte P_1 und P_2 der ersten beiden Skalen mit den Koten x und y zu legen ist, die vierte besagt, dass der gesuchte Wert z am Schnittpunkt der Geraden mit der dritten Skala steht.

527) Wenn jedes, der Gleichung $F(x, y, z, \ldots) = 0$ genügende Wertsystem $x, y, z, \ldots$ ein eben solches $x', y', z', \ldots$ nach sich zieht, wo $x' = \varphi(x)$, $y' = \psi(x)$, $z' = \chi(z), \ldots$ und $\varphi, \psi, \chi, \ldots$ bekannte Funktionen sind, so kann eine für gewisse Intervalle der Veränderlichen $x, y, z, \ldots$ konstruierte Tafel obiger

V. Stetige Rechenapparate und -Maschinen.

Mit der für diesen Abschnitt gewählten Überschrift soll ausgedrückt werden, dass die jetzt folgenden Apparate und Maschinen (ganz wie die graphischen Tafeln) mit Skalen für die gegebenen und gesuchten Grössen ausgerüstet sind, die eine stetige Veränderung dieser Grössen zulassen.

50. Logarithmischer Rechenschieber.

Litteratur: Von den zahlreichen im 19. Jahrhundert erschienenen Beschreibungen des Rechenschiebers gewöhnlicher Form sei folgende Auswahl genannt: *B. A. Bevan,* A practical treatise on the sliding rule ..., London 1822; *Fr. W. Schneider,* Anweisung zum Gebrauch eines Rechenstabes ..., nach dem Schwedischen, Berlin 1825; *Ph. Mouzin,* Instruction sur la manière de se servir de la règle à calcul, dite règle anglaise ..., 3ème éd. Paris 1837; *J. F. Artur,* Instruction théorique et applications de la la règle logarithmique ..., Paris 1827, 2ème éd. 1845 [Auszug von *De Bois-Villette,* Ann. ponts chaussées (2) 3 (1842, 1er sem.), p. 217]; *L. C. Schulz v. Strassnicki,* Anweisung zum Gebrauche des englischen Rechenschiebers ..., Wien 1843; *C. Hoffmann,* Anleitung zum Gebrauch des Rechnenschiebers ..., Berlin 1847; *L. Lalanne,* Instruction sur les règles à calcul ..., Paris 1851, 3ème éd. 1863 („Lalanne"), auch englische, deutsche und spanische Ausg.; *F. Guy,* Instruction sur la règle à calcul, 3ème éd. Paris 1855, 7ème éd. 1872; *P. M. N. Benoît,* La règle à calcul expliquée, Paris 1853; *Quintino Sella,* Teorica e pratica del regolo calcolatore, Torino 1859 (auch französische Übersetzung von *G. Montefiore Levi,* Liège 1869); *K. v. Ott,* Der logarithmische Rechenschieber ..., Prag 1874; 2. Aufl. 1891; *Ch. Hoare,* The slide rule and how to use it, London 1875; *L. Tetmajer,* Theorie und Gebrauch des logarithmischen Rechenschiebers ..., Zürich 1875 (Sonderabdruck aus *Culmann*'s Graphischer Statik, durch Beispiele vermehrt); *Gros de Perrodil,* Théorie de la règle logarithmique ..., Paris 1885; *B. K. Esmarch,* Die Kunst des Stabrechnens ..., Leipzig 1896; *E. Hammer,* Der logarithmische Rechenschieber und sein Gebrauch ..., Stuttgart 1898, 2. Aufl. 1902 („Hammer"); *G. Gallice,* La règle à calcul appliquée à la navigation, Paris 1898; *C. H. Müller,* Der logarithmische Rechenstab ..., Progr. Kaiser-Friedrichs-Gymn. Frankfurt a. M. 1899; ferner sei erwähnt *J. Farey,* A treatise on the steam engine ..., London 1827, chap. 7. — Beschreibungen besonderer, von der gewöhnlichen stark abweichender Formen sind in den Anmerkungen zu dieser Nummer namhaft gemacht. Zu verweisen ist ferner auf die unter p. 952, 1007 und p. 1024 angeführten Schriften: *d'Ocagne,* Le calcul simplifié ...; *von Bohl,* Apparate und Maschinen ...;

Gleichung nach Anbringung neuer Koten an den Elementen der Tafel auch für Werte ausserhalb dieser Intervalle benützt werden (Prinzip der „superposition des graduations", „d'Ocagne", p. 38). Für drei Veränderliche und die Annahmen $x' = \lambda x$, $y' = \mu y$ — μ von λ unabhängig oder aber $\mu = \lambda^m$, m konstant — sind die von *d'Ocagne* empirisch gefundenen Lösungen $z = \Delta\,(x^n y^p)$, bezw. $z = \Delta\left(x f(x y^{-\frac{1}{m}})\right)$ — Δ und f willkürliche Funktionen, n und p konstant — nach *G. Koenigs* (s. „d'Ocagne", p. 431) die allgemeinsten ihrer Art.

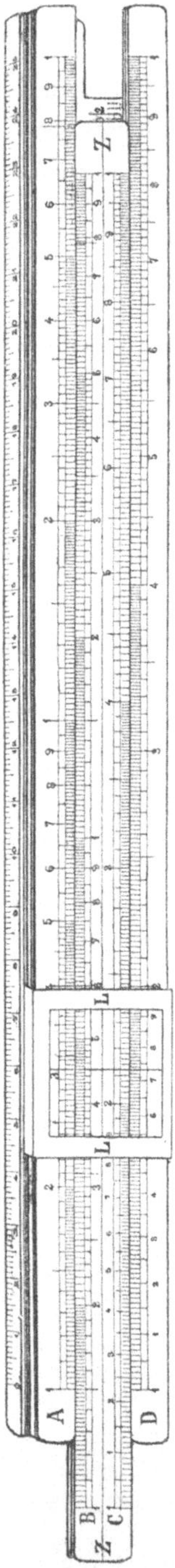

sowie „Favaro-Terrier", „Vogler" und „d'Ocagne". — Den Rechenschieber und andere logarithmische Rechenapparate findet man auch in technischen Lehr- und Handbüchern beschrieben, z. B. in *W. Jordan,* Handbuch der Vermessungskunde 2, 5. Aufl. Stuttgart 1897, p. 130 ff. — Die ausführlichste geschichtliche Zusammenstellung giebt *A. Favaro,* Veneto Istituto Atti (5) 5 (1878/79), p. 495 (gekürzt in „Favaro-Terrier" 2, p. 70, 110).

Fig. 59. Logarithmischer Rechenschieber.

Für sich allein oder mit anderen Hülfsmitteln — Tafeln, Rechenmaschinen — zusammen gebraucht ist der ebenso vielseitige als leistungsfähige Rechenstab oder Rechenschieber (englisch slide rule, französisch règle à calcul) von unschätzbarem Werte. Seine Überlegenheit über die logarithmischen und andere Zahlentafeln beruht auf dem Umstande, dass mit ihm zusammengesetzte Rechnungen verschiedenster Art mit einem Schlage, d. h. mit einer einzigen Schieberstellung oder doch ohne Beachtung von Zwischenergebnissen ausgeführt werden können. Die ursprüngliche, von *E. Gunter* (1620 oder 1623, vgl. Anm. 389) angegebene Form, die sich unter dem Namen Gunterskale oder „Gunter" bis heute erhalten hat[528]), war die eines prismatischen Stabes oder Lineals mit mehreren, auf der Vorder- und Rückseite der Länge nach aufgetragenen logarithmischen und anderen Skalen (s. Nr. **43**, bes. Anm. 417). Zur Ausführung der Multiplikation z. B. war das Abgreifen und Zusammenfügen der Logarithmen der Faktoren als Strecken mit einem Zirkel auf der „line of numbers" nötig (vgl. Nr. **40**). Um den Zirkel zu ersparen, wandte 1627 *E. Wingate*[529]) zwei gleiche, längs einander verschiebbare Stäbe an, wodurch zugleich das Verfahren abgekürzt wurde, und 1657 bildete *Seth Partridge*[530]) den zweiten Stab als

528) Bei den Seefahrern, vgl. (auch wegen einiger Abarten) *L. Jerrmann,* Die Gunterskale . . ., Hamburg 1888.

529) Nach *Ch. Hutton,* Mathem. Tables, London 1785, Introduction, p. 36. *Favaro* verweist auf *Wingate*'s Schrift „Of natural and artificial arithmetic", London 1630.

530) Ebenfalls nach *Hutton*[529]). Bei „Lalanne", p. VI, als Quelle angeführt: *Seth Partridge,* The description and use of an instrument called the double scale of proportion . . ., London 1671.

Schieber oder „Zunge“ (französisch réglette, languette, Z in Fig. 59) aus, die in einer Nut („Kulisse“ [531])) des ersten Stabes gleitet. Bis auf die, allerdings wesentliche Anbringung eines „Läufers“ (curseur [532]), L in Fig. 59) durch *A. Mannheim* (gegen 1850), welcher zum Festhalten irgend eines Punkts einer Skala und zum Aufsuchen entsprechender Punkte auf parallelen Skalen [533]) dient, war damit in der Hauptsache die endgiltige Form erreicht [534]).

Sind zwei kongruente logarithmische Skalen gleichen Sinnes beliebig gegen einander verschoben und stehen an irgend einer Stelle (s. Fig. 60) die Zahlen a und b, an einer anderen die Zahlen a' und b' einander gegenüber, so ist immer $a : b = a' : b'$ [535]), womit die Ausführung von Proportionsrechnungen, insbesondere von Multiplikation und Division [536]) und daraus zusammengesetzten Operationen [537]) gegeben ist. Da von den unend-

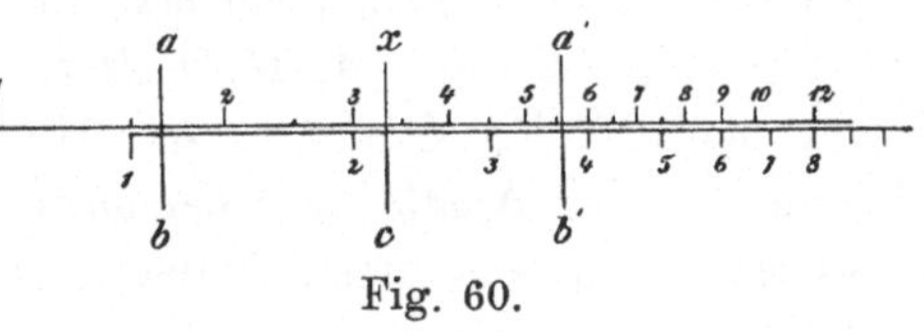

Fig. 60.

531) In der französischen Litteratur wird nicht selten coulisse statt réglette gebraucht, was „Lalanne“ p. 1 verwirft.

532) In der älteren französischen Litteratur bezeichnet curseur oft den mit 1 bezifferten Anfangspunkt der Skala des oberen Zungenrandes, vgl. „Lalanne“ (der dies tadelt), p. 7.

533) Mittelst einer zur Bewegungsrichtung senkrechten Marke (ligne de foi), nach einigen Wandlungen jetzt meist ein feiner Strich auf der Unterseite eines Glasplättchens in Metallfassung.

534) Im einzelnen bestehen grosse Verschiedenheiten in Bezug auf Anordnung und technische Durchbildung. Nicht abgeschlossene Entwicklung; der Kontinent, früher von England abhängig, seit Mitte des 19. Jahrhunderts selbständig vorgegangen (zuerst Frankreich die Führung, dann Deutschland). Skalen früher meist auf Buchsbaumholz, jetzt weissem Zellhorn (1886 von *Dennert & Pape*-Altona eingeführt).

535) Hierauf beruhen die meisten Anwendungen des Rechenschiebers und der ihm verwandten Instrumente. — Die beiden Skalen bilden gleichsam in jeder gegenseitigen Stellung eine fertige Zahlentafel, welche (vermutlich schon *Wingate* bekannte) Eigenschaft von *J. H. Lambert*, Beschreibung und Gebrauch der logarithmischen Rechenstäbe . . ., Augsburg 1761, 2. (?) Aufl. 1772, sehr betont wird.

536) Um $x = \frac{a}{b} c$ zu finden, bringt man die Stelle a der einen Skala (s. Fig. 60) zur Deckung mit der Stelle b der andern, sucht auf der letzteren Skala die Stelle c und liest ihr gegenüber auf der ersten Skala ab. Bei veränderlichem c, aber festem a und b behalten die Skalen ihre gegenseitige Lage. Im Fall der Multiplikation oder Division ist $b = 1$ bezw. $c = 1$ (oder $a = 1$) zu nehmen.

537) Nötigenfalls den Faktor 1 im Zähler bezw. Nenner genügend oft hinzufügend stellt man die Form:

lich vielen kongruenten Abschnitten der logarithmischen Skalen (s. Anm. 389) blos eine beschränkte Anzahl, oft nur je einer, benützt werden kann, so findet man (ähnlich wie bei den Logarithmentafeln) von dem Ergebnis im allgemeinen zunächst nur die Ziffern, während die Stellung des Dezimalkommas für sich ermittelt werden muss[538]).

Beim gewöhnlichen Rechenschieber tragen der obere und der untere Rand des Stabes und der Zunge auf der Vorderseite[539]) je eine logarithmische Skala, die man in der Reihenfolge von oben nach unten (s. Fig. 59) mit A, B, C, D zu bezeichnen pflegt[540]); A geht von 1 bis 100,[541]) D von 1 bis 10; B stimmt mit A, C mit D überein[542]). Zur Ausführung der oben genannten Rechnungen können entweder die benachbarten Skalen A und B benützt werden, oder C und D.[543])

Weil die Längeneinheit von D doppelt so gross als die von A ist, findet man senkrecht über einer jeden Zahl von D ihr Quadrat

---

$$x = \frac{a}{b}\frac{a_1}{b_1}\frac{a_2}{b_2}\cdots\frac{a_n}{b_n}c$$

her, bringt nun dem Punkt a der 1. Skala den Punkt b der 2. Skala gegenüber, sucht auf der 2. Skala den Punkt a_1, hält den gegenüber liegenden Punkt der 1. Skala fest (etwa mit der Marke eines Läufers), bringt ihm den Punkt b_1 der 2. Skala gegenüber u. s. w., und liest endlich dem Punkt c der 2. Skala gegenüber das Ergebnis ab.

538) Man denkt sich etwa bei jeder gegebenen Zahl das Komma vorläufig hinter die erste geltende Ziffer gesetzt („Normalwert“ bei *Schneider*, „Nombre primordial“ bei *de Perrodil* a. a. O.); die Stellung des Kommas im Ergebnis wollen manche durch rohe Schätzung seines Wertes bestimmen (s. z. B. *R. Land*, Centralblatt Bauverwaltung 13 (1893), p. 174 und „Hammer“ p. 24), andere geben mehr oder weniger ausführliche Regeln, wobei sie entweder mit den Stellenanzahlen rechnen (z. B. *Lalanne, Sella, Esmarch*), oder mit den (um Eins kleineren) Kennziffern der zu den Zahlen gehörigen Logarithmen (z. B. *v. Ott, de Perrodil*).

539) In der Regel befinden sich auf der Rückseite der Zunge logarithmische Skalen für sin und tg und eine gleichmässig geteilte Skala, die mit der Skala D zusammen die Logarithmen beliebiger Zahlen auf drei Stellen und umgekehrt finden lässt.

540) So schon *Bevan* a. a. O.

541) Die rechte Hälfte wird zwar gewöhnlich als Wiederholung der linken aufgefasst, also wieder von 1 bis 10 beziffert.

542) Letzteres wenigstens bei den französischen und deutschen Rechenschiebern mit Läufer („règle Mannheim“ der Firma *Tavernier-Gravet*-Paris). Bei denen ohne Läufer („règle ordinaire“ der genannten Firma) und den englischen ist auch die Skala C kongruent mit A; die Zahl der mit einer einzigen Schieberstellung lösbaren Aufgaben ist dann geringer, trotzdem halten manche noch an der alten Form fest, vgl. *E. Erskine Scott*, A short table of logarithms and anti-logarithms to ten places of decimals . . ., London 1897, p. XV.

543) So etwas genauer, aber weniger bequem.

auf A und umgekehrt unten die Quadratwurzeln der oben aufgesuchten Zahlen. Wenn man gleichzeitig mehr als zwei der vier Skalen verwendet, lassen sich die Werte von Ausdrücken der Form $\frac{a}{b}c^2$,[544]) $\frac{a}{b}\sqrt{c}$ und ähnlichen[545]) je mit einer Schieberstellung bestimmen.

Werden zwei kongruente logarithmische Skalen *ungleichen* Sinnes einander beliebig gegenüber gestellt (s. Fig. 61), so erhält man statt der früheren Eigenschaft die andere, dass je zwei gegenüber stehende Zahlen ein konstantes Produkt liefern, $ab = a'b'$.[546])

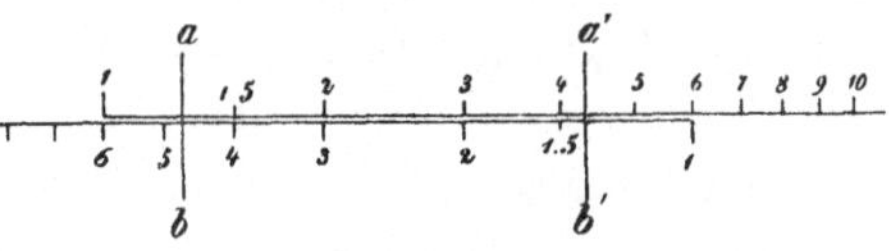

Fig. 61.

Quadratische und kubische Gleichungen lassen sich mit Hülfe des gewöhnlichen Rechenschiebers auflösen[547]).

---

544) Auf diese Form werden durch einen kleinen Kunstgriff die Inhalte und die Gewichte von Cylindern, Kugeln u. s. w. gebracht, mittelst Hülfszahlen, wie solche in den Anleitungen und auf der Rückseite der Stäbe zusammengestellt sind.

545) Allgemeine Form $\frac{\alpha}{\beta}\gamma$, wo beliebig viele der Zahlen α, β, γ entweder gleich den Quadraten, oder gleich den Quadratwurzeln gegebener Zahlen sein können.

546) Die Zunge des Rechenschiebers wird herausgezogen und verkehrt (rechts mit links vertauscht) in die Nut geschoben (nach *Farey* a. a. O. p. 542 zuerst von *W. Pearson,* Nichelson's Journal 1 (1797), p. 450 vorgeschlagen); bei der neueren Form die Skalen A und $\mathfrak{B}$ dann getrennt und der Zusammenhang durch den Läufer herzustellen. Es giebt englische Schieber mit verkehrter Skala (bei aufrechten Ziffern) auf der Zunge (nach *Farey* a. a. O. zuerst von *Wollaston* eingerichtet, vgl. noch *Bevan,* p. 98); eine solche Skala als dritte auf der Zunge des Rechenschiebers von *A. Beghin* [553]), so u. a. Berechnung von Produkten aus drei Faktoren auf einmal möglich (wie mit dem „logarithmischen Kubizierungsmaasstab" von *M. Schinzel,* D. R. P. Nr. 26842 von 1883, wo zwei Skalen von der Mitte der Zunge nach beiden Seiten gehen, Gedanke allgemeiner schon bei *Vogler* [583])). Anwendungen (auch von A mit $\mathfrak{D}$ u. s. w.) grösstenteils naheliegend. Erwähnt sei die (näherungsweise) Bestimmung von $x = \sqrt[3]{ab^2}$: Man bringt den Punkt a von A gegenüber dem Punkte b von $\mathfrak{D}$ und sucht die Stelle, an der gleiche Zahlen (x) einander gegenüber stehen (s. auch Anm. 547). Übrigens können dritte Wurzeln direkt bestimmt werden durch Gegenüberstellung von D mit einer weiteren Skala E, deren Längeneinheit 1/3 so gross ist; schon von *Bevan* a. a. O. p. 53 ein Schieber mit E („line of triple radius") auf besonderer Zunge beschrieben, vgl. *Dyck*'s Katalog, Nachtrag, p. 1, Nr. 4b (in England ähnliche Schieber noch im Handel).

547) Durch ein indirektes Verfahren. *E. Bour,* Par. C. R. 44 (1857), p. 22, stellt die Form $y^3 \pm y^2 = y^2(y \pm 1) = a$ her; ihr entsprechend hat man bei

Die Berechnung von $\sqrt{a^2 \pm b^2}$, $\sqrt{a} \pm \sqrt{b}$, $(\sqrt{a} \pm \sqrt{b})^2$ und verwandten Ausdrücken mit einer Schieberstellung hat *W. Ritter* gezeigt[548]).

Die gangbarste Grösse des Rechenschiebers, rund 26 cm Gesamtlänge, bei der die Längeneinheit der am meisten gebrauchten Skalen *A* und *B* 12,5 cm beträgt, gewährt eine durchschnittliche Genauigkeit[549]) von etwa 0,2 %. Der Wunsch, ohne wesentliche Einbusse an Schnelligkeit und Leichtigkeit der Handhabung[550]) eine grössere Genauigkeit zu erzielen[551]), hat eine Menge neuer Konstruktionen veranlasst. Sollten die Skalen geradlinig bleiben (s. dagegen Nr. **51**), so konnte man zunächst, wie *A. Mannheim*[552]) und *A. Beghin*[553]), die ganze Länge des Stabes (statt der halben) zur Grundeinheit nehmen, oder aber Skalen von beträchtlicher Länge in Stücke zerlegen und in letzterem Falle die seitherige Form des Rechenschiebers möglichst

---

verkehrt eingeschobener Zunge die 1 von *O* unter die Stelle *a* von *A* zu bringen, die Zahlen von *A* in Gedanken um 1 zu vermindern bezw. zu vermehren und dann die Stelle zu suchen, an der auf jenen beiden Skalen sich gleiche Zahlen finden. Fall der quadratischen Gleichung von *Bour* nicht näher ausgeführt, dagegen bei „Favaro-Terrier" 2, p. 90 (mit *A* und *U*); damit verwandte Methode (mit *A* und *B*) von *W. Engeler* durch *E. Hammer* mitgeteilt, Zeitschr. Vermessungsw. 29 (1900), p. 495; verbesserte Regel von *H. Zimmermann,* ebenda 30 (1901), p. 58. Vgl. auch Nr. **52**, Anm. 585.

548) Schweiz. Bauzeitung 23 (1894), p. 37; zwei Ablesungen und eine Addition bezw. Subtraktion von 1 nötig.

549) Untersuchungen darüber liegen vor u. a. von *Redlich,* Zeitschr. Bauwesen (Erbkam) 9 (1859), p. 596 (wahrscheinlicher Fehler (I D 2, Nr. 8) proportional dem Ergebnis, bei den Rechnungsarten $\frac{a}{b}c$ und $\frac{a}{b}c^2$ zu 0,164 %, bei $\sqrt{a}$ und $\sqrt{\frac{a}{b}c^2}$ zu 0,097 % ermittelt); „Vogler" p. 71, 73 (jedes Produkt mit drei Stellen sicher zu erhalten bei Skalen von 69 cm Längeneinheit, in 999 unter 1000 Fällen bei 40 cm; graphische Darstellung der Schätzungsfehler am Rechenschieber, Vergleich mit graphischen Produktentafeln); *Jordan* a. a. O. p. 133 (Zusammenstellung von Versuchsergebnissen); „Hammer" p. 62.

550) Lange Rechenschieber — 51 cm noch im Handel — unbequem und verhältnismässig teuer. *Lambert*[535]) liess vier Fuss lange Stäbe anfertigen, *Fr. Ruth* verwendet auf Karton gedruckte Skalen von 60 cm Länge (Einheit 30 cm), s. Dingler's polyt. J. 242 (1881), p. 149; *Dyck*'s Katalog, Nachtrag, p. 2, Nr. 4 d.

551) Scharfe und genaue Teilungen vorausgesetzt, in mässigen Grenzen auch beim gewöhnlichen Schieber möglich durch Anwendung einer Lupe, s. *Jordan,* Zeitschr. Vermessungsw. 21 (1892), p. 376; Handbuch der Vermessungskunde, 2, p. 134, Fig. 6, und durch die von *O. Seyffert,* Centralblatt Bauverwaltung 8 (1888), p. 548 vorgeschlagene nonienartige Ablesung.

552) „Règle à échelles repliées", s. etwa *Sella* a. a. O. p. 100.

553) Règle à calcul modèle spécial . . ., Paris 1898, 2ème éd. 1902.

beibehalten, wie *E. Péraux*[554]) und *Ch. Lallemand*[555]), oder die Stücken reihenweise in einer Ebene anordnen, wie *I. D. Everett*[556]), *Hannyngton*[557]), s. Fig. 62, *Scherer*[558]), *R. Proell*[559]), oder nach den Mantellinien

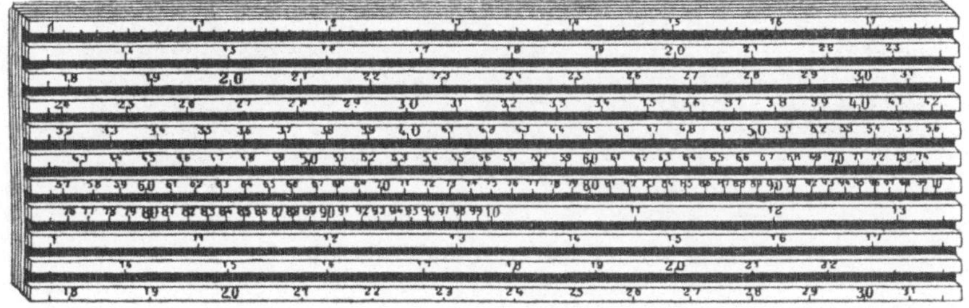

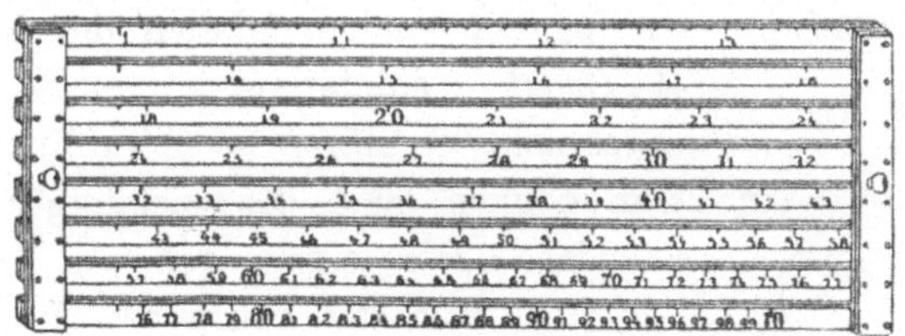

Fig. 62. Rechenschieber von *Hannyngton.*

554) S. *H. van Hyfte,* Instruction sur la règle à calcul à deux réglettes de E. Péraux ..., Paris 1885 [erste Mitteilung von *Benoît,* Soc. d'encouragem. Bull. (2) 10 (1863), p. 513]. Zwei Schieber in zwei Kulissen (auf derselben Seite des Stabes), auf deren Ränder die beiden Stücke einer Skala von der doppelten Länge des Stabes, einmal wiederholt, verteilt sind.

555) S. Zeitschr. Vermessungsw. 29 (1900), p. 233. Ebenfalls Längeneinheit (1 m) gleich doppelter Stablänge, aber nur ein Schieber; wahrscheinlicher Fehler 0,01 %, Maximalfehler 0,04 %, deshalb statt 4-stelliger Logarithmentafeln zu gebrauchen.

556) „Universal-Proportion-Table", s. Phil. Mag. (4) 32 (1866), p. 350; „Favaro-Terrier" 2, p. 95 (mit Abb.); *Dyck*'s Katalog, p. 141, Nr. 8. Stab und Zunge des Rechenschiebers je durch eine auf Karton gedruckte Tafel mit einer Anzahl paralleler Streifen ersetzt (die Streifen der beweglichen Tafel greifen in Zwischenräume der festen).

557) S. *Dyck*'s Katalog, p. 141, Nr. 8. Ebenfalls Rost-förmig, s. Fig. 62, Ausführung in Holz. Drei Grössen im Handel, mit bezw. 0,75 m; 1,5 m; 3 m Längeneinheit.

558) „Logarithmisch-graphische Rechentafel", Kassel 1893; s. auch *Dyck*'s Katalog, p. 140, Nr. 5; *Jordan* a. a. O. Skalen von 1,5 m Längeneinheit in zehn Stücke zerlegt, Grundplatte aus Blech, Schieber, der lose aufgelegt wird, aus Glimmer; Genauigkeit im Mittel 0,02 %. Ähnlich bereits (Schieber auf Glas) ein Apparat von *M. Kloth,* D. R. P. Nr. 26695 v. 1883, s. Dingler's polyt. J. 260 (1886), p. 170, sowie von *J. Billeter,* D. R. P. Nr. 43463 v. 1887, s. Zeitschr. Vermessungsw. 20 (1891), p. 346.

559) „Rechentafel System Proell", Berlin 1901, s. auch Zeitschr. Math.

eines Cylinders, wie *Everett*[560]), *Mannheim*[561]) und *E. Thacher*[562]), dessen „Cylindrical slide rule“ Fig. 63 an Genauigkeit fast einer 5-stelligen Logarithmentafel gleichkommt[563]).

Fig 63. *Thacher*'s Cylindrical slide rule.

51. Gekrümmte Rechenschieber (Rechenscheiben u. s. w.). Sehr bald nach Erfindung der logarithmischen Skalen durch *Gunter* hat *W. Oughtred* solche auf konzentrischen Kreisen angebracht[564]), *Milburne* Spiralform gewählt[565]). Wir können zwei Entwicklungsreihen unterscheiden. Zur einen gehören Apparate, die sich noch auf der Stufe des Gunterstabes befinden, weil sie jede Skala nur einmal und eine dem Zirkel entsprechende Vorrichtung zum Weitertragen beliebiger Skalenabschnitte haben[566]). Zu nennen sind der cercle à calcul von *E. M. Boucher*[567]) in Form einer Uhr,

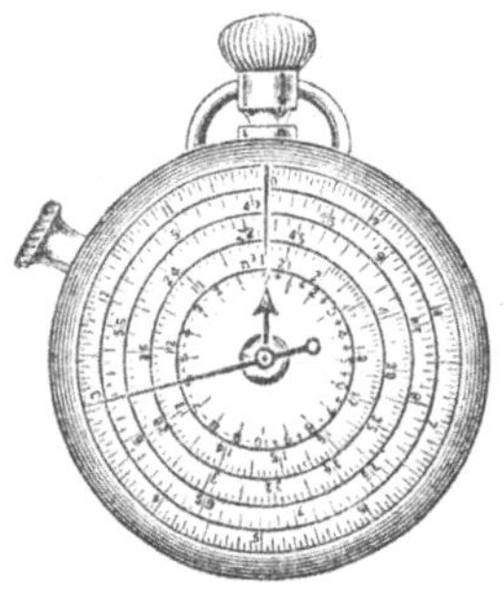

Fig. 64.

Phys. 46 (1901), p. 218. Grosse Raumersparnis durch Einführung der „Einspunkte“ (nur bei Multiplikation von Nutzen, Proportionsrechnungen erschwert), leichte Bestimmung von Quadrat- und Kubikwurzeln (Gedanke schon bei *Everett*[556])). Untertafel auf Karton, Obertafel (nach Drehung um zwei Rechte die vorige deckend) auf Glimmer gedruckt, Längeneinheit 1,2 m.

560) Litteratur s. Anm. 556. Nur Modell.

561) In Metall ausgeführt (seit 1873, Holzmodell 1871). Hohlcylinder mit fünf Schlitzen parallel zur Axe, in welchem ein Vollcylinder sich drehen und verschieben lässt, Skalen (in 10 Stücke geteilt) 1,25 m lang, vgl. „Vogler“, p. 50.

562) Patentiert 1881, s. Thacher's Calculating instrument..., New York 1884; *Hammer,* Zeitschr. Vermessungsw. 20 (1891), p. 438 (mittlerer Fehler (I D 2, Nr. 8) aus Versuchen zu 0,0031 % gefunden); *Dyck*'s Katalog, p. 140, Nr. 6. Gedanke wie bei *Everett* u. *Mannheim*; durchbrochener Hohlcylinder aus Metall mit 20 Rippen, Skalen auf Pergament gedruckt, Längeneinheit 9,144 m. Auch von *Billeter* Apparate in Walzenform, D. R. P. Nr. 71715 von 1893.

563) Wegen der in unübersehbarer Zahl, namentlich in England, vorhandenen Rechenschieber für die besonderen Zwecke der Chemiker, Ingenieure, Geodäten u. s. w. sei verwiesen auf „Lalanne“, p. 113, 115; „Culmann“, p. 67 ff.; *Favaro*; *v. Scheve,* Artillerist Rechenschieber, Berlin 1881 (Sonderabdruck aus

Fig. 64, und der „Rechenknecht“ von *G. Herrmann*[568]), beide mit verschiedenen Skalen auf konzentrischen Kreisen in einer Ebene, mit einem festen und einem beweglichen Zeiger versehen, sowie *G. Fuller's*

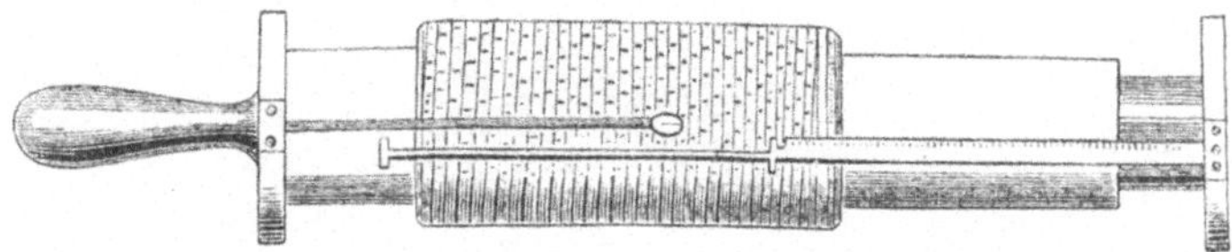

Fig. 65. *G. Fuller's* Spiral slide rule.

Spiralrechenschieber, Fig. 65, mit einer Schraubenlinie als Träger einer logarithmischen Skala[569]). In der andern Reihe sehen wir zahlreiche Apparate mit gegen einander drehbaren kreisförmigen Skalen, die entweder auf der ebenen Fläche einer Scheibe und einer sie umschliessenden oder in sie eingelassenen Ringfläche untergebracht sind, wie schon bei *I. M. Biler's* Instrument[570]), dem „cadran logarithmique“

Arch. Artill. Ingen. Off. 88); *Dyck's* Katalog, p. 144, Nr. 15, 16—20, Nachtrag, p. 2, Nr. 10b; *Jordan*; Katalog der Firma *W. F. Stanley*-London.

564) Nach *Hutton*[529]) 1627. *Favaro* führt a. a. O (s. die Litteratur zu Nr. **50**) an: *Oughtred,* The circles of proportion and the horizontal instrument, London 1632, Oxford 1660; Description of the double horizontal dial, London 1636, Oxford 1652. — Die Vorteile leuchten ein: Füllt man einen Kreisumfang durch den (hier genügenden, weil in sich zurücklaufenden) Abschnitt 1—10 einer logarithmischen Skala der Zahlen aus (was allerdings nicht immer geschehen ist, vgl. *Biler*[570]) und *Gattey*[574])), so besteht dieselbe Genauigkeit, wie bei einem gewöhnlichen Rechenschieber von der 2π-fachen Länge des Durchmessers.

565) Nach *Hutton*[529]) gegen 1650. *Favaro* vermutet, dass *Milburne* eine Schraubenlinie benützte; eine Quelle wird nirgends angegeben.

566) Ausgangspunkt bei *Oughtred* selbst, welcher nach *Favaro* zwei um den gemeinsamen Mittelpunkt der Skalen drehbare Zeiger anwandte.

567) S. *J. Bertillon,* La Nature 6 (1878), p. 31; Dyck's Katalog, p. 142, Nr. 10. Bei der in Fig. 64 abgebildeten Konstruktion von *Stanley* ist für die vollen Umdrehungen des beweglichen Zeigers, d. h. für die Änderungen der Kennziffer ein besonderer Zeiger vorhanden, vgl. Anm. 572.

568) S. Zeitschr. Ver. deutscher Ing. 21 (1877), p. 455 und Abb. auf Taf. 23. Die hauptsächlich benützte Skala 45,5 cm lang, ausserdem Skalen für Quadrate, Kuben, sin, tg u. s. w. Über eine Rechenscheibe von *Herrmann* mit einer 5 m langen gebrochenen (auf 10 konzentrische Kreise verteilten) Skala s. „Vogler“ p. 50. — Neuere Konstruktion ist der cercle à calcul von *P. Weiss,* s. Par. C. R. 131 (1900), p. 1289 (einzige Skala etwa 50 cm lang).

569) Länge derselben bei der grösseren Form 12,7 m, einer kleineren rund 5 m, s. Engineering 27 (1879), p. 257; *Hammer,* Zeitschr. Vermessungsw. 20 (1891), p. 434; in Deutschland unter Nr. 5860 von 1878 patentiert. — Par. C. R. 45 (1858), p. 437 wird bereits eine hélice à calcul von *Bouché* erwähnt.

570) Neu erfundenes Instrumentum Mathematicum Universale, Jena 1696

von *A. S. Leblond*[571]), der Rechenscheibe von *E. Sonne*[572]), Fig. 66, und vielen anderen[573]), oder auf den krummen Flächen zweier cylindrischer

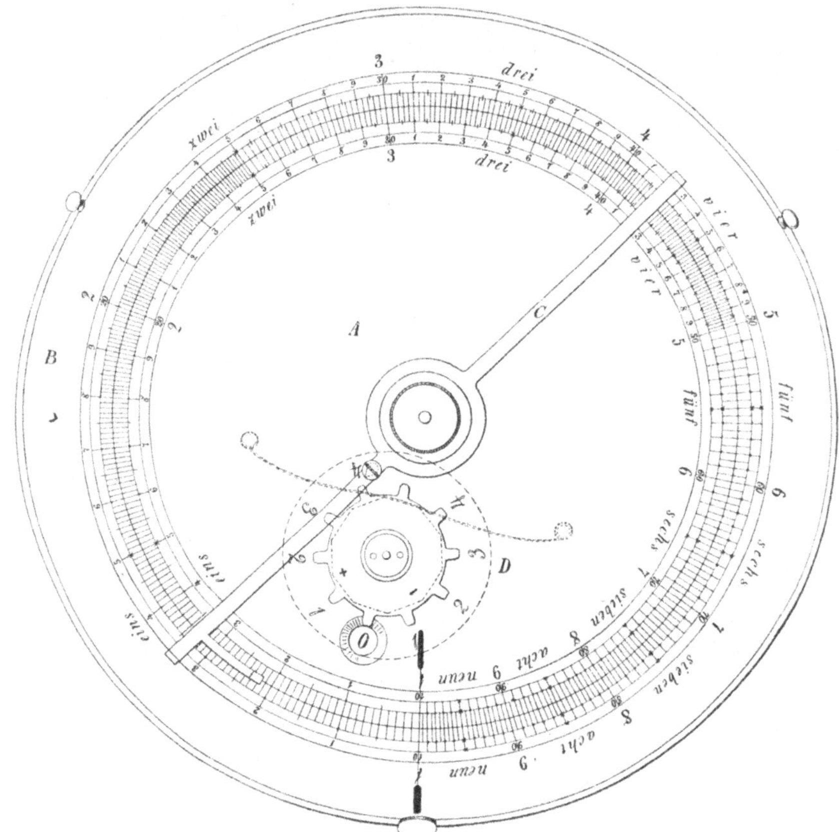

Fig. 66. Rechenscheibe von *Sonne.*

Beschreibung mit Abb. auch *Leupold,* Theatrum arithmetico-geometric., p. 77 und Taf. 13. Der Verbindung mit einem Winkeltransporteur zu Liebe ist Halbkreisform gewählt, die logarithmischen Skalen der Zahlen gehen von 1—100; ausserdem logarithmische Skalen der sin und tg. Beim Ablesen dient ein vom Mittelpunkt ausgehender Faden.

571) Cadrans logarithmiques, Paris an III = 1795 (nach *Lalanne,* a. a. O. p. IX).

572) Hannover Archit. Ingen. Ver. Zeitschr. 10 (1864), p. 452, mit Abb. auf Blatt 301; s. etwa noch Dyck's Katalog, p. 142, Nr. 12 u. p. 143, Nr. 13; *Jordan,* a. a. O. Hat einen (dem Läufer beim geradlinigen Schieber entsprechenden) Zeiger und Kennzifferzählwerk, *C* bezw. *D* in Fig. 66.

573) Genannt seien von den neueren die Rechenscheibe von *F. M. Clouth* (Anleitung zum Gebrauch der Rechenscheibe . . ., Hamburg 1872, s. auch Dyck's Katalog, Nachtrag, p. 3, Nr. 11 d) mit Lupe am Zeiger, der „Proportior" von

Scheiben, die unabhängig von einander um ihre gemeinsame Axe gedreht werden können, wie bei den „boîtes à calcul“ von *Gattey*[574]),

Fig. 67. Rechenrad von *Beyerlen.*

den Rechenkreisen von *R. Weber*[575]) und dem Rechenrad von *A. Beyerlen*[576]), Fig. 67[577]).

52. Verallgemeinerungen des Rechenschiebers. Ähnlich wie mit dem gewöhnlichen Rechenschieber Produkte und Quotienten,

---

W. Hart, s. Techniker 12 (1889/1890), p. 34, ebenfalls mit Zeiger und Mikroskop; *F. A. Meyer's* Taschenschnellrechner, s. Mechaniker 5 (1897), mit einfachem Kennzifferzählwerk, die Rechenscheibe mit Glasläufer und Lupe von *E. Puller,* Zeitschr. Archit. Ingenieurw., Heft-Ausg. (2) 5 (1900), p. 203, Zeitschr. Vermessungsw. 30 (1901), p. 296. In München war 1893 eine Rechenscheibe von *A. Steinhauser* mit zu (logarithmischen?) Spiralen erweiterten Kreisen ausgestellt (vgl. Dyck's Katalog, Nachtrag, p. 3, Nr. 11c), bei der vier Stellen unmittelbar abgelesen werden konnten.

574) S. Société d'encouragem. Bull. 15 (1816), p. 49, 50. (*Gattey* hat auch die Scheibenform, 1798 als cadran logarithm. veröffentlicht, 1810 als arithmographe; nach *J. A. Borgnis,* Traité complet de mécanique appliquée aux arts, 8, Paris 1820, pl. 21, fig. 2 enthält jeder Kreisumfang zweimal die Skala 1—10).

575) Anleitung zum Gebrauche des Rechenkreises, Aschaffenburg 1872; Anleitung zum Gebrauche des Kubierungskreises, Leipzig 1875 (autographiert Aschaffenburg 1872), s. auch Dyck's Katalog, p. 142, Nr. 11; Nachtrag, p. 2, Nr. 11a.

576) D. R. P. 31889 von 1884, s. *Hammer,* Zeitschr. Vermessungsw. 15 (1886), p. 382; Dyck's Katalog, p. 143, Nr. 14; *Jordan,* a. a. O. Vorteile: Die linke Hand genügt zur Bedienung, der Rechner hat beim Ablesen die Ziffern aufrecht vor sich.

577) Ein schraubenförmig gewundener Rechenschieber scheint noch nicht ausgeführt worden zu sein, jedoch hat *Leibniz* an diese Form gedacht, s. die

können mit einem Rechenschieber, der ausser logarithmischen Skalen solche der Funktion log log x trägt, Potenzen und Wurzeln mit beliebigen Exponenten und Logarithmen zu beliebiger Basis bestimmt werden. Es haben *P. M. Roget*[578]), *Burdon*[579]), *F. Blanc*[580]) u. a. diesen Gedanken verwirklicht.

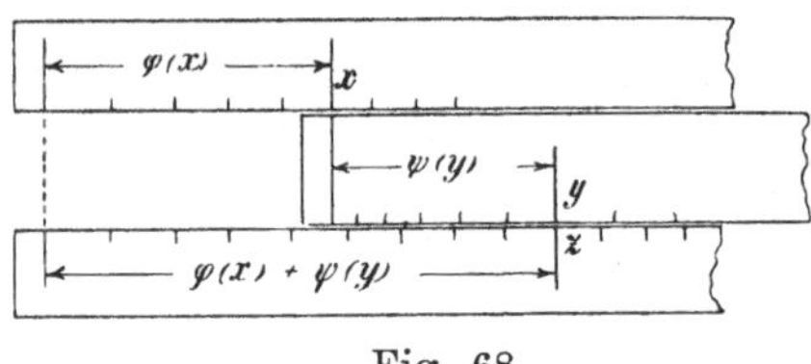

Fig. 68.

Die Anwendung allgemeinerer Skalen hat *P. de Saint-Robert* erörtert[581]). Lässt eine Gleichung $F(x, y, z) = 0$ sich auf die Form:

$$f(z) = \varphi(x) + \psi(y)$$

bringen[582]), so kann sie durch einen Rechenschieber mit den Skalen der Funktionen f, φ, ψ, von denen etwa die letzte auf der Zunge angebracht sei (s. Fig. 68), dargestellt werden. Wie *Ch. A. Vogler* gezeigt hat[583]), lassen sich drei Glieder auf einmal addieren, wenn

---

Mitteilung bei *Leupold*, a. a. O. p. 37 (Abdruck eines Anhangs zur Ausgabe der Theodicaea von 1726); dort ist zwar von gleichmässigen Teilungen die Rede, wofür *Leupold* p. 38 vorgeschlagen hat, logarithmische Skalen zu nehmen.

578) Lond. Trans. 1815 (read Nov. 1814), p. 9.

579) S. Par. C. R. 58 (1864), p. 573. (Indirektes) Verfahren zur Lösung eines Systems zweier Gleichungen $xy^m = a$, $xy^n = b$, wo m, n, a, b gegebene Konstanten, vgl. Anm. 585.

580) S. Dyck's Katalog, p. 145. „Doppellogarithm." Rechenschieber, auf den Rändern des Stabes logarithmische, auf denen der Zunge doppellogarithm. Skalen. Finden sich bei beliebiger Stellung der Zunge den Zahlen x, x_1 eines Stabrandes die Zahlen z, z_1 gegenüber, so ist $z^{x_1} = z_1^x$, insbesondere hat man für $x_1 = 1$, $z_1 = y$, $z = y^x$. Ausserdem zwei Teilungen auf der Zunge, welche die Werte $\frac{1}{2}(y^x \pm y^{-x})$, also für $y = e$ (Grundzahl der natürlichen Logarithmen, für die ein besonderer Strich vorhanden), die hyperbolischen Funktionen $\mathfrak{Cof}\, x$ und $\mathfrak{Sin}\, x$ liefern. — *H. Fürle* betrachtet[585]), p. 12 auch das Potenzieren und Radizieren bei umgekehrter logarithmischer Skala. — *W. Schweth* bringt die doppellogarithmischen Skalen noch auf dem gewöhnlichen Rechenschieber an, s. Zeitschr. Ver. deutscher Ing. 45 (1901), p. 567, 720.

581) Torino Acc. Sci. Memorie (2) 25 (1871), p. 53. Einige Beispiele durchgeführt.

582) Notwendige und ausreichende Bedingung s. Anm. 443. Ist dieselbe nicht erfüllt, so wird man sich vielleicht mit einer angenähert richtigen Darstellung begnügen; hiermit hat sich *A. Lafay*, Rev. d'Artillerie 58 (1901), p. 455 beschäftigt.

583) Zeitschr. Vermessungsw. 10 (1881), p. 257. Fall $u = xyz$ ausdrücklich erwähnt, für welchen zwei Zungen für nötig hielt z. B *F. A. Sheppard*, D. R. P. Nr. 7567 von 1878, s. Dyck's Katalog, p. 141, Nr. 7.

man auf der Zunge zwei Skalen von ungleichem Sinn anbringt, s. Fig. 69, und für $(2n+1)$ Summanden genügen n Zungen, die unabhängig von einander in parallelen Kulissen verschoben werden können. Durch Einführung binärer Skalen wird die Darstellung einer Funktion der Form:

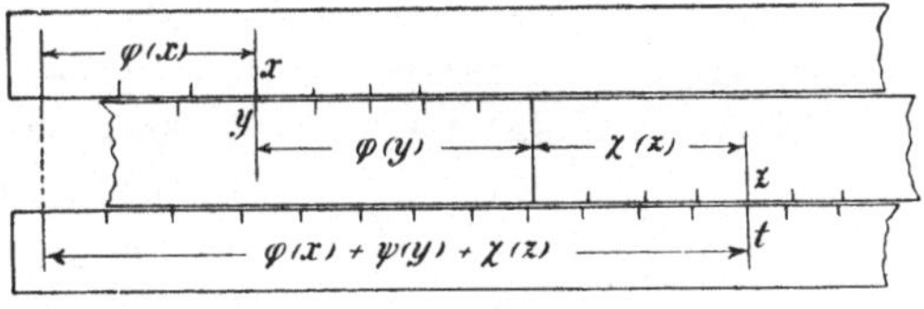

Fig. 69.

$$\varphi(x_1, x_2) + \psi(y_1, y_2) + \chi(z_1, z_2) + \cdots$$

durch einen Rechenschieber möglich[584]).

H. Fürle hat untersucht, welche Gleichungen durch Anwendung eines Rechenschiebers mit beliebigen Skalen gelöst werden können[585])[586]).

53. Stetige Rechenmaschinen für die gewöhnlichen arithmetischen Operationen. Will man auf logarithmische Skalen zu Gunsten

---

584) S. „d'Ocagne" p. 360, 361; Beispiele p. 362; „Soreau" p. 474.

585) Zur Theorie der Rechenschieber, Progr. 9. Realsch. Berlin 1899. Verallgemeinerung der Methoden von *Bour*[547]) und *Burdon*[579]). Ist die Skala der Funktion $\varphi(x)$ beliebig gegen die der Funktion $\psi(y)$ gelegt und stehen an irgend zwei Stellen die Zahlen x, y, bezw. x_1, y_1 einander gegenüber, so ist $\varphi(x) \mp \varphi(x_1) = \psi(y) \mp \psi(y_1)$, (die unteren Zeichen gelten bei ungleich gerichteten Skalen). Betrachtet man in dieser Gleichung zwei der Grössen x, x_1, y, y_1 als gegeben und fügt man etwa die Bedingung hinzu, dass die beiden unbekannten Grössen eine konstante Summe oder Differenz geben, so lassen sich die Unbekannten (welche insbesondere gleich gesetzt werden können) durch gegenseitiges Verschieben der Skalen finden. *Fürle* beschreibt einen Rechenschieber, der neben den üblichen Skalen solche der Funktionen x, x^2, x^3, $\log\log x$ hat; ausser quadratischen und kubischen Gleichungen können damit solche 4. und 5. Grades, allgemeine trinomische und gewisse transcendente Gleichungen gelöst werden. — *I. Newton* hat einen logarithmischen Rechenschieber mit mehreren parallelen Zungen (oder auch drehbaren konzentrischen kreisförmigen Skalen) von gleichen Zwischenräumen zum Lösen von Gleichungen benützt, s. Opera omnia 4, Londini 1782, p. 520 (Auszug aus einem Brief von *Oldenburg* an *Leibniz* vom 24. Juni 1675). Nach Einstellung der Skalen bezw. auf a, b, c, ... liest man an jeder durch einen gewissen festen Punkt gehenden Geraden bezw. die Werte ax, bx^2, cx^3, ... ab und muss nun die Gerade drehen, bis jene Werte die vorgeschriebene Summe geben. Ähnlich ein Instrument von *L. Torres* zur Lösung sämtlicher trinomischer Gleichungen (zwei auch in der Querrichtung verschiebbare logarithmische Skalen), s. „d'Ocagne" p. 366, allgemeinere Auffassung von *d'Ocagne,* ebenda p. 364 (in zwei Richtungen verschiebbare beliebige Skalen).

586) Über Rechenschieber für komplexe Grössen s. *Mehmke,* Dyck's Katalog, Nachtrag, p. 21, Nr. 44 d.

gewöhnlicher verzichten, so können Proportionsrechnungen auch mit Apparaten ausgeführt werden, die durch Verkörperung der geraden Linien entstehen, welche bei den in Fig. 23—25, p. 1009, dargestellten Konstruktionen vorkommen[587]). Grössere Bedeutung haben Instrumente, welche die Schnelligkeit der logarithmischen Rechenschieber mit der Fähigkeit der eigentlichen Rechenmaschinen verbinden, Ausdrücke der Form:

$$ab \pm a_1 b_1 \pm a_2 b_2 \pm \cdots$$

zu bilden (vgl. Nr. **21**). Ein beachtenswerter Anfang ist mit *Ch. Hamann*'s „Proportional-Rechenscheibe" [588]) und dem „Proportional-Rechenschieber" desselben Erfinders[589]), s. Fig. 70, gemacht, die auf der Verwendung scharfkantiger Rollen beruhen[590]).

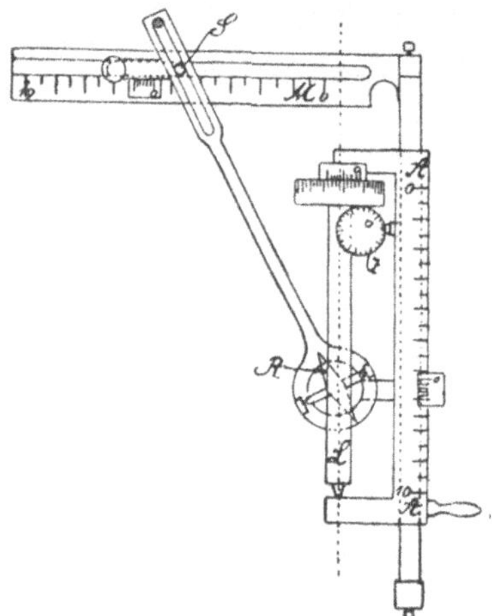

Fig. 70. Proportional-Rechenschieber von *Hamann*.

587) Als Beispiel sei der „Rechenschieber zum Multiplizieren und Dividieren" von *G. Oldenburger,* Zeitschr. Instrumentenkunde 5 (1885), p. 163, genannt. Mit den logarithmischen Rechenschiebern können sich derartige Apparate in keiner Beziehung messen; beliebige Potenzen und Wurzeln könnten damit nach Anbringung logarithmischer Skalen bestimmt werden; sie lassen sich auch zu Elementen eigentlicher Rechenmaschinen umbilden, vgl. *Strehl* [154]). — Als wirkliche Multiplikationsmaschine darf die Vorrichtung von *C. Hart,* D. R. P. Nr. 57838 von 1891, bezeichnet werden (Anwendung eines schwingenden Hebels mit veränderlichem Verhältnis der Armlängen; drei gleichmässig geteilte konzentrische Kreise mit Zeigern, von welchen der dritte auf das Produkt der mit den ersten beiden eingestellten Zahlen weist).

588) S. *W. Semmler,* Zeitschr. Vermessungsw. 28 (1899), p. 304.

589) S. *H. Koller,* Zeitschr. Vermessungsw. 28 (1899), p. 660. Alle vier Spezies können in beliebiger Reihenfolge ausgeführt werden. Um z. B. das Produkt $a \cdot m$ zu einer etwa schon im Zählwerk Z stehenden Zahl zu addieren, hebt man den Cylinder L von der Rolle R ab, führt ihn auf die Ablesung 0 der Skala A zurück, stellt den Stift S auf die Zahl m der Skala M und führt den Cylinder L über die Rolle hinweg, bis der Faktor a auf der Skala A erscheint. Verallgemeinerung durch Anbringen beliebiger Skalen neben den gewöhnlichen.

590) *L. Lalanne* wollte Ausdrücke der Form:

$$(Pp + P'p' + \cdots) : (P + P' + \cdots)$$

mittelst einer (auch ausgeführten) „balance arithmétique" berechnen, s. Par. C. R. 9 (1839), p. 319, 693, später Summen von Produkten aus zwei Faktoren (welche Produkte als Inhalte von Rechtecken aufgefasst werden) mittelst eines diesem Zweck angepassten Planimeters („Arithmoplanimètre"), s. Par. C. R. 9 (1839),

54. Mechanismen zur Auflösung von Gleichungen mit einer Unbekannten. Mechanismen zu erfinden, mit denen man die schwierigsten mathematischen Aufgaben mühelos bewältigen könnte, ist ein Ziel, das immer einen mächtigen Anreiz ausgeübt hat[591]. Was die

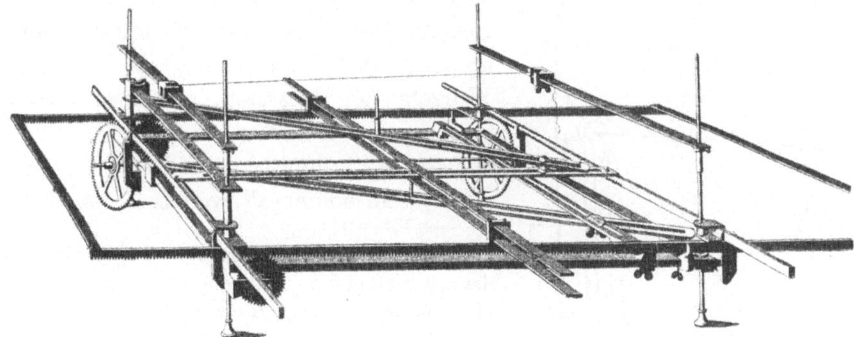

Fig. 71. *Rowning*'s Universal constructor of equations.

mechanische Lösung von Gleichungen betrifft, so ist auch auf diesem Gebiete viel erreicht worden, ohne dass (den Fall eines Systems linearer Gleichungen etwa ausgenommen) von einem dringenden Bedürfnis gesprochen werden könnte oder von den erdachten Instrumenten vorläufig ein besonderer Nutzen zu erwarten wäre.

Auf den in Nr. **38** vorgeführten Methoden zur graphischen Berechnung rationaler ganzer Funktionen beruhen die Mechanismen, welche 1771 *J. Rowning*[592], s. Fig. 71, und 1877 *H. Wehage*[593]) angegeben haben.

---

p. 800; 10 (1840), p. 679; ausführlich Ann. ponts chaussées 1840², p. 3 und fig. 1—6, pl. 192 und 193.

591) Das Altertum kannte schon eine mechanische Lösung des Delischen Problems, also einer reinen kubischen Gleichung, welche *Plato* zugeschrieben wird (s. *Cantor*'s Vorles. üb. Gesch. d. Mathem. 2, 2. Aufl., p. 214, 219) und auf der Anwendung zweier beweglicher rechter Winkel beruht; sie kann mit Hülfe des *Lill*'schen Verfahrens (s. Nr. 38, p. 1011) leicht auf vollständige kubische Gleichungen ausgedehnt werden, vgl. *A. Adler,* Wien. Ber. 99² (1890), p. 859. Für beliebige algebraische Gleichungen hat *Lill* selbst einen Apparat zur leichteren Anwendung seiner Methode gegeben, s. Nouv. Ann. math. (2) 6 (1867), p. 361, *G. Arnoux* (der die Methode sich zuschreibt) optische und mechanische Hülfsmittel dazu vorgeschlagen, Ass. franç. 20², Marseille 1891, p. 241; Soc. Math. France Bull. 21 (1893), p. 87. Über einen auf dieselbe Methode gegründeten zwangläufigen Mechanismus s. *Wehage* [593]), Fig. 6.

592) Lond. Trans. 60 [for 1770], p. 240. Die Geraden der Fig. 27, p. 1011 sind durch Stäbe ersetzt, ein Stift im Punkte q_n (in Fig. 71 nach oben stehend) beschreibt (auf einem über das Ganze gelegten Brett) bei Verschiebung des Stabes Q die Kurve $z = f(x)$, wo $f(x) = 0$ die aufzulösende Gleichung. (Der in Fig. 71 zu sehende Faden giebt die x-Axe.) Für quadratische Gleichungen

Bei einigen andern, für welche *R. Skutsch*[594]) die Bezeichnung Gleichungswagen vorgeschlagen hat, dienen die Gleichgewichtslagen eines starren Körpers oder Körpersystems von ein- oder zweifacher Beweglichkeit, an dem Gewichte proportional den Koeffizienten der gegebenen Gleichung angreifen, zur Bestimmung der reellen Wurzeln der letzteren, und zwar wird eine einzige Wage benützt[595]) von *L. Lalanne*[596]) und *C. Exner*[597]), s. Fig. 72, ein System solcher[598]) von *C. V. Boys*[599]),

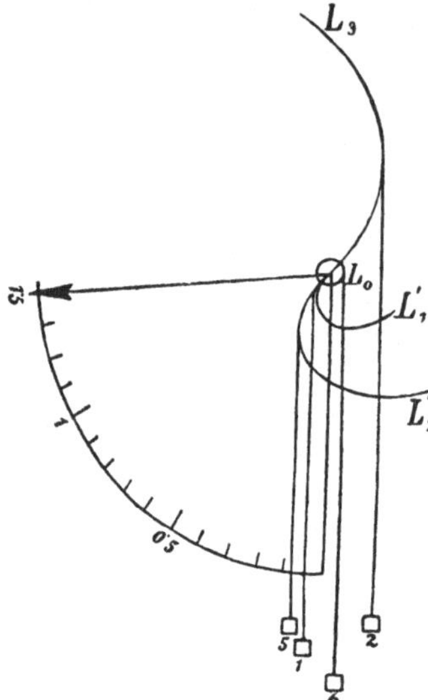

Fig. 72. Gleichungswage von *Exner*.

ausgeführt. Dieselbe Maschine abgebildet in der Encyclopédie méthodique 1, Paris 1784, pl. 3, ferner in *J. A. Borgnis,* Traité complet de mécanique appliquée aux arts 8, Paris 1820, pl. 23, fig. 1 (hier *Clairaut* zugeschrieben, keine Quellenangabe).

593) Zeitschr. Ver. deutscher Ing. 21 (1877), p. 105, Fig. 6—8 auf Textblatt 3, verschiedene Entwürfe.

594) Zeitschr. Math. Phys. 47 (1902), p. 85; dort p. 86 ff. zunächst allgemeinere Auffassung, als oben.

595) Die Hebelarme der Kräfte müssen dann proportional den verschiedenen Potenzen einer Verstellungsgrösse verändert werden können (durch Kurvenschablonen).

596) „Balance algébrique" (für Gleichungen der ersten sieben Grade ausgeführt), Form einer Balkenwage mit in senkrechter Richtung verstellbarem Drehpunkt, s. Par. C. R. 11 (1840), p. 859, 959; ferner *E. Collignon,* Traité de mécanique 2, Paris 1873, p. 347, 401 (p. 349 Ausdehnung auf imaginäre Wurzeln: Wagbalken zu einer Ebene erweitert). *Lalanne* hat den Gedanken von *Bérard* (Opuscules mathématiques, 1810) übernommen, aber zweckmässiger durchgeführt.

597) Über eine Maschine zur Auflösung höherer Gleichungen, Progr. Gymn. IX. Bezirk, Wien 1881. Fäden, an denen die Gewichte a_0, $a_1, \ldots$ hängen, über (fest verbundene und um ihre gemeinsame wagerechte Axe drehbare) Kurvenscheiben gelegt; Kurven so beschaffen, dass nach der Drehung x auf die n^{te} Scheibe das Drehmoment $a_n x^n$ ausgeübt wird. Fig. 72 entspricht dem Falle der Gleichung $6 - x - 5x^2 + 2x^3 = 0$ und der Wurzel $x = 1,5$.

598) Soviel Wagbalken, wie die Gleichung Glieder hat; an jedem greift ein den betreffenden Koeffizienten darstellendes Gewicht in konstanter Entfernung vom Drehpunkt an, jeder spätere Wagbalken stützt sich durch ein Zwischenglied auf den vorhergehenden in einem Punkt, dessen veränderlicher Abstand vom Drehpunkt der Unbekannten x entspricht.

599) Phil. Mag. (5) 21 (1886), p. 241. Parallele Wagbalken in einer senkrechten Ebene, positive Richtungen abwechselnd, s. die schematische Fig. 73. Auf den unteren Balken wird das Drehmoment $a + bx + cx^2 + \cdots$ ausgeübt,

s. Fig. 73, *J. Massau*[600]), *G. B. Grant*[601]) und *Skutsch*[602]). Integrierende Rollen (II A 2, E) verwenden *E. Stamm*[603]) und *F. Guarducci*[604]), Gelenkmechanismen u. a. *A. B. Kempe*[605]). Die höchsten Leistungen weisen

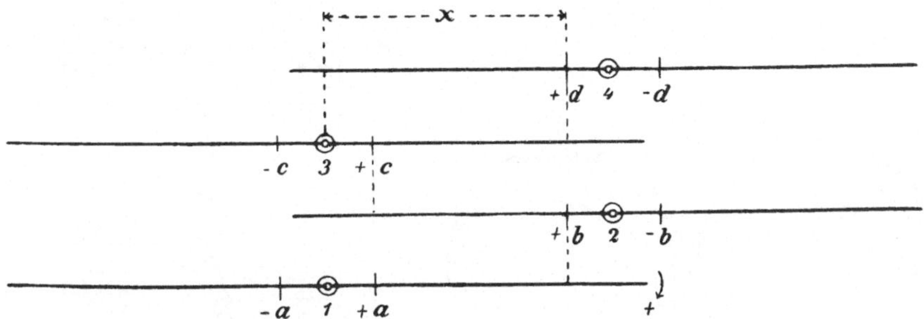

Fig. 73. Schema der Gleichungswage von *Boys*.

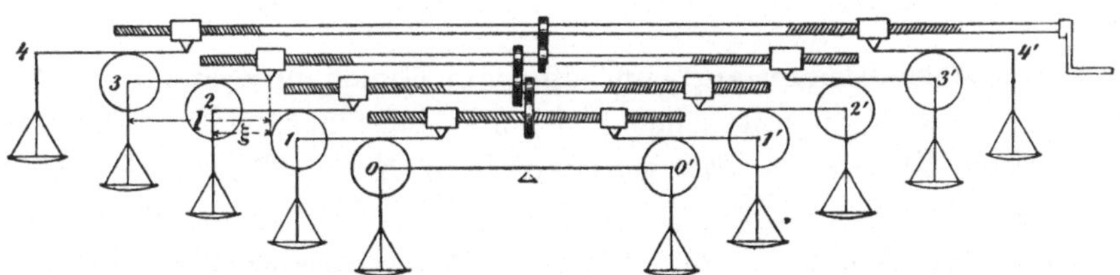

Fig. 74. Gleichungswage von *Grant*, abgeändert durch *Skutsch*.

---

wenn an den Balken der Reihe nach die Gewichte a, b, c, ... je in der Entfernung 1 vom Drehpunkt hängen.

600) Note sur les intégraphes (Extrait Gand Ass. Ingén. Bull.), 1887, p. 30 und Fig. 26. Parallele Wagbalken in horizontaler Ebene, Drehpunkte in einer festen Geraden senkrecht zu denselben. Konstruktiv nicht durchgebildeter Entwurf.

601) Am. Machinist 19 (1896), p. 824. Ahnlich wie *Boys*, jedoch positive Richtungen der Wagbalken alle gleich, Anordnung deshalb weniger einfach.

602) Verschiedene Entwürfe; durch den [594]), p. 95, Fig. 6, s. oben Fig. 74 ($x = \xi : l$), sind konstruktive Mängel von *Grant*'s Wage beseitigt worden.

603) Essais sur l'automatique pure, Milano 1863; s. auch *Ch. Laboulaye*, Traité de cinématique ..., 3e éd., Paris 1878, p. 496. *Stamm* dringt tiefer in die Frage der Herstellung funktioneller Abhängigkeiten zwischen Drehungen durch kinematische Hülfsmittel ein. Die Addition geschieht durch Planetenräder. Im Grunde sind *Stamm*'s Maschinen zusammengesetzte Integratoren und es könnte jeder Integrator ähnlich benützt bezw. umgestaltet werden.

604) Rom. Lincei Mem. (4) 7 anno 1890 (1892), p. 217 und Taf. 3. *Stamm*'s Grundgedanke einfacher durchgeführt, Addition mittelst eines um Rollen geschlungenen Fadens.

605) Mess. of math. (2) 2 (1873), p. 51. Es wird $x = c\cos\theta$ gesetzt und die Gleichung auf die Form:

$$u \equiv c_0 + c_1 \cos\theta + c_2 \cos 2\theta + \cdots + c_n \cos n\theta = 0$$

die „algebraischen Maschinen“ von *L. Torres*[606]) auf, mit welchen reelle und imaginäre Wurzeln von Gleichungen jeder Form bestimmt werden können.

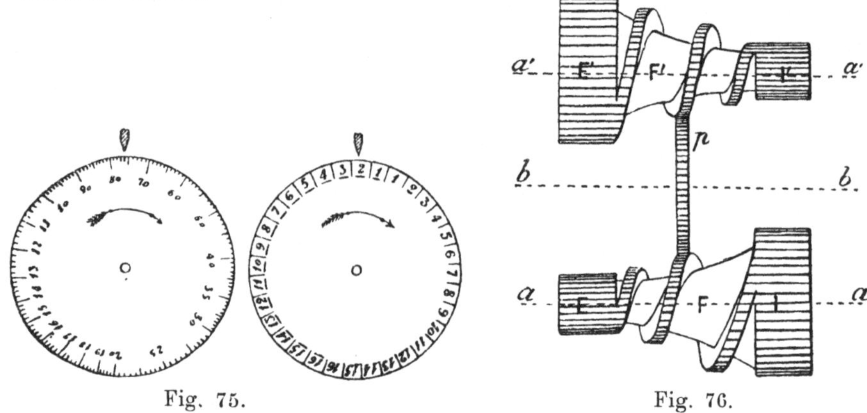

Fig. 75. Fig. 76.

55. Mechanismen zur Auflösung von Gleichungssystemen. Für lineare Gleichungen mit beliebig vielen Unbekannten sind solche von *H. Wehage*[607]), Sir *W. Thomson* (jetzt Lord *Kelvin*)[608]) und *F. Guar-*

gebracht. Der Reihe nach durch Gelenke drehbar verbundene Glieder von den Längen c_0, c_1, c_2, ... werden durch geeignete Vorrichtungen so bewegt, dass jedes mit dem vorhergehenden denselben Winkel θ bildet, wie das Glied c_1 mit dem festgehaltenen c_0, also die Projektion des ganzen Linienzugs auf das erste Glied immer den betreffenden Wert von u liefert. Nach *H. S. Hele Shaw*, Second report on the development of graphic methods ... (Brit. Ass. Rep.), London 1892, p. 45, hat *B. Bashforth* 1822 schon ein Instrument für die etwas allgemeinere Funktion $\sum c_n \cos(n\theta + a_n)$ beschrieben. — *Saint-Loup* zeigt Par. C. R. 79 (1874), p. 1323 die Lösung kubischer Gleichungen mit Hülfe eines Gelenkvierecks, ebenso *A. Adler*, Graphische Auflösung der Gleichungen, Progr. Oberrealsch. Klagenfurt 1891, p. 24.

606) Memoria sobre las máquinas algébricas, Bilbao 1895, s. auch Par. C. R. 121 (1895), p. 245; Ass. franç. 24^2, Bordeaux 1895, p. 90; Par. C. R. 130 (1900), p. 472, 874; ferner *M. d'Ocagne*, Génie civil 27 (1895/96), p. 179. Diese Maschinen nehmen dieselbe Stellung ein, wie im graphischen Rechnen die logarithmographische Methode (Nr. **40**—**42**), da jede Veränderliche durch einen „Arithmophor“, s. Fig. 75, dargestellt wird, dessen Drehungen den log der Werte der Veränderlichen proportional sind (die Scheibe rechts giebt die Kennziffern der Logarithmen). Alle Mechanismen zwangläufig und „ohne Ende“. Wie bei jedem logarithmischen Verfahren Multiplikation und Potenzierung am leichtesten; zur Addition dient das Element Fig. 76, welches hier dieselbe Rolle spielt, wie im graphischen Rechnen die Additionskurve oder *Brauer*'s logarithmischer Zirkel (s. p. 1019). Die Maschine Fig. 77 ist für trinomische Gleichungen bestimmt.

607) Ver. Gewerbfleiss Verh. 57 (1878), p. 154 und Taf. 10. Beruht auf der graphischen Addition von Produkten mittelst eines Seilpolygons, s. Nr. **38**.

ducci[609]) erfunden worden. Die algebraischen Maschinen von *L. Torres*[606]) können auch für beliebige Systeme von Gleichungen höheren Grades eingerichtet werden.

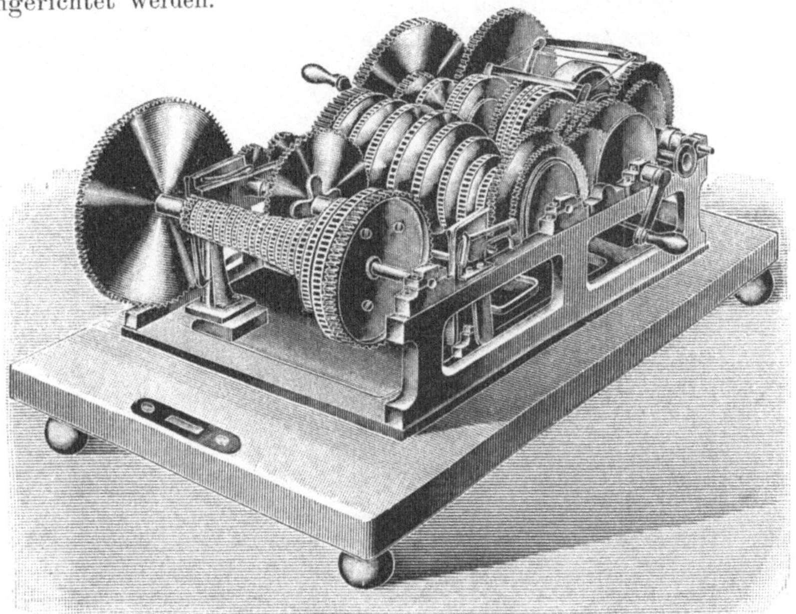

Fig. 77. Algebraische Maschine von *Torres.*

Die den n Gleichungen entsprechenden n Seilpolygone werden als bewegliche Stabverbindungen ausgeführt. Nur Entwurf.

608) Lond. R. Soc. Proc. 28 (1878), p. 111; *Thomson* and *Tait,* Natural Philosophy 1^1, 2^d ed. Cambridge 1879, p. 482 (hier mit Abb. einer ausgeführten Maschine für $n = 6$). An n, um feste Axen drehbaren Stäben sind je n Rollen befestigt, über welche n, durch angenommene Gewichte gespannte Schnüre gehen. Die bei bestimmten Verkürzungen der Schnüre erfolgenden Drehungen der Stäbe liefern die Wurzeln.

609) Zwei Entwürfe, s. [604]), p. 219, 225 und Taf. 1, 2. Der erste Apparat, mit $(n + 1)$ Reihen von Scheiben und integrierenden Rollen, führt die bei algebraischer Behandlung nötigen Eliminationen mechanisch aus. Der andere mit dem von Lord *Kelvin* verwandt, nur sind die Unbekannten durch die (bei ungeänderter Lage der Stäbe) in den Schnüren vorhandenen Spannungen dargestellt (Grundgedanke ähnlich dem von *Veltmann*[612])). — Die Apparate von *H. Helberger* zur mechanischen Berechnung elektrischer Leitungsnetze, D. R. P. Nr. 68918 (Klasse 21) von 1892, mit sich kreuzenden gespannten Schnüren, an welche (unter Beachtung des Durchhangs) Gewichte gehängt werden, lassen sich auch für obigen Zweck verwenden, vgl. *Schütz,* Dyck's Katalog, Nachtrag, p. 122, Nr. 298 b.

VI. Physikalische Methoden.

56. Hydrostatische Auflösung von Gleichungen und Systemen solcher. Reduzierte kubische und andere trinomische Gleichungen

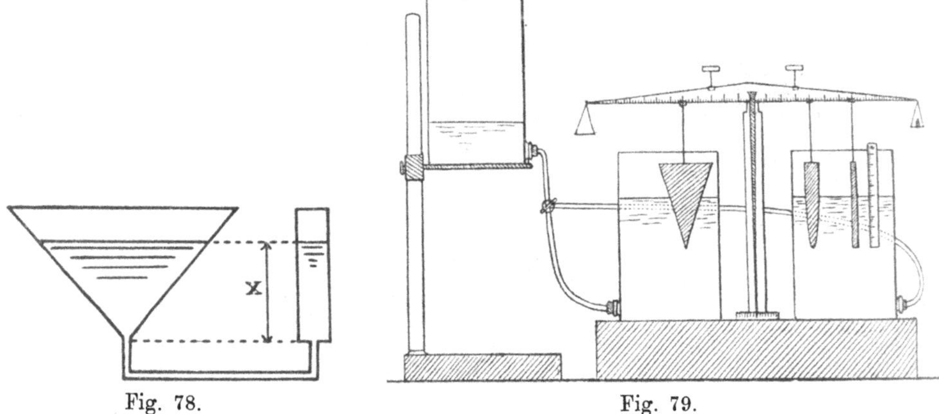

Fig. 78. Fig. 79.

lassen sich nach *Demanet*[610]) durch Eingiessen bestimmter Flüssigkeitsmengen in zwei kommunizierende Gefässe von bestimmter Gestalt, s. Fig. 78, auflösen. Auch für Gleichungen der Form:

$$px^n + p_1 x^{n_1} + \cdots = A$$

mit beliebig vielen Gliedern brauchbar ist die hydrostatische Gleichungswage von *G. Meslin*[611]), Fig. 79. *W. Veltmann* löst[612]) ein

610) Mathesis (2) 8 (1898), p. 81. Durch Einsetzen von $z = x\sqrt{p}$ wird die Gleichung $z^3 + pz = q$ auf die Form $x^3 + x = c$ gebracht. Der Hohlcylinder Fig. 78 hat den Querschnitt 1, der Hohlkegel solche Gestalt, dass der Inhalt $= h^3$. Wird die Flüssigkeitsmenge c eingebracht, so ist die Höhe x, auf welche sich die Flüssigkeit stellt, eine Wurzel der Gleichung. Im Falle $x^3 - x = c$ muss in den Hohlkegel ein Vollcylinder gestellt werden. Ausdehnung auf beliebige trinomische Gleichungen deshalb leicht, weil solche nach Nr. **36** auf die Form $x^m \pm x^n = c$ gebracht werden können; bei Gleichungen mit mehr als einem Parameter umständlich.

611) Par. C. R. 130 (1900), p. 888; J. de phys. (3) 9 (1900), p. 339. An den Wagbalken werden einerseits im Abstand 1 vom Drehpunkt das Gewicht A, andererseits in den Abständen $p, p_1, \ldots$ vom Drehpunkt Körper von solcher Gestalt angehängt, dass beim Eintauchen in eine Flüssigkeit um die Tiefe x die verdrängten Rauminhalte bezw. $x^n, \ldots$ proportional sind. Man findet eine Wurzel, indem man Flüssigkeit einströmen lässt, bis Gleichgewicht hergestellt ist. Tritt nach weiterem Steigen der Flüssigkeit wieder Gleichgewicht ein, so ergiebt sich eine zweite Wurzel u. s. w. Als Körper für x^n dient ein Drehungskörper, dessen Meridian die Gleichung $y^2 = cx^{n-1}$ hat, also für $n = 1, 2, 3$ ein Cylinder, Paraboloid, Kegel. Wie *Skutsch*[594]), p. 92 bemerkt, kann das Paraboloid durch

System linearer Gleichungen mittelst ebenso vieler Balkenwagen auf, wobei zur Verwirklichung der Bedingung, dass jede Unbekannte in allen Gleichungen denselben Wert haben muss, die Gewichte durch Flüssigkeitsmengen in kommunizierenden Gefässen dargestellt werden.

57. Elektrische Auflösung von Gleichungen. Wie mit Hülfe der Elektrizität sämtliche Wurzeln einer algebraischen Gleichung beliebigen Grades mit reellen Koeffizienten bestimmt werden können, hat *F. Lucas* gezeigt[613]).

C. Anhang.

58. Proben. Man sucht sich beim Zahlenrechnen gegen Fehler u. a.[614]) durch Proben zu schützen, mögen diese nun in einer Umkehrung oder einer Wiederholung der Rechnung mit anderer Anordnung, anderen Formeln oder anderen Hülfsmitteln bestehen, oder in der Untersuchung, ob gewisse im voraus bekannte Beziehungen zwischen den durch die Rechnung erhaltenen Grössen erfüllt sind, oder in sogenannten Restproben, welch' letztere wir allein ins Auge

---

einen ebenflächigen Keil mit wagrechter unten liegender Schneide ersetzt werden, ebenso Cylinder und Kegel durch Prisma und Pyramide, sodass man bei kubischen Gleichungen mit ebenflächigen Körpern auskommt. *A. Emch,* der Am. Math. Monthly 8 (1901), p. 58 dieselbe Methode beschreibt, spricht p. 12 von der Bestimmung n^{ter} Wurzeln durch die Zeit, welche zur Entleerung eines Gefässes geeigneter Form durch eine kleine Öffnung im Boden erforderlich ist.

612) Zeitschr. Instrumentenkunde 4 (1884), p. 338, s. auch Dyck's Katalog, p. 155, Nr. 40.

613) Par. C. R. 106 (1888), p. 645 (vorausgehende Mitteilungen p. 195, 268, 587). $F(z) = 0$ sei die gegebene Gleichung vom Grade n; $x_1, x_2, \ldots$ seien $(n + 1)$ willkürliche reelle und verschiedene Grössen, $f(z) = (z - x_1)(z - x_2) \ldots (z - x_{n+1})$; es wird $F(z) : f(z)$ in Partialbrüche $\sum \mu : (z - x)$ zerlegt. Lässt man in die komplexe Zahlenebene in den Punkten $x_1, x_2, \ldots, x_{n+1}$ der x-Axe Elektrizitätsmengen proportional den Grössen μ ein- (bezw. bei negativem μ aus-)strömen, so sind die Knotenpunkte der Linien gleichen Potentials die gesuchten Wurzelpunkte der Gleichung. Die nötigen Kurven kann man entweder galvanometrisch nach *Kirchhoff* bestimmen, oder von der Elektrizität selbst zeichnen lassen (elektrochemische Methode von *Guébhard*). A. a. O. p. 1072 wird wegen leichterer Ausführung des Versuchs für $f(z)$ ein Polynom $(n + 2)^{\text{ten}}$ Grades angenommen, ferner wird Par. C. R. 111 (1890), p. 965 die entsprechende elektromagnetische Methode angegeben (hier die gesuchten Wurzelpunkte die neutralen Punkte eines elektromagnetischen Feldes, wobei die Kraftlinien mit Eisenfeilspänen hergestellt werden können).

614) S. auch die Bemerkungen „Lüroth" p. 3 unten, ferner § 10, p. 19 (Prüfung numerischer Tafeln).

fassen wollen. Im Falle eines Produktes $ab = c$ z. B. muss, wenn α, β, γ beziehentlich die kleinsten Reste bezeichnen, welche bei der Division von a, b, c durch eine beliebig gewählte Zahl N bleiben, γ gleich dem kleinsten Reste sein, der sich bei der Division von $\alpha\beta$ durch N ergiebt. Am leichtesten anzuwenden ist die, $N = 9$ entsprechende „Neunerprobe“ [615]), welche aus Indien stammt und im Mittelalter viel angewendet [616]), im 19. Jahrhundert öfters wieder ans Licht gezogen und sogar als neue Erfindung ausgegeben worden ist. Ihren Gebrauch bei abgekürzter Multiplikation hat *A. Cauchy* [617]) gezeigt, den auch anderer Restproben beim Dividieren, Potenzieren und Wurzelausziehen *Krönig* [618]), bei verschiedenen zusammengesetzten Rechnungen *H. Anton* [619]). Volle Sicherheit gewährt natürlich keine Restprobe [620]), am wenigsten die mit Neun [621]), der die noch verhältnismässig leicht ausführbare Elfer- und Hunderteinerprobe überlegen sind [622]); in Vorschlag und zur Anwendung gebracht hat

---

615) Um den kleinsten Rest der Division einer Zahl a durch 9 zu erhalten, bildet man (unter Weglassung jeder etwa vorkommenden Ziffer 9) die Summe der Ziffern, aus denen a besteht, und wenn diese „Quersumme“ grösser als 9 ist, aus ihren Ziffern wieder die Quersumme u. s. f., bis eine Zahl kleiner als 9 sich ergiebt („reduzierte Quersumme“, s. *Vermung* [621])).

616) S. etwa *Cantor,* Vorles. üb. Gesch. d. Mathem. 1, p. 571 u. Register; 2, p. 9 u. Register.

617) Par. C. R. 11 (1840), p. 789, 847. *Cauchy* wendet die Neunerprobe in der Weise an, dass er die Rechnung ein zweites Mal so durchführt, als ob die Ziffern der vorkommenden Zahlen nicht Einheiten verschiedener Ordnungen, sondern derselben Ordnung bezeichneten.

618) Über Mittel zur Vermeidung und Auffindung von Rechenfehlern, Progr. Realsch. Berlin 1855. Auch abgekürzte Division. Proben mit 9, 11, 101.

619) Arch. Math. Phys. 49 (1869), p. 241. Anwendung der Restproben auf Kettenbrüche, Permutations- und Kombinationszahlen, Produkte von Wurzelfaktoren und Partialbrüche. Proben mit 9, 13, 101.

620) Je grösser N, desto grösser die Sicherheit der darauf gegründeten Proben. Nach *Krönig* [618]) bleibt, wenn die Proben mit 11, 37, 101 stimmen, unter rund 41 000 falschen Ergebnissen durchschnittlich ein einziges unentdeckt.

621) Weglassen der Ziffer 0 oder 9, Verwechslung von 0 mit 9 und Vertauschung zweier Ziffern bleiben unentdeckt. Die Vertauschung von Ziffern kommt besonders leicht beim Lesen von Zahlen auf deutsche Art vor, weshalb schon, z. B. von *W. Förster* in dem Vorwort zu *F. Vermung,* Die reduzierten Quersummen, Eberswalde 1886, den deutschen Rechnern empfohlen worden ist, die Zehner stets vor den Einern auszusprechen. Über die Tragweite der Neunerprobe bei Kenntnis der subjektiven Genauigkeit des Rechners s. *F. Hofmann,* Zeitschr. Math. Phys. 34 (1889), p. 116.

622) Ist in einer Rechnung nur eine Ziffer falsch, so weist die 11er-Probe den Fehler jedesmal nach; die 101er-Probe bietet nach *Krönig* [618]) noch 9mal so

man auch die Proben mit 998[623]), 49[624]) und einigen anderen Zahlen[625]).

59. Gemischte Methoden. Durch zweckmässige Verbindung zweier oder mehrerer Hülfsmittel, von denen eines auch im gewöhnlichen schulmässigen Rechnen bestehen kann, lassen sich oft grosse Vorteile erreichen. Die denkbaren und auch die wirklich vorkommenden Fälle sind so mannigfaltig, dass hier nur einige beispielshalber angeführt werden können. Wenige Rechnungen giebt es, bei denen sich der logarithmische Rechenschieber nicht nützlich zu machen vermöchte, sei es dass man bei einer längeren, auf gewöhnliche Weise ausgeführten Division die einzelnen Ziffern des Quotienten mit ihm bestimmt[626]), oder beim Rechnen mit Logarithmen- und sonstigen Tafeln die Interpolationen mit ihm bewerkstelligt[627]), oder beim Dividieren mit einer Rechenmaschine, wenn dieselbe keine Ziffer des Quotienten mehr liefern kann, mit dem Rechenschieber einige hinzufügt u. s. w. Giebt eine Logarithmentafel oder ein Rechenschieber ein Produkt zweier Faktoren mit n Ziffern, aber die letzte unsicher, so kann man diese durch Multiplikation der Endziffern der Faktoren im Kopfe bestimmen[628]). Können mit einer Produktentafel, einer

---

grosse Sicherheit. Für beide Proben giebt *Krönig*[618]), p. 20—64 Hülfstafeln. — Die 11er-Probe benützte nach *Cantor* 1, p. 722 schon *Alkarchî* um d. J. 1000.

623) *T. M. Perwuschin* (Первушинъ) bei der Zerlegung sehr grosser Zahlen in Faktoren, s. *A. Wassilieff*, Am. Math. Soc. Papers 1 (New York 1896), p. 277. Nach *Krönig*[618]) ist es übrigens bei Rechnungen, in denen Divisionen vorkommen, unzweckmässig, für N eine zusammengesetzte Zahl zu nehmen.

624) *A. D. Romanoff* in einem Schriftchen über praktisches Rechnen (Пріемы практическаго элементарнаго исчисленія по сокращенію и упрощенію выкладокъ при производствѣ умноженія и дѣленія большихъ чиселъ . . .), St. Petersburg 1901.

625) *Anton*[619]) schlägt für den seltenen Fall, dass die Probe mit 11 nicht anwendbar sei, die mit 13 vor. Im Mittelalter wurden, unzweckmässig genug, die Siebener-, Achter- und sogar Sechser-Probe angewendet, s. *Cantor* 1, p. 759; 2, p. 9, 402.

626) Die Stellung der Zunge bleibt während der ganzen Rechnung dieselbe (der Divisor wird auf der oberen Zungenteilung aufgesucht und unter die 1 der oberen Stabteilung geschoben). Auch beim Dividieren mit einer Rechenmaschine vorteilhaft.

627) In der Regel aus verschiedenen Gründen zweckmässiger, als die Anwendung besonderer Hülfstafeln (Nr. **32**). Vgl. „Hammer", p. 36.

628) *C. J. Hill* hat J. f. Math. 70 (1869), p. 282 gezeigt, wie mit geeigneten Tafeln der Indices (s. I C 1, Nr. 4) die letzten Ziffern von Produkten, Potenzen u. s. w. gefunden werden können (ähnlich wie die ersten Ziffern mit Logarithmen), welche Tafeln man deshalb beim Rechnen mit grossen Zahlen zur Ergänzung der Logarithmentafeln gebrauchen kann.

Rechenmaschine oder einem sonstigen Hülfsmittel nur Produkte m-ziffriger Zahlen mit n-ziffrigen genau gefunden werden, so wird man grössere Faktoren in Abschnitte von m bezw. n Ziffern zerlegen, jeden Abschnitt des einen Faktors mit jedem des andern multiplizieren und die richtig unter einander geschriebenen Teilprodukte addieren[629]).

60. Vorbereitung der Formeln und der Rechnung. Zur logarithmischen Berechnung eignen sich vorzugsweise Ausdrücke der Form:

$$\frac{a^m a_1^{m_1} (\varphi(\alpha))^p \cdots}{b^n b_1^{n_1} (\psi(\beta))^q \cdots},$$

wo $\varphi, \psi, \ldots$ Funktionen bedeuten, deren Logarithmen tabuliert sind; dagegen ist bei solchen der Form:

$$ab \pm a_1 b_1 \pm \cdots \quad \text{oder allgemeiner} \quad (ab \pm a_1 b_1 \pm \cdots) : c$$

die Ausrechnung mit einer Rechenmaschine am bequemsten (vgl. Nr. **21**). Man suchte früher allen Formeln, um sie der logarithmischen Rechnung anzupassen, die erste Gestalt zu geben[630]). Nachdem aber die Rechenmaschinen grössere Verbreitung gewonnen haben, ist es nicht mehr ungewöhnlich, dass die Maschinenrechnung und damit die zweite Form bevorzugt wird[631]). Eine Umgestaltung der

---

629) Vgl. bezüglich der Ausführung mit Logarithmen etwa *J. C. Houzeau*, Brux. Bull. (2) 40 (1875), p. 74 („multiplication mixte", s. dort auch die „multiplication sommaire", ferner die „division mixte", bei welcher der Quotient mit Logarithmen in einzelnen Teilen bestimmt wird), mit dem Rechenschieber *Esmarch* a. a. O. (s. Litt. zu Nr. **50**), p. 121; *van Hyfte* [554]), p. 46; ferner über die Verbindung logarithmischer Rechnung mit Reihenentwicklung, z. B. beim Ausziehen höherer Wurzeln, *Houzeau* a. a. O., „Lüroth", p. 162.

630) Beispiele in Menge kommen namentlich in der ebenen und sphärischen Trigonometrie vor. — Dass man übrigens hierin zu weit gehen kann und es oft nur Täuschung ist, die transformierten Formeln seien leichter zu berechnen, hat *J. Hoüel* ausgeführt, Sur la généralisation successive de l'idée de quantité ..., Paris 1883 [Extrait Bordeaux Mém. (2) 5 (1882)], p. 61 ff.

631) Neuerdings besonders in der Geodäsie, s. etwa *G. Höckner*, Über die Einschaltung von Punkten in ein durch Koordinaten gegebenes trigonometrisches Netz mit ausgiebiger Verwendung einer Rechenmaschine, Leipzig 1891; *C. Runge*, Zeitschr. Vermessungsw. 23 (1894), p. 206; *H. Sossna*, Zeitschr. Vermessungsw. 25 (1896), p. 361; *W. Jordan*, Opus Palatinum ..., Hannover 1897, Vorwort; *F. Schuster*, Zeitschr. Vermessungsw. 29 (1900), p. 488 (Vergleich der erforderlichen Zeiten: in einem Beispiel Logarithmen 15 Stunden, Rechenmaschine 6 Stunden); *O. Koll*, Die Theorie der Beobachtungsfehler und die Methode der kleinsten Quadrate ..., 2. Aufl., Berlin 1901; *F. G. Gauss*, Fünfstellige vollständige trigonometrische und polygonometrische Tafeln für Maschinenrechnen ..., Halle 1901. *E. Hammer* hat, z. B. Lehrbuch der ebenen und sphärischen Trigonometrie ..., 2. Aufl., Stuttgart 1897, p. 561; Zeitschr. Vermessungsw. 31 (1902),

ursprünglichen Formeln kann auch mit Rücksicht auf die Genauigkeit geboten erscheinen[632]). In mehr als einer Beziehung ist es von Wichtigkeit, auch bei kleineren Rechnungen ein zweckmässig angelegtes Schema[633]) zu Grunde zu legen.

---

p. 207, davor gewarnt, in den andern Fehler zu verfallen, nämlich die Vorzüge des Maschinenrechnens gegenüber dem logarithmischen zu überschätzen, wenigstens solange die eigentlichen Multiplikationsmaschinen (s. Nr. **18** u. **53**) nicht weiter ausgebildet und leichter zugänglich sind. *C. V. Boys,* The Nature 64 (1901), p. 268, verlangt allgemein, mit Logarithmen oder mit der Maschine zu rechnen, je nachdem die erste oder zweite der obigen Formen vorliegt bezw. leichter herzustellen ist, jedoch können die Verhältnisse gerade umgekehrt liegen, als es bei oberflächlicher Betrachtung den Anschein hat; vgl. *Hoüel,* Arch. Math. Phys. 3 (1872), p. 377.

632) S. z. B. „Lüroth", p. 66.

633) In der Astronomie (wo Jahrhunderte zurück zu verfolgen) und Geodäsie längst allgemein üblich (bei häufig wiederkehrenden Rechnungen als Vordruck). Viele Beispiele und praktische Winke in *W. Jordan,* Handbuch der Vermessungskunde, 2, 5. Aufl. Stuttgart 1897 (p. 244 allgemeine Bemerkungen über Rechenformulare), ferner in *Hammer*'s Lehrbuch der Trigonometrie (s. besonders p. 550, Anm. 9, 10); vgl. noch „Lüroth", p. 3, § 4. Die Verwendung eines Papierstreifens bei wiederholt zu addierenden Zahlen (vgl. *Hammer* p. 562, Anm. 80, „Lüroth" p. 6 unten) z. B. schon von *Sang*[253]), p. XIX empfohlen.

Nachträge.

p. 941, Anm. 5 und p. 942, Anm. 7. *J. B. J. Fourier,* Analyse des équations déterminées, ist unter dem Titel „Auflösung der bestimmten Gleichungen" ins Deutsche übersetzt und mit Anmerkungen herausgegeben von *A. Loewy,* Ostwald's Klassiker, Nr. 127, Leipzig 1902. Es handelt sich um p. 182 unten und p. 180 dieser Ausgabe.

Zu II, p. 944 ff. Über einige numerische Tafeln anderen Charakters, die besonders bei den Astronomen Verwendung finden, verdankt der Verf. Herrn *H. Burkhardt* einige Mitteilungen. *G. W. Hill,* Amer. J. of math. 6 (1884), p. 130 giebt eine Tabelle der $\log \binom{\frac{s}{2}}{n}$ für $s = 1, 3, 5, 7, 9$ und $n = 1, 2, 3, \ldots, 30$.

Bei *H. Gyldén,* Recueil de Tables (Stockh. Astron. Jaktt. 1 (1880), XII u. 183 pp.) finden sich:

§ 2, p. 6 die Binomialkoeffizienten $B_m^n = \binom{n}{m}$ bis B_{21}^{40},

Tafel B, p. 101—104 ihre *Briggs*'schen Logarithmen, 7-stellig,
Tafel D, p. 108—109 dieselben anders geordnet (vgl. p. 13),
p. 13 die *Briggs*'schen Logarithmen der Potenzen von 4 bis 4^{20},
Tafel A, p. 99/100 die *Briggs*'schen Logarithmen von n^2, $2n(n+1)$,

$$(2n+1)(2n+2),\ n^{-1},\ n^{-1}(n+1)^{-1},\ n(n+1)^{-1},\ \frac{2n+1}{2n},$$

$$\frac{2n-1}{2n} \text{ u. a. } \left\{\text{zuletzt } \frac{(2n+1)(2n-3)}{16n(n-1)}\right\} \text{ 7-stellig bis } n = 40,$$

$$\text{Tafel C, p. 104—107: } \log\left\{\frac{2}{4^n}B_{n-m}^{2n}\right\} \text{ bis } n = 40,\ m = 39,$$

p. 946, Anm. 29. *Cario-Schmidt,* Zahlenbuch, 2. Aufl. 1898.

p. 946, Anm. 35. *C. A. Müller,* Multiplikationstabellen, schwedische Ausgabe, Lund 1898.

p. 947, Anm. 38. *Riem,* Rechentabellen, 2. Aufl. München 1901 (auch französische Ausgabe mit dem Titel: Tables de Multiplication..., 2e éd. Paris 1901).

p. 969, Anm. 145. S. auch die Kritik der „Brunsviga" von *H. Sossnà,* Zeitschr. Vermessungsw. 30 (1901), p. 636.

p. 984, Anm. 216. Über die *Oughtred*'sche Regel für abgekürzte Multiplikation giebt eingehendere Auskunft *A. Loewy* in einer demnächst erscheinenden Note, Archiv Math. Phys. (3) 3. Hiernach findet sich diese Regel im ersten Kapitel von *Oughtred's* Clavis mathematicae, Londini 1631 (das Werk Artis analyticae praxis ist nicht von *Oughtred*, sondern von *Th. Harriot*). Aus den von *Loewy* mitgeteilten Beispielen geht hervor, dass *Oughtred* die geordnete Multiplikation (Nr. **1**) nicht anwandte.

p. 987, Anm. 231. S. noch *F. Lefort,* Nouv. ann. (2) 6 (1867), p. 308.

p. 992, Anm. 263. Von *Rex,* Fünfstellige Logarithmentafeln, giebt es auch eine französische Ausgabe.

p. 993, Anm. 272. *Neperus,* Mirifici logarithmorum canonis constructio, ed. Lugduni 1620, ist in phototypischer Reproduktion erschienen, Paris 1895.

p. 996, Anm. 293. Zur Berechnung 9-stelliger Logarithmen s. auch *S. Gundelfinger,* J. f. Math. 124 (1902), p. 91.

p. 1013, Anm. 377. Zur graphischen Lösung kubischer Gleichungen mittelst einer festen Parabel und eines Kreises s. noch *J. Šolín,* Prag. Ber. 1876, p. 6 (vollständige kubische Gleichungen, Verfahren aus dem von *Lill* abgeleitet); zu derjenigen mittelst der geraden Linie und einer festen Kurve 3. Ordnung, insbesondere einer Cissoide: *Fr. London,* Zeitschr. Math. Phys. 41 (1896), p. 147; ferner zur mechanisch-graphischen Lösung der kubischen und biquadratischen Gleichungen *C. Bartl,* Arch. Math. Phys. (2) 1 (1884), p. 1 (neben Lineal und Zirkel wird ein beweglicher rechter Winkel, ein „Axenkreuz" auf durchsichtigem Stoff, als Zeichenwerkzeug benützt).

p. 1024. Unter den Monographieen zur Lehre von den graphischen Tafeln ist noch zu nennen *H. Fürle,* Rechenblätter, Progr. 9. Realsch. Berlin 1902 („Rechenblatt" = graphische Tafel).

p. 1025, Anm. 412. Neuerdings hat *Fr. Schilling* für graphische Tafel den Ausdruck „Nomogramm" vorgeschlagen, der bereits von *M. d'Ocagne* (s. Par. Bull. soc. math. (2) 26 (1902), p. 68) in Gebrauch genommen worden ist.

p. 1025, Anm. 415. Über das Instrument von *Metius* s. auch *S. Haller,* Biblioth. math. (2) 13 (1899). p. 71.

p. 1029, Anm. 433. Durch räumliche Betrachtungen zeigt *Massau* [441]), p. 143, wie mit Hülfe derselben Tafel und eines beweglichen rechten Winkels biquadratische Gleichungen, in denen die dritte Potenz der Unbekannten fehlt, gelöst werden können.

p. 1032, Anm. 437. *Samuelli* zeigt a. a. O. p. 93, 95 auch die Lösung kubischer Gleichungen mit Hülfe des „rettangolo calcolatore“.

p. 1034, Anm. 448. S. auch „d'Ocagne“, p. 460 ff. (Darstellung quadratischer Gleichungen durch Scharen von Geraden und Kreisen).

p. 1040, Anm. 476. Wie eine beliebige Gleichung $F(x, y, z) = 0$ näherungsweise auf die Form $f_1(z)\varphi(x) + f_2(z)\psi(y) = f_3(z)$ gebracht und damit der Methode der fluchtrechten Punkte zugänglich gemacht werden kann, zeigt *A. Lafay,* Génie civil 40 (1901—1902), p. 298. In Betreff der durch drei projektive Skalen darstellbaren Gleichungen s. noch *d'Ocagne,* Par. Bull. soc. math. (2) 26 (1902), p. 71—74.

p. 1042, Schluss von Anm. 483. Zwei weitere Beispiele für die Anwendung der Methode der fluchtrechten Punkte bei empirischen Funktionen findet man in „Soreau“, p. 493 und 499.

p. 1043, Anm. 487. Den wesentlichen Unterschied zwischen verdichteten und nicht-verdichteten mehrfach kotierten Elementen hat *d'Ocagne* schärfer hervorgehoben, Par. Bull. soc. math. (2) 24 (1900), p. 288 ff.

p. 1055, Nr. **50**. Die im Text wiedergegebene, allgemein verbreitete Ansicht, dass der Läufer beim Rechenschieber von *Mannheim* herrühre, lässt sich nicht halten. *Mouzin* hat davon 1837, a. a. O. (s. die Litteratur auf p. 1053) p. 109, eine deutliche Beschreibung gegeben und als einem Zusatz gesprochen, der manchmal angewendet werde.

p. 1059. (Rechenschieber mit gebrochenen Skalen von *Everett* u. s. w.): *E. Leder* will, D. R. P. Nr. 104927 von 1897, die Stücke der Skala strahlenförmig anordnen, wobei eine bewegliche Skala sich um den Mittelpunkt drehen und ausziehen lassen soll.

p. 1061, Anm. 563. Rechenschieber für besondere Zwecke finden sich auch in den Katalogen der Firmen *Dennert* & *Pape*-Altona, und *A. Nestler*-Lahr (Baden).

Druckfehler:

p. 972, Z. 11 von unten. Lies 1898 statt 1889.

(Abgeschlossen im Juni 1902.)

I G 1. MATHEMATISCHE SPIELE

VON

W. AHRENS

IN MAGDEBURG.

Inhaltsübersicht.

Litteratur.

Sammelwerke.

Cl. G. Bachet de Méziriac, Problèmes plaisans et délectables qui se font par les nombres, Lyon 1612; 2. Ausg. Paris 1624; 3., 4., 5. Ausg. von *A. Labosne,* Paris 1874, 1879, 1884. [Probl.]

J. Ozanam, Récréations mathématiques et physiques, Paris 1694.

Guyot, Récréations physiques et mathématiques, Paris 1769. Deutsche Übers. Augsburg 1772.

E. Lucas, Récréations mathématiques 1—4, Paris 1882—1894; 2. Aufl. von 1 und 2 1891 resp. 1896. [Récr.] (Die Citate beziehen sich stets auf die 2. Aufl. von 1 und 2.)

W. W. Rouse Ball, Mathematical Recreations and Problems, London, 1. u. 2. Aufl. 1893; 3. Aufl. 1896. Franz. Übers. v. *J. Fitz-Patrick,* Paris 1898.

E. Lucas, L'arithmétique amusante, Paris 1895.

H. Schubert, Zwölf Geduldspiele, Berlin 1895.

H. Schubert, Mathematische Mussestunden, Leipzig 1898; 2. Aufl. 1—3 1900.

W. Ahrens, Mathematische Unterhaltungen und Spiele, Leipzig 1901. [Unterh.]

Monographien.

C. A. Collini, Solution du problème du cavalier au jeu des échecs, Mannheim 1773.

H. C. v. Warnsdorf, Des Rösselsprungs einfachste und allgemeinste Lösung, Schmalkalden 1823.

T. Ciccolini, Del cavallo degli Scacchi, Paris 1836.

Edm. Slyvons (Pseudon. für *Edm. Solvyns*), Application de l'analyse aux sauts du cavalier du jeu des échecs, Brüssel 1856.

C. F. v. Jaenisch, Traité des applications de l'analyse mathématique au jeu des échecs 1—3, Petersburg 1862/63. [Traité.]

L. Gros (anonym „un clerc de notaire Lyonnais"), Théorie du baguenodier, Lyon 1872.

P. Busschop, Recherches sur le jeu du solitaire, herausgeg. v. *J. Busschop,* Brügge 1879.

E.-M. Laquière, Géométrie de l'échiquier, Paris 1880 (S.-A. aus Par. Bull. soc. math. de France 8).

Paul de Hijo (Pseud. des Abbé *Jolivald*), Le problème du cavalier des échecs, Metz 1882.

E. Lucas, Jeux scientifiques etc., 6 Broschüren, Paris 1889.

A. Pein, Aufstellung von n Königinnen auf einem Schachbrette von n^2 Feldern etc. (von $n = 4$ bis $n = 10$), Leipzig 1889 (zugl. Beil. Progr. Bochum Realsch.).

Weitere Litteraturangaben bei *Lucas,* Récr. 1 und *Ahrens,* Unterh.; ferner, soweit das Schachspiel in Betracht kommt, bei *A. v. d. Linde,* Gesch. u. Litt. des Schachspiels 1—2, Berlin 1874.

---

1. Mathematische Fragen des praktischen Schachspiels. Die verschiedenen Ansätze, auf mathematischem Wege für jede Position im Schachspiel den absolut besten Zug zu ermitteln und damit also in letzter Instanz festzustellen, ob der Anziehende oder der Nachziehende stets den Sieg oder aber das „Remis" erzwingen kann, sind als misslungen zu bezeichnen; nichts weniger als einwandsfrei sind auch die Untersuchungen über den relativen Wert der verschiedenen Figuren des Spiels[1]). — Sonstige mathematische Fragen, zu denen das praktische Schachspiel Veranlassung gegeben hat, sind: 1) die Bewertung der Turnierleistungen nicht nach der blossen Zahl der gewonnenen, unentschiedenen und verlorenen Partien, sondern nach deren Qualitäten, welche wieder nach den auf Grund des Turnierausfalls zu ermittelnden Spielstärken der Teilnehmer zu berechnen sind[2]); 2) die Paarung der Turnierteilnehmer[3]) so, dass jeder mit jedem anderen

---

1) Z. B. die umfangreichen Untersuchungen von *Jaenisch,* Traité 3.

2) Den richtigen mathematischen Ansatz des noch unerledigten Problems gab *E. Landau,* Deutsches Wochenschach 11 (1895), p. 366. Die zahlreichen sonstigen Ausführungen hierüber, insbes. in Schachblättern deutscher und englischer Zunge (Deutsche Schachz., Wiener Schachz., Wochenschach, Brit. Chess. Magaz., Intern. Chess Magaz.) bewegen sich fast ausnahmslos in einem circulus vitiosus (s. darüber *E. Landau* l. c. und *W. Ahrens,* Wiener Schachz. 4 (1901), p. 181).

3) S. *R. Schurig,* Deutsche Schachz. 41 (1886), p. 134; 49 (1894), p. 33; *W. Ahrens,* Deutsche Schachz. 55 (1900), p. 98, 130 und 227. Bezüglich der analogen Paarung für ein Spiel zu dreien, etwa das Skatspiel, sei hier auf das bekannte *Kirkman*'sche Problem (I A 2, Nr. **10**) verwiesen.

je eine Partie spielt und dabei jeder Teilnehmer nach Möglichkeit nicht nur gleich oft „Anzug" und „Nachzug" erhält, sondern dies womöglich auch stets von einer Partie zur anderen für ihn abwechselt[4]).

Unter den verschiedenen für die Schachbrettfelder gebräuchlichen Notationen verdient hier die zuerst von *Vandermonde*[5]) angewandte sogenannte „arithmetische" erwähnt zu werden, welche unter 47 z. B. das Feld der 4ten Vertikalen (von links ab) und der 7ten Horizontalen (von unten ab) versteht; die noch jetzt in Deutschland, Österreich, Russland etc. gebräuchliche Bezeichnungsweise setzt an die Stelle der ersten Ziffer die Buchstaben $a-h$; in Frankreich, England und Amerika herrscht noch immer die sogenannte „beschreibende" Notation.

2. Achtdamenproblem. Dieses zuerst für den Spezialfall des gewöhnlichen 64-feldrigen Schachbretts in der Berliner Schachzeit. 3 (1848), p. 363 gestellte und für diesen Fall zuerst von *Nauck*[6]) gelöste Problem verlangt, n Figuren von der Gangart einer Königin (Dame) so auf einem Brett von n^2 Feldern aufzustellen, dass keine die andere angreift, d. h. dass weder zwei Figuren derselben Zeile oder Kolonne angehören („Turmangriff"), noch auf derselben zu einer der Diagonalen parallelen, schrägen Linie liegen („Läuferangriff"). Kanonische Formen von Lösungen für beliebiges n gaben an *E. Pauls*[7]), *J. Franel*[8]) und für gewisse Fälle *E. Lucas*[9]). Wenn auch hiermit die Existenz von Lösungen für $n > 3$ gesichert ist, so existiert ein allgemeines Verfahren zu einer erschöpfenden Angabe derselben bisher keineswegs. Man hat bislang nur die Lösungen für $n = 4, 5, 6, 7, 8, 9, 10, 11, 12$ bestimmt[9a]), und die zu ihrer Auffindung benutzten Methoden kommen mehr oder weniger auf „planmässiges Tatonnieren" (*Gauss*, Brief vom

4) Von diesen beiden Nebenbedingungen ist nur die erste und diese vollkommen auch nur bei ungerader Teilnehmerzahl erfüllbar, während bezüglich der zweiten nur die Forderung nach einer Minimalzahl von Ausnahmefällen erhoben werden kann; s. *Ahrens* (Fussn. 3), p. 227.

5) *Ch. A. Vandermonde*, Paris, Hist. 1771, p. 566.

6) *Nauck*, Illustrierte Zeitung 21./9. 1850; s. auch Briefwechsel zwischen *C. F. Gauss* und *H. C. Schumacher*, herausgeg. von *C. F. Peters*, 6 (1850), p. 106 bis 121; *G. Bellavitis*, Atti dell' Istituto Veneto 6 (1861), p. 134; Lösungen von *Th. Parmentier* und *De la Noë* in Revue scientifique 1880, p. 948; *A. Pein* (s. Litt.-Verz.).

7) *E. Pauls*, Deutsche Schachz. 29 (1874), p. 129 und 257.

8) *J. Franel*, Interméd. des mathém. 1 (1894), p. 140.

9) *E. Lucas*, Récr. 1, p. 84 und 232.

9a) Für $n = 4$ bis $n = 10$ s. *Pein*, l. c. oder *Ahrens*, Unterh. Für $n = 11$ s. *T. B. Sprague*, Edinb. Math. Soc. Proc. 17 (1899), p. 43. Für $n = 12$ giebt es 1765 noch nicht publizierte verschiedene Lösungen (briefl. Mitt. des Herrn Dr. *A. Kopfermann*-Berlin).

27./9. 1850) hinaus, indem unter allen $\binom{n^2}{n}$ Stellungen der n Figuren entweder alle diejenigen, welche einen Turmangriff, oder aber alle diejenigen, welche einen Läuferangriff aufweisen, von vorneherein durch eine entsprechende Notation der Brettfelder ausgeschieden und dann unter den übrigen auch noch diejenigen ausgemerzt werden, welche nicht auch zugleich der anderen Bedingung genügen. Ein den Turmangriff von vorneherein durch entsprechende Anordnung ausschliessendes Verfahren rührt von *C. F. Gauss*[10]) her, ein analoges bezüglich des Läuferangriffs von *S. Günther*[11]), welch' letzteres Verfahren eine gewisse, jedoch nur äusserliche Ähnlichkeit mit dem für Entwickelung einer Determinante zeigt. Bezüglich der Anzahl der Lösungen ist ferner zu bemerken, dass bisher erst für 2 resp. 3 Damen auf n^2 Feldern die Anzahl der Stellungen ohne gegenseitigen Angriff bestimmt ist[12]). — Während im allgemeinen aus jeder Lösung sieben weitere durch Drehungen und Spiegelungen hervorgehen[13]), verdienen besonderes Interesse diejenigen, welche schon nach Drehung um π in sich übergehen („einfach-symmetrische") und daher nur drei weitere Lösungen liefern, sowie diejenigen, welche bei Drehungen stets in sich übergehen („doppelt-symmetrische") und daher nur eine weitere Lösung durch Spiegelung liefern. Bei den letzteren ordnen sich die besetzten Felder zu Quadrupeln an; sie bedingen daher: $n \equiv 0 \bmod 4$ resp. $n \equiv 1 \bmod 4$ (mit besetztem Mittelfeld), existieren aber für $n = 8, 9$ nicht und bedürfen für grösseres n jedenfalls noch eines Existenzbeweises. Man erhält aus einer doppelt-symmetrischen Lösung eine neue Lösung nicht nur durch Spiegelung der ganzen Konfiguration, sondern auch stets durch Spiegelung eines oder beliebig vieler Quadrupel für sich[14]). — Eine Übertragung des Problems auf den Raum scheint kein Interesse zu bieten[15]).

10) S. Fussn. 6, Brief v. 27./9. 1850.

11) *S. Günther*, Archiv Math. Phys. 56 (1874), p. 281; vervollkommnet durch *Glaisher*, Phil. Mag. 48 (1874), p. 457. — Man vgl. auch *J. Perott*, Bull. soc. math. de France 11 (1883), p. 173, wo für das entsprechende Läuferproblem, d. h. Aufstellung von Läufern ohne gegenseitigen Angriff, gewisse Anzahlen von Lösungen mittelst einer Rekursionsformel bestimmt sind.

12) Für 2 Damen s. *W. Mantel*, Assoc. franç. pour l'avanc. des sciences 12 (Rouen 1883), p. 171; für 3 Damen s. *E. Landau*, Naturw. Wochenschr. 11 (1896), p. 367.

13) Eine elegante Darstellung der acht zusammengehörigen Stellungen in einer von der Vandermonde'schen abweichenden Feldernotation gab *C. F. Gauss*, l. c. p. 121.

14) *Ahrens*, Unterh., p. 137.

15) *Ahrens*, Unterh., p. 127.

Ein Gegenstück zu dem obigen Problem bildet die Aufgabe, eine Minimalzahl von Damen so auf einem Brett aufzustellen, dass alle n^2 Felder desselben beherrscht sind. Dabei gilt entweder ein von einer Dame besetztes Feld auch eo ipso als beherrscht oder aber nicht, d. h. im letzteren Falle wird gegenseitiger Angriff der Damen verlangt[16]); im ersteren Falle wird eventuell die weitere Bedingung des Verbots gegenseitigen Angriffs[17]) gestellt. Die Minimalzahl ist nicht immer dieselbe für die verschiedenen Formen der Aufgabe; so sind für $n = 6$ bei Angriffsverbot sowohl wie bei Angriffsforderung 4 Damen erforderlich, während ohne diese Bedingungen schon 3 genügen. Die Untersuchungen sind nicht über die Bestimmung der Lösungen für spezielle Fälle hinausgekommen, wovon erwähnt sei, dass es für das gewöhnliche Schachbrett 91·8 Stellungen bei Angriffsverbot[18]), 34·8 + 22·4 bei Angriffsforderung und 577·8 + 61·4 ohne Nebenbedingungen[19]) giebt.

3. Rösselsprung. Dieses häufig nach *L. Euler* benannte, jedoch schon lange vor ihm bekannte[20]) Problem verlangt, mit dem Springer alle Felder eines quadratischen oder sonstwie geformten Brettes hinter einander je einmal zu passieren. Eine solche Bahn heisst ein „Rösselsprung" und zwar ein „geschlossener", wenn das erste und letzte Feld nur durch einen Springerzug getrennt sind, anderenfalls ein „offener" oder „ungeschlossener". Für ein quadratisches Brett von n^2 Feldern giebt es für $n > 4$ stets einen Rösselsprung[21]), jedoch ist derselbe mit Rücksicht darauf, dass der Springer bei jedem Zuge die Farbe des Feldes wechselt[22]), bei ungeradem n stets offen. Für die Bildung von Rösselsprüngen sind zahlreiche Methoden angegeben: *Euler* (s. Fussn. 21) füllt die Felder zunächst soweit, wie dies bei beliebigem

16) *M. Lange,* Schachz. 18 (1863), p. 206.

17) *E. Pauls,* Deutsche Schachz. 29 (1874), p. 266.

18) S. *Jaenisch,* Traité 3, p. 255.

19) Briefliche Mitteilungen des Herrn Prof. *K. v. Szily*-Budapest (noch unpubliziert).

20) S. *A. v. d. Linde,* Gesch. u. Litt. des Schachspiels 1, p. 294; 2, p. 101 ff., Berlin 1874.

21) Über die Unmöglichkeit eines Rösselsprungs für $n \leqq 4$, sowie über die Existenz von Rösselsprüngen auf rechteckigen Brettern s. *L. Euler,* Berlin, Hist. 15 (1759), p. 310, woselbst auch einige Rösselsprünge für andersgeformte (kreuzförmige) Bretter angegeben sind.

22) Mit Untersuchungen über die Springerbewegung im allgemeinen beschäftigt sich *Jaenisch,* Traité 1, dieselben sind in vereinfachter Form reproduziert und erweitert von *W. Ahrens,* Schachz. 56 (1901), p. 284; 57 (1902), p. 124, 155, 196; s. auch *C. Jordan,* Palermo, Rend. circ. matem. 2 (1888), p. 59.

Fortschreiten möglich ist, und sucht die dann noch unpassierten Felder successive anzugliedern durch passende Umformung der bereits zurückgelegten Wanderung; *Warnsdorf*[23]) gab die praktisch jedenfalls sehr brauchbare, wenn auch nicht unbedingt richtige[24]) Regel, bei jedem Zuge den Springer auf dasjenige Feld zu setzen, von welchem unter den zur Wahl stehenden am wenigsten Springerzüge nach anderen, noch unbesetzten Feldern möglich seien, wobei bei mehreren Feldern mit gleichen Minimalzahlen die Wahl beliebig sei; *Vandermonde*[25]) setzte Rösselsprünge aus 4 auseinander durch Drehungen hervorgehenden Ketten von je 16 Feldern zusammen; *Ciccolini*[26]) vereinigt zunächst die Felder jedes der 4 Quadranten des gewöhnlichen Schachbretts zu 4 Quadrupeln, von denen 2 Rhomben, 2 Quadrate bilden, schliesst dann je 4 gleichgelegene Quadrupel der verschiedenen Quadranten zu einer Kette zusammen und bildet dann mit diesen vier Ketten den schliesslichen Rösselsprung; die von *R. Moon*[27]) und *H. Delannoy*[28]) für ein beliebiges Quadrat verallgemeinerte Methode *Collini*'s[29]) teilt das Brett in ein inneres Quadrat von resp. 1, 4, 9, 16 Feldern und konzentrisch um dasselbe herumliegende Ränder von Zweifelderbreite; *Frost*[30]) bildet gleichfalls für jedes quadratische Brett Rösselsprünge, indem er von n zu $n + 4$ fortschreitet dadurch, dass er ein hufeisenförmig gebogenes Brett an zwei Seiten des ursprünglichen ansetzt, wobei der Rösselsprung des angesetzten Gebietes sich wieder aus gewissen elementaren Diagrammen zusammensetzt. Die von *Volpicelli*[31]) und *Minding*[32]) unternommenen Versuche zu einer arithmetischen Behandlung des Problems mit dem Ziel, alle über-

---

23) *H. C. v. Warnsdorf* (s. Litt.-Verz.); s. auch v. dems. Schachz. 13 (1858), p. 489, sowie *C. Wenzelides,* Schachz. 4 (1849), p. 48.

24) S. *Jaenisch,* Traité 2, p. 277 ff.

25) *Ch. A. Vandermonde,* Paris, Hist. 1771, p. 566.

26) *T. Ciccolini* (s. Litt.-Verz.); s. auch *Thomas de Lavernède,* Nîmes, Hist. de l'acad. du Gard 1838/39, p. 151; *P. M. Roget* (Physiolog), Phil. Mag. 16 (1840), p. 305; *Th. Clausen,* Arch. Math. Phys. 21 (1853), p. 91; *C. de Polignac,* Paris, C. R. 52 (1861), p. 840 und Par. Bull. soc. math. de France 9 (1881), p. 17; *Laquière,* Par. Bull. soc. math. de France 8 (1880), p. 82 und 132.

27) *R. Moon,* Cambridge Math. J. 3 (1843), p. 233.

28) S. *E. Lucas,* „L'arithmétique amusante", Paris 1895, p. 254, sowie *Frolow,* „Les carrés magiques", Paris 1886.

29) *C. A. Collini* (s. Litt.-Verz.).

30) *A. H. Frost,* Quart. J. Math. 14 (1877), p. 123.

31) *P. Volpicelli,* Paris, C. R. 31 (1850), p. 314; 74 (1872), p. 1099; Rom, Lincei Atti 25 (1872), p. 87 und 364; 26 (1873), p. 49 und 241.

32) *F. Minding,* Petersburg, Bull. 6, abgedr. in J. f. Math. 44 (1852), p. 73 u. (in engl. Übers.) Cambr. and Dubl. Math. J. 7 (1852), p. 147.

haupt auf dem betreffenden Brett möglichen Rösselsprünge zu finden, beruhen nur auf einem systematischen Registrieren aller Springerwanderungen überhaupt und sind praktisch wertlos wegen der „Rechnungen von wahrhaft unermesslicher Länge" (*Minding*, l. c.). Dabei stützt sich *Volpicelli* auf die Gleichung des Springerzuges $(x - x_1)^2 + (y - y_1)^2 = 5$ (x, y und x_1, y_1 die Koordinaten der beiden Felder des Springerzugs), während *Minding* das Feld ab durch $x^a y^b$ bezeichnet und nun die Gesamtheit der von hier aus durch einen Springerzug erreichbaren Felder durch den Ausdruck $U \cdot x^a y^b$ erhält, wo $U = \left(x + \frac{1}{x}\right)\left(y^2 + \frac{1}{y^2}\right) + \left(x^2 + \frac{1}{x^2}\right)\left(y + \frac{1}{y}\right)$ ist. — Nicht einmal die Anzahl aller auf dem gewöhnlichen Schachbrett möglichen Rösselsprünge ist bisher bekannt[32a]), dagegen bestimmte *C. Flye St.-Marie*[33]) diese Zahl für das halbe Schachbrett, d. h. das rechteckige Brett von 4×8 Feldern, woraufhin *Laquière*[34]) für das gewöhnliche Brett die Anzahl aller geschlossenen „zweiteiligen", d. h. beide Hälften des Bretts nach einander durchlaufenden Rösselsprünge zu 31 054 144 bestimmte. — Besondere Beachtung haben diejenigen Rösselsprünge gefunden, welche bei Numerierung der Felder nach der Reihenfolge der Durchwanderung in allen Zeilen und Kolonnen die gleiche Summe (260) aufweisen[35]) („magische"[36]) Rösselsprünge).

4. Nonnen- oder Einsiedler-(Solitär-)spiel. Das Spiel, über dessen Ursprung Sicheres nicht bekannt ist, besteht aus einem Brett mit Löchern (Feldern) — 33 bei der in Deutschland üblichen Form in der Anordnung der Fig. 1 —, durch welche Holzpflöcke hindurchgesteckt werden können. Die einzige Spielregel besteht darin, dass

32a) Vgl. hier *F. Fitting*, Zeitschr. Math. Phys. 45 (1900), p. 137; Archiv Math. Phys. (3) 3 (1902), p. 136.

33) *C. Flye St.-Marie*, Par. Bull. soc. math. de France 5 (1876/77), p. 144.

34) *E.-M. Laquière*, Par. Bull. soc. math. de France 9 (1881), p. 11.

35) *W. Beverley*, Phil. Mag. (3) 23 (1848), p. 101 gab den ersten ungeschlossenen, *C. Wenzelides*, Schachz. 4 (1849), p. 41; 5 (1850), p. 212 und 230; 6 (1851), p. 286 die ersten geschlossenen Rösselsprünge dieser Art.

36) Statt dieser Bezeichnung gebraucht man für sie auch die Benennung „semi-magische" Rösselsprünge, da sie hinter den magischen Quadraten (s. I C 1, Nr. 12) insofern zurückstehen, als die Diagonalen bei ihnen nicht jene konstante Ziffernsumme aufweisen, ein Ausfall, der anscheinend unvermeidlich ist. — Eine sorgfältige Zusammenstellung aller bisher bekannten magischen Rösselsprünge gab *Th. Parmentier* in Spezialpublikationen der Assoc. franç. pour l'avanc. des sciences, Congrès de Marseille (1891), Pau (1892) et Caen (1894) (im Buchh. nicht erhältlich). Zu den dort abgebildeten 110 magischen Rösselsprüngen ist bis 1901 nur noch einer hinzugekommen (briefl. Mitteil. des Herrn General *Parmentier*).

ein Pflock über einen[37]) benachbarten derselben Zeile oder Kolonne hinweg in ein leeres Loch setzt, wobei der übersprungene Pflock entfernt wird. Die Aufgabe des Spiels ist allgemein, eine vorgeschriebene Anfangsstellung mit m besetzten Löchern überzuführen in eine vorgeschriebene Endstellung mit n besetzten Löchern ($n < m$), natürlich in $m - n$ „Zügen"[38]). Insbesondere wird gewöhnlich gefordert, von dem vollbesetzten Brett mit nur einem vorgeschriebenen leeren Feld, dem „Anfangsfeld", alle Pflöcke successive zu entfernen bis auf einen, der in einem bestimmten Feld, dem „Schlussfeld", zurückbleiben soll. Für diese letztere Aufgabe untersuchte *M. Reiss*[39]) die Frage der Lösbarkeit für alle möglichen Kombinationen von Anfangs- und Schlussfeld und stellte zunächst die notwendigen Bedingungen fest, indem er die Lösung durch verschiedene Konzessionen erleichterte, u. a. z. B. durch die Annahme eines unbegrenzten Brettes, und nun nachwies, dass auch bei dieser erweiterten Spielregel gewisse Fälle unlösbar sind, von denen dies dann bei der beschränkteren Spielregel a fortiori gilt. Als notwendige Bedingung für die Lösbarkeit ergiebt sich für das Brett von 33 Löchern die, dass es möglich sein muss, von dem Anfangsfeld zu dem Schlussfeld zu gelangen durch successives Überspringen von je zwei Feldern derselben Zeile oder Kolonne. Dass diese Bedingung hier auch hinreichend ist, zeigte *Reiss* durch thatsächliche Angabe der betreffenden Lösungen. Während also auf dem abgebildeten Brett jedes Feld Anfangsfeld sein darf, gestattet die analoge Aufgabe auf dem in Frankreich üblichen Spielbrett nur 16 der 37 Felder als Anfangsfelder; auf einem daneben noch vorkommenden Brett von 41 Feldern sind sogar nur 12 Felder als Anfangsfelder brauchbar.

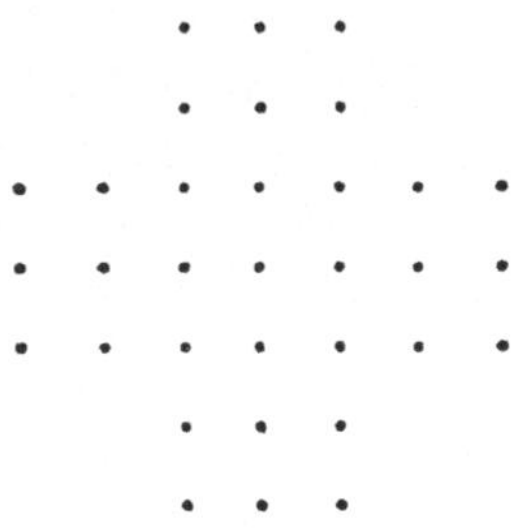

Fig. 1.

5. Boss-Puzzle oder Fünfzehnerspiel. Das Spiel, welches die Erfindung eines taubstummen Amerikaners (1878) sein soll[40]), verlangt,

37) Untersuchungen über ein Solitärspiel n^{ter} Ordnung, d. h. ein solches, bei dem immer über je n Felder hinweggesetzt wird, findet man bei *Hermary*, Assoc. franç. pour l'avanc. des sciences 8 (Montpellier 1879), p. 284.

38) Zahlreiche spezielle Aufgaben behandelt *P. Busschop* (s. Litt.-Verz.). — *G. Leibniz* (Brief an *P. R. de Montmort* vom 17./1. 1716) kehrte Regel und Aufgabe des Spiels um unter Vertauschung der Begriffe „leeres Feld" und „besetztes Feld".

39) *M. Reiss*, J. f. Math. 54 (1857), p. 344. Die *Reiss*'schen Untersuchungen wurden wesentlich vereinfacht durch *Hermary* (Fussn. 37).

40) Nach Angabe von *J. J. Sylvester*, s. *Lucas*, Récr. 1, p. 189.

15 in beliebiger Ordnung in einem quadratischen Kasten — mit einem leeren Felde rechts unten — liegende numerierte Steine durch Schieben in die „normale", durch die Nummern indizierte Stellung zu bringen. Die Zahl der Inversionen der Steine in der anfänglichen Stellung im Vergleich zu der normalen giebt offenbar die Entscheidung über die Möglichkeit oder Unmöglichkeit einer solchen Aufgabe, indem bei gerader Inversionenzahl die normale Stellung, bei ungerader nur deren Spiegelbild erreichbar ist[41]). Da alle Züge reversibel sind, erledigt sich hiermit auch die Frage der Überführbarkeit zweier beliebiger Stellungen in einander. In dem Spielkasten dürfen gewisse Schranken zwischen den Feldern aufgeführt werden, ohne dass dadurch die Lösbarkeitsbedingungen irgendwie modifiziert würden[42]). Auch kompliziertere, selbst mehrfach zusammenhängende Spielbretter sind neben den quadratischen und rechteckigen von *Hermary* betrachtet[43]).

6. Josephsspiel. Eine legendenhafte Erzählung aus dem Leben des jüdischen Historikers Flavius Josephus hat zu einer Unterhaltung den Anlass gegeben, die bald, wie bei *Hier. Cardan*[44]), unter dem Namen „ludus Joseph" vorkommt, bald in unwesentlich veränderter Einkleidung als „Problem der 15 Christen und der 15 Türken" bezeichnet wird[45]). Die Fragestellung ist die folgende:

„Eine Anzahl n von Punkten ist der Reihe nach mit den Zahlen 1 bis n bezeichnet. Man zählt nun, bei 1 anfangend und über n hinaus cyklisch bei 1 fortfahrend, fortgesetzt bis d und scheidet jeden Punkt von der weiteren Abzählung aus, auf den einmal die Zahl d gefallen ist[46]). Welches ist die Nummer ν des Punktes, der als der

---

41) *W. Johnson,* Amer. J. of math. 2 (1879), p. 397; *W. E. Story,* ibid., p. 399; *P. G. Tait,* Edinb. Roy. Soc. Proc. 10 (1880), p. 664; s. auch *C. J. Malmsten,* Göteborg Handl. 1882, p. 75.

42) Bezüglich der Maximalanzahl dieser Schranken für ein rechteckiges Spielbrett s. *Ahrens,* Unterh., p. 364.

43) S. *Lucas,* Récr. 1, p. 213.

44) Practica Arithmeticae generalis 9 (Mediol. 1539), p. 117—128. Nach *M. Cantor,* Gesch. der Mathem. 2 (Aufl. 1), p. 332 findet sich das Spiel zuerst bei *Chuquet,* 1484. Bezüglich weiterer historischer Angaben s. *M. Cantor,* l. c. 2, p. 460, 700, 701, 770; 3, p. 14; *M. Curtze,* Bibl. mathem. (2) 8 (1894), p. 116; 9 (1895), p. 34; Zeitschr. Math. Phys. Supplementheft 40 (1895), p. 112; *M. Steinschneider,* Zeitschr. Math. Phys. Supplementheft 25 (1880), p. 123; *Ahrens,* Unterh., p. 286.

45) Das Prinzip der Aufgabe findet man auch bei anderen Unterhaltungsspielen, so z. B. in seiner einfachsten Form bei einem 1887 durch deutsches Reichspatent Nr. 43927 geschützten Spiel.

46) Über den Fall, dass nicht jedesmal gleichmässig bis d, sondern etwa zuerst bis d_1, dann bis d_2 etc. gezählt wird, s. *E. Busche,* Math. Ann. 47 (1896), p. 107.

e^{te} ausgeschieden wird? Dabei kann $0 < d \lesseqgtr n$ sein; e ist natürlich $\leqq n$ und positiv."

Für die Funktion $\nu(n, e, d)$ ergiebt sich die Rekursionsformel

$$\nu(n+1, e+1, d) = \nu(n, e, d) + d - \varepsilon(n+1),$$

wo ε eine positive ganze Zahl $\geqq 0$ und so gross zu nehmen ist, wie durch Rücksicht auf $0 < \nu(n+1, e+1, d) \leqq n+1$ geboten ist[47]). Diese induktiv gefundene Formel führte *Schubert* zu gewissen Reihen, welche er „Oberreihen" nannte[48]). Eine solche Reihe (a, s, q) in der verallgemeinerten Fassung *Busche*'s[49]) ist eine Reihe ganzer Zahlen mit dem Anfangsglied a, deren Glieder dadurch bestimmt sind, dass auf das Glied t der Reihe stets $(t+s) \cdot q$ folgt, wo bei gebrochenen Werten stets die nächst grössere ganze Zahl in die Reihe zu setzen ist (a, s, q beliebige reelle Zahlen). Unter Benutzung dieses Begriffs ergiebt sich die gesuchte Funktion $\nu(n, e, d)$ als Überschuss von $de + 1$ über das grösste Glied der Oberreihe $\left(1, n-e, \frac{d}{d-1}\right)$, das noch kleiner als $de+1$ ist[49]) oder, was dasselbe ist, als Überschuss von $dn+1$ über das grösste Glied der Oberreihe $\left(d(n-e)+1, 0, \frac{d}{d-1}\right)$, das noch kleiner als $dn+1$ ist[50]).

7. Wanderungsspiele. Das älteste Spiel dieser Art, das Königsberger Brückenspiel *Euler*'s, verlangte, sieben in Königsberg i. Pr. über die verschiedenen Pregelarme führende Brücken hintereinander je einmal zu passieren. Diese und ähnliche Aufgaben erledigen sich damit, dass alle Kreuzungspunkte eines Liniengebildes sich auf einer zum Ausgangspunkt zurückkehrenden Wanderung hintereinander je einmal passieren lassen, wenn alle diese Punkte von gerader Ordnung sind, d. h. wenn in jedem von ihnen eine gerade Anzahl von Linien mündet, während bei $2s$ Punkten ungerader Ordnung s verschiedene und zwar nicht zu den bezüglichen Ausgangspunkten zurückführende

47) *H. Schubert,* Zwölf Geduldspiele, p. 125. Ein Spezialfall dieser Formel, nämlich für $e = n - 1$ war — unabhängig von *Schubert* — von *H. Delannoy,* Interm. des mathém. 2 (1895), p. 120 und *Moreau,* ibid. 2 (1895), p. 229 angegeben worden.

48) *H. Schubert,* Hamburg, Math. Ges. Mitt. 3 (1895), p. 223. Solche Reihen finden sich auch in den auf die im Interm. des mathém. gestellten Fragen 32 und 330 eingegangenen Antworten von *E. Cesàro* (l. c. 1 (1894), p. 30) und *J. Franel* (1, p. 31; 2 (1895), p. 122). Weiter s. über „Oberreihen" *E. Busche,* Hamburg, Math. Ges. Mitt. 3 (1895), p. 225; *W. Ahrens,* Zeitschr. Math. Phys. 40 (1895), p. 245.

49) *E. Busche,* Math. Ann. 47 (1896), p. 105.

50) *H. Schubert,* Zwölf Geduldspiele, p. 129; *E. Busche* (Fussn. 49).

Wanderungen erforderlich sind[51]). Das dualistisch entsprechende Spiel, das Labyrinthspiel, verlangt Durchwanderung aller Linien eines Liniengebildes hintereinander[52]).

Von zwei im Jahre 1859 von *Hamilton* herausgegebenen Spielen verlangt das eine, alle 20 Ecken eines Dodekaeders hintereinander je einmal auf Wanderungen ausschliesslich längs der Kanten zu passieren, während das zweite, dem ersteren dualistisch entsprechende Spiel diese Forderung für die 20 Flächen des Ikosaeders mittelst Überschreitens der Kanten erhebt. Die Gruppe aller Drehungen, welche das Ikosaeder in sich überführen, ist definiert durch die Gleichungen[53]):

$$r^5 = i^2 = (ri)^3 = 1.$$

Führt die Drehung r eine von den drei in einer Ecke zusammenstossenden Kanten über in diejenige der beiden anderen, zu der man kommt, wenn man sich nach Durchwanderung jener ersten rechts hält, so führt die Operation $l = rir$ jene erste Kante in die links gelegene über. Die Operation $rrrlllrlrlrrrlllrlrl$ wird auf Grund der Relation $l = rir$ identisch $= 1$, führt also, als Vorschrift für eine Wanderung betrachtet, zum Ausgangspunkt zurück, jedoch erst, nachdem alle 20 Ecken passiert sind[54]). *Hamilton* erschwerte die Durchwanderung durch weitere Bedingungen, indem er die ersten wie letzten Stationen vorschrieb, wobei z. B. bei vorgeschriebenen sieben ersten Stationen eventuell noch zwei verschiedene Wanderungen möglich sind[54a]); indem er ferner eine Station als unzugänglich ausschloss etc.

8. Kartenmischen nach Gergonne und nach Monge. Das schon von *Bachet*[55]) für einen speziellen Fall behandelte, von *Gergonne*[56]) verallgemeinerte und gewöhnlich nach letzterem benannte Spiel beruht darauf, dass sich jede positive ganze Zahl $\leqq m^m$ in der Form $\sum_1^m {}^i (-1)^{m-i} n_i m^{i-1}$ darstellen lässt, wo die n_i positive ganze Zahlen

51) *L. Euler*, Petr. Comm. 8 (1741), p. 128; s. auch *Th. Clausen*, Astron. Nachr. 21 (1844), Nr. 494, p. 216; *C. Hierholzer*, Math. Ann. 6 (1873), p. 30; *J. B. Listing*, Gött. Studien 1847, Abt. 1, p. 811.

52) Vorschriften hierfür gaben *Chr. Wiener*, Math. Ann. 6 (1873), p. 29; *Trémaux* bei *Lucas*, Récr. 1, p. 47; *G. Tarry*, Nouv. ann. de math. (3) 14 (1895), p. 187.

53) *W. R. Hamilton*, Phil. Mag. (4) 12 (1856), p. 446.

54) Eine nur in der Form verschiedene Vorschrift gab *Hermary*, s. *Lucas*, Récr. 2, p. 216.

54a) Bezüglich Anzahlbestimmungen s. die in Fussn. 32a erwähnten Arbeiten von *F. Fitting*.

55) *Bachet*, Probl., 2. éd. p. 143 = 4. éd. p. 72.

56) *J. D. Gergonne*, Ann. de math. 4 (1813/14), p. 276.

> 0 und $\leqq m$ sind: Jemand bestimmt die von einem anderen gedachte Karte aus einem Haufen von m^m Karten, indem bei m-maliger systematischer Anordnung der m^m Karten in m Haufen von je m^{m-1} jedesmal die Nummer n_i (bei geradem m ist n_1 um 1 kleiner als die betr. Haufennummer) des die betreffende Karte enthaltenden Haufens ihm angegeben wird[57]).

Bei einem von *G. Monge*[58]) angegebenen Spiel wird eine gedachte Karte dadurch erraten, dass zunächst ihre Nummer im Haufen angegeben und nun durch ein iteriertes systematisches Mischen, das der Substitution:

$$\begin{pmatrix} n+1-(-1)^k \cdot \left[\frac{k}{2}\right] \\ k \end{pmatrix}, \qquad k = 1, 2, \ldots, 2n$$

(wegen der eckigen Klammer s. I C 1, p. 556) entspricht, wieder die ursprüngliche Reihenfolge der Karten hergestellt wird[59]).

9. Baguenaudier. Das zuerst bei *Hier. Cardan*[60]) erwähnte Spiel, für welches ein deutscher Name nicht zu existieren scheint, besteht aus einer an einem Griff angebrachten Spange, auf der eine Anzahl von Ringen sitzen; jeder derselben ist durch einen an ihm befestigten

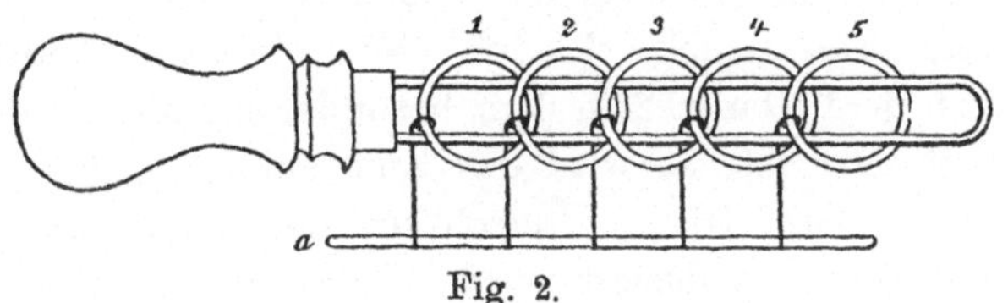

Fig. 2.

Faden, welcher durch das Innere des benachbarten Ringes und zwischen den beiden Bügeln der Spange hindurchgeht, mit einer kleinen Stange a (s. Fig. 2) fest verbunden. Die Aufgabe des Spiels besteht darin, das System der Ringe von der Spange zu trennen. Die ein-

57) Der allgemeinere Fall von p Haufen zu je q Karten ist von *C. T. Hudson,* Educ. Times Repr. 9 (1865), p. 89 behandelt; eine Berichtigung dieser Untersuchungen gab *L. E. Dickson,* New York Math. Soc. Bull. (2) 1 (1895), p. 184.

58) *Monge,* Paris, Mém. prés. 1773, p. 390.

59) Mit Bestimmung der Perioden für verschiedenes n beschäftigen sich *V. Bunjakowskij,* Petersburg, Bull. 16 (1858), p. 67 und *J. Bourget,* J. de math. (3) 8 (1882), p. 413; s. auch *Thomas de St.-Laurent,* Nîmes, Mém. de l'acad. du Gard 1864/65, p. 505.

60) De subtilitate liber XV, Nuremberg. 1550, p. 294. — Die Angabe *O. J. Broch's* (s. *Lucas,* Récr. 1, p. 165), dass solche Vorrichtungen in Norwegen noch heute zum Verschliessen von Truhen u. dgl. gebraucht würden, scheint irrtümlich zu sein (briefl. Mitt. von Herrn Dr. *Nielsen,* Prof. d. Ethnographie in Christiania).

zigen Manipulationen, durch welche dies Ziel erreicht werden kann, sind erstens das „Senken“ eines Ringes, nämlich das Herunterziehen nach rechts (s. Fig. 2) von der Spange und nachherige Hindurchwerfen zwischen den beiden Bügeln der Spange von oben nach unten, und zweitens das „Heben“ eines Ringes, die zu der vorigen inverse Operation. Das „Heben“ resp. „Senken“ eines Ringes ist nun immer nur dann möglich, wenn der folgende Ring (bei einer Numerierung wie in der Fig. 2) auf der Spange sitzt, alle weiteren folgenden Ringe jedoch gesenkt sind; der letzte Ring kann jederzeit gehoben resp. gesenkt werden. Charakterisiert man[61]) die Stellung jedes Ringes durch eine der Ziffern 0 oder 1 und zwar so, dass der erste Ring eine 1 erhält, wenn er oben, und eine 0, wenn er unten ist, und jeder folgende, wenn er unten ist, die Zahl des vorhergehenden, dagegen die entgegengesetzte Zahl, wenn er oben ist, so ist die Anfangsstellung (s. Fig. 2) charakterisiert durch 1010... und die erstrebte Schlussstellung durch 0000.... Fasst man diese Zahlen nun auf als Zahlen des dyadischen Systems, so zeigt sich, dass alle überhaupt ausführbaren Umstellungen hinauskommen auf Additionen und Subtraktionen von je 1 bezw. in besonderen Fällen von je 2, da sich nämlich das Heben und Senken der beiden letzten Ringe gleichzeitig ausführen lässt. Da umgekehrt auch stets die einer Addition resp. Subtraktion von je 1 (bezw. 2 in dem besonderen Falle) entsprechende Operation ausführbar ist, so wird das Ziel auf dem kürzesten Wege erreicht, indem die Zahl 1010... durch successives Subtrahieren von 1 (bezw. 2) zu 0000... reduziert wird. Dies erfordert bei n Ringen $2^{n-1} - \frac{(-1)^n + 1}{2}$ Umstellungen.

10. Nim oder Fan-Tan. Auf amerikanischen Schulen wird ein Spiel unbekannten Ursprungs gepflegt, das von zwei Personen gespielt wird und darin besteht, dass eine Anzahl Haufen von irgend welchen Gegenständen — sagen wir „Steinen“ — hingelegt wird und nun beide Personen abwechselnd eine beliebige Zahl von Steinen fortnehmen, aber bei jedem einzelnen „Zug“ immer nur Steine von einem Haufen und zwar mindestens einen Stein und höchstens den ganzen Haufen. Derjenige, der den letzten Stein nimmt, ist Sieger. Der Anziehende kann in den weitaus meisten Fällen den Sieg erzwingen, und zwar dadurch, dass er eine Spielregel befolgt, welche, von *P. E. More* induktiv gefunden, von *Chs. L. Bouton*[62]) in folgende Form gebracht ist:

61) *L. Gros* (s. Litt.-Verz.).

62) *Chs. L. Bouton*, Ann. of math. (2) 3 (1901), p. 35; reproduziert von *W. Ahrens*, Naturw. Wochenschr. (2) 1 (1902).

Man schreibe die Zahlen der Steine in den einzelnen Haufen in dyadischer Schreibweise unter einander und addiere die Ziffern der einzelnen Kolonnen; die jeweilige Position heisst dann „richtig", wenn diese Summen alle gerade Zahlen (incl. 0) sind, im anderen Falle „unrichtig". Ist die anfängliche Position eine „unrichtige", was in der weitaus grössten Zahl der Fälle zutreffen wird[63]), so kann der Anziehende diese in eine „richtige" überführen, während der Gegner diese „richtige" Position durch seinen Zug wieder in eine „unrichtige" verwandeln muss, und so geht dies weiter, bis der Anziehende siegt. Ist die anfängliche Position dagegen „richtig", so kann der Nachziehende den Sieg stets erzwingen. — Gilt derjenige, der den letzten Stein nimmt, als Verlierer, so muss die Definition der „richtigen" Position etwas modifiziert werden, aber auch hier lässt sich dann zeigen, dass eine „richtige" Position stets in eine „unrichtige" übergeht und eine „unrichtige" stets in eine „richtige" übergeführt werden kann, und nach wie vor ist auch hier der Sieg demjenigen, der die erste „richtige" Position herstellt, bei richtiger Fortsetzung sicher. — Statt des gewöhnlichen Namens „Fan-Tan" schlägt *Bouton*, um Verwechselungen mit einem anderen Spiel dieses Namens zu vermeiden, „Nim" vor. — Die Gesamtheit aller „richtigen" Positionen in dem praktisch gewöhnlichen Fall von drei Haufen bildet übrigens, da jeder Kombination von zwei Zahlen eine dritte eindeutig zugeordnet wird, ein Tripelsystem [I A 2, Nr. **10**], jedoch lässt sich dies Verfahren anscheinend nicht immer zur Bildung von Tripelsystemen verwenden.

11. Varia. Ohne näheres Eingehen mögen zum Schluss noch folgende Spiele einfacheren Charakters Erwähnung finden: 1) *E. Lucas'* „Turm von Hanoï"[64]); 2) *P. G. Tait's* Shilling-Sovereign-Problem[65]); 3) Aufgaben der erschwerten Überfahrt, insbes. *Bachet's* Problem der drei Ehepaare[66]); 4) die Aufgabe, alle $\frac{(n+1)(n+2)}{2}$ Steine des Dominospiels zu einer zusammenhängenden Kette zu vereinigen[67]).

63) Die Wahrscheinlichkeit hierfür s. bei *Bouton*, l. c. p. 37/38.

64) S. *Lucas*, Récr. 3, p. 59 oder die dritte der im Litt.-Verz. angeführten sechs Broschüren desselben Autors.

65) *Tait*, Phil. Mag. (5) 17 (1884), p. 30; Modifikationen und Verallgemeinerungen von *E. Lucas* und *H. Delannoy*, s. des ersteren Arithm. amus., p. 97 und Récr. 2, p. 139.

66) *Bachet*, Probl., 4. Ausg., p. 158 = 2. Ausg., p. 212.

67) Anzahlbestimmung für $n = 6$ durch *M. Reiss*, Ann. di mat. 5 (1871), p. 63; s. auch *G. Tarry*, Assoc. franç. pour l'avanc. des sciences 15 (Nancy 1886), 2, p. 49. Bezüglich $n = 8$ s. *G. Tarry* und *Jolivald* bei *Lucas*, Récr. 4, p. 128.

(Abgeschlossen im Juni 1902.)

I G 2. ANWENDUNGEN DER MATHEMATIK AUF NATIONALÖKONOMIE

VON

V. PARETO

IN LAUSANNE.

Inhaltsübersicht.

Litteratur*).

Lehrbücher.

Joh. Heinr. v. Thünen, Der isolierte Staat in Beziehung auf Landwirtschaft und Nationalökonomie, Teil I, Hamburg 1826; Teil II, Abt. 1, Rostock 1850; Teil II, Abt. 2 und Teil III, Rostock 1863; 3. Aufl., in drei Teilen, Berlin 1875.

Will. Whewell, Mathematical exposition of some doctrines of *political economy,* Cambr. Trans. 3 (1829), p. 191—230; 4 (1831), p. 155—198; 9 (1850), p. 128—149 u. Part. II, p. 1—7.

Aug. Cournot, Recherches sur les principes mathématiques de la théorie des *richesses,* Paris 1838. Letzte Aufl.: Researches into the mathematical principles of the theory of *wealth* by *Aug. Cournot* (1838), translated by *Nath. T. Bacon,* with a bibliography of mathematical economics by *Irv. Fisher,* New-York 1897.

Herm. Heinr. Gossen, Entwickelung der Gesetze des menschlichen Verkehrs und der daraus fliessenden Regeln für menschliches Handeln, Braunschweig 1854

*) In der durch den Druck hervorgehobenen Abkürzung ist das betreffende Werk im Texte citiert.

(Datum der Vorrede Jan. 1853). [Die zweite Ausgabe, Berlin 1888, ist kein neuer Abdruck, nur das Titelblatt ist neu.]

R. Jennings, Natural elements of *political economy,* London 1855.

Heinr. v. Mangoldt, Grundriss der *Volkswirtschaftslehre,* Stuttgart 1863.

Will. Stanley Jevons, The theory of *political economy,* London 1871; 2. Aufl. 1879; 3. Aufl. 1888.

C. Menger, Grundsätze der *Volkswirtschaftslehre.* Erster, allgemeiner Teil, Wien 1871.

Léon Walrás, Eléments *d'économie politique* pure ou théorie de la richesse sociale, Lausanne, Teil I 1874, Teil II 1877; 3. éd., Tome I: Eléments *d'économie politique* pure, Lausanne 1896; Tome II: Etudes *d'économie sociale,* Lausanne 1896; Tome III: Etudes *d'économie appliquée,* Lausanne 1898.

Wilh. Launhardt, Mathematische Begründung der *Volkswirtschaftslehre,* Leipzig 1885.

Phil. H. Wicksteed, The Alphabet of *economic science:* elements of the theory of value, London 1888.

Alf. Marshall, Principles of economics. Vol. I, London 1890; 4. Aufl. 1898.

Maffeo Pantaleoni, Principi di economia pura, Firenze 1890 (Datum der Vorrede April 1889).

Jul. Lehr, Grundbegriffe und Grundlagen der *Volkswirtschaft,* Leipzig 1893.

Vilfredo Pareto, Cours d'économie politique, Lausanne, vol. I 1896, vol. II 1897.

Monographien und grundlegende Abhandlungen.

E. J. Dupuit, De la *mesure* de l'utilité des travaux publics, Ann. ponts chauss. (2) 8 (1844), p. 332—375.

E. J. Dupuit, De l'influence des péages sur l'utilité des voies de communication, Ann. ponts chauss. (2) 17 (1849), 1° sem., nr. 207.

K. H. Hagen, Die Notwendigkeit der Handelsfreiheit für das Nationaleinkommen, mathematisch nachgewiesen, Königsberg i/P. 1844.

W. S. Jevons, Brief account of a general mathematical theory of political economy, Lond. J. royal statist. soc. 29 (1866), p. 282—283.

H. Lefèvre, Traité théorique et pratique des valeurs mobilières et des opérations de bourse, Paris 1870.

W. Launhardt, Kommerzielle Trassierung der Verkehrswege, Hannover 1872.

A. Marshall, The pure theory of *foreign trade,* the pure theory of *domestic values.* Papers printed for private circulation, Cambridge 1879.

F. Y. Edgeworth, Mathematical *psychics,* London 1881.

Eug. Böhm v. Bawerk, Kapital und Kapitalzins, Innsbruck, 1. Abt. 1884; 2. Abt. 1889.

G. B. Antonelli, Sulla teoria matematica dell' economia politica, Pisa 1886.

G. Rossi, La matematica applicata alla teoria della richezza sociale, Reggio Emilia 1889.

A. J. Cohen-Stuart, Bijdrage tot de theorie der progressieve inkomstenbelasting, 'sGravenhage 1889.

F. Y. Edgeworth, On the application of mathematics to *political economy,* Lond. J. royal statist. soc. 52 (1889), p. 538—576.

F. Y. Edgeworth, Report of the committee etc. appointed for the purpose of investigating the best methods of ascertaining and measuring variations in the value of the monetary standard. Memorandum by the Secretary, Report Brit assoc. Adv. Sci. for 1887, p. 247—301; for 1888, p. 181—209; for 1899, p. 133 —164.

Rud. Auspitz und *Rich. Lieben,* Untersuchungen über die *Theorie des Preises,* Leipzig 1889.

V. Pareto, Di un errore del Cournot nel trattare l'economia politica colla matematica, Gi. degli Economisti, Roma, Jan. 1892.

— La teoria dei prezzi dei signori *Auspitz* e *Lieben* e le osservazioni del prof. *Walras,* ib. März 1892.

— Considerazioni sui principi fondamentali dell' economia politica pura, ib. Mai, Juni, August 1892; Jan., Oct. 1893.

— Il massimo di utilità dato dalla libera concorrenza, ib. Juli 1894.

— La legge della domanda, ib. Jan. 1895.

— Teoria matematica del commercio internazionale, ib. April 1895.

— Il modo di figurare i fenomeni economici, ib. Jan. 1896.

— Sunto di capitoli di un nuovo trattato di economia pura, ib. März, Juni 1900.

— Le nuove teorie economiche, ib. Sept. 1901.

Irv. Fisher, Mathematical investigations in the theory of *value and prices,* Connecticut Acad. Trans. 9, New-Haven 1892, Juli.

H. Cunynghame, Some improvements in simple *geometrical methods* of treating exchange value, monopoly and rent, Lond. Econ. J. 2 (1892), p. 35—52.

L. Perozzo, Utilità differenziale delle ferrovie, Rom. Linc. Atti, Jan. 1893.

Knut Wicksell, Über *Wert, Kapital und Rente* nach den neueren nationalökonomischen Theorien, Jena 1893.

P. H. Wicksteed, Essay on the coordination of the *laws of distribution,* London 1894.

E. Barone, Di alcuni teoremi fondamentali per la teoria matematica dell' imposta, Gi. degli Economisti, März 1894.

— A proposito delle indagini del Fisher, ib. Mai 1894.

— Sulla *consumers rent,* ib. Sept. 1894.

— Sul trattamento di quistioni dinamiche, ib. Nov. 1894.

— Studi sulla distribuzione, ib. Febr. 1896.

De Benedetti, Costo delle ferrovie, Roma soc. ingegn. Ann., März, Mai, Juli 1896.

F. Y. Edgeworth, La teoria pura del *monopolio,* Gi. degli Economisti, Juli 1897.

— The pure theory of taxation, Economic J. 7 (1897), p. 46—70, 226—238.

G. Cassel, Grundriss einer elementaren *Preislehre,* Zeitschr. für die ges. Staatswissenschaft 1899.

Bibliographische Sammlungen der Werke und Schriften, die Mathematik auf volkswirtschaftliche Probleme anwenden, findet man u. a. als Anhang zu den oben aufgeführten Werken: *W. St. Jevons,* Political economy, 2. Aufl. London 1879; *A. Cournot,* Wealth, New-York 1897 (with a bibliography . . . by *Irv. Fisher*); *Irv. Fisher,* Value and prices, Connecticut Trans. 9 (1892), Juli; *F. Virgilii* e *C. Garibaldi,* Economia matematica, Milano 1899.

Allgemeine Bibliographien volkswirtschaftlicher Werke, die die mathematischen Schriften zum grossen Teil miteinbegreifen, findet man als Anhang zu: *Jul. Lehr,* Volkswirtschaft, Leipzig 1893, sowie als selbständige Publikation in: *Benj. Rand,* A bibliography of economics, Cambridge 1895.

---

1. Geschichte. Insofern sich die Volkswirtschaftslehre mit Erscheinungen befasst, deren Grössen- und Maassverhältnisse von hervorragender Bedeutung sind, d. h. mit Variationen gewisser Quantitäten, musste sie früher oder später in der Mathematik, der Wissenschaft der Quantität, eine Stütze suchen.

Dieses geschah auf zwei Weisen. Einerseits liessen sich einige Gelehrte, deren hervorragendster Vertreter wohl *W. Whewell*[1]) sein dürfte, darauf ein, einfach diejenigen Sätze in algebraische Zeichensprache zu übersetzen, deren Beweis die Ökonomisten, die keinen Gebrauch von Mathematik gemacht hatten, schon geliefert hatten. Es braucht nicht hervorgehoben zu werden, dass diese Methode wenig Wert besitzt, geringen Erfolg gehabt hat und jetzt fast aufgegeben ist.

Andererseits suchte man nach einem einfachen Prinzip, das dazu diente, durch *Deduktion*, mit Hülfe der mathematischen Analyse, die Gesetze der wirtschaftlichen Phänomene zu liefern. Auf diesem Wege ist man zu manchen Resultaten gelangt und ist berechtigt, weitere zu erwarten.

Die Theorieen, um die es sich hier handelt, kann man auf zwei Weisen einteilen, nämlich einerseits nach dem Unterschied in den Sätzen, von denen sie ausgehen, und andererseits nach dem Unterschied in der Beschränkung des Untersuchungsfeldes.

Man kann nämlich von dem *Gesetz der Nachfrage* ausgehen, wie es *A. Cournot*[2]) gethan hat, der den Preis p einer Ware als gegeben nimmt und die Grösse D, der Nachfrage (franz. demande, engl. demand, ital. domanda) dieser Ware in einem Jahr, als bekannt voraussetzt, indem er $D = f(p)$ setzt. Dieses thut auch *A. Marshall*[3]), indem er die *demand schedule* eines Individuums untersucht, d. h. die Quantitäten, welche eine Person von einer jeden Ware, bei gegebenen Preisen, kauft, als gegeben annimmt.

Anstatt so zu verfahren, kann man aber die Erscheinung tiefer verfolgen und von den Gefühlen ausgehen, die die Waren den Menschen zu Genussobjekten machen. In diesem Fall wird das Gesetz der Nach-

---

1) *Will. Whewell,* Political economy, Cambr. Trans. 3 (1829), p. 191; 4 (1831), p. 155.

2) *Aug. Cournot,* Richesses, Paris 1838; *H. v. Mangoldt,* Volkswirtschaftslehre, Stuttgart 1863; *H. C. Fleeming Jenkin,* Trade Unions North british review, März 1868; The graphic representation of the laws of supply and demand 1868, in Papers literary scientific, 2 vols, ed. by Sidn. *Colvin* and *J. A. Ewing,* London 1888, 2, p. 76; Incidence of taxes, 1871, in „Papers" 2, p. 107.

3) *A. Marshall,* Principles, London 1890; domestic values, foreign trade, Cambridge 1879.

frage eine Deduktion und nicht mehr ein Datum. Dieser Weg ist zuerst von *J. Dupuit*[4]), *H. H. Gossen*[5]) und *R. Jennings*[6]) eingeschlagen worden. Entwickelte Theorieen finden sich bei *W. Stanley Jevons*[7]), *C. Menger*[8]), *L. Walras*[9]), *W. Launhardt*[10]), *A. Marshall*[11]), *M. Pantaleoni*[12]), *F. Y. Edgeworth*[13]), *I. Fisher*[14]), *J. Lehr*[15]), *V. Pareto*[16]), u. a.

Was den Unterschied anbelangt, der sich daraus ergiebt, dass das Gebiet der Untersuchungen nicht bei allen gleich weit und breit ist, ist zu bemerken, dass die Mehrzahl der Schriftsteller sich auf einen Teil des Gebietes beschränken, in welches die wirtschaftlichen Erscheinungen sich zerlegen lassen. Die meisten haben sich für die Theorie der Bestimmung des Preises interessiert. Diese Theorie ist Gegenstand eines eingehenden Werkes von *R. Auspitz* und *R. Lieben*[17]) geworden.

Andere Gelehrte haben sich auf die spezielle Behandlung anderer Theorieen verlegt, die Theorie der Produktion, der Rente u. s. w.

L. Walras war der erste, der die wirtschaftlichen Erscheinungen im Zusammenhange betrachtet und das System von Gleichungen aufgestellt hat, welche diesen Zusammenhang darstellen und bestimmen, unter der Voraussetzung der freien Konkurrenz. Dem System dieser Gleichungen gebührt der Name „*Walras'sche Gleichungen*“ (Nr. **3**).

Der wirtschaftliche Kreislauf bildet einen geschlossenen Cyklus, den wir willkürlich in Teile zerstückeln: Konsumtion, Tausch, Produktion, Kapitalisation. Der Mensch unterzieht sich Mühsalen, um sich bestimmte Güter zu verschaffen, die, wenn sie verbraucht sind, ihn in den Stand setzen, sich von neuem Kraftanstrengungen auszusetzen; und so geht es weiter in ununterbrochener Reihenfolge. Ein Umstand bringt in das Problem eine Verwickelung. Die Anstrengungen der Menschen haben meistens nicht den unmittelbaren

---

4) *J. Dupuit,* Mesure, Ann. ponts chauss. (4) 8 (1844), p. 332.
5) *H. H. Gossen,* Entwickelung, Braunschweig 1854.
6) *R. Jennings,* Political economy, London 1855.
7) *W. St. Jevons,* Political economy, London 1871.
8) *C. Menger,* Volkswirtschaftslehre, I. Teil, Wien 1871.
9) *L. Walras,* Économie politique, I. Teil, Lausanne 1874.
10) *W. Launhardt,* Volkswirtschaftslehre, Leipzig 1885.
11) *A. Marshall,* Principles, vol. I, London 1890.
12) *M. Pantaleoni,* Principii, Firenze 1890.
13) *F. Y. Edgeworth,* Psychics, London 1881.
14) *Irv. Fisher,* Value and prices, Connecticut Trans. 9 (1892).
15) *J. Lehr,* Volkswirtschaft, Leipzig 1893.
16) *V. Pareto,* Cours, Lausanne 1896, 1897.
17) *R. Auspitz* und *R. Lieben,* Theorie des Preises, Leipzig 1889.

Zweck, die Güter zu erlangen, welche sie direkt brauchen; es ist oft vorteilhafter, einen Umweg einzuschlagen[18]); so wäre es z. B. zu kostspielig, direkt sich Wasser, das man braucht, aus dem Brunnen selber zu schöpfen; Eisenerze schmelzen, eine gusseiserne Leitung herstellen, ist vorteilhafter, sowie es sich um grössere Quantitäten Wasser handelt. Das Studium dieses Umweges, den man einschlägt um sich wirtschaftliche Güter zu verschaffen, führt zur Theorie der Kapitalbildung und erschwert das Studium der Produktion. Die wirtschaftlichen Erscheinungen werden auf diese Weise ausserordentlich mannigfaltig und kompliziert. Diese Erscheinungen, in ihrem Zusammenhang, drücken die Walras'schen Gleichungen aus. Diese Gleichungen sind auch die Grundlage der Theorieen des *Cours* von *V. Pareto*.

Die mathematische Analyse braucht man erst, um einen Begriff vom Nexus der wirtschaftlichen Cirkulation zu gewinnen und deren hauptsächlichste Merkmale zu bestimmen. Beschränkt man sich auf ein spezielles und numerisches Problem, z. B. auf die Bestimmung der Preise, so ist der Nutzen der Mathematik schon mit Rücksicht auf den Mangel an ausreichenden numerischen Daten (z. B. für die Kenntnis der Parameter in den Gleichungen (6), Nr. **6**) nur ein geringer. Der Nutzen wird aber ein beträchtlicher, sobald man sich mit einem allgemeinen und qualitativen Problem beschäftigt, wie es u. a. die Erkenntnis der Bedingungen ist, die das wirtschaftliche Gleichgewicht bestimmen (Nr. **3**). Handelt es sich um dieses grundlegende Problem des wirtschaftlichen Gleichgewichts, so ist es von Wichtigkeit zu wissen, wann dieses Gleichgewicht bestimmt und wann es nicht bestimmt ist, und dieses kann man sofort erfahren, indem man die Anzahl der Gleichungen mit derjenigen der Unbekannten vergleicht[19]). Andere Probleme dieser Art, die zu denen gehören, die *Edgeworth* *unnumerical mathematics* nennt, können mit Vorteil gelöst werden, z. B. diejenigen, die mit der Bestimmung der Bedingungen des Maximums der Befriedigung zu thun haben (Nr. **7**).

2. Welche Erscheinungen behandelt die mathematische Wirtschaftslehre? Es handelt sich um abstrakte Erscheinungen wie die, welche die *rationelle* Mechanik behandelt. Wir gehen hier nicht auf die Frage ein, in welchem Verhältnis das abstrakte Phänomen zum

18) *E. Böhm v. Bawerk* hat diesen Satz ausführlich entwickelt: Kapital und Kapitalzins, Innsbruck 1884. Zweite Abt.: Positive Theorie des Kapitales, 1889, IV. Abschn., p. 299 ff.

19) *L. Walras,* Économie politique, 3. éd. Lausanne 1896, leçon 11, § 108, p. 133—34; *V. Pareto,* Cours, § 51.

konkreten steht[20]), da es sich dabei nicht um eine mathematische Frage handelt. Nur ein paar Worte, zwei Vorwürfe betreffend, mögen hier am Orte sein[21]).

Wie die analytische Mechanik[22]) materielle Punkte und starre Körper behandelt, so betrachtet die mathematische Wirtschaftslehre einen abstrakten Menschen, einen *homo oeconomicus*. Die menschlichen Handlungen sind ausserordentlich mannigfaltig und bilden das Objekt verschiedener Wissenschaften. Es lassen sich aber gewisse Klassen von Charakteren A, B, C... isolieren und Menschen betrachten, die sich ausschliesslich mit den Handlungen der Klasse A befassen, oder aber mit denen der Klasse B u. s. f.

Der „homo oeconomicus" befasst sich ausschliesslich mit den rationellen Handlungen, die den Zweck haben, ökonomische Güter zu erwerben. Man kann sich mit demselben Rechte einen homo religiosus, einen homo ethicus, einen homo politicus, selbst einen homo eroticus u. s. f. konstruieren; im realen Menschen steckt dann ein homo oeconomicus, ein homo religiosus etc.

In diesem Sinne definiert *Pareto*[23]) den homo oeconomicus wie folgt: „Comme la mécanique rationelle considère des points matériels, l'économie pure considère l'homo oeconomicus. C'est un être abstrait, sans passions ni sentiments, recherchant en toute chose le maximum de plaisir ne s'occupant d'autre chose que de transformer les uns ou les autres les biens économiques".

Man hat gemeint, die mathematischen Ökonomisten behaupteten, der wirkliche Mensch sei ein *homo oeconomicus*; da war es denn nicht schwer zu beweisen, sie hätten unrecht. Die Zumutung ist aber falsch: die Ökonomisten behaupten nicht, der wirkliche Mensch sei

---

20) *Bened. Croce,* Gi. Econ., Aug. 1900; *V. Pareto,* Gi. Econ., Sept. 1900.

21) S. auch *W. S. Jevons,* Political economy; *F. G. Edgeworth,* Psychics; *J. Neville Keynes,* Scope and Method of political economy, London 1891.

Einige Einwände rühren daher, dass Autoren, die Mathematik nicht kennen, mathematische Theorieen der Wirtschaftslehre beurteilen. So hat man z. B. behauptet, dass das „*Gesetz der Substitution*", wonach eine Ware eine andere im Konsum ersetzen kann, die Mathematik in der Wirtschaftslehre unverwertbar mache. Das hiesse soviel, wie behaupten, die Mathematik könne nur Funktionen mit *einer* unabhängigen Variabeln behandeln. Vgl. *V. Pareto,* Cours § 974.

22) Vgl. *V. Volterra,* Gi. Econ., Nov. 1901. V. geht hier näher ein auf die Analogie zwischen Abstraktionen, wie sie u. a. zum Begriff des homo oeconomicus führen, und solchen, wie sie in der analytischen Mechanik längst eingebürgert sind, und erstaunt über den Widerstand, auf den derartige Abstraktionen in der Wirtschaftslehre gestossen sind.

23) *Pareto,* Comment se pose le problème de l'économie pure. Lausanne, Mém. prés. à la soc. *Stella,* Dez. 1898, p. 8.

ein *homo oeconomicus*, ebenso wie es keinem Kenner der reinen Mechanik einfällt, die wirklichen Körper als identisch mit denjenigen zu betrachten, die die rationelle Mechanik behandelt. Beide scheiden einfach, durch Abstraktion, gewisse Teile der wirklichen Erscheinung von anderen ab und studieren sie isoliert.

Man kann ferner den Einwand erheben, dass, während z. B. die Astronomie durch die Abstraktionen der Mechanik mit bestem praktischem Erfolge approximiert wird, in der mathematischen Wirtschaftslehre bislang nur festgestellt werden konnte, dass einige ihrer Konsequenzen qualitativ mit wirklich beobachteten Thatsachen übereinstimmen. Dies mag bis zu einem gewissen Grade zugegeben werden; es steht indessen in sicherer Aussicht, dass mit zunehmender Kenntnis empirischer Daten auch die Zahl der positiven, quantitativen Ergebnisse der neuen Lehren wachsen wird. Gegenwärtig besteht der Hauptwert[24]) der mathematischen Theorie darin, dass sie zu einer Auffassung der konkreten wirtschaftlichen Phänomene führt, die der Wirklichkeit erheblich näher kommt, als alle anderen bisher bekannten Theorien; vergleicht man die letzteren mit den konkreten Phänomenen, so liefert die mathematische Theorie die Mittel, um zahlreiche Irrtümer und Sophismen der anderen Theorien aufzudecken (vgl. Nr. **6**).

Einige Autoren, z. B. *G. Cassel*[25]), haben der mathematischen Volkswirtschaftslehre vorgeworfen, sie behandele Funktionen, die eigentlich unstetig sind, als ob sie stetig wären; die Variationen in den Mengen der konsumierten Waren seien ganze Einheiten und nicht unendlich kleine Teilchen. Dieses ist richtig und der Einwurf wäre zu beachten, wenn es sich um ein psychologisches Studium eines einzelnen Individuums handelte. Die Volkswirtschaftslehre befasst sich aber nur mit *grossen* Zahlen und alsdann kann man in den meisten Fällen kontinuierliche Funktionen an Stelle der diskontinuierlichen setzen, ohne dass man zu grosse Fehler zu befürchten hätte[26]). Dasselbe thut man in der Wahrscheinlichkeitslehre, mathematischen Physik und überhaupt immer dort, wo es sich darum handelt, statistische Phänomene durch Kurven oder kontinuierliche Funktionen darzustellen. Ist z. B. N die Zahl der Individuen einer gewissen Bevölkerungsgruppe, t die Zeit, so wird $N = f(t)$ als eine kontinuierliche Funktion behandelt, während es klar ist, dass N nur eine ganze Zahl sein kann. Man muss allerdings bei wirtschaftlichen Problemen darauf achten, dass der Fehler, den man durch die Substitution kon-

24) *Pareto,* Gi. Econ., Sept. 1901; *Pareto,* Systèmes socialistes, 1, Paris 1902.

25) *G. Cassel,* Preislehre, Zeitschr. f. d. ges. Staatsw. 1899, § 23, p. 416.

26) *V. Pareto,* Gi. Econ., Juni 1900, p. 545 ff.

tinuierlicher Funktionen an Stelle der diskontinuierlichen begeht, unbeträchtlich sei. In einigen Fällen ist er es nicht[27]).

Es ist übrigens für die mathematische Wirtschaftslehre nicht unerlässlich, kontinuierliche Funktionen zu gebrauchen und man kann oft ebenso gut mit der Betrachtung endlicher Variationen auskommen.

3. Grundgleichungen, die sich durch Verwertung des Begriffes der Ophelimität[28]) aufstellen lassen. Die Theorie der reinen Mechanik kann entwickelt werden, indem man von der Kraft, als Ursache der Bewegung, ausgeht, oder indem man von dem Studium der Bewegung selbst ausgeht.

Zwei ähnliche Wege führen zu den Gleichungen der Wirtschaftslehre.

Bisher ist immer der erste Weg eingeschlagen worden und erst in letzter Zeit hat *Pareto* auch den zweiten benutzt[25]). Schon vor Einführung mathematischer Methoden hatten die Ökonomisten, wenn auch undeutlich, das Bestehen eines gewissen *Tauglichkeitsverhältnisses* (rapport de convenance) zwischen den Bedürfnissen des Menschen und den Gütern, die er verwertet, beobachtet und diesem Verhältnis verschiedene Namen gegeben, z. B. Gebrauchswert, Nützlichkeit etc. Die mathematischen Ökonomisten haben diesen Begriff aufgenommen, vervollständigt, besonders aber berichtigt, was freilich nicht sofort hat gelingen wollen.

Die englische Schule nennt den Genuss, der einem Menschen dadurch verschafft wird, dass er ein bestimmtes Quantum Ware konsumiert, einfach die *Nützlichkeit dieses Quantums.* Dieser Genuss hängt offenbar von derjenigen Quantität ab, die schon vor der in Betracht kommenden genossen worden ist. Nehmen wir an, ein Mensch habe schon x_a der Ware A genossen, so ist der Genuss, der ihm dadurch verschafft wird, dass er noch dx_a hinzunimmt, durch $\varphi_a(x_a)dx_a$ ausgedrückt, wo die Funktion φ_a im allgemeinen je nach dem Individuum und je nach der Ware eine andere ist (Nr. **3**). Die Quantität $\varphi_a(x_a)$ nennt *Jevons final degree of utility* und dieser Name ist allgemein üblich bei der englischen und amerikanischen Schule. *Gossen* hat den Genuss des letzten noch eingetauschten Teilchens den *Wert des letzten Atoms* genannt. *L. Walras* nennt $\varphi_a(x_a)$ *rareté.*

Den Bezeichnungen *Nützlichkeit* und *Seltenheit* haftet der Nach-

27) *V. Pareto,* Cours, § 22. Vgl. I D 4 a, sowie *R. Auspitz* und *R. Lieben,* Theorie des Preises, p. 117 ff.

28) *V. Pareto,* Gi. Econ., März, Juni 1900; *P. Boninsegni,* Gi. Econ., Febr. 1902.

29) *V. Pareto,* Cours, § 25.

teil an, dass sie in dem gewöhnlichen Sprachgebrauch einen Sinn haben, der von demjenigen verschieden ist, den sie in der Wirtschaftslehre erhalten. Wir dürften z. B., ohne dem üblichen Sprachgebrauch Gewalt anzuthun, nicht sagen, dass Morphium dem Morphinomanen „nützlich“ sei; wir müssten sagen, es sei ihm schädlich; vom wirtschaftlichen Standpunkt aus werden wir sagen, Morphium habe für ihn eine bestimmte *Nützlichkeit* oder einen bestimmten *Wert*, da er ja Morphium verlangt.

Es giebt also Dinge, die sehr schädlich sind und doch wirtschaftlich *nützlich* genannt werden. Ebenso giebt es höchst seltene Dinge, denen trotzdem durchaus keine wirtschaftliche *Seltenheit* zuzusprechen ist, weil kein Mensch nach ihnen ein Verlangen hat.

Die Gefahr einer Amphibolie zwischen dem gewöhnlichen Sprachgebrauch und dem wissenschaftlichen ist nicht zu unterschätzen. Oft sind wirtschaftliche Theorieen kritisiert worden, blos weil man die wirtschaftliche Nützlichkeit mit derjenigen des üblichen Sprachgebrauchs oder die *Seltenheit* von *Walras* mit der absoluten Seltenheit verwechselte. Um diesen Wortstreitigkeiten ein Ende zu machen, hat *Pareto* die Quantität $\varphi_a(x_a)$ *Ophelimität* [26]) benannt. Gegen die Theorie, die wir angedeutet haben, erhebt man zwei Einwände. Der erste ist begründet und um ihm gerecht zu werden, hat *Pareto* eine neue Theorie aufgestellt, von der in Nr. **4** die Rede sein soll. Wenn man durch $\varphi_a(x_a)dx_a$ den Genuss ausdrückt, den der Konsum von dx_a, welcher zu dem von x_a hinzukommt, verschafft, so nimmt man an, dass dieser Genuss eine Quantität sei, die sich *messen* lasse. Davon lässt sich aber gar kein Beweis geben. Es ist dieses ein dunkler Punkt, der klar gemacht werden muss. Vorläufig nehmen wir an, der Genuss liesse sich messen.

Der zweite Einwand besteht darin, dass der Genuss, den der Konsum von dx_a verschafft, nicht blos von x_a abhängt, sondern zugleich auch vom Konsum $x_b, x_c, \ldots$ der übrigen Waren $B, C, \ldots$ [13]).

Dieses ist im allgemeinen richtig, aber um diesen Umstand zu berücksichtigen, genügt es, dass man $\varphi_a(x_a, x_b, \ldots)$ an die Stelle von $\varphi_a(x_a)$ setzt. Allerdings wird dadurch die Theorie komplizierter; um sie zu vereinfachen, kann man beobachten, dass es in vielen Fällen blos zu unbedeutenden Fehlern führt, wenn man $\varphi_a(x_a)$ an die Stelle von $\varphi_a(x_a, x_b, \ldots)$ setzt.

Wenn man die Funktionen $\varphi_a(x_a), \varphi_b(x_b), \ldots$ untersucht, findet man immer eine Funktion Φ, die derartig ist, dass

$$\frac{\partial \Phi}{\partial x_a} = \varphi_a, \quad \frac{\partial \Phi}{\partial x_b} = \varphi_b, \ldots,$$

dagegen findet dieses nicht immer statt, wenn man die Funktionen

$$\varphi_a(x_a, x_b, \ldots), \qquad \varphi_b(x_a, x_b, \ldots)$$

untersucht. Wo dies aber nicht der Fall ist, muss man, um

$$d\Phi = \varphi_a dx_a + \varphi_b dx_b + \cdots$$

zu integrieren, gewisse Relationen zwischen x_a, $x_b, \ldots$ haben, d. h. alsdann hängt der Genuss von der Reihenfolge, in der die Konsumsakte stattfinden, ab[25]).

Die Funktion Φ hat man den *Gesamtnutzen*, die *Totalophelimität* genannt; sie misst den Genuss einer Gesamtheit von Konsumen. Man kann von der Betrachtung von Φ ausgehen, um zu φ_a, $\varphi_b, \ldots$ zu gelangen, oder umgekehrt verfahren; letzterer Weg ist der einfachste, weil ein Individuum sich bewusst sein kann, welchen Genuss ihm $\varphi_a dx_a$, $\varphi_b dx_b, \ldots$ verschaffen, aber kein Bewusstsein hat vom Gesamtgenuss Φ.

Das erste Problem, das gelöst worden ist, ist das den Tausch betreffende. Man hat es unter dem Einfluss der bei nicht mathematisch gebildeten Volkswirten üblichen Ideen herausgegriffen. So hat ja auch die analytische Mechanik damit angefangen, spezielle Probleme zu lösen, ehe sie allgemeine Theorieen aufgestellt hat.

Gegeben seien zwei Individuen, die wir 1 und 2 nennen wollen. Das Individuum 1 besitze q_a von der Ware A, das Individuum 2 besitze q_b von der Ware B. Der „Tausch“ besteht darin, dass das, was das eine Individuum abgiebt (negativ erhält), das andere erhält; erhält also 1 x_{1a} von A, x_{1b} von B, und 2 x_{2a} von A, x_{2b} von B, so sind x_{2a}, x_{1b} positive, x_{1a}, x_{2b} negative Quantitäten, und man hat:

$$(1) \qquad x_{1a} + x_{2a} = 0, \qquad x_{1b} + x_{2b} = 0.$$

Die Grösse $\varphi_{1a}(q_a + x_{1a})\,dx_{1a}$ giebt die Zunahme des Genusses an, die 1 erfährt, wenn es noch dx_{1a} erhält, wobei diese Zunahme zugleich mit dx_{1a} positiv oder negativ ausfällt; desgleichen ergiebt $\varphi_{1b}(x_{1b})\,dx_{1b}$ die Zunahme des Genusses für 1 beim Empfange von dx_{1b}. Ersichtlich wird 1 ein Interesse daran haben, den Tausch solange fortzusetzen, als die Totalzunahme des Genusses:

$$\varphi_{1a}(q_a + x_{1a})\,dx_{1a} + \varphi_{1b}(x_{1b})\,dx_{1b}$$

noch positiv ist, und wird erst dann befriedigt sein, wenn diese Grösse vom Positiven ins Negative übergeht, d. h. wenn sie gerade den Wert Null besitzt. Das entsprechende gilt für 2.

Es tritt demnach *„wirtschaftliches Gleichgewicht“* ein, wenn:

$$(2) \qquad \begin{cases} \varphi_{2a}(q_a + x_{1a})\,dx_{1a} + \varphi_{1b}(x_{1b})\,dx_{1b} = 0, \\ \varphi_{2a}(x_{2a})\,dx_{2a} + \varphi_{2b}(q_b + x_{2b})\,dx_{2b} = 0. \end{cases}$$

Man kann den analytischen Kern des Beweises auch dahin ausdrücken, dass 1 versucht, Φ_1 auf ein *Maximum* zu bringen, während 2 aus Φ_2 ein *Maximum* machen will; oder auch, was analytisch dasselbe, wirtschaftlich aber zweckmässiger ist, die Gleichungen (2) drücken die gegenseitige Stellung aus, in der 1 und 2 keinen Vorteil mehr an einer Fortsetzung des Tausches haben.

Damit ein Maximum existiert, muss überdies $d^2\Phi < 0$ sein. Im vorliegenden Falle hängt $\frac{\partial \Phi}{\partial x_a}$ allein von x_a, $\frac{\partial \Phi}{\partial x_b}$ allein von x_b ab, so dass $\frac{\partial^2 \Phi}{\partial x_a \partial x_b} = 0$ ist, somit wird die Bedingung des Maximums:

$$\frac{\partial^2 \Phi}{\partial x_a^2} dx_a^2 + \frac{\partial^2 \Phi}{\partial x_b^2} dx_b^2 < 0.$$

Diese Bedingung ist aber erfüllt, da sich in Nr. **5** zeigen wird, dass:

$$\frac{\partial^2 \Phi}{\partial x_a^2} < 0, \quad \frac{\partial^2 \Phi}{\partial x_b^2} < 0.$$

Auch für den schwierigen Fall, dass $\frac{\partial^2 \Phi}{\partial x_a \partial x_b} \neq 0$, existieren Untersuchungen.

Die Gleichungen (2) sind der Grundstein der mathematischen Wirtschaftslehre. Sie werden in verschiedener Form von verschiedenen Schriftstellern ausgedrückt. Setzen wir:

$$-\frac{dx_{1a}}{dx_{1b}} = p_b,$$

so zeigen die Gleichungen (1), dass man auch:

$$-\frac{dx_{2a}}{dx_{2b}} = p_b$$

hat und die Gleichungen (2) werden alsdann:

---

30) *L. Walras*, Économie politique, p. 122. Er nennt *rareté* die Quantitäten $\varphi_{1a}, \varphi_{1b}, \ldots$ und bezeichnet sie mit $x_a, x_b, \ldots$ (es sind dieses also andere Werte als die $x_{1a}, x_{1b}, \ldots$ des Textes). Seine Formel ist $\frac{x_{b1}}{x_{a1}} = p_b$, die mit der obigen Formel $\frac{\varphi_{1b}}{\varphi_{1a}} = p_b$ übereinstimmt. Er sagt, dass diejenigen Sachen *rares* sind, „welche einerseits uns *nützlich* sind, und andererseits uns in *beschränkten Quantitäten* zur Verfügung stehen". *W.* scheint dabei eine sogenannte *unbeschränkte* Quantität mit einer *grossen* Quantität zu verwechseln. Derselbe Irrtum kommt p. 102 (éd. 1900) wieder vor, wo *W.* von einer Quantität spricht, „die grösser ist als der Erweiterungsgrenznutzen", die er als eine *unbeschränkte* bezeichnet. Dieser Irrtum übt aber auf die weiteren Schlussfolgerungen keinen Einfluss aus.

$$\frac{\varphi_{1b}}{\varphi_{1a}} = \frac{\varphi_{2b}}{\varphi_{2a}} = p_b.$$

In dieser Form stellt sie *L. Walras* dar[27]). („*Walras*'sche Form".)

Die Gleichungen (2) kann man auch schreiben:

$$\frac{\varphi_{1a}(q_a + x_a)}{\varphi_{1b}(x_{1b})} = -\frac{dx_{1b}}{dx_{1a}} = \frac{\varphi_{2a}(x_{2a})}{\varphi_{2b}(q_b + x_{2b})}.$$

Dieses ist die *Jevons*'sche Form[31]).

Dergleichen einfache Transformationen haben keine wesentliche Bedeutung.

Diese Formeln, welche Form man auch vorziehen mag, lassen sich auf eine beliebige Anzahl von Gütern und am Tausche beteiligten Individuen ausdehnen. Der *Walras*'schen Theorie gemäss kommt man auf die Gleichungen

$$(3)\qquad \begin{cases} \varphi_{1a} = \frac{1}{p_b}\varphi_{1b} = \frac{1}{p_c}\varphi_{1c} = \cdots \\ \varphi_{2a} = \frac{1}{p_b}\varphi_{2b} = \frac{1}{p_c}\varphi_{2c} = \cdots \\ \cdot\;\cdot\;\cdot\;\cdot\;\cdot\;\cdot\;\cdot\;\cdot\;\cdot\;\cdot\;\cdot\;\cdot \end{cases}$$

Der *Jevons*'schen Theorie gemäss kommt man zu den Gleichungen

$$(4)\qquad \begin{cases} \frac{\varphi_{1a}}{\varphi_{1b}} = \frac{\varphi_{2a}}{\varphi_{2b}} = \frac{\varphi_{3a}}{\varphi_{3b}} = \cdots = -\frac{dx_{1b}}{dx_{1a}} = \cdots \\ \frac{\varphi_{1a}}{\varphi_{1c}} = \frac{\varphi_{2a}}{\varphi_{2c}} = \frac{\varphi_{3a}}{\varphi_{3c}} = \cdots = -\frac{dx_{1c}}{dx_{1a}} = \cdots, \end{cases}$$

die mit den vorhergehenden identisch sind. Wir kommen nun auf den Tausch zwischen zwei Individuen mit blos zwei Waren zurück. Vermittelst der Gleichungen (1) eliminieren wir dx_{1a}, dx_{1b}, dx_{2a}, dx_{2b} aus den Gleichungen (2) und erhalten alsdann das System:

$$(5)\qquad \begin{cases} x_{1a} + x_{2a} = 0, \qquad x_{1b} + x_{2b} = 0, \\ \varphi_{1a} : \varphi_{1b} = \varphi_{2a} : \varphi_{2b}. \end{cases}$$

Diese drei Gleichungen genügen indessen nicht, um die vier Unbekannten x_{1a}, x_{2a}, x_{1b}, x_{2b} zu bestimmen. Die alte Wirtschaftslehre hatte diese Thatsache schon vermutet. Es war ihr schon klar, dass

31) *Jevons*, Political economy, p. 108. Er gebraucht die Formel:

$$\frac{\psi_1(a-x)}{\psi_1(y)} = \frac{y}{x} = \frac{\psi_2(x)}{\psi_2(b-y)},$$

die, anders geschrieben, übereinstimmt mit:

$$\frac{\varphi_{1a}}{\varphi_{1b}} = -\frac{dx_{1b}}{dx_{1a}} = \frac{\varphi_{2a}}{\varphi_{2b}}.$$

die Resultate des Tausches sich änderten, wenn das Tauschverhältnis während des Tausches sich veränderte[32]); ihre Begriffe waren aber noch unbestimmt und unsicher; erst die mathematische Analyse hat ihnen Schärfe und Genauigkeit verschafft.

Hier haben wir grade ein Beispiel ihres Wertes. Die ersten Autoren, die dieses Problem mathematisch behandelt haben (*Jevons, Walras*), haben von wirtschaftlichen Kriterien geleitet, vorausgesetzt, man hätte $-\frac{x_{1a}}{x_{1b}} = p_b$, wobei p_b *konstant.*

Diese Quantität nennt *L. Walras* den *Preis von B in A.* Man bekommt so die Gleichung, die, um das System (5) zu vervollständigen, fehlte und das Problem des Tausches ist gelöst.

Man beobachtete aber bald, und *F. Y. Edgeworth* hat besonders betont, dass man auf diese Weise nur die Lösung eines speziellen Falles hatte, wenn auch schon eines wichtigen. *A. Marshall*[33]) hat eingehende Betrachtungen über den Fall angestellt, in dem der Preis p_b während des Tausches variiert. Allgemein gesagt, ist es klar, dass man eine weitere Gleichung braucht, sei es eine gewöhnliche oder eine Differentialgleichung, welche die zwei Quantitäten x_{1a}, x_{1b} mit einander verbindet[25]).

Von einem allgemeineren Standpunkte aus empfiehlt es sich, das Tauschproblem durch das der Verteilung einer bestimmten Quantität Ware zu ersetzen.

Der Tausch oder die Verteilung ist nur ein *Teil* eines wirtschaftlichen *Cyklus*; damit er vollständig werde, muss die *Produktion* und die *Kapitalbildung* dazu genommen werden. Zu den für den Tausch gegebenen Gleichungen muss man also die Gleichungen der Produktion und Kapitalisation hinzunehmen und man erhält dann das System von Gleichungen, das den wirtschaftlichen Cyklus vollständig für den Fall der freien Konkurrenz bestimmt. Man kann diese Gleichungen auch auf den Fall erweitern, wo es sich um ein Monopol handeln sollte oder um einen sozialistischen Staat oder irgend eine andere beliebige Hypothese[34]).

4. Grundgleichungen, die sich ergeben, wenn man die Auswahl als Ausgangspunkt nimmt[25]). Das wirtschaftliche Problem, in

32) Die Einwände, die *Thornton,* On labour, London 1870, Book II, Ch. I, p. 23 ff. gegen die klassische Werttheorie erhebt, erklären sich teilweise durch die Bemerkung des Textes.

33) *Marshall,* Principles, 1898, p. 414—416, 795—796, note XII.

34) *V. Pareto,* Cours 2, p. 400 ff. Die Gleichungen, die das wirtschaftliche Gleichgewicht ausdrücken, giebt § 135[1].

seiner allgemeinsten Form, kann auf folgende Weise formuliert werden. Gewisse Individuen haben bestimmte Bedürfnisse, die in der Auswahl zum Vorschein kommen, die sie treffen, wenn sie auf Widerstand stossen (Geschmack oder Bedürfnisse anderer Leute, mit denen sie tauschen, Schwierigkeiten, Kraftaufwendung um zu produzieren und zu kapitalisieren). Wie werden diese Individuen handeln? Die Antwort hat man, wenn man Auswahltabellen und Tabellen der Wirkung der Widerstände aufstellt. Diese Tabellen kann man am besten durch Gleichungen ausdrücken und ersetzen. Wie dieses geschieht, können wir sehen, wenn wir als Beispiel die Auswahltabellen nehmen.

Die zusammengesetzten Auswahlen, deren Ausdruck die Nachfrage der Waren ist, entstehen aus einfachen Auswahlen zwischen Waren, die zu je zweien genommen werden. Nehmen wir an, ein Individuum besitzt x_a von A und x_b von B. Suchen wir nun nach einer anderen derartigen Kombination $x_a + dx_a$, $x_b + dx_b$ für dasselbe Individuum, dass ihm die Wahl zwischen dieser Kombination und der vorhergehenden gleichgültig sei. Auf diese Weise, nach und nach fortschreitend, bestimmt man eine gewisse Kurve, die *Indifferenzkurve* heisst[35]). Von einer anderen Kombination ausgehend $x_a + \delta x_a$, $x_c + \delta x_c$, kommen wir auf eine neue Indifferenzkurve. Indem wir so fortfahren, bedecken wir die Ebene der x_a, x_c mit unendlich naheliegenden Indifferenzkurven. Man erhält dadurch ein geometrisches Schema der Bedürfnisse des in Betracht genommenen *homo oeconomicus.* Man könnte übrigens dieses Schema auch durch andere Kurven, wie die „*Vorzugskurven*", ausdrücken[36]).

---

35) Diese Benennung rührt von *F. Y. Edgeworth,* Psychics, p. 21 her. Er geht von der Betrachtung des Genusses und seiner Messung aus, um zu den Indifferenzlinien zu gelangen, die bei ihm als Indifferenzlinien der Kontrakte auftreten. Wir gehen den umgekehrten Weg; die Indifferenzlinie, deren Betrachtung bei uns von den Kontrakten unabhängig ist, ist ein Ergebnis der Erfahrung; diese ist unser Ausgangspunkt. Wir schreiten vom Bekannten zum Unbekannten. *I. Fisher,* Value and prices, chap. 1, § 4, hat richtig erkannt, dass die Wahlen, die Vorzugsurteile, nicht genügen, um ein Maass des Nutzens (Genusses, Ophelimität) zu finden; trotzdem sucht er nach diesem Maass und begründet auf ihm den Beweis der Fundamentalgleichungen. Dieser Weg muss ein für allemal aufgegeben und es darf nur ein System von Indices, wie sie die Beobachtung liefert, gebraucht werden.

36) Diesen Namen hat *F. Y. Edgeworth,* Psychics, p. 22 eingeführt; vgl. Gi. econ., März 1891. Er bezeichnet mit U und V die Totalophelimitäten, die zwei Individuen geniessen und mit x, y die Quantitäten, die wir mit x_a, x_b bezeichnet haben; $\frac{\partial U}{\partial x}$ ist demgemäss unser φ_a, u. s. w. Er nennt „*Kontraktkurve*" die Kurve, deren Gleichung ist:

Ist $dx_a + \pi_b dx_b = 0$ die Differentialgleichung der Indifferenzkurve, die durch die Punkte x_a, x_b geht, so ist π_b der *Maximalpreis*, den das Individuum bereit ist, durch Hingabe von A für den Besitz von B zu bezahlen; dieser Preis ist so hoch, dass es dem Individuum schliesslich gleichgültig ist, — dx_a gegen dx_b zu tauschen oder nicht zu tauschen. Man könnte von der Betrachtung des Maximalpreises ausgehen, um die Gleichung der Indifferenzkurven aufzustellen; es ist aber der Allgemeinheit wegen besser, die Grundgleichungen ohne Bezug auf die Preise zu erhalten.

Die Vorzugskurven kann man auch aus der Betrachtung des Verhältnisses $\frac{dx_a}{dx_b}$ entwickeln; es giebt einen Wert für dieses Verhältnis, der eine unendlich nahe Kombination von x_a, x_b einer jeden anderen vorziehen lässt; so erhält man die Differentialgleichung der *Vorzugskurven*. Hat man das Schema der Bedürfnisse des *homo oeconomicus* bekommen und durch ein analoges Verfahren dasjenige der Wirkung der Hindernisse, so deduziert man aus diesen Schemata die Bedingungen des wirtschaftlichen Gleichgewichtes.

Folgt z. B. der Tausch einem gewissen Weg $f(x_a, x_b) = 0$, so beweist man leicht, dass das wirtschaftliche Gleichgewicht da stattfindet, wo $f(x_a, x_b) = 0$ eine Indifferenzkurve berührt[25]).

Die Indifferenzkurven können durch eine Gleichung dargestellt werden $F(x_a, x_b) = z$, in der die verschiedenen Werte von z den verschiedenen Indifferenzkurven entsprechen. Für eine und dieselbe Indifferenzkurve ist z konstant; man hat also auf dieser Kurve

$$\frac{\partial F}{\partial x_a} dx_a + \frac{\partial F}{\partial x_b} dx_b = 0,$$

eine Gleichung, die wir einfacher $F_a dx_a + F_b dx_b = 0$ schreiben wollen. Dies ist die Differentialgleichung der Indifferenzkurven. Sie ist ganz der ersten der Gleichungen (2) ähnlich; die zweite kann man auf dieselbe Weise finden. Im übrigen wird die Lösung des Problems des Tausches identisch mit der schon gegebenen. Der

---

$$\frac{\partial U}{\partial x} : \frac{\partial U}{\partial y} = \frac{\partial V}{\partial x} : \frac{\partial V}{\partial y},$$

die, wie er selber bemerkt, Psychics, p. 21, nichts anderes als die *Jevons*'sche Gleichung ist. Ferner nennt er „*Nachfragekurve*" für ein Individuum 1 diejenige, deren Gleichung ist:

$$y : x = -\frac{\partial U}{\partial x} : \frac{\partial U}{\partial y}.$$

Schliesslich versteht er unter „*Vorzugslinien*" die Kurven, welche die Indifferenzlinien rechtwinklig schneiden.

Unterschied liegt darin, dass wir damals von der Messung des Genusses ausgingen, während jetzt dieser Ausgangspunkt in den Resultaten des Experimentes, vermittelst dessen uns die Wünsche des Individuums offenbart worden sind, liegt. Die Funktionen F_a, F_b sind reine Erfahrungssache und haben, theoretisch, nichts Unbestimmtes oder Zweifelhaftes.

Bekanntlich können sich dann die Funktionen φ_a, φ_b von den Funktionen F_a, F_b nur um einen und denselben Faktor unterscheiden: $\varphi_a = \chi F_a$, $\varphi_b = \chi F_b$. Giebt es im allgemeinen eine Funktion Φ, deren partielle Derivierte φ_a, φ_b sind, und ebenso eine Funktion F, deren partielle Derivierte F_a, F_b sind, so hat man $\Phi = f(F)$, wo f eine arbiträre Funktion ist. Eben weil aber f arbiträr ist, sind die Experimente, die Wünsche und Auswahlen betreffend, welche uns F liefern, *nicht im Stande,* Φ *zu bestimmen.* Dies ist als ein wesentlich neues Ergebnis der mathematischen Behandlung anzusehen. Auf den inneren Grund, warum uns die Erfahrung wohl F liefert, nicht aber Φ, kann hier nicht eingegangen werden.

Noch auf andere Weise kann dies klar gemacht werden. Geben wir einer jeden Kombination x_a, x_b einen numerischen Index, der durchaus arbiträr sei, bis auf folgende zwei Bedingungen: 1) Fällt bei zwei Kombinationen die Wahl eher auf die eine als auf die andere, so muss die vorgezogene (die erste) einen höheren Index als die andere (zweite) bekommen; 2) zwei Kombinationen, unter denen zu wählen gleichgültig ist, müssen denselben Index bekommen. Dann kann man auf folgende Art ein System von Indices aufstellen. Die Vorzugslinien sind derartig, dass längs derselben Kurve x_a und x_b zugleich wachsen. Betrachten wir eine dieser Kurven und nehmen wir auf dieser Kurve eine Reihe von Punkten, denen wir mit x_a und x_b wachsende Indices geben. Durch einen jeden dieser Punkte hindurch legen wir eine Indifferenzlinie, deren Punkte alle denselben Index haben werden. Wir erhalten dadurch ein System von Indices. Das Gesetz, nach dem die Indices der Punkte der Vorzugslinie wachsen, ist durchaus beliebig; es muss jedoch das einer kontinuierlichen Funktion sein.

Geometrisch können diese Indices als Ordinaten z einer Oberfläche $F(x_a, x_b) = z$ betrachtet werden. Die Indifferenzlinien sind dann die Projektionen der Horizontalkurven dieser Oberfläche auf die Ebene, die Vorzugslinien die Projektionen der Linien grösster Neigung.

Es giebt unendlich viel Systeme von Indices und folglich eine unendliche Anzahl von Flächen, die alle dieselben Projektionen der Horizontallinien und Linien grösster Neigung haben.

Greifen wir nun zurück und nehmen wir einen Augenblick an, der Genuss liesse sich messen.

Auf einer jeden Indifferenzlinie wollen wir die Grösse des Genusses, den die durch diese Linien dargestellten Kombinationen ausdrücken, einschreiben[28]). Man beweist dann, dass die so eingeschriebenen Zahlen zu den Systemen von Indices gehören, die vorher besprochen worden sind. Die Oberfläche, deren Ordinaten den Genuss messen, gehört zu der unendlichen Zahl von Oberflächen, die alle dieselben Projektionen ihrer Horizontallinien haben[28]).

Um die Fundamentalgleichungen der wirtschaftlichen Statik aufzustellen, genügt die Kenntnis dieser Projektionen. Wir brauchen dagegen nicht zu wissen, ob der *Genuss* (die *Nützlichkeit*, die *Ophelimität*) eine messbare Grösse im mathematischen Sinne des Wortes ist oder nicht, noch weniger brauchen wir ein exaktes Maass des Genusses; die Kenntnis der Indifferenzlinien genügt. Die einzigen messbaren Grössen, die der Betrachtung zu Grunde liegen, sind die Waren selbst.

Damit wird der Gedankengang, der zu den Grundgleichungen führt, streng. Dasjenige was dieser Strenge im Wege stand, war überflüssig.

5. Eigenschaften der Elementar-Ophelimität und der Indifferenzlinien. Man kennt diese Eigenschaften sehr wenig. Sie hängen mit einander so zusammen, dass man aus den einen die anderen deduzieren kann und umgekehrt.

Eine erste Eigenschaft der Funktion Φ, die den Genuss misst, besteht darin, dass innerhalb gewisser Grenzen die Partialderivierten

$$\frac{\partial \Phi}{\partial x_a} = \varphi_a, \quad \frac{\partial \Phi}{\partial x_b} = \varphi_b, \ldots$$

positive Quantitäten sind. Das heisst also, dass der Genuss zunimmt, wenn die Quantität der wirtschaftlichen Güter, die uns zur Verfügung stehen, zunimmt. Wären wir genötigt, diese Güter in einer bestimmten Zeit zu geniessen, könnte der Genuss in Unlust umschlagen. Dieser Punkt mag in psychologischen Studien wichtig sein; in wirtschaftlichen Fragen kann man aber immer voraussetzen, ein Individuum sei nicht genötigt, die zu seiner Verfügung stehenden Güter zu verzehren.

Die Kosten (z. B. Fortschaffungskosten), um sich dessen zu entledigen, was man zuviel besitzt, sind im allgemeinen unbedeutend. Dies ist der Sinn des Sprüchwortes: Abondance de biens ne nuit guère.

Ist $F(x_a, x_b) =$ constans die Gleichung der Indifferenzlinien, so deduziert man aus der eben erwähnten Eigenschaft

$$\frac{dx_b}{dx_a} < 0.$$

Man kann auch umgekehrt diese Gleichung aufstellen und aus ihr die erwähnte Eigenschaft der Totalophelimität oder eines Systems von Indices[25]) deduzieren.

Man hat eine zweite Eigenschaft der Totalophelimität gefunden, indem man zuerst angenommen hat, der Genuss, den der Konsum von *A* verschafft, hänge blos von x_a ab, der Genuss, den *B* verschafft, blos von x_b, u. s. w. Dann gilt (s. Nr. **3**):

$$\frac{\partial^2 \varphi}{\partial x_a^2} < 0 \quad \text{oder} \quad \frac{d\varphi_a}{dx_a} < 0.$$

Mit anderen Worten, der Genuss, den aufeinanderfolgende gleiche Dosen einer und derselben Ware verschaffen, wird immer geringer. Dieses Gesetz ist für die meisten Waren wahr; es giebt aber Ausnahmen, deren hauptsächlichste die Ersparnisse sind[37]). Man hat dieses Gesetz mit den Untersuchungen *Fechner*'s und *Delboeuf*'s [38]), die Wirkung wiederholter Empfindungen betreffend, in Verbindung zu bringen versucht; es ist aber noch nicht ersichtlich, dass man auf diesem Wege zu Ergebnissen kommt, die für die Wirtschaftslehre zu verwerten wären. Man darf nicht vergessen, dass man in der Wirtschaftslehre keine Studien über Individualpsychologie treibt. Die Betrachtung grosser Zahlen ist charakteristisch für diese Wissenschaft.

Aus der erwähnten Eigenschaft der Totalophelimität deduziert man für den Fall zweier Variabeln x_a, x_b die Eigenschaft:

$$\frac{d^2 x_a}{dx_b^2} > 0$$

für die Indifferenzlinien. Umgekehrt, diese Eigenschaft kann auch direkt für die Indifferenzlinien gefunden werden und führt dann für Φ oder für ein System von Indices des Genusses zur Gleichung:

$$\frac{\partial^2 \Phi}{\partial x_a^2} \frac{dx_a}{dx_b} + \frac{\partial^2 \Phi}{\partial x_a \partial x_b} > 0. \text{ }^{28})$$

Ist φ_a nur Funktion von x_a, φ_b nur von x_b, so hat man:

---

37) *V. Pareto,* Gi. econ., Jan. 1893, p. 1 ff.

38) *F. Y. Edgeworth,* Psychics, p. 62; *Th. Fechner,* Über ein psychophysisches Grundgesetz und dessen Beziehung zur Schätzung der Sterngrössen. Leipzig Abhandl. 4 (1859), p. 457—532. Nachtrag dazu, Leipz. Ber. 11 (1859), p. 58. *J. Delboeuf,* Etude psychophysique, Bruxelles Mém. cour. 23 (1873), p. 5, 6, abgedr. in Élements de psychophysique gén. et spéc., Paris 1883, p. 109 ff., u. A.

$$\frac{\partial^2 \Phi}{\partial x_a \partial x_b} = 0$$

und da:

$$\frac{d x_a}{d x_b} < 0,$$

hat man:

$$\frac{\partial^2 \Phi}{\partial x_a^2} < 0.$$

Aus den Eigenschaften der Totalophelimität deduziert man die allgemeinen Eigenschaften der Nachfrage- und Angebotkurven[39]). Man könnte diese Eigenschaften auch aus den Eigenschaften der Indifferenzkurven ableiten. Für den Fall zweier Waren und wenn φ_a nur Funktion von x_a, φ_b nur Funktion von x_b ist, gelangt man zu dem Satze, dass die Nachfrage abnimmt, wenn der Preis steigt. Da dieses ja auch Ergebnis der Beobachtung ist, hat man darin eine Bestätigung der Theorie.

Das Angebot kann erst zunehmen und alsdann abnehmen, wenn der Preis steigt[40]). Der allgemeine Fall, wenn nämlich φ_a Funktion von $x_a, x_b, \ldots$ ist, ist auch analytisch behandelt worden[41]).

6. Verwertung der Grundgleichungen. Die blosse Aufstellung der Gleichungen eines Problems hat keinen Wert, wenn sich aus diesen Gleichungen sonst nichts folgern lässt. Sie sind ja nur ein Mittel zu anderem und nicht Selbstzweck. Einige Gelehrte haben gemeint, dass jetzt, da die Gleichungen gefunden sind, die Wirtschaftslehre weiter keine Schwierigkeiten zu bewältigen hätte. Es steht dagegen fest, dass die mathematische Wirtschaftslehre jetzt erst

---

39) *L. Walras,* De l'échange de plusieurs marchandises entre elles, Communication faite à la soc. des ing. civils le 17 oct. 1890. *Walras,* Geom. theory of the determ. of prices, Philadelphia, Amer. acad. of pol. and soc. science, translated unter the supervision of *J. Fisher,* Juli 1892. *V. Pareto,* Gi. Econ., Aug. 1892, stellt die allgemeine Gleichung:

$$\frac{\partial x_a}{\partial p_a} = \frac{-p_a x_a + \frac{\varphi_a}{p_a}\left(\frac{p_b^2}{\varphi_b'} + \frac{p_c^2}{\varphi_c'} + \cdots\right)}{\left(\frac{p_a^2}{\varphi_a'} + \frac{p_b^2}{\varphi_b'} + \cdots\right)\varphi_a'},$$

von der die Eigenschaften der Angebot- und Nachfragekurve abhängen, für den Fall auf, dass φ_a blos von x_a abhängig ist, u. s. w.

40) *L. Walras,* geom. theory of the determ. of prices, 39); *V. Pareto,* Gi. econ., Oct. 1893, p. 308 ff.

41) *V. Pareto,* Gi. econ., Oct. 1893, p. 304 ff.

eigentlich anfängt und dass es noch eine geraume Zeit dauern wird, ehe sie praktischen Wert haben wird.

Die Grundgleichungen setzen voraus, die Verteilung der Güter sei gegeben. Solange man nicht zu diesen Gleichungen die Betrachtung irgend eines Verteilungsgesetzes hinzunimmt, können die Folgen, zu denen man gelangt, nur solche sein, die mit einer unbestimmt gelassenen Verteilung verträglich sind. Dieser Umstand entzieht den Schlüssen einen grossen Teil ihrer Bedeutung. Glücklicherweise giebt es einen Umstand, der diese Schwierigkeit abschwächt. Das Gesetz der Verteilung der Güter variiert, wie es scheint, nur sehr langsam mit der Zeit[42]) und lässt sich durch eine ziemlich einfache Funktion ausdrücken. Man kann die Formel dieses Gesetzes in die Grundgleichungen einführen.

Inzwischen, so wie sie dastehen, liefern uns die Grundgleichungen eine Vorstellung, die man auf anderem Wege nicht erhält, von der gesamten wirtschaftlichen Cirkulation. Die konsumierten Quantitäten muss man alsdann, wie *I. Fisher* hervorgehoben hat, als Quantitäten betrachten, die in der Zeiteinheit genossen werden. Das Gleiche gilt für die produzierten Quantitäten.

Ökonomisten, die Mathematik nicht kennen, befinden sich in der Lage von Leuten, die ein System von Gleichungen[43]) lösen wollen, ohne zu wissen, was ein System von Gleichungen, nicht einmal, was eine einzelne Gleichung sei. Im Grunde genommen besteht das Verfahren, zu dem sie greifen, darin, anzunehmen, allen Gleichungen des Systems, bis auf eine einzige, sei Genüge geleistet und nun die Veränderungen der Quantitäten, die durch diese Gleichung verknüpft sind, zu studieren. Man gelangt auch so manchmal zu brauchbaren Detailstudien, aber zu keiner Einsicht in das ganze System. Oft verfällt man auch auf diesem Wege in grobe Fehler, die daher kommen, dass man vergisst, es sei blos eine Hypothese, dass den anderen Gleichungen bereits Genüge geleistet sei. Man nennt dasjenige, was hier p_b oder der Preis von B in A ist, auch *Tauschwert.*

Es seien p_1, p_2, ... derartige Warenpreise, q, ... die Arbeitspreise, i der Zinsfuss, r, ... die Preise der Bodenrente, bedeuten ferner

42) *V. Pareto,* Cours 2, liv. 3.

43) So z. B. lösen die Händler auf dem Markte täglich Gleichungen, ohne sie zu kennen; will man aber die Theorie ihrer Operationen verstehen, muss man diese Gleichungen kennen. Oder, wenn jemand einen Hebel benützt, löst er eine Gleichung der Mechanik ohne deren Kenntnis: die Theorie des Hebels erfordert aber diese Kenntnisse. Die nicht mathematischen Ökonomisten lösen überdies Gleichungen der Wirtschaftslehre unrichtig auf.

$a_1, a_2, \ldots$ gewisse Parameter, so beweist die mathematische Wirtschaftslehre, dass die Unbekannten $p_1, p_2, \ldots, q, \ldots, i, r, \ldots$ durch ein System von ebensoviel Gleichungen bestimmt werden:

$$(6) \quad \begin{cases} F_1(p_1, p_2, \ldots; \; q, \ldots; \; i; \; r, \ldots; \; a_1, a_2, \ldots) = 0, \\ F_2(p_1, p_2, \ldots; \; q, \ldots; \; i; \; r, \ldots; \; a_1, a_2, \ldots) = 0, \text{ etc.} \end{cases}$$

Hieraus geht hervor, dass die Unbekannten $p_1, p_2, \ldots$ erst nach Kenntnis *aller* Parameter $a_1, a_2, \ldots$ bestimmbar sind. Die nicht mathematischen Ökonomisten stellen sich indessen Probleme wie: Was ist der „Grund“ des Preiswertes[44])? Was ist der Grund des Zinses? u. s. f. Solche Probleme sind aber unbestimmt, weil ihnen willkürliche Hypothesen zu Grunde liegen. Es ist nicht möglich, *denjenigen* Parameter anzugeben, der z. B. p_1 „bestimmt“, und es ist ein unfruchtbarer Streit, wenn die Einen behaupten, dieser Parameter sei a_1, die Andern aber, es sei a_2 u. s. f. Oder, um ein Beispiel anderer Art anzuführen, so wird behauptet, die Produktionskosten „bestimmen“ den Verkaufspreis. Bezeichnet man aber die ersteren mit x, den letzteren mit y, so ist unter gewissen Bedingungen der Wirtschaftsorganisation die Gleichung $x = y$ eine von denen, die das wirtschaftliche Gleichgewicht aussagen.

Die Verdunkelung dieses so einfachen Sachverhalts durch Sätze wie: „Die Produktionskosten bestimmen den Verkaufspreis“ kann zu Fehlschlüssen und Sophismen führen und hat vielfach dazu geführt (s. Nr. 2)[24]).

Die allgemeinen Gleichungen des wirtschaftlichen Gleichgewichtes zeigen uns auf den ersten Blick eine schon von den Klassikern der Volkswirtschaftslehre zum Teil gekannte Wahrheit, die nämlich, dass die Preise nur Mittel und nicht Zweck sind; ein Mittel, um Beziehungen zwischen Genüssen und Widerständen herzustellen. Die Preise verschwinden durch Elimination aus den Grundgleichungen; zur Bestimmung der Quantitäten, die ein jeder erhält, bleiben nur die Parameter der Genüsse, Widerstände und der anfänglichen Verteilung des Reichtums. Man kann die merkwürdige Beobachtung machen, dass die Preise in den Gleichungen der Wirtschaftslehre ebenso auftreten, wie die Faktoren $\lambda, \mu, \nu, \ldots$ in der Mechanik hinsichtlich ihrer Elimination aus den Gleichungen der virtuellen Geschwindigkeiten[45]).

---

44) *L. Walras,* Économie politique; die 30ste, 31ste, 32ste Vorlesung enthalten Widerlegungen von Irrtümern, die unter Volkswirten geläufig sind, die keine mathematische Bildung haben. Vgl. *Pareto,* Cours § 594, 598—600 ff.

45) *Pareto,* Cours 2, p. 411 ff.

Grade ebenso führt man die Preise ein, um die Verbindungen darzustellen.

Die mathematische Wirtschaftslehre giebt uns einen allgemeineren, klareren und strengeren Begriff von den grossen wirtschaftlichen Phänomenen, so von denen der *Rente*[46]), des *internationalen Handels*[47]), des *Zinses*[48]), der Theorie der *Besteuerung*[49]), der Theorie des *Geldes*[50]), der *Messung der Kaufkraft des Goldes*[51]), der Theorie der *Verteilung*[52]), und anderer mehr.

Die Theorie des *Monopols* ist zuerst, aber in unvollständiger Form, von *Cournot* bearbeitet worden; sie ist ferner der Gegenstand

---

46) *L. Walras,* Économie politique, leçon 20, 21; *K. Wicksell,* Wert, Kapital und Rente, Jena 1893; dazu *E. Barone,* Gi. econ., nov. 1895, p. 524 ff.; *L. Einaudi,* La rendita mineraria, Torino 1900; *Pareto,* Cours, § 746—751.

47) *A. Marshall,* foreign trade; *F. Y. Edgeworth,* London econ. Journ., März, Sept., Dez. 1894; *M. Pantaleoni,* Principi; *V. Pareto,* Gi. Econ., Febr. 1894 (math. Theorie der auswärtigen Wechselkurse); Cours, § 854—879.

48) S. vor allem *Böhm-Bawerk,* Kapital u. Kapitalzins, Innsbruck 1884 und 1889; ferner *I. Fisher,* New York Public. amer. econ. assoc., Aug. 1896; *M. Pantaleoni,* Principi; *L. Walras,* Écon. politique, leçon 17; *U. Gobbi,* Milano Istit. lomb. 1898; *Pareto,* Cours 2, liv 2, ch. 2.

49) *M. Pantaleoni,* La traslazione dei tributi, Roma 1882; Teoria della pressione tributaria, Roma 1887; *Edw. R. A. Seligman,* New York Public. amer. econ. assoc., März, Mai 1892; *K. Wicksell,* Finanztheoretische Untersuchungen nebst Darstellung und Kritik des Steuerwesens Schwedens, Jena 1896; *E. Barone,* Gi. Econ., März 1894; *F. Y. Edgeworth,* Lond. Econ. Journ., März, Sept., Dez. 1897.

50) *L. Walras,* Journ. des écon., Paris Dez. 1876, Mai 1881, Okt. 1882; Théorie de la monnaie, Lausanne 1886; Économie appliquée 1, p. 1—190, Économie politique, sect. V, p. 375—428; Gi. econ. Aug. 1889 f.; *M. Pantaleoni,* Principi; *A. Marshall,* Principles; *I. Fisher,* Lond. Econ. Journ., Dez. 1896; Juni, Dez. 1897; *J. B. Clark,* New York Pol. sci. quart. 1895, p. 389; *P. des Essars,* Paris Journ. soc. stat. 1895, p. 143; *Pareto,* Cours § 269—416.

51) *W. S. Jevons,* Investigations in currency and finance, London 1884; *F. Y. Edgeworth,* London J. roy. stat. soc. 1883; London Quart. J. econ. 1889; Report 1888, 1889; *L. Walras,* Écon. politique; *I. Fisher,* Publ. amer. econ. assoc. 1896; *Pareto,* Cours § 383.

52) Über Verteilung: *M. Pantaleoni,* Rassegna italiana, Contributo alla teoria del riparto delle spese pubbliche, Roma 1884; *J. B. Clark,* Annals amer. acad. pol. 1893; *P. H. Wicksteed,* Laws of distribution, London 1894; *E. Barone,* Gi. econ. 1896; *V. Pareto,* Gi. econ., April 1895, 1897.

Andere Fragen behandeln noch:

F. Y. Edgeworth (The mathematical theory of banking), London J. roy. stat. soc. 1888; *L. Walras,* Économie sociale, Lausanne 1896; *E. Barone,* Consumer's rent, Gi. econ., Sept. 1894. Viele Schriften behandeln die wirtschaftlichen Erscheinungen des Transportwesens, der Eisenbahnen, des Börsenwesens u. s. w. Über die mathematisch-statistischen Schriften s. I D 4 a.

einer wichtigen Monographie von *F. Y. Edgeworth*[53]). Bisher ist die Theorie des *Tausches*, unter der Voraussetzung es herrsche freie Konkurrenz, am ausführlichsten mathematisch behandelt worden. Vielleicht ist man bisweilen zu lange bei diesen Untersuchungen über die Feststellung der Preise stehen geblieben. Die Geometrie liefert häufig brauchbare Lösungen wirtschaftlicher Probleme[54]). Die Studien über Produktion gehen davon aus, dass bestimmte produzierte Quantitäten und bestimmte Kapitalien in Betracht gezogen werden. Es ist aber besser, wenn man ganz allgemein von *Transformationen* redet und den Begriff Kapital nur als Mittel gebraucht, um in Kürze gewisse Transformationen zu bezeichnen. Man nennt *Grenzproduktion* die Zunahme der Produktion, auf die Einheit reduziert, welche eine unendlich kleine Zunahme der Produktionsfaktoren bewirkt[55]). Hier aber darf man in vielen Fällen nicht die Betrachtung unendlich kleiner Variationen durch solche ganzer Einheiten ersetzen, wenn man nicht Fehler begehen will. *L. Walras* nennt *coëfficient de fabrication* die konstante oder variabele Quantität eines Kapitals, welche dazu gehört, damit eine Einheit des Produktes erzeugt werde[56]). Im Grunde genommen ist diese Weise, das Produktionsproblem zu behandeln, der ersteren ganz gleich[57]).

7. Das Maximum der Ophelimität oder die Freiheit der Wahl. Eine der wichtigsten Anwendungen der Grundgleichungen besteht in der Untersuchung der Bedingungen, welche für *„das Maximum des Wohlseins"* nötig sind. Ein jedes System von Gleichungen, zu dem das System (3) oder ein anderes äquivalentes gehören, führt zu einem Maximum (das Minimum ist ausgeschlossen) der Totalophelimitäten $\Phi_1, \Phi_2, \ldots$; d. h. führt zu jenem *Maximum der Genüsse*, das mit Rücksicht auf die gegebenen Widerstände möglich ist oder, anders gesagt, es bringt keine neuen, nicht schon durch die Hindernisse gegebenen Einschränkungen der Auswahl mit sich.

53) *F. Y. Edgeworth,* Monopolio, Gi. Econ., Juli 1897.

54) Hier sind besonders zu berücksichtigen die Werke von *L. Walras, F. Y. Edgeworth, A. Marshall, I. Fisher, R. Auspitz* u. *R. Lieben, H. Cunynghame* (s. das Litteraturverz.).

55) *Wicksteed,* Laws of distribution, London 1894. In der Theorie der Grenzproduktivität, wie sie in diesem Werk dargestellt wird, steckt ein Fehler, der von *Pareto,* Cours, § 714[1] nachgewiesen ist. Dieser Irrtum kommt bei *Walras,* Écon. polit. (Auflage v. 1900), p. 374—375 wieder vor. Der Verfasser behandelt als unabhängige Variabeln Grössen, die es nicht sind. Vgl. *Montemartini,* La Teorica delle productività marginali, Pavia 1899.

56) *Walras,* Écon. polit.

57) *Pareto,* Cours, § 717.

Ist m die Zahl der Waren, k die Zahl der Individuen, so ist die Anzahl der Gleichungen (3) $k(m-1)$; wenn die k Gleichungen hinzukommen:

$$(7) \quad \begin{cases} x_{1a} + x_{2a} + x_{3a} + \cdots = 0, \\ x_{1b} + x_{2b} + x_{3b} + \cdots = 0 \\ \cdot \quad \cdot \quad \cdot \quad \cdot \quad \cdot \quad \cdot \quad \cdot \quad \cdot \quad \cdot \quad \cdot \end{cases}$$

hat man km Gleichungen, die, *theoretisch aufgelöst* gedacht, mit Bezug auf die km Unbekannten $x_{1a}, x_{2a}, \ldots, x_{1b}, x_{2b}, \ldots$ geben:

$$(8) \quad \begin{cases} x_{1a} = F_{1a}(p_b, p_c, \ldots), \quad x_{2a} = F_{2a}(p_b, p_c, \ldots), \ldots \\ x_{1b} = F_{1b}(p_b, p_c, \ldots), \quad x_{2b} = F_{2b}(p_b, p_c, \ldots), \ldots \\ \cdot \quad \cdot \quad \cdot \quad \cdot \quad \cdot \quad \cdot \quad \cdot \quad \cdot \quad \cdot \quad \cdot \quad \cdot \quad \cdot \quad \cdot \quad \cdot \quad \cdot \quad \cdot \quad \cdot \quad \cdot \quad \cdot \end{cases}$$

Diese Gleichungen stellen die Gesetze *des Angebotes und der Nachfrage* dar. Man kann sie an die Stelle der Systeme (3) und (7) setzen. Wenn man sich aber die Funktionen $F_{1a}, \cdot, \cdot, F_{1b}, \ldots$ gegeben denkt, weiss man nicht, ob sie mit dem System (3) verträglich sind, d. h. ob sie zum Maximum der Genüsse führen oder nicht, und dann verfehlen wir den wichtigsten Zweck der wirtschaftlichen Untersuchungen. Dies ist der Grund, weshalb es ratsam ist, die Systeme (3) und (7) beizubehalten und System (8) aus ihnen herzuleiten. Ausserdem sind die Gleichungen (8) weit komplizierter als diejenigen, die aus der Betrachtung der Wahl zwischen zwei Waren zu entnehmen sind; auch dieses ist ein Grund, um von letzteren auszugehen und die Gleichungen (8) aus ihnen zu folgern.

8. Die Variationen der Produktionskoeffizienten. Es ist wichtig, diejenigen Koeffizienten zu bestimmen, welche das Maximum der Ophelimität liefern. Diese Koeffizienten können sowohl durch freie Konkurrenz der Unternehmer, wie auch durch sozialistische Staatsmassregeln bestimmt werden, wenn letztere den Zweck haben sollten, einem Jeden dasjenige Maximum der Ophelimität zu verschaffen, welches mit den in jenem Staate gegebenen Verteilungsregeln verträglich ist. Man beweist[58]), was a priori durchaus nicht einleuchtet, dass diese zwei Bestimmungsmethoden zu denselben Werten für die Koeffizienten führen.

Demgemäss kann ein sozialistischer Staat, falls er das Wohlbefinden fördern will, ausschliesslich auf die Verteilung und auf die Widerstände einwirken, nicht aber auf die Produktionskoeffizienten.

58) *Pareto,* Cours, § 719², 721².

Allgemein gelangen wir, von diesen Ansätzen aus, zu folgendem Satz: „Man kann den Reichtum von bestimmten Individuen auf andere übertragen, indem man die Bedingungen der freien Konkurrenz abändert, sei es in Bezug auf die Produktionskoeffizienten, sei es in Bezug auf die Umwandlung der Ersparnisse in Kapitalien. Diese Übertragung von Reichtum ist notwendigerweise mit einer Zerstörung von Reichtum verbunden.“

Dieses Theorem spielt in der Wirtschaftslehre eine analoge Rolle, wie das zweite Prinzip in der Thermodynamik[59]).

9. Dynamik. Bisher haben wir uns nur mit dem statischen Teil des Problems abgegeben. Der dynamische Teil ist bisher noch wenig behandelt worden[60]) und hat, mit Ausnahme der Theorie der Krisen, meistens nur unvollkommene und unklare Werke veranlasst. Wir haben gesehen, dass es nicht möglich gewesen ist, in den das Gleichgewicht betreffenden Ergebnissen der Erfahrung ein Maass für die Gesamtophelimität Φ oder deren Partialderivierte $\varphi_a, \varphi_b, \ldots$ zu finden. Um diese Funktionen zu bestimmen[61]), muss man zu dynamischen Gesichtspunkten greifen, grade wie in der Mechanik die Kraft durch die Acceleration gemessen wird. Die Analogieen zwischen der mathematischen Wirtschaftslehre und der reinen Mechanik sind übrigens zahlreich und tiefgreifend[60]): die eine der Grundgleichungen der mathematischen Wirtschaftslehre ist nichts anderes als die Gleichung der virtuellen Geschwindigkeiten[62]).

Ein einzelner Teil der dynamischen Wirtschaftslehre, derjenige der die *Krisen* behandelt, hat wichtige und ausführliche Studien veranlasst, die aber zum grössten Teil empirisch sind. Aus diesen Studien können wir trotzdem ersehen, dass der wirtschaftliche Kreislauf Erscheinungen bietet, die denen der Trägheit in der Mechanik analog sind[63]). Die mathematische Wirtschaftslehre wird wahrscheinlich eines Tags ein Prinzip gebrauchen können, das dem d'Alembertschen ähnlich ist. Es ist aber geratener, nicht der Zu-

---

59) *Pareto,* Cours, § 730.

60) *S. N. Patten,* The theory of dynamic economics, Philadelphia; *J. B. Clark,* New York Ann. amer. acad. polit. and soc. scienc., 1892; *E. Barone,* Gi. Econ., Nov. 1894; *Pareto,* Cours 2, § 928, p. 282—284; Gi. Econ., Sept. 1901.

61) *I. Fisher,* Value and prices, appendix II; *Pareto,* Cours, § 592[1]; Gi. Econ., Sept. 1901.

62) *Pareto,* Gi. Econ., Juni 1892, p. 415 ff.

63) *P. des Essars,* Paris J. soc. stat. 1895.

kunft vorzugreifen. Vorläufig ist blos die wirtschaftliche Statik wissenschaftlich ausgebildet und hat brauchbare Ergebnisse[64]) geliefert.

---

64) Einige Einwände, die sich gegen das ganze System *Pareto*'s und dessen Aufbau richten, s. bei *L. v. Bortkewitsch,* Jahrb. f. Gesetzgeb., Verw., Volksw. 22 (1898), Heft 4, p. 89.

(Abgeschlossen im August 1902.)

I G 3. UNENDLICHE PROZESSE MIT KOMPLEXEN TERMEN [1])

VON

ALFRED PRINGSHEIM

IN MÜNCHEN.

Inhaltsübersicht.

Litteratur s. unter I A 3.

1. Grenzwerte komplexer Zahlenfolgen. Die komplexe Zahlenfolge $(a_\nu) = (\alpha_\nu + \beta_\nu i)$ $(\nu = 0, 1, 2, \ldots)$ heisst *konvergent* und a ihr *Grenzwert*, in Zeichen:

$$a = \lim_{\nu = \infty} a_\nu, \tag{1}$$

wenn eine Zahl $a = \alpha + \beta i$ existiert, derart, dass $|a - a_\nu|$ mit hinlänglich wachsenden Werten von ν *beliebig klein* wird. Das letztere gilt dann auch von $|\alpha - \alpha_\nu|$, $|\beta - \beta_\nu|$, sodass also aus (1) die Beziehungen folgen:

$$\alpha = \lim \alpha_\nu, \quad \beta = \lim \beta_\nu, \tag{2}$$

(demnach $\lim a_\nu = \lim \alpha_\nu + i \lim \beta_\nu$). Umgekehrt folgt aber auch (1) allemal aus (2), sodass, wie vielfach geschieht, die Relationen (2) auch geradezu als *Definition* für den Inhalt der Beziehung (1) an-

1) Bezüglich der *unendlichen Determinanten* sei hier generell bemerkt, dass die in I A 3, Nr. **58**, **59** erwähnten Resultate auch für *komplexe Terme* gelten.

gesehen werden können[2]). Als *notwendige und hinreichende Bedingung* für die Existenz von Gleichung (1) erscheint dann eine Beziehung von der Form

$$(3) \qquad |a_{n+\varrho} - a_n| < \varepsilon,$$

die auch durch die beiden äquivalenten ersetzt werden kann:

$$(4) \qquad |\alpha_{n+\varrho} - \alpha_n| < \varepsilon, \quad |\beta_{n+\varrho} - \beta_n| < \varepsilon.$$

In jedem andern Falle heisst die Folge (a_ν) *divergent.* Die Beziehung

$$(5) \qquad \lim a_\nu = \infty$$

ist gleichwertig mit der folgenden:

$$(6) \qquad \lim |a_\nu| = \infty.$$

Sie erfordert daher *nicht einmal*, dass zum mindesten $\lim |\alpha_\nu| = \infty$ oder $\lim |\beta_\nu| = \infty$, sondern kann schon erfüllt sein, wenn nur $\overline{\lim} |\alpha_\nu| = \infty$, $\overline{\lim} |\beta_\nu| = \infty$. (*Beispiel* $a_\nu = \nu \cdot i^\nu$.) Ist *mindestens eine* der Folgen (α_ν), (β_ν) *eigentlich divergent*[3]), so erscheint es mit Rücksicht auf die Reihenlehre nicht unzweckmässig, auch (a_ν) als *eigentlich divergent* zu bezeichnen.

2. Unendliche Reihen mit komplexen Gliedern: Konvergenz und Divergenz. Setzt man

$$(7) \qquad s_\nu = a_0 + a_1 + \cdots + a_\nu$$
$$(a_\nu = \alpha_\nu + \beta_\nu i, \quad \nu = 0, 1, 2, \ldots),$$

so heisst die Reihe Σa_ν *konvergent* und s ihre *Summe*, wenn

$$(8) \qquad \lim s_\nu = s.$$

Ist $s_\nu = \sigma_\nu + \tau_\nu i$, $s = \sigma + \tau i$, so hat man nach Nr. 1 zugleich auch

$$(9) \qquad \lim \sigma_\nu = \sigma, \quad \lim \tau_\nu = \tau,$$

und *umgekehrt;* also: *konvergiert* Σa_ν gegen $s = \sigma + \tau i$, so sind auch $\Sigma \alpha_\nu$, $\Sigma \beta_\nu$ *konvergent* und besitzen die Summen σ, τ — *vice versa.*

Wenn die Zahlenfolge (s_ν) *divergiert*, so heisst die Reihe Σa_ν *divergent; eigentlich divergent*, wenn (s_ν) *eigentlich divergiert* (s. Nr. 1 am Schlusse).

3. Absolute Konvergenz. Für die *Konvergenz* von Σa_ν ist *hinreichend* die *Konvergenz* von $\Sigma |a_\nu|$;[4]) die Reihe heisst in diesem Falle *absolut* konvergent. Wegen $|\alpha_\nu| \leqq |a_\nu|$, $|\beta_\nu| \leqq |a_\nu|$ sind dann allemal

---

2) Diese *zweite* Definition ist die ältere; vgl. *Cauchy,* Anal. alg., p. 240. Die *erste* entspricht mehr der modernen Auffassung, bei welcher die komplexe Zahl als *ein* Objekt (geometrisch als *Punkt*) erscheint; a ist, geometrisch gesprochen, nichts anderes als die (einzige) Häufungsstelle der Punkte a_ν.

3) Vgl. I A 3, p. 68.

4) *Cauchy,* Résumés analytiques 1833, p. 112.

auch $\Sigma\alpha_\nu$ und $\Sigma\beta_\nu$ *absolut* konvergent. Umgekehrt folgt wegen $|a_\nu| \leqq |\alpha_\nu| + |\beta_\nu|$ aus der *absoluten Konvergenz* von $\Sigma\alpha_\nu$ und $\Sigma\beta_\nu$ diejenige von Σa_ν.

Zur Untersuchung der *absoluten* Konvergenz einer komplexen Reihe Σa_ν hat man die Kriterien für Reihen mit positiven Gliedern auf die Reihe $\Sigma|a_\nu|$ anzuwenden. Insbesondre gelten also die *Cauchy*schen Fundamentalkriterien hier in der Form[5]):

$$\overline{\lim}\sqrt[\nu]{|a_\nu|}\begin{cases}>1\\<1\end{cases},\quad \lim\left|\frac{a_{\nu+1}}{a_\nu}\right|\begin{cases}>1:\ \textit{Div.}\\<1:\ \textit{Konv.}\end{cases}\tag{10}$$

Für die verschärften Kriterien empfiehlt sich[6]) im gegenwärtigen Falle eine Umformung, bei welcher statt des rechnerisch unbequemen $|a_\nu| = \sqrt{\alpha_\nu^2+\beta_\nu^2}$ lediglich $|a_\nu|^2$ in den zu prüfenden Grenzausdrücken auftritt.

Man erhält so, wenn wiederum $\frac{1}{D_\nu}$ bezw. $\frac{1}{C_\nu}$ das allgemeine Glied einer positivgliedrigen *divergenten* bezw. *konvergenten* Reihe bedeutet, die folgenden Kriterien *erster* und *zweiter* Art[7]):

$$\begin{cases}\underline{\lim}\, D_\nu^2\cdot|a_\nu|^2>0:\ \textit{Divergenz}\\ \overline{\lim}\, C_\nu^2\cdot|a_\nu|^2<\infty:\ \textit{Konvergenz}\end{cases}\tag{11}$$

$$\begin{cases}\overline{\lim}\left(D_\nu^2\cdot\left|\frac{a_\nu}{a_{\nu+1}}\right|^2-D_{\nu+1}^2\right)<0:\ \textit{Divergenz}\\ \underline{\lim}\left(C_\nu^2\cdot\left|\frac{a_\nu}{a_{\nu+1}}\right|^2-C_{\nu+1}^2\right)>0:\ \textit{Konvergenz}.\end{cases}\tag{12}$$

Die direkte Überführung der linken Seite des *Konvergenz*kriteriums (12) in diejenige des *Divergenz*kriteriums[8]) erweist sich hier als unmöglich. Dagegen lassen sich die *beiden* Kriterien (12) unter unerheblichen die Auswahl der D_ν betreffenden Einschränkungen[9]) durch das *disjunktive Doppelkriterium* ersetzen:

$$\overline{\underline{\lim}}\left(D_\nu\cdot\left|\frac{a_\nu}{a_{\nu+1}}\right|^2-\frac{D_{\nu+1}^2}{D_\nu}\right)\begin{cases}<0:\ \textit{Divergenz}\\>0:\ \textit{Konvergenz}.\end{cases}\tag{13}$$

Die Wahl

$$\begin{cases}D_\nu=\nu,\quad \text{bezw.}=L_k(\nu)\\ (L_0(\nu)=\nu;\quad L_k(\nu)=\nu\cdot \lg_1(\nu)\ldots\lg_k(\nu),\ \text{für } k=1,2,3\ldots)\end{cases}\tag{14}$$

---

5) *Cauchy,* Anal. alg., p. 280, 283; Rés. analyt., p. 113.

6) *Pringsheim,* Arch. Math. Phys. (3) 4 (1902), p. 1.

7) Vgl. I A 3, p. 84, Formel (20), (21).

8) Vgl. I A 3, p. 87, Gl. (31).

9) *Pringsheim,* a. a. O. p. 4.

liefert nach einer einfachen Umformung die Kriterienskala:

$$(15)\begin{cases} \text{a)} \ \overline{\lim}\, \frac{\nu}{2}\left(\left|\frac{a_\nu}{a_{\nu+1}}\right|^2 - 1\right) \begin{cases} < 1: \textit{Divergenz} \\ > 1: \textit{Konvergenz} \end{cases} \\ \text{b)} \ \overline{\lim}\, \frac{\lg_k(\nu)}{2\,L_{k-1}(\nu)}\left((L_{k-1}(\nu))^2\left|\frac{a_\nu}{a_{\nu+1}}\right|^2 - (L_{k-1}(\nu+1))^2\right) \begin{matrix} < 1: \textit{Divergenz} \\ > 1: \textit{Konvergenz}. \end{matrix} \end{cases}$$

(15a) entspricht dem *Raabe*'schen Kriterium, (15b) der *Bertrand*'schen Skala[10]).

Für die meisten Anwendungen erweisen sich das Kriterium (a) und das Anfangskriterium ($k = 1$) der Skala (b), nämlich

$$(16)\qquad \overline{\lim}\, \frac{\lg \nu}{2\nu}\left(\nu^2\left|\frac{a_\nu}{a_{\nu+1}}\right|^2 - (\nu + 1)^2\right) \begin{cases} < 1: \textit{Divergenz} \\ > 1: \textit{Konvergenz} \end{cases}$$

als ausreichend. Insbesondere liefern sie die folgende im wesentlichen von *Weierstrass*[11]) auf anderem Wege abgeleitete Verallgemeinerung des *Gauss*'schen[12]) Kriteriums: Ist

$$(17)\qquad \frac{a_\nu}{a_{\nu+1}} = 1 + \frac{\varkappa + \lambda i}{\nu} + \frac{\varrho_\nu + \sigma_\nu i}{\nu^2}$$

$$(\text{wo } \overline{\lim}\,|\varrho_\nu + \sigma_\nu i| < \infty),$$

so ist $\Sigma |a_\nu|$ *konvergent* falls $\varkappa > 1$, *divergent*, falls $\varkappa \leqq 1$.[13])

4. Unbedingte und bedingte Konvergenz. Da die *absolute* Konvergenz von Σa_ν mit derjenigen von $\Sigma \alpha_\nu$, $\Sigma \beta_\nu$ zusammenfällt, so folgt aus den für reelle Reihen geltenden Sätzen (vgl. I A 3, Nr. **31**, p. 92), dass jede *absolut* konvergente Σa_ν auch *unbedingt* konvergiert *und umgekehrt*.

Ist Σa_ν *konvergent*, dagegen $\Sigma |a_\nu|$ *divergent*, so muss mindestens eine der Reihen $\Sigma \alpha_\nu$, $\Sigma \beta_\nu$ nur *bedingt* konvergieren: das Gleiche gilt also auch von Σa_ν. Allgemeine Kriterien zur Feststellung der even-

10) Vgl. I A 3, p. 87, 88.

11) *Weierstrass* operiert mit dem reziproken Quotienten $\frac{a_{\nu+1}}{a_\nu}$, J. f. Math. 51 (1856) = Werke 1, p. 185. Vgl. auch *Stolz*, Allg. Arithm. 2, p. 145; *Pringsheim* a. a. O. Fussn. 6, p. 8. Funktionentheoretische Herleitung der *Weierstrass*'schen Kriterien mit Hilfe der *Euler-Maclaurin*'schen Summenformel bei *Wilhelm Wirtinger*, Acta math. 26 (1902), p. 265.

12) I A 3, p. 80.

13) Dass im Falle $\varkappa \leqq 1$ nicht nur $\Sigma |a_\nu|$, sondern auch Σa_ν divergiert, wird von *Weierstrass* und *Pringsheim* a. a. O. gleichfalls bewiesen; über die besondere Art der Divergenz lassen sich noch bestimmte Aussagen machen (s. die Citate in [10])). Vgl. auch den Schluss von Nr. 4.

tuell nur bedingten Konvergenz existieren naturgemäss gerade so wenig wie bei reellen Reihen. Die *Abel*'sche Transformation (vgl. I A 3 Gl. (37), p. 94) liefert auch hier den Satz[14]): „$\Sigma a_\nu b_\nu$ *konvergiert* zum mindesten in der vorgeschriebenen Anordnung, wenn $\Sigma |a_\nu - a_{\nu+1}|$, Σb_ν konvergieren; ist $\lim a_\nu = 0$, so braucht $|\Sigma b_\nu|$ nur unter einer endlichen Grenze zu bleiben." — Für den Fall, dass $\frac{a_\nu}{a_{\nu+1}}$ in der Form (17) darstellbar ist, konvergiert, wie *Weierstrass* zuerst gezeigt hat, $\Sigma a_\nu x^\nu$ noch *bedingt* für $|x| = 1$, ausser $x = 1$, falls $0 < \varkappa \leqq 1$.[15])

5. Multiplikation und Addition komplexer Reihen. Doppelreihen. Die Multiplikationsregel für zwei *konvergente* Reihen Σa_ν, Σb_ν, nämlich

$$(18) \quad \Sigma a_\nu \cdot \Sigma b_\nu = \Sigma c_\nu, \quad \text{wo} \quad c_\nu = a_0 b_\nu + a_1 b_{\nu-1} + \cdots + a_\nu b_0,$$

gilt nach *Cauchy*[16]), wenn Σa_ν, Σb_ν *absolut* konvergieren, nach *Abel*[17]) allemal, sofern Σc_ν überhaupt konvergiert; dazu ist hinreichend, keineswegs notwendig, dass *eine* der Reihen Σa_ν, Σb_ν *absolut* konvergiert[18]).

Für die *Addition* einer endlichen Anzahl konvergierender Reihen $\sum_0^\infty{}_\nu\, a_\nu^{(\mu)}$ $(\mu = 0, 1, \ldots m)$ gilt auch hier wie in I A 3 Nr. **35**, p. 97 die Beziehung:

$$(19) \qquad \sum_0^m{}_\mu \left(\sum_0^\infty{}_\nu\, a_\nu^{(\mu)} \right) = \sum_0^\infty{}_\nu \left(\sum_0^m{}_\mu\, a_\nu^{(\mu)} \right).$$

Ist $m = \infty$, so ist für die Konvergenz der betreffenden Reihen und die Existenz der Beziehung:

$$(20) \qquad \sum_0^\infty{}_\mu \left(\sum_0^\infty{}_\nu\, a_\nu^{(\mu)} \right) = \sum_0^\infty{}_\nu \left(\sum_0^\infty{}_\mu\, a_\nu^{(\mu)} \right)$$

---

14) S. z. B. *Stolz*, Allg. Arith. 2, p. 144.

15) *Weierstrass*, J. f. Math. 51 (1856), p. 29 = Werke 1, p. 185. — *Stolz*, Allg. Arithm. 2, p. 155. — *Pringsheim*, a. a. O. p. 18.

16) Anal. alg., p. 283.

17) *Abel* giebt allerdings (J. f. Math. 1 (1826), p. 318 = Werke 1, p. 226) den *Beweis* nur für *reelle* Reihen; doch ist der Beweis leicht auf *komplexe* Reihen zu übertragen. — Anderer Beweis bei *Cesàro*: Bull. Soc. math. (2) 4 (1890), p. 327.

18) *F. Mertens*, J. f. Math. 79 (1875), p. 182. Anderer Beweis bei *W. V. Jensen*, Nouv. corresp. math. 1879, p. 430. — Die Reihe Σc_ν konvergiert in unendlich vielen Fällen *absolut*, auch wenn *eine* der Reihen Σa_ν, Σb_ν oder *beide* nur *bedingt* konvergieren, bezw. sogar *divergieren*: *F. Cajori*, Amer. Trans. 2 (1901), p. 25; *Pringsheim*, ebenda, p. 404.

nach *Cauchy*[19]) hinreichend, dass $\sum\limits_0^\infty{}^\mu \sum\limits_0^\infty{}^\nu |a_\nu^{(\mu)}|$ *konvergiert (sog. Cauchy'scher Doppelreihensatz).* Unter dieser Voraussetzung konvergiert nach *Cauchy*[20]) auch die „*Doppelreihe*"

$$(21) \qquad \sum_0^\infty{}^{\mu,\nu} a_\nu^{(\mu)} = \lim_{m,n=\infty} \sum_0^m{}^\mu \sum_0^n{}^\nu a_\nu^{(\mu)}$$

gegen dieselbe Summe. Überhaupt gelten für derartige *absolut konvergente* $\sum^{\mu,\nu} a_\nu^{(\mu)}$ dieselben Sätze für die entsprechenden *reellen* Reihen[21]).

6. Unendliche Produkte[22]). Setzt man $\prod\limits_0^n{}^\nu (1 + a_\nu) = A_n$ $(n = 0, 1, \ldots)$, so heisst das unendliche Produkt $\prod\limits_0^\infty{}^\nu (1 + a_\nu)$, wo durchweg $|1 + a_\nu| > 0$ angenommen wird, *konvergent* und A der Wert dieses Produktes, wenn $\lim A_n = A$ *endlich* und *von Null verschieden ist.* In jedem anderen Falle (insbesondere also auch für $\lim A_n = 0$) heisst das Produkt *divergent*[23]). Für die Konvergenz von $\Pi(1 + a_\nu)$ ist *hinreichend* diejenige von $\Pi(1 + |a_\nu|)$; das betreffende Produkt heisst alsdann *absolut* konvergent. Es ist in diesem Falle auch *unbedingt* konvergent — *vice versa. Notwendig* und *hinreichend* für die absolute Konvergenz von $\Pi(1 + a_\nu)$ ist die Konvergenz von $\Sigma|a_\nu|$. Man hat sodann auch:

$$(22) \qquad \prod_0^\infty{}^\nu (1 + a_\nu) = 1 + a_0 + \sum_1^\infty{}^\nu A_{\nu-1} a_\nu,$$

wobei die rechts stehende Reihe *absolut* konvergiert, auch wenn man die einzelnen Summanden der Aggregate $A_{\nu-1}$ als Reihenglieder auffasst. Auch darf ein absolut konvergentes Produkt in ein endliches oder unendliches Produkt von Teilprodukten umgeformt werden.

Ist $\Sigma|a_\nu|$ divergent, Σa_ν *bedingt* konvergent, so *kann* $\Pi(1 + a_\nu)$

---

19) Anal. algébr., p. 539, 547.

20) A. a. O. p. 537, 547. Definition und Beweis nicht recht deutlich; vgl. I A 3, p. 98, Fussn. 144.

21) S. I A 3, p. 98, 99.

22) Ausser der I A 3, p. 113, 114 angegebenen Litteratur s. *Dini*, Ann. di mat. (2) 2 (1870), p. 35; *De Pasquale*, Giorn. di mat. 35 (1897), p. 259.

23) Vgl. I A 3, p. 113, Fussn. 311.

noch *bedingt* konvergieren. Eine *hinreichende* Bedingung ist die Konvergenz der Reihen $\Sigma A_\nu^{(m)}$ und $\Sigma |a_\nu|^m$, wo

$$A_\nu^{(m)} = a_\nu - \frac{1}{2} a_\nu^2 + \frac{1}{3} a_\nu^3 - + \cdots + \frac{(-1)^m}{m-1} a_\nu^{m-1} \qquad (m \geqq 2).$$ [24]

7. Unendliche Kettenbrüche. Über die *formalen* mit Kettenbrüchen vorzunehmenden Operationen, insbesondere über die Bildung der Näherungsbrüche und die Umformung in Reihen und Produkte, ebenso bezüglich der Definition von Konvergenz und Divergenz des *unendlichen* Kettenbruchs $\left[b_0; \frac{a_\nu}{b_\nu}\right]_1^\infty$ s. I A 3, Nr. **45 ff.**

Für unendliche Kettenbrüche in der *Hauptform* $\left[q_0; \frac{1}{q_\nu}\right]_1^\infty$ besteht — analog wie für positive q_ν — allemal *Divergenz*, wenn $\Sigma |q_\nu|$ *konvergiert*[25]). Von *hinreichenden* Konvergenzbedingungen allgemeineren Charakters sind nur die folgenden bekannt: $\left[\frac{a_\nu}{b_\nu}\right]_1^\infty$ *konvergiert*, wenn:

$$(23) \qquad |b_\nu| \geqq |a_\nu| + 1 \qquad (\nu = 1, 2, \ldots),$$ [26])

desgleichen wenn:

$$(24) \quad \left|\frac{a_2}{b_1 b_2}\right| < \frac{1}{2}, \quad \left|\frac{a_{2\nu+1}}{b_{2\nu} b_{2\nu+1}}\right| + \left|\frac{a_{2\nu+2}}{b_{2\nu+1} b_{2\nu+2}}\right| \leqq \frac{1}{2} \quad (\nu = 1, 2, \ldots).$$

Für den Fall $|a_\nu| = 1$ besteht noch die etwas weitere *Konvergenzbedingung*:

$$(25) \qquad \left|\frac{1}{b_{2\nu-1}}\right| + \left|\frac{1}{b_{2\nu}}\right| \leqq 1 \qquad (\nu = 1, 2, \ldots).$$ [27])

Für Kettenbrüche von der Form $\left[\frac{\varepsilon_\nu r_\nu (1 - r_{\nu-1})}{1}\right]_1^\infty$, wo $r_0 = 0$, $r_\nu > 0$, $|\varepsilon_\nu| = 1$, giebt *van Vleck*[28]) die *Konvergenz* der Reihe

---

24) *Pringsheim,* Math. Ann. 22 (1883), p. 481; *Stolz,* Allg. Arithm. 2, p. 246; besondere Fälle des Satzes vorher bei *Cauchy*, Anal. algébr., p. 563 und *Arndt,* Arch. f. Math. 21 (1853), p. 86.

25) *Stolz,* Allg. Arithm. 2, p. 279. Die für die *Konvergenz* von

$$\left[\frac{1}{q_\nu}\right]_1^\infty \equiv \left[\frac{1}{\alpha_\nu + \beta_\nu i}\right]_1^\infty$$

notwendige Divergenz von $\Sigma |\alpha_\nu + \beta_\nu i|$ ist nach *van Vleck* (Am. M. S. Trans. 2]1901], p. 223, 229) auch *hinreichend,* wenn die α_ν *gleichbezeichnet* sind und die β_ν *alternierende* Vorzeichen besitzen (mit eventuellem Ausschluss einer endlichen Gliederanzahl); oder wenn nur die *erste* bezw. *zweite* dieser Bedingungen erfüllt ist, zugleich aber $\left|\frac{\beta_\nu}{\alpha_\nu}\right|$ bezw. $\left|\frac{\alpha_\nu}{\beta_\nu}\right|$ unter einer endlichen Schranke bleibt.

26) *Pringsheim,* Münch. Ber. 28 (1898), p. 316.

27) Desgl. p. 323, 320.

28) Am. M. S. Trans. 2 (1901), p. 481.

$$\sum_{1}^{\infty} {}_{\nu} \frac{r_1 \ldots r_\nu}{(1-r_1)\ldots(1-r_\nu)}$$

als *notwendige* und, falls $r_\nu < 1$, auch *hinreichende* Bedingung.

Für die *Konvergenz eines rein periodischen* $\left[\frac{a_\nu}{b_\nu}\right]_1^\infty$ — wo $a_{m\lambda+\mu} = a_\mu$, $b_{m\lambda+\mu} = b_\mu$ ($\mu = 1, 2, \ldots m$; $\lambda = 1, 2, \ldots$ in inf.) und $\frac{A_\nu}{B_\nu}$ den ν^{ten} Näherungsbruch bedeutet — ist *notwendig* die Bedingung $|B_{m-1}| > 0$; dieselbe ist *hinreichend*, wenn die Diskriminante D der quadratischen Gleichung:

$$B_{m-1}x^2 + (B_m - A_{m-1})\,x - A_m = 0 \tag{26}$$

$$[\text{also } D = (B_m - A_{m-1})^2 + 4 A_m B_{m-1}]$$

verschwindet; andernfalls muss noch

$$\left|\,\Re\left(\frac{A_{m-1} + B_m}{\sqrt{D}}\right)\right| > 0 \quad \text{und} \quad |A_\nu - x_2 B_\nu| > 0 \tag{27}$$

$$(\nu = 1, 2 \ldots m-1),$$

sein, wo x_2 eine genau präzisierte Wurzel der obigen quadratischen Gleichung bedeutet[29]). Der Wert des Kettenbruchs $\left[\frac{a_\nu}{b_\nu}\right]_1^\infty$ ist dann gleich der andern Wurzel x_1, während mit gewissen Einschränkungen ($-x_2$) den Wert des „*konjugierten*" unrein periodischen Kettenbruchs $\left(b_m;\ \frac{a_m}{b_{m-1}}, \ldots \frac{a_2}{b_1}, \frac{a_1}{b_m}, \ldots\right)$ liefert[30]).

Über sog. *algebraische* Kettenbrüche, d. h. solche, deren Glieder *rationale* Funktionen einer (komplexen) Veränderlichen x sind, s. I A 3, Nr. 55 und II B 1, Nr. 39.

---

29) In etwas anderer Darstellungsweise zuerst von *Stolz* angegeben: Innsbr. Ber. 1886, p. 1 und 1887/88, p. 1; Allg. Arithm. 2, p. 302. Andere Herleitung in der hier gegebenen Formulierung bei *Pringsheim,* Münch. Ber. 30 (1900), p. 480.

30) *Pringsheim,* a. a. O., p. 488.

Bandregister.

(Die *grösseren Ziffern* beziehen sich auf die Seiten des Bandes, die *kleineren Ziffern* auf die Anmerkungen. Ein *Semikolon* dient (abgesehen vom üblichen Gebrauch) zur Trennung verschiedener, hinter einander zitierter Bandartikel, ein *Bindestrich* (abgesehen vom üblichen Gebrauch) als Ersatz des Stichwortes; *runde Klammern* geben entweder einen gleichwertigen Wortausdruck an, oder aber das zugehörige Gebiet, *eckige Klammern* einen sachlichen Zusatz; gesperrter Druck bezieht sich auf Stichworte des Registers, *kursiver* Druck hebt Unterabschnitte schärfer hervor.)

C*)

*) S. auch unter **K** und **Z**.

D

H

I

K *)

*) S. auch unter C.

O

P

S

U

V

W

Z*)

*) S. auch unter C.